TURING 图灵程序设计丛书 Linux/UNIX系列

Professional Linux Kernel Architecture

深入Linux内核架构

[德] Wolfgang Mauerer 著
郭旭 译

人民邮电出版社
北 京

图书在版编目（C I P）数据

深入Linux内核架构 / (德) 莫尔勒 (Mauerer,W.)
著 ; 郭旭译. -- 北京 : 人民邮电出版社, 2010.6
(图灵程序设计丛书)
书名原文: Professional Linux Kernel
Architecture
ISBN 978-7-115-22743-0

Ⅰ. ①深… Ⅱ. ①莫… ②郭… Ⅲ. ①Linux操作系统
Ⅳ. ①TP316.89

中国版本图书馆CIP数据核字(2010)第065664号

内 容 提 要

本书讨论了Linux内核的概念、结构和实现。主要内容包括多任务、调度和进程管理，物理内存的管理以及内核与相关硬件的交互，用户空间的进程如何访问虚拟内存，如何编写设备驱动程序，模块机制以及虚拟文件系统，Ext文件系统属性和访问控制表的实现方式，内核中网络的实现，系统调用的实现方式，内核对时间相关功能的处理，页面回收和页交换的相关机制以及审计的实现等。此外，本书借助内核源代码中最关键的部分进行讲解，帮助读者掌握重要的知识点，从而在运用中充分展现Linux系统的魅力。

本书适合Linux内核爱好者阅读。

◆ 著　[德] Wolfgang Mauerer
译　郭　旭
责任编辑　傅志红
执行编辑　印星星　杨　爽

◆ 人民邮电出版社出版发行　北京市丰台区成寿寺路11号
邮编　100164　电子邮件　315@ptpress.com.cn
网址　http://www.ptpress.com.cn
固安县铭成印刷有限公司印刷

◆ 开本：800×1000　1/16
印张：66　2010年6月第1版
字数：1852千字　2024年10月河北第49次印刷

著作权合同登记号　图字：01-2009-5737号

定价：159.80元

读者服务热线：(010)84084456-6009　印装质量热线：(010)81055316

反盗版热线：(010)81055315

广告经营许可证：京东市监广登字20170147号

版权声明

致　谢

首先，我要感谢多年以来建立了Linux内核的数千程序员，虽然他们大多数都受雇于商业公司，但也有一些人只是出于个人爱好或学术兴趣。没有这些人，就没有所谓的内核，我也没有什么可写的。请恕我无法在此列出这数千人的姓名，但按照真正的UNIX行事风格，读者很容易通过下述代码生成所有人姓名的列表：

```
for file in $ALL_FILES_COVERED_IN_THIS_BOOK; do
        git log --pretty="format:%an" $file; done |
sort -u -k 2,2
```

我非常佩服这些程序员所做的工作，他们是本书真正的英雄！

本书的演变发展已经超过7年。第一版的写作经历了两年，最终在2003年由Carl Hanser Verlag出版（德文版）。第一版讲述了2.6.0版本的内核。由于在对Red Hat Enterprise Linux 5进行EAL4+安全评估时，使用本书第一版作为底层设计文档的蓝本，因此要求更新书的内容到内核版本2.6.18。（如果读者不太明白EAL缩写的意思，可以参考维基百科）。惠普公司赞助将本书第一版翻译为英文，并授权出版英文版。接下来，我又特地将本书的内容更新到内核版本2.6.24。

有若干人士参与了本书的演变过程，向他们表示感谢。Leslie Mackay-Poulton在David Jacobs的帮助下，将本书德文版翻译为英文，完成了一件艰巨的任务。Atsec Information Security公司的Sal La Pietra在幕后牵线帮忙，使得翻译项目得以顺利进行。特别要感谢Stephan Müller在安全评估期间给予的密切合作。我要诚恳地感谢此次评估所涉及的所有其他惠普和Red Hat的员工，感谢Claudio Kopper和Hans Lohr，同他们项目期间的合作很愉快。我还要感谢Wiley出版社的全体工作人员，是他们帮助我完成了本书。

本书德文版受到了读者和书评家的好评，但仍然收到了若干改进建议以及指出书中不准确之处的意见。我很高兴收到所有这些意见和建议。另外，出版社曾经对德文原版进行过调查，在此感谢那些回复过出版社的教师们。他们的一些建议对改进本书的当前版本很有价值。我同样要感谢这一版的审稿人，特别感谢张晓东博士，他对附录F.4提出了许多建议。

此外，我要对Christine Silberhorn博士表示感谢，他允许我将Max Planck Research Group的常规研究工作暂停四周，以便专心写作本书。我想博士在那段时间一定过得很宁静，因为我不上班就没人总去骚扰他，要在他的MacBook上安装Linux！

此外，我要感谢我的家人在生活的各个方面所给予的支持。对这种必不可少的帮助，我心中绝不仅仅是感激！最后，我必须感谢我的爱妻Hariet Fabritius。她对家里的作者给予了无限耐心。该作者工作起来不但日夜不分，而且经常混淆母语和C语言。很多时候在此人有点发疯（见下文）的时候，她还得把他拯救出来。既然现在又有了更多的空闲时间，我不仅盼望着美好的假期，而且还可以为她的笔记本电脑安装一个合适的操作系统！在写致谢的时候，我突然意识到，为什么看到我接近的时候，人们总是赶快把笔记本电脑锁起来了。我还真是有点儿发疯……

引 言

UNIX操作系统简单而一致，但只有天才（至少程序员）才能领会并欣赏其简单性。

——Dennis Ritchie

作者注：是的，我们疯了。预先警告：你们也会一样。

——Benny Goodheart 与James Cox

UNIX操作系统以简单、一致、优雅的设计著称，这种真正非凡的特性使得UNIX系统在超过1/4世纪的时间里影响了整个世界。而且，正是由于Linux的蓬勃发展，发源于UNIX的思想才依然活力依旧，并在可预见的未来其发展势头会一直持续下去。

UNIX和Linux操作系统带有某种强烈的吸引力，前述的两段引文很好地描述了这种吸引力的精神本质。UNIX操作系统诞生于贝尔实验室，Dennis Ritchie是其发明人之一。他在引文中提到，只有天才才能欣赏UNIX操作系统的简单性，这是否是完全正确的呢？显然不是，因为Ritchie在经过全面考虑后立即改口，称程序员也同样有资格欣赏UNIX操作系统。

UNIX和Linux操作系统的源代码复杂、文档少、对程序员的要求高，要想看懂这些代码并不是一件容易事。但只要一个人开始感受到内核源代码中所能获得的远见卓识，那就很难逃脱Linux的吸引力了。在此我给读者提出一个忠告：一旦开始潜心钻研操作系统内核，就很容易沉溺于此种乐趣之中。事实上，Benny Goodheart和James Cox在其书*The Magic Garden Explained*（该书解释了UNIX System V的内部实现机制）的序言中，早已对此做过说明（前文第二段引文）。当然，Linux肯定也能让读者发疯！

本书可用作指南和手册，引导读者阅读内核源代码，并使得读者能够更敏锐地体会到这些代码的美丽、优雅，以及相关概念在设计上的美学取向。当然，要理解内核，是有一些前提条件的。读者必须熟悉C语言。如果对您来说C只是一个字母，或者是一门外语，那可以休矣。操作系统绝非仅仅是一个“开始”按钮，熟悉少量相关的算法绝对是有益无害的。最后，如果读者对计算机体系结构有一定的了解，而不是仅仅知道如何造一个新奇的机箱，那就更有用了。从学术观点来看，上述要求比较接近于系统程序设计、算法和操作系统原理课程。本书的前一版本已经在几所大学用于向高年级本科生讲授Linux原理，我希望这一版也能用于同样的目的。

本书不可能对前述的所有主题都进行详细讲解，在读者思考拿在手里的这本大部头书的时候（当然也可能因为书太厚，没拿在手里），读者肯定会同意我的看法。如果某个主题与内核没有直接的关系，但对理解内核的运作机制是必需的，那么我会在书中相关之处简要介绍它。如果读者需要更透彻地理解相关知识，可以查阅我推荐的有关计算机原理方面的图书。市面上有大量的教科书可供选择，我觉得某些图书特别具有启发性，包括Brian W. Kernighan和Denis M. Ritchie的*C Programming Language*

[KR88]；Andrew S. Tanenbaum的*Modern Operating Systems* [Tan07]（该书是关于一般操作系统的基础知识），Andrew S. Tanenbaum和Albert S. Woodhull的*Operating Systems:Design and Implementation* [TW06]（该书是关于UNIX操作系统（Minix）的），W. Richard Stevens和Stephen A. Rago的《UNIX环境高级编程（第2版）》[SR05]（该书是关于用户空间程序设计的），还有John L. Hennessy和David A. Patterson的两本书*Computer Architecture*和*Computer Organization and Design* [HP06, PH07]（这两本书是关于计算机体系结构基础的)。上述图书都是公认的经典。

此外，附录C包含了一些内核中用到的GNU C编译器扩展的相关信息，但这些扩展在一般的程序设计中并未广泛应用。

在撰写本书第一版时，内核的发布基本上不存在预定计划。正如我在附录F中讨论到的，这一点在内核2.6的开发期间发生了很大的变化，内核开发者在这方面做了很好的改进，开始以可预测的间隔周期性地发布新版本。我所讨论的内容集中于内核版本2.6.24，但也包含了一些对2.6.25和2.6.26版本的引用，这两个版本是在本书定稿后发布的，只不过发布时本书尚未出版。由于对整个内核的许多全面的修改已经合并到2.6.24版本，因此选择这个版本作为本书的目标还算是不错。虽然与本书中讨论的代码相比，在比较新版本的内核中，某些细节已经发生了变化，但大的方面会保持一段时间不会改变。

在讨论内核的各个组件和子系统时，我试图忽略不重要的细节，以避免使本书的篇幅过长。同样，我尽力保持本书的行文与内核源代码之间的联系。目前的情况还是比较幸运的，由于Linux的存在，使得我们能够查看一个真正的、可工作的、产品级操作系统的源代码，因此如果忽视了内核的这种本质性的方面，那将是可悲的。为保证书的篇幅不至于太长，我只能选择内核源代码中那些最关键的部分进行陈述。在理解Linux内核的结构和实现的过程中，阅读和使用实际的源代码是必不可少的一个步骤。附录F介绍了一些技巧，能够使得阅读和使用源代码容易一些。

关于Linux（和一般的UNIX操作系统）的一个特别有趣的事实是：它很能调动人的情绪。在因特网上有关操作系统的Flame wars（特指UseNet上的激烈争论）和热烈的技术辩论可能是一个例子，但有哪个UNIX以外的操作系统会专门有一本小册子（指*The Unix-Haters Handbook*[GWS94]，由Simson Garfinkel等编辑）来论述憎恶这种系统到底有多好呢？在为第一版写序言时，我提到，某个国际软件公司用难解的控告和争论来应对Linux，这对未来而言并不是坏信号。五年以后，形势已经改善，前述的厂商已经私下接受了下述的事实：Linux已经成为操作系统领域中一个重要的竞争者。在下一个五年，情况当然会变得更好。

毫不夸张，我承认自己肯定是被Linux迷住了（有时候，我可以肯定自己几乎因此而疯狂）。如果本书能够感染到你，那么我为写作此书付出的大量心血都是值得的！

改进建议和批评意见可以发送到wm@linux-kernel.net，或经由www.wrox.com反馈给我。当然，如果有人告诉我他很喜欢这本书，那我会非常高兴！

本书涵盖的内容

本书讨论了Linux内核的概念、结构和实现。各章分别介绍了下述主题。

- 第1章概述Linux内核，讲述了内核的总体图景，后续章节则根据总体结构对内核进行更详细的研究。
- 第2章讨论了多任务、调度和进程管理的基本知识，并分析了这些基本技术和概念抽象的实现方式。
- 第3章讨论了如何管理物理内存。本章既讨论了内核与相关硬件的交互，也讨论了内核内部通过伙伴系统和slab分配器来分配内存的方式。
- 第4章继续对内存进行讨论，讲解了用户空间的进程如何访问虚拟内存，以及在内核层面实现虚拟内存视图所需要的详细的数据结构和相关机制。
- 第5章介绍了保证内核能够在多处理器系统上正确运作所需的机制。此外，本章还介绍了进程如何相互通信。
- 第6章引导读者理解如何编写设备驱动程序，使内核支持新的硬件。
- 第7章阐述了模块机制，该机制能够向内核动态添加新的功能。
- 第8章讨论了虚拟文件系统，这是内核中一个一般的间接层，能够支持各种各样的不同文件系统，包括物理文件系统和虚拟文件系统。
- 第9章讲解了Ext文件系统族，包括Ext2和Ext3文件系统，这是很多Linux系统安装的标准选项。
- 第10章继续讨论文件系统，包括procfs和sysfs。这两个文件系统并非用来存储信息，而是向用户层提供关于内核的元信息。此外，本章阐述了一些减轻编写文件系统负担的方法。
- 第11章给出了Ext文件系统属性和访问控制表的实现方式，这两者有助于提高系统的安全性。
- 第12章讨论内核中网络的实现，内容集中于IPv4、TCP、UDP和netfilter。
- 第13章介绍了系统调用的实现方式，系统调用是从用户层请求内核服务的标准机制。
- 第14章对中断触发内核活动的方式进行了分析，并介绍了内核中将工作延迟至后续时间点执行的机制。
- 第15章说明了内核对时间相关功能的处理，包括了高低两种分辨率的情形。
- 第16章讨论了借助于页缓存和块缓存来加速内核操作。
- 第17章讨论了如何对内存中缓存的数据与持久存储设备上的数据源进行同步。
- 第18章介绍了页面回收和页交换的相关机制。
- 第19章介绍了审计的实现，审计负责详细记录内核的活动。
- 附录A讨论了内核所支持的各种计算机体系结构的特点。
- 附录B简述了有效使用内核源代码的各种工具和方法。
- 附录C提供了关于C语言的一些技术札记，并讨论了GNU C编译器的结构。
- 附录D给出了内核的启动过程。
- 附录E介绍了ELF二进制格式。
- 附录F讨论了内核开发的许多社会性的方面，以及Linux内核社区。

目 录

第1章

简介和概述

操作系统不仅是信息技术中非常吸引人的一部分，而且还是公众争论的主题[①]。在此发展过程中，Linux发挥了举足轻重的作用。然而仅仅10年前，学术用操作系统和商用操作系统还是有着严格区分的：前者相对简单而且可获得源代码；对后者而言，虽然不同的操作系统性能各不相同，但其源代码一直都是受到良好保护的秘密。现在，任何人都可以从因特网下载Linux（或任何其他自由操作系统）的源代码进行研究。

Linux现在已经安装到了数百万台电脑上，无论是家庭用户还是专业人员，都可以在Linux上执行各种任务。无论是手表中的微型嵌入式系统，还是大规模并行大型机，Linux都可以在无数领域大展身手。而这使得Linux的源代码非常有趣。一个合理可靠、基础牢固的概念（UNIX操作系统）结合了强大的创新以及学术性操作系统所缺乏的解决问题的强烈倾向，这就是为什么Linux具备如此强大吸引力的原因。

本书描述了内核的主要功能，解释了其内部的结构，并研究了其实现。由于所讨论主题的复杂性，我假定读者已经对操作系统和C语言系统程序设计有一定的基础（当然，对Linux系统的熟悉是不言而喻的）。我会简要介绍与常见操作系统问题相关的几个基础概念，但本书主要的内容则集中于Linux内核的实现。市场上有许多讲述操作系统基础概念的教材，对某一特定主题不熟悉的读者，可以找一本看看。例如，Tanenbaum写的两本杰出的入门书籍（[TW06]和[Tan07]）。

本书要求读者有牢固的C语言程序设计基础。因为内核使用了C语言的许多高级技巧，尤其是GNU C编译器的许多专门特性。附录C讨论了C语言的一些精微之处，即使优秀的程序员可能也未必熟悉这些。由于Linux必然与系统硬件（特别是CPU）有非常直接的交互，因此了解一点计算机结构的基础知识是很有用的。该主题也有很多入门书籍可用，在参考文献章节中列出了一些相关书籍。在深入讲解CPU的知识时（大多数情况下，我都以IA-32或AMD64体系结构为例，因为Linux在这些体系结构上很常用），我会解释相关硬件的细节。在讨论不常见的机制时，我会解释机制背后的一般性概念，但对于某个特定的特性如何在用户空间中使用，则需要读者查询书中指明的手册页。

本章将概述内核所涉及的各种领域，并在后续章节中对相应的子系统进行长篇阐述之前，先行说明其基本关系。

① 本书不打算参与意识形态上的讨论，诸如Linux是否是一个真正的操作系统。当然它事实上只是一个内核，没有其他组件是无法正常运转的。在我谈到Linux操作系统而没有明确地提及类似工程的简称时，这并不意味着我没有意识到该工程的重要性。这里的类似工程主要是指GNU工程，如果在名称上使用Linux而不是GNU/Linux，该工程的人士一般会很敏感。我的理由简单而实用。我们需要建立何种界限，才能在引用时不产生像GNU/IBM/RedHat/HP/KDE/Linux这样冗长的结构呢？如果读者觉得这个脚注没有意义，可以参考网页www.gnu.org/gnu/linux-and-gnu.html，该文总述了GNU工程的地位。在澄清了所有的意识形态问题之后，我保证在本书其余的部分不会再出现长达半页的脚注了。

由于内核的演变比较快速，读者很自然会问本书内容涵盖了哪一个内核版本。我选择了2.6.24版本的内核，该版本发布于2008年1月末。内核开发的动态性意味着，在阅读本书时，新版本的内核应该已经发布，所以某些细节很自然会有所改变，这是不可避免的。如果不是这样，那Linux将会成为一个死气沉沉、毫无乐趣的系统，读者也很可能就不会选择本书了。尽管一些细节将会发生变化，但书中描述的概念在本质上是不变的。对于2.6.24版本来说，这一点特别正确。因为与更早的版本比较，该版本有一些根本性的改动。很自然，开发者也无法隔一夜就折腾一些此类特性出来。

1.1 内核的任务

在纯技术层面上，内核是硬件与软件之间的一个中间层。其作用是将应用程序的请求传递给硬件，并充当底层驱动程序，对系统中的各种设备和组件进行寻址。尽管如此，仍然可以从其他一些有趣的视角对内核进行研究。

- 从应用程序的视角来看，内核可以被认为是一台*增强的计算机*，将计算机抽象到一个高层次上。例如，在内核寻址硬盘时，它必须确定使用哪个路径来从磁盘向内存复制数据，数据的位置，经由哪个路径向磁盘发送哪一条命令，等等。另一方面，应用程序只需发出传输数据的命令。实际的工作如何完成与应用程序是不相干的，因为内核抽象了相关的细节。应用程序与硬件本身没有联系[①]，只与内核有联系，内核是应用程序所知道的层次结构中的最底层，因此内核是一台增强的计算机。
- 当若干程序在同一系统中并发运行时，也可以将内核视为*资源管理程序*。在这种情况下，内核负责将可用共享资源（包括CPU时间、磁盘空间、网络连接等）分配到各个系统进程，同时还需要保证系统的完整性。
- 另一种研究内核的视角是将内核视为库，其提供了一组面向系统的命令。通常，*系统调用*用于向计算机发送请求。借助于C标准库，系统调用对于应用程序就像是普通函数一样，其调用方式与其他函数相同。

1.2 实现策略

当前，在操作系统实现方面，有以下两种主要的范型。

(1) **微内核**：这种范型中，只有最基本的功能直接由中央内核（即微内核）实现。所有其他的功能都委托给一些独立进程，这些进程通过明确定义的通信接口与中心内核通信。例如，独立进程可能负责实现各种文件系统、内存管理等。（当然，与系统本身的通信需要用到最基本的内存管理功能，这是由微内核实现的。但系统调用层次上的处理则由外部的服务器进程实现。）理论上，这是一种很完美的方法，因为系统的各个部分彼此都很清楚地划分开来，同时也迫使程序员使用“清洁的”程序设计技术。这种方法的其他好处包括：动态可扩展性和在运行时切换重要组件。但由于在各个组件之间支持复杂通信需要额外的CPU时间，所以尽管微内核在各种研究领域早已经成为活跃主题，但在实用性方面进展甚微。

(2) **宏内核**：与微内核相反，宏内核是构建系统内核的传统方法。在这种方法中，内核的全部代码，包括所有子系统（如内存管理、文件系统、设备驱动程序）都打包到一个文件中。内核中的每个函数都可以访问内核中所有其他部分。如果编程时不小心，很可能会导致源代码中出现复杂的嵌套。

因为在目前，宏内核的性能仍然强于微内核，Linux仍然是依据这种范型实现的（以前亦如此）。

① CPU是一个例外情况，程序访问CPU显然是不可避免的。尽管如此，并非所有可能的指令对应用程序都是可用的。

但其中已经引进了一个重要的革新。在系统运行中，模块可以插入到内核代码中，也可以移除，这使得可以向内核动态添加功能，弥补了宏内核的一些缺陷。模块特性依赖于内核与用户层之间设计精巧的通信方法，这使得模块的热插拔和动态装载得以实现。

1.3 内核的组成部分

本节概述了内核的各个组成部分，以及我们将在后续章节中详细研究的各个领域。尽管Linux是整体式的宏内核，但其具有相当良好的结构。尽管如此，Linux内核各个组成部分之间的彼此交互是不可避免的。各部分会共享数据结构，而且与严格隔离的系统相比，各部分（因为性能原因）协同工作时需要更多的函数。在后续章节中，尽管我试图将向前引用的次数降至最低，但也不得不经常引用内核的其他组成部分（即其他章节）。为此我会在这里简短介绍各个组成部分，使读者能对各个部分在内核整体结构中的作用和地位有一定的印象。图1-1是一个粗略的草图，概述了组成完整Linux系统的各个层次，以及内核所包含的一些重要子系统。但要注意，各个子系统之间实际上会以各种方式进行交互，图中给出的只是其中一部分。

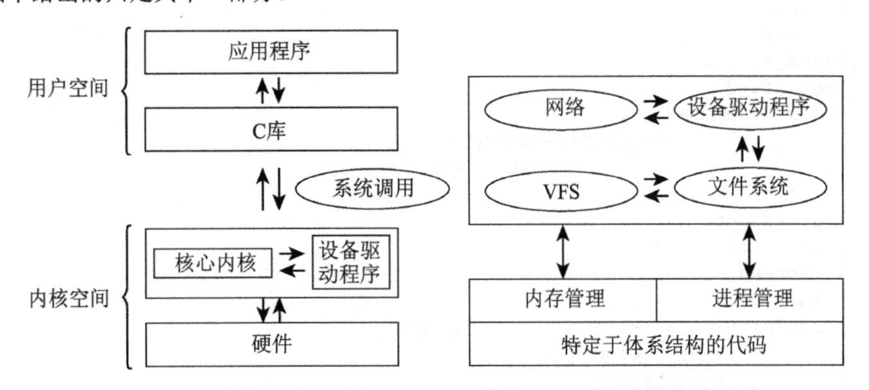

图1-1 Linux内核的高层次概述以及完整的Linux系统中的各个层次

1.3.1 进程、进程切换、调度

传统上，UNIX操作系统下运行的应用程序、服务器及其他程序都称为进程。每个进程都在CPU的虚拟内存中分配地址空间。各个进程的地址空间是完全独立的，因此进程并不会意识到彼此的存在。从进程的角度来看，它会认为自己是系统中唯一的进程。如果进程想要彼此通信（例如交换数据），那么必须使用特定的内核机制。

由于Linux是多任务系统，它支持（看上去）并发执行的若干进程。系统中同时真正在运行的进程数目最多不超过CPU数目，因此内核会按照短的时间间隔在不同的进程之间切换（用户是注意不到的），这样就造成了同时处理多进程的假象。这里有两个问题。

(1) 内核借助于CPU的帮助，负责进程切换的技术细节。必须给各个进程造成一种错觉，即CPU总是可用的。通过在撤销进程的CPU资源之前保存进程所有与状态相关的要素，并将进程置于空闲状态，即可达到这一目的。在重新激活进程时，则将保存的状态原样恢复。进程之间的切换称之为进程切换。

(2) 内核还必须确定如何在现存进程之间共享CPU时间。重要进程得到的CPU时间多一点，次要进程得到的少一点。确定哪个进程运行多长时间的过程称为调度。

1.3.2 UNIX进程

Linux对进程采用了一种层次系统，每个进程都依赖于一个父进程。内核启动init程序作为第一个进程，该进程负责进一步的系统初始化操作，并显示登录提示符或图形登录界面（现在使用比较广泛）。因此init是进程树的根，所有进程都直接或间接起源自该进程，如下面的pstree程序的输出所示。其中init是一个树型结构的顶端，而树的分支不断向下扩展。

```
wolfgang@meitner> pstree
init-+-acpid
     |-bonobo-activati
     |-cron
     |-cupsd
     |-2*[dbus-daemon]
     |-dbus-launch
     |-dcopserver
     |-dhcpcd
     |-esd
     |-eth1
     |-events/0
     |-gam_server
     |-gconfd-2
     |-gdm---gdm-+-X
     |           '-startkde-+-kwrapper
     |                      '-ssh-agent
     |-gnome-vfs-daemo
     |-gpg-agent
     |-hald-addon-acpi
     |-kaccess
     |-kded
     |-kdeinit-+-amarokapp---2*[amarokapp]
     |         |-evolution-alarm
     |         |-kinternet
     |         |-kio_file
     |         |-klauncher
     |         |-konqueror
     |         |-konsole---bash-+-pstree
     |         |                '-xemacs
     |         |-kwin
     |         |-nautilus
     |         '-netapplet
     |-kdesktop
     |-kgpg
     |-khelper
     |-kicker
     |-klogd
     |-kmix
     |-knotify
     |-kpowersave
     |-kscd
     |-ksmserver
     |-ksoftirqd/0
     |-kswapd0
     |-kthread-+-aio/0
     |         |-ata/0
```

```
     |            |-kacpid
     |            |-kblockd/0
     |            |-kgameportd
     |            |-khubd
     |            |-kseriod
     |            |-2*[pdflush]
     |            '-reiserfs/0
...
```

该树型结构的扩展方式与新进程的创建方式密切相关。UNIX操作系统中有两种创建新进程的机制，分别是fork和exec。

(1) fork可以创建当前进程的一个副本，父进程和子进程只有PID（进程ID）不同。在该系统调用执行之后，系统中有两个进程，都执行同样的操作。父进程内存的内容将被复制，至少从程序的角度来看是这样。Linux使用了一种众所周知的技术来使fork操作更高效，该技术称为写时复制（copy on write），主要的原理是将内存复制操作延迟到父进程或子进程向某内存页面写入数据之前，在只读访问的情况下父进程和子进程可以共用同一内存页。

例如，使用fork的一种可能的情况是，用户打开另一个浏览器窗口。如果选中了对应的选项，浏览器将执行fork，复制其代码，接下来子进程中将启动适当的操作建立新窗口。

(2) exec将一个新程序加载到当前进程的内存中并执行。旧程序的内存页将刷出，其内容将替换为新的数据。然后开始执行新程序。

1. 线程

进程并不是内核支持的唯一一种程序执行形式。除了*重量级进程*（有时也称为UNIX进程）之外，还有一种形式是线程（有时也称为*轻量级进程*）。线程也已经出现相当长的一段时间，本质上一个进程可能由若干线程组成，这些线程共享同样的数据和资源，但可能执行程序中不同的代码路径。线程概念已经完全集成到许多现代编程语言中，例如Java。简而言之，进程可以看作一个正在执行的程序，而线程则是与主程序并行运行的程序函数或例程。该特性是有用的，例如在浏览器需要并行加载若干图像时。通常浏览器只好执行几次fork和exec调用，以此创建若干并行的进程实例。这些进程负责加载图像，并使用某种通信机制将接收的数据提供给主程序。在使用线程时，这种情况更容易处理一些。浏览器定义了一个例程来加载图像，可以将例程作为线程启动，使用参数不同的多个线程即可。由于线程和主程序共享同样的地址空间，主程序自动就可以访问接收到的数据。因此除了为防止线程访问同一内存区而采取的互斥机制外，就不需要什么通信了。图1-2说明了有和没有线程的程序之间的差别。

Linux用clone方法创建线程。其工作方式类似于fork，但启用了精确的检查，以确认哪些资源与父进程共享、哪些资源为线程独立创建。这种细粒度的资源分配扩展了一般的线程概念，在一定程度上允许线程与进程之间的连续转换。

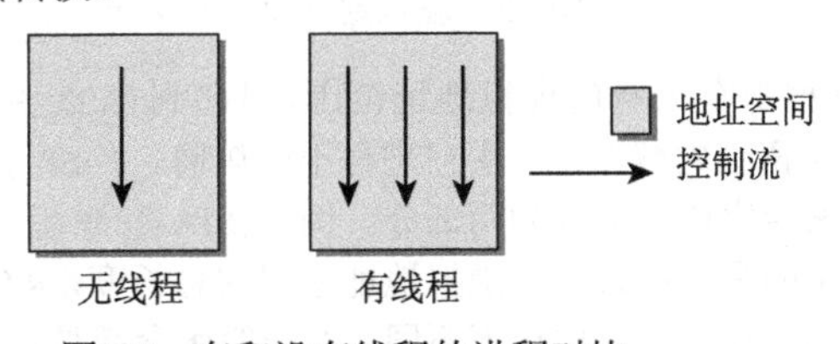

图1-2 有和没有线程的进程对比

2. 命名空间

在内核2.6的开发期间，对命名空间的支持被集成到了许多子系统中。这使得不同的进程可以看到不同的系统视图。传统的Linux（与一般的UNIX操作系统）使用许多全局量，例如进程ID。系统中的每个进程都有一个唯一标识符（ID），用户（或其他进程）可使用ID来访问进程，例如向进程发一个信号。启用命名空间之后，以前的全局资源现在具有不同分组。每个命名空间可以包含一个特定的PID集合，或可以提供文件系统的不同视图，在某个命名空间中挂载的卷不会传播到其他命名空间中。

命名空间很有用处。举例来说，该特性对虚拟主机供应商是有益的。他们不必再为每个用户准备一台物理计算机，而是通过称为容器的命名空间来建立系统的多个视图。从容器内部看来这是一个完整的Linux系统，而且与其他容器没有交互。容器是彼此分离的。每个容器实例看起来就像是运行Linux的一台计算机，但事实上一台物理机器可以同时运转许多这样的容器实例。这有助于更有效地使用资源。与完全的虚拟化解决方案（如KVM）相比，计算机上只需要运行一个内核来管理所有的容器。

并非内核的所有部分都完全支持命名空间，在分析各个子系统时，我会讨论相应子系统对命名空间的支持程度。

1.3.3　地址空间与特权级别

在开始讨论虚拟地址空间之前，我们需要修订一些符号约定。在本书中，我使用缩写KiB、MiB和GiB作为容量单位，分别表示2^{10}、2^{20}、2^{30}字节。

由于内存区域是通过指针寻址，因此CPU的字长决定了所能管理的地址空间的最大长度。对32位系统（如IA-32、PPC、m68k），是2^{32}B=4GiB，对更现代的64位处理器（如Alpha、Sparc64、IA-64、AMD64），可以管理2^{64}B。

地址空间的最大长度与实际可用的物理内存数量无关，因此被称为*虚拟地址空间*。使用该术语的另一个理由是，从系统中每个进程的角度来看，地址空间中只有自身一个进程，而无法感知到其他进程的存在。应用程序无需关注其他程序的存在，好像计算机中只有一个进程一样。

Linux将虚拟地址空间划分为两个部分，分别称为*内核空间*和*用户空间*，如图1-3所示。

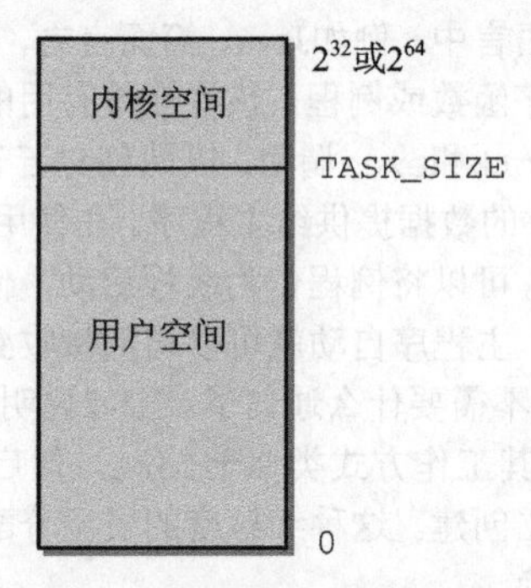

图1-3　虚拟地址空间的划分

系统中每个用户进程都有自身的虚拟地址范围，从0到`TASK_SIZE`。用户空间之上的区域（从`TASK_SIZE`到2^{32}或2^{64}）保留给内核专用，用户进程不能访问。`TASK_SIZE`是一个特定于计算机体系结构的常数，把地址空间按给定比例划分为两部分。例如在IA-32系统中，地址空间在3 GiB处划分，因此每个进程的虚拟地址空间是3 GiB。由于虚拟地址空间的总长度是4 GiB，所以内核空间有1 GiB可用。尽管实际的数字依不同的计算机体系结构而不同，但一般概念都是相同的。因此我在进一步讨论中将使用例子中的这些值。

这种划分与可用的内存数量无关。由于地址空间虚拟化的结果，每个用户进程都认为自身有3 GiB内存。各个系统进程的用户空间是完全彼此分离的。而虚拟地址空间顶部的内核空间总是同样的，无论当前执行的是哪个进程。

注意，64位计算机的情况可能更复杂，因为它们在实际管理自身巨大的理论虚拟地址空间时，倾向于使用小于64的位数。实际使用的位数一般小于64位，如42位或47位。因此，地址空间中实际可寻址的部分小于理论长度。但无论如何，该值仍然大于计算机上实际可能的内存数量，因此是完全够用的。这种做法的一个优点是，与寻址完整的虚拟地址空间相比，管理有效地址空间所需的位数较少，因此CPU可以节省一些工作量。这样，虚拟地址空间会包含一些不可寻址的洞，所以图1-3描述的简单情况是不完全正确的。我们将在第4章更详细地讨论该主题。

1. 特权级别

内核把虚拟地址空间划分为两个部分，因此能够保护各个系统进程，使之彼此隔离。所有的现代CPU都提供了几种特权级别，进程可以驻留在某一特权级别。每个特权级别都有各种限制，例如对执行某些汇编语言指令或访问虚拟地址空间某一特定部分的限制。IA-32体系结构使用4种特权级别构成的系统，各级别可以看作是环。内环能够访问更多的功能，外环则较少，如图1-4所示。

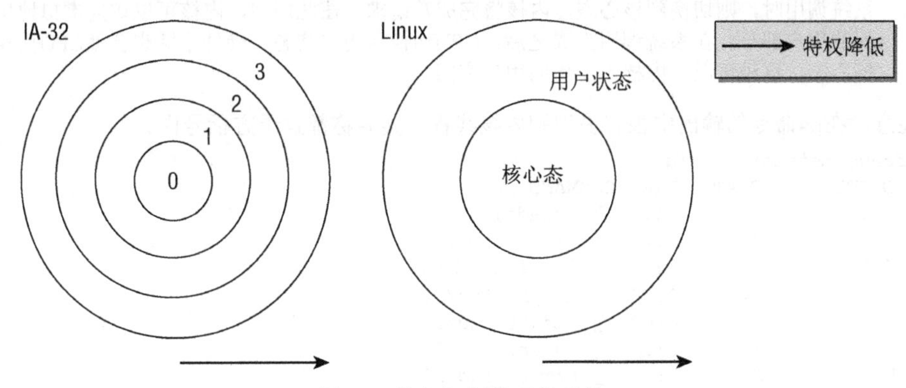

图1-4 特权级别的环状系统

尽管英特尔处理器区分4种特权级别，但Linux只使用两种不同的状态：核心态和用户状态。两种状态的关键差别在于对高于`TASK_SIZE`的内存区域的访问。简而言之，在用户状态禁止访问内核空间。用户进程不能操作或读取内核空间中的数据，也无法执行内核空间中的代码。这是内核的专用领域。这种机制可防止进程无意间修改彼此的数据而造成相互干扰。

从用户状态到核心态的切换通过*系统调用*的特定转换手段完成，且系统调用的执行因具体系统而不同。如果普通进程想要执行任何影响整个系统的操作（例如操作输入/输出装置），则只能借助于系统调用向内核发出请求。内核首先检查进程是否*允许*执行想要的操作，然后代表进程执行所需的操作，接下来返回到用户状态。

除了代表用户程序执行代码之外，内核还可以由异步硬件中断激活，然后在*中断上下文*中运行。与在进程上下文中运行的主要区别是，在中断上下文中运行不能访问虚拟地址空间中的用户空间部分。因为中断可能随机发生，中断发生时可能是任一用户进程处于活动状态，由于该进程基本上与中断的原因无关，因此内核无权访问当前用户空间的内容。在中断上下文中运行时，内核必须比正常情况更加谨慎，例如，不能进入睡眠状态。在编写中断处理程序时需要特别注意这些，第2章会详细讨论相关问题。图1-5概述了不同的执行上下文。

除了普通进程，系统中还有*内核线程*在运行。内核线程也不与任何特定的用户空间进程相关联，因此也无权处理用户空间。不过在其他许多方面，内核线程更像是普通的用户层应用程序。与在中断上下文运转的内核相比，内核线程可以进入睡眠状态，也可以像系统中的普通进程一样被调度器跟踪。内核线程可用于各种用途：从内存和块设备之间的数据同步，到帮助调度器在CPU上分配进程。我们在本书中会经常遇到它们。

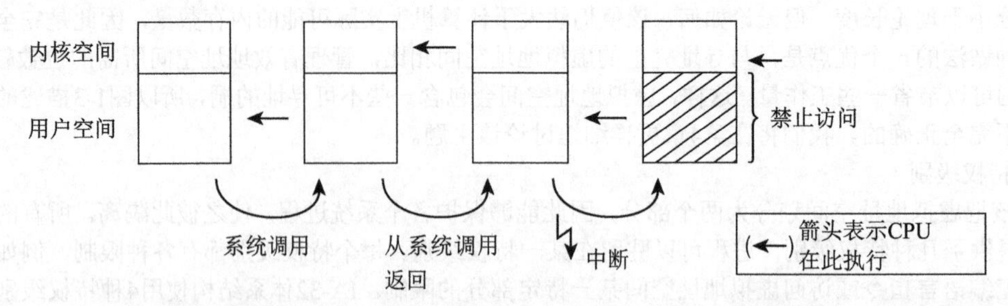

图1-5　在核心态和用户状态执行。CPU大多数时间都在执行用户空间中的代码。当应用程序执行系统调用时，则切换到核心态，内核将完成其请求。在此期间，内核可以访问虚拟地址空间的用户部分。在系统调用完成之后，CPU切换回用户状态。硬件中断也会使CPU切换到核心态，这种情况下内核不能访问用户空间

请注意，在ps命令的输出中很容易识别内核线程，其名称都置于方括号内。

```
wolfgang@meitner> ps fax
  PID TTY      STAT   TIME COMMAND
    2 ?        S<     0:00 [kthreadd]
    3 ?        S<     0:00  _ [migration/0]
    4 ?        S<     0:00  _ [ksoftirqd/0]
    5 ?        S<     0:00  _ [migration/1]
    6 ?        S<     0:00  _ [ksoftirqd/1]
    7 ?        S<     0:00  _ [migration/2]
    8 ?        S<     0:00  _ [ksoftirqd/2]
    9 ?        S<     0:00  _ [migration/3]
   10 ?        S<     0:00  _ [ksoftirqd/3]
   11 ?        S<     0:00  _ [events/0]
   12 ?        S<     0:00  _ [events/1]
   13 ?        S<     0:00  _ [events/2]
   14 ?        S<     0:00  _ [events/3]
   15 ?        S<     0:00  _ [khelper]
...
15162 ?        S<     0:00  _ [jfsCommit]
15163 ?        S<     0:00  _ [jfsSync]
```

在多处理器系统上，许多线程启动时指定了CPU，并限制只能在某个特定的CPU上运行。从内核线程名称之后的斜线和CPU编号可以看到这一点。

2. 虚拟和物理地址空间

大多数情况下，单个虚拟地址空间就比系统中可用的物理内存要大。在每个进程都有自身的虚拟地址空间时，情况也不会有什么改善。因此内核和CPU必须考虑如何将实际可用的物理内存映射到虚拟地址空间的区域。

可取的方法是用页表来为物理地址分配虚拟地址。虚拟地址关系到进程的用户空间和内核空间，而物理地址则用来寻址实际可用的内存。原理如图1-6所示。

图中所示两个进程的虚拟地址空间，都被内核划分为很多等长的部分。这些部分称之为页。物理

内存也划分为同样大小的页。

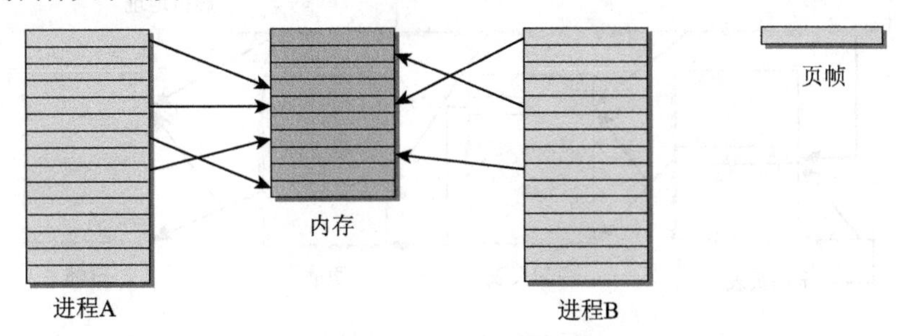

图1-6 虚拟和物理地址

图1-6中的箭头标明了虚拟地址空间中的页如何分配到物理内存页。例如，进程A的虚拟内存页1映射到物理内存页4，而进程B的虚拟内存页1映射到物理内存页5。由此可见，不同进程的同一虚拟地址实际上具有不同的含义。

物理内存页经常称作*页帧*。相比之下，*页*则专指虚拟地址空间中的页。

虚拟地址空间和物理内存之间的映射也使得进程之间的隔离有一点点松动。我们的例子即包含了一个由两个进程显式共享的页帧。进程A的页5和进程B的页1都指向物理页帧5。这种情况是可能的，因为两个虚拟地址空间中的页（虽然在不同的位置）可以映射到同一物理内存页。由于内核负责将虚拟地址空间映射到物理地址空间，因此可以决定哪些内存区域在进程之间共享，哪些不共享。

图1-6表明并非虚拟地址空间的所有页都映射到某个页帧。这可能是因为页没有使用，或者是数据尚不需要使用而没有载入内存中。还可能是页已经换出到硬盘，将在需要时再换回内存。

最后请注意，称呼用户运行的应用程序时，有两个等价的名词可用。其中之一是*用户层*（userland），BSD社区更喜欢使用该术语来称呼所有不属于内核的东西。另一种说法是称某个应用程序在*用户空间*运行。应该注意到，*用户层*这个名词总是指应用程序本身，而*用户空间*则不仅可以表示应用程序，还指代了应用程序所运行的虚拟地址空间的一部分，与内核空间相对。

1.3.4 页表

用来将虚拟地址空间映射到物理地址空间的数据结构称为*页表*。实现两个地址空间的关联最容易的方法是使用数组，对虚拟地址空间中的每一页，都分配一个数组项。该数组项指向与之关联的页帧，但有一个问题。例如，IA-32体系结构使用4 KiB页，在虚拟地址空间为4 GiB的前提下，则需要包含100万项的数组。在64位体系结构上，情况会更糟糕。每个进程都需要自身的页表，因此系统的所有内存都要用来保存页表，也就是说这个方法是不切实际的。

因为虚拟地址空间的大部分区域都没有使用，因而也没有关联到页帧，那么就可以使用功能相同但内存用量少得多的模型：多级分页。

为减少页表的大小并容许忽略不需要的区域，计算机体系结构的设计会将虚拟地址划分为多个部分，如图1-7所示。（具体在地址字的哪些位区域进行划分，可能依不同的体系结构而异，但这与现在我们讨论的内容不相关）。在例子中，我将虚拟地址划分为4部分，这样就需要一个*三级*的页表。大多数体系结构都是这样的做法。但有一些采用了四级的页表，而Linux也采用了四级页表。为简化场景，我在这里会一直用三级页表阐述。

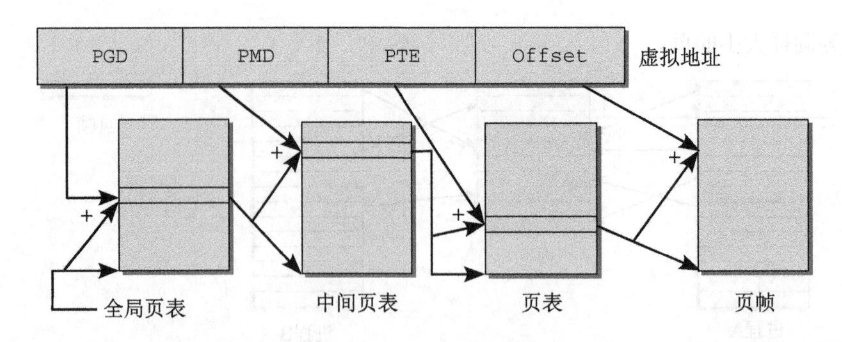

图1-7　分配虚拟地址

虚拟地址的第一部分称为全局页目录（Page Global Directory，PGD）。PGD用于索引进程中的一个数组（每个进程有且仅有一个），该数组是所谓的全局页目录或PGD。PGD的数组项指向另一些数组的起始地址，这些数组称为中间页目录（Page Middle Directory，PMD）。

虚拟地址中的第二个部分称为PMD，在通过PGD中的数组项找到对应的PMD之后，则使用PMD来索引PMD。PMD的数组项也是指针，指向下一级数组，称为页表或页目录。

虚拟地址的第三个部分称为PTE（Page Table Entry，页表数组），用作页表的索引。虚拟内存页和页帧之间的映射就此完成，因为页表的数组项是指向页帧的。

虚拟地址最后的一部分称为偏移量。它指定了页内部的一个字节位置。归根结底，每个地址都指向地址空间中唯一定义的某个字节。

页表的一个特色在于，对虚拟地址空间中不需要的区域，不必创建中间页目录或页表。与前述使用单个数组的方法相比，多级页表节省了大量内存。

当然，该方法也有一个缺点。每次访问内存时，必须逐级访问多个数组才能将虚拟地址转换为物理地址。CPU试图用下面两种方法加速该过程。

(1) CPU中有一个专门的部分称为MMU（Memory Management Unit，内存管理单元），该单元优化了内存访问操作。

(2) 地址转换中出现最频繁的那些地址，保存到称为地址转换后备缓冲器（Translation Lookaside Buffer，TLB）的CPU高速缓存中。无需访问内存中的页表即可从高速缓存直接获得地址数据，因而大大加速了地址转换。

在许多体系结构中高速缓存的运转是透明的，但某些体系结构则需要内核专门处理。这更意味着每当页表的内容变化时必须使TLB高速缓存无效。内核中凡涉及操作页表之处都必须调用相应的指令。如果针对不需要此类操作的体系结构编译内核，则相应调用自动变为空操作。

1. 与CPU的交互

IA-32体系结构在将虚拟地址映射到物理地址时，只使用了两级页表。而64位体系结构（Alpha、Sparc64、IA-64等）地址空间比较大，需要三级或四级的页表，内核与体系结构无关的部分总是假定使用四级页表。

对于只支持二级或三级页表的CPU来说，内核中体系结构相关的代码必须通过空页表对缺少的页表进行仿真。因此，内存管理代码剩余部分的实现是与CPU无关的。

2. 内存映射

内存映射是一种重要的抽象手段。在内核中大量使用，也可以用于用户应用程序。映射方法可以将任意来源的数据传输到进程的虚拟地址空间中。作为映射目标的地址空间区域，可以像普通内存那样用通常的方法访问。但任何修改都会自动传输到原数据源。这样就可以使用相同的函数来处理完全不同的目标对象。例如，文件的内容可以映射到内存中。处理只需读取相应的内存即可访问文件内容，或向内存写入数据来修改文件的内容。内核将保证任何修改都会自动同步到文件中。

内核在实现设备驱动程序时直接使用了内存映射。外设的输入/输出可以映射到虚拟地址空间的区域中。对相关内存区域的读写会由系统重定向到设备，因而大大简化了驱动程序的实现。

1.3.5 物理内存的分配

在内核分配内存时，必须记录页帧的已分配或空闲状态，以免两个进程使用同样的内存区域。由于内存分配和释放非常频繁，内核还必须保证相关操作尽快完成。内核可以只分配完整的页帧。将内存划分为更小的部分的工作，则委托给用户空间中的标准库。标准库将来源于内核的页帧拆分为小的区域，并为进程分配内存。

1. 伙伴系统

内核中很多时候要求分配连续页。为快速检测内存中的连续区域，内核采用了一种古老而历经检验的技术：伙伴系统。

系统中的空闲内存块总是两两分组，每组中的两个内存块称作伙伴。伙伴的分配可以是彼此独立的。但如果两个伙伴都是空闲的，内核会将其合并为一个更大的内存块，作为下一层次上某个内存块的伙伴。图1-8示范了该系统，图中给出了一对伙伴，初始大小均为8页。

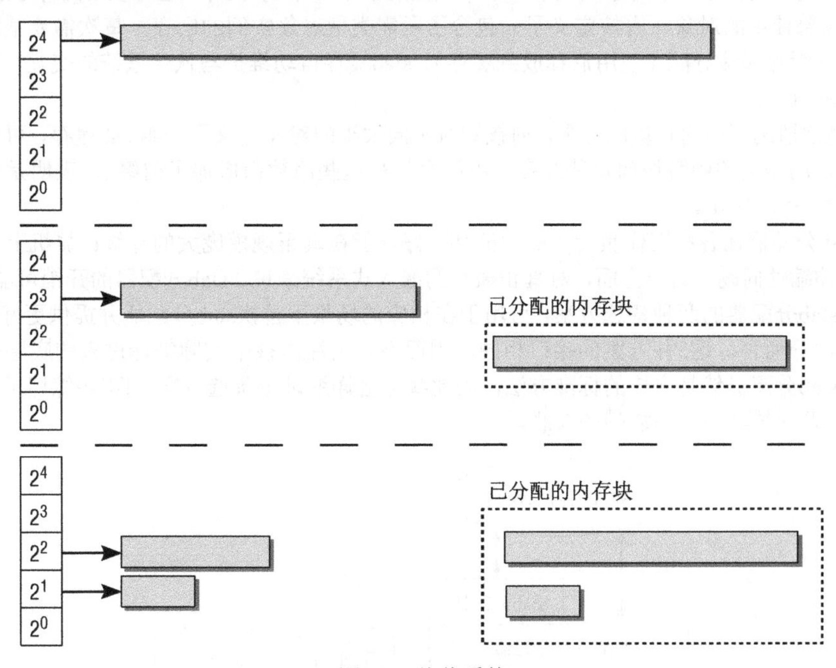

图1-8 伙伴系统

内核对所有大小相同的伙伴（1、2、4、8、16或其他数目的页），都放置到同一个列表中管理。各有8页的一对伙伴也在相应的列表中。

如果系统现在需要8个页帧，则将16个页帧组成的块拆分为两个伙伴。其中一块用于满足应用程序的请求，而剩余的8个页帧则放置到对应8页大小内存块的列表中。

如果下一个请求只需要2个连续页帧，则由8页组成的块会分裂成2个伙伴，每个包含4个页帧。其中一块放置回伙伴列表中，而另一个再次分裂成2个伙伴，每个包含2页。其中一个回到伙伴系统，另一个则传递给应用程序。

在应用程序释放内存时，内核可以直接检查地址，来判断是否能够创建一组伙伴，并合并为一个更大的内存块放回到伙伴列表中，这刚好是内存块分裂的逆过程。这提高了较大内存块可用的可能性。

在系统长期运行时，服务器运行几个星期乃至几个月是很正常的，许多桌面系统也趋向于长期开机运行，那么会发生称为碎片的内存管理问题。频繁的分配和释放页帧可能导致一种情况：系统中有若干页帧是空闲的，但却散布在物理地址空间的各处。换句话说，系统中缺乏连续页帧组成的较大的内存块，而从性能上考虑，却又很需要使用较大的连续内存块。通过伙伴系统可以在某种程度上减少这种效应，但无法完全消除。如果在大块的连续内存中间刚好有一个页帧分配出去，很显然这两块空闲的内存是无法合并的。在内核版本2.6.24开发期间，增加了一些有效措施来防止内存碎片，我会在第3章更详细地讨论相关的底层实现机制。

2. slab缓存

内核本身经常需要比完整页帧小得多的内存块。由于内核无法使用标准库的函数，因而必须在伙伴系统基础上自行定义额外的内存管理层，将伙伴系统提供的页划分为更小的部分。该方法不仅可以分配内存，还为频繁使用的小对象实现了一个一般性的缓存——slab缓存。它可以用两种方法分配内存。

(1) 对频繁使用的对象，内核定义了只包含了所需类型对象实例的缓存。每次需要某种对象时，可以从对应的缓存快速分配（使用后释放到缓存）。slab缓存自动维护与伙伴系统的交互，在缓存用尽时会请求新的页帧。

(2) 对通常情况下小内存块的分配，内核针对不同大小的对象定义了一组slab缓存，可以像用户空间编程一样，用相同的函数访问这些缓存。不同之处是这些函数都增加了前缀k，表明是与内核相关联的：kmalloc和kfree。

虽然slab分配器在各种工作负荷下的性能都很好，但在真正规模庞大的超级计算机上使用时，出现了一些可伸缩性问题。另一方面，对真正微小的嵌入式系统来说，slab分配器的开销可能又太大了。内核提供了slab分配器的两种备选方案，可用于在相应的场景下替换slab分配器并提供更好的性能。对内核的其他部分而言，这3种方案的接口相同，因而不必关注内核中实际编译进来的底层分配器是哪一个。由于slab分配仍然是内核的标准方法，因此我不会详细讨论备选方案。图1-9综述了伙伴系统、slab分配器以及内核其他方面之间的关联。

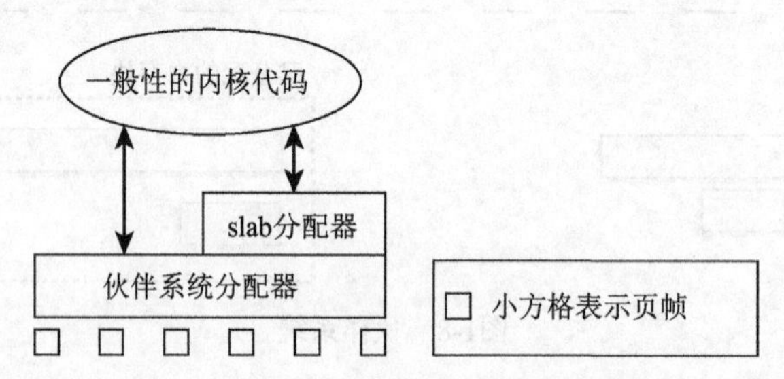

图1-9　页帧的分配由伙伴系统进行，而slab分配器则负责分配小内存以及提供一般性的内核缓存

3. 页面交换和页面回收

页面交换通过利用磁盘空间作为扩展内存，从而增大了可用的内存。在内核需要更多内存时，不

经常使用的页可以写入硬盘。如果再需要访问相关数据，内核会将相应的页切换回内存。通过缺页异常机制，这种切换操作对应用程序是透明的。换出的页可以通过特别的页表项标识。在进程试图访问此类页帧时，CPU则启动一个可以被内核截取的缺页异常。此时内核可以将硬盘上的数据切换到内存中。接下来用户进程可以恢复运行。由于进程无法感知到缺页异常，所以页的换入和换出对进程是完全不可见的。

页面回收用于将内存映射被修改的内容与底层的块设备同步，为此有时也简称为数据回写。数据刷出后，内核即可将页帧用于其他用途（类似于页面交换）。内核的数据结构包含了与此相关的所有信息，当再次需要该数据时，可根据相关信息从硬盘找到相应的数据并加载。

1.3.6 计时

内核必须能够测量时间以及不同时间点的时差，进程调度就会用到该功能。jiffies是一个合适的时间坐标。名为jiffies_64和jiffies（分别是64位和32位）的全局变量，会按恒定的时间间隔递增。每种计算机底层体系结构都提供了一些执行周期性操作的手段，通常的形式是定时器中断。对前述的两个全局变量的更新可使用底层体系结构提供的各种定时器机制执行。

jiffies递增的频率同体系结构有关，取决于内核中一个主要的常数HZ。该常数的值通常介于100和1 000中间。换言之，jiffies的值每秒递增的次数在100至1 000次之间。

基于jiffies的计时相对粒度较粗，因为目前1 000 Hz已经算不上很高的频率了。在底层硬件能力允许的前提下，内核可使用高分辨率的定时器提供额外的计时手段，能够以纳秒级的精确度和分辨率来计量时间。

计时的周期是可以动态改变的。在没有或无需频繁的周期性操作的情况下，周期性地产生定时器中断是没有意义的，这会阻止处理器降低耗电进入睡眠状态。动态改变计时周期对于供电受限的系统是很有用的，例如笔记本电脑和嵌入式系统。

1.3.7 系统调用

系统调用是用户进程与内核交互的经典方法。POSIX标准定义了许多系统调用，以及这些系统调用在所有遵从POSIX的系统包括Linux上的语义。传统的系统调用按不同类别分组，如下所示。

- **进程管理**：创建新进程，查询信息，调试。
- **信号**：发送信号，定时器以及相关处理机制。
- **文件**：创建、打开和关闭文件，从文件读取和向文件写入，查询信息和状态。
- **目录和文件系统**：创建、删除和重命名目录，查询信息，链接，变更目录。
- **保护机制**：读取和变更UID/GID，命名空间的处理。
- **定时器函数**：定时器函数和统计信息。

所有这些函数都对内核提出了要求。这些函数不能以普通的用户库形式实现，因为需要特别的保护机制来保证系统稳定性或安全不受危及。此外许多调用依赖内核内部的结构或函数来得到所需的数据或结果，这也导致了无法在用户空间实现。在发出系统调用时，处理器必须改变特权级别，从用户状态切换到核心态。Linux对此没有标准化的做法，因为每个硬件平台都提供了特定的机制。有时候，在同样的体系结构上也会根据处理器类型使用不同的方法实现。尽管Linux使用了一个专用软件中断在IA-32处理器上执行系统调用，而其他UNIX操作系统在IA-32上的软件仿真（iBCS仿真器）则采用了一种不同的方法来执行二进制程序（汇编语言爱好者会知道，是lcall7或lcall27调用门）。IA-32架构的现代处理器也提供了专用的汇编语句来执行系统调用。这在旧系统上是不可用的，因此无法用到所有计算机上。对所有的处理器来说，一个共同点就是：用户进程要从用户状态切换到核心态，并将系统关键任务委派给内核执行，系统调用是必由之路。

1.3.8　设备驱动程序、块设备和字符设备

设备驱动程序用于与系统连接的输入/输出装置通信，如硬盘、软驱、各种接口、声卡等。按照经典的UNIX箴言“万物皆文件”（everything is a file），对外设的访问可利用/dev目录下的设备文件来完成，程序对设备的处理完全类似于常规的文件。设备驱动程序的任务在于支持应用程序经由设备文件与设备通信。换言之，使得能够按适当的方式在设备上读取/写入数据。

外设可分为以下两类。

(1) **字符设备**：提供连续的数据流，应用程序可以顺序读取，通常不支持随机存取。相反，此类设备支持按字节/字符来读写数据。举例来说，调制解调器是典型的字符设备。

(2) **块设备**：应用程序可以随机访问设备数据，程序可自行确定读取数据的位置。硬盘是典型的块设备，应用程序可以寻址磁盘上的任何位置，并由此读取数据。此外，数据的读写只能以块（通常是512B）的倍数进行。与字符设备不同，块设备并不支持基于字符的寻址。

编写块设备的驱动程序比字符设备要复杂得多，因为内核为提高系统性能广泛地使用了缓存机制。

1.3.9　网络

网卡也可以通过设备驱动程序控制，但在内核中属于特殊状况，因为网卡不能利用设备文件访问。原因在于在网络通信期间，数据打包到了各种协议层中。在接收到数据时，内核必须针对各协议层的处理，对数据进行拆包与分析，然后才能将有效数据传递给应用程序。在发送数据时，内核必须首先根据各个协议层的要求打包数据，然后才能发送。

为支持通过文件接口处理网络连接（按照应用程序的观点），Linux使用了源于BSD的套接字抽象。套接字可以看作应用程序、文件接口、内核的网络实现之间的代理。

1.3.10　文件系统

Linux系统由数以千计乃至百万计的文件组成，其数据存储在硬盘或其他块设备（例如ZIP驱动、软驱、光盘等）。存储使用了层次式文件系统。文件系统使用目录结构组织存储的数据，并将其他元信息（例如所有者、访问权限等）与实际数据关联起来。Linux支持许多不同的文件系统：标准的Ext2和Ext3文件系统、ReiserFS、XFS、VFAT（为兼容DOS），还有很多其他文件系统。不同文件系统所基于的概念抽象，在某种程度上可以说是南辕北辙。Ext2基于inode，即它对每个文件都构造了一个单独的管理结构，称为inode，并存储到磁盘上。inode包含了文件所有的元信息，以及指向相关数据块的指针。目录可以表示为普通文件，其数据包括了指向目录下所有文件的inode的指针，因而层次结构得以建立。相比之下，ReiserFS广泛应用了树形结构来提供同样的功能。

内核必须提供一个额外的软件层，将各种底层文件系统的具体特性与应用层（和内核自身）隔离开来。该软件层称为VFS（Virtual Filesystem或Virtual Filesystem Switch，虚拟文件系统或虚拟文件系统交换器）。VFS既是向下的接口（所有文件系统都必须实现该接口），同时也是向上的接口（用户进程通过系统调用最终能够访问文件系统功能）。如图1-10所示。

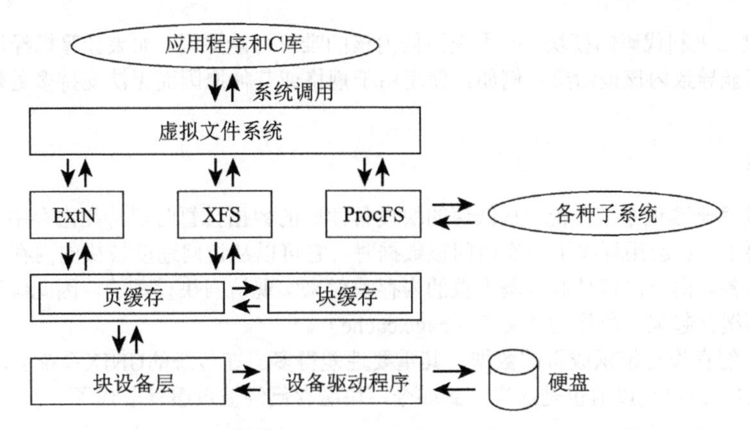

图1-10 虚拟文件系统层、文件系统实现和块设备层之间的互操作

1.3.11 模块和热插拔

模块用于在运行时动态地向内核添加功能，如设备驱动程序、文件系统、网络协议等，实际上内核的任何子系统[①]几乎都可以模块化。这消除了宏内核与微内核相比一个重要的不利之处。

模块还可以在运行时从内核卸载，这在开发新的内核组件时很有用。

模块在本质上不过是普通的程序，只是在内核空间而不是用户空间执行而已。模块必须提供某些代码段[②]在模块初始化（和终止）时执行，以便向内核注册和注销模块。另外，模块代码与普通内核代码的权利（和义务）都是相同的，可以像编译到内核中的代码一样，访问内核中所有的函数和数据。

对支持热插拔而言，模块在本质上是必需的。某些总线（例如，USB和FireWire）允许在系统运行时连接设备，而无需系统重启。在系统检测到新设备时，通过加载对应的模块，可以将必要的驱动程序自动添加到内核中。

模块特性使得内核可以支持种类繁多的设备，而内核自身的大小却不会发生膨胀。在检测到连接的硬件后，只需要加载必要的模块，多余的驱动程序无需加入到内核。

内核社区中一个长期存在的争论则是围绕只提供二进制代码的模块展开的，即不提供源代码的模块。在大多数私有的操作系统上只提供二进制代码的模块是普遍存在的，但许多内核开发者认为它们（至少是）邪恶的化身。内核是开源软件，因此他们认为，出于各种法律和技术原因，模块也应该是开源的。实际上还有更有力论据支持上述推论（此外，我也这样认为），但一些商业公司不这样看，他们认为开放驱动程序的源代码会削弱其商业地位。

目前可以将只提供二进制代码的模块加载到内核，但有很多限制。最重要的一点是，对任何明确规定调用者也必须使用GPL许可的函数，此类模块均不能访问。加载只提供二进制代码的模块会污染内核，每当发生点坏事，过错自然会归咎于相应的模块。如果内核被污染，则故障转储文件中会标记出来，而内核开发者一般不愿意解决此类导致崩溃的问题。因为二进制模块可能使内核的每个部分都发生了充分的震荡，不能假定内核仍然可以按预定的设计工作，所以这种情况下的支持工作最好留给相关模块的厂商处理。

---

① 基本功能除外，如内存管理总是必需的。

② 指`init.text`和`exit.text`。——译者注

加载只提供二进制代码的模块，并不是污染内核的唯一可能原因。如果计算机经历了某些严重的异常情况，也可能导致内核被污染。例如，使用由于规格或其他原因而无法支持多处理器的CPU来构建SMP系统。

1.3.12　缓存

内核使用缓存来改进系统性能。从低速的块设备读取的数据会暂时保持在内存中，即使数据在当时已经不再需要了。在应用程序下一次访问该数据时，它可以从访问速度较快的内存中读取，因而绕过了低速的块设备。由于内核是通过基于页的内存映射来实现访问块设备的，因此缓存也按页组织，也就是说整页都缓存起来，故称为页缓存（page cache）。

块缓存用于缓存没有组织成页的数据，其重要性差得多。在传统的UNIX系统上，块缓存用作系统的主缓存，而Linux很久以前也是这样。到如今，块缓存已经被页缓存取代了。

1.3.13　链表处理

C程序中重复出现的一项任务是对双链表的处理。内核也需要处理这样的链表。因此在后续章节中，我会频繁提及内核中的标准链表实现。在此我简要地介绍处理链表的API。

内核提供的标准链表可用于将任何类型的数据结构彼此链接起来。很明确，它不是类型安全的。加入链表的数据结构必须包含一个类型为list_head的成员，其中包含了正向和反向指针。如果有若干链表涉及同一数据结构，这也是比较常见的情形，那么结构中就需要同样数目的list_head成员。

<list.h>
```
struct list_head {
        struct list_head *next, *prev;
};
```

该成员可以如下放置到数据结构中：

```
struct task_struct {
...
  struct list_head run_list;
...
};
```

链表的起点同样是list_head的实例，通常用LIST_HEAD（list_name）宏来声明并初始化。如图1-11所示，内核建立了一个循环链表。这种链表的第一个和最后一个元素都能达到$O(1)$的访问时间，也就是说，不管链表的大小如何，访问这两个元素花费的时间是一个常数。

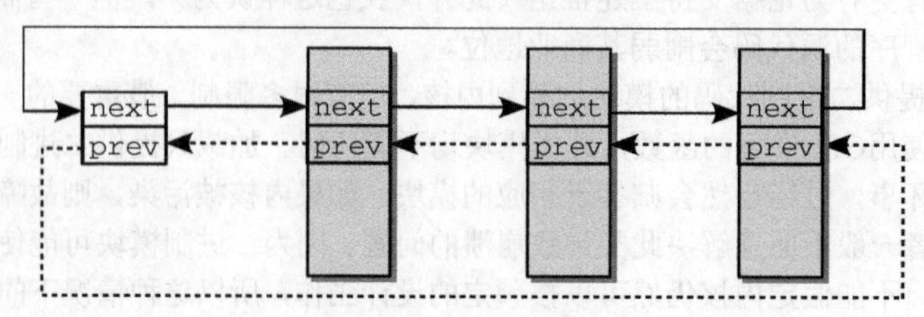

图1-11　标准双链表

如果作为数据结构的成员，则struct list_head被称作链表元素。用作链表起点的元素被称作表头。

> 在简要地概述各种内核数据结构的关系时，连接链表头尾元素的指针通常会使图像杂乱，并妨碍说明图的主旨。因而，我通常在图中省去表头和表尾之间的连接。因此在本书其余部分，上述链表通常画成图1-12所示。这样做可以专注于实质性的细节，而无需对不相干的链表指针浪费空间。

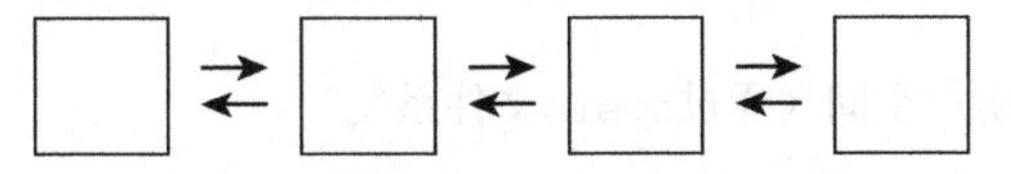

图1-12 双链表简图。请注意，表头和表尾之间的连接没有显示，尽管在内核内存中实际的指针是存在的

有若干处理链表的标准函数，在后续章节中我们会陆续接触。（其参数的数据类型是struct list_head。）

- list_add(new, head)用于现存的head元素之后，紧接着插入new元素。
- list_add_tail(new, head)用于在head元素之前，紧接着插入new元素。如果指定head为表头，由于链表是循环的，那么new元素就插入到链表的末尾（该函数因此而得名）。
- list_del(entry)从链表中删除一项。
- list_empty(head)检测链表是否为空，也就是链表是否没有包含元素。
- list_splice (list, head)负责合并两个链表，把list插入到另一个现存链表的head元素之后。
- 查找链表元素必须使用list_entry。初看起来，其调用语法相当复杂：list_entry(ptr, type, member)。ptr是指向数据结构中list_head成员实例的一个指针，type是该数据结构的类型，而member则是数据结构中表示链表元素的成员名。如果在链表中查找task_struct的实例，则需要下列示例调用：struct task_struct = list_entry(ptr, struct task_struct, run_list)。

  因为链表的实现不是类型安全的，所以需要显式指定类型。如果数据结构包含在多个链表中，则必须指定所要查找的链表元素，才能找到正确的链表元素。[①]
- list_for_each(pos, head)用于遍历链表的所有元素。pos表示链表中的当前位置，而head指定了表头。

```
struct list_head *p;

list_for_each(p, &list)
        if (condition)
                return list_entry(p, struct task_struct, run_list);
return NULL;
```

1.3.14 对象管理和引用计数

内核中很多地方都需要跟踪记录C语言中结构的实例。尽管这些对象的用法大不相同，但各个不同子系统的某些操作非常类似，例如引用计数。这导致了代码复制。由于这是个糟糕的问题，因此在内核版本2.5的开发期间，内核采用了一般性的方法来管理内核对象。所引入的框架并不只是为了防止

① 即使结构中只有一个链表元素，也需要使用该函数通过指针运算来找到结构实例的正确起始地址，然后通过类型转换将地址转换为所需的数据类型。在有关C语言编程的附录中，我会更详细地讨论相关主题。

代码复制，同时也为内核不同部分管理的对象提供了一致的视图，在内核的许多部分可以有效地使用相关信息，如电源管理。

一般性的内核对象机制可用于执行下列对象操作：

- 引用计数；
- 管理对象链表（集合）；
- 集合加锁；
- 将对象属性导出到用户空间（通过sysfs文件系统）。

1. 一般性的内核对象

下列数据结构将嵌入其他数据结构中，用作内核对象的基础。

<kobject.h>

```
struct kobject {
        const char              * k_name;
        struct kref             kref;
        struct list_head        entry;
        struct kobject          * parent;
        struct kset             * kset;
        struct kobj_type        * ktype;
        struct sysfs_dirent     * sd;
};
```

> kobject不是通过指针与其他数据结构连接起来，而必须直接嵌入。这样做，通过管理kobject即达到了对包含kobject对象的管理。由于kobject结构会嵌入到内核的许多数据结构中，开发者需要注意保持该结构较小。向该数据结构添加一个新成员，则会导致许多其他数据结构的大小增加。嵌入的kobject如下所示：
>
> ```
> struct sample {
> ...
>     struct kobject kobj;
> ...
> };
> ```

kobject结构各个成员的语义如下所示。

- k_name是对象的文本名称，可利用sysfs导出到用户空间。sysfs是一个虚拟文件系统，可以将系统的各种属性描述导出到用户空间。sd即用于支持内核对象与sysfs之间的关联，我会在第10章再详细论述。
- kref类型为struct kref，用于简化引用计数的管理。我会在下文讨论该结构。
- entry是一个标准的链表元素，用于将若干kobject放置到一个链表中（在这种情况下称为集合）。
- 将对象与其他对象放置到一个集合时，则需要kset。
- parent是一个指向父对象的指针，可用于在kobject之间建立层次结构。
- ktype提供了包含kobject的数据结构的更多详细信息。其中，最重要的是用于释放该数据结构资源的析构器函数。

kobject与面向对象编程语言（像C++或Java）中的对象概念的相似性决不是巧合。kobject抽象实际上提供了在内核使用面向对象技术的可能性，而无需C++的所有额外机制（以及二进制代码大小的膨胀和额外开销）。

表1-1列出了内核提供用于操作kobject实例的标准操作，实质上是作用于包含kobject的结构。

用于管理引用计数的kref结构如下所示：

<kref.h>

```
struct kref {
        atomic_t refcount;
};
```

refcount是一个原子数据类型，给出了内核中当前使用某个对象的计数。在计数器到达0时，就不需要该对象了，可以从内存中删除。

表1-1 处理kobject的标准方法

函 数	语 义
kobject_get, kobject_put	对kobject的引用计数器加1或减1
kobject_(un)register	从层次结构中注册或删除对象，对象被添加到父对象中现存的集合中（如果有的话[①]），同时在sysfs文件系统中创建一个对应项
kobject_init	初始化一个kobject，即将引用计数器设置为初始值，初始化对象的链表元素
kobject_add	初始化一个内核对象，并使之显示在sysfs中
kobject_cleanup	在不需要kobject（以及包含kobject的对象）时，释放分配的资源

在kref的设计中，将一个值封装在结构中，防止直接操纵该值。必须使用kref_init来初始化kref。如果要使用某个对象，则需要首先调用kref_get对引用计数器加1。在对象不再使用时，则需要调用kref_put将计数器减1。

2. 对象集合

在很多情况下，必须将不同的内核对象归类到集合中，例如，所有字符设备集合，或所有基于PCI的设备集合。用到的数据结构定义如下：

<kobject.h>

```
struct kset {
        struct kobj_type          * ktype;
        struct list_head          list;
...
        struct kobject            kobj;
        struct kset_uevent_ops    * uevent_ops;
};
```

有趣的是，kset是内核对象应用的第一个例子。由于管理集合的结构只能是内核对象，因此它可以通过先前讨论过的struct kobject管理。实际上kset中嵌入了一个kobject的实例kobj。它与集合中包含的各个kobject无关，只是用来管理kset对象本身。

其他成员的含义如下所示。

- ktype指向kset中各个内核对象公用的kobj_type结构。
- list是所有属于当前集合的内核对象的链表。
- uevent_ops提供了若干函数指针，用于将集合的状态信息传递给用户层。该机制由驱动程序模型的核心使用，例如格式化一个信息，通知添加了新设备。

另一个结构用于描述内核对象的共同特性。其定义如下：

① 指kset成员。——译者注

<kobject.h>

```
struct kobj_type {
...
        struct sysfs_ops        * sysfs_ops;
        struct attribute        ** default_attrs;
};
```

请注意kobj_type与内核对象的集合没什么关系，kset已经提供了集合功能。该结构提供了与sysfs文件系统（在10.3节讨论）的接口。如果多个对象通过该文件系统导出类似的信息，则可以简化，使多个对象共享同一个ktype来提供所需的方法。

3. 引用计数

引用计数用于检测内核中有多少地方使用了某个对象。每当内核的一个部分需要某个对象所包含的信息时，则对该对象的引用计数加1。如果不再需要相应的信息，则对该对象的引用计数减1。在计数下降到0后，内核知道不再需要该对象，所以此时从内存中释放该对象。内核提供了下列数据结构处理引用计数：

<kref.h>

```
struct kref {
        atomic_t refcount;
};
```

该数据结构确实很简单，它只提供了一个一般性的原子引用计数。“原子”在这里意味着，对该变量的加1和减1操作在多处理器系统上也是安全的，多处理器系统中可能会有多个代码路径同时访问一个对象。第5章更详细地讨论了这方面的主题。

辅助方法kref_init、kref_get和kref_put用于对引用计数器进行初始化、加1、减1操作。初看起来似乎太简单了。不过这些函数仍然有助于避免过度的代码复制，因为引用计数和前述几个操作的使用遍及整个内核。

> 尽管这样操作引用计数器不会有并发问题，但并不意味着并发访问包含kref的数据结构是安全的！内核代码需要采取进一步措施，以保证多处理器同时访问数据结构不会引起任何问题，我会在第5章讨论这些问题。

最后请注意，在内核代码的Documentation/kobject.txt中包含了与内核对象有关的一些文档。

1.3.15　数据类型

与用户层程序相比，内核对与数据类型有关的一些问题采取了不同的处理方法。

1. 类型定义

内核使用typedef来定义各种数据类型，以避免依赖于体系结构相关的特性，比如，各个处理器上标准数据类型的位长可能都不见得相同。定义的类型名称如sector_t（用于指定块设备上的扇区编号）、pid_t（表示进程ID）等，这些都是由内核在特定于体系结构的代码中定义的，以确保相关类型的值落在适当的范围内。因为通常无需了解这些类型的定义是基于哪些基本的数据类型，为简单起见，我在后续章节中不会总是讨论数据类型的精确定义。相反，我会直接使用这些类型而不做进一步说明，这些实际上只不过是对非复合的标准数据类型用了个不同的名称而已。

> 如果某个变量的类型是typedef而来的，则不能直接访问，而需要通过辅助函数，书中遇到具体的数据类型时会介绍相关的函数。这样做确保了对相应数据类型的正确操作，尽管对用户来说类型定义其实是透明的。

在某些时候内核必须使用精确定义了位数的变量，例如，在需要向硬盘存储数据结构时。为允许数据在各种系统之间交换（例如，USB存储棒），无论数据在计算机内部如何表示，必须总是使用同样的外部格式。

为此内核定义了若干整数数据类型，不仅明确标明了是有符号数还是无符号数，而且还指定了相关类型的精确位数。例如，__s8和__u8分别是有符号（__s8）和无符号（__u8）的8位整数。__u16和__s16、__u32和__s32、__u64和__s64的定义类似。

2. 字节序

为表示数字，现代计算机采用大端序（big endian）或小端序（little endian）格式。该格式表示如何存储多字节数据类型。在大端序格式中，最高有效字节存储在最低地址，而随着地址升高，字节的权重降低。在小端序格式中，最低有效字节存储在最低地址，而随着地址升高，字节的权重也升高。有些体系结构（如MIPS）支持两种字节序。图1-13说明了该问题。

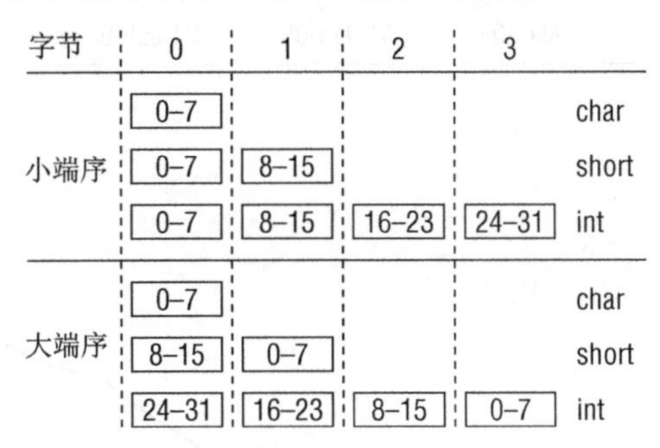

图1-13 基本数据类型的结构取决于底层体系结构的字节序

内核提供了各种函数和宏，可以在CPU使用的格式与特定的表示法之间转换。cpu_to_le64将64位数据类型转换为小端序格式，而le64_to_cpu所做的刚好相反（如果体系结构采用的字节序是小端序格式，这两个例程当然是空操作，否则必须相应地交换字节位置）。对64位、32位和16位的数据类型，所有的小端序、大端序之间的转换例程都是可用的。

3. per-cpu变量

普通的用户空间程序设计不会涉及的一个特殊事项就是所谓的per-cpu变量。它们是通过DEFINE_PER_CPU(name, type)声明，其中name是变量名，而type是其数据类型（例如int[3]、struct hash等）。在单处理器系统上，这与常规的变量声明没有不同。在有若干CPU的SMP系统上，会为每个CPU分别创建变量的一个实例。用于某个特定CPU的实例可以通过get_cpu(name, cpu)获得，其中smp_processor_id()可以返回当前活动处理器的ID，用作前述的cpu参数。

采用per-cpu变量有下列好处：所需数据很可能存在于处理器的缓存中，因此可以更快速地访问。如果在多处理器系统中使用可能被所有CPU同时访问的变量，可能会引发一些通信方面的问题，采用上述概念刚好绕过了这些问题。

4. 访问用户空间

源代码中的多处指针都标记为__user，该标识符对用户空间程序设计是未知的。内核使用该记号来标识指向用户地址空间中区域的指针，在没有进一步预防措施的情况下，不能轻易访问这些指针指向的区域。这是因为内存是通过页表映射到虚拟地址空间的用户空间部分的，而不是由物理内存直接映射的。因此内核需要确保指针所指向的页帧确实存在于物理内存中，我会在第2章进一步详细讨论该问题。通过显式标记，可以支持利用自动检查工具（sparse）来确认实际上遵守了必要的条件。

1.3.16　本书的局限性

尽管在本书中涵盖的主题很多，但这些都只是Linux能力的一部分而已：详细讨论内核的所有方面是完全不可能的。我试图选择一般读者最感兴趣的主题，也呈现了整个内核生态系统的一个具有代表性的剖面图。

除阐述内核的许多重要部分外，我重点向读者说明内核的一般设计思想，以及开发者之间如何通过交互来确定设计决策。虽然有很多与内核没有直接关系的讨论（例如，如何用GNU C编译器工作），但这些实际上也支持了内核的开发。此外本书还包括了一些非技术性的讨论，即附录F中讲述了内核开发的社会性一面。

最后请注意图1-14，该图说明了过去几年间内核源代码的增长情况。

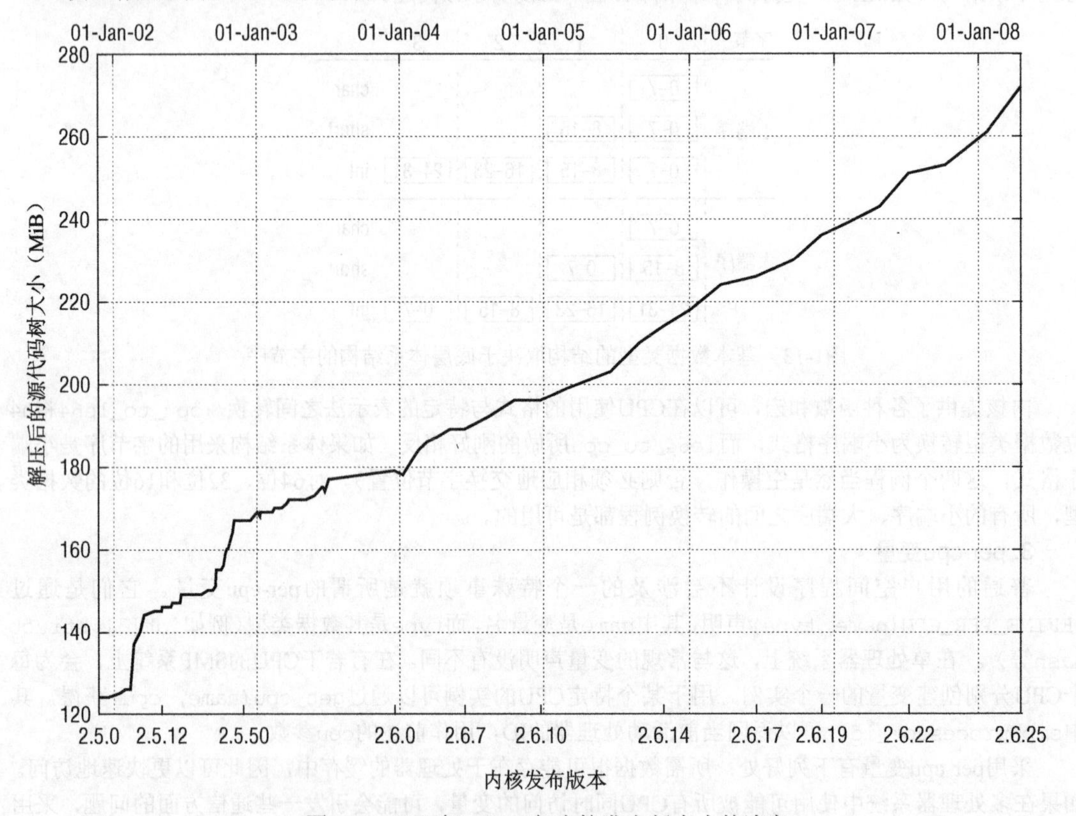

图1-14　2002年～2008年内核发布版大小的演变

内核开发是一个高度动态的过程，内核获得新特性和持续改进的速度有时简直是不可思议。Linux基金会的研究结果（[KHCM]）显示，每次内核发布，大约都会加入10 000个补丁，每次发布所添加的大量代码是由接近1 000名开发者完成的。平均起来，一天24小时、一周7天，每小时集成到内核的修改有2.83处之多！这只能通过成熟的源代码管理和开发者之间的沟通来达成。我会在附录B和附录F中继续讨论这些问题。

1.4 为什么内核是特别的

内核很神奇，但归根结底它只是一个大的C程序，带有一些汇编代码（不时出现很少量的"黑巫术"）。是什么使得内核如此吸引人？原因有几个。首要一点在于，内核是由世界上最好的程序员编写的，源代码可以证实这一点。其结构良好，细节一丝不苟，巧妙的解决方案在代码中处处可见。一言以蔽之：内核应该是什么样子，它现在就是什么样子。但这并不意味着内核是应用教科书风格的程序设计方法学得出的产品。尽管内核采用了设计得非常干净的抽象，以保持代码的模块化和易管理性，但这一点与内核的其他方面混合起来，使得代码非常有趣和独特。在必要的情况下，内核会以上下文相关的方式重用比特位置，多次重载结构成员，从指针已经对齐的部分压榨出又一个存储位，自由地使用goto语句，还有很多其他东西，这些都会使任何强调结构的程序员因痛苦而尖叫。

教科书答案中难以想象的那些技巧，对于实现能够在真正的现实世界中正常工作的内核不仅是有益的，甚至是必需的。正是因为找到了一条在内核完全对立的两面之间保持平衡的路径，内核才如此令人兴味盎然、富有挑战性并且妙趣横生！

颂扬了内核源代码之后，还有许多不同于用户层程序的严肃问题需要说明。

- 调试内核通常要比调试用户层程序困难。对后者来说有大量的调试器可用，而对于前者来说调试器的实现难度要高得多。附录B讨论了在内核开发中使用调试器的各种技巧，但与用户层对应的方法相比都需要更多的工作。
- 内核提供了许多辅助函数，类似于用户空间的C语言库，但内核领域中的东西总是朴素得多。
- 用户层应用程序的错误可能会导致段错误（segmentation fault）或内存转储（core dump），但内核错误会导致整个系统故障。甚至更糟的是：内核会继续运行，在错误发生若干小时之后系统离奇地崩溃。如上所述，因为在内核空间调试比用户层应用程序更困难，所以在内核代码投入使用之前要进行更多的考虑。
- 必须考虑到内核运行的许多体系结构上根本不支持非对齐的内存访问。由于编译器插入的填充（padding）字段，也会影响到数据结构在不同体系结构之间的可移植性。附录C会进一步讨论这个问题。
- 所有的内核代码都必须是并发安全的。由于对多处理器计算机的支持，Linux内核代码必须是可重入和线程安全的。也就是说，程序必须允许同时执行，而数据必须针对并行访问进行保护。
- 内核代码必须在小端序和大端序计算机上都能够工作。
- 大多数的体系结构根本不允许在内核中执行浮点计算，因此计算需要想办法用整型来替代。

后面读者会看到如何处理这些问题。

1.5 行文注记

在深入内核之前，我需要谈一下本书的行文方式，以及为什么采用这种特定的方式进行阐述。

请注意本书的内容很明确，即理解内核。如何编写代码的例子已经有意省去，因为本书的内容已经非常广泛，而且篇幅巨大。这方面有几本书可作补充，如Corbet等人的［CRKH05］、Venkateswaran的［Ven08］[1]、Quade/Kunst的［QK06］都涵盖了大量实际的例子，讨论了如何创建新的代码，特别

[1] 此书中文版《精通Linux设备驱动程序开发》已经由人民邮电出版社出版。——译者注

是驱动程序。内核连编（build）系统负责创建适合用户需要的内核，在讨论其工作原理时，我不会详细介绍配置选项，因为这些选项主要涉及驱动程序的配置。关于这方面的内容可参考Kroah-Hartman写的书［KH07］。

通常在开始阐述主题之前，我首先会概述相关的概念，然后深入介绍内核中的数据结构及其关联。通常在最后才讨论代码，因为代码涉及的细节最多。之所以选择这种自顶向下的方法，是因为我们认为这种方法对于理解内核来说最容易。请注意，自底向上进行讨论也是可以的，也就是说从深入内核之处开始讨论，然后逐渐上升到C库和用户空间。但要注意，逆向阐述不见得更好。根据我的经验，与自顶向下的策略相比，自底向上讲述需要更多的向前引用，因此我在本书中更多地采用了前一种策略。

在直接呈现C源代码时，我有时会冒昧地稍作改写，以便突出更重要的成分，而排除次要的"谨慎处理"之处。例如，内核对每次内存分配的返回值都会进行检查，这是非常重要的。虽然分配在几乎所有的情况下都会成功，但也必须处理内存不足而导致分配失败的情形。内核必须以某种方式处理该情形，可以向系统日志发送一个警告信息。如果当前是因应用程序的请求而执行某个任务，则向用户空间返回一个错误码。但此类细节通常会妨碍查看真正重要之处。看一看下列代码，其功能是为一个进程设置命名空间。

kernel/nsproxy.c

```
static struct nsproxy *create_new_namespaces(unsigned long flags,
                        struct task_struct *tsk, struct fs_struct *new_fs)
{
        struct nsproxy *new_nsp;
        int err;

        new_nsp = clone_nsproxy(tsk->nsproxy);
        if (!new_nsp)
                return ERR_PTR(-ENOMEM);

        new_nsp->mnt_ns = copy_mnt_ns(flags, tsk->nsproxy->mnt_ns, new_fs);
        if (IS_ERR(new_nsp->mnt_ns)) {
                err = PTR_ERR(new_nsp->mnt_ns);
                goto out_ns;
        }

        new_nsp->uts_ns = copy_utsname(flags, tsk->nsproxy->uts_ns);
        if (IS_ERR(new_nsp->uts_ns)) {
                err = PTR_ERR(new_nsp->uts_ns);
                goto out_uts;
        }

        new_nsp->ipc_ns = copy_ipcs(flags, tsk->nsproxy->ipc_ns);
        if (IS_ERR(new_nsp->ipc_ns)) {
                err = PTR_ERR(new_nsp->ipc_ns);
                goto out_ipc;
        }
...
        return new_nsp;
out_ipc:
       if (new_nsp->uts_ns)
                put_uts_ns(new_nsp->uts_ns);
```

```
out_uts:
        if (new_nsp->mnt_ns)

                put_mnt_ns(new_nsp->mnt_ns);
out_ns:
        kmem_cache_free(nsproxy_cachep, new_nsp);
        return ERR_PTR(err);
}
```

上述代码具体做了什么与现在要讨论的问题无关，我会在后续章节中讨论该代码。实质上，该例程试图根据一些控制clone操作的标志，来复制命名空间的各个部分。各种命名空间都是用一个单独的函数处理，例如copy_mnt_ns负责处理文件系统命名空间。

内核每次复制一个命名空间时，可以容忍发生错误，但必须检测到错误并传递到调用函数。错误或者是通过函数的返回码直接检测，如clone_nsproxy，或者编码在一个指针类型的返回值，通过PTR_ERR宏检测，该宏可以解码出错误值（下文会讨论该机制）。在很多情况下，只是检测错误并将该信息返回调用者是不够的。由于发生了错误，因此先前分配的资源已经不再需要了，必须再次释放。内核处理该情形的标准技术如下：跳转到一个特定的标号，释放所有先前分配的资源，或将对象的引用计数减1。处理此类情况正是goto语句的正确用途之一。有多种方法可以讲述该函数实际所做的操作。

- 直接过一遍代码，读者可以看到一个长长的步骤列表。

  (1) create_new_namespace调用clone_nsproxy。如果该调用失败，则返回-ENOMEM，否则继续。

  (2) create_new_namespace接下来调用copy_mnt_ns。如果该调用失败，则获得copy_mnt_ns的返回值中编码的错误码并跳转到标号out_ns，否则继续。

  (3) create_new_namespace接下来调用copy_utsname。如果该调用失败，则获得copy_utsname的返回值中编码的错误码并跳转到标号out_uts，否则继续。

  (4) ……

  虽然许多内核教科书都喜欢使用上述方法，但除了直接从源代码看到的内容之外，该方法只能提供很少的信息。用这种方法讨论内核底层最复杂的部分是适当的，但该方法既无法促进对一般意义上的内核整体图景的认识，也无益于理解具体的代码片段。

- 用文字概述函数所做的工作，如“create_new_namespace负责创建父命名空间的副本”。对于内核需要以某种方式完成的次重要任务，我们使用这种方法阐述，既不提供具体细节，也不使用特别有趣的技巧。

- 使用流程图说明函数所做的工作。本书有150多幅代码流程图，我更喜欢用这种方法处理代码。重要的是注意到，不应认为这些图表是具体操作的完全真实的表示。与前述方法相比，完全真实的图示也不会带来什么简化。图1-15给出了copy_namespaces的真实图示。该图与源代码自身相比一点也不简单，所以这样提供图示就没有多大效果了。

  相反，我采用代码流程图来说明函数执行的实质性任务。图1-16给出了我用来替代图1-15的代码流程图。

  图1-16省去了一些东西（绘制时有意如此），而且也达到了突出本质性内容的目的。在图中读者不会看到函数实现的每个细节，而会立刻意识到内核使用一个特定的例程创建了各个命名空间的副本，而所用的函数名足以提示其中复制了哪些命名空间。这些信息要重要得多！

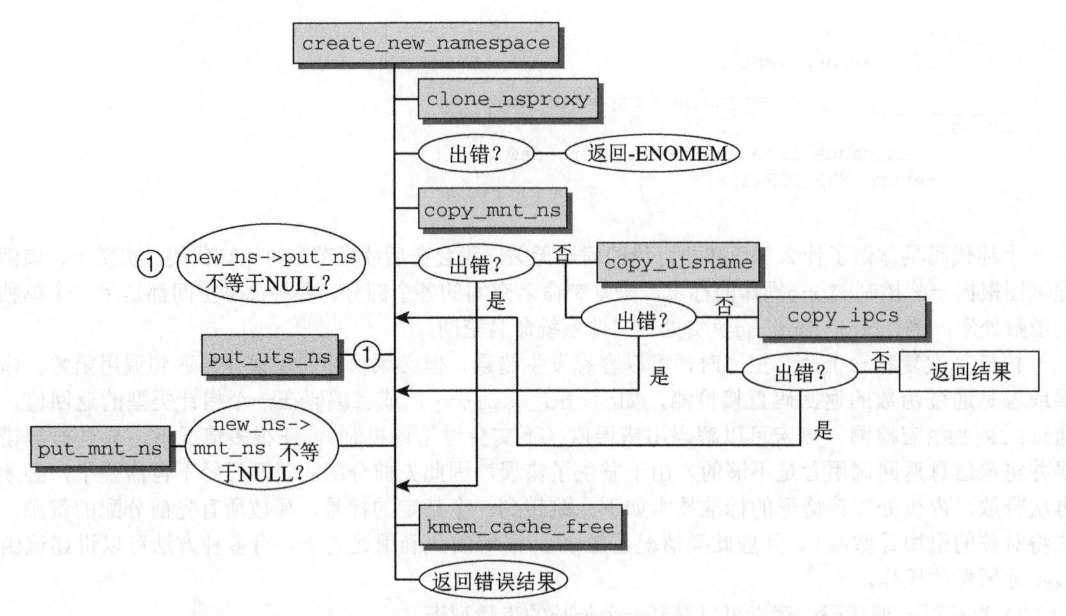

图1-15　一个忠实于源代码的代码流程图示例，既不清楚也难于理解

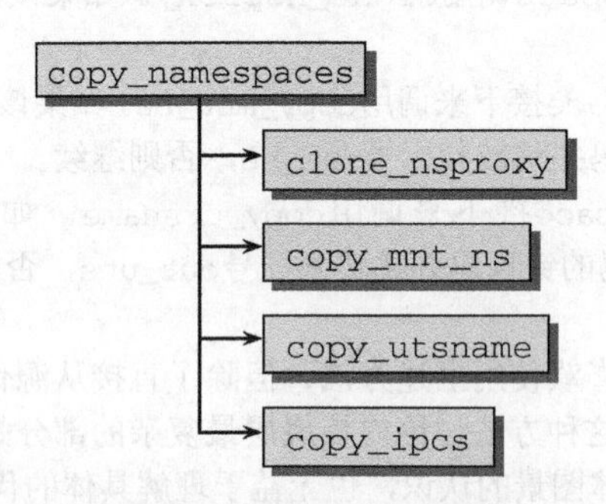

图1-16　本书使用的代码流程图风格示例。这种风格的图可以立即捕获所有的实质性操作，而不会被次要的标准任务干扰

实际上，对错误返回码的处理是毋庸置疑的，因此我们不会对此类代码给予过多关注。但这并不意味着错误处理不重要，事实上这很重要。如果Linux内核对错误处理不当，就会变成一个糟糕的内核。但错误处理除了会使大多数操作流程变得比较模糊之外，并不会引入什么新东西，也不会使理解内核的一般原理变得更容易，因此在描述代码时为保证清晰简明而牺牲一点儿完备性是值得的。要想看到所有细节，可以直接查看内核源代码！

- 如果代码中包含了很多重要策略的信息，那么直接讨论内核代码就很重要，在我认为必要的时候也会这样做。但我经常会冒昧地省去代码中无趣或很机械的部分，因此，如果书中的代码与内核有细微差别，请读者不要惊诧。

虽然本书包含了源代码，但如果你不是在孤岛上阅读，而是在计算机旁边，最好是直接查看Linux的源代码。不管怎么说，待在孤岛上并不有趣。

由于我在讨论特定于体系结构的例子时，通常使用IA-32和AMD64，在此需要澄清一下这两个名词的内涵。IA-32包括所有英特尔兼容的CPU，如Pentium、Athlon等。AMD64也包括英特尔派生的EM64T。为简单起见，我在本书中只使用缩写IA-32和AMD64。由于英特尔公司发明了IA-32，而AMD则首先提出了64位扩展，因此这看起来是个公平的妥协。另外一个需要注意的有趣事实是：从内核版本2.6.23起，在Linux内核内部，两种体系结构已经统一成一般性的x86体系结构。对开发者而言，这使得代码更容易维护，因为两种体系结构有很多成分是共享的。当然在处理器的32位和64位能力之间，还是有很多区别的。

1.6 小结

在人类曾经编写过的软件中，Linux内核无疑是最有趣和最吸引人的一种软件了，我希望本章已经成功激起了读者学习后续章节的兴趣（后文中会详细讨论许多子系统）。到现在为止，我给出了内核的全局图景，并阐述了各个部分之间职责的分配、各部分所处理的问题以及各个组件的交互方式。

内核是一个巨大的系统，阐述如此复杂的内容总有一些相关的问题需要探讨，前文已经介绍了本书的行文方式。

第2章 进程管理和调度

所有的现代操作系统都能够同时运行若干进程，至少用户错觉上是这样。如果系统只有一个处理器，那么在给定时刻只有一个程序可以运行。在多处理器系统中，可以真正并行运行的进程数目，取决于物理CPU的数目。

内核和处理器建立了多任务的错觉，即可以并行做几种操作，这是通过以很短的间隔在系统运行的应用程序之间不停切换而做到的。由于切换间隔如此之短，使得用户无法注意到短时间内的停滞，从而在感观上觉得计算机能够同时做几件事情。

这种系统管理方式引起了几个问题，内核必须解决这些问题，其中最重要的问题如下所示。

- 除非明确地要求，否则应用程序不能彼此干扰。例如，应用程序A的错误不能传播到应用程序B。由于Linux是一个多用户系统，它也必须确保程序不能读取或修改其他程序的内存，否则就很容易访问其他用户的私有数据。
- CPU时间必须在各种应用程序之间尽可能公平地共享，其中一些程序可能比其他程序更重要。

第一个需求——存储保护，将在第3章处理。在本章中，我主要讲解内核共享CPU时间的方法，以及如何在进程之间切换。这里有两个任务，其执行是相对独立的。

- 内核必须决定为各个进程分配多长时间，何时切换到下一个进程。这又引出了哪个进程是下一个的问题。此类决策是平台无关的。
- 在内核从进程A切换到进程B时，必须确保进程B的执行环境与上一次撤销其处理器资源时完全相同。例如，处理器寄存器的内容和虚拟地址空间的结构必须与此前相同。

这里的后一项工作与处理器极度相关。不能只用C语言实现，还需要汇编代码的帮助。

这两个任务是称之为调度器的内核子系统的职责。CPU时间如何分配取决于调度器策略，这与用于在各个进程之间切换的任务切换机制完全无关。

2.1 进程优先级

并非所有进程都具有相同的重要性。除了大多数读者熟悉的进程优先级之外，进程还有不同的关键度类别，以满足不同需求。首先进行比较粗糙的划分，进程可以分为实时进程和非实时进程。

- 硬实时进程有严格的时间限制，某些任务必须在指定的时限内完成。如果飞机的飞行控制命令通过计算机处理，则必须尽快处理发送，即保证在确定的一段时间内完成。 例如，如果飞机处于着陆进场过程中，而飞行员想要拉起机头。如果计算机在几秒以后发送该命令，则什么用也没有！此时只能考虑飞机的后事了——一头扎到地上。硬实时进程的关键特征是，它们必须在可保证的时间范围内得到处理。请注意，这并不意味着所要求的时间范围特别短，而是系统必须保证决不会超过某一时间范围，即使在不大可能或条件不利的情况下也是如此。

Linux不支持硬实时处理，至少在主流的内核中不支持。但有一些修改版本如RTLinux、Xenomai、RATI提供了该特性。在这些修改后的方案中，Linux内核作为独立的“进程”运行来处理次重要的软件，而实时的工作则在内核外部完成。只有当没有实时的关键操作执行时，内核才会运行。

由于Linux是针对吞吐量优化，试图尽快地处理常见情形，其实很难实现可保证的响应时间。2007年我们在降低内核整体延迟（指向内核发出请求到完成之间的时间间隔）方面取得了相当多的进展。相关工作包括：可抢占的内核机制、实时互斥量以及本书将要讨论的完全公平的新调度器。

- **软实时进程**是硬实时进程的一种弱化形式。尽管仍然需要快速得到结果，但稍微晚一点不会造成世界末日。软实时进程的一个例子是对CD的写入操作。CD写入进程接收的数据必须保持某一速率，因为数据是以连续流的形式写入介质的。如果系统负荷过高，数据流可能会暂时中断，这可能导致CD不可用，但比坠机好得多。不过，写入进程在需要CPU时间时应该能够得到保证，至少优先于所有其他普通进程。
- 大多数进程是没有特定时间约束的**普通进程**，但仍然可以根据重要性来分配优先级。

  例如，冗长的编译或计算只需要极低的优先级，因为计算偶尔中断一两秒根本不会有什么后果，用户不太可能注意到。相比之下，交互式应用则应该尽快响应用户命令，因为用户很容易不耐烦。

图2-1给出了CPU时间分配的一个简图。进程的运行按时间片调度，分配给进程的时间片份额与其相对重要性相当。系统中时间的流动对应于圆盘的转动，而CPU则由圆周旁的“扫描器”表示。最终效果是，尽管所有的进程都有机会运行，但重要的进程会比次要的得到更多的CPU时间。

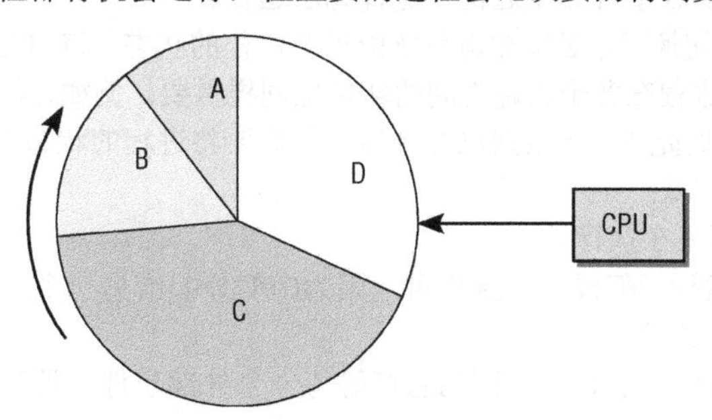

图2-1 通过时间片分配CPU时间

这种方案称之为**抢占式多任务处理**（preemptive multitasking），各个进程都分配到一定的时间段可以执行。时间段到期后，内核会从进程收回控制权，让一个不同的进程运行，而不考虑前一进程所执行的上一个任务。被抢占进程的运行时环境，即所有CPU寄存器的内容和页表，都会保存起来，因此其执行结果不会丢失。在该进程恢复执行时，其进程环境可以完全恢复。时间片的长度会根据进程重要性（以及因此而分配的优先级）的不同而变化。图2-1中分配给各个进程的时间片长度各有不同，即说明了这一点。

这种简化模型没有考虑几个重要问题。例如，进程在某些时间可能因为无事可做而无法立即执行。为使CPU时间的利益回报尽可能最大化，这样的进程决不能执行。这种情况在图2-1中看不出来，因为其中假定所有的进程都是可以立即运行的。另外一个忽略的事实是Linux支持不同的调度类别（在进程之间完全公平的调度和实时调度），调度时也必须考虑到这一点。此外，在有重要的进程变为就绪状态可以运行时，有一种选项是抢占当前的进程，图中也没有反映出这一点。

注意，进程调度在内核开发者之间引起了非常热烈的讨论，尤其是提到挑选最合适的算法时。为调度器的质量确立一种定量标准，可以讲，即使可能，也非常困难。另外调度器要满足Linux系统上许多不同工作负荷所提出的需求，这是非常具有挑战性的。自动化控制所需的小型嵌入式系统和大型计算机的需求非常不同，而多媒体系统的需求与前两者也颇为不同。实际上，调度器的代码近年来已经重写了两次。

(1) 在2.5系列内核开发期间，所谓的$\mathbb{O}(1)$调度器代替了前一个调度器。该调度器一个特别的性质是，它可以在常数时间内完成其工作，不依赖于系统上运行的进程数目。该设计从根本上打破了先前使用的调度体系结构。

(2) 完全公平调度器（completely fair scheduler）在内核版本2.6.23开发期间合并进来。新的代码再一次完全放弃了原有的设计原则，例如，前一个调度器中为确保用户交互任务响应快速，需要许多启发式原则。该调度器的关键特性是，它试图尽可能地模仿理想情况下的公平调度。此外，它不仅可以调度单个进程，还能够处理更一般性的调度实体（scheduling entity）。例如，该调度器分配可用时间时，可以首先在不同用户之间分配，接下来在各个用户的进程之间分配。

我会在下文讨论该调度器的实现细节。

在关注内核如何实现调度之前，我们首先来讨论进程可能拥有的状态。

2.2　进程生命周期

进程并不总是可以立即运行。有时候它必须等待来自外部信号源、不受其控制的事件，例如在文本编辑器中等待键盘输入。在事件发生之前，进程无法运行。

当调度器在进程之间切换时，必须知道系统中每个进程的状态。将CPU时间分配到无事可做的进程，显然是没有意义的。进程在各个状态之间的转换也同样重要。例如，如果一个进程在等待来自外设的数据，那么调度器的职责是一旦数据已经到达，则需要将进程的状态由等待改为可运行。

进程可能有以下几种状态。

- 运行：该进程此刻正在执行。
- 等待：进程能够运行，但没有得到许可，因为CPU分配给另一个进程。调度器可以在下一次任务切换时选择该进程。
- 睡眠：进程正在睡眠无法运行，因为它在等待一个外部事件。调度器无法在下一次任务切换时选择该进程。

系统将所有进程保存在一个进程表中，无论其状态是运行、睡眠或等待。但睡眠进程会特别标记出来，调度器会知道它们无法立即运行（具体实现，请参考2.3节）。睡眠进程会分类到若干队列中，因此它们可在适当的时间唤醒，例如在进程等待的外部事件已经发生时。

图2-2描述了进程的几种状态及其转换。

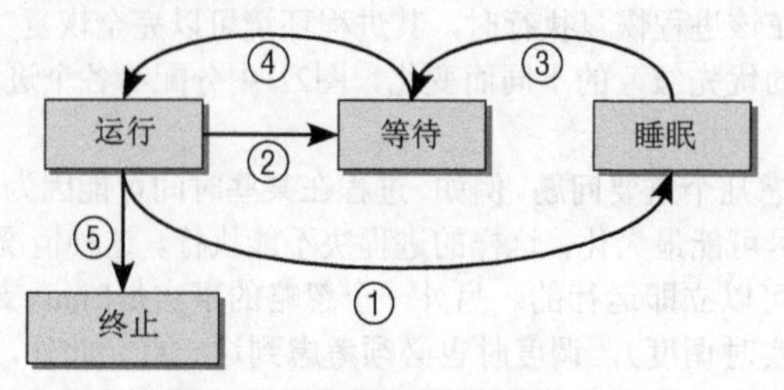

图2-2　进程状态之间的转换

对于一个排队中的可运行进程，我们来考察其各种可能的状态转换。该进程已经就绪，但没有运行，因为CPU分配给了其他进程（因此该进程的状态是“等待”）。在调度器授予CPU时间之前，进程会一直保持该状态。在分配CPU时间之后，其状态改变为“运行”（路径④）。

在调度器决定从该进程收回CPU资源时（可能的原因稍后讲述），过程状态从“运行”改变为“等待”（路径②），循环重新开始。实际上根据是否可以被信号中断，有两种“睡眠”状态。现在这种差别还不重要，但在更仔细地考察具体实现时，其差别就相对重要了。

如果进程必须等待事件，则其状态从“运行”改变为“睡眠”（路径①）。但进程状态无法从“睡眠”直接改变为“运行”。在所等待的事件发生后，进程先变回到“等待”状态（路径③），然后重新回到正常循环。

在程序执行终止（例如，用户关闭应用程序）后，过程状态由“运行”变为“终止”（路径⑤）。

上文没有列出的一个特殊的进程状态是所谓的“僵尸”状态。顾名思义，这样的进程已经死亡，但仍然以某种方式活着。实际上，说这些进程死了，是因为其资源（内存、与外设的连接，等等）已经释放，因此它们无法也决不会再次运行。说它们仍然活着，是因为进程表中仍然有对应的表项。

僵尸是如何产生的？其原因在于UNIX操作系统下进程创建和销毁的方式。在两种事件发生时，程序将终止运行。第一，程序必须由另一个进程或一个用户杀死（通常是通过发送SIGTERM或SIGKILL信号来完成，这等价于正常地终止进程）；进程的父进程在子进程终止时必须调用或已经调用wait4（读做wait for）系统调用。这相当于向内核证实父进程已经确认子进程的终结。该系统调用使得内核可以释放为子进程保留的资源。

只有在第一个条件发生（程序终止）而第二个条件不成立的情况下（wait4），才会出现“僵尸”状态。在进程终止之后，其数据尚未从进程表删除之前，进程总是暂时处于“僵尸”状态。有时候（例如，如果父进程编程极其糟糕，没有发出wait调用），僵尸进程可能稳定地寄身于进程表中，直至下一次系统重启。从进程工具（如ps或top）的输出，可以看到僵尸进程。因为残余的数据在内核中占据的空间极少，所以这几乎不是问题。

抢占式多任务处理

Linux进程管理的结构中还需要另外两种进程状态选项：用户状态和核心态。这反映了所有现代CPU都有（至少）两种不同执行状态的事实，其中一种具有无限的权利，而另一种则受到各种限制。例如，可能禁止访问某些内存区域。这种区别是建立封闭“隔离罩”的一个重要前提，它维持着系统中现存的各个进程，防止它们与系统其他部分相互干扰。

进程通常都处于用户状态，只能访问自身的数据，无法干扰系统中的其他应用程序，甚至也不会注意到自身之外其他程序的存在。

如果进程想要访问系统数据或功能（后者管理着所有进程之间共享的资源，例如文件系统空间），则必须切换到核心态。显然这只能在受控情况下完成，否则所有建立的保护机制都是多余的，而且这种访问必须经由明确定义的路径。第1章简要提到“系统调用”是在状态之间切换的一种方法。第13章深入讨论了系统调用的实现。

从用户状态切换到核心态的第二种方法是通过中断，此时切换是自动触发的。系统调用是由用户应用程序有意调用的，中断则不同，其发生或多或少是不可预测的。处理中断的操作，通常与中断发生时执行的进程无关。例如，外部块设备向内存传输数据完毕会引发一个中断，但相关数据用于系统中运行的任何进程都是可能的。类似地，进入系统的网络数据包也是通过中断通知的。显然，该数据包也未必是用于当前运行的进程。因此，在Linux执行中断操作时，当前运行的进程不会察觉。

内核的抢占调度模型建立了一个层次结构，用于判断哪些进程状态可以由其他状态抢占。

- 普通进程总是可能被抢占，甚至是由其他进程抢占。在一个重要进程变为可运行时，例如编辑器接收到了等待已久的键盘输入，调度器可以决定是否立即执行该进程，即使当前进程仍然在正常运行。对于实现良好的交互行为和低系统延迟，这种抢占起到了重要作用。
- 如果系统处于核心态并正在处理系统调用，那么系统中的其他进程是无法夺取其CPU时间的。调度器必须等到系统调用执行结束，才能选择另一个进程执行，但中断可以中止系统调用。[①]
- 中断可以暂停处于用户状态和核心态的进程。中断具有最高优先级，因为在中断触发后需要尽快处理。

在内核2.5开发期间，一个称之为*内核抢占*（kernel preemption）的选项添加到内核。该选项支持在紧急情况下切换到另一个进程，甚至当前是处于核心态执行系统调用（中断处理期间是不行的）。尽管内核会试图尽快执行系统调用，但对于依赖恒定数据流的应用程序来说，系统调用所需的时间仍然太长了。内核抢占可以减少这样的等待时间，因而保证“更平滑的”程序执行。但该特性的代价是增加内核的复杂度，因为接下来有许多数据结构需要针对并发访问进行保护，即使在单处理器系统上也是如此。2.8.3节会讨论该技术。

2.3　进程表示

Linux内核涉及进程和程序的所有算法都围绕一个名为`task_struct`的数据结构建立，该结构定义在`include/sched.h`中。这是系统中主要的一个结构。在阐述调度器的实现之前，了解一下Linux管理进程的方式是很有必要的。

`task_struct`包含很多成员，将进程与各个内核子系统联系起来，下文会逐一讨论。此外，如果没有比较详细的知识，我们就很难解释某些结构成员的重要性，因此下面会频繁引用后绪章节。

`task_struct`定义如下，当然，这里是简化版本：

<sched.h>
```
struct task_struct {
        volatile long state;            /* -1表示不可运行，0表示可运行，>0表示停止 */
        void *stack;
        atomic_t usage;
        unsigned long flags;            /* 每进程标志，下文定义 */
        unsigned long ptrace;
        int lock_depth;                 /* 大内核锁深度 */

        int prio, static_prio, normal_prio;
        struct list_head run_list;
        const struct sched_class *sched_class;
        struct sched_entity se;

        unsigned short ioprio;

        unsigned long policy;
        cpumask_t cpus_allowed;
        unsigned int time_slice;

#if defined(CONFIG_SCHEDSTATS) || defined(CONFIG_TASK_DELAY_ACCT)
        struct sched_info sched_info;
#endif
```

① 在进行重要的内核操作时，可以停用几乎所有的中断。

```
        struct list_head tasks;
        /*
        * ptrace_list/ptrace_children链表是ptrace能够看到的当前进程的子进程列表。

        */
        struct list_head ptrace_children;

        struct list_head ptrace_list;

        struct mm_struct *mm, *active_mm;

/* 进程状态 */
        struct linux_binfmt *binfmt;
        long exit_state;
        int exit_code, exit_signal;
        int pdeath_signal; /* 在父进程终止时发送的信号 */

        unsigned int personality;
        unsigned did_exec:1;
        pid_t pid;
        pid_t tgid;
        /*
         * 分别是指向（原）父进程、最年轻的子进程、年幼的兄弟进程、年长的兄弟进程的指针。
         *（p->father可以替换为p->parent->pid）
         */
        struct task_struct *real_parent;    /* 真正的父进程（在被调试的情况下） */
        struct task_struct *parent;         /* 父进程 */
        /*
         * children/sibling链表外加当前调试的进程，构成了当前进程的所有子进程
         */
        struct list_head children;          /* 子进程链表 */
        struct list_head sibling;           /* 连接到父进程的子进程链表 */
        struct task_struct *group_leader;   /* 线程组组长 */

        /* PID与PID散列表的联系。 */
        struct pid_link pids[PIDTYPE_MAX];
        struct list_head thread_group;

        struct completion *vfork_done;      /* 用于vfork() */
        int __user *set_child_tid;          /* CLONE_CHILD_SETTID */
        int __user *clear_child_tid;        /* CLONE_CHILD_CLEARTID */

        unsigned long rt_priority;
        cputime_t utime, stime, utimescaled, stimescaled;
        unsigned long nvcsw, nivcsw;        /* 上下文切换计数 */
        struct timespec start_time;         /* 单调时间 */
        struct timespec real_start_time;    /* 启动以来的时间 */
        /* 内存管理器失效和页交换信息，这个有一点争论。它既可以看作是特定于内存管理器的，
           也可以看作是特定于线程的 */
        unsigned long min_flt, maj_flt;

        cputime_t it_prof_expires, it_virt_expires;
        unsigned long long it_sched_expires;
        struct list_head cpu_timers[3];

/* 进程身份凭据 */
        uid_t uid,euid,suid,fsuid;
        gid_t gid,egid,sgid,fsgid;
        struct group_info *group_info;
        kernel_cap_t cap_effective, cap_inheritable, cap_permitted;

        unsigned keep_capabilities:1;
        struct user_struct *user;
```

```
        char comm[TASK_COMM_LEN]; /* 除去路径后的可执行文件名称
                                   -用[gs]et_task_comm访问（其中用task_lock()锁定它）
                                   -通常由flush_old_exec初始化 */
/* 文件系统信息 */
        int link_count, total_link_count;
/* ipc相关 */
        struct sysv_sem sysvsem;
/* 当前进程特定于CPU的状态信息 */
        struct thread_struct thread;
/* 文件系统信息 */
        struct fs_struct *fs;
/* 打开文件信息 */
        struct files_struct *files;
/* 命名空间 */
        struct nsproxy *nsproxy;
/* 信号处理程序 */
        struct signal_struct *signal;
        struct sighand_struct *sighand;

        sigset_t blocked, real_blocked;
        sigset_t saved_sigmask; /* 用TIF_RESTORE_SIGMASK恢复 */
        struct sigpending pending;

        unsigned long sas_ss_sp;
        size_t sas_ss_size;
        int (*notifier)(void *priv);
        void *notifier_data;
        sigset_t *notifier_mask;

#ifdef CONFIG_SECURITY
        void *security;
#endif

/* 线程组跟踪 */
        u32 parent_exec_id;
        u32 self_exec_id;

/* 日志文件系统信息 */
        void *journal_info;

/* 虚拟内存状态 */
        struct reclaim_state *reclaim_state;

        struct backing_dev_info *backing_dev_info;

        struct io_context *io_context;

        unsigned long ptrace_message;
        siginfo_t *last_siginfo; /* 由ptrace使用。*/
...
};
```

要弄清楚该结构中信息的数量诚然很困难。但该结构的内容可以分解为各个部分，每个部分表示进程的一个特定方面。

- 状态和执行信息，如待决信号、使用的二进制格式（和其他系统二进制格式的任何仿真信息）、进程ID号（pid）、到父进程及其他有关进程的指针、优先级和程序执行有关的时间信息（例如CPU时间）。
- 有关已经分配的虚拟内存的信息。

- ❑ 进程身份凭据，如用户ID、组ID以及权限[①]等。可使用系统调用查询（或修改）这些数据。在描述相关的特定子系统时，我会更详细地阐述。
- ❑ 使用的文件包含程序代码的二进制文件，以及进程所处理的所有文件的文件系统信息，这些都必须保存下来。
- ❑ 线程信息记录该进程特定于CPU的运行时间数据（该结构的其余字段与所使用的硬件无关）。
- ❑ 在与其他应用程序协作时所需的进程间通信有关的信息。
- ❑ 该进程所用的信号处理程序，用于响应到来的信号。

task_struct的许多成员并非简单类型变量，而是指向其他数据结构的指针，相关数据结构会在后续章节中讨论。在本章中，我会阐述task_struct中对进程管理的实现特别重要的一些成员。

state指定了进程的当前状态，可使用下列值（这些是预处理器常数，定义在<sched.h>中）。

- ❑ TASK_RUNNING意味着进程处于可运行状态。这并不意味着已经实际分配了CPU。进程可能会一直等到调度器选中它。该状态确保进程可以立即运行，而无需等待外部事件。
- ❑ TASK_INTERRUPTIBLE是针对等待某事件或其他资源的睡眠进程设置的。在内核发送信号给该进程表明事件已经发生时，进程状态变为TASK_RUNNING，它只要调度器选中该进程即可恢复执行。
- ❑ TASK_UNINTERRUPTIBLE用于因内核指示而停用的睡眠进程。它们不能由外部信号唤醒，只能由内核亲自唤醒。
- ❑ TASK_STOPPED表示进程特意停止运行，例如，由调试器暂停。
- ❑ TASK_TRACED本来不是进程状态，用于从停止的进程中，将当前被调试的那些（使用ptrace机制）与常规的进程区分开来。

下列常量既可以用于struct task_struct的进程状态字段，也可以用于exit_state字段，后者明确地用于退出进程。

- ❑ EXIT_ZOMBIE如上所述的僵尸状态。
- ❑ EXIT_DEAD状态则是指wait系统调用已经发出，而进程完全从系统移除之前的状态。只有多个线程对同一个进程发出wait调用时，该状态才有意义。

Linux提供资源限制（resource limit，rlimit）机制，对进程使用系统资源施加某些限制。该机制利用了task_struct中的rlim数组，数组项类型为struct rlimit。

<resource.h>
```
struct rlimit {
        unsigned long rlim_cur;
        unsigned long rlim_max;
}
```

上述定义设计得非常通用，因此可以用于许多不同的资源类型。

- ❑ rlim_cur是进程当前的资源限制，也称之为*软限制*（soft limit）。
- ❑ rlim_max是该限制的最大容许值，因此也称之为*硬限制*（hard limit）。

系统调用setrlimit来增减当前限制，但不能超出rlim_max指定的值。getrlimits用于检查当前限制。

rlim数组中的位置标识了受限制资源的类型，这也是内核需要定义预处理器常数，将资源与位置关联起来的原因。表2-1列出了可能的常数及其含义。关于如何最佳地运用各种限制，系统程序设计方

① 权限是授予进程的特定许可。它们使得进程可以执行某些本来只能由root进程执行的操作。

面的教科书提供了详细的说明，而setrlimit(2)的手册页详细描述了所有的限制。

表2-1　特定于进程的资源限制

常　数	语　义
RLIMIT_CPU	按毫秒计算的最大CPU时间
RLIMIT_FSIZE	允许的最大文件长度
RLIMIT_DATA	数据段的最大长度
RLIMIT_STACK	（用户状态）栈的最大长度
RLIMIT_CORE	内存转储文件的最大长度
RLIMIT_RSS	常驻内存的最大尺寸。换句话说，进程使用页帧的最大数目。目前未使用
RLIMIT_NPROC	与进程真正UID关联的用户可以拥有的进程的最大数目
RLIMIT_NOFILE	打开文件的最大数目
RLIMIT_MEMLOCK	不可换出页的最大数目
RLIMIT_AS	进程占用的虚拟地址空间的最大尺寸
RLIMIT_LOCKS	文件锁的最大数目
RLIMIT_SIGPENDING	待决信号的最大数目
RLIMIT_MSGQUEUE	信息队列的最大数目
RLIMIT_NICE	非实时进程的优先级（nice level）
RLIMIT_RTPRIO	最大的实时优先级

> 由于Linux试图建立与特定的本地UNIX系统之间的二进制兼容性，因此不同体系结构的数值可能不同。

因为限制涉及内核的各个不同部分，内核必须确认子系统遵守了相应限制。这也是为什么在本书以后几章里我们会屡次遇到rlimit的原因。

如果某一类资源没有使用限制（几乎所有资源的默认设置），则将rlim_max设置为RLIM_INFINITY。例外情况包括下面所列举的。

- 打开文件的数目（RLIMIT_NOFILE，默认限制在1 024）。
- 每用户的最大进程数（RLIMIT_NPROC），定义为max_threads/2。max_threads是一个全局变量，指定了在把八分之一可用内存用于管理线程信息的情况下，可以创建的线程数目。在计算时，提前给定了20个线程的最小可能内存用量。

init进程的限制在系统启动时即生效，定义在include/asm-generic-resource.h中的INIT_RLIMITS。

读者可以关注一下内核版本2.6.25，在本书编写时仍然在开发中，该版本的内核在proc文件系统中对每个进程都包含了对应的一个文件，这样就可以查看当前的rlimit值：

```
wolfgang@meitner> cat /proc/self/limits
Limit                   Soft Limit      Hard Limit      Units
Max cpu time            unlimited       unlimited       ms
Max file size           unlimited       unlimited       bytes
Max data size           unlimited       unlimited       bytes
Max stack size          8388608         unlimited       bytes
Max core file size      0               unlimited       bytes
```

```
Max resident set          unlimited       unlimited       bytes
Max processes             unlimited       unlimited       processes
Max open files            1024            1024            files
Max locked memory         unlimited       unlimited       bytes
Max address space         unlimited       unlimited       bytes
Max file locks            unlimited       unlimited       locks
Max pending signals       unlimited       unlimited       signals
Max msgqueue size         unlimited       unlimited       bytes
Max nice priority         0               0
Max realtime priority     0               0
Max realtime timeout      unlimited       unlimited       us
```

内核版本2.6.24已经包含了用于生成该信息的大部分代码，但与/proc文件系统的关联可能只有后续的内核发布版本才会完成。

2.3.1 进程类型

典型的UNIX进程包括：由二进制代码组成的应用程序、单线程（计算机沿单一路径通过代码，不会有其他路径同时运行）、分配给应用程序的一组资源（如内存、文件等）。新进程是使用fork和exec系统调用产生的。

- fork生成当前进程的一个相同副本，该副本称之为子进程。原进程的所有资源都以适当的方式复制到子进程，因此该系统调用之后，原来的进程就有了两个独立的实例。这两个实例的联系包括：同一组打开文件、同样的工作目录、内存中同样的数据（两个进程各有一份副本），等等。此外二者别无关联。[①]
- exec从一个可执行的二进制文件加载另一个应用程序，来代替当前运行的进程。换句话说，加载了一个新程序。因为exec并不创建新进程，所以必须首先使用fork复制一个旧的程序，然后调用exec在系统上创建另一个应用程序。

上述两个调用在所有UNIX操作系统变体上都是可用的，其历史可以追溯到很久之前，除此之外Linux还提供了clone系统调用。clone的工作原理基本上与fork相同，但新进程不是独立于父进程的，而可以与其共享某些资源。可以指定需要共享和复制的资源种类，例如，父进程的内存数据、打开文件或安装的信号处理程序。

clone用于实现线程，但仅仅该系统调用不足以做到这一点，还需要用户空间库才能提供完整的实现。线程库的例子，有Linuxthreads和Next Generation Posix Threads等。

2.3.2 命名空间

命名空间提供了虚拟化的一种轻量级形式，使得我们可以从不同的方面来查看运行系统的全局属性。该机制类似于Solaris中的zone或FreeBSD中的jail。对该概念做一般概述之后，我将讨论命名空间框架所提供的基础设施。

1. 概念

传统上，在Linux以及其他衍生的UNIX变体中，许多资源是全局管理的。例如，系统中的所有进程按照惯例是通过PID标识的，这意味着内核必须管理一个全局的PID列表。而且，所有调用者通过uname系统调用返回的系统相关信息（包括系统名称和有关内核的一些信息）都是相同的。用户ID的

---

① 在2.4.1节中，读者会知道Linux使用了写时复制机制，直至新进程对内存页执行写操作才会复制内存页面，这比在执行fork时盲目地立即复制所有内存页要更高效。父子进程内存页之间的联系，只有对内核才是可见的，对应用程序是透明的。

管理方式类似，即各个用户是通过一个全局唯一的UID号标识。

全局ID使得内核可以有选择地允许或拒绝某些特权。虽然UID为0的root用户基本上允许做任何事，但其他用户ID则会受到限制。例如UID为*n*的用户，不允许杀死属于用户*m*的进程（$m\neq n$）。但这不能防止用户看到彼此，即用户*n*可以看到另一个用户*m*也在计算机上活动。只要用户只能操纵他们自己的进程，这就没什么问题，因为没有理由不允许用户看到其他用户的进程。

但有些情况下，这种效果可能是不想要的。如果提供Web主机的供应商打算向用户提供Linux计算机的全部访问权限，包括root权限在内。传统上，这需要为每个用户准备一台计算机，代价太高。使用KVM或VMWare提供的虚拟化环境是一种解决问题的方法，但资源分配做得不是非常好。计算机的各个用户都需要一个独立的内核，以及一份完全安装好的配套的用户层应用。

命名空间提供了一种不同的解决方案，所需资源较少。在虚拟化的系统中，一台物理计算机可以运行多个内核，可能是并行的多个不同的操作系统。而命名空间则只使用一个内核在一台物理计算机上运作，前述的所有全局资源都通过命名空间抽象起来。这使得可以将一组进程放置到容器中，各个容器彼此隔离。隔离可以使容器的成员与其他容器毫无关系。但也可以通过允许容器进行一定的共享，来降低容器之间的分隔。例如，容器可以设置为使用自身的PID集合，但仍然与其他容器共享部分文件系统。

本质上，命名空间建立了系统的不同视图。此前的每一项全局资源都必须包装到容器数据结构中，只有资源和包含资源的命名空间构成的二元组仍然是全局唯一的。虽然在给定容器内部资源是自足的，但无法提供在容器外部具有唯一性的ID。图2-3给出了此情况的一个概述。

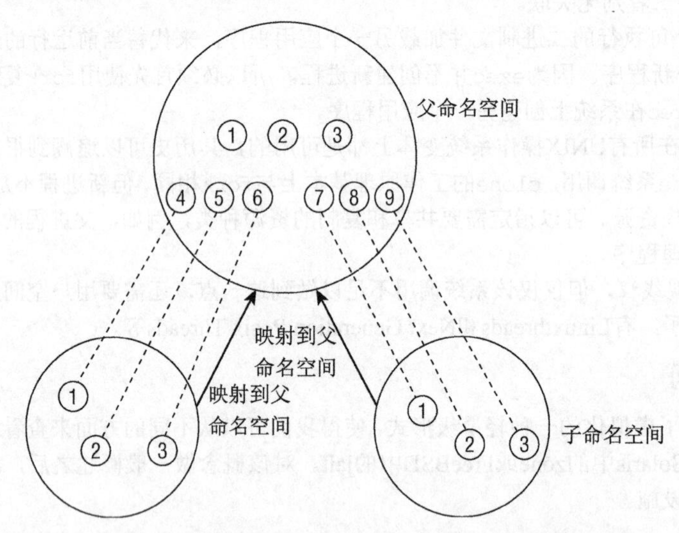

图2-3　命名空间可以按层次关联起来。每个命名空间都发源于一个父命名空间，一个父命名空间可以有多个子命名空间

考虑系统上有3个不同命名空间的情况。命名空间可以组织为层次，我会在这里讨论这种情况。一个命名空间是父命名空间，衍生了两个子命名空间。假定容器用于虚拟主机配置中，其中的每个容器必须看起来像是单独的一台Linux计算机。因此其中每一个都有自身的`init`进程，PID为0，其他进程的PID以递增次序分配。两个子命名空间都有PID为0的`init`进程，以及PID分别为2和3的两个进程。由于相同的PID在系统中出现多次，PID号不是全局唯一的。

虽然子容器不了解系统中的其他容器，但父容器知道子命名空间的存在，也可以看到其中执行的所有进程。图中子容器的进程映射到父容器中，PID为4到9。尽管系统上有9个进程，但却需要15个PID来表示，因为一个进程可以关联到多个PID。至于哪个PID是“正确”的，则依赖于具体的上下文。

如果命名空间包含的是比较简单的量，也可以是非层次的，例如下文讨论的UTS命名空间。在这种情况下，父子命名空间之间没有联系。

请注意，Linux系统对简单形式的命名空间的支持已经有很长一段时间了，主要是`chroot`系统调用。该方法可以将进程限制到文件系统的某一部分，因而是一种简单的命名空间机制。但真正的命名空间能够控制的功能远远超过文件系统视图。

新的命名空间可以用下面两种方法创建。

(1) 在用`fork`或`clone`系统调用创建新进程时，有特定的选项可以控制是与父进程共享命名空间，还是建立新的命名空间。

(2) `unshare`系统调用将进程的某些部分从父进程分离，其中也包括命名空间。更多信息请参见手册页`unshare(2)`。

在进程已经使用上述的两种机制之一从父进程命名空间分离后，从该进程的角度来看，改变全局属性不会传播到父进程命名空间，而父进程的修改也不会传播到子进程，至少对于简单的量是这样。而对于文件系统来说，情况就比较复杂，其中的共享机制非常强大，带来了大量的可能性，具体的情况会在第8章讨论。

在标准内核中命名空间当前仍然标记为试验性的，为使内核的所有部分都能够感知到命名空间，相关开发仍然在进行中。但就内核版本2.6.24而言，基本的框架已经建立就绪。[①]当前的实现仍然存在一些问题，相关的信息可以参见`Documentation/namespaces/compatibility-list.txt`文件。

2. 实现

命名空间的实现需要两个部分：每个子系统的命名空间结构，将此前所有的全局组件包装到命名空间中；将给定进程关联到所属各个命名空间的机制。图2-4说明了具体情形。

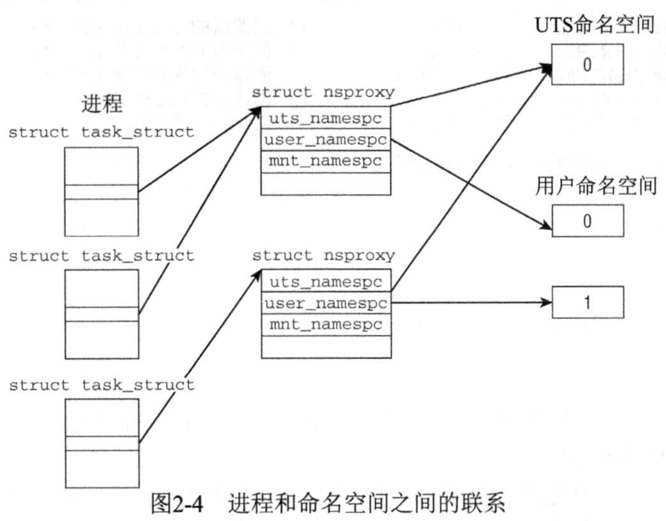

图2-4 进程和命名空间之间的联系

① 但这并不意味着相关实现是最近开发的。实际上，该方法已经用于产品系统多年，但一直以外部内核补丁的形式存在。

子系统此前的全局属性现在封装到命名空间中，每个进程关联到一个选定的命名空间。每个可以感知命名空间的内核子系统都必须提供一个数据结构，将所有通过命名空间形式提供的对象集中起来。struct nsproxy用于汇集指向特定于子系统的命名空间包装器的指针：

<nsproxy.h>
```
struct nsproxy {
        atomic_t count;
        struct uts_namespace *uts_ns;
        struct ipc_namespace *ipc_ns;
        struct mnt_namespace *mnt_ns;
        struct pid_namespace *pid_ns;
        struct user_namespace *user_ns;
        struct net *net_ns;
};
```

当前内核的以下范围可以感知到命名空间。

- UTS命名空间包含了运行内核的名称、版本、底层体系结构类型等信息。UTS是UNIX Timesharing System的简称。
- 保存在struct ipc_namespace中的所有与进程间通信（IPC）有关的信息。
- 已经装载的文件系统的视图，在struct mnt_namespace中给出。
- 有关进程ID的信息，由struct pid_namespace提供。
- struct user_namespace保存的用于限制每个用户资源使用的信息。
- struct net_ns包含所有网络相关的命名空间参数。读者在第12章中会看到，为使网络相关的内核代码能够完全感知命名空间，还有许多工作需要完成。

当我讨论相应的子系统时，会介绍各个命名空间容器的内容。在本章中，我们主要讲解UTS和用户命名空间。由于在创建新进程时可使用fork建立一个新的命名空间，因此必须提供控制该行为的适当的标志。每个命名空间都有一个对应的标志：

<sched.h>
```
#define CLONE_NEWUTS     0x04000000        /* 创建新的utsname组 */
#define CLONE_NEWIPC     0x08000000        /* 创建新的IPC命名空间 */
#define CLONE_NEWUSER    0x10000000        /* 创建新的用户命名空间 */
#define CLONE_NEWPID     0x20000000        /* 创建新的PID命名空间 */
#define CLONE_NEWNET     0x40000000        /* 创建新的网络命名空间 */
```

每个进程都关联到自身的命名空间视图：

<sched.h>
```
struct task_struct {
...
/* 命名空间 */

        struct nsproxy *nsproxy;
...
}
```

因为使用了指针，多个进程可以共享一组子命名空间。这样，修改给定的命名空间，对所有属于该命名空间的进程都是可见的。

请注意，对命名空间的支持必须在编译时启用，而且必须逐一指定需要支持的命名空间。但对命名空间的一般性支持总是会编译到内核中。这使得内核不管有无命名空间，都不必使用不同的代码。除非指定不同的选项，否则每个进程都会关联到一个默认命名空间，这样可感知命名空间的代码总是可以使用。但如果内核编译时没有指定对具体命名空间的支持，默认命名空间的作用则类似于不启用命名空间，所有的属性都相当于全局的。

init_nsproxy定义了初始的全局命名空间，其中维护了指向各子系统初始的命名空间对象的指针：

<kernel/nsproxy.c>
```
struct nsproxy init_nsproxy = INIT_NSPROXY(init_nsproxy);
```

<init_task.h>
```
#define INIT_NSPROXY(nsproxy) { \
        .pid_ns = &init_pid_ns, \
        .count = ATOMIC_INIT(1), \
        .uts_ns = &init_uts_ns, \
        .mnt_ns = NULL, \
        INIT_NET_NS(net_ns) \
        INIT_IPC_NS(ipc_ns) \
        .user_ns = &init_user_ns, \
}
```

● UTS命名空间

UTS命名空间几乎不需要特别的处理，因为它只需要简单量，没有层次组织。所有相关信息都汇集到下列结构的一个实例中：

<utsname.h>
```
struct uts_namespace {
        struct kref kref;
        struct new_utsname name;

};
```

kref是一个嵌入的引用计数器，可用于跟踪内核中有多少地方使用了struct uts_namespace的实例（回想第1章，其中讲述了更多有关处理引用计数的一般框架信息）。uts_namespace所提供的属性信息本身包含在struct new_utsname中：

<utsname.h>
```
struct new_utsname {
        char sysname[65];
        char nodename[65];
        char release[65];
        char version[65];
        char machine[65];
        char domainname[65];
};
```

各个字符串分别存储了系统的名称（Linux...）、内核发布版本、机器名，等等。使用uname工具可以取得这些属性的当前值，也可以在/proc/sys/kernel/中看到：

```
wolfgang@meitner> cat /proc/sys/kernel/ostype
Linux
wolfgang@meitner> cat /proc/sys/kernel/osrelease
2.6.24
```

初始设置保存在init_uts_ns中：

init/version.c
```
struct uts_namespace init_uts_ns = {
...
        .name = {
                .sysname = UTS_SYSNAME,
                .nodename = UTS_NODENAME,
                .release = UTS_RELEASE,
                .version = UTS_VERSION,
```

```
                .machine = UTS_MACHINE,
                .domainname = UTS_DOMAINNAME,
        },
};
```

相关的预处理器常数在内核中各处定义。例如，UTS_RELEASE在<utsrelease.h>中定义，该文件是连编时通过顶层Makefile动态生成的。

请注意，UTS结构的某些部分不能修改。例如，把sysname换成Linux以外的其他值是没有意义的，但改变机器名是可以的。

内核如何创建一个新的UTS命名空间呢？这属于copy_utsname函数的职责。在某个进程调用fork并通过CLONE_NEWUTS标志指定创建新的UTS命名空间时，则调用该函数。在这种情况下，会生成先前的uts_namespace实例的一份副本，当前进程的nsproxy实例内部的指针会指向新的副本。如此而已!由于在读取或设置UTS属性值时，内核会保证总是操作特定于当前进程的uts_namespace实例，在当前进程修改UTS属性不会反映到父进程，而父进程的修改也不会传播到子进程。

● 用户命名空间

用户命名空间在数据结构管理方面类似于UTS：在要求创建新的用户命名空间时，则生成当前用户命名空间的一份副本，并关联到当前进程的nsproxy实例。但用户命名空间自身的表示要稍微复杂一些：

<user_namespace.h>

```
struct user_namespace {
        struct kref kref;
        struct hlist_head uidhash_table[UIDHASH_SZ];
        struct user_struct *root_user;
};
```

如前所述，kref是一个引用计数器，用于跟踪多少地方需要使用user_namespace实例。对命名空间中的每个用户，都有一个struct user_struct的实例负责记录其资源消耗，各个实例可通过散列表uidhash_table访问。

对我们来说user_struct的精确定义是无关紧要的。只要知道该结构维护了一些统计数据（如进程和打开文件的数目）就足够了。我们更感兴趣的问题是：每个用户命名空间对其用户资源使用的统计，与其他命名空间完全无关，对root用户的统计也是如此。这是因为在克隆一个用户命名空间时，为当前用户和root都创建了新的user_struct实例：

kernel/user_namespace.c

```
static struct user_namespace *clone_user_ns(struct user_namespace *old_ns)
{
        struct user_namespace *ns;
        struct user_struct *new_user;
...
        ns = kmalloc(sizeof(struct user_namespace), GFP_KERNEL);
...
        ns->root_user = alloc_uid(ns, 0);

        /* 将current->user替换为新的 */
        new_user = alloc_uid(ns, current->uid);

        switch_uid(new_user);
        return ns;
}
```

alloc_uid是一个辅助函数，对当前命名空间中给定UID的一个用户，如果该用户没有对应的

user_struct实例，则分配一个新的实例。在为root和当前用户分别设置了user_struct实例后，switch_uid确保从现在开始将新的user_struct实例用于资源统计。实质上就是将struct task_struct的user成员指向新的user_struct实例。

请注意，如果内核编译时未指定支持用户命名空间，那么复制用户命名空间实际上是空操作，即总是会使用默认的命名空间。

2.3.3 进程 ID 号

UNIX进程总是会分配一个号码用于在其命名空间中唯一地标识它们。该号码被称作进程ID号，简称PID。用fork或clone产生的每个进程都由内核自动地分配了一个新的唯一的PID值。

1. 进程ID

但每个进程除了PID这个特征值之外，还有其他的ID。有下列几种可能的类型。

- 处于某个线程组（在一个进程中，以标志CLONE_THREAD来调用clone建立的该进程的不同的执行上下文，我们在后文会看到）中的所有进程都有统一的线程组ID（TGID）。如果进程没有使用线程，则其PID和TGID相同。

  线程组中的主进程被称作组长（group leader）。通过clone创建的所有线程的task_struct的group_leader成员，会指向组长的task_struct实例。
- 另外，独立进程可以合并成进程组（使用setpgrp系统调用）。进程组成员的task_struct的pgrp属性值都是相同的，即进程组组长的PID。进程组简化了向组的所有成员发送信号的操作，这对于各种系统程序设计应用（参见系统程序设计方面的文献，例如[SR05]）是有用的。请注意，用管道连接的进程包含在同一个进程组中。
- 几个进程组可以合并成一个会话。会话中的所有进程都有同样的会话ID，保存在task_struct的session成员中。SID可以使用setsid系统调用设置。它可以用于终端程序设计，但和我们这里的讨论不相干。

命名空间增加了PID管理的复杂性。回想一下，PID命名空间按层次组织。在建立一个新的命名空间时，该命名空间中的所有PID对父命名空间都是可见的，但子命名空间无法看到父命名空间的PID。但这意味着某些进程具有多个PID，凡可以看到该进程的命名空间，都会为其分配一个PID。这必须反映在数据结构中。我们必须区分局部ID和全局ID。

- *全局ID*是在内核本身和初始命名空间中的唯一ID号，在系统启动期间开始的init进程即属于初始命名空间。对每个ID类型，都有一个给定的全局ID，保证在整个系统中是唯一的。
- *局部ID*属于某个特定的命名空间，不具备全局有效性。对每个ID类型，它们在所属的命名空间内部有效，但类型相同、值也相同的ID可能出现在不同的命名空间中。

全局PID和TGID直接保存在task_struct中，分别是task_struct的pid和tgid成员：

<sched.h>
```
struct task_struct {
...
        pid_t pid;
        pid_t tgid;
...
}
```

这两项都是pid_t类型，该类型定义为__kernel_pid_t，后者由各个体系结构分别定义。通常定义为int，即可以同时使用2^{32}个不同的ID。

会话和进程组ID不是直接包含在task_struct本身中，但保存在用于信号处理的结构中。task_

struct->signal->__session表示全局SID，而全局PGID则保存在task_struct->signal->__pgrp。辅助函数set_task_session和set_task_pgrp可用于修改这些值。

2. 管理PID

除了这两个字段之外，内核还需要找一个办法来管理所有命名空间内部的局部量，以及其他ID（如TID和SID）。这需要几个相互连接的数据结构，以及许多辅助函数，并将在下文讨论。

● **数据结构**

下文我将使用ID指代提到的任何进程ID。在必要的情况下，我会明确地说明ID类型（例如，TGID，即线程组ID）。

一个小型的子系统称之为PID分配器（pid allocator）用于加速新ID的分配。此外，内核需要提供辅助函数，以实现通过ID及其类型查找进程的task_struct的功能，以及将ID的内核表示形式和用户空间可见的数值进行转换的功能。

在介绍表示ID本身所需的数据结构之前，我需要讨论PID命名空间的表示方式。我们所需查看的代码如下所示：

<pid_namespace.h>

```
struct pid_namespace {
...
        struct task_struct *child_reaper;
...
        int level;
        struct pid_namespace *parent;
};
```

实际上PID分配器也需要依靠该结构的某些部分来连续生成唯一ID，但我们目前对此无需关注。我们上述代码中给出的下列成员更感兴趣。

- 每个PID命名空间都具有一个进程，其发挥的作用相当于全局的init进程。init的一个目的是对孤儿进程调用wait4，命名空间局部的init变体也必须完成该工作。child_reaper保存了指向该进程的task_struct的指针。
- parent是指向父命名空间的指针，level表示当前命名空间在命名空间层次结构中的深度。初始命名空间的level为0，该命名空间的子空间level为1，下一层的子空间level为2，依次递推。level的计算比较重要，因为level较高的命名空间中的ID，对level较低的命名空间来说是可见的。从给定的level设置，内核即可推断进程会关联到多少个ID。

回想图2-3的内容，命名空间是按层次关联的。这有助于理解上述的定义。

PID的管理围绕两个数据结构展开：struct pid是内核对PID的内部表示，而struct upid则表示特定的命名空间中可见的信息。两个结构的定义如下：

<pid.h>

```
struct upid {
        int nr;
        struct pid_namespace *ns;
        struct hlist_node pid_chain;
};

struct pid
{
        atomic_t count;
        /* 使用该pid的进程的列表 */
        struct hlist_head tasks[PIDTYPE_MAX];
        int level;
```

```
        struct upid numbers[1];
};
```

由于这两个结构与其他一些数据结构存在广泛的联系，在分别讨论相关结构之前，图2-5对此进行了概述。

对于struct upid，nr表示ID的数值，ns是指向该ID所属的命名空间的指针。所有的upid实例都保存在一个散列表中，稍后我们会看到该结构。pid_chain用内核的标准方法实现了散列溢出链表。

struct pid的定义首先是一个引用计数器count。tasks是一个数组，每个数组项都是一个散列表头，对应于一个ID类型。这样做是必要的，因为一个ID可能用于几个进程。所有共享同一给定ID的task_struct实例，都通过该列表连接起来。PIDTYPE_MAX表示ID类型的数目：

<pid.h>
```
enum pid_type
{
        PIDTYPE_PID,
        PIDTYPE_PGID,
        PIDTYPE_SID,
        PIDTYPE_MAX
};
```

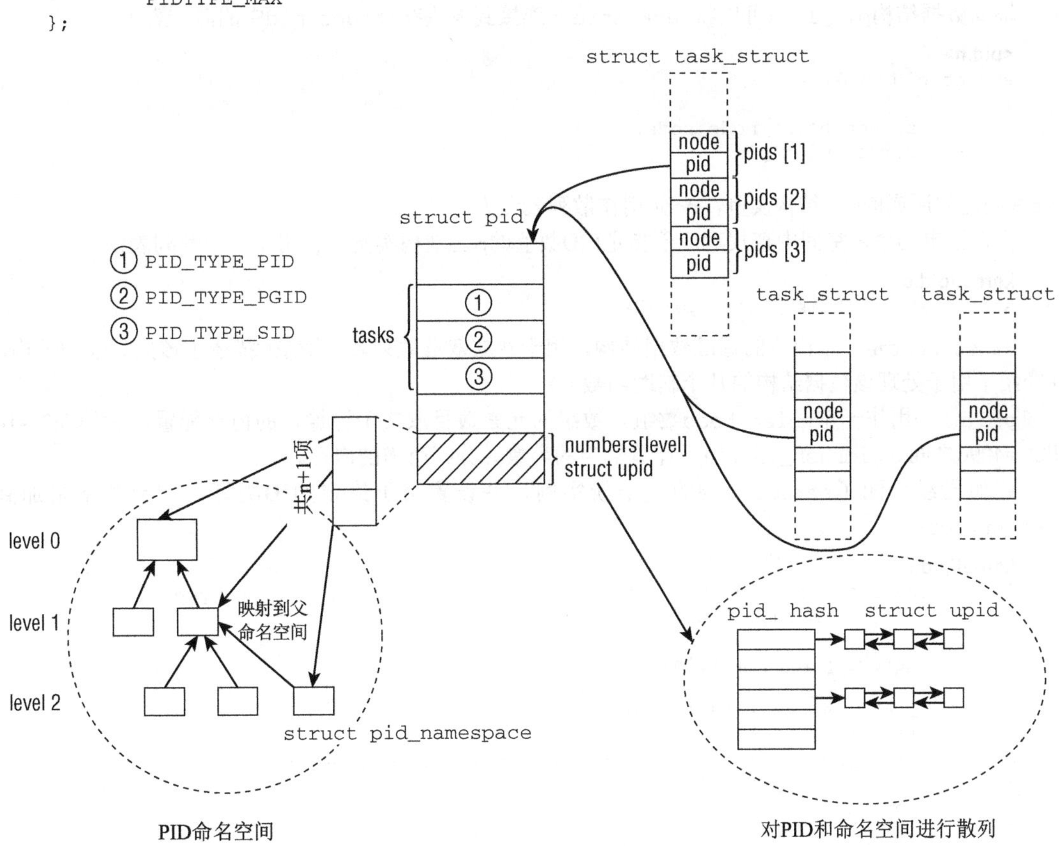

图2-5 实现可感知命名空间的ID表示所用的数据结构

请注意，枚举类型中定义的ID类型不包括线程组ID！这是因为线程组ID无非是线程组组长的PID

而已，因此再单独定义一项是不必要的。

一个进程可能在多个命名空间中可见，而其在各个命名空间中的局部ID各不相同。level表示可以看到该进程的命名空间的数目（换言之，即包含该进程的命名空间在命名空间层次结构中的深度），而numbers是一个upid实例的数组，每个数组项都对应于一个命名空间。注意该数组形式上只有一个数组项，如果一个进程只包含在全局命名空间中，那么确实如此。由于该数组位于结构的末尾，因此只要分配更多的内存空间，即可向数组添加附加的项。

由于所有共享同一ID的task_struct实例都按进程存储在一个散列表中，因此需要在struct task_struct中增加一个散列表元素：

```
<sched.h>
struct task_struct {
...
        /* PID与PID散列表的联系。 */
        struct pid_link pids[PIDTYPE_MAX];
...
};
```

辅助数据结构pid_link可以将task_struct连接到表头在struct pid中的散列表上：

```
<pid.h>
struct pid_link
{
        struct hlist_node node;
        struct pid *pid;
};
```

pid指向进程所属的pid结构实例，node用作散列表元素。

为在给定的命名空间中查找对应于指定PID数值的pid结构实例，使用了一个散列表：

```
kernel/pid.c
static struct hlist_head *pid_hash;
```

hlist_head是一个内核的标准数据结构，用于建立双链散列表（附录C描述了该散列表的结构，并介绍了用于处理该数据结构的几个辅助函数）。

pid_hash用作一个hlist_head数组。数组的元素数目取决于计算机的内存配置，大约在$2^4=16$和$2^{12}=4096$之间。pidhash_init用于计算恰当的容量并分配所需的内存。

假如已经分配了struct pid的一个新实例，并设置用于给定的ID类型。它会如下附加到task_struct：

```
kernel/pid.c
int fastcall attach_pid(struct task_struct *task, enum pid_type type,
                struct pid *pid)
{
        struct pid_link *link;

        link = &task->pids[type];
        link->pid = pid;
        hlist_add_head_rcu(&link->node, &pid->tasks[type]);

        return 0;
}
```

这里建立了双向连接：task_struct可以通过task_struct->pids[type]->pid访问pid实例。而从pid实例开始，可以遍历tasks[type]散列表找到task_struct。hlist_add_head_rcu是遍历散列表的标准函数，此外还确保了遵守RCU机制（参见第5章）。因为，在其他内核组件并发地操作散列表时，可防止竞态条件（race condition）出现。

● **函数**

内核提供了若干辅助函数，用于操作和扫描上面描述的数据结构。本质上内核必须完成下面两个不同的任务。

(1) 给出局部数字ID和对应的命名空间，查找此二元组描述的task_struct。

(2) 给出task_struct、ID类型、命名空间，取得命名空间局部的数字ID。

我们首先专注于如何将task_struct实例变为数字ID。这个过程包含下面两个步骤。

(1) 获得与task_struct关联的pid实例。辅助函数task_pid、task_tgid、task_pgrp和task_session分别用于取得不同类型的ID。获取PID的实现很简单：

<sched.h>
```
static inline struct pid *task_pid(struct task_struct *task)
{
        return task->pids[PIDTYPE_PID].pid;
}
```

获取TGID的做法类似，因为TGID不过是线程组组长的PID而已。只要将上述实现替换为task->group_leader->pids[PIDTYPE_PID].pid即可。

找出进程组ID则需要使用PIDTYPE_PGID作为数组索引，但该ID仍然需要从线程组组长的task_struct实例获取：

<sched.h>
```
static inline struct pid *task_pgrp(struct task_struct *task)
{
        return task->group_leader->pids[PIDTYPE_PGID].pid;
}
```

(2) 在获得pid实例之后，从struct pid的numbers数组中的uid信息，即可获得数字ID：

kernel/pid.c
```
pid_t pid_nr_ns(struct pid *pid, struct pid_namespace *ns)
{
        struct upid *upid;
        pid_t nr = 0;

        if (pid && ns->level <= pid->level) {
                upid = &pid->numbers[ns->level];
                if (upid->ns == ns)
                        nr = upid->nr;
        }
        return nr;
}
```

因为父命名空间可以看到子命名空间中的PID，反过来却不行，内核必须确保当前命名空间的level小于或等于产生局部PID的命名空间的level。

同样重要的是要注意到，内核只需要关注产生全局PID。因为全局命名空间中所有其他ID类型都会映射到PID，因此不必生成诸如全局TGID或SID。

除了在第2步使用的pid_nr_ns之外，内核还可以使用下列辅助函数：

- pid_vnr返回该ID所属的命名空间所看到的局部PID；
- pid_nr则获取从init进程看到的全局PID。

这两个函数都依赖于pid_nr_ns，并自动选择适当的level：0用于获取全局PID，而pid->level则用于获取局部PID。

内核提供了几个辅助函数，合并了前述步骤：

kernel/pid.c
```
pid_t task_pid_nr_ns(struct task_struct *tsk, struct pid_namespace *ns)
pid_t task_tgid_nr_ns(struct task_struct *tsk, struct pid_namespace *ns)
pid_t task_pgrp_nr_ns(struct task_struct *tsk, struct pid_namespace *ns)
pid_t task_session_nr_ns(struct task_struct *tsk, struct pid_namespace *ns)
```

从函数名可以明显推断其语义，因此我们不再赘述。

现在我们把注意力转向内核如何将数字PID和命名空间转换为pid实例。同样需要下面两个步骤。

(1) 给出进程的局部数字PID和关联的命名空间（这是PID的用户空间表示），为确定pid实例（这是PID的内核表示），内核必须采用标准的散列方案。首先，根据PID和命名空间指针计算在pid_hash数组中的索引，[①]然后遍历散列表直至找到所要的元素。这是通过辅助函数find_pid_ns处理的：

kernel/pid.c
```
struct pid * fastcall find_pid_ns(int nr, struct pid_namespace *ns)
```

struct upid的实例保存在散列表中，由于这些实例直接包含在struct pid中，内核可以使用container_of机制（参见附录C）推断出所要的信息。

(2) pid_task取出pid->tasks[type]散列表中的第一个task_struct实例。

这两个步骤可以通过辅助函数find_task_by_pid_type_ns完成：

kernel/pid.c
```
struct task_struct *find_task_by_pid_type_ns(int type, int nr,
                struct pid_namespace *ns)
{
        return pid_task(find_pid_ns(nr, ns), type);
}
```

一些简单一点的辅助函数基于最一般性的find_task_by_pid_type_ns：

- find_task_by_pid_ns(pid_t nr, struct pid_namespace * ns)根据给出的数字PID和进程的命名空间来查找task_struct实例。
- find_task_by_vpid(pid_t vnr)通过局部数字PID查找进程。
- find_task_by_pid(pid_t nr)通过全局数字PID查找进程。

内核源代码中许多地方都需要find_task_by_pid，因为很多特定于进程的操作（例如，使用kill发送一个信号）都通过PID标识目标进程。

3. 生成唯一的PID

除了管理PID之外，内核还负责提供机制来生成唯一的PID（尚未分配）。在这种情况下，可以忽略各种不同类型的PID之间的差别，因为按一般的UNIX观念，只需要为PID生成唯一的数值即可。所有其他的ID都可以派生自PID，在下文讨论fork和clone时会看到这一点。在随后的几节中，名词PID还是指一般的UNIX进程ID（PIDTYPE_PID）。

为跟踪已经分配和仍然可用的PID，内核使用一个大的位图，其中每个PID由一个比特标识。PID的值可通过对应比特在位图中的位置计算而来。

因此，分配一个空闲的PID，本质上就等同于寻找位图中第一个值为0的比特，接下来将该比特设置为1。反之，释放一个PID可通过将对应的比特从1切换为0来实现。这些操作使用下述两个函数实现：

---

① 为达到该目的，内核使用了乘法散列法，用的是与机器字所能表示的最大数字成黄金分割比率的一个素数。具体细节可参见[Knu97]。

kernel/pid.c
```
static int alloc_pidmap(struct pid_namespace *pid_ns)
```
用于分配一个PID，而

kernel/pid.c
```
static fastcall void free_pidmap(struct pid_namespace *pid_ns, int pid)
```
用于释放一个PID。我们这里不关注具体的实现方式，但它们必须能够在命名空间下工作。

在建立一个新进程时，进程可能在多个命名空间中是可见的。对每个这样的命名空间，都需要生成一个局部PID。这是在`alloc_pid`中处理的：

kernel/pid.c
```
struct pid *alloc_pid(struct pid_namespace *ns)
{
        struct pid *pid;
        enum pid_type type;
        int i, nr;
        struct pid_namespace *tmp;
        struct upid *upid;
...
        tmp = ns;
        for (i = ns->level; i >= 0; i--) {
                nr = alloc_pidmap(tmp);
...
                pid->numbers[i].nr = nr;
                pid->numbers[i].ns = tmp;
                tmp = tmp->parent;
        }
        pid->level = ns->level;
...
```
起始于建立进程的命名空间，一直到初始的全局命名空间，内核会为此间的每个命名空间分别创建一个局部PID。包含在`struct pid`中的所有`upid`都用重新生成的PID更新其数据。每个`upid`实例都必须置于PID散列表中：

kernel/pid.c
```
        for (i = ns->level; i >= 0; i--) {
                upid = &pid->numbers[i];
                hlist_add_head_rcu(&upid->pid_chain,
                                &pid_hash[pid_hashfn(upid->nr, upid->ns)]);
        }
...
        return pid;
}
```

2.3.4 进程关系

除了源于ID连接的关系之外，内核还负责管理建立在UNIX进程创建模型之上“家族关系”。相关讨论一般使用下列术语。

- 如果进程A分支形成进程B，进程A称之为父进程而进程B则是子进程。[①]
  如果进程B再次分支建立另一个进程C，进程A和进程C之间有时称之为祖孙关系。
- 如果进程A分支若干次形成几个子进程B_1，B_2，…，B_n，各个B_i进程之间的关系称之为兄弟关系。

---

① 不同于自然的家庭，进程只有一个父母系。

图2-6说明了可能的进程家族关系。

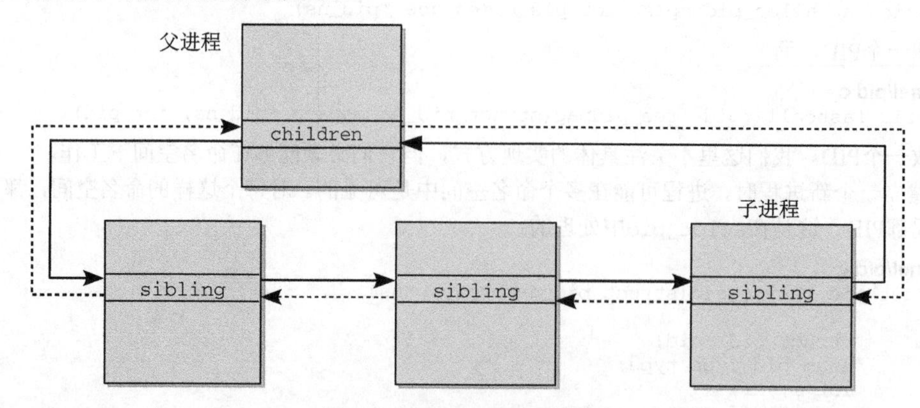

图2-6　进程之间的家族关系

task_struct数据结构提供了两个链表表头，用于实现这些关系：

```
<sched.h>
struct task_struct {
...
        struct list_head children;    /* 子进程链表 */
        struct list_head sibling;     /* 连接到父进程的子进程链表 */
...
}
```

- children是链表表头，该链表中保存有进程的所有子进程。
- sibling用于将兄弟进程彼此连接起来。

新的子进程置于sibling链表的起始位置，这意味着可以重建进程分支的时间顺序。①

2.4　进程管理相关的系统调用

在本节中，我将讨论fork和exec系列系统调用的实现。通常这些调用不是由应用程序直接发出的，而是通过一个中间层调用，即负责与内核通信的C标准库。

从用户状态切换到核心态的方法，依不同的体系结构而各有不同。在附录A中，我详细讲述了用于在这两种状态之间切换的机制，并解释了用户空间和内核空间之间如何交换参数。就目前而言，将内核视为由C标准库使用的“程序库”即可，我在第1章简要地提到过这一点。

2.4.1　进程复制

传统的UNIX中用于复制进程的系统调用是fork。但它并不是Linux为此实现的唯一调用，实际上Linux实现了3个。

(1) fork是重量级调用，因为它建立了父进程的一个完整副本，然后作为子进程执行。为减少与该调用相关的工作量，Linux使用了写时复制（copy-on-write）技术，下文中会讨论。

① 2.6.21之前的内核版本有3个辅助函数：younger_sibling、older_sibling和eldest_child，在访问上述链表及其元素时能够有所帮助。它们用于生成调试输出，但不是很有用，因此在后续版本中被删除了。补丁作者Ingo Molnar注意到对应的代码是内核最古老的成分之一，并作了相应的注记。这导致另一个著名的开发者Linus Torvalds取消了这个补丁。

(2) vfork类似于fork，但并不创建父进程数据的副本。相反，父子进程之间共享数据。这节省了大量CPU时间（如果一个进程操纵共享数据，则另一个会自动注意到）。

vfork设计用于子进程形成后立即执行execve系统调用加载新程序的情形。在子进程退出或开始新程序之前，内核保证父进程处于堵塞状态。

引用手册页vfork(2)的文字，“非常不幸，Linux从过去复活了这个幽灵”。由于fork使用了写时复制技术，vfork速度方面不再有优势，因此应该避免使用它。

(3) clone产生线程，可以对父子进程之间的共享、复制进行精确控制。

1. 写时复制

内核使用了写时复制（Copy-On-Write，COW）技术，以防止在fork执行时将父进程的所有数据复制到子进程。该技术利用了下述事实：进程通常只使用了其内存页的一小部分。[①]在调用fork时，内核通常对父进程的每个内存页，都为子进程创建一个相同的副本。这有两种很不好的负面效应。

(1) 使用了大量内存。

(2) 复制操作耗费很长时间。

如果应用程序在进程复制之后使用exec立即加载新程序，那么负面效应会更严重。这实际上意味着，此前进行的复制操作是完全多余的，因为进程地址空间会重新初始化，复制的数据不再需要了。

内核可以使用技巧规避该问题。并不复制进程的整个地址空间，而是只复制其页表。这样就建立了虚拟地址空间和物理内存页之间的联系，我在第1章简要地讲过，具体过程请参见第3章和第4章。因此，fork之后父子进程的地址空间指向同样的物理内存页。

当然，父子进程不能允许修改彼此的页，[②]这也是两个进程的页表对页标记了只读访问的原因，即使在普通环境下允许写入也是如此。

假如两个进程只能读取其内存页，那么二者之间的数据共享就不是问题，因为不会有修改。

只要一个进程试图向复制的内存页写入，处理器会向内核报告访问错误（此类错误被称作缺页异常）。内核然后查看额外的内存管理数据结构（参见第4章），检查该页是否可以用读写模式访问，还是只能以只读模式访问。如果是后者，则必须向进程报告段错误。读者会在第4章看到，缺页异常处理程序的实际实现要复杂得多，因为还必须考虑其他方面的问题，例如换出的页。

如果页表项将一页标记为“只读”，但通常情况下该页应该是可写的，内核可根据此条件来判断该页实际上是COW页。因此内核会创建该页专用于当前进程的副本，当然也可以用于写操作。直至第4章我们才会讨论复制操作的实现方式，因为这需要内存管理方面广泛的背景知识。

COW机制使得内核可以尽可能延迟内存页的复制，更重要的是，在很多情况下不需要复制。这节省了大量时间。

2. 执行系统调用

fork、vfork和clone系统调用的入口点分别是sys_fork、sys_vfork和sys_clone函数。其定义依赖于具体的体系结构，因为在用户空间和内核空间之间传递参数的方法因体系结构而异（更多细节请参见第13章）。上述函数的任务是从处理器寄存器中提取由用户空间提供的信息，调用体系结构无关的do_fork函数，后者负责进程复制。该函数的原型如下：

kernel/fork.c
```
long do_fork(unsigned long clone_flags,
             unsigned long stack_start,
```

① 进程访问最频繁的页的集合被称为工作区（working set）。

② 两个进程显示共享的页除外。

```
                struct pt_regs *regs,
                unsigned long stack_size,
                int __user *parent_tidptr,
                int __user *child_tidptr)
```

该函数需要下列参数。

- clone_flags是一个标志集合，用来指定控制复制过程的一些属性。最低字节指定了在子进程终止时被发给父进程的信号号码。其余的高位字节保存了各种常数，下文会分别讨论。
- stack_start是用户状态下栈的起始地址。
- regs是一个指向寄存器集合的指针，其中以原始形式保存了调用参数。该参数使用的数据类型是特定于体系结构的struct pt_regs，其中按照系统调用执行时寄存器在内核栈上的存储顺序，保存了所有的寄存器（更详细的信息，请参考附录A）。
- stack_size是用户状态下栈的大小。该参数通常是不必要的，设置为0。
- parent_tidptr和child_tidptr是指向用户空间中地址的两个指针，分别指向父子进程的PID。NPTL（Native Posix Threads Library）库的线程实现需要这两个参数。我将在下文讨论其语义。

不同的fork变体，主要是通过标志集合区分。在大多数体系结构上，[1]典型的fork调用的实现方式与IA-32处理器相同。

arch/x86/kernel/process_32.c

```
asmlinkage int sys_fork(struct pt_regs regs)
{
        return do_fork(SIGCHLD, regs.esp, &regs, 0, NULL, NULL);
}
```

唯一使用的标志是SIGCHLD。这意味着在子进程终止后发送SIGCHLD信号通知父进程。最初，父子进程的栈地址相同（起始地址保存在IA-32系统的esp寄存器中）。但如果操作栈地址并写入数据，则COW机制会为每个进程分别创建一个栈副本。

如果do_fork成功，则新建进程的PID作为系统调用的结果返回，否则返回错误码（负值）。

sys_vfork的实现与sys_fork只是略微不同，前者使用了额外的标志（CLONE_VFORK和CLONE_VM，其语义下文讨论）。

sys_clone的实现方式与上述调用相似，差别在于do_fork如下调用：

arch/x86/kernel/process_32.c

```
asmlinkage int sys_clone(struct pt_regs regs)
{
        unsigned long clone_flags;
        unsigned long newsp;
        int __user *parent_tidptr, *child_tidptr;

        clone_flags = regs.ebx;
        newsp = regs.ecx;
        parent_tidptr = (int __user *)regs.edx;
        child_tidptr = (int __user *)regs.edi;
        if (!newsp)
                newsp = regs.esp;
        return do_fork(clone_flags, newsp, &regs, 0, parent_tidptr, child_tidptr);
}
```

[1] 例外：Sparc(64)系统通过sparc_do_fork访问do_fork；IA-64只提供了一个系统调用sys_clone2，用于在用户空间实现fork、vfork和clone系统调用。sys_clone2和sparc_do_fork最终都依赖于do_fork。

标志不再是硬编码的，而是可以通过各个寄存器参数传递到系统调用。因而该函数的第一部分负责提取这些参数。另外，也不再复制父进程的栈，而是可以指定新的栈地址（newsp）。在生成线程时，可能需要这样做，线程可能与父进程共享地址空间，但线程自身的栈可能在另一个地址空间。另外还指定了用户空间中的两个指针（parent_tidptr和child_tidptr），用于与线程库通信。其语义在2.4.1节讨论。

3. do_fork的实现

所有3个fork机制最终都调用了kernel/fork.c中的do_fork（一个体系结构无关的函数），其代码流程如图2-7所示。

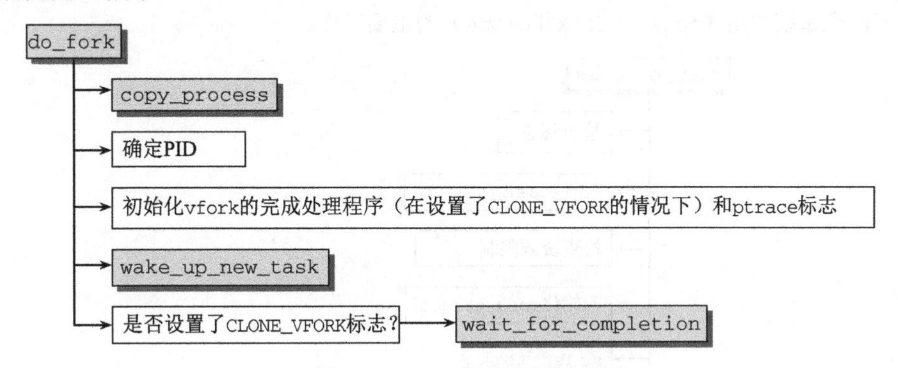

图2-7 do_fork的代码流程图

do_fork以调用copy_process开始，后者执行生成新进程的实际工作，并根据指定的标志重用父进程的数据。在子进程生成之后，内核必须执行下列收尾操作：

- 由于fork要返回新进程的PID，因此必须获得PID。这是比较复杂的，因为如果设置了CLONE_NEWPID标志，fork操作可能创建了新的PID命名空间。如果是这样，则需要调用task_pid_nr_ns获取在父命名空间中为新进程选择的PID，即发出fork调用的进程所在的命名空间。如果PID命名空间没有改变，调用task_pid_vnr获取局部PID即可，因为新旧进程都在同一个命名空间中。

kernel/fork.c
```
nr = (clone_flags & CLONE_NEWPID) ?
        task_pid_nr_ns(p, current->nsproxy->pid_ns) :
                task_pid_vnr(p);
```

- 如果将要使用Ptrace（参见第13章）监控新的进程，那么在创建新进程后会立即向其发送SIGSTOP信号，以便附接的调试器检查其数据。
- 子进程使用wake_up_new_task唤醒。换言之，即将其task_struct添加到调度器队列。调度器也有机会对新启动的进程给予特别处理，这使得可以实现一种策略以便新进程有较高的几率尽快开始运行，另外也可以防止一再地调用fork浪费CPU时间。

  如果子进程在父进程之前开始运行，则可以大大地减少复制内存页的工作量，尤其是子进程在fork之后发出exec调用的情况下。但要记住，将进程排到调度器数据结构中并不意味着该子进程可以立即开始执行，而是调度器此时起可以选择它运行。
- 如果使用vfork机制（内核通过设置的CLONE_VFORK标志识别），必须启用子进程的完成机制（completions mechanism）。子进程的task_struct的vfork_done成员即用于该目的。借助于

wait_for_completion函数，父进程在该变量上进入睡眠状态，直至子进程退出。在进程终止（或用execve启动新应用程序）时，内核自动调用complete（vfork_done）。这会唤醒所有因该变量睡眠的进程。在第14章中，我会非常详细地讨论完成机制的实现。

- 通过采用这种方法，内核可以确保使用vfork生成的子进程的父进程会一直处于不活动状态，直至子进程退出或执行一个新的程序。父进程的临时睡眠状态，也确保了两个进程不会彼此干扰或操作对方的地址空间。

4. 复制进程

在do_fork中大多数工作是由copy_process函数完成的，其代码流程如图2-8所示。请注意，该函数必须处理3个系统调用（fork、vfork和clone）的主要工作。

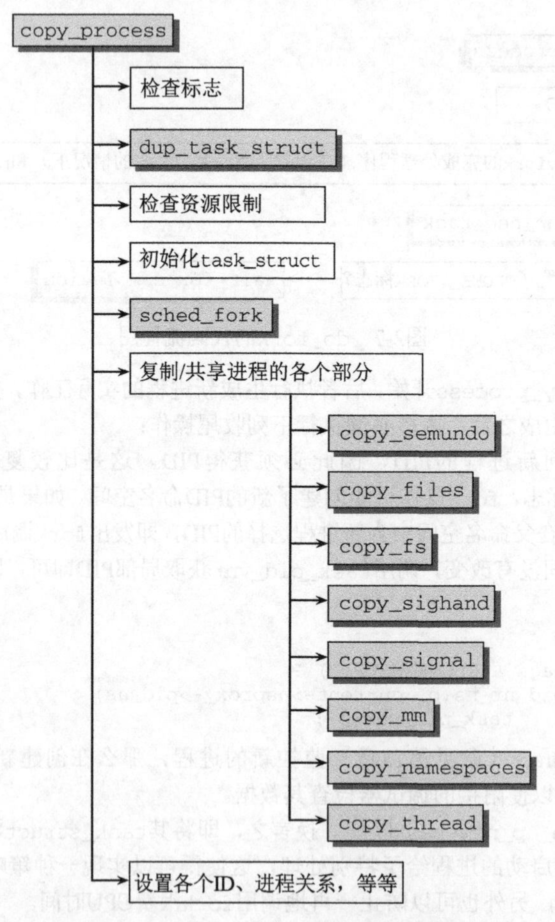

图2-8　copy_process的代码流程图

由于内核必须处理许多特别和具体的情形，我们只讲述该函数的一个略微简化的版本，免得迷失于无数的细节而忽略最重要的方面。

复制进程的行为受到相当多标志的控制。clone(2)的手册页详细讲述了这些标志，这里不再赘述，我建议读者看一下手册页，或者Linux系统程序设计方面的任何好书都可以。我们更感兴趣的是，某些标志组合没有意义，内核必须捕获这种情况。例如，一方面请求创建一个新命名空间（CLONE_NEWNS），而同时要求与父进程共享所有的文件系统信息（CLONE_FS），就是没有意义的。捕获这种组合并返回错误码并不复杂：

kernel/fork.c

```
static struct task_struct *copy_process(unsigned long clone_flags,
                                        unsigned long stack_start,
                                        struct pt_regs *regs,
                                        unsigned long stack_size,
                                        int __user *child_tidptr,
                                        struct pid *pid)

{
        int retval;
        struct task_struct *p;
        int cgroup_callbacks_done = 0;

        if ((clone_flags & (CLONE_NEWNS|CLONE_FS)) == (CLONE_NEWNS|CLONE_FS))
                return ERR_PTR(-EINVAL);
...
```

此处很适宜回忆简介部分提到的：Linux有时候在操作成功时需要返回指针，而在失败时则返回错误码。遗憾的是，C语言每个函数只允许一个直接的返回值，因此任何有关可能错误的信息都必须编码到指针中。虽然一般而言指针可以指向内存中的任意位置，而Linux支持的每个体系结构的虚拟地址空间中都有一个从虚拟地址0到至少4 KiB的区域，该区域中没有任何有意义的信息。因此内核可以重用该地址范围来编码错误码。如果fork的返回值指向前述的地址范围内部，那么该调用就失败了，其原因可以由指针的数值判断。ERR_PTR是一个辅助宏，用于将数值常数（例如EINVAL，非法操作）编码为指针。

还需要进一步检查一些标志。

- 在用CLONE_THREAD创建一个线程时，必须用CLONE_SIGHAND激活信号共享。通常情况下，一个信号无法发送到线程组中的各个线程。
- 只有在父子进程之间共享虚拟地址空间时（CLONE_VM），才能提供共享的信号处理程序。因此类似的想法是，要想达到同样的效果，线程也必须与父进程共享地址空间。

在内核建立了自洽的标志集之后，则用dup_task_struct来建立父进程task_struct的副本。用于子进程的新的task_struct实例可以在任何空闲的内核内存位置分配（更多细节请参见第3章，其中讲解了这里提到的分配机制）。

父子进程的task_struct实例只有一个成员不同：新进程分配了一个新的核心态栈，即task_struct->stack。通常栈和thread_info一同保存在一个联合中，thread_info保存了线程所需的所有特定于处理器的底层信息。

<sched.h>

```
union thread_union {
        struct thread_info thread_info;
        unsigned long stack[THREAD_SIZE/sizeof(long)];
};
```

原则上，只要设置了预处理器常数__HAVE_THREAD_FUNCTIONS通知内核，那么各个体系结构可以随意在stack数组中存储什么数据。在这种情况下，它们必须自行实现task_thread_info和task_stack_page，这两个函数用于获取给定task_struct实例的线程信息和核心态栈。另外，它们必须实现dup_task_struct中调用的函数setup_thread_stack，以便确定stack成员的具体内存布局。当前只有IA-64和m68k不依赖于内核的默认方法。

在大多数体系结构上，使用一两个内存页来保存一个thread_union的实例。在IA-32上，两个内存页是默认设置，因此可用的内核栈长度略小于8 KiB，其中一部分被thread_info实例占据。不过要注意，配置选项4KSTACKS会将栈长度降低到4 KiB，即一个页面。如果系统上有许多进程在运行，这样做是有利的，因为每个进程可以节省一个页面。另一方面，对于经常趋向于使用过多栈空间的外部驱动程序来说，这可能导致问题。标准发布版所提供的内核，其所有核心部分都已经设计为能够在4 KiB栈长度配置下运转流畅，但一旦需要只提供二进制代码的驱动程序，就可能引发问题（糟糕的是，过去已经发生过这类问题），此类驱动通常习于向可用的栈空间乱塞数据。

thread_info保存了特定于体系结构的汇编语言代码需要访问的那部分进程数据。尽管该结构的定义因不同的处理器而不同，大多数系统上该结构的内容类似于下列代码。

<asm-arch/thread_info.h>
```
struct thread_info {
        struct task_struct      *task;          /* 当前进程task_struct指针 */
        struct exec_domain      *exec_domain;   /* 执行区间 */
        unsigned long           flags;          /* 底层标志 */
        unsigned long           status;         /* 线程同步标志 */
        __u32                   cpu;            /* 当前CPU */
        int                     preempt_count;  /* 0 => 可抢占， <0 => BUG */

        mm_segment_t            addr_limit;     /* 线程地址空间 */
        struct restart_block    restart_block;
}
```

- task是指向进程task_struct实例的指针。
- exec_domain用于实现执行区间（execution domain），后者用于在一类计算机上实现多种的ABI（Application Binary Interface，应用程序二进制接口）。例如，在AMD64系统的64bit模式下运行32bit应用程序。
- flags可以保存各种特定于进程的标志，我们对其中两个特别感兴趣，如下所示。
  - 如果进程有待决信号则置位TIF_SIGPENDING。
  - TIF_NEED_RESCHED表示该进程应该或想要调度器选择另一个进程替换本进程执行。

  其他可用的常数是特定于硬件的，几乎从不使用，可以参见<asm-arch/thread_info.h>。
- cpu说明了进程正在其上执行的CPU数目（在多处理器系统上很重要，在单处理器系统上非常容易判断）。
- preempt_count实现内核抢占所需的一个计数器，我将在2.8.3节讨论。
- addr_limit指定了进程可以使用的虚拟地址的上限。如前所述，该限制适用于普通进程，但内核线程可以访问整个虚拟地址空间，包括只有内核能访问的部分。这并不意味着限制进程可以分配的内存数量。回想第1章提到的用户和内核地址空间之间的分隔，我会在第4章详细讨论该主题。
- restart_block用于实现信号机制（参见第5章）。

图2-9给出了task_struct、thread_info和内核栈之间的关系。在内核的某个特定组件使用了过多栈空间时，内核栈会溢出到thread_info部分，这很可能会导致严重的故障。此外在紧急情况下输出调用栈回溯时将会导致错误的信息出现，因此内核提供了kstack_end函数，用于判断给出的地址是否位于栈的有效部分之内。

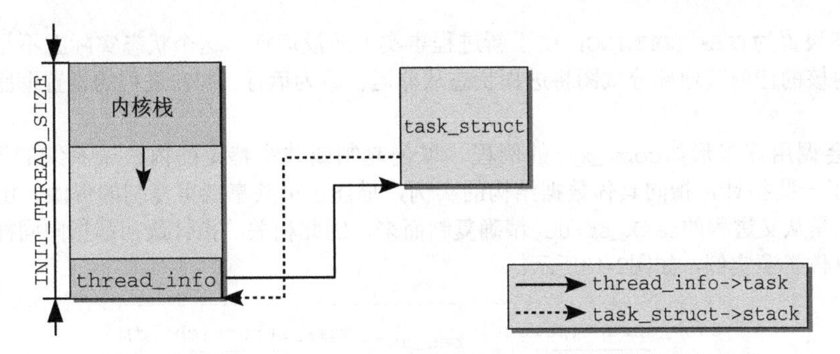

图2-9　进程的task_struct、thread_info和内核栈之间的关系

dup_task_struct会复制父进程task_struct和thread_info实例的内容，但stack则与新的thread_info实例位于同一内存区域。这意味着父子进程的task_struct此时除了栈指针之外是完全相同的，但子进程的task_struct实例会在copy_process过程中修改。

此外所有体系结构都将两个名为current和current_thread_info的符号定义为宏或函数。其语义如下所示。

- current_thread_info可获得指向当前执行进程的thread_info实例的指针。其地址可以根据内核栈指针确定，因为thread_info实例总是位于栈顶。[①]因为每个进程分别使用各自的内核栈，进程到栈的映射是唯一的。
- current给出了当前进程task_struct实例的地址。该函数在源代码中出现非常频繁。该地址可以使用current_thread_info()确定：current = current_thread_info()->task。

我们继续讨论copy_process。在dup_task_struct成功之后，内核会检查当前的特定用户在创建新进程之后，是否超出了允许的最大进程数目：

kernel/fork.c
```
        if (atomic_read(&p->user->processes) >=
                        p->signal->rlim[RLIMIT_NPROC].rlim_cur) {
                if (!capable(CAP_SYS_ADMIN) && !capable(CAP_SYS_RESOURCE) &&
                    p->user != current->nsproxy->user_ns->root_user)
                        goto bad_fork_free;
        }
...
```

拥有当前进程的用户，其资源计数器保存一个user_struct实例中，可通过task_struct->user访问，特定用户当前持有进程的数目保存在user_struct->processes。如果该值超出rlimit设置的限制，则放弃创建进程，除非当前用户是root用户或分配了特别的权限（CAP_SYS_ADMIN或CAP_SYS_RESOURCE）。检测root用户很有趣：回想上文，每个PID命名空间都有各自的root用户。上述检测必须考虑这一点。

如果资源限制无法防止进程建立，则调用接口函数sched_fork，以便使调度器有机会对新进程进行设置。在内核版本2.6.23引入CFQ调度器之前，该过程要更加复杂，因为父进程的剩余时间片必须在父子进程之间分配。由于新的调度器不再需要时间片，现在简单多了。本质上，该例程会初始化一些统计字段，在多处理器系统上，如果有必要可能还会在各个CPU之间对可用的进程重新均衡一下。

① 指向内核栈的指针通常保存在一个特别保留的寄存器中。有些体系结构特别是IA-32和AMD64使用了不同的解决方案，我将在A.10.3节讨论。

此外进程状态设置为TASK_RUNNING，由于新进程事实上还没运行，这个状态实际上不是真实的。但这可以防止内核的任何其他部分试图将进程状态从非运行改为运行，并在进程的设置彻底完成之前调度进程。

接下来会调用许多形如copy_xyz的例程，以便复制或共享特定的内核子系统的资源。task_struct包含了一些指针，指向具体数据结构的实例，描述了可共享或可复制的资源。由于子进程的task_struct是从父进程的task_struct精确复制而来，因此相关的指针最初都指向同样的资源，或者说同样的具体资源实例，如图2-10所示。

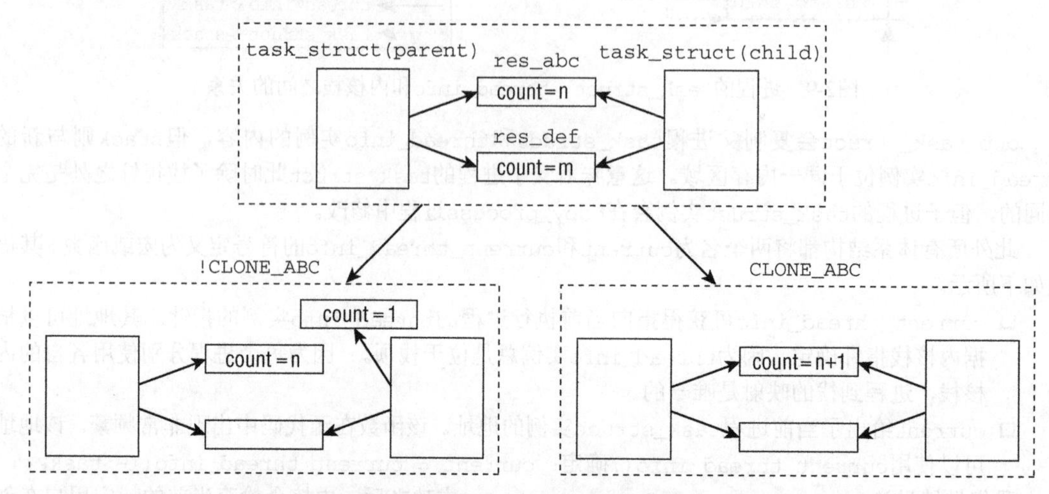

图2-10　在创建新线程时，父进程的资源可以共享或复制

假定我们有两个资源：res_abc和res_def。最初父子进程的task_struct中的对应指针都指向了资源的同一个实例，即内存中特定的数据结构。

如果CLONE_ABC置位，则两个进程会共享res_abc。此外，为防止与资源实例关联的内存空间释放过快，还需要对实例的引用计数器加1，只有进程不再使用内存时，才能释放。如果父进程或子进程修改了共享资源，则变化在两个进程中都可以看到。

如果CLONE_ABC没有置位，接下来会为子进程创建res_abc的一份副本，新副本的资源计数器初始化为1。因此在这种情况下，如果父进程或子进程修改了资源，变化不会传播到另一个进程。

通常，设置的CLONE标志越少，需要完成的工作越少。但多设置一些标志，则使得父子进程有更多机会相互操作彼此的数据结构，在编写应用程序时必须考虑到这一点。

判断资源是共享还是复制需要通过许多辅助例程完成，每个辅助例程对应一种资源。我不打算在此讨论各个copy_xyz函数的实现（相当无趣），但会概述其作用。在后续章节中详细论述各个子系统时，我会介绍与进程每个组件相关的数据结构。

- 如果COPY_SYSVSEM置位，则copy_semundo使用父进程的System V信号量。
- 如果CLONE_FILES置位，则copy_files使用父进程的文件描述符；否则创建新的files结构（参见第8章），其中包含的信息与父进程相同。该信息的修改可以独立于原结构。
- 如果CLONE_FS置位，则copy_fs使用父进程的文件系统上下文（task_struct->fs）。这是一个fs_struct类型的结构，包含了诸如根目录、进程的当前工作目录之类的信息（更多细节请参见第8章）。

- 如果CLONE_SIGHAND或CLONE_THREAD置位，则copy_sighand使用父进程的信号处理程序。第5章会更详细地论述使用的struct sighand_struct结构。
- 如果CLONE_THREAD置位，则copy_signal与父进程共同使用信号处理中不特定于处理程序的部分（task_struct->signal，参见第5章）。
- 如果COPY_MM置位，则copy_mm让父进程和子进程共享同一地址空间。在这种情况下，两个进程使用同一个mm_struct实例（参见第4章），task_struct->mm指针即指向该实例。
- 如果copy_mm没有置位，并不意味着需要复制父进程的整个地址空间。内核确实会创建页表的一份副本，但并不复制页的实际内容。这是使用COW机制完成的，仅当其中一个进程将数据写入页时，才会进行实际复制。
- copy_namespaces有特别的调用语义。它用于建立子进程的命名空间。回想前文提到的几个控制与父进程共享何种命名空间的CLONE_NEWxyz标志，但其语义与所有其他标志都相反。如果没有指定CLONE_NEWxyz，则与父进程共享相应的命名空间，否则创建一个新的命名空间。copy_namespaces相当于调度程序，对每个可能的命名空间，分别执行对应的复制例程。但各个具体的复制例程就没什么趣味了，因为本质上就是复制数据或通过引用计数的管理来共享现存的实例，因此我不会详细讨论各例程的实现。
- copy_thread与这里讨论的所有其他复制操作都大不相同，这是一个特定于体系结构的函数，用于复制进程中特定于线程（thread-specific）的数据。

> 这里的特定于线程并不是指某个CLONE标志，也不是指操作对线程而非整个进程执行。其语义无非是指复制执行上下文中特定于体系结构的所有数据（内核中名词线程通常用于多个含义）。

重要的是填充task_struct->thread的各个成员。这是一个thread_struct类型的结构，其定义是体系结构相关的。它包含了所有寄存器（和其他信息），内核在进程之间切换时需要保存和恢复进程的内容，该结构可用于此。

为理解各个thread_struct结构的布局，需要深入了解各种CPU的相关知识。对这些结构的详尽讨论则超过了本书的范围。但附录A包含了几种系统上该结构内容的一些相关信息。

回到对copy_process的讨论，内核必须填好task_struct中对父子进程不同的各个成员。包含下列一些：

- task_struct中包含的各个链表元素，例如sibling和children；
- 间隔定时器成员cpu_timers（参见第15章）；
- 待决信号列表（pending），将在第5章讨论。

在用之前描述的机制为进程分配一个新的pid实例之后，则保存在task_struct中。对于线程，线程组ID与分支进程（即调用fork/clone的进程）相同：

kernel/fork.c

```
	p->pid = pid_nr(pid);
	p->tgid = p->pid;
	if (clone_flags & CLONE_THREAD)
		p->tgid = current->tgid;
...
```

回想一下，pid_nr函数对给定的pid实例计算全局数值PID。

对普通进程，父进程是分支进程。对于线程来说有些不同：由于线程被视为分支进程内部的第二

（或第三、第四，等等）个执行序列，其父进程应是分支进程的父进程。关于这一点，代码的表述比文字要容易：

kernel/fork.c

```
        if (clone_flags & (CLONE_PARENT|CLONE_THREAD))
                p->real_parent = current->real_parent;
        else
                p->real_parent = current;
        p->parent = p->real_parent;
```

非线程的普通进程可通过设置CLONE_PARENT触发同样的行为。对线程来说还需要另一个校正，即普通进程的线程组组长是进程本身。对线程来说，其组长是当前进程的组长：

kernel/fork.c

```
    p->group_leader = p;

        if (clone_flags & CLONE_THREAD) {
                p->group_leader = current->group_leader;
                list_add_tail_rcu(&p->thread_group, &p->group_leader->thread_group);
...
}
```

新进程接下来必须通过children链表与父进程连接起来。这是通过辅助宏add_parent处理的。此外，新进程必须被归入2.3.3节描述的ID数据结构体系中。

kernel/fork.c

```
        add_parent(p);

        if (thread_group_leader(p)) {
                if (clone_flags & CLONE_NEWPID)
                        p->nsproxy->pid_ns->child_reaper = p;

                set_task_pgrp(p, task_pgrp_nr(current));
                set_task_session(p, task_session_nr(current));
                attach_pid(p, PIDTYPE_PGID, task_pgrp(current));
                attach_pid(p, PIDTYPE_SID, task_session(current));
        }

        attach_pid(p, PIDTYPE_PID, pid);
...
        return p;
}
```

thread_group_leader只检查新进程的pid和tgid是否相同。倘若如此，则该进程是线程组的组长。在这种情况下，还需要完成更多必要的工作。

- 回想一下，在非全局命名空间的进程命名空间中，各个进程有特定于该命名空间的init进程。如果通过置位CLONE_NEWPID创建一个新的PID命名空间，那么init进程的角色必须由调用clone的进程承担。
- 新进程必须被加到当前进程组和会话。这样就需要用到前文讨论过的一些函数。

最后，PID本身被加到ID数据结构的体系中。创建新进程的工作就此完成！

5. 创建线程时的特别问题

用户空间线程库使用clone系统调用来生成新线程。该调用支持（上文讨论之外的）标志，对copy_process（及其调用的函数）具有某些特殊影响。为简明起见，我在上文中省去了这些标志。但有一点应该记住，在Linux内核中，线程和一般进程之间的差别不是那么刚性，这两个名词经常用作同义词（如前所述，线程也经常用于指进程的体系结构相关部分）。在本节中，我重点讲解用户线程序库（尤其是NPTL）用于实现多线程功能的标志。

- CLONE_PARENT_SETTID将生成线程的PID复制到clone调用指定的用户空间中的某个地址（parent_tidptr，传递到clone的指针）[1]：

  kernel/fork.c
  ```
  if (clone_flags & CLONE_PARENT_SETTID)
          put_user(nr, parent_tidptr);
  ```
  复制操作在do_fork中执行，此时新线程的task_struct尚未初始化，copy操作尚未创建新线程的数据。

- CLONE_CHILD_SETTID首先会将另一个传递到clone的用户空间指针（child_tidptr）保存在新进程的task_struct中。

  kernel/fork.c
  ```
  p->set_child_tid = (clone_flags & CLONE_CHILD_SETTID) ? child_tidptr : NULL;
  ```
  在新进程第一次执行时，内核会调用schedule_tail函数将当前PID复制到该地址。

  kernel/schedule.c
  ```
  asmlinkage void schedule_tail(struct task_struct *prev)
  {
  ...
          if (current->set_child_tid)
                  put_user(task_pid_vnr(current), current->set_child_tid);
  ...
  }
  ```

- CLONE_CHILD_CLEARTID首先会在copy_process中将用户空间指针child_tidptr保存在task_struct中，这次是另一个不同的成员。

  kernel/fork.c
  ```
  p->clear_child_tid = (clone_flags & CLONE_CHILD_CLEARTID) ? child_tidptr: NULL;
  ```
  在进程终止时，[2]将0写入clear_child_tid指定的地址。[3]

  kernel/fork.c
  ```
  void mm_release(struct task_struct *tsk, struct mm_struct *mm)
  {
          if (tsk->clear_child_tid
              && atomic_read(&mm->mm_users) > 1) {
                  u32 __user * tidptr = tsk->clear_child_tid;
                  tsk->clear_child_tid = NULL;

                  put_user(0, tidptr);
                  sys_futex(tidptr, FUTEX_WAKE, 1, NULL, NULL, 0);
          }
  ...
  }
  ```

此外，sys_futex，一个快速的用户空间互斥量，用于唤醒等待线程结束事件的进程。

上述标志可用于从用户空间检测内核中线程的产生和销毁。CLONE_CHILD_SETTID和CLONE_PARENT_SETTID用于检测线程的生成。CLONE_CHILD_CLEARTID用于在线程结束时从内核向用户空间

① put_user用于在内核地址空间和用户地址空间之间复制数据，将在第4章讨论。

② 或更精确地说，在进程终止过程中，使用mm_release自动释放其用于内存管理的数据结构时。

③ 条件mm->mm_users > 1意味着系统中至少有另一个进程在使用该内存管理数据结构。因此当前进程是一般意义上的一个线程，其地址空间来自另一个进程，且只有一个控制流。

传递信息。在多处理器系统上这些检测可以真正地并行执行。

2.4.2 内核线程

内核线程是直接由内核本身启动的进程。内核线程实际上是将内核函数委托给独立的进程，与系统中其他进程“并行”执行（实际上，也并行于内核自身的执行）。[①]内核线程经常称之为（内核）守护进程。它们用于执行下列任务。

- 周期性地将修改的内存页与页来源块设备同步（例如，使用mmap的文件映射）。
- 如果内存页很少使用，则写入交换区。
- 管理延时动作（deferred action）。
- 实现文件系统的事务日志。

基本上，有两种类型的内核线程。

- **类型1**：线程启动后一直等待，直至内核请求线程执行某一特定操作。
- **类型2**：线程启动后按周期性间隔运行，检测特定资源的使用，在用量超出或低于预置的限制值时采取行动。内核使用这类线程用于连续监测任务。

调用kernel_thread函数可启动一个内核线程。其定义是特定于体系结构的，但原型总是相同的。

<asm-*arch*/processor.h>

```
int kernel_thread(int (*fn)(void *), void * arg, unsigned long flags)
```

产生的线程将执行用fn指针传递的函数，而用arg指定的参数将自动传递给该函数。[②]flags中可指定CLONE标志。

kernel_thread的第一个任务是构建一个pt_regs实例，对其中的寄存器指定适当的值，这与普通的fork系统调用类似。接下来调用我们熟悉的do_fork函数。

```
p = do_fork(flags | CLONE_VM | CLONE_UNTRACED, 0, &regs, 0, NULL, NULL);
```

因为内核线程是由内核自身生成的，应该注意下面两个特别之处。

(1) 它们在CPU的管态（supervisor mode）执行，而不是用户状态（参见第1章）。

(2) 它们只可以访问虚拟地址空间的内核部分（高于TASK_SIZE的所有地址），但不能访问用户空间。

回想上文的内容，可知task_struct中包含了指向mm_structs的两个指针：

<sched.h>

```
struct task_struct {
...
        struct mm_struct *mm, *active_mm;
...
}
```

大多数计算机上系统的全部虚拟地址空间分成两个部分：底部可以由用户层程序访问，上部则专供内核使用。在内核代表用户层程序运行时（例如，执行系统调用），虚拟地址空间的用户空间部分由mm指向的mm_struct实例描述（该结构的具体内容与当前无关，会在第4章讨论）。每当内核执行上下文切换时，虚拟地址空间的用户层部分都会切换，以便与当前运行的进程匹配。

这为优化提供了一些余地，可遵循所谓的惰性TLB处理（lazy TLB handling）。由于内核线程不与任何特定的用户层进程相关，内核并不需要倒换虚拟地址空间的用户层部分，保留旧设置即可。由

① 在多处理系统上，进程是真正并行执行的。在单处理器系统上，调度器模拟并行执行。

② 通过参数表示需要完成的工作，这使得函数可用于不同目的。

于内核线程之前可能是任何用户层进程在执行，因此用户空间部分的内容本质上是随机的，内核线程绝不能修改其内容。为强调用户空间部分不能访问，mm设置为空指针。但由于内核必须知道用户空间当前包含了什么，所以在active_mm中保存了指向mm_struct的一个指针来描述它。

为什么没有mm指针的进程称作惰性TLB进程？假如内核线程之后运行的进程与之前是同一个。在这种情况下，内核并不需要修改用户空间地址表，地址转换后备缓冲器（即TLB）中的信息仍然有效。只有在内核线程之后执行的进程是与此前不同的用户层进程时，才需要切换（并对应清除TLB数据）。

请注意，当内核在进程上下文下运转时，mm和active_mm的值相同。

内核线程可以用两种方法实现。古老的方法：内核中一些地方仍然在使用该方法，将一个函数直接传递给kernel_thread。该函数接下来负责帮助内核调用daemonize以转换为守护进程。这依次引发下列操作.

(1) 该函数从内核线程释放其父进程（用户进程）的所有资源（例如，内存上下文、文件描述符，等等），不然这些资源会一直锁定到线程结束，这是不可取的，因为守护进程通常运行到系统关机为止。因为守护进程只操作内核地址区域，它甚至不需要这些资源。

(2) daemonize阻塞信号的接收。

(3) 将init用作守护进程的父进程。

创建内核线程更现代的方法是辅助函数kthread_create。

kernel/kthread.c

```
struct task_struct *kthread_create(int (*threadfn)(void *data),
                                    void *data,
                                    const char namefmt[],
                                    ...)
```

该函数创建一个新的内核线程，其名称由namefmt给出。最初该线程是停止的，需要使用wake_up_process启动它。此后，会调用通过threadfn给出的线程函数，而data则作为参数。

另一个备选方案是宏kthread_run（参数与kthread_create相同），它会调用kthread_create创建新线程，但立即唤醒它。还可以使用kthread_create_cpu代替kthread_create创建内核线程，使之绑定到特定的CPU。

内核线程会出现在系统进程列表中，但在ps的输出中由方括号包围，以便与普通进程区分。

```
wolfgang@meitner> ps fax
  PID TTY STAT TIME COMMAND
    2?     S<    0:00 [kthreadd]
    3?     S<    0:00 _ [migration/0]
    4?     S<    0:00 _ [ksoftirqd/0]
    5?     S<    0:00 _ [migration/1]
    6?     S<    0:00 _ [ksoftirqd/1]
...
    52?    S<    0:00 _ [kblockd/3]
    55?    S<    0:00 _ [kacpid]
    56?    S<    0:00 _ [kacpi_notify]
...
```

如果内核线程绑定到特定的CPU，CPU的编号在斜线后给出。

2.4.3 启动新程序

通过用新代码替换现存程序，即可启动新程序。Linux提供的execve系统调用可用于该目的。[①]

① C标准库中有其他exec变体，但最终都基于execve。在前述章节中，exec经常用于指代这些变体之一。

1. execve的实现

该系统调用的入口点是体系结构相关的sys_execve函数。该函数很快将其工作委托给系统无关的do_execve例程。

kernel/exec.c
```
int do_execve(char * filename,
              char __user *__user *argv,
              char __user *__user *envp,
              struct pt_regs * regs)
```

这里不仅用参数传递了寄存器集合和可执行文件的名称（filename），而且还传递了指向程序的参数和环境的指针。[①]这里的记号稍微有点笨拙，因为argv和envp都是指针数组，而且指向两个数组自身的指针以及数组中的所有指针都位于虚拟地址空间的用户空间部分。回想一下第1章的内容，可知在内核访问用户空间内存时需要多加小心，而__user注释则允许自动化工具来检测是否所有相关事宜都处理得当。

图2-11给出了do_execve的代码流程图。

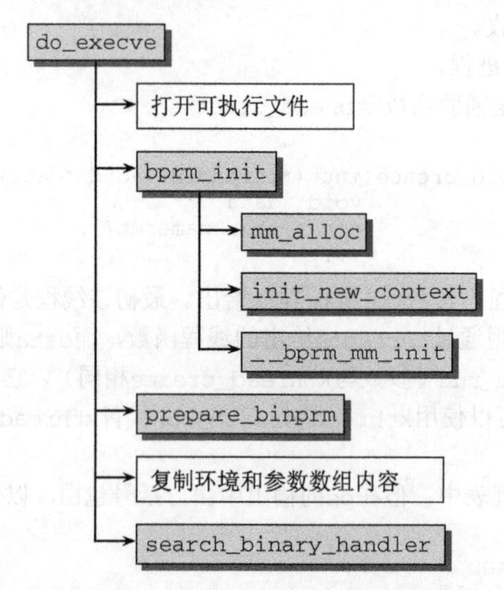

图2-11　do_execve的代码流程图

首先打开要执行的文件。换言之，按第8章的说法，内核找到相关的inode并生成一个文件描述符，用于寻址该文件。

bprm_init接下来处理若干管理性任务：mm_alloc生成一个新的mm_struct实例来管理进程地址空间（参见第4章）。init_new_context是一个特定于体系结构的函数，用于初始化该实例，而__bprm_mm_init则建立初始的栈。

新进程的各个参数（例如，euid、egid、参数列表、环境、文件名，等等）随后会分别传递给其他函数，此时为简明起见，则合并成一个类型为linux_binprm的结构。prepare_binprm用于提供一些父进程相关的值（特别是有效UID和GID）。剩余的数据，即参数列表，接下来直接复制到该结构

① argv包含在命令行上传递给该程序的所有参数（例如，对于ls -l /usr/bin来说，就是-l和/usr/bin）。环境则包括了在程序执行时定义的所有环境变量。在大多数shell中，可以使用set输出这些变量的列表。

中。要注意prepare_binprm也维护了对SUID和SGID位的处理：

fs/exec.c
```
int prepare_binprm(struct linux_binprm *bprm)
{
...
        bprm->e_uid = current->euid;
        bprm->e_gid = current->egid;

        if(!(bprm->file->f_vfsmnt->mnt_flags & MNT_NOSUID)) {
                /* Set-uid? */
                if (mode & S_ISUID) {
                        bprm->e_uid = inode->i_uid;
                }

                /* Set-gid? */
                /*
                 *如果setgid置位但组执行位没有置位，那么这可能是强制锁定，
                 *而不是setgid的可执行文件。
                 */
                if ((mode & (S_ISGID | S_IXGRP)) == (S_ISGID | S_IXGRP)){
                          bprm->e_gid = inode->i_gid;
                }
        }
...
}
```

在确认文件来源卷在装载时没有置位MNT_NOSUID之后，内核会检测SUID或SGID位是否置位。第一种情况很容易处理：如果S_ISUID置位，那么有效UID与inode相同（否则，使用进程的有效UID）。SGID的情况类似，但内核还需要确认组执行位也已经置位。

Linux支持可执行文件的各种不同组织格式。标准格式是ELF（Executable and Linkable Format），我会在附录E详细论述。其他的备选格式是表2-2列出的各种变体（表中列出了内核中对应的linux_binfmt实例的名称）。

尽管在不同的体系结构上可能使用许多二进制格式（ELF尽可能设计得与系统无关），这并不意味着特定二进制格式中的程序能够在多个体系结构上运行。不同处理器使用的汇编语言语句仍然非常不同，而二进制格式只表示如何在可执行文件和内存中组织程序的各个部分（数据、代码，等等）。

search_binary_handler用于在do_execve结束时查找一种适当的二进制格式，用于所要执行的特定文件。这种查找是可能的，因为各种格式可根据不同的特点来识别（通常是文件起始处的一个“魔数”）。二进制格式处理程序负责将新程序的数据加载到旧的地址空间中。附录E针对ELF格式描述了加载的步骤。通常，二进制格式处理程序执行下列操作。

- 释放原进程使用的所有资源。
- 将应用程序映射到虚拟地址空间中。必须考虑下列段的处理（涉及的变量是task_struct的成员，由二进制格式处理程序设置为正确的值）。
  - text段包含程序的可执行代码。start_code和end_code指定该段在地址空间中驻留的区域。
  - 预先初始化的数据（在编译时间指定了具体值的变量）位于start_data和end_data之间，映射自可执行文件的对应段。
  - 堆（heap）用于动态内存分配，亦置于虚拟地址空间中。start_brk和brk指定了其边界。
  - 栈的位置由start_stack定义。几乎所有的计算机上栈都是自动地向下增长。唯一的例外是当前的PA-Risc。对于栈的反向增长，体系结构相关部分的实现必须告知内核，可通过设置配置符号STACK_GROWSUP完成。

- 程序的参数和环境也映射到虚拟地址空间中，分别位于arg_start和arg_end之间，以及env_start和env_end之间。

- 设置进程的指令指针和其他特定于体系结构的寄存器，以便在调度器选择该进程时开始执行程序的main函数。

有关ELF格式到虚拟地址空间的映射，将在4.2.1节更详细地讨论。

表2-2　Linux支持的二进制格式

名　称	含　义
flat_format	平坦格式用于没有内存管理单元（MMU）的嵌入式CPU上。为节省空间，可执行文件中的数据还可以压缩（如果内核可提供zlib支持）
script_format	这是一种伪格式，用于运行使用#!机制的脚本。检查文件的第一行，内核即知道使用何种解释器，启动适当的应用程序即可（例如，如果是#! /usr/bin/perl，则启动Perl）
misc_format	这也是一种伪格式，用于启动需要外部解释器的应用程序。与#!机制相比，解释器无须显式指定，而可以通过特定的文件标识符（后缀、文件头，等等）确定。例如，该格式用于执行Java字节代码或用Wine运行Windows程序
elf_format	这是一种与计算机和体系结构无关的格式，可用于32位和64位。它是Linux的标准格式
elf_fdpic_format	ELF格式变体，提供了针对没有MMU系统的特别特性
irix_format	ELF格式变体，提供了特定于Irix的特性
som_format	在PA-Risc计算机上使用，特定于HP-UX的格式
aout_format	a.out是引入ELF之前Linux的标准格式。因为它太不灵活，所以现在很少使用

2. 解释二进制格式

在Linux内核中，每种二进制格式都表示为下列数据结构（已经简化过）的一个实例：

```
<binfmts.h>
struct linux_binfmt {
        struct linux_binfmt * next;
        struct module *module;
        int (*load_binary)(struct linux_binprm *, struct pt_regs * regs);
        int (*load_shlib)(struct file *);
        int (*core_dump)(long signr, struct pt_regs * regs, struct file * file);
        unsigned long min_coredump;        /* minimal dump size */
};
```

每种二进制格式必须提供下面3个函数。

(1) load_binary用于加载普通程序。

(2) load_shlib用于加载共享库，即动态库。

(3) core_dump用于在程序错误的情况下输出内存转储。该转储随后可使用调试器（例如，gdb）分析，以便解决问题。min_coredump是生成内存转储时，内存转储文件长度的下界（通常，这是一个内存页的长度）。

每种二进制格式首先必须使用register_binfmt向内核注册。该函数的目的是向一个链表增加一种新的二进制格式，该链表的表头是fs/exec.c中的全局变量formats。linux_binfmt实例通过其next成员彼此连接起来。

2.4.4　退出进程

进程必须用exit系统调用终止。这使得内核有机会将该进程使用的资源释放回系统。[①] 该调用的

① 程序员可以显式调用exit。但编译器会在main函数（或特定语言使用的main函数）末尾自动添加相应的调用。

入口点是sys_exit函数，需要一个错误码作为其参数，以便退出进程。其定义是体系结构无关的，见kernel/exit.c。我们对其实现没什么兴趣，因为它很快将工作委托给do_exit。

简而言之，该函数的实现就是将各个引用计数器减1，如果引用计数器归0而没有进程再使用对应的结构，那么将相应的内存区域返还给内存管理模块。

2.5 调度器的实现

内存中保存了对每个进程的唯一描述，并通过若干结构与其他进程连接起来。调度器面对的情形就是这样，其任务是在程序之间共享CPU时间，创造并行执行的错觉。正如以上的讨论，该任务分为两个不同部分：一个涉及调度策略，另一个涉及上下文切换。

2.5.1 概观

内核必须提供一种方法，在各个进程之间尽可能公平地共享CPU时间，而同时又要考虑不同的任务优先级。完成该目的有许多方法，各有其利弊，我们无须在此讨论（对可能方法的概述，请参见[Tan07]）。我们主要关注Linux内核采用的解决方案。

schedule函数是理解调度操作的起点。该函数定义在kernel/sched.c中，是内核代码中最常调用的函数之一。调度器的实现受若干因素的影响而稍显模糊。

- 在多处理器系统上，必须要注意几个细节（有一些非常微妙），以避免调度器自相干扰。
- 不仅实现了优先调度，还实现了Posix标准需要的其他两种软实时策略。
- 使用goto以生成最优的汇编语言代码。这些语句在C代码中来回地跳转，与结构化程序设计的所有原理背道而驰。但如果小心翼翼地使用它，该特性就可以发挥作用（调度器就是一个例子）。

下面我暂时忽略实时进程，只考虑完全公平调度器（稍后再考虑实时进程）。Linux调度器的一个杰出特性是，它不需要时间片概念，至少不需要传统的时间片。经典的调度器对系统中的进程分别计算时间片，使进程运行直至时间片用尽。在所有进程的所有时间片都已经用尽时，则需要重新计算。相比之下，当前的调度器只考虑进程的等待时间，即进程在就绪队列（run-queue）中已经等待了多长时间。对CPU时间需求最严格的进程被调度执行。

调度器的一般原理是，按所能分配的计算能力，向系统中的每个进程提供最大的公正性。或者从另一个角度来说，它试图确保没有进程被亏待。这听起来不错，但就CPU时间而论，公平与否意味着什么呢？考虑一台理想计算机，可以并行运行任意数目的进程。如果系统上有N个进程，那么每个进程得到总计算能力的1/N，所有的进程在物理上真实地并行执行。假如一个进程需要10分钟完成其工作。如果5个这样的进程在理想CPU上同时运行，每个会得到计算能力的20%，这意味着每个进程需要运行50分钟，而不是10分钟。但所有的5个进程都会刚好在该时间段之后结束其工作，没有哪个进程在此段时间内处于不活动状态！

在真正的硬件上这显然是无法实现的。如果系统只有一个CPU，至多可以同时运行一个进程。只能通过在各个进程之间高频率来回切换，来实现多任务。对用户来说，由于其思维比转换频率慢得多，切换造成了并行执行的错觉，但实际上不存在并行执行。虽然多CPU系统能改善这种情况并完美地并行执行少量进程，但情况总是CPU数目比要运行的进程数目少，这样上述问题又出现了。

如果通过轮流运行各个进程来模拟多任务，那么当前运行的进程，其待遇显然好于哪些等待调度器选择的进程，即等待的进程受到了不公平的对待。不公平的程度正比于等待时间。

每次调用调度器时，它会挑选具有最高等待时间的进程，把CPU提供给该进程。如果经常发生这种情况，那么进程的不公平待遇不会累积，不公平会均匀分布到系统中的所有进程。

图2-12说明了调度器如何记录哪个进程已经等待了多长时间。由于可运行进程是排队的，该结构称之为就绪队列。

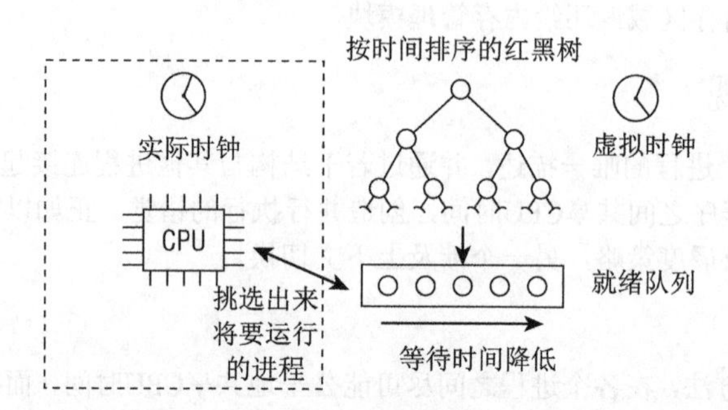

图2-12　调度器通过将进程在红黑树中排序，跟踪进程的等待时间

所有的可运行进程都按时间在一个红黑树中排序，所谓时间即其等待时间。等待CPU时间最长的进程是最左侧的项，调度器下一次会考虑该进程。等待时间稍短的进程在该树上从左至右排序。

如果读者不熟悉红黑树，知道以下这些也足够了。该数据结构对所包含的项提供了高效的管理，该树管理的进程数目增加时，查找、插入、删除操作需要的时间只会适度地增加。[①]红黑树是内核的标准数据结构，附录C提供了更多有关的信息。此外，红黑树的内容在每一本数据结构教科书中都可以找到。

除了红黑树外，就绪队列还装备了虚拟时钟。[②]该时钟的时间流逝速度慢于实际的时钟，精确的速度依赖于当前等待调度器挑选的进程的数目。假定该队列上有4个进程，那么虚拟时钟将以实际时钟四分之一的速度运行。如果以完全公平的方式分享计算能力，那么该时钟是判断等待进程将获得多少CPU时间的基准。在就绪队列等待实际的20秒，相当于虚拟时间5秒。4个进程分别执行5秒，即可使CPU被实际占用20秒。

假定就绪队列的虚拟时间由`fair_clock`给出，而进程的等待时间保存在`wait_runtime`。为排序红黑树上的进程，内核使用差值`fair_clock - wait_runtime`。`fair_clock`是完全公平调度的情况下进程将会得到的CPU时间的度量，而`wait_runtime`直接度量了实际系统的不足造成的不公平。

在进程允许运行时，将从`wait_runtime`减去它已经运行的时间。这样，在按时间排序的树中它会向右移动到某一点，另一个进程将成为最左边，下一次会被调度器选择。但请注意，在进程运行时`fair_clock`中的虚拟时钟会增加。这实际上意味着，进程在完全公平的系统中接收的CPU时间份额，是推演自在实际的CPU上执行花费的时间。这减缓了削弱不公平状况的过程：减少`wait_runtime`等价于降低进程受到的不公平对待的数量，但内核无论如何不能忘记，用于降低不公平性的一部分时间，实际上属于处于完全公平世界中的进程。 再次假定就绪队列上有4个进程，而一个进程实际上已经等待了20秒。现在它允许运行10秒：此后的`wait_runtime`是10，但由于该进程无论如何都会得到该时

① 确切地说，时间复杂度是$O(\log n)$，n是树中结点的数目。这比原调度器的性能要差，后者以$O(1)$调度器著称，即其运行时间与需要处理的进程的数目无关。但除非大量进程同时处于可运行状态，否则新调度器的对数级时间造成的性能下降是可以忽略的。实际上，这种情况不会发生。

② 请注意，内核2.6.23的调度机制确实使用了虚拟时钟的概念，但当前版本对虚拟时间的计算稍有不同。由于用虚拟时钟来说明易于理解该方法，我会一直使用该概念。在讨论调度器实现时，我将讲述如何模拟虚拟时钟。

间段中的10/4 = 2秒，因此实际上只有8秒对该进程在就绪队列中的新位置起了作用。

遗憾的是，该策略受若干现实问题的影响，已经变得复杂了。

- 进程的不同优先级（即，nice值）必须考虑，更重要的进程必须比次要进程更多的CPU时间份额。
- 进程不能切换得太频繁，因为上下文切换，即从一个进程改变到另一个，是有一定开销的。在切换发生得太频繁时，过多时间花费在进程切换的过程中，而不是用于实际的工作。

  另一方面，两次相邻的任务切换之间，时间也不能太长，否则会累积比较大的不公平值。对多媒体系统来说，进程运行太长时间也会导致延迟增大。

在下面的讨论中，我们会看到调度器解决这些问题的方案。

理解调度决策的一个好方法是，在编译时激活调度器统计。这会在运行时生成文件/proc/sched_debug，其中包含了调度器当前状态所有方面的信息。

最后要注意，Documentation/目录下包含了一些文件，涉及调度器的各个方面。但切记，其中一些仍然讲述的是旧的$O(1)$调度器，已经过时了！

2.5.2 数据结构

调度器使用一系列数据结构，来排序和管理系统中的进程。调度器的工作方式与这些结构的设计密切相关。几个组件在许多方面彼此交互，图2-13概述了这些组件的关联。

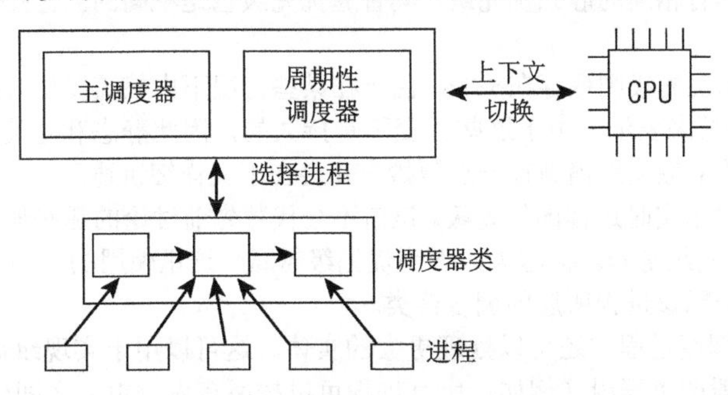

图2-13 调度子系统各组件概观

可以用两种方法激活调度。一种是直接的，比如进程打算睡眠或出于其他原因放弃CPU；另一种是通过周期性机制，以固定的频率运行，不时检测是否有必要进行进程切换。在下文中我将这两个组件称为*通用调度器*（generic scheduler）或*核心调度器*（core scheduler）。本质上，通用调度器是一个分配器，与其他两个组件交互。

(1) *调度类*用于判断接下来运行哪个进程。内核支持不同的调度策略（完全公平调度、实时调度、在无事可做时调度空闲进程），调度类使得能够以模块化方法实现这些策略，即一个类的代码不需要与其他类的代码交互。

在调度器被调用时，它会查询调度器类，得知接下来运行哪个进程。

(2) 在选中将要运行的进程之后，必须执行底层*任务切换*。这需要与CPU的紧密交互。

每个进程都刚好属于某一调度类，各个调度类负责管理所属的进程。通用调度器自身完全不涉及进程管理，其工作都委托给调度器类。

1. task_struct的成员

各进程的task_struct有几个成员与调度相关。

<sched.h>
```
struct task_struct {
...
        int prio, static_prio, normal_prio;
        unsigned int rt_priority;

        struct list_head run_list;
        const struct sched_class *sched_class;
        struct sched_entity se;

        unsigned int policy;
        cpumask_t cpus_allowed;
        unsigned int time_slice;
...
}
```

- 并非系统上的所有进程都同样重要。不那么紧急的进程不需要太多关注，而重要的工作应该尽可能快速完成。为确定特定进程的重要性，我们给进程增加了相对优先级属性。

  但task_struct采用了3个成员来表示进程的优先级：prio和normal_prio表示动态优先级，static_prio表示进程的静态优先级。静态优先级是进程启动时分配的优先级。它可以用nice和sched_setscheduler系统调用修改，否则在进程运行期间会一直保持恒定。

  normal_priority表示基于进程的静态优先级和调度策略计算出的优先级。因此，即使普通进程和实时进程具有相同的静态优先级，其普通优先级也是不同的。进程分支时，子进程会继承普通优先级。

  但调度器考虑的优先级则保存在prio。由于在某些情况下内核需要暂时提高进程的优先级，因此需要第3个成员来表示。由于这些改变不是持久的，因此静态和普通优先级不受影响。这3个优先级彼此的依赖关系稍微有一点微妙，我会在下文详细讲述。
- rt_priority表示实时进程的优先级。该值不会代替先前讨论的那些值！最低的实时优先级为0，而最高的优先级是99。值越大，表明优先级越高。这里使用的惯例不同于nice值。
- sched_class表示该进程所属的调度器类。
- 调度器不限于调度进程，还可以处理更大的实体。这可以用于实现组调度：可用的CPU时间可以首先在一般的进程组（例如，所有进程可以按所有者分组）之间分配，接下来分配的时间在组内再次分配。

  这种一般性要求调度器不直接操作进程，而是处理可调度实体。一个实体由sched_entity的一个实例表示。

  在最简单的情况下，调度在各个进程上执行，这也是我们最初关注的情形。由于调度器设计为处理可调度的实体，在调度器看来各个进程必须也像是这样的实体。因此se在task_struct中内嵌了一个sched_entity实例，调度器可据此操作各个task struct（请注意se不是一个指针，因为该实体嵌入在task_struct中）。
- policy保存了对该进程应用的调度策略。Linux支持5个可能的值。
  - SCHED_NORMAL用于普通进程，我们主要讲述此类进程。它们通过完全公平调度器来处理。SCHED_BATCH和SCHED_IDLE也通过完全公平调度器来处理，不过可用于次要的进程。SCHED_BATCH用于非交互、CPU使用密集的批处理进程。调度决策对此类进程给予“冷处理”：它们决不会抢占CF调度器处理的另一个进程，因此不会干扰交互式进程。如果不打算用nice降低进程的静态优先级，同时又不希望该进程影响系统的交互性，此时最适合使用该调度类。

在调度决策中SCHED_IDLE进程的重要性也比较低，因为其相对权重总是最小的（在论述内核如何计算反映进程优先级的权重时，这一点就很清楚了）。

要注意，尽管名称是SCHED_IDLE，但SCHED_IDLE不负责调度空闲进程。空闲进程由内核提供单独的机制来处理。

- SCHED_RR和SCHED_FIFO用于实现软实时进程。SCHED_RR实现了一种循环方法，而SCHED_FIFO则使用先进先出机制。这些不是由完全公平调度器类处理，而是由实时调度器类处理，2.7节会详细论述。

  辅助函数rt_policy用于判断给出的调度策略是否属于实时类（SCHED_RR和SCHED_FIFO）。task_has_rt_policy用于对给定进程判断该性质。

  kernel/sched.c
  ```
  static inline int rt_policy(int policy)
  static inline int task_has_rt_policy(struct task_struct *p)
  ```

- cpus_allowed是一个位域，在多处理器系统上使用，用来限制进程可以在哪些CPU上运行。[①]
- run_list和time_slice是循环实时调度器所需要的，但不用于完全公平调度器。run_list是一个表头，用于维护包含各进程的一个运行表，而time_slice则指定进程可使用CPU的剩余时间段。

前文讨论的TIF_NEED_RESCHED标志，对调度器而言，和task_struct中上述与调度相关的成员同样重要。如果对活动进程设置该标志，调度器即知道CPU将从该进程收回并授予新进程，这可能是自愿的，也可能是强制的。

2. 调度器类

调度器类提供了通用调度器和各个调度方法之间的关联。调度器类由特定数据结构中汇集的几个函数指针表示。全局调度器请求的各个操作都可以由一个指针表示。这使得无需了解不同调度器类的内部工作原理，即可创建通用调度器。

除去针对多处理器系统的扩展（我在后文再考虑这些），该结构如下所示：

<sched.h>
```
struct sched_class {
        const struct sched_class *next;

        void (*enqueue_task) (struct rq *rq, struct task_struct *p, int wakeup);
        void (*dequeue_task) (struct rq *rq, struct task_struct *p, int sleep);
        void (*yield_task) (struct rq *rq);

        void (*check_preempt_curr) (struct rq *rq, struct task_struct *p);

        struct task_struct * (*pick_next_task) (struct rq *rq);
        void (*put_prev_task) (struct rq *rq, struct task_struct *p);
        void (*set_curr_task) (struct rq *rq);
        void (*task_tick) (struct rq *rq, struct task_struct *p);
        void (*task_new) (struct rq *rq, struct task_struct *p);
};
```

对各个调度类，都必须提供struct sched_class的一个实例。调度类之间的层次结构是平坦的：实时进程最重要，在完全公平进程之前处理；而完全公平进程则优先于空闲进程；空闲进程只有CPU

① 可使用sched_setaffinity系统调用设置该位图。

无事可做时才处于活动状态。next成员将不同调度类的sched_class实例，按上述顺序连接起来。要注意这个层次结构在编译时已经建立：没有在运行时动态增加新调度器类的机制。

下面是各个调度类可以提供的操作。

- enqueue_task向就绪队列添加一个新进程。在进程从睡眠状态变为可运行状态时，即发生该操作。
- dequeue_task提供逆向操作，将一个进程从就绪队列去除。事实上，在进程从可运行状态切换到不可运行状态时，就会发生该操作。内核有可能因为其他理由将进程从就绪队列去除，比如，进程的优先级可能需要改变。

  尽管使用了术语就绪队列（run queue），各个调度类无须用简单的队列来表示其进程。实际上，回想上文，可知完全公平调度器对此使用了红黑树。
- 在进程想要自愿放弃对处理器的控制权时，可使用sched_yield系统调用。这导致内核调用yield_task。
- 在必要的情况下，会调用check_preempt_curr，用一个新唤醒的进程来抢占当前进程。例如，在用wake_up_new_task唤醒新进程时，会调用该函数。
- pick_next_task用于选择下一个将要运行的进程，而put_prev_task则在用另一个进程代替当前运行的进程之前调用。要注意，这些操作并不等价于将进程加入或撤出就绪队列的操作，如enqueue_task和dequeue_task。相反，它们负责向进程提供或撤销CPU。但在不同进程之间切换，仍然需要执行一个底层的上下文切换。
- 在进程的调度策略发生变化时，需要调用set_curr_task。还有其他一些场合也调用该函数，但与我们的目的无关。
- task_tick在每次激活周期性调度器时，由周期性调度器调用。
- new_task用于建立fork系统调用和调度器之间的关联。每次新进程建立后，则用new_task通知调度器。

标准函数activate_task和deactivate_task调用前述的函数，提供进程在就绪队列的入队和离队功能。此外，它们还更新内核的统计数据。

kernel/sched.c
```
static void enqueue_task(struct rq *rq, struct task_struct *p, int wakeup)
static void dequeue_task(struct rq *rq, struct task_struct *p, int sleep)
```

在进程注册到就绪队列时，嵌入的sched_entity实例的on_rq成员设置为1，否则为0。

此外，内核定义了便捷方法check_preempt_curr，调用与给定进程相关的调度类的check_preempt_curr方法：

kernel/sched.c
```
static inline void check_preempt_curr(struct rq *rq, struct task_struct *p)
```

用户层应用程序无法直接与调度类交互。它们只知道上文定义的常量SCHED_xyz。在这些常量和可用的调度类之间提供适当的映射，这是内核的工作。SCHED_NORMAL、SCHED_BATCH和SCHED_IDLE映射到fair_sched_class，而SCHED_RR和SCHED_FIFO与rt_sched_class关联。fair_sched_class和rt_sched_class都是struct sched_class的实例，分别表示完全公平调度器和实时调度器。当我详细论述相应的调度器类时，会给出相关实例的内容。

3. 就绪队列

核心调度器用于管理活动进程的主要数据结构称之为就绪队列。各个CPU都有自身的就绪队列，各个活动进程只出现在一个就绪队列中。在多个CPU上同时运行一个进程是不可能的。[①]

就绪队列是全局调度器许多操作的起点。但要注意，进程并不是由就绪队列的成员直接管理的！这是各个调度器类的职责，因此在各个就绪队列中嵌入了特定于调度器类的子就绪队列。[②]

就绪队列是使用下列数据结构实现的。为简明起见，我省去了几个用于统计、不直接影响就绪队列工作的成员，以及在多处理器系统上所需要的成员。

kernel/sched.c
```
struct rq {
        unsigned long nr_running;
        #define CPU_LOAD_IDX_MAX 5
        unsigned long cpu_load[CPU_LOAD_IDX_MAX];
...
        struct load_weight load;

        struct cfs_rq cfs;
        struct rt_rq rt;

        struct task_struct *curr, *idle;
        u64 clock;
...
};
```

- nr_running指定了队列上可运行进程的数目，不考虑其优先级或调度类。
- load提供了就绪队列当前负荷的度量。队列的负荷本质上与队列上当前活动进程的数目成正比，其中的各个进程又有优先级作为权重。每个就绪队列的虚拟时钟的速度即基于该信息。由于负荷及其他相关数量的计算是调度算法的一个重要部分，下文的2.5.3节会详细讨论涉及的机制。
- cpu_load用于跟踪此前的负荷状态。
- cfs和rt是嵌入的子就绪队列，分别用于完全公平调度器和实时调度器。
- curr指向当前运行的进程的task_struct实例。
- idle指向idle进程的task_struct实例，该进程亦称为idle线程，在无其他可运行进程时执行。
- clock和prev_raw_clock用于实现就绪队列自身的时钟。每次调用周期性调度器时，都会更新clock的值。另外内核还提供了标准函数update_rq_clock，可在操作就绪队列的调度器中多处调用，例如，在用wakeup_new_task唤醒新进程时。

系统的所有就绪队列都在runqueues数组中，该数组的每个元素分别对应于系统中的一个CPU。在单处理器系统中，由于只需要一个就绪队列，数组只有一个元素。

kernel/sched.c
```
static DEFINE_PER_CPU_SHARED_ALIGNED(struct rq, runqueues);
```

内核也定义了一些便利的宏，其含义很明显。

kernel/sched.c
```
#define cpu_rq(cpu)       (&per_cpu(runqueues, (cpu)))
#define this_rq()         (&__get_cpu_var(runqueues))
#define task_rq(p)        cpu_rq(task_cpu(p))
#define cpu_curr(cpu)     (cpu_rq(cpu)->curr)
```

① 但发源于同一进程的各线程可以在不同处理器上执行，因为进程管理对进程和线程不作重要的区分。

② 对于熟悉内核早期版本的读者来说，了解调度器类和就绪队列代替了先前的$O(1)$调度器使用的活动和到期进程列表，还是颇有趣味的。

4. 调度实体

由于调度器可以操作比进程更一般的实体，因此需要一个适当的数据结构来描述此类实体。其定义如下：

<sched.h>
```
struct sched_entity {
        struct load_weight load; /* 用于负载均衡 */
        struct rb_node run_node;
        unsigned int on_rq;

        u64 exec_start;
        u64 sum_exec_runtime;
        u64 vruntime;
        u64 prev_sum_exec_runtime;
...
}
```

如果编译内核时启用了调度器统计，那么该结构会包含很多用于统计的成员。如果启用了组调度，那么还会增加一些成员。但我们目前感兴趣的内容主要是上面列出的几项。各个成员的含义如下。

- load指定了权重，决定了各个实体占队列总负荷的比例。计算负荷权重是调度器的一项重任，因为CFS所需的虚拟时钟的速度最终依赖于负荷，因此我会在2.5.3节详细讨论该方法。
- run_node是标准的树结点，使得实体可以在红黑树上排序。
- on_rq表示该实体当前是否在就绪队列上接受调度。
- 在进程运行时，我们需要记录消耗的CPU时间，以用于完全公平调度器。sum_exec_runtime即用于该目的。跟踪运行时间是由update_curr不断累积完成的。调度器中许多地方都会调用该函数，例如，新进程加入就绪队列时，或者周期性调度器中。每次调用时，会计算当前时间和exec_start之间的差值，exec_start则更新到当前时间。差值则被加到sum_exec_runtime。

  在进程执行期间虚拟时钟上流逝的时间数量由vruntime统计。
- 在进程被撤销CPU时，其当前sum_exec_runtime值保存到prev_exec_runtime。此后，在进程抢占时又需要该数据。但请注意，在prev_exec_runtime中保存sum_exec_runtime的值，并不意味着重置sum_exec_runtime！原值保存下来，而sum_exec_runtime则持续单调增长。

由于每个task_struct都嵌入了sched_entity的一个实例，所以进程是可调度实体。但请注意，其逆命题一般是不正确的，因为可调度的实体不见得一定是进程。但在下文中我们只关注进程调度，因此我们暂时将调度实体和进程视为等同。不过要记住，这在一般意义上是不正确的！

2.5.3　处理优先级

从用户的角度来看，优先级也太简单了。因为，他们看来优先级似乎只是某个范围内的数字。令人遗憾的是，内核内部对优先级的处理并没有我们想象中那么简单。事实上，处理优先级相当复杂。

1. 优先级的内核表示

在用户空间可以通过nice命令设置进程的静态优先级，这在内部会调用nice系统调用。[①] 进程的nice值在-20和+19之间（包含）。值越低，表明优先级越高。为什么选择这个诡异的范围，真相已经淹没在历史中。

---

① setpriority是另一个用于设置进程优先级的系统调用。它不仅能够修改单个线程的优先级，还能修改线程组中所有线程的优先级，或者通过指定UID来修改特定用户的所有进程的优先级。

内核使用一个简单些的数值范围，从0到139（包含），用来表示内部优先级。同样是值越低，优先级越高。从0到99的范围专供实时进程使用。nice值[-20, +19]映射到范围100到139，如图2-14所示。实时进程的优先级总是比普通进程更高。

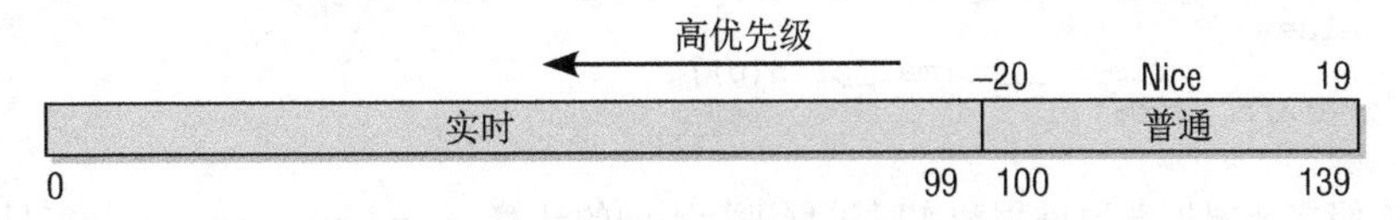

图2-14 内核优先级标度

下列宏用于在各种不同表示形式之间转换（MAX_RT_PRIO指定实时进程的最大优先级，而MAX_PRIO则是普通进程的最大优先级数值）：

<sched.h>

```
#define MAX_USER_RT_PRIO        100
#define MAX_RT_PRIO             MAX_USER_RT_PRIO
#define MAX_PRIO                (MAX_RT_PRIO + 40)
#define DEFAULT_PRIO            (MAX_RT_PRIO + 20)
```

kernel/sched.c

```
#define NICE_TO_PRIO(nice)      (MAX_RT_PRIO + (nice) + 20)
#define PRIO_TO_NICE(prio)      ((prio) -MAX_RT_PRIO -20)
#define TASK_NICE(p)            PRIO_TO_NICE((p)->static_prio)
```

2. 计算优先级

回想一下，可知只考虑进程的静态优先级是不够的，还必须考虑下面3个优先级。即动态优先级（task_struct->prio）、普通优先级（task_struct->normal_prio）和静态优先级（task_struct->static_prio）。这些优先级按有趣的方式彼此关联，下文中我会具体讨论。

static_prio是计算的起点。假定它已经设置好，而内核现在想要计算其他优先级。一行代码即可：

```
p->prio = effective_prio(p);
```

辅助函数effective_prio执行了下列操作：

kernel/sched.c

```
static int effective_prio(struct task_struct *p)
{
        p->normal_prio = normal_prio(p);
        /*
         * 如果是实时进程或已经提高到实时优先级，则保持优先级不变。否则，返回普通优先级：
         */
        if (!rt_prio(p->prio))
                return p->normal_prio;
        return p->prio;
}
```

这里首先计算了普通优先级，并保存在normal_priority。这个副效应使得能够用一个函数调用设置两个优先级（prio和normal_prio）。另一个辅助函数rt_prio，会检测普通优先级是否在实时范围中，即是否小于RT_RT_PRIO。请注意，该检测与调度类无关，它只涉及优先级的数值。

现在假定我们在处理普通进程，不涉及实时调度。在这种情况下，normal_prio只是返回静态优先级。结果很简单：所有3个优先级都是同一个值，即静态优先级！

实时进程的情况有所不同。注意普通优先级的计算方法：

kernel/sched.c

```
static inline int normal_prio(struct task_struct *p)
```

```
{
        int prio;

        if (task_has_rt_policy(p))
                prio = MAX_RT_PRIO-1 -p->rt_priority;
        else
                prio = __normal_prio(p);
        return prio;
}
```

普通优先级需要根据普通进程和实时进程进行不同的计算。__normal_prio的计算只适用于普通进程。而实时进程的普通优先级计算，则需要根据其rt_priority设置。由于更高的rt_priority值表示更高的实时优先级，内核内部优先级的表示刚好相反，越低的值表示的优先级越高。因此，实时进程在内核内部的优先级数值，正确的算法是MAX_RT_PRIO - 1 - p->rt_priority。这一次请注意，与effective_prio相比，实时进程的检测不再基于优先级数值，而是通过task_struct中设置的调度策略来检测。

__normal_priority做什么呢？该函数实际上很简单，它只是返回静态优先级：

kernel/sched.c

```
static inline int __normal_prio(struct task_struct *p)
{
        return p->static_prio;
}
```

读者现在可以很奇怪，为什么对此增加一个额外的函数。这是有历史原因的：在原来的*O*(1)调度器中，普通优先级的计算涉及相当多技巧性的工作。必须检测交互式进程并提高其优先级，而必须"惩罚"非交互进程，以便使系统获得良好的交互体验。这需要大量的启发式计算，它们可能完成得很好，也可能不工作。感谢新的调度器，已经不再需要此类魔法式计算。

但还有一个问题：为什么内核在effective_prio中检测实时进程是基于优先级数值，而非task_has_rt_policy？对于临时提高至实时优先级的非实时进程来说，这是必要的，这种情况可能发生在使用实时互斥量（RT-Mutex）时。①

最后，表2-3综述了针对不同类型进程上述计算的结果。

表2-3　对各种类型的进程计算优先级

进程类型 / 优先级	static_prio	normal_prio	prio
非实时进程	static_prio	static_prio	static_prio
优先级提高的非实时进程	static_prio	static_prio	prio不变
实时进程	static_prio	MAX_RT_PRIO-1-rt_priority	prio不变

在新建进程用wake_up_new_task唤醒时，或使用nice系统调用改变静态优先级时，则用上文给出的方法设置p->prio。

请注意，在进程分支出子进程时，子进程的静态优先级继承自父进程。子进程的动态优先级，即task_struct->prio，则设置为父进程的普通优先级。这确保了实时互斥量引起的优先级提高不会传递到子进程。

① 实时互斥量能够保护内核的一些部分，防止多处理器并发访问。但有一种现象会发生，称作优先级反转（priority inversion）。其中一个低优先级进程在执行，而较高优先级的进程则在等待CPU。这可以通过临时提高进程的优先级解决。有关该问题的更多细节，请参考5.2.8节的讨论。

3. 计算负荷权重

进程的重要性不仅是由优先级指定的，而且还需要考虑保存在task_struct->se.load的负荷权重。set_load_weight负责根据进程类型及其静态优先级计算负荷权重。

负荷权重包含在数据结构load_weight中：

<sched.h>
```
struct load_weight {
        unsigned long weight, inv_weight;
};
```

内核不仅维护了负荷权重自身，而且还有另一个数值，用于计算被负荷权重除的结果。[①]

一般概念是这样，进程每降低一个nice值，则多获得10%的CPU时间，每升高一个nice值，则放弃10%的CPU时间。为执行该策略，内核将优先级转换为权重值。我们首先看一下转换表：

kernel/sched.c
```
static const int prio_to_weight[40] = {
  /* -20 */     88761,  71755,  56483,  46273,  36291,
  /* -15 */     29154,  23254,  18705,  14949,  11916,
  /* -10 */     9548,   7620,   6100,   4904,   3906,
  /*  -5 */     3121,   2501,   1991,   1586,   1277,
  /*   0 */     1024,   820,    655,    526,    423,

  /*   5 */     335,    272,    215,    172,    137,
  /*  10 */     110,    87,     70,     56,     45,
  /*  15 */     36,     29,     23,     18,     15,
};
```

对内核使用的范围[0, 39]中的每个nice级别，该数组中都有一个对应项。各数组之间的乘数因子是1.25。要知道为何使用该因子，可考虑下列例子。两个进程A和B在nice级别0运行，因此两个进程的CPU份额相同，即都是50%。nice级别为0的进程，其权重查表可知为1024。每个进程的份额是1024/（1024+1024）=0.5，即50%。

如果进程B的优先级加1，那么其CPU份额应该减少10%。换句话说，这意味着进程A得到总的CPU时间的55%，而进程B得到45%。优先级增加1导致权重减少，即1024/1.25≈820。因此进程A现在将得到的CPU份额是1024/(1024+820)≈0.55，而进程B的份额则是820/(1024+820)≈0.45，这样就产生了10%的差值。

执行转换的代码也需要考虑实时进程。实时进程的权重是普通进程的两倍。另一方面，SCHED_IDLE进程的权重总是非常小：

kernel/sched.c
```
#define WEIGHT_IDLEPRIO          2
#define WMULT_IDLEPRIO           (1 << 31)
static void set_load_weight(struct task_struct *p)
{
        if (task_has_rt_policy(p)) {
                p->se.load.weight = prio_to_weight[0] * 2;
                p->se.load.inv_weight = prio_to_wmult[0] >> 1;
                return;
        }

        /*
```

① 由于使用了普通的long类型，因此内核无法直接存储1/weight，而必须借助于利用乘法和位移来执行除法的技术。但这里并不关注相关的细节。

```
        * SCHED_IDLE进程得到的权重最小：
        */
        if (p->policy == SCHED_IDLE) {
                p->se.load.weight = WEIGHT_IDLEPRIO;
                p->se.load.inv_weight = WMULT_IDLEPRIO;
                return;
        }

        p->se.load.weight = prio_to_weight[p->static_prio -MAX_RT_PRIO];
        p->se.load.inv_weight = prio_to_wmult[p->static_prio -MAX_RT_PRIO];
}
```

内核不仅计算出权重本身，还存储了用于除法的值。请注意，每个优先级变化关联10%的CPU时间的特征，导致了权重（和相关的CPU时间）的指数特征，见图2-15。图中上方的插图给出了对应于普通优先级的某个受限区域内的曲线图。下方的插图在Y轴上则采用了对数标度。要注意，该函数在普通到实时进程间的临界点上是不连续的。

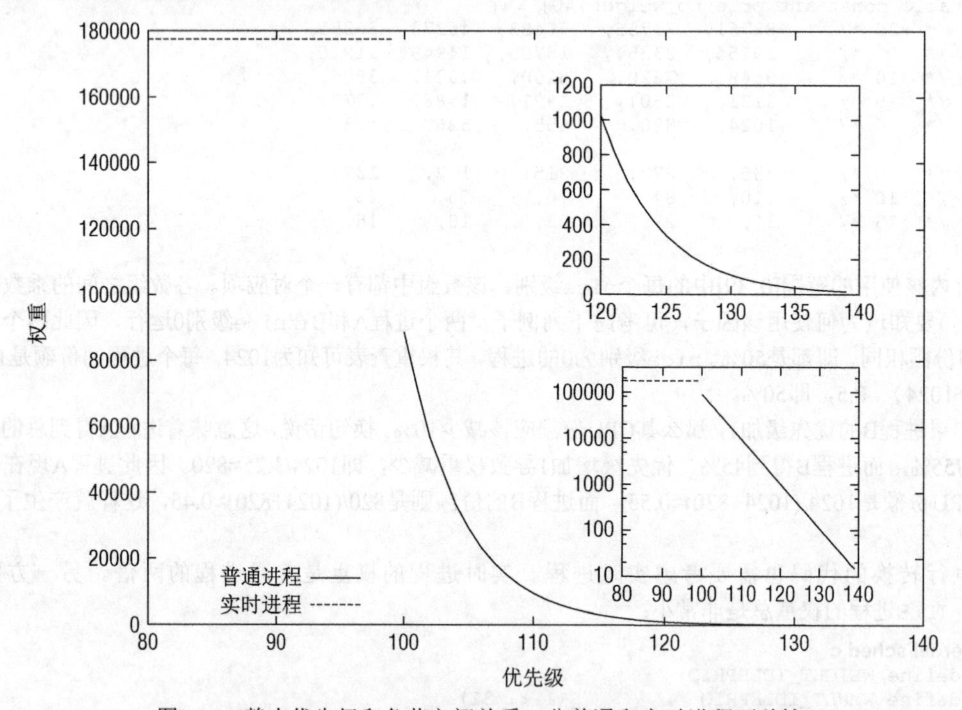

图2-15　静态优先级和负荷之间关系，分普通和实时进程两种情况

回想一下可知，不仅进程，而且就绪队列也关联到一个负荷权重。每次进程被加到就绪队列时，内核会调用inc_nr_running。这不仅确保就绪队列能够跟踪记录有多少进程在运行，而且还将进程的权重添加到就绪队列的权重中：

kernel/sched.c

```
static inline void update_load_add(struct load_weight *lw, unsigned long inc)
{
        lw->weight += inc;
}
```

```
static inline void inc_load(struct rq *rq, const struct task_struct *p)
{
        update_load_add(&rq->load, p->se.load.weight);
}

static void inc_nr_running(struct task_struct *p, struct rq *rq)
{
        rq->nr_running++;
        inc_load(rq, p);
}
```

在进程从就绪队列移除时，会调用对应的函数（dec_nr_running、dec_load、update_load_sub）。

2.5.4 核心调度器

如前所述，调度器的实现基于两个函数：周期性调度器函数和主调度器函数。这些函数根据现有进程的优先级分配CPU时间。这也是为什么整个方法称之为优先调度的原因，不过其实也是一个非常一般的术语。我在本节将论述优先调度的实现方式。

1. 周期性调度器

周期性调度器在scheduler_tick中实现。如果系统正在活动中，内核会按照频率HZ自动调用该函数。如果没有进程在等待调度，那么在计算机电力供应不足的情况下，也可以关闭该调度器以减少电能消耗。例如，笔记本电脑或小型嵌入式系统。周期性操作的底层机制将在第15章讨论。该函数有下面两个主要任务。

(1) 管理内核中与整个系统和各个进程的调度相关的统计量。其间执行的主要操作是对各种计数器加1，我们对此没什么兴趣。

(2) 激活负责当前进程的调度类的周期性调度方法。

kernel/sched.c

```
void scheduler_tick(void)
{
        int cpu = smp_processor_id();
        struct rq *rq = cpu_rq(cpu);
        struct task_struct *curr = rq->curr;

...
        __update_rq_clock(rq)
        update_cpu_load(rq);
```

该函数的第一部分处理就绪队列时钟的更新。该职责委托给__update_rq_clock完成，本质上就是增加struct rq当前实例的时钟时间戳。该函数必须处理硬件时钟的一些奇异之处，这与我们的目标不相干。update_cpu_load负责更新就绪队列的cpu_load[]数组。本质上相当于将数组中先前存储的负荷值向后移动一个位置，将当前就绪队列的负荷记入数组的第一个位置。另外，该函数还引入了一些取平均值的技巧，以确保负荷数组的内容不会呈现出太多的不连续跳变。

由于调度器的模块化结构，主体工程实际上比较简单，因为主要的工作可以完全委托给特定调度器类的方法：

kernel/sched.c

```
        if (curr != rq->idle)
                curr->sched_class->task_tick(rq, curr);
}
```

task_tick的实现方式取决于底层的调度器类。例如，完全公平调度器会在该方法中检测是否进程已经运行太长时间，以避免过长的延迟，我会在下文详细讨论。如果读者熟悉旧的基于时间片的调度方法，那么应该会知道，这里的做法实际上不等价于到期的时间片，因为完全公平调度器中不再存在所谓时间片的概念。

如果当前进程应该被重新调度，那么调度器类方法会在task_struct中设置TIF_NEED_RESCHED标志，以表示该请求，而内核会在接下来的适当时机完成该请求。

2. 主调度器

在内核中的许多地方，如果要将CPU分配给与当前活动进程不同的另一个进程，都会直接调用主调度器函数（schedule）。在从系统调用返回之后，内核也会检查当前进程是否设置了重调度标志TIF_NEED_RESCHED，例如，前述的scheduler_tick就会设置该标志。如果是这样，则内核会调用schedule。该函数假定当前活动进程一定会被另一个进程取代。

在详细论述schedule之前，需要说明一下__sched前缀。该前缀用于可能调用schedule的函数，包括schedule自身。其声明如下所示：

```
void __sched some_function(...) {
...
        schedule();
...
}
```

该前缀目的在于，将相关函数的代码编译之后，放到目标文件的一个特定的段中，即.sched.text中（有关ELF段的更多信息，请参见附录C）。该信息使得内核在显示栈转储或类似信息时，忽略所有与调度有关的调用。由于调度器函数调用不是普通代码流程的一部分，因此在这种情况下是没有意义的。

我们现在回到主调度器schedule的实现。该函数首先确定当前就绪队列，并在prev中保存一个指向（仍然）活动进程的task_struct的指针。

kernel/sched.c

```
asmlinkage void __sched schedule(void)
{
        struct task_struct *prev, *next;
        struct rq *rq;
        int cpu;

need_resched:
        cpu = smp_processor_id();
        rq = cpu_rq(cpu);
        prev = rq->curr;
...
```

类似于周期性调度器，内核也利用该时机来更新就绪队列的时钟，并清除当前运行进程task_struct中的重调度标志TIF_NEED_RESCHED。

kernel/sched.c

```
        __update_rq_clock(rq);
        clear_tsk_need_resched(prev);
...
```

同样因为调度器的模块化结构，大多数工作可以委托给调度类。如果当前进程原来处于可中断睡眠状态但现在接收到信号，那么它必须再次提升为运行进程。否则，用相应调度器类的方法使进程停止活动（deactivate_task实质上最终调用了sched_class->dequeue_task）：

kernel/sched.c

```
        if (unlikely((prev->state & TASK_INTERRUPTIBLE) &&
```

```
        unlikely(signal_pending(prev)))) {
                prev->state = TASK_RUNNING;
        } else {
                deactivate_task(rq, prev, 1);
        }
...
```

put_prev_task首先通知调度器类当前运行的进程将要被另一个进程代替。要注意，这不等价于把进程从就绪队列移除，而是提供了一个时机，供执行一些簿记工作并更新统计量。调度类还必须选择下一个应该执行的进程，该工作由pick_next_task负责：

```
        prev->sched_class->put_prev_task(rq, prev);
        next = pick_next_task(rq, prev);
...
```

不见得必然选择一个新进程。也可能其他进程都在睡眠，当前只有一个进程能够运行，这样它自然就被留在CPU上。但如果已经选择了一个新进程，那么必须准备并执行硬件级的进程切换。

kernel/sched.c

```
        if (likely(prev != next)) {
                rq->curr = next;
                context_switch(rq, prev, next);
        }
...
```

context_switch一个接口，供访问特定于体系结构的方法，后者负责执行底层上下文切换。

下列代码检测当前进程的重调度位是否设置，并跳转到如上所述的标号，重新开始搜索一个新进程：

kernel/sched.c

```
        if (unlikely(test_thread_flag(TIF_NEED_RESCHED)))
                goto need_resched;
}
```

请注意，上述代码片段可能在两个不同的上下文中执行。在没有执行上下文切换时，它在schedule函数的末尾直接执行。但如果已经执行了上下文切换，当前进程会正好在这以前停止运行，新进程已经接管了CPU。但稍后在前一进程被再次选择运行时，它会刚好在这一点上恢复执行。在这种情况下，由于prev不会指向正确的进程，所以需要通过current和test_thread_flag找到当前线程。

3. 与fork的交互

每当使用fork系统调用或其变体之一建立新进程时，调度器有机会用sched_fork函数挂钩到该进程。在单处理器系统上，该函数实质上执行3个操作：初始化新进程与调度相关的字段、建立数据结构（相当简单直接）、确定进程的动态优先级。

kernel/sched.c

```
/*
 * fork()/clone()时的设置：
 */
void sched_fork(struct task_struct *p, int clone_flags)
{

        /* 初始化数据结构 */
...
        /*
         * 确认没有将提高的优先级泄漏到子进程
         */
```

```
        p->prio = current->normal_prio;
        if (!rt_prio(p->prio))
                p->sched_class = &fair_sched_class;
...
}
```

通过使用父进程的普通优先级作为子进程的动态优先级，内核确保父进程优先级的临时提高不会被子进程继承。回想一下，可知在使用实时互斥量时进程的动态优先级可以临时修改。该效应不能转移到子进程。如果优先级不在实时范围中，则进程总是从完全公平调度类开始执行。

在使用wake_up_new_task唤醒新进程时，则是调度器与进程创建逻辑交互的第二个时机：内核会调用调度类的task_new函数。这提供了一个时机，将新进程加入到相应类的就绪队列中。

4. 上下文切换

内核选择新进程之后，必须处理与多任务相关的技术细节。这些细节总称为上下文切换（context switching）。辅助函数context_switch是个分配器，它会调用所需的特定于体系结构的方法。

kernel/sched.c

```
static inline void
context_switch(struct rq *rq, struct task_struct *prev,
               struct task_struct *next)
{
        struct mm_struct *mm, *oldmm;

        prepare_task_switch(rq, prev, next);
        mm = next->mm;
        oldmm = prev->active_mm;
..
```

紧接着进程切换之前，prepare_task_switch会调用每个体系结构都必须定义的prepare_arch_switch挂钩。这使得内核执行特定于体系结构的代码，为切换做事先准备。大多数支持的体系结构（Sparc64和Sparc除外）都不需要该选项，因此并未使用。

上下文切换本身通过调用两个特定于处理器的函数完成。

(1) switch_mm更换通过task_struct->mm描述的内存管理上下文。该工作的细节取决于处理器，主要包括加载页表、刷出地址转换后备缓冲器（部分或全部）、向内存管理单元（MMU）提供新的信息。由于这些操作深入到CPU的细节中，我不打算在此讨论其实现。

(2) switch_to切换处理器寄存器内容和内核栈（虚拟地址空间的用户部分在第一步已经变更，其中也包括了用户状态下的栈，因此用户栈就不需要显式变更了）。此项工作在不同的体系结构下可能差别很大，代码通常都使用汇编语言编写。

由于用户空间进程的寄存器内容在进入核心态时保存在内核栈上（更多细节请参见第14章），在上下文切换期间无需显式操作。而因为每个进程首先都是从核心态开始执行（在调度期间控制权传递到新进程），在返回用户空间时，会使用内核栈上保存的值自动恢复寄存器数据。

但要记住，内核线程没有自身的用户空间内存上下文，可能在某个随机进程地址空间的上部执行。其task_struct->mm为NULL。从当前进程“借来”的地址空间记录在active_mm中：

kernel/sched.c

```
if (unlikely(!mm)) {
        next->active_mm = oldmm;
        atomic_inc(&oldmm->mm_count);
        enter_lazy_tlb(oldmm, next);
} else
        switch_mm(oldmm, mm, next);
...
```

enter_lazy_tlb通知底层体系结构不需要切换虚拟地址空间的用户空间部分。这种加速上下文切换的技术称之为惰性TLB。

如果前一进程是内核线程（即prev->mm为NULL），则其active_mm指针必须重置为NULL，以断开与借用的地址空间的联系：

kernel/sched.c
```
        if (unlikely(!prev->mm)) {
                prev->active_mm = NULL;
                rq->prev_mm = oldmm;
        }
...
```

最后用switch_to完成进程切换，该函数切换寄存器状态和栈，新进程在该调用之后开始执行：

kernel/sched.c
```
        /* 这里我们只是切换寄存器状态和栈。 */
        switch_to(prev, next, prev);

        barrier();
        /*
         * this rq必须重新计算，因为在调用schedule()之后prev可能已经移动到其他CPU，
         * 因此其栈帧上的rq可能是无效的。
         */
        finish_task_switch(this_rq(), prev);
}
```

switch_to之后的代码只有在当前进程下一次被选择运行时才会执行。finish_task_switch完成一些清理工作，使得能够正确地释放锁，但我们不会详细讨论这些。它也向各个体系结构提供了另一个挂钩上下文切换过程的可能性，但只在少量计算机上需要。barrier语句是一个编译器指令，确保switch_to和finish_task_switch语句的执行顺序不会因为任何可能的优化而改变（更多细节请参见第5章）。

● switch_to的复杂之处

finish_task_switch的有趣之处在于，调度过程可能选择了一个新进程，而清理则是针对此前的活动进程。请注意，这不是发起上下文切换的那个进程，而是系统中随机的某个其他进程！内核必须想办法使得该进程能够与context_switch例程通信，这可以通过switch_to宏实现。每个体系结构都必须实现它，而且有一个异乎寻常的调用约定，即通过3个参数传递两个变量！这是因为上下文切换不仅涉及两个进程，而是3个进程。该情形如图2-16所示。

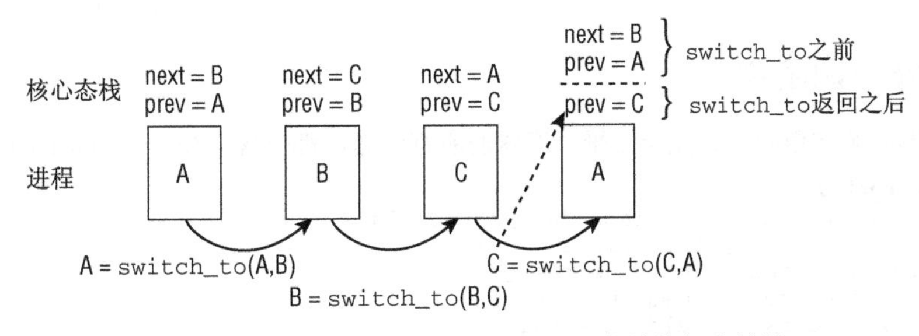

图2-16 上下文切换期间prev和next变量的行为特性

假定3个进程A、B和C在系统上运行。在某个时间点，内核决定从进程A切换到进程B，然后从进程B到进程C，再接下来从进程C切换回进程A。在每个switch_to调用之前，next和prev指针位于各

进程的栈上，prev指向当前运行的进程，而next指向将要运行的下一个进程。为执行从prev到next的切换，switch_to的前两个参数足够了。对进程A来说，prev指向进程A而next指向进程B。

在进程A被选中再次执行时，会出现一个问题。控制权返回至switch_to之后的点，如果栈准确地恢复到切换之前的状态，那么prev和next仍然指向切换之前的值，即next = B而prev = A。在这种情况下，内核无法知道实际上在进程A之前运行的是进程C。

因此，在新进程被选中时，底层的进程切换例程必须将此前执行的进程提供给context_switch。由于控制流会回到该函数的中间，这无法用普通的函数返回值来做到，因此使用了一个3个参数的宏。但逻辑上的效果是相同的，仿佛switch_to是带有两个参数的函数，而且返回了一个指向此前运行进程的指针。switch_to宏实际上执行的代码如下：

```
prev = switch_to(prev,next)
```

其中返回的prev值并不是用作参数的prev值，而是上一个执行的进程。在上述例子中，进程A提供给switch_to的参数是A和B，但恢复执行后得到的返回值是prev = C。内核实现该行为特性的方式依赖于底层的体系结构，但内核显然可以通过考虑两个进程的核心态栈来重建所要的信息。对可以访问所有内存的内核而言，这两个栈显然是同时可用的。

- 惰性FPU模式

由于上下文切换的速度对系统性能的影响举足轻重，所以内核使用了一种技巧来减少所需的CPU时间。浮点寄存器（及其他内核未使用的扩充寄存器，例如IA-32平台上的SSE2寄存器）除非有应用程序实际使用，否则不会保存。此外，除非有应用程序需要，否则这些寄存器也不会恢复。这称之为惰性FPU技术。由于使用了汇编语言代码，因此其实现依平台而有所不同，但基本原理总是同样的。也应注意到，如果不考虑平台，浮点寄存器的内容不是保存在进程栈上，而是保存在线程数据结构中。我将通过一个例子来说明该技术。

为简明起见，我们假定这一次系统中只有进程A和进程B。进程A在运行并使用浮点操作。在调度器切换到进程B时，进程A的浮点寄存器的内容保存到进程的线程数据结构中。但这些寄存器中的值不会立即被来自进程B的值替换。

如果进程B在其时间片内并不执行任何浮点操作，那么在进程A下一次激活时，会看到CPU浮点寄存器内容与此前相同。内核因此节省了显式恢复寄存器值的工作量，这节省了时间。

但如果进程B确实执行了浮点操作，该事实会报告给内核，它会用来自线程数据结构的适当值填充寄存器。因此，只有在需要的情况下，内核才会保存和恢复浮点寄存器内容，不会因为多余的操作浪费时间。

2.6　完全公平调度类

核心调度器必须知道的有关完全公平调度器的所有信息，都包含在fair_sched_class中：

kernel/sched_fair.c
```
static const struct sched_class fair_sched_class = {
        .next = &idle_sched_class,
        .enqueue_task = enqueue_task_fair,
        .dequeue_task = dequeue_task_fair,
        .yield_task = yield_task_fair,

        .check_preempt_curr = check_preempt_wakeup,

        .pick_next_task = pick_next_task_fair,
        .put_prev_task = put_prev_task_fair,
```

```
...
        .set_curr_task = set_curr_task_fair,
        .task_tick = task_tick_fair,
        .task_new = task_new_fair,
};
```

在先前的讨论中，我们已经看到主调度器调用这些函数，接下来我们将考察这些函数在CFS中的实现方式。

2.6.1 数据结构

首先，我们需要介绍一下CFS的就绪队列。回想一下，可知主调度器的每个就绪队列中都嵌入了一个该结构的实例：

kernel/sched.c

```
struct cfs_rq {
        struct load_weight load;
        unsigned long nr_running;

        u64 min_vruntime;

        struct rb_root tasks_timeline;
        struct rb_node *rb_leftmost;

        struct sched_entity *curr;
}
```

各个成员的语义如下。

- nr_running计算了队列上可运行进程的数目，load维护了所有这些进程的累积负荷值。回想一下在2.5.3节已经遇到的负荷计算相关内容。
- min_vruntime跟踪记录队列上所有进程的最小虚拟运行时间。这个值是实现与就绪队列相关的虚拟时钟的基础。其名字很容易会产生一些误解，因为min_vruntime实际上可能比最左边的树结点的vruntime大些。因为它是单调递增的，在我详细论述该值的设置时会继续讨论该问题。
- tasks_timeline是一个基本成员，用于在按时间排序的红黑树中管理所有进程。rb_leftmost总是设置为指向树最左边的结点，即最需要被调度的进程。该成员理论上可以通过遍历红黑树获得，但由于我们通常只对最左边的结点感兴趣，因为这可以减少搜索树花费的平均时间。
- curr指向当前执行进程的可调度实体。

2.6.2 CFS 操作

我们现在把注意力转向如何实现CF调度器提供的调度方法。

1. 虚拟时钟

我在2.5.1节提到，完全公平调度算法依赖于虚拟时钟，用以度量等待进程在完全公平系统中所能得到的CPU时间。但数据结构中任何地方都没找到虚拟时钟！这是由于所有的必要信息都可以根据现存的实际时钟和与每个进程相关的负荷权重推算出来。所有与虚拟时钟有关的计算都在update_curr中执行，该函数在系统中各个不同地方调用，包括周期性调度器之内。图2-17的代码流程图提供了该函数所完成工作的概述。

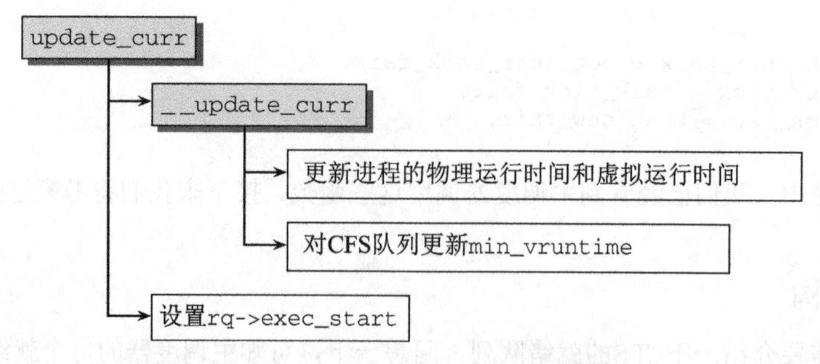

图2-17　update_curr的代码流程图

首先，该函数确定就绪队列的当前执行进程，并获取主调度器就绪队列的实际时钟值，该值在每个调度周期都会更新（rq_of是一个辅助函数，用于确定与CFS就绪队列相关的struct rq实例）：

```
static void update_curr(struct cfs_rq *cfs_rq)
{
        struct sched_entity *curr = cfs_rq->curr;
        u64 now = rq_of(cfs_rq)->clock;
        unsigned long delta_exec;

        if (unlikely(!curr))
                return;
...
```

如果就绪队列上当前没有进程正在执行，则显然无事可做。否则，内核会计算当前和上一次更新负荷统计量时两次的时间差，并将其余的工作委托给__update_curr。

kernel/sched_fair.c

```
        delta_exec = (unsigned long)(now -curr->exec_start);

        __update_curr(cfs_rq, curr, delta_exec);
        curr->exec_start = now;
}
```

根据这些信息，__update_curr需要更新当前进程在CPU上执行花费的物理时间和虚拟时间。物理时间的更新比较简单，只要将时间差加到先前统计的时间即可：

kernel/sched_fair.c

```
static inline void
__update_curr(struct cfs_rq *cfs_rq, struct sched_entity *curr,
              unsigned long delta_exec)
{
        unsigned long delta_exec_weighted;
        u64 vruntime;

        curr->sum_exec_runtime += delta_exec;
...
```

有趣的事情是如何使用给出的信息来模拟不存在的虚拟时钟。这一次内核的实现仍然是非常巧妙的，针对最普遍的情形节省了一些时间。对于运行在nice级别0的进程来说，根据定义虚拟时间和物理时间是相等的。在使用不同的优先级时，必须根据进程的负荷权重重新衡定时间（回想2.5.3节讨论的进程优先级与负荷权重之间的关联）：

kernel/sched_fair.c

```
        delta_exec_weighted = delta_exec;
```

```
        if (unlikely(curr->load.weight != NICE_0_LOAD)) {
                delta_exec_weighted = calc_delta_fair(delta_exec_weighted,
                                                        &curr->load);
        }
        curr->vruntime += delta_exec_weighted;
...
```

忽略舍入和溢出检查，calc_delta_fair所作的就是根据下列公式计算：

$$\text{delta\_exec\_weighted} = \text{delta\_exec} \times \frac{\text{NICE\_0\_LOAD}}{\text{Curr->load.weight}}$$

前文提到的逆向权重值，在该计算中可以派上用场了。回想一下，可知越重要的进程会有越高的优先级（即，越低的nice值），会得到更大的权重，因此累加的虚拟运行时间会小一些。图2-18给出了不同优先级的实际时间和虚拟时间之间的关系。根据公式可知，nice 0进程优先级为120，则虚拟时间和物理时间是相等的，即current->load.weight等于NICE_0_LOAD的情况。请注意图2-18的插图，其中使用了双对数坐标来对各种优先级绘图。

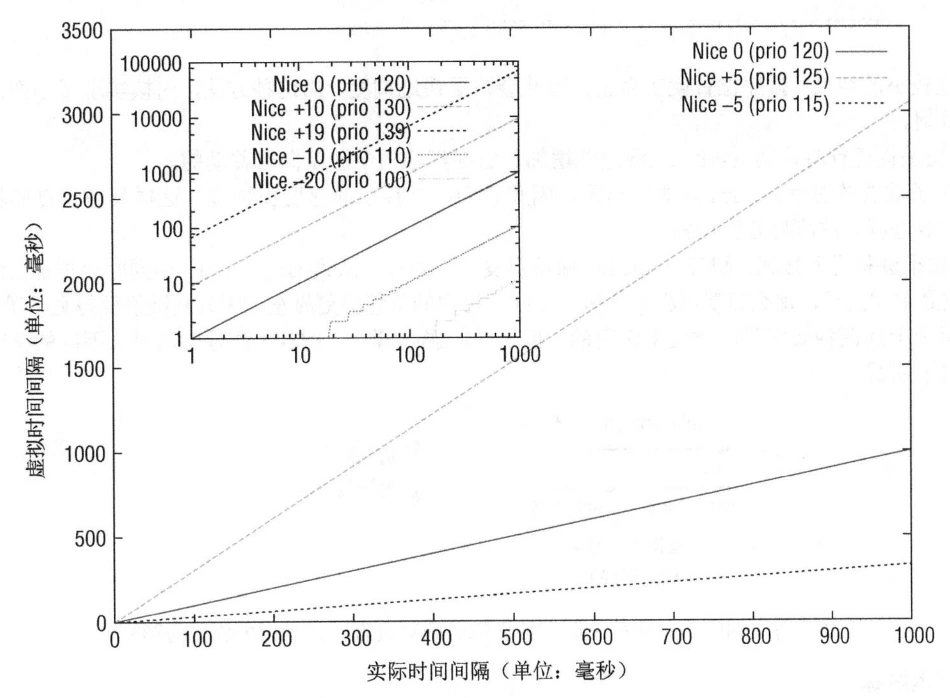

图2-18 不同nice级别/优先级的进程，实际时间和虚拟时间的关系

最后，内核需要设置min_vruntime。必须小心保证该值是单调递增的。

kernel/sched_fair.c

```
        /*
         * 跟踪树中最左边的结点的vruntime，维护cfs_rq->min_vruntime的单调递增性
         */
        if (first_fair(cfs_rq)) {
                vruntime = min_vruntime(curr->vruntime,
                                __pick_next_entity(cfs_rq)->vruntime);
```

```
        } else
                vruntime = curr->vruntime;

        cfs_rq->min_vruntime =
                max_vruntime(cfs_rq->min_vruntime, vruntime);
}
```

first_fair是一个辅助函数，检测树是否有最左边的结点，即是否有进程在树上等待调度。倘若如此，则内核获取其vruntime，即树中所有结点最小的vruntime值。如果因为树是空的而没有最左边的结点，则使用当前进程的虚拟运行时间。为保证每个队列的min_vruntime是单调递增的，内核将其设置为二者中的较大者。这意味着，每个队列的min_vruntime只有被树上某个结点的vruntime超出时才更新。利用该策略，内核确保min_vrtime只能增加，不能减少。

完全公平调度器的真正关键点是，红黑树的排序过程是根据下列键进行的：

kernel/sched_fair.c

```
static inline s64 entity_key(struct cfs_rq *cfs_rq, struct sched_entity *se)
{
        return se->vruntime -cfs_rq->min_vruntime;
}
```

键值较小的结点，排序位置就更靠左，因此会被更快地调度。用这种方法，内核实现了下面两种对立的机制。

(1) 在进程运行时，其vruntime稳定地增加，它在红黑树中总是向右移动的。

因为越重要的进程vruntime增加越慢，因此它们向右移动的速度也越慢，这样其被调度的机会要大于次要进程，这刚好是我们需要的。

(2) 如果进程进入睡眠，则其vruntime保持不变。因为每个队列min_vruntime同时会增加（回想一下，它是单调的！），那么睡眠进程醒来后，在红黑树中的位置会更靠左，因为其键值变得更小了。[①]

实际上上述两种效应是同时发生作用的，但这并不影响解释。图2-19针对红黑树上不同的移动机制，作出了图解。

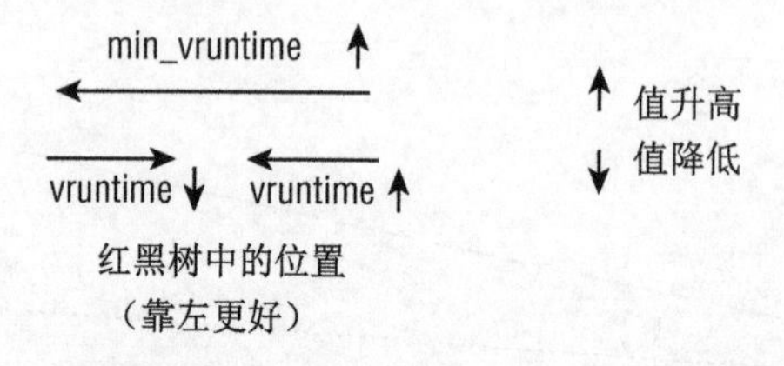

图2-19　每个调度实体和每个队列的虚拟时间对进程在红黑树中位置的影响

2. 延迟跟踪

内核有一个固有的概念，称之为良好的调度延迟，即保证每个可运行的进程都应该至少运行一次的某个时间间隔。[②] 它在sysctl_sched_latency给出，可通过/proc/sys/kernel/sched_latency_ns控制，默认值为20 000 000纳秒或20毫秒。第二个控制参数sched_nr_latency，控制在一个延迟周期中处理的最大活动进程数目。如果活动进程的数目超出该上限，则延迟周期也成比例地线性扩展。sched_nr_latency可以通过sysctl_sched_min_granularity间接地控制，后者可通过/proc/sys/

① 对短时间睡眠的进程来说，稍有不同，在我讨论具体机制时会考虑这种情况。

② 切记：这与时间片无关，旧的调度器才使用时间片！

kernel/sched_min_granularity_ns设置。默认值是4 000 000纳秒，即4毫秒，每次sysctl_sched_latency/sysctl_sched_min_granularity之一改变时，都会重新计算sched_nr_latency。

__sched_period确定延迟周期的长度，通常就是sysctl_sched_latency，但如果有更多进程在运行，其值有可能按比例线性扩展。在这种情况下，周期长度是：

$$\text{sysctl\_sched\_latency} \times \frac{\text{nr\_running}}{\text{sched\_nr\_latency}}$$

通过考虑各个进程的相对权重，将一个延迟周期的时间在活动进程之间进行分配。对于由某个可调度实体表示的给定进程，分配到的时间如下计算：

kernel/sched_fair.c

```
static u64 sched_slice(struct cfs_rq *cfs_rq, struct sched_entity *se)
{
        u64 slice = __sched_period(cfs_rq->nr_running);

        slice *= se->load.weight;
        do_div(slice, cfs_rq->load.weight);

        return slice;
}
```

回想一下，就绪队列的负荷权重是队列上所有活动进程负荷权重的累加和。结果时间段是按实际时间给出的，但内核有时候也需要知道等价的虚拟时间。

kernel/sched_fair.c

```
static u64 __sched_vslice(unsigned long rq_weight, unsigned long nr_running)
{
        u64 vslice = __sched_period(nr_running);

        vslice *= NICE_0_LOAD;
        do_div(vslice, rq_weight);

        return vslice;
}

static u64 sched_vslice(struct cfs_rq *cfs_rq)
{
  return __sched_vslice(cfs_rq->load.weight, cfs_rq->nr_running);
}
```

回想一下，对权重weight的进程来说，实际时间段time对应的虚拟时间长度为：

$$\text{time} \times \frac{\text{NICE\_0\_LOAD}}{\text{weight}}$$

该公式也用于转换分配到的延迟时间间隔。

现在万事俱备，可以开始讨论CFS与全局调度器交互所必须实现的各个方法了。

2.6.3 队列操作

有两个函数可用来增删就绪队列的成员：enqueue_task_fair和dequeue_task_fair。我们首先关注如何向就绪队列放置新进程。

除了指向所述的就绪队列和task_struct的指针外，该函数还有另一个参数wakeup。这使得可以指定入队的进程是否最近才被唤醒并转换为运行状态（在这种情况下wakeup为1），还是此前就是可运行的（那么wakeup是0）。enqueue_task_fair的代码流程图如图2-20所示。

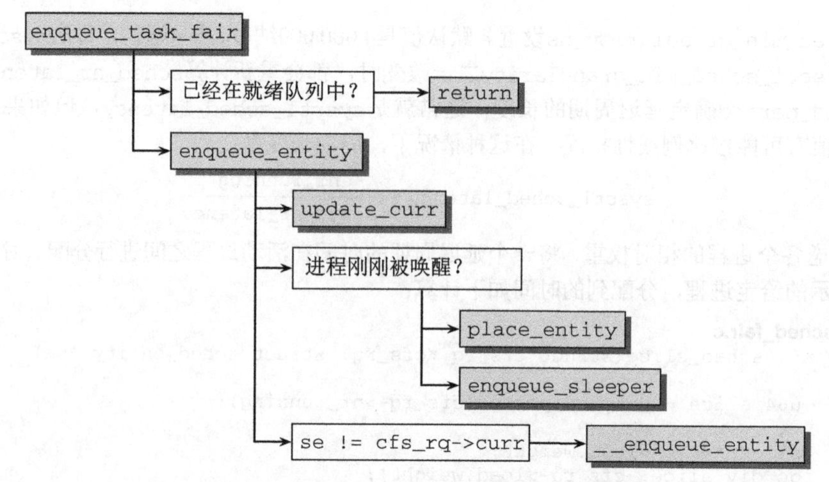

图2-20　enqueue_task_fair的代码流程图

如果通过struct sched_entity的on_rq成员判断进程已经在就绪队列上，则无事可做。否则，具体的工作委托给enqueue_entity完成，其中内核会借机用updater_curr更新统计量。

如果进程最近在运行，其虚拟运行时间仍然有效，那么（除非它当前在执行中）它可以直接用__enqueue_entity加入红黑树中。该函数需要一些处理红黑树的机制，但这可以依靠内核的标准方法（更多信息请参见附录C），无需多虑。函数的要点在于将进程置于正确的位置，这可以通过以下两点保证：此前已经设置过进程的vruntime字段，内核会不断更新队列的min_vruntime值。

如果进程此前在睡眠，那么在place_entity中首先会调整进程的虚拟运行时间[①]：

kernel/sched_fair.c

```
static void
place_entity(struct cfs_rq *cfs_rq, struct sched_entity *se, int initial)
{
	u64 vruntime;

	vruntime = cfs_rq->min_vruntime;

	if (initial)
		vruntime += sched_vslice_add(cfs_rq, se);

	if (!initial) {
		vruntime -= sysctl_sched_latency;
		vruntime = max_vruntime(se->vruntime, vruntime);
	}

	se->vruntime = vruntime;
}
```

函数根据initial的值来区分两种情况。只有在新进程被加到系统中时，才会设置该参数，但这里的情况并非如此：initial是零（在下文讨论task_new_fair时，我会说明另一种情况）。

① 要注意，在实际的内核源代码中，会根据sched_feature查询的结果来执行部分代码。CF调度器支持一些“可配置”特性，这些只能在调试状态下打开或关闭，否则特性集合是固定的。因此我忽略了特性选择机制，只考虑那些总是编译到内核中，处于活动状态的代码。

由于内核已经承诺在当前的延迟周期内使所有活动进程都至少运行一次，队列的min_vruntime用作基准虚拟时间，通过减去sysctl_sched_latency，则可以确保新唤醒的进程只有在当前延迟周期结束后才能运行。

但如果睡眠进程已经累积了比较大的不公平值（即se->vruntime值比较大），则内核必须考虑这一点。如果se->vruntime比先前计算的差值更大，则将其作为进程的vruntime，这会导致该进程在红黑树中处于比较靠左的位置，回想一下可知具有较大vruntime值的进程可以更早调度执行。

我们回到enqueue_entity：在place_entity确定了进程正确的虚拟运行时间之后，则用__enqueue_entity将其置于红黑树中。我在此前已经注意到，这是个纯粹机械性的函数，它使用了内核的标准方法将进程排序到红黑树中。

2.6.4 选择下一个进程

选择下一个将要运行的进程由pick_next_task_fair执行。其代码流程图在图2-21给出。

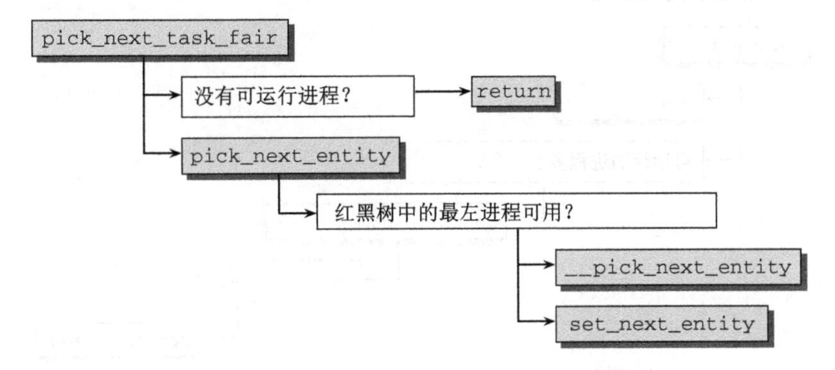

图2-21 pick_next_task_fair的代码流程图

如果nr_running计数器为0，即当前队列上没有可运行进程，则无事可做，函数可以立即返回。否则将具体工作委托给pick_next_entity。

如果树中最左边的进程可用，可以使用辅助函数first_fair立即确定，然后用__pick_next_entity从红黑树中提取出sched_entity实例。这是使用container_of机制完成的，因为红黑树管理的结点是rb_node的实例，而rb_node即嵌入在sched_entity中。

现在已经选择了进程，但还需要完成一些工作，才能将其标记为运行进程。这是通过set_next_entity处理的。

kernel/sched_fair.c

```
static void
set_next_entity(struct cfs_rq *cfs_rq, struct sched_entity *se)
{
        /* 树中不保存“当前”进程。 */
        if (se->on_rq) {
                __dequeue_entity(cfs_rq, se);
        }
...
```

当前执行进程不保存在就绪队列上，因此使用__dequeue_entity将其从树中移除。如果当前进程是最左边的结点，则将leftmost指针设置到下一个最左边的进程。请注意在我们的例子中，进程确实已经在就绪队列上，但set_next_entity可能从不同地方调用，所以情况会有所不同。

尽管该进程不再包含在红黑树中，但进程和就绪队列之间的关联没有丢失，因为curr标记了当前运行的进程：

kernel/sched_fair.c
```
        cfs_rq->curr = se;
        se->prev_sum_exec_runtime = se->sum_exec_runtime;
}
```

因为该进程是当前活动进程，在CPU上花费的实际时间将记入sum_exec_runtime，因此内核会在prev_sum_exec_runtime保存此前的设置。要注意进程中的sum_exec_runtime没有重置。因此差值sum_exec_runtime - prev_sum_exec_runtime确实表示了在CPU上执行花费的实际时间。

2.6.5 处理周期性调度器

在处理周期调度时前述的差值很重要。形式上由函数task_tick_fair负责，但实际工作由entity_tick完成。图2-22给出了代码流程图。

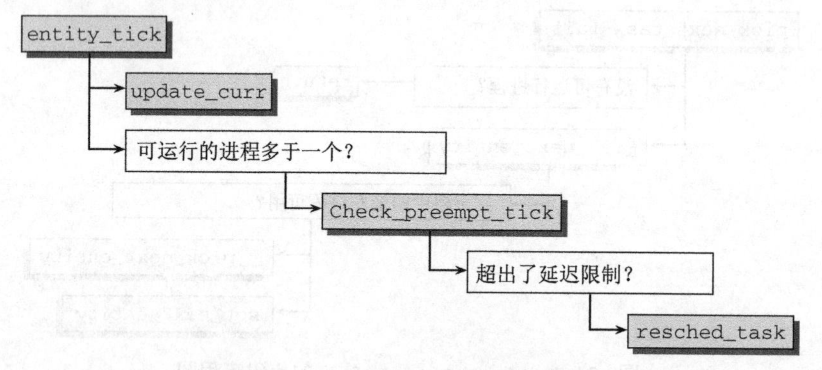

图2-22　entity_tick的代码流程图

首先，一如既往地使用update_curr更新统计量。如果队列的nr_running计数器表明队列上可运行的进程少于两个，则实际上无事可做。如果某个进程应该被抢占，那么至少需要有另一个进程能够抢占它。如果进程数目不少于两个，则由check_preempt_tick作出决策：

kernel/sched_fair.c
```
static void
check_preempt_tick(struct cfs_rq *cfs_rq, struct sched_entity *curr)
{

        unsigned long ideal_runtime, delta_exec;

        ideal_runtime = sched_slice(cfs_rq, curr);
        delta_exec = curr->sum_exec_runtime -curr->prev_sum_exec_runtime;
        if (delta_exec > ideal_runtime)
                resched_task(rq_of(cfs_rq)->curr);
}
```

该函数的目的在于，确保没有哪个进程能够比延迟周期中确定的份额运行得更长。该份额对应的实际时间长度在sched_slice中计算，如上文上述，进程在CPU上已经运行的实际时间间隔由sum_exec_runtime-prev_sum_exec_runtime给出。因此抢占决策很容易作出：如果进程运行时间比期望的时间间隔长，那么通过resched_task发出重调度请求。这会在task_struct中设置TIF_NEED_RESCHED标志，核心调度器会在下一个适当时机发起重调度。

2.6.6 唤醒抢占

当在try_to_wake_up和wake_up_new_task中唤醒进程时，内核使用check_preempt_curr看看是否新进程可以抢占当前运行的进程。请注意该过程不涉及核心调度器！对完全公平调度器处理的进程，则由check_preempt_wakeup函数执行该检测。

新唤醒的进程不必一定由完全公平调度器处理。如果新进程是一个实时进程，则会立即请求重调度，因为实时进程总是会抢占CFS进程：

kernel/sched_fair.c
```
static void check_preempt_wakeup(struct rq *rq, struct task_struct *p)
{
        struct task_struct *curr = rq->curr;
        struct cfs_rq *cfs_rq = task_cfs_rq(curr);
        struct sched_entity *se = &curr->se, *pse = &p->se;
        unsigned long gran;

        if (unlikely(rt_prio(p->prio))) {
                update_rq_clock(rq);
                update_curr(cfs_rq);
                resched_task(curr);
                return;
        }
...
```

最便于处理的情况是SCHED_BATCH进程，根据定义它们不抢占其他进程。

kernel/sched.c
```
        if (unlikely(p->policy == SCHED_BATCH))
                return;
...
```

当运行进程被新进程抢占时，内核确保被抢占者至少已经运行了某一最小时间限额。该最小值保存在sysctl_sched_wakeup_granularity，我们此前已经遇到。回想可知其默认值设置为4毫秒。这指的是实际时间，因此在必要的情况下内核首先需要将其转换为虚拟时间：

kernel/sched_fair.c
```
        gran = sysctl_sched_wakeup_granularity;
        if (unlikely(se->load.weight != NICE_0_LOAD))
                gran = calc_delta_fair(gran, &se->load);
...
```

如果新进程的虚拟运行时间，加上最小时间限额，仍然小于当前执行进程的虚拟运行时间（由其调度实体se表示），则请求重调度：

kernel/sched_fair.c
```
        if (pse->vruntime + gran < se->vruntime)
                resched_task(curr);
}
```

增加的时间“缓冲”确保了进程不至于切换得太频繁，避免了花费过多的时间用于上下文切换，而非实际工作。

2.6.7 处理新进程

我们对完全公平调度器需要考虑的最后一个操作是创建新进程时调用的挂钩函数：task_new_fair。该函数的行为可使用参数sysctl_sched_child_runs_first控制。顾名思义，该参数用于判断新建子进程是否应该在父进程之前运行。这通常是有益的，特别是在子进程随后会执行exec系统调用的情况下。该参数的默认设置是1，但可以通过/proc/sys/kernel/sched_child_runs_first修改。

该函数先用update_curr进行通常的统计量更新，然后调用此前讨论过的place_entity：

kernel/sched_fair.c

```
static void task_new_fair(struct rq *rq, struct task_struct *p)
{
        struct cfs_rq *cfs_rq = task_cfs_rq(p);
        struct sched_entity *se = &p->se, *curr = cfs_rq->curr;
        int this_cpu = smp_processor_id();

        update_curr(cfs_rq);
        place_entity(cfs_rq, se, 1);
...
```

在这种情况下，调用place_entity时的initial参数设置为1，以便用sched_vslice_add计算初始的vruntime。回想一下，可知这实际上确定了进程在延迟周期中所占的时间份额，只是转换为虚拟时间。这是调度器最初向进程欠下的债务。

kernel/sched_fair.c

```
        if (sysctl_sched_child_runs_first && curr->vruntime < se->vruntime) {
                swap(curr->vruntime, se->vruntime);
        }

        enqueue_task_fair(rq, p, 0);
        resched_task(rq->curr);
}
```

如果父进程的虚拟运行时间（由curr表示）小于子进程的虚拟运行时间，则意味着父进程将在子进程之前调度运行。回想一下前文的内容，可知虚拟运算时间比较小，则在红黑树中的位置比较靠左。如果子进程应该在父进程之前运行，则二者的虚拟运算时间需要换过来。

然后子进程按常规加入就绪队列，并请求重调度。

2.7　实时调度类

按照POSIX标准的强制要求，除了“普通”进程之外，Linux还支持两种实时调度类。调度器结构使得实时进程可以平滑地集成到内核中，而无需修改核心调度器，这显然是调度类带来的好处。[①]

现在比较适合于回想一些很久以前讨论过的事实。实时进程的特点在于其优先级比普通进程高，对应地，其static_prio值总是比普通进程低，如图2-14所示。rt_task宏通过检查其优先级来证实给定进程是否是实时进程，而task_has_rt_policy则检测进程是否关联到实时调度策略。

2.7.1　性质

实时进程与普通进程有一个根本的不同之处：如果系统中有一个实时进程且可运行，那么调度器总是会选中它运行，除非有另一个优先级更高的实时进程。

现有的两种实时类，不同之处如下所示。

- 循环进程（SCHED_RR）有时间片，其值在进程运行时会减少，就像是普通进程。在所有的时间段都到期后，则该值重置为初始值，而进程则置于队列的末尾。这确保了在有几个优先级

① 完全公平调度器在唤醒抢占代码部分需要了解实时进程的存在，但这需要的工作量微乎其微。

相同的SCHED_RR进程的情况下，它们总是依次执行。

- 先进先出进程（SCHED_FIFO）没有时间片，在被调度器选择执行后，可以运行任意长时间。

很明显，如果实时进程编写得比较差，系统可能变得无法使用。只要写一个无限循环，循环体内不进入睡眠即可。在编写实时应用程序时，应该多加小心。[①]

2.7.2 数据结构

实时进程的调度类定义如下：

kernel/sched-rt.c

```
const struct sched_class rt_sched_class = {
        .next = &fair_sched_class,
        .enqueue_task = enqueue_task_rt,
        .dequeue_task = dequeue_task_rt,
        .yield_task = yield_task_rt,

        .check_preempt_curr = check_preempt_curr_rt,

        .pick_next_task = pick_next_task_rt,
        .put_prev_task = put_prev_task_rt,

        .set_curr_task = set_curr_task_rt,
        .task_tick = task_tick_rt,
};
```

实时调度器类的实现比完全公平调度器简单。大约只需要250行代码，而CFS则需要1100行！

核心调度器的就绪队列也包含了用于实时进程的子就绪队列，是一个嵌入的struct rt_rq实例：

kernel/sched.c

```
struct rq {
...
        Struct rt_rq rt;
...
}
```

就绪队列非常简单，链表就足够了[②]：

kernel/sched.c

```
struct rt_prio_array {
        DECLARE_BITMAP(bitmap, MAX_RT_PRIO+1); /* 包含1比特用于间隔符 */
        struct list_head queue[MAX_RT_PRIO];
};

struct rt_rq {
        struct rt_prio_array active;
};
```

具有相同优先级的所有实时进程都保存在一个链表中，表头为active.queue[prio]，而active.bitmap位图中的每个比特位对应于一个链表，凡包含了进程的链表，对应的比特位则置位。如果链表中没有进程，则对应的比特位不置位。图2-23说明了具体情形。

① 请注意，在内核2.6.25引入实时组调度之后，这种情况会有所缓解。在本书撰写时，该特性仍然在开发中。

② SMP系统需要更多的结构成员，用于负载均衡，但我们在此不关心这些。

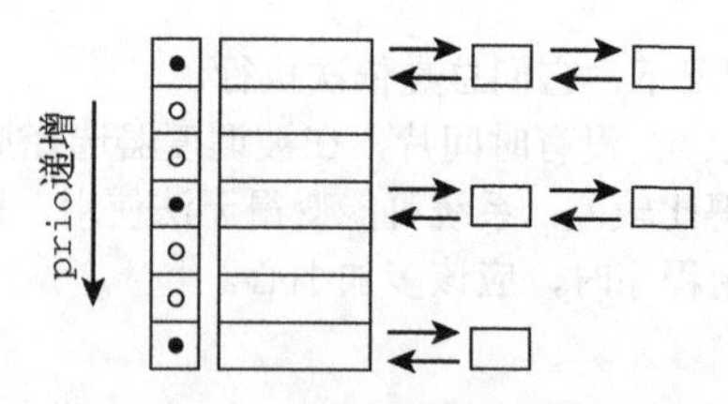

图2-23　实时调度器的就绪队列

实时调度器类中对应于update_cur的是update_curr_rt，该函数将当前进程在CPU上执行花费的时间记录在sum_exec_runtime中。所有计算的单位都是实际时间，不需要虚拟时间。这样就简化了很多。

2.7.3　调度器操作

进程的入队和离队都比较简单。只需以p->prio为索引访问queue数组queue[p->prio]，即可获得正确的链表，将进程加入链表或从链表删除即可。如果队列中至少有一个进程，则将位图中对应的比特位置位；如果队列中没有进程，则清除位图中对应的比特位。请注意，新进程总是排列在每个链表的末尾。

两个比较有趣的操作分别是，如何选择下一个将要执行的进程，以及如何处理抢占。首先考虑pick_next_task_rt，该函数放置选择下一个将执行的进程。其代码流程图在图2-24给出。

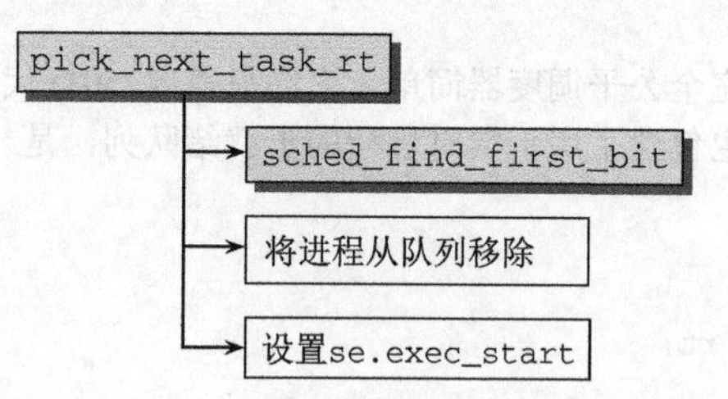

图2-24　pick_next_task_rt的代码流程图

sched_find_first_bit是一个标准函数，可以找到active.bitmap中第一个置位的比特位，这意味着高的实时优先级（对应于较低的内核优先级值），因此在较低的实时优先级之前处理。取出所选链表的第一个进程，并将se.exec_start设置为就绪队列的当前实际时钟值，即可。

周期调度的实现同样简单。SCHED_FIFO进程最容易处理。它们可以运行任意长的时间，而且必须使用yield系统调用将控制权显式传递给另一个进程：

kernel/sched.c

```
static void task_tick_rt(struct rq *rq, struct task_struct *p)
{
        update_curr_rt(rq);

        /*
         * 循环进程需要一种特殊形式的时间片管理。
         * 先进先出进程没有时间片。
         */
        if (p->policy != SCHED_RR)
                return;
...
```

如果当前进程是循环进程，则减少其时间片。在尚未超出时间段时，没什么可作的，进程可以继续执行。计数器归0后，其值重置为DEF_TIMESLICE，即100 * HZ / 1000，亦即100毫秒。如果该进程不是链表中唯一的进程，则重新排队到末尾。通过用set_tsk_need_resched设置TIF_NEED_RESCHED标志，照常请求重调度：

kernel/sched-rt.c
```
	if (--p->time_slice)
		return;

	p->time_slice = DEF_TIMESLICE;

	/*
	 * 如果不是队列上的唯一成员，则重新排队到末尾。
	 */
	if (p->run_list.prev != p->run_list.next) {
		requeue_task_rt(rq, p);
		set_tsk_need_resched(p);
	}
}
```

为将进程转换为实时进程，必须使用sched_setscheduler系统调用。这里不详细讨论该函数了，因为它只执行了下列简单任务。

- 使用deactivate_task将进程从当前队列移除。
- 在task_struct中设置实时优先级和调度类。
- 重新激活进程。

如果进程此前不在任何就绪队列上，那么只需要设置调度类和新的优先级数值。停止进程活动和重激活则是不必要的。

要注意，只有具有root权限（或等价于CAP_SYS_NICE）的进程执行了sched_setscheduler系统调用，才能修改调度器类或优先级。否则，下列规则适用。

- 调度类只能从SCHED_NORMAL改为SCHED_BATCH，或反过来。改为SCHED_FIFO是不可能的。
- 只有目标进程的UID或EUID与调用者进程的EUID相同时，才能修改目标进程的优先级。此外，优先级只能降低，不能提升。

2.8 调度器增强

到目前为止，我们只考虑了实时系统上的调度。事实上，Linux可以做得更好些。除了支持多个CPU之外，内核也提供其他几种与调度相关的增强功能，在以后几节里会论述。但请注意，这些增强功能大大增加了调度器的复杂性，因此我主要考虑简化的情形，目的在于说明实质性的原理，而不考虑所有的边界情形和调度中出现的奇异情况。

2.8.1 SMP 调度

多处理器系统上，内核必须考虑几个额外的问题，以确保良好的调度。

- CPU负荷必须尽可能公平地在所有的处理器上共享。如果一个处理器负责3个并发的应用程序，而另一个只能处理空闲进程，那是没有意义的。
- 进程与系统中某些处理器的亲合性（affinity）必须是可设置的。例如在4个CPU系统中，可以将计算密集型应用程序绑定到前3个CPU，而剩余的（交互式）进程则在第4个CPU上运行。
- 内核必须能够将进程从一个CPU迁移到另一个。但该选项必须谨慎使用，因为它会严重危害性能。在小型SMP系统上CPU高速缓存是最大的问题。对于真正大型系统，CPU与迁移进程此前使用的物理内存距离可能有若干米，因此对该进程内存的访问代价高昂。

进程对特定CPU的亲合性，定义在task_struct的cpus_allowed成员中。Linux提供了sched_setaffinity系统调用，可修改进程与CPU的现有分配关系。

1. 数据结构的扩展

在SMP系统上，每个调度器类的调度方法必须增加两个额外的函数：

<sched.h>
```
struct sched_class {
...
#ifdef CONFIG_SMP
        unsigned long (*load_balance) (struct rq *this_rq, int this_cpu,
                        struct rq *busiest, unsigned long max_load_move,
                        struct sched_domain *sd, enum cpu_idle_type idle,
                        int *all_pinned, int *this_best_prio);

        int (*move_one_task) (struct rq *this_rq, int this_cpu,
                        struct rq *busiest, struct sched_domain *sd,
                        enum cpu_idle_type idle);
#endif
...
}
```

虽然其名字称之为load_balance，但这些函数并不直接负责处理负载均衡。每当内核认为有必要重新均衡时，核心调度器代码都会调用这些函数。特定于调度器类的函数接下来建立一个迭代器，使得核心调度器能够遍历所有可能迁移到另一个队列的备选进程，但各个调度器类的内部结构不能因为迭代器而暴露给核心调度器。load_balance函数指针采用了一般性的函数load_balance，而move_one_task则使用了iter_move_one_task。这些函数用于不同的目的。

- iter_move_one_task从最忙碌的就绪队列移出一个进程，迁移到当前CPU的就绪队列。
- load_balance则允许从最忙的就绪队列分配多个进程到当前CPU，但移动的负荷不能比max_load_move更多。

负载均衡处理过程是如何发起的？在SMP系统上，周期性调度器函数scheduler_tick按上文所述完成所有系统都需要的任务之后，会调用trigger_load_balance函数。这会引发SCHEDULE_SOFTIRQ软中断softIRQ（硬件中断的软件模拟，更多细节请参见第14章），该中断确保会在适当的时机执行run_rebalance_domains。该函数最终对当前CPU调用rebalance_domains，实现负载均衡。时序如图2-25所示。

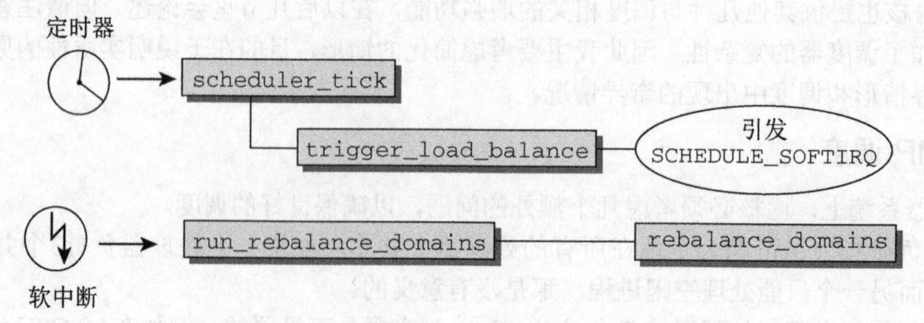

图2-25　在SMP系统上发起负载均衡的时序

为执行重新均衡的操作，内核需要更多信息。因此在SMP系统上，就绪队列增加了额外的字段：

kernel/sched.c

```
struct rq {
...
#ifdef CONFIG_SMP
        struct sched_domain *sd;
        /* 用于主动均衡 */
        int active_balance;
        int push_cpu;
        /*该就绪队列的CPU: */
        int cpu;

        struct task_struct *migration_thread;
        struct list_head migration_queue;
#endif
...
}
```

就绪队列是特定于CPU的，因此cpu表示了该就绪队列所属的处理器。内核为每个就绪队列提供了一个迁移线程，可以接收迁移请求，这些请求保存在链表migration_queue中。这样的请求通常发源于调度器自身，但如果进程被限制在某一特定的CPU集合上，而不能在当前执行的CPU上继续运行时，也可能出现这样的请求。内核试图周期性地均衡就绪队列，但如果对某个就绪队列效果不佳，则必须使用主动均衡（active balancing）。如果需要主动均衡，则将active_balance设置为非零值，而cpu则记录了从哪个处理器发起的主动均衡请求。

此外，所有的就绪队列组织为调度域（scheduling domain）。这可以将物理上邻近或共享高速缓存的CPU群集起来，应优先选择在这些CPU之间迁移进程。但在“普通”的SMP系统上，所有的处理器都包含在一个调度域中。因此我不会详细讨论该结构，要提的一点是该结构包含了大量参数，可以通过/proc/sys/kernel/cpuX/domainY设置。其中包括了在多长时间之后发起负载均衡（包括最大/最小时间间隔），导致队列需要重新均衡的最小不平衡值，等等。此外该结构还管理一些字段，可以在运行时设置，使得内核能够跟踪记录上一次均衡操作在何时执行，下一次将在何时执行。

那么load_balance做什么呢？该函数会检测在上一次重新均衡操作之后是否已经过去了足够的时间，在必要的情况下通过调用load_balance发起一轮新的重新均衡操作。该函数的代码流程图如图2-26所示。请注意，我在该图中描述的是一个简化的版本，因为SMP调度器必须处理大量边边角角的情况。如果都画出来，相关的细节会扰乱图中真正的实质性操作。

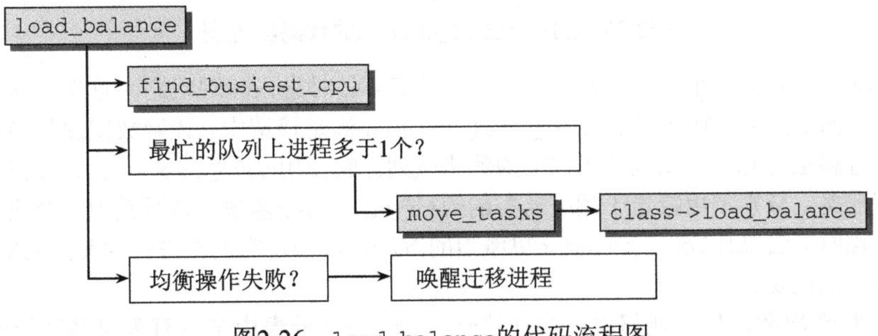

图2-26　load_balance的代码流程图

首先该函数必须标识出哪个队列工作量最大。该任务委托给find_busiest_queue，后者对一个特定的就绪队列调用。函数迭代所有处理器的队列（或确切地说，当前调度组中的所有处理器），比较其负荷权重。最忙的队列就是最后找到的负荷值最大的队列。

在find_busiest_queue标识出一个非常繁忙的队列之后，如果至少有一个进程在该队列上执行（否则负载均衡就没多大意义），则使用move_tasks将该队列中适当数目的进程迁移到当前队列。move_tasks函数接下来会调用特定于调度器类的load_balance方法。

在选择被迁移的进程时，内核必须确保所述的进程：

- 目前没有运行或刚结束运行，因为对运行进程而言，CPU高速缓存充满了进程的数据，迁移该进程则完全抵消了高速缓存带来的好处；
- 根据其CPU亲合性，可以在与当前队列关联的处理器上执行。

如果均衡操作失败（例如，远程队列上所有进程都有较高的内核内部优先级值，即较低的nice值），那么将唤醒负责最忙的就绪队列的迁移线程。为确保主动负载均衡执行得比上述方法更积极一点，load_balance会设置最忙的就绪队列的active_balance标志，并将发起请求的CPU记录到rq->cpu。

2. 迁移线程

迁移线程用于两个目的。一个是用于完成发自调度器的迁移请求，另外一个是用于实现主动均衡。迁移线程是一个执行migration_thread的内核线程。该函数的代码流程图如图2-27所示。

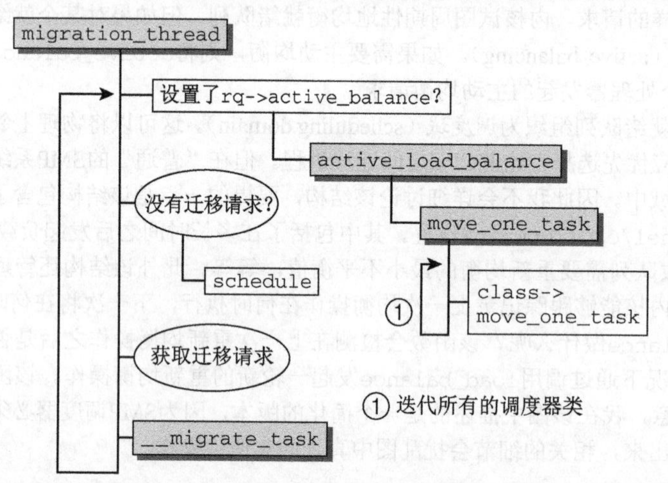

图2-27　migration_thread的代码流程图

migration_thread内部是一个无限循环，在无事可做时进入睡眠状态。首先，该函数检测是否需要主动均衡。如果需要，则调用active_load_balance满足该请求。该函数试图从当前就绪队列移出一个进程，且移至发起主动均衡请求CPU的就绪队列。它使用move_one_task完成该工作，后者又对所有的调度器类，分别调用特定于调度器类的move_one_task函数，直至其中一个成功。注意，这些函数移动进程时会尝试比load_balance更激烈的方法。例如，它们不进行此前提到的优先级比较，因此它们更有可能成功。

完成主动负载均衡之后，迁移线程会检测migrate_req链表中是否有来自调度器的待决迁移请求。如果没有，则线程发出重调度请求。否则，用__migrate_task完成相关请求，该函数会直接移出所要求的进程，而不再与调度器类进一步交互。

3. 核心调度器的改变

除了上述增加的特性之外，在SMP系统上还需要对核心调度器的现存方法作一些修改。虽然到处都是一些小的细节变化，与单处理器系统相比最重要的差别如下所示。

- 在用exec系统调用启动一个新进程时，是调度器跨越CPU移动该进程的一个良好的时机。事实上，该进程尚未执行，因此将其移动到另一个CPU不会带来对CPU高速缓存的负面效应。exec系统调用会调用挂钩函数sched_exec，其代码流程图如图2-28所示。sched_balance_self挑选当前负荷最少的CPU（而且进程得允许在该CPU上运行）。如果不是当前CPU，那么会使用sched_migrate_task，向迁移线程发送一个迁移请求。
- 完全公平调度器的调度粒度与CPU的数目是成比例的。系统中处理器越多，可以采用的调度粒度就越大。sysctl_sched_min_granularity和sysctl_sched_latency都乘以校正因子1 $+\log_2(\text{nr\_cpus})$，其中nr_cpus表示现有的CPU的数目。但它们不能超出200毫秒。sysctl_sched_wakeup_granularity也需要乘以该因子，但没有上界。

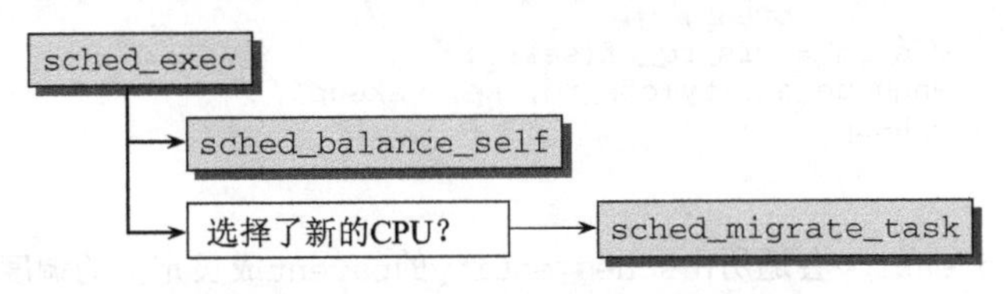

图2-28 sched_exec的代码流程图

2.8.2 调度域和控制组

在此前对调度器代码的讨论中，调度器并不直接与进程交互，而是处理可调度实体。这使得可以实现组调度：进程置于不同的组中，调度器首先在这些组之间保证公平，然后在组中的所有进程之间保证公平。举例来说，这使得可以向每个用户授予相同的CPU时间份额。在调度器确定每个用户获得多长时间之后，确定的时间间隔以公平的方式分配到该用户的进程。事实上，这意味着一个用户运行的进程越多，那么每个进程获得的CPU份额就越少。但用户获得的总时间不受进程数目的影响。

把进程按用户分组不是唯一可能的做法。内核还提供了控制组（control group），该特性使得通过特殊文件系统cgroups可以创建任意的进程集合，甚至可以分为多个层次。该情形如图2-29所示。

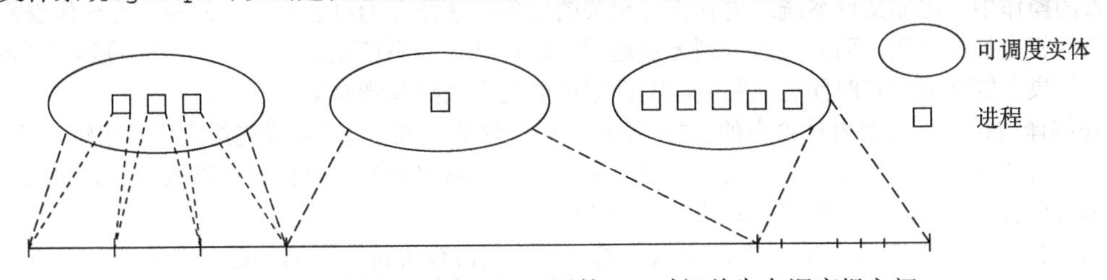

图2-29 公平的组调度概观：可用的CPU时间首先在调度组之间公平地分配，然后在每个组内的进程之间分配

为反映内核中的此种层次化情形，struct sched_entity增加了一个成员，用以表示这种层次结构：

<sched.h>

```
struct sched_entity {
...
#ifdef CONFIG_FAIR_GROUP_SCHED
        struct sched_entity *parent;
...
```

```
#endif
...
}
```

所有调度类相关的操作，都必须考虑到调度实体的这种子结构。举例来说，考虑一下在完全公平调度器将进程加入就绪队列的实际代码：

kernel/sched_fair.c

```
static void enqueue_task_fair(struct rq *rq, struct task_struct *p, int wakeup)
{
        struct cfs_rq *cfs_rq;
        struct sched_entity *se = &p->se;

        for_each_sched_entity(se) {
                if (se->on_rq)
                        break;
                cfs_rq = cfs_rq_of(se);
                enqueue_entity(cfs_rq, se, wakeup);
                wakeup = 1;
        }
}
```

for_each_sched_entity会遍历由sched_entity的parent成员定义的调度层次结构，每个实体都加入到就绪队列。

请注意，for_each_sched_entity实际上是一个平凡的循环。如果未选择支持组调度，则会退化为只执行一次循环体中的代码，因此又恢复了先前的讨论所描述的行为特性。

2.8.3　内核抢占和低延迟相关工作

我们现在把注意力转向内核抢占，该特性用来为系统提供更平滑的体验，特别是在多媒体环境下。与此密切相关的是内核进行的低延迟方面的工作，我会稍后讨论。

1. 内核抢占

如上所述，在系统调用后返回用户状态之前，或者是内核中某些指定的点上，都会调用调度器。这确保除了一些明确指定的情况之外，内核是无法中断的，这不同于用户进程。如果内核处于相对耗时较长的操作中，比如文件系统或内存管理相关的任务，这种行为可能会带来问题。内核代表特定的进程执行相当长的时间，而其他进程则无法运行。这可能导致系统延迟增加，用户体验到“缓慢的”响应。如果多媒体应用长时间无法得到CPU，则可能发生视频和音频漏失现象。

在编译内核时启用对内核抢占的支持，则可以解决这些问题。如果高优先级进程有事情需要完成，那么在启用内核抢占的情况下，不仅用户空间应用程序可以被中断，内核也可以被中断。切记，内核抢占和用户层进程被其他进程抢占是两个不同的概念！

内核抢占是在内核版本2.5开发期间增加的。尽管使内核可抢占所需的改动非常少，但该机制不像抢占用户空间进程那样容易实现。如果内核无法一次性完成某些操作（例如，对数据结构的操作），那么可能出现竞态条件而使得系统不一致。在多处理器系统上出现的同样的问题会在第5章论述。

因此内核不能在任意点上被中断。幸运的是，大多数不能中断的点已经被SMP实现标识出来了，并且在实现内核抢占时可以重用这些信息。内核的某些易于出现问题的部分每次只能由一个处理器访问，这些部分使用所谓的*自旋锁*保护：到达危险区域（亦称之为临界区）的第一个处理器会获得锁，在离开该区域时释放该锁。另一个想要访问该区域的处理器在此期间必须等待，直到第一个处理器释放锁为止。只有此时它才能获得锁并进入临界区。

如果内核可以被抢占，即使单处理器系统也会像是SMP系统。考虑正在临界区内部工作的内核被抢占的情形。下一个进程也在核心态操作，凑巧也想要访问同一个临界区。这实际上等价于两个处理器在临界区中工作，我们必须防止这种情形。每次内核进入临界区时，我们必须停用内核抢占。

内核如何跟踪它是否能够被抢占？回想一下，可知系统中的每个进程都有一个特定于体系结构的struct thread_info实例。该结构也包含了一个抢占计数器（preemption counter）：

<asm-arch/thread_info.h>
```
struct thread_info {
...
        int preempt_count; /* 0 => 可抢占，  <0 => BUG */
...
}
```

该成员的值确定了内核当前是否处于一个可以被中断的位置。如果preempt_count为零，则内核可以被中断，否则不行。该值不能直接操作，只能通过辅助函数dec_preempt_count和inc_preempt_count，这两个函数分别对计数器减1和加1。每次内核进入重要区域，需要禁止抢占时，都会调用inc_preempt_count。在退出该区域时，则调用dec_preempt_count将抢占计数器的值减1。由于内核可能通过不同路线进入某些重要的区域，特别是嵌套的路线，因此preempt_count使用简单的布尔变量是不够的。在陆续进入多个临界区时，在内核再次启用抢占之前，必须确认已经离开所有的临界区。

dec_preempt_count和inc_preempt_count调用会集成到SMP系统的同步操作中（参见第5章）。无论如何，对这两个函数的调用都已经出现在内核的所有相关点上，因此抢占机制只需重用现存的基础设施即可。

还有更多的例程可用于抢占处理。

- preempt_disable通过调用inc_preempt_count停用抢占。此外，会指示编译器避免某些内存优化，以免导致某些与抢占机制相关的问题。
- preempt_check_resched会检测是否有必要进行调度，如有必要则进行。
- preempt_enable启用内核抢占，然后用preempt_check_resched检测是否有必要重调度。
- preempt_disable_no_resched停用抢占，但不进行重调度。

> 在内核中的某些点，普通SMP同步方法提供的保护是不够的。例如，在修改per-cpu变量时可能会发生这种情况。在真正的SMP系统上，这不需要任何形式的保护，因为根据定义只有一个处理器能够操作该变量，系统中其他的每个CPU都有自身的变量实例，不需要访问当前处理器的实例。但内核抢占的出现，使得同一处理器上的两个不同代码路径可以“准并发”地访问该变量，这与两个独立的处理器操作该值的效果是相同的。因此在这些情况下，必须手动调用preempt_disable显式停用抢占。
>
> 但要注意，第1章提到的get_cpu和put_cpu函数会自动停用内核抢占，因此如果使用该机制访问per-cpu变量，则没有必要特别注意。

内核如何知道是否需要抢占？首先，必须设置TIF_NEED_RESCHED标志来通知有进程在等待得到CPU时间。这是通过preempt_check_resched来确认的：

<preempt.h>
```
#define preempt_check_resched() \
do {\
        if (unlikely(test_thread_flag(TIF_NEED_RESCHED))) \
                preempt_schedule(); \
} while (0)
```

我们知道该函数是在抢占停用后重新启用时调用的，此时检测是否有进程打算抢占当前执行的内核代码，是一个比较好的时机。如果是这样，则应尽快完成，而无需等待下一次对调度器的例行调用。

抢占机制中主要的函数是preempt_schedule。设置了TIF_NEED_RESCHED标志，并不能保证一定可以抢占内核，内核有可能正处于临界区中，不能被干扰。可以通过preempt_reschedule检查：

kernel/sched.c
```
asmlinkage void __sched preempt_schedule(void)
{
        struct thread_info *ti = current_thread_info();
        /*
         * 如果preempt_count非零，或中断停用，
         * 我们不想要抢占当前进程，返回即可。
         */
        if (unlikely(ti->preempt_count || irqs_disabled()))
                return;
...
```

如果抢占计数器大于0，那么抢占仍然是停用的，因此内核不能被中断，该函数立即结束。如果在某些重要的点上内核停用了硬件中断，以保证一次性完成相关的处理，那么抢占也是不可能的。irqs_disabled会检测是否停用了中断，如果已经停用，则内核不能被抢占。

如果可以抢占，则需要执行下列步骤：

kernel/sched.c
```
do {
        add_preempt_count(PREEMPT_ACTIVE);

        schedule();

        sub_preempt_count(PREEMPT_ACTIVE);
        /*
         * 再次检查，以免在schedule和当前点之间错过了抢占的时机。
         */
} while (unlikely(test_thread_flag(TIF_NEED_RESCHED)));
```

在调用调度器之前，抢占计数器的值设置为PREEMPT_ACTIVE。这设置了抢占计数器中的一个标志位，使之有一个很大的值，这样就不受普通的抢占计数器加1操作的影响了，如图2-30所示。它向schedule函数表明，调度不是以普通方式引发的，而是由于内核抢占。在内核重调度之后，代码流程回到当前进程。此时标志位已经再次移除，这可能是在一段时间之后，此间的这段时间供抢先的进程执行。

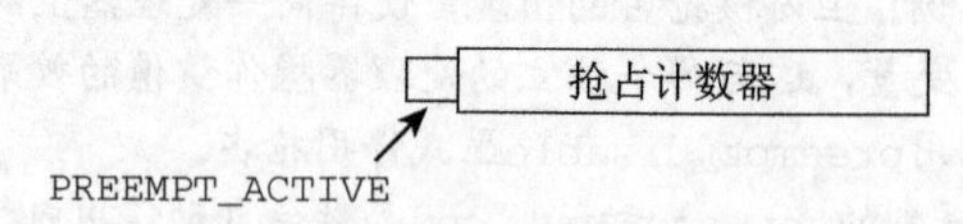

图2-30　进程的抢占计数器

此前我忽略了该标志与schedule的关系，因此必须在这里讨论。我们知道，如果进程目前不处于可运行状态，则调度器会用deactivate_task停止其活动。实际上，如果调度是由抢占机制发起的（查看抢占计数器中是否设置了PREEMPT_ACTIVE），则会跳过该操作：

kernel/sched.c
```
asmlinkage void __sched schedule(void) {
...
        if (prev->state && !(preempt_count() & PREEMPT_ACTIVE)) {
                if (unlikely((prev->state & TASK_INTERRUPTIBLE) &&
```

```
                                unlikely(signal_pending(prev)))) {
                        prev->state = TASK_RUNNING;
                } else {
                        deactivate_task(rq, prev, 1);
                }
        }
...
}
```

这确保了尽可能快速地选择下一个进程，而无需停止当前进程的活动。如果一个高优先级进程在等待调度，则调度器类将会选择该进程，使其运行。

该方法只是触发内核抢占的一种方法。另一种激活抢占的可能方法是在处理了一个硬件中断请求之后。如果处理器在处理中断请求后返回核心态（返回用户状态则没有影响），特定于体系结构的汇编例程会检查抢占计数器值是否为0，即是否允许抢占，以及是否设置了重调度标志，类似于preempt_schedule的处理。如果两个条件都满足，则调用调度器，这一次是通过preempt_schedule_irq，表明抢占请求发自中断上下文。该函数和preempt_schedule之间的本质区别是，preempt_schedule_irq调用时停用了中断，防止中断造成递归调用。

根据本节讲述的方法可知，启用了抢占特性的内核能够比普通内核更快速地用紧急进程替代当前进程。

2. 低延迟

当然，即使没有启用内核抢占，内核也很关注提供良好的延迟时间。例如，这对于网络服务器是很重要的。尽管此类环境不需要内核抢占引入的开销，但内核仍然应该以合理的速度响应重要的事件。例如，如果一网络请求到达，需要守护进程处理，那么该请求不应该被执行繁重IO操作的数据库过度延迟。我已经讨论了内核提供的一些用于缓解该问题的措施：CFS和内核抢占中的调度延迟。第5章中将讨论的实时互斥量也有助于解决该问题，但还有一个与调度有关的操作能够对此有所帮助。

基本上，内核中耗时长的操作不应该完全占据整个系统。相反，它们应该不时地检测是否有另一个进程变为可运行，并在必要的情况下调用调度器选择相应的进程运行。该机制不依赖于内核抢占，即使内核连编时未指定支持抢占，也能够降低延迟。

发起有条件重调度的函数是cond_resched。其实现如下：

kernel/sched.c

```
int __sched cond_resched(void)
{
        if (need_resched() && !(preempt_count() & PREEMPT_ACTIVE))
                __cond_resched();
                return 1;
        }
        return 0;
}
```

need_resched检查是否设置了TIF_NEED_RESCHED标志，代码另外还保证内核当前没有被抢占[1]，因此允许重调度。只要两个条件满足，那么__cond_resched会处理必要的细节并调用调度器。

如何使用cond_resched？举例来说，考虑内核读取与给定内存映射关联的内存页的情况。这可以通过无限循环完成，直至所有需要的数据读取完毕：

```
for (;;)
```

① 另外，该函数还确认系统完全处于正常运行状态，例如系统尚未启动完成就不属于正常运行状态。由于这是不重要的边角情况，我从代码中省略了对应的检查。

```
          /* 读入数据 */
          if (exit_condition)
                continue;
```

如果需要大量的读取操作，可能耗时会很长。由于进程运行在内核空间中，调度器无法象在用户空间那样撤销其CPU，假定也没有启用内核抢占。通过在每个循环迭代中调用cond_resched，即可改进此种情况。

```
for (;;)
          cond_resched();
          /* 读入数据 */
          if (exit_condition)
                continue;
```

内核代码已经仔细核查过，以找出长时间运行的函数，并在适当之处插入对cond_resched的调用。即使没有显式内核抢占，这也能够保证较高的响应速度。

遵循长期以来的UNIX内核传统，Linux的进程状态也支持可中断的和不可中断的睡眠。但在2.6.25的开发周期中，又添加了另一个状态：TASK_KILLABLE。[①]处于此状态进程正在睡眠，不响应非致命信号，但可以被致命信号杀死，这刚好与TASK_UNINTERRUPTIBLE相反。在撰写本书时，内核中适用于TASK_KILLABLE睡眠之处，都还没有修改。

在内核2.6.25和2.6.26开发期间，调度器的清理相对而言是比较多的。 在这期间增加的一个新特性是实时组调度。这意味着，通过本章介绍的组调度框架，现在也可以处理实时进程了。

另外，调度器相关的文档移到了一个专用目录Documentation/scheduler/下，旧的$O(1)$调度器的相关文档都已经过时，因而删除了。有关实时组调度的文档可以参考Documentation/scheduler/sched-rt-group.txt。

2.9　小结

Linux是一个多用户、多任务操作系统，因而必须管理来自多个用户的多个进程。在本章中，读者已经了解到进程是Linux的一个非常重要和基本的抽象。用于表示进程的数据结构与内核中几乎每个子系统都有关联。

读者已经看到Linux如何实现继承自UNIX传统的fork/exec模型，这种模型下创建的新进程与父进程形成层次关系，Linux还使用命名空间和clone系统调用对传统的UNIX模型进行了扩展。这两种模型中，进程如何感知到系统，以及哪些资源在父子进程之间共享，都可以微调。本来无关的进程之间进行通信需要采用显式的方法，并将在第5章讨论。

另外，读者已经看到，如何通过调度器在进程之间分配可用的计算资源。Linux支持可插入的调度模块，这些用于实现完全公平调度和POSIX软实时调度等策略。调度器会判断何时在进程之间切换，而上下文切换则由特定于体系结构的例程实现。

最后，我讨论了如何增强调度器来适应具有多CPU的系统，以及内核抢占和低延迟特性如何使Linux更好地处理有时间限制的情形。

① 实际上TASK_KILLABLE不是一个全新的进程状态，而是TASK_UNINTERRUPTIBLE的扩展。但其效果等价于一个全新的进程状态。

第3章

内 存 管 理

3

内存管理是内核最复杂同时也最重要的一部分。其特点在于非常需要处理器和内核之间的协作（所需执行的任务决定了二者必须紧密合作）。第1章简略概述了内核实现内存管理所用的各种技术和概念。本章将详细地从技术方面讲解具体的实现。

3.1 概述

内存管理的实现涵盖了许多领域：

- 内存中的物理内存页的管理；
- 分配大块内存的伙伴系统；
- 分配较小块内存的slab、slub和slob分配器；
- 分配非连续内存块的`vmalloc`机制；
- 进程的地址空间。

就我们所知，Linux内核一般将处理器的虚拟地址空间划分为两个部分。底部比较大的部分用于用户进程，顶部则专用于内核。虽然（在两个用户进程之间的）上下文切换期间会改变下半部分，但虚拟地址空间的内核部分总是保持不变。在IA-32系统上，地址空间在用户进程和内核之间划分的典型比例为3∶1。给出4 GiB虚拟地址空间，3 GiB将用于用户空间而1 GiB将用于内核。通过修改相关的配置选项可以改变该比例。但只有对非常特殊的配置和应用程序，这种修改才会带来好处。目前，我们只需假定比例为3∶1，其他比例以后再讨论。

可用的物理内存将映射到内核的地址空间中。访问内存时，如果所用的虚拟地址与内核区域的起始地址之间的偏移量不超出可用物理内存的长度，那么该虚拟地址会自动关联到物理页帧。这是可行的，因为在采用该方案时，在内核区域中的内存分配总是落入到物理内存中。不过，还有一个问题。虚拟地址空间的内核部分必然小于CPU理论地址空间的最大长度。如果物理内存比可以映射到内核地址空间中的数量要多，那么内核必须借助于高端内存（highmem）方法来管理“多余的”内存。在IA-32系统上，可以直接管理的物理内存数量不超过896 MiB。超过该值（直到最大4 GiB为止）的内存只能通过高端内存寻址。

> 4 GiB是32位系统上可以寻址的最大内存（2^{32} = 4 GiB）。如果使用一点技巧，现代的IA-32实现（Pentium PRO或更高版本）在启用PAE模式的情况下可以管理多达64 GiB内存。PAE是page address extension的缩写，该特性为内存指针提供了额外的比特位。但并非所有64 GiB都可以同时寻址，而是每次只能寻址一个4 GiB的内存段。
>
> 由于大多数内存管理数据结构只能分配在内存范围0和1 GiB之间，因此最大的内存实际极限小于64 GiB。准确的数值依内核配置而有所不同。例如，可以在高端内存中分配三级页

表的项，以减少对普通内存域的占用。

由于内存超过4 GiB的IA-32系统比较罕见，这种情况下实际上一般会使用64位体系结构AMD64来代替IA-32，提供一个简洁得多的解决方案，因此第二种高端内存模式我就不打算在此介绍了。

在64位计算机上，由于可用的地址空间非常巨大，因此不需要高端内存模式。即使物理寻址受限于地址字的比特位数（例如48或52），也是如此。32位系统超出4 GiB地址空间的限制也才刚刚几年，有人可能据此认为64位系统地址空间的限制被突破似乎也只是时间问题，但理论上的16 EiB也能撑些时间了。但技术的发展是我们无法预测的……

> 只有内核自身使用高端内存页时，才会有问题。在内核使用高端内存页之前，必须使用下文讨论的kmap和kunmap函数将其映射到内核虚拟地址空间中，对普通内存页这是不必要的。但对用户空间进程来说，是高端内存页还是普通内存页完全没有任何差别。因为用户空间进程总是通过页表访问内存，决不会直接访问。

有两种类型计算机，分别以不同的方法管理物理内存。

(1) UMA计算机（一致内存访问，uniform memory access）将可用内存以连续方式组织起来（可能有小的缺口）。SMP系统中的每个处理器访问各个内存区都是同样快。

(2) NUMA计算机（非一致内存访问，non-uniform memory access）总是多处理器计算机。系统的各个CPU都有本地内存，可支持特别快速的访问。各个处理器之间通过总线连接起来，以支持对其他CPU的本地内存的访问，当然比访问本地内存慢些。

此类系统的实例包括基于Alpha的WildFire服务器和来自IBM的NUMA-Q计算机。

图3-1说明了两种方法之间的差别。

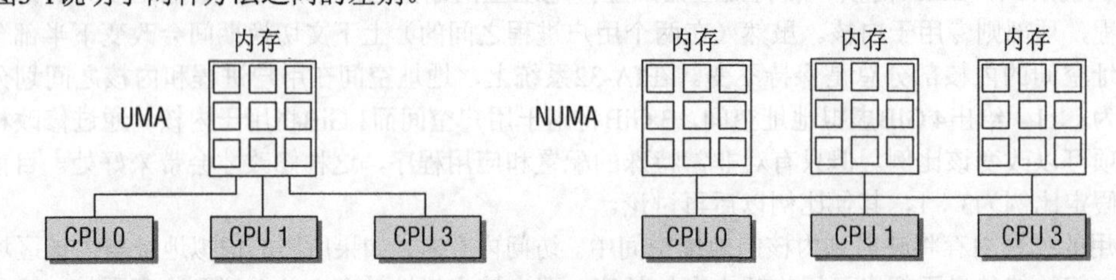

图3-1　UMA和NUMA系统

两种类型计算机的混合也是可能的，其中使用不连续的内存。即在UMA系统中，内存不是连续的，而有比较大的洞。在这里应用NUMA体系结构的原理通常有所帮助，可以使内核的内存访问更简单。实际上内核会区分3种配置选项：FLATMEM、DISCONTIGMEM和SPARSEMEM。SPARSEMEM和DISCONTIGMEM实际上作用相同，但从开发者的角度看来，对应代码的质量有所不同。SPARSEMEM被认为更多是试验性的，不那么稳定，但有一些性能优化。我们认为DISCONTIGMEM相关代码更稳定一些，但不具备内存热插拔之类的新特性。

在以后几节里，我们的讨论主要限于FLATMEM。在大多数配置中都使用该内存组织类型，通常它也是内核的默认值。由于所有内存模型实际上都使用同样的数据结构，因此不讨论其他选项也没多大损失。

真正的NUMA会设置配置选项CONFIG_NUMA，相关的内存管理代码与上述两种变体有所不同。由于平坦内存模型在NUMA计算机上没有意义，只有不连续内存模型和稀疏内存模型是可用的。但要注意，通过配置选项NUMA_EMU，可以用平坦内存模型的AMD64系统来感受NUMA系统的复杂性，实际上是将内存划分为假的NUMA内存域。在没有真正的NUMA计算机可用于开发时，该选项是有用的，由于某种原因，NUMA计算机过于昂贵。

本书内容集中在UMA系统，不考虑CONFIG_NUMA。这并不意味着NUMA相关的数据结构可以完全忽略。由于UMA系统可以在地址空间包含比较大的洞时选择配置选项CONFIG_DISCONTIGMEM，这种情况下在不采用NUMA技术的系统上也会有多个内存结点。

图3-2综述了与内存布局有关的各种可能的配置选项。

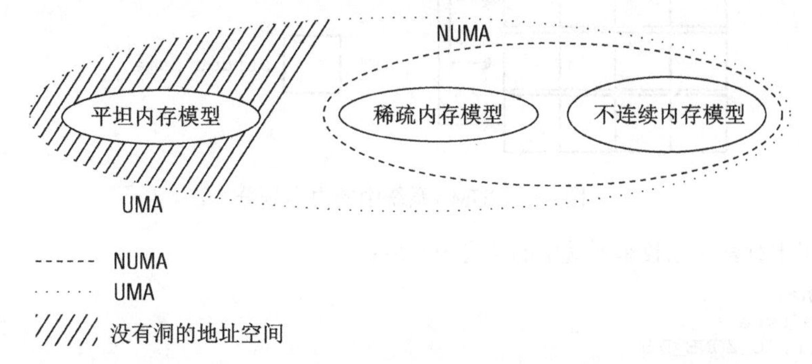

图3-2 概述在UMA和NUMA计算机上可能的内存配置：平坦模型、稀疏模型、不连续模型

请注意，在下文的讨论中，我们会经常遇到术语**分配阶**（allocation order）。它表示内存区中页的数目取以2为底的对数。阶0的分配由一个页面组成，阶1的分配包括2^1=2个页，阶2的分配包括2^2=4个页，依次类推。

3.2 (N)UMA模型中的内存组织

Linux支持的各种不同体系结构在内存管理方面差别很大。由于内核的明智设计，以及某些情况下插入的兼容层，这些差别被很好地隐藏起来了（一般性的代码通常无需注意这些）。按照第1章讨论过的，一个主要的问题是页表中不同数目的间接层。另一个关键是NUMA和UMA系统的划分。

内核对一致和非一致内存访问系统使用相同的数据结构，因此针对各种不同形式的内存布局，各个算法几乎没有什么差别。在UMA系统上，只使用一个NUMA结点来管理整个系统内存。而内存管理的其他部分则相信它们是在处理一个伪NUMA系统。

3.2.1 概述

在讲解内核中用于组织内存的数据结构之前，考虑到术语并不总是容易理解，所以我们需要先定义几个概念。我们首先考虑NUMA系统。这样，在UMA系统上再介绍这些概念就非常容易了。

图3-3给出了下述内存划分的图示（该情形多少简化了一些，在我们详细讲解数据结构时，读者可以看到这一点）。

首先，内存划分为**结点**。每个结点关联到系统中的一个处理器，在内核中表示为pg_data_t的实例（稍后定义该数据结构）。

各个结点又划分为**内存域**，是内存的进一步细分。例如，对可用于（ISA设备的）DMA操作的内存区是有限制的。只有前16 MiB适用，还有一个高端内存区域无法直接映射。在二者之间是通用的“普通”内存区。因此一个结点最多由3个内存域组成。内核引入了下列常量来区分它们。

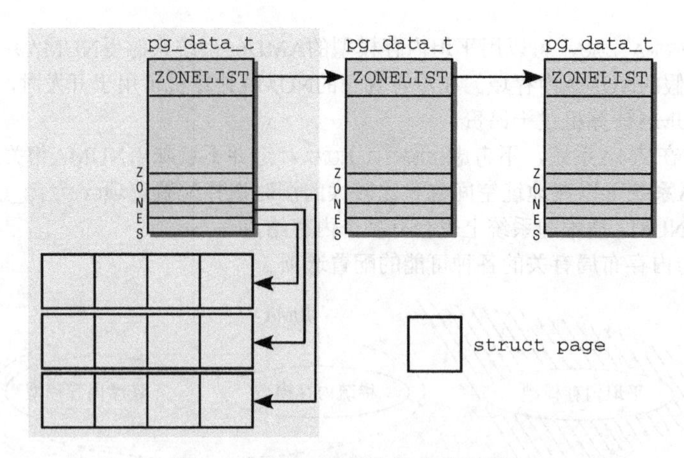

图3-3　NUMA系统中的内存划分

内核引入了下列常量来枚举系统中的所有内存域：

<mmzone.h>

```
enum zone_type {
#ifdef CONFIG_ZONE_DMA
        ZONE_DMA,
#endif
#ifdef CONFIG_ZONE_DMA32
        ZONE_DMA32,
#endif
        ZONE_NORMAL,
#ifdef CONFIG_HIGHMEM
        ZONE_HIGHMEM,
#endif
        ZONE_MOVABLE,
        MAX_NR_ZONES
};
```

- ZONE_DMA标记适合DMA的内存域。该区域的长度依赖于处理器类型。在IA-32计算机上，一般的限制是16 MiB，这是由古老的ISA设备强加的边界。但更现代的计算机也可能受这一限制的影响。
- ZONE_DMA32标记了使用32位地址字可寻址、适合DMA的内存域。显然，只有在64位系统上，两种DMA内存域才有差别。在32位计算机上，本内存域是空的，即长度为0 MiB。在Alpha和AMD64系统上，该内存域的长度可能从0到4 GiB。
- ZONE_NORMAL标记了可直接映射到内核段的普通内存域。这是在所有体系结构上保证都会存在的唯一内存域，但无法保证该地址范围对应了实际的物理内存。例如，如果AMD64系统有2 GiB内存，那么所有内存都属于ZONE_DMA32范围，而ZONE_NORMAL则为空。
- ZONE_HIGHMEM标记了超出内核段的物理内存。

> 根据编译时的配置，可能无需考虑某些内存域。例如在64位系统中，并不需要高端内存域。如果支持了只能访问4 GiB以下内存的32位外设，才需要DMA32内存域。

此外内核定义了一个伪内存域ZONE_MOVABLE，在防止物理内存碎片的机制中需要使用该内存域。我们会在3.5.2节更仔细地讲解该机制。

MAX_NR_ZONES充当结束标记，在内核想要迭代系统中的所有内存域时，会用到该常量。

各个内存域都关联了一个数组，用来组织属于该内存域的物理内存页（内核中称之为页帧）。对每个页帧，都分配了一个struct page实例以及所需的管理数据。

各个内存结点保存在一个单链表中，供内核遍历。

出于性能考虑，在为进程分配内存时，内核总是试图在当前运行的CPU相关联的NUMA结点上进行。但这并不总是可行的，例如，该结点的内存可能已经用尽。对此类情况，每个结点都提供了一个备用列表（借助于struct zonelist）。该列表包含了其他结点（和相关的内存域），可用于代替当前结点分配内存。列表项的位置越靠后，就越不适合分配。

在UMA系统上是何种情形呢？这里只有一个结点。图3-3中灰色背景上的内存结点减少为一个，其他的都不变。

3.2.2 数据结构

我已经解释了用于内存管理的各种数据结构之间的关系，现在我们分别讲解各个数据结构。

1. 结点管理

pg_data_t是用于表示结点的基本元素，定义如下：

<mmzone.h>

```
typedef struct pglist_data {
        struct zone node_zones[MAX_NR_ZONES];
        struct zonelist node_zonelists[MAX_ZONELISTS];
        int nr_zones;
        struct page *node_mem_map;
        struct bootmem_data *bdata;

        unsigned long node_start_pfn;
        unsigned long node_present_pages; /* 物理内存页的总数 */
        unsigned long node_spanned_pages; /* 物理内存页的总长度，包含洞在内 */

        int node_id;
        struct pglist_data *pgdat_next;
        wait_queue_head_t kswapd_wait;
        struct task_struct *kswapd;
        int kswapd_max_order;
} pg_data_t;
```

- node_zones是一个数组，包含了结点中各内存域的数据结构。
- node_zonelists指定了备用结点及其内存域的列表，以便在当前结点没有可用空间时，在备用结点分配内存。
- 结点中不同内存域的数目保存在nr_zones。
- node_mem_map是指向page实例数组的指针，用于描述结点的所有物理内存页。它包含了结点中所有内存域的页。
- 在系统启动期间，内存管理子系统初始化之前，内核也需要使用内存（另外，还必须保留部分内存用于初始化内存管理子系统）。为解决这个问题，内核使用了3.4.3节讲解的自举内存分配器（boot memory allocator）。bdata指向自举内存分配器数据结构的实例。
- node_start_pfn是该NUMA结点第一个页帧的逻辑编号。系统中所有结点的页帧是依次编号的，每个页帧的号码都是全局唯一的（不只是结点内唯一）。

  node_start_pfn在UMA系统中总是0，因为其中只有一个结点，因此其第一个页帧编号总是0。node_present_pages指定了结点中页帧的数目，而node_spanned_pages则给出了该结点以页帧为单位计算的长度。二者的值不一定相同，因为结点中可能有一些空洞，并不对应真正的页帧。

- node_id是全局结点ID。系统中的NUMA结点都从0开始编号。
- pgdat_next连接到下一个内存结点，系统中所有结点都通过单链表连接起来，其末尾通过空指针标记。
- kswapd_wait是交换守护进程（swap daemon）的等待队列，在将页帧换出结点时会用到（第18章会详细讨论该过程）。kswapd指向负责该结点的交换守护进程的task_struct。kswapd_max_order用于页交换子系统的实现，用来定义需要释放的区域的长度（我们当前不感兴趣）。

图3-3给出了结点及其包含的内存域之间的关联，以及备用列表，这些是通过结点数据结构起始处的几个数组建立的。

> 这些不是普通的数组指针。数组的数据就保存在结点数据结构之中。

结点的内存域保存在node_zones[MAX_NR_ZONES]。该数组总是有3个项，即使结点没有那么多内存域，也是如此。如果不足3个，则其余的数组项用0填充。

● **结点状态管理**

如果系统中结点多于一个，内核会维护一个位图，用以提供各个结点的状态信息。状态是用位掩码指定的，可使用下列值：

```
<nodemask.h>
enum node_states {
        N_POSSIBLE,          /* 结点在某个时候可能变为联机 */
        N_ONLINE,            /* 结点是联机的 */
        N_NORMAL_MEMORY,     /* 结点有普通内存域 */
#ifdef CONFIG_HIGHMEM
        N_HIGH_MEMORY,       /* 结点有普通或高端内存域 */
#else
        N_HIGH_MEMORY = N_NORMAL_MEMORY,
#endif
        N_CPU,               /* 结点有一个或多个CPU */
        NR_NODE_STATES
};
```

状态N_POSSIBLE、N_ONLINE和N_CPU用于CPU和内存的热插拔，在本书中不考虑这些特性。对内存管理有必要的标志是N_HIGH_MEMORY和N_NORMAL_MEMORY。如果结点有普通或高端内存则使用N_HIGH_MEMORY，仅当结点没有高端内存才设置N_NORMAL_MEMORY。

两个辅助函数用来设置或清除位域或特定结点中的一个比特位：

```
<nodemask.h>
void node_set_state(int node, enum node_states state)
void node_clear_state(int node, enum node_states state)
```

此外，宏for_each_node_state(__node, __state)用来迭代处于特定状态的所有结点，而for_each_online_node(node)则迭代所有活动结点。

如果内核编译为只支持单个结点（即使用平坦内存模型），则没有结点位图，上述操作该位图的函数则变为空操作。

2. 内存域

内核使用zone结构来描述内存域。其定义如下：

```
<mmzone.h>
struct zone {
```

```
	/*通常由页分配器访问的字段 */
	unsigned long		pages_min, pages_low, pages_high;

	unsigned long		lowmem_reserve[MAX_NR_ZONES];

	struct per_cpu_pageset	pageset[NR_CPUS];

	/*
	 * 不同长度的空闲区域
	 */
	spinlock_t		lock;
	struct free_area	free_area[MAX_ORDER];

	ZONE_PADDING(_pad1_)

	/* 通常由页面收回扫描程序访问的字段 */
	spinlock_t		lru_lock;
	struct list_head	active_list;
	struct list_head	inactive_list;
	unsigned long		nr_scan_active;
	unsigned long		nr_scan_inactive;
	unsigned long		pages_scanned; /* 上一次回收以来扫描过的页 */
	unsigned long		flags; /* 内存域标志，见下文 */

	/* 内存域统计量 */
	atomic_long_t		vm_stat[NR_VM_ZONE_STAT_ITEMS];

	int prev_priority;

	ZONE_PADDING(_pad2_)
	/* 很少使用或大多数情况下只读的字段 */

	wait_queue_head_t	* wait_table;
	unsigned long		wait_table_hash_nr_entries;
	unsigned long		wait_table_bits;

	/* 支持不连续内存模型的字段。 */
	struct pglist_data	*zone_pgdat;
	unsigned long		zone_start_pfn;

	unsigned long		spanned_pages; /* 总长度，包含空洞 */
	unsigned long		present_pages; /* 内存数量（除去空洞） */

	/*
	 * 很少使用的字段：
	 */
	char			*name;
} ____cacheline_maxaligned_in_smp;
```

该结构比较特殊的方面是它由ZONE_PADDING分隔为几个部分。这是因为对zone结构的访问非常频繁。在多处理器系统上，通常会有不同的CPU试图同时访问结构成员。因此使用锁（见第5章）防止它们彼此干扰，避免错误和不一致。由于内核对该结构的访问非常频繁，因此会经常性地获取该结构的两个自旋锁zone->lock和zone->lru_lock。[①]

如果数据保存在CPU高速缓存中，那么会处理得更快速。高速缓存分为行，每一行负责不同的内存区。内核使用ZONE_PADDING宏生成“填充”字段添加到结构中，以确保每个自旋锁都处于自身的

① 因此这些锁称为*热点*（hotspot）。在第17章中讨论了内核使用的一些技巧，可用于减轻对这些热点的压力。

缓存行中。还使用了编译器关键字__cacheline_maxaligned_in_smp，用以实现最优的高速缓存对齐方式。

该结构的最后两个部分也通过填充字段彼此分隔开来。两者都不包含锁，主要目的是将数据保持在一个缓存行中，便于快速访问，从而无需从内存加载数据（与CPU高速缓存相比，内存比较慢）。由于填充造成结构长度的增加是可以忽略的，特别是在内核内存中zone结构的实例相对很少。

该结构各个成员的语义是什么呢？由于内存管理是内核中一个复杂而牵涉颇广的部分，因此在这里将该结构所有成员的确切语义都讲解清楚是不太可能的，本章和后续章节相当一部分都会专注于讲述相关的数据结构和机制。此处只能对即将讨论的问题给予概述，读者姑且浅尝辄止。尽管如此，仍然会出现大量的向前引用。

- pages_min、pages_high、pages_low是页换出时使用的“水印”。如果内存不足，内核可以将页写到硬盘。这3个成员会影响交换守护进程的行为。
  - 如果空闲页多于pages_high，则内存域的状态是理想的。
  - 如果空闲页的数目低于pages_low，则内核开始将页换出到硬盘。
  - 如果空闲页的数目低于pages_min，那么页回收工作的压力就比较大，因为内存域中急需空闲页。第18章会讨论内核用于缓解此情形的各种方法。

  这些水印的重要性主要会在第18章讨论，但在3.5.5节就可以初步看到它们的作用了。
- lowmem_reserve数组分别为各种内存域指定了若干页，用于一些无论如何都不能失败的关键性内存分配。各个内存域的份额根据重要性确定。用于计算各个内存域份额的算法在3.2.2节讨论。
- pageset是一个数组，用于实现每个CPU的热/冷页帧列表。内核使用这些列表来保存可用于满足实现的“新鲜”页。但冷热页帧对应的高速缓存状态不同：有些页帧也很可能仍然在高速缓存中，因此可以快速访问，故称之为热的；未缓存的页帧与此相对，故称之为冷的。下一节会讨论用于实现该行为特性的struct per_cpu_pageset数据结构。
- free_area是同名数据结构的数组，用于实现伙伴系统。每个数组元素都表示某种固定长度的一些连续内存区。对于包含在每个区域中的空闲内存页的管理，free_area是一个起点。

  此处使用的数据结构自身就很值得讨论一番，3.5.5节深入论述了伙伴系统的实现细节。
- 第二部分涉及的结构成员，用来根据活动情况对内存域中使用的页进行编目。如果页访问频繁，则内核认为它是*活动的*；而不活动页则显然相反。在需要换出页时，这种区别是很重要的。如果可能的话，频繁使用的页应该保持不动，而多余的不活动页则可以换出而没有什么损害。

  具体涉及的结构成员如下：
  - active_list是活动页的集合，而inactive_list则不活动页的集合（page实例）。
  - nr_scan_active和nr_scan_inactive指定在回收内存时需要扫描的活动和不活动页的数目。
  - pages_scanned指定了上次换出一页以来，有多少页未能成功扫描。
  - flags描述内存域的当前状态。允许使用下列标志：

```
<mmzone.h>
typedef enum {
        ZONE_ALL_UNRECLAIMABLE,      /* 所有的页都已经“钉”住 */
        ZONE_RECLAIM_LOCKED,         /* 防止并发回收 */
        ZONE_OOM_LOCKED,             /* 内存域即可被回收 */
} zone_flags_t;
```

也有可能这些标志均未设置。这是内存域的正常状态。ZONE_ALL_UNRECLAIMABLE状态出现在内核试图重用该内存域的一些页时（**页面回收**，参见第18章），但因为所有的页都被**钉住**而无法回收。例如，用户空间应用程序可以使用mlock系统调用通知内核页不能从物理内存移出，比如换出到磁盘上。这样的页称之为钉住的。如果一个内存域中的所有页都被钉住，那么该内存域是无法回收的，即设置该标志。为不浪费时间，交换守护进程在寻找可供回收的页时，只会简要地扫描一下此类内存域。[①]

在SMP系统上，多个CPU可能试图并发地回收一个内存域。ZONE_RECLAIM_LOCKED标志可防止这种情况：如果一个CPU在回收某个内存域，则设置该标志。这防止了其他CPU的尝试。

ZONE_OOM_LOCKED专用于某种不走运的情况：如果进程消耗了大量的内存，致使必要的操作都无法完成，那么内核会试图杀死消耗内存最多的进程，以获得更多的空闲页。该标志可以防止多个CPU同时进行这种操作。

内核提供了3个辅助函数用于测试和设置内存域的标志：

```
<mmzone.h>
void zone_set_flag(struct zone *zone, zone_flags_t flag)
int zone_test_and_set_flag(struct zone *zone, zone_flags_t flag)
void zone_clear_flag(struct zone *zone, zone_flags_t flag)
```

zone_set_flag和zone_clear_flag分别用于设置和清除某一标志。zone_test_and_set_flag首先测试是否设置了给定标志，如果没有设置，则设置该标志。标志的原状态返回给调用者。

- vm_stat维护了大量有关该内存域的统计信息。由于其中维护的大部分信息目前没有多大意义，对该结构的详细讨论则延迟到17.7.1节。现在，只要知道内核中很多地方都会更新其中的信息即可。辅助函数zone_page_state用来读取vm_stat中的信息：

```
<vmstat.h>
static inline unsigned long zone_page_state(struct zone *zone,
                                            enum zone_stat_item item)
```

例如，可以将item参数设置为NR_ACTIVE或NR_INACTIVE，来查询存储在上文讨论的active_list和inactive_list中的活动和不活动页的数目。而设置为NR_FREE_PAGES则可以获得内存域中空闲页的数目。

- prev_priority存储了上一次扫描操作扫描该内存域的优先级，扫描操作是由try_to_free_pages进行的，直至释放足够的页帧（参见3.5.5节和第18章）。读者在第18章会看到，扫描会根据该值判断是否换出映射的页。
- wait_table、wait_table_bits和wait_table_hash_nr_entries实现了一个等待队列，可供等待某一页变为可用的进程使用。该机制的细节将在第14章给出，直观的概念是很好理解的：进程排成一个队列，等待某些条件。在条件变为真时，内核会通知进程恢复工作。
- 内存域和父结点之间的关联由zone_pgdat建立，zone_pgdat指向对应的pglist_data实例。
- zone_start_pfn是内存域第一个页帧的索引。
- 剩余的3个字段很少使用，因此置于数据结构末尾。

name是一个字符串，保存该内存域的惯用名称。目前有3个选项可用：Normal、DMA和HighMem。

spanned_pages指定内存域中页的总数，但并非所有都是可用的。前文提到过，内存域中

① 但扫描是无法完全省去的，因为该内存域经过若干时间后，在将来可能再次包含可回收的页。倘若如此，则消除该标志，而kswapd守护进程会将该内存域与其他内存域同等对待。

可能有一些小的空洞。另一个计数器（present_pages）则给出了实际上可用的页数目。该计数器的值通常与spanned_pages相同。

3. 内存域水印的计算

在计算各种水印之前，内核首先确定需要为关键性分配保留的内存空间的最小值。该值随可用内存的大小而非线性增长，并保存在全局变量min_free_kbytes中。图3-4概述了这种非线性比例关系，其中主图的横轴采用了对数坐标，插图的横轴采用的是普通坐标，插图放大了总内存容量在0～4 GiB之间的变化曲线。表3-1给出了一些典型值，主要适用于配备了适量内存的桌面系统，用来给读者提供一点感性认识。一个不变的约束是，不能少于128 KiB，也不能多于64 MiB。但要注意，只有内存数量确实比较大的时候，才能达到上界。[①] 用户层可通过文件/proc/sys/vm/min_free_kbytes来读取和修改该设置。

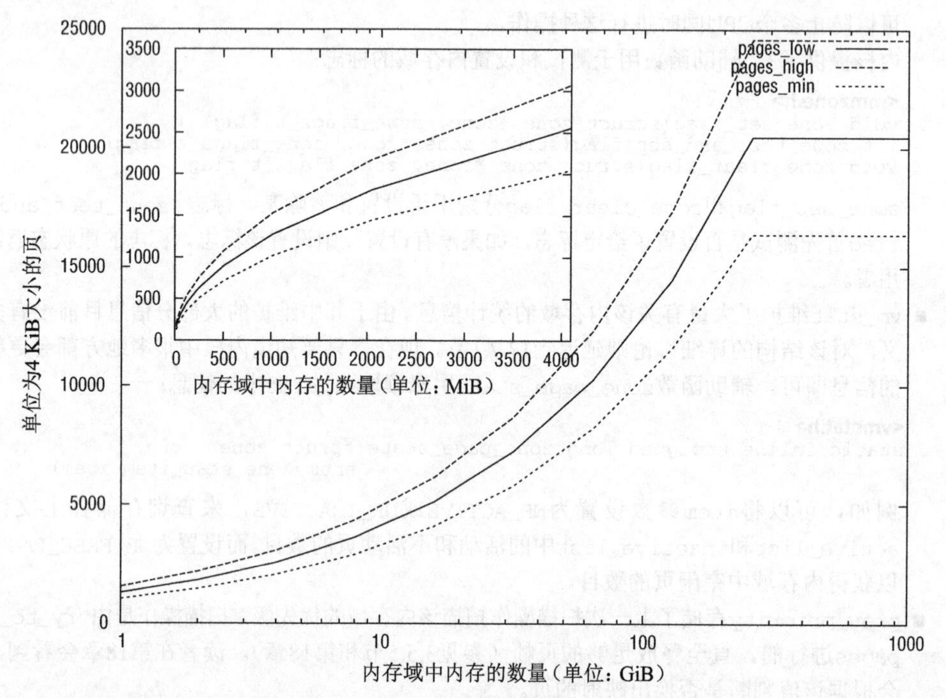

图3-4　内存域水印和为关键性分配保留的内存空间的最小值，与计算机主内存大小之间的关系（pages_min即按页计算的min_free_kbytes）

数据结构中水印值的填充由init_per_zone_pages_min处理，该函数由内核在启动期间调用，无需显式调用。[②] init_per_zone_pages_min的代码流程图，如图3-5所示。

setup_per_zone_pages_min设置struct zone的pages_min、pages_low和pages_high成员。在计算出高端内存域之外页面的总数之后（保存在lowmem_pages），内核迭代系统中的所有内存域并执行下列计算：

① 实际上，在只有一个NUMA结点的计算机上安装如此数量的内存是不太可能的，因此上界是很难达到的。

② 该函数不只在这里调用，每次通过proc文件系统修改某个控制参数时也会调用该函数。

mm/page_alloc.c
```
void    setup_per_zone_pages_min(void)
{
        unsigned long pages_min = min_free_kbytes >> (PAGE_SHIFT -10);
        unsigned long lowmem_pages = 0;
        struct zone *zone;
        unsigned long flags;
...
        for_each_zone(zone) {
                u64 tmp;

                tmp = (u64)pages_min * zone->present_pages;
                do_div(tmp,lowmem_pages);
                if (is_highmem(zone)) {
                        int min_pages;

                        min_pages = zone->present_pages / 1024;
                        if (min_pages < SWAP_CLUSTER_MAX)
                                min_pages = SWAP_CLUSTER_MAX;
                        if (min_pages > 128)
                                min_pages = 128;
                        zone->pages_min = min_pages;
                } else {
                        zone->pages_min = tmp;
                }

                zone->pages_low = zone->pages_min + (tmp >> 2);
                zone->pages_high = zone->pages_min + (tmp >> 1);
        }
}
```

表3-1 主内存大小与可用于关键性分配的内存空间最小值之间的关系

主内存大小	保留内存大小
16 MiB	512 KiB
32 MiB	724 KiB
64 MiB	1024 KiB
128 MiB	1448 KiB
256 MiB	2048 KiB
512 MiB	2896 KiB
1024 MiB	4096 KiB
2048 MiB	5792 KiB
4096 MiB	8192 KiB
8192 MiB	11584 KiB
16384 MiB	16384 KiB

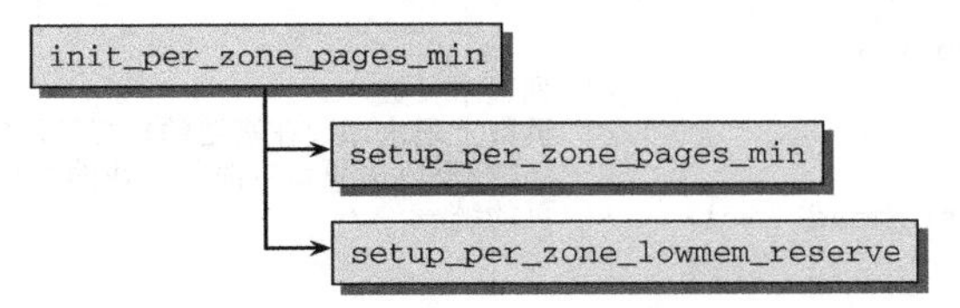

图3-5 init_per_zone_pages_min的代码流程图

高端内存域的下界SWAP_CLUSTER_MAX，对第18章讨论的整个页面回收子系统来说，是一个重要的数值。该子系统的代码经常对页进行分组式批处理操作，SWAP_CLUSTER_MAX定义了分组的大小。图3-4的曲线图，给出了针对各种不同的主内存大小，计算而得出的内存域水印值。由于近来高端内存域不那么被关注了（内存较大的大多数计算机都使用了64位CPU），因此我在图中只给出了普通内存域的结果。

lowmem_reserve的计算由setup_per_zone_lowmem_reserve完成。内核迭代系统的所有结点，对每个结点的各个内存域分别计算预留内存最小值，具体的算法是将内存域中页帧的总数除以sysctl_lowmem_reserve_ratio[zone]。除数的默认设置对低端内存域是256，对高端内存域是32。

4. 冷热页

struct zone的pageset成员用于实现冷热分配器（hot-n-cold allocator）。内核说页是*热的*，意味着页已经加载到CPU高速缓存，与在内存中的页相比，其数据能够更快地访问。相反，*冷页*则不在高速缓存中。在多处理器系统上每个CPU都有一个或多个高速缓存，各个CPU的管理必须是独立的。

> 尽管内存域可能属于一个特定的NUMA结点，因而关联到某个特定的CPU，但其他CPU的高速缓存仍然可以包含该内存域中的页。最终的效果是，每个处理器都可以访问系统中所有的页，尽管速度不同。因此，特定于内存域的数据结构不仅要考虑到所属NUMA结点相关的CPU，还必须照顾到系统中其他的CPU。

pageset是一个数组，其容量与系统能够容纳的CPU数目的最大值相同。

<mmzone.h>

```
struct zone {
        ...
        struct per_cpu_pageset pageset[NR_CPUS];
        ...
};
```

NR_CPUS是一个可以在编译时间配置的宏常数。在单处理器系统上其值总是1，针对SMP系统编译的内核中，其值可能在2和32（在64位系统上是64）之间。

> 该值并不是系统中实际存在的CPU数目，而是内核支持的CPU的最大数目。

数组元素的类型为per_cpu_pageset，定义如下：

<mmzone.h>

```
struct per_cpu_pageset {
        struct per_cpu_pages pcp[2]; /* 索引0对应热页，索引1对应冷页 */
} ____cacheline_aligned_in_smp;
```

该结构由一个带有两个数组项的数组构成，第一项管理热页，第二项管理冷页。

有用的数据保存在per_cpu_pages中。①

<mmzone.h>

```
struct per_cpu_pages {
        int count;                /* 列表中页数 */
        int high;                 /* 页数上限水印，在需要的情况下清空列表 */
        int batch;                /* 添加/删除多页块的时候，块的大小 */
        struct list_head list;    /* 页的链表 */
};
```

① 内核版本2.6.25在本书撰写时仍然在开发中，该版本会将分别管理冷页和热页的两个列表合并为一个。热页放置在列表头部，而冷页置于列表尾部。通过测量发现，与一个列表相比，两个独立的列表不会带来实质性的好处，因此引入了该修改。

count记录了与该列表相关的页的数目，high是一个水印。如果count的值超出了high，则表明列表中的页太多了。对容量过低的状态没有显式使用水印：如果列表中没有成员，则重新填充。

list是一个双链表，保存了当前CPU的冷页或热页，可使用内核的标准方法处理。

如有可能，CPU的高速缓存不是用单个页来填充的，而是用多个页组成的块。batch是每次添加页数的一个参考值。

图3-6说明了在双处理器系统上per-CPU缓存的数据结构是如何填充的。

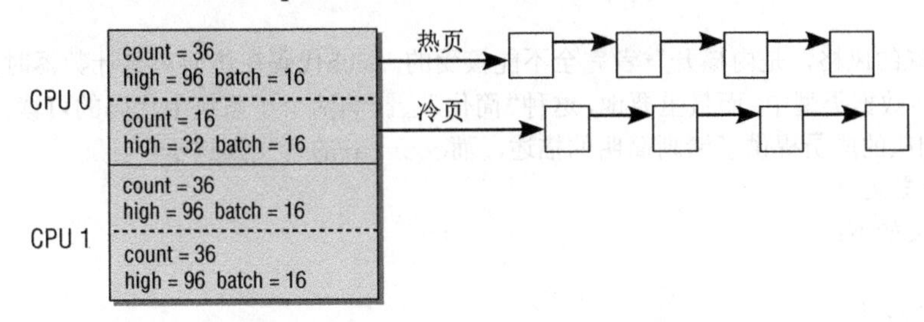

图3-6　双处理器系统上的per-CPU缓存

水印的计算以及高速缓存数据结构的初始化将在3.4.2节更详细地讨论。

5. 页帧

页帧代表系统内存的最小单位，对内存中的每个页都会创建struct page的一个实例。内核程序员需要注意保持该结构尽可能小，因为即使在中等程度的内存配置下，系统的内存同样会分解为大量的页。例如，IA-32系统的标准页长度为4 KiB，在主内存大小为384 MiB时，大约共有100 000页。就当今的标准而言，这个容量算不上很大，但页的数目已经非常可观。

这也是为什么内核尽力保持struct page尽可能小的原因。在典型系统中，由于页的数目巨大，因此对page结构的小改动，也可能导致保存所有page实例所需的物理内存暴涨。

页的广泛使用，增加了保持结构长度的难度：内存管理的许多部分都使用页，用于各种不同的用途。内核的一个部分可能完全依赖于struct page提供的特定信息，而该信息对内核的另一部分可能完全无用，该部分依赖于struct page提供的其他信息，而这部分信息对内核的其他部分也可能是完全无用的，等等。

C语言的联合很适合于该问题，尽管它未能增加struct page的清晰程度。考虑一个例子：一个物理内存页能够通过多个地方的不同页表映射到虚拟地址空间，内核想要跟踪有多少地方映射了该页。为此，struct page中有一个计数器用于计算映射的数目。如果一页用于slub分配器（将整页细分为更小部分的一种方法，请参见3.6.1节），那么可以确保只有内核会使用该页，而不会有其他地方使用，因此映射计数信息就是多余的。因此内核可以重新解释该字段，用来表示该页被细分为多少个小的内存对象使用。在数据结构定义中，这种双重解释如下所示：

<mm_types.h>

```
struct page {
...
        union {
                atomic_t _mapcount;     /* 内存管理子系统中映射的页表项计数，
                                         * 用于表示页是否已经映射，还用于限制逆向映射搜索。
                                         */
                unsigned int inuse;     /* 用于SLUB分配器：对象的数目 */
        };
...
}
```

要注意atomic_t和unsigned int是两个不同的数据类型，第一个类型允许以原子方式修改其值，即不受并发访问的影响，而第二种类型则是典型的整数。atomic_t是32个比特位，[①]而在Linux支持的每种体系结构上整数也是这么多比特位。有人可能企图像下面这样“简化”该定义：

```
struct page {
...
        atomic_t counter;
...
}
```

这是很糟糕的风格，是内核开发者完全不能接受的。slub代码在访问对象计数器时无需原子性，而这应该反映在数据类型中。而最重要地，这种“简化”会影响两个子系统中代码的可读性。_mapcount和inuse则对相应的成员提供了清晰简明的描述，而counter的含义则过于广泛。

● page的定义

该结构定义如下：

<mm.h>

```
struct page {
        unsigned long flags;         /* 原子标志，有些情况下会异步更新 */
        atomic_t _count;             /* 使用计数，见下文。 */
        union {
                atomic_t _mapcount;  /* 内存管理子系统中映射的页表项计数，
                                      * 用于表示页是否已经映射，还用于限制逆向映射搜索。
                                      */
                unsigned int inuse;  /* 用于SLUB分配器：对象的数目 */
        };
        union {
            struct {
                unsigned long private;      /* 由映射私有，不透明数据：
                                             * 如果设置了PagePrivate，通常用于buffer_heads；
                                             * 如果设置了PageSwapCache，则用于swp_entry_t；
                                             * 如果设置了PG_buddy，则用于表示伙伴系统中的阶。
                                             */
                struct address_space *mapping;      /* 如果最低位为0，则指向inode
                                                     * address_space，或为NULL。
                                                     * 如果页映射为匿名内存，最低位置位，
                                                     * 而且该指针指向anon_vma对象：
                                                     * 参见下文的PAGE_MAPPING_ANON。
                                                     */
            };
...
                struct kmem_cache *slab; /* 用于SLUB分配器：指向slab的指针 */
                struct page *first_page; /* 用于复合页的尾页，指向首页 */
        };
        union {
                pgoff_t index;      /* 在映射内的偏移量 */
                void *freelist;     /* SLUB: freelist req. slab lock */
        };
        struct list_head lru;       /* 换出页列表，例如由zone->lru_lock保护的active_list!
                                     */
#if defined(WANT_PAGE_VIRTUAL)
        void *virtual;              /* 内核虚拟地址（如果没有映射则为NULL，即高端内存） */
```

① 在内核2.6.3之前，这是不正确的。Sparc体系结构对原子操作的数据类型只能提供24个比特位，因此用于所有体系结构的通用代码都只能遵守该设置。幸运的是，现在通过改进特定于Sparc的代码，已经解决了该问题。

```
#endif /* WANT_PAGE_VIRTUAL */
};
```

slab、freelist和inuse成员用于slub分配器。我们不需要关注这些成员的具体布局，如果内核编译没有启用slub分配器支持，则不会使用这些成员。为简明起见，我在下文的讨论中会略去这些成员。

该结构的格式是体系结构无关的，不依赖于使用的CPU类型，每个页帧都由该结构描述。除了slub相关成员之外，page结构也包含了若干其他成员，只能在讨论相关内核子系统时准确地解释。尽管需要引用后续章节，我仍然会概述该结构的内容。

- flags存储了体系结构无关的标志，用于描述页的属性。我将在下文讨论不同的标志选项。
- _count是一个使用计数，表示内核中引用该页的次数。在其值到达0时，内核就知道page实例当前不使用，因此可以删除。如果其值大于0，该实例决不会从内存删除。如果读者不熟悉引用计数器，可以在附录C查阅更详细的资料。
- _mapcount表示在页表中有多少项指向该页。
- lru是一个表头，用于在各种链表上维护该页，以便将页按不同类别分组，最重要的类别是活动和不活动页。第18章中的讨论会特别关注这些链表。
- 内核可以将多个毗连的页合并为较大的*复合页*（compound page）。分组中的第一个页称作*首页*（head page），而所有其余各页叫做*尾页*（tail page）。所有尾页对应的page实例中，都将first_page设置为指向首页。
- mapping指定了页帧所在的地址空间。index是页帧在映射内部的偏移量。地址空间是一个非常一般的概念，例如，可以用在向内存读取文件时。地址空间用于将文件的内容（数据）与装载数据的内存区关联起来。通过一个小技巧，[①]mapping不仅能够保存一个指针，而且还能包含一些额外的信息，用于判断页是否属于未关联到地址空间的某个匿名内存区。如果将mapping置为1，则该指针并不指向address_space的实例，而是指向另一个数据结构（anon_vma），该结构对实现匿名页的逆向映射很重要，该结构将在4.11.2节讨论。对该指针的双重使用是可能的，因为address_space实例总是对齐到sizeof(long)。因此在Linux支持的所有计算机上，指向该实例的指针最低位总是0。

  该指针如果指向address_space实例，则可以直接使用。如果使用了技巧将最低位设置为1，内核可使用下列操作恢复来恢复指针：

  ```
  anon_vma = (struct anon_vma *) (mapping -PAGE_MAPPING_ANON)
  ```

- private是一个指向“私有”数据的指针，虚拟内存管理会忽略该数据。根据页的用途，可以用不同的方式使用该指针。大多数情况下它用于将页与数据缓冲区关联起来，在后续章节中描述。
- virtual用于高端内存区域中的页，换言之，即无法直接映射到内核内存中的页。virtual用于存储该页的虚拟地址。

  按照预处理器语句#if defined(WANT_PAGE_VIRTUAL)，只有定义了对应的宏，virtual才能成为struct page的一部分。当前只有几个体系结构是这样，即摩托罗拉m68k、FRV和Extensa。所有其他体系结构都采用了一种不同的方案来寻址虚拟内存页。其核心是用来查找所有高端内存页帧的散列表。3.5.8节会更详细地研究该技术。处理散列表需要一些数学运算，在前述

① 该技巧虽近乎于肆无忌惮，但在内核使用最频繁的结构（之一）中节省了空间。

的计算机上比较慢，因此只能选择这种直接的方法。

● 体系结构无关的页标志

页的不同属性通过一系列页标志描述，存储为struct page的flags成员中的各个比特位。这些标志独立于使用的体系结构，因而无法提供特定于CPU或计算机的信息（该信息保存在页表中，见下文可知）。

各个标志是由page-flags.h中的宏定义的，此外还生成了一些宏，用于标志的设置、删除、查询。这样做时，内核遵守了一种通用的命名方案。

例如，PG_locked常数定义了标志中用于指定页锁定与否的比特位置。下列宏可以用来操作该比特位：

- PageLocked查询比特位是否置位；
- SetPageLocked设置PG_locked位，不考虑先前的状态；
- TestSetPageLocked设置比特位，而且返回原值；
- ClearPageLocked清除比特位，不考虑先前的状态；
- TestClearPageLocked清除比特位，返回原值。

对其他的页标志，同样有一组宏用来操作对应的比特位。这些宏的实现是原子的。尽管其中一些由若干语句组成，但使用了特殊的处理器命令，确保其行为如同单一的语句。即这些语句是无法中断的，否则会导致竞态条件。第5章讲述了竞态条件是如何出现的，以及如何防止。

有哪些页标志可用？以下列出了最重要的标志（其含义在以后几章里会变得清楚一些）。

- PG_locked指定了页是否锁定。如果该比特位置位，内核的其他部分不允许访问该页。这防止了内存管理出现竞态条件，例如，在从硬盘读取数据到页帧时。
- 如果在涉及该页的I/O操作期间发生错误，则PG_error置位。
- PG_referenced和PG_active控制了系统使用该页的活跃程度。在页交换子系统选择换出页时，该信息是很重要的。这两个标志的交互将在第18章解释。
- PG_uptodate表示页的数据已经从块设备读取，其间没有出错。
- 如果与硬盘上的数据相比，页的内容已经改变，则置位PG_dirty。出于性能考虑，页并不在每次改变后立即回写。因此内核使用该标志注明页已经改变，可以在稍后刷出。

  设置了该标志的页称为*脏的*（通常，该意味着内存中的数据没有与外存储器介质如硬盘上的数据同步）。
- PG_lru有助于实现页面回收和切换。内核使用两个最近最少使用（least recently used，lru）链表[1]来区别活动和不活动页。如果页在其中一个链表中，则设置该比特位。还有一个PG_active标志，如果页在活动页链表中，则设置该标志。第18章详细讨论了这一重要机制。
- PG_highmem表示页在高端内存中，无法持久映射到内核内存中。
- 如果page结构的private成员非空，则必须设置PG_private位。用于I/O的页，可使用该字段将页细分为*多个缓冲区*（更多信息请参见第16章），但内核的其他部分也有各种不同的方法，将私有数据附加到页上。
- 如果页的内容处于向块设备回写的过程中，则需要设置PG_writeback位。
- 如果页是3.6节讨论的slab分配器的一部分，则设置PG_slab位。
- 如果页处于交换缓存，则设置PG_swapcache位。在这种情况下，private包含一个类型为

① 频繁使用的项自动排到链表最靠前的位置，而不活动项总是向链表末尾方向移动。

swap_entry_t的项（更多信息请参见第18章）。

- 在可用内存的数量变少时，内核试图周期性地回收页，即剔除不活动、未用的页。第18章讨论了相关细节。在内核决定回收某个特定的页之后，需要设置PG_reclaim标志通知。
- 如果页空闲且包含在伙伴系统的列表中，则设置PG_buddy位，伙伴系统是页分配机制的核心。
- PG_compound表示该页属于一个更大的复合页，复合页由多个毗连的普通页组成。

内核定义了一些标准宏，用于检查页是否设置了某个特定的比特位，或者操作某个比特位。这些宏的名称有一定的模式，如下所述。

- PageXXX(page)会检查页是否设置了PG_XXX位。例如，PageDirty检查PG_dirty位，而PageActive检查PG_active位，等等。
- SetPageXXX在某个比特位没有设置的情况下，设置该比特位，并返回原值。
- ClearPageXXX无条件地清除某个特定的比特位。
- TestClearPageXXX清除某个设置的比特位，并返回原值。

请注意，这些操作的实现是原子的。第5章更详细地讨论了原子的含义。

很多情况下，需要等待页的状态改变，然后才能恢复工作。内核提供了两个辅助函数，对此很有用处：

```
<pagemap.h>
void wait_on_page_locked(struct page *page);
void wait_on_page_writeback(struct page *page)
```

假定内核的一部分在等待一个被锁定的页面，直至页面解锁。wait_on_page_locked提供了该功能。该函数的技术实现将在第14章讨论，现在只要知道，在页面锁定的情况下调用该函数，内核将进入睡眠，就足够了。在页解锁之后，睡眠进程被自动唤醒并继续工作。

wait_on_page_writeback的工作方式类似，该函数会等待到与页面相关的所有待决回写操作结束，将页面包含的数据同步到块设备（例如，硬盘）为止。

3.3 页表

层次化的页表用于支持对大地址空间的快速、高效的管理。第1章讨论了该方法背后的原理，以及与线性寻址相比该方法的好处。我们在这里将仔细考察具体的技术实现。

> 我们知道页表用于建立用户进程的虚拟地址空间和系统物理内存（内存、页帧）之间的关联。到目前为止讨论的结构主要用来描述内存的结构（划分为结点和内存域），同时指定了其中包含的页帧的数量和状态（使用中或空闲）。页表用于向每个进程提供一致的虚拟地址空间。应用程序看到的地址空间是一个连续的内存区。该表也将虚拟内存页映射到物理内存，因而支持共享内存的实现（几个进程同时共享的内存），还可以在不额外增加物理内存的情况下，将页换出到块设备来增加有效的可用内存空间。

内核内存管理总是假定使用四级页表，而不管底层处理器是否如此。这方面最好的例子是，该假定对IA-32系统是不正确的。默认情况下，该体系结构只使用两级分页系统（在不使用PAE扩展的情况下）。因此，第三和第四级页表必须由特定于体系结构的代码模拟。

页表管理分为两个部分，第一部分依赖于体系结构，第二部分是体系结构无关的。有趣的是，所有数据结构和操作数据结构的几乎所有函数都是定义在特定于体系结构的文件中。由于特定于不同CPU的实现有一些比较大的差别（因为使用了各种不同的CPU概念），为简明起见，我不打算深入到底层的细节中。这需要广泛了解各种处理器的相关知识，同一处理器家族的硬件文档通常会有几本书之多。附录A更详细地描述了IA-32体系结构。它还讨论了（至少是比较概括的）Linux支持的其他重要的处理器体系结构。

在以后几节里描述的数据结构和函数，通常基于体系结构相关的文件中提供的接口。定义可以在头文件include/asm-arch/page.h和include/asm-arch/pgtable.h中找到，下文简称为page.h和pgtable.h。虽然AMD64和IA-32已经统一为一个体系结构，但在处理页表方面仍然有很大差别，因此相关的定义分为两个不同的文件：include/asm-x86/page_32.h和include/asm-x86/page_64.h，类似地有pgtable_XX.h。在讨论特定于体系结构的问题时，我会明确指出相关的体系结构。所有其他的信息，即使相关结构的定义是特定于体系结构的，也都适用于所有的体系结构。

3.3.1　数据结构

在C语言中，void *数据类型用于定义可能指向内存中任何字节位置的指针。该类型所需的比特位数目依不同体系结构而不同。所有常见的处理器（包括Linux支持的所有处理器）都使用32位或64位。

内核源代码假定void *和unsigned long类型所需的比特位数相同，因此它们之间可以进行强制转换而不损失信息。该假定的形式表示为sizeof(void *) == sizeof(unsigned long)，在Linux支持的所有体系结构上都是正确的。

内存管理更喜欢使用unsigned long类型的变量，而不是void指针，因为前者更易于处理和操作。技术上，它们都是有效的。

1. 内存地址的分解

根据四级页表结构的需要，虚拟内存地址分为5部分（4个表项用于选择页，1个索引表示页内位置）。

各个体系结构不仅地址字长度不同，而且地址字拆分的方式也不同。因此内核定义了宏，用于将地址分解为各个分量。

图3-7说明了如何用比特位移来定义地址字各分量的位置。BITS_PER_LONG定义用于unsigned long变量的比特位数目，因而也适用于指向虚拟地址空间的通用指针。

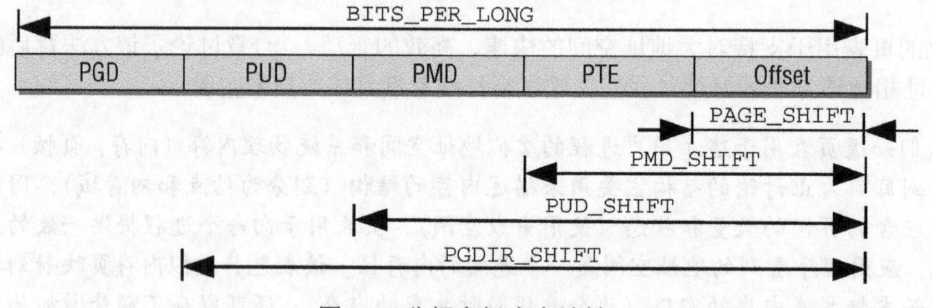

图3-7　分解虚拟内存地址

每个指针末端的几个比特位，用于指定所选页帧内部的位置。比特位的具体数目由PAGE_SHIFT指定。

PMD_SHIFT指定了页内偏移量和最后一级页表项所需比特位的总数。该值减去PAGE_SHIFT，可得最后一级页表项索引所需比特位的数目。更重要的是下述事实：该值表明了一个中间层页表项管理的部分地址空间的大小，即$2^{\text{PMD_SHIFT}}$字节。

PUD_SHIFT由PMD_SHIFT加上中间层页表索引所需的比特位长度，而PGDIR_SHIFT则由PUD_SHIFT加上上层页表索引所需的比特位长度。对全局页目录中的一项所能寻址的部分地址空间长度计算以2为底的对数，即为PGDIR_SHIFT。

在各级页目录/页表中所能存储的指针数目，也可以通过宏定义确定。PTRS_PER_PGD指定了全局页目录中项的数目，PTRS_PER_PMD对应于中间页目录，PTRS_PER_PUD对应于上层页目录中项的数目，PTRS_PER_PTE则是页表中项的数目。

> 两级页表的体系结构会将PTRS_PER_PMD和PTRS_PER_PUD定义为1。这使得内核的剩余部分感觉该体系结构也提供了四级页转换结构，尽管实际上只有两级页表：中间层页目录和上层页目录实际上被消去了，因为其中只有一项。由于只有极少数系统使用四级页表，内核使用头文件include/asm-generic/pgtable-nopud.h来提供模拟上层页目录所需的所有声明。头文件include/asm-generic/pgtable-nopmd.h用于在只有二级地址转换的系统上模拟中间层页表。

3

n比特位长的地址字可寻址的地址区域长度为2^n字节。内核定义了额外的宏变量保存计算得到的值，以避免多次重复计算。相关的宏定义如下：

```
#define PAGE_SIZE        (1UL << PAGE_SHIFT)
#define PUD_SIZE         (1UL << PUD_SHIFT)
#define PMD_SIZE         (1UL << PMD_SHIFT)
#define PGDIR_SIZE       (1UL << PGDIR_SHIFT)
```

值2^n在二进制中很容易通过从位置0左移n位计算而得到。内核在许多地方使用了这种技巧。不熟悉位运算的读者可以参考附录C的解释。

include/asm-x86/pgtable_64.h

```
#define PGDIR_SHIFT 39
#define PTRS_PER_PGD 512

#define PUD_SHIFT 30
#define PTRS_PER_PUD 512

#define PMD_SHIFT 21
#define PTRS_PER_PMD 512
```

PTRS_PER_XXX指定了给定目录项能够代表多少指针（即，多少个不同的值）。由于AMD64对每个页表索引使用了9个比特位，因此每个页表可容纳2^9=512个指针。

内核也需要一种方法从给定地址中提取各个分量。内核使用如下定义的位掩码来完成该工作。

```
#define PAGE_MASK        (~(PAGE_SIZE-1))
#define PUD_MASK         (~(PUD_SIZE-1))
#define PMD_MASK         (~(PMD_SIZE-1))
#define PGDIR_MASK       (~(PGDIR_SIZE-1))
```

将给定地址与对应掩码按位与即可。

2. 页表的格式

上述定义已经确立了页表项的数目，但没有定义其结构。内核提供了4个数据结构（定义在page.h中）来表示页表项的结构。

- pgd_t用于全局页目录项。
- pud_t用于上层页目录项。
- pmd_t用于中间页目录项。
- pte_t用于直接页表项。

用于分析页表项的标准函数在表3-2列出。根据不同的体系结构，一些函数可能实现为宏而另一些则实现为内联函数。在下文中我对二者不作区分。

表3-2 用于分析页表项的函数

函 数	描 述
pgd_val pud_val pmd_val pte_val pgprot_val	将pte_t等类型的变量转换为unsigned long整数
__pgd __pud __pmd __pte __pgprot	pgd_val等函数的逆：将unsigned long整数转换为pgd_t等类型的变量
pgd_index pud_index pmd_index pte_index	从内存指针和页表项获得下一级页表的地址
pgd_present pud_present pmd_present pte_present	检查对应项的_PRESENT位是否设置。如果该项对应的页表或页在内存中，则会置位
pgd_none pud_none pmd_none pte_none	对xxx_present函数的值逻辑取反。如果返回true，则检查的页不在内存中
pgd_clear pud_clear pmd_clear pte_clear	删除传递的页表项。通常是将其设置为零
pgd_bad pud_bad pmd_bad	检查中间层页表、上层页表、全局页表的项是否无效。如果函数从外部接收输入参数，则无法假定参数是有效的。为保证安全性，可以调用这些函数进行检查
pmd_page pud_page pte_page	返回保存页数据的page结构或中间页目录的项

offset函数如何工作？以pmd_offset为例。它需要全局页目录项（src_pgd）和一个内存地址作为参数。它从某个中间页目录返回一项。

```
src_pmd = pmd_offset(src_pgd, address);
```

PAGE_ALIGN是另一个每种体系结构都必须定义的标准宏（通常在page.h中）。它需要一个地址作为参数，并将该地址“舍入”到下一页的起始处。如果页大小是4 096，该宏总是返回其倍数。PAGE_ALIGN(6000)=8192 = 2× 4 096, PAGE_ALIGN(0x84590860)=0x84591000 = 542 097 × 4 096。为用好处理器的高速缓存资源，将地址对齐到页边界是很重要的。

尽管使用了C结构来表示页表项，但大多数页表项都只有一个成员，通常是unsigned long类型，以AMD64体系结构为例：[①]

① IA-32的定义类似。但只有pte_t和pgd_t是有实际作用的，二者都定义为unsigned long。我使用了AMD64的代码作为例子，因为它更加规范。

include/asm-x86_64/page.h
```
typedef struct { unsigned long pte; } pte_t;
typedef struct { unsigned long pmd; } pmd_t;
typedef struct { unsigned long pud; } pud_t;
typedef struct { unsigned long pgd; } pgd_t
```

使用struct而不是基本类型，以确保页表项的内容只能由相关的辅助函数处理，而决不能直接访问。表项也可以由几个基本类型变量构成。在这种情况下，内核就必须使用struct了。①

> 虚拟地址分为几个部分，用作各个页表的索引，这是我们熟悉的方案。根据使用的体系结构字长不同，各个单独的部分长度小于32或64个比特位。从给出的内核源代码片段可以看出，内核（以及处理器）使用32或64位类型来表示页表项（不管页表的级数）。这意味着并非表项的所有比特位都存储了有用的数据，即下一级表的基地址。多余的比特位用于保存额外的信息。附录A详细描述了各种体系结构上页表的结构。

3. 特定于PTE的信息

最后一级页表中的项不仅包含了指向页的内存位置的指针，还在上述的多余比特位包含了与页有关的附加信息。尽管这些数据是特定于CPU的，它们至少提供了有关页访问控制的一些信息。下列位在Linux内核支持的大多数CPU中都可以找到。

- _PAGE_PRESENT指定了虚拟内存页是否存在于内存中。页不见得总是在内存中，第1章提到过，页可能换出到交换区。

  如果页不在内存中，那么页表项的结构通常会有所不同，因为不需要描述页在内存中的位置。相反，需要信息来标识并找到换出的页。
- CPU每次访问页时，会自动设置_PAGE_ACCESSED。内核会定期检查该比特位，以确认页使用的活跃程度（不经常使用的页，比较适合于换出）。在读或写访问之后会设置该比特位。
- _PAGE_DIRTY表示该页是否是“脏的”，即页的内容是否已经修改过。
- _PAGE_FILE的数值与_PAGE_DIRTY相同，但用于不同的上下文，即页*不在*内存中的时候。显然，不存在的页不可能是脏的，因此可以重新解释该比特位。如果没有设置，则该项指向一个换出页的位置（参见第18章）。如果该项属于非线性文件映射，则需要设置_PAGE_FILE，且将在4.7.3节讨论。
- 如果设置了_PAGE_USER，则允许用户空间代码访问该页。否则只有内核才能访问（或CPU处于系统状态的时候）。
- _PAGE_READ、_PAGE_WRITE和_PAGE_EXECUTE指定了普通的用户进程是否允许读取、写入、执行该页中的机器代码。

  内核内存中的页必须防止用户进程写入。

  但即使属于用户进程的页，也无法保证可以写入，这可能是有意如此，也可能是无意偶合。例如，其中可能包含了不能修改的可执行代码。

  对于访问权限粒度不那么细的体系结构而言，如果没有进一步的准则可区分读写访问权限，则会定义_PAGE_RW常数，用于同时允许或禁止读写访问。

① 例如，在IA-32处理器使用PAE模式时，将pte_t定义为typedef struct { unsigned long pte_low, pte_high;}。32个比特位显然不够寻址全部的内存，因为该模式可以管理多于4 GiB的内存。换句话说，可用的内存数量可以大于处理器的地址空间。但由于指针仍然只有32个比特位宽，必须为用户空间应用程序选择扩大的内存空间的一个适当子集，使每个进程仍然只能看到4 GiB地址空间。

- IA-32和AMD64提供了_PAGE_BIT_NX，用于将页标记为**不可执行的**（在IA-32系统上，只有启用了可寻址64 GiB内存的页面地址扩展（page address extension，PAE)功能时，才能使用该保护位。例如，它可以防止执行栈页上的代码。否则，恶意代码可能通过缓冲区溢出手段在栈上执行代码，导致程序的安全漏洞。NX位无法防止缓冲器溢出，但可以抑制其效果，因为进程会拒绝执行恶意代码。当然，如果体系结构本身对内存页提供了良好的访问授权设置，也可以实现同样的效果，某些处理器就是这样（令人遗憾的是，这些处理器不怎么常见）。

每种体系结构都必须提供两个东西，使得内存管理子系统能够修改pte_t项中额外的比特位，即保存额外的比特位的__pgprot数据类型，以及修改这些比特位的pte_modify函数。上述的预处理器符号可用于选择适当的比特位。

内核还定义了各种函数，用于查询和设置内存页与体系结构相关的状态。某些处理器可能缺少对一些给定特性的硬件支持，因此并非所有的处理器都定义了所有这些函数。

- pte_present检查页表项指向的页是否存在于内存中。例如，该函数可以用于检测一页是否已经换出。
- pte_dirty检查与页表项相关的页是否是脏的，即其内容在上次内核检查之后是否已经修改过。要注意，只有在pte_present确认了该页可用的情况下，才能调用该函数。
- pte_write检查内核是否可以写入到页。
- pte_file用于非线性映射，通过操作页表提供了文件内容的一种不同视图（在4.7.3节会更详细地讨论该机制）。该函数检查页表项是否属于这样的一个映射。

> 只有在pte_present返回false时，才能调用pte_file，即与该页表项相关的页不在内存中。

由于内核的通用代码对pte_file的依赖，在某个体系结构并不支持非线性映射的情况下也需要定义该函数。在这种情况下，该函数总是返回0。

表3-3综述了所有用于操作PTE项的函数。

表3-3　用于处理内存页的体系结构相关状态的函数

函　数	描　述
pte_present	页在内存中吗
pte_read	从用户空间可以读取该页吗
pte_write	可以写入到该页吗
pte_exec	该页中的数据可以作为二进制代码执行吗
pte_dirty	页是脏的吗？其内容是否修改过
pte_file	该页表项属于非线性映射吗
pte_young	访问位（通常是_PAGE_ACCESS）设置了吗
pte_rdprotect	清除该页的读权限
pte_wrprotect	清除该页的写权限
pte_exprotect	清除执行该页中二进制数据的权限
pte_mkread	设置读权限
pte_mkwrite	设置写权限
pte_mkexec	允许执行页的内容

（续）

函 数	描 述
pte_mkdirty	将页标记为脏
pte_mkclean	“清除”页，通常是指清除_PAGE_DIRTY位
pte_mkyoung	设置访问位，在大多数体系结构上是_PAGE_ACCESSED
pte_mkold	清除访问位

这些函数经常3个1组，分别用于设置、删除、查询某个特定的属性（例如，页的写权限）。内核假定页面数据的访问可以按3种不同的方式控制，即读、写和执行权限（执行权限表示页的二进制数据可以作为机器代码执行，如同执行程序一样），但该假定对某些CPU来说是有点太乐观了。IA-32处理器只支持两种控制方式，分别允许读和写。在这种情况下，体系结构相关的代码会试图尽力模仿所需的语义。

3.3.2 页表项的创建和操作

表3-4列出了用于创建新页表项的所有函数。

表3-4 用于创建新页表项的函数

函 数	描 述
mk_pte	创建一个页表项。必须将page实例和所需的页访问权限作为参数传递
pte_page	获得页表项描述的页对应的page实例地址
pgd_alloc pud_alloc pmd_alloc pte_alloc	分配并初始化可容纳一个完整页表的内存（不只是一个表项）
pgd_free pud_free pmd_free pte_free	释放页表占据的内存
set_pgd set_pud set_pmd set_pte	设置页表中某项的值

所有体系结构都必须实现表中的函数，以便内存管理代码创建和销毁页表。

3.4 初始化内存管理

在内存管理的上下文中，*初始化*（initialization）可以有多种含义。在许多CPU上，必须显式设置适于Linux内核的内存模型。例如，在IA-32系统上需要切换到*保护模式*，然后内核才能检测可用内存和寄存器。在初始化过程中，还必须建立内存管理的数据结构，以及其他很多事务。因为内核在内存管理完全初始化之前就需要使用内存，在系统启动过程期间，使用了一个额外的简化形式的内存管理模块，然后又丢弃掉。

因为内存管理初始化中特定于CPU的部分使用了底层体系结构许多次要、微妙的细节，这些与内核的结构没什么关系，最多不过是汇编语言程序设计的最佳实践而已，因此我们在本节中只是从一个比较高的层次来考虑初始化相关的工作。关键是pg_data_t数据结构的初始化（及其下级的结构），我在3.2.2节介绍过，其内容已经是与机器无关的了。

我们会忽略前述的特定于处理器的操作，这些操作的主要意图在于确认系统中内存的总数量，及其在各个结点和内存域之间的分配情况。

3.4.1　建立数据结构

对相关数据结构的初始化是从全局启动例程start_kernel中开始的，该例程在加载内核并激活各个子系统之后执行。由于内存管理是内核一个非常重要的部分，因此在特定于体系结构的设置步骤中检测内存并确定系统中内存的分配情况后，会立即执行内存管理的初始化（3.4.2节以IA-32系统为例，简要描述了初始化中系统相关部分的实现）。此时，已经对各种系统内存模式生成了一个pgdata_t实例，用于保存诸如结点中内存数量以及内存在各个内存域之间分配情况的信息。所有平台上都实现了特定于体系结构的NODE_DATA宏，用于通过结点编号，来查询与一个NUMA结点相关的pgdata_t实例。

1. 先决条件

由于大部分系统都只有一个内存结点，下文只考察此类系统。具体是什么样的情况呢？为确保内存管理代码是可移植的（因此它可以同样用于UMA和NUMA系统），内核在mm/page_alloc.c中定义了一个pg_data_t实例（称作contig_page_data）管理所有的系统内存。根据该文件的路径名可以看出，这不是特定于CPU的实现。实际上，大多数体系结构都采用了该方案。NODE_DATA的实现现在更简单了。

```
<mmzone.h>
#define NODE_DATA(nid) (&contig_page_data)
```

尽管该宏有一个形式参数用于选择NUMA结点，但在UMA系统中只有一个伪结点，因此总是返回同样的数据。

内核也可以依赖于下述事实：体系结构相关的初始化代码将numnodes变量设置为系统中结点的数目。在UMA系统上因为只有一个（形式上的）结点，因此该数量是1。

在编译时间，预处理器语句会为特定的配置选择正确的定义。

2. 系统启动

图3-8给出了start_kernel的代码流程图。其中只包括与内存管理相关的系统初始化函数。

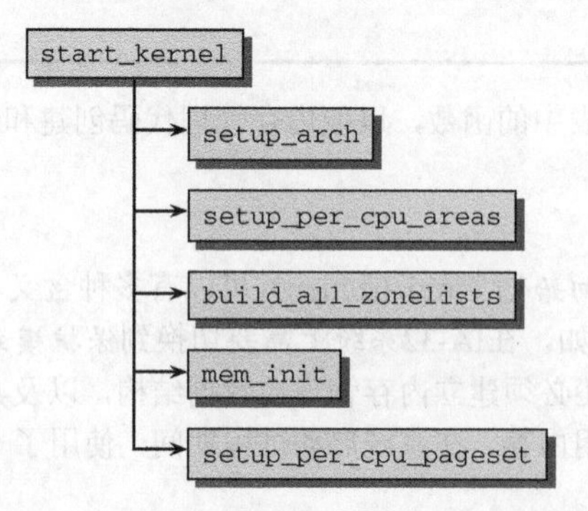

图3-8　从内存管理视角来看内核初始化

我们首先概述相关函数的任务，然后在以下各节中仔细考察这些函数。

- setup_arch是一个特定于体系结构的设置函数，其中一项任务是负责初始化自举分配器。
- 在SMP系统上，setup_per_cpu_areas初始化源代码中(使用per_cpu宏)定义的静态per-cpu变量，这种变量对系统中的每个CPU都有一个独立的副本。此类变量保存在内核二进制映像的一个独立的段中。setup_per_cpu_areas的目的是为系统的各个CPU分别创建一份这些数据的副本。

  在非SMP系统上该函数是一个空操作。
- build_all_zonelists建立结点和内存域的数据结构（见下文）。
- mem_init是另一个特定于体系结构的函数，用于停用bootmem分配器并迁移到实际的内存管理函数，稍后讨论。
- kmem_cache_init初始化内核内部用于小块内存区的分配器。
- setup_per_cpu_pageset从上文提到的struct zone，为pageset数组的第一个数组元素分配内存。分配第一个数组元素，换句话说，就是意味着为第一个系统处理器分配。系统的所有内存域都会考虑进来。

  该函数还负责设置冷热分配器的限制，并将在3.5.3节详细地讨论。

  请注意，在SMP系统上对应于其他CPU的pageset数组成员，将会在相应的CPU激活时初始化。

3. 结点和内存域初始化

build_all_zonelists建立管理结点及其内存域所需的数据结构。有趣的是，该函数可以通过上文引入的宏和抽象机制实现，而不用考虑具体的NUMA或UMA系统。因为执行的函数实际上有两种形式，所以这样做是可能的：一种用于NUMA系统，而另一种用于UMA系统。

由于内核经常使用这种小技巧，我会对此作简要讨论。假定需要根据编译时配置，以不同方式执行某一任务。一种可能的方法是，使用两个不同的函数，每次调用时，根据某些预处理器条件来选择正确的一个：

```
void do_something() {
...
#ifdef CONFIG_WORK_HARD
        do_work_fast();
#else
        do_work_at_your_leisure();
#endif
...
}
```

由于这需要在每次调用相应的函数时都使用预处理器，内核开发者认为这种方法代表了糟糕的风格。更优雅的一个方案是根据选择的不同配置，来定义函数自身：

```
#ifdef CONFIG_WORK_HARD
void do_work() {
        /* 开始，快点！ */
...
}
#else
void do_work() {
        /* 放松点，不要紧张 */
...
}
#endif
```

请注意，两个实现采用了同样的名字，因为它们决不会同时使用。现在，调用正确的函数并不比调用普通函数更复杂：

```
void do_something() {
...
        do_work(); /* 根据配置，决定是否努力工作 /*
...
}
```

显而易见，这种形式的可读性要好得多，内核开发者总是更喜欢这种形式。实际上，第一种风格的补丁即使能进入主线内核（mainline kernel），也是非常困难的。

我们回到建立内存域列表的工作。build_all_zonelists中我们当前感兴趣的那部分（对于页分配器的页组可移动性扩展，实际上还有另外一些工作，我会在下文单独讨论）将所有工作都委托给__build_all_zonelists，后者又对系统中的各个NUMA结点分别调用build_zonelists。

mm/page_alloc.c

```
static int __build_all_zonelists(void *dummy)
{
        int nid;
        for_each_online_node(nid) {
                pg_data_t *pgdat = NODE_DATA(nid);

                build_zonelists(pgdat);
...
        }
        return 0;
}
```

for_each_online_node遍历了系统中所有的活动结点。由于UMA系统只有一个结点，build_zonelists只调用了一次，就对所有的内存创建了内存域列表。NUMA系统调用该函数的次数等同于结点的数目。每次调用对一个不同结点生成内存域数据。

build_zonelists需要一个指向pgdata_t实例的指针作为参数，其中包含了结点内存配置的所有现存信息，而新建的数据结构也会放置在其中。

> 在UMA系统上，NODE_DATA返回contig_page_data的地址。

该函数的任务是，在当前处理的结点和系统中其他结点的内存域之间建立一种等级次序。接下来，依据这种次序分配内存。如果在期望的结点内存域中，没有空闲内存，那么这种次序就很重要。

我们考虑一个例子，其中内核想要分配高端内存。它首先企图在当前结点的高端内存域找到一个大小适当的空闲段。如果失败，则查看该结点的普通内存域。如果还失败，则试图在该结点的DMA内存域执行分配。如果在3个本地内存域都无法找到空闲内存，则查看其他结点。在这种情况下，备选结点应该尽可能靠近主结点，以最小化由于访问非本地内存引起的性能损失。

内核定义了内存的一个层次结构，首先试图分配“廉价的”内存。如果失败，则根据访问速度和容量，逐渐尝试分配“更昂贵的”内存。

高端内存是最廉价的，因为内核没有任何部份依赖于从该内存域分配的内存。如果高端内存域用尽，对内核没有任何副作用，这也是优先分配高端内存的原因。

普通内存域的情况有所不同。许多内核数据结构必须保存在该内存域，而不能放置到高端内存域。因此如果普通内存完全用尽，那么内核会面临紧急情况。所以只要高端内存域的内存没有用尽，都不会从普通内存域分配内存。

最昂贵的是DMA内存域，因为它用于外设和系统之间的数据传输。因此从该内存域分配内存是最后一招。

内核还针对当前内存结点的备选结点，定义了一个等级次序。这有助于在当前结点所有内存域的内存都用尽时，确定一个备选结点。

内核使用pg_data_t中的zonelist数组，来表示所描述的层次结构。

<mmzone.h>
```
typedef struct pglist_data {
  ...
        struct zonelist node_zonelists[MAX_ZONELISTS];
...
} pg_data_t;

#define MAX_ZONES_PER_ZONELIST (MAX_NUMNODES * MAX_NR_ZONES)
struct zonelist {
...
        struct zone *zones[MAX_ZONES_PER_ZONELIST + 1]; // NULL分隔
};
```

node_zonelists数组对每种可能的内存域类型，都配置了一个独立的数组项。数组项包含了类型为zonelist的一个备用列表，其结构在下面讨论。

由于该备用列表必须包括所有结点的所有内存域，因此由MAX_NUMNODES * MAX_NZ_ZONES项组成，外加一个用于标记列表结束的空指针。

建立备用层次结构的任务委托给build_zonelists，该函数为每个NUMA结点都创建了相应的数据结构。它需要指向相关的pg_data_t实例的指针作为参数。在我详细讨论代码之前，先回想一下上文提到的一个问题。我们已经将讨论的范围限制到UMA系统，为什么必须考虑多个NUMA结点呢？实际上，如果设置了CONFIG_NUMA，内核会使用不同的实现替换下列代码。但也有可能某个体系结构在UMA系统上选择不连续或稀疏内存选项。在地址空间包含较大空洞的情况下，这样做可能是有好处的。这样的洞造成的内存“块”，最好通过NUMA提供的数据结构来处理。这也是为什么此处需要处理NUMA结点的原因。

一个大的外部循环首先迭代所有的结点内存域。每个循环在zonelist数组中找到第i个zonelist，对第i个内存域计算备用列表。

mm/page_alloc.c
```
static void __init build_zonelists(pg_data_t *pgdat)
{
        int node, local_node;
        enum zone_type i,j;

        local_node = pgdat->node_id;
        for (i = 0; i < MAX_NR_ZONES; i++) {
                struct zonelist *zonelist;

                zonelist = pgdat->node_zonelists + i;

                j = build_zonelists_node(pgdat, zonelist, 0, i);
...
}
```

node_zonelists的数组元素通过指针操作寻址，这在C语言中是完全合法的惯例。实际工作则委托给build_zonelist_node。在调用时，它首先生成本地结点内分配内存时的备用次序。

mm/page_alloc.c
```
static int __init build_zonelists_node(pg_data_t *pgdat, struct zonelist *zonelist,
                                       int nr_zones, enum zone_type zone_type)
{
        struct zone *zone;
```

```
        do {
                zone = pgdat->node_zones + zone_type;
                if (populated_zone(zone)) {
                        zonelist->zones[nr_zones++] = zone;
                }
                zone_type--;

        } while (zone_type >= 0);
        return nr_zones;
}
```

备用列表的各项是借助于zone_type参数排序的，该参数指定了最优先选择哪个内存域，该参数的初始值是外层循环的控制变量i。我们知道其值可能是ZONE_HIGHMEM、ZONE_NORMAL、ZONE_DMA或ZONE_DMA32之一。nr_zones表示从备用列表中的哪个位置开始填充新项。由于列表中尚没有项，因此调用者传递了0。

内核在build_zonelists中按分配代价从昂贵到低廉的次序，迭代了结点中所有的内存域。而在build_zonelists_node中，则按照分配代价从低廉到昂贵的次序，迭代了分配代价不低于当前内存域的内存域。在build_zonelists_node的每一步中，都对所选的内存域调用populated_zone，确认zone->present_pages大于0，即确认内存域中确实有页存在。倘若如此，则将指向zone实例的指针添加到zonelist->zones中的当前位置。后备列表的当前位置保存在nr_zones。

在每一步结束时，都将内存域类型减1。换句话说，设置为一个更昂贵的内存域类型。例如，如果开始的内存域是ZONE_HIGHMEM，减1后下一个内存域类型是ZONE_NORMAL。

考虑一个系统，有内存域ZONE_HIGHMEM、ZONE_NORMAL、ZONE_DMA。在第一次运行build_zonelists_node时，实际上会执行下列赋值：

```
zonelist->zones[0] = ZONE_HIGHMEM;
zonelist->zones[1] = ZONE_NORMAL;
zonelist->zones[2] = ZONE_DMA;
```

图3-9以某个系统的结点2为例说明了这一点，图中示范了一个备用列表在多次循环中不断填充的过程。系统中总共有4个结点（numnodes = 4）。

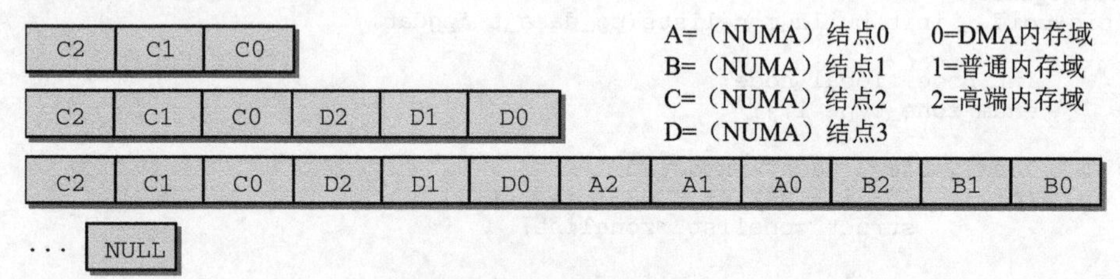

图3-9　连续填充备用列表

第一步之后，列表中的分配目标是高端内存，接下来是第二个结点的普通和DMA内存域。

内核接下来必须确立次序，以便将系统中其他结点的内存域按照次序加入到备用列表。

mm/page_alloc.c

```
static void __init build_zonelists(pg_data_t *pgdat)
{
  ...
                for (node = local_node + 1; node < MAX_NUMNODES; node++) {
                        j = build_zonelists_node(NODE_DATA(node), zonelist, j, i);
                }
                for (node = 0; node < local_node; node++) {
```

```
                    j = build_zonelists_node(NODE_DATA(node), zonelist, j, i);
                }
                zonelist->zones[j] = NULL;
            }
        }
    }
```

第一个循环依次迭代大于当前结点编号的所有结点。在我们的例子中，有4个结点编号副本为0、1、2、3，此时只剩下结点3。新的项通过build_zonelists_node被加到备用列表。此时j的作用就体现出来了。在本地结点的备用目标找到之后，该变量的值是3。该值用作新项的起始位置。如果结点3也由3个内存域组成，备用列表在第二个循环之后的情况如图3-9的第二步所示。

第二个for循环接下来对所有编号小于当前结点的结点生成备用列表项。在我们的例子中，这些结点的编号为0和1。如果这些结点也有3个内存域，则循环完毕之后备用列表的情况如图3-9下半部分所示。

备用列表中项的数目一般无法准确知道，因为系统中不同结点的内存域配置可能并不相同。因此列表的最后一项赋值为空指针，显式标记列表结束。

对总数N个结点中的结点m来说，内核生成备用列表时，选择备用结点的顺序总是：m、$m+1$、$m+2$、…、$N-1$、0、1、…、$m-1$。这确保了不过度使用任何结点。例如，对照情况是：使用一个独立于m、不变的备用列表。

图3-10给出了有4个结点的系统中为第三结点建立的备用列表。

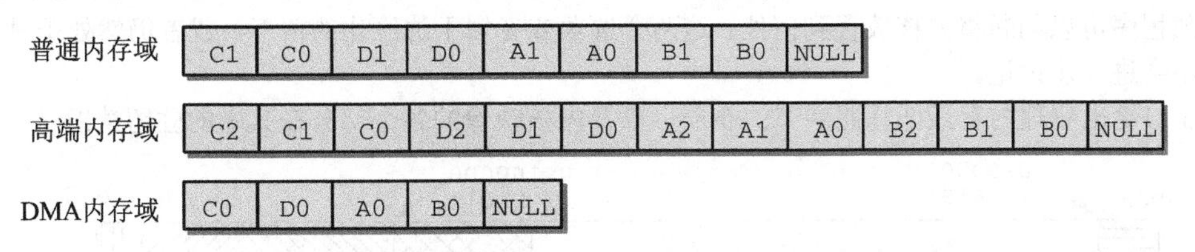

图3-10　完成的备用列表

3.5.5节讨论了如何利用此处生成的备用列表实现伙伴系统。

3.4.2　特定于体系结构的设置

在IA-32系统上内存管理的初始化在某些方面非常微妙，其中必须克服一些与处理器体系结构相关的历史障碍。例如，将处理器从普通模式切换到*保护模式*、授予CPU访问32位地址空间的权限，等等，这些都是为兼容16位8086处理器带来的遗产。类似地，分页在默认情况下没有启用，必须手动激活，这涉及摆弄处理器的cr0寄存器。但我们对这些微妙之处不感兴趣，读者可以查看相关的参考手册。

请注意，虽然我们的注意力集中于IA-32体系结构，但这并不意味着我们在下文中讨论的内容与内核支持的所有其他体系结构完全脱节。事实上完全相反，即使许多细节是特定于IA-32体系结构的，但许多其他体系结构的工作原理是类似的。我们只是必须选择一个特定的体系结构作为例子，而由于IA-32长期以来非常普及，而且也是Linux最初支持的体系结构，这一点反映在内核的综合设计中。尽管内核明确趋向于64位平台，但是许多方面其根源仍然可以追溯到IA-32体系结构。

我们选择IA-32体系结构作为例子的另一个原因是实用性。由于其地址空间只有4 GiB大，所有地址都可以用比较紧凑的十六进制数描述，与64位体系结构所需的较长的数值相比，更容易阅读和处理。

很有趣的一点是，从内核2.6.24开始，IA-32体系结构不再作为独立的体系结构存在！它与AMD64体系结构合并为一个新的、统一的x86体系结构。虽然这两个体系结构现在都迁移到一个特定于体系结构的目录arch/x86下，但仍然有很多差别。因此许多文件现在有两种形式：用于IA-32的file_32.c和用于AMD64的file_64.c。对两个子体系结构分别使用不同文件的情况，只是目前临时的困难。后续的开发，会保证将两个体系结构的代码合并到同一文件中。

由于统一的体系结构提升了AMD64的地位，使之成为内核支持的最重要的体系结构之一，因此我也会考虑AMD64和IA-32在一些特定于体系结构的细节上的差别。由于内核支持的体系结构数量较多，完全讨论所有体系结构的具体细节是不可能的。但是，通过在下文中分别考察一个32位和一个64位体系结构，读者可以体验到Linux在这两类体系结构下的运作方式，并为理解其他体系结构的方法打下了基础。

1. 内核在内存中的布局

在讨论各个具体的内存初始化操作之前，我们需要弄清楚，在启动装载程序将内核复制到内存，而初始化例程的汇编程序部分也已经执行完毕后，此时内存中的具体布局。我专注于默认情况，内核被装载到物理内存中的一个固定位置，该位置在编译时确定。

如果启用了故障转储机制，那么也可以配置内核二进制代码在物理内存中的初始位置。此外，一些嵌入式系统也需要这种能力。配置选项PHYSICAL_START用于确定内核在内存中的位置，会受到配置选项PHYSICAL_ALIGN设置的物理对齐方式的影响。

此外，内核可以连编为*可重定位*二进制程序，在这种情况下完全忽略编译时给定的物理起始地址。启动装载程序可以判断将内核放置到何处。这两个选项或者属于边缘化的情形，或者仍然处于试验阶段，我不会进一步讨论。

图3-11给出物理内存最低几兆字节的布局，以及内核映像的各个部分在其中的驻留情况。

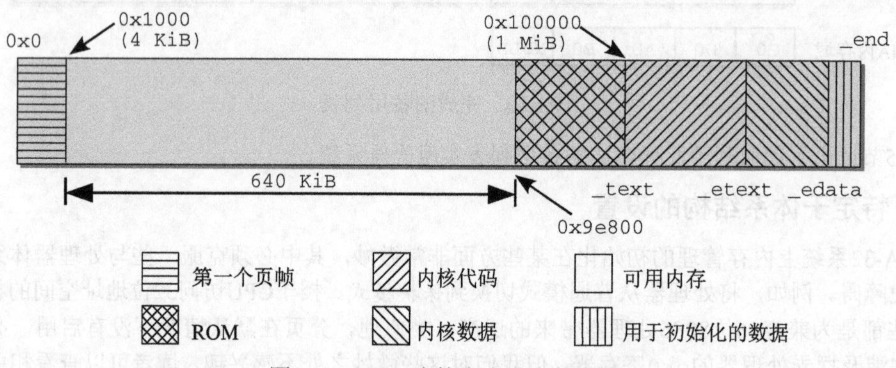

图3-11　Linux内核在内存中的布局

该图给出了物理内存的前几兆字节，具体的长度依赖于内核二进制文件的长度。前4 KiB是第一个页帧，一般会忽略，因为通常保留给BIOS使用。接下来的640 KiB原则上是可用的，但也不用于内核加载。其原因是，该区域之后紧邻的区域由系统保留，用于映射各种ROM（通常是系统BIOS和显卡ROM）。不可能向映射ROM的区域写入数据。但内核总是会装载到一个连续的内存区中，如果要从4 KiB处作为起始位置来装载内核映像，则要求内核必须小于640 KiB。

为解决这些问题，IA-32内核使用0x100000作为起始地址。这对应于内存中第二兆字节的开始处。从此处开始，有足够的连续内存区，可容纳整个内核。

内核占据的内存分为几个段，其边界保存在变量中。

- _text和_etext是代码段的起始和结束地址，包含了编译后的内核代码。
- 数据段位于_etext和_edata之间，保存了大部分内核变量。
- 初始化数据在内核启动过程结束后不再需要（例如，包含初始化为0的所有静态全局变量的BSS段）保存在最后一段，从_edata到_end。在内核初始化完成后，其中的大部分数据都可以从内存删除，给应用程序留出更多空间。这一段内存区划分为更小的子区间，以控制哪些可以删除，哪些不能删除，但这对于我们现在的讨论没多大意义。

虽然用来划定段边界的变量定义在内核源代码（arch/x86/kernel/setup_32.c）中，但此时尚未赋值。这是因为不太可能。编译器在编译时间怎么能知道内核最终有多大？只有在目标文件链接完成后，才能知道确切的数值，接下来则打包为二进制文件。该操作是由arch/arch/vmlinux.ld.S控制的（对IA-32来说，该文件是arch/x86/vmlinux_32.ld.S），其中也划定了内核的内存布局。

准确的数值依内核配置而异，因为每种配置的代码段和数据段长度都不相同，这取决于启用和禁用了内核的哪些部分。只有起始地址（_text）总是相同的。

每次编译内核时，都生成一个文件System.map并保存在源代码目录下。除了所有其他（全局）变量、内核定义的函数和例程的地址，该文件还包括图3-11给出的常数的值。

```
wolfgang@meitner> cat System.map
...
c0100000 A _text
...
c0381ecd A _etext
...
c04704e0 A _edata
...
c04c3f44 A _end
...
```

上述所有地址值都偏移了0xC0000000，这是在用户和内核地址空间之间采用标准的3 : 1划分时，内核段的起始地址。该地址是虚拟地址，因为物理内存映射到虚拟地址空间的时候，采用了从该地址开始的线性映射方式。减去0xC0000000，则可获得对应的物理地址。

/proc/iomem也提供了有关物理内存划分出的各个段的一些信息。

```
wolfgang@meitner> cat /proc/iomem
00000000-0009e7ff : System RAM
0009e800-0009ffff : reserved
000a0000-000bffff : Video RAM area
000c0000-000c7fff : Video ROM
000f0000-000fffff : System ROM
00100000-17ceffff : System RAM
  00100000-00381ecc : Kernel code
  00381ecd-004704df : Kernel data
...
```

内核映像从第一兆字节之后开始（0x00100000）。代码段的长度大约为2.5 MiB，数据段大约0.9 MiB。

在AMD64系统上也可以获得类似的信息。这里内核在第一个页帧之后2 MiB开始，物理内存映射到虚拟地址空间中从0xffffffff80000000开始。System.map中相关的项如下所示：

```
wolfgang@meitner> cat System.map
ffffffff80200000 A _text
...
ffffffff8041fc6f A _etext
...
ffffffff8056c060 A _edata
...
ffffffff8077548c A _end
```

在运行时，也可以从/proc/iomem获得内核的相关信息：

```
root@meitner # cat/proc/iomem
...
00100000-cff7ffff : System RAM
  00200000-0041fc6e : Kernel code
  0041fc6f-0056c05f : Kernel data
  006b6000-0077548b : Kernel bss
...
```

2. 初始化步骤

在内核已经载入内存、而初始化的汇编程序部分已经执行完毕后，内核必须执行哪些特定于系统的步骤？图3-12给出了各个操作的代码流程图。

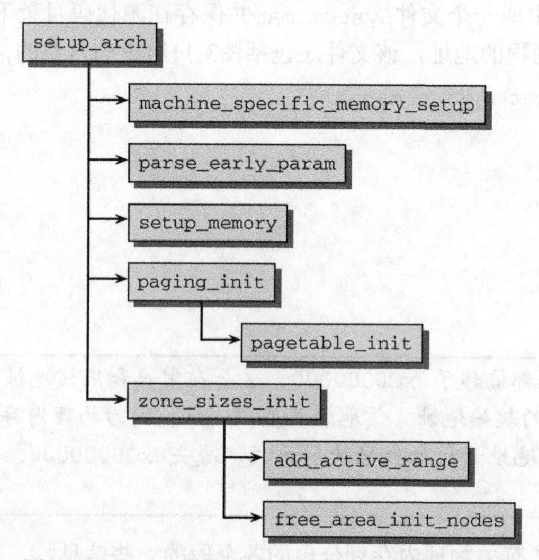

图3-12　IA-32系统上内存初始化的代码流程图

该图只包括与内存管理相关的那些函数调用。在这里所有其他的都是不重要的，因此省去。回想start_kernel内部调用的setup_arch，如3.4.1节所述。

首先调用machine_specific_memory_setup，创建一个列表，包括系统占据的内存区和空闲内存区。由于IA-32家族的各个子体系结构获得该信息的方式稍有不同，[①]内核提供了一个特定于机器的函数，定义在include/asm-x86/mach-type/setup.c中，type可以是default、voyager或visws。这里只讨论default的情况。

① 不仅有“普通的”IA-32计算机，而且还有SGI和NCR出产的一些定制产品，尽管大部分是标准元件，但在某些地方采用了不同的方法，包括内存检测。由于这些计算机或者非常古老（NCR的Voyager），或者并未广泛应用（SGI的Visual Workstation），我不打算费心讨论相关的奇异之处。

BIOS提供的映射给出了在这种情况下使用的各个内存区。

> 这里说到的内存区，与NUMA背景下的内存区是不同的，只是指由系统ROM或ACPI函数占据的内存区。

在系统启动时，找到的内存区由内核函数print_memory_map显示。

```
wolfgang@meitner> dmesg
...
BIOS-provided physical RAM map:
  BIOS-e820: 0000000000000000 -000000000009e800 (usable)
  BIOS-e820: 000000000009e800 -00000000000a0000 (reserved)
  BIOS-e820: 00000000000c0000 -00000000000cc000 (reserved)
  BIOS-e820: 00000000000d8000 -0000000000100000 (reserved)
  BIOS-e820: 0000000000100000 -0000000017cf0000 (usable)
  BIOS-e820: 0000000017cf0000 -0000000017cff000 (ACPI data)
  BIOS-e820: 0000000017cff000 -0000000017d00000 (ACPI NVS)
  BIOS-e820: 0000000017d00000 -0000000017e80000 (usable)
  BIOS-e820: 0000000017e80000 -0000000018000000 (reserved)
  BIOS-e820: 00000000ff800000 -00000000ffc00000 (reserved)
  BIOS-e820: 00000000fff00000 -0000000100000000 (reserved)
...
```

如果BIOS没有提供该信息（在较古老的机器上可能是这样），内核自身会生成一个表，将0～640 KiB和1 MiB之前的内存标记为可用。

内核接下来用parse_cmdline_early分析命令行，主要关注类似mem=XXX[KkmM]、highmem=XXX[kKmM]或memmap=XXX[KkmM]" "@XXX[KkmM]之类的参数。如果内核计算的值或BIOS提供的值不正确，管理员可以修改可用内存的数量或手工划定内存区。该选项只适用于比较古老的计算机。highmem=允许修改检测到的高端内存域长度值。它可用于内存配置非常大的计算机，以限制可用的内存的数量，因为超大内存有时候会导致性能下降。

下一个主要步骤在setup_memory中执行，该函数有两个版本。一个用于连续内存系统（在arch/x86/kernel/setup_32.c），另一个用于不连续内存系统（在arch/x86/mm/discontig_32.c）。尽管实现不同，但二者的效果相同。

- 确定（每个结点）可用的物理内存页的数目。
- 初始化bootmem分配器（3.4.3节会详细讲解该分配器的实现）。
- 接下来分配各种内存区，例如，运行第一个用户空间过程所需的最初的RAM磁盘。

paging_init初始化内核页表并启用内存分页，因为IA-32计算机上默认情况下分页是禁用的。[①]如果内核编译了PAE支持，而且处理器也支持Execute Disable Protection，则启用该特性。令人遗憾的是，在其他情况下该特性不可用。通过调用pagetable_init，该函数确保了直接映射到内核地址空间的物理内存被初始化。低端内存中的所有页帧都直接映射到PAGE_OFFSET之上的虚拟内存区。这使得内核无需处理页表，即可寻址相当一部分可用内存。有关paging_init的更多细节以及其后的整个机制，将在下文讨论。

调用zone_sizes_init会初始化系统中所有结点的pgdat_t实例。首先使用add_active_range，对可用的物理内存建立一个相对简单的列表。体系结构无关的函数free_area_init_nodes接下来使用该信息建立完备的内核数据结构。由于这是一个非常重要的步骤，对内核在运行时管理页帧的方式

① 如果没有显式启用分页，所有地址都按照线性方式解释。

有很多隐含的约束，因此在3.5.3节会更详细地讨论。

请注意，在AMD64计算机上内存有关的初始化次序非常类似，如图3-13的代码流程图所示。

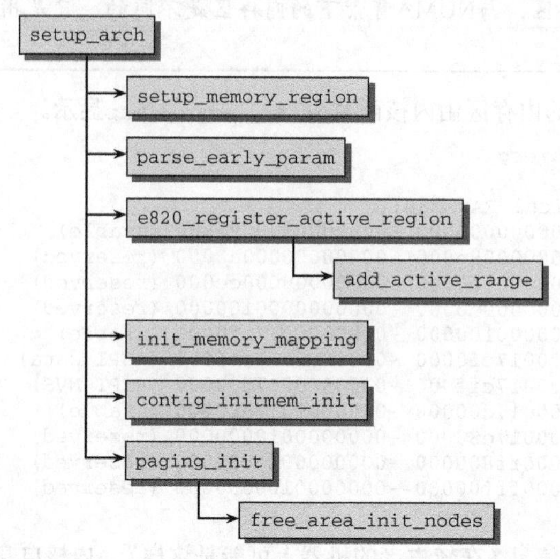

图3-13　AMD64系统上内存初始化的代码流程图

基本的内存设置并不需要任何特定于计算机类型的处理，总是可以用setup_memory_region完成。有关可用内存的信息由BIOS提供的所谓E820映射给出。在分析早期启动过程的命令行选项之后，e820_register_active_region通过分析上述的E820映射得到相关信息后，调用add_active创建可用内存的一个简单列表。

内核接下来调用init_memory_mapping将可用的物理内存直接映射到虚拟地址空间中从PAGE_OFFSET开始的内核部分。contig_initmem_init负责激活bootmem分配器。

步骤中的最后一个函数paging_init，实际上取名不当。它并不初始化分页机制，只是处理一些稀疏内存系统的设置例程，我们对此不感兴趣。但重要的是该函数还调用了free_area_init_nodes，在IA-32体系结构的情况下，后者负责初始化内核管理物理页帧的数据结构。回想一下，可知这是一个体系结构无关的函数，依赖于前面add_active_range提供的信息。针对free_area_init_nodes的详细讨论可参见3.5.3节。

3. 分页机制的初始化

paging_init负责建立只能用于内核的页表，用户空间无法访问。这对管理普通应用程序和内核访问内存的方式，有深远的影响。因此在仔细考察其实现之前，很重要的一点是解释该函数的目的。

第1章提到，在IA-32系统上内核通常将总的4 GiB可用虚拟地址空间按3 : 1的比例划分。低端3 GiB用于用户状态应用程序，而高端的1 GiB则专用于内核。尽管在分配内核的虚拟地址空间时，当前系统上下文是不相干的，但每个进程都有自身特定的地址空间。

这些划分主要的动机如下所示。

- 在用户应用程序的执行切换到核心态时（这总是会发生，例如在使用系统调用或发生周期性的时钟中断时），内核必须装载在一个可靠的环境中。因此有必要将地址空间的一部分分配给内核专用。
- 物理内存页则映射到内核地址空间的起始处，以便内核直接访问，而无需复杂的页表操作。

如果所有物理内存页都映射到用户空间进程能访问的地址空间中，如果在系统上有几个应用程序在运行，将导致严重的安全问题。每个应用程序都能够读取和修改其他进程在物理内存中的内存区。显然必须不惜任何代价防止这种情况出现。

虽然用于用户层进程的虚拟地址部分随进程切换而改变，但是内核部分总是相同的。图3-14概括了这种情况。

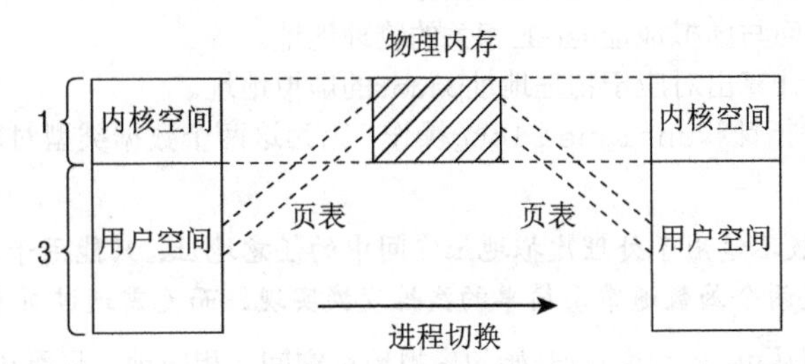

图3-14　IA-32处理器上虚拟和物理地址空间之间的联系

● **地址空间的划分**

按3∶1的比例划分地址空间，只是约略反映了内核中的情况，内核地址空间自身又分为各个段。图3-15对此给出了图示。

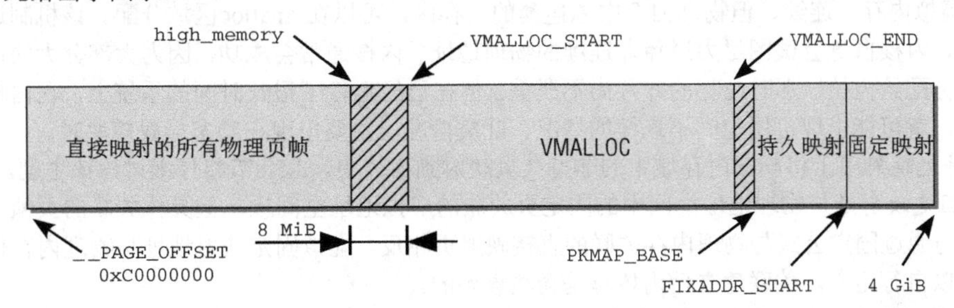

图3-15　IA-32系统上内核地址空间的划分

> 该图给出了用来管理虚拟地址空间的第四吉字节的页表项的结构。它标明了虚拟地址空间的各个区域的用途，这与物理内存的分配无关。

地址空间的第一段用于将系统的所有物理内存页映射到内核的虚拟地址空间中。由于内核地址空间从偏移量`0xC0000000`开始，即经常提到的3 GiB，每个虚拟地址x都对应于物理地址x−0xC0000000，因此这是一个简单的线性平移。

按图3-15所示，**直接映射**区域从`0xC0000000`到`high_memory`地址，`high_memory`准确的数值稍后讨论。第1章提到过，这种方案有一问题。由于内核的虚拟地址空间只有1 GiB，最多只能映射1 GiB物理内存。IA-32系统（没有PAE）最大的内存配置可以达到4 GiB，引出的一个问题是，如何处理剩下的内存？

这里有个坏消息。如果物理内存超过896 MiB，则内核无法直接映射全部物理内存。[①]该值甚至比

① 还可以完全去掉划分机制，引入两个4 GiB地址空间，一个用于内核，另一个用于每个用户空间程序。但在这种情况下，内核和用户状态之间的上下文切换代价会更高。

此前提到的最大限制1 GiB还小，因为内核必须保留地址空间最后的128 MiB用于其他目的，我会稍后解释。将这128 MiB加上直接映射的896 MiB内存，则得到内核虚拟地址空间的总数为1 024 MiB = 1 GiB。内核使用两个经常使用的缩写normal和highmem，来区分是否可以直接映射的页帧。

内核移植的每个体系结构都必须提供两个宏，用于一致映射的内核虚拟内存部分，进行物理和虚拟地址之间的转换（最终这是一个平台相关的任务）。①

- `__pa(vaddr)`返回与虚拟地址`vaddr`相关的物理地址。
- `__va(paddr)`则计算出对应于物理地址`paddr`的虚拟地址。

两个函数都用`void`指针和`unsigned long`操作，因为这两个数据类型对表示内存地址是同样适用的。

> **切记，这些函数不适用于处理虚拟地址空间中的任意地址，只能用于其中的一致映射部分！这就是为什么这两个函数通常用简单的线性变换实现，而无需通过页表迂回的原因。**

IA-32将页帧映射到从`PAGE_OFFSET`开始的虚拟地址空间，相应地，只需进行下列简单变换即可：

include/asm-x86/page_32.h

```
#define __pa(x)  ((unsigned long)(x)-PAGE_OFFSET)
#define __va(x)  ((void *)((unsigned long)(x)+PAGE_OFFSET))
```

内核地址空间的最后128 MiB用于何种用途呢？如图3-15所示，该部分有3个用途。

(1) 虚拟内存中连续、但物理内存中不连续的内存区，可以在vmalloc区域分配。该机制通常用于用户过程，内核自身会试图尽力避免非连续的物理地址。内核通常会成功，因为大部分大的内存块都在启动时分配给内核，那时内存的碎片尚不严重。但在已经运行了很长时间的系统上，在内核需要物理内存时，就可能出现可用空间不连续的情况。此类情况，主要出现在动态加载模块时。

(2) **持久映射**用于将高端内存域中的非持久页映射到内核中。3.5.8节将仔细讨论该主题。

(3) **固定映射**是与物理地址空间中的固定页关联的虚拟地址空间项，但具体关联的页帧可以自由选择。它与通过固定公式与物理内存关联的直接映射页相反，虚拟固定映射地址与物理内存位置之间的关联可以自行定义，关联建立后内核总是会注意到的。

在这里有两个预处理器符号很重要：`__VMALLOC_RESERVE`设置了vmalloc区域的长度，而`MAXMEM`则表示内核可以直接寻址的物理内存的最大可能数量。

内核中，将内存划分为各个区域是通过图3-15所示的各个常数控制的。根据内核和系统配置，这些常数可能有不同的值。直接映射的边界由`high_memory`指定。

arch/x86/kernel/setup_32.c

```
static unsigned long __init setup_memory(void)
{
...
#ifdef CONFIG_HIGHMEM
        high_memory = (void *) __va(highstart_pfn * PAGE_SIZE -1) + 1;
#else
        high_memory = (void *) __va(max_low_pfn * PAGE_SIZE -1) + 1;
#endif
...
}
```

`max_low_pfn`指定了物理内存数量小于896 MiB的系统上内存页的数目。该值的上界受限于896 MiB

① 内核对这些函数设置了两个不变量条件。`x1<x2=>__va(x1)<__va(x2)`必须是成立的（对任何物理地址x_i），而`__va(__pa(x)) = x`必须对直接映射内的任何地址x成立。

可容纳的最大页数（具体的计算在find_max_low_pfn给出）。如果启用了高端内存支持，则high_memory表示两个内存区之间的边界，总是896 MiB。

如果VMALLOC_OFFSET取最小值，那么在直接映射的所有内存页和用于非连续分配的区域之间，会出现一个缺口。

include/asm-x86/pgtable_32.h

```
#define VMALLOC_OFFSET (8*1024*1024)
```

这个缺口可用作针对任何内核故障的保护措施。如果访问**越界地址**（即无意地访问物理上不存在的内存区），则访问失败并生成一个异常，报告该错误。如果vmalloc区域紧接着直接映射，那么访问将成功而不会注意到错误。在稳定运行的情况下，肯定不需要这个额外的保护措施，但它对开发尚未成熟的新内核特性是有用的。

VMALLOC_START和VMALLOC_END定义了vmalloc区域的开始和结束，该区域用于物理上不连续的内核映射。这两个值没有直接定义为常数，而是依赖于几个参数。

include/asm-x86/pgtable_32.h

```
#define VMALLOC_START (((unsigned long) high_memory + \
                        2*VMALLOC_OFFSET-1) & ~(VMALLOC_OFFSET-1))
#ifdef CONFIG_HIGHMEM
# define VMALLOC_END (PKMAP_BASE-2*PAGE_SIZE)
#else
# define VMALLOC_END (FIXADDR_START-2*PAGE_SIZE)
#endif
```

vmalloc区域的起始地址，取决于在直接映射物理内存时，使用了多少虚拟地址空间内存（因此也依赖于上文的high_memory变量）。内核还考虑到下述事实，即两个区域之间有至少为VMALLOC_OFFSET的一个缺口，而且vmalloc区域从可被VMALLOC_OFFSET整除的地址开始。这样的规则导致了表3-5给出的偏移量值，该表针对128 MiB到135 MiB之间的内存配置计算的偏移量值。该值是周期性的，从136 MiB开始是一个新的循环。

表3-5 不同内存大小对应的VMALLOC_OFFSET值

内存（MiB）	偏移量（MiB）
128	8
129	15
130	14
131	13
132	12
133	11
134	10
135	9

vmalloc区域在何处结束取决于是否启用了高端内存支持。如果没有启用，那么就不需要持久映射区域，因为整个物理内存都可以直接映射。因此，根据不同的配置，该区域结束于持久内核映射或固定映射区域的起始处。总是会留下两页，作为vmalloc区域与这两个区域之间的保护措施。

持久内核映射区域的起始和结束定义如下：

include/asm-x86/highmem.h

```
#define LAST_PKMAP 1024
#define PKMAP_BASE ( (FIXADDR_BOOT_START -PAGE_SIZE*(LAST_PKMAP + 1)) & PMD_MASK )
```

PKMAP_BASE定义了其起始地址（这里是相对于固定映射区域进行计算的，使用了一些稍后讨论的常数）。LAST_PKMAP定义了容纳该映射所需的页数。

最后一个内存段由**固定映射**占据。这些地址指向物理内存中的**随机**位置。相对于内核空间起始处的线性映射，在该映射内部的虚拟地址和物理地址之间的关联不是预设的，而可以自由定义，但定义后不能改变。固定映射区域会一直延伸到虚拟地址空间顶端。

include/asm-x86/fixmap_32.h
```
#define __FIXADDR_TOP           0xfffff000
#define FIXADDR_TOP             ((unsigned long)__FIXADDR_TOP)
#define __FIXADDR_SIZE          (__end_of_permanent_fixed_addresses << PAGE_SHIFT)
#define FIXADDR_START           (FIXADDR_TOP - __FIXADDR_SIZE)
```

固定映射地址的优点在于，在编译时对此类地址的处理类似于常数，内核一启动即为其分配了物理地址。此类地址的解引用比普通指针要快速。内核会确保在上下文切换期间，对应于固定映射的页表项不会从TLB刷出，因此在访问固定映射的内存时，总是通过TLB高速缓存取得对应的物理地址。

对每个固定映射地址都会创建一个常数，加入到fixed_addresses枚举值列表中。

include/asm-x86/fixmap_32.h
```
enum fixed_addresses {
        FIX_HOLE,
        FIX_VDSO,
        FIX_DBGP_BASE,
        FIX_EARLYCON_MEM_BASE,
#ifdef CONFIG_X86_LOCAL_APIC
        FIX_APIC_BASE, /* 本地CPU APIC信息，在SMP系统上需要 */
#endif
...
#ifdef CONFIG_HIGHMEM
        FIX_KMAP_BEGIN, /* 保留的页表项，用于临时内核映射 */
        FIX_KMAP_END = FIX_KMAP_BEGIN+(KM_TYPE_NR*NR_CPUS)-1,
#endif
...
        FIX_WP_TEST,
        __end_of_fixed_addresses
};
```

内核提供了fix_to_virt函数，用于计算固定映射常数的虚拟地址。

include/asm-x86/fixmap_32.h
```
static __always_inline unsigned long fix_to_virt(const unsigned int idx)
{
        if (idx >= __end_of_fixed_addresses)
                __this_fixmap_does_not_exist();

        return __fix_to_virt(idx);
}
```

编译器优化机制会完全消除if语句，因为该函数定义为内联函数，而且其参数都是常数。这样的优化是有必要的，否则固定映射地址实际上并不优于普通指针。形式上的检查确保了所需的固定映射地址在有效区域中。__end_of_fixed_adresses是fixed_addresses的最后一个成员，定义了最大的可能数字。如果内核访问的是无效地址，则调用伪函数__this_fixmap_does_not_exist（没有定义）。在内核链接时，这会导致错误信息，表明由于存在未定义符号而无法生成映像文件。因此，此种内核故障在编译时即可检测，而不会在运行时出现。

在引用有效的固定映射地址时，if语句中的比较总是会通过。由于比较的两个操作数都是常数，该条件判断语句实际上不会执行，在编译优化的过程中会直接消除。

__fix_to_virt定义为宏。由于fix_to_virt是内联函数，其实现代码会直接复制到查询固定映射地址的代码处。该宏定义如下：

include/asm-x86/fixmap_32.h
```
#define __fix_to_virt(x)          (FIXADDR_TOP -((x) << PAGE_SHIFT))
```

从顶部开始（不是按照常理从底部开始），内核回退*n*页，以确定第*n*个固定映射项的虚拟地址。这个计算同样也只使用了常数，编译器能够在编译时计算结果。根据上文提到的内存划分，地址空间中对应的虚拟地址尚未用于其他用途。

固定映射虚拟地址与物理内存页之间的关联是由set_fixmap(fixmap, page_nr)和set_fixmap_nocache建立的（未讨论后者的实现）。这两个函数只是将页表中的对应项与物理内存中的一页关联起来。不同于set_fixmap，set_fixmap_nocache在必要情况下，会停用所涉及页帧的硬件高速缓存。

请注意，其他一些体系结构也提供了固定映射，包括AMD64。

● **备选划分方式**

将虚拟地址空间按3 : 1比例划分不是唯一的选项。由于所有边界在源代码中都定义为常数，因此选择一种不同的划分基本上没有什么工作量。在某些场合可能最好将地址空间对称划分，2 GiB用于用户地址空间，2 GiB用于内核地址空间。那么__PAGE_OFFSET必须设置为0x80000000，而不是通常的默认值0xC0000000。如果系统执行的任务需要将大量内存用于内核，而几乎没有多少内存用于用户进程（这样的任务很少见），对称划分可能比较有用。由于对内存划分方式的任何改变都需要重新编译所有用户空间应用程序，内核的编译配置没有包含修改地址空间划分方式的语句，尽管这在原则上是轻而易举的。

本质上，手工修改内核源代码是可以重新配置内存划分方式的，但内核也提供了一些默认的划分比例。相应的__PAGE_OFFSET定义如下所示：

include/asm-x86/page_32.h
```
#define __PAGE_OFFSET          ((unsigned long)CONFIG_PAGE_OFFSET)
```

表3-6给出了划分虚拟地址空间的所有可能选项，以及各个选项在内核空间能够映射的物理内存的最大数量。

表3-6 IA-32虚拟地址空间的不同划分比例，以及一致映射物理内存的最大数量

比　例	CONFIG_PAGE_OFFSET	MAXMEM（MiB）
3 : 1	0xC0000000	896
≈3 : 1	0xB0000000	1152
2 : 2	0x80000000	1920
≈2 : 2	0x78000000	2048
1 : 3	0x40000000	2944

按3∶1之外的比例划分地址空间，在特定的应用场景下可能是有意义的。比如对主要在内核中运行代码的计算机，例如网络路由器。但在通常的情况下，最好还是使用3∶1的比例。

● **划分虚拟地址空间**

在IA-32系统上的启动过程中，会调用paging_init按如上所述的方式划分虚拟地址空间。其代码流程图如图3-16所示。

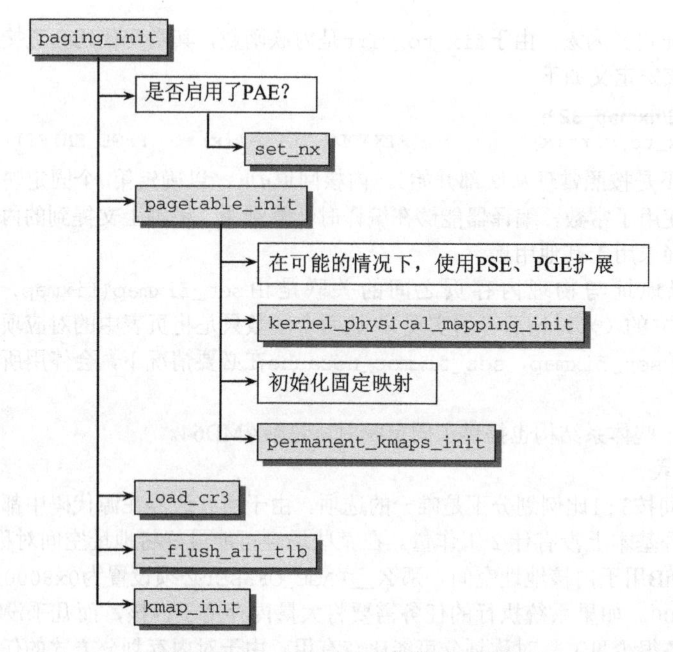

图3-16　paging_init的代码流程图

pagetable_init首先初始化系统的页表，以swapper_pg_dir为基础（该变量此前用于保存临时数据）。接下来启用在所有现代IA-32系统上可用的两个扩展（只有一些非常古老的Pentium实现不支持这些）。

- 对超大内存页的支持。这些特别标记的页，其长度为4 MiB，而不是普通的4 KiB。该选项用于不会换出的内核页。增加页大小，意味着需要的页表项变少，这对地址转换后备缓冲器（TLB）的影响是正面的，可以减少其中来自内核的缓存项。
- 如有可能，内核页会设置另一个属性（__PAGE_GLOBAL），这也是__PAGE_KERNEL和__PAGE_KERNEL_EXEC变量中__PAGE_GLOBAL比特位已经置位的原因。这些变量指定内核自身分配页帧时的标志集，因此这些设置会自动地应用到内核页。

  在上下文切换期间，设置了__PAGE_GLOBAL位的页，对应的TLB缓存项不从TLB刷出。由于内核总是出现于虚拟地址空间中同样的位置，这提高了系统性能。由于必须使内核数据尽快可用，这种效果也是很受欢迎的。

借助于kernel_physical_mapping_init，将物理内存页（或前896 MiB，正如前文的讨论）映射到虚拟地址空间中从PAGE_OFFSET开始的位置。内核接下来扫描各个页目录的所有相关项，将指针设置为正确的值。

接下来建立固定映射项和持久内核映射对应的内存区。同样是用适当的值填充页表。

在用pagetable_init完成页表初始化之后，则将cr3寄存器设置为指向全局页目录（swapper_pg_dir）的指针。此时必须激活新的页表。在IA-32计算机上cr3寄存器重赋值刚好有这样的效果。

由于TLB缓存项仍然包含了启动时分配的一些内存地址数据，此时也必须刷出。__flush_all_tlb可完成所需的工作。与上下文切换期间相反，设置了_PAGE_GLOBAL位的页也要刷出。

kmap_init初始化全局变量kmap_pte。在从高端内存域将页映射到内核地址空间时，会使用该变量存入相应内存区的页表项。此外，用于高端内存内核映射的第一个固定映射内存区的地址保存在全局变量kmem_vstart中。

● *冷热缓存的初始化*

我在3.2.2节已经提到过per-CPU（或冷热）缓存。这里我们来处理相关数据结构的初始化，以及用于控制缓存填充行为的“水印”的计算。

zone_pcp_init负责初始化该缓存。该函数由free_area_init_nodes调用，后者在IA-32和AMD64启动期间都会调用。

mm/page_alloc.c

```
static __devinit void zone_pcp_init(struct zone *zone)
{
        int cpu;
        unsigned long batch = zone_batchsize(zone);

        for (cpu = 0; cpu < NR_CPUS; cpu++) {
                setup_pageset(zone_pcp(zone,cpu), batch);
        }
        if (zone->present_pages)
                printk(KERN_DEBUG " %s zone: %lu pages, LIFO batch:%lu\n",
                        zone->name, zone->present_pages, batch);
}
```

在用zone_batchsize算出批量大小（用于计算最小和最大填充水平的基础）后，代码将遍历系统中的所有CPU，同时调用setup_pageset填充每个per_cpu_pageset实例的常量。在调用该函数时，使用了zone_pcp宏来选择与当前CPU相关的内存域的pageset实例。

我们来更仔细地看一下水印的计算过程。

mm/page_alloc.c

```
static int __devinit zone_batchsize(struct zone *zone)
{
        int batch;

        batch = zone->present_pages / 1024;
        if (batch * PAGE_SIZE > 512 * 1024)
                batch = (512 * 1024) / PAGE_SIZE;
        batch /= 4;
        if (batch < 1)
                batch = 1;

        batch = (1 << (fls(batch + batch/2)-1)) -1;

        return batch;
}
```

上述代码计算得到的batch，大约相当于内存域中页数的0.25‰。移位操作确保计算结果具有2^n-1的形式，根据经验，该值在大多数系统负载下都能最小化缓存混叠效应。fls是一个特定于计算机的操作，用于算出一个值中置位的最低比特位。要注意，这种校正会使结果值偏离内存域中页数的0.25‰。batch = 22时偏差最大。由于22+11−1=32，fls会算出比特位5是最低置位比特位，而(1<<5) - 1 = 31。通常情况下偏差都比这小，实际上是可以忽略的。

内存域中的内存数量超出512 MiB时，批量大小并不增长。对于页面大小为4 096 KiB的系统，如果页数超过131 072，则会达到512 MiB的限制。图3-17给出了批量大小与内存域中页数的关系图。

在setup_pageset中考虑缓存极限的计算时，batch值是有意义的。

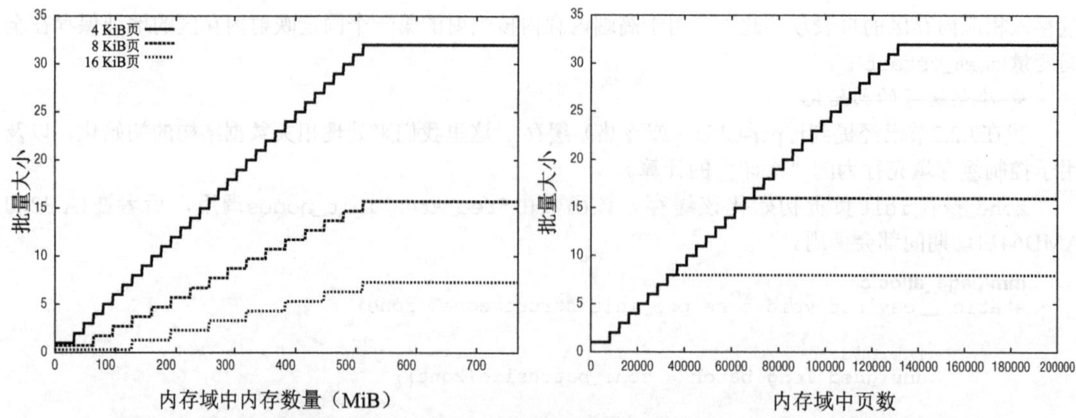

图3-17　左图为批量大小与内存域中内存数量的关系，不同曲线对应不同页面长度。右图为批量大小与内存域中页数的关系

mm/page_alloc.c

```
inline void setup_pageset(struct per_cpu_pageset *p, unsigned long batch)
{
        struct per_cpu_pages *pcp;

        memset(p, 0, sizeof(*p));

        pcp = &p->pcp[0]; /* 热 */
        pcp->count = 0;
        pcp->high = 6 * batch;
        pcp->batch = max(1UL, 1 * batch);
        INIT_LIST_HEAD(&pcp->list);
        pcp = &p->pcp[1]; /* 冷 */
        pcp->count = 0;
        pcp->high = 2 * batch;
        pcp->batch = max(1UL, batch/2);
        INIT_LIST_HEAD(&pcp->list);
}
```

对热页来说，下限为0，上限为6*batch，缓存中页的平均数量大约是4*batch，因为内核不会让缓存水平降到太低。batch * 4相当于内存域中页数的千分之一（这也是zone_batchsize试图将批量大小优化到总页数0.25‰的原因）。IA-32处理器上L2缓存的数量在0.25 MiB～2 MiB之间，因此在冷热缓存中保持更多的内存是无意义的。根据经验，缓存大小是主内存的千分之一。考虑到当前系统每个CPU配备的物理内存大约在1 GiB～2 GiB，该规则是有意义的。这样，计算出的批量大小使得冷热缓存中的页有可能放置到CPU的L2缓存中。

冷页列表的水印稍低一些，因为冷页并不放置到缓存中，只用于一些不太关注性能的操作（当然，在内核中这样的操作属于少数）。其上限是batch值的两倍。

pcp->batch决定了在重新填充列表时，有多少页会立即使用。出于性能方面的考虑，一般会向列表添加连续的多页，而不是单页。

在zone_pcp_init结束时，会输出各个内存域的页数以及计算出的批量大小，从启动日志可以看到（下面例子中的系统配备了4 GiB内存）。

```
root@meitner # dmesg | grep LIFO
  DMA zone: 2530 pages, LIFO batch:0
  DMA32 zone: 833464 pages, LIFO batch:31
  Normal zone: 193920 pages, LIFO batch:31
```

4. 注册活动内存区

我在上文提到，内存域数据结构的初始化工作涉及颇广。幸运的是，该任务在所有体系结构上都是相同的。虽然在2.6.19之前的内核版本必须根据不同的体系结构来建立所需的数据结构，但具体的方法随时间的推移已经越来越模块化。各个体系结构只须注册所有活动内存区的一个简单表，通用代码则据此生成主数据结构。

请注意，各个体系结构仍然可以自行建立所有的数据结构，而不依赖于内核提供的一般性框架。由于IA-32和AMD64都将具体工作委托内核完成，因此我不会进一步讨论由各体系结构自行建立数据结构的可能性。任何一个体系结构，如果打算利用内核提供的一般性框架，则需要设置配置选项ARCH_POPULATES_NODE_MAP。在注册所有活动内存区之后，其余的工作由通用的内核代码完成。

3

活动内存区就是不包含空洞的内存区。必须使用add_active_range在全局变量early_node_map中注册内存区。

mm/page_alloc.c
```
static struct node_active_region __meminitdata early_node_map[MAX_ACTIVE_REGIONS];
static int __meminitdata nr_nodemap_entries;
```

当前注册的内存区数目记载在nr_nodemap_entries中。不同内存区的最大数目由MAX_ACTIVE_REGIONS给出。该值可以由特定于体系结构的代码使用CONFIG_MAX_ACTIVE_REGIONS设置。如果不设置，在默认情况下内核允许每个内存结点注册256个活动内存区（如果在超过32个结点的系统上，允许每个NUMA结点注册50个内存区）。每个内存区由下列数据结构描述：

<mmzone.h>
```
struct node_active_region {
        unsigned long start_pfn;
        unsigned long end_pfn;
        int nid;
};
```

start_pfn和end_pfn标记了一个连续内存区中的第一个和最后一个页帧，nid是该内存区所属结点的NUMA ID。UMA系统设置为0。

活动内存区是使用add_active_range注册的：

mm/page_alloc.c
```
void __init add_active_range(unsigned int nid, unsigned long start_pfn,
                                          unsigned long end_pfn)
```

在注册两个毗邻的内存区时，add_active_regions会确保将它们合并为一个。此外，该函数不提供其他额外的功能特性。

回想图3-12和图3-13可知，该函数在IA-32系统上由zone_sizes_init调用，在AMD64系统上由e820_register_active_regions调用。因此我简要讨论一下这两个函数。

- *在IA-32上注册内存区*

除了调用add_active_range之外，zone_sizes_init函数以页帧为单位，存储了不同内存区的边界。

arch/x86/kernel/setup_32.c
```
void __init zone_sizes_init(void)
{
        unsigned long max_zone_pfns[MAX_NR_ZONES];
        memset(max_zone_pfns, 0, sizeof(max_zone_pfns));
        max_zone_pfns[ZONE_DMA] =
                virt_to_phys((char *)MAX_DMA_ADDRESS) >> PAGE_SHIFT;
```

```
        max_zone_pfns[ZONE_NORMAL] = max_low_pfn;
#ifdef CONFIG_HIGHMEM
        max_zone_pfns[ZONE_HIGHMEM] = highend_pfn;
        add_active_range(0, 0, highend_pfn);
#else
        add_active_range(0, 0, max_low_pfn);
#endif

        free_area_init_nodes(max_zone_pfns);
}
```

MAX_DMA_ADDRESS是适用于DMA操作的最高内存地址。该常数声明为PAGE_OFFSET+0x1000000。回想前文可知，物理内存页映射到从PAGE_OFFSET开始的虚拟地址空间，而物理内存的前16 MiB适合于DMA操作，十六进制表示就是前0x1000000字节。用virt_to_phys转换，可以获得物理内存地址，而右移PAGE_SHIFT位则相当于除以页大小，计算最后得到适用于DMA的页数。不出意料之外，在使用4 KiB页的IA-32系统上，结果是4 096页。

max_low_pfn和highend_pfn是全局常量，分别指定了低端（如果地址空间按3：1划分，通常≤896 MiB）和高端内存中最高的页号。

请注意，free_area_init_nodes会合并early_mem_map和max_zone_pfns中的信息。其分别选择各个内存域中的活动内存区，并构建体系结构无关的数据结构。

● *在AMD64上注册内存区*

在AMD64上注册内存区的工作分为两个函数。活动内存区的注册如下：

arch/x86/kernel/e820_64.c

```
e820_register_active_regions(int nid, unsigned long start_pfn,
                                        unsigned long end_pfn)
{
        unsigned long ei_startpfn;
        unsigned long ei_endpfn;
        int i;
        for (i = 0; i < e820.nr_map; i++)
        if (e820_find_active_region(&e820.map[i],
                                    start_pfn, end_pfn,
                                    &ei_startpfn, &ei_endpfn))
                add_active_range(nid, ei_startpfn, ei_endpfn);
}
```

本质上，上述代码就是根据BIOS提供的信息遍历所有的内存区，并针对每个内存区找到活动内存区。这一点很有趣，因为与IA-32对比，add_active_range可能会调用多次。

max_zone_pfns值的设置由paging_init处理：

arch/x86/mm/init_64.c

```
void __init paging_init(void)
{
        unsigned long max_zone_pfns[MAX_NR_ZONES];
        memset(max_zone_pfns, 0, sizeof(max_zone_pfns));
        max_zone_pfns[ZONE_DMA] = MAX_DMA_PFN;
        max_zone_pfns[ZONE_DMA32] = MAX_DMA32_PFN;
        max_zone_pfns[ZONE_NORMAL] = end_pfn;
...
        free_area_init_nodes(max_zone_pfns);
}
```

16位和32位DMA内存域的页帧边界保存在预处理器符号中，分别对应于16 MiB和4 GiB转换为页帧的值：

include/asm-x86/dms_64.h
```
/* 16MB ISA DMA内存域 */
#define MAX_DMA_PFN ((16*1024*1024) >> PAGE_SHIFT)

/* 4GB PCI/AGP硬件总线主控器内存域 */
#define MAX_DMA32_PFN ((4UL*1024*1024*1024) >> PAGE_SHIFT)
```

end_pfn检测到的最大页帧编号。由于AMD64并不需要高端内存域，max_zone_pfns中对应的项是NULL。

5. AMD64地址空间的设置

AMD64系统地址空间的设置在某些方面比IA-32容易，但在另一些方面要困难。虽然64位地址空间避免了古怪的高端内存域，但有另一个因素使情况复杂化。64位地址空间的跨度太大，当前没有什么应用程序需要这个。因此，当前只实现了一个比较小的**物理地址空间**，地址字宽度为48位。这在不失灵活性的前提下，简化并加速了地址转换。48位宽的地址字可以寻址256 TiB的地址空间，或256×1 024 GiB，即使对Firefox也足够了！

尽管物理地址字位宽被限制在48位，但在寻址虚拟地址空间时仍然使用了64位指针，因而虚拟地址空间在形式上仍然会跨越2^{64}字节。但这引起了一个问题：由于物理地址字实际上只有48位宽，虚拟地址空间的某些部分无法寻址。

由于未来的硬件实现可能支持更大的物理地址空间，也不太可能将地址空间中不可寻址的子集映射到另一个不同的子集。假定存在一些程序，依赖于将指向未实现地址空间的指针重新映射到普通地址空间的某些部分。如果下一代处理器实现的物理地址字位宽更大，那么就会导致一种不同的行为，所有现存代码都无法继续工作。

很显然，处理器必须隐藏对未实现地址空间的访问。一种可能的做法是，禁止使用超出物理地址空间的虚拟地址。但硬件设计师选择了不同的方法。其解决方案基于所谓的**符号扩展**（sign extension）方法，如图3-18所示。

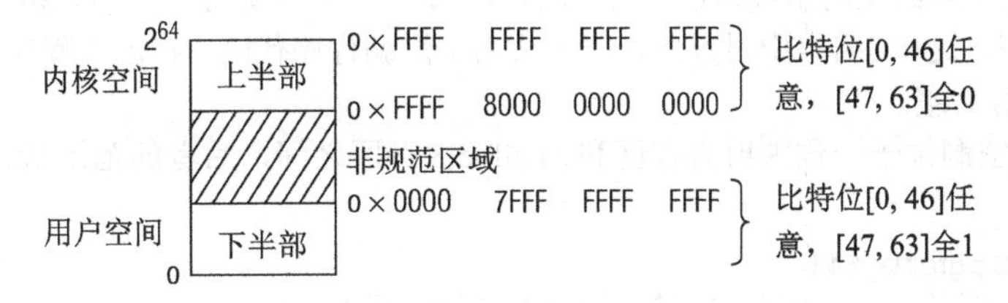

图3-18 AMD64计算机上虚拟地址空间到物理地址空间可能的映射方式

虚拟地址的低47位，即[0, 46]，可以任意设置。而比特位[47, 63]的值总是相同的：或者全0，或者全1。此类地址称之为规范的。因此整个地址空间划分为3部分：下半部、上半部、二者之间的禁用区。上下两部分共同构成跨越2^{48}字节的一个地址空间。地址空间的下半部是[0x0, 0x0000 7FFF FFFF FFFF]，上半部是[0xFFF 800 0000 0000, 0xFFFF FFFF FFFF FFFF]。请注意0x0000 7FFF FFFF FFFF是一个二进制数，低47位都是1，其他位都是0，因此正是非可寻址区域之前的最后一个地址。类似地，0xFFFF 8000 0000 0000中，比特位[47, 63]置位，从而是上半部的第一个有效地址。

对于将虚拟地址空间划分为两部分，内核没什么可担忧的。内核在大多数体系结构上都依赖于将地址空间划分为内核空间和用户空间两部分。[①] AMD64实施的分隔刚好实现了对用户和内核地址空间

① 还有些计算机允许使用不同的方法。UltraSparc处理器在默认情况下为用户和内核空间分别提供了不同的虚拟地址空间，因此不需要将一个地址空间划分为两部分。

的划分。图3-19说明了Linux内核在AMD64计算机上如何对虚拟地址空间进行布局。[①]

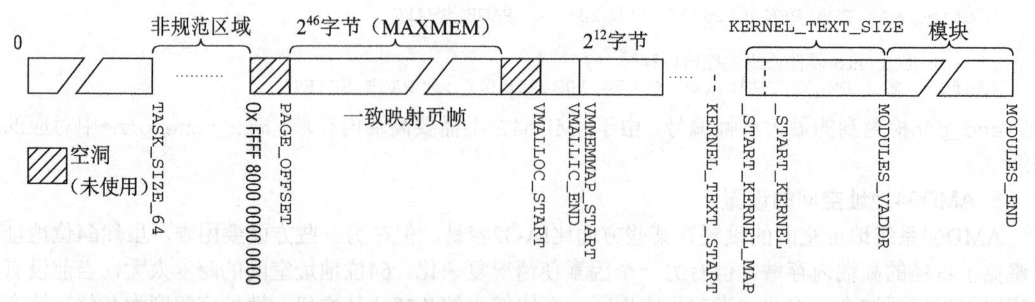

图3-19 AMD64系统上虚拟地址空间的组织。事实上，该图并未按比例绘制

可访问的地址空间的整个下半部用作用户空间，而整个上半部专用于内核。由于两个空间都极大，无须调整划分比例之类的参数。

内核地址空间起始于一个起防护作用的空洞，以防止偶然访问地址空间的非规范部分。如果发生这种情况，处理器会引发一个一般性保护异常（general protection exception）。物理内存页则一致映射到从PAGE_OFFSET开始的内核空间中。2^{46}字节（由MAXMEM指定）专用于物理页帧。总计可达64 TiB内存。

include/asm-x86/pgtable_64.h
```
#define __AC(X,Y) (X##Y)
#define _AC(X,Y) __AC(X,Y)

#define __PAGE_OFFSET _AC(0xffff810000000000, UL)
#define PAGE_OFFSET __PAGE_OFFSET
#define MAXMEM _AC(0x3fffffffffff, UL)
```
要注意，_AC用于对给定的常数标记后缀。例如，_AC(17,UL)变为(17UL)，相当于把常数标记为unsigned long类型。这在C语言中很方便，但无法用于汇编程序代码，在汇编程序中_AC宏直接解析为相应的常数，没有后缀。

另一个防护性空洞位于一致映射内存区和vmalloc内存区之间，后者的范围从VMALLOC_START到VMALLOC_END：

include/asm-x86/pgtable_64.h
```
#define VMALLOC_START _AC(0xffffc20000000000, UL)
#define VMALLOC_END _AC(0xffffe1ffffffffff, UL)
```

虚拟内存映射（virtual memory map，VMM）内存区紧接着vmalloc内存区之后，长为1 TiB。只有内核使用了稀疏内存模型，该内存区才是有用的。在此类计算机上通过pfn_to_page和page_to_pfn转换虚拟和物理页帧号代价比较高，因为必须考虑物理地址空间中的所有空洞。从内核版本2.6.24开始，内核通用代码提供了一个更简单的解决方案，见mm/sparse-memmap.c。VMM内存区的页表进行特定的设置，使得物理内存中所有的struct page实例都映射到没有空洞的内存区中。这提供了一个几乎连续的内存区，其中只包括活动内存区。由于不再需要关注空洞，因而MMU可以自动地为虚拟和物理编号之间转换提供辅助。这在相当程度上加速了该操作。

除了简化物理和虚拟页号之间的转换，该技术还有利于辅助函数virt_to_page和page_address的实现，因为二者需要的计算也同样简化了。

---

① 内核源代码在Documentation/x86_64/mm.txt中包含了一些有关地址空间布局的文档。

内核代码段映射到从__START_KERNEL_MAP开始的内存区，还有一个编译时可配置的偏移量CONFIG_PHYSICAL_START。在编译可重定位内核时需要设置该偏移量，但还需要确保结果地址__START_KERNEL对齐到__KERNEL_ALIGN。保留给内核二进制代码的内存区长度为KERNEL_TEXT_SIZE，当前定义为40 MiB。

include/asm-x86/page_64.h
```
#define __PHYSICAL_START          CONFIG_PHYSICAL_START
#define __KERNEL_ALIGN            0x200000

#define __START_KERNEL            (__START_KERNEL_map + __PHYSICAL_START)
#define __START_KERNEL_map        _AC(0xffffffff80000000, UL)
#define KERNEL_TEXT_SIZE          (40*1024*1024)
#define KERNEL_TEXT_START         _AC(0xffffffff80000000, UL)
```

最后，还必须提供一些空间用于映射模块，该内存区从MODULES_VADDR到MODULES_END：

include/asm-x86/pgtable_64.h
```
#define MODULES_VADDR _AC(0xffffffff88000000, UL)
#define MODULES_END _AC(0xfffffffffff00000, UL)
#define MODULES_LEN (MODULES_END -MODULES_VADDR)
```

该内存区可用内存的数量由MODULES_LEN计算，当前大约是1 920 MiB。

3.4.3 启动过程期间的内存管理

在启动过程期间，尽管内存管理尚未初始化，但内核仍然需要分配内存以创建各种数据结构。bootmem分配器用于在启动阶段早期分配内存。

显然，对该分配器的需求集中于简单性方面，而不是性能和通用性。因此内核开发者决定实现一个**最先适配**（first-fit）分配器用于在启动阶段管理内存，这是可能想到的最简单方式。

该分配器使用一个位图来管理页，位图比特位的数目与系统中物理内存页的数目相同。比特位为1，表示已用页；比特位为0，表示空闲页。

在需要分配内存时，分配器逐位扫描位图，直至找到一个能提供足够连续页的位置，即所谓的**最先最佳**（first-best）或**最先适配**位置。

该过程不是很高效，因为每次分配都必须从头扫描比特链。因此在内核完全初始化之后，不能将该分配器用于内存管理。伙伴系统（连同slab、slub或slob分配器）是一个好得多的备选方案，将在3.5.5节讨论。

1. 数据结构

即使最先适配分配器也必须管理一些数据。内核（为系统中的每个结点都）提供了一个bootmem_data结构的实例，用于该用途。当然，该结构所需的内存无法动态分配，必须在编译时分配给内核。

在UMA系统上该分配的实现与CPU无关（NUMA系统采用了特定于体系结构的解决方案）。bootmem_data结构定义如下：

<bootmem.h>
```
typedef struct bootmem_data {
        unsigned long node_boot_start;
        unsigned long node_low_pfn;
        void *node_bootmem_map;
        unsigned long last_offset;
        unsigned long last_pos;
        unsigned long last_success;

        struct list_head list;
} bootmem_data_t;
```

在下面提到页时，总是指物理页帧。

- node_boot_start保存了系统中第一个页的编号，大多数体系结构下都是零。
- node_low_pfn是可以直接管理的物理地址空间中最后一页的编号。换句话说，即ZONE_NORMAL的结束页。
- node_bootmem_map是指向存储分配位图的内存区的指针。在IA-32系统上，用于该用途的内存区紧接着内核映像之后。对应的地址保存在_end变量中，该变量在链接期间自动地插入到内核映像中。
- last_pos是上一次分配的页的编号。如果没有请求分配整个页，则last_offset用作该页内部的偏移量。这使得bootmem分配器可以分配小于一整页的内存区（伙伴系统无法做到这一点）。
- last_success指定位图中上一次成功分配内存的位置，新的分配将由此开始。尽管这使得最先适配算法稍快了一点，但仍然无法真正代替更复杂的技术。
- 内存不连续的系统可能需要多个bootmem分配器。一个典型的例子是NUMA计算机，其中每个结点注册了一个bootmem分配器，但如果物理地址空间中散布着空洞，也可以为每个连续内存区注册一个bootmem分配器。

注册新的自举分配器可使用init_bootmem_core，所有注册的分配器保存在一个链表中，表头是全局变量bdata_list。

在UMA系统上，只需一个bootmem_t实例，即contig_bootmem_data。它通过bdata成员与contig_page_data关联起来。

mm/page_alloc.c
```
static bootmem_data_t contig_bootmem_data;
struct pglist_data contig_page_data = { .bdata = &contig_bootmem_data };
```

2. 初始化

bootmem分配器的初始化是一个特定于体系结构的过程，此外还取决于所述计算机的内存布局。正如前文的讨论，IA-32使用setup_memory，该函数又调用setup_bootmem_allocator来初始化bootmem分配器，而AMD64则使用contig_initmem_init。

图3-20中的代码流程图说明了IA-32系统上初始化bootmem分配器涉及的各个步骤，而AMD64的情况则如图3-21所示。

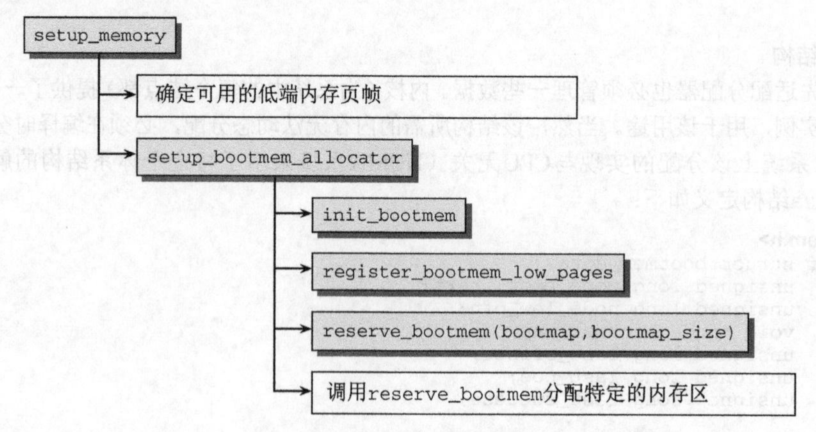

图3-20　在IA-32计算机上初始化bootmem分配器

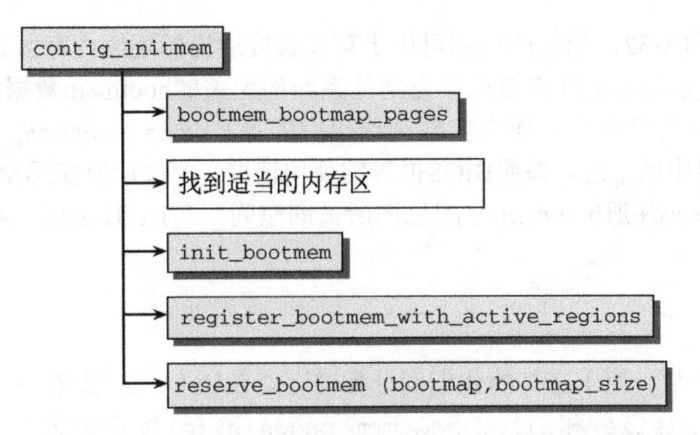

图3-21 在AMD64计算机上初始化bootmem分配器

● IA-32的初始化

setup_memory分析检测到的内存区，以找到低端内存区中最大的页帧号。由于高端内存处理太麻烦，由此对bootmem分配器无用。全局变量max_low_pfn保存了可映射的最高页的编号。内核会在启动日志中报告找到的内存的数量。

```
wolfgang@meitner> dmesg
...
0MB HIGHMEM available.
511MB LOWMEM available.
...
```

基于该信息，setup_bootmem_allocator接下来负责发起所有必要的步骤，以初始化bootmem分配器。它首先调用通用函数init_bootmem，该函数是init_bootmem_core的一个前端。

init_bootmem_core的目的在于执行bootmem分配器的第一个初始化步骤。先前检测到的低端内存页帧的范围输入到相应的bootmem_data_t实例中，这里是contig_bootmem_data。最初在位图contig_bootmemdata->node_bootmem_map中，所有的页都标记为已用。由于init_bootmem_core是一个体系结构无关的函数，它尚无法知道哪些页可用，哪些页不能使用。因为体系结构方面的原因，有些页需要特殊的处理，例如IA-32系统上的0页。有些页则已经使用，例如内核映像占用的页。实际可用的页必须由体系结构相关的代码显式标记出来。

该标记过程由两个特定于体系结构的函数完成。register_bootmem_low_pages通过将位图中对应的比特位清零，释放所有潜在可用的内存页。在IA-32系统上BIOS对该任务提供了支持，BIOS向内核提供了可用内存区的列表，即初始化过程中更早一点提供的e820映射。

由于bootmem分配器需要一些内存页管理分配位图，必须首先调用reserve_bootmem分配这些内存页。

但还有一些其他的内存区已经在使用中，必须相应地标记出来。因此，还需要用reserve_bootmem注册相应的页。需要注册的内存区的确切数目，高度依赖于内核配置。例如，需要保留0页，因为在许多计算机上该页是一个特殊的BIOS页，有些特定于计算机的功能需要该页才能运作正常。其他的reserve_bootmem调用则分配与内核配置相关的内存区，例如，用于ACPI数据或SMP启动时的配置。

● AMD64的初始化

虽然AMD64上bootmem初始化的技术细节不同，但通用结构与IA-32的情况相当类似。这一次由contig_initmem负责分配任务。

首先，bootmem_bootmap_bitmap计算bootmem位图所需页的数目。该函数使用了BIOS在e820映射提供的信息，类似于IA-32，相应的位图可用于查找长度适当的连续内存区。

然后，使用init_bootmem将该信息填充到体系结构无关的bootmem数据结构中。如前所述，该函数将所有的页都标记为已分配，而现在必须选出空闲页。free_bootmem_with_active_regions可以再次使用e820映射中的信息，按照BIOS报告的使用情况，释放所有实际空闲的内存区。最后，调用一次reserve_bootmem注册bootmem分配位图所需的空间。与IA-32相反，AMD64不需要为遗留信息在内存中分配空间。

3. 对内核的接口

- 分配内存

内核提供了各种函数，用于在初始化期间分配内存。在UMA系统上有下列函数可用。

- alloc_bootmem(size)和alloc_bootmem_pages(size)按指定大小在ZONE_NORMAL内存域分配内存。数据是对齐的，这使得内存或者从可适用于L1高速缓存的理想位置开始，或者从页边界开始。

> 尽管alloc_bootmem_pages的名字暗示所需的内存长度是以页为单位，但实际上_pages只是指数据的对齐方式。

- alloc_bootmem_low和alloc_bootmem_low_pages的工作方式类似于上述函数，只是从ZONE_DMA内存域分配内存。因此，只有需要DMA内存时，才能使用上述函数。

基本上NUMA系统的API是相同的，但函数名增加了_node后缀。与UMA系统的函数相比，还需要一个额外的参数，指定用于内存分配的结点。

这些函数都是__alloc_bootmem的前端，后者将实际工作委托给__alloc_bootmem_nopanic。由于可以注册多个bootmem分配器（回想一下，我们知道这些分配器都保存在一个全局链表中），__alloc_bootmem_core会遍历所有的分配器，直至分配成功为止。

在NUMA系统上，__alloc_bootmem_node则用于实现该API函数。首先，工作传递到__alloc_bootmem_core，尝试在该结点的bootmem分配器进行分配。如果失败，则后退到__alloc_bootmem，并将尝试所有的结点。

mm/bootmem.c

```
void * __init __alloc_bootmem(unsigned long size, unsigned long align,
                              unsigned long goal)
```

__alloc_bootmem需要3个参数来描述内存分配请求：size是所需内存区的长度，align表示数据的对齐方式，而goal指定了开始搜索适当空闲内存区的起始地址。各个前端使用该函数的方式如下：

<bootmem.h>

```
#define alloc_bootmem(x) \
        __alloc_bootmem((x), SMP_CACHE_BYTES, __pa(MAX_DMA_ADDRESS))
#define alloc_bootmem_low(x) \
        __alloc_bootmem((x), SMP_CACHE_BYTES, 0)
#define alloc_bootmem_pages(x) \
        __alloc_bootmem((x), PAGE_SIZE, __pa(MAX_DMA_ADDRESS))
#define alloc_bootmem_low_pages(x) \
        __alloc_bootmem((x), PAGE_SIZE, 0)
```

所需分配内存的长度（x）未作改变直接传递给__alloc_bootmem，但内存对齐方式有两个选项。SMP_CACHE_BYTES会对齐数据，使之在大多数体系结构上能够理想地置于L1高速缓存中（尽管名字带有SMP字样，但单处理器系统也会定义该常数）。PAGE_SIZE将数据对齐到页边界。后一种对齐方式适用于分配一个或多个整页，但前者在分配涉及部分页时能够产生更好的结果。

低端DMA内存与普通内存的区别在于其起始地址。搜索适用于DMA的内存从地址0开始，而请求普通内存时则从MAX_DMA_ADDRESS向上（__pa将内存地址转换为页号）。

__alloc_bootmem_core函数的功能相对而言很广泛（在启动期间不需要太高的效率），我不会详细讨论它，因为该函数主要实现了前文已经描述过的最先适配算法。但该分配器功能已经增强，不仅能够分配整个内存页，还能分配页的一部分。

该函数执行下列操作（大概描述）。

(1) 从goal开始，扫描位图，查找满足分配请求的空闲内存区。

(2) 如果目标页紧接着上一次分配的页，即bootmem_data-> last_pos，内核会检查bootmem_data->last_offset，判断所需的内存（包括对齐数据所需的空间）是否能够在上一页分配或从上一页开始分配。

(3) 新分配的页在位图对应的比特位设置为1。最后一页的数目也保存在bootmem_data->last_pos。如果该页未完全分配，则相应的偏移量保存在bootmem_data->last_offset；否则，该值设置为0。

● *释放内存*

内核提供了free_bootmem函数来释放内存。它需要两个参数：需要释放的内存区的起始地址和长度。不出意外，NUMA系统上等价函数的名称为free_bootmem_node，它需要一个额外的参数来指定结点。

<bootmem.h>
```
void free_bootmem(unsigned long addr, unsigned long size);
void free_bootmem_node(pg_data_t *pgdat,
                       unsigned long addr,
                       unsigned long size);
```

两个版本都将其工作委托给__free_bootmem_core。只能释放整页，因为bootmem分配器没有保存有关页划分的任何信息。内核使用__free_bootmem_core首先计算完全包含在该内存区中、将被释放的页。只是部分包含在内存区中的页将忽略。位图中对应的项设置为0，完成页的释放。

该过程隐藏了一些风险，如果页包含在两个不同的内存区中，那么连续释放这些内存区，却无法释放该页。包含页的前一半和后一半的内存区在间隔一段时间后分别被释放，分配器无法了解到该页是否不再使用，因而也无法释放。该页的状态就一直保持为“使用中”，尽管事实上不是这样。尽管如此，由于free_bootmem很少使用，这也不是大问题。系统初始化期间分配的大多数内存区都用于基本的数据结构，在内核运行的所有时间都需要使用，因此无需释放。

4. 停用bootmem分配器

在系统初始化进行到伙伴系统分配器能够承担内存管理的责任后，必须停用bootmem分配器，毕竟不能同时用两个分配器管理内存。在UMA和NUMA系统上，停用分别由free_all_bootmem和free_all_bootmem_node完成。在伙伴系统建立之后，特定于体系结构的初始化代码需要调用这两个函数。

首先扫描bootmem分配器的页位图，释放每个未用的页。到伙伴系统的接口是__free_pages_bootmem函数，该函数对每个空闲页调用。该函数内部依赖于标准函数__free_page。它使得这些页并入伙伴系统的数据结构，在其中作为空闲页管理，可用于分配。

在页位图已经完全扫描之后，它占据的内存空间也必须释放。此后，只有伙伴系统可用于内存分配。

5. 释放初始化数据

许多内核代码块和数据表只在系统初始化阶段需要。例如，对于链接到内核中的驱动程序而言，则不必要在内核内存中保持其数据结构的初始化例程。在结构建立之后，这些例程就不再需要了。类似地，驱动程序用于检测其设备的硬件数据库，在相关的设备已经识别之后，就不再需要了。①

内核提供了两个属性（__init和__initcall）用于标记初始化函数和数据。这些必须置于函数或数据的声明之前。例如，网卡HyperHopper2000（假想的）的探测例程在系统已经初始化之后将不再使用。

```
int __init hyper_hopper_probe(struct net_device *dev)
```

__init属性插入到函数声明中返回类型和函数名之间。

数据段也可以标记为初始化数据。例如，假想的网卡驱动程序需要一些只在系统初始化阶段使用的字符串，此后这些字符串可以丢弃。

```
static char search_msg[] __initdata = "%s: Desperately looking for HyperHopper at address %x...";
static char stilllooking_msg[] __initdata = "still searching...";
static char found_msg[] __initdata = "found.\n";
static char notfound_msg[] __initdata = "not found (reason = %d)\n";
static char couldnot_msg[] __initdata = "%s: HyperHopper not found\n";
```

__init和__initdata不能使用普通的C语言实现，因此内核必须再一次借助于特殊的GNU C编译器语句。

初始化函数实现的背后，其一般性的思想在于，将数据保持在内核映像的一个特定部分，在启动结束时可以完全从内存删除。下列宏的定义即怀着这个目的：

```
<init.h>
#define __init          __attribute__ ((__section__ (".init.text"))) __cold
#define __initdata      __attribute__ ((__section__ (".init.data")))
```

__attribute__是一个特殊的GNU C关键字，属性即通过该关键字使用。__section__属性用于通知编译器将随后的数据或函数分别写入二进制文件的.init.data和.init.text段（不熟悉ELF文件结构的读者可参考附录E）。前缀__cold还通知编译器，通向该函数的代码路径可能性较低，即该函数不会经常调用，对初始化函数通常是这样。

readelf工具可用于显示内核映像的各个段。

```
wolfgang@meitner> readelf - sections vmlinux
There are 53 section headers, starting at offset 0x2c304c8:
Section Headers:
  [Nr] Name              Type             Address           Offset
       Size              EntSize          Flags  Link  Info  Align
  [0]                    NULL             0000000000000000  00000000
       0000000000000000  0000000000000000          0     0     0
  [1]  .text             PROGBITS         ffffffff80200000  00200000
       000000000021fc6f  0000000000000000  AX      0     0     4096
  [2]  __ex_table        PROGBITS         ffffffff8041fc70  0041fc70
       0000000000003e50  0000000000000000   A      0     0     8
  [3]  .notes            NOTE             ffffffff80423ac0  00423ac0
       0000000000000024  0000000000000000  AX      0     0     4
...
  [28] .init.text        PROGBITS         ffffffff8067b000  0087b000
```

① 至少对于编译到内核中的数据和不可热插拔的设备是这样。如果设备动态地添加到系统，当然无法丢弃数据表，因为此后可能还需要。

```
      000000000002026e        0000000000000000      AX       0     0     1
  [29] .init.data             PROGBITS              ffffffff8069b270       0089b270
       000000000000c02e       0000000000000000      WA       0     0     16
...
```

为从内存中释放初始化数据，内核不必知道数据的性质，即哪些数据和函数保存在内存中和它们的用途都是完全不相干的。唯一相关的信息是这些数据和函数在内存中开始和结束的地址。

由于该信息在编译时无法得到，它是内核在链接时插入的。我在本章其他地方已经提到过该技术。为提供该信息，内核定义了一对变量__init_begin和__init_end，其含义很明显。

free_initmem负责释放用于初始化的内存区，并将相关的页返回给伙伴系统。在启动过程刚好结束时会调用该函数，紧接其后init作为系统中第一个进程启动。启动日志包含了一条信息，指出释放了多少内存。

3

```
wolfgang@meitner> dmesg
...
Freeing unused kernel memory: 308k freed
...
```

与当今通常配备的主内存大小比较，释放的大约300 KiB内存数量不算大，但也具有比较重要的作用。特别是在手持或嵌入式系统上，清除初始化数据是很重要的，这种设备的性质决定了它们只能用少量内存凑合着运行。

3.5 物理内存的管理

在内核初始化完成后，内存管理的责任由伙伴系统承担。伙伴系统基于一种相对简单然而令人吃惊的强大算法，已经伴随我们几乎40年。它结合了优秀内存分配器的两个关键特征：速度和效率。

3.5.1 伙伴系统的结构

系统内存中的每个物理内存页（页帧），都对应于一个struct page实例。每个内存域都关联了一个struct zone的实例，其中保存了用于管理伙伴数据的主要数组。

<mmzone.h>

```
struct zone {
...
        /*
         * 不同长度的空闲区域
         */
        struct free_area     free_area[MAX_ORDER];
...
};
```

free_area是一个辅助数据结构，我们此前尚未遇见。其定义如下：

<mmzone.h>

```
struct free_area {
        struct list_head free_list[MIGRATE_TYPES];
        unsigned long nr_free;
};
```

nr_free指定了当前内存区中空闲页块的数目（对0阶内存区逐页计算，对1阶内存区计算页对的数目，对2阶内存区计算4页集合的数目，依次类推）。free_list是用于连接空闲页的链表。按第1章的讨论，页链表包含大小相同的连续内存区。尽管定义提供了多个页链表，我暂时忽略该事实，在下文中讨论其原因。

阶是伙伴系统中一个非常重要的术语。它描述了内存分配的数量单位。内存块的长度是2^{order}，其中order的范围从0到MAX_ORDER。

<mmzone.h>

```
#ifndef CONFIG_FORCE_MAX_ZONEORDER
#define MAX_ORDER 11
#else
#define MAX_ORDER CONFIG_FORCE_MAX_ZONEORDER
#endif
#define MAX_ORDER_NR_PAGES (1 << (MAX_ORDER -1))
```

该常数通常设置为11，这意味着一次分配可以请求的页数最大是2^{11}=2 048。但如果特定于体系结构的代码设置了FORCE_MAX_ZONEORDER配置选项，该值也可以手工改变。例如，IA-64系统上巨大的地址空间可以处理MAX_ORDER = 18的情形，而ARM或v850系统则使用更小的值（如8或9）。但这不一定是由计算机支持的内存数量比较小引起的，也可能是内存对齐方式的要求所导致。或者可以参考v850体系结构的Kconfig配置文件的描述：

arch/v850/Kconfig

```
# The crappy-ass zone allocator requires that the start of allocatable
# memory be aligned to the largest possible allocation.
config FORCE_MAX_ZONEORDER
        int
        default 8 if V850E2_SIM85E2C || V850E2_FPGA85E2C
```

free_area[]数组中各个元素的索引也解释为阶，用于指定对应链表中的连续内存区包含多少个页帧。第0个链表包含的内存区为单页（2^0=1），第1个链表管理的内存区为两页（2^1=2），第3个管理的内存区为4页，依次类推。

内存区是如何连接的？内存区中第1页内的链表元素，可用于将内存区维持在链表中。因此，也不必引入新的数据结构来管理物理上连续的页，否则这些页不可能在同一内存区中。图3-22对此给出了图示。

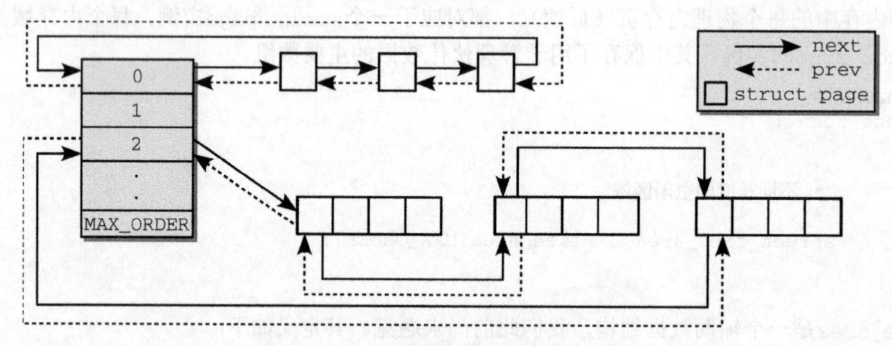

图3-22　伙伴系统中相互连接的内存区

伙伴不必是彼此连接的。如果一个内存区在分配其间分解为两半，内核会自动将未用的一半加入到对应的链表中。如果在未来的某个时刻，由于内存释放的缘故，两个内存区都处于空闲状态，可通过其地址判断其是否为伙伴。管理工作较少，是伙伴系统的一个主要优点。

基于伙伴系统的内存管理专注于某个结点的某个内存域，例如，DMA或高端内存域。但所有内存域和结点的伙伴系统都通过备用分配列表连接起来。图3-23说明了这种关系。

在首选的内存域或节点无法满足内存分配请求时，首先尝试同一结点的另一个内存域，接下来再尝试另一个结点，直至满足请求。

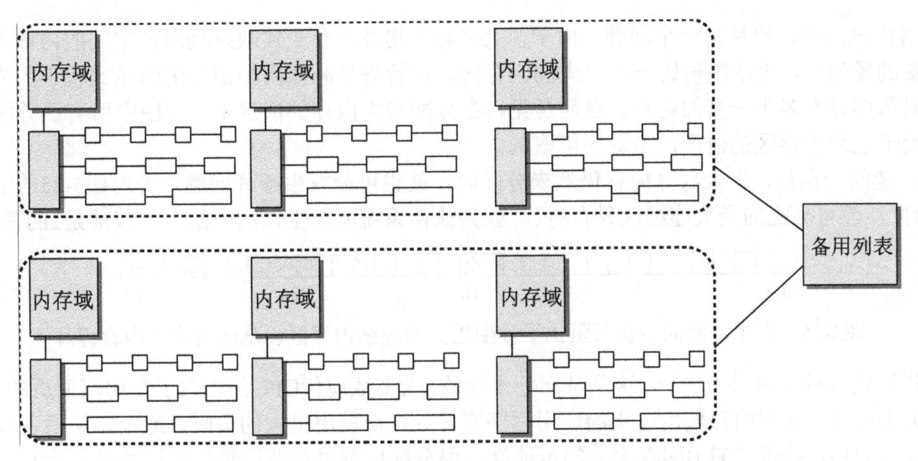

图3-23 伙伴系统和内存域 / 结点之间的关系

最后要注意，有关伙伴系统当前状态的信息可以在/proc/buddyinfo中获得：

```
wolfgang@meitner> cat /proc/buddyinfo
Node 0, zone      DMA      3     5     7     4     6     3     3    3    1    1    1
Node 0, zone      DMA32  130   546   695   271   107    38     2    2    1    4  479
Node 0, zone      Normal  23     6     6     8     1     4     3    0    0    0    0
```

上述输出给出了各个内存域中每个分配阶中空闲项的数目，从左至右，阶依次升高。上面给出的信息取自4 GiB物理内存的AMD64系统。

3.5.2 避免碎片

在第1章给出的简化说明中，一个双链表即可满足伙伴系统的所有需求。在内核版本2.6.23之前，的确是这样。但在内核2.6.24开发期间，内核开发者对伙伴系统的争论持续了相当长时间。这是因为伙伴系统是内核最值得尊敬的一部分，对它的改动不会被大家轻易接受。

1. 依据可移动性组织页

伙伴系统的基本原理已经在第1章中讨论过，其方案在最近几年间确实工作得非常好。但在Linux内存管理方面，有一个长期存在的问题：在系统启动并长期运行后，物理内存会产生很多碎片。该情形如图3-24所示。

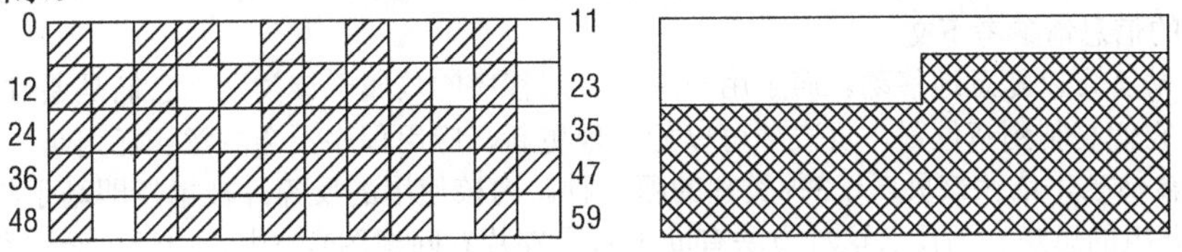

图3-24 物理内存的碎片

假定内存由60页组成，这显然不是超级计算机，但用于示例却足够了。左侧的地址空间中散布着空闲页。尽管大约25%的物理内存仍然未分配，但最大的连续空闲区只有一页。这对用户空间应用程序没有问题：其内存是通过页表映射的，无论空闲页在物理内存中的分布如何，应用程序看到的内存似乎总是连续的。右图给出的情形中，空闲页和使用页的数目与左图相同，但所有空闲页都位于一个连续区中。

但对内核来说，碎片是一个问题。由于（大多数）物理内存一致映射到地址空间的内核部分，那么在左图的场景中，无法映射比一页更大的内存区。尽管许多时候内核都分配的是比较小的内存，但也有时候需要分配多于一页的内存。显而易见，在分配较大内存的情况下，右图中所有已分配页和空闲页都处于连续内存区的情形，是更为可取的。

很有趣的一点是，在大部分内存仍然未分配时，就也可能发生碎片问题。考虑图3-25的情形。只分配了4页，但可分配的最大连续区只有8页，因为伙伴系统所能工作的分配范围只能是2的幂次。

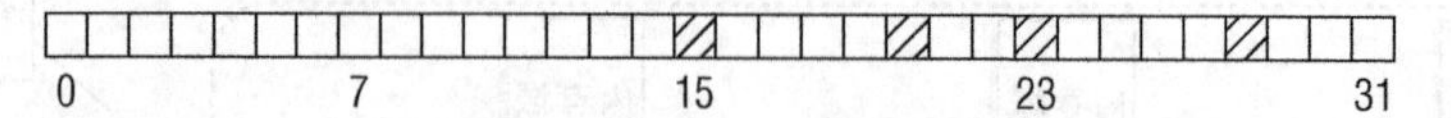

图3-25　图中分配的少量页阻止了分配更大的连续内存区，从而造成了内存碎片

我提到内存碎片只涉及内核，这只是部分正确的。大多数现代CPU都提供了使用巨型页的可能性，比普通页大得多。这对内存使用密集的应用程序有好处。在使用更大的页时，地址转换后备缓冲器只需处理较少的项，降低了TLB缓存失效的可能性。但分配巨型页需要连续的空闲物理内存！

很长时间以来，物理内存的碎片确实是Linux的弱点之一。尽管已经提出了许多方法，但没有哪个方法能够既满足Linux需要处理的各种类型工作负荷提出的苛刻需求，同时又对其他事务影响不大。在内核2.6.24开发期间，防止碎片的方法最终加入内核。在我讨论具体策略之前，有一点需要澄清。文件系统也有碎片，该领域的碎片问题主要通过碎片合并工具解决。它们分析文件系统，重新排序已分配存储块，从而建立较大的连续存储区。理论上，该方法对物理内存也是可能的，但由于许多物理内存页不能移动到任意位置，阻碍了该方法的实施。因此，内核的方法是*反碎片*（anti-fragmentation），即试图从最初开始尽可能防止碎片。

反碎片的工作原理如何？为理解该方法，我们必须知道内核将已分配页划分为下面3种不同类型。

- *不可移动页*：在内存中有固定位置，不能移动到其他地方。核心内核分配的大多数内存属于该类别。
- *可回收页*：不能直接移动，但可以删除，其内容可以从某些源重新生成。例如，映射自文件的数据属于该类别。

  kswapd守护进程会根据可回收页访问的频繁程度，周期性释放此类内存。这是一个复杂的过程，本身就需要详细论述：第18章详细描述了页面回收。目前，了解到内核会在可回收页占据了太多内存时进行回收，就足够了。

  另外，在内存短缺（即分配失败）时也可以发起页面回收。有关内核发起页面回收的时机，更具体的信息请参考下文。
- *可移动页*可以随意地移动。属于用户空间应用程序的页属于该类别。它们是通过页表映射的。如果它们复制到新位置，页表项可以相应地更新，应用程序不会注意到任何事。

页的*可移动性*，依赖该页属于3种类别的哪一种。内核使用的反碎片技术，即基于将具有相同可移动性的页分组的思想。为什么这种方法有助于减少碎片？回想图3-25中，由于页无法移动，导致在原本几乎全空的内存区中无法进行连续分配。根据页的可移动性，将其分配到不同的列表中，即可防止这种情形。例如，不可移动的页不能位于可移动内存区的中间，否则就无法从该内存区分配较大的连续内存块。

想一下，图3-25中大多数空闲页都属于可回收的类别，而分配的页则是不可移动的。如果这些页聚集到两个不同的列表中，如图3-26所示。在不可移动页中仍然难以找到较大的连续空闲空间，但对可回收的页，就容易多了。

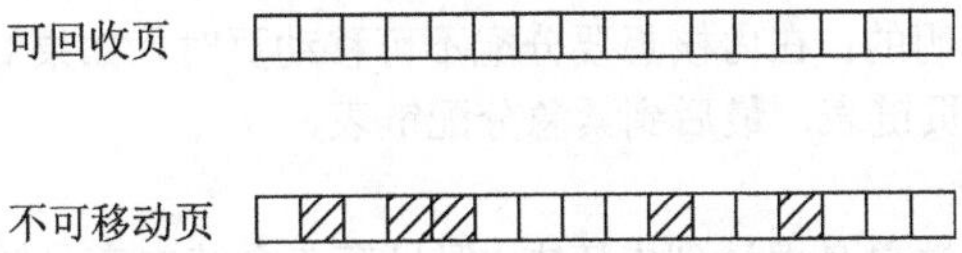

可回收页

不可移动页

图3-26 根据页的可移动性将其分组，减少了内存碎片

但要注意，从最初开始，内存并未划分为可移动性不同的区。这些是在运行时形成的。内核的另一种方法确实将内存分区，分别用于可移动页和不可移动页的分配，我会下文讨论其工作原理。但这种划分对这里描述的方法是不必要的。

● **数据结构**

尽管内核使用的反碎片技术卓有成效，它对伙伴分配器的代码和数据结构几乎没有影响。内核定义了一些宏来表示不同的迁移类型：

<mmzone.h>
```
#define MIGRATE_UNMOVABLE 0
#define MIGRATE_RECLAIMABLE 1
#define MIGRATE_MOVABLE 2
#define MIGRATE_RESERVE 3
#define MIGRATE_ISOLATE 4 /* 不能从这里分配 */
#define MIGRATE_TYPES 5
```

类型MIGRATE_UNMOVABLE、MIGRATE_RECLAIMABLE和MIGRATE_MOVABLE已经介绍过。如果向具有特定可移动性的列表请求分配内存失败，这种紧急情况下可从MIGRATE_RESERVE分配内存（对应的列表在内存子系统初始化期间用setup_zone_migrate_reserve填充，我不会详细讨论相关的细节）。MIGRATE_ISOLATE是一个特殊的虚拟区域，用于跨越NUMA结点移动物理内存页。在大型系统上，它有益于将物理内存页移动到接近于使用该页最频繁的CPU。MIGRATE_TYPES只是表示迁移类型的数目，也不代表具体的区域。

对伙伴系统数据结构的主要调整，是将空闲列表分解为MIGRATE_TYPE个列表：

<mmzone.h>
```
struct free_area {
        struct list_head free_list[MIGRATE_TYPES];
        unsigned long nr_free;
};
```

nr_free统计了所有列表上空闲页的数目，而每种迁移类型都对应于一个空闲列表。宏for_each_migratetype_order(order, type)可用于迭代指定迁移类型的所有分配阶。

如果内核无法满足针对某一给定迁移类型的分配请求，会怎么样？此前已经出现过一个类似的问题，即特定的NUMA内存域无法满足分配请求时。内核在这种情况下的做法是类似的，提供了一个备用列表，规定了在指定列表中无法满足分配请求时，接下来应使用哪一种迁移类型：

mm/page_alloc.c
```
/*
 * 该数组描述了指定迁移类型的空闲列表耗尽时，其他空闲列表在备用列表中的次序。
 */
static int fallbacks[MIGRATE_TYPES][MIGRATE_TYPES-1] = {
        [MIGRATE_UNMOVABLE]    = { MIGRATE_RECLAIMABLE, MIGRATE_MOVABLE, MIGRATE_RESERVE },
        [MIGRATE_RECLAIMABLE] = { MIGRATE_UNMOVABLE, MIGRATE_MOVABLE, MIGRATE_RESERVE },
        [MIGRATE_MOVABLE]      = { MIGRATE_RECLAIMABLE, MIGRATE_UNMOVABLE, MIGRATE_RESERVE },
        [MIGRATE_RESERVE]      = { MIGRATE_RESERVE, MIGRATE_RESERVE, MIGRATE_RESERVE },
                                /* 从来不用 */
};
```

该数据结构大体上是自明的：在内核想要分配不可移动页时，如果对应链表为空，则后退到可回收页链表，接下来到可移动页链表，最后到紧急分配链表。

● **全局变量和辅助函数**

尽管页可移动性分组特性总是编译到内核中，但只有在系统中有足够内存可以分配到多个迁移类型对应的链表时，才是有意义的。由于每个迁移链表都应该有适当数量的内存，内核需要定义“适当”的概念。这是通过两个全局变量pageblock_order和pageblock_nr_pages提供的。第一个表示内核认为是“大”的一个分配阶，pageblock_nr_pages则表示该分配阶对应的页数。如果体系结构提供了巨型页机制，则pageblock_order通常定义为巨型页对应的分配阶：

```
<pageblock-flags.h>
#define pageblock_order HUGETLB_PAGE_ORDER
```

在IA-32体系结构上，巨型页长度是4 MiB，因此每个巨型页由1 024个普通页组成，而HUGETLB_PAGE_ORDER则定义为10。相比之下，IA-64体系结构允许设置可变的普通和巨型页长度，因此HUGETLB_PAGE_ORDER的值取决于内核配置。

如果体系结构不支持巨型页，则将其定义为第二高的分配阶：

```
<pageblock-flags.h>
#define pageblock_order (MAX_ORDER-1)
```

如果各迁移类型的链表中没有一块较大的连续内存，那么页面迁移不会提供任何好处，因此在可用内存太少时内核会关闭该特性。这是在build_all_zonelists函数中检查的，该函数用于初始化内存域列表。如果没有足够的内存可用，则全局变量page_group_by_mobility设置为0，否则设置为1。[①]

内核如何知道给定的分配内存属于何种迁移类型？读者在3.5.4节会看到，有关各个内存分配的细节都通过*分配掩码*指定。内核提供了两个标志，分别用于表示分配的内存是可移动的（__GFP_MOVABLE）或可回收的（__GFP_RECLAIMABLE）。如果这些标志都没有设置，则分配的内存假定为不可移动的。下列辅助函数可用于转换分配标志及对应的迁移类型：

```
<gfp.h>
static inline int allocflags_to_migratetype(gfp_t gfp_flags)
{
        if (unlikely(page_group_by_mobility_disabled))
                return MIGRATE_UNMOVABLE;
        /* 根据可移动性分组 */
        return (((gfp_flags & __GFP_MOVABLE) != 0) << 1) |
                ((gfp_flags & __GFP_RECLAIMABLE) != 0);
}
```

如果停用了页面迁移特性，则所有的页都是不可移动的。否则，该函数的返回值可以直接用作free_area.free_list的数组索引。

最后要注意，每个内存域都提供了一个特殊的字段，可以跟踪包含pageblock_nr_pages个页的内存区的属性。由于该字段当前只有与页可移动性相关的代码使用，我在此前没有介绍该特性：

```
<mmzone.h>
struct zone {
...
        unsigned long *pageblock_flags;
...
}
```

① 要注意，不仅内存很少的系统会受到影响，而且页尺寸极大的系统也会受影响，因为实际检查的是链表中页的数目。

在初始化期间，内核自动确保对内存域中的每个不同的迁移类型分组，在pageblock_flags中都分配了足够存储NR_PAGEBLOCK_BITS个比特位的空间。当前，表示一个连续内存区的迁移类型需要3个比特位：

<pageblock-flags.h>

```
/* 用于帮助定义比特位范围的宏 */
#define PB_range(name, required_bits) \
        name, name ## _end = (name + required_bits) -1

/* 影响一整块内存的比特位索引 */
enum pageblock_bits {
        PB_range(PB_migrate, 3), /* 需要3个比特位表示迁移类型 */
        NR_PAGEBLOCK_BITS
};
```

set_pageblock_migratetype负责设置以page为首的一个内存区的迁移类型：

mm/page_alloc.c

```
void set_pageblock_migratetype(struct page *page, int migratetype)
```

migratetype参数可以通过上文介绍的allocflags_to_migratetype辅助函数构建。请注意很重要的一点，页的迁移类型是预先分配好的，对应的比特位总是可用，与页是否由伙伴系统管理无关。在释放内存时，页必须返回到正确的迁移链表。这之所以可行，是因为能够从get_pageblock_migratetype获得所需的信息。

最后请注意，在各个迁移链表之间，当前的页面分配状态可以从/proc/pagetypeinfo获得：

```
wolfgang@meitner> cat /proc/pagetypeinfo
Page block order: 9
Pages per block: 512
Free pages count per migrate type at order       0   1    2    3   4   5   6   7 8 9   10
Node    0, zone      DMA, type    Unmovable      0   0    1    1   1   1   1   1 1 1    0
Node    0, zone      DMA, type  Reclaimable      0   0    0    0   0   0   0   0 0 0    0
Node    0, zone      DMA, type      Movable      3   5    6    3   5   2   2   2 0 0    0
Node    0, zone      DMA, type      Reserve      0   0    0    0   0   0   0   0 0 0    1
Node    0, zone      DMA, type       <NULL>      0   0    0    0   0   0   0   0 0 0    0
Node    0, zone    DMA32, type    Unmovable     44  37   29    1   2   0   1   1 0 1    0
Node    0, zone    DMA32, type  Reclaimable     18  29    3    4   1   0   0   0 1 1    0
Node    0, zone    DMA32, type      Movable      0   0  191  111  68  26  21  13 7 1  500
Node    0, zone    DMA32, type      Reserve      0   0    0    0   0   0   0   0 0 1    2
Node    0, zone    DMA32, type       <NULL>      0   0    0    0   0   0   0   0 0 0    0
Node    0, zone   Normal, type    Unmovable      1   5    1    0   0   0   0   0 0 0    0
Node    0, zone   Normal, type  Reclaimable      0   0    0    0   0   0   0   0 0 0    0
Node    0, zone   Normal, type      Movable      1   4    0    0   0   0   0   0 0 0    0
Node    0, zone   Normal, type      Reserve     11  13    7    8   3   4   2   0 0 0    0
Node    0, zone   Normal, type       <NULL>      0   0    0    0   0   0   0   0 0 0    0

Number of blocks type     Unmovable  Reclaimable       Movable    Reserve      <NULL>
Node 0, zone       DMA            1            0             6          1           0
Node 0, zone     DMA32           13           18          2005          4           0
Node 0, zone    Normal           22           10           351          1           0
```

● **初始化基于可移动性的分组**

在内存子系统初始化期间，memmap_init_zone负责处理内存域的page实例。该函数完成了一些不怎么有趣的标准初始化工作，但其中有一件是实质性的，即所有的页最初都标记为可移动的！

mm/page_alloc.c
```
void __meminit memmap_init_zone(unsigned long size, int nid, unsigned long zone,
unsigned long start_pfn, enum memmap_context context)
{
        struct page *page;
        unsigned long end_pfn = start_pfn + size;
        unsigned long pfn;

        for (pfn = start_pfn; pfn < end_pfn; pfn++) {
...
                if ((pfn & (pageblock_nr_pages-1)))
                        set_pageblock_migratetype(page, MIGRATE_MOVABLE);
...
}
```

按3.5.4节中的讨论，在分配内存时，如果必须“盗取”不同于预定迁移类型的内存区，内核在策略上倾向于“盗取”更大的内存区。由于所有页最初都是可移动的，那么在内核分配不可移动的内存区时，则必须“盗取”。

实际上，在启动期间分配可移动内存区的情况较少，那么分配器有很高的几率分配长度最大的内存区，并将其从可移动列表转换到不可移动列表。由于分配的内存区长度是最大的，因此不会向可移动内存中引入碎片。

总而言之，这种做法避免了启动期间内核分配的内存（经常在系统的整个运行时间都不释放）散布到物理内存各处，从而使其他类型的内存分配免受碎片的干扰，这也是页可移动性分组框架的最重要的目标之一。

2. 虚拟可移动内存域

依据可移动性组织页是防止物理内存碎片的一种可能方法，内核还提供了另一种阻止该问题的手段：虚拟内存域ZONE_MOVABLE。该机制在内核2.6.23开发期间已经并入内核，比可移动性分组框架加入内核早一个版本。与可移动性分组相反，ZONE_MOVABLE特性必须由管理员显式激活。

基本思想很简单：可用的物理内存划分为两个内存域，一个用于可移动分配，一个用于不可移动分配。这会自动防止不可移动页向可移动内存域引入碎片。

这马上引出了另一个问题：内核如何在两个竞争的内存域之间分配可用的内存？这显然对内核要求太高，因此系统管理员必须作出决定。毕竟，人可以更好地预测计算机需要处理的场景，以及各种类型内存分配的预期分布。

● **数据结构**

kernelcore参数用来指定用于不可移动分配的内存数量，即用于既不能回收也不能迁移的内存数量。剩余的内存用于可移动分配。在分析该参数之后，结果保存在全局变量required_kernelcore中。

还可以使用参数movablecore控制用于可移动内存分配的内存数量。required_kernelcore的大小将会据此计算。如果有些聪明人同时指定两个参数，内核会按前述方法计算出required_kernelcore的值，并取指定值和计算值中较大的一个。

取决于体系结构和内核配置，ZONE_MOVABLE内存域可能位于高端或普通内存域：

<mmzone.h>
```
enum zone_type {
..
        ZONE_NORMAL
#ifdef CONFIG_HIGHMEM
        ZONE_HIGHMEM,
```

```
#endif
        ZONE_MOVABLE,
        MAX_NR_ZONES
};
```

与系统中所有其他的内存域相反，ZONE_MOVABLE并不关联到任何硬件上有意义的内存范围。实际上，该内存域中的内存取自高端内存域或普通内存域，因此我们在下文中称ZONE_MOVABLE是一个虚拟内存域。

辅助函数find_zone_movable_pfns_for_nodes用于计算进入ZONE_MOVABLE的内存数量。如果kernelcore和movablecore参数都没有指定，find_zone_movable_pfns_for_nodes会使ZONE_MOVABLE保持为空，该机制处于无效状态。

谈到从物理内存域提取多少内存用于ZONE_MOVABLE的问题，必须考虑下面两种情况。

- 用于不可移动分配的内存会平均地分布到所有内存结点上。
- 只使用来自最高内存域的内存。在内存较多的32位系统上，这通常会是ZONE_HIGHMEM，但是对于64位系统，将使用ZONE_NORMAL或ZONE_DMA32。

实际计算相当冗长，也不怎么有趣，因此我不详细讨论了。实际上起作用的是结果：

- 用于为虚拟内存域ZONE_MOVABLE提取内存页的物理内存域，保存在全局变量movable_zone中；
- 对每个结点来说，zone_movable_pfn[node_id]表示ZONE_MOVABLE在movable_zone内存域中所取得内存的起始地址。

mm/page_alloc.c
```
unsigned long __meminitdata zone_movable_pfn[MAX_NUMNODES];
```

内核确保这些页将用于满足符合ZONE_MOVABLE职责的内存分配。

- **实现**

到现在为止描述的数据结构如何应用？类似于页面迁移方法，分配标志在此扮演了关键角色。具体的实现将在3.5.4节更详细地讨论。目前只要知道所有可移动分配都必须指定__GFP_HIGHMEM和__GFP_MOVABLE即可。

由于内核依据分配标志确定进行内存分配的内存域，在设置了上述的标志时，可以选择ZONE_MOVABLE内存域。这是将ZONE_MOVABLE集成到伙伴系统中所需的唯一改变！其余的可以通过适用于所有内存域的通用例程处理，我们将在下文讨论。

3.5.3 初始化内存域和结点数据结构

直到现在，我们只在特定于体系结构的代码中看到了内核如何检测系统中的可用内存。与高层数据结构（如内存域和结点）的关联，则需要根据该信息构建。我们知道，体系结构相关代码需要在启动期间建立以下信息：

- 系统中各个内存域的页帧边界，保存在max_zone_pfn数组；
- 各结点页帧的分配情况，保存在全局变量early_node_map中。

1. 管理数据结构的创建

从内核版本2.6.10开始提供了一个通用框架，用于将上述信息转换为伙伴系统预期的结点和内存域数据结构。在这以前，各个体系结构必须自行建立相关结构。现在，体系结构相关代码只需要建立前述的简单结构，将繁重的工作留给free_area_init_nodes即可。图3-27给出了该过程概述，图3-28给出了free_area_init_nodes的代码流程图。

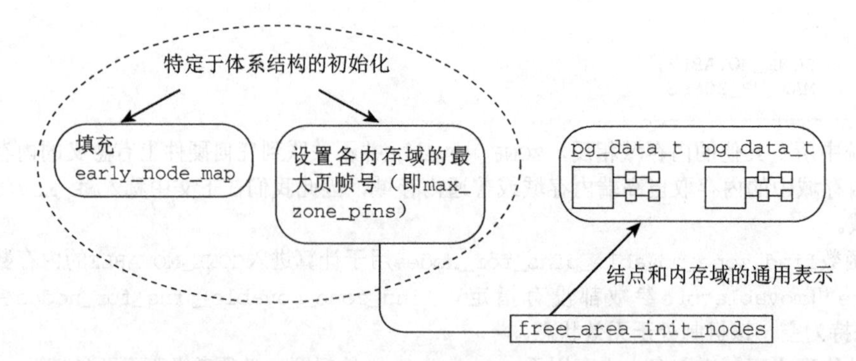

图3-27　在建立结点和内存域内存管理数据结构时，特定于体系结构的代码和通用内核代码之间的相关作用

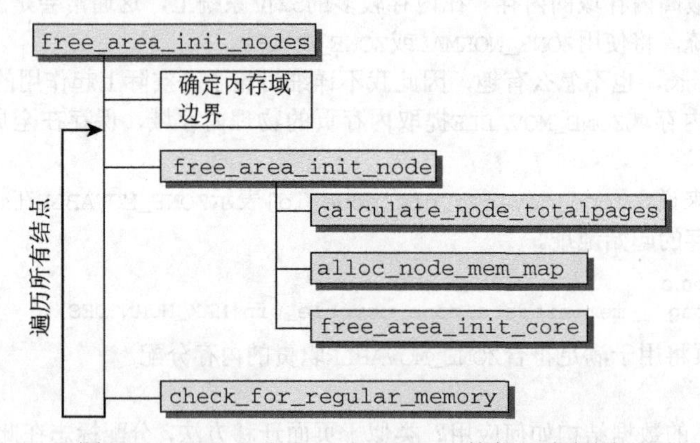

图3-28　free_area_init_nodes的代码流程图

free_area_init_nodes首先必须分析并改写特定于体系结构的代码提供的信息。其中，需要对照在zone_max_pfn和zone_min_pfn中指定的内存域的边界，计算各个内存域可使用的最低和最高的页帧编号。使用了两个全局数组来存储这些信息：

mm/page_alloc.c

```
static unsigned long __meminitdata arch_zone_lowest_possible_pfn[MAX_NR_ZONES];
static unsigned long __meminitdata arch_zone_highest_possible_pfn[MAX_NR_ZONES];
```

但free_area_init_nodes首先会根据结点的第一个页帧start_pfn，对early_node_map中的各项进行排序。

mm/page_alloc.c

```
void __init free_area_init_nodes(unsigned long *max_zone_pfn)
{
        unsigned long nid;
        enum zone_type i;

        /* 对early_node_map进行排序，因为初始化代码假定它已经是排序的 */
        sort_node_map();
...
```

排序使得后续的任务稍微容易些，排序本身并不特别复杂，因此无需进一步查看sort_node_map的代码。只是要注意，内核在lib/sort.c中提供了一个通用的堆排序实现，该函数采用了这个实现。

通过max_zone_pfn传递给free_area_init_nodes的信息记录了各个内存域包含的最大页帧号。free_area_init_nodes将该信息转换为一种更方便的表示形式，即以［low, high］形式描述各个内存域的页帧区间，存储在前述的全局变量中（我省去了对这些变量填充字节0的初始化过程）：

mm/page_alloc.c
```
	arch_zone_lowest_possible_pfn[0] = find_min_pfn_with_active_regions();
	arch_zone_highest_possible_pfn[0] = max_zone_pfn[0];

	for (i = 1; i < MAX_NR_ZONES; i++) {
		if (i == ZONE_MOVABLE)
			continue;
		arch_zone_lowest_possible_pfn[i] =
			arch_zone_highest_possible_pfn[i-1];
		arch_zone_highest_possible_pfn[i] =
			max(max_zone_pfn[i], arch_zone_lowest_possible_pfn[i]);
	}
```

辅助函数find_min_pfn_with_active_regions用于找到注册的最低内存域中可用的编号最小的页帧。该内存域不必一定是ZONE_DMA，例如，在计算机不需要DMA内存的情况下也可以是ZONE_NORMAL。最低内存域的最大页帧号可以从max_zone_pfn提供的信息直接获得。

接下来构建其他内存域的页帧区间，方法很直接：第*n*个内存域的最小页帧，即前一个（第*n*–1个）内存域的最大页帧。当前内存域的最大页帧由max_zone_pfn给出。

mm/page_alloc.c
```
	arch_zone_lowest_possible_pfn[ZONE_MOVABLE] = 0;
	arch_zone_highest_possible_pfn[ZONE_MOVABLE] = 0;

	/* 找到ZONE_MOVABLE在各个结点的起始页帧编号 */
...
	find_zone_movable_pfns_for_nodes(zone_movable_pfn);
```

由于ZONE_MOVABLE是一个虚拟内存域，不与真正的硬件内存域关联，该内存域的边界总是设置为0。回忆前文，可知只有在指定了内核命令行参数kernelcore或movablecore之一时，该内存域才会存在。该内存域一般开始于各个结点的某个特定内存域的某一页帧号。相应的编号在find_zone_movable_pfns_for_nodes里计算。

现在可以向用户提供一些有关已确定的页帧区间的信息。举例来说，其中可能包括下列内容（输出取自AMD64系统，有4 GiB物理内存）：

```
root@meitner # dmesg
...
Zone PFN ranges:
  DMA 0          0 ->      4096
  DMA32       4096 ->   1048576
  Normal   1048576 ->   1245184
...
```

free_area_init_nodes剩余的部分遍历所有结点，分别建立其数据结构。

mm/page_alloc.c
```
	/* 输出有关内存域的信息 */
...
	/* 初始化各个结点 */
	for_each_online_node(nid) {
		pg_data_t *pgdat = NODE_DATA(nid);
		free_area_init_node(nid, pgdat, NULL,
				find_min_pfn_for_node(nid), NULL);
```

```
            /* 结点上是否有内存 */
            if (pgdat->node_present_pages)
                    node_set_state(nid, N_HIGH_MEMORY);
            check_for_regular_memory(pgdat);
        }
}
```

代码遍历所有活动结点，并分别对各个结点调用free_area_init_node建立数据结构。该函数需要结点第一个可用的页帧作为一个参数，而find_min_pfn_for_node则从early_node_map数组提取该信息。

如果根据node_present_pages字段判断结点具有内存，则在结点位图中设置N_HIGH_MEMORY标志。回想一下3.2.2节，我们知道该标志只表示结点上存在普通或高端内存，因此check_for_regular_memory进一步检查低于ZONE_HIGHMEM的内存域中是否有内存，并据此在结点位图中相应地设置N_NORMAL_MEMORY标志。

2. 对各个结点创建数据结构

在内存域边界已经确定之后，free_area_init_nodes分别对各个内存域调用free_area_init_node创建数据结构。为此还需要几个辅助函数。

calculate_node_totalpages首先累计各个内存域的页数，计算结点中页的总数。对连续内存模型而言，这可以通过zones_size_init完成，但calculate_zone_totalpages还考虑了内存域中的空洞。在系统启动时，会输出一段简短的消息，指明各个结点的页数。以下例子取自一个UMA系统，具有512 MiB物理内存。

```
wolfgang@meitner> dmesg
...
On node 0 totalpages: 131056
...
```

alloc_node_mem_map负责初始化一个简单但非常重要的数据结构。如上所述，系统中的各个物理内存页，都对应着一个struct page实例。该结构的初始化由alloc_node_mem_map执行。

mm/page_alloc.c

```
static void __init_refok alloc_node_mem_map(struct pglist_data *pgdat)
{
        /* 跳过空结点 */
        if (!pgdat->node_spanned_pages)
                return;

        if (!pgdat->node_mem_map) {
                unsigned long size, start, end;
                struct page *map;

                start = pgdat->node_start_pfn & ~(MAX_ORDER_NR_PAGES -1);
                end = pgdat->node_start_pfn + pgdat->node_spanned_pages;
                end = ALIGN(end, MAX_ORDER_NR_PAGES);
                size = (end -start) * sizeof(struct page);
                map = alloc_remap(pgdat->node_id, size);
                if (!map)
                        map = alloc_bootmem_node(pgdat, size);
                pgdat->node_mem_map = map + (pgdat->node_start_pfn -start);
        }
        if (pgdat == NODE_DATA(0))
                mem_map = NODE_DATA(0)->node_mem_map;
}
```

没有页的空结点显然可以跳过。如果特定于体系结构的代码尚未建立内存映射（这是可能的，例如，在IA-64系统上），则必须分配与该结点关联的所有struct page实例所需的内存。各个体系结构可以为此提供一个特定的函数。但目前只有在IA-32系统上使用不连续内存配置时是这样。在所有其他的配置上，则使用普通的自举内存分配器进行分配。请注意，代码将内存映射对齐到伙伴系统的最大分配阶，因为要使所有的计算都工作正常，这是必需的。

指向该空间的指针不仅保存在pglist_data实例中，还保存在全局变量mem_map中，前提是当前考察的结点是系统的第0个结点（如果系统只有一个内存结点，则总是这样）。mem_map是一个全局数组，在讲解内存管理时，我们会经常遇到。

mm/memory.c
```
struct page *mem_map;
```

初始化内存域数据结构涉及的繁重工作由free_area_init_core执行，它会依次遍历结点的所有内存域。

mm/page_alloc.c
```
static void __init free_area_init_core(struct pglist_data *pgdat,
                unsigned long *zones_size, unsigned long *zholes_size)
{
        enum zone_type j;
        int nid = pgdat->node_id;
        unsigned long zone_start_pfn = pgdat->node_start_pfn;
...
        for (j = 0; j < MAX_NR_ZONES; j++) {
                struct zone *zone = pgdat->node_zones + j;
                unsigned long size, realsize, memmap_pages;

                size = zone_spanned_pages_in_node(nid, j, zones_size);
                realsize = size -zone_absent_pages_in_node(nid, j,
                                                          zholes_size);
...
```

内存域的真实长度，可通过跨越的页数减去空洞覆盖的页数而得到。这两个值是通过两个辅助函数计算的，我不会更详细地讨论了。其复杂性实质上取决于内存模型和所选定的配置选项，但所有变体最终都没有什么意外之处。

mm/page_alloc.c
```
...
                if (!is_highmem_idx(j))
                        nr_kernel_pages += realsize;
                nr_all_pages += realsize;

                zone->spanned_pages = size;
                zone->present_pages = realsize;
...
                zone->name = zone_names[j];
...
                zone->zone_pgdat = pgdat;
                /* 初始化内存域字段为默认值，并调用辅助函数 */
...
}
```

内核使用两个全局变量跟踪系统中的页数。nr_kernel_pages统计所有一致映射的页，而nr_all_pages还包括高端内存页在内。

free_area_init_core剩余部分的任务是初始化zone结构中的各个表头，并将各个结构成员初始化为0。我们比较感兴趣的是调用的两个辅助函数。

- zone_pcp_init初始化该内存域的per-CPU缓存，且将在下一节广泛讨论。
- init_currently_empty_zone初始化free_area列表，并将属于该内存域的所有page实例都设置为初始默认值。正如前文的讨论，调用了memmap_init_zone来初始化内存域的页。我们还可以回想前文提到的，所有页属性起初都设置为MIGRATE_MOVABLE。

此外，空闲列表是在zone_init_free_lists中初始化的：

mm/page_alloc.c

```
static void __meminit zone_init_free_lists(struct pglist_data *pgdat,
struct zone *zone, unsigned long size)
{
        int order, t;
        for_each_migratetype_order(order, t) {
                INIT_LIST_HEAD(&zone->free_area[order].free_list[t]);
                zone->free_area[order].nr_free = 0;
        }
}
```

空闲页的数目（nr_free）当前仍然规定为0，这显然没有反映真实情况。直至停用bootmem分配器、普通的伙伴分配器生效，才会设置正确的数值。

3.5.4　分配器 API

就伙伴系统的接口而言，NUMA或UMA体系结构是没有差别的，二者的调用语法都是相同的。所有函数的一个共同点是：只能分配2的整数幂个页。因此，接口中不像C标准库的malloc函数或bootmem分配器那样指定了所需内存大小作为参数。相反，必须指定的是分配阶，伙伴系统将在内存中分配2^{order}页。内核中细粒度的分配只能借助于slab分配器（或者slub、slob分配器），后者基于伙伴系统（更多细节在3.6节给出）。

- alloc_pages(mask, order)分配2^{order}页并返回一个struct page的实例，表示分配的内存块的起始页。alloc_page(mask)是前者在order = 0情况下的简化形式，只分配一页。
- get_zeroed_page(mask)分配一页并返回一个page实例，页对应的内存填充0(所有其他函数，分配之后页的内容是未定义的)。
- __get_free_pages(mask, order)和__get_free_page(mask)的工作方式与上述函数相同，但返回分配内存块的虚拟地址，而不是page实例。
- get_dma_pages(gfp_mask, order)用来获得适用于DMA的页。

在空闲内存无法满足请求以至于分配失败的情况下，所有上述函数都返回空指针（alloc_pages和alloc_page）或者0（get_zeroed_page、__get_free_pages和__get_free_page）。因此内核在各次分配之后都必须检查返回的结果。这种惯例与设计得很好的用户层应用程序没什么不同，但在内核中忽略检查会导致严重得多的故障。

内核除了伙伴系统函数之外，还提供了其他内存管理函数。它们以伙伴系统为基础，但并不属于伙伴分配器自身。这些函数包括vmalloc和vmalloc_32，使用页表将不连续的内存映射到内核地址空间中，使之看上去是连续的。还有一组kmalloc类型的函数，用于分配小于一整页的内存区。其实现将在本章后续的几节分别讨论。

有4个函数用于释放不再使用的页，与所述函数稍有不同。

- free_page(struct page *)和free_pages(struct page *, order)用于将一个或2^{order}页返回给内存管理子系统。内存区的起始地址由指向该内存区的第一个page实例的指针表示。

- __free_page(addr)和__free_pages(addr, order)的语义类似于前两个函数，但在表示需要释放的内存区时，使用了虚拟内存地址而不是page实例。

1. 分配掩码

前述所有函数中强制使用的mask参数，到底是什么语义？从3.2.1节我们知道，Linux将内存划分为内存域。内核提供了所谓的*内存域修饰符*（zone modifier）（在掩码的最低4个比特位定义），来指定从哪个内存域分配所需的页。

<gfp.h>

```
/* GFP_ZONEMASK中的内存域修饰符（参见linux/mmzone.h，低3位） */
#define __GFP_DMA        ((__force gfp_t)0x01u)
#define __GFP_HIGHMEM    ((__force gfp_t)0x02u)
#define __GFP_DMA32  ((__force gfp_t)0x04u)
...
#define __GFP_MOVABLE ((__force gfp_t)0x100000u) /* 页是可移动的 */
```

在3.4.1节讨论备用列表的创建时，读者可能已经熟悉了这些常数。缩写GFP代表*获得空闲页*（get free page）。__GFP_MOVABLE不表示物理内存域，但通知内核应该在特殊的虚拟内存域ZONE_MOVABLE进行相应的分配。

很有趣的一点是，没有__GFP_NORMAL常数，而内存分配的主要负担却落到ZONE_NORMAL内存域。内核考虑到这一点，提供了一个函数来计算与给定分配标志兼容的最高内存域。那么内存分配可以从该内存域或更低的内存域进行。

mm/page_alloc.c

```
static inline enum zone_type gfp_zone(gfp_t flags)
{
#ifdef CONFIG_ZONE_DMA
        if (flags & __GFP_DMA)
                return ZONE_DMA;
#endif
#ifdef CONFIG_ZONE_DMA32
        if (flags & __GFP_DMA32)
                return ZONE_DMA32;
#endif
        if ((flags & (__GFP_HIGHMEM | __GFP_MOVABLE)) ==
                        (__GFP_HIGHMEM | __GFP_MOVABLE))
                return ZONE_MOVABLE;
#ifdef CONFIG_HIGHMEM
        if (flags & __GFP_HIGHMEM)
                return ZONE_HIGHMEM;
#endif
        return ZONE_NORMAL;
}
```

由于内存域修饰符的解释方式不是那么直观，表3-7给出了该函数结果的一个例子，其中DMA和DMA32内存域相同。假定在下文中没有设置__GFP_MOVABLE修饰符。

如果__GFP_DMA和__GFP_HIGHMEM都没有设置，则首先扫描ZONE_NORMAL，后面是ZONE_DMA。如果设置了__GFP_HIGHMEM，没有设置__GFP_DMA，则结果是从ZONE_HIGHMEM开始扫描所有3个内存域。如果设置了__GFP_DMA，那么__GFP_HIGHMEM设置与否没有关系。只有ZONE_DMA用于3种情形。这是合理的，因为同时使用__GFP_HIGHMEM和__GFP_DMA没有意义。高端内存从来都不适用于DMA。

表3-7　内存域修饰符和扫描的内存域之间的关联

修　饰　符	扫描的内存域
无	ZONE_NORMAL、ZONE_DMA
__GFP_DMA	ZONE_DMA
__GFP_DMA & __GFP_HIGHMEM	ZONE_DMA
__GFP_HIGHMEM	ZONE_HIGHMEM、ZONE_NORMAL、ZONE_DMA

设置__GFP_MOVABLE不会影响内核的决策，除非它与__GFP_HIGHMEM同时指定。在这种情况下，会使用特殊的虚拟内存域ZONE_MOVABLE满足内存分配请求。对前文描述的内核的反碎片策略而言，这种行为是必要的。

除了内存域修饰符之外，掩码中还可以设置一些标志。图3-29给出了掩码的布局，以及与各个比特位置关联的常数。__GFP_DMA32出现了几次，因为它可能位于不同的地方。

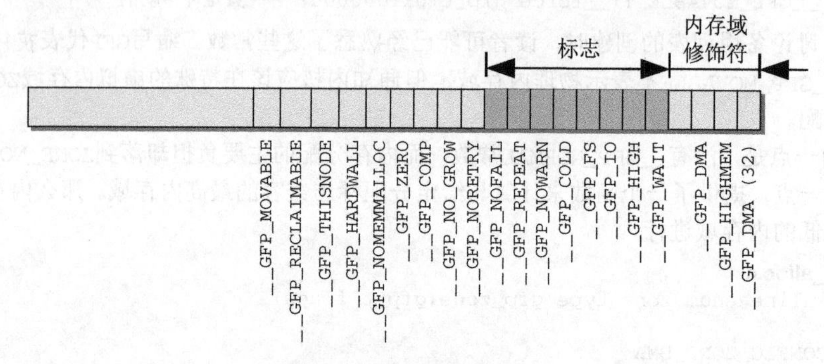

图3-29　GFP掩码的布局

与内存域修饰符相反，这些额外的标志并不限制从哪个物理内存段分配内存，但确实可以改变分配器的行为。例如，它们可以修改查找空闲内存时的积极程度。内核源代码中定义的下列标志：

<gfp.h>
```
/* 操作修饰符，不改变内存域 */
#define __GFP_WAIT        ((__force gfp_t)0x10u)  /* 可以等待和重调度？ */
#define __GFP_HIGH        ((__force gfp_t)0x20u)  /* 应该访问紧急分配池？ */
#define __GFP_IO          ((__force gfp_t)0x40u)  /* 可以启动物理IO？ */
#define __GFP_FS          ((__force gfp_t)0x80u)  /* 可以调用底层文件系统？ */
#define __GFP_COLD        ((__force gfp_t)0x100u)     /* 需要非缓存的冷页 */
#define __GFP_NOWARN      ((__force gfp_t)0x200u)     /* 禁止分配失败警告 */
#define __GFP_REPEAT      ((__force gfp_t)0x400u)     /* 重试分配，可能失败 */
#define __GFP_NOFAIL      ((__force gfp_t)0x800u)     /* 一直重试，不会失败 */
#define __GFP_NORETRY     ((__force gfp_t)0x1000u)    /* 不重试，可能失败 */
#define __GFP_NO_GROW     ((__force gfp_t)0x2000u)    /* slab内部使用 */
#define __GFP_COMP        ((__force gfp_t)0x4000u)    /* 增加复合页元数据 */
#define __GFP_ZERO        ((__force gfp_t)0x8000u)    /* 成功则返回填充字节0的页 */
#define __GFP_NOMEMALLOC  ((__force gfp_t)0x10000u)   /* 不使用紧急分配链表 */
#define __GFP_HARDWALL    ((__force gfp_t)0x20000u)   /* 只允许在进程允许运行的CPU所关联
                                                       * 的结点分配内存 */
#define __GFP_THISNODE    ((__force gfp_t)0x40000u)   /* 没有备用结点，没有策略 */
#define __GFP_RECLAIMABLE ((__force gfp_t)0x80000u)   /* 页是可回收的 */
#define __GFP_MOVABLE     ((__force gfp_t)0x100000u)  /* 页是可移动的 */
```
以上给出的常数，其中一些很少使用，因此我不会讨论。其中最重要的一些常数语义如下所示。

- __GFP_WAIT表示分配内存的请求可以中断。也就是说，调度器在该请求期间可随意选择另一个过程执行，或者该请求可以被另一个更重要的事件中断。分配器还可以在返回内存之前，在队列上等待一个事件（相关进程会进入睡眠状态）。

- 如果请求非常重要，则设置__GFP_HIGH，即内核急切地需要内存时。在分配内存失败可能给内核带来严重后果时（比如威胁到系统稳定性或系统崩溃），总是会使用该标志。

> 虽然名字相似，但__GFP_HIGH与__GFP_HIGHMEM毫无关系，请不要弄混这两者。

- __GFP_IO说明在查找空闲内存期间内核可以进行I/O操作。实际上，这意味着如果内核在内存分配期间换出页，那么仅当设置该标志时，才能将选择的页写入硬盘。
- __GFP_FS允许内核执行VFS操作。在与VFS层有联系的内核子系统中必须禁用，因为这可能引起循环递归调用。
- 如果需要分配不在CPU高速缓存中的"冷"页时，则设置__GFP_COLD。
- __GFP_NOWARN在分配失败时禁止内核故障警告。在极少数场合该标志有用。
- __GFP_REPEAT在分配失败后自动重试，但在尝试若干次之后会停止。

  __GFP_NOFAIL在分配失败后一直重试，直至成功。
- __GFP_ZERO在分配成功时，将返回填充字节0的页。
- __GFP_HARDWALL只在NUMA系统上有意义。它限制只在分配到当前进程的各个CPU所关联的结点分配内存。如果进程允许在所有CPU上运行（默认情况），该标志是无意义的。只有进程可以运行的CPU受限时，该标志才有效果。
- __GFP_THISNODE也只在NUMA系统上有意义。如果设置该比特位，则内存分配失败的情况下不允许使用其他结点作为备用，需要保证在当前结点或者明确指定的结点上成功分配内存。
- __GFP_RECLAIMABLE和__GFP_MOVABLE是页迁移机制所需的标志。顾名思义，它们分别将分配的内存标记为可回收的或可移动的。这影响从空闲列表的哪个子表获取内存。

由于这些标志几乎总是组合使用，内核作了一些分组，包含了用于各种标准情形的适当的标志。如果有可能的话，在内存管理子系统之外，总是把下列分组之一用于内存分配。在内核源代码中，双下划线通常用于内部数据和定义。而这些预定义的分组名没有双下划线前缀，这一点从侧面验证了上述说法。

<gfp.h>
```
#define GFP_ATOMIC          (__GFP_HIGH)
#define GFP_NOIO            (__GFP_WAIT)
#define GFP_NOFS            (__GFP_WAIT | __GFP_IO)
#define GFP_KERNEL          (__GFP_WAIT | __GFP_IO | __GFP_FS)
#define GFP_USER            (__GFP_WAIT | __GFP_IO | __GFP_FS | __GFP_HARDWALL)
#define GFP_HIGHUSER        (__GFP_WAIT | __GFP_IO | __GFP_FS | __GFP_HARDWALL | \
                            __GFP_HIGHMEM)
#define GFP_HIGHUSER_MOVABLE        (__GFP_WAIT | __GFP_IO | __GFP_FS | \
                                    __GFP_HARDWALL | __GFP_HIGHMEM | \
                                    __GFP_MOVABLE)
#define GFP_DMA             __GFP_DMA
#define GFP_DMA32           __GFP_DMA32
```

- 前3个组合的语义是清楚的。GFP_ATOMIC用于原子分配，在任何情况下都不能中断，可能使用紧急分配链表中的内存。GFP_NOIO和GFP_NOFS分别明确禁止I/O操作和访问VFS层，但同时设置了__GFP_WAIT，因此可以被中断。
- GFP_KERNEL和GFP_USER分别是内核和用户分配的默认设置。二者的失败不会立即威胁系统稳定性。GFP_KERNEL绝对是内核源代码中最常使用的标志。

- GFP_HIGHUSER是GFP_USER的一个扩展，也用于用户空间。它允许分配无法直接映射的高端内存。使用高端内存页是没有坏处的，因为用户过程的地址空间总是通过非线性页表组织的。GFP_HIGHUSER_MOVABLE用途类似于GFP_HIGHUSER，但分配将从虚拟内存域ZONE_MOVABLE进行。
- GFP_DMA用于分配适用于DMA的内存，当前是__GFP_DMA的同义词。GFP_DMA32也是GFP_GMA32的同义词。

2. 内存分配宏

通过使用标志、内存域修饰符和各个分配函数，内核提供了一种非常灵活的内存分配体系。尽管如此，所有接口函数都可以追溯到一个简单的基本函数（alloc_pages_node）。

分配单页的函数alloc_page和__get_free_page是借助于宏定义的，alloc_pages也是同样。

```
<gfp.h>
#define alloc_page(gfp_mask) alloc_pages(gfp_mask, 0)
...
#define __get_free_page(gfp_mask) \
                __get_free_pages((gfp_mask),0)
<mm.h>
#define __get_dma_pages(gfp_mask, order) \
                __get_free_pages((gfp_mask) | GFP_DMA,(order))
```

get_zeroed_page的实现也没什么困难。对alloc_pages使用__GFP_ZERO标志，即可分配填充字节0的页。再返回与页关联的内存区地址即可。

所有体系结构都必须实现的标准函数clear_page，可帮助alloc_pages对页填充字节0。[①]

__get_free_pages访问了alloc_pages，而alloc_pages又借助于alloc_pages_node：

```
<gfp.h>
#define alloc_pages(gfp_mask, order) \
                alloc_pages_node(numa_node_id(), gfp_mask, order)
mm/page_alloc.c
fastcall unsigned long __get_free_pages(gfp_t gfp_mask, unsigned int order)
{
        struct page * page;
        page = alloc_pages(gfp_mask, order);
        if (!page)
                return 0;
        return (unsigned long) page_address(page);
}
```

在这种情况下，使用了一个普通函数而不是宏，因为alloc_pages返回的page实例需要使用辅助函数page_address转换为内存地址。在这里，只要知道该函数可根据page实例计算相关页的线性内存地址即可。对高端内存页这是有问题的，因此我会在3.5.7节详细讨论该函数。

这样，就完成了所有API函数到公共的基础函数alloc_pages的统一。图3-30以图形化方式给出了各个函数之间的关系。

page_cache_alloc和page_cache_alloc_cold也是两个便捷函数，可根据__GFP_COLD修饰符的设置，分别获得热页和冷页。

---

① 当然，也可以用通用的、处理器无关的代码对页填充0，但大多数CPU都提供了特殊的命令，可以更快速地完成该操作。

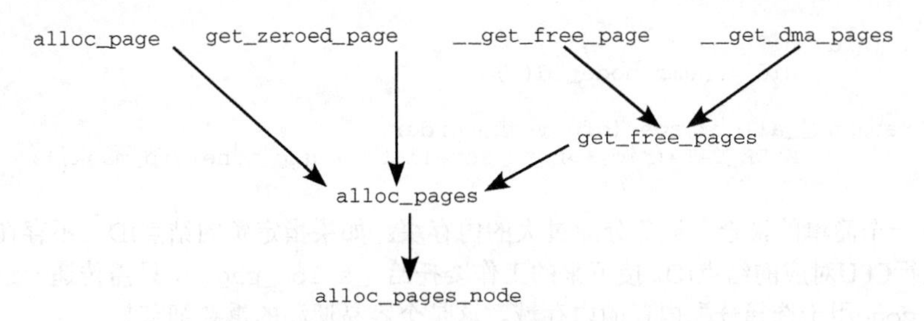

图3-30 伙伴系统的各个分配函数之间的关系

类似地，内存释放函数也可以归约到一个主要的函数（__free_pages），只是用不同的参数调用而已：

<gfp.h>
```
#define __free_page(page) __free_pages((page), 0)
#define free_page(addr) free_pages((addr),0)
```

free_pages和__free_pages之间的关系通过函数而不是宏建立，因为首先必须将虚拟地址转换为指向struct page的指针。

mm/page_alloc.c
```
void free_pages(unsigned long addr, unsigned int order)
{
        if (addr != 0) {
                __free_pages(virt_to_page(addr), order);
        }
}
```

virt_to_page将虚拟内存地址转换为指向page实例的指针。基本上，这是上文介绍的page_address辅助函数的逆过程。

图3-31以图形化方式综述了各个内存释放函数之间的关系。

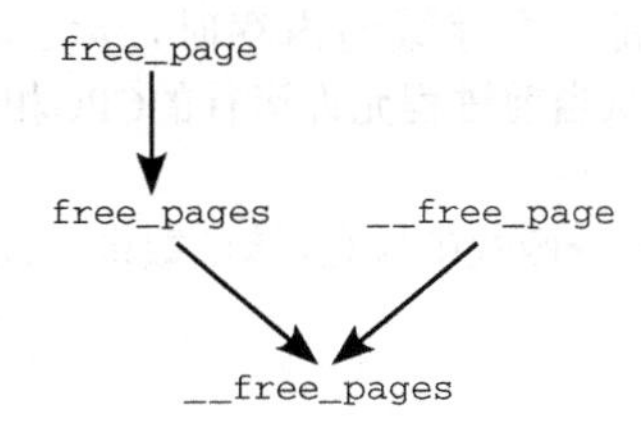

图3-31 伙伴系统的各个内存释放函数之间的关系

3.5.5 分配页

所有API函数都追溯到alloc_pages_node，从某种意义上说，该函数是伙伴系统主要实现的“发射台”。

<gfp.h>
```
static inline struct page *alloc_pages_node(int nid, gfp_t gfp_mask,
                                                unsigned int order)
{
        if (unlikely(order >= MAX_ORDER))
                return NULL;
        /* 未知结点即当前结点 */
```

```
	if(nid< 0)
		nid = numa_node_id();

	return __alloc_pages(gfp_mask, order,
		NODE_DATA(nid)->node_zonelists + gfp_zone(gfp_mask));
}
```

只执行了一个简单的检查，避免分配过大的内存块。如果指定负的结点ID（不存在），内核自动地使用当前执行CPU对应的结点ID。接下来的工作委托给__alloc_pages，只需传递一组适当的参数。请注意，gfp_zone用于选择分配内存的内存域。这是个容易遗漏的重要细节！

内核源代码将__alloc_pages称之为“伙伴系统的心脏”，因为它处理的是实质性的内存分配。由于“心脏”的重要性，我将在下文详细介绍该函数。

1. 选择页

我们先把注意力转向页面选择是如何工作的。

● **辅助函数**

首先我们需要定义一些函数使用的标志，用于控制到达各个水印指定的临界状态时的行为。

mm/page_alloc.c

```
#define ALLOC_NO_WATERMARKS   0x01 /* 完全不检查水印 */
#define ALLOC_WMARK_MIN       0x02 /* 使用pages_min水印 */
#define ALLOC_WMARK_LOW       0x04 /* 使用pages_low水印 */
#define ALLOC_WMARK_HIGH      0x08 /* 使用pages_high水印 */
#define ALLOC_HARDER          0x10 /* 试图更努力地分配，即放宽限制 */
#define ALLOC_HIGH            0x20 /* 设置了__GFP_HIGH */
#define ALLOC_CPUSET          0x40 /* 检查内存结点是否对应着指定的CPU集合 */
```

前几个标志表示在判断页是否可分配时，需要考虑哪些水印。默认情况下（即没有因其他因素带来的压力而需要更多的内存），只有内存域包含页的数目至少为zone->pages_high时，才能分配页。这对应于ALLOC_WMARK_HIGH标志。如果要使用较低（zone->pages_low）或最低（zone->pages_min）设置，则必须相应地设置ALLOC_WMARK_MIN或ALLOC_WMARK_LOW。ALLOC_HARDER通知伙伴系统在急需内存时放宽分配规则。在分配高端内存域的内存时，ALLOC_HIGH进一步放宽限制。最后，ALLOC_CPUSET告知内核，内存只能从当前进程允许运行的CPU相关联的内存结点分配，当然该选项只对NUMA系统有意义。

设置的标志在zone_watermark_ok函数中检查，该函数根据设置的标志判断是否能从给定的内存域分配内存。

mm/page_alloc.c

```
int zone_watermark_ok(struct zone *z, int order, unsigned long mark,
		int classzone_idx, int alloc_flags)
{
	/* free_pages可能变为负值，没有关系 */
	long min = mark;
	long free_pages = zone_page_state(z, NR_FREE_PAGES) -(1 << order) + 1;
	int o;

	if (alloc_flags & ALLOC_HIGH)
		min -= min / 2;
	if (alloc_flags & ALLOC_HARDER)
		min -= min / 4;
	if (free_pages <= min + z->lowmem_reserve[classzone_idx])
		return 0;
	for(o= 0;o <order;o++){
		/* 在下一阶，当前阶的页是不可用的 */
```

```
                free_pages -= z->free_area[o].nr_free << o;

                /* 所需高阶空闲页的数目相对较少 */
                min >>= 1;

                if (free_pages <= min)
                        return 0;
        }
        return 1;
}
```

我们知道zone_page_state用来访问每个内存域的统计量。在上述代码中，得到的是空闲页的数目。

在解释了ALLOC_HIGH和ALLOC_HARDER标志之后（将最小值标记降低到当前值的一半或四分之一，使得分配过程努力或更加努力），该函数会检查空闲页的数目是否小于最小值与lowmem_reserve中指定的紧急分配值之和。如果不小于，则代码遍历所有小于当前阶的分配阶，从free_pages减去当前分配阶的所有空闲页（左移*o*位是必要的，因为nr_free记载的是当前分配阶的空闲页块数目）。同时，每升高一阶，所需空闲页的最小值折半。如果内核遍历所有的低端内存域之后，发现内存不足，则不进行内存分配。

get_page_from_freelist是伙伴系统使用的另一个重要的辅助函数。它通过标志集和分配阶来判断是否能进行分配。如果可以，则发起实际的分配操作。[①]

mm/page_alloc.c

```
static struct page *
get_page_from_freelist(gfp_t gfp_mask, unsigned int order,
                struct zonelist *zonelist, int alloc_flags)
{
        struct zone **z;
        struct page *page = NULL;
        int classzone_idx = zone_idx(zonelist->zones[0]);
        struct zone *zone;
...
        /*
         * 扫描zonelist，寻找具有足够空闲空间的内存域。
         * 请参阅kernel/cpuset.c中cpuset_zone_allowed()的注释。
         */
        z = zonelist->zones;

        do {
...
                zone = *z;
                        if ((alloc_flags & ALLOC_CPUSET) &&
                        !cpuset_zone_allowed_softwall(zone, gfp_mask))
                                continue;

                        if (!(alloc_flags & ALLOC_NO_WATERMARKS)) {
                                unsigned long mark;
                                if (alloc_flags & ALLOC_WMARK_MIN)
                                        mark = zone->pages_min;
                                else if (alloc_flags & ALLOC_WMARK_LOW)
                                        mark = zone->pages_low;
                                else
```

① 请注意，NUMA系统使用了一个内存域列表缓存，可以加速扫描区域的过程。尽管该缓存在UMA系统上不活动，但对下述代码有一些影响，为简单起见，我移除了相关的代码。

```
                mark = zone->pages_high;
            if (!zone_watermark_ok(zone, order, mark,
                    classzone_idx, alloc_flags))
                continue;
            }
            ...
```

该函数的一个参数是指向备用列表的指针。在预期内存域没有空闲空间的情况下，该列表确定了扫描系统其他内存域（和结点）的顺序。该数据结构的布局和语义已经在3.4.1节详细讨论过。

随后的do循环所作的基本上与直觉一致，遍历备用列表的所有内存域，用最简单的方式查找一个适当的空闲内存块。首先，解释ALLOC_*标志（cpuset_zone_allowed_softwall是另一个辅助函数，用于检查给定内存域是否属于该进程允许运行的CPU）。zone_watermark_ok接下来检查所遍历到的内存域是否有足够的空闲页，并试图分配一个连续内存块。如果两个条件之一不能满足，即或者没有足够的空闲页，或者没有连续内存块可满足分配请求，则循环进行到备用列表中的下一个内存域，作同样的检查。

如果内存域适用于当前的分配请求，那么buffered_rmqueue试图从中分配所需数目的页：

mm/page_alloc.c

```
...
        page = buffered_rmqueue(*z, order, gfp_mask);
        if (page) {
                zone_statistics(zonelist, *z);
                break;
        }
    } while (*(++z) != NULL);
    return page;
}
```

我们将在3.5.4节更细致地考察buffered_rmqueue。如果分配成功，则将页返回给调用者。否则，进入下一个循环，选择备用列表中的下一个内存域。

● **分配控制**

如前所述，__alloc_pages是伙伴系统的主函数。我们已经处理了所有的准备工作并描述了所有可能的标志，现在我们把注意力转向相对复杂的部分：该函数的实现，这也是内核中比较冗长的部分之一。特别是在可用内存太少或逐渐用完时，函数就会比较复杂。如果可用内存足够，则必要的工作会很快完成，就像下述代码。

mm/page_alloc.c

```
struct page * fastcall
__alloc_pages(gfp_t gfp_mask, unsigned int order,
        struct zonelist *zonelist)
{
    const gfp_t wait = gfp_mask & __GFP_WAIT;
    struct zone **z;
    struct page *page;
    struct reclaim_state reclaim_state;
    struct task_struct *p = current;
    int do_retry;
    int alloc_flags;
    int did_some_progress;

    might_sleep_if(wait);

restart:
    z = zonelist->zones; /* 适合于gfp_mask的内存域列表 */
```

```
        if (unlikely(*z == NULL)) {
        /*
         *如果在没有内存的结点上使用GFP_THISNODE，导致zonelist为空，就会发生这种情况
         */
                return NULL;
        }

        page = get_page_from_freelist(gfp_mask|__GFP_HARDWALL, order,
                                zonelist, ALLOC_WMARK_LOW|ALLOC_CPUSET);
        if (page)
                goto got_pg;
...
```

在最简单的情形中，分配空闲内存区只涉及调用一次get_page_from_freelist，然后返回所需数目的页（由标号got_pg处的代码处理）。

第一次内存分配尝试不会特别积极。如果在某个内存域中无法找到空闲内存，则意味着内存没剩下多少了，内核需要增加较多的工作量才能找到更多内存（“重型武器”稍后才会出现）。

mm/page_alloc.c

```
...
        for (z = zonelist->zones; *z; z++)
                wakeup_kswapd(*z, order);

        alloc_flags = ALLOC_WMARK_MIN;
        if ((unlikely(rt_task(p)) && !in_interrupt()) || !wait)
                alloc_flags |= ALLOC_HARDER;
        if (gfp_mask & __GFP_HIGH)
                alloc_flags |= ALLOC_HIGH;
        if (wait)
            alloc_flags |= ALLOC_CPUSET;

        page = get_page_from_freelist(gfp_mask, order, zonelist, alloc_flags);
        if (page)
                goto got_pg;
...
}
```

内核再次遍历备用列表中的所有内存域，每次都调用wakeup_kswapd。顾名思义，该函数会唤醒负责换出页的kswapd守护进程。交换守护进程的任务比较复杂，需要单独一章讲解（第18章）。读者在这里需要注意的是，空闲内存可以通过缩减内核缓存和页面回收获得，即写回或换出很少使用的页。这两种措施都是由该守护进程发起的。

在交换守护进程唤醒后，内核开始新的尝试，在内存域之一查找适当的内存块。这一次进行的搜索更为积极，对分配标志进行了调整，修改为一些在当前特定情况下更有可能分配成功的标志。同时，将水印降低到最小值。对实时进程和指定了__GFP_WAIT标志因而不能睡眠的调用，会设置ALLOC_HARDER。然后用修改的标志集，再一次调用get_page_from_freelist，试图获得所需的页。

如果再次失败，内核会借助于更强有力的措施：

mm/page_alloc.c

```
rebalance:
        if (((p->flags & PF_MEMALLOC) || unlikely(test_thread_flag(TIF_MEMDIE)))
                        && !in_interrupt()) {
                if (!(gfp_mask & __GFP_NOMEMALLOC)) {
nofail_alloc:
                        /* 再一次遍历zonelist，忽略水印 */
                        page = get_page_from_freelist(gfp_mask, order,
```

```
                         zonelist, ALLOC_NO_WATERMARKS);
                  if (page)
                         goto got_pg;
                  if (gfp_mask & __GFP_NOFAIL) {
                         congestion_wait(WRITE, HZ/50);
                         goto nofail_alloc;
                  }
           }
           goto nopage;
     }
...
```

如果设置了PF_MEMALLOC或进程设置了TIF_MEMDIE标志（在这两种情况下，内核不能处于中断上下文中），会再次调用get_page_from_freelist试图获得所需的页。但这次会完全忽略水印，因为设置了ALLOC_NO_WATERMARKS。通常只有在分配器自身需要更多内存时，才会设置PF_MEMALLOC，而只有在线程刚好被OOM killer机制选中时，才会设置TIF_MEMDIE。

在这里搜索可能因为两个原因结束。

(1) 设置了__GFP_NOMEMALLOC。该标志禁止使用紧急分配链表（如果忽略水印，这可能是最佳途径），因此无法在禁用水印的情况下调用get_page_from_freelist。在这种情况下内核最终只能失败，跳转到nopage标号，通过内核消息将失败报告给用户，并将NULL指针返回调用者。

(2) 在忽略水印的情况下，get_page_from_freelist仍然失败了。在这种情况下，也会放弃搜索，报告错误消息。但如果设置了__GFP_NOFAIL，内核会进入无限循环（通过跳转到nofail_alloc标号实现），首先等待（通过congestion_wait）块设备层结束“占线”，在回收页时可能出现这种情况（参见第18章）。接下来再次尝试分配，直至成功。

如果没有设置PF_MEMALLOC，内核仍然还有一些选项可以尝试，但这些都需要睡眠。为使得kswapd取得一些进展，睡眠是必要的。

从这里内核进入了一条*低速路径*（slow path），其中会开始一些耗时的操作。前提是分配掩码中设置了__GFP_WAIT标志，因为随后的操作可能使进程睡眠。

mm/page_alloc.c

```
     /* 原子分配：我们无法进行“均衡” */
     if (!wait)
            goto nopage;

     cond_schedule();
...
```

回想一下，我们知道如果设置了相应的比特位，那么wait是1，否则是0。如果没有设置该标志，在这里会放弃分配尝试。在做进一步的尝试之前，内核通过cond_resched提供了重调度的时机。这防止了花费过多时间搜索内存，以致于使其他进程处于饥饿状态。

分页机制提供了一个目前尚未使用的选项，将很少使用的页换出到块介质，以便在物理内存中产生更多空间。但该选项非常耗时，还可能导致进程睡眠状态。try_to_free_pages是相应的辅助函数，用于查找当前不急需的页，以便换出。在该分配任务设置了PF_MEMALLOC标志之后，会调用该函数，用于向其余的内核代码表明所有后续的内存分配都需要这样的搜索。

mm/page_alloc.c

```
     /* 我们现在进入同步回收状态 */
     p->flags |= PF_MEMALLOC;
...
     did_some_progress = try_to_free_pages(zonelist->zones, order, gfp_mask);
```

```
...
        p->flags &= ~PF_MEMALLOC;

        cond_resched();
...
```

该调用被设置/清除PF_MEMALLOC标志的代码间隔起来。try_to_free_pages自身可能也需要分配新的内存。由于为获得新内存还需要额外分配一点内存（相当矛盾的情形），该进程当然应该在内存管理方面享有最高优先级，上述标志的设置即达到了这一目的。

回忆前几行代码，在设置了PF_MEMALLOC标志时，内存分配非常积极。

此外，设置该标志确保了try_to_free_pages不会递归调用，因为如果此前设置了PF_MEMALLOC，那么__alloc_pages肯定已经返回。

try_to_free_pages自身是一个冗长而复杂的函数，我不会在这里讨论其实现。读者可以参见第18章，其中详细说明了相关的底层机制。目前，只要知道该函数选择最近不十分活跃的页，将其写到交换区，在物理内存中腾出空间，即可。try_to_free_pages会返回增加的空闲页数目。

try_to_free_pages只作用于包含预期内存域的结点。忽略所有其他结点。

如果需要分配多页，那么per-CPU缓存中的页也会拿回到伙伴系统：

mm/page_alloc.c

```
        if (order != 0)
                drain_all_local_pages();
```

该函数技术上的实现与此处的内容不相关，因此无需详细讨论drain_all_local_pages。

接下来，如果try_to_free_pages释放了一些页，那么内核再次调用get_page_from_freelist尝试分配内存：

mm/page_alloc.c

```
        if (likely(did_some_progress)) {
                page = get_page_from_freelist(gfp_mask, order,
                                        zonelist, alloc_flags);
                if (page)
                        goto got_pg;
        } else if ((gfp_mask & __GFP_FS) && !(gfp_mask & __GFP_NORETRY)) {
...
```

如果内核可能执行影响VFS层的调用而又没有设置GFP_NORETRY，那么调用OOM killer（OOM是out of memory的缩写）：

mm/page_alloc.c

```
        /* OOM killer无助于高阶分配，因此失败 */
        if (order > PAGE_ALLOC_COSTLY_ORDER) {
                clear_zonelist_oom(zonelist);
                goto nopage;
            }

        out_of_memory(zonelist, gfp_mask, order);
        goto restart;
    }
```

我在这里不会讨论out_of_memory的实现细节，读者请注意，该函数选择一个内核认为犯有分配过多内存“罪行”的进程，并杀死该进程。这有很大几率腾出较多的空闲页，然后跳转到标号restart，重试分配内存的操作。但杀死一个进程未必立即出现多于$2^{PAGE_COSTLY_ORDER}$页的连续内存区（其中

PAGE_COSTLY_ORDER_PAGES通常设置为3），因此如果当前要分配如此大的内存区，那么内核会饶恕所选择的进程，不执行杀死进程的任务，而是承认失败并跳转到nopage。

如果设置了__GFP_NORETRY，或内核不允许使用可能影响VFS层的操作，那么会发生什么？在这种情况下，会判断所需分配的长度，作出不同的决定：

mm/page_alloc.c

```
...
          do_retry = 0;
          if (!(gfp_mask & __GFP_NORETRY)) {
                    if ((order <= PAGE_ALLOC_COSTLY_ORDER) ||
                                                  (gfp_mask & __GFP_REPEAT))
                              do_retry = 1;
                    if (gfp_mask & __GFP_NOFAIL)
                              do_retry = 1;
          }
          if (do_retry) {
                    congestion_wait(WRITE, HZ/50);
                    goto rebalance;
          }
          nopage:
          if (!(gfp_mask & __GFP_NOWARN) && printk_ratelimit()) {
                    printk(KERN_WARNING "%s: page allocation failure."
                              " order:%d, mode:0x%x\n"
                              p->comm, order, gfp_mask);
                    dump_stack();
                    show_mem();
          }
got_pg:
          return page;
}
```

如果分配长度小于$2^{PAGE_ALLOC_COSTLY_ORDER}$=8页，或设置了__GFP_REPEAT标志，则内核进入无限循环。在这两种情况下，是不能设置GFP_NORETRY的。因为如果调用者不打算重试，那么进入无限循环重试并没有意义。内核会跳转回rebalance标号，即低速路径的入口，并一直等待，直至找到适当大小的内存块——根据所要分配的内存大小，内核可以假定该无限循环不会持续太长时间。内核在跳转之前会调用congestion_wait，等待块设备层队列释放（参见第6章），这样内核就有机会换出页。

在所要求的分配阶大于3但设置了__GFP_NOFAIL标志的情况下，内核也会进入上述无限循环，因为该标志无论如何都不允许失败。

如果情况不是这样，内核只能放弃，并向用户返回NULL指针，并输出一条内存请求无法满足的警告消息。

2. 移除选择的页

如果内核找到适当的内存域，具有足够的空闲页可供分配，那么还有两件事情需要完成。首先它必须检查这些页是否是*连续的*（到目前为止，只知道*有许多*空闲页）。其次，必须按伙伴系统的方式从free_lists移除这些页，这可能需要分解并重排内存区。

内核将该工作委托给前一节提到的buffered_rmqueue。图3-32给出了该函数必需的各个步骤。

如果只分配一页，内核会进行优化，即分配阶为0的情形，$2^0=1$。该页不是从伙伴系统直接取得，而是取自per-CPU的页缓存（回想一下，可知该缓存提供了CPU本地的热页和冷页的列表，所需数据结构在3.2.2节讲过）。

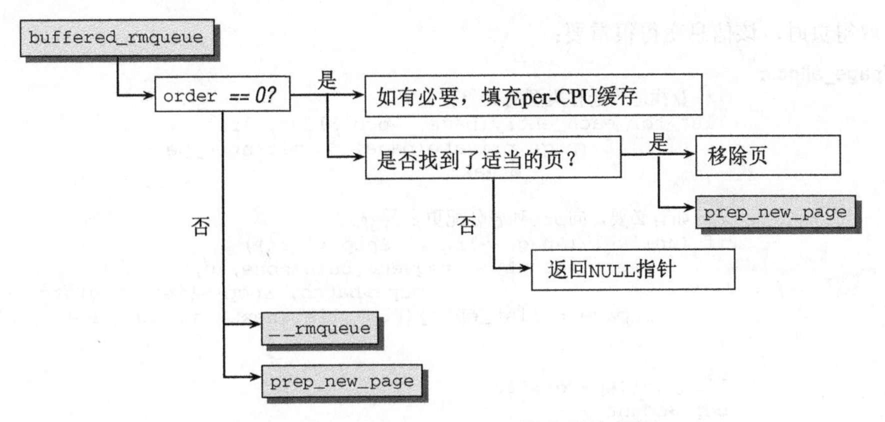

图3-32 buffered_rmqueue的代码流程图

照例，首先需要设置一些变量：

mm/page_alloc.c
```
static struct page *
buffered_rmqueue(struct zone *zone, int order, gfp_t gfp_flags)
{
        unsigned long flags;
        struct page *page;
        int cold = !!(gfp_flags & __GFP_COLD);
        int migratetype = allocflags_to_migratetype(gfp_flags);
```

如果分配标志设置了GFP_COLD，那么必须从per-CPU缓存取得冷页，前提是有的话。两个取反操作确保cold是0或1。[①] 根据分配标志确定迁移列表，也是必要的。先前介绍的函数allocflags_to_migratetype（参见3.5.2节）在这里就派上用场了。

在只请求一页时，内核试图借助于per-CPU缓存加速请求的处理。如果缓存为空，内核可借机检查缓存填充水平。

mm/page_alloc.c
```
again:
        if (order == 0) {
                struct per_cpu_pages *pcp;

                page = NULL;
                pcp = &zone_pcp(zone, get_cpu())->pcp[cold];
                if (!pcp->count)
                        pcp->count = rmqueue_bulk(zone, 0,
                                        pcp->batch, &pcp->list);
                if (unlikely(!pcp->count))
                        goto failed;
                }
...
```

在针对当前处理器选择了适当的per-CPU列表（热页或冷页列表）之后，调用rmqueue_bulk重新填充缓存。在这里我不打算给出该函数的代码，因为它只是从通常的伙伴系统移除页，然后添加到缓存。但重要的是要注意，buffered_rmqueue将页的迁移类型存储在struct page的private成员中。

① 如果只使用gfp_flags & __GFP_COLD，那么在设置了__GFP_COLD的情况下，cold的值就是__GFP_COLD。如果将cold用作只有两个元素的数组索引，这是不允许的。

在从缓存取得页时，该信息变得很重要：

mm/page_alloc.c

```
                /* 查找适当迁移类型的页 */
                list_for_each_entry(page, &pcp->list, lru)
                        if (page_private(page) == migratetype)
                                break;

                /* 如有必要，向pcp列表分配更多页 */
                if (unlikely(&page->lru == &pcp->list)) {
                        pcp->count += rmqueue_bulk(zone, 0,
                                        pcp->batch, &pcp->list, migratetype);
                        page = list_entry(pcp->list.next, struct page, lru);
                }

                list_del(&page->lru);
                pcp->count--
        } else {
                page = __rmqueue(zone, order);
                if (!page)
                        goto failed;
        }
...
```

内核会遍历per-CPU缓存中的所有页，检查是否有指定迁移类型的页可用。如果前一次调用中，用不同迁移类型的页重新填充了缓存，就可能找不到。如果无法找到适当的页，则向缓存添加一些符合当前要求迁移类型的页，然后从per-CPU列表移除一页，接下来进一步处理。

如果需要分配多页（由else分支处理），内核调用__rmqueue会从内存域的伙伴列表中选择适当的内存块。如有必要，该函数会自动分解大块内存，将未用的部分放回列表中（具体过程将在下文讲解）。切记，可能有这样的情况：内存域中有足够空闲页满足分配请求，但页*不是连续的*。在这种情况下，__rmqueue失败并返回NULL指针。

由于所有失败情形都跳转到标号failed处理，这可以确保内核到达当前点之后，page指向一系列有效的页。在返回指针之前，prep_new_page需要做一些准备工作，以便内核能够处理这些页（注意，如果所选择的页出了问题，则该函数返回正值。在这种情况下，分配将从头重新开始）：

mm/page_alloc.c

```
        if (prep_new_page(page, order, gfp_flags))
                goto again;
        return page;
failed:
...
        return NULL;
}
```

prep_new_page对页进行几项检查，确保分配之后分配器处于理想状态。特别地，这意味着在现存的映射中不能使用该页，也没有设置不正确的标志（如PG_locked或PG_buddy），因为这说明页处于使用中，不应该放置在空闲列表上。但通常情况下，不应该发生错误，否则就意味着内核在其他地方出现了错误。该函数也为各个新页设置下列默认标志：

mm/page_alloc.c

```
static int prep_new_page(struct page *page, int order, gfp_t gfp_flags)
{
        page->flags &= ~(1 << PG_uptodate | 1 << PG_error | 1 << PG_readahead |
                        1 << PG_referenced | 1 << PG_arch_1 |
                        1 << PG_owner_priv_1 | 1 << PG_mappedtodisk);
...
```

各个标志位的含义已经在3.2.2节给出。prep_new_page还需要将第一个page实例的引用计数器设置为初始值1。此外，根据页的标志，还需要作一些工作：

mm/page_alloc.c
```
        if (gfp_flags & __GFP_ZERO)
                prep_zero_page(page, order, gfp_flags);
        if (order && (gfp_flags & __GFP_COMP))
                prep_compound_page(page, order);

        return 0;
}
```

- 如果设置了__GFP_ZERO，prep_zero_page使用一个特定于体系结构的高效函数将页填充字节0。
- 如果设置了__GFP_COMP并请求了多个页，内核必须将这些页组成**复合页**（compound page）。第一个页称作**首页**（head page），而所有其余各页称作**尾页**（tail page）。复合页的结构如图3-33所示。

  复合页通过PG_compound标志位识别。组成复合页的所有页的page实例的private成员，包括首页在内，都指向首页。此外，内核需要存储一些信息，描述如何释放复合页。这包括一个释放页的函数，以及组成复合页的页数。第一个尾页的LRU链表元素因此被滥用：指向析构函数的指针保存在lru.next，而分配阶保存在lru.prev。请注意，lru成员无法用于这用途，因为如果将复合页连接到内核链表中，是需要该成员的。

  为什么需要该信息？内核可能合并多个相邻的物理内存页，形成所谓的巨型TLB页。在用户层应用程序处理大块数据时，许多处理器允许使用巨型TLB页，将数据保存在内存中。由于巨型TLB页比普通页大，这降低了保存在地址转换后备缓冲器（TLB）中的信息的数量，因而又降低了TLB缓存失效的概率，从而加速了内存访问。[①] 但与多个普通页组成的复合页相比，巨型TLB页需要用不同的方法释放，因而需要一个显式的析构器函数。free_compound_pages用于该目的。本质上，在释放复合页时，该函数通过lru.prev确定页的分配阶，并依次释放各页。

  辅助函数prep_compound_page用于设置以上描述的结构。

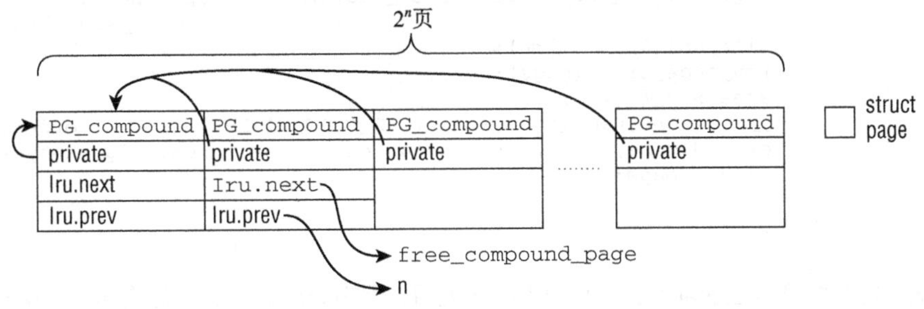

图3-33　高阶分配产生的复合页，其中各个页是连接起来的

① 巨型TLB页在启动时间创建，保存在一个特殊缓存中。内核参数hugepages用来指定创建多少个巨型TLB页，应用程序可以通过特殊文件系统hugetlbfs请求它们。libhugetlbfs库允许用户层应用程序使用巨型TLB页，而无需和该文件系统直接打交道。

● __rmqueue辅助函数

内核使用了__rmqueue函数（前面讲过），该函数充当进入伙伴系统核心的看门人：

mm/page_alloc.c

```
static struct page *__rmqueue(struct zone *zone, unsigned int order,
                                                int migratetype)
{
        struct page *page;

        page = __rmqueue_smallest(zone, order, migratetype);

        if (unlikely(!page))
                page = __rmqueue_fallback(zone, order, migratetype);

        return page;
}
```

根据传递进来的分配阶、用于获取页的内存域、迁移类型，__rmqueue_smalles扫描页的列表，直至找到适当的连续内存块。在这样做的时候，可以按第1章的描述拆分伙伴。如果指定的迁移列表不能满足分配请求，则调用__rmqueue_fallback尝试其他的迁移列表，作为应急措施。

__rmqueue_smallest的实现不是很长。本质上，它由一个循环组成，按递增顺序遍历内存域的各个特定迁移类型的空闲页列表，直至找到合适的一项。

mm/page_alloc.c

```
static struct page *__rmqueue_smallest(struct zone *zone, unsigned int order,
int migratetype)
{
        unsigned int current_order;
        struct free_area * area;
        struct page *page;
        /* 在首选的列表中找到适当大小的页 */
        for (current_order = order; current_order < MAX_ORDER; ++current_order) {
                area = &(zone->free_area[current_order]);
                if (list_empty(&area->free_list[migratetype]))
                        continue;

                page = list_entry(area->free_list[migratetype].next,
                                                        struct page, lru);
                list_del(&page->lru);
                rmv_page_order(page);
                area->nr_free--;
                __mod_zone_page_state(zone, NR_FREE_PAGES, -(1UL << order));
                expand(zone, page, order, current_order, area, migratetype);
                return page;
        }
        return NULL;
}
```

搜索从指定分配阶对应的项开始。小的内存区无用，因为分配的页必须是连续的。我们知道给定分配阶的所有页又再分成对应于不同迁移类型的列表，在其中需要选择正确的一项。

检查适当大小的内存块非常简单。如果检查的列表中有一个元素，那么它就是可用的，因为其中包含了所需数目的连续页。否则，内核将选择下一个更高分配阶，并进行类似的搜索。

在用list_del从链表移除一个内存块之后，要注意，必须将struct free_area的nr_free成员减1。还必须据此更新当前内存域的统计量，这可以通过使用__mod_zone_page_state实现。

rmv_page_order是一个辅助函数，从页标志删除PG_buddy位，表示该页不再包含于伙伴系统中，并将struct page的private成员设置为0。

如果需要分配的内存块长度小于所选择的连续页范围，即如果因为没有更小的适当内存块可用，而从较高的分配阶分配了一块内存，那么该内存块必须按照伙伴系统的原理分裂成小的块。这是通过expand函数完成的。

mm/page_alloc.c

```
static inline struct page *
expand(struct zone *zone, struct page *page,
	int low, int high, struct free_area *area,
	int migratetype)
{
	unsigned long size = 1 << high;

	while (high > low) {
		area--;
		high--;
		size >>= 1;
		list_add(&page[size].lru, &area->free_list[migratetype]);
		area->nr_free++;
		set_page_order(&page[size], high);
	}
	return page;
}
```

该函数使用了一组参数。page、zone、area的语义都很显然。index指定了该伙伴对在分配位图中的索引位置，low是预期的分配阶，high表示内存取自哪个分配阶。migratetype表示迁移类型。

最好逐步看一下代码，理解其工作方式。我们假定以下情形：将要分配一个阶为3的块。内存中没有该长度的块，因此内核选择了一个阶为5的块。为简明起见，该块位于索引0的位置。因此调用该函数的参数如下。

```
expand(page,index=0,low=3,high=5,area)
```

图3-34说明了如下所述的拆分内存块的步骤（free_area列表此前的内容未给出，只有新页）。

(1) size的值初始化为$2^{high}=2^5=32$。分配的内存区已经在__rmqueue中从free_area列表移除，因此在图3-34中用虚线画出。

(2) 在第一遍循环中，内核切换到低一个分配阶、迁移类型相同的free_area列表，即阶为4。类似地，内存区长度降低到16（通过size >> 1计算）。初始内存区的后一半插入到阶为4的free_area列表中。

> 伙伴系统只需要内存区第一个page实例，用作管理用途。内存区的长度可根据页所在的列表自动推导而得。

(3) 后一半内存区的地址可通过&page[size]计算。而page指针一直指向最初分配内存区的起始地址，并不改变。page指针指向的位置在图3-34中用箭头表示。

(4) 下一遍循环将剩余16页的后一半放置到对应于size = 8的free_area列表上。page指针仍然不动。现在剩余的内存区已经是预期的长度，可以将page指针作为结果返回。从图中可见，显然使用了初始32页内存区的起始8页。所有其余各页都进入到伙伴系统中适当的free_area列表里。

内核总是使用特定于迁移类型的free_area列表，在处理期间不会改变页的迁移类型。

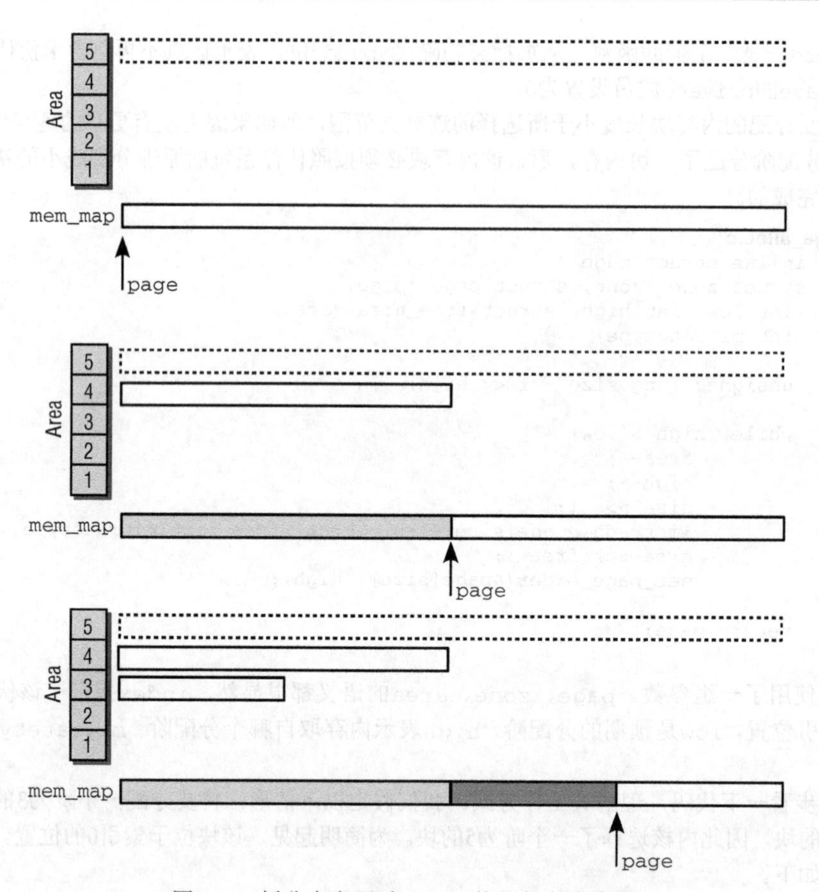

图3-34　拆分内存区时expand执行的各个步骤

循环中各个步骤都调用了set_page_order辅助函数，对于回收到伙伴系统的内存区，该函数将第一个struct page实例的private标志设置为当前分配阶，并设置页的PG_buddy标志位。该标志表示内存块由伙伴系统管理。

如果在特定的迁移类型列表上没有连续内存区可用，则__rmqueue_smallest返回NULL指针。内核接下来根据备用次序，尝试使用其他迁移类型的列表满足分配请求。该任务委托给__rmqueue_fallback。回忆3.5.2节的内容可知，迁移类型的备用次序在fallbacks数组定义。首先，函数再一次遍历各个分配阶的列表：

mm/page_alloc.c

```
static struct page *__rmqueue_fallback(struct zone *zone, int order,
                                        int start_migratetype)
{
        struct free_area * area;
        int current_order;
        struct page *page;
        int migratetype, i;

        /* 在其他类型列表中找到最大可能的内存块 */
        for (current_order = MAX_ORDER-1; current_order >= order;
```

```
                                             --current_order) {
            for (i = 0; i < MIGRATE_TYPES -1; i++) {
                migratetype = fallbacks[start_migratetype][i];
...
```

但不只是相同的迁移类型，还要考虑备用列表中指定的不同迁移类型。请注意，该函数会按照分配阶从大到小遍历！这与通常的策略相反，内核的策略是，如果无法避免分配迁移类型不同的内存块，那么就分配一个尽可能大的内存块。如果优先选择更小的内存块，则会向其他列表引入碎片，因为不同迁移类型的内存块将会混合起来，这显然不是我们想要的。

特别列表MIGRATE_RESERVE包含了用于紧急分配的内存，需要特殊处理，我们将在下文讨论。如果当前考虑的迁移类型对应的空闲列表包含空闲内存块，则从该列表分配内存：

mm/page_alloc.c

```
                /* 如有必要，在后面处理MIGRATE_RESERVE */
                if (migratetype == MIGRATE_RESERVE)
                        continue;

                area = &(zone->free_area[current_order]);
                if (list_empty(&area->free_list[migratetype]))
                        continue;

                page = list_entry(area->free_list[migratetype].next,
                                struct page, lru);
                area->nr_free--;
...
```

我们知道，迁移列表是页迁移方法的基础，该方法用于使内存碎片保持在尽可能低的水平。较低的内存碎片水平，意味着即使在系统已经运行很长时间后，仍然有较大的连续内存块可以分配。按3.5.2节的讨论，较大内存块有多大的概念由全局变量pageblock_order给出，该变量定义了大内存块的分配阶。

如果需要分解来自其他迁移列表的空闲内存块，那么内核必须决定如何处理剩余的页。如果剩余部分也是一个比较大的内存块，那么将整个内存块都转到当前分配类型对应的迁移列表是有意义的，这样可以减少碎片。

如果是在分配可回收内存，那么内核在将空闲页从一个迁移列表移动到另一个时，会更加积极。此类分配经常猝发涌现，导致许多小的可回收内存块散布到所有的迁移列表，例如，在updatedb运行时就是这样。为避免此类情形，分配MIGRATE_RECLAIMABLE内存块时，剩余的页总是转移到可回收迁移列表。

内核对所述策略的实现如下：

mm/page_alloc.c

```
        /*
         * 如果分解一个大内存块，则将所有空闲页移动到优先选用的分配列表。
         * 如果内核在备用列表中分配可回收内存块，则会更为积极地取得空闲页的所有权
         * /
        if (unlikely(current_order >= (pageblock_order >> 1)) ||
                        start_migratetype == MIGRATE_RECLAIMABLE) {
                unsigned long pages;
                pages = move_freepages_block(zone, page,
                                                start_migratetype);
                /* 如果大内存块超过一半是空闲的，则主张对整个大内存块的所有权 */
                if (pages >= (1 << (pageblock_order-1)))
                        set_pageblock_migratetype(page,
                                                start_migratetype);
```

```
                migratetype = start_migratetype;
            }
...
```

move_freepages试图将包含$2^{pageblock_order}$个页的整个内存块（包含当前将分配的内存块在内）转移到新的迁移列表。但只有空闲页（即设置了PG_buddy标志位的页）才会移动。此外，move_freepages还会考虑到内存域的边界，因此移动页的总数可能小于整个大内存块。但如果大内存块有超过二分之一的部分是空闲的，接下来set_pageblock_migratetype将修改整个大内存块的迁移类型（回忆前文可知，该函数总是处理具有pageblock_nr_pages页的大内存块）。

最后内核将内存块从列表移除，并使用expand将其中未用的部分还给伙伴系统。

mm/page_alloc.c

```
                /* 从空闲列表移除页 */
                list_del(&page->lru);
                        rmv_page_order(page);
                        __mod_zone_page_state(zone, NR_FREE_PAGES,
                                                        -(1UL << order));
...
                        expand(zone, page, order, current_order, area, migratetype);
                        return page;
                }
        }
...
```

请注意，如果此前已经改变了迁移类型，那么expand将使用新的迁移类型。否则，剩余部分将放置到原来的迁移列表上。

最后，还需要考虑另一个场景：如果遍历了所有分配阶和所有迁移类型，仍然无法满足分配请求，那么该怎么办？在这种情况下，内核可以尝试从MIGRATE_RESERVE列表满足分配请求，这是最后的手段：

mm/page_alloc.c

```
        /* 使用MIGRATE_RESERVE，而不是分配失败 */
        return __rmqueue_smallest(zone, order, MIGRATE_RESERVE);
}
```

3.5.6　释放页

__free_pages是一个基础函数，用于实现内核API中所有涉及内存释放的函数。其代码流程图如图3-35所示。

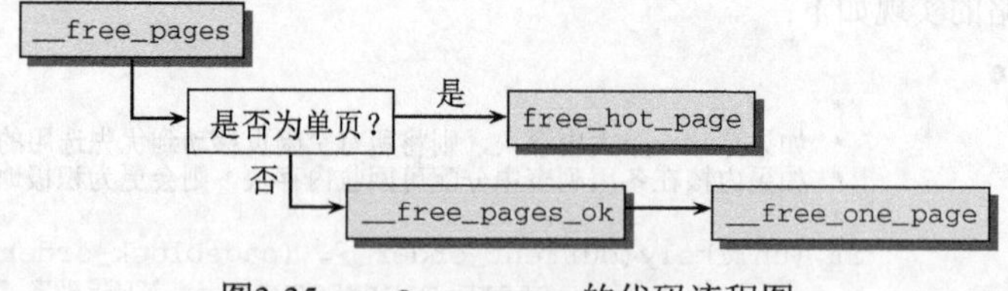

图3-35　__free_pages的代码流程图

__free_pages首先判断所需释放的内存是单页还是较大的内存块？如果释放单页，则不还给伙伴系统，而是置于per-CPU缓存中，对很可能出现在CPU高速缓存的页，则放置到热页的列表中。出于该目的，内核提供了free_hot_page辅助函数，该函数只是作一下参数转换，接下来调用free_hot_cold_page。

如果free_hot_cold_page判断per-CPU缓存中页的数目超出了pcp->count，则将数量为pcp->batch的一批内存页还给伙伴系统。该策略称之为**惰性合并**（lazy coalescing）。如果单页直接返回给伙伴系统，那么会发生合并，而为了满足后来的分配请求又需要进行拆分。因而惰性合并策略阻止了大量可能白费时间的合并操作。free_pages_bulk用于将页还给伙伴系统。

如果不超出惰性合并的限制，则页只是保存在per-CPU缓存中。但重要的是将private成员设置为页的迁移类型。根据前文所述，这使得可以从per-CPU缓存分配单页，并选择正确的迁移类型。

如果释放多个页，那么__free_pages将工作委托给__free_pages_ok（经过一点迂回，我们对此不太感兴趣），最后到__free_one_page。与其名称不同，该函数不仅处理单页的释放，也处理复合页释放。

mm/page_alloc.c
```
static inline void __free_one_page (struct page *page,
                    struct zone *zone, unsigned int order)
```

该函数是内存释放功能的基础。相关的内存区被添加到伙伴系统中适当的free_area列表。在释放伙伴对时，该函数将其合并为一个连续内存区，放置到高一阶的free_area列表中。如果还能合并一个进一步的伙伴对，那么也进行合并，转移到更高阶的列表。该过程会一直重复下去，直至所有可能的伙伴对都已经合并，并将改变尽可能向上传播。

但内核如何知道一个伙伴对的两个部分都位于空闲页的列表中，上文没有给出答案。为将内存块放回伙伴系统，内核必须计算潜在伙伴的地址，以及在有可能合并的情况下合并后内存块的索引。有两个辅助函数可用于该计算：

mm/page_alloc.c
```
static inline struct page *
__page_find_buddy(struct page *page, unsigned long page_idx, unsigned int order)
{
        unsigned long buddy_idx = page_idx ^ (1 << order);

        return page + (buddy_idx -page_idx);
}

static inline unsigned long
__find_combined_index(unsigned long page_idx, unsigned int order)
{
        return (page_idx & ~(1 << order));
}
```

记住这里的运算符^是有用的，它执行的是按位异或操作。下面将通过一个例子来阐明函数执行的计算。

不过，我们首先还需要介绍另一个辅助函数。根据伙伴的页索引信息，并不足以作出判断。内核还必须确保属于伙伴的所有页都是空闲的，并包含在伙伴系统中，以便进行合并。

mm/page_alloc.c
```
static inline int page_is_buddy(struct page *page, struct page *buddy,
                                int order)
{
...
        if (PageBuddy(buddy) && page_order(buddy) == order) {
                return 1;
        }
        return 0;
}
```

伙伴的第1页如果在伙伴系统中，则对应的struct page实例会设置PG_buddy标志位。但这不足以作为合并两个伙伴的根据。在释放具有2^{order}页的内存块时，内核必须确保第2个伙伴的2^{order}页也包含伙伴系统中。这很容易检查，因为空闲内存块的分配阶存储在第1个struct page实例的private成员中，而page_order可以读取该值。要注意，由于需要考虑内存空洞，实际上page_is_buddy比描述的要稍微复杂一些，为简明起见相关的细节已经省去。

下列代码用于确定一对伙伴是否能够合并：

mm/page_alloc.c

```
static inline void  free_one_page(struct page *page,
struct zone *zone, unsigned int order)
{
        int migratetype = get_pageblock_migratetype(page);
...
        while (order < MAX_ORDER-1) {
                unsigned long combined_idx;
                struct page *buddy;

                buddy = __page_find_buddy(page, page_idx, order);
                if (!page_is_buddy(page, buddy, order))
                        break;  /* 将伙伴向上移动一级。 */

                list_del(&buddy->lru);
                zone->free_area[order].nr_free--;
                rmv_page_order(buddy);
                combined_idx = __find_combined_index(page_idx, order);
                page = page + (combined_idx -page_idx);
                page_idx = combined_idx;
                order++;
        }
...
```

该例程试图释放分配阶为order的一个内存块。有可能不只当前内存块能够与其直接伙伴合并，而且高阶的伙伴也可以合并，因此内核需要找到可能的最大分配阶。

通过例子，可以更透彻地理解代码的行为。假定释放一个0阶内存块，即一页，该页的索引为10。表3-8给出了所需的计算，而图3-36以可视化形式说明了过程的各个步骤。我们假定页10是合并两个3阶伙伴时最后缺失的环节，有了该页，即可形成一个4阶的内存块。

表3-8　将一页放回伙伴系统时的计算

order	page_idx	buddy_index - page-index	__find_combined_index
0	10	1	10
1	10	–2	8
2	8	4	8
3	8	–8	0

第一遍循环找到页10的伙伴页11。由于需要的不是伙伴的页号，而是指向对应page实例的指针，buddy_idx - page_idx就派上用场了。该值表示当前页与伙伴之间的差，page指针加上该值，即得到伙伴的page实例。

page_is_buddy需要该指针来检查伙伴是否是空闲的。根据图3-36所示，恰好如此，因此可以合并这两个伙伴。这需要将页11临时从伙伴系统移除，因为要将其重新合并到一个更大的内存块中。page实例从空闲列表移除，而rmv_page_order负责清除PG_buddy标志和private数据。

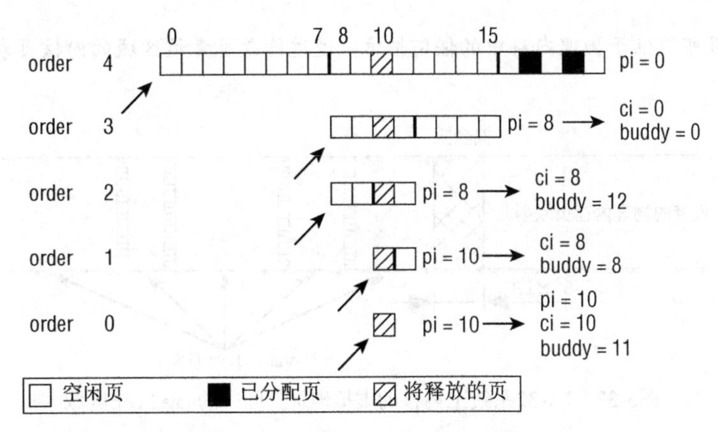

图3-36　将一页归还到伙伴系统，可能使之合并到高阶内存块。pi代表page_index，ci表示combined_index

在__find_combined_index计算合并内存块的索引，得结果为10，因为这个2页的伙伴内存块从该页号开始。在每个循环步骤结束时，page指针都指向新的伙伴内存块中的第1页，但对应的page实例就无需修改了。

下一遍循环的工作类似，但这一次order = 1。也就是说，内核试图合并两个2页的伙伴，得到一个4页的内存块。页范围［10, 11］的伙伴起始于页号8，因此差值buddy_index - page_index是负的。事实上，伙伴也可能出现在当前内存块的左侧，这是无法阻止的。合并后的内存块索引为8，因此在page_is_buddy确认新伙伴的所有页（即页8和9）都包含在伙伴系统中之后，需要相应地更新page指针。

该循环一直持续到分配阶4。此时，内存块无法与伙伴合并，如图所示，其伙伴不是空闲的。因此，page_is_buddy不会允许合并这两个内存块，循环将退出。

最后，需要将包含2^4=16页的内存块放置到伙伴系统的空闲列表上。这并不很复杂：

mm/page_alloc.c
```
        set_page_order(page, order);
        list_add(&page->lru,
                &zone->free_area[order].free_list[migratetype]);
        zone->free_area[order].nr_free++;
}
```

请注意，内存块的分配阶保存在其中第一个page实例的private成员中。这样，内核会知道不仅页0，而且［0, 15］整个页范围都在伙伴系统中，且是空闲的。

3.5.7　内核中不连续页的分配

根据上文的讲述，我们知道物理上连续的映射对内核是最好的，但并不总能成功地使用。在分配一大块内存时，可能竭尽全力也无法找到连续的内存块。在用户空间中这不是问题，因为普通进程设计为使用处理器的分页机制，当然这会降低速度并占用TLB。

在内核中也可以使用同样的技术。在3.4.2节讨论过，内核分配了其虚拟地址空间的一部分，用于建立连续映射。

如图3-37所示，在IA-32系统中，紧随直接映射的前892 MiB物理内存，在插入的8 MiB安全隙之后，是一个用于管理不连续内存的区域。这一段具有线性地址空间的所有性质。分配到其中的页可能位于物理内存中的任何地方。通过修改负责该区域的内核页表，即可做到这一点。

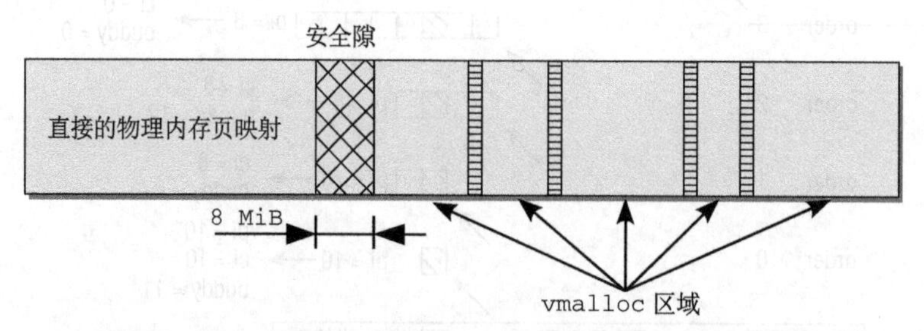

图3-37　IA-32系统上内核的虚拟地址空间中的vmalloc区域

每个vmalloc分配的子区域都是自包含的，与其他vmalloc子区域通过一个内存页分隔。类似于直接映射和vmalloc区域之间的边界，不同vmalloc子区域之间的分隔也是为防止不正确的内存访问操作。这种情况只会因为内核故障而出现，应该通过系统错误信息报告，而不是允许内核其他部分的数据被暗中修改。因为分隔是在虚拟地址空间中建立的，不会浪费宝贵的物理内存页。

1. 用vmalloc分配内存

vmalloc是一个接口函数，内核代码使用它来分配在虚拟内存中连续但在物理内存中不一定连续的内存。

<vmalloc.h>
```
void *vmalloc(unsigned long size);
```

该函数只需要一个参数，用于指定所需内存区的长度，与此前讨论的函数不同，其长度单位不是页而是字节，这在用户空间程序设计中是很普遍的。

使用vmalloc的最著名的实例是内核对模块的实现。因为模块可能在任何时候加载，如果模块数据比较多，那么无法保证有足够的连续内存可用，特别是在系统已经运行了比较长时间的情况下。如果能够用小块内存拼接出足够的内存，那么使用vmalloc可以规避该问题。

内核中还有大约400处地方调用了vmalloc，特别是在设备和声音驱动程序中。

因为用于vmalloc的内存页总是必须映射在内核地址空间中，因此使用ZONE_HIGHMEM内存域的页要优于其他内存域。这使得内核可以节省更宝贵的较低端内存域，而又不会带来额外的坏处。因此，vmalloc（连同其他映射函数在3.5.8节讨论）是内核出于自身的目的（并非因为用户空间应用程序）使用高端内存页的少数情形之一。

● 数据结构

内核在管理虚拟内存中的vmalloc区域时，内核必须跟踪哪些子区域被使用、哪些是空闲的。为此定义了一个数据结构，将所有使用的部分保存在一个链表中。

> 内核使用了一个重要的数据结构称之为vm_area_struct，以管理用户空间进程的虚拟地址空间内容。尽管名称和目的都是类似的，但不能混淆这两个结构。

<vmalloc.h>
```
struct vm_struct {
    struct vm_struct        *next;
    void                    *addr;
    unsigned long           size;
```

```
        unsigned long           flags;
        struct page             **pages;
        unsigned int            nr_pages;
        unsigned long           phys_addr;
};
```

对于每个用vmalloc分配的子区域，都对应于内核内存中的一个该结构实例。该结构各个成员的语义如下。

- addr定义了分配的子区域在虚拟地址空间中的起始地址。size表示该子区域的长度。可以根据该信息来勾画出vmalloc区域的完整分配方案。
- flags存储了与该内存区关联的标志集合，这几乎是不可避免的。它只用于指定内存区类型，当前可选值有以下3个。
  - VM_ALLOC指定由vmalloc产生的子区域。
  - VM_MAP用于表示将现存pages集合映射到连续的虚拟地址空间中。
  - VM_IOREMAP表示将几乎随机的物理内存区域映射到vmalloc区域中。这是一个特定于体系结构的操作。

  3.5.7节说明了后两个值如何使用。
- pages是一个指针，指向page指针的数组。每个数组成员都表示一个映射到虚拟地址空间中的物理内存页的page实例。

  nr_pages指定pages中数组项的数目，即涉及的内存页数目。
- phys_addr仅当用ioremap映射了由物理地址描述的物理内存区域时才需要。该信息保存在phys_addr中。
- next使得内核可以将vmalloc区域中的所有子区域保存在一个单链表上。

图3-38给出了该结构使用方式的一个实例。其中依次映射了3个（假想的）物理内存页，在物理内存中的位置分别是1 023、725和7 311。在虚拟的vmalloc区域中，内核将其看作起始于VMALLOC_START + 100的一个连续内存区。

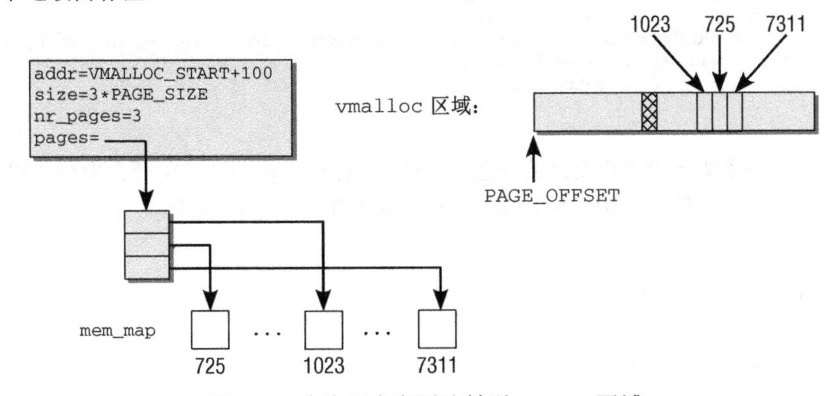

图3-38 将物理内存页映射到vmalloc区域

● 创建vm_area

在创建一个新的虚拟内存区之前，必须找到一个适当的位置。vm_area实例组成的一个链表，管理着vmalloc区域中已经建立的各个子区域。定义在mm/vmalloc的全局变量vmlist是表头。

mm/vmalloc.c
```
struct vm_struct *vmlist;
```

内核在mm/vmalloc中提供了辅助函数get_vm_area。它充当__get_vm_area的前端，负责参数准备工作。类似地，后一个函数是负责实际工作的__get_vm_area_node函数的前端。根据子区域的长度信息，该函数试图在虚拟的vmalloc空间中找到一个适当的位置。

由于各个vmalloc子区域之间需要插入1页（警戒页）作为安全隙，内核首先适当提高需要分配的内存长度。

mm/vmalloc.c
```
struct vm_struct *__get_vm_area_node(unsigned long size, unsigned long flags,
                                unsigned long start, unsigned long end, int node)
{
        struct vm_struct **p, *tmp, *area;
...
        size = PAGE_ALIGN(size);
....
        /*
         * 总是分配一个警戒页。
         */
        size += PAGE_SIZE;
...
```

start和end参数分别由调用者设置为VMALLOC_START和VMALLOC_END。

接下来循环遍历vmlist的所有表元素，直至找到一个适当的项。

mm/vmalloc.c
```
        for (p = &vmlist; (tmp = *p) != NULL ;p = &tmp->next) {
                if ((unsigned long)tmp->addr < addr) {
                        if((unsigned long)tmp->addr + tmp->size >= addr)
                                addr = ALIGN(tmp->size +
                                        (unsigned long)tmp->addr, align);
                        continue;
                }
                if ((size + addr) < addr)
                        goto out;
                if (size + addr <= (unsigned long)tmp->addr)
                        goto found;
                addr = ALIGN(tmp->size + (unsigned long)tmp->addr, align);
                if (addr > end -size)
                        goto out;
        }
...
```

如果size+addr不大于当前检查区域的起始地址（保存在tmp->addr），那么内核就找到了一个合适的位置。接下来用适当的值初始化新的链表元素，并添加到vmlist链表。

mm/vmalloc.c
```
found:
        area->next = *p;
        *p = area;

        area->flags = flags;
        area->addr = (void *)addr;
        area->size = size;
        area->pages = NULL;
        area->nr_pages = 0;
        area->phys_addr = 0;

        return area;
...
}
```

如果没有找到适当的内存区，则返回NULL指针表示失败。

remove_vm_area函数将一个现存的子区域从vmalloc地址空间删除。

<vmalloc.h>
```
struct vm_struct *remove_vm_area(void *addr);
```

该函数需要待删除子区域的虚拟起始地址作为一个参数。为找到该子区域，内核必须依次扫描vmlist的链表元素，直至找到匹配者。接下来将对应的vm_area实例从链表删除。

● **分配内存区**

vmalloc发起对不连续的内存区的分配操作。该函数只是一个前端，为__vmalloc提供适当的参数，后者直接调用__vmalloc_node。相关的代码流程图见图3-39。

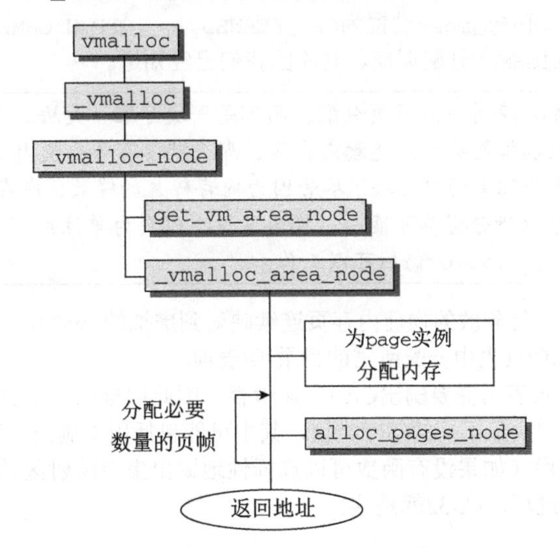

图3-39 vmalloc的代码流程图

实现分为3部分。首先，get_vm_area在vmalloc地址空间中找到一个适当的区域。接下来从物理内存分配各个页，最后将这些页连续地映射到vmalloc区域中，分配虚拟内存的工作就完成了。

这里不给出完整的代码了，其中包含了无趣的安全检查。[①]我们比较感兴趣的是物理内存区域的分配（忽略没有足够物理内存页可用的可能性）。

mm/vmalloc.c
```
void *__vmalloc_area_node(struct vm_struct *area, gfp_t gfp_mask,
                                pgprot_t prot, int node)
{
...
        for (i = 0; i < area->nr_pages; i++) {
                if (node < 0)
                        area->pages[i] = alloc_page(gfp_mask);
                else
                        area->pages[i] = alloc_pages_node(node, gfp_mask, 0);
        }
...
                if (map_vm_area(area, prot, &pages))
```

① 但这并不意味着读者应该在自己的代码中逃避安全检查！

```
                    goto fail;
            return area->addr;
...
}
```

如果显式指定了分配页帧的结点，则内核调用alloc_pages_node。否则，使用alloc_page从当前结点分配页帧。

分配的页从相关结点的伙伴系统移除。在调用时，vmalloc将gfp_mask设置为GFP_KERNEL | __GFP_HIGHMEM，内核通过该参数指示内存管理子系统尽可能从ZONE_HIGHMEM内存域分配页帧。理由已经在上文给出：低端内存域的页帧更为宝贵，因此不应该浪费到vmalloc的分配中，在此使用高端内存域的页帧完全可以满足要求。

内存取自伙伴系统，而gfp_mask设置为GFP_KERNEL | __GFP_HIGHMEM，因此内核指示内存管理子系统尽可能从ZONE_HIGHMEM分配页帧。其原因我们已经知道。

> 从伙伴系统分配内存时，是逐页分配，而不是一次分配一大块。这是vmalloc的一个关键方面。如果可以确信能够分配连续内存区，那么就没有必要使用vmalloc。毕竟该函数的所有目的就在于分配大的内存块，尽管因为内存碎片的缘故，内存块中的页帧可能不是连续的。将分配单位拆分得尽可能小（换句话说，以页为单位），可以确保在物理内存有严重碎片的情况下，vmalloc仍然可以工作。

内核调用map_vm_area将分散的物理内存页连续映射到虚拟的vmalloc区域。该函数遍历分配的物理内存页，在各级页目录/页表中分配所需的目录项/表项。

有些体系结构在修改页表后需要刷出CPU高速缓存。因此内核调用了flush_cache_vmap，其定义是特定于体系结构的。取决于不同的CPU类型，其中可能包括用于刷出高速缓存的底层汇编语句，对flush_cache_all的调用（如果没有函数可以选择性地刷出虚拟映射区域），如果CPU不依赖于高速缓存刷出，也可能是空过程，IA-32就是这样。

2. 备选映射方法

除了vmalloc之外，还有其他方法可以创建虚拟连续映射。这些都基于上文讨论的__vmalloc函数或使用非常类似的机制（在这里不讨论）。

- vmalloc_32的工作方式与vmalloc相同，但会确保所使用的物理内存总是可以用普通32位指针寻址。如果某种体系结构的寻址能力超出基于字长计算的范围，那么这种保证就很重要。例如，在启用了PAE的IA-32系统上，就是如此。
- vmap使用一个page数组作为起点，来创建虚拟连续内存区。与vmalloc相比，该函数所用的物理内存位置不是隐式分配的，而需要先行分配好，作为参数传递。此类映射可通过vm_map实例中的VM_MAP标志辨别。
- 不同于上述的所有映射方法，ioremap是一个特定于处理器的函数，必须在所有体系结构上实现。它可以将取自物理地址空间、由系统总线用于I/O操作的一个内存块，映射到内核的地址空间中。

该函数在设备驱动程序中使用很多，可将用于与外设通信的地址区域暴露给内核的其他部分使用（当然也包括其本身）。

3. 释放内存

有两个函数用于向内核释放内存，vfree用于释放vmalloc和vmalloc_32分配的区域，而vunmap用于释放由vmap或ioremap创建的映射。这两个函数都会归结到__vunmap。

mm/vmalloc.c
```
void __vunmap(void *addr, int deallocate_pages)
```

addr表示要释放的区域的起始地址，deallocate_pages指定了是否将与该区域相关的物理内存页返回给伙伴系统。vfree将后一个参数设置为1，而vunmap设置为0，因为在这种情况下只删除映射，而不将相关的物理内存页返回给伙伴系统。图3-40给出了__vunmap的代码流程图。

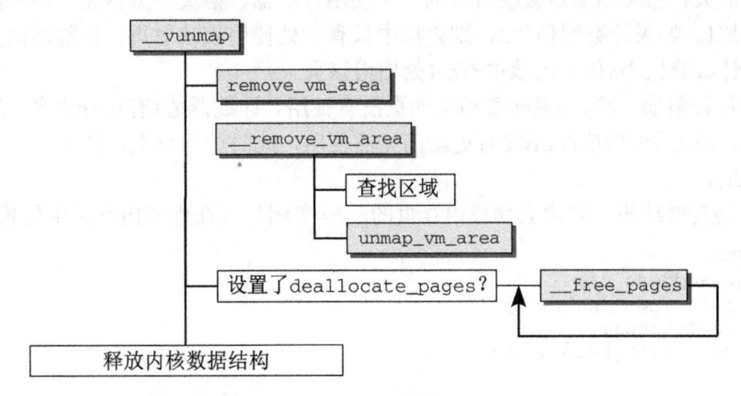

图3-40 __vunmap的代码流程图

不必明确给出需要释放的区域长度，长度可以从vmlist中的信息导出。因此__vunmap的第一个任务是在__remove_vm_area（由remove_vm_area在完成锁定之后调用）中扫描该链表，以找到相关项。

unmap_vm_area使用找到的vm_area实例，从页表删除不再需要的项。与分配内存时类似，该函数需要操作各级页表，但这一次需要删除涉及的项。它还会更新CPU高速缓存。

如果__vunmap的参数deallocate_pages设置为1（在vfree中），内核会遍历area->pages的所有元素，即指向所涉及的物理内存页的page实例的指针。然后对每一项调用__free_page，将页释放到伙伴系统。

最后，必须释放用于管理该内存区的内核数据结构。

3.5.8 内核映射

尽管vmalloc函数族可用于从高端内存域向内核映射页帧（这些在内核空间中通常是无法直接看到的），但这并不是这些函数的实际用途。重要的是强调以下事实：内核提供了其他函数用于将ZONE_HIGHMEM页帧显式映射到内核空间，这些函数与vmalloc机制无关。因此，这就造成了混乱。

1. 持久内核映射

如果需要将高端页帧长期映射（作为**持久映射**）到内核地址空间中，必须使用kmap函数。需要映射的页用指向page的指针指定，作为该函数的参数。该函数在有必要时创建一个映射（即，如果该页确实是高端页），并返回数据的地址。

如果没有启用高端支持，该函数的任务就比较简单。在这种情况下，所有页都可以直接访问，因此只需要返回页的地址，无需显式创建一个映射。

如果确实存在高端页，情况会比较复杂。类似于vmalloc，内核首先必须建立高端页和所映射到的地址之间的关联。还必须在虚拟地址空间中分配一个区域以映射页帧，最后，内核必须记录该虚拟区域的哪些部分在使用中，哪些仍然是空闲的。

● 数据结构

在3.4.2节中讨论过，内核在IA-32平台上在vmalloc区域之后分配了一个区域，从PKMAP_BASE到FIXADDR_START。该区域用于持久映射。不同体系结构使用的方案是类似的。

pkmap_count（在mm/highmem.c定义）是一容量为LAST_PKMAP的整数数组，其中每个元素都对应于一个持久映射页。它实际上是被映射页的一个使用计数器，语义不太常见。该计数器计算了内核使用该页的次数加1。如果计数器值为2，则内核中只有一处使用该映射页。计数器值为5表示有4处使用。一般地说，计数器值为*n*代表内核中有*n*-1处使用该页。

和通常的使用计数器一样，0意味着相关的页没有使用。计数器值1有特殊语义。这表示该位置关联的页已经映射，但由于CPU的TLB没有更新而无法使用，此时访问该页，或者失败，或者会访问到一个不正确的地址。

内核利用下列数据结构，来建立物理内存页的page实例与其在虚拟内存区中位置之间的关联：

mm/highmem.c
```
struct page_address_map {
        struct page *page;
        void *virtual;
        struct list_head list;
};
```

该结构用于建立page→virtual的映射（该结构由此得名）。page是一个指向全局mem_map数组中的page实例的指针，virtual指定了该页在内核虚拟地址空间中分配的位置。

为便于组织，映射保存在散列表中，结构中的链表元素用于建立溢出链表，以处理散列碰撞。

该散列表通过page_address_htable数组实现，在这里不进一步讨论。散列函数是mm/highmen.c中的page_slot，根据page实例确定页的虚拟地址。page_address是一个前端函数，使用上述数据结构确定给定page实例的地址：

mm/highmem.c
```
void *page_address(struct page *page)
```

图3-41勾画了上述数据结构之间的相互关系。

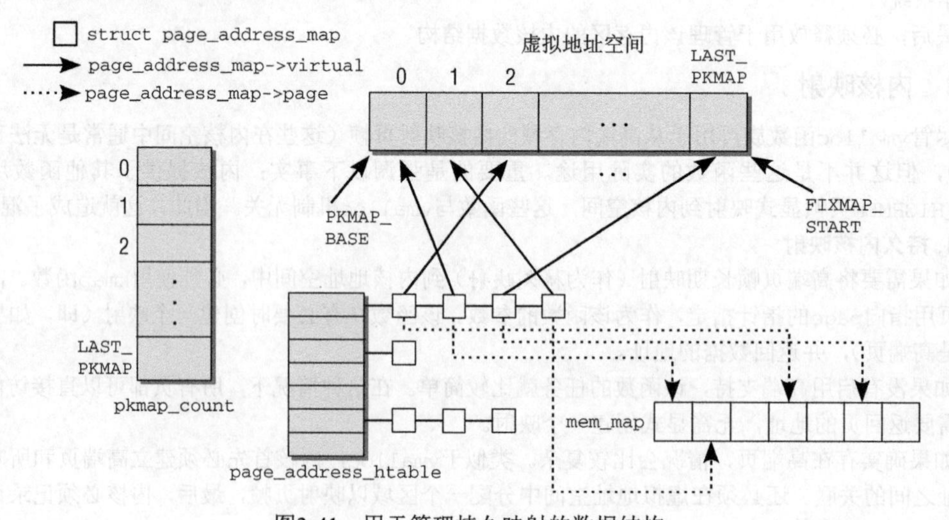

图3-41　用于管理持久映射的数据结构

● **查找页地址**

page_address首先检查传递进来的page实例在普通内存还是在高端内存。如果是前者，页地址可以根据page在mem_map数组中的位置计算。对于后者，可通过上述散列表查找虚拟地址。

● **创建映射**

为通过page指针建立映射，必须使用kmap函数。[①]它只是一个前端，用于确认指定的页是否确实在高端内存域中。否则，结果返回page_address得到的地址。如果确实在高端内存中，则内核将工作委托给kmap_high，该函数定义如下：

mm/highmem.c
```
void fastcall *kmap_high(struct page *page)
{
        unsigned long vaddr;

        vaddr = (unsigned long)page_address(page);
        if (!vaddr)
                vaddr = map_new_virtual(page);
        pkmap_count[PKMAP_NR(vaddr)]++;
        return (void*) vaddr;
}
```

上文讨论的page_address函数首先检查该页是否已经映射。如果它不对应到有效地址，则必须使用map_new_virtual映射该页。该函数将执行下列主要的步骤。

(1) 从最后使用的位置（保存在全局变量last_pkmap_nr中）开始，反向扫描pkmap_count数组，直至找到一个空闲位置。如果没有空闲位置，该函数进入睡眠状态，直至内核的另一部分执行解除映射操作腾出空位。

在到达pkmap_count的最大索引值时，搜索从位置0开始。在这种情况下，还调用flush_all_zero_pkmaps函数刷出CPU高速缓存（读者稍后会看到这一点）。

(2) 修改内核的页表，将该页映射在指定位置。但尚未更新TLB。

(3) 新位置的使用计数器设置为1。如上所述，这意味着该页已分配但无法使用，因为TLB项未更新。

(4) set_page_address将该页添加到持久内核映射的数据结构。

该函数返回新映射页的虚拟地址。

在不需要高端内存页的体系结构上（或没有设置CONFIG_HIGHMEM），则使用通用版本的kmap返回页的地址，且不修改虚拟内存。

<highmem.h>
```
static inline void *kmap(struct page *page)
{
        might_sleep();
        return page_address(page);
}
```

● **解除映射**

用kmap映射的页，如果不再需要，必须用kunmap解除映射。照例，该函数首先检查相关的页（由page实例标识）是否确实在高端内存中。倘若如此，则实际工作委托给mm/highmem.c中的kunmap_high，该函数的主要任务是将pkmap_count数组中对应位置在计数器减1（我不会讨论细节）。

① 该函数不仅出现在arch/x86/mm/highmem_32.c中，还出现在include/asm-ppc/highmem.h和include/asm-sparc/highmem.h中，定义几乎相同。

> 该机制永远不能将计数器值降低到小于1。这意味着相关的页没有释放。因为对使用计数器进行了额外的加1操作，正如前文的讨论，这是为确保CPU高速缓存的正确处理。

也在上文提到的flush_all_zero_pkmaps是最终释放映射的关键。在map_new_virtual从头开始搜索空闲位置时，总是调用该函数。它负责以下3个操作。

(1) flush_cache_kmaps在内核映射上执行刷出（在需要显式刷出的大多数体系结构上，将使用flush_cache_all刷出CPU的全部的高速缓存），因为内核的全局页表已经修改。[①]

(2) 扫描整个pkmap_count数组。计数器值为1的项设置为0，从页表删除相关的项，最后删除该映射。

(3) 最后，使用flush_tlb_kernel_range函数刷出所有与PKMAP区域相关的TLB项。

2. 临时内核映射

刚才描述的kmap函数不能用于中断处理程序，因为它可能进入睡眠状态。如果pkmap数组中没有空闲位置，该函数会进入睡眠状态，直至情形有所改善。因此内核提供了一个备选的映射函数，其执行是原子的，逻辑上称为kmap_atomic。该函数的一个主要优点是它比普通的kmap快速。但它不能用于可能进入睡眠的代码。因此，它对于很快就需要一个临时页的简短代码，是非常理想的。

kmap_atomic的定义在IA-32、PPC、Sparc32上是特定于体系结构的，但这3种实现只有非常细微的差别。其原型是相同的。

```
void *kmap_atomic(struct page *page, enum km_type type)
```

page是一个指向高端内存页的管理结构的指针，type定义了所需的映射类型。[②]

<asm-*arch*/kmap_types.h>

```
enum km_type {
    KM_BOUNCE_READ,
    KM_SKB_SUNRPC_DATA,
...
    KM_PTE0,
    KM_PTE1,
...
    KM_SOFTIRQ1,
    KM_TYPE_NR
};
```

在3.4.2节讨论的固定映射机制，使得可以在内核地址空间中访问用于建立原子映射的内存。可以在FIX_KMAP_BEGIN和FIX_KMAP_END之间建立一个用于映射高端内存页的区域，该区域位于fixed_addresses数组中。准确的位置需要根据当前活动的CPU和所需映射类型计算。

```
idx = type + KM_TYPE_NR*smp_processor_id();
vaddr = __fix_to_virt(FIX_KMAP_BEGIN + idx);
```

在固定映射区域中，系统中的每个处理器都有一个对应的“窗口”。每个窗口中，每种映射类型都对应于一项，如图3-42所示（KM_TYPE_NR不是一个独立的类型，只用于表示km_type中有多少项）。根据这种布局，我们很清楚函数在使用kmap_atomic时不会阻塞。如果发生阻塞，那么另一个进程可能建立同样类型的映射，覆盖现存的项。

① 这是一个代价很高的操作，幸运的是许多处理器体系结构不需要该操作。在这种情况下，将定义为空操作，如3.7节所述。

② 该结构的内容依不同体系结构而不同，但这差别是无关紧要的，不值得描述。

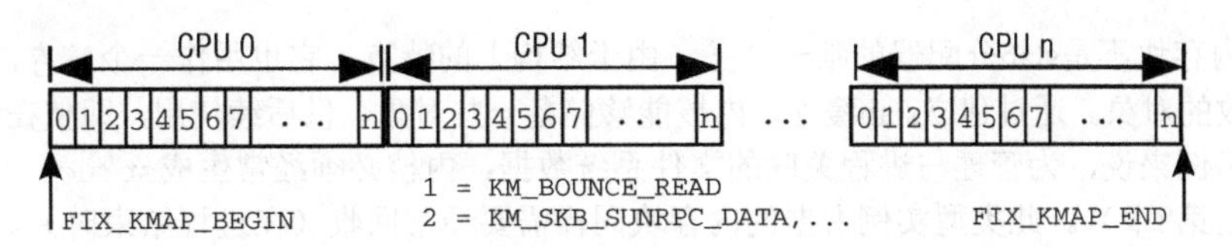

图3-42 利用固定映射来映射高端内存页

在使用上述公式计算出适当的索引，找到相关的固定映射地址之后，内核只需相应地修改页表，并刷出TLB使页表修改生效。

kunmap_atomic函数从虚拟内存解除一个现存的原子映射，该函数根据映射类型和虚拟地址，从页表删除对应的项。

3. 没有高端内存的计算机上的映射函数

许多体系结构不支持高端内存，因为不需要该特性，64位体系结构就是如此。但为了在使用上述函数时不需要总是区分高端内存和非高端内存体系结构，内核定义了几个在普通内存实现兼容函数的宏（在支持高端内存的计算机上，如果停用了高端内存，也会使用这些宏）。

<highmem.h>
```
#ifdef CONFIG_HIGHMEM
...
#else
static inline void *kmap(struct page *page)
{
        might_sleep();
        return page_address(page);
}

#define kunmap(page) do { (void) (page); } while (0)
#define kmap_atomic(page, idx) page_address(page)
#define kunmap_atomic(addr, idx) do { } while (0)
#endif
```

3.6 slab 分配器

每个C程序员都熟悉malloc，及其在C标准库中的相关函数。大多数程序分配若干字节内存时，经常会调用这些函数。

内核也必须经常分配内存，但无法借助于标准库的函数。上面描述的伙伴系统支持按页分配内存，但这个单位太大了。如果需要为一个10个字符的字符串分配空间，分配一个4 KiB或更多空间的完整页面，不仅浪费而且完全不可接受。显然的解决方案是将页拆分为更小的单位，可以容纳大量的小对象。

为此必须引入新的管理机制，这会给内核带来更大的开销。为最小化这个额外负担对系统性能的影响，该管理层的实现应该尽可能紧凑，以便不要对处理器的高速缓存和TLB带来显著影响。同时，内核还必须保证内存利用的速度和效率。不仅Linux，而且类似的UNIX和所有其他的操作系统，都需要面对这个问题。经过一定的时间，已经提出了一些或好或坏的解决方案，在一般的操作系统文献中都有讲解，例如［Tan07］。

此类提议之一，所谓slab分配，证明对许多种类工作负荷都非常高效。它是由Sun公司的一个雇员Jeff Bonwick，在Solaris 2.4中设计并实现的。由于他公开了其方法［Bon94］，因此也可以为Linux实现一个版本。

提供小内存块不是slab分配器的唯一任务。由于结构上的特点，它也用作一个*缓存*，主要针对经常分配并释放的对象。通过建立slab缓存，内核能够储备一些对象，供后续使用，即使在初始化状态，也是如此。举例来说，为管理与进程关联的文件系统数据，内核必须经常生成`struct fs_struct`的新实例（参见第8章）。此类型实例占据的内存块同样需要经常回收（在进程结束时）。换句话说，内核趋向于非常有规律地分配并释放大小为`sizeof{struct fs_struct}`的内存块。slab分配器将释放的内存块保存在一个内部列表中，并不马上返回给伙伴系统。在请求为该类对象分配一个新实例时，会使用最近释放的内存块。这有两个优点。首先，由于内核不必使用伙伴系统算法，处理时间会变短。其次，由于该内存块仍然是“新”的，因此其仍然驻留在CPU高速缓存的概率较高。

slab分配器还有两个更进一步的好处。

- 调用伙伴系统的操作对系统的数据和指令高速缓存有相当的影响。内核越浪费这些资源，这些资源对用户空间进程就越不可用。更轻量级的slab分配器在可能的情况下减少了对伙伴系统的调用，有助于防止不受欢迎的缓存“污染”。
- 如果数据存储在伙伴系统直接提供的页中，那么其地址总是出现在2的幂次的整数倍附近（许多将页划分为更小块的其他分配方法，也有同样的特征）。这对CPU高速缓存的利用有负面影响，由于这种地址分布，使得某些缓存行过度使用，而其他的则几乎为空。多处理器系统可能会加剧这种不利情况，因为不同的内存地址可能在不同的总线上传输，上述情况会导致某些总线拥塞，而其他总线则几乎没有使用。

  通过*slab着色*（slab coloring），slab分配器能够均匀地分布对象，以实现均匀的缓存利用，如下所示。

经常使用的内核对象保存在CPU高速缓存中，这是我们想要的效果。前文的注释提到，从slab分配器的角度进行衡量，伙伴系统的高速缓存和TLB占用较大，这是一个负面效应。因为这会导致不重要的数据驻留在CPU高速缓存中，而重要的数据则被置换到内存，显然应该防止这种情况出现。

着色这个术语是隐喻性的。它与颜色无关，只是表示slab中的对象需要移动的特定偏移量，以便使对象放置到不同的缓存行。

slab分配器由何得名？各个缓存管理的对象，会合并为较大的组，覆盖一个或多个连续页帧。这种组称作slab，每个缓存由几个这种slab组成。

3.6.1　备选分配器

尽管slab分配器对许多可能的工作负荷都工作良好，但也有一些情形，它无法提供最优性能。如果某些计算机处于当前硬件尺度的边界上，在此类计算机上使用slab分配会出现一些问题：微小的嵌入式系统，配备有大量物理内存的大规模并行系统。在第二种情况下，slab分配器所需的大量元数据可能成为一个问题：开发者称，在大型系统上仅slab的数据结构就需要很多吉字节内存。对嵌入式系统来说，slab分配器代码量和复杂性都太高。

为处理此类情形，在内核版本2.6开发期间，增加了slab分配器的两个替代品。

- slob分配器进行了特别优化，以便减少代码量。它围绕一个简单的内存块链表展开[1]（因此而

① slob是simple linked list of block的缩写。——译者注

得名）。在分配内存时，使用了同样简单的最先适配算法。

slob分配器只有大约600行代码，总的代码量很小。事实上，从速度来说，它不是最高效的分配器，也肯定不是为大型系统设计的。

- slub分配器通过将页帧打包为组，并通过`struct page`中未使用的字段来管理这些组，试图最小化所需的内存开销。读者此前已经看到，这样做不会简化该结构的定义，但在大型计算机上slub比slab提供了更好的性能，说明了这样做是正确的。

由于slab分配是大多数内核配置的默认选项，我不会详细讨论备选的分配器。但有很重要的一点需要强调，内核的其余部分无需关注底层选择使用了哪个分配器。所有分配器的前端接口都是相同的。每个分配器都必须实现一组特定的函数，用于内存分配和缓存。

- kmalloc、__kmalloc和kmalloc_node是一般的（特定于结点）内存分配函数。
- kmem_cache_alloc、kmem_cache_alloc_node提供（特定于结点）特定类型的内核缓存。

下文在讨论slab分配器时，会讲解这些函数的行为。使用这些标准函数，内核可以提供更方便的函数，而不涉及内存在内部具体如何管理。举例来说，kcalloc为数组分配内存，而kzalloc分配一个填充字节0的内存区。具体情况如图3-43所示。

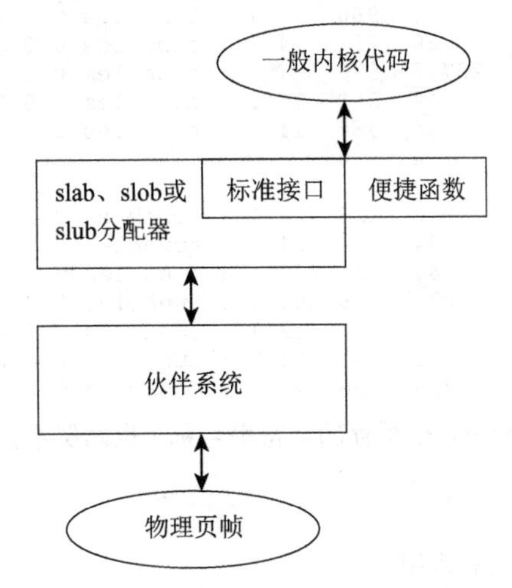

图3-43 伙伴系统、通用分配器和二者到一般内核代码的接口之间的关联

普通内核代码只需要包含slab.h，即可使用内存分配的所有标准内核函数。连编系统会保证使用编译时选择的分配器，来满足程序的内存分配请求。

3.6.2 内核中的内存管理

内核中一般的内存分配和释放函数与C标准库中等价函数的名称类似，用法也几乎相同。

- kmalloc(size, flags)分配长度为size字节的一个内存区，并返回指向该内存区起始处的一个void指针。如果没有足够内存（在内核中这种情形不大可能，但却始终要考虑到），则结果为NULL指针。

  flags参数使用3.5.4节讨论的GFP_常数，来指定分配内存的具体内存域，例如GFP_DMA指定分配适合于DMA的内存区。
- kfree(*ptr)释放*ptr指向的内存区。

与用户空间程序设计相比，内核还包括percpu_alloc和percpu_free函数，用于为各个系统CPU分配和释放所需内存区（不是明确地用于当前活动CPU）。[①]

kmalloc在内核源代码中的使用数以千计，但模式都是相同的。用kmalloc分配的内存区，首先通过类型转换变为正确的类型，然后赋值到指针变量。

```
info = (struct cdrom_info *) kmalloc (sizeof (struct cdrom_info), GFP_KERNEL);
```

从程序员的角度来看，建立和使用缓存的任务不是特别困难。必须首先用kmem_cache_create建立一个适当的缓存，接下来即可使用kmem_cache_alloc和kmem_cache_free分配和释放其中包含的对象。slab分配器负责完成与伙伴系统的交互，来分配所需的页。

所有活动缓存的列表保存在/proc/slabinfo中（为节省空间，下文的输出省去了不重要的部分）。[②]

```
wolfgang@meitner> cat /proc/slabinfo
slabinfo - version: 2.1
# name <active_objs> <num_objs> <objsize> <objperslab> <pagesperslab> : tunables
<limit> <batchcount> <sharedfactor> : slabdata <active_slabs> <num_slabs> <sharedavail>
nf_conntrack_expect  0      0  224  18 1 : tunables 0 0 0 : slabdata    0    0 0
UDPv6               16     16  960   4 1 : tunables 0 0 0 : slabdata    4    4 0
TCPv6               19     20 1792   4 2 : tunables 0 0 0 : slabdata    5    5 0
xfs_inode        25721  25725  576   7 1 : tunables 0 0 0 : slabdata 3675 3675 0
xfs_efi_item        44     44  352  11 1 : tunables 0 0 0 : slabdata    4    4 0
xfs_efd_item        44     44  360  11 1 : tunables 0 0 0 :
slabdata             4      4    0
...
kmalloc-128        795    992  128  32 1 : tunables 0 0 0 : slabdata   31   31 0
kmalloc-64       19469  19584   64  64 1 : tunables 0 0 0 : slabdata  306  306 0
kmalloc-32        2942   2944   32 128 1 : tunables 0 0 0 : slabdata   23   23 0
kmalloc-16        2869   3072   16 256 1 : tunables 0 0 0 : slabdata   12   12 0
kmalloc-8         4075   4096    8 512 1 : tunables 0 0 0 : slabdata    8    8 0
kmalloc-192       2940   3276  192  21 1 : tunables 0 0 0 : slabdata  156  156 0
kmalloc-96         754    798   96  42 1 : tunables 0 0 0 : slabdata   19   19 0
```

输出的各列除了包含用于标识各个缓存的字符串名称（也确保不会创建相同的缓存）之外，还包含下列信息。

- 缓存中活动对象的数量。
- 缓存中对象的总数（已用和未用）。
- 所管理对象的长度，按字节计算。
- 一个slab中对象的数量。
- 每个slab中页的数量。
- 活动slab的数量。
- 在内核决定向缓存分配更多内存时，所分配对象的数量。每次会分配一个较大的内存块，以减少与伙伴系统的交互。在缩小缓存时，也使用该值作为释放内存块的大小。

除了容易识别的缓存名称如unix_sock（用于UNIX域套接字，即struct unix_sock类型的对象），还有其他字段名称kmalloc-size。提供DMA内存域的计算机还包括用于DMA分配的缓存，在上述的例子中没有。这些是kmalloc函数的基础，是内核为不同内存长度提供的slab缓存，除极少例外，其

① 旧版本内核为此使用了alloc_percpu和free_percpu函数，但这些函数不支持CPU热插拔。因此只是出于兼容的原因才继续支持，而不应该用于新代码中。

② 如果在编译时设置了CONFIG_DEBUG_SLAB选项，则会输出slab分配器其他一些统计数据。

长度都是2的幂次，长度的范围从2^5=32B（用于页大小为4 KiB的计算机）或64B（所有其他计算机），到2^{25}B。上界也可以更小，是由KMALLOC_MAX_SIZE设置，后者根据系统页大小和最大允许的分配阶计算：

```
<slab.h>
#define KMALLOC_SHIFT_HIGH ((MAX_ORDER + PAGE_SHIFT -1) <= 25 ? \
(MAX_ORDER + PAGE_SHIFT -1) : 25)

#define KMALLOC_MAX_SIZE (1UL << KMALLOC_SHIFT_HIGH)
#define KMALLOC_MAX_ORDER (KMALLOC_SHIFT_HIGH -PAGE_SHIFT)
```

每次调用kmalloc时，内核找到最适合的缓存，并从中分配一个对象满足请求（如果没有刚好适合的缓存，则分配稍大的对象，但不会分配更小的对象）。

在实际实现中，上文中的slab分配器和缓存之间的差异迅速消失，以至于本书后文中将这两个名词用作同义词。在讨论slab分配器的实现之后，3.6.5节将考察kmalloc的细节。

3.6.3 slab 分配的原理

slab分配器由一个紧密地交织的数据和内存结构的网络组成，初看起来不容易理解其运作方式。因此在考察其实现之前，重要的是获得各个结构之间关系的概观。

基本上，slab缓存由图3-44所示的两部分组成：保存管理性数据的缓存对象和保存被管理对象的各个slab。

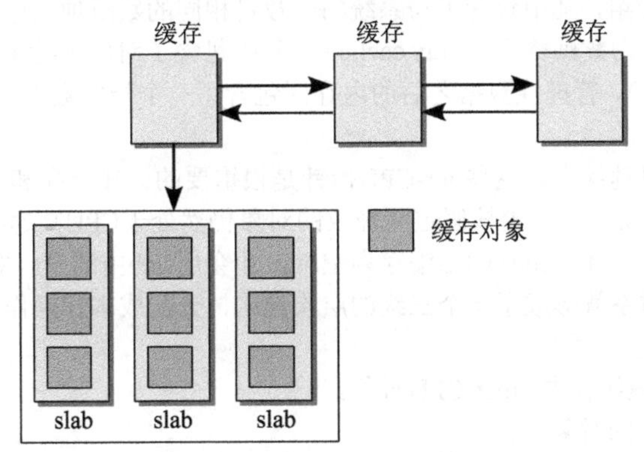

图3-44 slab分配器的各部分

每个缓存只负责一种对象类型（例如struct unix_sock实例），或提供一般性的缓冲区。各个缓存中slab的数目各有不同，这与已经使用的页的数目、对象长度和被管理对象的数目有关。3.6.4节将更详细地描述缓存长度的计算方式。

另外，系统中所有的缓存都保存在一个双链表中。这使得内核有机会依次遍历所有的缓存。这是有必要的，例如在即将发生内存不足时，内核可能需要缩减分配给缓存的内存数量。

1. 缓存的精细结构

如果我们更仔细地研究缓存的结构，就可以注意到一些更重要的细节。图3-45给出了缓存各组成部分的概述。

除了管理性数据（如已用和空闲对象或标志寄存器的数目），缓存结构包括两个特别重要的成员。

- 指向一个数组的指针，其中保存了各个CPU最后释放的对象。

- ❑ 每个内存结点都对应3个表头，用于组织slab的链表。第1个链表包含完全用尽的slab，第2个是部分空闲的slab，第3个是空闲的slab。

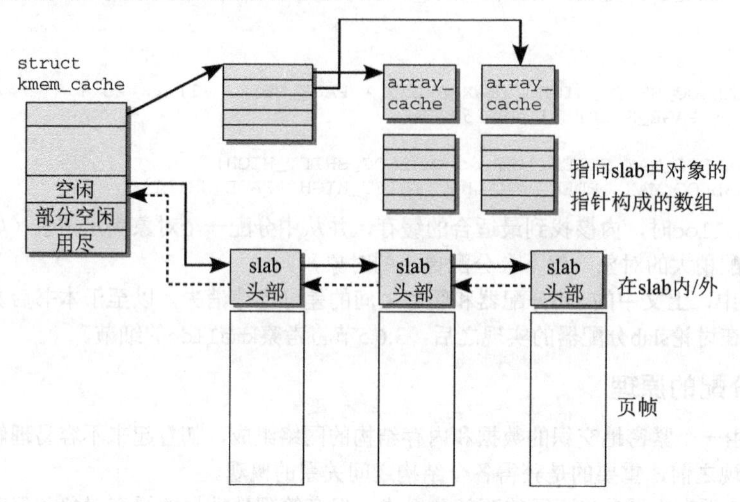

图3-45　slab缓存的精细结构

缓存结构指向一个数组，其中包含了与系统CPU数目相同的数组项。每个元素都是一个指针，指向一个进一步的结构称之为**数组缓存**（array cache），其中包含了对应于特定系统CPU的管理数据（就总体来看，不是用于缓存）。管理性数据之后的内存区包含了一个指针数组，各个数组项指向slab中未使用的对象。

为最好地利用CPU高速缓存，这些per-CPU指针是很重要的。在分配和释放对象时，采用后进先出原理（LIFO，last in first out）。内核假定刚释放的对象仍然处于CPU高速缓存中，会尽快再次分配它（响应下一个分配请求）。仅当per-CPU缓存为空时，才会用slab中的空闲对象重新填充它们。

这样，对象分配的体系就形成了一个三级的层次结构，分配成本和操作对CPU高速缓存和TLB的负面影响逐级升高。

(1) 仍然处于CPU高速缓存中的per-CPU对象。

(2) 现存slab中未使用的对象。

(3) 刚使用伙伴系统分配的新slab中未使用的对象。

2. slab的精细结构

对象在slab中并非连续排列，而是按照一个相当复杂的方案分布。图3-46说明了相关细节。

用于每个对象的长度并不反映其确切的大小。相反，长度已经进行了舍入，以满足某些对齐方式的要求。有两种可用的备选对齐方案。

- ❑ slab创建时使用标志`SLAB_HWCACHE_ALIGN`，slab用户可以要求对象按硬件缓存行对齐。那么会按照`cache_line_size`的返回值进行对齐，该函数返回特定于处理器的L1缓存大小。
  如果对象小于缓存行长度的一半，那么将多个对象放入一个缓存行。
- ❑ 如果不要求按硬件缓存行对齐，那么内核保证对象按`BYTES_PER_WORD`对齐，该值是表示`void`指针所需字节的数目。

在32位处理器上，`void`指针需要4个字节。因此，对有6个字节的对象，则需要8 = 2×4个字节，15个字节的对象需要16=4×4个字节。多余的字节称为**填充字节**。

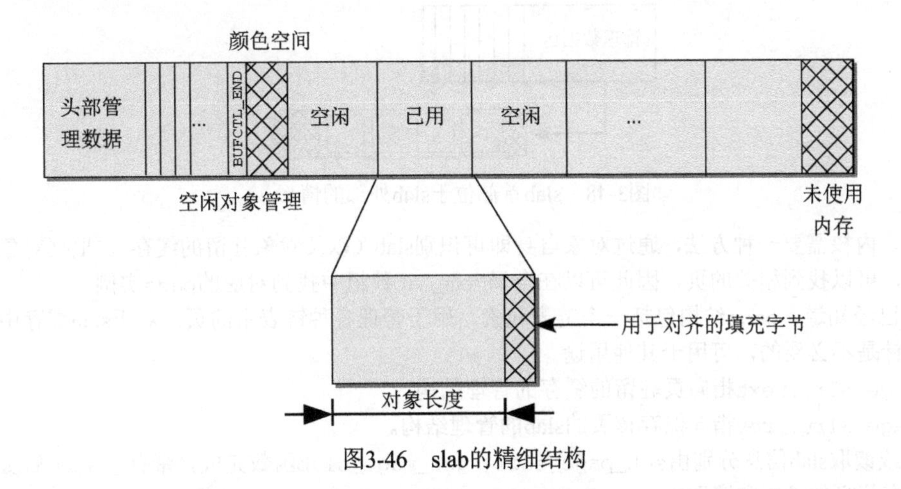

图3-46 slab的精细结构

填充字节可以加速对slab中对象的访问。如果使用对齐的地址，那么在几乎所有的体系结构上，内存访问都会更快。这弥补了使用填充字节必然导致需要更多内存的不利情况。

管理结构位于每个slab的起始处，保存了所有的管理数据（和用于连接缓存链表的链表元素）。其后面是一个数组，每个（整数）数组项对应于slab中的一个对象。只有在对象没有分配时，相应的数组项才有意义。在这种情况下，它指定了下一个空闲对象的索引。由于最低编号的空闲对象的编号还保存在slab起始处的管理结构中，内核无需使用链表或其他复杂的关联机制，即可轻松找到当前可用的所有对象。[1] 数组的最后一项总是一个结束标记，值为BUFCTL_END。

图3-47对此给出了图示。

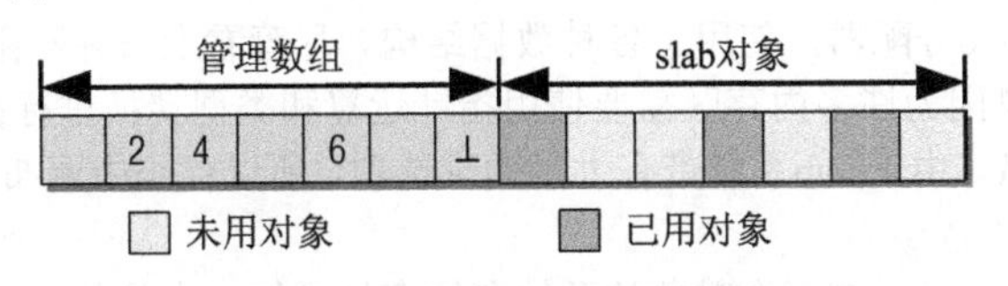

图3-47 slab中空闲对象的管理

大多数情况下，slab内存区的长度（减去了头部管理数据）是不能被（可能填补过的）对象长度整除的。因此，内核就有了一些多余的内存，可以用来以偏移量的形式给slab“着色”，如上文所述。缓存的各个slab成员会指定不同的偏移量，以便将数据定位到不同的缓存行，因而slab开始和结束处的空闲内存是不同的。在计算偏移量时，内核必须考虑其他的对齐因素。例如，L1高速缓存中数据的对齐（下文讨论）。

管理数据可以放置在slab自身，也可以放置到使用kmalloc分配的不同内存区中。[2]内核如何选择，取决于slab的长度和已用对象的数量。相应的选择标准稍后讨论。管理数据和slab内存之间的关联很容易建立，因为slab头包含了一个指针，指向slab数据区的起始处（无论管理数据是否在slab上）。

图3-48给出了管理数据不在slab自身（按图3-46的式样），而位于另一内存区的情形。

① SunOS操作系统核心中slab分配器的原有实现使用了一个链表来跟踪空闲对象。

② 这样做，在kmalloc缓存初始化时需要特别小心，因为此时尚无法调用kmalloc。在slab初始化过程中，所涉及的此类先有鸡还是先有蛋的问题，都将在下文讨论。

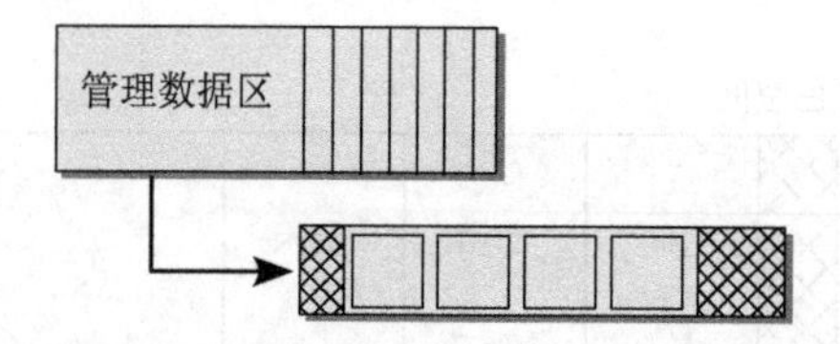

图3-48　slab首部位于slab外部的情形

最后，内核需要一种方法，通过对象自身即可识别slab（以及对象驻留的缓存）。根据对象的物理内存地址，可以找到相关的页，因此可以在全局mem_map数组中找到对应的page实例。

我们已经知道，page结构包括一个链表元素，用于管理各种链表中的页。对于slab缓存中的页而言，该指针是不必要的，可用于其他用途。

- page->lru.next指向页驻留的缓存的管理结构。
- page->lru.prev指向保存该页的slab的管理结构。

设置或读取slab信息分别由set_page_slab和get_page_slab函数完成，带有_cache后缀的函数则处理缓存信息的设置和读取。

mm/slab.c

```
void page_set_cache(struct page *page, struct kmem_cache *cache)
struct kmem_cache *page_get_cache(struct page *page)

void page_set_slab(struct page *page, struct slab *slab)
struct slab *page_get_slab(struct page *page)
```

此外，内核还对分配给slab分配器的每个物理内存页都设置标志PG_SLAB。

3.6.4　实现

为实现如上所述的slab分配器，使用了各种数据结构。尽管看上去并不困难，相关的代码并不总是容易阅读或理解。这是因为许多内存区需要使用指针运算和类型转换进行操作，这些可不是C语言中以清晰简明著称的领域。由于slab系统带有大量调试选项，所以代码中遍布着预处理器语句。[①]其中一些如下列出。

- **危险区**（Red Zoning）：在每个对象的开始和结束处增加一个额外的内存区，其中填充已知的字节模式。如果模式被修改，程序员在分析内核内存时注意到，可能某些代码访问了不属于它们的内存区。
- **对象毒化**（Object Poisoning）：在建立和释放slab时，将对象用预定义的模式填充。如果在对象分配时注意到该模式已经改变，程序员就知道已经发生了未授权访问。

为简明起见，我们把注意力集中在整体而不是细节上。我们在下文不使用上述选项，只讲解一个“纯粹”的slab分配器。

1. 数据结构

每个缓存由kmem_cache结构的一个实例表示，该结构在mm/slab.c中定义。该结构在内核中其他地方是不可见的，因为它定义在一个.c文件中，而不是头文件。这是因为，缓存的用户无须详细了解缓存是如何实现的。将slab缓存视为通过一组标准函数来高效地创建和释放特定类型对象的机制，就足够了。

① 要启用调试，在编译时必须设置CONFIG_DEBUG_SLAB配置选项，但这会显著降低分配器的性能。

该结构的内容如下：

mm/slab.c

```
struct kmem_cache {
/* 1) per-CPU数据，在每次分配/释放期间都会访问 */
	struct array_cache *array[NR_CPUS];
/* 2) 可调整的缓存参数。由cache_chain_mutex保护 */
	unsigned int batchcount;
	unsigned int limit;
	unsigned int shared;

	unsigned int buffer_size;
	u32 reciprocal_buffer_size;
/* 3) 后端每次分配和释放内存时都会访问 */

	unsigned int flags; /* 常数标志 */
	unsigned int num; /* 每个slab中对象的数量 */

/* 4) 缓存的增长/缩减 */
	/* 每个slab中页数，取以2为底数的对数 */
	unsigned int gfporder;

	/* 强制的GFP标志，例如GFP_DMA */
	gfp_t gfpflags;

	size_t colour; /* 缓存着色范围 */
	unsigned int colour_off; /* 着色偏移 */
	struct kmem_cache *slabp_cache;
	unsigned int slab_size;
	unsigned int dflags; /* 动态标志 */

	/* 构造函数 */
	void (*ctor)(struct kmem_cache *, void *);

/* 5) 缓存创建/删除 */
	const char *name;
	struct list_head next;

/* 6) 统计量 */
...

	struct kmem_list3 *nodelists[MAX_NUMNODES];
};
```

这个冗长的结构分为多个部分，如源代码中的注释所示。[①]

开始的几个成员涉及每次分配期间内核对特定于CPU数据的访问，在本节稍后讨论。

- array是一个指向数组的指针，每个数组项都对应于系统中的一个CPU。每个数组项都包含了另一个指针，指向下文讨论的array_cache结构的实例。
- batchcount指定了在per-CPU列表为空的情况下，从缓存的slab中获取对象的数目。它还表示在缓存增长时分配的对象数目。
- limit指定了per-CPU列表中保存的对象的最大数目。如果超出该值，内核会将batchcount个对象返回到slab（如果接下来内核缩减缓存，则释放的内存从slab返回到伙伴系统）。

① 如果启用了slab调试，该结构结束处是另一部分由内核收集的统计信息。

- buffer_size指定了缓存中管理的对象的长度。[①]
- 假定内核有一个指针指向slab中的一个元素，而需要确定对应的对象索引。最容易的方法是，将指针指向的对象地址，减去slab内存区的起始地址，然后将获得的对象偏移量，除以对象的长度。考虑一个例子，一个slab内存区起始于内存位置100，每个对象需要5字节，上文所述的对象位于内存位置115。对象和slab起始处之间的偏移量为115−100=15，因此对象索引是15/5=3。遗憾的是，在某些较古老的计算机上，除法比较慢。

  由于乘法在这些计算机上要快得多，因此内核使用所谓的Newton-Raphson方法，这只需要乘法和移位。尽管对我们来说，数学细节没什么趣味（可以在任何标准教科书中找到），但需要知道，内核可以不计算C = A/B，而是采用C = reciprocal_divide(A, reciprocal_value(B))的方式，后者涉及的两个函数都是库程序。由于特定slab中的对象长度是恒定的，内核可以将buffer_size的recpirocal值存储在recpirocal_buffer_size中，该值可以在后续的除法计算中使用。

内核对每个系统处理器都提供了一个array_cache实例。该结构定义如下：

mm/slab.c

```
struct array_cache {
        unsigned int avail;
        unsigned int limit;
        unsigned int batchcount;
        unsigned int touched;
        spinlock_t lock;
        void *entry[];
};
```

batchcount和limit的语义已经在上文给出。kmem_cache_s的值用作（通常不修改）per-CPU值的默认值，用于缓存的重新填充或清空。

avail保存了当前可用对象的数目。在从缓存移除一个对象时，将touched设置为1，而缓存收缩时，则将touched设置为0。这使得内核能够确认在缓存上一次收缩之后是否被访问过，也是缓存重要性的一个标志。最后一个成员是一个伪数组，其中并没有数组项，只是为了便于访问内存中array_cache实例之后缓存中的各个对象而已。

kmem_cache和第3、第4部分包含了管理slab所需的全部变量，在填充或清空per-CPU缓存时需要访问这两部分。

- nodelists是一个数组，每个数组项对应于系统中一个可能的内存结点。每个数组项都包含struct kmem_list3的一个实例，该结构中有3个slab列表（完全用尽、空闲、部分空闲），在下文讨论。

  该成员必须置于结构的末尾。尽管它在形式上总是有MAX_NUMNODES项，但在NUMA计算机上实际可用的结点数目可能会少一些。因而该数组需要的项数也会变少，内核在运行时对该结构分配比理论上更少的内存，就可以缩减该数组的项数。如果nodelists放置在该结构中间，就无法做到这一点。

  在UMA计算机上，这称不上问题，因为只有一个可用结点。
- flags是一个标志寄存器，定义缓存的全局性质。当前只有一个标志位。如果管理结构存储在slab外部，则置位CFLGS_OFF_SLAB。

① 如果启用了slab调试，buffer_size可能与对象长度不同，因为（除了用于对齐的填充字节之外）每个对象都加入了额外的填充字节。在这种情况下，由另一个变量来表示对象的真正长度。

- objsize是缓存中对象的长度，包括用于对齐目的的所有填充字节。
- num保存了可以放入slab的对象的最大数目。
- free_limit指定了缓存在收缩之后空闲对象数的上限（如果在正常运行期间无需收缩缓存，那么空闲对象的数目可能超出该值）。

用于管理slab链表的表头保存在一个独立的数据结构中，定义如下：

mm/slab.c

```
struct kmem_list3 {
        struct list_head slabs_partial; /* 首先是部分空闲链表，以便生成性能更好的汇编代码 */
        struct list_head slabs_full;
        struct list_head slabs_free;
        unsigned long free_objects;
        unsigned int free_limit;
        unsigned int colour_next; /* 各结点缓存着色 */
        spinlock_t list_lock;
        struct array_cache *shared; /* 结点内共享 */
        struct array_cache **alien; /* 在其他结点上 */
        unsigned long next_reap; /* 无需锁定即可更新 */
        int free_touched; /* 无需锁定即可更新 */
};
```

开始3个表头的语义，在前文已经解释过。free_objects表示slabs_partial和slabs_free的所有slab中空闲对象的总数。

free_touched表示缓存是否是活动的。在从缓存获取一个对象时，内核将该变量的值设置为1。在缓存收缩时，该值重置为0。但内核只有在free_touched预先设置为0时，才会收缩缓存。因为1表示内核的另一部分刚从该缓存获取对象，此时收缩是不合适的。

> 该变量将应用到整个缓存，因而不同于per-CPU变量touched①。

next_reap定义了内核在两次尝试收缩缓存之间，必须经过的时间间隔。其想法是防止由于频繁的缓存收缩和增长操作而降低系统性能，这种操作可能在某些系统负荷下发生。该技术只在NUMA系统上使用，我们不会进一步关注。

free_limit指定了所有slab上容许未使用对象的最大数目。

该结构结束于指向array_cache实例的指针，这些是由各结点内部共享或源自其他结点。这与NUMA计算机相关，但为简明起见，我们不会详细讨论。

kmem_cache的第3部分包含用于增长（和收缩）缓存的所有变量。

- gfporder指定了slab包含的页数目以2为底的对数，换句话说，slab包含$2^{gfporder}$页。
- 3个colour成员包含了slab着色相关的所有数据。

  colour指定了颜色的最大数目，colour_next则是内核建立的下一个slab的颜色。但要注意，该值指定为kmem_list3的一个成员。colour_off是基本偏移量乘以颜色值获得的绝对偏移量。这也是用于NUMA计算机，UMA系统可以将colour_next保存在struct kmem_cache中。但将下一个颜色放置在特定于结点的结构中，可以对同一结点上添加的slab顺序着色，对本地的CPU高速缓存有好处。

  实例——如果有5种可能的颜色(0, 1, 2, 3, 4)，而偏移量单位是8字节，内核可以使用下列偏移量值：$0×8=0$，$1×8=8$，$2×8=16$，$3×8=24$，$4×8=32$字节。

---

① 指array_cache结构的touched成员。——译者注

3.6.4节考察了内核确定slab颜色的方式。此外要注意到，内核源代码中colour的拼写与本书相反，不过从英式英语的角度来看，是正确的。

- 如果slab头部的管理数据存储在slab外部，则slabp_cache指向分配所需内存的一般性缓存。如果slab头部在slab上，则slabp_cache为NULL指针。
- dflags是另一个标志集合，描述slab的“动态性质”，但当前没有定义标志。
- ctor是一个指针，指向在对象创建时调用的构造函数。该方法在诸如C++和Java之类的面向对象编程语言中为大家所熟知。以前的内核版本确实也提供了指定一个额外的析构函数的功能，但由于没有使用的缘故，该特性已经在内核版本2.6.22开发期间撤销。

struct kmem_cache的第5和最后一部分（统计数据字段，我们对此不感兴趣）由另外两个成员组成。

- name是一个字符串，包含该缓存的名称。例如，在列出/proc/slabinfo中可用的缓存时，会使用。
- next是一个标准的链表元素，用于将kmem_cache的所有实例保存在全局链表cache_chain上。

2. 初始化

初看起来，slab系统的初始化不是特别麻烦，因为伙伴系统已经完全启用，内核没有受到其他特别的限制。尽管如此，由于slab分配器的结构所致，这里有一个鸡与蛋的问题。[①]

为初始化slab数据结构，内核需要若干远小于一整页的内存块，这些最适合由kmalloc分配。这里是关键所在：只在slab系统已经启用之后，才能使用kmalloc。

更确切地说，该问题涉及kmalloc的per-CPU缓存的初始化。在这些缓存能够初始化之前，kmalloc必须可以用来分配所需的内存空间，而kmalloc自身也正处于初始化的过程中。换句话说，kmalloc只能在kmalloc已经初始化之后初始化，这是个不可能的场景。因此内核必须借助一些技巧。

kmem_cache_init函数用于初始化slab分配器。它在内核初始化阶段（start_kernel）、伙伴系统启用之后调用。但在多处理器系统上，启动CPU此时正在运行，而其他CPU尚未初始化。kmem_cache_init采用了一个多步骤过程，逐步激活slab分配器。

(1) kmem_cache_init创建系统中的第一个slab缓存，以便为kmem_cache的实例提供内存。为此，内核使用的主要是在编译时创建的静态数据。实际上，一个静态数据结构（initarray_cache）用作per-CPU数组。该缓存的名称是cache_cache。

(2) kmem_cache_init接下来初始化一般性的缓存，用作kmalloc内存的来源。为此，针对所需的各个缓存长度，分别调用kmem_cache_create。该函数起初只需要cache_cache缓存已经建立。但在初始化per-CPU缓存时，该函数必须借助于kmalloc，这尚且不可能。

为解决该问题，内核使用了g_cpucache_up变量，可接受以下4个值（NONE、PARTIAL_AC、PARTIAL_L3、FULL），以反映kmalloc初始化的状态。

最初内核的状态是NONE。在最小的kmalloc缓存（在4 KiB内存页的计算机上提供32字节内存块，在其他页长度的情况下提供64字节内存块。现有各种分配长度的定义请参见3.6.5节）初始化时，再次将一个静态变量用于per-CPU的缓存数据。

g_cpucache_up中的状态接下来设置为PARTIAL_AC，意味着array_cache实例可以立即分配。

① 所谓鸡和蛋的问题，是指：某事的发生依赖另一事件的发生，后者又同样依赖前者。例如，如果为初始化A，必须先有B，但初始化B时，又必须先有A。其原型是一个古老的问题，是先有鸡，还是先有蛋？如果读者是科学家，也可以使用术语因果二难推论（causality dilemma），表达的意思相同，只是听起来有学问得多……

如果初始化的长度还足够分配kmem_list3实例，则状态立即转变为PARTIAL_L3。否则，只能等下一个更大的缓存初始化之后才变更。

剩余kmalloc缓存的per-CPU数据现在可以用kmalloc创建，这是一个arraycache_init实例，只需要最小的kmalloc内存区。

mm/slab.c

```
struct arraycache_init {
        struct array_cache cache;
        void * entries[BOOT_CPUCACHE_ENTRIES];
};
```

(3) 在kmem_cache_init的最后一步，把到现在为止一直使用的数据结构的所有静态实例化的成员，用kmalloc动态分配的版本替换。g_cpucache_up的状态现在是FULL，表示slab分配器已经就绪，可以使用。

3. 创建缓存

创建新的slab缓存必须调用kmem_cache_create。该函数需要很多参数。

mm/slab.c

```
struct kmem_cache *
kmem_cache_create (const char *name, size_t size, size_t align,
        unsigned long flags,
        void (*ctor)(struct kmem_cache *, void *))
```

除了可读的name随后会出现在/proc/slabinfo以外，该函数需要被管理对象以字节计的长度，在对齐数据时使用的偏移量（align，几乎所有的情形下都是0），flags中是一组标志，而ctor和dtor中是构造/析构函数。

创建新缓存是一个冗长的过程，kmem_cache_create的代码流程图如图3-49所示。

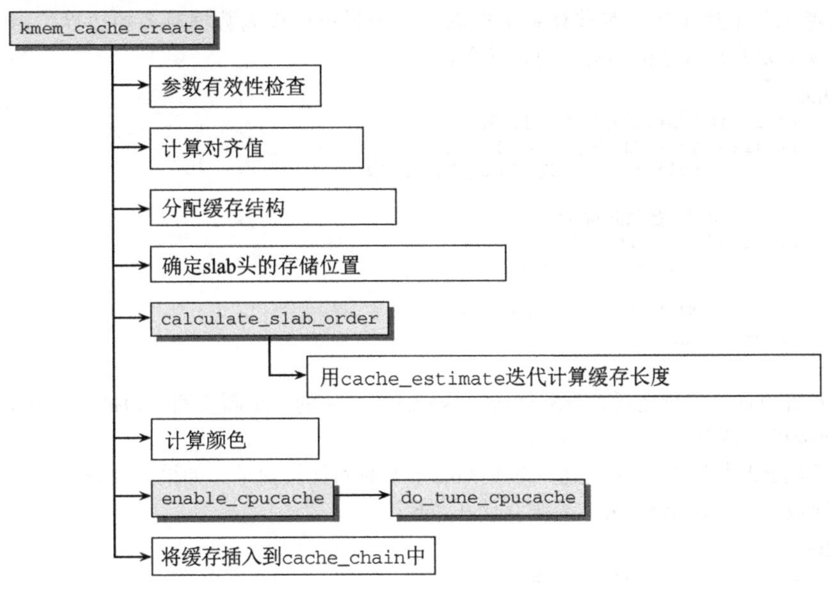

图3-49 kmem_cache_create的代码流程图

其中进行了几个参数检查，以确保没有指定无效值（例如，比处理器字长更短的对象长度，没有名字的slab，等等），然后才执行第一个重要的步骤，计算对齐所需的填充字节数。首先，对象长度向上舍入到处理器字长的倍数：

mm/slab.c
```
kmem_cache_t *
kmem_cache_create (...) {
...
        if (size & (BYTES_PER_WORD-1)) {
                size += (BYTES_PER_WORD-1);
                size &= ~(BYTES_PER_WORD-1);
        }
```

对象对齐（在align中）通常也是基于处理器的字长。但如果设置了SLAB_HWCACHE_ALIGN标志，则内核按照特定于体系结构的函数cache_line_size给出的值，来对齐数据。内核还尝试将尽可能多的对象填充到一个缓存行中，只要对象长度允许，则会一直尝试将对齐值除以2。因此，会有2、4、6…个对象放入一个缓存行，而不是只有一个对象。

mm/slab.c
```
        /* 1) 体系结构推荐： */
        if (flags & SLAB_HWCACHE_ALIGN) {
                /* 默认对齐值，由特定于体系结构的代码指定。
                 * 如果一个对象比较小，则会将多个对象挤到一个缓存行中。
                 */
                ralign = cache_line_size();
                while (size <= ralign/2)
                        ralign /= 2;
        } else {
                ralign = BYTES_PER_WORD;
        }
...
```

内核也考虑到下述事实：某些体系结构需要一个最小值作为数据对齐的边界，由ARCH_SLAB_MINALIGN定义。用户所要求的对齐也可以接受。

mm/slab.c
```
        /* 2) 体系结构强制的最小对齐值 */
        if (ralign < ARCH_SLAB_MINALIGN) {
                ralign = ARCH_SLAB_MINALIGN;
        }
        /* 3) 调用者强制的对齐值 */
        if (ralign < align) {
                ralign = align;
        }
        /* 4) 存储最后计算出的对齐值。 */
        align = ralign;
...
```

在数据对齐值计算完毕之后，分配struct kmem_cache的一个新实例（为执行该分配，提供了一个独立的slab缓存，名为cache_cache）。

确定是否将slab头存储在slab之上（参见3.6.3节）相对比较简单。如果对象长度大于页帧的1/8，则将头部管理数据存储在slab之外，否则存储在slab上。

mm/slab.c
```
        if (size >= (PAGE_SIZE>>3))
                /*
                 * 对象长度比较大，那么最好将slab管理数据放置在slab之外（能够更好地填充实际对象）。
                 */
                flags |= CFLGS_OFF_SLAB;
```

```
        size = ALIGN(size, align);
    ...
```

在kmem_cache_create调用时显式设置CFLGS_OFF_SLAB，那么对较小的对象，也可以将slab头存储在slab之外。

最后，增加对象的长度size，直至对应到上文计算的对齐值。

到目前为止，我们只定义了对象的长度，而没有定义slab的长度。因此在下一步中，会尝试找到适当的页数用作slab长度，不太小，也不太大。slab中对象太少会增加管理开销，降低方法的效率，而过大的slab内存区则对伙伴系统不利。

内核试图通过calculate_slab_order实现的迭代过程，找到理想的slab长度。基于给定对象长度，cache_estimate针对特定的页数，来计算对象数目、浪费的空间、着色所需的空间。该函数会循环调用，直至内核对结果满意为止。

通过系统地不断摸索，cache_estimate找到一个slab布局，可以由下列要素描述。size是对象长度，gfp_order是页的分配阶，num是slab上对象的数目，wastage是该分配阶下因浪费而不可用的空间数量（当然，总是有wastage < size；否则，可以在slab上在放一个对象）。head指定了slab头需要多少空间。该布局对应于以下公式：

```
PAGE_SIZE<<gfp_order = head + num*size + left_over
```

如果slab头存储在slab外，则head值为0，因为无需为头部分配空间。如果存储在slab上，则该值计算如下：

```
head = sizeof(struct slab) + num*sizeof(kmem_bufctl_t)
```

按3.6.3节的讨论，每个slab头之后都是一个数组，数组项的数目与slab中对象的数目相同。内核利用该数组来查找下一个空闲对象的位置。数组项的数据类型为kmem_bufctl_t，该类型不过是普通的unsigned int通过typedef适当抽象的结果。

对象数目num用于计算slab头的长度，而slab头的长度又用于计算slab中对象的数目，这显然又是一个鸡与蛋的问题。内核解决该问题的方法是通过系统地增加对象数目，来检测是否有某个给定配置可以放入到可用空间中。

在一个while循环中不断调用cache_estimate，每次gfp_order都加1。因此是从一个页帧开始，每次倍增slab的长度。如果下述条件之一成立，则内核认为结果是满意的，即结束循环。

- 8 * left_over小于slab的长度，即浪费的空间小于1/8。
- gfp_order大于或等于slab_break_gfp_order。如果计算机主内存容量小于32 MiB，则slab_break_gfp_order的值为BREAK_GFP_ORDER_LO = 1；否则其值为BREAK_GFP_ORDER_HI =2。
- 如果slab头的管理数据存储在slab之外，而对象的数目大于保存在offslab_limit的值。offslab_limit指定了kmalloc分配的内存块中、可以与一个struct slab实例共同存储的kmem_bufctl_t实例的最大数目。如果slab中对象的数目超出该值，则无法分配所需的空间，因此需要将gfp_order减1，重新计算数据，然后退出循环。

当然，内核总是确保slab的空间至少可容纳一个对象，因为没有对象的缓存是没有意义的。

slab头的长度会进行舍入，以确保头之后的各个数组项适当对齐。

mm/slab.c

```
...
        slab_size = ALIGN(cachep->num*sizeof(kmem_bufctl_t)
                                + sizeof(struct slab), align);
...
```

ALIGN(x, y)是内核提供的一个标准宏，计算足以容纳对象x的空间长度，同时要求该空间长度是align的整数倍。表3-9给出了计算出的一些示范性的对齐值。

表3-9　基于4字节和8字节边界计算的示例对齐值

对象长度x	对齐值y	ALIGN(x,y)
1	4	8
4	4	8
5	8	8
8	8	8
9	12	16
12	12	16
13	16	16
16	16	16
17	20	24
19	20	24

如果slab上有足够空闲空间可存储slab头，那么即使实际应该存储在slab之外，内核也会利用这个机会（将其存储在slab上）。CFLGS_OFF_SLAB标志会删除，slab头将存储在slab上，当然这可能违背了早先的决策或默认设置。

下列步骤用于对slab着色：

mm/slab.c

```
	cachep->colour_off = cache_line_size();
	/* 偏移量必须是对齐值的倍数。 */
	if (cachep->colour_off < align)
		cachep->colour_off = align;
	cachep->colour = left_over/cachep->colour_off;
...
```

内核使用L1缓存行的长度作为偏移量，该值可通过特定于体系结构的函数cache_line_size确定。还必须保证偏移量是所用对齐值的倍数，否则就没有数据对齐的效果。

slab的颜色数目（即，潜在的不同偏移量值的数目），即slab上的浪费空间（称之为left_over）除以颜色偏移量（colour_off）的商（余数略去）。

例如，在比较老的IA-32计算机上，对于管理长度为256字节对象、按SLAB_HWCACHE_ALIGN的要求对齐到硬件缓存行的缓存，内核产生的结果如下：

- 一个slab管理15个对象（num = 15）；
- 使用一个页面（gfp_order = 0）；
- 有5种可能的颜色（colour = 5），每种颜色使用32字节的偏移量（colour_off = 32）；
- slab头存储在slab上。

我们已经处理了slab的布局，但在kmem_cache_create创建新的slab缓存时，仍然有两件事情需要做。

- 必须产生per-CPU缓存。该任务委托给enable_cpucache（这些缓存的布局和结构在3.6.4节描述）。首先，内核根据对象长度定义缓存中的对象指针的数目。

$$0 < \text{size} \leqslant 256\text{：120个对象}$$

$$256 < \text{size} \leqslant 1\,024\text{：54个对象}$$

$$1\,024 < \text{size} \leqslant \text{PAGE\_SIZE}\text{：24个对象}$$

PAGE_SIZE < size：8个对象

size > 131 072：1个对象

为各个处理器分配所需的内存：一个array_cache的实例和一个指针数组，数组项数目在上述的计算中给出；并初始化数据结构，这些任务委托给do_tune_cpucache。我们特别感兴趣的一个方面是，batchcount字段总是设置为缓存中对象数目的一半。

这规定了在填充缓存时一次处理的对象的数目。

- 为完成初始化，将初始化过的kmem_cache实例添加到全局链表，表头为cache_chain，定义在mm/slab.c中。

4. 分配对象

kmem_cache_alloc用于从特定的缓存获取对象。类似于所有的malloc函数，其结果可能是指向分配内存区的指针，也可能分配失败，返回NULL指针。该函数需要两个参数：用于获取对象的缓存，以及精确描述分配特征的标志变量。

```
<slab.h>
void *kmem_cache_alloc (kmem_cache_t *cachep, gfp_t flags)
```

3.5.4节提到的任何GFP_值都可以用于指定标志。[①]

如图3-50给出的代码流程图，kmem_cache_alloc基于参数相同的内部函数__cache_alloc，后者可以直接调用（采用这种结构，目的是尽快合并kmalloc和kmem_cache_alloc的实现，如3.6.5节所示）。但__cache_alllоc还只是一个前端函数，只执行了所有必要的锁定操作。实际工作委托给____cache_alloc（4个下划线），如图3-50所示（实际上，__cache_alloc和____cache_alloc之间还有函数do_cache_alloc，但只用于NUMA系统）。

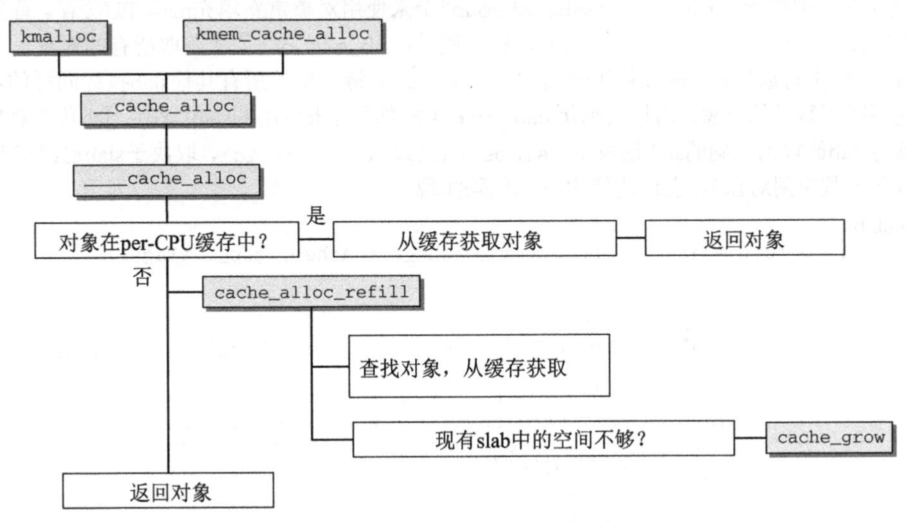

图3-50 kmem_cache_alloc的代码流程图

图3-50清楚地说明了，可以跟循下面列举的一条途径完成工作。第一个使用更为频繁也更方便，

① 请注意，内核过去提供了一组名称不同的常数（SLAB_ATOMIC、SLAB_DMA等），但数值与GFP_值的定义相同。这些在内核版本2.6.20开发期间已经撤销，无法再使用。

如果per-CPU缓存中有空闲对象，则从中获取。但如果其中的所有对象都已经分配，则必须重新填充缓存。在最坏的情况下，可能需要新建一个slab。

● *选择被缓存的对象*

如果在per-CPU缓存中有对象，那么____cache_alloc检查相对容易，如下列代码片段所示：

mm/slab.c
```
static inline void *____cache_alloc(kmem_cache_t *cachep, gfp_t flags)
{
        ac = ac_data(cachep);
        if (likely(ac->avail)) {
                ac->touched = 1;
                objp = ac->entry[--ac->avail];
        }
        else {
                objp = cache_alloc_refill(cachep, flags);
        }

return objp;
```

cachep是一个指针，指向缓存使用的kmem_cache_t实例。ac_data宏通过返回cachep->array[smp_processor_ id()]，从而获得当前活动CPU相关的array_cache实例。

因为内存中的对象紧跟array_cache实例之后，内核可以借助于该结构末尾的伪数组访问对象，而无需指针运算。通过将ac->avail减1，可以将对象从缓存移除。

● *重新填充per-CPU缓存*

在per-CPU缓存中没有对象时，工作负荷会加重。该情形下所需的重新填充操作由cache_alloc_refill实现，在per-CPU缓存无法直接满足分配请求时，则调用该函数。

内核现在必须找到array_cache->batchcount个未使用对象重新填充per-CPU缓存。首先扫描所有部分空闲slab的链表（slabs_partial），然后通过slab_get_obj依次获取所有的对象，直至相应的slab中没有空闲对象为止。内核接下来对slabs_partial链表中的所有其他slab执行同样的过程。如果仍未找到所需数目的对象，内核会遍历slabs_free链表中所有未使用的slab。在从slab获取对象时，内核还必须将slab放置到正确的slab链表中（slabs_full或slabs_partial，取决于slab已经完全用尽还是仍然包含一些空闲对象）。上述逻辑由下列代码实现：

mm/slab.c
```
static void *cache_alloc_refill(kmem_cache_t *cachep, gfp_t flags)
{
...
        while (batchcount > 0) {
            /*  选择获取对象的slab链表（首先是slabs_partial，然后是slabs_free） */
                ...

                slabp = list_entry(entry, struct slab, list);
                while (slabp->inuse < cachep->num && batchcount--) {
                        /* 获取对象指针 */
                        ac->entry[ac->avail++] = slab_get_obj(cachep, slabp,
                        node);
                }
                check_slabp(cachep, slabp);

                /*将slabp移动到正确的slab链表： */
                list_del(&slabp->list);
                if (slabp->free == BUFCTL_END)
                        list_add(&slabp->list, &l3->slabs_full);
```

```
                else
                        list_add(&slabp->list, &l3->slabs_partial);
        }
...
}
```

按次序移除slab中对象的关键在于slab_get_obj：

mm/slab.c

```
static void *slab_get_obj(struct kmem_cache *cachep, struct slab *slabp,
                                int nodeid)
{
        void *objp = index_to_obj(cachep, slabp, slabp->free);
        kmem_bufctl_t next;

        slabp->inuse++;
        next = slab_bufctl(slabp)[slabp->free];
        slabp->free = next;

        return objp;
}
```

回想图3-47所示，内核在跟踪空闲项时使用了一个有趣的系统：当前考虑的空闲对象的索引保存在slabp->free，而下一个空闲对象的索引，则保存在管理数组中。

获取对应于给定索引的对象，不过是index_to_obj执行的一些简单指针操作而已。slab_bufctl是一个宏，返回一个指向slabp之后的kmem_bufctl数组的指针。

我们回到cache_alloc_grow。如果扫描了所有的slab仍然没有找到空闲对象，那么必须使用cache_grow扩大缓存。这是一个代价较高的操作，将在下一节讲述。

5. 缓存的增长

图3-51给出了cache_grow的代码流程图。

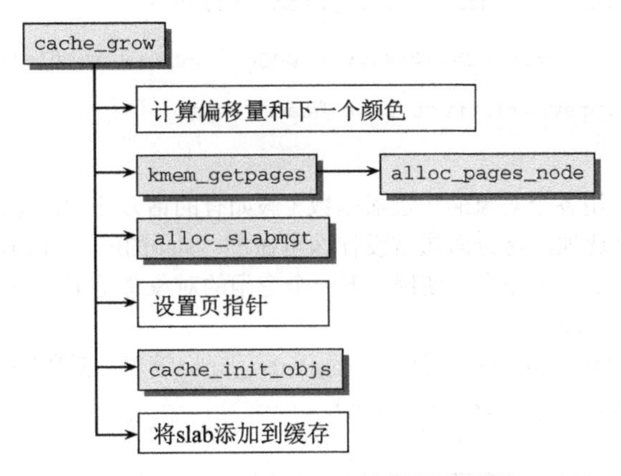

图3-51 cache_grow的代码流程图

kmem_cache_alloc的参数也会传递给cache_grow。还可以明确指定一个结点，用于从中分配新的内存页。

首先计算颜色和偏移量：

mm/slab.c

```
static int cache_grow(struct kmem_cache *cachep,
```

```
                gfp_t flags, int nodeid, void *objp)
{
...
        l3 = cachep->nodelists[nodeid];
...
        offset = l3->colour_next;
        l3->colour_next++;
        if (l3->colour_next >= cachep->colour)
                l3->colour_next = 0;
        offset *= cachep->colour_off;
...
}
```

如果达到了颜色的最大数目，则内核重新开始从0计数，这自动导致了零偏移。

所需的内存空间是使用kmem_getpages辅助函数从伙伴系统逐页分配的。该函数唯一的目的就是用适当的参数调用3.5.4节讨论的alloc_pages_node函数。各个页都设置了PG_slab标志位，表示该页属于slab分配器。在一个slab用于满足短期或可回收分配时，则将标志__GFP_RECLAIMABLE传递到伙伴系统。回想3.5.2节的内容，我们知道重要的是从适当的迁移列表分配页。

slab头部管理数据的分配没什么趣味。如果slab头存储在slab之外，则调用相关的alloc_slabmgmt函数分配所需空间。否则，相应的空间已经在slab中分配。在两种情况下，都必须用适当的值初始化slab数据结构的colouroff、s_mem和inuse成员。

接下来，内核调用slab_map_pages创建slab的各页与slab或缓存之间的关联。该函数遍历新分配的所有page实例，分别调用page_set_cache和page_set_slab。这两个函数如下操作（或滥用）page实例的lru成员：

mm/slab.c

```
static inline void page_set_cache(struct page *page, struct kmem_cache *cache)
{
        page->lru.next = (struct list_head *)cache;
}
static inline void page_set_slab(struct page *page, struct slab *slab)
{
        page->lru.prev = (struct list_head *)slab;
}
```

cache_init_objs调用各个对象的构造器函数（假如有的话），初始化新slab中的对象。因为内核只有很少一部分使用了该选项，这方面通常没什么可做的。slab的kmem_bufctl数组也会初始化，在数组位置*i*存储*i*+1：因为slab至今完全未使用，下一个空闲的对象总是下一个对象。根据惯例，最后一个数组元素的值为BUFCTL_END。

现在slab已经完全初始化，可以添加到缓存的slabs_free链表。新产生的对象的数目也加到缓存中空闲对象的数目上（cachep->free_objects）。

6. 释放对象

如果一个分配的对象已经不再需要，那么必须使用kmem_cache_free返回给slab分配器。图3-52给出了该函数的代码流程图。

kmem_cache_free立即调用了__cache_free，参数直接传递过去。其原因也是防止kfree实现中的代码复制，如3.6.5节的讨论。

类似于分配，根据per-CPU缓存的状态不同，有两种可选的操作流程。如果per-CPU缓存中的对象数目低于允许的限制，则在其中存储一个指向缓存中对象的指针。

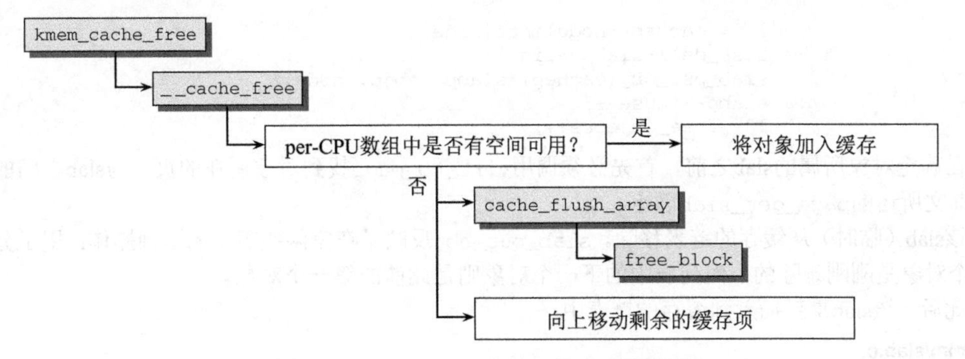

图3-52 kmem_cache_free的代码流程图

mm/slab.c
```
static inline void __cache_free(kmem_cache_t *cachep, void *objp)
{
...
        if (likely(ac->avail < ac->limit)) {
                ac->entry[ac->avail++] = objp;
                return;
        } else {
                cache_flusharray(cachep, ac);
                ac->entry[ac->avail++] = objp;
        }
}
```

否则，必须将一些对象（准确的数目由array_cache->batchcount给出）从缓存移回slab，从编号最低的数组元素开始：缓存的实现依据先进先出原理，这些对象在数组中已经很长时间，因此不太可能仍然驻留在CPU高速缓存中。

具体的实现委托给cache_flusharray。该函数又调用了free_block，将对象从缓存移动到原来的slab，并将剩余的对象向数组起始处移动。例如，如果缓存中有30个对象的空间，而batchcount为15，则位置0到14的对象将移回slab。剩余编号15到29的对象则在缓存中向上移动，现在占据位置0到14。

将对象从缓存移回到slab是有益的，因此仔细考察一下free_block是值得的。该函数所需的参数是缓存的kmem_cache_t实例、指向缓存中对象指针数组的指针、表示数组中对象数目的整数和内存所属的结点。

该函数在更新缓存数据结构中未使用对象的数目之后，遍历objpp中的所有对象。

mm/slab.c
```
static void free_block(kmem_cache_t *cachep, void **objpp, int nr_objects,
                       int node)
{
        int i;
        struct kmem_list3 *l3;

        for (i = 0; i < nr_objects; i++) {
                void *objp = objpp[i];
                struct slab *slabp;
...
```

对每个对象必须执行下列操作：

mm/slab.c
```
                slabp = virt_to_slab(objp)
```

```
                l3 = cachep->nodelists[node];
                list_del(&slabp->list);
                slab_put_obj(cachep, slabp, objp, node);
                slabp->inuse--;
                l3->free_objects++;
```

在确定对象所属的slab之前，首先必须调用virt_to_page找到对象所在的页。与slab之间的关联使用前文所述的page_get_slab确定。

该slab（临时）从缓存的链表移除。slab_put_obj反映了在空闲链表中的这种操作：用于分配的第一个对象是刚刚删除的，而列表中的下一个对象则是此前的第一个对象。

此后，该slab重新插入到缓存的链表中：

mm/slab.c

```
...
                /* 修正slab所处的链表 */
                if (slabp->inuse == 0) {
                        if (l3->free_objects > l3->free_limit) {
                                l3->free_objects -= cachep->num;
                                slab_destroy(cachep, slabp);
                        } else {
                                list_add(&slabp->list, &l3->slabs_free);
                        }
                } else {
                                list_add(&slabp->list, &l3->slabs_partial);
                }
        }
}
```

如果在删除之后，slab中的所有对象都是未使用的(slab->inuse == 0)，则将slab置于slabs_free链表中。

例外情况：缓存中空闲对象的数目超过预定义的限制cachep->free_limit。在这种情况下，使用slab_destroy将整个slab返回给伙伴系统。

如果slab同时包含使用和未使用对象，则插入到slabs_partial链表。

7. 销毁缓存

如果要销毁只包含未使用对象的一个缓存，则必须调用kmem_cache_destroy函数。该函数主要在删除模块时调用，此时需要将分配的内存都释放。①

由于该函数的实现没什么新东西，下面我们只是概述一下删除缓存的主要步骤。

- 依次扫描slabs_free链表上的slab。首先对每个slab上的每个对象调用析构器函数，然后将slab的内存空间返回给伙伴系统。
- 释放用于per-CPU缓存的内存空间。
- 从cache_cache链表移除相关数据。

3.6.5 通用缓存

如果不涉及对象缓存，而是传统意义上的分配/释放内存，则必须调用kmalloc和kfree函数。这两个函数，相当于用户空间中C标准库malloc和free函数的内核等价物。②

① 这不是强制性的。如果模块需要获取持久内存，在卸载后一直保存到下一次装载时（当然，需要假定系统在此期间没有重启），它可以保留一个缓存，以便重用其中的数据。

② 在用户空间程序中使用printk、kmalloc和kfree，显然是与内核程序设计打交道过多的标志。

我已经提过几次，kmalloc和kfree实现为slab分配器的前端，其语义尽可能地模仿malloc/free。因此我们只简单讨论一下其实现。

1. kmalloc的实现

kmalloc的基础是一个数组，其中是一些分别用于不同内存长度的slab缓存。数组项是cache_sizes的实例，该数据结构定义如下：

<slab_def.h>

```
struct cache_sizes {
        size_t       cs_size;
        kmem_cache_t *cs_cachep;
        kmem_cache_t *cs_dmacachep;
#ifdef CONFIG_ZONE_DMA
        struct kmem_cache *cs_dmacachep;
#endif
}
```

cs_size指定了该项负责的内存区的长度。每个长度对应于两个slab缓存，其中之一提供适合DMA访问的内存。

静态定义的malloc_sizes数组包括了所有可用的长度，基本上都是2的幂次，介乎2^5=32和2^{25}=33 554 432之间，最大值依赖于KMALLOC_MAX_SIZE的设置，如前文所述。

mm/slab.c

```
static struct cache_sizes malloc_sizes[] = {
#define CACHE(x) { .cs_size = (x) },
#if (PAGE_SIZE == 4096)
        CACHE(32)
#endif
        CACHE(64)
#if L1_CACHE_BYTES < 64
        CACHE(96)
#endif
        CACHE(128)
#if L1_CACHE_BYTES < 128
        CACHE(192)
#endif
        CACHE(256)
        CACHE(512)
        CACHE(1024)
        CACHE(2048)
        CACHE(4096)
        CACHE(8192)
        CACHE(16384)
        CACHE(32768)
        CACHE(65536)
        CACHE(131072)
#if KMALLOC_MAX_SIZE >= 262144
        CACHE(262144)
#endif
#if KMALLOC_MAX_SIZE >= 524288
        CACHE(524288)
#endif
...
#if KMALLOC_MAX_SIZE >= 33554432
        CACHE(33554432)
        CACHE(ULONG_MAX)
```

总有一个缓存，其分配的内存的长度，可以达到unsigned long变量所能表示的最大值。但该缓存（与所有其他缓存相反）不会预先填充，这使得内核确保每次分配大量内存时都使用新分配的内存页。因为达到此长度的分配可能请求系统的整个内存，为此设置缓存没什么用处。但内核使用的这种方法，确保在系统内存足够的情况下，可以分配非常巨大的内存。

指向对应缓存的指针没有初始值。在kmem_cache_init进行初始化时，同时会对这些指针赋值。

kmalloc定义在<slab_def.h>，该函数首先检查是否用常数来指定所需分配内存的长度。在这种情况下，所需的缓存可以在编译时静态确定，这可以提高速度。否则，该函数调用__kmalloc查找长度匹配的缓存。后者是__do_kmalloc的前端，提供参数转换功能。

mm/slab.c
```
void *__do_kmalloc(size_t size, gfp_t flags)
{
        kmem_cache_t *cachep;
        cachep = __find_general_cachep(size, flags);
        if (unlikely(ZERO_OR_NULL_PTR(cachep)))
                return NULL;
        return __cache_alloc(cachep, flags);
}
```

在__find_general_cachep找到适当的缓存后（遍历所有可能的kmalloc长度，找到一个匹配的缓存），主要的工作则委托给上文讨论过的__cache_alloc函数完成。

2. kfree的实现

kfree同样易于实现：

mm/slab.c
```
void kfree(const void *objp)
{
        kmem_cache_t *c;
        unsigned long flags;

        if (unlikely(ZERO_OR_NULL_PTR(objp)))
                return;
        c = virt_to_cache(objp));
        __cache_free(c, (void*)objp);
}
```

在找到与内存指针关联的缓存之后，kfree将实际工作移交上文讨论过的__cache_free函数完成。

3.7　处理器高速缓存和 TLB 控制

高速缓存对系统总体性能十分关键，这也是内核尽可能提高其利用效率的原因。这主要是通过在内存中巧妙地对齐内核数据。审慎地混合使用普通函数、内联定义、宏，也有助于从处理器汲取更高的性能。附录C讨论的编译器优化也相当有作用。

但上述方面只是间接地影响高速缓存。使用数据结构时正确对齐，确实对高速缓存有影响，但这只是隐式的，主动控制处理器高速缓存并不必要。

尽管如此，内核仍然提供了一些命令，可以直接作用于处理器的高速缓存和TLB。但这些命令并非用于提高系统的效率，而是用于维护缓存内容的一致性，确保不出现不正确和过时的缓存项。例如，在从一个进程的地址空间移除一个映射时，内核负责从TLB删除对应项。如果未能这样做，那么在先前被映射占据的虚拟内存地址添加新数据时，对该地址的读写操作将被重定向到物理内存中不正确的地址。

不同体系结构上，高速缓存和TLB的硬件实现千差万别。因此内核必须建立TLB和高速缓存的一个视图，在其中考虑到各种不同的硬件实现方法，还不能忽略各个体系结构的特定性质。

- TLB的语义抽象是将虚拟地址转换为物理地址的一种机制。[①]
- 内核将高速缓存视为通过虚拟地址快速访问数据的一种机制，该机制无需访问物理内存。数据和指令高速缓存并不总是明确区分。如果高速缓存区分数据和指令，那么特定于体系结构的代码负责对此进行处理。

实际上不必要为每种处理器类型都实现内核定义的每个控制函数。如果不需要某个函数，其调用可以替换为空操作（`do {} while (0)`），而后由编译器优化掉。对于高速缓存相关的操作来说，这种情况非常常见，因为上文提到，内核假定寻址是基于虚拟地址。那么，对于按物理地址组织的高速缓存来说，问题就不存在，通常也不必要实现缓存控制函数。

3

内核中各个特定于CPU的部分都必须提供下列函数（即使只是空操作），以便控制TLB和高速缓存。[②]

- `flush_tlb_all`和`flush_cache_all`刷出整个TLB/高速缓存。这只在操纵内核（而非用户空间进程的）页表时需要，因为此类修改不仅影响所有进程，而且影响系统中的所有处理器。
- `flush_tlb_mm(struct mm_struct * mm)`和`flush_cache_mm`刷出所有属于地址空间mm的TLB/高速缓存项。
- `flush_tlb_range(struct vm_area_struct * vma, unsigned long start, unsigned long end)`和`flush_cache_range(vma, start, end)`刷出地址范围`vma->vm_mm`中虚拟地址`start`和`end`之间的所有TLB/高速缓存项。
- `flush_tlb_page(struct vm_area_struct * vma, unsigned long page)`和`flush_cache_page(vma, page)`刷出虚拟地址在［`page, page + PAGE_SIZE`］范围内所有的TLB/高速缓存项。
- `update_mmu_cache(struct vm_area_struct * vma, unsigned long address, pte_t pte)`在处理页失效之后调用。它在处理器的内存管理单元MMU中加入信息，使得虚拟地址`address`由页表项`pte`描述。

仅当存在外部MMU时，才需要该函数。通常MMU集成在处理器内部，但有例外情况。例如，MIPS处理器具有外部MMU。

内核对数据和指令高速缓存不作区分。如果需要区分，特定于处理器的代码可根据`vm_area_struct->flags`的`VM_EXEC`标志位是否设置，来确定高速缓存包含的是指令还是数据。

`flush_cache_`和`flush_tlb_`函数经常成对出现，例如，在使用`fork`复制进程的地址空间时。

kernel/fork.c
```
flush_cache_mm(oldmm);
...
/* 操作页表 */
...
flush_tlb_mm(oldmm);
```

操作的顺序是：刷出高速缓存、操作内存、刷出TLB。这个顺序很重要，有下面两个原因。

- 如果顺序反过来，那么在TLB刷出之后、正确信息提供之前，多处理器系统中的另一个CPU可能从进程的页表取得错误的信息。

① 无论TLB是完成该任务的唯一硬件资源，还是有其他的选择（例如，页表）可用，都是无关紧要的。

② 下列描述基于David Miller［Mil］在内核源代码中写的文档。

- 在刷出高速缓存时，某些体系结构需要依赖TLB中的“虚拟->物理”转换规则（具有该性质的高速缓存称之为*严格的*）。flush_tlb_mm必须在flush_cache_mm之后执行，以确保这一点。

有些控制函数明确地应用于数据高速缓存（flush_dcache_...）或指令高速缓存（flush_icache_...）。

- 如果高速缓存包含几个虚拟地址不同的项指向内存中的同一页，可能会发生所谓的alias问题，flush_dcache_page(struct page * page)有助于防止该问题。在内核向页缓存中的一页写入数据，或者从映射在用户空间中的一页读出数据时，总是会调用该函数。这个例程使得存在alias问题的各个体系结构有机会防止问题的发生。
- 在内核向内核内存范围（start和end之间）写入数据，而该数据将在此后作为代码执行，则此时需要调用flush_icache_range(unsigned long start, unsigned long end)。该场景的一个标准事例是向内核载入模块时。二进制数据首先复制到物理内存中，然后执行。flush_icache_range确保在数据和指令高速缓存分别实现的情况下，二者彼此不发生干扰。
- flush_icache_user_range(*vma, *page, addr, len)是一个特殊函数，用于ptrace机制。为将修改传送到被调试进程的地址空间，需要使用该函数。

如果讨论高速缓存和TLB控制函数的实现细节，则超出了本书的范围。为完全理解其实现细节，需要太多与底层处理器结构相关的背景知识（以及所涉及的微妙问题）。

3.8　小结

本章已经讨论了内存管理的许多方面。我们的注意力集中在物理内存管理方面，但也涵盖了虚拟和物理内存之间通过页表发生的关联。尽管在这个领域中，就Linux支持的各种不同体系结构而言，特定于硬件的细节差别非常大，但内核提供了独立于体系结构的数据结构和函数，使得通用代码能够操作页表。但在一般性的视图启用之前，还需要一些特定于体系结构的代码，该代码在启动过程期间运行。

在内核进入正常运作之后，内存管理分两个层次处理。伙伴系统负责物理页帧的管理，而slab分配器则处理小块内存的分配，并提供了用户层malloc函数族的内核等价物。

伙伴系统围绕由多页组成的连续内存块的拆分和再合并展开。在连续内存区变为空闲时，内核会自动注意到这一点，并在相应的分配请求出现时使用它。由于该机制在系统长时间运行后，无法以令人满意的方式防止物理内存碎片发生，因此新近的内核版本引入了反碎片技术。它一方面允许按页的可移动性将其分组，另一方面增加了一个新的虚拟内存域。二者的实质都在于降低在大块内存中间分配内存的几率，以避免碎片出现。

slab分配器在伙伴系统之上实现。它不仅允许分配任意用途的小块内存，还可用于对经常使用的数据结构创建特定的缓存。

内存管理的初始化很有挑战性，因为该子系统自身使用的数据结构也需要内存，必须从某处进行分配。我们已经知道，内核通过引入一个非常简单的自举内存分配器解决了该问题，而该分配器将在正式的分配机制启用后停用。

我们在本章主要讲解物理内存，但下一章将讨论内核如何管理虚拟地址空间。

第4章 进程虚拟内存

4

用户层进程的虚拟地址空间是Linux的一个重要抽象：它向每个运行进程提供了同样的系统视图，这使得多个进程可以同时运行，而不会干扰到其他进程内存中的内容。此外，它容许使用各种高级的程序设计技术，如内存映射。在本章中，我将讨论内核是如何实现这些概念的。这同样需要考察可用物理内存中的页帧与所有的进程虚拟地址空间中的页之间的关联：逆向映射（reverse mapping）技术有助于从虚拟内存页跟踪到对应的物理内存页，而缺页处理（page fault handling）则允许从块设备按需读取数据填充虚拟地址空间。

4.1 简介

在第3章讨论的所有内存管理方法都关注物理内存的组织，或者内核的虚拟地址空间的管理。本节考察内核用于管理用户虚拟地址空间的方法。其中一些方法如下给出，由于种种原因，这比内核地址空间的管理更复杂。

- 每个应用程序都有自身的地址空间，与所有其他应用程序分隔开。
- 通常在巨大的线性地址空间中，只有很少的段可用于各个用户空间进程，这些段彼此有一定的距离。内核需要一些数据结构，来有效地管理这些（随机）分布的段。
- 地址空间只有极小的一部分与物理内存页直接关联。不经常使用的部分，则仅当必要时与页帧关联。
- 内核信任自身，但无法信任用户进程。因此，各个操作用户地址空间的操作都伴随有各种检查，以确保程序的权限不会超出应有的限制，进而危及系统的稳定性和安全性。
- fork-exec模型在UNIX操作系统下用于产生新进程（在第2章描述）。如果实现得较为粗劣，该模型的功能并不强大。因此内核必须借助于一些技巧，来尽可能高效地管理用户地址空间。

下文讨论的大多数想法都基于以下假定：系统有一个内存管理单元MMU，该单元支持使用虚拟内存。事实上，所有"正常"的处理器都是如此。但在Linux内核2.5开发期间，内核源代码添加了3个不提供MMU的体系结构，即V850E、H8300和m68knommu。另一个（blackfin）在内核2.6.22开发期间添加。下文考察的一些函数在这些CPU上不可用，相应的接口会向外部调用者返回错误信息。因为底层机制在内核中没有实现，而由于缺乏处理器的支持，这些机制实际上是无法实现的。下文的讲解只针对具有MMU的计算机。我不会讨论无MMU体系结构的奇异之处，以及所需的修改。

4.2 进程虚拟地址空间

各个进程的虚拟地址空间起始于地址0，延伸到TASK_SIZE - 1，其上是内核地址空间。在IA-32系统上地址空间的范围可达2^{32} = 4 GiB，总的地址空间通常按3:1比例划分，我们在下文中将关注该划分。内核分配了1 GiB，而各个用户空间进程可用的部分为3 GiB。其他的划分比例也是可能的，但正如前文的讨论，只能在非常特定的配置和某些工作负荷下才有用。

与系统完整性相关的非常重要的一方面是，用户程序只能访问整个地址空间的下半部分，不能访问内核部分。如果没有预先达成“协议”，用户进程也不可能操作另一个进程的地址空间，因为后者的地址空间对前者不可见。

无论当前哪个用户进程处于活动状态，虚拟地址空间内核部分的内容总是同样的。取决于具体的硬件，这可能是通过操作各用户进程的页表，使得虚拟地址空间的上半部看上去总是相同的。也可能是指示处理器为内核提供一个独立的地址空间，映射在各个用户地址空间之上。读者可以回想一下图1-3，其中给出了相关的图示。

虚拟地址空间由许多不同长度的段组成，用于不同的目的，必须分别处理。例如在大多数情况下，不允许修改text段，但必须可以执行其内容。另一方面，必须可以修改映射到地址空间中的文本文件内容，而不能允许执行其内容。因为这没有意义，文件的内容只是数据，并非机器代码。

4.2.1　进程地址空间的布局

虚拟地址空间中包含了若干区域。其分布方式是特定于体系结构的，但所有方法都有下列共同成分。

- 当前运行代码的二进制代码。该代码通常称之为text，所处的虚拟内存区域称之为text段。[①]
- 程序使用的动态库的代码。
- 存储全局变量和动态产生的数据的堆。
- 用于保存局部变量和实现函数/过程调用的栈。
- 环境变量和命令行参数的段。
- 将文件内容映射到虚拟地址空间中的内存映射。

回忆第2章的内容，系统中的各个进程都具有一个struct mm_struct的实例，可以通过task_struct访问。这个实例保存了进程的内存管理信息：

```
<mm_types.h>
struct mm_struct {
...
          unsigned long (*get_unmapped_area) (struct file *filp,
                                unsigned long addr, unsigned long len,
                                unsigned long pgoff, unsigned long flags);
...
          unsigned long mmap_base; /* mmap区域的基地址 */
          unsigned long task_size; /* 进程虚拟内存空间的长度 */
...
          unsigned long start_code, end_code, start_data, end_data;
          unsigned long start_brk, brk, start_stack;
          unsigned long arg_start, arg_end, env_start, env_end;
...
}
```

可执行代码占用的虚拟地址空间区域，其开始和结束分别通过start_code和end_code标记。类似地，start_data和end_data标记了包含已初始化数据的区域。请注意，在ELF二进制文件映射到地址空间中之后，这些区域的长度不再改变。

① 这与硬件意义上的段不同，后者在某些体系结构中起重要作用，充当独立的地址空间。此处的段只是线性地址空间中用于保存数据的区域。

堆的起始地址保存在start_brk，brk表示堆区域当前的结束地址。尽管堆的起始地址在进程生命周期中是不变的，但堆的长度会发生变化，因而brk的值也会变。

参数列表和环境变量的位置分别由arg_start和arg_end、env_start和env_end描述。两个区域都位于栈中最高的区域。

mmap_base表示虚拟地址空间中用于内存映射的起始地址，可调用get_unmapped_area在mmap区域中为新映射找到适当的位置。

task_size，顾名思义，存储了对应进程的地址空间长度。对本机应用程序来说，该值通常是TASK_SIZE。但64位体系结构与前辈处理器通常是二进制兼容的。如果在64位计算机上执行32位二进制代码，则task_size描述了该二进制代码实际可见的地址空间长度。

各个体系结构可以通过几个配置选项影响虚拟地址空间的布局。

- 如果体系结构想要在不同mmap区域布局之间作出选择，则需要设置HAVE_ARCH_PICK_MMAP_LAYOUT，并提供arch_pick_mmap_layout函数。
- 在创建新的内存映射时，除非用户指定了具体的地址，否则内核需要找到一个适当的位置。如果体系结构自身想要选择合适的位置，则必须设置预处理器符号HAVE_ARCH_UNMAPPED_AREA，并相应地定义arch_get_unmapped_area函数。
- 在寻找新的内存映射低端内存位置时，通常从较低的内存位置开始，逐渐向较高的内存地址搜索。内核提供了默认的函数arch_get_unmapped_area_topdown用于搜索，但如果某个体系结构想要提供专门的实现，则需要设置预处理器符号HAVE_ARCH_GET_UNMAPPED_AREA。
- 通常，栈自顶向下增长。具有不同处理方式的体系结构需要设置配置选项CONFIG_STACK_GROWSUP。①

最后，我们需要考虑进程标志PF_RANDOMIZE。如果设置了该标志，则内核不会为栈和内存映射的起点选择固定位置，而是在每次新进程启动时随机改变这些值的设置。这引入了一些复杂性，例如，使得攻击因缓冲区溢出导致的安全漏洞更加困难。如果攻击者无法依靠固定地址找到栈，那么想要构建恶意代码，通过缓冲器溢出获得栈内存区域的访问权，而后恶意操纵栈的内容，将会困难得多。

图4-1说明了前述的各个部分在大多数体系结构的虚拟地址空间中的分布情况。

text段如何映射到虚拟地址空间中由ELF标准确定（有关该二进制格式的更多信息，请参见附录E）。每个体系结构都指定了一个特定的起始地址：IA-32系统起始于0x08048000，在text段的起始地址与最低的可用地址之间有大约128 MiB的间距，用于捕获NULL指针。其他体系结构也有类似的缺口：UltraSparc计算机使用0x100000000作为text段的起始点，而AMD64使用0x0000000000400000。堆紧接着text段开始，向上增长。

栈起始于STACK_TOP，如果设置了PF_RANDOMIZE，则起始点会减少一个小的随机量。每个体系结构都必须定义STACK_TOP，大多数都设置为TASK_SIZE，即用户地址空间中最高的可用地址。进程的参数列表和环境变量都是栈的初始数据。

用于内存映射的区域起始于mm_struct->mmap_base，通常设置为TASK_UNMAPPED_BASE，每个体系结构都需要定义。几乎所有的情况下，其值都是TASK_SIZE/3。要注意，如果使用内核的默认配置，则mmap区域的起始点不是随机的。

① 当前只有PA-Risc处理器需要该选项。因而内核中的常数对自底向上增长的栈有一点轻视的趋向，但PA-Risc代码对此相当不满，我们可以从include/asm-parisc/a.out.h看出这一点：/* XXX: STACK_TOP actually should be STACK_BOTTOM for parisc. * prumpf *\ 有趣的是prumpf不是表示不满的标志，而是一个开发者Philipp Rumpf的缩写。

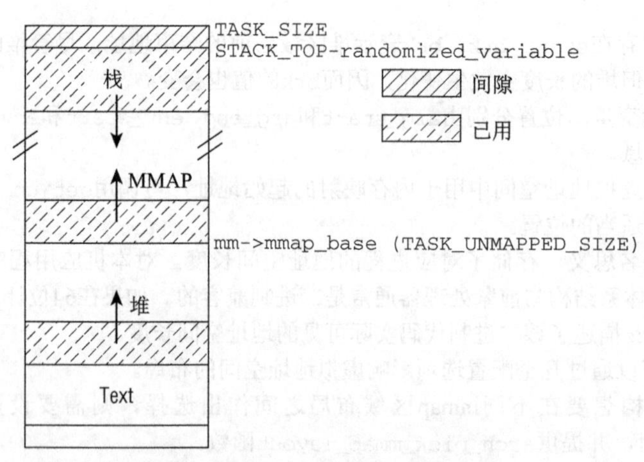

图4-1　进程的线性地址空间的组成

如果计算机提供了巨大的虚拟地址空间，那么使用上述的地址空间布局会工作得非常好。但在32位计算机上可能会出现问题。考虑IA-32的情况：虚拟地址空间从0到0xC0000000，每个用户进程有3 GiB可用。TASK_UNMAPPED_BASE起始于0x4000000，即1 GiB处。糟糕的是，这意味着堆只有1 GiB空间可供使用，继续增长则会进入到mmap区域，这显然不是我们想要的。

问题在于，内存映射区域位于虚拟地址空间的中间。这也是在内核版本2.6.7开发期间为IA-32计算机引入一个新的虚拟地址空间布局的原因（经典布局仍然可以使用）。新的布局如图4-2所示。

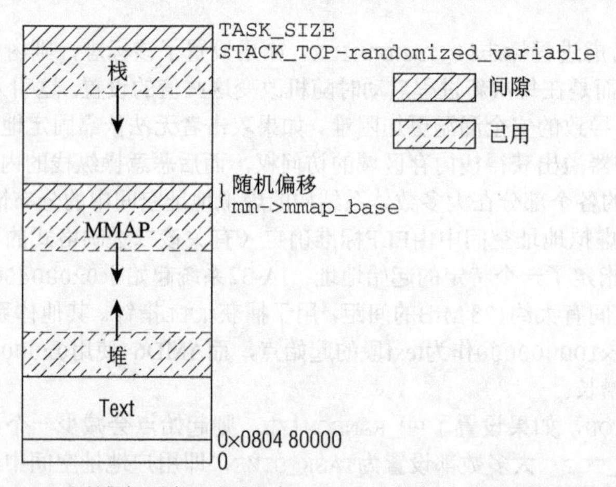

图4-2　mmap区域自顶向下扩展时，IA-32计算机上虚拟地址空间的布局

其想法在于使用固定值限制栈的最大长度。由于栈是有界的，因此安置内存映射的区域可以在栈末端的下方立即开始。与经典方法相反，该区域现在是自顶向下扩展。由于堆仍然位于虚拟地址空间中较低的区域并向上增长，因此mmap区域和堆可以相对扩展，直至耗尽虚拟地址空间中剩余的区域。为确保栈与mmap区域不发生冲突，两者之间设置了一个安全隙。

4.2.2　建立布局

在使用load_elf_binary装载一个ELF二进制文件时，将创建进程的地址空间，而exec系统调用刚好使用了该函数。加载ELF文件涉及大量纷繁复杂的技术细节，与我们的主旨关系不大，因此图4-3给出的代码流程图主要关注建立虚拟内存区域所需的各个步骤。

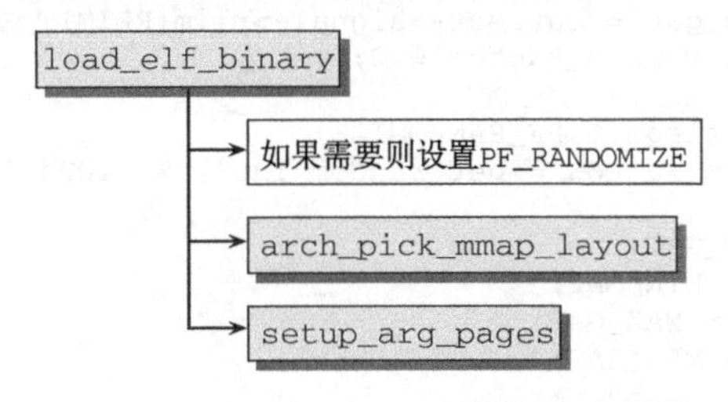

图4-3 load_elf_binary的代码流程图

如果全局变量randomize_va_space设置为1，则启用地址空间随机化机制。 通常情况下都是启用的，但在Transmeta CPU上会停用，因为该设置会降低此类计算机的速度。此外，用户可以通过/proc/sys/kernel/randomize_va_space停用该特性。

选择布局的工作由arch_pick_mmap_layout完成。如果对应的体系结构没有提供一个具体的函数，则使用内核的默认例程，按如图4-1所示建立地址空间。但我们更感兴趣的是，IA-32如何在经典布局和新的布局之间选择：

arch/x86/mm/mmap_32.c

```
void arch_pick_mmap_layout(struct mm_struct *mm)
{
        /*
        /*  如果设置了personality比特位，或栈的增长不受限制，则回退到标准布局：
        */
        if (sysctl_legacy_va_layout ||
                        (current->personality & ADDR_COMPAT_LAYOUT) ||
                        current->signal->rlim[RLIMIT_STACK].rlim_cur == RLIM_INFINITY)
{
                mm->mmap_base = TASK_UNMAPPED_BASE;
                mm->get_unmapped_area = arch_get_unmapped_area;
                mm->unmap_area = arch_unmap_area;
        } else {
                mm->mmap_base = mmap_base(mm);
                mm->get_unmapped_area = arch_get_unmapped_area_topdown;
                mm->unmap_area = arch_unmap_area_topdown;
        }
}
```

如果用户通过/proc/sys/kernel/legacy_va_layout给出明确的指示，或者要执行为不同的UNIX变体编译、需要旧的布局的二进制文件，或者栈可以无限增长（最重要的一点），则系统会选择旧的布局。这使得很难确定栈的下界，亦即mmap区域的上界。

在经典的配置下，mmap区域的起始点是TASK_UNMAPPED_BASE，其值为0x4000000，而标准函数arch_get_unmapped_area（其名称虽然带有arch，但该函数不一定是特定于体系结构的，内核也提供了一个标准实现）用于自下而上地创建新的映射。

在使用新布局时，内存映射自顶向下增长。标准函数arch_get_unmapped_area_topdown（我不会详细描述）负责该工作。更有趣的问题是如何选择内存映射的基地址：

arch/x86/mm/mmap_32.c

```
#define MIN_GAP (128*1024*1024)
#define MAX_GAP (TASK_SIZE/6*5)
```

```
static inline unsigned long mmap_base(struct mm_struct *mm)
{
        unsigned long gap = current->signal->rlim[RLIMIT_STACK].rlim_cur;
        unsigned long random_factor = 0;

        if (current->flags & PF_RANDOMIZE)
                random_factor = get_random_int() % (1024*1024);

        if (gap < MIN_GAP)
                gap = MIN_GAP;
        else if (gap > MAX_GAP)
                gap = MAX_GAP;

        return PAGE_ALIGN(TASK_SIZE -gap -random_factor);
}
```

可以根据栈的最大长度，来计算栈最低的可能位置，用作mmap区域的起始点。但内核会确保栈至少跨越128 MiB的空间。另外，如果指定的栈界限非常巨大，那么内核会保证至少有一小部分地址空间不被栈占据。

如果要求使用地址空间随机化机制，上述位置会减去一个随机的偏移量，最大为1 MiB。另外，内核会确保该区域对齐到页帧，这是体系结构的要求。

初看起来，读者可能认为64位体系结构的情况会好一点，因为不需要在不同的地址空间布局中进行选择。虚拟地址空间是如此巨大，以至于堆和mmap区域的碰撞几乎不可能。

但从AMD64体系结构的arch_pick_mmap_layout定义来看，此中会出现另一个复杂情况：

arch/x86_64/mmap.c

```
void arch_pick_mmap_layout(struct mm_struct *mm)
{
#ifdef CONFIG_IA32_EMULATION
        if (current_thread_info()->flags & _TIF_IA32)
                return ia32_pick_mmap_layout(mm);
#endif
        mm->mmap_base = TASK_UNMAPPED_BASE;
        if (current->flags & PF_RANDOMIZE) {
                /* 最初生成的随机偏移量是28位，因为mmap基地址必须对齐到页，因此将该值左移
                 * PAGE_SHIFT位（12位），最后的偏移量是40位。大约是用户虚拟内存总量的1/128
                 *（总量为47位） */
               unsigned rnd = get_random_int() & 0xfffffff;
               mm->mmap_base += ((unsigned long)rnd) << PAGE_SHIFT;
        }
        mm->get_unmapped_area = arch_get_unmapped_area;
        mm->unmap_area = arch_unmap_area;
}
```

如果启用对32位应用程序的二进制仿真，任何以兼容模式运行的进程都应该看到与原始计算机上相同的地址空间。因此，ia32_pick_mmap_layout用于为32位应用程序布置地址空间。该函数实际上是IA-32系统上arch_pick_mmap_layout的一个相同副本，前文已经讨论过。

AMD64系统上对虚拟地址空间总是使用经典布局，因此无需区分各种选项。如果设置了PF_RANDOMIZE标志，则进行地址空间随机化，变动原本固定的mmap_base。

我们回到load_elf_binary。该函数最后需要在适当的位置创建栈：

<fs/binfmt_elf.c>

```
static int load_elf_binary(struct linux_binprm *bprm, struct pt_regs *regs)
{
```

```
...
        retval = setup_arg_pages(bprm, randomize_stack_top(STACK_TOP),
                executable_stack);
...
}
```

标准函数setup_arg_pages即用于该目的。因为该函数只是技术性的，我不会详细讨论。该函数需要栈顶的位置作为参数。栈顶由特定于体系结构的常数STACK_TOP给出，而后调用randomize_stack_top，确保在启用地址空间随机化的情况下，对该地址进行随机偏移。

4.3 内存映射的原理

由于所有用户进程总的虚拟地址空间比可用的物理内存大得多，因此只有最常用的部分才与物理页帧关联。这不是问题，因为大多数程序只占用实际可用内存的一小部分。我们考察一下通过文本编辑器操作文件的情况。通常用户只关注文件结尾处，因此尽管整个文件都映射到内存中，实际上只使用了几页来存储文件末尾的数据。至于文件开始处的数据，内核只需要在地址空间保存相关信息，如数据在磁盘上的位置，以及需要数据时如何读取。

text段的情形类似，始终需要的只是其中一部分。继续考虑文本编辑器的例子，那么就只需要加载与主要编辑功能相关的代码。其他部分，如帮助系统或所有程序通用的Web和电子邮件客户端程序，只会在用户明确要求时才加载。①

内核必须提供数据结构，以建立虚拟地址空间的区域和相关数据所在位置之间的关联。例如，在映射文本文件时，映射的虚似内存区必须关联到文件系统在硬盘上存储文件内容的区域。如图4-4所示。

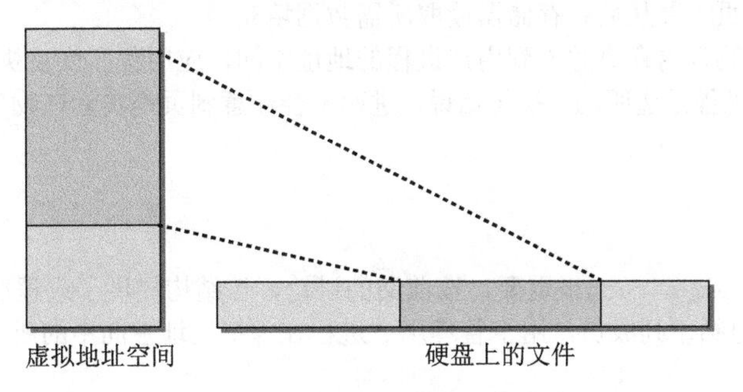

图4-4 将文件映射到虚拟内存中

当然，给出的图示是简化的，因为文件数据在硬盘上的存储通常并不是连续的，而是分布到若干小的区域（在第9章会讨论）。内核利用address_space数据结构②，提供一组方法从后备存储器读取数据。例如，从文件系统读取。因此address_space形成了一个辅助层，将映射的数据表示为连续的线性区域，提供给内存管理子系统。

按需分配和填充页称之为*按需调页法*（demand paging）。它基于处理器和内核之间的交互，使用的各种数据结构如图4-5所示。

---

① 我假定程序所有的部分都存在于一个巨大的二进制文件中。当然，程序自身也可以显式请求加载一部分二进制代码，在这里不讨论了。

② 糟糕的是，表示虚拟地址空间的数据结构，以及用于表示数据映射方式的地址空间对应的结构，名称相同。

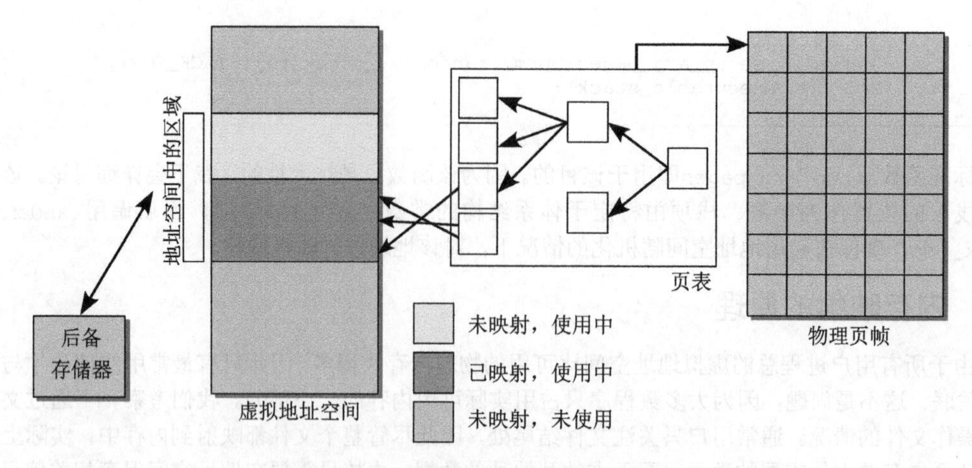

图4-5　按需调页期间各数据结构的交互

- 进程试图访问用户地址空间中的一个内存地址，但使用页表无法确定物理地址（物理内存中没有关联页）。
- 处理器接下来触发一个缺页异常，发送到内核。
- 内核会检查负责缺页区域的进程地址空间数据结构，找到适当的后备存储器，或者确认该访问实际上是不正确的。
- 分配物理内存页，并从后备存储器读取所需数据填充。
- 借助于页表将物理内存页并入到用户进程的地址空间，应用程序恢复执行。

这些操作对用户进程是透明的。换句话说，进程不会注意到页是实际在物理内存中，还是需要通过按需调页加载。

4.4　数据结构

我们知道struct mm_struct很重要，按前文的讨论，该结构提供了进程在内存中布局的所有必要信息。另外，它还包括下列成员，用于管理用户进程在虚拟地址空间中的所有内存区域。

<mm_types.h>

```
struct mm_struct {
        struct vm_area_struct * mmap;          /* 虚拟内存区域列表 */
        struct rb_root mm_rb;
        struct vm_area_struct * mmap_cache;    /* 上一次find_vma的结果 */
...
}
```

以下章节讨论了上述各成员的语义。

4.4.1　树和链表

每个区域都通过一个vm_area_struct实例描述，进程的各区域按两种方法排序。

(1) 在一个单链表上（开始于mm_struct->mmap）。

(2) 在一个红黑树中，根结点位于mm_rb。

mmap_cache缓存了上一次处理的区域。其语义会在4.5.1节给出。

红黑树是一种二叉查找树，其结点标记有颜色（红或黑）。它们具有普通查找树的所有性质（因此扫描特定的结点非常高效）。结点的红黑标记也可以简化重新平衡树的过程。[①]不熟悉该概念的读者，可以参考附录C，其中描述了红黑树的结构、性质和实现。

用户虚拟地址空间中的每个区域由开始和结束地址描述。现存的区域按起始地址以递增次序被归入链表中。扫描链表找到与特定地址关联的区域，在有大量区域时是非常低效的操作（数据密集型的应用程序就是这样）。因此vm_area_struct的各个实例还通过红黑树管理，可以显著加快扫描速度。

增加新区域时，内核首先搜索红黑树，找到刚好在新区域之前的区域。因此，内核可以向树和线性链表添加新的区域，而无需扫描链表（内核用于添加新区域的算法将在4.5.3节详细讨论）。最后，内存中的情况如图4-6所示。请注意，树的表示只是象征性的，没有反映真实布局的复杂性。

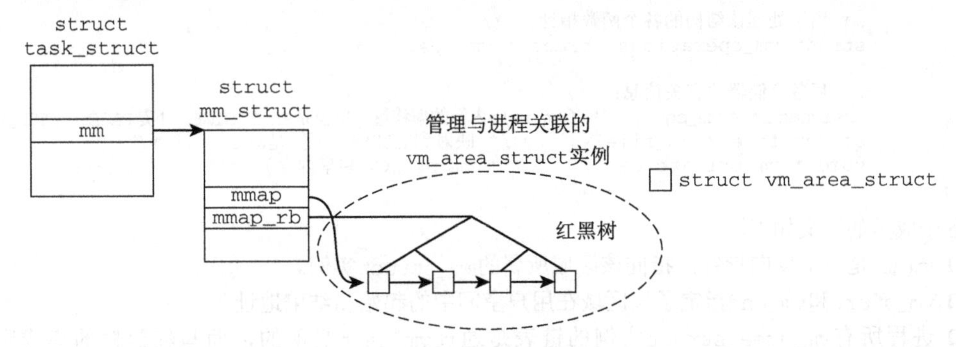

图4-6 将vm_area_struct实例与进程的虚拟地址空间关联

4.4.2 虚拟内存区域的表示

每个区域表示为vm_area_struct的一个实例，其定义（简化形式）如下：

<mm_types.h>

```
struct vm_area_struct {
        struct mm_struct * vm_mm; /* 所属地址空间。 */
        unsigned long vm_start; /* vm_mm内的起始地址。 */
        unsigned long vm_end; /* 在vm_mm内结束地址之后的第一个字节的地址。 */

        /* 各进程的虚拟内存区域链表，按地址排序 */
        struct vm_area_struct *vm_next;

        pgprot_t vm_page_prot; /* 该虚拟内存区域的访问权限。 */
        unsigned long vm_flags; /* 标志，如下列出。 */

        struct rb_node vm_rb;

        /*
        对于有地址空间和后备存储器的区域来说，
        shared连接到address_space->i_mmap优先树，
        或连接到悬挂在优先树结点之外、类似的一组虚拟内存区域的链表，
        或连接到address_space->i_mmap_nonlinear链表中的虚拟内存区域。 */
        union {
                struct {
                        struct list_head list;
                        void *parent; /* 与prio_tree_node的parent成员在内存中位于同一位置 */
                        struct vm_area_struct *head;
```

① 所有重要的树操作（添加、删除、查找）都可以在$O(\log n)$时间内完成，其中n是树中结点数目。

```
			} vm_set;

			struct raw_prio_tree_node prio_tree_node;
		} shared;

		/*
		 *在文件的某一页经过写时复制之后，文件的MAP_PRIVATE虚拟内存区域可能同时在i_mmap树和
		 *anon_vma链表中。MAP_SHARED虚拟内存区域只能在i_mmap树中。
		 *匿名的MAP_PRIVATE、栈或brk虚拟内存区域（file指针为NULL）只能处于anon_vma链表中。
		 */
		struct list_head anon_vma_node; /* 对该成员的访问通过anon_vma->lock串行化 */
		struct anon_vma *anon_vma;      /* 对该成员的访问通过page_table_lock串行化 */

		/* 用于处理该结构的各个函数指针。 */
		struct vm_operations_struct * vm_ops;

		/* 后备存储器的有关信息： */
		unsigned long vm_pgoff; /* （vm_file内）的偏移量，单位是PAGE_SIZE，不是PAGE_CACHE_SIZE */
		struct file * vm_file;          /* 映射到的文件（可能是NULL）。 */
		void * vm_private_data;         /* vm_pte（即共享内存） */
};
```

各个成员的语义如下。

- vm_mm是一个反向指针，指向该区域所属的mm_struct实例。
- vm_start和vm_end指定了该区域在用户空间中的起始和结束地址。
- 进程所有vm_area_struct实例的链表是通过vm_next实现的，而与红黑树的集成则通过vm_rb实现。
- vm_page_prot存储该区域的访问权限，由3.3.1节讨论的常数构成，也用于内存中的页。
- vm_flags是描述该区域的一组标志。我将在下文讨论可以设置的标志。
- 从文件到进程的虚拟地址空间中的映射，可通过文件中的区间和内存中对应的区间唯一地确定。为跟踪与进程关联的所有区间，内核使用了如上所述的链表和红黑树。

  但还必须能够反向查询：给出文件中的一个区间，内核有时需要知道该区间映射到的所有进程。这种映射称作共享映射（shared mapping），至于这种映射的必要性，看看系统中几乎每个进程都使用的C标准库，读者就知道了。

  为提供所需的信息，所有的vm_area_struct实例都还通过一个优先树管理，包含在shared成员中。从该结构成员的复杂定义，读者容易想象到，这是件很有技巧的工作，细节将在下文的4.4.3节讨论。
- anon_vma_node和anon_vma用于管理源自匿名映射（anonymous mapping）的共享页。指向相同页的映射都保存在一个双链表上，anon_vma_node充当链表元素。

  有若干此类链表，具体的数目取决于共享物理内存页的映射集合的数目。anon_vma成员是一个指向与各链表关联的管理结构的指针，该管理结构由一个表头和相关的锁组成。
- vm_ops是一个指针，指向许多方法的集合，这些方法用于在区域上执行各种标准操作。

  <mm.h>

```
struct vm_operations_struct {
	void (*open)(struct vm_area_struct * area);
	void (*close)(struct vm_area_struct * area);
	int (*fault)(struct vm_area_struct *vma, struct vm_fault *vmf);
	struct page * (*nopage)(struct vm_area_struct * area, unsigned long
				address, int *type);
...
};
```

- 在创建和删除区域时，分别调用open和close。这两个接口通常不使用，设置为NULL指针。
- 但fault是非常重要的。如果地址空间中的某个虚拟内存页不在物理内存中，自动触发的缺页异常处理程序会调用该函数，将对应的数据读取到一个映射在用户地址空间的物理内存页中。
- nopage是内核原来用于响应缺页异常的方法，不如fault那么灵活。出于兼容性的考虑，该成员仍然保留，但不应该用于新的代码。

- vm_pgoffset指定了文件映射的偏移量，该值用于只映射了文件部分内容时（如果映射了整个文件，则偏移量为0）。

> 偏移量的单位不是字节，而是页（即PAGE_SIZE）。在页长度为4 KiB的系统上，偏移量值为10，折合实际的字节偏移量为40 960。这是合理的，因为内核只支持以整页为单位的映射，更小的值没有意义。

- vm_file指向file实例，描述了一个被映射的文件（如果映射的对象不是文件，则为NULL指针）。第8章详细地讨论了file结构。
- 取决于映射类型，vm_private_data可用于存储私有数据，不由通用内存管理例程操作。内核只确保在创建新区域时该成员初始化为NULL指针。当前，只有少数声音和视频驱动程序使用了该选项。

vm_flags存储了定义区域性质的标志。这些都是<mm.h>中声明的预处理器常数。

- VM_READ、VM_WRITE、VM_EXEC、VM_SHARED分别指定了页的内容是否可以读、写、执行，或者由几个进程共享。
- VM_MAYREAD、VM_MAYWRITE、VM_MAYEXEC、VM_MAYSHARE用于确定是否可以设置对应的VM_*标志。这是mprotect系统调用所需要的。
- VM_GROWSDOWN和VM_GROWSUP表示一个区域是否可以向下或向上扩展（到更低或更高的虚拟地址）。由于堆自下而上增长，其区域需要设置VM_GROWSUP。VM_GROWSDOWN对栈设置，该区域自顶向下增长。
- 如果区域很可能从头到尾顺序读取，则设置VM_SEQ_READ。VM_RAND_READ指定了读取可能是随机的。这两个标志用于“提示”内存管理子系统和块设备层，以优化其性能（例如，如果访问是顺序的，则启用页的预读。第8章详细讲解了该技术）。
- 如果设置了VM_DONTCOPY，则相关的区域在fork系统调用执行时不复制。
- VM_DONTEXPAND禁止区域通过mremap系统调用扩展。
- 如果区域是基于某些体系结构支持的巨型页，则设置VM_HUGETLB标志。
- VM_ACCOUNT指定区域是否被归入overcommit特性的计算中。这些特性以多种方式限制内存分配（更多细节请参考4.5.3节）。

4.4.3 优先查找树

优先查找树（priority search tree）用于建立文件中的一个区域与该区域映射到的所有虚拟地址空间之间的关联。为理解建立该关联的方式，我们需要介绍内核的一些数据结构，后续章节中将更详细地在更通用的上下文中讨论这些结构。

1. 附加的数据结构

每个打开文件（和每个块设备，因为这些也可以通过设备文件进行内存映射）都表示为struct

file的一个实例。该结构包含了一个指向地址空间对象struct address_space的指针。该对象是优先查找树（prio tree）的基础，而文件区间与其映射到的地址空间之间的关联即通过优先树建立。这两个结构的定义如下（只给出此处讲解所需的结构成员）：

```
<fs.h>
struct address_space {
        struct inode *host; /* owner: inode, block_device */
    ...
        struct prio_tree_root i_mmap; /* 私有和共享映射的树 */
        struct list_head i_mmap_nonlinear;/*VM_NONLINEAR映射的链表 */
...
}
```

```
<fs.h>
struct file {
...
        struct address_space *f_mapping;
...
}
```

此外，每个文件和块设备都表示为struct inode的一实例。struct file是通过open系统调用打开的文件的抽象，与此相反，inode表示文件系统自身中的对象。

```
<fs.h>
struct inode {
...
        struct address_space *i_mapping;
...
}
```

请注意，尽管下文只讨论文件区间的映射，但实际上也可以映射不同的东西。例如，直接映射裸（raw）块设备上的区间，而不通过文件系统迂回。在打开文件时，内核将file->f_mapping设置到inode->i_mapping。这使得多个进程可以访问同一个文件，而不会直接干扰到其他进程：inode是一个特定于文件的数据结构，而file则是特定于给定进程的。

这些数据结构彼此关联，图4-7给出了内存中各个结构之间关联的概述。请注意，图中树的表示只是象征性的，没有反映实际上比较复杂的树的布局。

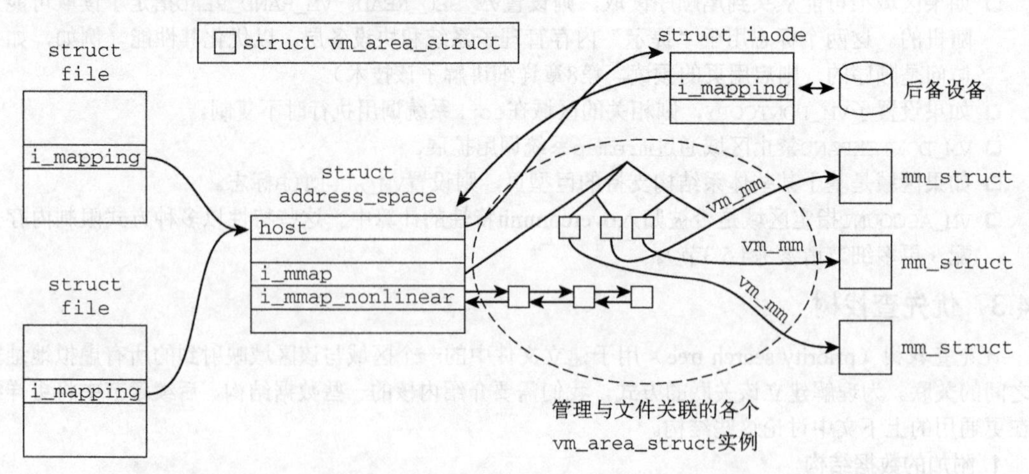

图4-7　借助于优先树，跟踪文件的给定区间所映射到的虚拟地址空间

给出struct address_space的实例，内核可以推断相关的inode，而后者可用于访问实际存储文件数据的后备存储器。通常，所述的后备存储器是块设备，第9章将讨论相关细节。4.6节和第16章则将讨论更多与地址空间相关的内容。

在这里只要知道以下内容就足够了：地址空间是优先树的基本要素，而优先树包含了所有相关的vm_area_struct实例，描述了与inode关联的文件区间到一些虚拟地址空间的映射。由于每个struct vm_area_struct的实例都包含了一个指向所属进程的mm_struct的指针，关联就已经建立起来了！要注意，vm_area_struct还可以通过以i_mmap_nonlinear为表头的双链表与一个地址空间关联。这是非线性映射（nonlinear mapping）所需要的，我现在暂时忽略该内容。我们将在4.7.3节再讲解非线性映射。

回忆图4-6的内容，其中示范了通过链表和红黑树组织vm_area_struct实例的方式。重要的是意识到，这些与优先树管理的vm_area_struct实例实际上是相同的。尽管对内核而言，同时通过两个或更多数据结构来维护vm_area_struct实例没有任何问题，但几乎不可能给出图示。因此请记住，一个给定的struct vm_area_struct实例，可以包含在两个数据结构中。一个建立进程虚拟地址空间中的区域与潜在的文件数据之间的关联，一个用于查找映射了给定文件区间的所有地址空间。

2. 优先树的表示

优先树用来管理表示给定文件中特定区间的所有vm_area_struct实例。这要求该数据结构不仅能够处理重叠，还要能处理相同的文件区间。如图4-8所示：两个进程将一个文件的［7, 12］区域映射到其虚拟地址空间中，而第3个进程映射了区间［10, 30］。

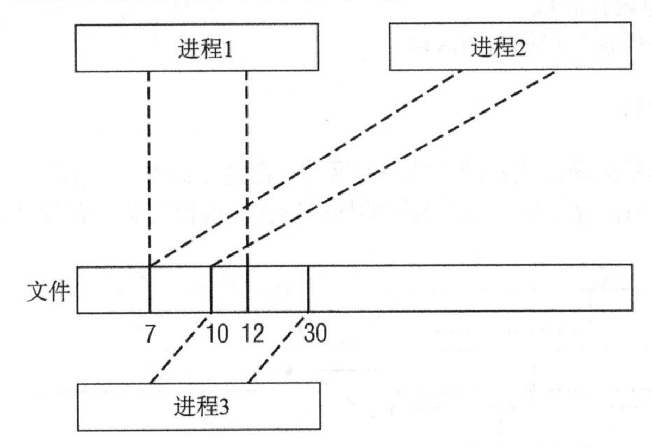

图4-8　多个进程将一个文件的相同或重叠区域映射到其虚拟地址空间中

重叠区间的管理称不上是个问题。区间的边界提供了一个唯一索引，可用于将各个区间存储在一个唯一的树结点中。我不会详细讨论内核的实现方式，因为这与基数树非常相似（更多细节请参见附录C）。只要知道：如果区间B、C和D完全包含在另一个区间A中，那么A将是B、C和D的父结点。

但如果多个相同区间被归入优先树，会发生什么情况？各个优先树结点表示为一个raw_prio_tree_node实例，该实例直接包含在各个vm_area_struct实例中。回忆前文，该实例与一个vm_set实例在同一个联合中。这可以将一个vm_set（进而vm_area_struct）的链表与一个优先树结点关联起来。图4-9说明了内存中这种关联的具体情况。

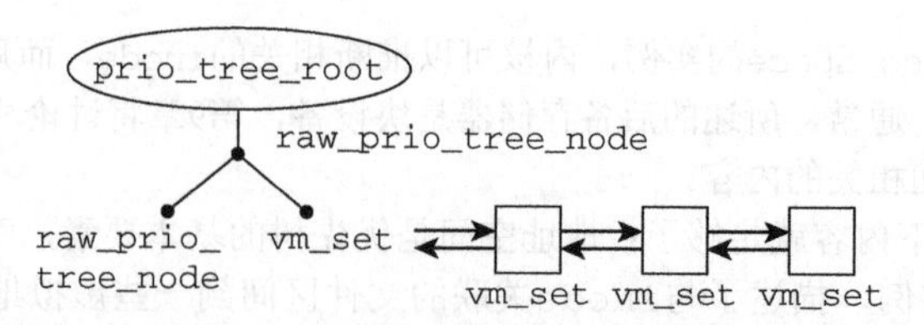

图4-9　管理共享的相同映射所涉及各个数据结构的关联

在区间插入到优先树时，内核进行如下操作。

- 在vm_area_struct实例链接到优先树中作为结点时，prio_tree_node用于建立必要的关联。为检查是否树中已经有同样的vm_area_struct，内核利用下述事实。vm_set的parent成员与prio_tree_node结构的最后一个成员是相同的，这些数据结构可据此进行协调。由于parent在vm_set内并不使用，内核可以使用parent != NULL，来检查当前的vm_area_struct实例是否已经在树中。

  prio_tree_node的定义还确保了在share联合内部的内存布局中，vmset的head成员与prio_tree_node不重叠，因此二者尽管在同一个联合之中，也可以同时使用。

  因此内核使用vm_set.head指向属于一个共享映射的vm_area_struct实例列表中的第一个实例。
- 如果上述共享映射的链表包含了一个vm_area_struct，则vm_set.list用作表头，链表包含所有涉及的虚拟内存区域。

4.5.3节将详细讨论内核如何插入新区域。

4.5　对区域的操作

内核提供了各种函数来操作进程的虚拟内存区域。在建立或删除映射时，创建和删除区域（以及查找用于新区域的适当的内存位置）是所需要的标准操作。内核还负责在管理这些数据结构时进行优化，如图4-10所示。

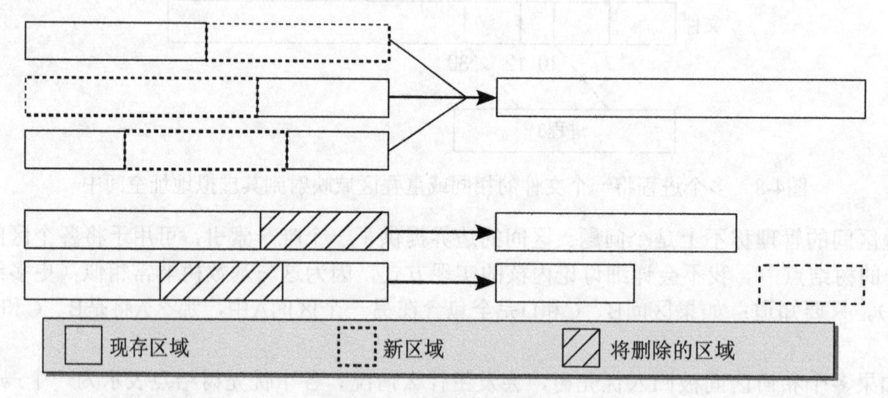

图4-10　对区域的操作

- 如果一个新区域紧接着现存区域前后直接添加（因此也包括在两个现存区域之间的情况），内核将涉及的数据结构合并为一个。当然，前提是涉及的所有区域的访问权限相同，而且是从同一后备存储器映射的连续数据。

- 如果在区域的开始或结束处进行删除，则必须据此截断现存的数据结构。
- 如果删除两个区域之间的一个区域，那么一方面需要减小现存数据结构的长度，另一方面需要为形成的新区域创建一个新的数据结构。

更重要的一个标准操作是搜索与用户空间中一个特定虚拟地址相关的区域。在解释上文提到的优化之前，我们先讨论用于完成该工作的辅助函数。

4.5.1 将虚拟地址关联到区域

通过虚拟地址，find_vma可以查找用户地址空间中结束地址在给定地址之后的第一个区域，即满足addr < vm_area_struct->vm_end条件的第一个区域。该函数的参数不仅包括虚拟地址（addr），还包括一个指向mm_struct实例的指针，后者指定了扫描哪个进程的地址空间。

```
<mm/mmap.c>
struct vm_area_struct * find_vma(struct mm_struct * mm, unsigned long addr)
{
        struct vm_area_struct *vma = NULL;

        if (mm) {
                /* 首先检查缓存。 */
                /* （缓存命中率通常大约是35%。） */
                vma = mm->mmap_cache;
                if (!(vma && vma->vm_end > addr && vma->vm_start <= addr)) {
                        struct rb_node * rb_node;

                        rb_node = mm->mm_rb.rb_node;
                        vma = NULL;

                        while (rb_node) {
                                struct vm_area_struct * vma_tmp;

                                vma_tmp = rb_entry(rb_node,
                                                struct vm_area_struct, vm_rb);

                                if (vma_tmp->vm_end > addr) {
                                        vma = vma_tmp;
                                        if (vma_tmp->vm_start <= addr)
                                                break;
                                        rb_node = rb_node->rb_left;
                                } else
                                        rb_node = rb_node->rb_right;
                        }
                        if (vma)
                                mm->mmap_cache = vma;
                }
        }
        return vma;
}
```

内核首先检查上次处理的区域（现在保存在mm->mmap_cache）中是否包含所需的地址，即是否该区域的结束地址在目标地址之后，而起始地址在目标地址之前。倘若如此，内核不会执行if语句，而是立即将指向该区域的指针返回。

否则必须逐步搜索红黑树。rb_node是用于表示树中各个结点的数据结构。rb_entry用于从结点取出“有用数据”（在这里是vm_area_struct实例）。

树的根结点位于mm->mm_rb.rb_node。如果相关的区域结束地址大于目标地址而起始地址小于目标地址，内核就找到了一个适当的结点，可以退出while循环，返回指向vm_area_struct实例的指针。否则，再继续搜索：

- 如果当前区域结束地址大于目标地址，则从左子结点开始；
- 如果当前区域的结束地址小于等于目标地址，则从右子结点开始。

如果树根结点的子结点为NULL指针，则内核很容易判断何时结束搜索并返回NULL指针作为错误信息。

如果找到适当的区域，则将其指针保存在mmap_cache中，因为下一次find_vma调用搜索同一个区域中邻近地址的可能性很高。

find_vma_intersection是另一个辅助函数，用于确认边界为start_addr和end_addr的区间是否完全包含在一个现存区域内部。它基于find_vma，很容易实现，如下所示：

<mm.h>

```
static inline
struct vm_area_struct * find_vma_intersection(struct mm_struct * mm,
                                    unsigned long start_addr,
                                    unsigned long end_addr)
{
        struct vm_area_struct * vma = find_vma(mm,start_addr);

        if (vma && end_addr <= vma->vm_start)
                vma = NULL;
        return vma;
}
```

4.5.2 区域合并

在新区域被加到进程的地址空间时，内核会检查它是否可以与一个或多个现存区域合并，如图4-10所示。

vm_merge在可能的情况下，将一个新区域与周边区域合并。它需要很多参数。

mm/mmap.c

```
struct vm_area_struct *vma_merge(struct mm_struct *mm,
                        struct vm_area_struct *prev,
                        unsigned long addr, unsigned long end, unsigned long vm_flags,
                        struct anon_vma *anon_vma, struct file *file,
                        pgoff_t pgoff, struct mempolicy *policy)
{
        pgoff_t pglen = (end -addr) >> PAGE_SHIFT;
        struct vm_area_struct *area, *next;
...
```

mm是相关进程的地址空间实例，而prev是是紧接着新区域之前的区域。rb_parent是该区域在红黑查找树中的父结点。

addr、end和vm_flags分别是新区域的开始地址、结束地址、标志。如果该区域属于一个文件映射，则file是一个指向表示该文件的file实例的指针。pgoff指定了映射在文件数据内的偏移量。由于policy参数只在NUMA系统上需要，我不会进一步讨论它。

实现的技术细节非常简单。首先检查确定前一个区域的结束地址是否对应于新区域的起始地址。倘若如此，内核接下来必须检查两个区域，确认二者的标志和映射的文件相同，文件映射内部的偏移量符合连续区域的要求，两个区域内都不包含匿名映射，而且两个区域彼此兼容。[1]

通过can_vma_merge_after辅助函数完成检查。将区域与前一个区域合并的工作看起来如下所示：

① 如果两个文件映射在地址空间中连续，但在文件中不连续，亦无法合并。

mm/mmap.c
```
        if (prev && prev->vm_end == addr &&
                        can_vma_merge_after(prev, vm_flags,
                                        anon_vma, file, pgoff)) {
...
```

如果可以，内核接下来检查后一个区域是否可以合并。

mm/mmap.c
```
                /*
                * OK，前一个可以合并。现在我们可以合并后一个么？
                */
                if (next && end == next->vm_start &&
                                can_vma_merge_before(next, vm_flags,
                                        anon_vma, file, pgoff+pglen) &&
                                is_mergeable_anon_vma(prev->anon_vma,
                                                next->anon_vma)) {
                        vma_adjust(prev, prev->vm_start,
                                next->vm_end, prev->vm_pgoff, NULL);
                } else
                        vma_adjust(prev, prev->vm_start,
                                end, prev->vm_pgoff, NULL);
                return prev;
        }
```

与前一例相比，第一个差别是使用can_vma_merge_before来检查两个区域是否可以合并，替代了can_vma_merge_after。如果前一个和后一个区域都可以与当前区域合并，还必须确认前一个和后一个区域的匿名映射可以合并，然后才能创建包含这3个区域的一个单一区域。

在两种情况下，都调用了辅助函数vma_adjust执行最后的合并。它会适当地修改涉及的所有数据结构，包括优先树和vm_area_struct实例，还包括释放不再需要的结构实例。

4.5.3 插入区域

insert_vm_struct是内核用于插入新区域的标准函数。实际工作委托给两个辅助函数，如图4-11给出的代码流程图所示。

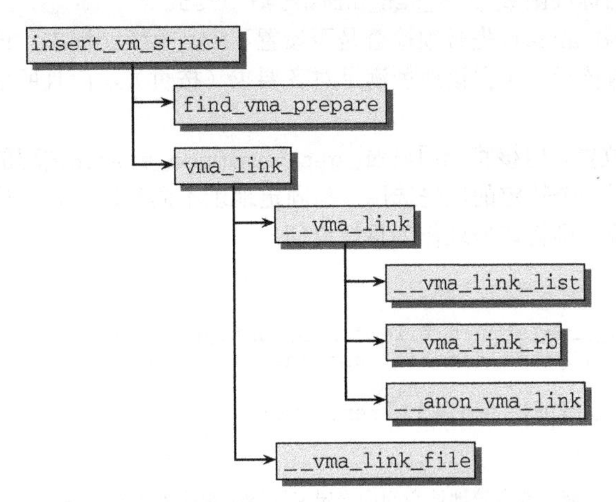

图4-11 insert_vm_struct的代码流程图

首先调用find_vma_prepare，通过新区域的起始地址和涉及的地址空间（mm_struct），获取下列信息。

- 前一个区域的vm_area_struct实例。
- （红黑树中）保存新区域结点的父结点。
- 包含该区域自身的（红黑树）叶结点。

C语言中函数只允许返回一个值，这是常识，因此上述函数只返回了一个指向前一个区域的指针作为结果。剩余的信息通过指针参数提供。

查找到的信息足以使用vma_link将新区域合并到该进程现存的数据结构中。在经过一些准备工作之后，该函数将实际工作委托给__vma_link，后者执行3个插入操作，如代码流程图所示。

- __vma_link_list将新区域放置到进程管理区域的线性链表上。完成该工作，只需提供使用find_vma_prepare找到的前一个和后一个区域。①
- 顾名思义，__vma_link_rb将新区域连接到红黑树的数据结构中。
- __anon_vma_link将vm_area_struct实例添加到匿名映射的链表，上文讨论过。

最后，__vma_link_file将相关的address_space和映射（如果是文件映射）关联起来，并使用vma_prio_tree_insert将该区域添加到优先树中，对多个相同区域的处理如上所述。

4.5.4 创建区域

在向数据结构插入新的内存区域之前，内核必须确认虚拟地址空间中有足够的空闲空间，可用于给定长度的区域。该工作分配给get_unmapped_area辅助函数完成。

mm/mmap.c

```
unsigned long
get_unmapped_area(struct file *file, unsigned long addr,
                  unsigned long len, unsigned long pgoff, unsigned long flags)
```

这些参数都是自明的。我们对该函数的实现没有更多的兴趣了，因为实际工作委托给当前进程mm_struct实例中存储的特定于体系结构的辅助函数。②

回忆4.2节的内容，根据进程虚拟地址空间的布局，会选择使用不同的映射函数。在这里我主要考虑大多数系统上采用的标准函数arch_get_unmapped_area。

arch_get_unmapped_area首先必须检查是否设置了MAP_FIXED标志，该标志表示映射将在固定地址创建。倘若如此，内核只会确保该地址满足对齐要求（按页），而且所要求的区间完全在可用地址空间内。

如果没有指定区域位置，内核将调用arch_get_unmapped_area在进程的虚拟内存区中查找适当的可用区域。如果指定了一个特定的优先选用（与固定地址不同）地址，内核会检查该区域是否与现存区域重叠。如果不重叠，则将该地址作为目标返回。

mm/mmap.c

```
unsigned long
arch_get_unmapped_area(struct file *filp, unsigned long addr,
                  unsigned long len, unsigned long pgoff, unsigned long flags)
{
        struct mm_struct *mm = current->mm;
...
```

① 如果新区域是新的起始区域，或者该地址空间尚未定义区域，那么就不存在前一个区域，这种情况下将使用红黑树中的信息来正确地设置指针。

② 文件也可以具有专用的映射函数。例如，帧缓冲（frame-buffer）代码会在帧缓冲设备文件映射到内存中时使用该机制，以便直接操纵显存。但由于内核通常使用标准实现，我不会讨论其他特定的例程。

```
	if (addr) {
		addr = PAGE_ALIGN(addr);
		vma = find_vma(mm, addr);
		if (TASK_SIZE -len >= addr &&
		  (!vma || addr + len <= vma->vm_start))
			return addr;
	}
	...
```

否则，内核必须遍历进程中可用的区域，设法找到一个大小适当的空闲区域。这样做时，内核会检查是否可使用前一次扫描时缓存的区域。

mm/mmap.c

```
	if (len > mm->cached_hole_size) {
		start_addr = addr = mm->free_area_cache;
	} else {
		start_addr = addr = TASK_UNMAPPED_BASE;
		mm->cached_hole_size = 0;
	}
	...
```

实际的遍历，或者开始于虚拟地址空间中最后一个“空洞”的地址，或者开始于全局的起始地址TASK_UNMAPPED_BASE。

mm/mmap.c

```
full_search:
	for (vma = find_vma(mm, addr); ; vma = vma->vm_next) {
		/* At this point: (!vma || addr < vma->vm_end). */
		if (TASK_SIZE - len < addr) {
			/*
			 * 开始一次新的搜索，以防错过某些空洞。
			 */
			if (start_addr != TASK_UNMAPPED_BASE) {
				addr = TASK_UNMAPPED_BASE;
				start_addr = addr;
				mm->cached_hole_size = 0;
				goto full_search;
			}
			return -ENOMEM;
	}
	if (!vma || addr + len <= vma->vm_start) {
			/*
			 * 记住我们停止搜索的位置：
			 */
			mm->free_area_cache = addr + len;
			return addr;
		}
		if (addr + mm->cached_hole_size < vma->vm_start)
			mm->cached_hole_size = vma->vm_start - addr;
		addr = vma->vm_end;
	}
}
```

如果搜索持续到用户地址空间的末端（TASK_SIZE），仍然没有找到适当的区域，则内核返回一个-ENOMEM错误。错误必须发送到用户空间，且由相关的应用程序来处理。该错误代码表示虚拟地址空间中可用内存不足，无法满足应用程序的请求。如果找到内存，则返回其起始处的虚拟地址。

如果mmap区域自顶向下扩展，那么分配新区域的函数是arch_get_unmapped_area_topdown，其处理逻辑与上文所述类似。当然，搜索的方向相反。我们在这里无须费心考虑实现细节。

4.6 地址空间

文件的内存映射可以认为是两个不同的地址空间之间的映射，以简化（系统）程序员的工作。一个地址空间是用户进程的虚拟地址空间，另一个是文件系统所在的地址空间。

在内核创建一个映射时，必须建立两个地址空间之间的关联，以支持二者以读写请求的形式通信。vm_operations_struct结构即用于完成该工作，我们在4.4.2节已经熟悉了。它提供了一个操作，来读取已经映射到虚拟地址空间、但其内容尚未进入物理内存的页。

但该操作不了解映射类型或其性质的相关信息。由于存在许多种类的文件映射（不同类型文件系统上的普通文件、设备文件等），因此需要更多的信息。实际上，内核需要更详细地说明数据源所在的地址空间。

上文简要提到的address_space结构，即为该目的定义，包含了有关映射的附加信息。回忆图4-7给出的文件、地址空间和inode之间的关联。其中涉及的一些数据结构将在后续章节解释，因此在这里就不讨论其关系了。我们只是明确一点：每个文件映射都有一个相关的address_space实例。

struct address_space的准确定义与这里讲述的内容也是不相关的，并将在第16章更详细地讨论。在这里，只要知道每个地址空间都有一组相关的操作，以函数指针的形式保存在如下的结构中（书中只转载了最重要的项）。

<fs.h>

```
struct address_space_operations {
        int (*writepage)(struct page *page, struct writeback_control *wbc);
        int (*readpage)(struct file *, struct page *);
...
        /* 回写该映射的一些脏页。 */
        int (*writepages)(struct address_space *, struct writeback_control *);

        /* 将页设置为脏的。如果设置成功则返回true。 */
        int (*set_page_dirty)(struct page *page);

        int (*readpages)(struct file *filp, struct address_space *mapping,
        struct list_head *pages, unsigned nr_pages);
...
};
```

该结构的详细描述也可以在第16章找到。

- readpage从潜在的块设备读取一页到物理内存中。readpages执行的任务相同，但一次读取几页。
- writepage将一页的内容从物理内存写回到块设备上对应的位置，以便永久地保存更改的内容。
- set_page_dirty表示一页的内容已经改变，即与块设备上的原始内容不再匹配。

vm_operations_struct和address_space之间的联系如何建立？这里不存在将一个结构的实例分配到另一个结构的静态连接。尽管如此，这两个结构仍然使用内核为vm_operations_struct提供的标准实现连接起来，几乎所有的文件系统都使用了这种方式。

mm/filemap.c

```
struct vm_operations_struct generic_file_vm_ops = {
        .fault = filemap_fault,
};
```

filemap_fault的实现使用了相关映射的readpage方法，因此也采用了上述的address_space

概念，读者在第8章的概念描述中会看到。

4.7 内存映射

我们已经熟悉了内存映射相关的数据结构和地址空间操作，在本节中，我们将进一步讨论在建立映射时内核和应用程序之间的交互。就我们所知，C标准库提供了mmap函数建立映射。在内核一端，提供了两个系统调用mmap和mmap2。某些体系结构实现了两个版本，例如IA-64和Sparc（64），其他的只实现了第1个（AMD64）或第2个（IA-32）。两个函数的参数相同。

```
asmlinkage unsigned long sys_mmap{2}(unsigned long addr, unsigned long len,
        unsigned long prot, unsigned long flags,
        unsigned long fd, unsigned long off)
```

这两个调用都会在用户虚拟地址空间中的pos位置，建立一个长度为len的映射，其访问权限通过prot定义。flags是一个标志集，用于设置一些参数。相关的文件通过其文件描述符fd标识。

mmap和mmap2之间的差别在于偏移量的语义（off）。在这两个调用中，它都表示映射在文件中开始的位置。对于mmap，位置的单位是字节，而mmap2使用的单位则是页（PAGE_SIZE）。因此即使文件比可用地址空间大，也可以映射文件的一部分。

通常C标准库只提供一个函数，由应用程序用来创建内存映射。接下来该函数调用在内部转换为适合于体系结构的系统调用。

可使用munmap系统调用删除映射。因为不需要文件偏移量，因此不需要munmap2系统调用，只需提供映射的虚拟地址。

4.7.1 创建映射

mmap和mmap2的调用语法在上文已经介绍，因此我只简要地列出可以设置的最重要的标志。

- MAP_FIXED指定除了给定地址之外，不能将其他地址用于映射。如果没有设置该标志，内核可以在受阻时随意改变目标地址。例如，在目标地址已经存在一个映射的情况（否则，现存的映射将被覆盖）。
- 如果一个对象（通常是文件）在几个进程之间共享时，则必须使用MAP_SHARED。
- MAP_PRIVATE创建一个与数据源分离的私有映射，对映射区域的写入操作不影响文件中的数据。
- MAP_ANONYMOUS创建与任何数据源都不相关的匿名映射，fd和off参数被忽略。此类映射可用于为应用程序分配类似malloc所用的内存。

prot可指定PROT_EXEC、PROT_READ、PROT_WRITE、PROT_NONE值的组合，来定义访问权限。并非所有处理器都实现了所有组合，因而区域实际授予的权限可能比指定的要多。尽管内核尽力设置指定的权限，但它只能保证实际设置的访问权限不会比指定的权限有更多的限制。

为简明起见，下文只讨论sys_mmap2（sys_mmap在大多数其他体系结构上的行为是类似的：最终都会到达下文讨论的do_mmap_pgoff函数）。与第13章讨论的惯例一致，该函数用作mmap2系统调用的入口，其实现立即将工作委托给do_mmap2。内核在其中提供文件描述符找到file实例，以及所处理文件的所有特征数据（第8章将更仔细地讲述该数据结构）。剩余的工作委托给do_mmap_pgoff。

do_mmap_pgoff是一个体系结构无关的函数，定义在mm/mmap.c。图4-12给出了相关的代码流程图。

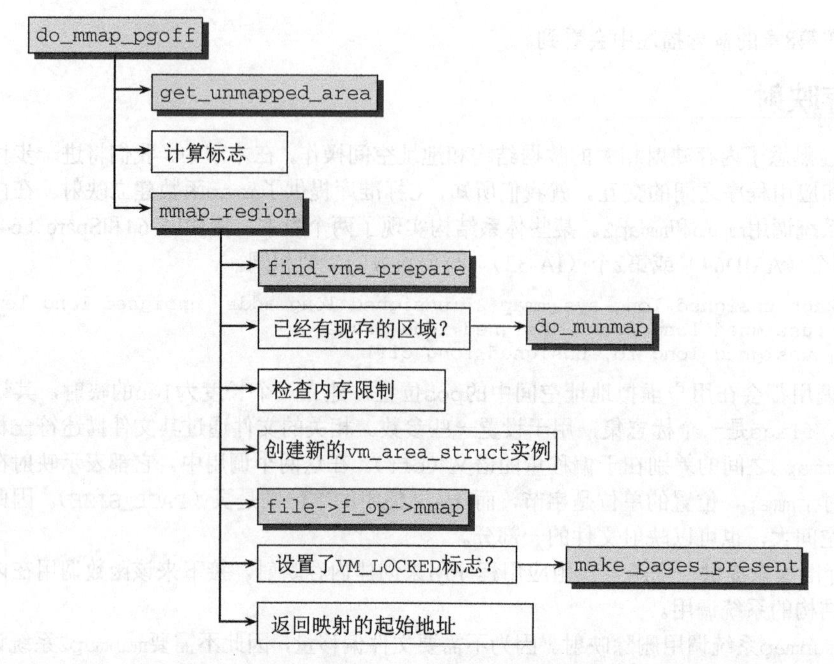

图4-12　do_mmap_pgoff的代码流程图

do_mmap_pgoff曾经是内核中最长的函数之一。它现在已经分成两个部分，但仍然相当长。一个部分需要彻底检查用户应用程序传递的参数，第二个部分需要考虑大量特殊情况和微妙之处。由于后一部分对于从一般意义上理解所涉及的机制没什么价值，我们只考察具有代表性的标准情况：用MAP_SHARED映射普通文件。另外，为避免使描述过于冗长，代码流程图也进行了相应删减。

首先调用4.5.4节描述的get_unmapped_area函数，在虚拟地址空间中找到一个适当的区域用于映射。我们知道，应用程序可以对映射指定固定地址、建议一个地址或由内核选择地址。

calc_vm_prot_bits和calc_vm_flag_bits将系统调用中指定的标志和访问权限常数合并到一个共同的标志集中，在后续的操作中比较易于处理（MAP_和PROT_标志转换为前缀VM_的标志）。

mm/mmap.c
```
        vm_flags = calc_vm_prot_bits(prot) | calc_vm_flag_bits(flags) |
                        mm->def_flags | VM_MAYREAD | VM_MAYWRITE | VM_MAYEXEC;
```

最有趣的是，内核在从当前运行进程的mm_struct实例获得def_flags之后，又将其包含到标志集中。def_flags的值为0或VM_LOCK。前者不会改变结果标志集，而VM_LOCK意味着随后映射的页无法换出（页交换的实现在第18章讨论）。为设置def_flags的值，进程必须发出mlockall系统调用，使用上述机制防止所有未来的映射被换出，即使在创建时没有显式指定VM_LOCK标志，也是如此。

在检查过参数并设置好所有需要的标志之后，剩余的工作委托给mmap_region。其中调用了我们在4.5.3节已经熟悉的find_vma_prepare函数，来查找前一个和后一个区域的vm_area_struct实例，以及红黑树中结点对应的数据。如果在指定的映射位置已经存在一个映射，则通过do_munmap删除它（将在下一节描述）。

如果没有设置MAP_NORESERVE标志或内核参数sysctl_overcommit_memory[①]设置为OVERCOMMIT_NEVER（即，不允许过量使用），则调用[②]vm_enough_memory。该函数选择是否分配操作所需的内存。如果它选择不分配，则系统调用结束，返回-ENOMEM。

在内核分配了所需的内存之后，会执行下列步骤。

(1) 分配并初始化一个新的vm_area_struct实例，并插入到进程的链表/树数据结构中。

(2) 用特定于文件的函数file->f_op->mmap创建映射。大多数文件系统将generic_file_mmap用于该目的。它所作的所有工作，就是将映射的vm_ops成员设置为generic_file_vm_ops。

```
vma->vm_ops = &generic_file_vm_ops;
```

generic_file_vm_ops的定义在4.5.3.节给出。其关键要素是filemap_fault，在应用程序访问映射区域但对应数据不在物理内存时调用。filemap_fault借助于潜在文件系统的底层例程取得所需数据，并读取到物理内存，这些对应用程序是透明的。换句话说，映射数据不是在建立映射时立即读入内存，只有实际需要相应数据时才进行读取。

第8章更仔细地考察了filemap_fault的实现。

如果设置了VM_LOCKED，或者通过系统调用的标志参数显式传递进来，或者通过mlockall机制隐式设置，内核都会调用make_pages_present依次扫描映射中各页，对每一页触发缺页异常以便读入其数据。当然，这意味着失去了延迟读取带来的性能提高，但内核可以确保在映射建立后所涉及的页总是在物理内存中。毕竟VM_LOCKED标志用来防止从内存换出页，因此这些页必须先读进来。

接下来返回新映射的起始地址，完成系统调用。

除了上述的操作，do_mmap_pgoff在代码执行路径中的不同位置进行了几次检查（不在这里详细描述）。如果某一次检查失败，则结束操作，系统调用会向用户空间返回一个错误代码。

- **统计**，即内核维护了进程用于映射的页数目统计。由于可以限制进程的资源用量，内核必须始终确保资源使用不超出允许值。对于每个进程可以创建的映射，还有一个最大数目的限制。
- 还必须进行**广泛的安全性和合理性检查**，以防应用程序设置无效参数或可能影响系统稳定性的参数。例如，映射不能比虚拟地址空间更大，也不能扩展到超出虚拟地址空间的边界。

4.7.2 删除映射

从虚拟地址空间删除现存映射，必须使用munmap系统调用，它需要两个参数：解除映射区域的

---

① sysctl_overcommit_memory可以借助于/proc/sys/vm/overcommit_memory设置。当前有3个过量使用选项。1允许应用程序分配与所要数量同样多的内存，即使超出系统地址空间所允许的限制。0意味着应用启发式过量使用，可用页的数目是通过计算页缓存、交换区和未使用页帧的总数而得到，且允许分配少量页的请求。2表示严格模式，称之为*严格过量使用*，其中允许分配的页数如下计算：

```
allowed = (totalram_pages -hugetlb) * sysctl_overcommit_ratio / 100;
allowed += total_swap_pages;
```

这里sysctl_overcommit_ratio是一个可配置的内核参数，通常设置为50。如果已使用页的总数超出所述计算结果，则内核拒绝继续分配内存。允许一个应用程序分配超出理论处理限制的页数，有什么意义么？科学计算应用有时需要这种特性。一些应用程序趋向于分配大量的内存，实际上并不需要使用，但从应用程序作者的看法来说，多分配一些总是好的，*以防万一嘛*！如果内存的确从不使用，那么不会分配物理页帧，也没有问题。显然这种程序设计风格是糟糕的惯例，但遗憾的是，这不是评估软件价值的标准。在计算机科学以外的科学界，编写清洁的代码通常不会带来奖励。相关的领域中，通常只关注程序在给定的配置下能够正常工作，而使得程序未来仍然可用或可移植的工作，看起来不能提供眼前可见的好处，因此通常被认为是没有价值的。

② 使用security_vm_enough_memory，后者调用不同路径下的__vm_enough_memory，这取决于所用的安全框架。

起始地址和长度。sys_munmap是该系统调用的入口。它按惯例将其工作委托给定义在mm_mmap.c中的do_munmap函数（进一步的实现信息在相关的代码流程图中给出，如图4-13）。

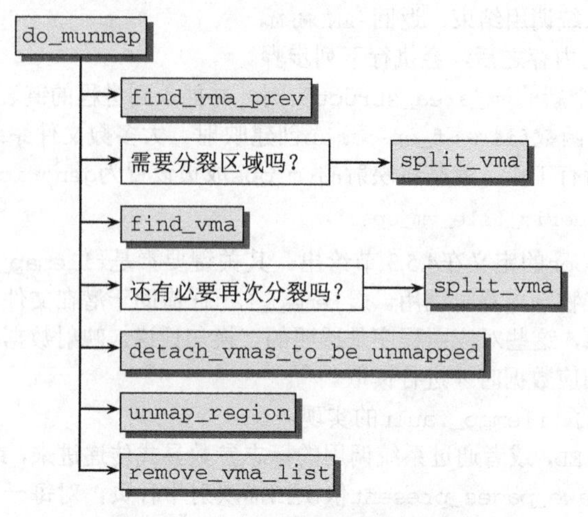

图4-13　do_munmap的代码流程图

内核首先必须调用find_vma_prev，以找到解除映射区域的vm_area_struct实例。该函数的操作方式与4.5.1节讨论的find_vma完全相同，但它不仅会找到与地址匹配的vm_area_struct实例，还会返回指向前一个区域的指针。

如果解除映射区域的起始地址与find_vma_prev找到的区域起始地址不同，则只解除部分映射，而不是整个映射区域。在内核这样做之前，首先必须将现存的映射划分为几个部分。映射的前一部分不需要解除映射，首先通过split_vma分裂出来。这是一个辅助函数，我不会讨论其内容，因为其中都是对熟悉的数据结构进行标准操作。它只是分配一个新的vm_area_struct实例，用原区域的数据填充它，并校准边界。新的区域插入到进程的数据结构中。

如果解除映射的部分区域的末端与原区域末端并不重合，那么原区域后部仍然有一部分未解除映射，因此需要对这部分也重复上述的处理过程。

内核接下来调用detach_vmas_to_be_unmapped，列出所有需要解除映射的区域。由于解除映射操作可能涉及地址空间中的任何区域，很可能影响连续几个区域。内核可能拆分这一系列区域中首尾两端的区域，以确保只影响到完整的区域。

detach_vmas_to_be_unmapped会遍历vm_area_struct实例的线性表，直至要解除映射的地址范围已经全部涵盖在内。该结构的vm_next成员在此处滥用，用于将解除映射的区域彼此连接起来。该函数还将mmap缓存设置为NULL，使之无效。

最后还有两个步骤。首先调用unmap_region从页表删除与映射相关的所有项。完成后，内核还必须确保将相关的项从TLB移除或使之无效。其次，用remove_vma_list释放vm_area_struct实例占用的空间，完成从内核中删除映射的工作。

4.7.3　非线性映射

按照上文的描述，普通的映射将文件中一个连续的部分映射到虚拟内存中一个同样连续的部分。如果需要将文件的不同部分以不同顺序映射到虚拟内存的连续区域中，通常必须使用几个映射，从消耗的资源来看，代价比较昂贵（特别是需要分配的vm_area_struct数量）。实现同样效果[①]的一个更简单的方法是使用非线性映射，该特性在内核版本2.5开发期间引入。内核提供了一个独立的系统调用，专门用于该目的。

mm/fremap.c

```
long sys_remap_file_pages(unsigned long start, unsigned long size,
        unsigned long __prot, unsigned long pgoff, unsigned long flags)
```

该系统调用允许重排映射中的页，使得内存与文件中的顺序不再等价。实现该特性无需移动内存中的数据，而是通过操作进程的页表实现的

sys_remap_file_pages可以将现存映射（位置pgoff，长度size）移动到虚拟内存中的一个新位置。start标识了移动的目标映射，因而必须落入某个现存映射的地址范围中。它还指定了由pgoff和size标识的页移动的目标位置。

在换出非线性映射时，内核必须确保再次换入时，仍然要保持原来的偏移量。完成这一要求所需的信息存储在换出页的页表项中，再次换入时必须参考相应的信息，细节请参考下文的讲述。但该信息是如何编码的呢？其中使用了下面两个部分。

(1) 所有建立的非线性映射的vm_area_struct实例维护在一个链表中，表头是struct address_space的i_mmap_nonlinear成员。链表中的各个vm_area_struct实例可以采用shared.vm_set.list作为链表元素，因为在标准的优先树中不存在非线性映射区域。

(2) 所述区域对应的页表项用一些特殊的项填充。这些页表项看起来像是对应于不存在的页，但其中包含附加信息，将其标识为非线性映射的页表项。在访问此类页表项描述的页时，会产生一个缺页异常，并读入正确的页。

当然，页表项不能随意修改，而必须遵循底层体系结构规定的惯例。为建立非线性映射页表项，需要借助特定于体系结构的代码，必须定义如下3个函数。

(1) pgoff_to_pte将文件偏移量编码为页号，并将其编码为一种可以存储在页表中的格式。

(2) pte_to_pgoff可以解码页表中存储的编码过的文件偏移量。

(3) pte_file(pte)检查给定的页表项是否用于表示非线性映射。特别地，该函数使得在缺页异常发生时，能够区分非线性映射和普通换出页的页表项。

预处理器常数PTE_FILE_MAX_BITS表示页表项中有多少个比特位可用于存储文件偏移量。由于页表项中某些状态位是体系结构所需或用于区分换出页，因此该常数通常小于处理器的字长，这导致了文件中可以重映射的范围一般小于文件长度的最大值。

由于在IA-64上非驻留页表项的布局不受任何历史原因的影响，使得非线性页表项的实现方式特别简洁，因此我将其作为例子，如图4-14所示。

include/asm-ia64/pgtable.h

```
#define PTE_FILE_MAX_BITS 61
#define pte_to_pgoff(pte) ((pte_val(pte) << 1) >> 3)
#define pgoff_to_pte(off) ((pte_t) { ((off) << 2) | _PAGE_FILE })
```

交换标识符长64位。比特位0必须为零，因为该页不在内存中。比特位1代表_PAGE_FILE，表明该项属于一个非线性映射，不是交换标识符。最后一个比特位，即比特位63，专用于_PAGE_PROTNONE标志位。[②]因此，这给非线性映射中页偏移量的表示，留出了61位。

---

① 看上去对非线性映射似乎没有什么需求，但有些巨型数据库使用此类操作表示数据事务。

② 该比特位置位的页，相当于标记为mmap系统调用完全不可访问。尽管这种页不需要对应到物理页帧（既然不可访问，从页读取/向页写入什么呢？），内核仍然必须以某种方式标记禁止访问这些页，前述的比特位提供了这种功能。

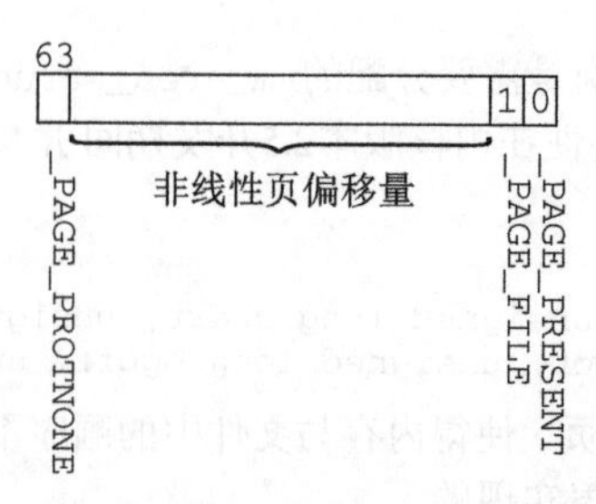

图4-14　在IA-64系统上页表项中表示非线性映射

pte_to_pgoff首先用特定于体系结构的代码提供的pte_val，提取保存在页表项中的值。进行一次左移和两个右移是提取在位置[2,62]的各个比特位的一个简单方法。在构建表示非线性映射的页表项时，内核需要将偏移量左移到起始于比特位2的比特位范围中，另外还需要确保置位_PTE_FILE，将该页表项标识为非线性映射，而不是普通的交换标识符。

sys_remap_file_pages的基本步骤可以概括为图4-15中的代码流程图。

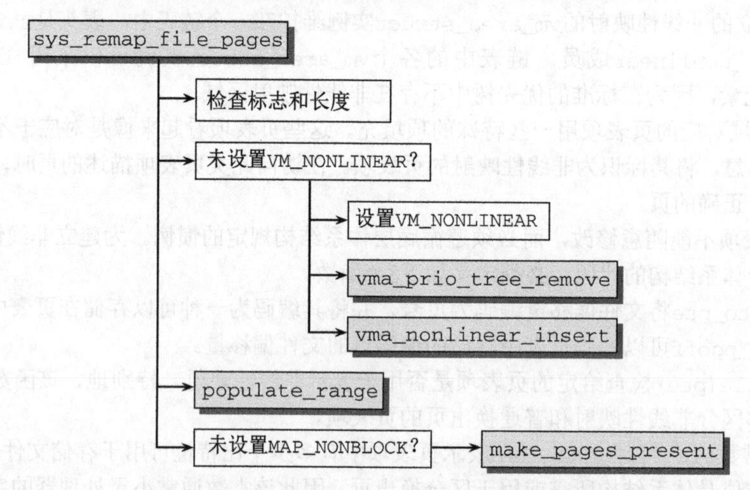

图4-15　sys_remap_file_pages的代码流程图

在内核检查过所有标志并确保重新映射的范围有效之后，通过find_vma选中目标区域的vm_area_struct实例。如果目标区域此前没有进行过非线性映射，则vm_area_struct->vm_flags不会设置VM_NONLINEAR标志。在这种情况下，需要用vma_prio_tree_remove从优先树移除该线性映射，并使用vma_nonlinear_insert将其插入到非线性映射的列表中。

关键的步骤是设置修改过的页表项。辅助例程populate_range负责该工作：

mm/fremap.c

```
static int populate_range(struct mm_struct *mm, struct vm_area_struct *vma,
unsigned long addr, unsigned long size, pgoff_t pgoff)
{
        int err;
...
```

映射由vma描述。当前开始于页偏移量pgoff、长度为length的区域，将重新映射到地址addr。由于这可能涉及多个页，内核需要遍历所有页，分别用install_file_pte设置新页表项：

mm/fremap.c
```
        do {
                err = install_file_pte(mm, vma, addr, pgoff, vma->vm_page_prot);
                if (err)
                        return err;

                size -= PAGE_SIZE;
                addr += PAGE_SIZE;
                pgoff++;
        } while (size);

        return 0;
}
```

install_file_pte首先用zap_file_pte删除所涉及的现存页表项，然后使用辅助函数pgoff_to_pte构建一个新项，该函数将给定的文件偏移量编码为适用于页表项的一种格式：

mm/fremap.c
```
static int install_file_pte(struct mm_struct *mm, struct vm_area_struct *vma,
                unsigned long addr, unsigned long pgoff, pgprot_t prot)
{
        pte_t *pte;
...
        if (!pte_none(*pte))
                zap_pte(mm, vma, addr, pte);

        set_pte_at(mm, addr, pte, pgoff_to_pte(pgoff));
...
}
```

sys_remap_file_pages的最后一步是读入映射的页（在需要的情况下才会读入，通过设置MAP_NONBLOCK标志可阻止读入）。这是使用make_present_pages完成的，该函数对映射中的每一页都触发缺页异常，从底层块设备读取相应的数据。

4.8 反向映射

内核利用此前讨论的数据结构，可以建立虚拟和物理地址之间的联系（通过页表），以及进程的一个内存区域与其虚拟内存页地址之间的关联。仍然缺失的一个联系是，物理内存页和该页所属进程（或更精确地说，所有使用该页的进程的对应页表项）之间的联系。在换出页时，刚好需要该关联（参见第18章），以便更新所有涉及的进程。因为页已经换出，必须在页表中标明。

在这里，有必要区分两个相似的名词。

(1) 在映射一页时，它关联到一个进程，但不一定处于使用中。

(2) 对页的引用次数表明页使用的活跃程度。为确定该数目，内核首先必须建立页和所有使用者之间的关联，接下来必须借助于一些技巧来计算出页使用的活跃程度。

因此第一个任务需要建立页和所有映射了该页的位置之间的关联。为此，内核使用一些附加的数据结构和函数，采用一种逆向映射方法。[1]

上文讨论的所有映射操作都只涉及虚拟内存页，因此不需要（也无法）建立反向映射。4.10节中讨论内核如何处理缺页异常和分配物理内存页保存映射数据时，也会提及对逆向映射的需求。

---

① 逆向映射首先在内核版本2.5开发期间引入。也有独立的补丁可用于内核版本2.4，但从未包含于标准的源代码中。如果没有该机制，共享页的换出会复杂低效得多。因为共享页必须维护在特定的缓存中，直至内核对所有涉及的进程分别（并独立）地选择换出该页。在内核版本2.6开发期间，逆向映射算法的实现也经历了大量修订。

4.8.1　数据结构

内核使用了简洁的数据结构，以最小化逆向映射的管理开销。page结构（在3.2.2节讨论过）包含了一个用于实现逆向映射的成员。

mm.h

```
struct page {
....
        atomic_t _mapcount;             /* 内存管理子系统中映射的页表项计数，用于表示页是否
                                         * 已经映射，还用于限制逆向映射搜索。
                                         */
...
};
```

> _mapcount表明共享该页的位置的数目。计数器的初始值为-1。在页插入到逆向映射数据结构时，计数器赋值为0。页每次增加一个使用者时，计数器加1。这使得内核能够快速检查在所有者之外该页有多少使用者。

显然这没有多少帮助，因为逆向映射的目的在于：给定page实例，找到所有映射了该物理内存页的位置。因此，还有两个其他的数据结构需要发挥作用。

(1) 优先查找树中嵌入了属于非匿名映射的每个区域。

(2) 指向内存中同一页的匿名区域的链表。

用于建立这两个数据结构的成员集成在vm_area_struct中，即shared联合以及anon_vma_node和anon_vma。为让读者重新整理一下记忆，我复制了vm_area_struct中对应的部分，如下所示：

mm.h

```
struct vm_area_struct {
...
        /*
         *对于有地址空间和后备存储器的区域来说，shared连接到address_space->i_mmap优先树，
         *或连接到悬挂在优先树结点之外、类似的一组虚拟内存区域的链表，
         *或连接到address_space->i_mmap_nonlinear链表中的虚拟内存区域。
         */
        union {
                struct {
                        struct list_head list;
                        void *parent; /* 与prio_tree_node的parent成员在内存中位于同一位置 */
                        struct vm_area_struct *head;
                } vm_set;

                struct raw_prio_tree_node prio_tree_node;
        } shared;
        /*
         *在文件的某一页经过写时复制之后，文件的MAP_PRIVATE虚拟内存区域可能同时在i_mmap
         *树和anon_vma链表中。MAP_SHARED虚拟内存区域只能在i_mmap树中。匿名的
         *MAP_PRIVATE、栈或brk虚拟内存区域（file指针为NULL）只能处于anon_vma链表中。
         */
        struct list_head anon_vma_node; /* 对该成员的访问通过anon_vma->lock串行化 */
        struct anon_vma *anon_vma; /* 对该成员的访问通过page_table_lock串行化 */
...
}
```

内核在实现逆向映射时采用的技巧是，不直接保存页和相关的使用者之间的关联，而只保存页和页所在区域之间的关联。包含该页的所有其他区域（进而所有的使用者）都可以通过刚才提到的数据结构找到。该方法又名基于对象的逆向映射（object-based reverse mapping），因为没有存储页和使用

者之间的直接关联。相反，在两者之间插入了另一个对象（该页所在的区域）。

4.8.2 建立逆向映射

在创建逆向映射时，有必要区分两个备选项：匿名页和基于文件映射的页。这是可以理解的，因为用于管理这两种选项的数据结构不同。

> 下文给出的信息只涵盖了将page实例插入到逆向映射的方案。内核的其他部分负责将相关的各个vm_area_struct添加到上文讨论的数据结构（优先树和匿名区域链表）。例如，通过调用内核中若干处（直接或间接）使用的vma_prio_tree_insert。

1. 匿名页

将匿名页插入到逆向映射数据结构中有两种方法。对新的匿名页必须调用page_add_new_anon_rmap。已经有引用计数的页，则使用page_add_anon_rmap。这两个函数之间唯一的差别是，前者将映射计数器page->_mapcount设置为0（提示：新初始化的页_mapcount的初始值为-1），后者将计数器加1。这两个函数都并入__page_set_anon_rmap。

mm/rmap.c

```
void __page_set_anon_rmap(struct page *page,
        struct vm_area_struct *vma, unsigned long address)
{
        struct anon_vma *anon_vma = vma->anon_vma;

        anon_vma = (void *) anon_vma + PAGE_MAPPING_ANON;
        page->mapping = (struct address_space *) anon_vma;

        page->index = linear_page_index(vma, address);
}
```

anon_vma表头的地址在加上PAGE_MAPPING_ANON之后，保存到page实例的mapping成员中。 这使得内核可以通过检查最低位来区分匿名页和普通映射的页：如果为0（没有设置PAGE_MAPPING_ANON），则为普通映射；如果为1（PAGE_MAPPING_ANON置位），则为匿名页。回忆前文可知，该技巧之所以有效，是因为由于对齐，使得页指针的最低位保证为零。

2. 基于文件映射的页

此类型的页非常简单，代码片段如下所示：

mm/rmap.c

```
void page_add_file_rmap(struct page *page)
{
        if (atomic_inc_and_test(&page->_mapcount))
                __inc_zone_page_state(page, NR_FILE_MAPPED);
}
```

基本上，所需要的只是对_mapcount变量加1（原子操作）并更新各内存域的统计量。

4.8.3 使用逆向映射

在第18章讲解页交换的实现之前，我们并不能很清楚地看到逆向映射真正的好处。到时我们会知道，内核定义了try_to_unmap函数，用于从使用特定物理内存页的所有进程的页表删除该页。显然，这只能通过刚才讲述的数据结构完成。虽然如此，其实现仍然受到页交换层许多细节的影响，这也是我不打算在这里深入讲述try_to_unmap工作机制的原因。

page_referenced是一个重要的函数，很好地使用了逆向映射方案所涉及的数据结构。它统计了最近活跃地使用（即访问）了某个共享页的进程的数目，这不同于该页映射到的区域数目。后者大多数情况下是静态的，而如果页处于使用中，前者很快会发生改变。

该函数相当于一个多路复用器，对匿名页调用page_referenced_anon，而对基于文件映射的页调用page_referenced_file。分别调用的两个函数，其目的都是确定有多少地方在使用一个页，但由于底层数据结构的不同，二者采用了不同的方法。

我们首先察看处理匿名页的函数。我们首先需要调用page_lock_anon_vma辅助函数，找到引用了某个特定page实例的区域的列表（按前一节的讨论，从数据结构中读取相关信息）。

<mm/rmap.c>

```
static struct anon_vma *page_lock_anon_vma(struct page *page)
{
        struct anon_vma *anon_vma = NULL;
        unsigned long anon_mapping;

        anon_mapping = (unsigned long) page->mapping;
        if (!(anon_mapping & PAGE_MAPPING_ANON))
                goto out;
        if (!page_mapped(page))
                goto out;
        anon_vma = (struct anon_vma *) (anon_mapping -PAGE_MAPPING_ANON);

        return anon_vma;
}
```

上述代码首先使用我们现在已经熟悉的技巧（指针的最低位必须置位），判断page->mapping指针实际上是否指向一个anon_vma实例。在确认之后，page_mapped检查该页是否已经映射（page->_mapcount必须大于等于0）。倘若如此，该函数返回一个指向与该页关联的anon_vma实例的指针。

page_referenced_anon对该信息的用法如下：

mm/rmap.c

```
static int page_referenced_anon(struct page *page)
{
        unsigned int mapcount;
        struct anon_vma *anon_vma;
        struct vm_area_struct *vma;
        int referenced = 0;

        anon_vma = page_lock_anon_vma(page);
        if (!anon_vma)
                return referenced;

        mapcount = page_mapcount(page);
        list_for_each_entry(vma, &anon_vma->head, anon_vma_node) {
                referenced += page_referenced_one(page, vma, &mapcount);
                if (!mapcount)
                        break;
        }

        return referenced;
}
```

在找到匹配的anon_vma实例之后，内核遍历链表中的所有区域，分别调用page_referenced_one，计算使用该页的次数（在系统换入/换出页时，需要作一些校正，但与这里的内容无关，将在18.7节讨论）。对所有区域调用page_referenced_one的结果需要累加起来，最后返回。[①]

page_referenced_one分为两个步骤执行其任务。

(1) 找到指向该页的页表项。这样做是可行的，因为page_referenced_one的参数不仅包括page实例，还有相关的vm_area_struct。虚拟地址空间中映射该页的可以根据后者确定。

(2) 检查页表项是否设置了_PAGE_ACCESSED标志位，然后清除该标志位。每次访问该页时，硬件会设置该标志（如果特定体系结构有需要，内核也会提供额外的支持）。如果设置了该标志位，则引用计数器加1；否则不变。因此经常使用的页引用计数较高，而很少使用的页则刚好相反。因此内核根据引用计数，立即就能判断某一页是否重要。

在检查基于文件映射的页的引用次数时，采用的方法类似。

mm/rmap.c

```
static int page_referenced_file(struct page *page)
{
...
        mapcount = page_mapcount(page);

        vma_prio_tree_foreach(vma, &iter, &mapping->i_mmap, pgoff, pgoff) {
                if ((vma->vm_flags & (VM_LOCKED|VM_MAYSHARE))
                                == (VM_LOCKED|VM_MAYSHARE)) {
                        referenced++;
                        break;
                }
                referenced += page_referenced_one(page, vma, &mapcount);
                if (!mapcount)
                        break;
        }

...
        return referenced;
}
```

内核调用vm_prio_tree_foreach遍历优先树中所存储区域包含相关页的所有结点。与前述情况相同，仍然对每一个区域调用了page_referenced_one汇总所有引用。如果页锁定在内存中（用VM_LOCKED）并可能被多个进程共享（VM_MAYSHARE），那么引用计数值会进一步加1。因为这种页将不会换出，应该给予奖励。

4.9 堆的管理

堆是进程中用于动态分配变量和数据的内存区域，堆的管理对应用程序员不是直接可见的。因为它依赖标准库提供的各个辅助函数（其中最重要的是malloc）来分配任意长度的内存区。malloc和内核之间的经典接口是brk系统调用，负责扩展/收缩堆。新近的malloc实现（诸如GNU标准库提供的）使用了一种组合方法，使用brk和匿名映射。该方法提供了更好的性能，而且在分配较大的内存区时具有某些优点。

堆是一个连续的内存区域，在扩展时自下至上增长。前文提到的mm_struct结构，包含了堆在虚拟地址空间中的起始和当前结束地址（start_brk和brk）。

---

① 在引用次数达到保存在mapcount中的映射数目时，内核将结束其工作，因为继续搜索是没有意义的。对每个映射了该页的区域，page_referenced_one都自动地将mapcount计数器减1。

<mm_types.h>
```
struct mm_struct
{
...
        unsigned long start_brk, brk, start_stack;
...
};
```

brk系统调用只需要一个参数，用于指定堆在虚拟地址空间中新的结束地址（如果堆将要收缩，当然可以小于当前值）。

照例，brk系统调用实现的入口是sys_brk函数，其代码流程图在图4-16给出。

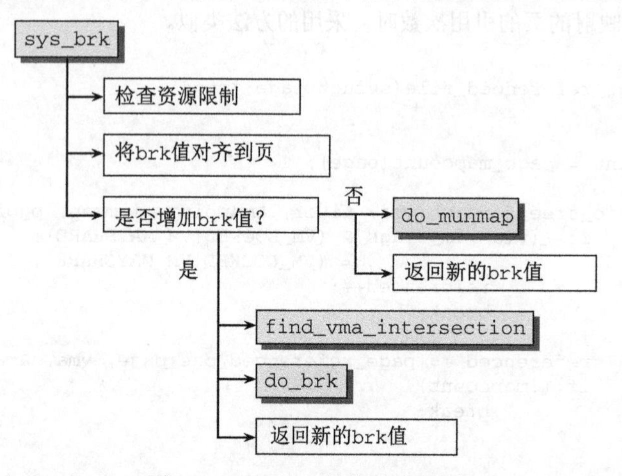

图4-16　sys_brk的代码流程图

brk机制不是一个独立的内核概念，而是基于匿名映射实现，以减少内部的开销。因此前几节讨论的许多用于管理内存映射的函数，都可以在实现sys_brk时重用。

在检查过用作brk值的新地址未超出堆的限制之后，sys_brk第一个重要操作是将请求的地址按页长度对齐。

mm/mmap.c
```
asmlinkage unsigned long sys_brk(unsigned long brk)
{
        unsigned long rlim, retval;
        unsigned long newbrk, oldbrk;
        struct mm_struct *mm = current->mm;
...
        newbrk = PAGE_ALIGN(brk);
        oldbrk = PAGE_ALIGN(mm->brk);
...
```

该代码确保brk的新值（原值也同样）是系统页长度的倍数。换句话说，一页是用brk能分配的最小内存区域。①

在需要收缩堆时将调用do_munmap，我们在4.7.2节已经熟悉该函数。

<mm/mmap.c>
```
        /* 总是允许缩减brk。 */
```

① 因此在用户空间需要另一个分配器函数，将页拆分为更小的区域。这是C标准库的任务。

```
        if (brk <= mm->brk) {
                if (!do_munmap(mm, newbrk, oldbrk-newbrk))
                        goto set_brk;
                goto out;
        }
...
```

如果堆将要扩大，内核首先必须检查新的长度是否超出进程的最大堆长度限制。find_vma_intersection接下来检查扩大的堆是否与进程中现存的映射重叠。倘若如此，则什么也不做，立即返回。

<mm/mmap.c>

```
        /* 检查是否与现存的mmap映射冲突。 */
        if (find_vma_intersection(mm, oldbrk, newbrk+PAGE_SIZE))
                goto out;
...
```

否则将扩大堆的实际工作委托给do_brk。函数总是返回mm->brk的新值，无论与原值相比是增大、缩小、还是不变。

<mm/mmap.c>

```
        /* 可以，看起来不错，不要担心。*/
        if (do_brk(oldbrk, newbrk-oldbrk) != oldbrk)
                goto out;
set_brk:
        mm->brk = brk;
out:
        retval = mm->brk;
        return retval;
}
```

我们不需要单独讨论do_brk，因为实质上它是do_mmap_pgoff的简化版本，没什么新东西。与后者类似，它在用户地址空间中创建了一个匿名映射，但省去了一些安全检查和用于提高代码性能的对特殊情况的处理。

4.10 缺页异常的处理

在实际需要某个虚拟内存区域的数据之前，虚拟和物理内存之间的关联不会建立。如果进程访问的虚拟地址空间部分尚未与页帧关联，处理器自动地引发一个缺页异常，内核必须处理此异常。这是内存管理中最重要、最复杂的方面之一，因为必须考虑到无数的细节。例如，内核必须确定以下情况。

- 缺页异常是由于访问用户地址空间中的有效地址而引起，还是应用程序试图访问内核的受保护区域？
- 目标地址对应于某个现存的映射吗？
- 获取该区域的数据，需要使用何种机制？

图4-17给出了内核在处理缺页异常时，可能使用的各种代码路径的一个粗略的概观。

按下文的讲述，实际上各个操作都要复杂得多，因为内核不仅要防止来自用户空间的恶意访问，还要注意许多细枝末节。此外，决不能因为缺页处理的相关操作而不必要地降低系统性能。

缺页处理的实现因处理器的不同而有所不同。由于CPU采用了不同的内存管理概念，生成缺页异常的细节也不太相同。因此，缺页异常的处理例程在内核代码中位于特定于体系结构的部分。

在下文中，我们的详细描述限制于IA-32体系结构上采用的方法。在最低限度上，大多数其他CPU的实现是类似的。

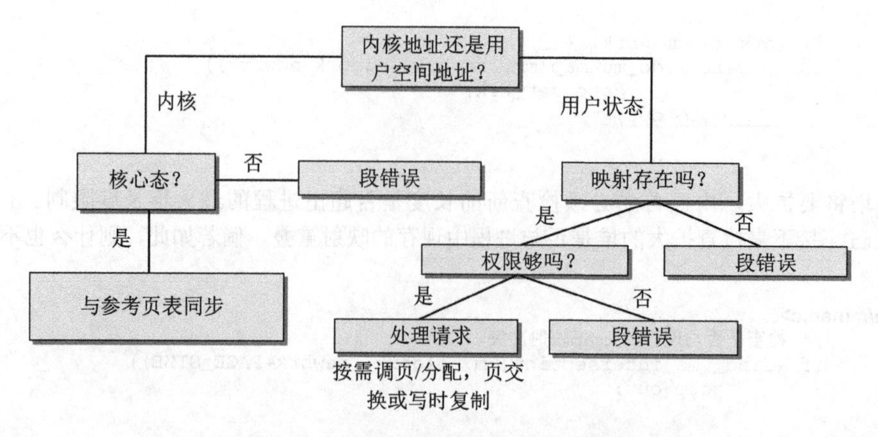

图4-17　处理缺页异常的各种可能选项

arch/x86/kernel/entry_32.S中的一个汇编例程用作缺页异常的入口，但其立即调用了arch/x86/mm/fault_32.c中的C例程do_page_fault。（大多数CPU对应的特定于体系结构的源代码中，都包含一个同名例程。[①,②]）图4-18给出了该例程的代码流程图。

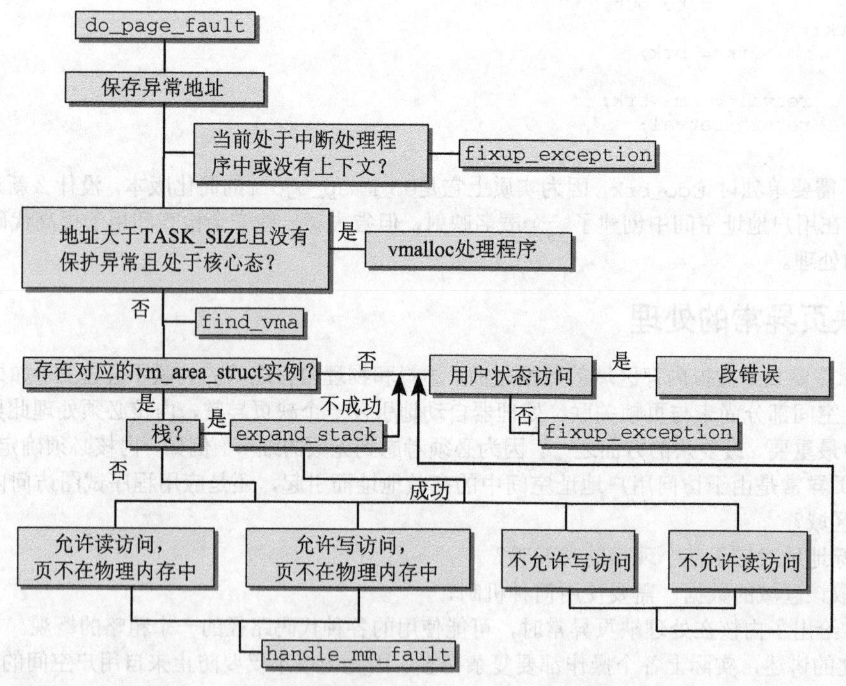

图4-18　IA-32处理器上do_page_fault的代码流程图

① 照例，Sparc处理器是例外者。对应的函数名称分别是do_sparc_fault（Sparc32）、do_sun4c_fault（Sparc32 sun4c）或do_sparc64_fault（UltraSparc）。IA-64系统上使用ia64_do_page_fault。

② 要注意，IA-32和AMD64的代码将在内核版本2.6.25统一，在本书撰写时该版本仍处于开发中。这里给出的说明也适用于AMD64体系结构。

所需处理的情况比较复杂，因此有必要非常详细地考察do_page_fault的实现。

该例程需要传递两个参数：发生异常时使用中的寄存器集合，提供异常原因信息的错误代码(long error_code)。目前error_code只使用了前5个比特位（0、1、2、3、4），其语义将在表4-1中给出。

arch/x86/mm/fault_32.c

```
fastcall void __kprobes do_page_fault(struct pt_regs *regs,
                                      unsigned long error_code)
{
        struct task_struct *tsk;
        struct mm_struct *mm;

        struct vm_area_struct * vma;
        unsigned long address;
        unsigned long page;
        int write, si_code;
        int fault;
...
        /* 获取地址 */
        address = read_cr2();
...
```

表4-1 IA-32上缺页异常错误代码的语义

比特位	未置位（0）	置位（1）
0	缺页	保护异常（没有足够的访问权限）
1	读访问	写访问
2	核心态	用户状态
3		表示检测到使用了保留位
4		表示缺页异常是在取指令时出现的

声明很多供后续使用的变量之后，内核在address中保存了触发异常的地址。①

arch/x86/mm/fault_32.c

```
        tsk = current;

        si_code = SEGV_MAPERR;

        /*
         * 我们因异常而进入到内核虚拟内存空间。
         * 参考页表为init_mm.pgd。
         *
         * 要注意！对这种情况我们不能获取任何锁。
         * 我们可能是在中断或临界区中，
         * 只应当从主页表复制信息，不允许其他操作。
         *
         * 下述代码验证了异常发生于内核空间(error_code & 4) == 0，
         * 而且异常不是保护错误(error_code & 9) == 0。
         */
        if (unlikely(address >= TASK_SIZE)) {
                if (!(error_code & 0x0000000d) && vmalloc_fault(address) >= 0)
                        return;
                /*
```

① 在IA-32处理器上，其地址保存在寄存器CR2中，寄存器的内容通过read_cr2复制到address。我们对具体的特定于处理器的细节不感兴趣。

```
                     *不要在这里获取mm信号量。
                     *如果修复了取指令造成的缺页异常，则会进入死锁。
                     */
                     goto bad_area_nosemaphore;
              }
...
```

如果地址超出用户地址空间的范围，则表明是vmalloc异常。因此该进程的页表必须与内核的主页表中的信息同步。实际上，只有访问发生在核心态，而且该异常不是由保护错误触发时，才能允许这样做。换句话说，错误代码的比特位2、3、0都不能设置。①

内核使用辅助函数vmalloc_fault同步页表。我不会详细地给出其代码，因为该函数只是从init的页表（在IA-32系统上，这是内核的主页表）复制相关的项到当前页表。如果其中没有找到匹配项，则内核调用fixup_exception，作为试图从异常恢复的最后尝试，我稍后会讨论该函数。

如果异常是在中断期间或内核线程中（参见第14章）触发，也没有自身的上下文因而也没有独立的mm_struct实例，则内核会跳转到bad_area_nosemaphore标号。

arch/x86/mm/fault_32.c

```
       mm = tsk->mm;

       /*
        * 如果我们是在中断期间，也没有用户上下文，或者代码处于原子操作范围内，则不能处理该异常。
        */
       if (in_atomic() || !mm)
              goto bad_area_nosemaphore;
...
bad_area_nosemaphore:
       /* 用户状态的访问导致了SIGSEGV */
       if (error_code & 4) {
...
              force_sig_info_fault(SIGSEGV, si_code, address, tsk);
              return;
       }


no_context:
       /* 准备好处理这个内核异常了吗？ */
       if (fixup_exception(regs))
              return;
```

如果异常源自用户空间（error_code的比特位2置位），则返回段错误。但如果异常源自内核空间，则调用fixup_exception。我在下文描述该函数。

如果异常并非出现在中断期间，也有相关的上下文，则内核检查进程的地址空间是否包含异常地址所在的区域。它调用了find_vma函数，我们在4.5.1节已经知道，该函数可用于完成此工作。

arch/x86/mm/fault_32.c

```
       vma = find_vma(mm, address);
       if (!vma)
              goto bad_area;
       if (vma->vm_start <= address)
              goto good_area;
       if (!(vma->vm_flags & VM_GROWSDOWN))
              goto bad_area;
...
```

① 这是通过!(error_code & 0x0000000d)检查的。因为$2^0+2^2+2^3=13=$ 0xd，所以比特位0、2、3都不能置位。

```
        if (expand_stack(vma, address))
                goto bad_area;
```

在内核发现地址有效或无效时，会分别跳转到good_area和bad_area标号。

搜索可能得到下面各种不同的结果。

- 没有找到结束地址在address之后的区域，在这种情况下访问是无效的。
- 异常地址在找到的区域内，在这种情况下访问是有效的，缺页异常由内核负责恢复。
- 找到一个结束地址在异常地址之后的区域，但异常地址不在该区域内。这可能有下面两种原因。
  - 该区域的VM_GROWSDOWN标志置位。这意味着区域是栈，自顶向下增长。接下来调用expand_stack适当地增大栈。如果成功，则结果返回0，内核在good_area标号恢复执行。否则，认为访问无效。
  - 找到的区域不是栈，访问无效。

在上述代码之后，是good_area相关的处理逻辑。

arch/x86/mm/fault_32.c

```
...
good_area:
        si_code = SEGV_ACCERR;
        write = 0;
        switch (error_code & 3) {
                default: /* 3: 写，不缺页 */
                        /* 处理同2 */
                case 2: /* 写，缺页 */
                        if (!(vma->vm_flags & VM_WRITE))
                                goto bad_area;
                        write++;
                        break;
                case 1: /* 读，不缺页 */
                        goto bad_area;
                case 0: /* 读，缺页 */
                        if (!(vma->vm_flags & (VM_READ | VM_EXEC)))
                                goto bad_area;
        }
...
```

存在对应于异常地址的映射，并不一定意味着实际上可以允许访问。内核必须检查访问权限，即比特位0和1（因为$2^0+2^1=3$）。可能有以下情况。

- 在写访问的情况下，必须置位VM_WRITE（比特位1置位，即3和2对应的情况）。否则，访问无效，跳转到bad_area标号恢复执行。
- 如果是读访问现存页（1对应的情况），该异常必定是硬件检测到的权限异常。接下来跳转到bad_area恢复执行。
- 如果读取不存在的页，则内核必须检查是否置位VM_READ或VM_EXEC，在置位的情况下访问有效。否则拒绝读访问，内核跳转到bad_area。

如果内核没有显式跳转到bad_area，则代码的执行将贯穿case语句，到达下面给出的handle_mm_fault调用。该函数负责校正缺页异常（即，读取所需数据）。

arch/x86/mm/fault_32.c

```
...
survive:
        /*
```

```
         *如果由于某些原因我们无法处理异常，则必须优雅地退出，而不是一直重试。
         */
        fault = handle_mm_fault(mm, vma, address, write);
        if (unlikely(fault & VM_FAULT_ERROR)) {
                if (fault & VM_FAULT_OOM)
                        goto out_of_memory;
                else if (fault & VM_FAULT_SIGBUS)
                        goto do_sigbus;
                BUG();
        }
        if (fault & VM_FAULT_MAJOR)
                tsk->maj_flt++;
        else
                tsk->min_flt++;

        return;
...
}
```

handle_mm_fault是一个体系结构无关的例程，用于选择适当的异常恢复方法（按需调页、换入，等等），并应用选择的方法（我们在4.11节将仔细讨论handle_mm_fault的实现和各种不同的选项）。

如果页成功建立，则例程返回VM_FAULT_MINOR（数据已经在内存中）或VM_FAULT_MAJOR（数据需要从块设备读取）。内核接下来更新进程的统计量。

但在创建页时，也可能发生异常。如果用于加载页的物理内存不足，内核会强制终止该进程，在最低限度上维持系统的运行。如果对数据的访问已经允许，但由于其他的原因失败（例如，访问的映射已经在访问的同时被另一个进程收缩，不再存在于给定的地址），则将SIGBUS信号发送给进程。

4.11　用户空间缺页异常的校正

在结束对缺页异常的特定于体系结构的分析之后，确认异常是在允许的地址触发，内核必须确定将所需数据读取到物理内存的适当方法。该任务委托给handle_mm_fault，它不依赖于底层体系结构，而是在内存管理的框架下、独立于系统而实现。该函数确认在各级页目录中，通向对应于异常地址的页表项的各个页目录项都存在。handle_pte_fault函数分析缺页异常的原因。pte是指向相关页表项（pte_t）的指针。

mm/memory.c

```
static inline int handle_pte_fault(struct mm_struct *mm,
                struct vm_area_struct *vma, unsigned long address,
                pte_t *pte, pmd_t *pmd, int write_access)
{
        pte_t entry;
        spinlock_t *ptl;
        entry = *pte;
        if (!pte_present(entry)) {
                if (pte_none(entry)) {
                        if (vma->vm_ops) {
                                return do_linear_fault(mm, vma, address,
                                        pte, pmd, write_access, entry);
                        }
                        return do_anonymous_page(mm, vma, address,
                                                pte, pmd, write_access);
                }
                if (pte_file(entry))
                        return do_nonlinear_fault(mm, vma, address,
                                        pte, pmd, write_access, entry);
```

```
                return do_swap_page(mm, vma, address,
                                    pte, pmd, write_access, entry);
        }
...
}
```

如果页不在物理内存中，即!pte_present(entry)，则必须区分下面3种情况。

(1) 如果没有对应的页表项（page_none），则内核必须从头开始加载该页，对匿名映射称之为按需分配（demand allocation），对基于文件的映射，则称之为按需调页（demand paging）。如果vm_ops中没有注册vm_operations_struct，则不适用上述做法。在这种情况下，内核必须使用do_anonymous_page返回一个匿名页。

(2) 如果该页标记为不存在，而页表中保存了相关的信息，则意味着该页已经换出，因而必须从系统的某个交换区换入（换入或按需调页）。

(3) 非线性映射已经换出的部分不能像普通页那样换入，因为必须正确地恢复非线性关联。pte_file函数可以检查页表项是否属于非线性映射，do_nonlinear_fault在这种情况下可用于处理异常。

如果该区域对页授予了写权限，而硬件的存取机制没有授予（因此触发异常），则会发生另一种潜在的情况。请注意，此时对应的页已经在内存中，因而执行上述的第一个if语句之后，内核将直接跳到下述代码：

mm/memory.c

```
        if (write_access) {
                if (!pte_write(entry))
                        return do_wp_page(mm, vma, address,
                                          pte, pmd, ptl, entry);
                entry = pte_mkdirty(entry);
        }
...
```

do_wp_page负责创建该页的副本，并插入到进程的页表中（在硬件层具备写权限）。该机制称为写时复制（copy on write，简称COW），在第1章简短地讨论过。在进程发生分支时，页并不是立即复制的，而是映射到进程的地址空间中作为“只读”副本，以免在复制信息时花费太多时间。在实际发生写访问之前，都不会为进程创建页的独立副本。

以下各节将更仔细地讨论，在校正缺页异常期间所调用的异常处理程序例程的实现。其中并不涵盖通过do_swap_page从交换区换入页的方式，该主题将在第18章单独讨论。因为它需要对页交换层的结构和组织有进一步的了解。

4.11.1 按需分配/调页

按需分配页的工作委托给do_linear_fault，该函数定义在mm/memory.c中。在转换一些参数之后，其余的工作委托给__do_fault，其代码流程图在图4-19给出。

首先，内核必须确保将所需数据读入到发生异常的页。具体的处理依赖于映射到发生异常的地址空间中的文件，因此需要调用特定于文件的方法来获取数据。通常该方法保存在vm->vm_ops->fault。由于较早的内核版本使用的方法调用约定不同，内核必须考虑到某些代码尚未更新到新的调用约定。因此，如果没有注册fault方法，则调用旧的vm->vm_ops->nopage。

大多数文件都使用filemap_fault读入所需数据。该函数不仅读入所需数据，还实现了预读功能，即提前读入在未来很可能需要的页。完成该任务所需的机制会在第16章介绍，到时会更详细地讨论该函数。目前我们只需知道，内核使用address_space对象中的信息，从后备存储器将数据读取到物理内存页。

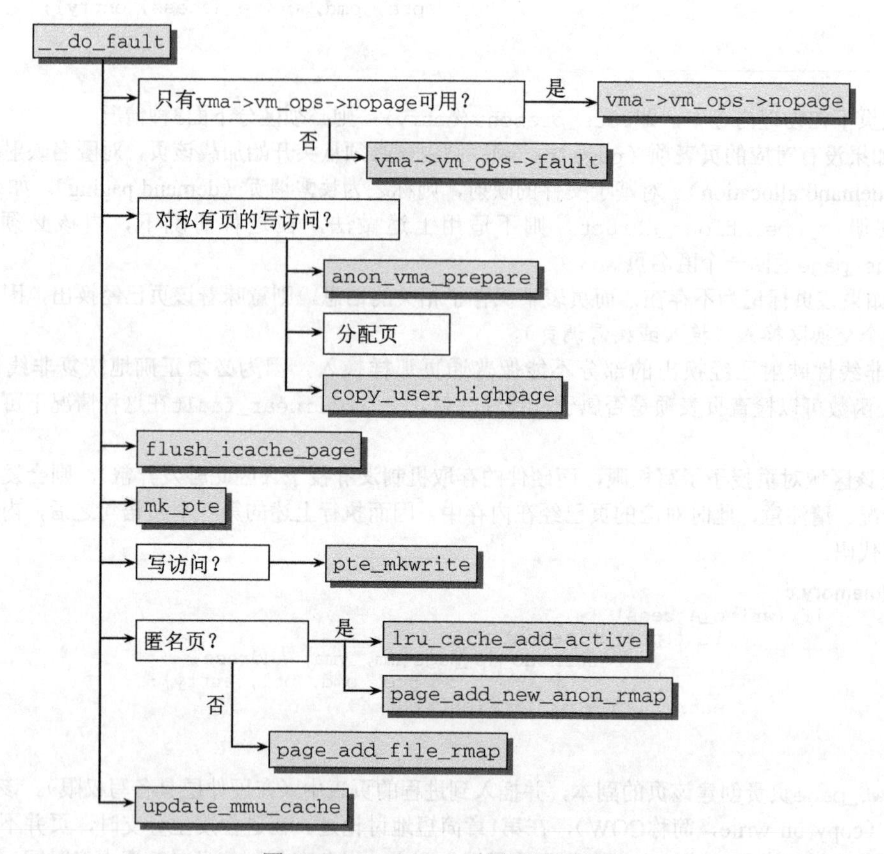

图4-19　__do_fault的代码流程图

给定涉及区域的vm_area_struct，内核选择使用何种方法读取页？

(1) 使用vm_area_struct->vm_file找到映射的file对象。

(2) 在file->f_mapping中找到指向映射自身的指针。

(3) 每个地址空间都有特定的地址空间操作，从中选择readpage方法。使用mapping->a_ops->readpage(file, page)从文件中将数据传输到物理内存。

如果需要写访问，内核必须区分共享和私有映射。对私有映射，必须准备页的一份副本。

mm/memory.c

```
static int __do_fault(struct mm_struct *mm, struct vm_area_struct *vma,
            unsigned long address, pmd_t *pmd,
            pgoff_t pgoff, unsigned int flags, pte_t orig_pte)
{
...
        /*
         * 应该进行写时复制吗？
         */
        if (flags & FAULT_FLAG_WRITE) {
                if (!(vma->vm_flags & VM_SHARED)) {
                        anon = 1;
```

```
                    if (unlikely(anon_vma_prepare(vma))) {
                            ret = VM_FAULT_OOM;
                            goto out;
                    }
                    page = alloc_page_vma(GFP_HIGHUSER_MOVABLE,
                                            vma, address);
...
            }
            copy_user_highpage(page, vmf.page, address, vma);
    }
...
```

在用anon_vma_prepare（指向原区域的指针，在anon_vma_prepare中会重定向到新的区域）为区域建立一个新的anon_vma实例之后，必须分配一个新的页。这里会优先使用高端内存域，因为该内存域对用户空间页是没有问题的。copy_user_highpage接下来创建数据的一份副本（在内核和用户空间之间复制数据的例程，将在4.13节讨论）。

既然已经知道页的位置，则需要将其加入进程的页表，再合并到逆向映射数据结构中。在完成这些之前，需要用flush_icache_page更新缓存，确保页的内容在用户空间可见。大多数处理器都不需要这个步骤，一般定义为空操作。）

指向只读页的页表项通常使用3.3.2节讨论的mk_pte函数产生。如果建立具有写权限的页，内核必须用pte_mkwrite显式设置写权限。

页集成到逆向映射的具体方式，取决于其类型。如果在处理写访问权限时生成的页是匿名的，则使用lru_cache_add_active将其加入到LRU缓存的活动区域中（第16章将更详细地讲解缓存机制），然后用page_add_new_anon_rmap集成到逆向映射中。所有其他与基于文件的映射关联的页，则调用page_add_file_rmap。这两个函数都在4.8节讨论过。最后，必须更新处理器的MMU缓存，因为页表已经修改。

4.11.2 匿名页

对于没有关联到文件作为后备存储器的页，需要调用do_anonymous_page进行映射。除了无需向页读入数据之外，该过程几乎与映射基于文件的数据没什么不同。在highmem内存域建立一个新页，并清空其内容。接下来将页加入到进程的页表，并更新高速缓存或者MMU。

请注意，较早版本的内核会区分对匿名映射的只读访问和写访问。只读情况下，则使用一个填充字节0的全局页，来满足对匿名区域的读请求。在内核版本2.6.24的开发期间，放弃了这种行为特性。因为经过测试，性能几乎没什么提高，而在大型系统上共享/dev/zero映射可能会带来一些问题，我就不在这里详细讨论了。

4.11.3 写时复制

写时复制在do_wp_page中处理，其代码流程图如图4-20所示。

我们考察的是一个略微简化的版本，其中省去了与交换缓存潜在的冲突，以及一些边边角角的情况。因为这些都使问题复杂化，而无助于揭示机制自身的本质。

内核首先调用vm_normal_page，通过页表项找到页的struct page实例，本质上这个函数基于pte_pfn和pfn_to_page，这两者是所有体系结构都必须定义的。前者查找与页表项相关的页号，而后者确定与页号相关的page实例。这是可行的，因为写时复制机制只对内存中实际存在的页调用（否则，首先需要通过缺页异常机制自动加载）。

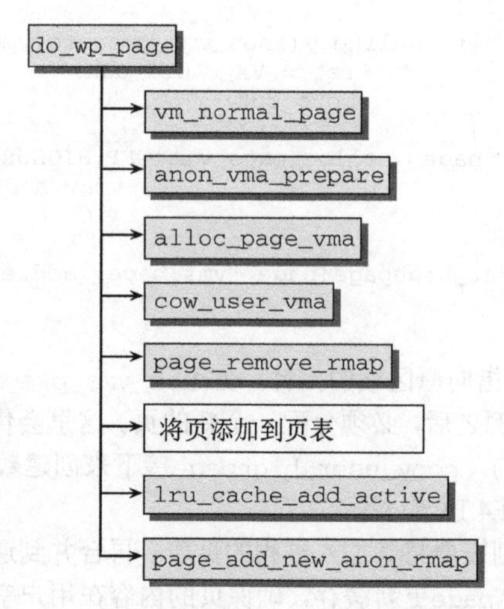

图4-20　do_wp_page的代码流程图

在用page_cache_get获取页之后，接下来anon_vma_prepare准备好逆向映射机制的数据结构，以接受一个新的匿名区域。由于异常的来源是需要将一个充满有用数据的页复制到新页，因此内核调用alloc_page_vma分配一个新页。cow_user_page接下来将异常页的数据复制到新页，进程随后可以对新页进行写操作。

然后使用page_remove_rmap，删除到原来的只读页的逆向映射。新页添加到页表，此时也必须更新CPU的高速缓存。

最后，使用lru_cache_add_active将新分配的页放置到LRU缓存的活动列表上，并通过page_add_anon_rmap将其插入到逆向映射数据结构。此后，用户空间进程可以向页写入数据。

4.11.4　获取非线性映射

与上述使用的方法相比，非线性映射的缺页处理要短得多：

mm/memory.c

```
static int do_nonlinear_fault(struct mm_struct *mm, struct vm_area_struct *vma,
        unsigned long address, pte_t *page_table, pmd_t *pmd,
        int write_access, pte_t orig_pte)
{
...
        pgoff = pte_to_pgoff(orig_pte);
        return __do_fault(mm, vma, address, pmd, pgoff, flags, orig_pte);
}
```

由于异常地址与映射文件的内容并非线性相关，因此必须从先前用pgoff_to_pte编码的页表项中，获取所需位置的信息。现在就需要获取并使用该信息：pte_to_pgoff分析页表项并获取所需的文件中的偏移量（以页为单位）。

在获得文件内部的地址之后，读取所需数据类似于普通的缺页异常。因此内核将工作移交先前讨论的函数__do_page_fault，处理到此为止。

4.12　内核缺页异常

在访问内核地址空间时，缺页异常可能被各种条件触发，如下所述。

- 内核中的程序设计错误导致访问不正确的地址，这是真正的程序错误。当然，这在稳定版本[1]中应该永远都不会发生，但在开发版本中会偶尔发生。
- 内核通过用户空间传递的系统调用参数，访问了无效地址。
- 访问使用vmalloc分配的区域，触发缺页异常。

前两种情况是真正的错误，内核必须对此进行额外的检查。vmalloc的情况是导致缺页异常的合理原因，必须加以校正。直至对应的缺页异常发生之前，vmalloc区域中的修改都不会传输到进程的页表。必须从主页表复制适当的访问权限信息。尽管这个操作并不困难，但它非常依赖于具体的体系结构，因此我不会在这里讨论。

在处理不是由于访问vmalloc区域导致的缺页异常时，**异常修正**（exception fixup）机制是一个最后手段。在某些时候，内核有很好的理由准备截取不正确的访问。例如，从用户空间地址复制作为系统调用参数的地址数据时。

复制可能由各种函数执行，例如下一节讨论的copy_from_user。目前，只要知道对不正确地址的访问只会发生在内核中少数地方，就可以了。

在向或从用户空间复制数据时，如果访问的地址在虚拟地址空间中不与物理内存页关联，则会发生缺页异常。对用户状态发生的该情况，我们已经熟悉。在应用程序访问一个虚拟地址时，内核将使用上文讨论的按需调页机制，自动并透明地返回一个物理内存页。如果访问发生在核心态，异常同样必须校正，但使用的方法稍有不同。

每次发生缺页异常时，将输出异常的原因和当前执行代码的地址。这使得内核可以编译一个列表，列出所有可能执行未授权内存访问操作的危险代码块。这个"异常表"在链接内核映像时创建，在二进制文件中位于__start_exception_table和__end_exception_table之间。每个表项都对应于一个struct exception_table实例，该结构尽管是体系结构相关的，但通常都是如下定义：

<include/asm-x86/uaccess_32.h>

```
struct exception_table_entry
{
        unsigned long insn, fixup;
};
```

insn指定了内核预期在虚拟地址空间中发生异常的位置。fixup指定了发生异常时执行恢复到哪个代码地址。

fixup_exception用于搜索异常表，并且在IA-32系统上如下定义：

arch/x86/mm/extable_32.c

```
int fixup_exception(struct pt_regs *regs)
{
        const struct exception_table_entry *fixup;

        fixup = search_exception_tables(regs->eip);
        if (fixup) {
                regs->eip = fixup->fixup;
                return 1;
        }

        return 0;
}
```

regs->eip指向EIP寄存器，在IA-32处理器上包含了触发异常的代码段地址。search_

[1] 实际上，极少发生此类错误，读者可能已经注意到，Linux是一种非常稳定的系统……

exception_tables扫描异常表，查找适当的匹配项。[1]

在找到修正例程时，将指令指针设置到对应的内存位置。在fixup_exception通过return返回后，内核将执行找到的例程。

如果没有修正例程，会怎么样？这表明出现了一个真正的内核异常，在对search_exception_table（不成功的）调用之后，将调用do_page_fault来处理该异常，最终导致内核进入oops状态。在IA-32处理器上如下所示：

arch/x86/mm/fault_32.c

```
fastcall void __kprobes do_page_fault(struct pt_regs *regs,
                                       unsigned long error_code)
{
...
no_context:
          /* 准备好处理这个内核异常了吗？*/
          if (fixup_exception(regs))
                    return;
...
          /*
           oops。内核试图访问某些坏页。
           我们必须结束可能会造成严重损害的东西。
          */
...
          if (address < PAGE_SIZE)
                    printk(KERN_ALERT "BUG: unable to handle kernel NULL "
                                   "pointer dereference");
          else
                    printk(KERN_ALERT "BUG: unable to handle kernel paging"
                                   " request");
          printk(" at virtual address %08lx\n",address);
          printk(KERN_ALERT "printing eip: %08lx ", regs->eip);

          page = read_cr3();
          page = ((__typeof__(page) *) __va(page))[address >> PGDIR_SHIFT];
          printk("*pde = %08lx ", page);
...
          tsk->thread.cr2 = address;
          tsk->thread.trap_no = 14;
          tsk->thread.error_code = error_code;
          die("Oops", regs, error_code);
          do_exit(SIGKILL);
...
```

如果访问的是0和PAGE_SIZE - 1之间的虚拟地址，则内核报告试图反引用无效的NULL指针。否则，用户被通知内核内存中有一个调页请求无法满足，这两种情况都是内核的程序错误。还会输出一些附加信息以帮助调试异常，并提供特定于硬件的数据。die输出当前各寄存器的内容（这只是die输出的一部分）。

此后，强制用SIGKILL结束当前进程，做一些最后的抢救工作（在很多情况下，此类异常将导致系统不可用）。

4.13　在内核和用户空间之间复制数据

内核经常需要从用户空间向内核空间复制数据。例如，在系统调用中通过指针间接地传递冗长的

① 更精确地说，会扫描几个表：内核中的主表和在运行时动态加载的模块注册的表。因为使用的机制实际上是同一个，不值得描述其间细微的差别。

数据结构时。反过来，也有从内核空间向用户空间写数据的需求。

有两个原因，使得不能只是传递并反引用指针。首先，用户空间程序不能访问内核地址；其次，无法保证用户空间中指针指向的虚拟内存页确实与物理内存页关联。因此内核需要提供几个标准函数，以处理内核空间和用户空间之间的数据交换，并考虑到这些特殊情况。表4-2给出了这些函数的一个概要。

表4-2 用户空间和内核空间之间交换数据的标准函数

函 数	语 义
copy_from_user(to, from, n) __copy_from_user	从from（用户空间）到to（内核空间）复制一个长度为n字节的字符串
get_user(type *to, type* ptr) __get_user	从ptr读取一个简单类型变量（char，long，…），写入to。根据指针的类型，内核自动判断需要传输的字节数（1、2、4、8）
strncopy_from_user(to, from, n) __strncopy_from_user	将0结尾字符串（最长为n个字符）从from（用户空间）复制到to（内核空间）
put_user(type *from, type *to) __put_user	将一个简单值从from（内核空间）复制到to（用户空间）。相应的值根据指针类型自动判断
copy_to_user(to, from, n) __copy_to_user	从from（内核空间）到to（用户空间）复制一个长度为n字节的字符串

表4-3列出了用于处理用户空间字符串的其他辅助函数。这些函数与复制数据的函数相似，都受到同样的约束。

表4-3 处理用户空间数据中的字符串的标准函数

函 数	语 义
clear_user(to, n) __clear_user	用0填充to之后的n个字节
strlen_user(s) __strlen_user	获取用户空间中的一个0结尾字符串的长度（包括结束字符）
strnlen_user(s, n) __strnlen_user	获取一个0结尾字符串的长度，但搜索限制为不超过n个字符

> get_user和put_user函数只能正确处理指向简单数据类型的指针，如char、int，等等。它们不支持复合数据类型或数组，因为需要指针运算（和实现优化方面的必要性）。在用户空间和内核空间之间能够交换struct之前，复制数据后，必须通过类型转换，转为正确的类型。

根据表的内容，大多数函数都有两个版本。在没有下划线前缀的版本中，还会调用access_user，对用户空间地址进行检查。所执行的检查依体系结构而不同。例如，一种平台的检查可能是确认指针确实指向用户空间中的位置。而另一种可能在内存中找不到页时，调用handle_mm_fault以确保数据已经读入内存，可供处理。所有函数都应用了上述用于检测和校正缺页异常的修正机制。

这些函数主要是用汇编语言实现的。由于调用非常频繁，对性能要求极高。另外，还必须使用GNU C用于嵌入汇编的复杂构造和代码中的链接指令，将异常代码也集成进来。我不打算详细讨论各个函数的实现。

在内核版本2.5开发期间，编译过程增加了一个检查工具。该工具分析源代码，检查用户空间的指针是否能直接反引用，而不使用上述函数。源自用户空间的指针必须用关键字__user标记，以便工具分辨所需检查的指针。一个特定的例子是chroot系统调用，它需要一个文件名作为参数。内核中还有许多地方包含了带有类似标记、来自用户空间的参数。

```
<fs/open.c>
asmlinkage long sys_chroot(const char __user * filename) {
...
}
```

在内核版本2.6.25开发期间，进一步增强了地址空间随机化。现在可以随机化堆的地址，一般称之为brk地址。由于某些古老的程序与随机化的堆地址无法兼容，因此除非设置了新的配置选项COMPAT_BRK，将不会进行随机化。在技术层面上，brk随机化的原理与本章介绍的其他随机化技术相似。

4.14　小结

读者已经知道，对用户层进程的虚拟地址空间的处理，是Linux内核一个非常重要的部分。我已经介绍了地址空间的通用结构以及内核对地址空间的管理方式，而读者学习了地址空间是如何划分为区域的。这些可用来描述用户层进程的虚拟内存空间的内容，形成了线性和非线性内存映射的中枢。此外，这些机制通过分页联系起来，后者有助于管理物理和虚拟内存之间的关联。

由于各个用户层进程的虚拟地址空间不同，而虚拟地址空间的内核部分总是保持不变。在二者之间交换数据需要一些工作，我已经向读者介绍了所需的机制。

第 5 章

锁与进程间通信

Linux作为多任务系统，能够同时运行几个进程。通常，各个进程必须尽可能保持独立，避免彼此干扰。这对于保护数据和确保系统稳定性都很有必要。但有时候，应用程序必须彼此通信。举例来说：

- 一个进程生成的数据传输到另一个进程时；
- 数据由多个进程共享时；
- 进程必须彼此等待时；
- 需要协调资源的使用时。

我们可以使用System V引入的几种经典技术来处理这些情况，这些技术证明了自身的价值，现在已经是Linux的主要部分了。用户空间应用程序和内核自身都面临此类情况，特别是在多处理器系统上，需要各种内核内部的机制进行处理。

如果几个进程共享一个资源，则很容易彼此干扰，必须防止这种情况。因此内核不仅提供了共享数据的机制，同样提供了协调对数据访问的机制。内核仍然采用了来自System V的机制。

用户空间应用程序和内核自身都需要保护资源，特别是后者。在SMP系统上，各个CPU可能同时处于核心态，在理论上可以操作所有现存的数据结构。为阻止CPU彼此干扰，需要通过锁保护内核的某些范围。锁可以确保每次只能有一个CPU访问被保护的范围。

5.1 控制机制

在讲述内核的各种进程间通信（interprocess communication，IPC）和数据同步机制之前，我们简单讨论一下相互通信的进程彼此干扰的可能情况，以及如何防止。我们的讨论只限于基本和核心的方面。对于经典问题的详细解释和大量例子，请参考市面上操作系统方面的通用教科书。

5.1.1 竞态条件

我们考虑系统通过两种接口从外部设备读取数据的情况。独立的数据包以不定间隔通过两个接口到达，保存在不同文件中。为记录数据包到达的次序，在文件名之后添加了一个号码，表明数据包的序号。通常的一系列文件名是act1.fil、act2.fil、act3.fil，等等。可使用一个独立的变量来简化两个进程的工作。该变量保存在由两个进程共享的内存页中，且指定了下一个未使用的序号（为简明起见，在下文我称该变量为counter）。

在一个数据包到达时，进程必须执行一些操作，才能正确地保存数据。

(1) 从接口读取数据。

(2) 用序号counter构造文件名，打开一个文件。

(3) 将序号加1。

(4) 将数据写入文件，然后关闭文件。

上述的软件系统会发生错误吗？如果每个进程都严格遵守上述过程，并在适当的位置对状态变量加1，那么上述过程不仅适用于两个进程，也可用于多个进程。

事实上，大多数情况下上述过程都会正确运作，但在某些情况下会出错，而这也是分布式程序设计的真正困难所在。我们设个陷阱，分别将从接口读取数据的进程称作进程1和进程2。

我们给出的场景中，已经保存了若干文件，比如说总共有12文件。因此counter的值是13。显然是个“凶兆”……

进程1从接口接收一个刚到达的新数据块。它忠实地用序号13构造文件名并打开一个文件，而同时调度器被激活并确认该进程已经消耗了足够的CPU时间，必须由另一个进程替换，并且假定是进程2。要注意，此时进程1读取了counter的值，但尚未对counter加1。

在进程2开始运行后，同样从其对应的接口读取数据，并开始执行必要的操作以保存这些数据。它会读取counter的值，用序号13构造文件名打开文件，将counter加1，counter从13变为14。接下来它将数据写入文件，最后结束。

不久，又轮到进程1再次运行。它从上次暂停处恢复执行，并将counter加1，counter从14变为15。接下来它将数据写入到用序号13打开的文件，当然，在这样做的时候，会覆盖进程2已经保存的数据。

这简直是祸不单行，丢失了一个数据记录，而且序号14也变得不可用了。

修改程序接收数据之后的处理步骤，可以防止该错误。举例来说，进程可以在读取counter的值之后立即将counter加1，然后再去打开文件。但再想想，问题远远不会这么简单。因为我们总是可以设计出一些导致致命错误的情形。因此，我们很快就意识到了：如果在读取counter的值和对其加1之间发生调度，则仍然会产生不一致的情况。

几个进程在访问资源时彼此干扰的情况通常称之为竞态条件（race condition）。在对分布式应用编程时，这种情况是一个主要的问题，因为竞态条件无法通过系统的试错法检测。相反，只有彻底研究源代码（深入了解各种可能发生的代码路径）并通过敏锐的直觉，才能找到并消除竞态条件。

由于导致竞态条件的情况非常罕见，因此需要提出一个问题：是否值得做一些（有时候是大量的）工作来保护代码避免竞态条件。

在某些环境中（飞机的控制系统、重要机械的监控、危险装备），竞态条件是致命问题。即使在日常软件项目中，避免潜在的竞态条件也能大大提高程序的质量以及用户的满意度。为改进Linux内核对多处理器的支持，我们需要精确定位内核中暗藏竞态条件的范围，并提供适当的防护。由于缺乏保护而导致的出乎意料的系统崩溃和莫名其妙的错误，这些都是不可接受的。

5.1.2 临界区

这个问题的本质是：进程的执行在不应该的地方被中断，从而导致进程工作得不正确。显然，一种可能的解决方案是标记出相关的代码段，使之无法被调度器中断。尽管这种方法原则上是可行的，但有几个内在问题。在某种情况下，有问题的程序可能迷失在标记的代码段中无法退出，因而无法放弃CPU，进而导致计算机不可用。因此我们必须立即放弃这种解决方案。[①]

问题的解决方案不一定要求临界区是不能中断的。只要没有其他的进程进入临界区，那么在临界区中执行的进程完全是可以中断的。这种严格的禁止条件，可以确保几个进程不能同时改变共享的值，

① 内核自身可以（并且必须）保留停用中断的权利，以便在某些时候将自身完全封闭起来，免受外部或周期性事件的干扰。但对用户进程来说，这是不可能的。

我们称为*互斥*（mutual exclusion）。也就是说，在给定时刻，只有一个进程可以进入临界区代码。

有许多方法可以设计这种类别的互斥方法（不考虑技术实现问题）。但所有的设计都必须保证，无论在何种情况下都要确保排他原则（exclusion principle）。这种保证决不能依赖于所涉及处理器的数目或速度。如果存在这样的依赖（以至于解决方案只适用于特定硬件配置下的给定计算机系统），那么该方案将是不切实际的。因为它无法提供通用的保护机制，而这正是我们所需要的。进程不应该允许彼此阻塞或永久停止。尽管这里描述了一个可取的目标，但它并不总是能够用技术手段实现，读者从下文可以看到这一点。经常需要程序员未雨绸缪，以避免问题的发生。

应用何种原理来支持互斥方法？在多任务和多用户系统的历史上，人们提出了许多不同的解决方案，但都各有利弊。一些解决方案只是纯理论的，而另一些则已经在各种操作系统中付诸实践了。下面我们将仔细讨论大多数系统采用的一种方案。

信号量

信号量（semaphore）是由E. W. Dijkstra在1965年设计。初看起来，它们对各种进程间通信问题提供了一种简单得令人吃惊的解答，但对信号量的使用仍需要经验、直觉和谨慎。

实质上，信号量只是受保护的特别变量，能够表示为正负整数。其初始值为1。

为操作信号量定义了两个标准操作：up和down。这两个操作分别用于控制关键代码范围的进入和退出，且假定相互竞争的进程访问信号量机会均等。

在一个进程想要进入关键代码时，它调用down函数。这会将信号量的值减1，即将其设置为0，然后执行危险代码段。在执行完操作之后，调用up函数将信号量的值加1，即重置为初始值。信号量有下面两种特性。

(1) 又一个进程试图进入关键代码段时，首先也必须对信号量执行down操作。因为第1个进程已经进入该代码段，信号量的值此时为0。这导致第2个进程在该信号量上“睡眠”。换句话说，它会一直等待，直至第1个进程退出相关的代码。

在执行down操作时，有一点特别重要。即从应用程序的角度来看，该操作应视为一个原子操作。它不能被调度器调用中断，这意味着竞态条件是无法发生的。从内核视角来看，查询变量的值和修改变量的值是两个不同的操作，但用户将二者视为一个原子操作。

当进程在信号量上睡眠时，内核将其置于阻塞状态，且与其他在该信号量上等待的进程一同放到一个等待列表中。

(2) 在进程退出关键代码段时，执行up操作。这不仅会将信号量的值加1（恢复为1），而且还会选择一个在该信号量上睡眠的进程。该进程在恢复执行后，完成down操作将信号量减1（变为0），此后即可安全地开始执行关键代码。

如果没有内核的支持，这个过程是不可能的，因为用户空间库无法保证down操作不被中断。在讲解对应函数的实现之前，首先必须讨论内核自身用于保护关键代码段的机制。这些机制是用户程序使用保护措施的基础。

信号量在用户层可以正常工作，原则上也可以用于解决内核内部的各种锁问题。但事实上不是这样：性能是内核最首先的一个目标，虽然信号量初看起来容易实现，但其开销对内核来说过大。这也是内核中提供了许多不同的锁和同步机制的原因，这些我将在下文讨论。

5.2 内核锁机制

内核可以不受限制地访问整个地址空间。在多处理器系统上（或类似地，在启用了内核抢占的单处理器系统上，可参见第2章），这会引起一些问题。如果几个处理器同时处于核心态，则理论上它们可以同时访问同一个数据结构，这刚好造成了前一节讲述的问题。

在第一个提供了SMP功能的内核版本中，该问题的解决方案非常简单，即每次只允许一个处理器处于核心态。因此，对数据未经协调的并行访问被自动排除了。令人遗憾的是，该方法因为效率不高，很快被废弃了。

现在，内核使用了由锁组成的细粒度网络，来明确地保护各个数据结构。如果处理器A在操作数据结构X，则处理器B可以执行任何其他的内核操作，但不能操作X。

内核为此提供了各种锁选项，分别优化不同的内核数据使用模式。

- **原子操作**：这些是最简单的锁操作。它们保证简单的操作，诸如计数器加1之类，可以不中断地原子执行。即使操作由几个汇编语句组成，也可以保证。
- **自旋锁**：这些是最常用的锁选项。它们用于短期保护某段代码，以防止其他处理器的访问。在内核等待自旋锁释放时，会重复检查是否能获取锁，而不会进入睡眠状态（忙等待）。当然，如果等待时间较长，则效率显然不高。
- **信号量**：这些是用经典方法实现的。在等待信号量释放时，内核进入睡眠状态，直至被唤醒。唤醒后，内核才重新尝试获取信号量。*互斥量*是信号量的特例，互斥量保护的临界区，每次只能有一个用户进入。
- **读者/写者锁**：这些锁会区分对数据结构的两种不同类型的访问。任意数目的处理器都可以对数据结构进行并发读访问，但只有一个处理器能进行写访问。事实上，在进行写访问时，读访问是无法进行的。

以下各节详细讨论了这些选项的实现和使用。这些锁的部署遍及内核源代码各处，锁已经成为内核开发一个非常重要的方面，无论是基础的核心内核代码还是设备驱动程序。尽管如此，当我在本书中讨论特定的内核代码时，大多数情况下仍然会省略锁操作，除非使用锁的方式很不常见，或者锁有特殊的功能需求需要满足。但是，如果锁很重要，为什么在其他章节中我们要忽略内核的这方面内容？大多数读者几乎都会认为本书讲解已经非常详细了，如果再把所有子系统中与锁有关的内容加以详细讨论，则将大大超出本书的范围。但更重要的一点是，大多数情况下，讨论某个特定机制的工作原理时，对锁的讨论将干扰那些实质性的内容，并使之复杂化。而我的重点就是向读者讲述这些实质性的内容。

要完全理解锁的用法，需要逐行熟悉所有受锁影响的内核代码，而本书并没有详细讨论这部分内容，（实际上也不应该这么做）。

Linux的源代码很容易得到，书中完全没有必要加入读者很容易查看的内容，而且这些内容在Linux的后续版本中有很多细节很可能会发生改变。实质上，书的作用在于使读者牢固理解那些不那么可能改变的概念，这比复制源代码好得多。尽管如此，本章仍然会向读者提供所有必要的内容，以理解具体的子系统如何实现针对并发操作的保护措施，以及对这些机制的设计和工作原理的阐释。读者要准备好投入源代码之中，阅读并修改代码。

5.2.1　对整数的原子操作

内核定义了`atomic_t`数据类型（在`<asm-arch/atomic.h>`中），用作对整数计数器的原子操作的基础。从内核的角度来看，这些操作的执行仿佛是一条汇编语句。这里给出一个简短的例子，将计数器加1，即足以说明此类操作的必要性。在汇编语言中，加1操作通常分为3步执行：

(1) 将计数器值从内存复制到处理器寄存器；

(2) 将其值加1；

(3) 将寄存器数据回写到内存。

如果有另一个处理器同时执行该操作，则会发生问题。两个处理器同时从内存读取计数器的值（例如4），将其加1得到5，最后将新数值回写到内存。但如果操作正确，内存中的值应该是6，因为计数器的加1操作执行了两次。

内核支持的所有处理器，都提供了原子执行此类操作的手段。一般说来，可使用特殊的锁指令阻止系统中其他处理器工作，直至当前处理器完成下一个操作为止。也可以使用效果相同的等价机制。[①]

为使得内核中平台独立的部分能够使用原子操作，特定于体系结构的代码必须提供表5-1列出的用于操纵atomic_t类型变量的操作。在某些系统上，这些操作与C语言中对应的普通操作相比要慢得多，因此只有在确实必要的情况下才能使用这些操作。

理解这些操作的实现，需要对各种CPU的汇编语言有深入的了解，我不在这里讨论这个主题了（每种处理器体系结构都提供了特别的函数来实现这些操作）。

> 混合普通和原子操作是不可能的。表5-1列出的操作不适用于标准数据类型（如int或long），而反过来，标准的运算符（如++）也不适用于atomic_t变量。

读者还应该注意到，原子变量只能借助于ATOMIC_INIT宏初始化。因为原子数据类型最终是用普通的C语言类型实现的，内核将标准类型的变量封装在结构中，它们不能再用普通运算符处理，如++。

<asm-arch/atomic.h>

```
typedef struct { volatile int counter;  } atomic_t;
```

表5-1 原子操作

操 作	效 果
atomic_read(atomic_t *v)	读取原子变量的值
atomic_set(atomic_t *v, int i)	将v设置为i
atomic_add(int i, atomic_t *v)	将i加到v
atomic_add_return(int i, atomic_t *v)	将i加到v，并返回结果
atomic_sub(int i, atomic_t *v)	从v减去i
atomic_sub_return(int i, atomic_t *v)	从v减去i，并返回结果
atomic_sub_and_test(int i, atomic_t *v)	从v减去i。如果结果为0则返回true，否则返回false
atomic_inc(atomic_t *v)	将v加1
atomic_inc_and_test(atomic_t *v)	将v加1。如果结果为0则返回true，否则返回false
atomic_dec(atomic_t *v)	从v减去1
atomic_dec_and_test(atomic_t *v)	从v减去1。如果结果为0则返回true，否则返回false
atomic_add_negative(int i, atomic_t *v)	将i加到v。如果结果小于0则返回true，否则返回false
atomic_add_negative(int i, atomic_t *v)	将i加到v。如果结果为负则返回true，否则返回false

如果内核编译时未启用SMP支持，则上述操作的实现与普通变量一样（只遵守了atomic_t的封装），因为没有其他处理器的干扰。

① IA-32系统上所需的指令实际上就称作lock。

内核为SMP系统提供了local_t数据类型。该类型允许在单个CPU上的原子操作。为修改此类型变量，内核提供了基本上与atomic_t数据类型相同的一组函数，只是将atomic替换为local。

请注意，原子变量很适合整数操作，但不适用于比特位操作。因此每种体系结构都必须定义一组位处理操作，这些操作的工作方式也是原子的，以便在SMP系统上的各处理器之间保证一致性。A.8节概述了可用的位操作。

5.2.2　自旋锁

自旋锁用于保护短的代码段，其中只包含少量C语句，因此会很快执行完毕。大多数内核数据结构都有自身的自旋锁，在处理结构中的关键成员时，必须获得相应的自旋锁。尽管自旋锁在内核源代码中普遍存在，但我在本书的大多数代码片段中会略去对自旋锁的处理。它们实际上无法对内核的运作方式提供有价值的信息，而且还使代码难于阅读，上文已经说明这一点。尽管如此，重要的是代码要具备适当的锁！

数据结构和用法

自旋锁通过spinlock_t数据结构实现，基本上可使用spin_lock和spin_unlock操纵。还有其他一些自旋锁操作：spin_lock_irqsave不仅获得自旋锁，还停用本地CPU的中断，而spin_lock_bh则停用softIRQ（软中断，参见第14章）。用这两个操作获得的自旋锁必须用对应的接口释放，分别是spin_unlock_irqsave和spin_unlock_bh。同样，自旋锁的实现也几乎完全是汇编语言（与体系结构非常相关），因此在这里不讨论了。

自旋锁的用法如下：

```
spinlock_t lock = SPIN_LOCK_UNLOCKED;
...
spin_lock(&lock);
/* 临界区 */
spin_unlock(&lock);
```

初始化自旋锁时，必须使用SPIN_LOCK_UNLOCKED将其设置为未锁定状态。spin_lock会考虑下面两种情况。

(1) 如果内核中其他地方尚未获得lock，则由当前处理器获取。其他处理器不能再进入lock保护的代码范围。

(2) 如果lock已经由另一个处理器获得，spin_lock进入一个无限循环，重复地检查lock是否已经由spin_unlock释放（自旋锁因此得名）。如果已经释放，则获得lock，并进入临界区。

spin_lock定义为一个原子操作，在获得自旋锁的情况下可防止竞态条件出现。

内核还提供了spin_trylock和spin_trylock_bh两种方法。它们尝试获取锁，但在锁无法立即获取时不会阻塞。在锁操作成功时，它们返回非零值（代码由自旋锁保护），否则返回0。后一种情况下，代码没有被锁保护。

在使用自旋锁时必须要注意下面两点。

(1) 如果获得锁之后不释放，系统将变得不可用。所有的处理器（包括获得锁的在内），迟早需要进入锁对应的临界区。它们会进入无限循环等待锁释放，但等不到。这产生了死锁，从名称来看，这是个应该避免的状况。

(2) 自旋锁决不应该长期持有，因为所有等待锁释放的处理器都处于不可用状态，无法用于其他工作（信号量的情形有所不同，读者稍后会看到）。

> 由自旋锁保护的代码不能进入睡眠状态。遵守该规则不像看上去那样简单：避免直接进入睡眠状态并不复杂，但还必须保证在自旋锁保护的代码所调用的函数也不会进入睡眠状态！一个特定的例子是kmalloc函数。通常将立刻返回请求的内存，但在内存短缺时，该函数可以进入睡眠状态，在第3章讨论过这一点。如果自旋锁保护的代码会分配内存，那么该代码大多数时间可能工作完全正常，但少数情况下会造成失败。当然，这种问题很难重现和调试。因此读者应该非常注意在自旋锁保护的代码中调用的函数，确保这些函数在任何情况下都不会睡眠。

在单处理器系统上，自旋锁定义为空操作，因为不存在几个CPU同时进入临界区的情况。但如果启用了内核抢占，这种说法就不适用了。如果内核在临界区中被中断，而此时另一个进程进入临界区，这与SMP系统上两个处理器同时在临界区执行的情况是等效的。通过一个简单的技巧可以防止这种情况发生：内核进入到由自旋锁保护的临界区时，就停用内核抢占。在启用了内核抢占的单处理器内核中，spin_lock（基本上）等价于preempt_disable，而spin_unlock则等价于preempt_enable。

> 自旋锁当前的持有者无法多次获得同一自旋锁！在函数调用了其他函数，而这些函数每次都操作同一个锁时，这种约束特别重要。如果已经获得一个锁，而调用的某个函数试图再次获得该锁，尽管当前的代码路径已经持有该锁，也同样会发生死锁——处理器等待自身释放持有的锁，这就有得等了……

5

最后请注意，内核自身也提供了一些有关如何使用自旋锁的注记，请参见Documentation/spinlocks.txt。

5.2.3 信号量

内核使用的信号量定义如下。用户空间信号量的实现有所不同，将在5.3.2节讲述。

<asm-arch/semaphore.h>

```
struct semaphore {
        atomic_t count;
        int sleepers;
        wait_queue_head_t wait;
};
```

尽管该结构定义在体系结构相关的头文件中，但大多数体系结构都使用了这里给出的结构。

- count指定了可以同时处于信号量保护的临界区中进程的数目。count == 1用于大多数情况（此类信号量又名*互斥*信号量，因为它们用于实现*互斥*）。
- sleepers指定了等待允许进入临界区的进程的数目。不同于自旋锁，等待的进程会进入睡眠状态，直至信号量释放才会被唤醒。这意味着相关的CPU在同时可以执行其他任务。
- wait用于实现一个队列，保存所有在该信号量上睡眠的进程的task_struct（第14章讲述了相关的底层机制）。

与自旋锁相比，信号量适合于保护更长的临界区，以防止并行访问。但它们不应该用于保护较短的代码范围，因为竞争信号量时需要使进程睡眠和再次唤醒，代价很高。

大多数情况下，不需要使用信号量的所有功能，只是将其用作互斥量，这不过是一种二值信号量。为简化代码书写，内核提供了DECLARE_MUTEX宏，可以声明一个二值信号量，初始情况下未锁定，而

count = 1。[①]

```
DECLARE_MUTEX(mutex)
...
down(&mutex);
/* 临界区 */
up(&mutex);
```

在进入临界区时，用down对使用计数器减1。在计数器为0时，其他进程不能进入临界区。

在试图用down获取已经分配的信号量时，当前进程进入睡眠，并放置在与该信号量关联的等待队列上。同时，该进程被置于TASK_UNINTERRUPTIBLE状态，在等待进入临界区的过程中无法接收信号。如果信号量没有分配，则该进程可以立即获得信号量并进入到临界区，而不会进入睡眠。

在退出临界区时，必须调用up。该例程负责唤醒在信号量睡眠的某个进程，该进程然后允许进入临界区，而所有其他等待的进程继续睡眠。

除了down操作之外，还有两种其他的操作用于获取信号量（不同于自旋锁，在退出信号量保护的临界区时，只有up函数可用）。

- down_interruptible工作方式与down相同，但如果无法获得信号量，则将进程置于TASK_INTERRUPTIBLE状态。因此，在进程睡眠时可以通过信号唤醒。[②]
- down_trylock试图获取信号量。如果失败，则进程不会进入睡眠等待信号量，而是继续正常执行。如果获取了信号量，则该函数返回false值，否则返回true。

除了只能用于内核的互斥量之外，Linux也提供了所谓的futex（*快速用户空间互斥量*，fast userspace mutex），由核心态和用户状态组合而成。它为用户空间进程提供了互斥量功能。但必须确保其使用和操作尽可能快速并高效。为节省空间，我略去了对futex实现的讲述，而且它们对内核自身也不是特别重要。更多信息请参见手册页futex(2)。

5.2.4 RCU 机制

RCU（read-copy-update)是一个相当新的同步机制，在内核版本2.5开发期间被添加，并且非常顺利地被内核社区接纳。现在它的使用已经遍及内核各处。RCU的性能很好，不过对内存有一定的开销，但大多数情况下可以忽略。这是个好事情，但好事总伴随着一些不那么好的事情。下面是RCU对潜在使用者提出的一些约束。

- 对共享资源的访问在大部分时间应该是只读的，写访问应该相对很少。
- 在RCU保护的代码范围内，内核不能进入睡眠状态。
- 受保护资源必须通过指针访问。

RCU的原理很简单：该机制记录了指向共享数据结构的指针的所有使用者。在该结构将要改变时，则首先创建一个副本（或一个新的实例，填充适当的内容，这没什么差别），在副本中修改。在所有进行读访问的使用者结束对旧副本的读取之后，指针可以替换为指向新的、修改后副本的指针。请注意，这种机制允许读写并发进行！

1. 核心API

假定指针ptr指向一个被RCU保护的数据结构。直接反引用指针是禁止的，首先必须调用rcu_dereference(ptr)，然后反引用返回的结果。此外，反引用指针并使用其结果的代码，需要用

① 要注意，较早的内核版本也提供了DECLARE_MUTEX_LOCKED宏，可以初始化一个已经锁定的信号量，该变体在内核2.6.24开发期间被删除了。因为它所适用的操作，可以通过完成量（completion）更好地实现，我将在14.4节讲述。

② 如果获取了信号量，该函数将返回0。如果处理过程被信号中断而没有获得信号量，则返回-EINTR。

rcu_read_lock和rcu_read_unlock调用保护起来：

```
rcu_read_lock();

p = rcu_dereference(ptr);
if (p != NULL) {
        awesome_function(p);
}

rcu_read_unlock();
```

> 被反引用的指针不能在rcu_read_lock()和rcu_read_unlock()保护的代码范围之外使用，也不能用于写访问。

如果必须修改ptr指向的对象，则需要使用rcu_assign_pointer：

```
struct super_duper *new_ptr = kmalloc(...);

new_ptr->meaning = xyz;
new_ptr->of = 42;
new_ptr->life = 23;

rcu_assign_pointer(ptr, new_ptr);
```

按RCU的术语，该操作公布了这个指针，后续的读取操作将看到新的结构，而不是原来的。

> 如果更新可能来自内核中许多地方，那么必须使用普通的同步原语防止并发的写操作，如自旋锁。尽管RCU能保护读访问不受写访问的干扰，但它不对写访问之间的相互干扰提供防护！

在新值已经公布之后，旧的结构实例会怎么样呢？在所有的读访问完成之后，内核可以释放该内存，但它需要知道何时释放内存是安全的。为此，RCU提供了另外两个函数。

- synchronize_rcu()等待所有现存的读访问完成。在该函数返回之后，释放与原指针关联的内存是安全的。
- call_rcu可用于注册一个函数，在所有针对共享资源的读访问完成之后调用。这要求将一个rcu_head实例嵌入（不能通过指针）到RCU保护的数据结构：

```
struct super_duper {
        struct rcu_head head;
        int meaning, of, life;
};
```

该回调函数可通过参数访问对象的rcu_head成员，进而使用container_of机制访问对象本身。

kernel/rcupdate.c

```
void fastcall call_rcu(struct rcu_head *head,
                                void (*func)(struct rcu_head *rcu))
```

2. 链表操作

RCU能保护的，不仅仅是一般的指针。内核也提供了标准函数，使得能通过RCU机制保护双链表，这是RCU机制在内核内部最重要的应用。此外，由struct hlist_head和struct hlist_node组成的散列表也可以通过RCU保护。

有关通过RCU保护的链表，好消息是仍然可以使用标准的链表元素。只有在遍历链表、修改和删除链表元素时，必须调用标准函数的RCU变体。函数名称很容易记住：在标准函数之后附加_rcu后缀。

<list.h>
```
static inline void list_add_rcu(struct list_head *new, struct list_head *head)
static inline void list_add_tail_rcu(struct list_head *new,
                                     struct list_head *head)
static inline void list_del_rcu(struct list_head *entry)
static inline void list_replace_rcu(struct list_head *old,
                                     struct list_head *new)
```

- list_add_rcu将新的链表元素new添加到表头为head的链表头部，而list_add_tail_rcu将其添加到链表尾部。
- list_replace_rcu将链表元素old替换为new。
- list_del_rcu从链表删除链表元素entry。

最重要的是，list_for_each_rcu允许遍历链表的所有元素。而list_for_each_rcu_safe甚至对于删除链表元素也是安全的。

> 这两个操作都必须通过一对rcu_read_lock()和rcu_read_unlock()包围。

请注意，内核提供了大量有关RCU的文档，由该机制的创作者撰写。文档位于Documentation/RCU目录，读起来很有趣。特别地，它不像内核中许多其他文档那样过时。该文档不仅提供了有关RCU的实现方式，还进一步介绍了本书没有讲解的一些标准函数（这些函数在内核中不经常使用）。

5.2.5 内存和优化屏障

现代编译器和处理器试图从代码中"压榨"出每一点性能，读者当然会认为这是好事情。但类似于每一件好事情，我们同样需要考虑其缺点（前面也有类似的情况）。一个有利于提高性能的技术是指令重排。只要结果不变，这完全没有问题。但编译器或处理器很难判定重排的结果是否确实与代码原本的意图匹配，特别是需要考虑副效应的时候，因此这种事情机器很自然不是人的对手。但在数据写入I/O寄存器时，副效应是常见且必要的。

尽管锁足以确保原子性，但对编译器和处理器优化过的代码，锁不能永远保证时序正确。与竞态条件相比，这个问题不仅影响SMP系统，也影响单处理器计算机。

内核提供了下面几个函数，可阻止处理器和编译器进行代码重排。

- mb()、rmb()、wmb()将硬件内存屏障插入到代码流程中。rmb()是读访问内存屏障。它保证在屏障之后发出的任何读取操作执行之前，屏障之前发出的所有读取操作都已经完成。wmb适用于写访问，语义与rmb类似。读者应该能猜到，mb()合并了二者的语义。
- barrier插入一个优化屏障。该指令告知编译器，保存在CPU寄存器中、在屏障之前有效的所有内存地址，在屏障之后都将失效。本质上，这意味着编译器在屏障之前发出的读写请求完成之前，不会处理屏障之后的任何读写请求。

> 但CPU仍然可以重排时序！

- smb_mb()、smp_rmb()、smp_wmb()相当于上述的硬件内存屏障，但只用于SMP系统。它们在单处理器系统上产生的是软件屏障。
- read_barrier_depends()是一种特殊形式的读访问屏障，它会考虑读操作之间的依赖性。如果屏障之后的读请求，依赖于屏障之前执行的读请求的数据，那么编译器和硬件都不能重排这些请求。

请注意：上文给出的所有命令都会影响运行时的性能。这是很自然的，与开启优化时相比，停用优化后程序的速度会减慢，这也是优化代码的目的所在。大多数读者都会同意，运行稍慢但工作正确的代码，比快而出错的代码要好。

优化屏障的一个特定应用是内核抢占机制。要注意，preempt_disable对抢占计数器加1因而停用了抢占，preempt_enable通过对抢占计数器减1而再次启用抢占。这两个命令之间的代码，可免受抢占的影响。看一看下列代码：

```
preempt_disable();
function_which_must_not_be_preempted();
preempt_enable();
```

如果编译器决定将代码重新排序如下，那么就相当麻烦了：

```
function_which_must_not_be_preempted();
preempt_disable();
preempt_enable();
```

另一种可能的重排同样有问题：

```
preempt_disable();
preempt_enable();
function_which_must_not_be_preempted();
```

这上述两种情况下，不可抢占的部分都会变得可抢占。因此，preempt_disable在抢占计数器加1之后插入一个内存屏障：

```
<preempt.h>
#define preempt_disable() \
do { \
        inc_preempt_count(); \
        barrier(); \
} while (0)
```

这防止了编译器将inc_preempt_count()与后续的语句交换位置。同样，preempt_enable必须在再次启用抢占之前插入一个优化屏障：

```
<preempt.h>
#define preempt_enable() \
do {\
...
        barrier(); \
        preempt_check_resched(); \
} while (0)
```

这种措施可以防止上文给出的第二种错误的重排。

到现在为止讨论的所有屏障命令，只要包含了<system.h>就可以使用。读者可能觉得内存屏障使用起来很复杂，确实是这样，正确使用内存和优化屏障需要高度的技巧。因此应该注意到，一些内核维护者不怎么喜欢内存屏障，使用该特性的代码很难进入到内核的主流版本中。因此，首先试着看一下是否能够在没有屏障的情况下完成工作，永远是值得的。这是可能的，因为在许多体系结构上锁指令也相当于内存屏障。但这需要根据使用内存屏障的具体实例来确认，而无法提供一般性的建议。

5.2.6 读者/写者锁

上述的各个机制有一种不利情况。它们没有区分数据结构的读写访问。通常，任意数目的进程都可以并发读取数据结构，而写访问只能限于一个进程。

因此内核提供了额外的信号量和自旋锁版本，考虑到上述因素，分别称之为读者/写者信号量和读者/写者自旋锁。

5

读者/写者自旋锁定义为rwlock_t数据类型。必须根据读写访问，以不同的方法获取锁。

- 进程对临界区进行读访问时，在进入和离开时需要分别执行read_lock和read_unlock。内核会允许任意数目的读进程并发访问临界区。
- write_lock和write_unlock用于写访问。内核保证只有一个写进程（此时没有读进程）能够处于临界区中。

_irq_irqsave变体也同样可用，运作方式如同普通的自旋锁。以_bh结尾的变体也是可用的。它们会停用软件中断，但硬件中断仍然是启用的。

读/写信号量的用法类似。所用的数据结构是struct rw_semaphore，down_read和up_read用于获取对临界区的读访问。写访问借助于down_write和up_write进行。_trylock变体对所有命令都可用，其运作方式同上述。

5.2.7　大内核锁

这是内核锁遗迹之一，它可以锁定整个内核，确保没有处理器在核心态并行运行。该锁称为大内核锁（big kernel lock），通常用缩写表示，即BKL。

使用lock_kernel可锁定整个内核，对应的解锁使用unlock_kernel。

BKL的一个特性是，它的锁深度也会进行计数。这意味着在内核已经锁定时，仍然可以调用lock_kernel。对应的解锁操作（unlock_kernel）必须调用同样的次数，以解锁内核，使其他处理器能够进入。

尽管BKL在内核中仍然有1 000多处，但它已经是过时的概念，内核开发者废弃了对它的使用。因为从性能和可伸缩性的角度来看，BKL简直是个灾难。新的代码决不应该使用BKL，而应该采用上面描述的细粒度锁。尽管如此，BKL仍然会存在若干年才能最终消失。[①]内核源代码很好地概述了这种情形：

lib/kernel_lock.c

```
/*
 * lib/kernel_lock.c
 *
 * 这是传统的BKL，大内核锁。
 * 基本上已经降级到废弃状态，
 * 但一些次要（或懒惰）的子系统仍然在使用。
 */
```

请注意，SMP系统和启用了内核抢占的单处理器系统如果设置了配置选项PREEMPT_BKL，则允许抢占大内核锁，我不会进一步讨论该机制。尽管这有助于降低内核延迟，但它并非BKL产生的问题的正确对策，只能作为应急措施和临时解决方案，在可能的范围内做到比较好。

5.2.8　互斥量

尽管信号量可用于实现互斥量的功能，信号量的通用性导致的开销通常是不必要的。因此，内核包含了一个专用互斥量的独立实现，它们不依赖信号量。或确切地说，内核包含互斥量的两种实现。一种是经典的互斥量，另一种是用来解决优先级反转问题的实时互斥量。我在下文会讨论这两种方法。

1. 经典的互斥量

经典互斥量的基本数据结构定义如下：

---

① 在内核版本2.6.26开发期间，建立一个特殊的内核树，其目的就是加速BKL的清除，该措施很有希望加快BKL的清理过程。

<mutex.h>
```
struct mutex {
        /* 1: 未锁定, 0: 锁定, 负值：锁定，可能有等待者 */
        atomic_t            count;
        spinlock_t          wait_lock;
        struct list_head    wait_list;
};
```

概念相当简单：如果互斥量未锁定，则count为1。锁定分为两种情况。如果只有一个进程在使用互斥量，则count设置为0。如果互斥量被锁定，而且有进程在等待互斥量解锁（在解锁时需要唤醒等待进程），则count为负值。这种特殊处理有助于加快代码的执行速度，因为在通常情况下，不会有进程在互斥量上等待。

有两种方法定义新的互斥量。

(1) 静态互斥量可以在编译时通过使用DEFINE_MUTEX产生（不要与DECLARE_MUTEX混淆，后者是基于信号量的互斥量）。

(2) mutex_init在运行时动态初始化一个新的互斥量。

mutex_lock和mutex_unlock分别用于锁定和解锁互斥量。此外内核也提供了mutex_trylock，该函数尝试获取互斥量。如果互斥量已经锁定，则立即返回。最后，mutex_trylock可用于检查给定的互斥量是否锁定。

2. 实时互斥量

实时互斥量是内核支持的另一种形式的互斥量。它们需要在编译时通过配置选项CONFIG_RT_MUTEX显式启用。与普通的互斥量相比，它们实现了*优先级继承*（priority inheritance），该特性可用于解决（或在最低限度上缓解）优先级反转的影响。二者在大多数操作系统教科书中一般都有讨论。

考虑一种情况，系统上有两个进程运行：进程A优先级高，进程C优先级低。假定进程C已经获取了一个互斥量，正在所保护的临界区中运行，且在短时间内不打算退出。但在进程C进入临界区之后不久，进程A也试图获取保护临界区的互斥量。由于进程C已经获取该互斥量，因而进程A必须等待。这导致高优先级的进程A等待低优先级的进程C。

如果有第3个进程B，优先级介于进程A和进程C之间，情况会更加糟糕。假定进程C仍然持有锁，进程A在等待。现在进程B开始运行。由于它的优先级高于进程C，因此可以抢占进程C。但它实际上也抢占了进程A，尽管进程A的优先级高于进程B。 如果进程B继续运行，那么它可以让进程A等待更长时间，因为进程C被进程B抢占，所以它只能更慢地完成其操作。因此看起来仿佛进程B的优先级高于进程A一样。这种糟糕的情况称为*无限制优先级反转*（unbounded priority inversion）。

该问题可以通过优先级继承解决。如果高优先级进程阻塞在互斥量上，该互斥量当前由低优先级进程持有，那么进程C的优先级（在我们的例子中）临时提高到进程A的优先级。如果进程B现在开始运行，只能得到与进程A竞争情况下的CPU时间，从而理顺了优先级的问题。

实时互斥量的定义非常接近于普通互斥量：

<rtmutex.h>
```
struct rt_mutex {
        spinlock_t wait_lock;
        struct plist_head wait_list;
        struct task_struct *owner;
};
```

互斥量的所有者通过owner指定，wait_lock提供实际的保护。所有等待的进程都在wait_list中排队。与普通互斥量相比，决定性的改变是等待列表中的进程按优先级排序。在等待列表改变时，内核可相应地校正锁持有者的优先级。这需要到调度器的一个接口，可由函数rt_mutex_setprio提供。该函数更新动态优先级task_struct->prio，而普通优先级task_struct->normal_priority不变。如果读者对这些术语不清楚，可以参考第2章对调度器的讨论。

此外，内核提供了几个标准函数（rt_mutex_init、rt_mutex_lock、rt_mutex_unlock、rt_mutex_trylock），工作方式与普通互斥量完全相同，不需要进一步讨论。

5.2.9 近似的per-CPU计数器

如果系统安装有大量CPU，计数器可能成为瓶颈：每次只有一个CPU可以修改其值；所有其他CPU都必须等待操作结束，才能再次访问计数器。如果计数器频繁访问，则会严重影响系统性能。

对某些计数器，没有必要时时了解其准确的数值。这种计数器的近似值与准确值，作用上没什么差别。可以利用这种情况，引入所谓的per-CPU计数器，来加速SMP系统上计数器的操作。基本思想如图5-1所示：计数器的准确值存储在内存中某处，准确值所在内存位置之后是一个数组，每个数组项对应于系统中的一个CPU。

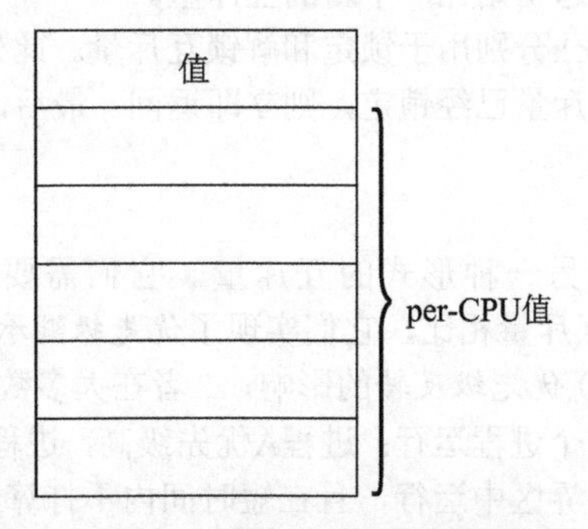

图5-1　近似per-CPU计数器的数据结构

如果一个处理器想要修改计数器的值（加上或减去某个值*n*），它不会直接修改计数器的值，因为这需要防止其他的CPU访问计数器（这是一个费时的操作）。相反，所需的修改将保存到与计数器相关的数组中特定于当前CPU的数组项。举例来说，如果计数器应该加3，那么数组中对应的数组项为+3。如果同一个CPU在其他时间需要从计数器减去某个值（假定是5），它也不会对计数器直接操作，而是操作数组中特定于CPU的项：将3减去5，新值为-2。任何处理器读取计数器值时，都不是完全准确的。如果原值为15，在经过前述的操作之后应该是13，但仍然是15。如果只需要大致了解计数器的值，13也算得上是15的一个比较好的近似了。

如果某个特定于CPU的数组元素修改后的绝对值超出某个阈值，则认为这种修改有问题，将随之修改计数器的值。在这种情况下，内核需要确保通过适当的锁机制来保护这次访问。由于这种改变很少发生，因此锁操作的代价将不那么重要了。

只要计数器改变适度，这种方案中读操作得到的平均值会相当接近于计数器的准确值。

内核借助于下列数据结构实现per-CPU计数器：

<percpu_counter.h>
```
struct percpu_counter {
        spinlock_t lock;
        long count;
        long *counters;
};
```

count是计数器的准确值，lock是一个自旋锁，用于在需要准确值时保护计数器。counters数组中各数组项是特定于CPU的，该数组缓存了对计数器的操作。

触发计数器修改的阈值依赖于系统中CPU的数目：

<percpu_counter.h>
```
#if NR_CPUS >= 16
#define FBC_BATCH   (NR_CPUS*2)
#else
#define FBC_BATCH   (NR_CPUS*4)
#endif
```

下列函数可以用来修改近似per-CPU计数器：

<percpu_counter.h>
```
static inline void percpu_counter_add(struct percpu_counter *fbc, s64 amount)
static inline void percpu_counter_dec(struct percpu_counter *fbc)
static inline s64 percpu_counter_sum(struct percpu_counter *fbc)
static inline void percpu_counter_set(struct percpu_counter *fbc, s64 amount)
static inline void percpu_counter_inc(struct percpu_counter *fbc)
static inline void percpu_counter_dev(struct percpu_counter *fbc)
```

- percpu_counter_add用于对计数器增加或减少指定的值。如果积累的改变超过FBC_BATCH给出的阈值，则修改会传播到计数器的准确值。
- percpu_counter_read读取计数器的当前值，而不考虑各个CPU所进行的改动。
- percpu_counter_inc和percpu_counter_inc分别用于对近似计数器加1和减1，是两个快捷函数。
- percpu_counter_set将计数器设置为特定值。
- percpu_counter_sum计算计数器的准确值。

5.2.10 锁竞争与细粒度锁

在讨论过内核提供的大量锁原语之后，我们简要地阐述一些与锁和内核可伸缩性有关的问题。尽管10年前普通用户对多处理器系统几乎一无所知，但现在每台桌面计算机几乎都是多处理器系统。因此，Linux在多CPU系统上的可伸缩性已经成为一个非常重要的目标。在对内核代码设计锁规则时，特别需要考虑这个问题。锁需要满足下面两个目的，不过二者通常很难同时实现。

(1) 必须防止对代码的并发访问，否则将导致失败。

(2) 对性能的影响必须尽可能小。

对于内核频繁使用的数据，同时满足这两个要求是非常复杂的。考虑一个经常访问的非常重要的数据结构，内存管理子系统、网络和内核许多其他部分都包含了该结构。如果整个数据结构（甚至于更糟糕的情形，多个数据结构、整个驱动程序或整个子系统[①]）由一个锁保护，那么在内核的某个部分需要获取锁的时候，该锁已经被系统其他部分获取的概率是很高的。在这种情况下会出现较多的锁竞争（lock contention），该锁会成为内核的一个热点（hotspot）。为补救这种情况，通常需要标识数据结构中各个独立的部分，使用多个锁来保护结构的成员。这种解决方案称之为*细粒度锁*。尽管这种方法在较大的计算机上对提高可伸缩性很有好处，但它会引发其他问题。

(1) 获取多个锁会增加操作的开销，特别是在较小的SMP计算机上。

(2) 在通过多个锁保护一个数据结构时，很自然会出现一个操作需要同时访问两个受保护区域的

① 实际上这不像乍听起来那么荒谬，但最初的SMP内核甚至于更进一步。毕竟，大内核锁保护了整个内核！

情形，因而需要同时持有多个锁。这要求必须遵守某种锁定次序，必须按序获取和释放锁。否则，仍然会导致死锁！由于内核中的各个代码路径复杂而交错，所以很难保证所有情形都正确。

因而，通过细粒度锁实现良好的可伸缩性，同时避免死锁，是内核当前首要的挑战之一。

5.3　System V进程间通信

Linux使用System V（SysV）引入的机制，来支持用户进程的进程间通信和同步。内核通过系统调用提供了各种例程，使得用户库（通常是C标准库）能够实现所需的操作。

除了信号量之外，SysV的进程间通信方案还包括进程间的消息交换和共享内存区域，如下所述。①

5.3.1　System V机制

System V UNIX的3种进程间通信（IPC）机制（信号量、消息队列、共享内存）反映了3种相去甚远的概念，不过三者却有一个共同点。它们都使用了全系统范围的资源，可以由几个进程同时共享。对于IPC机制而言，这看起来似乎是合理的，但不应该视作理所当然。举例来说，该机制最初的设计目标，可能只是为了让程序的各个线程或fork产生的结构能够访问共享的SysV对象。

在各个独立进程能够访问SysV IPC对象之前，IPC对象必须在系统内唯一标识。为此，每种IPC结构在创建时分配了一个号码。凡知道这个魔数的各个程序，都能够访问对应的结构。如果独立的应用程序需要彼此通信，则通常需要将该魔数永久地编译到程序中。一种备选方案是动态地产生一个保证唯一的魔数（静态分配的号码无法保证唯一）。标准库提供了几个完成此工作的函数（详细信息请参见相关的系统程序设计手册）。

在访问IPC对象时，系统采用了基于文件访问权限的一个权限系统。每个IPC对象都有一个用户ID和一个组ID，依赖于产生IPC对象的程序在何种UID/GID之下运行。读写权限在初始化时分配。类似于普通的文件，这些控制了3种不同用户类别的访问：所有者、组、其他。这些工作具体如何完成，详细信息请参考对应的系统程序设计手册。

要创建一个授予所有可能访问权限的信号量（所有者、组、其他用户都有读写权限），则必须指定标志0666。

5.3.2　信号量

System V信号量在sem/sem.c实现，对应的头文件是<sem.h>。这种信号量与上文讲述的内核信号量没有任何关系。

1. 使用System V信号量

System V的信号量接口决不直观，因为信号量的概念已经远超其实际定义了。信号量不再当作是用于支持原子执行预定义操作的简单类型变量。相反，一个System V信号量现在是指一整套信号量，可以允许几个操作同时进行（尽管用户看上去它们是原子的）。当然可以请求只有一个信号量的信号量集合，并定义函数模拟原始信号量的简单操作。以下示例程序说明了信号量的使用方式：

```
#include<stdio.h>
#include<sys/types.h>
#include<sys/ipc.h>
#include<sys/sem.h>
```

① POSIX标准现在已经用更现代的形式，引入了类似的结构。我不讨论POSIX的相关机制了，因为大多数应用程序仍然在使用SysV机制。

```
#define SEMKEY 1234L /* 标识符 */
#define PERMS 0666 /* 访问权限： rwrwrw */

struct sembuf op_down[1] = { 0, -1 , 0 };
struct sembuf op_up[1] = { 0, 1 , 0 };

int semid = -1; /* 信号量 ID */
int res; /* 信号量操作的结果 */

void init_sem() {
   /* 测试信号量是否已经存在 */
   semid = semget(SEMKEY, 0, IPC_CREAT | PERMS);
   if (semid < 0) {
    printf("Create the semaphore\n");

    semid = semget(SEMKEY, 1, IPC_CREAT | PERMS);
    if (semid < 0) {
      printf("Couldn't create semaphore!\n");
      exit(-1);
    }

    /* 初始化为1 */
    res = semctl(semid, 0, SETVAL, 1);
  }
}

void down() {
  /* 执行down操作 */
  res = semop(semid, &op_down[0], 1);
}

void up() {
  /* 执行up操作 */
  res = semop(semid, &op_up[0], 1);
}


int main(){
  init_sem();
  /* 正常的程序代码 */

  printf("Before critical code\n");
  down();
  /* 临界区代码 */
  printf("In critical code\n");
  sleep(10);
  up();

  /* 其余代码 */
  return 0;
}
```

首先在main中用一个持久定义的魔数（1234）创建了一个新的信号量，以便在系统内建立标识。该程序可能有几个副本同时运行，因此有必要测试对应的信号量是否已经存在。如果没有，则创建信号量。这是使用semget系统调用完成的，它可以分配一个信号量集合。它需要以下参数：魔数（SEMKEY），集合中信号量的数目（1），所需的访问权限。上述示例程序创建了一个信号量集合，其中只有一个信号量。设置的访问权限表明所有用户都可以读写该信号量。[①]然后使用semctl系统调用，

① IPC_CREAT是一个系统常数，必须与访问权限按位或，用于指定需要创建一个新的信号量。

将信号量集合中唯一的信号量的值初始化为1。semid变量在内核中标识了该信号量（任何其他程序，可以借助于魔数来获得该值）。

0指定了我们需要操作信号量集合中ID为0的信号量（这是我们创建的集合中唯一的信号量）。SETVAL、1的语义很显然，即将信号量的值设置为1。[①]

我们熟悉的up和down操作是用同名的函数实现的。SysV方案中修改信号量值的方式很有趣。操作使用semop系统调用进行，照例使用了semid变量标识信号量。最后两个参数需要特别注意。一个是指向数组的指针，数组元素类型为sembuf，每个元素表示对一个信号量的操作。数组中操作的数目由另一个整数参数定义，否则内核将无法得知操作的数目。

数组中每个sembuf项由3个成员组成，语义如下。

(1) 第1个成员用来选择信号量集合中需要操作的信号量。

(2) 第2个成员指定所需的操作。0表示一直等待，直到信号量的值到达0。正数表示将该值加到信号量（对应于释放资源，进程在该操作期间不能进入睡眠）。负数用于请求资源。如果其绝对值小于信号量的值，则从当前信号量值减去其（绝对）值，不会在信号量上睡眠；否则进程将被阻塞，直至信号量值恢复到允许操作进行的程度为止。

(3) 第3个成员是一个标志，用于精细控制操作。

如果使用1和-1作为数值参数，即可模拟经典信号量的行为。down试图从信号量计数器减去1（如果信号量值到达0则进入睡眠），而up则向信号量值加1，对应于资源的释放。

上述代码的结果如下：

```
wolfgang@meitner> ./sema
Create the semaphore
Before the critical code
In the critical code
```

该程序首先创建信号量，然后进入临界区代码，并等待10秒。在进入临界区之前，执行了一个down操作，将信号量的值减1，得到0。如果有另一个进程在第一个进程等待期间启动，则不允许进入临界区代码。

```
wolfgang@meitner> ./sema
Before the critical code
```

试图进入临界区代码将触发down操作，该操作将从信号量值减去1。由于当前值为0，操作会失败。进程将在信号量上进入睡眠，直至第1个进程通过up操作释放资源（信号量值回复到1），才会唤醒第2个进程。接下来它可以将信号量值减1并进入临界区代码。

2. 数据结构

内核使用了几个数据结构来描述所有注册信号量的当前状态，并建立了一种网状结构。它们不仅负责管理信号量及其特征（值、读写权限，等等），还负责通过等待列表将信号量与等待进程关联起来。

从内核版本2.6.19开始，IPC机制已经能够意识到命名空间的存在（有关命名空间的更多信息，请参见第2章）。但管理IPC命名空间比较简单，因为它们之间没有层次关系。给定的进程属于task_struct->nsproxy->ipc_ns指向的命名空间，初始的默认命名空间通过ipc_namespace的静态实例init_ipc_ns实现。每个命名空间都包含如下信息：

<ipc.h>

```
struct ipc_namespace {
...
```

① 为简明起见，我们在示例程序中不检测错误。

```
        struct ipc_ids *ids[3];

        /* 资源限制 */
...
}
```

我省去了与监视资源消耗和设置资源限制相关的很多结构成员。举例来说，内核会限制共享内存页的最大数目、共享内存段的最大长度、消息队列的最大数目，等等。所有的限制都以命名空间为基础实施，相关文档可以查看msgget(2)、shmget(2)、semget(2)的手册页，我在这里不会进一步讨论。所有这些都是通过简单的计数器实现的。

结构中我们更感兴趣的是数组ids。每个数组元素对应于一种IPC机制：共享内存、信号量、消息队列。每个数组项指向一个struct ipc_ids的实例，该结构用于跟踪各类别现存的IPC对象。为防止对每个类别都需要查找对应的正确数组索引，内核提供了辅助函数msg_ids、shm_ids和sem_ids。但为防止读者迷惑，我在此指出：索引0对应的是信号量，其后是消息队列，最后是共享内存。

struct ipc_ids定义如下：

ipc/util.h

```
struct ipc_ids {
        int in_use;
        unsigned short seq;
        unsigned short seq_max;
        struct rw_semaphore rw_mutex;
        struct idr ipcs_idr;
};
```

前几个成员保存了有关IPC对象状态的一般信息。

- in_use保存了当前使用中IPC对象的数目。
- seq和seq_max用于连续产生用户空间IPC ID。但要注意，ID不等同于序号。内核通过ID来标识IPC对象，ID按资源类型管理，即一个ID用于消息队列，一个用于信号量，一个用于共享内存对象。每次创建新的IPC对象时，序号加1（自动进行回绕，即到达最大值自动变为0）。
  用户层可见的ID由s * SEQ_MULTIPLIER + i给出，其中s是当前序号，i是内核内部的ID。SEQ_MULTIPLIER设置为IPC对象的上限。如果重用了内部ID，仍然会产生不同的用户空间ID，因为序号不会重用。在用户层传递了一个陈旧的ID时，这种做法最小化了使用错误资源的风险。
- rw_mutex是一个内核信号量。它用于实现信号量操作，避免用户空间中的竞态条件。该互斥量有效地保护了包含信号量值的数据结构。

每个IPC对象都由kern_ipc_perm的一个实例表示，稍后我们会讲解kern_ipc_perm。每个对象都有一个内核内部ID，ipcs_idr用于将ID关联到指向对应的kern_ipc_perm实例的指针。由于使用中IPC对象的数目可能动态地增长和缩减，用静态数组管理该信息是不合适的，但内核在lib/idr.c提供了一个类似于基数树（参见附录C）的标准数据结构，可用于该工作。如何管理各个数据项的细节，对我们来说是不相关的。我们只要知道，各个内部ID都会关联到相应的kern_ipc_perm实例，就足够了。

kern_ipc_perm的成员保存了有关信号量“所有者”和访问权限的有关信息。

<ipc.h>

```
struct kern_ipc_perm
{
        int             id;
        key_t           key;
        uid_t           uid;
```

```
        gid_t        gid;
        uid_t        cuid;
        gid_t        cgid;
        mode_t       mode;
        unsigned     long seq;
};
```

该结构不仅可用于信号量，还可以用于其他的IPC机制。读者在本章会经常遇到它。

- key保存了用户程序用来标识信号量的魔数，id是内核内部的ID。
- uid和gid分别指定了所有者的用户ID和组ID。cuid和cgid保存了产生信号量的进程的用户ID和组ID。
- seq是一个序号，在分配IPC对象时使用。
- mode保存了位掩码，指定了所有者、组、其他用户的访问权限。

上述数据结构不足以保存信号量所需的所有信息。各进程的task_struct实例中有一个与IPC相关的成员：

<sched.h>

```
struct task_struct {
...
#ifdef CONFIG_SYSVIPC
/* ipc相关 */
        struct sysv_sem sysvsem;
#endif
...
};
```

要注意，只有设置了配置选项CONFIG_SYSVIPC时，SysV相关代码才会编译到内核中。sysv_sem数据结构封装了另一个成员。

sem.h

```
struct sysv_sem {
        struct sem_undo_list *undo_list;
};
```

唯一的成员undo_list用于撤销信号量。如果进程在修改信号量之后崩溃，保存在该列表中的信息可用于将信号量的状态回复到修改之前。当崩溃进程修改了信号量状态之后，可能有等待该信号量的进程无法唤醒，该机制在这种情况下很有用。通过（使用撤销列表中的信息）撤销这些操作，信号量可以恢复到一致状态，防止死锁。但细节我就不在这里详细讲述了。

sem_queue是另一个数据结构，用于将信号量与睡眠进程关联起来，该进程想要执行信号量操作，但目前不允许执行。换句话说，信号量的待决操作列表中，每一项都是该数据结构的实例。

<sem.h>

```
struct sem_queue {
        struct sem_queue *      next;     /* 队列中下一项 */
        struct sem_queue **     prev;     /* 队列中的前一项，对于第一项有*(q->prev) == q */
        struct task_struct*     sleeper;    /* 睡眠的进程 */
        struct sem_undo *       undo;     /* 用于撤销的结构 */
        int                     pid;      /* 请求信号量操作的进程ID。 */
        int                     status;   /* 操作的完成状态 */
        struct sem_array *      sma;      /* 操作的信号量数组 */
        int                     id;       /* 内部信号量ID */
        struct sembuf *         sops;     /* 待决操作数组 */
        int                     nsops;    /* 操作数目 */
        int                     alter;    /* 操作是否改变了数组？ */
};
```

对每个信号量，都有一个队列管理与信号量相关的所有睡眠进程。该队列并未使用内核的标准设施实现，而是通过next和prev指针手工实现的。

- sleeper是一个指针，指向等待执行信号量操作进程的task_struct实例。
- pid指定了等待进程的PID。
- id保存了内核内部的信号量ID。
- sops是一个指针，指向保存待决信号量操作（描述操作本身需要另一个数据结构，会在下文讨论）的数组。操作数目（即，数组的长度）在nsops中定义。
- alter表明操作是否修改信号量的值（例如，状态查询不改变值）。

sma保存了一个指针，指向用于管理信号量状态的数据结构的实例。

<sem.h>
```
struct sem_array {
        struct kern_ipc_perm     sem_perm;          /* 权限，参见ipc.h */
        time_t                   sem_otime;         /* 最后一次信号量操作的时间 */
        time_t                   sem_ctime;         /* 最后一次修改的时间 */
        struct sem               *sem_base;         /* 指向数组中第一个信号量的指针 */
        struct sem_queue         *sem_pending;               /* 需要处理的待决操作 */
        struct sem_queue         **sem_pending_last;         /* 上一个待决操作 */
        struct sem_undo          *undo;                      /* 该数组上的撤销请求 */
        unsigned long            sem_nsems;                  /* 数组中信号量的数目 */
};
```

系统中的每个信号量集合，都对应于该数据结构的一个实例。该实例用于管理集合中的所有信号量。

- 信号量访问权限保存在我们熟悉的kern_ipc_perm类型的sem_perm成员中。该成员必须位于结构的起始处，以便使用某种技巧，这涉及用于管理所有信号量集合的ipc_ids->entries数组。由于该数组中各个项指向的内存区域都分配了足够的内存，不仅可以表示kern_ipc_perm，而且也能表示sem_array，因此内核可以通过类型转换在两种表示之间切换。
  该技巧也用于其他的SysV IPC对象，读者在下文会看到。
- sem_nsems指定了一个用户信号量集合中信号量的数目。
- sem_base是一个数组，每个数组项描述了集合中的一个信号量。其中保存了当前的信号量值和上一次访问它的进程的PID。

  <sem.h>
  ```
  struct sem {
          int semval;          /* 当前值 */
          int sempid;          /* 上一次操作进程的PID */
  };
  ```
- sem_otime指定了上一次访问信号量的时间，单位为jiffies（访问包括信息查询在内）。sem_ctime指定了上次修改信号量值的时间。
- sem_pending指向待决信号量操作的链表。该链表由sem_queue实例组成。sem_pending_last用于快速访问该链表的最后一个元素，而sem_pending指向链表的起始。

图5-2给出了所涉及各个数据结构之间的相互关系。

从当前命名空间获得sem_ids实例开始，内核通过ipcs_idr找到ID到指针的映射，在其中查找所需的kern_ipc_perm实例。kern_ipc_perm项可以转换为sem_array的实例。信号量的当前状态需要通过与另外两个结构的联系获取。

- 待决操作通过sem_queue实例的链表管理。等待操作执行的睡眠进程，也可以通过该链表确定。
- struct sem实例的数组用于保存集合中各个信号量的值。

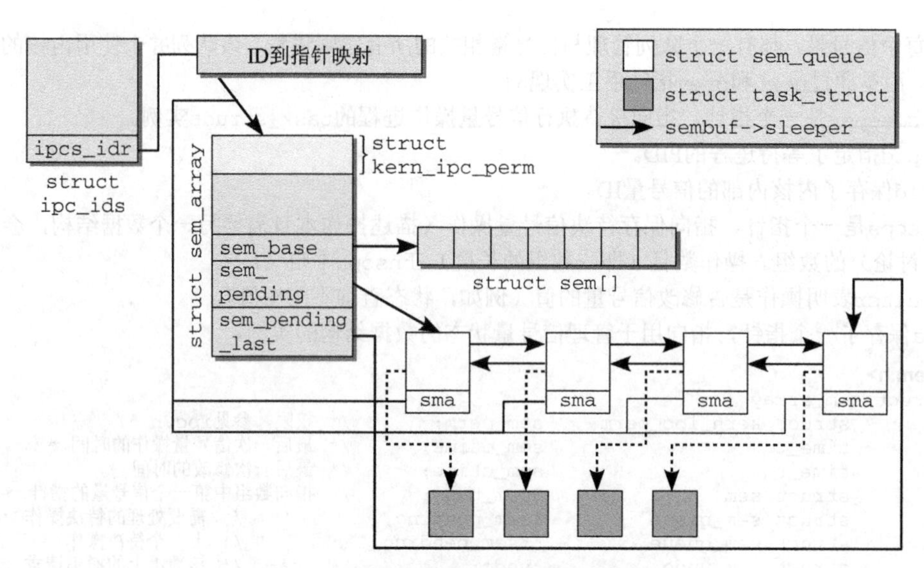

图5-2　信号量各数据结构之间的相互关系

图中没有给出用于管理撤消操作的信息，我们对此没什么兴趣，而它也会使问题不必要地复杂化。

kern_ipc_perm是用于管理IPC对象的数据结构的第一个成员，不仅对信号量是这样，消息队列和共享内存对象也是如此。这使得内核可以使用同样的代码检查所有3种对象的访问权限。

每个sem_queue成员包含了一个指针，指向sem_ops实例的数组，sem_ops详细描述了在信号量上将要执行的操作。使用sem_ops实例的数组，是因为可以使用一个semctl调用，在信号量集合的各个信号量上执行几个操作。

```
<sem.h>
struct sembuf {
	unsigned short	sem_num;	/* 信号量在数组中的索引 */
	short		sem_op;		/* 信号量操作 */
	short		sem_flg;	/* 操作标志 */
};
```

该定义使我们想起了5.3.2节给出的示例代码。这就是该程序用于描述对信号量操作的数据结构。它不仅保存了信号量在信号量集合中的索引（sem_num），还有所要进行的操作（sem_op）和一些操作标志（sem_flg）。

3. 实现系统调用

所有对信号量的操作都使用一个名为ipc的系统调用执行。该调用不仅用于信号量，也用于操作消息队列和共享内存。其第一个参数用于将实际工作委托给其他函数。用于信号量的函数如下所示。

- SEMCTL执行信号量操作，并由sys_semctl实现。
- SEMGET读取信号量ID，相关的实现由sys_semget提供。
- SEMOP和SEMTIMEDOP负责增加和减少信号量值，后者可以指定超时时间限制。

通过一个系统调用，将工作委托给多个其他函数，是内核前期的遗迹。[1]内核后来移植的某些体系结构（例如IA-64和AMD64）无需ipc实现的多路分解，它们可以直接使用上述的“子函数”作为系

① 内核对sys_ipc的注释This is really horribly ugly（这真得太糟糕了），确实事出有因。

统调用。旧的体系结构（如IA-32）仍然提供多路分解机制，但在内核版本2.5开发期间，已经添加了针对各种变体的系统调用。由于该实现是通用的，所有体系结构都能因此受益。sys_semtimedop提供了sys_ipc的SEMOP和SEMTIMEDOP功能，而sys_semctl和sys_semget分别直接实现了SEMCTL和SEMGET。

请注意，获取IPC对象的操作又很快再次结合起来，如图5-3所示。这是可能的，因为用于管理IPC对象的数据结构是通用的，它们不依赖于某种特定的IPC对象类型，如上文所述。

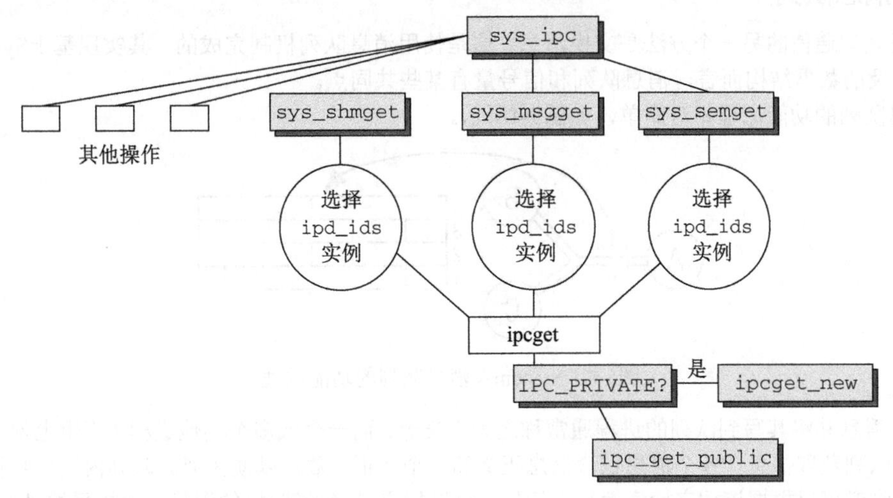

图5-3 用于获取IPC对象的各系统调用，可以通过一个公共的辅助函数统一

4. 权限检查

IPC对象的保护机制，与普通的基于文件的对象相同。访问权限可以分别对对象的所有者、所有者所在组和所有其他用户指定。此外，可能的权限包括读、写、执行。ipcperms负责检查对任意IPC对象的某种操作是否有权限进行。其定义如下：

ipc/util.c

```
int ipcperms (struct kern_ipc_perm *ipcp, short flag)
{       /* 大多数情况下，flag都是0或<linux/stat.h>中定义的S_...UGO */
        int requested_mode, granted_mode, err;
...
        requested_mode = (flag >> 6) | (flag >> 3) | flag;
        granted_mode = ipcp->mode;
        if (current->euid == ipcp->cuid || current->euid == ipcp->uid)
                granted_mode >>= 6;
        else if (in_group_p(ipcp->cgid) || in_group_p(ipcp->gid))
                granted_mode >>= 3;
        /* 是否有某些比特位在requested_mode中置位，但在granted_mode中没有置位？ */
        if ((requested_mode & ~granted_mode & 0007) &&
            !capable(CAP_IPC_OWNER))
                return -1;
        return security_ipc_permission(ipcp, flag);
}
```

request_mode包含了所请求的权限位[①]。granted_mode初始值包含了IPC对象的权限位。根据当

① flag的低9位分为3个部分，分别表示用户自身、所属组的成员、其他用户请求的权限。但实际上只有一部分可能有非零值，该赋值语句刚好提取了有值的部分，放到request_mode的低3位。

前操作执行者的不同（用户自身、所属组成员或其他人），分别将granted_mode右移适当数目的二进制位，使得低3位刚好是表示权限的3个比特位。如果requested_mode和granted_mode的最后3个比特位不符合授权规则，则拒绝授权。securit_ipc_permission将挂钩到其他安全性框架中（如SELinux），这些框架可能处于活动中，但与这里的内容无关。

5.3.3　消息队列

进程之间通信的另一个方法是交换消息。这是使用消息队列机制完成的，其实现基于System V模型。就涉及的数据结构而言，消息队列和信号量有某些共同点。

消息队列的功能原理相对简单，如图5-4所示。

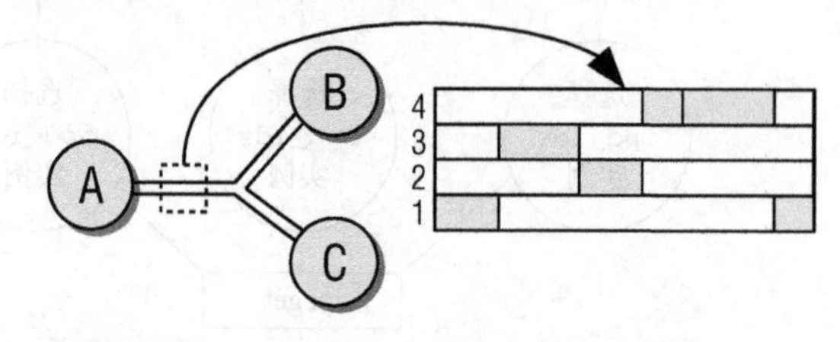

图5-4　System V消息队列的功能原理

产生消息并将其写到队列的进程通常称之为发送者，而一个或多个其他进程（逻辑上称之为接收者）则从队列获取信息。各个消息包含消息正文和一个（正）数，以便在消息队列内实现几种类型的消息。接收者可以根据该数字检索消息，例如，可以指定只接受编号1的消息，或接受编号不大于5的消息。在消息已经读取后，内核将其从队列删除。即使几个进程在同一信道上监听，每个消息仍然只能由一个进程读取。

同一编号的消息按先进先出次序处理。放置在队列开始的消息将首先读取。但如果有选择地读取消息，则先进先出次序就不再适用。

> 发送者和接收者通过消息队列通信时，无需同时运行。例如，发送进程可以打开一个队列，写入消息，然后结束工作。接收进程在发送者结束之后启动，仍然可以访问队列并（根据消息编号）获取消息。中间的一段时间内，消息由内核维护。

消息队列也是使用此前讨论过的那些数据结构实现的。起始点是当前命名空间的适当的ipc_ids实例。

同样，内部的ID号形式上关联到kern_ipc_perm实例，在消息队列的实现中，需要通过类型转换获得不同的数据类型（struct msg_queue）。该结构定义如下：

<msg.h>

```
struct msg_queue {
        struct kern_ipc_perm q_perm;
        time_t q_stime;                 /* 上一次调用msgsnd发送消息的时间 */
        time_t q_rtime;                 /* 上一次调用msgrcv接收消息的时间 */
        time_t q_ctime;                 /* 上一次修改的时间 */
        unsigned long q_cbytes;         /* 队列上当前字节数目 */
        unsigned long q_qnum;           /* 队列中的消息数目 */
        unsigned long q_qbytes;         /* 队列上最大字节数目 */
        pid_t q_lspid;                  /* 上一次调用msgsnd的pid */
        pid_t q_lrpid;                  /* 上一次接收消息的pid */
```

```
        struct list_head q_messages;
        struct list_head q_receivers;
        struct list_head q_senders;
};
```

该结构包含了状态信息以及队列访问权限。

- q_stime、q_rtime和q_ctime分别指定了上一次发送、接收和修改（指修改队列的属性）的时间。
- q_cbytes指定了队列中当前用于消息的字节数目。
- q_qbytes指定了队列中可能用于消息的字节的最大数目。
- q_num指定了队列中消息的数目。
- q_lspid是上一个发送进程的PID，q_lrpid是上一个接收进程的PID。

3个标准的内核链表用于管理睡眠的发送者（q_senders）、睡眠的接收者（q_receivers）和消息本身（q_messages）。各个链表都使用独立的数据结构作为链表元素。

q_messages中的各个消息都封装在一个msg_msg实例中。

ipc/msg.c

```
struct msg_msg {
        struct list_head m_list;
        long m_type;
        int m_ts; /* 消息正文长度 */
        struct msg_msgseg* next;
        /* 接下来是实际的消息 */
};
```

m_list用作连接各个消息的链表元素，其他的成员用于管理消息自身。

- m_type指定了消息类型，用于支持前文所述消息队列中不同的消息类型。
- m_ts指定了消息正文长度，按字节计算。
- 如果保存超过一个内存页的长消息，则需要next。

结构中没有指定存储消息自身的字段。因为每个消息都（至少）分配了一个内存页，msg_msg实例则保存在该页的起始处，剩余的空间可用于存储消息正文，如图5-5所示。

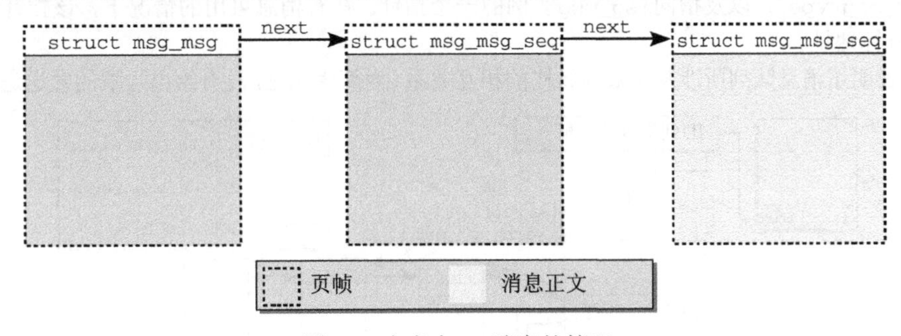

图5-5 内存中IPC消息的管理

从内存页的长度，减去msg_msg结构的长度，即可得到msg_msg页中可用于消息正文的最大字节数目。

ipc/msgutils.c

```
#define DATALEN_MSG (PAGE_SIZE-sizeof(struct msg_msg))
```

更长的消息必须借助于next指针，分布在几个页中。该指针指向页开始处的msg_msgseq实例，如图5-5所示。其定义如下：

ipc/msgutils.c
```
struct msg_msgseg {
        struct msg_msgseg* next;
        /* 接下来是消息的下一部分 */
};
```

同样，消息正文紧接着该数据结构的实例之后存储。使用next，可以使消息分布到任意数目的页上。

在通过消息队列通信时，发送进程和接收进程都可以进入睡眠：如果消息队列已经达到最大容量，则发送者在试图写入消息时会进入睡眠；如果队列中没有消息，那么接收者在试图获取消息时会进入睡眠。

睡眠的发送者放置在msg_queue的q_senders链表中，链表元素使用下列数据结构：

ipc/msg.c
```
struct msg_sender {
        struct list_head list;
        struct task_struct* tsk;
};
```

list是链表元素，tsk是指向对应进程的task_struct的指针。这里不需要额外的信息，因为发送进程是在sys_msgsnd系统调用期间进入睡眠，也可能是通过sys_ipc系统调用进入睡眠。后者也可以用于发送消息，并在唤醒后自动重试发送操作。

q_receivers链表中用于保存接收进程的数据结构要稍长一点。

ipc/msg.c
```
struct msg_receiver {
        struct list_head      r_list;
        struct task_struct    *r_tsk;

        int                   r_mode;
        long                  r_msgtype;
        long                  r_maxsize;

        struct msg_msg *volatile r_msg;
};
```

其中不仅保存了指向对应进程的task_struct的指针，还包括了对预期消息的描述（最重要的是消息类型r_msgtype），以及指向msg_msg实例的一个指针。在有消息可用的情况下，该指针指定了复制数据的目标地址。

图5-6说明了消息队列所涉及各数据结构的相互关系（为简明起见，没有给出睡眠的发送进程链表）。

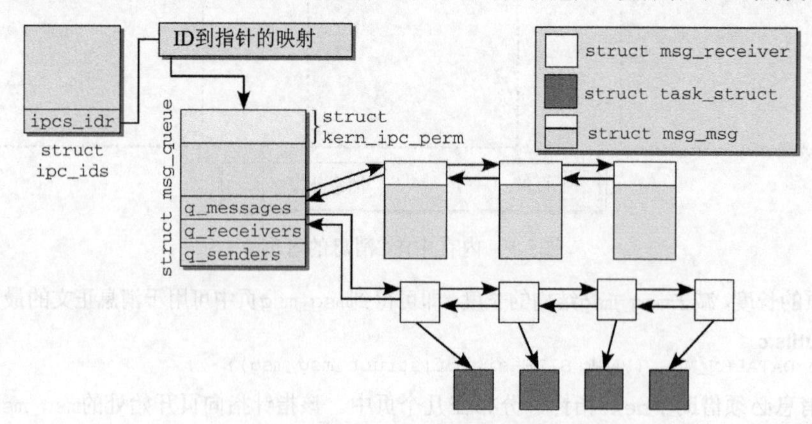

图5-6　System V消息队列的数据结构

5.3.4 共享内存

共享内存是进程间通信的最后一个概念，从用户和内核的角度来看，它的实现使用了与上述两种机制类似的结构。与信号量和消息队列相比，共享内存没有本质性的不同。

- 应用程序请求的IPC对象，可以通过魔数和当前命名空间的内核内部ID访问。
- 对内存的访问，可能受到权限系统的限制。
- 可以使用系统调用分配与IPC对象关联的内存，具备适当授权的所有进程，都可以访问该内存。

内核的实现采用了与前述两种对象非常类似的概念。因此，我在这里，只简要描述一下相关的数据结构，如图5-7所示。

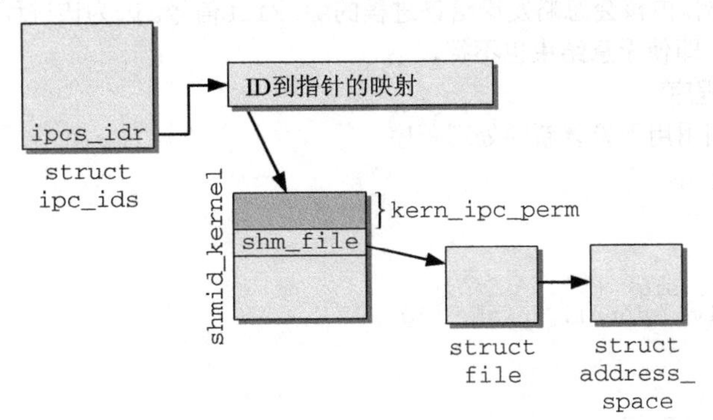

图5-7 System V共享内存的数据结构

同样，在smd_ids全局变量的entries数组中保存了kern_ipc_perm和shmid_kernel的组合，以便管理IPC对象的访问权限。对每个共享内存对象都创建一个伪文件，通过shm_file连接到shmid_kernel的实例。内核使用shm_file->f_mapping指针访问地址空间对象（struct address_space），用于创建第4章讲解的匿名映射。还需要设置所涉及各进程的页表，使得各个进程都能够访问与该IPC对象相关的内存区域。

5.4 其他 IPC 机制

除了System V UNIX采用的IPC机制之外，进程之间还有其他传统的方法可用于交换消息和数据。SysV IPC通常只对应用程序员有意义，但几乎所有使用过shell的用户，都会知道信号和管道。

5.4.1 信号

与SysV机制相比，信号是一种比较原始的通信机制。尽管提供的选项较少，但是它们非常有用。其底层概念非常简单，kill命令根据PID向进程发送信号。信号通过-s sig指定，是一个正整数，最大长度取决于处理器类型。该命令有两种最常用的变体：一种是kill不指定信号，实际上是要求进程结束（进程可以忽略该信号）；另一种是kill -9，等价于在死刑批准上签字（导致某些进程死亡）。

过去，32位系统最多支持32个信号，该限制现在已经提高了，kill手册页上列出的所有信号都已经支持。不过，经典的信号占用了信号列表中前32个位置。接下来是针对实时进程引入的新信号。

进程必须设置处理程序例程来处理信号。这些例程在信号发送到进程时调用（但有几个信号的行为无法修改，如SIGKILL）。如果没有显式设置处理程序例程，内核则使用默认的处理程序实现。

信号引入了几种特性，必须永远切记。进程可以决定阻塞特定的信号（有时称之为信号屏蔽）。

如果发生这种情况，会一直忽略该信号，直至进程决定解除阻塞。因而，进程是否能感知到发送的信号，是不能保证的。在信号被阻塞时，内核将其放置到待决列表上。如果同一个信号被阻塞多次，则在待决列表中只放置一次。不管发送了多少相同的信号，在进程删除阻塞之后，都只会接收到一个信号。

SIGKILL信号无法阻塞，也不能通过特定于进程的处理程序处理。之所以不能修改该信号的行为，是因为它是从系统删除失控进程的最后手段。它与SIGTERM信号不同，后者可以通过用户定义的信号处理程序处理，实际上只是向进程发出的一个客气的请求，要求进程尽快停止工作而已。如果已经为该信号设置了处理程序，那么程序就有机会保存数据或询问用户是否确实想要退出程序。SIGKILL不会提供这种机会，因为内核会立即强行终止进程。

init进程属于特例。内核会忽略发送给该进程的SIGKILL信号。因为该进程对整个系统尤其重要，不能强制结束该进程，即使无意结束也不行。

1. 实现信号处理程序

sigaction系统调用用于设置新的处理程序。

```
#include<signal.h>
#include<stdio.h>

/* 处理程序函数 */
void handler(int sig) {
  printf("Receive signal: %u\n", sig);
};

int main(void) {
  struct sigaction sa;
  int count;

  /* 初始化信号处理程序结构 */
  sa.sa_handler = handler;
  sigemptyset(&sa.sa_mask);
  sa.sa_flags = 0;

  /* 给SIGTERM信号分配一个新的处理程序函数 */
  sigaction(SIGTERM, &sa, NULL);

  sigprocmask(&sa.sa_mask); /* 接收所有信号 */
  /* 阻塞，一直等到信号到达 */
  while (1) {
    sigsuspend(&sa.sa_mask);
    printf("loop\n");
  }

  return 0;
};
```

如果没有为某个信号分配用户定义的处理程序函数，内核会自动设置预定义函数，提供合理的标准操作来处理相应的情况。

sigaction类型中用于描述处理程序的字段，其定义是平台相关的，但在所有体系结构上几乎都相同。

<asm-*arch*/signal.h>

```
struct sigaction {
        __sighandler_t sa_handler;
        unsigned long sa_flags;
...
        sigset_t sa_mask;       /* mask last for extensibility */
};
```

- sa_handler是一个指针，指向内核在信号到达时调用的处理程序函数。
- sa_mask包含了一个位掩码，每个比特位对应于系统中的一个信号。它用于在处理程序例程执行期间阻塞其他信号。在例程结束后，内核会重置其值，恢复到信号处理之前的原值。
- sa_flags包含了额外的标志，用于指定信号处理方式的一些约束，这些可以参考各种系统程序设计手册。

信号处理程序的函数原型如下：

<asm-generic/signal.h>

```
typedef void __signalfn_t(int);
typedef __signalfn_t __user *__sighandler_t;
```

其参数是信号的编号，因此可以使用同一个处理程序函数处理不同的信号。[1]

信号处理程序使用sigaction系统调用设置，该调用（在我们的例子中）借助用户定义的处理程序函数替换了SIGTERM的默认处理程序。

进程可以设置一个全局掩码，指定在处理程序运行时阻塞哪些信号。掩码中的各个比特位表明了对应的信号是否阻塞（比特位为1表示阻塞，比特位为0表明未阻塞）。示例程序将掩码中所有的比特位都设置为0，这样从外部发送给进程的所有信号就都可以在处理程序运行时接收。

该程序的最后一个步骤是使用sigsuspend系统调用等待一个信号。此时进程被阻塞（参见第2章），处于睡眠状态，直至有信号到达唤醒进程，然后又立即进入睡眠状态（通过while循环）。main中的代码无须关注信号处理，因为这是内核协同处理程序函数自动完成的。上面给出的方法，是一个很好的例子，示范了如何避免忙等待（busy waiting）。[2]

如果使用kill向该进程发送SIGTERM信号，进程不会像通常那样结束；相反，它会输出接收信号的编号（15）并继续运行。因为依照要求，该信号发送到用户定义的处理程序例程，而不是内核的默认实现。

2. 实现信号处理

所有信号相关的数据都是借助于链式数据结构管理的，包括几个C语言结构。其入口是task_struct结构，其中包含了各个与信号相关的字段。

<sched.h>

```
struct task_struct {
...
/* 信号处理程序 */
        struct signal_struct *signal;
        struct sighand_struct *sighand;

        sigset_t blocked;
        struct sigpending pending;

        unsigned long sas_ss_sp;
        size_t sas_ss_size;
...
};
```

尽管信号处理发生在内核中，但设置的信号处理程序是在用户状态运行，否则很容易向内核引入

---

① 对用于POSIX实时信号的处理程序函数，还有一个版本，会传递更多的信息。

② 不要通过空循环反复等待信号（使用这种方法，则进程一直在运行，白白浪费了CPU时间），进程完全可以进入睡眠状态，不用给CPU带来负担。内核会在信号到达时自动唤醒进程，而进程睡眠时空闲出的CPU时间完全可以更有效地利用。

恶意或有缺陷的代码，从而破坏系统安全机制。通常，信号处理程序使用所述进程在用户状态下的栈。但POSIX强制要求提供一种选项，在专门用于信号处理的栈上运行信号处理程序（使用sigaltstack系统调用）。这个附加的栈（必须通过用户应用程序显式分配），其地址和长度分别保存在sas_ss_sp和sas_ss_size。[1]

下列结构的sighand成员，用于管理设置的信号处理程序的信息。该结构定义如下：

<sched.h>

```
struct sighand_struct {
        atomic_t              count;
        struct k_sigaction    action[_NSIG];
};
```

count保存了共享该结构实例的进程数目。第2章讲过，clone操作可以指定父子进程共享同一个信号处理程序，这种情况下无需复制该数据结构。

设置的信号处理程序保存在action数组中，共有_NSIG个数组项。_NSIG指定了可以处理的不同信号的数目。在大多数平台上其值为64，但有例外情况，例如Mips支持128个信号。

每个数组项包含一个k_sigaction结构实例，指定了内核看到的信号属性。在某些平台上，与用户空间应用程序相比，内核了解信号处理程序有关的更多信息。通常，k_sigaction有一个成员，类型是我们所熟悉的sigaction结构。

<asm-*arch*/signal.h>

```
struct k_sigaction {
        struct sigaction sa;
};
```

如果没有为信号设置用户定义的处理程序例程（这意味着使用默认的例程），则sa.sa_handler设置为SIG_DFL。在这种情况下，内核根据信号类型从下面4个标准操作中择一执行。

- 忽略：什么都不做。
- 结束：结束进程或进程组。
- 停止：将进程置于TASK_STOPPED状态。
- 内存转储：创建地址空间的内存转储，并写入内存转储文件供进一步处理（例如，由调试器查看）。

表5-2给出了各种信号分配的默认处理程序。对应的信息可以从<signal.h>中定义的宏SIG_KERNEL_ONLY_MASK、SIG_KERNEL_COREDUMP_MASK、SIG_KERNEL_IGNORE_MASK和SIG_KERNEL_STOP_MASK获取。

表5-2　标准信号的默认处理操作

操　作	信　号
忽略	SIGCONT、SIGCHLD、SIGWINCH、SIGURG
结束	SIGHUP、SIGINT、SIGKILL、SIGUSR1、SIGUSR2、SIGALRM、SIGTERM、SIGVTALRM、SIGPROF、SIGPOLL、SIGIO、SIGPWR以及所有实时信号
停止	SIGSTOP、SIGTSTP、SIGTTIN、SIGTTOU
内存转储	SIGQUIT、SIGILL、SIGTRAP、SIGABRT、SIGBUS、SIGFPE、SIGSEGV、SIGXCPU、SIGXFSZ、SIGSYS、SIGXCPU、SIGEMT

① 使用该栈的信号处理程序，在设置时必须使用SA_ONSTACK标志。由于该机制很少使用，我在这里不会讨论。

所有阻塞信号由task_struct的blocked成员定义。所使用的sigset_t数据类型是一个位掩码，所包含的比特位数目必须（至少）与所支持的信号数目相同。因此，内核使用了unsigned long数组，数组长度根据_NSIG和_NSIG_BPW（每个字包含的比特位数目）计算。

<asm-*arch*/signal.h>
```
#define _NSIG           64
#define _NSIG_BPW       32
#define _NSIG_WORDS     (_NSIG / _NSIG_BPW)

typedef struct {
        unsigned long sig[_NSIG_WORDS];
} sigset_t;
```

pending是task_struct中与信号处理相关的最后一个成员。它建立了一个链表，包含所有已经引发、仍然有待内核处理的信号。它们使用了下列数据结构：

<signal.h>
```
struct sigpending {
        struct list_head list;
        sigset_t signal;
};
```

list成员通过双链表管理所有待决信号，而signal即上述的位掩码，指定了仍然有待处理的所有信号的编号。链表元素的类型是sigqueue，定义如下：

<signal.h>
```
struct sigqueue {
        struct list_head list;
        siginfo_t info;
};
```

各个链表项通过list连接起来。siginfo_t数据结构包含有关待决信号的更多详细信息。

<asm-generic/siginfo.h>
```
typedef struct siginfo {
        int si_signo;
        int si_errno;
        int si_code;

        union {
          /* 特定于信号的信息 */
          struct { ... } _kill;
          struct { ... } _timer; /* POSIX.1b定时器 */
          struct { ... } _rt; /* POSIX.1b信号 */
          struct { ... } _sigchld;
          struct { ... } _sigfault; /* SIGILL, SIGFPE, SIGSEGV, SIGBUS */
          struct { ... } _sigpoll;
        } _sifields;
} siginfo_t;
```

- si_signo保存了信号编号。
- si_errno为非零值，表示信号由错误引发；否则其值为0。
- si_code表示信号来源的详细信息。我们只对用户信号（SI_USER）和内核产生的信号（SI_KERNEL）之间的区别感兴趣。
- 内核处理某些信号所需的附加信息保存在_sifield联合中。例如，_sigfault包含了引发信号的指令的用户空间地址。

由于使用了很多数据结构，图5-8给出了这些结构之间的关系。

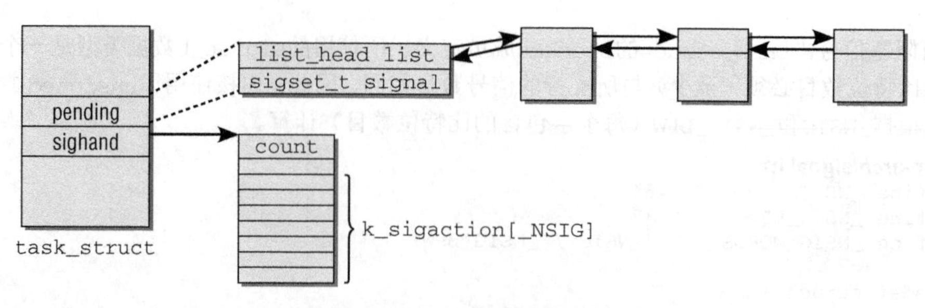

图5-8　用于信号管理的数据结构

3. 实现信号处理

表5-3概述了内核用于实现信号处理的最重要的系统调用。实际上，此外还有一部分，其中一些是历史性的，另一些用于确保与各个标准的兼容性，其中最重要的是POSIX。

尽管信号机制看上去非常简单，但各种必须考虑的微妙之处和细节，使得其实现要复杂得多。由于这些复杂性并没有揭示与实现结构有关的重要信息，因此我只讲解关键机制，而不过多讨论具体的特例。

表5-3　与信号相关的一些系统调用

系统调用	功　能
kill	向进程组的所有进程发送一个信号
tkill	向单个进程发送一个信号
sigpending	检查是否有待决信号
sigprocmask	操作阻塞信号的位掩码
sigsuspend	进入睡眠，直至接收到某个特定信号

● 发送信号

不论名称如何，实际上kill和tkill分别向进程组或单个进程发送信号。因为两个函数基本上相同，[①] 所以我只讨论sys_tkill，其代码流程图在图5-9中给出。

在find_task_by_vpid找到目标进程的task_struct之后，内核将检查进程是否有发送该信号所需权限的工作委托给check_kill_permission，该函数进行如下查询：

kernel/signal.c

```
static int check_kill_permission(int sig, struct siginfo *info,
                                 struct task_struct *t)
{
...
        if ((info == SEND_SIG_NOINFO || (!is_si_special(info) && SI_FROMUSER(info)))
            && ((sig != SIGCONT) ||
                (task_session_nr(current) != task_session_nr(t)))
            && (current->euid ^ t->suid) && (current->euid ^ t->uid)
            && (current->uid ^ t->suid) && (current->uid ^ t->uid)
```

① sys_kill根据传递的PID形式，向几个进程发送信号。

pid > 0，则将信号发送到指定PID对应的进程。

pid = 0，则向发送信号的进程所在进程组的所有成员，发送该信号。

pid = -1，则向所有pid > 1的进程发送该信号。

pid = -pgrp < -1，则向pgrp进程组的所有成员发送该信号。

```
            && !capable(CAP_KILL))
                return -EPERM;
...
}
```

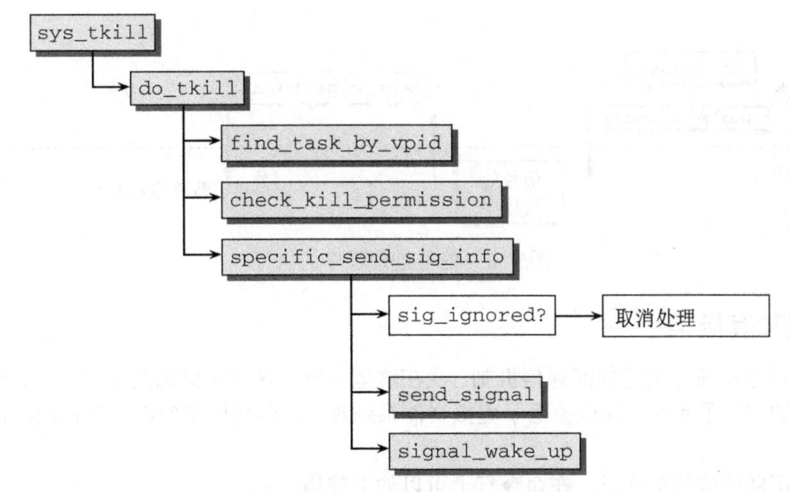

图5-9 sys_tkill的代码流程图

记住^运算符实现了异或操作可能有所帮助，但这个检查在其他方面相当简单。

剩余的信号处理工作则传递给specific_send_sig_info进行。

- 如果信号被阻塞（可以用sig_ignored检查），则立即放弃处理，以免又浪费时间。
- send_signal产生一个新的sigqueue实例（使用sigqueue_cachep缓存），其中填充了信号数据，并添加到目标进程的sigpending链表。
- 如果信号成功发送，没有被阻塞，就可以用signal_wake_up唤醒进程，使得调度器可以选择该进程运行。此外，还设置了TIF_SIGPENDING标志，向内核表明必须将信号传送到该进程。

尽管在这些操作之后信号已经发送，但还不会触发信号处理程序。下文将会讲解触发的过程。

● 处理信号队列

系统调用不会触发信号队列的处理，在每次由核心态切换到用户状态时，内核都会发起信号队列处理，在第14章会提到这一点。由于处理是在entry.S的汇编语言代码中发起的，因此实现自然非常特定于体系结构。不考虑特定的体系结构，执行该操作最终的效果就是调用do_signal函数。尽管它也是平台相关的，但在所有系统上的行为都大致相同。

- get_signal_to_deliver收集了与需要传送的下一个信号有关的所有信息。它也从特定于进程的待决信号链表中删除该信号。
- handle_signal操作进程在用户状态下的栈，使得在从核心态切换到用户状态之后运行信号处理程序，而不是正常的程序代码。这种复杂的方法是必要的，因为处理程序函数不能在核心态执行。

  栈还会被修改，使得在处理程序函数结束时调用sigreturn系统调用。完成该工作的方式依赖于具体的体系结构，但内核或者将执行该系统调用的机器代码指令直接写到栈上，或者借助用户空间中可用的一些“胶水”代码。①该例程负责恢复进程上下文，使得在下一次切换到用户状态时，应用程序可以继续运行。

图5-10按时间顺序说明了上述流程，以及信号处理程序执行期间在用户状态和核心态之间的各种切换。

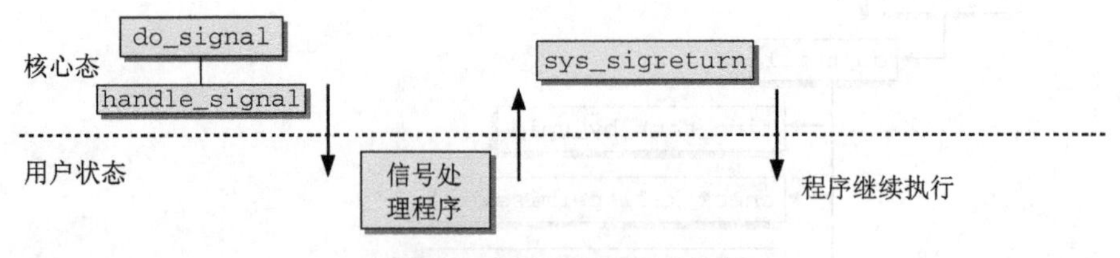

图5-10　信号处理程序的执行

5.4.2　管道和套接字

管道和套接字是流行的进程间通信机制。我在这里只概述这两个概念的工作方式，因为二者都大量使用了内核的其他子系统。管道使用了虚拟文件系统对象，而套接字使用了各种网络函数以及虚拟文件系统。

shell用户可能比较熟悉管道，在命令行上可以如下使用：

```
wolfgang@meitner> prog | ghostscript | lpr-
```

这里将一个进程的输出用作另一个进程的输入，管道负责数据的传输。顾名思义，管道是用于交换数据的连接。一个进程向管道的一端供给数据，另一个在管道另一端取出数据，供进一步处理。几个进程可以通过一系列管道连接起来。

在通过shell产生管道时，总有一个读进程和一个写进程。应用程序必须调用pipe系统调用产生管道。该调用返回两个文件描述符，分别用于管道的两端，即分别用于管道的读和写。由于两个描述符存在于同一个进程中，进程最初只能向自身发送消息，所以这不怎么实用。

管道是进程地址空间中的数据对象，在用fork或clone复制进程时同样会被复制。使用管道通信的程序就利用了这种特征。在exec系统调用用另一个程序替换子进程之后，两个不同的应用程序之间就建立了一条通信链路（必须把管道描述符重定向到标准输入和输出，或者调用dup系统调用，以确保exec调用时不会关闭文件描述符）。

套接字对象在内核中初始化时也返回一个文件描述符，因此可以像普通文件一样处理。但不同于管道，套接字可以双向使用，还可以用于与通过网络连接的远程系统通信（这并不意味着套接字无法用于支持本地系统上两个进程之间的通信）。

套接字的实现是内核中相当复杂的一部分，因为需要大量抽象机制来隐藏通信的细节。从用户的角度来看，同一系统上两个本地进程之间的通信或分别处于两个不同大陆的两台计算机上运行的应用程序之间的通信，它们没有太大差别。我们将在第12章深入讨论这种机制。

在内核版本2.6.26开发期间，信号量特定于体系结构的实现，已经替换为一种通用形式。当然，

① 在IA-32计算机上，举例来说，这种“胶水”代码可以放置在vsyscall页中，它会映射到每个用户地址空间中。它通过提供所需的机器代码指令，帮助C标准库找到在给定计算机上执行系统调用的最快速方法。内核在启动时间判断最好使用何种方法，并将页映射到每个用户层进程的地址空间中。该页也包含了执行前述的sigreturn系统调用所需的代码。

与优化代码相比，通用实现的执行效率稍差，但由于信号量在内核中并未广泛应用（互斥量常见得多），实际上没什么问题。struct semaphore的定义已经移到include/linux/semaphore.h，所有相关操作在kernel/semaphore.c中实现。最重要的是，信号量API没有改变，如此使用信号量的现存代码无需修改。

在内核2.6.26开发期间引入的另一个改变是自旋锁的实现。根据定义我们认为这种锁一般都处于非竞争状态，因此内核没有提供在多个等待者之间实现公平的机制。也就是说，如果有多个进程在等待自旋锁，那么在锁被当前持有者释放之后，等待进程的运行次序是未定义的。但测量结果表明，在处理器数目较多的计算机上这种做法可能导致不公平问题，例如有8个CPU的系统。当今这种计算机并不罕见，因此修改了自旋锁的实现，使得多个等待者获取锁的顺序与到达的顺序相同。API同样没有变化，因此使用自旋锁的现存代码也无需修改。

5.5 小结

尽管几年前多处理器系统仍然很罕见，但近来半导体工程取得的成就彻底改变了这一点。由于多核CPU的出现，SMP计算机不再仅限于数值计算和超级计算等专业领域，也出现在了普通的桌面计算机上。这对内核提出了一些很独特的挑战：内核的多个实例可以同时运行，而这需要协调对共享数据结构的操作。内核对此提供了一整套机制，我在本章已经讨论过这些。这些机制从简单快速的自旋锁到强大的RCU机制，可以在保证性能的同时确保并行操作的正确性。选择适当的解决方案非常重要，我也讨论过需要选择适当的设计，通过细粒度锁来保证性能的同时，在较小型的计算机上不增加过多的开销。

在用户层进程彼此通信时，也会出现与内核类似的问题。除了提供允许独立进程通信的机制之外，内核还必须向进程提供同步机制。在本章中，我讨论了在Linux内核里，如何实现原本是System V UNIX中的这些机制。

第6章

设备驱动程序

设备驱动程序是内核的关键领域，因为许多用户判断操作系统性能时，主要是通过有驱动程序可用的外设数目和驱动程序对外设的支持程度来判断。因此，内核源代码的相当大一部分致力于设备驱动程序的实现。

设备驱动程序基于中心内核提供的许多不同的机制（这是有时驱动程序被称之为内核“应用程序”的原因）。Linux内核中驱动程序的数目巨大，意味着我们不可能详细地讨论所有驱动程序（即使是一些也不行）。幸运的是，我们也不必要这么做。因为驱动程序的结构通常非常类似，并且与设备无关，

因此，我们在本章只需要讨论所有驱动程序共有的几个关键方面。由于本书的目标是涵盖内核所有重要的部分，所以本章将忽略与编写驱动程序相关的一些具体内容，因为这些本身就需要用一本书来讲述。而且目前有两本书讲得都是编写驱动程序。该领域中的经典教科书是Corbet等人的*Linux Device Drivers*[①]一书（[CRKH05]）。对任何因兴趣或工作而需要编写设备驱动程序的人，我们竭力推荐该书。最近内核黑客的书架上又增加了一本*Essential Linux Device Drivers*（[Ven08]），作者是Venkateswaran。能够阅读德文的读者当然也会喜欢 *Linux Gerätetreiber*（[QK06]），作者是Quade 和Kunst。上述引用的参考书都是对本书的补充。在这里，我们主要讲述内核如何为设备驱动程序设置并管理数据结构和通用的基础设施。此外，我们还要讨论用于支持设备驱动程序的例程。另一方面，设备驱动程序相关的书籍，一般都会重点讲解如何使用这些例程来真正创建新的驱动程序，而不会过多讨论对底层基础设施的实现。

6.1 I/O 体系结构

与外设的通信通常称之为输入输出，一般都缩写为I/O。在实现外设的I/O时，内核必须处理3个可能出现问题的领域。首先，必须根据具体的设备类型和模型，使用各种方法对硬件寻址。其次，内核必须向用户应用程序和系统工具提供访问各种设备的方法。但凡有可能，都应当采用统一的方案，确保程序设计的工作量不会过多，同时保证应用程序能够在不考虑特定硬件方法的情况下进行互操作。最后，用户空间需要知道内核中有哪些设备可用。

与外设的通信是层次化的，如图6-1所示。

对各个设备的访问，通过层次化的多个抽象层进行。在层次结构的底部是设备自身，它通过总线系统连接到其他设备和系统CPU。设备与内核的通信经由该路径进行。

在我们讲解Linux内核中相关的算法和结构之前，值得简要看看外部的扩展硬件通常如何工作。对于详细的讲解，读者可以参考与硬件相关的出版物，如［MD03］。

① 此书中文版《Linux设备驱动程序》已经由中国电力出版社出版。——编者注

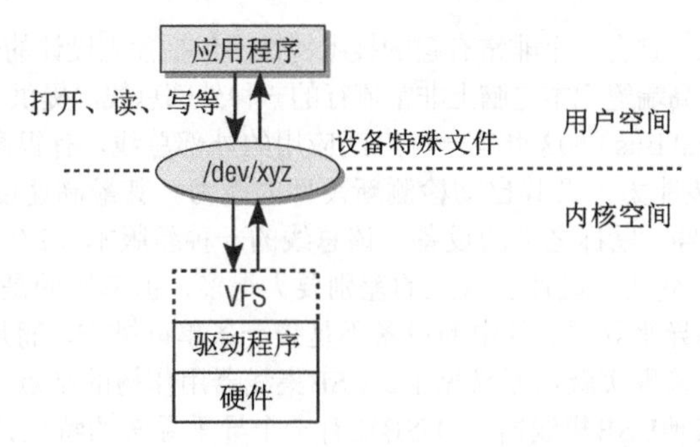

图6-1 外设寻址的分层模型

扩展硬件

硬件设备可能以多种方式连接到系统。主板上的扩展槽或外部连接器是最常用的方法。当然，扩展硬件也可以直接集成到主板上。这种方法近年来变得比较流行。虽然在80386时代把硬盘控制器作为扩展卡插到主板的特定插槽中是很平常的事情，但当今即使服务器主板也算得上司空见惯。主板上能够容纳网络、USB、SCSI、图形卡等芯片，而不需要庞大的扩展卡。在手持和迷你笔记本领域，这种小型化倾向正在进一步推进。就内核而言，外设连接到系统其他部分的方式通常没有影响，因为抽象屏蔽了这些硬件细节。

1. 总线系统

尽管外设的范围可能看上去是无限的：从CD刻录机、调制解调器、ISDN板到照相机和声卡等，但这些都有一个共同点。它们并不直接连接到CPU，而是通过总线连接起来。总线负责设备与CPU之间以及各个设备之间的通信。有很多方法可以实现总线，①其中大多数方法Linux都能够支持。以下列出了一些代表性的总线。

- PCI（Peripheral Component Interconnect）：许多体系结构上使用的主要系统总线。因而在本章的后续部分，我们将仔细考察PCI的特性及其在内核中的实现。PCI设备插入到系统主板的扩展槽中。该总线的现代版本也支持热插拔，使得设备可以在系统运行时连入或断开（尽管该选项很少使用，内核源代码仍然支持此功能）。PCI的传输速度最大能够达到每秒几百兆字节，所以应用得非常广泛。
- ISA（Industrial Standard Architecture）：一种比较古老的总线，应用仍然很广泛（这一点令人遗憾）。因为ISA在电学原理上非常简单，这使得爱好者和小公司很容易设计制造额外的硬件。这也正是IBM在PC发展早期引入该总线的意图。但随着时间推移，该总线引起了越来越多的问题，在更高级的系统中最终被替换掉。ISA与IA-32体系结构（及其前辈）的某些特性绑定非常紧密，但也可以用于其他的处理器。
- SBus：这是一个非常高级的总线，不过已经出现很多年了。它由SUN公司设计，是一种非私有的开放总线，但未能在其他体系结构上为自身赢得一个位置。尽管SUN公司基于UltraSparc的更新机型在向PCI的方向转移，但SBus仍然在旧一点的SparcStation上发挥着重要作用，因此Linux支持了该总线。
- IEEE1394：对市场而言，这显然不是一个较通俗的名字。因而某些厂商将其称之为FireWire，而

① 严格地说，总线不仅可以用来与外设通信，还可以与系统的基本组件（如物理内存）交换数据。但由于总线更多的是与硬件和电子学相关，而与软件和内核交互较少，所以我在这里就不仔细讨论了。

另一些则称之为I.link。它有几个非常有趣的技术特性，包括预先设计的热插拔能力、非常高的传输速率。IEEE1394是高端笔记本电脑上非常流行的一种外部总线，提供了一种高速的扩展选项。

- USB（Universal Serial Bus）：这也是一种广泛应用的外部总线，有很高的市场接受度。该总线的主要特性是热插拔能力，及其自动检测新硬件的能力。其最高速度只是中等水平，但足以用于CD刻录机、键盘、鼠标之类的设备。该总线的一种新版本（2.0）的最大传输速率更大，但实际上软件没什么变化（硬件层次上的差别要大得多，但幸运的是我们无需操心这些）。

  USB系统的拓扑结构异乎寻常，其中的设备不是按一条单链排布，而是按树型结构排布。在内核寻址此类设备时，该事实就显而易见了。USB集线器用作树的结点，在它上面可以进一步连接其他设备（包括其他USB集线器）。USB还有一个异乎寻常的特性，可以为各个设备预留固定的带宽。在实现均匀数据流时，这是一个重要因素。

- SCSI（Small Computer System Interface）：这种总线过去称为专业人员的总线，因为相关外设的成本很高。由于SCSI支持非常高的数据吞吐率，因此它主要用在服务器系统上寻址硬盘，可适用于大多数处理器体系结构。

  它很少用于工作站系统，因为与其他总线相比，SCSI的电气安装非常复杂（每个SCSI链都必须终结，才能正常工作。

- 并口与串口（Parallel and Serial Interface）：这些存在于大多数体系结构上，无论整个系统的设计如何。这些总线非常简单而速率极低，用于外部连接，已经非常古老。这些总线用于寻址慢速设备（如打印机、调制解调器和键盘等），此类设备没什么性能要求。

无论采用的处理器体系结构如何，系统都不会只有一种总线，而是一些总线的组合。当前的PC设计通常包括两个通过桥接器互连的PCI总线。出于兼容性的原因，有时也带有ISA总线（大多数情况下只有一个插槽）。一些总线（如USB或FireWire）无法作为主总线，始终需要经由另一个系统总线将数据传递给处理器。图6-2说明了系统中不同总线的连接方式。

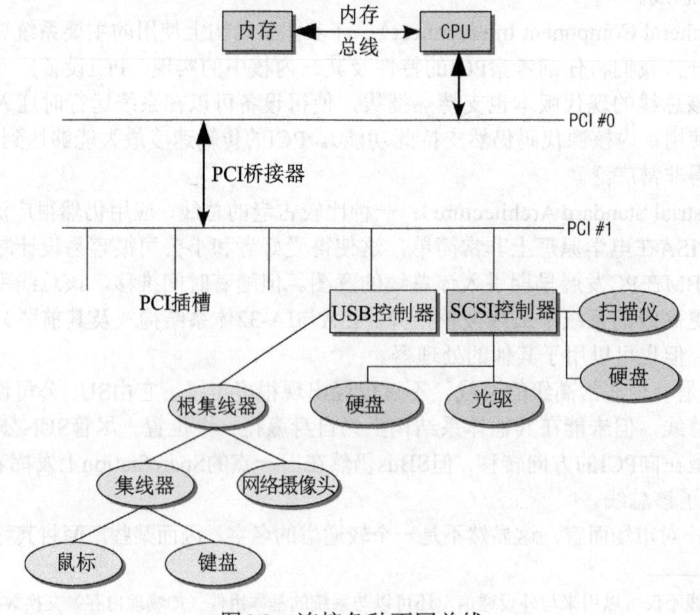

图6-2 连接各种不同总线

2. 与外设的交互

下面我们讲解与外设通信的方法。有几种方法可以与连接到系统的硬件通信。

- I/O端口

一种选项是使用IA-32和许多其他体系结构上都有的I/O端口。在这种情况下，内核发送数据给I/O控制器。数据的目标设备通过唯一的端口号标识，数据被传输到设备进行处理。处理器管理了一个独立的虚拟地址空间，可用于管理所有I/O地址。但其余的系统硬件必须支持这种方式。

> I/O地址空间通常不关联到普通的系统内存。因为端口也可以映射到内存中，这通常会引起混淆。

有不同类型的端口。有些是只读的，有些是只写的，但通常的端口都可以双向操作，使得处理器与外设之间可以双向交换数据（进而，在应用程序和内核之间）。

在IA-32体系结构上，端口地址空间由2^{16}（即大约64 000）个不同的8位地址组成，通过`0x0`到`0xFFFF`之间的数字唯一标识。对其中的每个端口号而言，或者已经分配了一个设备，或者未使用。几个外设共享一个端口是不可能的。

考虑到当今的复杂技术，8个比特位在与外部设备交换数据时并不算多。因此，可以将两个连续的8位端口合并为一个16位端口。进一步地，两个连续的16位端口（实际上是4个连续的8位端口）可以认为是一个32位端口。处理器提供了一些适当的汇编语句，可以进行输入输出操作。

每种处理器类型实现端口访问的方式都不同。因此，内核必须提供一个适当的抽象层。诸如`outb`（写一个字节）、`outw`（写一个字）、`inb`（读取一个字节）之类的命令在`asm-arch/io.h`中实现。这些定义与具体处理器非常相关，所以我们不好在这里单独讨论。[①]

- I/O内存映射

程序员必须寻址许多设备，与内存的处理方式类似。因此现代处理器提供了对I/O端口进行内存映射的选项，将特定外设的端口地址映射到普通内存中，可以像处理普通内存那样操作外设。图形卡通常会使用这类操作，因为与使用特定的端口命令相比，处理大量图像数据时使用普通处理器命令要更容易。诸如PCI之类的系统总线通常也是通过I/O地址映射进行寻址的。

为使用内存映射，首先必须将I/O端口映射到普通的系统内存中（使用特定于处理器的例程）。在不同的底层体系结构之上，完成这一任务的方法有很大的不同，内核再次提供了一个小的抽象层，主要包括`ioremap`和`iounmap`命令，分别用于映射I/O内存区和解除映射。我不打算专门讨论其实现。

- 轮询和中断

除了访问外部设备的细节之外，另一个问题也很有趣。系统如何知道某个设备的数据已经就绪、可以读取？有两种方法可以判断：使用轮询或中断。

轮询（polling）方案不怎么优雅，但背后的策略非常简单。只需重复询问设备数据是否可用，如果可用，则处理器取回数据。

显然，这样做比较浪费资源。为检查外设的状态需要花费系统的大量运行时间，从而会影响重要任务的执行。

中断是更好的备选方案。每个CPU都提供了中断线（interrupt line），可由各个系统设备共享（几个设备也可能共享一个中断，我会在下文讨论）。每个中断通过一个唯一的号码标识，内核对使用的

① 尽管如此，从某种角度来看，IA-32处理器上I/O函数的实现很有趣，`include/asm-i386/io.h`使用了大量微妙的预处理器技巧。

6

每个中断提供一个服务例程。

中断将暂停正常的系统工作。在外设的数据已经就绪，需要由内核或应用程序（间接地）处理时，外设会引发一个中断。使用这种方法，系统就不再需要频繁检查是否有新的数据可用。因为外设在有新数据的情况下可以自动通知系统。

中断处理和相关实现比较复杂，我将在第14章单独讨论。

3. 通过总线控制设备

并非所有设备都是直接通过I/O语句寻址，也有通过总线系统访问的。具体的方式与所用的总线和设备相关。在这里我不打算深入到具体的细节，我只会讲解各种方法之间的基本差别。

并非所有设备类别都可以连接到所有总线系统。例如，可以将硬盘和CD刻录机连接到SCSI接口，但图形卡就不行。但后者可以插入到PCI槽中。相比之下，硬盘必须通过另一种接口（通常是IDE）才能连接到PCI总线。

不同的总线类型称作*系统*和*扩展*总线（我不会费力探究其技术细节）。对内核来说，硬件实现方面的差别并不重要（因而在编写设备驱动程序时，也不会有什么关联）。只有总线和附接外设寻址的方式，才与我们讨论的主题相关。

就系统总线而言（对很多处理器类型和体系结构来说，是PCI总线），可使用I/O语句和内存映射与总线自身和附接的设备通信。内核也为驱动程序提供了几个命令，以调用特殊的总线功能：查询可用设备的列表、按统一的格式读取或设置配置信息，等等。这些命令都是平台无关的，相应的代码在各种平台上使用时无需改变，因而简化了驱动程序的开发。

扩展总线如USB、IEEE1394、SCSI等，通过明确定义的总线协议与附接的设备交换数据和命令。内核通过I/O语句和内存映射与总线自身通信，[①]同时提供了平台无关的例程，使总线能够与附接的设备通信。

与总线上附接的设备通信，不见得一定在内核空间中由设备驱动程序进行，有时也可能在用户空间中实现。最初的例子是SCSI刻录机，通常通过`cdrecord`工具访问。该工具产生需要的SCSI命令，然后利用内核经SCSI总线将命令发送到对应的设备，并处理设备返回的信息和响应。

6.2 访问设备

设备特殊文件（*设备文件*）用于访问扩展设备。这些文件并不关联到硬盘或任何其他存储介质上的数据段，而是建立了与某个设备驱动程序的连接，以支持与扩展设备的通信。就应用程序而言，普通文件和设备文件的处理有一点差别。二者都可以通过同样的库函数处理。但为了处理方便，系统还提供了几个额外的命令用于设备文件，这些对普通文件是不可用的。

6.2.1 设备文件

我们通过附接到串行接口的调制解调器，来讨论设备文件的处理方法。对应的设备文件名称是`/dev/ttyS0`。设备并不是通过其文件名标识，而是通过文件的主、从设备号标识。这些号码在文件系统中作为特别的文件属性管理。

用于读写普通文件的工具，同样用来向设备文件写入数据或读取处理结果。例如，

```
wolfgang@meitner> echo "ATZ" > /dev/ttyS0
```

向连接到第一个串行接口的调制解调器发送一个初始化字符串。

① 这些总线通常是PCI插槽中的扩展卡，它们必须以适当方式进行编址。

6.2.2 字符设备、块设备和其他设备

根据外设与系统之间交换数据的方法，可以将设备分为几种类别。有些设备非常适合于面向字符的数据交换，因为数据传输量很低。其他的设备则更适合于处理包含固定数目字节的数据块。内核会区分字符设备和块设备。前一类包括串行接口和文本终端，而后一类则包括硬盘、光驱等设备。

1. 标识设备文件

上述两种类型可以通过对应设备文件的属性来区分。我们来看一下/dev目录的一些成员。

```
wolfgang@meitner> ls -l /dev/sd{a,b} /dev/ttyS{0,1}
brw-r-----1 root disk 8, 0 2008-02-21 21:06 /dev/sda
brw-r-----1 root disk 8, 16 2008-02-21 21:06 /dev/sdb
crw-rw----1 root uucp 4, 64 2007-09-21 21:12 ttyS0
crw-rw----1 root uucp 4, 65 2007-09-21 21:12 ttyS1
```

在很多方面，上面的输出都与普通文件没什么区别，特别是在访问权限方面。但其中有两个重要区别。

- 访问权限之前的字母是b或c，分别表示块设备和字符设备。
- 设备文件没有文件长度，而增加了另外的两个值，分别是主设备号和从设备号。二者共同形成一个唯一的号码，内核可由此查找对应的设备驱动程序。

> 之所以给设备文件分配名称，是因为用户更容易记忆符号名称而不是数字。但名称无法表示设备文件的实际功能，这主要是通过主从设备号表示的。设备文件所处的目录也与其功能不相干。尽管如此，命名设备文件时仍然采用了一种标准方法。mknod用于创建设备文件。具体请参考系统管理方面的标准文献。

内核采用主从设备号来标识匹配的驱动程序。采用两个号码的原因，与设备驱动程序的通用结构有关。首先，系统可能包含几个同样类型的设备，由同一个设备驱动程序管理（将同样的代码多次加载到内核也没有意义）。其次，可以将同类设备合并起来，便于插入到内核的数据结构中进行管理。

主设备号用于寻址设备驱动程序自身。根据上述的例子可知，硬盘sda和sdb所在的第1个SATA控制权的主设备号是8。 驱动程序管理的各个设备（即第1个和第2个硬盘）则通过不同的从设备号指定。sda对应于0，sdb对应于16。两个从设备号之间为什么有很大的差距？我们来看一下/dev目录中与sda硬盘有关的其他设备文件。

```
wolfgang@meitner> ls -l /dev/sda*
brw-r-----1 root disk 8, 0 2008-02-21 21:06 /dev/sda
brw-r-----1 root disk 8, 1 2008-02-21 21:06 /dev/sda1
brw-r-----1 root disk 8, 2 2008-02-21 21:06 /dev/sda2
brw-r-----1 root disk 8, 5 2008-02-21 21:06 /dev/sda5
brw-r-----1 root disk 8, 6 2008-02-21 21:06 /dev/sda6
brw-r-----1 root disk 8, 7 2008-02-21 21:06 /dev/sda7
```

正如读者所知，硬盘的各个分区可以通过设备文件进行寻址（如/dev/sda1、/dev/sda2等），而/dev/sda则代表了整个硬盘。连续的副设备号用于标识各个分区，这使得驱动程序可以区分不同的分区。一个驱动程序可以分配多个主设备号。如果系统上有两个SATA总线，那么第2个SATA通道的主设备号将与第1个不同。

刚才讲解的区别也适用于字符设备，字符设备同样由主从设备号标识。例如，串行接口驱动程序的主设备号是4，而各个串口的从设备号由64开始分配。

> 块设备和字符设备的主设备号可能是相同的。因此，除非同时指定设备号和设备类型（块设备/字符设备），否则找到的驱动程序可能不是唯一的。

在Linux发展的早期，主设备号是用一种非常宽松的方法分配的（其时只有少量驱动程序），但现在为新驱动程序分配主从设备号时，主要是通过一个半官方组织管理。如果驱动程序不使用该列表中注册的主设备号标识其设备，那么该驱动程序不能也不会包含到内核源代码的标准发布版中。

设备号的当前列表可以从http://www.lanana.org获取。这个网址看起来相当古怪，它是Linux assigned name and numbers authority的首字母缩写。内核源代码的标准发布版也包括了Documentation/devices.txt文件，其中给出了该版本发布时的最新数据。比纯粹的数字更容易读的预处理器常数，则定义在<major.h>中。该文件的设备号与LANANA列表中分配的号码是同步的，但并非LANANA分配的所有设备号都对应了一个预处理器符号。SCSI磁盘（SATA设备归于此类）和TTY设备的主设备号分别是8和4，由下列预处理器符号表示：

<major.h>

```
...
#define TTY_MAJOR              4
...
#define SCSI_DISK0_MAJOR       8
...
```

2. 动态创建设备文件

/dev中的设备结点一般是在基于磁盘的文件系统中静态创建的。随着支持的设备越来越多，必须安置和管理越来越多的项，典型的发布版大约包含20 000项。一般的系统只包含少量（与可用的20 000个设备结点相比）设备，因而大多数项是不必要的。因此几乎所有的发布版都将/dev内容的管理工作切换到udevd，这是一个守护进程，允许从用户层动态创建设备文件。

udevd的基本思想如图6-3所示。即使从用户层管理设备文件，内核的支持也是绝对必要的，否则就无法判断系统上有哪些设备可用。

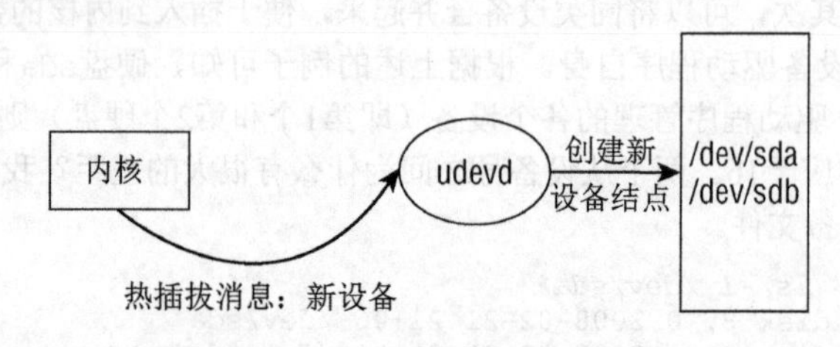

图6-3　使用udevd从用户层管理设备结点

每当内核检测到一个设备时，都会创建一个内核对象kobject（参见第1章）。该对象借助于sysfs文件系统导出到用户层（更多细节请参见10.3节）。此外，内核还向用户空间发送一个热插拔消息，这一点会在7.4节讨论。

如果在系统启动期间发现新设备，或在运行期间有新设备接入（如USB 存储棒），内核产生的热插拔消息包含了驱动程序为设备分配的主从设备号。udevd守护进程所需完成的所有工作，就是监听这些消息。在注册新设备时，会在/dev中创建对应的项，接下来就可以从用户层访问该设备了。

由于引入了udev机制，/dev不再放置到基于磁盘的文件系统中，而是使用tmpfs，这是RAM磁盘文件系统ramfs的一种轻型变体。这意味着设备结点不是持久性的，系统关机/重启后就会消失。如果在关机后卸下一个设备，则对应的设备结点将不再包含于/dev中。由于系统中已经没有该设备，对应的设备结点不会重新创建，内核也不会发送设备注册的消息，这确保了/dev中没有旧的、过时的设备文件。尽管并不限制udevd使用基于磁盘的文件系统，这实际上也没有什么意义。

除了上文列出的任务之外，udev守护进程还有一些职责，如确保无论采用何种设备拓扑结构，特定设备对应的设备结点总是名称相同。例如，用户在计算机上插入一个USB存储棒时，通常希望总是建立同样的设备结点，这应该是与USB 存储棒插入的时间和地点无关的。有关udev守护进程处理此类情况的方式，更多信息请参考手册页udevd(5)。这完全是用户空间问题，内核无需关注。

6.2.3 使用 ioctl 进行设备寻址

字符设备和块设备通常可以适当地融入到文件系统的结构中，并遵守所谓的UNIX哲学“万物皆文件”，但是有些任务只使用输入输出命令很难完成。这些涉及检查特定于设备的功能和属性，超出了通用文件框架的限制。主要的例子是设置设备的配置选项。

当然，通过定义具有特殊含意的“魔术”字符串并使用通用的读写函数，也可以完成此类任务。例如，可将这种方法用于软盘驱动器，使之支持以软件方式弹出磁盘。设备驱动程序可以监控发送到设备的数据流，在遇到floppy:eject字符串时弹出磁盘。同样可以为其他任务定义特别的编号。

这种方法有一个显然的缺点。如果将包含上述字符串的文本文件写入软盘（该文本可能是磁盘驱动器操作指南的一部分），那么会发生什么情况呢？驱动程序将弹出磁盘，给用户带来麻烦，这可不是用户想要的。当然，为阻止这种情况发生，也可以让用户空间应用程序检查文本，确认相应的字符串不会出现或被屏蔽掉（也需要定义适当的方法）。整个过程不仅浪费时间和资源，也显得笨拙而粗糙。①

因而内核必须提供一种方法，能够支持设备的特殊属性，而无需依靠普通的读写命令。一种方法是引入特殊的系统调用。但在内核开发者当中，这种做法很难得到赞同，因而只用于少数非常普及的设备。一种更适当的解决方案称之为IOCTL，它表示输入输出控制接口，是用于配置和修改特定设备属性的通用接口。还有第三种备选方案：Sysfs是一种文件系统，层次化地表示了系统中的所有设备，并提供了设置设备参数的方法。有关这种机制的更多信息，将在10.3节讲述。在这里，我仍然继续讲述稍显过时、但仍然有效的IOCTL方法。

6

ioctl通过一种可用于处理文件的特殊方法实现。该方法对设备文件可产生所需的效果，但对普通文件无效。第8章讨论了该实现如何融入到虚拟文件系统的方案中。目前，我们只需要了解，每个设备驱动程序都可以定义一个ioctl例程，使得控制数据的传输可以独立于实际的输入输出通道。

从用户和程序设计的角度来看，ioctl如何使用呢？标准库提供了ioctl函数，可以通过特殊的码值将ioctl命令发送到打开的文件。

该函数的实现基于ioctl系统调用，由内核中的sys_ioctl处理（该系统调用实现的有关信息，请参见第13章）。

fs/ioctl.c
```
asmlinkage long sys_ioctl(unsigned int fd, unsigned int cmd, unsigned long arg)
{
...
}
```

① 由于历史原因，一些驱动程序确实采用了这种方法。在终端上广泛使用了这种方法来传输控制字符修改设备的属性，如文本颜色、光标位置等。

ioctl码值（cmd）传递到由文件描述符（fd）标识的打开文件，ioctl码值一般定义为比较易读的预处理器常数。第三个参数（arg）传输更多的信息（有关内核支持的所有ioctl码值和相关参数的详表，可以参考系统程序设计方面的大量手册）。6.5.9节更详细地讨论了内核端对ioctl的实现。

网卡及其他设备

字符设备和块设备不是内核管理的全部设备类别。网卡在内核中具有特殊地位，它无法融入到前述的分类方案中（第12章详细地论述了相关原因）。事实很明显：网卡没有设备文件。相反，用户程序必须使用套接字与网卡通信。套接字是一个抽象层，对所有网卡提供了一个抽象视图。标准库的网络相关函数调用socketcall系统调用与内核通信交互，进而访问网卡。

还有其他一些没有设备文件的系统设备。这些设备或者通过特别定义的系统调用访问，或者在用户空间无法访问。后者的例子包括所有的扩展总线，如USB和SCSI。尽管这些总线可以通过设备驱动程序寻址，但相应的函数只在内核内部可用（因此，USB扩展卡也没有设备文件，无法通过设备文件寻址）。所以，需要由底层的设备驱动程序提供函数，导出到用户空间，供应用程序访问。

6.2.4　主从设备号的表示

因为历史原因，有两种方法可以管理设备的主从设备号（在一个复合数据类型中）。在内核版本2.6开发期间，使用一个16位的整数（通常是unsigned short）来表示主从设备号。该整数按1:1比例划分，8个比特位表示主设备号，8个比特位表示从设备号。这意味着刚好有256个主设备号和256个从设备号可用。当前的有些系统规模远远超出了上述的限制，我们只需要考虑SCSI存储阵列的例子即可，其中包含了数目非常庞大的硬盘。

因而16位整数的定义被替换为32位整数（相关的抽象类型是dev_t），但这样做会有一些后果。我们意识到，16个比特位已经超出主设备号的需要。因此，主设备号分配了12个比特位，剩余的20个比特位用于从设备号。这引起了下述的问题。

- 许多驱动程序作出了不正确的假定，认为只有16个比特位可用来表示主从设备号。
- 存储在旧的文件系统上的设备文件号只使用了16个比特位，但仍然必须运作正确。因此，必须解决现在对主从设备号占用比特位的非对称划分所引起的问题。

第一个问题可以通过修订驱动程序来消除，而第二个问题在更大程度上是本质性的。为处理新的情况，内核使用了用户空间可见的数据类型u32来表示设备号，主从设备号的划分如图6-4所示。

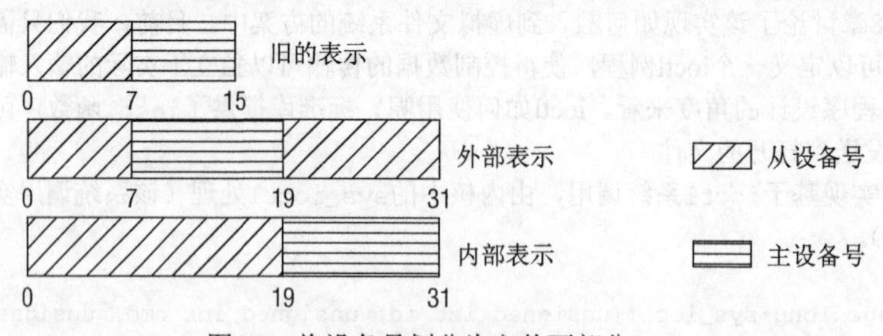

图6-4　将设备号划分为主从两部分

- 在内核中，比特范围0～19共20个比特位用于从设备号。而比特范围20～31中的12个比特位用于主设备号。
- 当需要在外部（用户空间）表示dev_t时，则将比特范围0～7中的8个比特位用作从设备号的第一部分，接下来的12个比特位（比特范围8～19）用作主设备号，最后12个比特位（比特范围20～31）用作从设备号剩余的部分。

旧的布局共包括16个比特位，在主从设备号之间平均分配。如果主设备号和从设备号都小于255，那么新旧表示是兼容的。

如果代码坚持使用在dev_t和外部表示之间进行转换的函数，那么即使将来内部数据类型再次发生改变，代码也无需变动。

这种划分的优点在于，该数据结构的前16个比特位，可以解释为旧的设备号。从兼容性的角度考虑，这是很重要的。

内核提供了下列函数/宏（定义在<kdev_t.h>中），以便从u32表示提取信息，并在u32和dev_t之间进行转换。

- MAJOR和MINOR分别从dev_t提取主设备号和从设备号。
- MKDEV(major, minor)根据主从设备号产生一个dev_t类型值。
- new_encode_dev将dev_t转换为具有上述外部表示的u32类型值。
- new_decode_dev将外部表示转换为dev_t。
- old_encode_dev和old_decode_dev在旧的u16表示和现在的dev_t表示之间进行切换。

函数原型定义如下：

<kdev_t.h>

```
u16 old_encode_dev(dev_t dev);
dev_t old_decode_dev(u16 val);
u32 new_encode_dev(dev_t dev);
dev_t new_decode_dev(u32 dev);
```

6.2.5 注册

内核如果能了解到系统中有些哪些字符设备和块设备可用，那自然是很有利的，因而需要维护一个数据库。此外必须提供一个接口，以便驱动程序编写者能够将新项添加到数据库。

1. 数据结构

下面我们将重点讲解用于管理设备的数据结构。

- *设备数据库*

尽管块设备和字符设备彼此的行为确实有很大不同，但用于跟踪所有可用设备的数据库是相同的。这是很自然的，因为字符设备和块设备都通过唯一的设备号标识。但是，数据库会根据块设备/字符设备，来跟踪记录不同的对象。

- 每个字符设备都表示为struct cdev的一个实例。
- struct genhd用于管理块设备的分区，作用类似于字符设备的cdev。这是合理的，如果块设备没有分区，我们也可以视之为具有单一分区的块设备。

现在只要知道，每个块设备和字符设备都表示为对应数据结构的一个实例，就足够了。数据结构的具体内容无关紧要，我们将在下文中更仔细地讨论。在这里，重要的是注意到内核跟踪所有cdev和genhd实例的方式。图6-5对此给出了综述。

有两个全局数组（bdev_map用于块设备，cdev_map用于字符设备）用来实现散列表，使用主设备号作为散列键。cdev_map和bdev_map都是同一数据结构struct kobj_map的实例。散列方法相当简单：major % 255。由于当前只有非常少量设备的主设备号大于255，因此这种方法工作得很好，散列碰撞也很少。struct kobj_map的定义也包括了散列链表元素struct probe的定义。

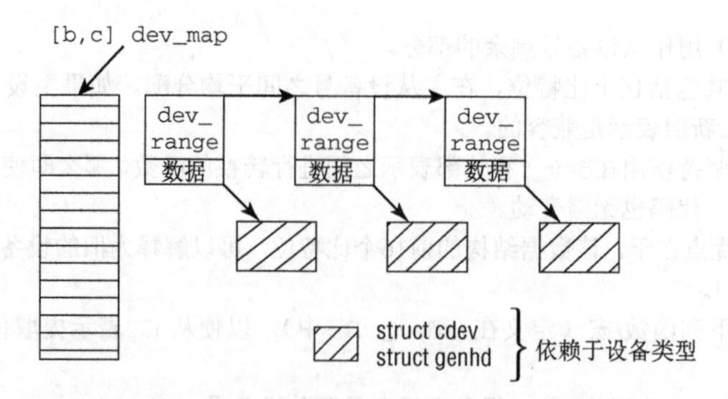

图6-5　跟踪所有块设备和字符设备的设备数据库

drivers/base/map.c

```
struct kobj_map {
        struct probe {
                struct probe *next;
                dev_t dev;
                unsigned long range;
                struct module *owner;
                kobj_probe_t *get;
...
                void *data;
        } *probes[255];
        struct mutex *lock;
};
```

互斥量lock实现了对散列表访问的串行化。struct probe的成员如下。

- next将所有散列元素连接在一个单链表中。
- dev表示设备号。回忆前文可知，该数据中包含了主设备号和从设备号。
- 从设备号的连续范围存储在range中。那么与设备关联的各个从设备号的范围是[MINORS(dev), MINORS(dev) + range - 1]。
- owner指向提供设备驱动程序的模块（如果有的话）。
- get指向一个函数，可以返回与设备关联的kobject实例。通常该任务很简单，但如果使用了设备映射器，则会变得复杂化。
- 块设备和字符设备的区别在于data。对于字符设备，它指向struct cdev的一个实例，而对于块设备，则指向struct genhd的实例。

● **字符设备范围数据库**

第二个数据库只用于字符设备。它用于管理为驱动程序分配的设备号范围。驱动程序可以请求一个动态的设备号，或者指定一个范围，从中获取。前一种情况，内核需要找到一个空闲的范围，而对于后一种情况，必须确保指定的范围不与现存的范围重叠。

这里再次使用了散列表来跟踪已经分配的设备号范围，并同样使用主设备号作为散列键。所述的数据结构如下所示：

fs/char_dev.c

```
static struct char_device_struct {
        struct char_device_struct *next;
        unsigned int major;
        unsigned int baseminor;
        int minorct;
```

```
        char name[64];
        struct file_operations *fops;
        struct cdev *cdev; /* 未来版本将删除 */
} *chrdevs[CHRDEV_MAJOR_HASH_SIZE];
```

组织散列项的方法与上文struct kobj_map采用的技术非常相似。next连接同一散列行中的所有散列元素（major_to_index根据主设备号计算散列位置）。读者可能已经猜到，major指定了主设备号，而baseminor是包含minorct个从设备号的连续范围中最小的从设备号。name为该设备提供了一个标识符。通常，该名称会选择类似于该设备对应的设备特殊文件的名称，但没有严格的要求。fops指向与该设备关联的file_operations实例，而cdev指向struct cdev的实例，该结构将在6.4.1节讨论。

2. 注册过程

现在我们来考虑如何注册块设备和字符设备。

● **字符设备**

在内核中注册字符设备需要两个步骤来完成。

- ❑ 注册或分配一个设备号范围。如果驱动程序需要使用特定范围内的设备号，则必须调用register_chrdev_region，而alloc_chrdev_region则由内核来选择适当的范围。函数原型定义如下：

  <fs.h>
  ```
  int register_chrdev_region(dev_t from, unsigned count, const char *name)
  int alloc_chrdev_region(dev_t *dev, unsigned baseminor, unsigned count,
                          const char *name);
  ```

  在用alloc_chrdev_region分配新的范围时，必须在baseminor和count参数中指定最小的从设备号和设备号范围的长度。所选择的主设备号通过dev参数返回。要注意，在注册或分配设备号时并不需要struct cdev实例。

- ❑ 在获取了设备号范围之后，需要将设备添加到字符设备数据库，以激活设备。这需要用cdev_init初始化一个struct cdev的实例，接下来调用cdev_add。这些函数的原型定义如下：

  <cdev.h>
  ```
  void cdev_init(struct cdev *cdev, const struct file_operations *fops);
  int cdev_add(struct cdev *p, dev_t dev, unsigned count);
  ```

  cdev_init的参数fops包含了一些函数指针，指向处理与设备实际通信的函数。cdev_add的count参数表示该设备提供的从设备号的数量。

  注意下述例子，其中FireWire视频驱动程序激活了一个字符设备（该驱动程序已经注册，主设备号为IEEE1394_VIDEO1394_DEV，有16个从设备号）。

  drivers/ieee1394/video1394.c
  ```
  static struct cdev video1394_cdev;

  cdev_init(&video1394_cdev, &video1394_fops);
  ...
  ret = cdev_add(&video1394_cdev, IEEE1394_VIDEO1394_DEV, 16);
  ```

在cdev_add成功返回后，设备进入活动状态。

由于上面讨论的所有注册函数对数据库数据结构的操作都很直接，我就不费力讨论代码了。

在很久以前，字符设备的标准注册函数曾经是register_chrdev。现在出于向后兼容的考虑仍然支持该函数，而且还有相当多的驱动程序尚未更新到如上所述的新接口。但新的代码不应该使用该函数！[1]而且该函数对大于255的设备号无法工作。

● 块设备

注册块设备只需要调用add_disk一次。为描述设备的属性，需要将一个struct genhd实例作为参数。我们将在6.5.1节讨论这个结构。

较早的内核版本需要使用register_blkdev注册块设备，其原型如下：

```
<fs.h>
int register_blkdev(unsigned int major, const char *name);
```

name通常与设备文件名称相同，但也可以是任意有效的字符串。尽管现在不必再调用该函数，它仍然是可用的。其好处在于，块设备将显示在/proc/devices。

6.3　与文件系统关联

除极少数例外，设备文件都是由标准函数处理，类似于普通文件。设备文件也是通过将在第8章讨论的虚拟文件系统管理。普通文件和设备文件都是通过完全相同的接口访问。

6.3.1　inode中的设备文件成员

虚拟文件系统中的每个文件都关联到恰好一个inode，用于管理文件的属性。inode数据结构非常冗长，我在这里就不完全复制了，只给出其中与设备驱动程序有关的成员。

```
<fs.h>
struct inode {
          ...
          dev_t                   i_rdev;
          ...
          umode_t                 i_mode;
          ...
          struct file_operations  *i_fop;
          ...
          union {
...
                    struct block_device *i_bdev;
                    struct cdev *i_cdev;
          };
          ...
};
```

- 为唯一地标识与一个设备文件关联的设备，内核在i_mode中存储了文件类型（面向块，或者面向字符），而在i_rdev中存储了主从设备号。主从设备号在内核中合并为一种变量类型dev_t。

> 该数据类型的定义决不是持久不变的，在内核开发者认为必要时会进行修改。因此，只应该使用两个辅助函数imajor和iminor来从i_rdev提取主设备号和从设备号，这两个函数都只需要一个指向inode实例的指针作为参数。

- i_fop是一组函数指针的集合，包括许多文件操作（如打开、读取、写入等），这些由虚拟文件系统使用来处理块设备（该结构的准确定义将在第8章给出）。

[1] 在使用register_chrdev时，不必要处理struct cdev，这是自动管理的。原因很简单：在设计register_chrdev时，内核中尚没有cdev抽象，因此旧的驱动程序无法得知任何有关信息。

- 内核会根据inode表示块设备还是字符设备，来使用i_bdev或i_cdev指向更多具体的信息，这些将在下文进一步讨论。

6.3.2 标准文件操作

在打开一个设备文件时，各种文件系统的实现会调用init_special_inode函数，为块设备或字符设备文件创建一个inode。[①]

fs/inode.c
```
void init_special_inode(struct inode *inode, umode_t mode, dev_t rdev)
{
        inode->i_mode = mode;
        if (S_ISCHR(mode)) {
                inode->i_fop = &def_chr_fops;
                inode->i_rdev = rdev;
        } else if (S_ISBLK(mode)) {
                inode->i_fop = &def_blk_fops;
                inode->i_rdev = rdev;
        }
        else
                printk(KERN_DEBUG "init_special_inode: bogus i_mode (%o)\n",
                       mode);
}
```

除了通过mode参数传递进来的设备类型之外，底层文件系统还必须返回主从设备号。代码中会根据设备类型，向inode提供不同的文件操作。

6.3.3 用于字符设备的标准操作

字符设备的情况最初非常含混，因为只有一个文件操作可用。

fs/devices.c
```
struct file_operations def_chr_fops = {
        .open = chrdev_open,
};
```

字符设备彼此非常不同。因而内核在开始不能提供多个操作，因为每个设备文件都需要一组独立、自定义的操作。因而chrdev_open函数的主要任务就是向该结构填入适用于已打开设备的函数指针，使得能够在设备文件上执行有意义的操作，并最终能够操作设备自身。

6.3.4 用于块设备的标准操作

相比字符设备，块设备遵循的方案更加一致。这使得内核刚开始就有很多操作可供选择。这些操作的指针群集到一个称作blk_fops的通用结构中。

fs/block_dev.c
```
const struct file_operations def_blk_fops = {
        .open           = blkdev_open,
        .release        = blkdev_close,
        .llseek         = block_llseek,
        .read           = do_sync_read,
        .write          = do_sync_write,
        .aio_read       = generic_file_aio_read,
        .aio_write      = generic_file_aio_write_nolock,
        .mmap           = generic_file_mmap,
```

① 为简明起见，我省去了为套接字和fifo创建inode的代码（它们与所讲内容不相关）。

```
        .fsync              = block_fsync,
        .unlocked_ioctl     = block_ioctl,
        .splice_read        = generic_file_splice_read,
        .splice_write       = generic_file_splice_write,
};
```

读写操作由通用的内核例程进行。内核中的缓存自动用于块设备。

> 尽管file_operations与block_device_operations的结构类似，但不能混淆二者。file_operations由VFS层用来与用户空间通信，其中的例程会调用block_device_operations中的函数，以实现与块设备的通信。block_device_operations必须针对各种块设备分别实现，对设备的属性加以抽象，而在此之上建立的file_operations，使用同样的操作即可处理所有的块设备。

与字符设备相比，上述数据结构无法完全描述块设备，因为对块设备的访问不是分别处理单个的请求，而是通过由缓存和请求队列构成的精细、复杂的系统来高效地管理。缓存主要由通用的内核代码操作，而请求队列则由块设备层管理。在我更详细地讨论可能的块设备驱动程序操作时，读者会看到更多用于管理请求队列的数据结构，它将汇集并重排发给相关设备的指令。

6.4　字符设备操作

字符设备的硬件通常非常简单，而且相关的驱动程序并不难于实现，这并不令人惊讶。

6.4.1　表示字符设备

我们知道，字符设备由struct cdev表示。同时，内核维护了一个数据库，包括所有活动的cdev实例。下面将讲解该结构的内容，其定义如下：

<cdev.h>

```
struct cdev {
        struct kobject kobj;
        struct module *owner;
        const struct file_operations *ops;
        struct list_head list;
        dev_t dev;
        unsigned int count;
};
```

kobj是一个嵌入在该结构中的内核对象。照例，它用于该数据结构的一般管理。owner指向提供驱动程序的模块（如果有的话），而ops是一组文件操作，实现了与硬件通信的具体操作。dev指定了设备号，count表示与该设备关联的从设备号的数目。list用来实现一个链表，其中包含所有表示该设备的设备特殊文件的inode。

最初，字符设备的文件操作只包含用于打开相关设备文件（在使用驱动程序时，这总是第一个操作）的一个方法。因此，我们首先讲解该方法。

6.4.2　打开设备文件

fs/devices.c中的chrdev_open是用于打开字符设备的通用函数。图6-6给出了相关的代码流程图。

假定表示设备文件的inode此前没有打开过。根据给出的设备号，kobject_lookup查询字符设备的数据库（在6.2.5节讲过），并返回与该驱动程序关联的kobject实例。该返回值可用于获取cdev实例。

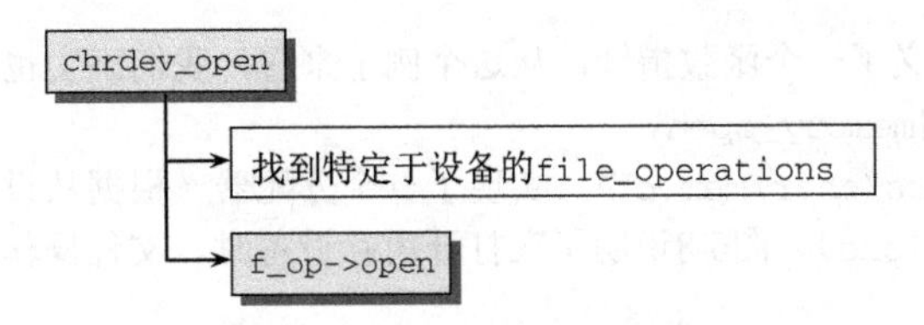

图6-6 chrdev_open的代码流程图

获得了对应于设备的cdev实例，内核通过cdev->ops还可以访问特定于设备的file_operations。接下来设置各种数据结构之间的关联，如图6-7所示。

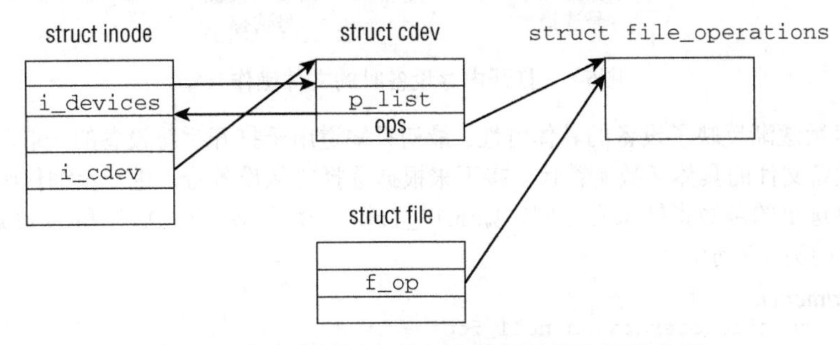

图6-7 表示字符设备的各个数据结构之间的关系

- inode->i_cdev指向所选择的cdev实例。在下一次打开该inode时，就不必再查询字符设备的数据库，因为我们可以使用缓存的值。
- 该inode将添加到cdev->list（inode中的i_devices用作链表元素）。
- file->f_ops是用于struct file的file_operations，设置为指向struct cdev给出的file_operations实例。

接下来调用struct file新的file_operations中的open方法（现在是特定于设备的），在设备上执行所需的初始化任务（有些外设在第一次使用之前，需要通过握手来协商操作的细节）。该函数也可以对数据结构作一点修改，以适应特定的从设备号。

我们考虑一个字符设备的例子，其主设备号为1。根据LANANA标准，该设备有10个不同的从设备号。每个都提供了一个不同的功能，这些都与内存访问操作相关。表6-1列出了一些从设备号，以及相关的文件名和含义。

表6-1 用于主设备号1（内存访问）的各个从设备号

从设备号	文 件	含 义
1	/dev/mem	物理内存
2	/dev/kmem	内核虚拟地址空间
3	/dev/null	比特位桶
4	/dev/port	访问I/O端口
5	/dev/zero	NULL字符源
8	/dev/random	非确定性随机数发生器

一些设备是我们熟悉的，特别是/dev/null。无需深入到各个从设备号的细节，根据设备描述我们就可以很清楚，尽管这些从设备号都涉及内存访问，但所实现的功能有很大的差别。上文提到，在

chrdevs项的结构中只定义了一个函数指针，从这个例子来看，我们确实也不需要惊讶。在打开上述某个文件之后，open指向memory_open。

该函数定义在drivers/char/mem.c中，实现了一个分配器（根据从设备号区分各个设备，并且选择适当的file_operations）。图6-8说明了在打开内存设备时，文件操作是如何改变的。

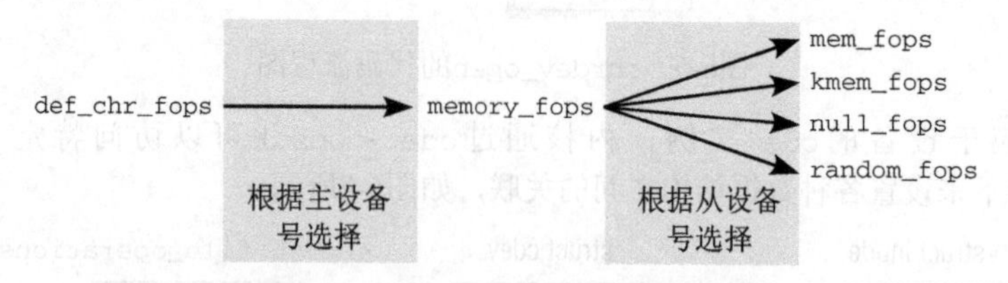

图6-8　打开内存设备时的文件操作

所涉及的函数逐渐反映了设备的具体特性。最初只知道用于打开字符设备的一般函数。然后由打开与内存相关设备文件的具体函数所替代。接下来根据选择的从设备号，进一步细化函数指针。为不同从设备号最终选定的函数指针未必相同，如null_fops（用于/dev/null）和random_fops（用于/dev/random）的例子所示。

drivers/char/mem.c
```
static struct file_operations null_fops = {
        .llseek         = null_lseek,
        .read           = read_null,
        .write          = write_null,
        .splice_write   = splice_write_null,
};
```

drivers/char/random.c
```
struct file_operations random_fops = {
        .read           = random_read,
        .write          = random_write,
        .poll           = random_poll,
        .ioctl          = random_ioctl,
};
```

其他设备类型也采用了同样的方法。首先根据主设备号设置一个特定的文件操作集。其中包含的操作，接下来可以由根据从设备号选择的其他操作替代。

6.4.3　读写操作

读写字符设备文件的实际工作不是一项特别有趣的任务，因为虚拟文件和设备驱动程序代码之间已经建立了关联。调用标准库的读写操作，将向内核发出一些系统调用（第8章讨论），最终调用file_operations结构中相关的操作（主要是read和write）。这些方法的具体实现依设备而不同，不能一般化。

上述的内存设备不必费力与实际的外设交互，它们只需调用其他的内核函数来完成。

例如，/dev/null设备使用read_null和write_null函数实现比特位桶的读写操作。快速浏览一下内核源代码，就可以知道这些函数的实现实际上非常简单。

drivers/char/mem.c
```
static ssize_t read_null(struct file * file, char __user * buf,
                        size_t count, loff_t *ppos)
{
```

```
        return 0;
}

static ssize_t write_null(struct file * file, const char __user * buf,
                         size_t count, loff_t *ppos)
{
        return count;
}
```

从空设备读取时，什么也不返回，这很容易实现。返回的结果是一个长度为0字节的数据流。向该设备写入的数据直接被忽略，但无论任何长度的数据，都会报告写入成功。

更复杂的字符设备，需要提供读写真正有意义结果的函数，但一般机制是不变的。

6.5　块设备操作

在内核通过VFS接口支持的外设中，块设备总数是第二多的。但令人遗憾的是，块设备驱动程序面对的情况比字符设备复杂得多。导致这种情况的环境因素很多，主要包括：块设备层的设计导致需要持续地调整块设备的速度，块设备的工作方式，块设备层开发方面的历史原因。

块设备与字符设备在3个主要方面有根本的不同。

- 可以在数据中的任何位置进行访问。对字符设备来说，这是可能的，但不是必然的。
- 数据总是以固定长度的块进行传输。即使只请求一个字节的数据，设备驱动程序也会从设备取出一个完全块的数据。相比之下，字符设备能够返回单个字节。
- 对块设备的访问有大规模的缓存，即已经读取的数据保存在内存中。如果再次需要，则直接从内存获得。写入操作也使用了缓存，以便延迟处理。

  这对字符设备没有意义（如键盘）。因为，字符设备的每次读请求都必须真正与设备交互才能完成。

我们在下文中重复使用两个术语，块（block）和扇区（sector）。块是一个特定长度的字节序列，用于保存在内核和设备之间传输的数据。块的长度可通过软件方法修改。扇区是一个固定的硬件单位，指定了某个设备最少能够传输的数据量。块不过是连续扇区的序列而已。因此，块长度总是扇区长度的整数倍。由于扇区是特定于硬件的常数，它也用来指定设备上某个数据块的位置。内核将每个块设备都视为一个线性表，由按整数编号的扇区或块组成。

当前几乎所有常见块设备的扇区长度都是512字节，块长度则有512、1 024、2 048、4 096字节等。但应该注意到，块的最大长度，会受到特定体系结构的内存页长度的限制。IA-32系统支持的块长度为4 096字节，因为其内存页长度是4 096字节。另一方面，IA-64和Alpha系统能够处理8 192字节的块。

块长度的选择相对自由，这对许多块设备应用程序有好处，例如，读者在学习文件系统实现方式时，会注意到这一点。文件系统会将硬盘划分为不同长度的块，以便在处理许多小文件或少数大文件时分别优化性能。因为文件系统能够将传输的块长度与自身块长度匹配，所以实现起来要容易得多。

块设备层不仅负责寻址块设备，也负责执行其他任务，以提高系统中所有块设备的性能。此类任务包括预读算法的实现，在内核判断应用程序稍后将需要使用某数据时，会使用预读算法从块设备预先将数据读入内存。

如果预读的数据不是立即需要，那么块设备层必须提供缓冲区/缓存来保存这些数据。这种缓冲区/缓存不仅用于保存预读数据，也用于临时保存经常用到的块设备数据。

内核在访问块设备时，使用了大量的技巧和优化。不过，本章没有一一详解这部分内容。下面将讲解块设备层的各种组件以及交互方式。

6.5.1 块设备的表示

块设备有一组属性，由内核管理。内核使用所谓的请求队列管理（request queue management），使得此类与设备的通信尽可能高效。它能够缓存并重排读写数据块的请求。请求的结果也同样保存在缓存中，使得可以用非常高效的方式读取/重新读取数据。在进程重复访问文件的同一部分时，或不同进程并行访问同一数据时，该特性尤其有用。

完成这些任务需要很多数据结构，如下所述。图6-9概述了块设备层的各个成员。

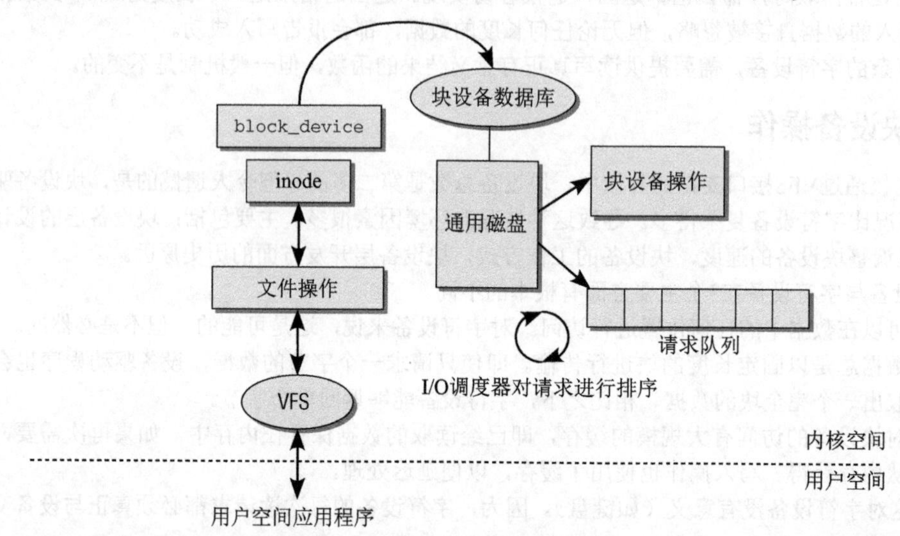

图6-9　块设备层

裸块设备由struct block_device表示，我会在下文进一步讨论该结构。该结构由内核以一种很有趣的方式进行管理，我们首先需要仔细考察这一点。

按照惯例，内核将与块设备关联的block_device实例紧邻块设备的inode之前存储。该行为由以下数据结构实现：

fs/block_dev.c

```
struct bdev_inode {
        struct block_device bdev;
        struct inode vfs_inode;
};
```

所有表示块设备的inode都保存在伪文件系统bdev中（参见8.4.1节），这些对用户层不可见。这使得可以使用标准的VFS函数，来处理块设备inode的集合。

特别地，辅助函数bdget就利用了这一点。给定由dev_t表示的设备号，该函数查找伪文件系统，看对应的inode是否已经存在。如果存在，则返回指向inode的指针。由于struct bdev_inode的存在，利用返回的inode指针，立即就可以找到该设备的block_device实例。如果此前设备没有打开过，致使inode尚未存在，bdget和伪文件系统会确保自动分配一个新的bdev_inode并进行适当的设置。

与字符设备层相比，块设备层提供了丰富的队列功能，每个设备都关联了请求队列。这种队列也是块设备层最复杂的部分了。如图6-9所示，各个数组项（简化形式）中都包含了指向各种结构和函数的指针，其中最重要的成员如下：

- 一个等待队列，保存对设备的读写请求；
- 函数指针，指向I/O调度器实现，用来重排请求的函数；
- 特征数据，如扇区、块长度和设备容量；
- 通用硬盘抽象genhd对每个设备都可用，其中存储了分区数据以及指向底层操作的指针。

每个块设备都必须提供一个探测函数，该函数通过register_blkdev_range直接注册到内核，或者通过下文讨论的gendisk对象，使用add_disk间接地注册到内核。该函数由文件系统代码调用，以找到匹配的gendisk对象。

对块设备的读写请求不会立即执行对应的操作。相反，这些请求会汇总起来，经过协同之后传输到设备。因此，对应设备文件的file_operations结构中没有保存用于执行读写操作的具体函数。相反，其中包含了通用函数，如generic_read_file和generic_write_file，这两个函数会在第8章讨论。

值得注意的是，其中只使用了通用函数，这是块设备的一个特征。在字符设备的情形中，这些函数都是特定于驱动程序的。所有特定于硬件的细节都在请求执行时处理。所有其他函数处理的都是一个抽象队列，它们从缓冲区/缓存接收结果，一般不与底层设备交互（除非绝对必要）。因而，从read或write系统调用到实际与外设通信的路径长而复杂。

6.5.2 数据结构

直到现在，对内核内部表示块设备所需的数据结构，我只是稍微讨论了一点。现在我将要详细地剖析这些结构。

1. 块设备

块设备的核心属性由struct block_device表示。我们首先讨论该结构，然后考察它与其他结构的复杂交互。

<fs.h>

```
struct block_device {
        dev_t bd_dev; /* 不是kdev_t，它是一个用于搜索的键值 */
        struct inode * bd_inode; /* 未来版本将会删除 */
        int bd_openers;
...
        struct list_head bd_inodes;
        void * bd_holder;
...
        struct block_device * bd_contains;
        unsigned bd_block_size;
        struct hd_struct * bd_part;

        unsigned bd_part_count;
        int bd_invalidated;
        struct gendisk * bd_disk;
        struct list_head bd_list;
...
        unsigned long bd_private;
};
```

- 块设备的设备号保存在bd_dev。[①]

① 由于历史原因，包含了对数据类型kdev_t的注释。在内核版本2.6的开发之初，内核使用了两个不同数据类型（dev_t和kdev_t），分别表示内核内部/外部的设备号。

- bd_inode指向bdev伪文件系统中表示该块设备的inode（本质上该信息也可以使用bdget获取，因而是冗余的，该字段将在未来的内核版本中删除）。
- bd_inodes是一个链表的表头，该链表包含了表示该块设备的设备特殊文件的所有inode。

> 不能将表示普通文件的inode与bdev伪文件系统的 inode相混淆，后者表示了块设备自身！

- bd_openers统计用do_open打开该块设备的次数。
- bd_part指向一个专用的数据结构（struct hd_struct），表示包含在该块设备上的分区。稍后我会讨论该结构。
- bd_part_count不像假定的那样统计了分区的数目。相反，它是一个使用计数，计算了内核中引用该设备内分区的次数。

  在用rescan_partitions重新扫描分区时，这个计数很有必要。如果bd_part_count大于零，则禁止重新扫描，因为旧的分区仍然在使用中。
- bd_invalidated设置为1，表示该分区在内核中的信息无效，因为磁盘上的分区已经改变。下一次打开该设备时，将要重新扫描分区表。
- bd_disk提供了另一个抽象层，也用来划分硬盘。该机制将在后续章节讲解。
- bd_list是一个链表元素，用于跟踪记录系统中所有可用的block_device实例。该链表的表头为全局变量all_bdevs。使用该链表，无需查询块设备数据库，即可遍历所有块设备。
- bd_private可用于在block_device实例中存储特定于持有者的数据。

> 术语“特定于持有者”意味着，只有该block_device实例当前的持有者可以使用bd_private。要成为持有者，必须对块设备成功调用bd_claim。bd_claim在bd_holder是NULL指针时才会成功，即尚未注册持有者。在这种情况下，bd_holder指向当前持有者，可以是内核空间中任意一个地址。调用bd_claim，实际上是向内核的其他部分表明，该块设备已经与之无关了。

关于内核的哪个部分允许持有块设备，没有固定的规则。例如在Ext3文件系统中，会持有已装载文件系统的外部日志的块设备，并将超级块注册为持有者。如果某个分区用作交换区，那么在用swapon系统调用激活该分区之后，页交换代码将持有该分区。

在使用blkdev_open打开块设备并请求独占使用时（6.5.4节会讨论这一点），与该设备文件关联的file实例会持有该块设备。

我们注意到有一点很有趣：当前在内核源代码中尚未使用bd_private字段。即使当前没有持有者需要将私有数据关联到块设备，但bd_claim机制仍然很有用。

最后，使用bd_release释放块设备。

2. 通用硬盘和分区

尽管struct block_device对设备驱动程序层表示一个块设备，而另一个抽象则强调与通用的内核数据结构的关联。由此角度来看，我们对块设备自身并不感兴趣。相反，硬盘的概念（可能包含子分区）更为有用。设备上分区的信息不依赖于表示该分区的block_device实例。实际上，将一个磁盘添加到系统中时，内核将读取并分析底层块设备上的分区信息，但并不会对各个分区创建block_device实例。为此，内核使用以下数据结构，对已经分区的硬盘提供了一种表示（与统计簿记有关的一些字段已经省去）：

<genhd.h>
```
struct gendisk {
        int major;                        /* 驱动程序的主设备号 */
        int first_minor;
        int minors;                       /* 从设备号的最大数目，=1表明磁盘无法分区。*/

        char disk_name[32];               /* 主驱动程序的名称 */
        struct hd_struct **part;          /* [索引是从设备号] */
        int part_uevent_suppress;
        struct block_device_operations *fops;
        struct request_queue *queue;
        void *private_data;
        sector_t capacity;
        int flags;
        struct device *driverfs_dev;
        struct kobject kobj;
...
};
```

- major指定驱动程序的主设备号。first_minor和minors表明从设备号的可能范围（我们已经知道，每个分区都会分配自身的从设备号）。
- disk_name给出了磁盘的名称。它用于在sysfs和/proc/partitions中表示该磁盘。
- part是一个数组，由指向hd_struct的指针组成，hd_struct的定义如下。每个磁盘分区对应于一个数组项。
- 如果part_uevent_suppress设置正值，在检测到设备的分区信息改变时，就不会向用户空间发送热插拔事件。只有在磁盘尚未完全集成到系统之前，初始分区扫描时，才会这样做。
- fops是一个指针，指向特定于设备、执行各种底层任务的各个函数。我会在下文讨论该结构。
- queue由于管理请求队列，下文会讨论。
- private_data是一个指针，指向私有的驱动程序数据，不会由块设备层的通用函数修改。
- capacity指定了磁盘容量，单位是扇区。
- driverfs_dev标识该磁盘所属的硬件设备。指针指向驱动程序模型的一个对象，我将在6.7.1节讨论。
- kobj是一个嵌入的kobject实例，一般的内核对象模型已经在第1章讨论过。

对每个分区来说，都有一个hd_struct实例，用于描述该分区在设备内的键。我给出的该数据结构仍然是一个稍微简化的版本，以集中于该数据结构的基本特征。

<genhd.h>
```
struct hd_struct {
        sector_t start_sect;
        sector_t nr_sects;
        struct kobject kobj;
...
};
```

start_sect和nr_sects定义了该分区在块设备上的起始扇区和长度，因而唯一地描述了该分区（为简明起见，忽略了用于统计目的的其他成员）。照例，kobj将该对象与通用对象模型关联起来。

part数组中填充了各种例程，可用于在硬盘注册时考察其分区结构。内核支持许多分区方法，可以支持在许多体系结构上与大多数其他系统共存。我不会详细讨论具体的实现方式，因为只有在从磁盘读取并分析信息的细节方面有些差别。

> 尽管gendisk表示已分区的磁盘，它们也可以表示没有任何分区的设备。

有一点同样重要，即struct gendisk的实例不能由驱动程序分别分配。相反，必须使用辅助函数alloc_disk：

```
<genhd.h>
struct gendisk *alloc_disk(int minors);
```

给出设备的从设备号数目，调用该函数可以自动分配genhd实例，其中包括了指向各个分区的hd_struct的指针所需的空间。

> 其中只包括指针自身所需的内存。分区实例只有当在设备上检测到实际分区并用add_partition添加时才会分配。

此外，alloc_disk将新的磁盘集成到设备模型的数据结构中。

因此，gendisk不能在销毁时简单地释放，而要使用del_gendisk。

3. 各个部分的联系

此前介绍的各个数据结构（struct block_device、struct gendisk和struct hd_struct）是彼此直接关联的。图6-10说明结构间彼此关联的方式。

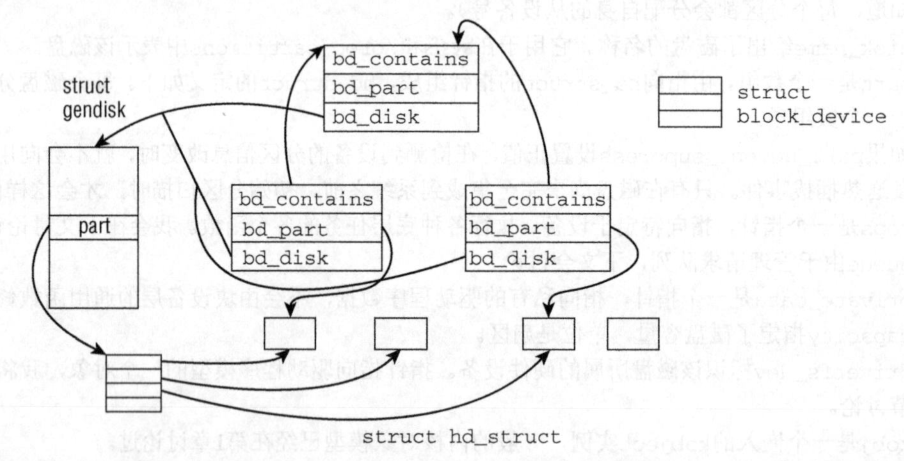

图6-10　块设备（block_device）、通用硬盘（gendisk）和分区（hd_struct）之间的关联

对块设备上已经打开的每个分区，都对应于一个struct block_device的实例。对应于分区的block_device实例通过bd_contains关联到对应于整个块设备的block_device实例。所有的block_device实例都通过bd_disk，指向其对应的通用磁盘数据结构gendisk。要注意，尽管一个已分区的磁盘有多个block_device实例，但只对应于一个gendisk实例。

gendisk实例中的part成员指向hd_struct指针的数组。每个数组项都表示一个分区。如果一个block_device表示分区，其中包含了一个指针指向所述的hd_struct，hd_struct实例在struct gendisk和struct block_device之间是共享的。

此外，通用硬盘gendisk还集成到kobject框架中，如图6-11所示。块设备子系统由kset实例block_subsystem表示。kset中有一个链表，每个gendisk实例所包含的kobject实例都放置在该链表上。

由struct hd_struct表示的分区对象也包含了一个嵌入的kobject。概念上，分区是硬盘的子元素，这一点也被内核对象的数据结构所捕获。hd_struct中嵌入的kobject的parent指针，将指向通用硬盘gendisk中嵌入的kobject。

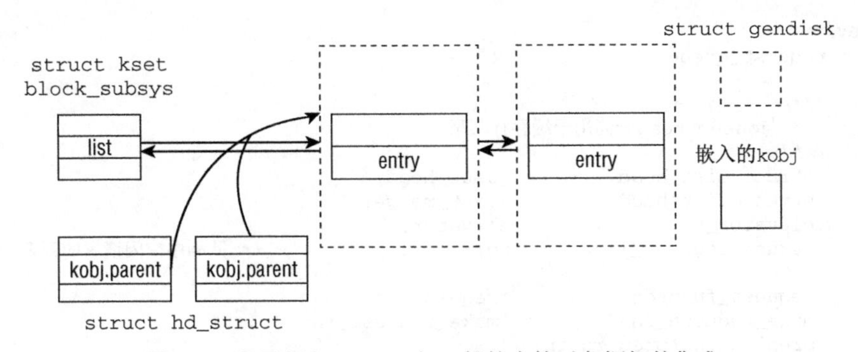

图6-11 通用硬盘gendisk与一般的内核对象框架的集成

4. 块设备操作

特定于块设备的操作汇总在下面（稍微简化）的数据结构中：

<fs.h>

```
struct block_device_operations {
        int (*open) (struct inode *, struct file *);
        int (*release) (struct inode *, struct file *);
        int (*ioctl) (struct inode *, struct file *, unsigned, unsigned long);
...
        int (*media_changed) (struct gendisk *);
        int (*revalidate_disk) (struct gendisk *);
...
        struct module *owner;
};
```

open、release和ioctl与file_operations中等价函数的语义相同，分别用于打开、关闭文件以及向块设备发送特殊命令。

> 这些函数不是由VFS代码直接调用，而是由块设备的标准文件操作def_blk_fops中包含的操作间接地调用。

block_device_operations剩余的成员列出了仅对块设备可用的选项。

- media_changed检查存储介质是否已经改变，对于软盘和ZIP软驱等设备，这是有可能的（硬盘通常不支持该函数，因为它们通常不能换盘片……）。该例程仅供内核内部使用，以防粗心的用户交互导致的不一致。如果软盘未经卸载便从驱动器移除，而且缓存中的数据也没有与磁盘的数据同步，那么数据损失是不可避免的。如果用户在修改尚未写回时便移除软盘并插入新的软盘（数据不同），情况会更糟糕。那么在最后回写时，新软盘的数据会被毁坏，至少也会严重损坏。我们应该不惜任何代价防止这种情况发生，因为此时第一个软盘的数据已经丢失了。通过在代码中适当的位置调用check_media_change，内核实际上可以防止这种损失。
- 顾名思义，revalidate_disk用于使设备重新生效。当前，只有在直接移除旧的介质并替换为新的介质时（未进行卸载和加载）才有必要使用该函数。

如果驱动程序实现为模块，那么owner字段指向内存中的一个模块结构。否则，该成员为NULL指针。

5. 请求队列

块设备的读写请求放置在一个队列上，称之为请求队列。gendisk结构包括了一个指针，指向这个特定于设备的队列，由以下数据类型表示。

<blkdev.h>

```
struct request_queue
{
        /*
         * 与queue_head一同用于缓存行共享
         */
        struct list_head        queue_head;
        struct list_head        *last_merge;
        elevator_t              elevator;
        struct request_list     rq;                     /* 队列中空闲请求的列表 */

        request_fn_proc         *request_fn;
        make_request_fn         *make_request_fn;
        prep_rq_fn *prep_rq_fn;
        unplug_fn *unplug_fn;
        merge_bvec_fn *merge_bvec_fn;
        prepare_flush_fn *prepare_flush_fn;
        softirq_done_fn *softirq_done_fn;
...
        /*
         * 自动拔出特性涉及的状态值
         */
        struct timer_list       unplug_timer;
        int                     unplug_thresh;          /* 累积请求数目的阈值 */
        unsigned long           unplug_delay;           /* 累积时间的阈值，按jiffies计算 */
        struct work_struct      unplug_work;

        struct backing_dev_info backing_dev_info;
...
        /* 如果页帧号大于该值，则使用弹性缓冲区 */
        unsigned long           bounce_pfn;
        int                     bounce_gfp;

        unsigned long           queue_flags;

        /* 队列设置 */
        unsigned long           nr_requests; /* 请求的最大数目 */
        unsigned int            nr_congestion_on;
        unsigned int            nr_congestion_off;
        unsigned int            nr_batching;

        unsigned short          max_sectors;
        unsigned short          max_hw_sectors;
        unsigned short          max_phys_segments;
        unsigned short          max_hw_segments;
        unsigned short          hardsect_size;
        unsigned int            max_segment_size;
};
```

queue_head是该数据结构的主要成员，是一个表头，用于构建一个I/O请求的双链表。链表每个元素的数据类型都是request（在下文讨论），代表向块设备读取数据的一个请求。内核会重排该链表以取得更好的I/O性能（提供了几个算法来执行I/O调度器的任务，如下所述）。因为有各种方法可以重排请求，elevator成员[①]以函数指针的形式将所需的函数群集起来。我在下文中会返回来讨论elevator_t这个结构。

① 该术语稍微有点混淆，因为内核使用的算法都没有实现经典的电梯算法（elevator method）。不过，这些算法与电梯算法的功能类似。

rq用作request实例的缓存，其数据类型为struct request_list。除了缓存之外，它还提供了两个计数器，用于记录可用的空闲输入和输出请求的数目。

结构中的下一部分包含一系列函数指针，表示了请求处理所涉及的主要领域。函数的参数设置和返回类型都通过typedef定义（struct bio管理传输的数据，将在下文讨论）。

<blkdev.h>
```
typedef void (request_fn_proc) (struct request_queue *q);
typedef int (make_request_fn) (struct request_queue *q, struct bio *bio);
typedef int (prep_rq_fn) (struct request_queue *, struct request *);
typedef void (unplug_fn) (struct request_queue *);

typedef int (merge_bvec_fn) (struct request_queue *, struct bio *, struct bio_vec *);
typedef void (prepare_flush_fn) (struct request_queue *, struct request *);
typedef void (softirq_done_fn)(struct request *);
```

内核提供了这些函数的标准实现，可以用于大多数设备驱动程序。但每个驱动程序都必须实现自身的request_fn函数，该函数是请求队列管理与各个设备的底层功能之间的主要关联，在内核处理当前队列以执行待决的读写操作时，会调用该函数。

前4个函数负责管理请求队列。

- request_fn是用于向队列添加新请求的标准接口。在内核期望驱动程序执行某些工作时（如从底层设备读取数据，或向设备写入数据），内核会自动调用该函数。按内核的术语，该函数也称之为策略例程（strategy routine）。
- make_request_fn创建新请求。内核对该函数的标准实现向请求链表添加请求，读者在下文会看到。如果链表中有足够多的请求，则会调用特定于驱动程序的request_fn函数，以处理所有这些请求。

  内核允许设备驱动程序定义自身的make_request_fn函数，因为某些设备（例如RAM磁盘）不使用队列，这可能是由于按任意顺序访问数据都不会影响性能，也可能是由于驱动程序比内核更了解如何处理请求，因而使用内核的标准方法不会带来好处（例如卷管理器）。但这种惯例还是比较罕见的。
- prep_rq_fn是一个请求预备函数。大多数驱动程序不使用该函数，会将对应的指针设置为NULL。如果实现了该函数，它会产生所需的硬件命令，用于在发送实际的请求之前预备一个请求。辅助函数blk_queue_prep_rq会设置给定队列的prep_rq_fn。
- unplug_fn用于拔出一个块设备时调用。插入的设备不会执行请求，而是将请求收集起来，在拔出时执行。巧妙地使用该方法，能够提高块设备层的性能。下面3个函数稍微专门一些。
- merge_bvec_fn确定是否允许向一个现存的请求增加更多数据。由于请求队列的长度通常是固定的，限制了其中请求的数目，因此内核可使用这种机制来避免可能的问题。但更专门的驱动程序，特别是复合设备的驱动，队列长度的限制可能不同，因此需要提供该函数。内核提供了辅助例程blk_queue_merge_bvec来设置队列的merge_bvec_fn。
- 在预备刷出队列时，即一次性执行所有待决请求之前，会调用prepare_flush_fn。在该方法中，设备可以进行必要的清理。

  辅助函数blk_queue_ordered可以用来向请求队列设置特定的方法。
- 对于大的请求来说，完成请求，即完成所有I/O，可能是一个耗时的过程。在内核版本2.6.16开发期间，添加了使用软中断SoftIRQ（有关该机制的更多细节请参见第14章）异步完成请求的特性。可以通过调用blk_complete_request要求异步完成请求，softirq_done_fn在这种情况下用作回调函数，通知驱动程序请求已经完成。

内核提供了标准函数blk_init_queue_node，用于产生一个标准的请求队列。在这种情况下，驱动程序自身唯一必须提供的管理函数就是request_fn。任何其他的管理问题都通过标准函数处理。用这种方法实现请求管理的驱动程序，在调用add_disk激活磁盘之前，需要调用blk_init_queue_node创建请求队列，并将结果request_queue实例附加到设备的gendisk实例。

请求队列可以在系统超负荷时插入。接下来新的请求都会处于未处理状态，直至队列“拔出”，该特性称之为队列插入（queue plugging）。以unplug_为前缀的各个成员用于实现一种定时器机制，在一定时间间隔后自动“拔出”队列。unplug_fn负责实际的拔出操作。

queue_flags借助标志来控制队列的内部状态。

request_list结构的最后一部分包含了一些信息，更详细地描述了所管理的块设备，并反映了与硬件相关的设备设置。该信息总是以数值形式出现，各个成员的语义在表6-2中给出。

nr_requests表明了可以管理到队列的请求的最大数目，我们将在第17章再讨论该主题。

表6-2 请求队列的硬件特征值

成 员	语 义
max_sectors	指定设备在单个请求中可以处理的扇区的最大数目。长度单位是具体设备的扇区长度（hardsect_size）
max_segment_size	单个请求的最大段长度（按字节计算）
max_phys_segments	指定用于运输不连续数据的分散-聚集请求中，不连续的段的最大数目
max_hw_segments	与max_phys_segments相同，但考虑了（可能的）I/O MMU所进行的重新映射。该成员指定了驱动程序可以传递到设备的地址/长度对的最大数目
hardsect_size	指定了设备的物理扇区长度，该值通常是512。只有少数非常新的设备使用不同的设置

6.5.3 向系统添加磁盘和分区

在介绍了构成块设备层的大量数据结构之后，我们来考虑向系统添加通用硬盘的方式，在其间更仔细地讨论所涉及的各个结构。如前所述，add_disk负责完成该功能。对实现的讨论接下来会讲解add_partition如何将分区添加到内核的数据结构。

1. 添加分区

add_partition负责向通用硬盘数据结构添加一个新的分区。我在这里将讨论一个稍微简化的版本。首先，分配了一个新的struct hd_struct实例，并填充了有关该分区的一些基本信息：

fs/partitions/check.c

```
void add_partition(struct gendisk *disk, int part, sector_t start, sector_t len, int flags)
{
        struct hd_struct *p;

        p = kzalloc(sizeof(*p), GFP_KERNEL);
...
        p->start_sect = start;
        p->nr_sects = len;
        p->partno = part;
...
```

在指定一个用于显示的名字（例如，在sysfs中）后，将分区的内核对象的父对象设置为通用硬盘对象。与完整的磁盘相比，ktype不是ktype_block，而设置为ktype_part。这使得可以区分源自磁盘和源自分区的uevent（参见7.4节）：

fs/partitions/check.c
```
        kobject_set_name(&p->kobj, "%s%d",
        kobject_name(&disk->kobj),part);

        p->kobj.parent = &disk->kobj;
        p->kobj.ktype = &ktype_part;
...
```

用kobject_add添加新对象，使之成为块设备子系统的一个成员，因此提供有关该分区信息的sysfs项会出现在/sys/block中。最后，必须修改通用硬盘对象，使对应的part数组项指向新的分区：

fs/partitions/check.c
```
        kobject_init(&p->kobj);
        kobject_add(&p->kobj);

        disk->part[part-1] = p;
}
```

2. 添加磁盘

图6-12给出了add_disk的代码流程图。其中采用了一个三阶段的策略。

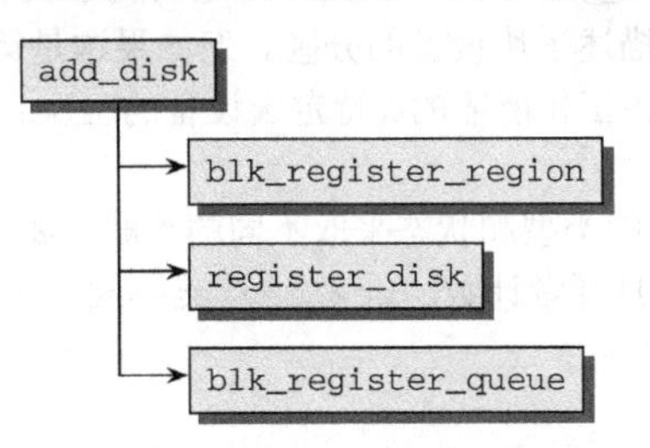

图6-12　add_disk的代码流程图

首先，调用blk_register_region，确认所要求的设备号范围尚未分配。更有趣的工作由register_disk执行。在给内核对象提供了一个名字之后，用bdget_disk（该函数是bdget的一个前端，负责参数转换）获取了该设备的一个新的block_device实例。

直到现在，我们对该设备的分区尚一无所知。为补救这种情况，内核调用了几个函数，最终调用到rescan_partitions（有关调用栈的准确信息，请参考下一节的讨论）。该函数试图通过试错法识别块设备上的分区。全局数组check_part包含了一些函数指针，能够识别特定的分区类型。在标准的计算机上，通常会使用PC Bios或EFI分区，但对更神秘的类型如SGI Ultrix或Acorn Cumana分区也提供了支持。这些函数中的每一个都允许察看该块设备，[①]如果检测到某种知道的分区方案，check_part中的函数会向rescan_partitions返回该信息。接下来，正如前文的讨论，将对各个检测到的分区调用add_partition。

6.5.4　打开块设备文件

在用户应用程序打开一个块设备的设备文件时，虚拟文件系统将调用file_operations结构的open函数，最终会调用到blkdev_open。图6-13给出了相关的代码流程图。

① 要注意，这意味着在用disk_add注册该设备时，必须已经能够从该块设备读取数据！

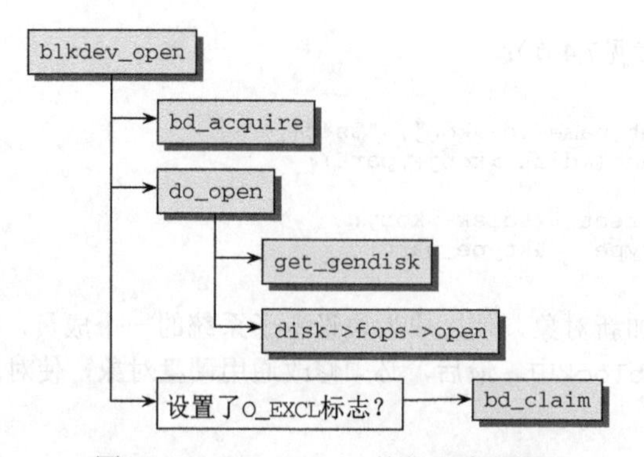

图6-13　blkdev_open的代码流程图

bd_acquire首先找到与该设备匹配的block_device实例。如果设备已经使用过，指向该实例的指针可以直接从inode->i_bdev得到。否则需要使用dev_t信息创建实例。然后do_open将执行任务的主要部分，如下所述。如果设置了标志O_EXCL来请求对块设备的独占访问，那么会调用bd_claim要求持有该块设备。这会将与设备文件关联的file实例设置为该块设备的当前持有者。

do_open的第一步是调用get_gendisk。该函数将返回属于块设备的gendisk实例。回忆6.2.5节的讨论，我们知道gendisk结构描述了块设备的分区。但如果这是第一次打开该块设备，其中的信息尚不完整。尽管如此，利用该设备工作所需的、特定于设备的block_device_operations实例，已经可以在gendisk结构中找到。

内核接下来需要根据块设备的类型和状态采取不同的策略，如图6-14所示。如果块设备此前打开过，处理会更简单，这可以通过打开者计数block_device->bd_openers判断。

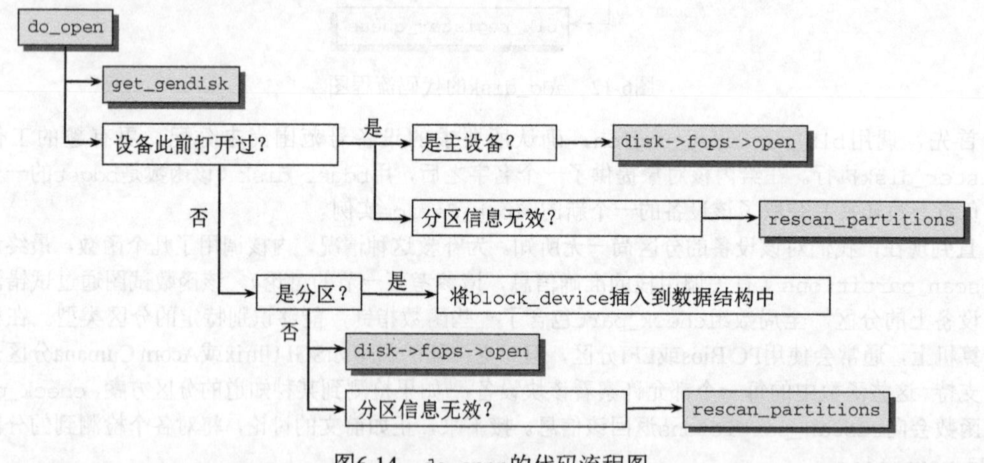

图6-14　do_open的代码流程图

- disk->fops->open调用文件适当的open函数，执行特定于硬件的初始化任务。
- 如果block_device->bd_invalidated表明分区信息已经无效，则调用rescan_partitions重新读取分区信息。如果更换了可移动介质，那么原来的分区信息将是无效的。

如果设备此前没有打开过，则需要更多工作。首先假定打开的是主块设备，而不是分区，当然其中可能包含分区。在这种情况下，需要像上述的例子那样，处理一些簿记细节：disk->fops->open

处理打开设备的底层工作，如果现存的分区信息无效则调用rescan_partitions读取分区表。

但通常这是系统第一次读入分区信息。在使用add_disk注册一个新磁盘时，内核将gendisk->bd_invalidated设置为1，这表明块设备上的分区表无效（实际上由于根本没有分区表，确实不能称之为有效！）。接下来构建一个假的文件作为参数传递给do_open，这样做可以读取分区表信息。

如果打开的块设备代表一个此前没有打开过的分区，内核需要将分区的block_device实例与包含分区的block_device关联起来。关联的过程如下述代码所示：

fs/block_dev.c
```
struct hd_struct *p;
struct block_device *whole;
whole = bdget_disk(disk, 0);
...
bdev->bd_contains = whole;
p = disk->part[part -1];
...
bdev->bd_part = p;
```

在找到表示包含分区的整个磁盘的block_device实例之后，使用block_device->bd_contains建立了分区及其容器之间的关联。要注意，内核从对应于分区的block_device实例可以找到对应于整个块设备的block_device实例，反过来则不可以！此外，hd_struct中的分区信息现在由gendisk和分区的block_device实例共享，如图6-10所示。

6.5.5 请求结构

内核提供了数据结构以描述发送给块设备的请求。

<blkdev.h>
```
struct request {
        struct list_head queuelist;
        struct list_head donelist;

        struct request_queue *q;

        unsigned int cmd_flags;

        enum rq_cmd_type_bits cmd_type;
...
        sector_t sector;                    /* 需要传输的下一个扇区号 */
        sector_t hard_sector;               /* 需要传输的下一个扇区号 */
        unsigned long nr_sectors;           /* 还需要传输的扇区数目 */
        unsigned long hard_nr_sectors;      /* 还需要传输的扇区数目 */
        /* 当前段中还需要传输的扇区数目 */
        unsigned int current_nr_sectors;

        /* 当前段中还需要传输的扇区数目 */
        unsigned int hard_cur_sectors;

        struct bio *bio;
        struct bio *biotail;
...
        void *elevator_private;
        void *elevator_private2;

        struct gendisk *rq_disk;
        unsigned long start_time;
```

```
        unsigned short nr_phys_segments;
        unsigned short nr_hw_segments;
...
        unsigned int cmd_len;
...
};
```

请求一个特有性质就是，请求需要保存在请求队列上。这种队列使用双链表实现，queuelist提供了所需的链表元素。[①]q指向该请求所属的请求队列（如果有的话）。

在一个请求完成后，即所有需要的I/O操作都已经执行完毕，可以将其排到完成链表上，此时使用donelist作为链表元素。

结构包含的3个成员，指定了所需传输数据的准确位置。

- sector指定了数据传输的起始扇区。
- current_nr_sectors表明了当前请求在当前段中还需要传输的扇区数目。
- nr_sectors指定了当前请求还需要传输的扇区数目。

hard_sector、hard_cur_sectors和hard_nr_sectors与结构中没有hard_前缀的对应成员语义相同，但涉及的是实际硬件而非虚拟设备。通常两组变量的值相同，但在使用RAID或逻辑卷管理器（Logical Volume Manager）时可能会有差别，因为这些机制实际上是将几个物理设备合并为一个虚拟设备。

在使用分散-聚集I/O操作时，nr_phys_segments和nr_hw_segments分别指定了请求中段的数目和经过I/O MMU可能的重排序之后段的数目。

类似于大多数内核数据类型，request也包含了指向私有数据的指针。在这里，甚至有两个成员可用（elevator_private和elevator_private2）！它们可以通过当前处理请求的I/O调度器（传统上称为电梯，elevator）设置。

BIO用于在系统和设备之间传输数据。其定义将在下文讲解。

- bio标识传输尚未完成的当前BIO实例。
- biotail指向最后一个BIO实例，因为一个请求中可使用多个BIO。

请求可用于向设备传送控制命令，更正式地讲，请求可以用作数据包命令载体（packet command carrier）。想要的命令在cmd数组中列出。在这里，我们省去了与簿记有关的几项。

与请求关联的标志分为两个部分。cmd_flags包含了用于请求的一组通用标志，而cmd_type表示请求的类型。以下是可用的请求类型：

<blkdev.h>

```
enum rq_cmd_type_bits {
        REQ_TYPE_FS  = 1,          /* 文件系统请求 */
        REQ_TYPE_BLOCK_PC,         /* scsi命令 */
        REQ_TYPE_SENSE,            /* 请求检测，用于scsi/atapi设备 */
        REQ_TYPE_PM_SUSPEND,       /* 电源管理命令，要求暂停设备 */
        REQ_TYPE_PM_RESUME,        /* 电源管理命令，要求唤醒设备 */
        REQ_TYPE_PM_SHUTDOWN,      /* 电源管理命令，要求将设备停机 */
        REQ_TYPE_FLUSH,            /* 刷出请求 */
        REQ_TYPE_SPECIAL,          /* 驱动程序定义的请求类型 */
        REQ_TYPE_LINUX_BLOCK,      /* 一般性的块设备层消息 */
...
};
```

① 这只对异步完成请求有必要。通常不需要该链表。

最常见的请求类型是REQ_TYPE_FS：它用于与块设备之间的实际数据传输。其余类型的请求用来发送各种类型的命令，请参看具体的设备驱动程序源文件中的注释。

除了请求类型之外，还有几个标志，描述了请求的特征：

```
<blkdev.h>
enum rq_flag_bits {
        __REQ_RW,               /* 未置位，读请求；置位，写请求 */
        __REQ_FAILFAST,         /* 底层驱动程序不进行重试 */
        __REQ_SORTED,           /* 该请求由I/O调度器使用 */
        __REQ_SOFTBARRIER,      /* 不能由I/O调度器传递 */
        __REQ_HARDBARRIER,      /* 不能由驱动程序传递 */
        __REQ_FUA,              /* 启用FUA( forced unit access),
                                /* 即写入的数据直接存储到块设备的介质，不使用块设备自身的缓存 */
        __REQ_NOMERGE,          /* 该请求不能进行合并 */
        __REQ_STARTED,          /* 驱动程序已经开始处理该请求 */
        __REQ_DONTPREP,         /* 对该请求，不要调用请求队列的prep_rq_fn方法来预先准备发送到
                                /* 设备的命令 */
        __REQ_QUEUED,           /* 表明潜在设备具有排队处理多个命令的能力 */
        __REQ_ELVPRIV,          /* 附加了I/O调度器的私有数据 */
        __REQ_FAILED,           /* 如果请求失败，则置位 */
        __REQ_QUIET,            /* 不报告失败 */
        __REQ_PREEMPT,          /* 对ide_preempt请求置位，此类请求用于IDE磁盘，
                                /* 将强占队列中的当前请求。 */
        __REQ_ORDERED_COLOR,    /* 在屏障之前或之后 */
        __REQ_RW_SYNC,          /* 请求是同步的(O_DIRECT) */
        __REQ_ALLOCED,          /* 请求来自分配池 */
        __REQ_RW_META,          /* 元数据I/O请求 */
        __REQ_NR_BITS,          /* 到此为止 */
};
```

__REQ_RW特别重要，因为它指出了数据传输的方向。如果该比特位置位，则将数据写入设备；否则，从设备读取数据。剩余的比特位用于发送特殊的与设备相关的命令，可以设置屏障[①]，或传输控制码。内核代码的注释中已经简明地描述了其语义，我不再赘述。

6.5.6 BIO

在给出BIO的准确定义之前，最好先讨论其原理，如图6-15所示。

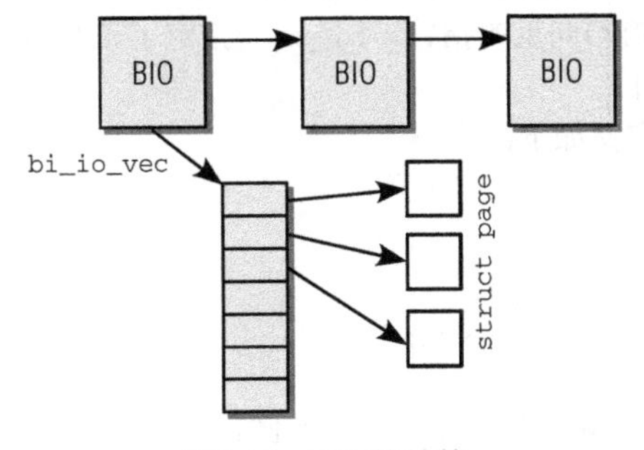

图6-15 BIO的结构

BIO的主要管理结构（bio）关联到一个向量（即数组），各个数组项都指向一个内存页（切记：不是页在内存中的地址，而是对应于该页帧的page实例）。这些页用于从设备接收数据、向设备发送数据。

① 如果设备在请求序列中遇到一个屏障，那么在执行任何其他操作之前，必须将所有待决请求全部处理完毕。

> 这里显然可以使用高端内存域的页面，这些页帧无法直接映射到内核中，因而无法通过内核虚拟地址访问。对于下面的情况，该做法很有用：数据直接复制给用户空间应用程序，而应用程序可以使用页表访问高端内存域页帧。

这些内存页可以但不必一定按连续方式组织，这简化了分散-聚集I/O操作的实现。

BIO在内核源代码中对应的结构定义如下（已经简化）：

<bio.h>

```
struct bio {
        sector_t                 bi_sector;
        struct bio               *bi_next;  /* 将与请求关联的几个BIO组织到一个单链表中 */
        struct block_device      *bi_bdev;
...
        unsigned short      bi_vcnt;        /* bio_vec的数目 */
        unsigned short      bi_idx;         /* bi_io_vec数组中，当前处理数组项的索引 */

        unsigned short      bi_phys_segments;
        unsigned short      bi_hw_segments;

        unsigned int        bi_size;        /* 剩余I/O数据量 */
...
        struct bio_vec      *bi_io_vec;     /* 实际的bio_vec数组 */

        bio_end_io_t        *bi_end_io;

        void                *bi_private;
...
};
```

- bi_sector指定了传输开始的扇区号。
- bi_next将与请求关联的几个BIO组织到一个单链表中。
- bi_bdev是一个指针，指向请求所属设备的block_device数据结构。
- bi_phys_segments和bi_hw_segments指定了传输中段的数目，二者分别是由I/O MMU重新映射之前/之后的数值。
- bi_size表示请求所涉及数据的长度，单位为字节。
- bi_io_vec是一个指向I/O向量的指针，bi_vcnt指定了该数组中数组项的数目。bi_idx表示当前处理的数组项索引。

  各个数组元素的结构定义如下：

  <bio.h>

  ```
  struct bio_vec {
          struct page     *bv_page;
          unsigned int     bv_len;
          unsigned int     bv_offset;
  };
  ```

  bv_page指向用于数据传输的页对应的page实例。bv_offset表示该页内的偏移量，通常该值为0，因为页边界通常用作I/O操作的边界。

  len指定了用于数据的字节数目（如果整页不完全填充的话）。
- 通用BIO代码不会修改bi_private，该成员可用于驱动程序相关的信息。
- bi_destructor指向一个析构函数，在从内存删除一个bio实例之前调用。
- 在硬件传输完成时，设备驱动程序必须调用bi_end_io。这使得块设备层有机会进行清理，或唤醒等待该请求结束的睡眠进程。

6.5.7 提交请求

在本节中，我讨论内核将数据请求提交给外设的机制。这也涉及缓冲和请求的重排，以减少磁头寻道的移动，或捆绑多个操作以提高性能。此外还涵盖了设备驱动程序的操作，驱动程序与具体的硬件交互以处理请求。本节还包括了虚拟文件系统中与设备文件相关的通用代码，这部分代码通过设备文件又关联到用户应用程序以及内核的其他部分。读者从第8和16章会看到，内核将已经从块设备读取的数据保存在缓存中，以便在未来重复提交同样的请求时重用。我们在这里对缓存这方面不是特别感兴趣。我们将讨论内核如何向设备提交物理请求来读取和写入数据。

内核分两个步骤提交请求。

- 它首先创建一个bio实例以描述请求，然后将该实例嵌入到请求中，并置于请求队列上。
- 接下来内核将处理请求队列并执行bio中的操作。

我们对bio实例的创建不太感兴趣，其中只涉及指定块设备上的位置并提供用于保存/传输相关数据的页帧。我就不详细讲解了。

在BIO创建后，调用make_request_fn产生一个新请求以插入到请求队列。[①]请求通过request_fn提交。

直到内核版本2.6.24，这些操作的实现都在block/ll_rw_blk.c中。文件名看起来很古怪，实际上是low level read write handling for block device的缩写。以后的内核将实现拆分到一些较小的文件中，命名遵循block/blk-*.c的模式。

1. 创建请求

submit_bio是一个关键函数，负责根据传递的bio实例创建一个新请求，并使用make_request_fn将请求置于驱动程序的请求队列上。图6-16给出了相关的代码流程图。我们首先考虑一个简化的版本，稍后再返回来讨论在某些情况下可能出现的一些问题，以及内核如何用小技巧来解决这些问题。

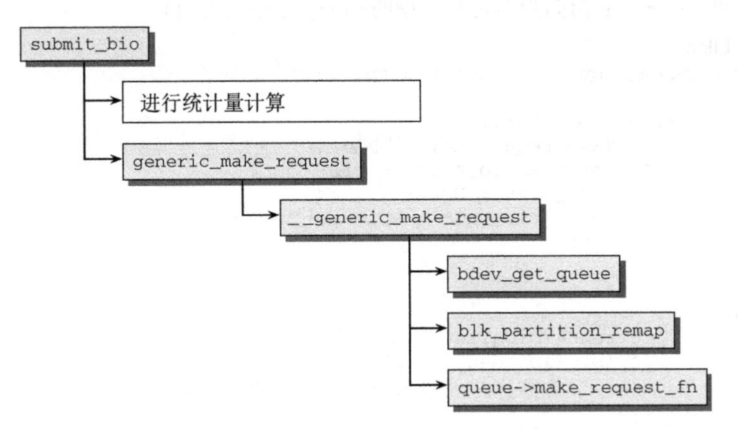

图6-16 submit_bio的代码流程图

内核中各个地方都会调用该函数发起物理数据传输。submit_bio只是更新内核的统计量，实际

① 如果驱动程序已经用自身的函数显式代替了默认的实现，也可以将请求存储到其他地方。

工作在迂回到generic_make_request之后委托给__generic_make_request，具体细节在下文解释。在进行一些检查之后（例如，一种检查会确认请求是否超出设备的物理能力），实际工作分3步进行。

- 使用bdev_get_queue，找到该请求所涉及块设备的请求队列。
- 如果该设备是分区的，则用blk_partition_remap重新映射该请求，以确保读写正确的区域。这使得内核的其余部分可以将各个分区当作独立的、非分区设备对待。如果分区起始于扇区*n*而将要访问分区内的扇区*m*，那么必须创建一个请求来访问块设备的扇区*m+n*。分区的正确偏移量，保存在与队列关联的gendisk实例的parts数组中。
- q->make_request_fn根据bio产生请求并发送给设备驱动程序。对大多数设备，发送操作调用内核的标准函数（__make_request）完成。

我在上文已经提到，上述方法可能会出现一些问题，现在我们将讲解具体的问题。内核中的一些块设备驱动程序（磁盘和设备映射器）不能使用内核提供的标准函数，而需要自行实现相应的函数。但这些自行实现的函数会递归调用generic_make_request！

尽管递归函数调用在用户空间是没问题的，但由于内核中栈空间非常有限，因此可能会引起问题。因而需要确定一个合理的值，来限制递归的最大深度。为理解如何进行限制，首先回顾表示进程的task_struct结构（参考第2章），其中包含了两个与BIO处理有关的成员：

<sched.h>
```
struct task_struct {
...
/* 递归调用累积的块设备信息 */
          struct bio *bio_list, **bio_tail;
...
}
```

上述指针用于将递归的最大深度限制为1，这样就不会丢失任何提交的BIO。如果__generic_make_request或一些子函数调用了generic_make_request，代码的流程将在下一次递归调用__generic_make_request之前返回。为理解这一点，我们需要看一下generic_make_request的实现（回想一下，可知current指向当前运行进程的task_struct实例）。

block/ll_rw_blk.c
```
void generic_make_request(struct bio *bio)
{
          if (current->bio_tail) {
                    /* make_request处于活动状态 */
                    *(current->bio_tail) = bio;
                    bio->bi_next = NULL;
                    current->bio_tail = &bio->bi_next;
                    return;
          }

          do {
                    current->bio_list = bio->bi_next;
                    if (bio->bi_next == NULL)
                              current->bio_tail = &current->bio_list;
                    else
                              bio->bi_next = NULL;
                    __generic_make_request(bio);
                    bio = current->bio_list;
          } while (bio);
          current->bio_tail = NULL; /* make_request不再活动 */
}
```

该方法很简单，但很有创造性。图6-17说明了数据结构随时间的演变过程。

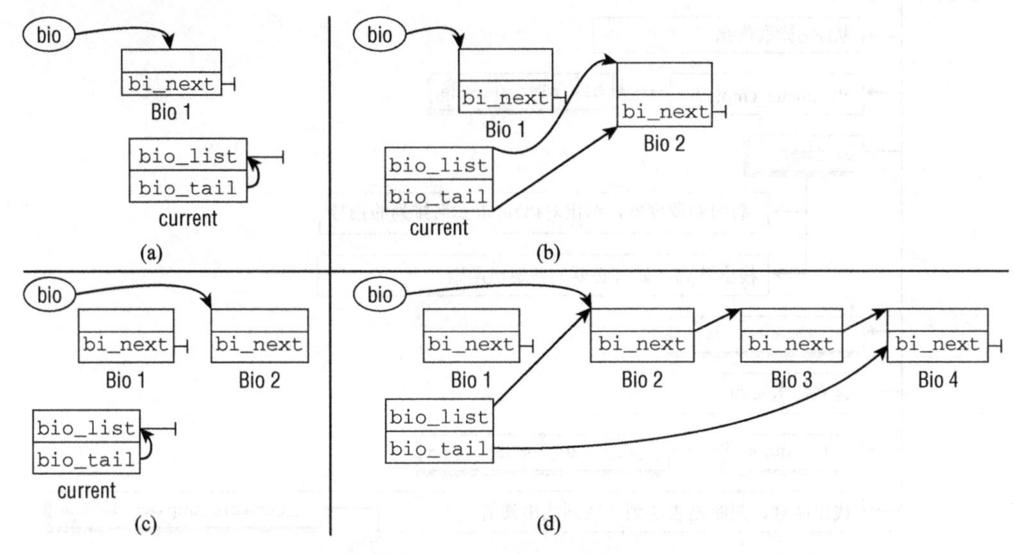

图6-17 递归调用generic_make_request时BIO链表的演变

current->bio_tail初始化为NULL，因此可以跳过第一个条件块语句。在提交一个bio实例时，数据结构如图6-17a所示。bio指向提交的BIO，而current->bio_list为NULL，current->bio_tail指向current->bio_list的地址。要注意，图6-17中(b)、(c)、(d)几幅图考虑的都是第一次调用generic_make_request时的局部变量bio，并不涉及后续调用的栈帧中的局部变量。

现在假定__generic_make_request递归调用generic_make_request提交一个BIO实例，我们称之为BIO 2。在__generic_make_request返回时，数据结构会如何变化呢？考虑函数在递归调用时的行为：由于current->bio_tail不是NULL指针，generic_make_request中开始的if块语句会进行处理。接下来current->bio_list指向第二个BIO，而current->bio_tail指向BIO 2的bi_next成员的地址。在__generic_make_request返回时，数据结构如图6-17b所示。

现在do循环将执行第二次。在循环中第二次调用__generic_make_request之前，数据结构如图6-17c所示，第二个bio实例已经处理。如果不再递归提交BIO，那么工作就完成了。

如果__generic_make_request调用了generic_make_request超过一次，该方法也是可行的。假定共提交了3个额外的BIO。结果数据结构如图6-17d所示。如果此后不再提交BIO，那么循环会依次处理现存的BIO实例，然后返回。

在解决了递归调用generic_make_request的困难之后，我们接着讨论make_request_fn的默认实现__make_request。图6-18给出了其代码流程图。①

在创建请求所需信息已经从传递的bio实例读取之后，内核调用elv_queue_empty检查I/O调度器队列当前是否为空。倘若如此，工作会更容易，因为无需将该请求与现存的请求合并（没有现存的请求）。

① 这里稍微简化了一点，省去了弹性缓冲区的处理。比较旧的硬件可能只能够向内存中一些特定的区域传输数据。在这种情况下，内核发起传输，将数据传输到硬件可以访问的内存区域，传输结束后将数据复制到更适当的内存区。

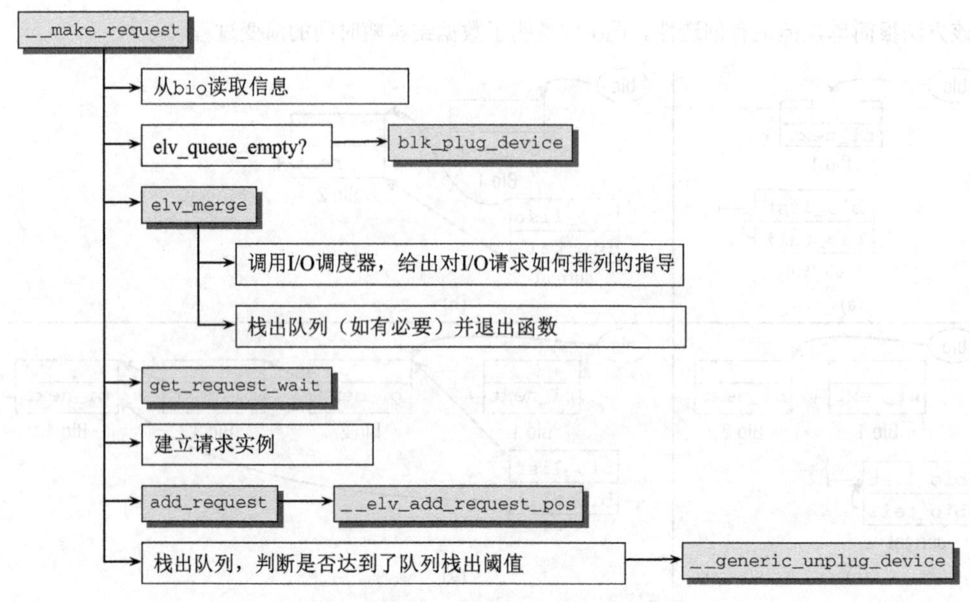

图6-18　__make_request的代码流程图

如果队列中有待决请求，则调用elv_merge，该函数会进一步调用请求队列elevator成员的elevator_merge_fn函数（I/O调度器的实现，将在6.5.8节讨论）。此时，我们只对该函数的结果感兴趣。它返回一个指针，指向请求链表中需要插入新请求的位置。I/O调度器还指定了请求是否以及如何与现存请求合并。

- ELEVATOR_BACK_MERGE和ELEVATOR_FRONT_MERGE使新请求与请求链表中找到的请求合并。对于elv_merge或elevator_merge_fn返回的位置上的现存请求，ELEVATOR_BACK_MERGE将新数据合并到现存请求的数据之后，ELEVATOR_FRONT_MERGE则合并到现存请求的数据之前。修改现存的请求，产生一个合并的请求，涵盖所要的区域。
- ELEVATOR_NO_MERGE发现该请求无法与请求队列上现存的请求合并，因而该请求必须添加到请求队列中。

这是I/O调度器可以采取仅有的一些操作，它不能以任何其他方法影响请求队列。这清楚地表明了I/O调度器和CPU调度器之间的差别。尽管两者都面临一个非常类似的问题，但是它们提供的解决方案差异很大。

在满足I/O调度器的需求之后（在可能的情况下），内核必须产生一个新请求。

get_request_wait分配一个新请求实例，然后使用init_request_from_bio将bio中的数据填到请求实例中。如果队列仍然为空（通过elv_queue_empty检查），则用blk_plug_device将队列插入。这是内核在新请求进入之后阻止处理队列的方式。内核会汇集读写操作的请求，并一次性执行收集到的所有请求（稍后讨论）。

在用__elv_add_request_pos更新一些内核统计量之后，add_request将请求添加到请求链表（会调用特定于I/O调度器的函数elevator_add_req_fn）中，插入到由上文讲到的I/O调度器调用确定的位置。

如果一个请求将要同步处理（请求的bio实例中，BIO_RW_SYNC必须置位），内核必须使用

__generic_unplug_device拔出队列，确保请求实际上可以同步处理。此类请求很少使用，因为它们否定了I/O调度的效果。

2. 队列插入

就性能而言，我们当然希望重排各个请求，并将可能的请求合并为更大的请求，以提升数据传输的性能。显然，这只适用于队列包含了多个可以合并的请求的情况。因而，内核首先需要在队列中汇集一些请求，然后一次性处理所有请求，这样就自动创造了合并请求的时机。

内核使用队列插入（queue plugging）机制，来有意阻止请求的处理。请求队列可能处于空闲状态或者插入状态。如果队列外于空闲状态，队列中等待的请求将会被处理。否则，新的请求只是添加到队列，但并不处理。如果队列处于插入状态，则request_queue的queue_flags成员中QUEUE_FLAG_PLUGGED标志置位。内核提供了blk_queue_plugged辅助函数检查该标志。

在讲解__make_request时，我已经提到，内核用blk_plug_device插入一个队列，但如果没有发送同步请求，则不会显式拔出队列。那么，如何确保队列将在未来的某个时间再次得到处理呢？答案可以在blk_plug_device中找到。

drivers/block/ll_rw_blk.c

```
void blk_plug_device(request_queue_t *q)
{
...
        if (!test_and_set_bit(QUEUE_FLAG_PLUGGED, &q->queue_flags)) {
                mod_timer(&q->unplug_timer, jiffies + q->unplug_delay);
...
        }
}
```

这一段代码确保队列的拔出定时器在q->unplug_delay（单位是jiffies，通常是(3 * HZ) / 1000，或3毫秒）之后启用。定时器会调用blk_unplug_timeout拔出队列。

还有另一个机制可用于拔出队列。如果当前读写请求的数目（保存在请求链表的count数组的两个数组项中）达到unplug_thresh指定的阈值，则elv_insert[①]中调用__generic_unplug_device以触发拔出操作，使得等待的请求得到处理。

__generic_unplug_device并不复杂。

block/ll_rw_blk.c

```
void __generic_unplug_device(request_queue_t *q)
{
...
        if (!blk_remove_plug(q))
                return;

        q->request_fn(q);
}
```

在blk_remove_plug清除队列的插入状态和用于自动拔出的定时器（unplug_timer）之后，其中调用了request_fn来处理等待的请求。这就是所有需要完成的工作！

在重要的I/O操作处于待决状态时，内核还能够手工进行拔出操作。这确保在数据紧急需要时，能够立即执行重要的读取操作。在出现同步请求（上文简要地提到过）时，就会发生这种情况。

3. 执行请求

在请求队列中的请求即将处理时，会调用特定于设备的request_fn函数。该任务与硬件的关联

① elv_insert是I/O调度器实现的内部函数，在内核中各个地方调用。

非常紧密，因此内核不会提供默认的实现。相反，内核总是使用blk_dev_init注册队列时传递的方法。

尽管如此，在大多数设备驱动程序中，request函数的结构都与下面讲解的例子代码类似。我假定请求队列中有几个请求的情况。

sample_request是一个与硬件无关的示例例程，用于说明所有驱动程序在request_fn中所执行的基本步骤。

```
void sample_request (request_queue_t *q)
        int status;
        struct request *req;

        while ((req = elv_next_request(q)) != NULL)
        if (!blk_fs_request(req))
            end_request(req, 0);
            continue;

        status = perform_sample_transfer(req);
                end_request(req, status);
```

这个函数非常简单。在一个while循环中嵌入了elv_next_request，用于从队列顺序读取请求。传输通过perform_sample_transfer执行。end_request是一个标准的内核函数，用于从请求队列删除请求，并更新内核统计量，并执行任何在request->completion等待的完成量（参见14.4节）。还调用了特定于BIO的bi_end_io函数，内核可以根据BIO将一个清理函数指定到bi_end_io。

BIO不仅可用于传输数据，还可以传输诊断信息，驱动程序必须调用blk_fs_request来检查实际上传输的是否是数据。为简明起见，我忽略了所有其他类型的传输。

在真正的驱动程序中，特定于硬件的操作通常会分离到独立的函数中，以保持代码的简洁。在我们的示例例程中，我已经采用了同样的方法。在实现真正的驱动程序时，需要用特定于硬件的函数来代替perform_sample_transfer中的注释部分。

```
int perform_transfer(request *req)
  switch(req->cmd)
  case READ:
    /* 执行特定于硬件的数据读取功能 */
    break;
  case WRITE:
    /* 执行特定于硬件的数据写入功能 */
    break;
  default:
    return -EFAULT;
```

在判断请求是读操作还是写操作时，会查看cmd字段。接下来采取适当的行动，在系统和硬件之间传输数据。

6.5.8 I/O调度

内核采用的各种用于调度和重排I/O操作的算法，称之为I/O调度器（对比通常的进程调度器，或网络中控制通信数据量的数据包调度器）。通常，I/O调度器也称作电梯（elevator）。它们由下列数据结构中的一组函数表示①：

```
<elevator.h>
struct elevator_ops
{
```

① 内核还定义了typedef struct elevator_s elevator_t。

```
        elevator_merge_fn *elevator_merge_fn;
        elevator_merged_fn *elevator_merged_fn;
        elevator_merge_req_fn *elevator_merge_req_fn;

        elevator_dispatch_fn *elevator_dispatch_fn;
        elevator_add_req_fn *elevator_add_req_fn;
        elevator_activate_req_fn *elevator_activate_req_fn;
        elevator_deactivate_req_fn *elevator_deactivate_req_fn;

        elevator_queue_empty_fn *elevator_queue_empty_fn;
        elevator_completed_req_fn *elevator_completed_req_fn;

        elevator_request_list_fn *elevator_former_req_fn;
        elevator_request_list_fn *elevator_latter_req_fn;

        elevator_set_req_fn *elevator_set_req_fn;
        elevator_put_req_fn *elevator_put_req_fn;

        elevator_may_queue_fn *elevator_may_queue_fn;

        elevator_init_fn *elevator_init_fn;
        elevator_exit_fn *elevator_exit_fn;
};
```

I/O调度器不仅负责请求重排，还负责请求队列全部的管理工作。

- elevator_merge_fn检查一个新的请求是否可以与现存请求合并，如上文所述。它还指定了请求插入到请求队列中的位置。
- elevator_merge_req_fn将两个请求合并为一个请求。elevator_merged_fn在两个请求已经合并后调用（它执行清理工作，并返回I/O调度器中因为合并而不再需要的那部分管理数据）。
- elevator_dispatch_fn从给定的请求队列中选择下一步应该调度执行的请求。
- elevator_add_req_fn和elevator_remove_req_fn分别负责向请求队列添加请求、删除请求。
- elevator_queue_empty_fn检查队列是否包含可供处理的请求。
- elevator_former_req_fn和elevator_latter_req_fn分别查找给定请求的前一个和后一个请求。在进行合并时，这两个函数很有用。
- elevator_set_req_fn和elevator_put_req_fn分别在创建新请求和释放回内存管理子系统时调用（此时请求尚未或不再与任何队列关联，或已经完成）。这两个函数使得I/O调度器可以分配、初始化和释放用于管理的数据结构。
- elevator_init_fn和elevator_exit_fn分别在队列初始化和释放时调用。其效果等同于构造函数和析构函数。

每个I/O调度器都封装在下列数据结构中，其中还包含了供内核使用的其他管理信息：

<elevator.h>

```
struct elevator_type
{
        struct list_head list;
        struct elevator_ops ops;
        struct elv_fs_entry *elevator_attrs;
        char elevator_name[ELV_NAME_MAX];
        struct module *elevator_owner;
};
```

内核将所有I/O调度器在一个标准的双链表中维护，链表元素是list成员（表头由全局变量

elv_list表示），还对每个I/O调度器都给出了一个可理解的名称，用于从用户空间选择I/O调度器。sysfs中的属性将会保存在elevator_attrs中。它们可用于以磁盘为单位来微调I/O调度器的行为。

内核实现了一系列的I/O调度器。但设备驱动程序可以根据自身的需要修改调度器的特定函数，或自行实现调度器。I/O调度器有下列属性。

- elevator_noop是一个非常简单的I/O调度器，将新来的请求按“先来先服务”的原则依次添加到队列，以便进行处理。请求会进行合并但无法重排。noop（no operation，空操作）I/O调度器仅对于能够自行重排请求的智能硬件，才是一个好的选择。对于没有活动部件的设备（因而没有寻道时间），如闪存盘，该调度器也是很好的。
- iosched_deadline用于两个目的：它试图最小化磁盘寻道（即，读/写磁头的移动）的次数，并尽可能确保请求在一定时间内处理完成。在后一种情况下，会使用内核的定时器机制实现单个请求的“到期时间”。在前一种情况下，需要使用冗长的数据结构（红黑树和链表）分析各个请求，并按照最低延迟的原则来重排请求，以降低磁盘寻道的次数。
- iosched_as实现了预测调度器，顾名思义，它会尽可能预测进程的行为。当然这并不容易，但该调度器假定读请求不是彼此完全独立的，在此前提下试图实现预测调度。在应用程序向内核提交一个读请求时，该调度器会作出以下假定：在一定时间内会有另一个相关请求提交。如果读请求在磁盘忙于写操作期间提交，那么这个假定就很重要。为确保良好的交互行为，内核会延迟写操作，并优先选择读操作。如果第一个读请求之后立即恢复写操作，则需要一个磁盘寻道操作，而稍后会有另一个新的读请求到达，这又消除了寻道操作的效果。在这种情况下，较好的选择是在第一个读请求之后不移动磁头，等待稍后的下一个读请求到达。如果在预期时间内第二个读请求没有到达，内核就可以恢复写操作。
- iosched_cfq提供了完全公平排队（complete fairness queuing）的特性。它围绕几个队列展开，所有的请求都在这些队列中排序。同一给定进程的请求，总是在同一队列中处理。时间片会分配到每个队列，内核使用一个轮转算法来处理各个队列。这确保了I/O带宽以公平的方式在不同队列之间共享。如果队列的数目大于等于同时进行I/O的进程数目，这就意味着I/O带宽也公平地分配到了各个进程之上。一些实际问题（如多个进程映射到同一队列、可变的请求长度、不同的I/O优先级，等等）使得带宽的分配不是完全公平的，但该方法基本上很好地达到了预期目标。

几乎直至内核版本2.5开发结束前，deadline调度器都是默认的调度器。此后预测调度器取代了deadline调度器，直至内核版本2.6.17。从内核版本2.6.18开始，cfq调度器成为默认的选择。

由于篇幅所限，我不会讨论各个调度器的实现细节。但应当指出，deadline调度器的复杂度比预测调度器低得多，但大多数情况下提供了同样的性能。

6.5.9　ioctl 的实现

ioctl使得我们能够使用特殊的、特定于设备的功能，这些功能无法通过普通的读写操作访问。这种支持通过ioctl系统调用实现，该系统调用可以用于普通的文件（许多系统程序设计手册都详细描述了其用法）。

该系统调用在sys_ioctl实现，但主要工作由vfs_ioctl完成。图6-19给出了相关的代码流程图。

所需的ioctl通过传递的一个常数指定。通常，为此定义了一些预处理器符号常数。

在内核检查过指定的参数是否为标准的ioctl（适用于系统中所有类型的文件）之后，必须区分两种情形。例如，在执行exec时是否需要改变所涉及的文件描述符（参见第2章）。

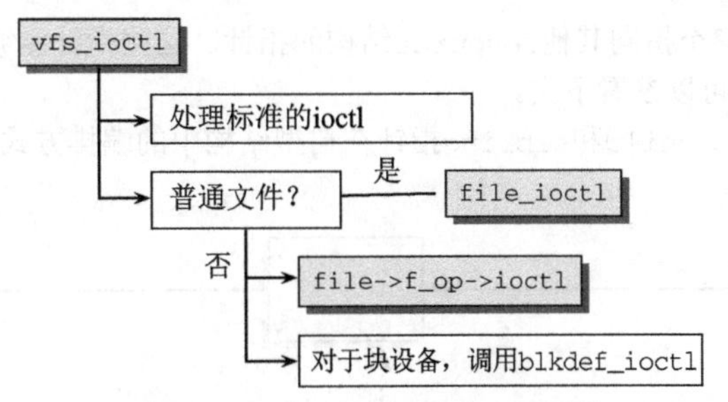

图6-19 sys_ioctl的代码流程图

- 如果文件是普通文件，则调用file_ioctl。该函数首先检查若干标准的、对普通文件总是会实现的ioctl（例如FIGETBSZ，用于查询文件使用的块长度）。接下来使用do_ioctl调用file_operations中特定于文件的ioctl函数（如果存在的话）以处理该ioctl（普通文件通常不提供ioctl函数，这样该系统调用会返回错误码）。
- 如果该文件不是普通文件，会立即调用do_ioctl，进而调用特定于文件的ioctl方法。用于块设备的ioctl方法是blkdev_ioctl。

blkdev_ioctl也实现了一些ioctl，对所有块设备都必须是可用的。例如，读取设备的分区信息数据或确定设备的总长度。此后，通过调用gendisk实例的file_operations中的ioctl方法，来处理特定于设备的ioctl。特定于驱动程序的命令在其中实现，例如光驱的弹出介质命令。

6.6 资源分配

I/O端口和I/O内存是两种概念上的方法，用以支持设备驱动程序和设备之间的通信。为使得各种不同的驱动程序彼此互不干扰，有必要事先为驱动程序分配端口和I/O内存范围。这确保几种设备驱动程序不会试图访问同样的资源。

6.6.1 资源管理

我们首先讲解用于管理资源的数据结构和函数。

1. 树数据结构

Linux提供了一个通用构架，用于在内存中构建数据结构。这些结构描述了系统中可用的资源，使得内核代码能够管理和分配资源。注意，其中关键的数据结构是resource，定义如下：

```
<ioport.h>
struct resource {
        resource_size_t start;
        resource_size_t end;
        const char *name;
        unsigned long flags;
        struct resource *parent, *sibling, *child;
};
```

name存储了一个字符串，以便给资源赋予一个有意义的名字。资源名称实际上与内核无关，但在以可读形式输出资源列表（在proc文件系统中）时比较有用。

资源自身的特征由下述3个参数描述。start和end类型为unsigned long，指定了一个一般性的区域。尽管理论上这两个数字的内容可以自由解释，但通常表示某个地址空间中的一个区域。flags用于更准确地描述资源及其当前状态。

我们比较感兴趣的是3个指向其他resource结构的指针。这些指针能够建立一个树型层次结构，指针在其中的用法，读者可以参看下文。

图6-20说明了parent、child和sibling指针在树型结构中的编排方式，很容易使人想起第2章讨论过的进程的网状结构。

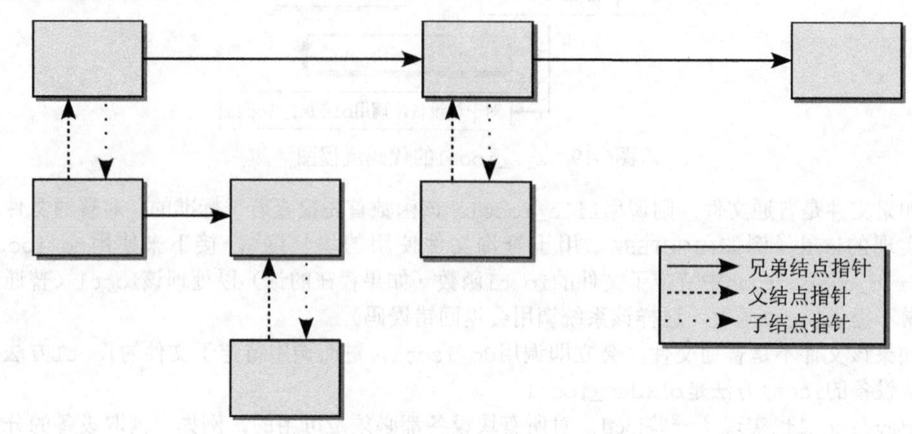

图6-20 树型结构中的资源管理

用于连接parent、child和sibling成员的规则很简单。

- 每个子结点只有一个父结点。
- 一个父结点可以有任意数目的子结点。
- 同一个父结点的所有子结点，会连接到兄弟结点链表上。

在内存中表示数据结构时，必须要注意以下问题。

- 尽管每个子结点都有一个指针指向父结点，但父结点只有一个指针指向第一个子结点。所有其他子结点都通过兄弟结点链表访问。
- 指向父结点的指针同样可以为NULL，在这种情况下，说明已经没有更高层次的结点了。

如何将该层次结构用于设备驱动程序？我们来考察一个系统总线的例子，其上附接了一块网卡。网卡支持两个输出，每个都分配了一个特定的内存区域，用于数据的输入和输出。总线自身也有一个I/O内存区域，其中一些部分由网卡使用。

该方案可以完美地融入到树形层次结构中。总线的内存区域理论上占用了（假想的）0和1 000之间的内存范围，充当根结点（最高的父结点）。网卡要求使用100和199之间的内存区域，这是根结点（总线自身）的一个子结点。网卡的子结点表示各个网络输出，分配的I/O内存区分别是100到149和150到199。原来较大的资源区域重复地细分为较小的部分，每次细分都表示了抽象模型中的一个层次。因此，子结点可用于将内存区划分为越来越小、功能越来越具体的部分。

2. 请求和释放资源

为确保可靠地配置资源（无论何种类型），内核必须提供一种机制来分配和释放资源。一旦资源已经分配，则不能由任何其他驱动程序使用。

请求和释放资源，无非是从资源树中添加和删除项而已。[①]

① 重要的是要注意到，许多系统资源无需分配即可使用。除极少例外，处理器作为资源是无法进行分配的。因而，尽管在大多数情况下可以省去资源的分配，但从清洁的程序设计风格的角度出发，还是需要使用如下所述的函数。

● *请求资源*

内核提供了__request_resource函数，用于请求一个资源区域。[1]这函数需要一系列参数，包括一个指向父结点的指针，资源区域的起始和结束地址，表示该区域名称的字符串。

kernel/resource.c
```
static struct resource * request_resource(struct resource *root,
                                          struct resource *new);
```

该函数用于分配一个resource实例，并用传递的数据填充其内容。其中也会进行检查，如果检测到一些显然的错误(例如，起始地址大于结束地址)使得请求无用，则放弃操作。request_resource只负责必要的锁操作，主要工作委托给__request_resource。它连续地扫描现存的资源，将新资源添加到正确的位置，或发现与已经分配区域的冲突。完成所述工作，需要遍历兄弟结点的链表。如果所需的资源区域是空闲的，则插入新的resource实例，这样就完成了资源的分配。如果该区域不是空闲的，则分配失败。

在扫描特定父结点的子结点时，只会在一个层次上扫描兄弟结点链表。内核不会扫描更底层子结点的链表。

如果资源无法分配，驱动程序自然就知道该资源已经分配，因而目前是不可用的。

● *释放资源*

调用release_resource函数释放使用中的资源。

kernel/resource.c
```
void release_resource(struct resource *old)
```

6.6.2 I/O 内存

资源、管理还有一个很重要的方面是I/O内存的分配方式，因为在所有平台上这都是与外设通信的主要方法（IA-32除外，其中I/O端口更为重要）。

I/O内存不仅包括与扩展设备通信直接使用的内存区域，还包括系统中可用的物理内存和ROM存储器，以及包含在资源列表中的内存（可以使用proc文件系统中的iomem文件，显示所有的I/O内存）。

```
wolfgang@meitner> cat /proc/iomem
00000000-0009e7ff : System RAM
0009e800-0009ffff : reserved
000a0000-000bffff : Video RAM area
000c0000-000c7fff : Video ROM
000f0000-000fffff : System ROM
00100000-07ceffff : System RAM
  00100000-002a1eb9 : Kernel code
  002a1eba-0030cabf : Kernel data
07cf0000-07cfefff : ACPI Tables
07cf0000-07cfefff : ACPI Tables
07cff000-07cfffff : ACPI Non-volatile Storage
...
f4000000-f407ffff : Intel Corp. 82815 CGC [Chipset Graphics Controller]
f4100000-f41fffff : PCI Bus #01
  f4100000-f4100fff : Intel Corp. 82820 (ICH2) Chipset Ethernet Controller
    f4100000-f4100fff : eepro100
  f4101000-f41017ff : PCI device 104c:8021 (Texas Instruments)
...
```

① 出于兼容性的考虑，内核源代码还包含其他用于分配资源的函数，但它们不应该再用于新代码。还有搜索具有指定长度资源的函数，以便自动填充仍然空闲的区域。我不会讨论这些扩展选项，因为它们只在内核中少数地方使用。

所有分配的I/O内存地址，都通过一棵资源树管理，树的根结点是全局内核变量iomem_resource。上述输出中，每个缩进表示一个子结点层次。具有相同的缩进层次的所有项是兄弟结点，会通过链表联系起来。图6-21给出了该数据结构在内存中的一部分，proc文件系统中的信息即由此获取。

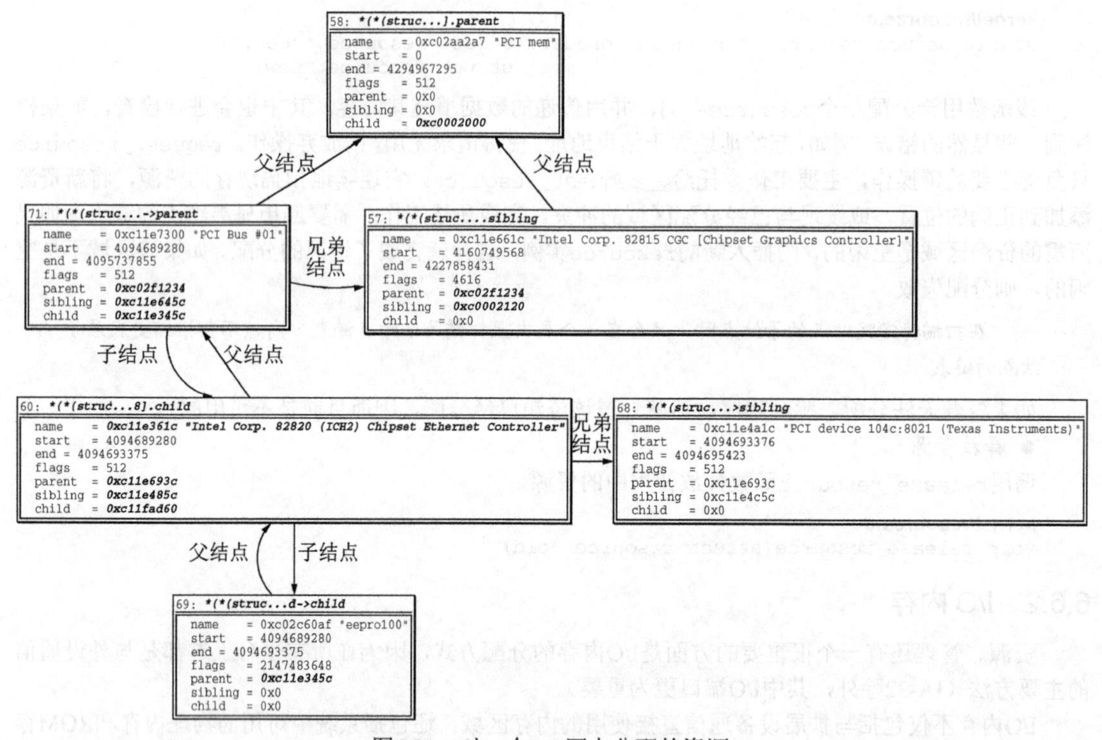

图6-21　对一个PCI网卡分配的资源

但在使用I/O内存时，分配内存区域并不是所需的唯一操作。取决于总线系统和处理器类型，可能必需将扩展设备的地址空间映射到内核地址空间中之后，才能访问该设备（称之为软件I/O映射）。这是通过使用ioremap内核函数适当设置系统页表而实现的，内核源代码中有若干不同地方使用了该函数，其定义是体系结构相关的。同样地，还提供了特定于体系结构的iounmap函数来解除映射。

在某种程度上，实现对进程页表的操作冗长而复杂。特别地，不同系统的实现有很大的差别，而且它对理解设备驱动程序并不重要，由此我就不详细讨论其实现了。一般地说，更重要的就是：将一个物理地址映射到处理器的虚拟地址空间中，使得内核可以使用该地址。就设备驱动程序而言，这意味着扩展总线的地址空间映射到CPU的地址空间中，使得能够用普通内存访问函数操作总线/设备。

> 在一些平台上，即使I/O区域已经映射之后，仍然有必要使用专门方法来访问各个I/O内存区域，而不是直接对指针进行反引用。表6-3给出了所有平台上用于完成该工作的函数（通常声明在<asm-arch/io.h>中）。可移植的驱动程序总是应该使用这些函数，即使在某些平台上与I/O区域通信时不需要其他步骤而只要简单的指针反引用（如IA-32系统）。

表6-3 用于访问I/O内存区域的函数

函数	语义
readb(addr) readw(addr) readl(addr)	从指定的I/O地址addr，读取一个字节、字或长整数
writeb(val, addr) writew(val, addr) writel(val, addr)	向I/O地址addr，写入一个字节、字或长整数，值由val指定
memcpy_fromio(dest, src, num)	从I/O地址src，将num个字节移到普通地址空间中的dest
memcpy_toio(dst, src, nun)	从普通地址空间中的dst，将num个字节复制到I/O区域中的src
memset_io(addr, value, count)	用value填充起始于地址addr的count个字节

6.6.3 I/O 端口

I/O端口是一种与设备和总线通信的流行方法，特别是在IA-32平台上。类似于I/O内存，按良好范例编写的驱动程序在访问所需的区域之前，相应的区域必须已经注册。糟糕的是，处理器无法检查注册是否已经完成。

kernel/resource.c中的ioport_resource充当资源树的根结点。proc文件系统中的ioports文件可以显示已经分配的端口地址。

```
wolfgang@meitner> cat /proc/ioports
0000-001f : dma1
0020-003f : pic1
0040-005f : timer
0060-006f : keyboard
...
0170-0177 : ide1
...
0378-037a : parport0
03c0-03df : vga+
...
0cf8-0cff : PCI conf1
1800-180f : Intel Corp. 82820 820 (Camino 2) Chipset IDE U100 (-M)
  1800-1807 : ide0
  1808-180f : ide1
1810-181f : Intel Corp. 82820 820 (Camino 2) Chipset SMBus
1820-183f : Intel Corp. 82820 820 (Camino 2) Chipset USB (Hub A)
...
3000-3fff : PCI Bus #01
  3000-303f : Intel Corp. 82820 (ICH2) Chipset Ethernet Controller
    3000-303f : eepro100
```

上文的输出中，内核仍然利用了缩进来反映父子结点和兄弟结点关系。所输出的列表，与上文输出的I/O内存区域，都取自同一系统。非常有趣的是，该列表不仅包括标准的系统组件（如键盘和定时器），还包括I/O映射中一些熟悉的设备（如以太网控制器）。归根结底，没什么理由能阻止同时通过端口和I/O内存访问一个设备。

在汇编程序层次上，端口通常必须通过特殊的处理器命令访问。因此内核提供了对应的宏，以便向驱动程序开发者提供一个系统无关的接口。这些在表6-4中列出。

表6-4　用于访问I/O端口的函数

函　　数	语　　义
insb(port, addr, num) insl(port, addr, num) insw(port, addr, num)	从端口port读取num个字节、字或长整数，复制到普通地址空间中的地址addr
outsb(port, addr, num) outsb(port, addr, num) outsb(port, addr, num)	从虚拟地址addr，向端口port写入num个字节、字或长整数

> 即使在不使用端口的体系结构上，也会声明和实现这些函数（通常通过访问“普通”的I/O内存），以简化不同体系结构上驱动程序的开发。

6.7　总线系统

尽管扩展设备通过设备驱动程序处理，而驱动程序与内核其余的代码通过一组固定的接口通信，因而扩展设备/驱动程序对核心的内核源代码没什么影响，但内核需要解决一个更基本的问题：设备如何通过总线附接到系统的其余部分。

与具体设备的驱动程序相比，总线驱动程序与核心内核代码的工作要密切得多。另外，总线驱动程序向相关的设备驱动程序提供功能和选项的方式，也不存在标准的接口。这是因为，不同的总线系统之间，使用的硬件技术可能差异很大。但这并不意味着，负责管理不同总线的代码没有共同点。相似的总线采用相似的概念，还引入了通用驱动程序模型，在一个主要数据结构的集合中管理所有系统总线，采用最小公分母的方式，尽可能降低不同总线驱动程序之间的差异。

内核支持大量总线，可能涉及多种硬件平台，也有可能只涉及一种平台。所以我不可能详细地讨论所有版本，这里我们只会仔细讨论PCI总线。因为其设计相对现代，而且具备一种强大的系统总线所应有的所有共同和关键要素。此外，在Linux支持的大多数体系结构上都使用了PCI总线。我还会讨论广泛使用、系统无关的的USB总线，该总线用于外设。①

6.7.1　通用驱动程序模型

现代总线系统在布局和结构的细节上可能有所不同，但也有许多共同之处，内核的数据结构即反映了这个事实。结构中的许多成员用于所有的总线（以及相关设备的数据结构中）。在内核版本2.6开发期间，一个通用驱动程序模型（设备模型，device model）并入内核，以防止不必要的复制。所有总线共有的属性封装到特殊的、可以用通用方法处理的数据结构中，再关联到总线相关的成员。

通用驱动程序模型主要基于第1章讨论的通用对象模型，与10.3节将讨论的sysfs文件系统也有密切的关联。

1. 设备的表示

驱动程序模型采用一种特殊数据结构来表示几乎所有总线类型通用的设备属性。②该结构直接嵌

① USB是否算得上通常的总线，是一个争论的议题。因为USB并不提供系统总线的功能，而依赖于“计算机内部”额外的分配机制。我采取一种务实的方法，几乎不涉及这个有争论的问题。

② 所有相对现代的总线上的设备都包括了这些属性，新的总线设计也不会改变这些。比较旧、不遵守该模型的总线，我们认为是例外情况。

入到特定于总线的数据结构中，而不是通过指针引用，这与前文介绍的kobject相似。其定义如下（已简化）：

```
<device.h>
struct device {
        struct klist          klist_children;
        struct klist_node     knode_parent;          /* 兄弟结点链表中的结点 */
        struct klist_node     knode_driver;
        struct klist_node     knode_bus;
        struct device     * parent;

        struct kobject kobj;
        char bus_id[BUS_ID_SIZE];              /* 在父总线上的位置 */
...

        struct bus_type * bus;                  /* 所在总线设备的类型 */
        struct device_driver *driver;           /* 分配当前device实例的驱动程序 */
        void              *driver_data;         /* 驱动程序的私有数据 */
        void              *platform_data;       /* 特定于平台的数据，设备模型代码不会访问 */
...
        void (*release)(struct device * dev);
};
```

klist和klist_node数据结构是我们熟悉的list_head数据结构的增强版，其中增加了与锁和引用计数相关的成员。klist是一个表头，而klist_node是一个链表元素。通过该机制实现的各种链表操作位于<klist.h>。相关的代码技术性相当强，也无助于我们深刻理解内核，因此我在这里不会讨论它。特别地，这种类型的链表只用于通用设备模型，内核的其余部分不会使用。

我们更感兴趣的是struct device的成员，其语义如下。

- 嵌入的kobject控制通用对象属性，正如前文的讨论。
- 有一些成员用于建立设备之间的层次关系。klist_children是一个链表的表头，该链表包含了指定设备的所有子设备。如果设备包含于父设备的klist_children链表中，则将knode_parent用作链表元素。parent指向父结点的device实例。
- 因为一个设备驱动程序能够服务多个设备（例如，系统中安装了两个相同的扩展卡），knode_driver用作链表元素，用于将所有被同一驱动程序管理的设备连接到一个链表中。driver指向控制该设备的设备驱动程序的数据结构（下面的成员包括更多相关信息）。
- bus_id唯一指定了该设备在宿主总线上的位置（不同总线类型使用的格式也会有所不同）。例如，设备在PCI总线上的位置由一个具有以下格式的字符串唯一地定义：<总线编号>:<插槽编号>.<功能编号>。
- bus是一个指针，指向该设备所在总线（更多信息见下文）的数据结构的实例。
- driver_data是驱动程序的私有成员，不能由通用代码修改。它可用于指向与设备协作必需、但又无法融入到通用方案的特定数据。platform_data和firmware_data也是私有成员，可用于将特定于体系结构的数据和固件信息关联到设备。通用驱动程序模型也不会访问这些数据。
- release是一个析构函数，用于在设备（或device实例）不再使用时，将分配的资源释放回内核。

内核提供了标准函数device_register，用于将一个新设备添加到内核的数据结构。该函数在下文讨论。device_get和device_put一对函数用于引用计数。

通用驱动程序模型也为设备驱动程序单独设计了一种数据结构。

<driver.h>
```
struct device_driver {
        const char          * name;
        struct bus_type     * bus;

        struct kobject      kobj;
        struct klist        klist_devices;
        struct klist_node   knode_bus;
...
        int     (*probe)     (struct device * dev);
        int     (*remove)    (struct device * dev);
        void    (*shutdown)  (struct device * dev);
        int     (*suspend)   (struct device * dev, pm_message_t state);
        int     (*resume)    (struct device * dev);
};
```

各个成员的语义如下。

- name指向一个正文串，用于唯一标识该驱动程序。
- bus指向一个表示总线的对象，并提供特定于总线的操作（更详细的内容，请参见下文）。
- klist_devices是一个标准链表的表头，其中包括了该驱动程序控制的所有设备的device实例。链表中的各个设备通过device->knode_driver彼此连接。
- knode_bus用于连接一条公共总线上的所有设备。
- probe是一个函数，用于检测系统中是否存在能够用该设备驱动程序处理的设备。
- 删除系统中的设备时会调用remove。
- shutdown、suspend和resume用于电源管理。

驱动程序使用内核的标准函数driver_register注册到系统中，该函数在下文讨论。

2. 总线的表示

通用驱动程序模型不仅表示了设备，还用另一个数据结构表示了总线，定义如下：

<device.h>
```
struct bus_type {
        const char              * name;
...
        struct kset             subsys;
        struct kset             drivers;
        struct kset             devices;
        struct klist            klist_devices;
        struct klist            klist_drivers;
...
        int     (*match)(struct device * dev, struct device_driver * drv);
        int     (*uevent)(struct device *dev, struct kobj_uevent_env *env);
        int     (*probe)(struct device * dev);
        int     (*remove)(struct device * dev);
        void    (*shutdown)(struct device * dev);
        int     (*suspend)(struct device * dev, pm_message_t state);
...
        int     (*resume)(struct device * dev);
...
};
```

- name是总线的文本名称。特别地，它用于在sysfs文件系统中标识该总线。
- 与总线关联的所有设备和驱动程序，使用drivers和devices成员，作为集合进行管理。内核还会创建两个链表（klist_devices和klist_drivers）来保存相同的数据。这些链表使内核能够快速扫描所有资源（设备和驱动程序），kset保证了与sysfs文件系统的自动集成。subsys

提供与总线子系统的关联。对应的总线出现在/sys/bus/busname。

- match指向一个函数，试图查找与给定设备匹配的驱动程序。
- add用于通知总线新设备已经添加到系统。
- 在有必要将驱动程序关联到设备时，会调用probe。该函数检测设备在系统中是否真正存在。
- remove删除驱动程序和设备之间的关联。例如，在将可热插拔的设备从系统中移除时，会调用该函数。
- shutdown、suspend和resume函数用于电源管理。

3. 注册过程

为阐明表示总线、设备和设备驱动程序的各个数据结构之间彼此的关联，了解各种类型数据结构的注册过程是很有用处的。为强调要点，下文中忽略了一些技术细节，如错误处理之类。当然，所述的函数广泛使用了通用设备模型提供的方法。

● **注册总线**

在可以注册设备及其驱动程序之前，需要有总线。因此我们从bus_register开始，该函数向系统添加一个新总线。首先，通过嵌入的kset类型成员subsys，将新总线添加到总线子系统：

drivers/base/bus.c
```
int bus_register(struct bus_type * bus)
{
        int retval;

        retval = kobject_set_name(&bus->subsys.kobj, "%s", bus->name);
        bus->subsys.kobj.kset = &bus_subsys;
        retval = subsystem_register(&bus->subsys);
...
```

总线需要了解相关设备及其驱动程序的所有有关信息，因此总线对二者注册了kset。两个kset分别是drivers和devices，都将总线作为父结点：

drivers/base/bus.c
```
        kobject_set_name(&bus->devices.kobj, "devices");
        bus->devices.kobj.parent = &bus->subsys.kobj;
        retval = kset_register(&bus->devices);

        kobject_set_name(&bus->drivers.kobj, "drivers");
        bus->drivers.kobj.parent = &bus->subsys.kobj;
        bus->drivers.ktype = &driver_ktype;
        retval = kset_register(&bus->drivers);
...
}
```

● **注册设备**

注册设备包括两个独立的步骤，如图6-22所示。具体是：初始化设备的数据结构，并将其加入到数据结构的网络中。

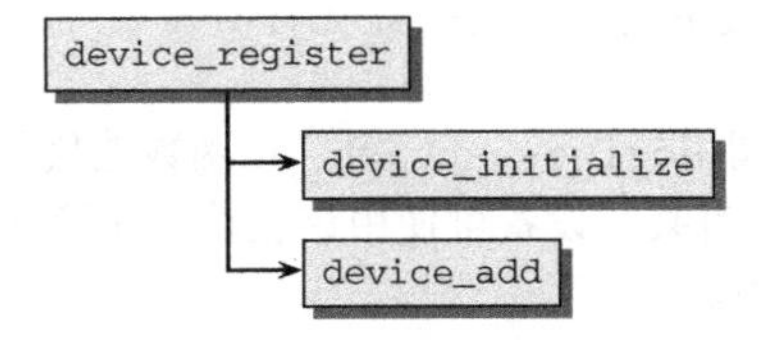

图6-22 device_register的代码流程图

device_initialize主要通过kobj_set_kset_s(dev, devices_subsys)将新设备添加到设备子系统。

device_add还需要一些其他工作。首先，将通过device->parent指定的父子关系转变为一般的内核对象层次结构：

drivers/base/core.c
```
int device_add(struct device *dev)
{
        struct device *parent = NULL;
...
        parent = get_device(dev->parent);
        kobj_parent = get_device_parent(dev, parent);
        dev->kobj.parent = kobj_parent;
...
```

在设备子系统中注册该设备只需要调用一次kobject_add，因为在device_initialize中已经将该设备设置为子系统的成员了。

drivers/base/core.c
```
        kobject_set_name(&dev->kobj, "%s", dev->bus_id);
        error = kobject_add(&dev->kobj);
...
```

然后调用bus_add_device在sysfs中添加两个链接：一个在总线目录下指向设备，另一个在设备的目录下指向总线子系统。bus_attach_device试图自动探测设备。如果能够找到适当的驱动程序，则将设备添加到bus->klist_devices。设备还需要添加到父结点的子结点链表中（此前，设备知道其父结点，但父结点不知道该子结点的存在）。

drivers/base/core.c
```
        error = bus_add_device(dev);
        bus_attach_device(dev);
        if (parent)
                klist_add_tail(&dev->knode_parent, &parent->klist_children);
...
}
```

● **注册设备驱动程序**

在进行一些检查和初始化工作之后，driver_register调用bus_add_driver将一个新驱动程序添加到一个总线。同样，驱动程序首先要有名字，然后注册到通用数据结构的框架中：

drivers/base/bus.c
```
int bus_add_driver(struct device_driver *drv)
{
        struct bus_type * bus = bus_get(drv->bus);
        int error = 0;
...
        error = kobject_set_name(&drv->kobj, "%s", drv->name);
        drv->kobj.kset = &bus->drivers;
        error = kobject_register(&drv->kobj);
...
```

如果总线支持自动探测，则调用driver_attach。该函数迭代总线上的所有设备，使用驱动程序的match函数进行检测，确定是否有某些设备可使用该驱动程序管理。最后，将该驱动程序添加到总线上注册的所有驱动程序的链表中。

drivers/base/bus.
```
        if (drv->bus->drivers_autoprobe)
```

```
            error = driver_attach(drv);
...
        klist_add_tail(&drv->knode_bus, &bus->klist_drivers);
...
}
```

6.7.2 PCI总线

PCI是peripheral component interconnect的缩写，是英特尔公司开发的一种标准总线，它迅速在系统组件和体系结构厂商中间确立了自身的地位，成为一种非常流行的总线。其原因不在于市场策略方面的技巧，而是因为其技术水平。它成功替代了ISA总线（ISA是影响过这个程序设计里、最令人苦恼的灾难这一）。[①]为一劳永逸地解决ISA总线设计上固有的缺陷，PCI总线规定了以下设计目标。

- 支持高传输带宽，以适应具有大数据流的多媒体应用。
- 简单且易于自动化配置附接的外设。
- 平台独立性，即不绑定到特定的处理器类型或系统平台。

PCI规范存在几个版本，因为在PCI的发展过程中添加了各种增强特性，以涵盖更多新近技术进展。例如，最近一个主要的更新涉及热插拔（在系统运行时，添加和移除设备）。

由于PCI规范与处理器无关的性质，该总线不仅用于IA-32系统（及其或多或少的直接后继IA-64和AMD64），还用于其他的体系结构（如PowerPC、Alpha、SPARC等）。看看为该总线生产的大量廉价的扩展卡，就知道为什么了。

1. PCI系统的布局

在讨论内核中PCI的实现之前，我们先来了解该总线的主要原理。如果读者需要更多详细的讲解，可以参考硬件技术方面的教科书（例如[BH01]）。

- **设备标识**

系统的某个PCI总线上的每个设备，都由一组3个编号标识。

- 总线编号（bus number）是该设备所在总线的编号，编号照例从0开始。PCI规范准许每个系统最多255个总线。
- 插槽编号（slot number）是总线内部的一个唯一标识编号。一个总线最多能够附接32个设备。不同总线上的设备插槽编号可能相同。
- 功能编号（function number）用于在一个扩展卡上，实现包括多个（经典意义上）扩展设备的设备。例如，为节省空间，可以将两个网卡放置在一块扩展卡上，在这种情况下通过不同的功能编号来指定不同的接口。笔记本电脑中多功能芯片组使用很多，这些芯片组附接到PCI总线，以最小的空间集成了一整套扩展设备（IDE控制器、USB控制器、调制解调器、网络等）。这些扩展设备必须通过功能编号进行区分。PCI标准将一个设备上功能部件的最大数目定义为8。

每个设备都通过一个16位编号唯一地标识，其中8个比特位用于总线编号，5个比特位用于插槽编号，3个比特位用于功能编号。驱动程序无需费力处理这种极其紧凑的记法，因为内核建立了一个数

---

① ISA代表industrial standard architecture。在IBM公司试图引入有专利的私有微通道总线，以压制扩展设备的制造时，为应对此事，很多硬件厂商联合起来开发了ISA总线。ISA总线系统的设计非常简单，以简化扩展卡的使用。实际上，它非常简单，以至于业余的电子学爱好者也能够为之开发适当的扩展硬件，对当今的现代总线设计来说，几乎不可想象。但从总线编程和设备驱动程序寻址方面，它确实有严重的缺陷。一部分是因为当时与现在完全不同的计算机技术格局，另一部分是由于总线的设计所致，其设计从任何角度来看都不具备前瞻性。

据结构的网络，其中也包含了同样的信息，从C语言的角度来看更容易处理。

● 地址空间

有3个地址空间支持与PCI设备的通信。

- I/O空间通过32个比特位描述，因而，对用于与设备通信的端口地址，提供了最大4 GB的空间。
- 取决于处理器类型，数据空间由32或64个比特位描述。当然，只有CPU字长为64位时，才支持后者。系统中的设备分配到上述两个地址空间中，因而有唯一的地址。
- 配置空间包含了各个设备的类型和特征的详细信息，以省去危险的自动探测工作。①

这些地址空间会根据处理器类型映射到系统虚拟内存中的不同位置，使得内核和设备驱动程序能够访问对应的资源。

● 配置信息

与许多先前的总线相比，PCI总线是一种无跳线系统。换言之，扩展设备能够完全通过软件手段配置，而无需用户干涉。② 为支持这种配置，每个PCI设备都有一个256字节长的配置空间，其中包括该设备的特点和要求的有关信息。尽管按当前计算机的内存配置水平来看，256字节初看起来数目很小，但其中可以存储大量信息，图6-23给出了PCI规范规定的配置空间的布局。

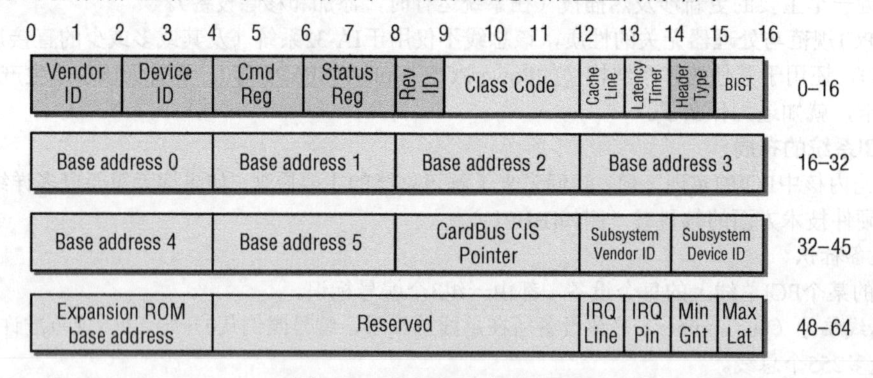

图6-23　PCI配置空间的布局

> 尽管该结构长度必须是256字节，但只有前64字节是标准化的。其余空间可以自由使用，通常用于在设备和驱动程序之间交换附加信息。该信息的结构（或应该）定义在硬件文档中。也应注意到，并非前64字节中所有的信息都是强制性的。一些项是可选的，如果设备不需要，可以填充字节0。在图中，强制性的项用深灰色突出显示。

Vendor ID和Device ID唯一地标识了厂商和设备类型。前者由PCI Special Interest Group（一个工业界的联盟）分配，用于标识各个公司。③后者可以由厂商自由选择，只用于确保在地址空间中不会出现重复。这两个ID合起来通常称之为设备的签名。两个具有相似名称的附加字段：Subsystem Vendor ID和Subsystem Device ID，也可以同时使用，以更精确地描述设备的通用接口。Rev ID用于区分不同的设备修订级别。这有助于用户选择设备驱动程序的版本，新版本的设备可能消除了已知的硬件故障或

① 自动探测即设备的“自动检测”，通过向各种地址发送数据并等待系统的响应，以识别系统中存在的扩展卡。这是ISA总线的诸多邪恶之一。

② 一些读者很可能还记得所谓的ISA“游戏”，其中的扩展卡文档很少，需要通过跳线手工地调整资源。

③ 英特尔公司的ID是0x8086……

添加了新特性。

Class Code字段用于将设备分配到各种不同的功能组，该字段分为两部分。前8个比特位表示基类（base class），而剩余的16个比特位表示基类的一个子类。基类及其子类的例子如下给出（我使用了<pci_ids.h>中对应常数的名称）。

- 大容量存储器（PCI_BASE_CLASS_STORAGE）
  - SCSI控制器（PCI_CLASS_STORAGE_SCSI）
  - IDE控制器（PCI_CLASS_STORAGE_IDE）
  - RAID控制器（PCI_CLASS_STORAGE_RAID）（用于组合多个磁盘驱动器）
- 网络（PCI_BASE_CLASS_NETWORK）
  - 以太网（PCI_BASE_NETWORK_ETHERNET）
  - FDDI（PCI_BASE_NETWORK_FDDI）
- 系统组件（PCI_BASE_CLASS_SYSTEM）
  - DMA控制器（PCI_CLASS_SYSTEM_DMA）
  - 实时时钟（PCI_CLASS_SYSTEM_RTC）

6个基地址字段每个包含32个比特位，用于定义PCI设备和系统其余部分通信所用的地址。在涉及64位设备时（Alpha和Sparc64系统上是有可能的），需要将基地址字段两两合并，以描述内存中的位置。这样可用的基地址数目就只有3个了。就内核而言，剩余字段中相关的只有IRQ编号，可以接受0和255之间的任意值，用于指定设备使用的中断。值为0表示该设备并不使用中断。

> 尽管PCI标准支持最多255个中断，实际能够使用的编号通常会受限于具体的体系结构。在这样的系统上，如果要支持比中断请求线数目更多的设备数目，那么必须采用诸如中断共享（在第14章讨论）之类的方法。

剩余的字段由硬件使用，与软件无关，因此我不会详细解释其语义。

2. 内核中的实现

内核为PCI驱动程序提供了一个广泛的框架，可以粗略地划分为两个类别。

- PCI系统的初始化（和资源的分配，这取决于系统），以及预备对应的数据结构以反映各个总线和设备的容量和能力，使得能够较为容易地操作总线/设备。
- 支持访问所有PCI选项的标准化函数接口

在各个不同类型的系统上，PCI系统初始化有时差异非常大。例如，IA-32系统会在启动时间借助于BIOS自行分配所有相关的PCI资源，内核需要做的事情很少。Alpha系统没有BIOS或适当的等价物，相关工作必须由内核完成。因此，在讲解内核内存中相关的数据结构时，我会假定所有PCI设备和总线都已经完全初始化。

● 数据结构

内核提供了几个数据结构来管理系统的PCI结构。这些结构声明在<pci.h>中，通过一个由指针构成的网络互相连接。在仔细讲解结构成员的定义之前，我首先给出一个概述。

- 系统中的各个总线由pci_bus的实例表示。
- pci_dev结构表示各个设备、扩展卡和功能部件。
- 每个驱动程序都通过pci_driver的一个实例描述。

内核定义了两个全局的list_head变量（都定义在<pci.h>中），用作PCI数据结构形成的网络的入口。

- pci_root_buses列出了系统中所有的PCI总线。在“向下”扫描数据结构以查找附接到各个总线的所有设备时，该链表是一个起点。
- pci_devices将系统中的所有PCI设备都连接起来，不考虑总线结构的影响。在驱动程序想要搜索它支持的所有设备时，该链表很有用，因为此时无需关注总线拓扑结构（当然，通过PCI数据结构之间的许多关联，是可以找到与一个设备关联的总线的，读者在后面会看到）。

● 总线的表示

在内存中，每个PCI总线都通过pci_bus数据结构的一个实例表示，该结构定义如下：

<pci.h>

```
#define PCI_BUS_NUM_RESOURCES 8

struct pci_bus {
        struct list_head node;          /* 总线链表中的结点 */
        struct pci_bus *parent;         /* 此桥接器（即此总线）所在的父总线 */
        struct list_head children;      /* 子总线链表 */
        struct list_head devices;       /* 总线上设备的链表 */
        struct pci_dev *self;           /* 父总线所看到的桥接器设备 */
        struct resource *resource[PCI_BUS_NUM_RESOURCES]; /* 导向到该总线的地址空间 */

        struct pci_ops *ops;            /* 访问配置信息的各函数 */
        void    *sysdata;               /* 挂钩，用于特定于硬件的扩展 */
        struct proc_dir_entry *procdir; /* /proc/bus/pci中的目录项 */

        unsigned char number;           /* 总线号 */
        unsigned char primary;          /* 主桥接器编号 */
        unsigned char secondary;        /* 次桥接器编号 */
        unsigned char subordinate;      /* 下级总线的最大数目 */

        char          name[48];
...
};
```

源代码的编排格式，将该结构分为不同的功能部分。

第一部分包括与其他PCI数据结构建立关联所需的所有成员。node是一个链表元素，用于将所有总线连接到上文提到的全局链表中。parent是一个指针，指向更高层次总线的数据结构。每个总线只可能有一个父总线。某个总线的下级总线或子总线都必须通过以children作为表头的链表管理。

同样地，总线上所有附接的设备都通过以devices为表头的链表管理。

除总线0以外，所有系统总线都可以只通过一个PCI桥接器寻址，桥接器类似于一个普通的PCI设备。每个总线的self成员是一个指针，指向描述桥接器的pci_dev实例。

resource数组只是用于保存该总线在虚拟内存中占用的地址区域。每个数组元素包含一个resource结构的实例。因为该数组包含4项，总线也刚好可以分配这么多个不同的地址空间与系统其余的部分通信（数组大小当然是符合PCI标准的）。第一个数组项包含用于I/O端口的地址区域。第二项总是保存I/O内存区域的地址范围。

pci_bus结构的第二部分首先是ops成员，其中包含大量函数指针。这些是一组用于访问配置空间的函数，下文将更仔细地讲解。sysdata成员使得总线结构可以关联到特定于硬件（因而也是特定于驱动程序）的函数，尽管内核很少使用该选项。最后，procdir提供了一个到proc文件系统的接口，以便使用/proc/bus/pci向用户空间导出有关各个总线的信息。

pci_bus结构的下一部分包含数值信息。number是一个连续号码，在系统中唯一地标识了该总线。subordinate是该特定总线可以拥有的下级总线的最大数目。name字段包含该总线的一个文本名称（例如，PCI Bus #01），当然也可以是空白。

在PCI子系统初始化时，会建立所有系统总线的列表。这些总线以两种不同的方式彼此连接。第一种方法使用一个线性链表，表头是上文所述的pci_root_buses全局变量，包括系统中所有的总线。node成员充当链表元素。

parent和children结构成员，方便了以树的形式表示PCI总线的二维拓扑结构。

- **设备管理**

struct pci_dev是一个关键的数据结构，用于表示系统中的各个PCI设备。

> 在这里，内核不仅将术语设备解释为扩展卡，还意指用于连接各个总线的PCI桥接器。不仅有将PCI总线彼此连接起来的桥接器，（在旧的系统上）还有连接PCI总线与ISA总线的桥接器。

<pci.h>

```
struct pci_dev {
        struct list_head global_list;              /* 在所有PCI设备的链表中的结点 */
        struct list_head bus_list;                 /* 在各总线设备链表中的结点 */

        struct pci_bus  *bus;                      /* 设备所在的总线 */
        struct pci_bus  *subordinate;              /* 该桥接器设备接通的总线 */

        void            *sysdata;                  /* 挂钩，用于特定于硬件的扩展 */
        struct proc_dir_entry *procent;            /* /proc/bus/pci中的设备目录项 */

        unsigned int    devfn;                     /* 编码过的设备和功能索引 */
        unsigned short  vendor;
        unsigned short  device;
        unsigned short  subsystem_vendor;
        unsigned short  subsystem_device;
        unsigned int    class;                     /* 3个字节（base、sub、prog-if） */
        u8              revision;                  /* PCI修订版本号，class的最低字节 */
        u8              hdr_type;                  /* PCI首部类型（屏蔽了多个标志） */
        u8              pcie_type;                 /* PCI-E设备/端口类型 */
        u8              rom_base_reg;              /* 使用哪个配置寄存器来控制ROM */
        u8              pin;                       /* 设备使用的中断针脚 */

        struct pci_driver *driver;                 /* 分配当前device实例的驱动程序 */
...
        struct device dev;                         /* 到通用设备模型的接口 */

        /* 设备与下列ID兼容 */
        unsigned short vendor_compatible[DEVICE_COUNT_COMPATIBLE];
        unsigned short device_compatible[DEVICE_COUNT_COMPATIBLE];

        int             cfg_size;                  /* 配置空间的长度 */

        /*
         * 不要直接访问中断线和基本地址寄存器，应该使用这里存储的值。
         * 两种做法得到的值可能是不同的！
         */
        unsigned int irq;
        struct resource resource[DEVICE_COUNT_RESOURCE]; /* I/O内存区 +扩展ROM */
...
};
```

该结构的第一部分成员用于通过链表或树实现关联。global_list和bus_list是两个链表元素，用于将设备放置到全局设备链表（表头为pci_devices）或特定于总线的设备链表（表头为pci_bus->devices）上。

bus成员用于建立设备和总线之间的逆向关联。它是一个指针，指向设备所在总线的pci_bus实例。另一个到总线的关联保存在subordinate成员中，仅当设备表示连接两个PCI总线的PCI桥接器时，该成员才包含有效值（否则为NULL指针）。如果确实如此（桥接器），则subordinate指向“下级”PCI总线的数据结构。

我们对接下来的两个成员没太多兴趣，sysdata用于存储特定于驱动程序的数据，而procentry用于管理设备在proc文件系统中的目录项。结构的下一部分也没有包含我们感兴趣的内容。devfn和rom_base_reg之间的所有成员只是用于存储上文提到的配置空间数据。其中填充的是系统初始化时从硬件读取的数据。后续的操作就没有必要继续从配置空间取得这些数据了，从上述数据结构可以简便快速地获得配置数据。

driver指向用于控制该设备的驱动程序，稍后我会讨论用于表示驱动程序的struct pci_driver数据结构。每个PCI驱动程序都通过该结构的一个实例唯一地标识。此外PCI设备还必须关联到通用设备模型，dev成员即用于此目的。

irq指定了该设备使用的中断数目，resource是一个数组，保存了驱动程序为I/O内存分配的资源实例。

● 驱动程序函数

PCI层中最后一个基本的数据结构是pci_driver。它用于实现PCI驱动程序，表示了通用内核代码和设备的底层硬件驱动程序之间的接口。每个PCI驱动程序都必须将其函数填到该接口中，使得内核能够一致地控制可用的驱动程序。

该结构定义如下（为简明起见，我省去了用于实现电源管理的项）：

<pci.h>

```
struct pci_driver {
...
        char *name;
        const struct pci_device_id *id_table; /* 必须为非空指针，以便调用probe */
        int (*probe) (struct pci_dev *dev, const struct pci_device_id *id);
                                                       /* 新设备插入时调用 */
        void (*remove) (struct pci_dev *dev); /* 设备移除时调用（如果是不支持热插拔的驱动
                                               * 程序，则为NULL） */
...
        struct device_driver driver;
...
};
```

前两个成员的语义很明显。name是设备的文本标识符（通常，是实现驱动程序的模块名称），而driver用于建立与通用设备模型的关联。

PCI驱动程序结构最重要的方面是对检测、安装、移除设备的支持。为此提供了两个函数指针：probe检测该驱动程序是否支持某个PCI设备（该过程称之为探测，也是该函数指针得名的原因）。remove用于移除设备。只有系统支持热插拔（通常不支持）时，移除PCI设备才有意义。

驱动程序必须知道它负责管理的设备。上文讨论的（子）设备和（子）厂商ID用于在一个列表中唯一地标识所支持的设备，内核使用该列表来确定驱动程序所支持的设备。另一个数据结构名为pci_device_id，即用于实现该列表。该结构在PCI子系统中极为重要，将在下文讨论。由于一个驱动程序可能支持多个不同（大体上兼容的）的设备，内核支持设备ID的一个完整的搜索列表。

● 注册驱动程序

PCI驱动程序可以通过pci_register_driver注册。该函数十分简单。其主要任务是，对相关函数已经分配的一个pci_device实例，填充一些剩余的字段。该实例使用driver_register传递到通用设备层，该函数的运作方式在上文讨论过。

比注册过程更有趣的是各个驱动程序对pci_device结构的填充操作，这不仅涉及定义上述函数，来表示驱动程序和通用内核代码之间的接口，还需要创建该驱动程序能够管理的所有设备的列表，这是根据（子）设备和（子）厂商ID判断的。

上文提到，在这个过程中pci_device_id数据结构具有决定作用，其定义如下：

<mod_devicetable.h>

```
struct pci_device_id {
        __u32 vendor, device;           /* 厂商和设备ID，或PCI_ANY_ID*/
        __u32 subvendor, subdevice;     /* 子系统ID，或PCI_ANY_ID */
        __u32 class, class_mask;        /* (class,subclass,prog-if) 三元组 */
        unsigned long driver_data;      /* 驱动程序的私有数据 */
};
```

读者在前文已经看到过PCI配置空间的描述，因此对该结构的成员可能比较熟悉。通过定义特定的常数，驱动程序能够指定某个特定的芯片组/设备。class_mask还允许根据位掩码过滤可能的类别。

在很多情况下，只描述一个设备既不必要也不可取。如果驱动程序支持大量兼容设备，这将很快导致源代码中出现无穷的声明列表。这不仅难于阅读，而且也存在一个现实的缺点。我们可能只是因为驱动程序没有将某个兼容设备加入到支持设备的列表中，所以在运行时就无法找到该设备。因此内核提供了通配符常数PCI_ANY_ID，可以与任何PCI设备ID匹配。我们来考察一下，该机制如何用于下述的eepro100驱动程序中（这是一个广泛使用的芯片组，由英特尔公司生产）：

drivers/net/e100/e100_main.c

```
#define INTEL_8255X_ETHERNET_DEVICE(device_id, ich) {\
        PCI_VENDOR_ID_INTEL, device_id, PCI_ANY_ID, PCI_ANY_ID, \
        PCI_CLASS_NETWORK_ETHERNET << 8, 0xFFFF00, ich }
static struct pci_device_id e100_id_table[] = {
        INTEL_8255X_ETHERNET_DEVICE(0x1029, 0),
        INTEL_8255X_ETHERNET_DEVICE(0x1030, 0),
        INTEL_8255X_ETHERNET_DEVICE(0x1031, 3),
        INTEL_8255X_ETHERNET_DEVICE(0x1032, 3),
        INTEL_8255X_ETHERNET_DEVICE(0x1033, 3),
...
        INTEL_8255X_ETHERNET_DEVICE(0x245D, 2),
        INTEL_8255X_ETHERNET_DEVICE(0x27DC, 7),
        { 0, }
};
```

INTEL_8255X_ETHERNET_DEVICE宏的每次展开都在表中产生一项。该项的各个成员与其在pci_device_id中声明的顺序相同。

0x8086是英特尔公司的厂商ID，英特尔公司是该芯片组的生产商（驱动程序也可以使用预处理器常数PCI_VENDOR_ID_INTEL定义相同的值）。每个项包含一个特定的设备ID，标识了当前市场上出售的该设备的所有版本。子厂商和子设备ID在这里是无关的，因此由PCI_ANY_ID表示。这意味着任何子厂商或子设备都被认为是有效的。

内核提供了pci_match_id函数，将PCI设备数据与ID表中的数据进行比较。它将给定的pci_dev实例与ID表进行比较，来确定该设备是否包含在ID表中。

6

drivers/pci/pci-driver.c
```
const struct pci_device_id *pci_match_id(const struct pci_device_id *ids,
                                          struct pci_dev *dev);
```

如果一个ID表项的所有成员与设备配置中的所有成员都相同，那么就找到了匹配项。如果ID表中一个字段为特殊值PCI_ANY_ID，那么无论pci_dev实例中对应字段的值如何，都是匹配的。

6.7.3 USB

USB（Universal Serial Bus，通用串行总线）开发于上世纪90年代末。它是一种外部总线，用于满足不断发展的PC的需求，并用于建立针对新类型计算机的解决方案，如手持设备、PDA等。作为一种通用的外部总线，在用于连接中低数据传输速率的设备时（如鼠标、网络摄像头、键盘），USB很有优势。但带宽要求更高的设备如外部硬盘、光驱、CD刻录机也可以通过USB总线运行。USB 1.1的最大传输速率限于12 兆比特/秒，该标准的2.0版本最高速率提升到480 兆比特/秒。

在设计该总线时，尤其要注意易用性，以方便不熟练的计算机用户。因此，热插拔和相关驱动程序的透明安装是USB设计的核心。与早期的PCI热插拔卡（很难弄到）和PCMCIA/PC卡（价格较高，几乎没有使用）相比，USB是将内核的热插拔能力提供给大量用户的第一种总线。

1. 特性和运作模式

USB标准有3个版本。最重要的是第一个版本（1.0）及其下一个版本（1.1），大多数硬件都采用了该版本的标准。更新的版本（2.0）在设计上消除了USB在传输速率方面（与其他外部总线相比，主要是FireWire，即IEEE1394）的缺点，现在获得了广泛应用。这两个协议，内核都支持。对USB的所有版本来说，内核中用于管理设备的数据结构都是相同的，由于下文将主要讲解数据结构方面的内容，我不会过多讨论该标准不同版本之间的技术性差别。

相比其他总线，USB有哪些特别特性？除了对最终用户的易用性之外，必须提及该总线用于排布附接设备的拓扑结构，这很容易使人想起网络结构。从单一的根控制器开始，设备通过集线器连接到树形结构中，如图6-24所示。用这样的方式，一个系统最多可附接127个终端设备。

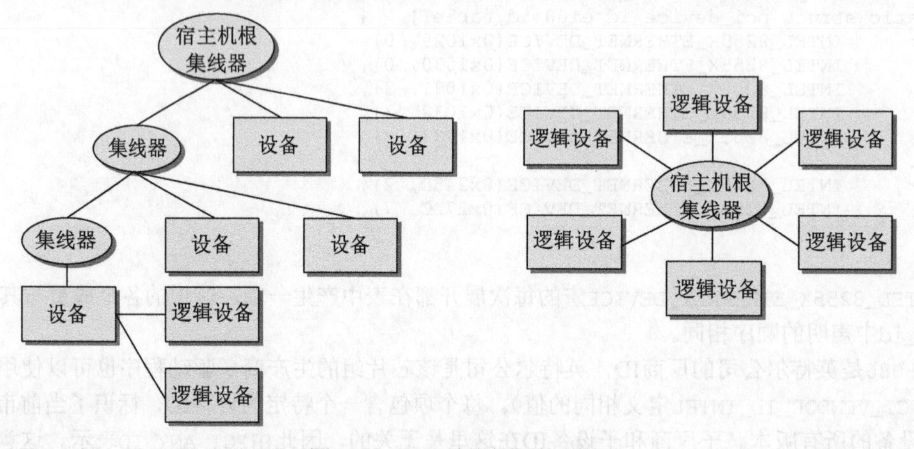

图6-24　USB系统的拓扑结构

设备从来不会直接连接到宿主机控制器，总是通过集线器。为确保驱动程序的视图一致，内核用一个小的仿真层替换了根控制器，使得系统的其余部分将该控制器视为一个虚拟集线器。这简化了驱动程序的开发。

USB并不绑定到某种特定的处理器或体系结构，在原则上它可以用于所有平台，当然这种总线主要在PC平台上流行。由于还可以通过PCI扩展卡的形式提供USB接口，所有支持PCI扩展卡的体系结构（大体上包括Sparc64、Alpha，等等）都自然能够支持USB。

在讨论USB相关问题时，设备这个术语应该谨慎使用，因为它被分为3个层次。

- 设备（device）是用户可以连接到USB总线的任何东西，例如集成了麦克风的摄像机，等等。上例表明，一个设备可能由几种功能部件组成，分别通过不同的驱动程序控制。
- 每个设备由一个或多个*配置*（configuration）组成，配置支配着设备的全局特征。例如，一个设备可能带有两个接口。如果总线提供电源，则使用其中一个接口；如果使用外部电源，则使用另一个接口。
- 同样，每个配置由一个或多个*接口*（interface）组成，每个接口提供不同的设置选项。对摄像机可以想象到3个接口：只启用麦克风、只启用摄像机或同时启用两者。根据所选的接口，设备的带宽需求可能不同。
- 最后，每个接口可能有一个或多个*端点*（end point），由驱动程序控制。可能有这样的情形：一个驱动程序控制设备的所有端点，但每个端点都可能需要一个不同的驱动程序。在上述的例子中，两个端点分别是图像视频单元和麦克风。另一个带有两个不同端点的设备的例子是，集成了一个USB集线器的USB键盘，可以将其他USB设备连接到集线器上（从根本上讲，集线器是一种特殊的USB设备）。

所有USB设备都划分到不同的类别中。在内核源代码中，我们可以看到这样的划分：各个驱动程序的源代码按照所属类别，归入不同的目录。`drivers/usb/`包含若干子目录，其内容如下。

- `image`目录下是图形和视频设备的驱动程序，如数字照相机、扫描仪，等等。
- `input`目录下是输入输出装置的驱动程序，用于与计算机用户的交互。此类别中典型的设备不仅包括键盘和鼠标，还有触摸屏、数据手套，等等。
- `media`目录下是很多多媒体设备的驱动程序，近几年涌现了很多此类设备。
- `net`目录下是通过USB附接到计算机的网卡的驱动，因而此类设备通常称之为*适配器*，负责桥接以太网和USB。
- `storage`目录下是大容量储存设备的驱动程序，如硬盘等。
- 在`class`目录下，包括了支持USB定义的某个标准类别设备的所有驱动程序。
- `core`包含了宿主机适配器的驱动程序，这种设备上通常会附接一个USB链。

粗略地说，驱动程序的源代码源自以下3个领域：*标准设备*（如键盘、鼠标等），这些设备总是可以通过相同的驱动程序支持，无需考虑设备厂商；*专有硬件*，如MP3播放器和其他需要特殊驱动程序的小器具；*宿主机适配器*的驱动程序，这种设备通过一种不同的总线系统（通常是PCI）附接到系统的其他部分，它负责建立与USB设备链的（物理）连接。

USB标准定义了4种不同的传输模式，内核必须考虑到所有这4种模式。

- *控制传输*（control transfer）涉及传输所需的控制信息，（主要）用于设备的初始配置。此类通信必须安全可靠，但只需要较窄的带宽。其中通过预定义的令牌传输各种控制命令，USB标准定义了令牌的符号名称和语义，如`GET_STATUS`、`SET_INTERFACE`等。在内核源代码这些令牌都在`<usb.h>`中声明为预处理器常数，其前缀为`USQ_REQ_`，以防止名称冲突。标准强制要求了一个命令的最小集合，所有设备都必须支持这些命令。但厂商可以随意添加其他特定于设备的命令，厂商提供的驱动程序必须能够理解/使用这些命令。
- *块传输*（bulk transfer）按数据包发送数据，可以占据总线的全部带宽。在这种模式下，数据传输的安全性由总线保证。换句话说，发送的数据总是原样到达其目的地。[1]扫描仪或大容量存储器之类的设备会使用这种模式。

- 中断传输（interrupt transfer）类似于块传输，但按一定的周期重复。驱动程序可以自由地定义周期长度（在一定的限度内）。网卡和类似设备会优先选择使用这种传输模式。
- 同步传输（isochronous transfer）具有特殊作用，它是能够使用固定的预定义带宽的唯一方法（尽管不可靠）。在某些方面，这种模式可以与网卡的数据报技术类比，后者将在第12章讨论。在需要确保连续数据流，而能够容忍偶尔数据丢失的情况下，该传输模式是最适用的。使用这种模式的一个主要的例子就是网络摄像头，该设备通过USB总线发送视频数据。

2. 驱动程序的管理

内核中按两个层次实现USB总线系统。

- 宿主机适配器的驱动程序必须是可用的。该适配器必须为USB链提供连接选项，并承担与终端设备的电子通信。适配器自身必须连接到另一个系统总线（当前，有3种不同宿主机适配器类型，分别称之为OHCI、EHCI和UHCI，这些涵盖了市售的所有控制器类型）。
- 设备驱动程序与各个USB设备通信，并将设备的功能导出到内核的其他部分，进而到用户空间。这些驱动程序与宿主机控制器通过一种标准化接口交互，因而控制器类型与USB驱动程序是不相关的。任何其他方法显然都是不切实际的，因为需要为每个USB设备开发与宿主机控制器相关的驱动程序。

接下来我会讲解USB驱动程序的结构和运作模式。这样做时，我会将宿主机控制器视为一个透明接口，而不会讨论其实现细节。

尽管从数据结构的内容和常数的名称来看，USB子系统的结构和布局都是严格地基于USB标准，但必须考虑到实际开发USB驱动程序时涉及的一些微妙细节。为使接下来阐述的信息尽可能简明，我会将讨论的范围限制到USB子系统的核心方面。因此，除了我讲解的数据成员之外，其他无关的成员大多略去了。如果读者已经清楚了该子系统的结构，那么在内核源代码中查找对应的细节是非常简单的。

USB子系统有4项主要的任务。

- 注册和管理现存的设备驱动程序。
- 为USB设备查找适当的驱动程序，以及初始化和配置。
- 在内核内存中表示设备树。
- 与设备通信（交换数据）。

与上述列表中各个任务关联的数据结构如下。

usb_driver是USB设备驱动程序和内核其余部分（特别是USB层）之间协作的起始点。

<usb.h>

```
struct usb_driver {
        const char *name;

        int (*probe) (struct usb_interface *intf,
                      const struct usb_device_id *id);
        void (*disconnect) (struct usb_interface *intf);
        int (*ioctl) (struct usb_interface *intf, unsigned int code,
                        void *buf);
...
```

[1] 当然，这得假定没有硬件故障或其他不可抗力的作用。

```
        const struct usb_device_id *id_table;
...
        struct usbdrv_wrap drvwrap;
...
};
```

name字段用于日常管理。name是驱动程序的名称，在内核中必须是唯一的（通常使用模块的文件名）。在这里，通常嵌入的driver对象隐藏在另一个结构中。

```
<usb.h>
struct usbdrv_wrap {
        struct device_driver driver;
        int for_devices;
};
```

这个额外的数据结构使得可以区分接口驱动程序（for_devices为0）和设备驱动程序。

我们特别感兴趣的是函数指针probe和disconnect。二者与id_table共同构成了USB子系统热插拔能力的支柱。在宿主机适配器检测到新设备插入时，即发起一个探测过程，以查找适当的设备驱动程序。

内核接下来遍历设备树的所有结点，确定是否有驱动程序与该设备相关。当然，这里预先假定了该设备尚未分配驱动程序。如果已经分配了驱动程序，则跳过该设备。

内核首先扫描驱动程序支持的所有设备列表，即id_table中。我们对该方法已经比较熟悉，因为USB设备（类似PCI设备）可以通过一个编号唯一地标识。在找到设备和表项的匹配之后，则调用特定于驱动程序的probe函数，执行进一步的检查和初始化工作。

如果设备ID和驱动程序提供的列表之间无法匹配，则内核不会调用probe，而是跳到下一个驱动程序。

ID表由以下结构的几个实例组成，该结构通过几个ID描述了USB设备：

```
<mod_devicetable.h>
struct usb_device_id {
        /* 针对哪些字段进行匹配？*/
        __u16   match_flags;

        /* 用于特定于产品的匹配，范围包含边界在内 */
        __u16   idVendor;
        __u16   idProduct;
        __u16   bcdDevice_lo;
        __u16   bcdDevice_hi;

        /* 用于设备类别的匹配 */
        __u8    bDeviceClass;
        __u8    bDeviceSubClass;
        __u8    bDeviceProtocol;

        /* 用于接口类别的匹配 */
        __u8    bInterfaceClass;
        __u8    bInterfaceSubClass;
        __u8    bInterfaceProtocol;
...
};
```

match_flags用于指定将该结构的哪些字段与设备数据比较，为此定义了各种预处理器常数。例如，USB_DEVICE_ID_MATCH_VENDOR表示检查idVendor字段，而USB_DEVICE_ID_MATCH_DEV_PROTOCOL指示内核检查bDeviceProtocol字段。usb_device_id其他字段的语义很显然。

不仅在新设备添加到系统时，会建立驱动程序和设备之间的关联。在加载新驱动程序时，也会如此。采用的方法同上文所述。起始点是usb_register例程，在注册新USB驱动程序时必须调用它。

probe和remove函数处理的是USB接口，由一个独立的数据结构（usb_interface）描述。除了接口特征之外，其中还包括指向相关的设备、驱动程序和该接口所属USB类的指针。没有必要深入讨论该数据结构的细节。

3. 设备树的表示

下面的数据结构描述了USB设备树以及内核中各种设备的特征。

<usb.h>

```
struct usb_device {
        int devnum;                              /* 在USB总线上的地址 */
        char devpath [16];                       /* 用于消息中：/port/port/... */
        enum usb_device_state state;             /* 已配置、未连接，等等 */
        enum usb_device_speed speed;             /* high/full/low (or error) */
...
        unsigned int toggle[2];                  /* 每个比特位表示一个终点（0表示接入，1表示断开）*/

        struct usb_device *parent;               /* 所在集线器，如果为根结点，则为NULL */
        struct usb_bus *bus;                     /* 所在总线 */

        struct device dev;                       /* 到通用设备模型的接口 */

        struct usb_device_descriptor descriptor;      /* 描述符 */
        struct usb_host_config *config;               /* 所有配置 */

        struct usb_host_config *actconfig;            /* 当前活动配置 */
...
        u8 portnum;                                   /* 父结点端口号（从1开始） */

...
        /* 静态字符串，来自设备 */
        char *product;                           /* iProduct字符串，如果有的话 */
        char *manufacturer;                      /* iManufacturer字符串，如果有的话 */
        char *serial;                            /* iSerialNumber字符串，如果有的话 */
        int maxchild;                            /* 端口数目，只适用于集线器 */
        struct usb_device *children[USB_MAXCHILDREN];
...
};
```

- devnum保存了该设备的唯一编号（在整个USB树中全局唯一）。state和speed表示设备的状态（已连接、已配置，等等）和速度。USB标准对速度定义了3个可能值：USB_SPEED_LOW和USB_SPEED_FULL用于USB 1.1，而USB_SPEED_HIGH用于USB 2.0。
- devpath指定了该设备在USB树的拓扑结构中的位置。从根结点移动到保存在各个数组项中的设备，必须遍历所有集线器的端口号。
- parent指向该设备附接的集线器的数据结构，而bus指向总线对应的数据结构。两个字段提供了有关USB链拓扑结构的信息。
- dev建立了与通用设备模型的关联。
- descriptor将描述USB设备的特征数据群集到一个数据结构中（包括厂商ID、产品ID、设备类别等信息）。
- actconfig指向设备的当前配置，而config列出了所有可能的配置。
- usbfs_entry用于连接到USB文件系统，通常装载在/proc/bus/usb中，提供从用户空间访问设备的入口。

- product、manufacturer和serial指向一组ASCII字符串，分别是产品名称、生产商和设备序列号，这些都由硬件自身提供。
- 如果当前设备是集线器，还有两个相关的成员：maxchild指定了集线器的端口数目（即，可以附接的设备数目），children是一个指针数组，包含了指向对应usb_device实例的指针。这两个成员定义了USB树的拓扑结构。

> 尽管到目前为止我只提到一个USB设备树，但内核内存中可能有几个这样的树（不共享同一个根结点）。如果计算机有几个USB宿主机控制器，就会发生这种情况。所有总线的根结点，都保存在一个独立的链表中，表头是全局变量usb_bus_list，定义在drivers/usb/core/hcd.c中。

总线链表中的各个元素，由以下数据结构表示：

<usb.h>

```
struct usb_bus {
        struct device *controller;
        int busnum;                          /* 总线编号（按注册顺序） */
        char *bus_name;                      /* 稳定的id（PCI slot_name等） */
...
        struct usb_devmap devmap;            /* 设备地址分配位图 */
        struct usb_device *root_hub;         /* 根集线器 */
        struct list_head bus_list;           /* 用作总线链表的链表元素 */
...
        struct dentry *usbfs_dentry;         /* 总线在usbfs中的dentry项 */
...
};
```

该数据结构有两个成员可以唯一地标识该总线。busnum是一个整数，在总线注册时按顺序分配，bus_name是一个指向短字符串的指针，其中保存了一个唯一的名称。controller是一个指向device实例的指针，对应于实现了该总线的硬件设备。

不仅设备会出现在上文提到的USB文件系统中，总线也一样。因而usb_bus还必须包含一个指向dentry实例的指针，用于建立与该虚拟文件系统的必要的关联。

数据结构中间的几个成员是我们最感兴趣的，这些成员将各个可用的总线彼此连接起来，也连接了其上附接的设备。它们还提供了一个到底层宿主机控制器的标准化连接，向USB层剩余的部分提供了控制器的抽象。

- bus_list是一个链表元素，用于将所有usb_bus实例连接到一个链表中管理。
- root_hub是一个指针，指向（虚拟）根集线器的数据结构，表示总线设备树的根结点。
- devmap是一个位图，长度（最少）为128个比特位。它用于跟踪哪些USB编号已经分配，哪些仍然是空闲的。

> 提示：每个USB设备在插入时都分配了一个唯一的整数编号。标准规定一个总线上最多可附接128个设备。

这里使用的usb_devnum结构是一个unsigned long类型数组，只用于保证至少有128个连续比特位可用。

为与底层的控制器硬件通信，使用了USB请求块（USB request block，URB）。在与USB设备的所有可能形式的传输中，都使用URB交换数据。

drivers/usb/core/hcd.h
```
int usb_hcd_submit_urb (struct urb *urb, gfp_t mem_flags) ;
```

在与USB设备的通信和数据交换中，并非一直使用URB。在USB系统的早期版本中，有不同的接口用于每种类型的传输，这肯定不会简化设备驱动程序的编程。在老式方法中，同步传输的实现充斥着错误。一组内核开发者因而决定，不仅要完全重写当时所用的宿主机适配器的驱动程序，而且要完全重新设计整个USB层。[①]在Linux内核中URB有一点奇异，因为其设计借用了MS Windows的USB实现，后者在Linux圈子中可不怎么受欢迎。两个操作系统在细节上有差异，但基本概念相同。当然，Linux版本的bug少得多，这是不言而喻的……

我们对URB的准确布局不特别感兴趣，因此就不必仔细讨论相关的struct urb了。该结构中许多地方涉及各种传输类型的细节差异，这意味着，如果没有对USB数据传输的广泛了解，该结构是难于理解的，所以本书没有详细讲解。

但事实上，USB设备驱动程序很少接触到urb实例，而是使用一整套宏和辅助函数，来简化发出请求时对URB的填充，以及返回数据的读取。这些宏和函数涉及USB设备操作的深入知识，在这里就不讨论了。

6.8　小结

设备驱动程序是Linux内核源代码中最大的一部分。但我在本章中不会考虑各个驱动程序的实现，而是主要讲解内核为驱动程序开发所提供的框架。这样做是合理的，因为设备驱动程序可以看作是"内核应用程序"，它们基于内核提供的框架构建。

读者已经了解到，设备驱动程序实质上可以分为两个类别：字符设备与内核之间传输字节流，而块设备需要更复杂的请求管理。但两者都通过设备特殊文件与用户层应用程序交互，使应用程序能够用普通文件的I/O操作访问驱动程序提供的服务。

最后，我还讨论了内核处理I/O内存和端口资源的方式，并讨论了总线系统如何将设备连接到计算机和其他设备。这其中也介绍了通用设备和驱动程序模型，该模型向内核和用户空间应用程序提供了可用资源的统一视图。

① 针对补丁的日期，新的USB层开发者将这次重写称之为"USB十月革命"……

第7章 模　　块

7

模块是一种向Linux内核添加设备驱动程序、文件系统及其他组件的有效方法，而无需连编新内核或重启系统。模块消除了宏内核的许多限制，这些限制总是被（特别是微内核支持者）当做反对宏内核的论据。这些论据主要涉及缺乏动态可扩展性的问题。在本章中，我们将讨论内核与模块交互的方式。换句话说，模块如何装载和卸载，以及内核如何检测不同模块之间的相互依赖。因而必须掌握模块二进制文件（及其ELF格式）的结构。

7.1 概述

模块有许多优点，[1]以下一些特别值得提及。

- 通过使用模块，内核发布者能够预先编译大量驱动程序，而不会致使内核映像的尺寸发生膨胀。在自动检测硬件或用户提示之后，安装例程选择适当的模块并将其添加到内核中。
  这使得即使不熟练的用户也能够为系统设备安装驱动程序，而无需连编新内核。这在Linux系统获得广泛接受的过程中，是一个重大进展（甚至可以称之为先决条件）。
- 内核开发者可以将试验性的代码打包到模块中，模块可以卸载，修改代码或重新打包后可以重新装载。这使得可以快速测试新特性，无需每次都重启系统。[2]

许可证问题也可以借助于模块来解决。众所周知，Linux内核源代码的许可证为GNU GPL v2（General Public License，Version 2），是第一批和最广泛使用的开源许可证之一。[3]一个主要问题是下述事实：这可能是合理合法的，也可能不是，许多硬件生产商对控制其附加设备所需的文档保密，或要求开发者签署保密协议，开发者得遵守协议内容，对使用相关文档信息开发的源代码保守秘密，不向公众公开。这意味着驱动程序无法包含到正式的内核源代码中，后者的源代码总是开放的。

通过使用只提供编译后形式、不提供源代码的二进制模块，可以解决这个问题，至少从技术角度来看是这样。使用这种方法控制专有硬件是可能的，但大多数内核开发者对此并不高兴，因为使用开放代码有许多优点。Linux内核的风靡一时，无疑是一个首要的例子。

模块可以几乎无缝地插入到内核，如图7-1所示。模块代码导出一些函数，可以由其他核心模块（以及持久编译到内核中的代码）使用。在模块代码需要卸载时，模块和内核剩余部分之间的关联，当然可以终止。我将在下面的几节讨论相关技术细节。

① 也有一些缺点。但缺点都相对次要，它们几乎没有不良影响。

② 当然，除非系统在此期间崩溃（在开发驱动程序时，这是可能发生的）。

③ 为对抗许可证纯化论者提出的批评：GPL当然并不代表开源软件，而是代表自由软件。但由于相关细节是法律问题，而不涉及技术，我在这里不会讲解这些。

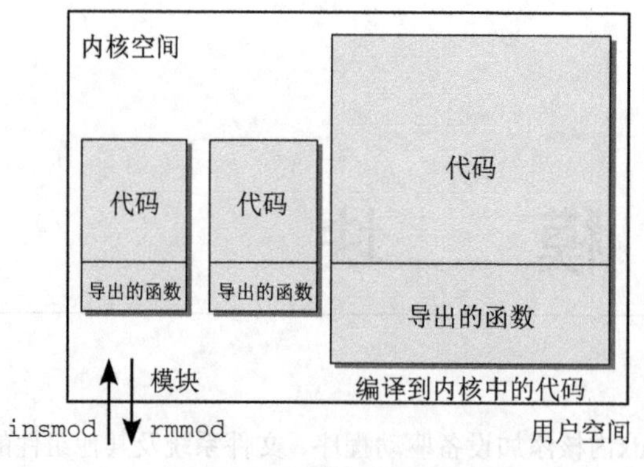

图7-1　内核中的模块

7.2　使用模块

添加和移除模块涉及几个系统调用，这些通常由modutils工具包调用，后者在几乎每个系统上都会安装。①

7.2.1　添加和移除

从用户的角度来看，模块可以通过两个不同的系统程序添加到运行的内核中。它们分别是modprobe和insmod。前者考虑了各个模块之间可能出现的依赖性（在一个模块依赖于一个或多个合作者模块的功能时）。相比之下，insmod只加载一个单一的模块到内核中，而该模块可能只信赖内核中已存在的代码，并不关注所依赖的代码是通过模块动态加载，还是持久编译到内核中。

modprobe在识别出目标模块所依赖的模块之后，在内核也会使用insmod。在讨论其实现方式之前，我首先讲述insmod的运作模式，在用户空间对模块的处理即基于insmod。

在加载模块时所需的操作，与通过ld和ld.so借助于动态库链接应用程序的操作，二者表现出了很强的相似性。从外部看来，模块只是普通的可重定位目标文件，file调用可以很快证实这一点：

```
wolfgang@meitner> file vfat.ko
vfat.ko: ELF 64-bit LSB relocatable, x86-64, version 1 (SYSV), not stripped
```

当然，模块既不是可执行文件，也不是系统程序设计中常见的程序库。但二进制模块文件的基本结构，是基于可执行文件和程序库所采用的同样方案。

file命令的输出表明模块文件是可重定位的，这是用户空间程序设计中一个熟悉的术语。可重定位文件的函数都不会引用绝对地址，而只是指向代码中的相对地址，因此可以在内存的任意偏移地址加载，当然，在映像加载到内存中时，映像中的地址要由动态链接器ld.so进行适当的修改。内核模块同样如此。其中的地址也是相对的，而不是绝对的。但重定位的工作由内核自身执行，而不是动态装载器。

而在较早的内核版本（直至内核版本2.4）中，模块的装载是一个多步过程（在内核中分配内存，接下来在用户空间中对数据重定位，最后将二进制代码复制到内核中），现在只需要一个系统调用init_module，即可在内核中完成所有的操作。

① 请注意，在内核版本2.5开发期间，开发者对模块的实现进行了完全地修订。用户空间接口与旧版本完全不同，这还迫使他们完全重写了modutils。

在处理该系统调用时，模块代码首先复制到内核内存中。接下来是重定位工作和解决模块中未定义的引用。因为模块使用了持久编译到内核中的函数，在模块本身编译时无法确定这些函数的地址，所以需要在这里处理未定义的引用。

处理未解决的引用

为与内核的剩余部分协作，模块必须使用内核提供的函数。这些可能是通用的辅助函数，比如几乎内核每一部分都会使用的printk或kmalloc。还必须使用与模块功能相关的更特定的函数。ramfs模块允许在内存中建立一个文件系统（通常称之为RAM磁盘），（类似于任何其他实现文件系统的代码）因而必须调用register_filesystem函数将自身添加到内核中可用文件系统的列表。该模块还使用了内核代码中的generic_file_read和generic_file_write标准函数（还有其他的函数），大多数内核文件系统都会使用这些。

在用户空间中使用库时，会发生相似的情况。程序使用定义在外部库中的函数时，会在二进制代码中存储指向相关函数的指针，而不是函数自身的实现。当然，其他符号类型（如全局变量）是可以存储的，但函数不行。在程序链接（使用ld）时会解决对静态库的引用，而二进制文件装载时（使用ld.so）会解决对动态库的引用。

nm工具可用于产生模块（或任意目标文件）中所有外部函数的列表。以下例子中，给出了romfs模块使用的若干被列为外部引用的函数：

```
wolfgang@meitner> nm romfs.ko
         U generic_read_dir
         U generic_ro_fops
         ...
         U printk
         ...
         U register_filesystem
         ...
```

输出中的U代表未解决的引用。要注意，如果内核连编时没有启用KALLSYMS_ALL，则输出中不会有generic_ro_fops。这种情况下，只会看到表示函数的符号，而其他符号如generic_ro_fops这样的常数结构不会看到。

很明显这些函数定义在内核的基础代码中，因而已经加载到内存。但如何找到与相关函数名称匹配的地址，以便解决这些引用呢？为此，内核提供了一个所有导出函数的列表。该列表给出了所有导出函数的内存地址和对应函数名，可以通过proc文件系统访问，即文件/proc/kallsyms[①]：

```
wolfgang@meitner> cat /proc/kallsyms | grep printk
ffffffff80232a7f T printk
```

上述例子中的函数引用可以使用以下信息完全解决，这些都保存在内核的符号表中：

```
fffffc0000324aa0 T printk
fffffc00003407e0 T generic_file_write
ffffffff8043c710 R generic_ro_fops
fffffc0000376d20 T register_filesystem
```

T表示符号位于代码段，而D表示符号位于数据段。有关目标文件的布局，更多信息请参考附录E。

逻辑上，不同的内核配置或处理器，都会影响到符号表中的信息。上述例子中，使用的是AMD64系统。如果在使用IA-32 CPU的系统上搜索符号表，产生的输出如下：

① 请注意，因为引用的解决是在内核中完成，而不是在用户空间，该文件只用于提供相关的信息，modutils不会使用该文件。

```
c0119290 T printk
c012b7b0 T generic_read_dir
c0129fc0 D generic_ro_fops
c0139340 T register_filesystem
```

输出的地址不仅短（毕竟，IA-32使用的字长为32位），而且在逻辑上指向不同的位置。

7.2.2 依赖关系

一个模块还可以依赖一个或多个其他模块。我们来看vfat模块，它依赖fat模块，后者包含了几个函数，其实现在该文件系统的两种变体之间没有区别。[①]从目标文件vfat.o来看，这意味着有些代码引用了fat.o中定义的函数。这种方法的优点很显然。因为处理VFAT文件系统的代码只有少量例程与FAT文件系统的代码不同，因此两个模块可以共享很大一部分代码。这不仅降低了对系统内存的空间需求，还使得源代码更短、可读性更好、更容易维护。

nm很清楚地说明了这种情况：

```
wolfgang@meitner> nm vfat.ko
...
                 U fat_alloc_new_dir
                 U fat_attach
...

wolfgang@meitner> nm fat.ko
...
0000000000001bad T fat_alloc_new_dir
0000000000004a67 T fat_attach
...
```

我选择了两个例子：fat_alloc_new_dir和fat_attach（fat还提供了许多其他函数供vfat使用）。nm的输出表明，在vfat模块中这两个函数列为未解决的引用，而在fat.o中，输出给出了函数在目标文件中的地址（尚未重定位）。

当然，将这些地址直接填到vfat.ko的目标代码中是没有意义的，因为在fat.ko加载到内存时会进行重定位，这些函数在内存中的地址与目标文件中是完全不同的。我们更感兴趣的是，在向内核添加了fat模块之后这些函数的地址。该信息通过/proc/kallsyms导出到用户空间，内核中仍然直接保存了一份。对于内核中持久编译的代码和随后添加的模块导入的代码，有一个数组，其数组项用于将符号分配到虚拟地址空间中对应的地址。

在向内核添加模块时，需要考虑下列相关问题。

- 内核提供的函数符号表，可以在模块加载时动态扩展其长度。读者在下文会看到，模块可以指定其代码中哪些函数可以导出，哪些函数仅供内部使用。
- 如果模块之间有相互依赖，那么向内核添加模块的顺序很重要。例如，如果试图在fat之前向内核装载vfat模块将会失败，因为若干函数引用的地址无法解决（相应的代码无法运行）。

如果用户没有意识到模块间依赖关系的具体结构，那么在动态扩展内核期间，模块依赖关系可能使情况变得极其复杂。尽管在我们的例子中并不存在这样的问题，或者至少对于感兴趣且精通技术的用户是这样。但如果模块之间有复杂的依赖关系，找到正确的模块装载顺序可能比较费力。因而需要一种自动分析模块之间依赖关系的手段。

modutils标准工具集中的depmod工具可用于计算系统的各个模块之间的依赖关系。每次系统启

① FAT（文件分配表，file allocation table）是一种非常简单的文件系统，由MS-DOS使用，现在仍然用于软磁盘。vfat是对FAT的（最低限度）增强，其基本结构相同，但支持长达255字节的文件名，文件名不再有旧的8 + 3限制。

动时或新模块安装后，通常都会运行该程序。找到的依赖关系保存在一个列表中。默认情况下，写入文件/lib/modules/version/modules.dep。其格式也不复杂。首先是目标模块的二进制文件名称，接下来是为正确执行目标模块，包含了所需代码的所有模块的文件名。vfat模块的列表项如下所示：

```
wolfgang@meitner> cat modules.dep | grep vfat
/lib/modules/2.6.24/kernel/fs/vfat/vfat.ko: /lib/modules/2.6.24/kernel/fs/fat/fat.ko
```

该信息由modprobe处理，该工具在现存的依赖关系能够自动解决的情况下向内核插入模块。其方法很简单：modprobe读入依赖文件的内容，搜索描述目标模块的行，搜集并建立所有依赖模块的列表。因为这些模块可能还依赖其他模块，所以需要在依赖文件中搜索对应的项，然后检查各个对应项的内容。该过程会一直持续下去，直至确认所有（直接或间接）依赖模块的名称。将所有涉及的模块插入到内核的实际任务，则委托给insmod工具。[①]

我们最感兴趣的问题仍然没有得到解答。如何识别模块之间的依赖关系呢？在解决该问题时，depmod没有采用内核模块的特性，只是使用了上文给出的信息。使用nm工具，不仅可以从模块读取该信息，还可以从普通的可执行文件或库中读取。

depmod分析所有可用的模块的二进制代码，对每个模块建立一个列表，包含所有已定义符号和未解决的引用，最后将各个模块的列表彼此进行比较。如果模块A包含的一个符号在模块B中是未解决的引用，则意味着模块B依赖模块A，接下来在依赖文件中以B : A的形式增加一项，即确认了上述事实。模块引用的大多数符号都定义在内核中，而不是定义在其他模块中。因此，在模块安装时产生了文件/lib/modules/version/System.map（同样使用depmod）。该文件列出了内核导出的所有符号。如果其中包含了某个模块中未解决的引用，那么该引用就不成问题了，在模块装载时引用将自动解决。如果未解决的引用无法在该文件或其他模块中找到，则模块不能添加到内核中，因为其中引用了外部函数，而又找不到实现。

7.2.3 查询模块信息

还有一些额外的信息来源，是直接存储在模块二进制文件中，并且指定了模块用途的文本描述。这些可以使用modutils中的modinfo工具查询。它们可以存储以下各种数据项。

- 该驱动程序的开发者，通常带有电子邮件地址。该信息很有用，特别是对于错误报告（还能给开发者带来一些个人的满足感）。
- 驱动程序功能的简短描述。
- 可以传递给模块的配置参数，可能有对参数语义的确切描述。
- 指定支持的设备（例如，fd模块支持的是软盘）。
- 该模块按何种许可证分发。

模块信息还可以提供一个独立的列表，给出该驱动程序支持的不同设备类型。

使用modinfo工具查询模块信息并不困难，如下所示：

```
wolfgang@meitner> /sbin/modinfo 8139too
filename:       /lib/modules/2.6.24/kernel/drivers/net/8139too.ko
version:        0.9.28
license:        GPL
description:    RealTek RTL-8139 Fast Ethernet driver
author:         Jeff Garzik <jgarzik@pobox.com>
srcversion:     1D03CC1F1622811EB8ACD9E
alias:          pci:v*d00008139sv000013D1sd0000AB06bc*sc*i*
```

① 当然，还必须检查模块是否已经添加到内核，这样就不必再添加了。

```
...
alias:          pci:v000010ECd00008139sv*sd*bc*sc*i*
depends:
vermagic:       2.6.24 SMP mod_unload
parm:           debug:8139too bitmapped message enable number (int)
parm:           multicast_filter_limit:8139too maximum number of filtered multicast addresses
(int)
parm:           media:8139too: Bits 4+9: force full duplex, bit 5: 100Mbps (array of int)
parm:           full_duplex:8139too: Force full duplex for board(s) (1) (array of int)
```

内核并不要求开发者为每个模块都提供该信息，不过这是良好的程序设计惯例，新的驱动程序应该遵守该惯例。许多旧的模块不能提供上述全部字段，开发者通常也乐于省去参数的详细描述。但大多数情况下，都会有简短的描述、（主要）开发者的名字、分发该驱动程序的软件许可证。

这些额外的信息如何合并到二进制模块文件中呢？在所有使用ELF格式（参见附录E）的二进制文件中，有各种单元将二进制数据组织到不同类别中，这些在技术上称之为段。为允许在模块中添加信息，内核引入了一个名为.modinfo的段。读者在下文会看到，这个过程对模块的程序员来说是相对透明的，因为内核提供了一组简单的宏，用于向二进制文件插入数据。当然，附加信息的存在并不会改变代码的行为，因为所有处理模块但对该信息不感兴趣的程序都会忽略.modinfo段。

为什么模块许可证的有关信息保存在二进制文件中？其原因不是技术上的（令人遗憾），而是法律上的。因为内核源代码使用的是GNU GPL许可证，对于使用只发布二进制代码的模块，有几个法律问题。在这方面，GPL许可证多少有些难于解释。[①]因此，在这里我不打算讨论法律上的微言大义，这最好留给大型软件厂商的法律部门。只要知道这些就够了：这样的模块只能使用明确限定的内核函数（与此相反，还有一些内核函数，明确限定只能用于GPL兼容的模块）。在编写标准的驱动程序时，限定的标准内核函数集合是完全够用的，但如果模块想要深入到内核中，则必须使用其他函数。法律上，采用某些许可证的模块是禁止这样做的。modprobe在使用新模块时，必须考虑到这种情形。这也是它需要检查许可证并拒绝非法链接操作的原因。

大多数开发者（以及用户）对一些厂商以二进制模块发布驱动程序都不怎么高兴。这不仅使得难于调试内核代码，也对进行中的驱动程序开发工作有不良影响，因为必须依赖厂商来消除bug或实现新功能。这里，我无意浪费读者的时间来讨论许多（异化的）厂商行为。我只是提请读者注意到各种因特网通路上已经发生、正在发生、未来无疑也会发生的不计其数的讨论（不仅是在内核邮件列表上，参见附录F）。

7.2.4　自动加载

通常，模块的装载发起于用户空间，由用户或自动化脚本启动。在处理模块时，为达到更大的灵活性并提高透明度，内核自身也能够请求加载模块。

那么哪里会成为掣肘之处呢？只要内核能够访问二进制代码，那么将其加载到内核空间并不困难。但如果没有用户空间的帮助，内核也无法完成该工作。必须在文件系统中定位该二进制文件，并且必须解决依赖关系。由于在用户空间完成这些比内核空间容易得多，内核将该工作委托给一个辅助进程kmod。要注意，kmod并不是一个永久性的守护进程，内核会按需启动它。

我们考察一个场景，来说明从内核发起模块装载的优点。假定VFAT文件系统没有持久集成到内核中，只以模块的形式提供。如果用户发出以下命令装载一个软盘：

```
wolfgang@meitner> mount -t vfat /dev/fd0 /mnt/floppy
```

① 一些程序员表示，GPL的解释，比按该许可证发布的程序还多。

在vfat模块载入内核之前，通常会返回一个错误信息，表明不支持对应的文件系统，因为内核中没有注册。但实际上情况不是这样。即使该模块没有装载，软盘仍然可以装载，没有任何问题。在mount调用结束时，所需的模块已经调入内核了。

这是如何完成的？在内核处理mount系统调用时，它发现在其数据结构中没有所需文件系统vfat的信息。因而它试图使用request_module函数加载对应的模块，该函数将在7.4.1节讨论。该函数使用kmod机制启动modprobe工具，modprobe接下来按照惯例插入vfat模块。换句话说，内核依赖于用户空间中的一个应用程序使用内核函数来添加模块，如图7-2所示。

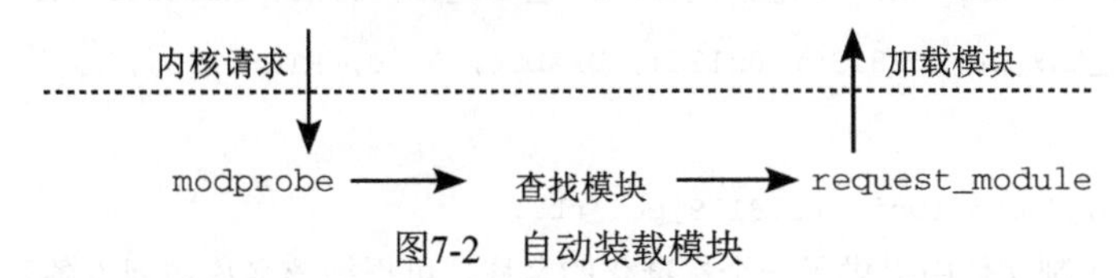

图7-2 自动装载模块

完成这之后，内核再次试图获取所需文件系统的信息。由于modprobe调用，该信息现在已经保存在内核的数据结构中，当然前提是该模块实际存在。否则，modprobe系统调用会返回对应的错误码。

内核源代码中，很多不同地方调用了request_module。借助该函数，内核试图通过在没有用户介入的情况下自动加载代码，使得尽可能透明地访问那些委托给模块的功能。

可能出现这样的情况：无法唯一确定哪个模块能够提供所需的功能。考虑将一个USB存储棒添加到系统时的情形。宿主机控制器驱动程序识别出新设备。所需装载的模块是usb-storage，但内核如何知道这一点？问题的答案是，附加到每个模块的一个小“数据库”。数据库的内容描述了该模块所支持的设备。对于USB设备，数据库的信息包括所支持接口类型的列表、厂商ID或能够标识该设备的任意类似信息。另一个例子是为PCI设备提供驱动程序的模块，也使用了与设备关联的唯一ID。这种模块提供了所有支持设备的列表。

数据库信息通过模块别名（module aliase）提供。这些是模块的通用标识符，其中编码了所描述的信息。宏MODULE_ALIAS用于产生模块别名。

<modules.h>
```
/* 一般性信息，形式为tag = " info " */
#define MODULE_INFO(tag, info) __MODULE_INFO(tag, tag, info)

/* 用户空间也可以使用 */
#define MODULE_ALIAS(_alias) MODULE_INFO(alias, _alias)
```

<moduleparam.h>
```
#define __MODULE_INFO(tag, name, info) \
static const char __module_cat(name,__LINE__)[] \
  __attribute_used__ \
  __attribute__((section(".modinfo"),unused)) = __stringify(tag) "=" info
```

MODULE_ALIAS提供的别名保存在模块二进制文件的.modinfo段中。如果一个模块提供了几个不同的服务，则直接插入适当的别名。例如，同一模块包含了RAID 4、RAID 5、RAID 6的代码情况。

drivers/md/raid5.c
```
MODULE_ALIAS("md-personality-4"); /* RAID5 */
MODULE_ALIAS("md-raid5");
MODULE_ALIAS("md-raid4");
MODULE_ALIAS("md-level-5");
MODULE_ALIAS("md-level-4");
MODULE_ALIAS("md-personality-8"); /* RAID6 */
```

```
MODULE_ALIAS("md-raid6");
MODULE_ALIAS("md-level-6");
```

比直接别名更重要的是设备数据库。内核提供了宏MODULE_DEVICE_TABLE来实现这样的数据库。上文给出的8139too模块的设备表是由以下代码创建的：

drivers/net/8139too.c
```
static struct pci_device_id rtl8139_pci_tbl[] = {
        {0x10ec, 0x8139, PCI_ANY_ID, PCI_ANY_ID, 0, 0, RTL8139 },
        {0x10ec, 0x8138, PCI_ANY_ID, PCI_ANY_ID, 0, 0, RTL8139 },
        {0x1113, 0x1211, PCI_ANY_ID, PCI_ANY_ID, 0, 0, RTL8139 },
...
        {PCI_ANY_ID, 0x8139, 0x13d1, 0xab06, 0, 0, RTL8139 },

        {0,}
};
MODULE_DEVICE_TABLE (pci, rtl8139_pci_tbl);
```

该宏在模块二进制文件中提供了一个标准化的名称，可根据该名称访问设备表：

<module.h>
```
#define MODULE_GENERIC_TABLE(gtype,name)                    \
extern const struct gtype##_id __mod_##gtype##_table        \
  __attribute__ ((unused, alias(__stringify(name))))
```

<module.h>
```
#define MODULE_DEVICE_TABLE(type,name)                      \
  MODULE_GENERIC_TABLE(type##_device,name)
```

就PCI来说，这会产生ELF符号__mod_pci_device_table，这是rtl8139_pci_tbl的别名。

在联编模块时，转换脚本（scripts/mod/file2alias.c）会针对不同总线系统（PCI、USB、IEEE1394等，这些设备表格式都不同）解析设备表，并产生用作数据库项的MODULE_ALIAS项。这使得可以像处理模块别名一样处理设备数据库项，而无需复制数据库信息。由于转化过程基本上就是解析ELF文件并完成一些字符串重写，我在这里不会非常详细地讨论它。8139too模块的输出如下：

drivers/net/8139too.mod.c
```
MODULE_ALIAS("pci:v000010ECd00008139sv*sd*bc*sc*i*");
MODULE_ALIAS("pci:v000010ECd00008138sv*sd*bc*sc*i*");
MODULE_ALIAS("pci:v00001113d00001211sv*sd*bc*sc*i*");
...
MODULE_ALIAS("pci:v00001743d00008139sv*sd*bc*sc*i*");
MODULE_ALIAS("pci:v0000021Bd00008139sv*sd*bc*sc*i*");
MODULE_ALIAS("pci:v*d00008139sv000010ECsd00008139bc*sc*i*");
MODULE_ALIAS("pci:v*d00008139sv00001186sd00001300bc*sc*i*");
MODULE_ALIAS("pci:v*d00008139sv000013D1sd0000AB06bc*sc*i*");
```

模块别名是解决自动装载模块问题的基础，但该问题尚未完全解决。内核需要用户空间的一些支持。在内核注意到它需要对具有特定性质的某个设备加载模块之后，它需要向一个用户空间守护进程传递适当的请求。该守护进程接下来寻找恰当的模块并插入到内核中。7.4节将讲解该机制的实现方式。

7.3　插入和删除模块

用户空间工具和内核的模块实现之间的接口，包括两个系统调用。

- init_module：将一个新模块插入到内核中。用户空间工具只需提供二进制数据。所有其他工作（特别是重定位和解决引用）由内核自身完成。
- delete_module：从内核移除一个模块。当然，前提是该模块的代码不再使用，并且其他模块也不再使用该模块导出的函数。

还有一个request_module函数（不是系统调用），用于从内核端加载模块。它不仅用于加载模块，还用于实现热插拔功能。

7.3.1　模块的表示

在详细讲解模块相关函数的实现之前，有必要解释如何在内核中表示模块（及其属性）。照例，首先需要定义一组数据结构。

其中，module是最重要的数据结构。内核中驻留的每个模块，都分配了该结构的一个实例。其定义如下：

<module.h>

```
struct module
{
        enum module_state state;

        /* 用作模块链表的链表元素 */
        struct list_head list;

        /* 该模块的唯一句柄 */
        char name[MODULE_NAME_LEN];
...
        /* 导出的符号 */
        const struct kernel_symbol *syms;
        unsigned int num_syms;
        const unsigned long *crcs;

        /* 只适用于GPL的导出符号 */
        const struct kernel_symbol *gpl_syms;
        unsigned int num_gpl_syms;
        const unsigned long *gpl_crcs;
...
        /* 在不久的将来会只用于GPL的符号 */
        const struct kernel_symbol *gpl_future_syms;
        unsigned int num_gpl_future_syms;
        const unsigned long *gpl_future_crcs;

        /* 异常表 */
        unsigned int num_exentries;
        const struct exception_table_entry *extable;

        /* 初始化函数。 */
        int (*init)(void);

        /* 如果不是NULL，则在init()返回后调用vfree释放 */
        void *module_init;

        /* 这里是实际的代码和数据，在卸载时调用vfree释放。 */
        void *module_core;

        /* module_init和module_core两个内存区的长度 */
        unsigned long init_size, core_size;

        /* 上述两个内存区中可执行代码的长度。 */
        unsigned long init_text_size, core_text_size;
...
        /* 模块特定于体系结构的值 */
        struct mod_arch_specific arch;
```

7

```
        unsigned int taints; /* 各比特位的语义与内核的tainted相同 */
...
        #ifdef CONFIG_MODULE_UNLOAD
        /* 引用计数 */
        struct module_ref ref[NR_CPUS];

        /* 依赖当前模块的模块 */
        struct list_head modules_which_use_me;

        /* 等待当前模块卸载的进程 */
        struct task_struct *waiter;

        /* 析构函数 */
        void (*exit)(void);
        #endif

        #ifdef CONFIG_KALLSYMS
        /* kallsyms的符号表和字符串表。 */
        Elf_Sym *symtab;
        unsigned long num_symtab;
        char *strtab;

        /* 模块中各段的属性 */
        struct module_sect_attrs *sect_attrs;

        /* notes属性 */
        struct module_notes_attrs *notes_attrs;
        #endif

        /* per-CPU数据 */
        void *percpu;

        /* 命令行参数（可能已经改编过）。人们喜欢保留指向该数据的指针 */
        char *args;
};
```

上述摘录的源代码显示，该结构定义依赖内核配置选项。

- KALLSYMS是一个配置选项（但只用于嵌入式系统，在普通计算机上总是启用的），启用该选项后，将在内存中建立一个列表，保存内核自身和加载模块中定义的所有符号（否则只存储导出的函数）。如果oops消息（如果内核检测到与背离常规的行为，例如反引用NULL指针）不仅输出十六进制数字（地址），还要输出涉及函数的名称，那么该选项就很有用。
- 与2.5之前的内核版本相比，卸载模块的功能现在必须显式配置。除非启用MODULE_UNLOAD配置选项，否则module数据结构不会包括所需的附加信息。

其他可能与模块发生交互，但并不影响struct module定义的下述配置选项。

- MODVERSIONS启用版本控制。该选项防止将接口定义与当前版本不再匹配的废弃模块载入内核。7.5节会更详细地讨论该选项。
- MODULE_FORCE_UNLOAD允许模块从内核强制移除，即使仍然有引用该模块的地方，或其他模块正在使用其代码，也是如此。在系统正常运转时，绝不需要这种蛮干法，但它可能在开发系统期间用到。
- KMOD选项使内核在需要模块时自动加载。这需要与用户空间的一些交互，在本章下文讲述。

struct module成员的语义如下所示。

- state表示该模块的当前状态，可以从枚举类型module_state取值：

```
<module.h>
enum module_state
{
        MODULE_STATE_LIVE,
        MODULE_STATE_COMING,
        MODULE_STATE_GOING,
};
```

在装载期间，状态是MODULE_STATE_COMING。在正常运行（完成所有初始化任务之后）时，状态是MODULE_STATE_LIVE。当模块正在移除时，状态为MODULE_STATE_GOING。

- list是一个标准的链表元素，由内核使用，将所有加载模块保存到一个双链表中。链表的表头是定义在kernel/module.c的全局变量modules。
- name指定了模块的名称。该名称必须是唯一的，内核中会使用该名称来引用模块，例如选择将卸载的模块时。一般将模块二进制文件的名称去掉后缀.ko后，用于该成员，例如VFAT文件系统对应的模块，名称为vfat。
- syms、num_syms和crc用于管理模块导出的符号。syms是一个数组，有num_syms个数组项，数组项类型为kernel_symbol，负责将标识符（name）分配到内存地址（value）：

```
<module.h>
struct kernel_symbol
{
        unsigned long value;
        const char *name;
};
```

  crcs也是一个num_syms个数组项的数组，存储了导出符号的校验和，用于实现版本控制（参见7.5节）。

- 在导出符号时，内核不仅考虑了可以由所有模块（不考虑许可证类型）使用的符号，还考虑了只能由GPL兼容模块使用的符号。第三类的符号当前仍然可以由任意许可证的模块使用，但在不久的将来也会转变为只适用于GPL模块。gpl_syms、num_gpl_syms和gpl_crcs成员用于只提供给GPL模块的符号，而gpl_future_syms、num_gpl_future_syms和gpl_future_crcs用于将来只提供给GPL模块的符号。它们的语义与上文讨论的几个成员相同，但负责管理现在或将来只提供给GPL兼容模块的符号。

  还有两组符号（为简明起见，从上文的结构定义中略去）由结构成员unused_gpl_syms和unused_syms以及对应的计数器和校验成员描述。这两个数组用于存储（只适用于GPL）已经导出、但in-tree模块未使用的符号。在out-of-tree模块使用此类符号时，内核将输出一个警告消息。

- 如果模块定义了新的异常（参见第4章），异常的描述保存在extable数组中。num_exentries指定了数组的长度。
- init是一个指针，指向一个在模块初始化时调用的函数。
- 模块的二进制数据分为两个部分：初始化部分和核心部分。前者包含的东西在装载结束后都可以丢弃（例如，初始化函数）。后者包含了正常运行期间需要的所有数据。初始化部分的起始地址保存在module_init，长度为init_size字节，而核心部分由module_core和core_size描述。
- arch是一个特定于处理器的挂钩，取决于特定的系统，其中可能包含了运行模块所需的各种其他数据。大多数体系结构都不需要任何附加信息，因此将struct mod_arch_specific定义为空结构，编译器在优化期间会移除掉。

- 如果模块会污染内核，则设置taints。污染意味着内核怀疑该模块做了一些有害的事情，可能妨碍内核的正确运作。如果发生内核恐慌[①]，那么错误诊断也会包含为什么内核被污染的有关信息。这有助于开发者区分来自正常运行系统的错误报告和包含某些可疑因素的系统错误。add_taint_module函数用于设置struct module的给定实例的taints成员。模块可能因两个原因污染内核。
  - 如果模块的许可证是专有的，或不兼容GPL，那么在模块载入内核时，会使用TAINT_PROPRIETARY_MODULE。由于专有模块的源代码很可能弄不到，内核开发者不会乐于修改发生在可能完全无关的内核领域中的bug。模块在内核中做的任何事情都是无法跟踪的，因此bug很可能是由模块引入的。

    要注意，内核提供了函数license_is_gpl_compatible来判断给定许可证是否与GPL兼容。

    > 与通常的习惯相反，所有的许可证都是通过C字符串定义的，而不是常数。

  - TAINT_FORCED_MODULE表示该模块是强制装载的。如果模块中没有提供版本信息，也称作版本魔术（version magic），或模块和内核某些符号的版本不一致，那么可以请求强制装载。
- license_gplok是一个布尔变量，指定了模块许可证是否是GPL兼容的。换句话说，是否可以使用导出函数中专用于GPL的那部分。该标志在模块插入内核时设置。后面将讨论内核如何判断许可证是否兼容GPL。
- module_ref用于引用计数。系统中的每个CPU，都对应到该数组中的一个数组项。该项指定了系统中有多少地方使用了该模块。用作数组元素类型的module_ref只包含一个成员，该数据类型会对齐到L1高速缓存：

  <mm.h>

  ```
  struct module_ref
  {
          local_t count;
  } ____cacheline_aligned;
  ```

  内核提供了try_module_get和module_put函数，来对引用计数器加1或减1。如果调用者确信相关模块当前没有被卸载，也可以使用__module_get对引用计数加1。相反，try_module_get会确认模块确实已经加载。
- modules_which_use_me用作一个链表元素，将模块连接到内核用于描述模块间依赖关系的数据结构中。7.3.2节将更详细地讲述相关内容。
- waiter是一个指针，指向导致模块卸载并且正在等待该操作结束的进程的task_struct实例。
- exit与init是对称的。它一个指针，指向的函数用于在模块移除时负责特定于模块的清理工作（例如，释放分配的内存区域）。
- symtab、num_symtab和strtab用于记录该模块所有符号的信息（不仅是显式导出的符号）。
- percpu指向属于模块的各CPU数据。它在模块装载时初始化。
- args是一个指针，指向装载期间传递给模块的命令行参数。

---

① 在发生致命的内部错误，无法恢复正常运作时，则触发内核恐慌。

7.3.2 依赖关系和引用

如果模块B使用了模块A提供的函数，那么模块A和模块B之间就存在关系。可以用两种不同的方式来看这种关系。

(1) 模块B依赖模块A。除非模块A已经驻留在内核内存，否则模块B无法装载。

(2) 模块B引用模块A。换句话说，除非模块B已经移除，否则模块A无法从内核移除。事实上，条件应该是所有引用模块A的模块都已经从内核移除。在内核中，这种关系称之为模块B使用模块A。

为正确管理这些依赖关系，内核需要引入另一个数据结构：

kernel/modules.c
```
struct module_use
{
        struct list_head list;
        struct module *module_which_uses;
};
```

依赖关系的网络通过module_use和module数据结构的modules_which_use_me成员共同建立起来。对每个使用了模块A中函数的模块B，都会创建一个module_use的新实例。该实例将添加到模块A的module实例中的modules_which_use_me链表。module_which_uses指向模块B的module实例。根据这些信息，内核很容易计算出使用特定模块的其他内核模块。

上述用语言描述的关系，读者可能还不是很清楚，图7-3提供了一个图形化的示例来说明。

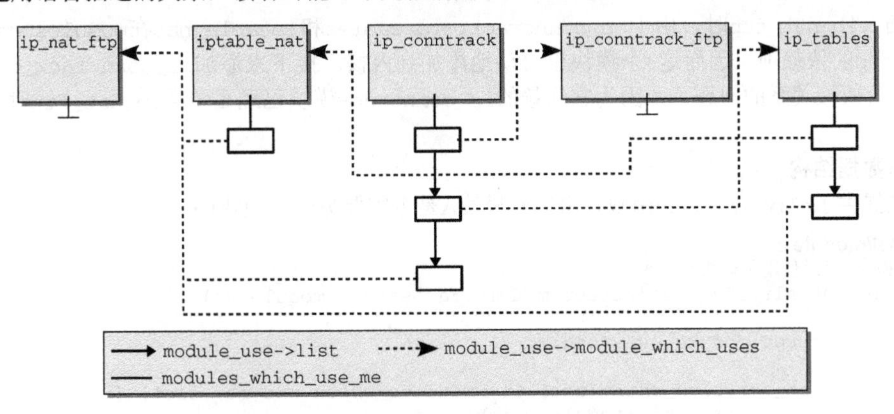

图7-3 管理模块之间依赖关系的数据结构

在本例中，我从Netfilter软件包中选择了若干模块。依赖关系文件modules.dep包含了如下的依赖关系，这些是在模块编译时发现的[①]：

```
ip_tables.ko:
iptable_nat.ko:         ip_conntrack.ko     ip_tables.ko
ip_nat_ftp.ko:          iptable_nat.ko      ip_tables.ko ip_conntrack.ko
ip_conntrack.ko:
ip_conntrack_ftp.ko:    ip_conntrack.ko
```

尽管ip_nat_ftp和ip_conntrack_ftp依赖其他几个模块，但没有其他模块依赖这两个模块，因此其module实例的modules_which_use_me成员是NULL指针。

① 为提高可读性，我没有指定文件的全路径名，modules.dep中是按全路径名指定模块的。此外，例子已经做了一些轻微的简化。

ip_tables不依赖其他任何模块，因此可以（不考虑依赖）直接载入内核。但有两个模块依赖ip_tables，分别是iptable_nat和ip_nat_ftp。分别为这两个模块创建了一个module_use的实例。这两个实例放置到ip_tables的modules_which_use_me成员为表头的链表中。其module_which_use指针指向ip_nat_ftp和iptable_nat，如图7-3所示。

3个模块依赖ip_conntrack，ip_conntrack的modules_which_use_me链表中包含3个module_use实例，其module_which_use指针分别指向iptable_nat、ip_nat_ftp和ip_conntrack_ftp。

> 内核数据结构只给出了依赖特定模块的其他模块的链表，在装载一个新模块之前，需要找出该模块所依赖的模块并先行加载，上述数据结构并不适用于此（至少，如果不遍历所有模块，就无法一一遍历各个模块的modules_which_use_me链表并重新分析其中的信息）。但这并不必要，因为用户空间中的信息就足够了。

如果试图装载一个模块，却因为依赖的模块不存在，而导致一部分未定义的符号无法解决，内核将返回错误码并放弃装载。但内核却没有做什么工作，来装载当前模块所依赖的模块。这完全是用户空间工具modprobe的职责。

只需要调用两次modprobe，即可将上图显示的所有模块插入内核：

```
wolfgang@meitner> /sbin/modprobe ip_nat_ftp
wolfgang@meitner> /sbin/modprobe ip_conntrack_ftp
```

在插入ip_nat_ftp时，由于ip_conntrack、ip_tables和iptable_nat在modules.dep中列为ip_nat_ftp的依赖项，因而这3个模块也自动地添加到内核。接下来添加ip_conntrack_ftp时，就无需再解决依赖关系的问题了，因为它依赖的ip_conntrack模块已经在装载ip_nat_ftp时自动地插入了内核。

操作数据结构

内核提供了already_uses函数，来判断模块A是否需要另一个模块B：

kernel/module.c

```
/* 模块a已经使用了模块b？ */
static int already_uses(struct module *a, struct module *b)
{
        struct module_use *use;

        list_for_each_entry(use, &b->modules_which_use_me, list) {
                if (use->module_which_uses == a) {
                        return 1;
                }
        }
        return 0;
}
```

如果模块A依赖模块B，模块B的modules_which_use_me链表中必定有一个链表元素包含了指向模块A的module实例的指针。这也是内核逐步遍历该链表，一一检查module_which_uses中指针的原因。如果找到一个匹配项，即依赖关系确实存在，则返回1；否则，该函数结束并返回0。

use_module用于建立模块A和模块B之间的关系：模块A需要模块B才能正确运行。其实现如下：

kernel/module.c

```
/* 模块a使用模块b */
static int use_module(struct module *a, struct module *b)
{
        struct module_use *use;
```

```
...
        if (b == NULL || already_uses(a, b)) return 1;

        if (!strong_try_module_get(b))
                return 0;

        use = kmalloc(sizeof(*use), GFP_ATOMIC);
        if (!use) {
                printk("%s: out of memory loading\n", a->name);
                module_put(b);
                return 0;
        }

        use->module_which_uses = a;
        list_add(&use->list, &b->modules_which_use_me);
...
        return 1;
}
```

already_uses首先检查该关系是否已经建立。倘若如此，该函数可以立即返回（依赖模块为NULL指针，也解释为该关系已经存在）。否则，将模块B的引用计数器加1，使之不能从内核移除。毕竟，模块A坚决要求模块B驻留在内存中。strong_try_module_get用于完成该目的，它是前面讲到的try_module_get函数的一个包装，用来处理模块正处于装载过程中的情形：

kernel/module.c
```
static inline int strong_try_module_get(struct module *mod)
{
        if (mod && mod->state == MODULE_STATE_COMING)
                return 0;
        return try_module_get(mod);
}
```

建立该关系并不复杂。首先，创建一个module_use的新实例，其module_which_uses指针设置为指向模块A的module实例。新module_use实例添加到模块B的modules_which_use_me链表。

7.3.3 模块的二进制结构

模块使用ELF二进制格式，模块中包含了几个额外的段，普通的程序或库中不会出现。除了少量由编译器产生、与我们的讨论不相关的段（主要是重定位段），模块由以下ELF段组成[①]。

- __ksymtab、__ksymtab_gpl和__ksymtab_gpl_future段包含一个符号表，包括了模块导出的所有符号。__ksymtab段中导出的符号可以由内核的所有部分所用（不考虑许可证），__kysmtab_gpl中的符号只能由GPL兼容的部分使用，而__ksymtab_gpl_future中的符号未来只能由GPL兼容的部分使用。
- __kcrctab、__kcrctab_gpl和__kcrctab_gpl_future包含模块所有（只适用于GPL、或未来只适用于GPL）导出函数的校验和。__versions包含该模块使用的、来自于外部源代码的所有引用的校验和。

> 除非内核配置时启用了版本控制特性，否则不会建立上述段。

7.5节更详细地讨论了版本信息的产生和使用。

① readelf -S module.ko可以列出模块中的所有段。

- __param存储了模块可接受的参数有关信息。
- __ex_table用于为内核异常表定义新项，前提是模块代码需要使用该机制。
- .modinfo存储了在加载当前模块之前，内核中必须先行加载的所有其他模块名称。换句话说，该特定模块依赖的所有模块名称。

  此外，每个模块都可以保存一些特定的信息，可以使用用户空间工具modinfo查询，特别是开发者的名字、模块的描述、许可证信息和参数列表。
- .exit.text包含了在该模块从内核移除时，所需使用的代码（和可能的数据）。该信息并未保存在普通的代码段中，这样，如果内核配置中未启用移除模块的选项，就不必将该段载入内存。
- 初始化函数（和数据）保存在.init.text段。之所以使用一个独立的段，是因为初始化完成后，相关的代码和数据就不再需要，因而可以从内存移除。
- .gnu.linkonce.this_module提供了struct module的一个实例，其中存储了模块的名称（name）和指向二进制文件中的初始化函数和清理函数（init和cleanup）的指针。根据本段，内核即可判断特定的二进制文件是否为模块。如果没有该段，则拒绝装载文件。

在模块自身和所依赖的所有其他内核模块都已经编译完成之前，上述的一些段是无法生成的，例如列出模块所有依赖关系的段。因为源代码中没有明确给出依赖关系信息，内核必须通过分析目标模块的未解决引用和所有其他模块导出的符号，来获取该信息。

生成模块需要执行下述3个步骤。

(1) 首先，模块源代码中的所有C文件都编译为普通的.o目标文件。

(2) 在为所有模块产生目标文件后，内核可以分析它们。找到的附加信息（例如，模块依赖关系）保存在一个独立的文件中，也编译为一个二进制文件。

(3) 将前述两个步骤产生的二进制文件链接起来，生成最终的模块。

附录B详细地讲述了内核联编过程，并讨论了编译模块时可能遇到的问题。

1. 初始化和清理函数

模块的初始化函数和清理函数，保存在.gnu.linkonce.module段中的module实例中。该实例位于上述为每个模块自动生成的附加文件中。其定义如下[①]：

module

```
module.mod.c
struct module __this_module
__attribute__((section(".gnu.linkonce.this_module"))) = {
 .name = KBUILD_MODNAME,
 .init = init_module,
#ifdef CONFIG_MODULE_UNLOAD
 .exit = cleanup_module,
#endif
 .arch = MODULE_ARCH_INIT,
};
```

KBUILD_MODNAME包含了模块的名称，只有将代码编译为模块时才定义。如果代码将持久编译到内核中，就不会产生__this_module对象，因为不需要对模块对象进行后处理。MODULE_ARCH_INIT是一个预处理器符号，可以指向模块的特定于体系结构的初始化方法。该特性当前只用于m68k CPU。

① GNU C编译器的attribute指令，用于将数据放置到指定的段中。该指令的其他用法，在附录C中讲述。

<init.h>中的module_init和module_exit宏用于定义init函数和exit函数。[①]每个模块都包含以下类型的代码，定义了init函数和exit函数[②]：

```
#ifdef MODULE
static int __init xyz_init(void) {
  /* 初始化代码 */
}

static void __exit xyz_cleanup (void) {
    /* 清理代码 */
}

module_init(xyz_init);
module_exit(xyz_exit);
#endif
```

__init和__exit前缀有助于将这两个函数放置到二进制代码正确的段中：

```
<init.h>
#define __init      __attribute__ ((__section__ (".init.text"))) __cold
#define __initdata  __attribute__ ((__section__ (".init.data")))
#define __exitdata  __attribute__ ((__section__(".exit.data")))
#define __exit_call __attribute_used__ __attribute__ ((__section__ (".exitcall.exit")))
```

所用data后缀的变体，用于将数据（不是函数）放置到.init和.exit段中。

2. 导出符号

内核为导出符号提供了两个宏：EXPORT_SYMBOL和EXPORT_SYMBOL_GPL。顾名思义，二者分别用于一般的导出符号和只用于GPL兼容代码的导出符号。同样，其目的在于将相应的符号放置到模块二进制映象的适当段中：

```
<module.h>
/* 对每个导出的符号，在__ksymtab段中放置一个struct */
#define __EXPORT_SYMBOL(sym, sec) \
        extern typeof(sym) sym; \
        __CRC_SYMBOL(sym, sec) \
        static const char __kstrtab_##sym[] \
        __attribute__((section("__ksymtab_strings"))) \
        = MODULE_SYMBOL_PREFIX #sym; \
        static const struct kernel_symbol __ksymtab_##sym \
        __attribute_used__ \
        __attribute__((section("__ksymtab" sec), unused)) \

#define EXPORT_SYMBOL(sym)                      \
        __EXPORT_SYMBOL(sym, "")

#define EXPORT_SYMBOL_GPL(sym)                  \
        __EXPORT_SYMBOL(sym, "_gpl")

#define EXPORT_SYMBOL_GPL_FUTURE(sym)           \
        __EXPORT_SYMBOL(sym, "_gpl_future")
```

初看起来，该定义一点也不清楚。因而需要通过下列实例来说明其效果：

```
EXPORT_SYMBOL(get_rms)
```

---

① 该宏将init_module和exit_module函数定义为实际的初始化函数和清理函数的别名（一个GCC增强特性）。这个技巧，使得内核总是能够使用同样的名称来引用这两个函数。当然，程序员总是可以选择想要的名称。

② 如果代码没有编译为模块，那么module_init和module_exit将这两个函数转换为普通的init调用或exit调用。

```
/****************************************************************/
EXPORT_SYMBOL_GPL(no_free_beer)
```

上述代码通过预处理器处理后，如下所示：

```
static const char __kstrtab_get_rms[]
    __attribute__((section("__ksymtab_strings"))) = "get_rms";

static const struct kernel_symbol __ksymtab_get_rms
    __attribute_used__ __attribute__((section("__ksymtab" ""), unused)) =
          (unsigned long)&get_rms, __kstrtab_get_rms

/****************************************************************/

static const char __kstrtab_no_free_beer[]
    __attribute__((section("__ksymtab_strings"))) = "no_free_beer";

static const struct kernel_symbol __ksymtab_no_free_beer
    __attribute_used__ __attribute__((section("__ksymtab" "_gpl"), unused)) =
          (unsigned long)&no_free_beer, __kstrtab_no_free_beer
```

对每个导出的符号生成了两段代码。其用途如下。

- __kstrtab_*function*是一个静态变量，保存在__ksymtab_strings段中。它是一个字符串，其值对应于（function）函数的名称。
- 在__ksymtab（或__kstrtab_gpl）段中存储了一个kernel_symbol实例。它包括两个指针，一个指向导出的函数，另一个指向在字符串表中刚建立的项。

  这使得内核根据函数的字符串名称，即可找到匹配的代码地址。在解决引用时需要这样做，相关内容将在7.3.4节讨论。

MODULE_SYMBOL_PREFIX可用于为一个模块的所有导出符号分配一个前缀，这在某些体系结构上是必要的（但大多数将空串定义为前缀）。

在对导出函数启用内核版本控制特性时（更多细节请参考7.5节），会使用__CRC_SYMBOL；否则该宏定义为空串（为简单起见，我在这里作如此假定）。

3. 一般模块信息

模块的.modinfo段包含了一般信息，使用MODULE_INFO设置：

<module.h>

```
#define MODULE_INFO(tag, info) __MODULE_INFO(tag, tag, info)
```

<moduleparam.h>

```
#define __MODULE_INFO(tag, name, info)                        \
static const char __module_cat(name,__LINE__)[]               \

__attribute_used__                                            \
__attribute__((section(".modinfo"),unused)) = __stringify(tag) "=" info
```

除了使用这个一般的宏来生成tag = info的项之外，还有许多宏可以创建具有预定义语义的项。这些在下文讨论。

模块许可证

模块许可证使用MODULE_LICENSE设置：

<module.h>

```
#define MODULE_LICENSE(_license) MODULE_INFO(license, _license)
```

技术上的实现没什么令人吃惊的。在这里我们更感兴趣的是内核划分许可证类型的方式，哪些类型是GPL兼容的。

- GPL和表示GPL第二版的GPLv2。根据GPL的定义，该许可证的任何后续版本（可能尚不存在）也都可以使用。
- 如果有其他条款（必须兼容自由软件的定义）添加到GPL，那么必须使用GPL and additional rights。
- 如果模块的源代码以双许可证形式发布，则需要使用BSD/GPL、MIT/GPL或MPL/GPL（即GPL与Berkeley、MIT、Mozilla3种许可证之一同时使用）。
- 专有模块（或许可证不兼容GPL的模块）必须使用Proprietary。
- 如果没有指定明确的许可证，则使用unspecified。

- **开发者和描述**

每个模块都应该包含有关开发者的简短信息（如有可能，应包括电子邮件地址）和对模块用途的描述。

<module.h>

```
#define MODULE_AUTHOR(_author) MODULE_INFO(author, _author)
#define MODULE_DESCRIPTION(_description) MODULE_INFO(description, _description)
```

- **备选名称**

MODULE_ALIAS(alias)用于给模块指定备选名称（alias），在用户空间中可据此访问模块。该机制可用于区分备选驱动程序，例如，可能有几个驱动程序实现了同样的功能，但实际上只能使用其中一个。这对于构建系统化的名称也是必要的。例如，这使得能够向一个模块分配一个或多个别名。这些别名分别指定该模块支持的所有PCI设备的ID号。如果在系统中找到这样的设备，内核可以（在用户空间帮助下）自动插入对应的模块。

- **基本的版本控制**

.modinfo段中总是会存储某些必不可少的版本控制信息，无论内核的版本控制特性是否启用。这使得可以从各种内核配置中区分出特别影响整个内核源代码的那些配置，这些可能需要一个单独的模块集合。在模块编译的第二阶段期间，下列代码会链接到每个模块中：

module.mod.c

```
MODULE_INFO(vermagic, VERMAGIC_STRING);
```

VERMAGIC_STRING是一个字符串，表示内核配置的关键特性：

<vermagic.h>

```
#define VERMAGIC_STRING \
        UTS_RELEASE " " \
        MODULE_VERMAGIC_SMP MODULE_VERMAGIC_PREEMPT \
        MODULE_VERMAGIC_MODULE_UNLOAD MODULE_ARCH_VERMAGIC
```

内核自身和每个模块中都会存储VERMAGIC_STRING的一份副本。只有内核与模块存储的两个字符串匹配时，模块才能加载。这意味着模块和内核在以下配置方面必须是一致的：

- SMP配置（是否启用）；
- 抢占配置（是否启用）；
- 使用的编译器版本；
- 特定于体系结构的常数。

在IA-32系统上，处理器类型用作特定于体系结构的常数，因为不同处理器可用的特性可能相去甚远。例如，如果模块编译时特意对Pentium 4处理器进行优化，那么可能无法插入为Athlon处理器编译的内核中。

内核版本也会存储，但在比较时会忽略。内核版本不同的模块，只要剩余的版本字符串匹配，仍然可以装载，不会有问题。例如，2.6.0版本的模块可以载入2.6.10版本的内核。

7.3.4　插入模块

init_module系统调用是用户空间和内核之间用于装载新模块的接口。

kernel/module.c

```
asmlinkage long
sys_init_module(void __user *umod, unsigned long len, const char __user *uargs)
```

该调用需要3个参数：一个指针指向用户地址空间中的区域，模块的二进制代码即位于其中（umod），该区域的长度（len），以及一个指向字符串的指针，指定了模块的参数。从用户空间的角度来看，插入一个模块非常简单，只需读入模块的二进制代码，并发出一个系统调用。

1. 系统调用的实现

图7-4给出了sys_init_module的代码流程图。

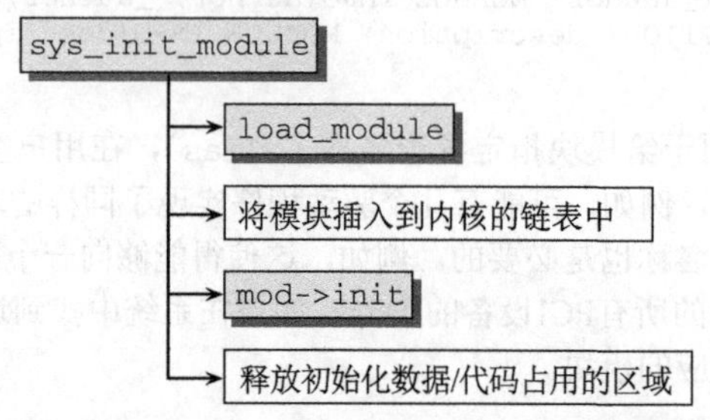

图7-4　sys_init_module的代码流程图

二进制数据使用load_module传输到内核地址空间中。所有需要的重定位都会完成，所有的引用都会解决。参数转换为一种易于分析的形式（kernel_param实例的表），用模块的所有必要信息创建module数据结构的一个实例。

在load_module函数中创建的module实例已经添加到全局的modules链表后，内核只需调用模块的初始化函数并释放初始化数据占用的内存。

2. 加载模块

在实现load_module时会遇到真正的困难，内核源代码中对该函数的注释是"完成所有艰苦的工作"，这是完全正确的说法。这是一个涉及内容广泛的函数（超过350行），可以完成以下任务。

- 从用户空间复制模块数据（和参数）到内核地址空间中的一个临时内存位置。各ELF段的相对地址替换为该临时映像的绝对地址。
- 查找各个（可选）段的位置。
- 确保内核和模块中版本控制字符串和struct module的定义匹配。
- 将存在的各个段分配到其在内存中的最终位置。
- 重定位符号并解决引用。链接到模块符号的任何版本控制信息都会被注意到。
- 处理模块的参数。

load_module是模块装载器的基础，我会更详细地讨论该函数中最重要的代码片段。

> 下文的信息会频繁引用ELF格式的一些特性。内核为该格式定义的数据结构也会经常使用。附录E详细地讨论了这两方面的内容。

kernel/module.c

```
static struct module *load_module(void __user *umod,
                                  unsigned long len,
                                  const char __user *uargs)
{
        Elf_Ehdr *hdr;
        Elf_Shdr *sechdrs;
        char *secstrings, *args, *modmagic, *strtab = NULL;
        unsigned int i;
        unsigned int symindex = 0;
        unsigned int strindex = 0;
        unsigned int setupindex;
        unsigned int exindex;
        unsigned int exportindex;
        unsigned int modindex;
        unsigned int obsparmindex;
        unsigned int infoindex;
        unsigned int gplindex;
        unsigned int crcindex;
        unsigned int gplcrcindex;
...
        struct module *mod;
        long err = 0;
...
        if (copy_from_user(hdr, umod, len) != 0) {
                err = -EFAULT;
                goto free_hdr;
        }
...
        /* 为方便而定义的变量 */
        sechdrs = (void *)hdr + hdr->e_shoff;
        secstrings = (void *)hdr + sechdrs[hdr->e_shstrndx].sh_offset;
```

在定义了大量变量之后，内核使用copy_from_user将模块的二进制数据载入内核内存（我省去了ELF段的某些索引变量以及错误处理的有关信息，在以后几节里我会采取同样的做法，免得不必要地增加篇幅）。

此时hdr指向二进制数据的起始地址，换句话说，即模块的ELF头。

sechdrs和secstring分别指向二进制数据中各个存在的ELF段的相关信息和包含段名称的字符串表在内存中的位置。这里使用了ELF头中的相对地址加上模块在内核地址空间中的绝对地址，以确定相关信息的正确位置（这种做法我们会经常遇到）。

- **重写段地址**

接下来，二进制代码中引用的所有段的地址改写为对应段在临时映像中的绝对地址[①]：

kernel/module.c

```
for (i = 1; i < hdr->e_shnum; i++) {
...
        /* 将所有段的sh_addr，都设置为该段在临时映像中的绝对地址。 */
        sechdrs[i].sh_addr = (size_t)hdr + sechdrs[i].sh_offset;

        /* 内部符号和字符串。 */
        if (sechdrs[i].sh_type == SHT_SYMTAB) {
                symindex = i;
                strindex = sechdrs[i].sh_link;
```

① e_shnum表示段的数目，sh_addr是某个段的地址，而sh_offset是该段在段表中的ID，附录E会详细讲述这些。

```
            strtab = (char *)hdr + sechdrs[strindex].sh_offset;
        }
}
```

遍历所有段用来找到符号表（类型为SHT_SYMTAB的唯一段）和相关的符号字符串表的位置，前者的sh_link即为后者的段索引。

● 查找段地址

在.gnu.linkonce.this_module段中，有一个struct module的实例（find_sec是一个辅助函数，根据ELF段的名称找到其索引）：

module/kernel.c

```
modindex = find_sec(hdr, sechdrs, secstrings,
                    ".gnu.linkonce.this_module");
...
mod = (void *)sechdrs[modindex].sh_addr;
```

mod现在指向struct module的实例，该实例中提供了模块的名称和指向初始化以及清理函数的指针，但其他成员仍然初始化为NULL或0。

find_sec还用于找到模块中剩余各段的索引位置（保存在上文定义的各个*index变量中）：

kernel/module.c

```
/* 可选段 */
exportindex = find_sec(hdr, sechdrs, secstrings, "__ksymtab");
gplindex = find_sec(hdr, sechdrs, secstrings, "__ksymtab_gpl");
gplfutureindex = find_sec(hdr, sechdrs, secstrings, "__ksymtab_gpl_future");
...
versindex = find_sec(hdr, sechdrs, secstrings, "__versions");
infoindex = find_sec(hdr, sechdrs, secstrings, ".modinfo");
pcpuindex = find_pcpusec(hdr, sechdrs, secstrings);
```

模块装载器接下来调用特定于体系结构的函数mod_frob_arch_sections，某些体系结构使用该函数操作各个段的内容。由于通常不需要该函数（因而通常定义为空操作），在这里不讨论它了。

● 在内存中组织数据

layout_sections用于判断模块的哪些段装载到内存的哪些位置，或哪些段必须从其临时地址复制到其他位置。各段分为两类：核心和初始化。前一部分包括了在模块的整个运行期间都需要的所有代码段，内核将所有初始化数据和函数放置到一个单独的部分，在装载完成时移除。

除非段的头部设置了SHF_ALLOC标志，否则段不会转移到其最终内存位置。[①] 例如，对调试信息段（使用gcc选项-g生成）不会设置该标志，因为这些数据不必一直处于内存中，需要时从二进制文件读取即可。

layout_sections会检查段的名称是否包含.init字符串。这使得内核能够区分初始化代码和普通代码。相应地，从段的起始位置就能判断出是核心段还是初始化段。

layout_sections的结果使用以下数据元素表示。

- 每个段对应于一个ELF段数据结构实例，该实例中的sh_entsize表示该段在核心或初始化区域中的相对位置。如果某个段不会装载，则该值设置为~0UL。

  那么为区分初始化段和核心段，前者在sh_entsize中置位了INIT_OFFSET_MASK标志位（定义为（1UL << (BITS_PER_LONG - 1)））。所有初始化段的相对位置都存储在各自的sh_entsize成员中。

① 这实际上不大准确，因为内核还根据段的标志，定义了一个具体的顺序。但在这里不必讨论了。

- core_size用于表示在内核中持久驻留的代码的总长度（至少在模块卸载前）。init_size则是模块初始化所需的所有段的总长度。

● 传输数据

既然段在内存中的分布已经确定，那么就分配所需的内存空间并用字节0初始化：

kernel/module.c

```
/* 进行内存分配。 */
ptr = module_alloc(mod->core_size);
...
memset(ptr, 0, mod->core_size);
mod->module_core = ptr;

ptr = module_alloc(mod->init_size);
...
memset(ptr, 0, mod->init_size);
mod->module_init = ptr;
```

module_alloc是一个特定于体系结构的函数，用于分配模块内存。大多数情况下，它通过直接调用vmalloc或其变体之一实现（参见第3章）。换句话说，模块在内核中驻留的内存区域是通过页表映射的，并非直接映射。

所有SHF_ALLOC类型的段的数据，都将根据layout_sections获得的信息，复制到其最终内存区域中。每个段的sh_addr成员也设置为段的最终位置（此前该成员指向段在模块的临时内存区中的位置）。

● 查询模块许可证

现在可以从.modinfo段读取模块许可证并放置到module数据结构中，这在技术上无关紧要但在法律上很重要：

kernel/module.c

```
set_license(mod, get_modinfo(sechdrs, infoindex, "license"));
```

set_license检查使用的许可证是否是GPL兼容（与7.3.3节中的字符串比较其名称）：

kernel/module.c

```
static void set_license(struct module *mod, const char *license)
{
        if (!license)
                license = "unspecified";

        if (!license_is_gpl_compatible(license)) {
                if (!(tainted & TAINT_PROPRIETARY_MODULE))
                        printk(KERN_WARNING "%s: module license '%s' taints "
                        "kernel.\n", mod->name, license);
                add_taint_module(mod, TAINT_PROPRIETARY_MODULE);
        }
}
```

如果找到的许可证不是GPL兼容的，则通过add_taint_module设置全局变量tainted中的TAINT_PROPRIETARY_MODULE标志，该函数也会设置struct module的taints字段的相应标志位。license_is_gpl_compatible确定哪些许可证当前认为是GPL兼容的：

kernel/module.c

```
static inline int license_is_gpl_compatible(const char *license)
{
        return (strcmp(license, "GPL") == 0
                || strcmp(license, "GPL v2") == 0
```

```
                || strcmp(license, "GPL and additional rights") == 0
                || strcmp(license, "Dual BSD/GPL") == 0
                || strcmp(license, "Dual MIT/GPL") == 0
                || strcmp(license, "Dual MPL/GPL") == 0);
}
```

此外，如果将模块ndiswrapper或driverwrapper载入内核，也会污染内核。尽管这两个模块自身的许可证是兼容内核的，但其用途是向内核装载二进制数据（就ndiswrapper而言，会装载无线网卡的Windows驱动程序）。这与内核的许可证是不兼容的，因而必须设置污染标志。

● 解决引用和重定位

下一步将继续处理模块符号。该任务委托给simplify_symbols辅助函数，该函数将遍历符号表中的所有符号[①]：

kernel/module.c
```
static int simplify_symbols(Elf_Shdr *sechdrs,
                            unsigned int symindex,
                            const char *strtab,
                            unsigned int versindex,
                            unsigned int pcpuindex,
                            struct module *mod)
{
        Elf_Sym *sym = (void *)sechdrs[symindex].sh_addr;
        unsigned long secbase;
        unsigned int i, n = sechdrs[symindex].sh_size / sizeof(Elf_Sym);
        int ret = 0;

        for (i = 1; i < n; i++) {
                switch (sym[i].st_shndx) {
```

不同符号类型必须进行不同的处理。完全定义的符号是最容易的，因为不需要做什么事情：

kernel/module.c
```
                case SHN_ABS:
                        /* 什么也不用做 */
                        DEBUGP("Absolute symbol: 0x%08lx\n",
                               (long)sym[i].st_value);
                        break;
```

未定义符号必须解决。下面是返回给定符号的匹配地址的resolve_symbol函数：

kernel/module.c
```
                case SHN_UNDEF:
                        sym[i].st_value
                          = resolve_symbol(sechdrs, versindex,
                                           strtab + sym[i].st_name, mod);

                        /* 如果符号已经解决，则没有问题。 */
                        if (sym[i].st_value != 0)
                                break;
                        /* 如果为符号定义为弱的，也没有问题。 */
                        if (ELF_ST_BIND(sym[i].st_info) == STB_WEAK)
                                break;

                        printk(KERN_WARNING "%s: Unknown symbol %s\n",
                               mod->name, strtab + sym[i].st_name);
                        ret = -ENOENT;
                        break; strtab + sym[i].st_name, mod);
```

① 符号数目的计算：符号表的长度除以单个表项的长度。

如果符号因为没有匹配的定义可用而无法解决，则resolve_symbol返回0。如果该符号定义为弱的（参见附录E），则没有问题；否则该模块无法插入，因为它引用了不存在的符号。

解决所有其他符号时，都是通过在模块符号表中查找其值：

kernel/module.c
```
                default:
                        secbase = sechdrs[sym[i].st_shndx].sh_addr;
                        sym[i].st_value += secbase;
                                break;
                }
        }

        return ret;
}
```

模块装载的下一步是，将num_syms、syms和crcindex成员（或等价的GPL相关成员）设置为二进制数据中对应的内存位置，设置内核中的（GPL）导出符号表。

kernel/module.c
```
/* 设置导出的符号和导出的GPL符号（段0长度为0） */
mod->num_syms = sechdrs[exportindex].sh_size / sizeof(*mod->syms);
mod->syms = (void *)sechdrs[exportindex].sh_addr;
if (crcindex)
        mod->crcs = (void *)sechdrs[crcindex].sh_addr;
mod->num_gpl_syms = sechdrs[gplindex].sh_size / sizeof(*mod->gpl_syms);
mod->gpl_syms = (void *)sechdrs[gplindex].sh_addr;
if (gplcrcindex)
        mod->gpl_crcs = (void *)sechdrs[gplcrcindex].sh_addr;
mod->num_gpl_future_syms = sechdrs[gplfutureindex].sh_size /
                                sizeof(*mod->gpl_future_syms);
mod->gpl_future_syms = (void *)sechdrs[gplfutureindex].sh_addr;
if (gplfuturecrcindex)
        mod->gpl_future_crcs = (void *)sechdrs[gplfuturecrcindex].sh_addr;
```

标记为未使用的符号进行同样的处理，因此我们省去了相应的代码。接下来进行重定位，内核将再次遍历模块的所有段。根据段类型（SHT_REL或SHT_RELA），会调用apply_relocate或apply_relocate_add进行重定位。取决于处理器类型，通常只有一种类型的重定位（一般的重定位或加式重定位[①]，参见附录E）。但我们不打算深入讨论重定位，因为这涉及大量特定于体系结构的微妙之处。

module_finalize提供了另一个特定于体系结构的挂钩，允许不同体系结构的实现执行特定于系统的结束工作。例如，在IA-32系统上，在可能的情况下，会将旧的处理器类型的低速汇编语言指令替换为新的、更快的指令。

参数处理由parse_args执行，该函数将传递进来的字符串（例如foo=bar,bar2baz=fuz wiz）转换为一个kernel_param实例的数组。指向该数组的一个指针保存在module数据结构的args成员中，可以由模块的初始化函数处理。

最后，load_module将与模块有关的文件安置到sysfs中，并释放最初加载模块二进制代码时占用的临时内存区。

3. 解决引用

resolve_symbol用于解决未定义的符号引用。它就是一个包装器函数，如图7-5给出的代码流程图所示。

① 加式重定位（add relocation）是作者创造的术语，指在重定位时，要额外加一个偏移量。——译者注

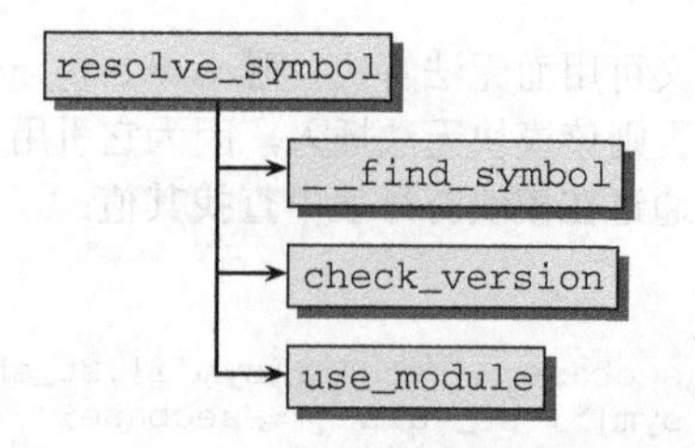

图7-5　resolve_symbol的代码流程图

解决符号的实际工作在__find_symbol中进行。内核首先遍历持久编译到内核中的所有符号：

kernel/module.c
```
static unsigned long __find_symbol(const char *name,
                                   struct module **owner,
                                   const unsigned long **crc,
                                   int gplok)

{
        struct module *mod;
        const struct kernel_symbol *ks;
        /* 首先查找核心内核。 */
        *owner = NULL;
        ks = lookup_symbol(name, __start___ksymtab, __stop___ksymtab);
        if (ks) {
                *crc = symversion(__start___kcrctab, (ks - __start___ksymtab));
                return ks->value;
        }
...
```

辅助函数lookup_symbol(name, start, end)查找由start和end指定的符号表，看是否能找到名称为name的项。symversion是一个辅助宏。如果启用了MODVERSIONS选项，则该宏从CRC表提取对应的项；否则，它返回0。

更多在其他部分搜索的代码与上文给出的代码基本等价，因此我们不再列出。如果在所有模块都能够访问的符号表中未能找到匹配项，而模块又使用了GPL兼容的许可证（即gplok设置为1），那么将搜索内核提供给GPL兼容模块的符号（位于__start___ksymtab_gpl和__stop___kysmtab_gpl之间）。如果又失败了，则将搜索将来专用于GPL模块的符号。如果仍然失败，则搜索未使用符号以及未使用的GPL符号。如果在这两个表中找到符号，那么内核将使用该符号解决依赖关系，但会输出一个警告消息。因为该符号迟早会消失，因此任何使用该符号的模块从现在起都应该停止使用它。

如果搜索仍未成功，则扫描已加载模块的导出符号：

kernel/module.c
```
        /* 现在尝试搜索已加载模块。 */
        list_for_each_entry(mod, &modules, list) {
        *owner = mod;
        ks = lookup_symbol(name, mod->syms, mod->syms + mod->num_syms);
        if (ks) {
                *crc = symversion(mod->crcs, (ks -mod->syms));
                return ks->value;
        }

        if (gplok) {
                ks = lookup_symbol(name, mod->gpl_syms,
                                   mod->gpl_syms + mod->num_gpl_syms);
                if (ks) {
                        *crc = symversion(mod->gpl_crcs,
```

```
                                    (ks -mod->gpl_syms));
                        return ks->value;
                    }
            }

            ...
            /* 尝试未使用的符号等。 */
            ...

        }
        return 0;
}
```

每个模块都将导出符号存储在mod->syms数组中，它与内核的符号数组结构相同。

如果当前模块是GPL兼容的，则将搜索已加载模块的所有GPL导出符号。与上一个搜索的做法完全相同，只是将mod->gpl_syms用作数据库而已。如果仍然不成功，内核会尝试使用其余符号。

> 内核将__find_symbol的owner参数，设置为指向当前处理的模块的数据结构。如果正在加载的模块，借助于当前处理的模块，解决了某个未定义符号，则该赋值操作即建立了模块之间的依赖关系。

如果内核无法解决该符号则返回0。

我们回来讨论resolve_symbol。如果__find_symbol成功，内核首先使用check_version确定校验和是否匹配（该函数在7.5节讨论）。如果使用的符号源自另一个模块，则通过我们熟悉的use_module函数建立两个模块之间的依赖关系。只要刚加载的模块仍然在内存中，被引用的模块就不能从内存移除。

7.3.5 移除模块

从内核移除模块比插入模块简单得多，如图7-6中sys_delete_module的代码流程图所示。

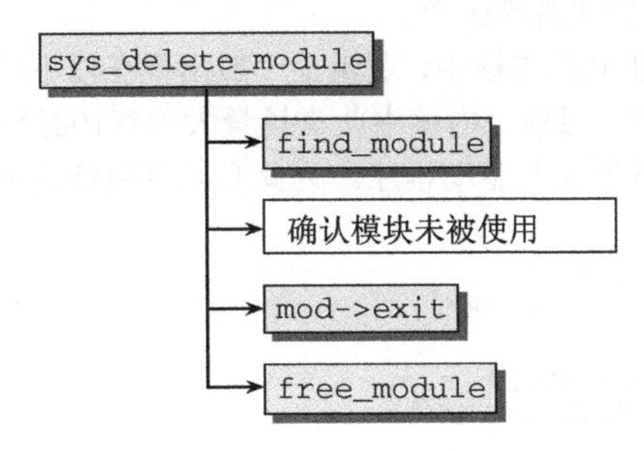

图7-6 sys_delete_module的代码流程图

该系统调用通过名称来识别模块，因此必须通过参数传递模块的名称[①]：

kernel/module.c
```
asmlinkage long
sys_delete_module(const char __user *name_user, unsigned int flags)
```

首先，内核必须使用find_module遍历所有注册模块的链表，找到匹配的module实例。

① 除了名称之外还可以传递两个标志：O_TRUNC，表示模块可以从内核“强制”移除（例如，即使引用计数器为正值）；O_NONBLOCK，指定该操作必须是非阻塞的。为简单起见，这里不讨论这些标志了。

接下来必须确保其他任何模块都不需要使用该模块：

kernel/module.c
```
        if (!list_empty(&mod->modules_which_use_me)) {
                /* 其他模块依赖该模块：必须先行卸载这些模块。 */
                ret = -EWOULDBLOCK;
                goto out;
        }
```

你只需检查该链表是否为空。因为每次发现另一个模块使用了该模块的某个符号时，都会自动向modules_which_use_me链表插入一项。

在确认引用计数器已经归0之后，调用特定于模块的清理函数，而模块数据占用的内存空间通过free_module释放。

7.4 自动化与热插拔

模块不仅可以根据用户指令或自动化脚本装载，还可以由内核自身请求装载。这种装载机制，在下面两种情况下很有用处。

(1) 内核确认一个需要的功能当前不可用。例如，需要装载一个文件系统，但内核不支持。内核可以尝试加载所需的模块，然后重试装载文件系统。

(2) 一个新设备连接到可热插拔的总线（USB、FireWire、PCI等）。内核检测到新设备并自动装载包含适当驱动程序的模块。

我们之所以对该特性的实现感兴趣，是因为在这两种情况下，内核都依赖用户空间的实用程序。根据内核提供的信息，实用程序找到适当的模块并按惯例将其插入内核。

7.4.1 kmod 实现的自动加载

在内核发起的模块自动装载特性中，kernel/kmod.c中的request_module是主要的函数。模块的名称（或一般占位符[①]）需要传递给该函数。

请求模块的操作必须显式建立在内核中，逻辑上一般出现在以下场合：内核因为没有可用的驱动程序而导致分配特定的资源失败。目前，内核中此类场景大约有100处左右。例如，IDE驱动程序在探测现存的设备时会尝试加载设备所需的驱动程序。为此必须直接指定所需驱动程序的模块名：

drivers/ide/ide-probe.c
```
if (drive->media == ide_disk)
        request_module("ide-disk");
...
if (drive->media == ide_floppy)
        request_module("ide-floppy");
```

如果特定的协议族不可用，则内核必须设法发出一个一般性的请求：

net/socket.c
```
if (net_families[family]==NULL)
{
        request_module("net-pf-%d",family);
}
```

尽管在较早的内核版本（2.0及以前）中自动装载模块是由一个独立的守护进程负责，该守护进

① 这是一个服务名称，并不与特定硬件相关。例如，内核确定需要一个网络模块支持某种协议族，但却无法链接到内核中。因为它只知道该协议族的编号，而不是支持该协议族编号的模块名称，因此内核使用net-pf-X作为模块名，其中X表示协议族编号。modules.alias文件为特定协议族分配适当的模块名。例如net-pf-24对应到pppoe。

程必需在用户空间中显式启动，而现在该特性由内核实现，当然还需要用户空间中的实用程序插入模块。默认情况下会使用/sbin/modprobe。该工具在上文讨论手动插入模块时提到过。我不打算讨论在自动插入模块时大量的工具控制选项。对此，读者可以参阅与系统管理方面与此相关的大量文档。

图7-7给出了request_module的代码流程图。

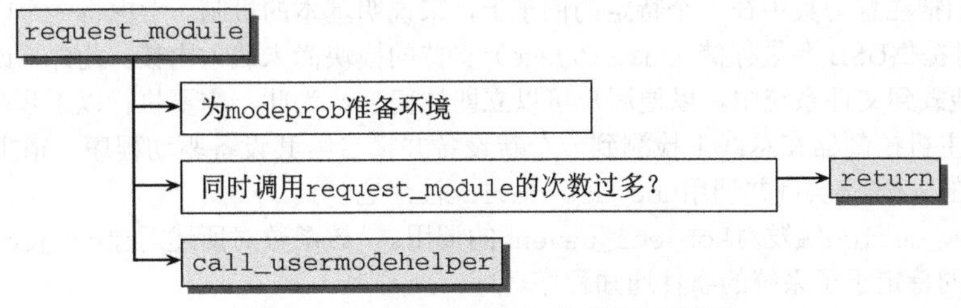

图7-7 request_module的代码流程图

该函数需要一个最低限度上的环境，以便执行modprobe进程（具备完全的root权限）：

kernel/kmod.c
```
char *argv[] = { modprobe_path, "-q", "--", module_name, NULL };
static char *envp[] = { "HOME=/",
                        "TERM=linux",
                        "PATH=/sbin:/usr/sbin:/bin:/usr/bin",
                        NULL };
```

modprobe_path的默认值是/sbin/modprobe。但该值可以通过proc文件系统（/proc/sys/kernel/modprobe）或对应的Sysctl改变。所需模块的名称作为一个命令行参数传递。

如果modprobe自身基于某个模块中实现的一个服务，① 内核将进入递归的无限循环，因为会重复启动modprobe实例。为防止这种情况，内核使用全局变量kmod_concurrent，每次调用modprobe都将该变量加1。如果该变量超过MAX_KMOD_CONCURRENT（默认值是50）和max_threads/2两个值的较小者之后，则停止加1操作。

接下来调用call_usermodehelper以启动用户空间中的实用程序。通过迂回到一些这里没有详细讲述的函数，该函数声明了一个新的工作队列项（参见第14章）并将其添加到khelper内核线程的工作队列。在处理该队列项时，会调用____call_usermodehelper。该函数负责运行modprobe应用程序，将所需的模块按上文讲述的方法插入到内核。

7.4.2 热插拔

在新设备连接到可热插拔的总线（或移除）时，内核再次借助用户空间应用程序来确保装载正确的驱动程序。与通常插入模块的过程相比，这里有必要执行几个额外的任务（例如，必须根据设备标识字符串，找到正确的驱动程序，或必须进行一些配置工作）。因此，这里用另一个工具（通常是/sbin/udevd②）代替了modprobe。

---

① 换句话说，modprobe依赖某个模块中的一个服务。内核会发出一个相应的指令要求modprobe加载该模块，这又会导致modprobe指示内核启动modprobe加载该模块。

② 在内核以前的版本中，/sbin/hotplug是唯一的热插拔工具程序。随着设备模型的引入和该模型在内核版本2.6开发期间逐渐成熟，udevd现在是大多数发行版首选的方法。尽管如此，内核确实提供的是一般性的消息，并不绑定到用户空间中的特定机制。在某些情况下，内核仍然调用uevent_helper中注册的程序，它可以设置为/sbin/hotplug，该设置可以通过/proc/sys/kernel/hotplug访问。将该值设置为空串，则停用该机制。由于它只在启动期间或某些非常特殊的配置下（主要是完全停用了网络的系统）有用，我不会过多考虑它。

要注意，内核不仅在设备插入与移除时向用户空间提供消息，实际上内核在很多一般事件发生时，都会发送消息。例如，在一个新硬盘连接到系统时，内核不仅提供有关该事件的信息，还发送通知，提供该设备上已经找到的分区信息。设备模型的每部分都可以向用户层发送注册和撤销注册事件。因此，实际上内核可能发送的消息，组成了一个相当庞大和广泛的集合，我没有详细地讲述。

相反，我们把注意力集中在一个特定的例子上，来说明基本的机制。考虑将一个USB存储棒附接到系统，但此时提供USB 海量存储（mass storage）支持的模块尚未载入内核。此外，该发行版想要自动地将该设备装载到文件系统中，以便用户可以立即访问它。为此，需要执行以下步骤。

- USB宿主机控制器在总线上检测到一个新设备并报告给其设备驱动程序。宿主机控制器分配一个新的device实例并调用usb_new_device注册它。
- usb_new_device触发对kobject_uevent的调用。[①]该函数对所述对象kobject实例，调用其中注册的特定于子系统的事件通知程序。
- 对USB设备对象，usb_uevent用作通知函数。该函数准备一个消息，其中包含了所有必要的信息，使得udevd能够对新的USB海量存储设备的插入，作出适当反应。

udevd守护进程可以检查来源于内核的所有消息。注意以下通信日志，其内容取自一个新的USB存储棒插入系统时。

```
root@meitner # udevmonitor --environment
...
UEVENT[1201129806.368892] add /devices/pci0000:00/0000:00:1a.7/usb7/7-4/7-4:1.0
(usb)
ACTION=add
DEVPATH=/devices/pci0000:00/0000:00:1a.7/usb7/7-4/7-4:1.0
SUBSYSTEM=usb
DEVTYPE=usb_interface
DEVICE=/proc/bus/usb/007/005
PRODUCT=951/1600/100
TYPE=0/0/0
INTERFACE=8/6/80
MODALIAS=usb:v0951p1600d0100dc00dsc00dp00ic08isc06ip50
SEQNUM=1830
```

第一个消息由上述的usb_uevent函数产生。每个消息都由一些标识符/值对组成，这些描述了内核内部所进行的操作。由于一个新的设备添加到系统，ACTION的值是add。DEVICE表示该设备在USB文件系统中的位置，可以据此查找该设备的有关信息，而PRODUCT提供一些有关厂商和设备的信息。这里最重要的字段是INTERFACE，它确定了新设备所属接口的类别。USB标准对海量存储设备分配的类别是8：

<usb_ch9.h>

```
#define USB_CLASS_MASS_STORAGE 8
```

MODALIAS字段包含有关该设备的所有一般信息。这些信息编码在一个字符串中，其设计显然不适于人眼阅读，但计算机很容易解析。其生成过程如下（add_uevent_var是一个辅助函数，用于向热插拔消息添加一个新的标识符/值对）。

drivers/usb/core/usb.c

```
add_uevent_var(env,
        "MODALIAS=usb:v%04Xp%04Xd%04Xdc%02Xdsc%02Xdp%02Xic%02Xisc%02Xip%02X",
        le16_to_cpu(usb_dev->descriptor.idVendor),
```

① 准确的调用路径是usb_new_device→ device_add→ kobject_uevent。

```
        le16_to_cpu(usb_dev->descriptor.idProduct),
        le16_to_cpu(usb_dev->descriptor.bcdDevice),
        usb_dev->descriptor.bDeviceClass,
        usb_dev->descriptor.bDeviceSubClass,
        usb_dev->descriptor.bDeviceProtocol,
        alt->desc.bInterfaceClass,
        alt->desc.bInterfaceSubClass,
        alt->desc.bInterfaceProtocol));
```

通过比较MODALIAS值和各个模块提供的别名，udevd可以找到需要插入的模块。在这里，应该插入usb-storage模块，因为以下别名与需求匹配：

```
wolfgang@meitner> /sbin/modinfo usb-storage
...
alias:          usb:v*p*d*dc*dsc*dp*ic08isc06ip50*
...
```

类似于普通的正则表达式，星号是占位符，表示任意值，而该别名最后的一部分（ic08isc06ip50*）与MODALIAS值相同。因而别名是匹配的，udevd可以将usb-storage模块插入到内核中。udevd如何了解一个给定模块有哪些别名呢？它依赖depmod程序，该程序扫描所有可用的模块，提取别名信息，并存储到文本文件/lib/modules/2.6.x/modules.alias中。

但故事到这里尚未结束。在USB海量存储模块已经插入内核之后，块设备层识别出该设备和其中包含的分区。这又产生了另一个通知。

```
root@meitner # udevmonitor
...
UDEV [1201129811.890376] add /block/sdc/sdc1 (block)
UDEV_LOG=3
ACTION=add
DEVPATH=/block/sdc/sdc1
SUBSYSTEM=block
MINOR=33
MAJOR=8
PHYSDEVPATH=/devices/pci0000:00/0000:00:1a.7/usb7/7-4/7-4:1.0/host7/target7:0:0/7:0:0:0
PHYSDEVBUS=scsi
SEQNUM=1837
UDEVD_EVENT=1
DEVTYPE=partition
ID_VENDOR=Kingston
ID_MODEL=DataTraveler_II
ID_REVISION=PMAP
ID_SERIAL=Kingston_DataTraveler_II_5B67040095EB-0:0
ID_SERIAL_SHORT=5B67040095EB
ID_TYPE=disk
ID_INSTANCE=0:0
ID_BUS=usb
ID_PATH=pci-0000:00:1a.7-usb-0:4:1.0-scsi-0:0:0:0
ID_FS_USAGE=filesystem
ID_FS_TYPE=vfat
ID_FS_VERSION=FAT16
ID_FS_UUID=0920-E14D
ID_FS_UUID_ENC=0920-E14D
ID_FS_LABEL=KINGSTON
ID_FS_LABEL_ENC=KINGSTON
ID_FS_LABEL_SAFE=KINGSTON
DEVNAME=/dev/sdc1
DEVLINKS=/dev/disk/by-id/usb-Kingston_DataTraveler_II_5B67040095EB-0:0-part1
/dev/disk/by-path/pci-0000:00:1a.7-usb-0:4:1.0-scsi-0:0:0:0-part1
/dev/disk/by-uuid/0920-E14D /dev/disk/by-label/KINGSTON
```

该消息提供了新检测到的分区名称（/dev/sdc1）和分区上找到的文件系统（vfat）的有关信息。对于udevd来说，该信息已经足够用于自动装载文件系统，这样USB存储棒就可以使用了。

7.5　版本控制

不断改变的内核源代码当然对驱动程序和模块的程序设计有一些影响，特别是只提供二进制代码的专有的驱动程序，本节将讨论这种影响。

在实现新特性或修订总体设计时，通常必须修改内核各个部分之间的接口，以处理新的情况或支持性能和设计方面的改进。当然，开发者会尽可能将改动限制到驱动程序不直接使用的那些内部函数上。但这并不排除偶尔修改"公开的"接口。很自然，模块接口也会受到此类修改的影响。

在驱动程序以源代码形式提供时，这不成问题，只要找到一个勤勉的内核黑客将代码改编为适应新的结构即可。对大多数驱动程序来说，相关的工作量都可以按天计算（即使不能按小时计算）。由于不再有明确的"开发版内核"的概念，在内核的两个稳定修订版之间引入接口改变是不可避免的。但由于in-tree代码更新很容易，所以这不会产生问题。

但对于由厂商发布、只提供二进制代码的驱动程序来说，情况会有所不同。用户不得不依赖厂商的信誉，等待新驱动程序的开发和发布。这种情况引起了一整套问题，其中有两个是技术上的[①]，我们对此比较感兴趣。

- 如果模块使用了一个废弃的接口，不仅会损害模块的正常功能，而且系统很可能崩溃。
- SMP和单处理器系统的接口不同，需要两个二进制版本。如果装载了错误的版本，同样可能导致系统崩溃。

当然，如果用了只有二进制代码的开源模块，上述观点同样适用。有时候，除非厂商提供适当的更新，否则对于经验较少的用户，这是唯一的选择。

因此，显然需要引入模块版本控制功能。但何种方法是最好的呢？最简单的解决方案是引入一个常数，并且内核和模块都保存该常数。每次改变一个接口，常数的值都加1。除非模块和内核中接口的版本号相同，否则内核不会接受模块。这可以解决版本问题。理论上该方法是可行的，但还不够全面。如果改变的是模块未使用的接口，尽管模块完全可以运转，却不能再装载。

因此，引入了一种细粒度的方法，从而考虑到内核中各个例程的改变。具体地，我们无需考虑实际的模块和内核实现。需要考虑的问题是，如果模块要在不同的内核版本下运作，那么其调用的接口不能改变。[②]所用的方法极其简单，但却能很好地解决版本控制问题。

7.5.1　校验和方法

基本思想是使用函数或过程的参数，生成一个CRC校验和。该校验和是一个4字节数字，十六进制记数法需要8个字母。如果函数接口修改了，校验和也会发生变化。这使得内核能够推断出新版本已经不再兼容旧版本。

校验和在数学上不是唯一的，不同过程可能映射到同一个校验和，因为过程参数的组合（实际上，是一个无穷大数）比可用的校验和（即，2^{32}个）要多很多。实际上这不会成为问题，因为函数接口的几个参数改变前后校验和相同的可能性很小。

---

① 有关道德、伦理、意识形态方面的问题，在因特网上有大量详细的信息。

② 这里预先假定，函数的代码语义改变但接口定义不变的情况下，将改变函数的名称。

1. 生成校验和

内核源代码附带的genksym工具在编译时自动创建，用于生成函数的校验和。为说明其工作方式，我们使用以下头文件，其中包含一个导出函数的定义：

```
#include<linux/sched.h>
#include<linux/module.h>
#include<linux/types.h>

int accelerate_task(long speedup, struct task_struct *task);

EXPORT_SYMBOL(accelerate_task);
```

该函数定义包含了一个复合结构指针作为参数，这使得genksyms的工作更为困难。当该结构的定义改变时，函数的校验和也会改变。为分析该结构的内容，假定其内容必须是已知的。因此，genksyms的输入只能是预处理器已经处理过的文件，其中已经包括了相关定义所在的头文件。

生成导出函数的校验和，需要以下调用[①]：

```
wolfgang@meitner> gcc -E test.h -D__GENKSYMS__ -D__KERNEL__ | genksyms > test.ver
```

test.ver的内容如下：

```
wolfgang@meitner> cat test.ver
__crc_accelerate_task = 0x3341f339 ;
```

如果accelerate_task的定义改变，那么校验和也会改变，例如将第一个参数改为整数。在这种情况下，genksym计算的校验和是0xbb29f607。

如果一个文件中定义了几个符号，genksyms生成同样数目的校验和。以下是对vfat模块生成的结果文件的内容示例：

```
wolfgang@meitner> cat .tmp_vfat.ver
__crc_vfat_create = 0x50fed954 ;
__crc_vfat_unlink = 0xe8acaa66 ;
__crc_vfat_mkdir = 0x66923cde ;
__crc_vfat_rmdir = 0xd3bf328b ;
__crc_vfat_rename = 0xc2cd0db3 ;
__crc_vfat_lookup = 0x61b29e32 ;
```

这是一个脚本，用于链接器ld，其在编译过程中的重要性将在下文解释。

2. 将校验和编译到模块和内核中

内核必须将genksym提供的信息合并到模块的二进制代码中，供后续使用，后面将讨论具体的做法。

- 导出函数

回想一下，__EXPORT_SYMBOL内部调用了__CRC_SYMBOL宏，这在7.3.3节讨论过。在启用版本控制时，后者定义如下：

<module.h>

```
#define __CRC_SYMBOL(sym, sec)                                  \
        extern void *__crc_##sym __attribute__((weak));         \
        static const unsigned long __kcrctab_##sym              \
        __attribute_used__                                      \
        __attribute__((section("__kcrctab" sec), unused))       \
        = (unsigned long) &__crc_##sym;
```

① 为简单起见，没有给出指定内核源代码的include路径的参数。另外，举例来说，在真正编译模块时，也会指定-DMODULE。细节请参看make modules的输出。

在调用EXPORT_SYMBOL(get_shorty)时，其内部调用了__CRC_SYMBOL宏，如下所示：

```
extern void *__crc_get_richard __attribute__((weak));
static const unsigned long __kcrctab_get_shorty
    __attribute_used__
    __attribute__((section("__kcrctab" ""), unused)) =
    (unsigned long) &__crc_get_shorty;
```

因此，内核在模块的二进制文件中建立了两个对象：

- 未定义的void指针__crc_function，位于模块的普通符号表中；①
- 指向刚定义的变量的一个指针krcrtab_*function*，存储在文件的__kcrctab段。

在模块链接时（模块编译的第一个阶段），链接器使用genksyms生成的.ver文件作为一个脚本。这将脚本中的值，提供给__crc_*function*符号。内核稍后会读入这些值。如果有另一个模块引用了其中某个符号，内核会使用此处给出的信息，来确保两个模块都引用同一版本的符号。

● 未解决的引用

当然只存储模块导出函数的校验和是不够的。更重要的是，要注意到所有使用的符号的校验和，因为在模块插入内核时，必须要将用到的符号的校验和与当前内核中可用的版本相比。

在模块编译的第二阶段，②需要执行以下步骤，将所有引用到的符号的版本信息，插入到模块的二进制文件中。

(1) 如下调用modpost：

```
wolfgang@meitner> scripts/modpost vmlinux module1 module2 module3 ... modulen
```

这里不仅指定了内核映像的名称，还包括所有先前生成的.o模块二进制文件的名称。modpost是内核源代码附带的一个实用程序。它生成两种列表：一个是全局列表，包含所有可用的符号（无论由内核或模块提供）；另一种列表特定于具体模块，每个模块都有一个，包含所有未解决的引用。

(2) modprobe接下来遍历所有模块，试图在所有符号的列表中找到未解决的引用。如果符号由内核自身或另一个模块定义，那么会成功查找到。

对每个模块创建一个新的*module*.mod.c文件。其内容如下所示（对vfat模块生成的文件）：

```
    wolfgang@meitner> cat vfat.mod.c
#include <linux/module.h>
#include <linux/vermagic.h>
#include <linux/compiler.h>

MODULE_INFO(vermagic, VERMAGIC_STRING);

struct module __this_module
__attribute__((section(".gnu.linkonce.this_module"))) = .name = KBUILD_MODNAME,
  .init = init_module,
#ifdef CONFIG_MODULE_UNLOAD
  .exit = cleanup_module,
#endif
  .arch = MODULE_ARCH_INIT,
};

static const struct modversion_info ____versions[]
__attribute_used__
```

① weak属性创建一个（弱）链接的变量。如果该变量未指定值，就不会报错（普通变量会报错）。如果未指定值，该变量会被忽略。这是必要的，因为genksyms对某些符号并不生成校验和。

② 在编译的第一阶段，所有模块源文件都编译为.o目标文件，其中包含导出符号的版本信息，但不包括引用的符号。

```
__attribute__((section("__versions"))) =

        0x8533a6dd, "struct_module" ,
        0x21ab58c2, "fat_detach" ,
        0xd8ec2862, "__mark_inode_dirty" ,
...
        0x3c15a491, "fat_dir_empty" ,
        0x9a290a43, "d_instantiate" ,
};

static const char __module_depends[]
__attribute_used__
__attribute__((section(".modinfo"))) =
"depends=fat";
```

在该文件中定义了两个变量，分别位于二进制文件的两个不同段。

(a) 模块引用的所有符号连同对应的校验和，从内核或另一个模块的符号定义中复制过来，保存在__modversions段的modversions_info数组中。在插入模块时，该信息用于检查当前运行内核是否有所需的正确版本的符号。

(b) 当前模块所依赖的所有模块的列表，位于.modinfo段的module_depends数组中。在我们的例子中，VFAT模块依赖FAT模块。

modprobe建立依赖列表是很简单的。如果模块A引用的符号在内核自身中没有定义，而是由另一个模块B定义，那么将模块B的名称添加到模块A的依赖列表中。

(3) 最后一步，内核将结果*module*.mod.c文件编译为目标文件，并使用ld将其与模块现存的.o目标文件链接起来。结果文件命名为module.ko，这是最终的内核模块，可以使用insmod装载。

7.5.2 版本控制函数

上文中我提到，内核使用辅助函数check_version确定模块所需版本的符号是否与内核中可用符号的版本匹配。

该函数需要几个参数：指向模块段头的一个指针（sechdrs），__version段的索引，将要处理符号的名称（symname），指向模块数据结构的一个指针（mod），指向内核提供的对应符号校验和的一个指针（crc），该校验和在解决该符号时由__find_symbol提供。

kernel/module.c

```
static int check_version(Elf_Shdr *sechdrs,
                         unsigned int versindex,
                         const char *symname,
                         struct module *mod,
                         const unsigned long *crc)
{
        unsigned int i, num_versions;
        struct modversion_info *versions;

        /* 导出模块没有提供校验和？那么，内核已经被污染了。*/
        if (!crc)
                return 1;
...
```

如果模块（引用未解决符号的模块）没有提供CRC信息，则函数直接返回1。这意味着版本检查已经成功，因为如果没有信息可用，那么检查也不会失败。

否则内核遍历该模块引用的所有符号，从中搜索对应项，并比较模块中存储的校验和与内核返回的校验和（versions[i].crc和*crc）。如果两者匹配，则内核返回1；否则发出一条警告消息，并且函数返回0：

kernel/module.c

```
        versions = (void *) sechdrs[versindex].sh_addr;
        num_versions = sechdrs[versindex].sh_size
                / sizeof(struct modversion_info);

        for (i = 0; i < num_versions; i++) {
                if (strcmp(versions[i].name, symname) != 0)
                        continue;

                if (versions[i].crc == *crc)
                        return 1;
                printk("%s: disagrees about version of symbol %s\n",
                        mod->name, symname);
                return 0;
        }
```

如果模块的版本表中未发现该符号，则对该符号不实施版本控制。因此，函数还是返回1，表示成功。但前述的tainted全局变量和所述模块的struct module实例都会标记为TAINT_FORCED_MODULE，提示后续处理流程已经使用了一个没有版本信息的符号。

kernel/module.c

```
        /* 模块的版本表中没有。可以，但这污染了内核。 */
        if (!(tainted & TAINT_FORCED_MODULE)) {
                printk("%s: no version for \"%s\" found: kernel tainted.\n",
                        mod->name, symname);
                add_taint_module(mod, TAINT_FORCED_MODULE);
        }
        return 1;
}
```

7.6 小结

模块允许我们在运行时扩展内核提供的功能。由于内核中可用驱动程序的数目庞大，所以引入模块这种机制非常重要，因为模块使得只有真正需要的代码才会在内核中处于活动状态。不仅是设备驱动程序，内核中除了最基础的部分之外，都可以配置为模块。

我已经讨论了如何检测和解决模块之间的依赖关系，模块在二进制文件中的表示方式，将模块向内核装载、卸载的过程。此外，我又讲述了内核如何在用户层访问特定的功能特性时自动请求加载模块，但相应的支持代码并不在内核中。这需要与用户层进行一些交互，以确定所需加载的模块。

最后，有些模块是针对不同版本内核编译的，使用的接口可能与当前内核不兼容，对此我介绍了内核利用模块版本控制实现的保护机制。

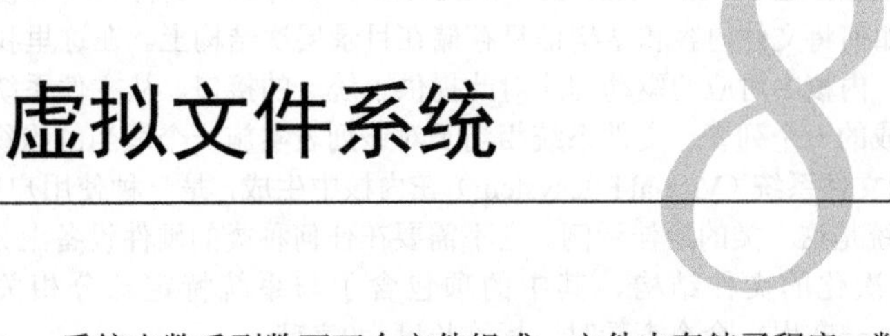

第8章 虚拟文件系统

通常，一个完整的Linux系统由数千到数百万个文件组成，文件中存储了程序、数据和各种信息。层次化的目录结构用于对文件进行编目和分组。其中采用了各种方法来永久存储所需的结构和数据。

每种操作系统都至少有一种“标准文件系统”，提供了或好或差的一些功能，用以可靠而高效地执行所需的任务。Linux附带的Ext2/3文件系统是一种标准文件系统，在过去几年中，该文件系统被证实非常健壮且适于日常使用。尽管如此，还有其他为Linux编写或移植的文件系统，所有这些都是Ext2可接受的备选方案。当然，这并不意味着程序员必须对他们使用的每种文件系统采用不同的文件存取方法，那与操作系统作为一种抽象机制的目的是背道而驰的。

为支持各种本机文件系统，且在同时允许访问其他操作系统的文件，Linux内核在用户进程（或C标准库）和文件系统实现之间引入了一个抽象层。该抽象层称之为*虚拟文件系统*（Virtual File System），简称VFS。[①] 图8-1说明了该抽象层的重要性。

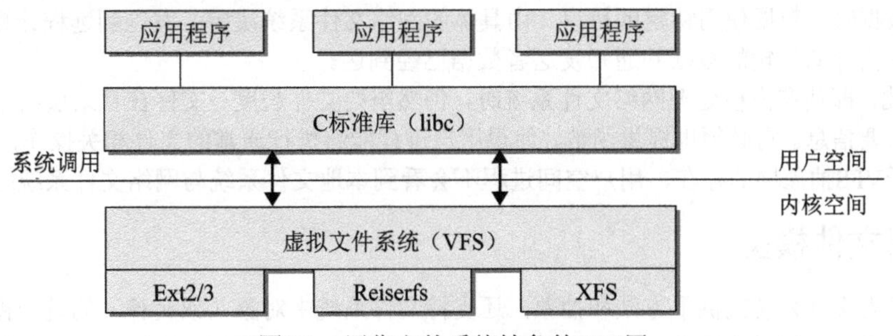

图8-1 用作文件系统抽象的VFS层

VFS的任务并不简单。一方面，它用来提供一种操作文件、目录及其他对象的统一方法。另一方面，它必须能够与各种方法给出的具体文件系统的实现达成妥协，这些实现在具体细节、总体设计方面都有一些不同之处。但VFS的回报很高，它使得Linux内核更加灵活了。

内核支持40多种文件系统，其来源各种各样：来自MS-DOS的FAT文件系统、UFS（Berkeley UNIX）、用于CD-ROM的iso9660、网络文件系统（如coda和NFS）和虚拟的文件系统（如`proc`）。

8.1 文件系统类型

文件系统一般可以分为下面3种。

① 有时候也使用virtual filesystem switch这个术语来表示虚拟文件系统。

(1) **基于磁盘的文件系统**（Disk-based Filesystem）是在非易失介质上存储文件的经典方法，用以在多次会话之间保持文件的内容。实际上，大多数文件系统都由此演变而来。比如，一些众所周知的文件系统，包括Ext2/3、Reiserfs、FAT和iso9660。所有这些文件系统都使用面向块的介质，必须解决以下问题：如何将文件内容和结构信息存储在目录层次结构上。在这里我们对与底层块设备通信的方法不感兴趣，内核中对应的驱动程序对此提供了统一的接口。从文件系统的角度来看，底层设备无非是存储块组成的一个列表，文件系统相当于对该列表实施一个适当的组织方案。

(2) **虚拟文件系统**（Virtual Filesystem）在内核中生成，是一种使用户应用程序与用户通信的方法。proc文件系统是这一类的最佳示例。它不需要在任何种类的硬件设备上分配存储空间。相反，内核建立了一个层次化的文件结构，其中的项包含了与系统特定部分相关的信息。举例来说，文件/proc/version在用ls命令查看时，标称长度为0字节。

```
wolfgang@meitner> ls -l /proc/version
-r--r--r--1 root root 0 May 27 00:36 /proc/version
```

但如果用cat输出文件内容，内核会产生一个有关系统处理器的信息列表。这列表从内核内存中的数据结构提取而来。

```
wolfgang@meitner> cat /proc/version
Linux version 2.6.24 (wolfgang@schroedinger) (gcc version 4.2.1 (SUSE Linux))
#1 Tue Jan 29 03:58:03 GMT 2008
```

(3) **网络文件系统**（Network Filesystem）是基于磁盘的文件系统和虚拟文件系统之间的折中。这种文件系统允许访问另一台计算机上的数据，该计算机通过网络连接到本地计算机。在这种情况下，数据实际上存储在一个不同系统的硬件设备上。这意味着内核无需关注文件存取、数据组织和硬件通信的细节，这些由远程计算机的内核处理。对此类文件系统中文件的操作都通过网络连接进行。在进程向文件写数据时，数据使用特定的协议（由具体的网络文件系统决定）发送到远程计算机。接下来远程计算机负责存储传输的数据并通知发送者数据已经到达。

尽管如此，即使在内核处理网络文件系统时，仍然需要文件长度、文件在目录层次中的位置以及文件的其他重要信息。它必须也提供函数，使得用户进程能够执行通常的文件相关操作，如打开、读、删除等。由于VFS抽象层的存在，用户空间进程不会看到本地文件系统与网络文件系统之间的区别。

8.2　通用文件模型

VFS不仅为文件系统提供了方法和抽象，还支持文件系统中对象（或文件）的统一视图。*文件*这个术语的含义看起来似乎很清楚，但由于各个文件系统的底层实现不同，其语义经常有许多小而微妙的差异。并非所有文件系统都支持同样的功能，而有些操作（对“普通”文件是不可缺少的）对某些对象完全没有意义，例如集成到VFS中的*命名管道*。

并非每一种文件系统都支持VFS中的所有抽象。设备文件无法存储在源自其他系统的文件系统中（如FAT），后者的设计没有考虑到此类对象。

定义一个最小的通用模型，来支持内核中所有文件系统都实现的那些功能，这是不实际的。因为这样会损失许多本质性的功能特性，或者导致这些特性只能通过特定文件系统的路径访问。这实际上否定了虚拟抽象层所带来的好处。VFS的方案完全相反：提供一种结构模型，包含了一个强大文件系统所应具备的所有组件。但该模型只存在于虚拟中，必须使用各种对象和函数指针与每种文件系统适配。所有文件系统的实现都必须提供与VFS定义的结构配合的例程，以弥合两种视图之间的差异。

当然，虚拟文件系统的结构并非是幻想出来的东西，而是基于描述经典文件系统所使用的结构。VFS抽象层的组织显然也与Ext2文件系统类似。这对于基于完全不同概念的文件系统来说，会更加困难（例如，Reiser或XFS文件系统），但处理Ext2文件系统时会提高性能，因为在Ext2和VFS结构之间转换，几乎不会损失时间。

在处理文件时，内核空间和用户空间使用的主要对象是不同的。对用户程序来说，一个文件由一个*文件描述符*标识。该描述符是一个整数，在所有有关文件的操作中用作标识文件的参数。文件描述符是在打开文件时由内核分配，只在一个进程内部有效。两个不同进程可以使用同样的文件描述符，但二者并不指向同一个文件。基于同一个描述符来共享文件是不可能的。

内核处理文件的关键是inode。每个文件（和目录）都有且只有一个对应的indoe，其中包含元数据（如访问权限、上次修改的日期，等等）和指向文件数据的指针。但inode并不包含一个重要的信息项，即文件名，这看起来似乎有些古怪。通常，假定文件名称是其主要特征之一，因此应该被归入用于管理文件的对象（inode）中。 在下一节中，我会解释这样做的原因。

8.2.1 inode

如何用数据结构表示目录的层次结构？如前所述，inode对文件实现来说是一个主要的概念，但它也用于实现目录。换句话说，目录只是一种特殊的文件，它必须正确地解释。

inode的成员可能分为下面两类。

(1) 描述文件状态的元数据。例如，访问权限或上次修改的日期。

(2) 保存实际文件内容的数据段（或指向数据的指针）。就文本文件来说，用于保存文本。

为阐明如何用inodes来构造文件系统的目录层次结构，我们来考察内核查找对应于`/usr/bin/emacs`的inode过程。

查找起始于inode，它表示根目录/，对系统来说必须总是已知的。该目录由一个inode表示，其数据段并不包含普通数据，而是根目录下的各个目录项。这些项可能代表文件或其他目录。每个项由两个成员组成。

(1) 该目录项的数据所在inode的编号。

(2) 文件或目录的名称。

系统中所有inode都有一个特定的编号，用于唯一地标识各个inode。文件名和inode之间的关联即通过该编号建立。

查找操作中的第一步是查找子目录`usr`的inode。这一步会扫描根inode的数据段，直至找到一个名为`usr`的目录项（如果查找失败，则返回File not found错误）。相关的inode可以根据inode编号定位。

重复上述步骤，但这一次在`usr`对应inode的数据段中查找名为`bin`的目录项，以便根据其inode编号定位inode。下一步在`bin`的inode数据段中，将查找名为`emacs`的目录项。这仍然会返回一个inode编号，这一次的inode表示文件而非目录。图8-2给出了查找过程结束时的情形（所经由的路径由对象之间的指针表示）。

最后一个inode的文件内容，与前三个inode不同。前三个inode都表示目录，其文件内容是目录项的一个列表，包括子目录和文件。与`emacs`文件关联的inode，其数据段存储了文件的内容。

尽管上述的分步文件查找过程，其基本思想与VFS的实际实现相同，但有一些细节上的差异。例如，实际的实现使用了缓存来加速查找操作，因为频繁打开文件是一个很慢的过程。此外，VFS层必须与提供实际信息的底层文件系统通信。

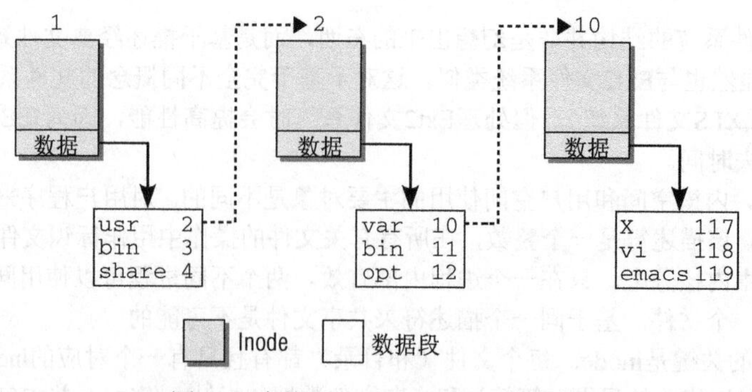

图8-2　查找/usr/bin/emacs的操作

8.2.2　链接

链接（link）用于建立文件系统对象之间的联系，这不符合经典的树模型。有两种类型的链接，**符号链接**与**硬链接**。

符号连接可以认为是“方向指针”（至少从用户程序来看是这样），表示某个文件存在于特定的位置。当然我们都知道，实际的文件在其他地方。

有时使用**软链接**来表示此类链接。这是因为链接和链接目标彼此并未紧密耦合。链接可以认为是一个目录项，其中除了指向文件名的指针，并不存在其他数据。目标文件删除时，符号链接仍然继续保持。对每个符号链接都使用了一个独立的inode。相应inode的数据段包含一个字符串，给出了链接目标的路径。

对于符号链接，可以区分原始文件和链接。对于硬链接，情况不是这样。在硬链接已经建立后，无法区分哪个文件是原来的，哪个是后来建立的。在硬链接建立时，创建的目录项使用了一个现存的inode编号。

删除符号链接并不困难，但硬链接的处理有一点技巧。我们假定硬链接（B）与原始文件（A）共享同一个inode。一个用户现在想要删除A。这通常会销毁相关的inode连同其数据段，以便释放存储空间供后续使用。那么接下来B就不能继续访问了，因为相关的inode和文件信息不再存在了。当然，这不是我们想要的行为。

在inode中加入一个计数器，即可防止这种情况。每次对文件创建一个硬链接时，都将计数器加1。如果其中一个硬链接或原始文件被删除（不可能区分这两种情况），那么将计数器减1。只有在计数器归0时，我们才能确认该inode不再使用，可以从系统删除。

8.2.3　编程接口

用户进程和内核的VFS实现之间的接口照例由系统调用组成，其中大多数涉及对文件、目录和一般意义上的文件系统的操作。这里，我们并不关注系统程序设计的具体细节（这是许多其他出版物的主题，如[SR05]和[Her03]）。

对上述的操作，内核提供了50多个系统调用。我们只考察最重要的调用，以阐明关键原则。①

文件使用之前，必须用open或openat系统调用打开。在成功打开文件之后，内核向用户层返回

① 利用文件进行通信，不仅可以通过文件描述符进行，还可以借助于流（stream）。后者提供了一个方便的接口。但后者在C标准库中实现，并非由内核实现。流在内部使用了通常的文件描述符。

一个非负的整数。这种分配的文件描述符起始于3。我们知道，尽管没有明确规定，这个标识符号之所以不从0开始，是因为所有的进程都分配了前3个标识符（0~2）。0表示标准输入，1表示标准输出，2表示标准错误输出。

在文件已经打开后，其名称就没什么用处了。它现在由其文件描述符唯一标识，所有其他库函数都需要传递文件描述符作为一个参数（进一步传递到系统调用）。尽管传统上文件描述符在内核中足以标识一个文件，但现在情况不再如此。由于多个命名空间和容器的引入，具有相同数值的多个文件描述符可以共存于内核中。对文件的唯一表示由一个特殊的数据结构（`struct file`）提供，我将在下文讨论。

我们在示例程序调用`close`的部分会看到文件描述符，该调用关闭与文件的"连接"（释放文件描述符，以便在后续打开其他文件时使用）。`read`也需要将文件描述符作为第一个参数，以标识读取数据的来源。

在一个打开文件中的当前位置保存在**文件位置指针**（file pointer）中，这是一个整数，指定了当前位置与文件起始点的偏移量。对**随机存取文件**而言，该指针可以设置为任何值，只要不超出文件存储容量范围即可。这用于支持对文件数据的随机访问。其他文件类型，如**命名管道**或字符设备的**设备文件**，不支持这种做法。它们只能从头至尾顺序读取。

在文件打开时，可以指定各种标志（如`O_RDONLY`），用来规定文件的存取模式。更详细的解释，请参考系统程序设计方面的书籍。

8.2.4 将文件作为通用接口

UNIX是基于少量审慎选择的范型而建立的。一个非常重要的隐喻贯穿内核的始终（特别是VFS），尤其是在有关输入和输出机制的实现方面。

万物皆文件

好，我们承认：当然该规则有少数例外（例如，网络设备），但大多数内核导出、用户程序使用的函数都可以通过VFS定义的文件接口访问。以下是使用文件作为其主要通信手段的一部分内核子系统：

- 字符和块设备；
- 进程之间的管道；
- 用于所有网络协议的套接字；
- 用于交互式输入和输出的终端。

要注意，上述的某些对象不一定联系到文件系统中的某个项。例如，管道是通过特殊的系统调用生成，然后由内核在VFS的数据结构中管理，管道并不对应于一个可以用通常的`rm`、`ls`等[①]命令访问的真正的文件系统项。

我们特别感兴趣的（尤其是，从第6章的上下文来考虑）是访问块设备和字符设备的设备文件。这些是真正的文件，通常位于`/dev`目录。其内容是在进行读写操作时由相关的设备驱动程序动态生成的。

8.3 VFS 的结构

既然我们已经熟悉了VFS的基本结构和用户接口，下面我们将重点讨论其实现细节。在VFS接口的实现中，涉及大量数据结构，有些非常冗长。因此最好草拟出各个组成部分的一个大体概观，并说

① 命名管道确实在文件系统中有对应项，所以是可以访问的。

明其联结方式。

8.3.1　结构概观

VFS由两个部分组成：文件和文件系统，这些都需要管理和抽象。

1. 文件的表示

如上所述，inode是内核选择用于表示文件内容和相关元数据的方法。理论上，实现这个概念只需要一个数据结构（尽管很长），其中包含了所有必要的数据。实际上，数据分散到一系列较小的、布局清晰的结构中，其相互关系如图8-3所示。

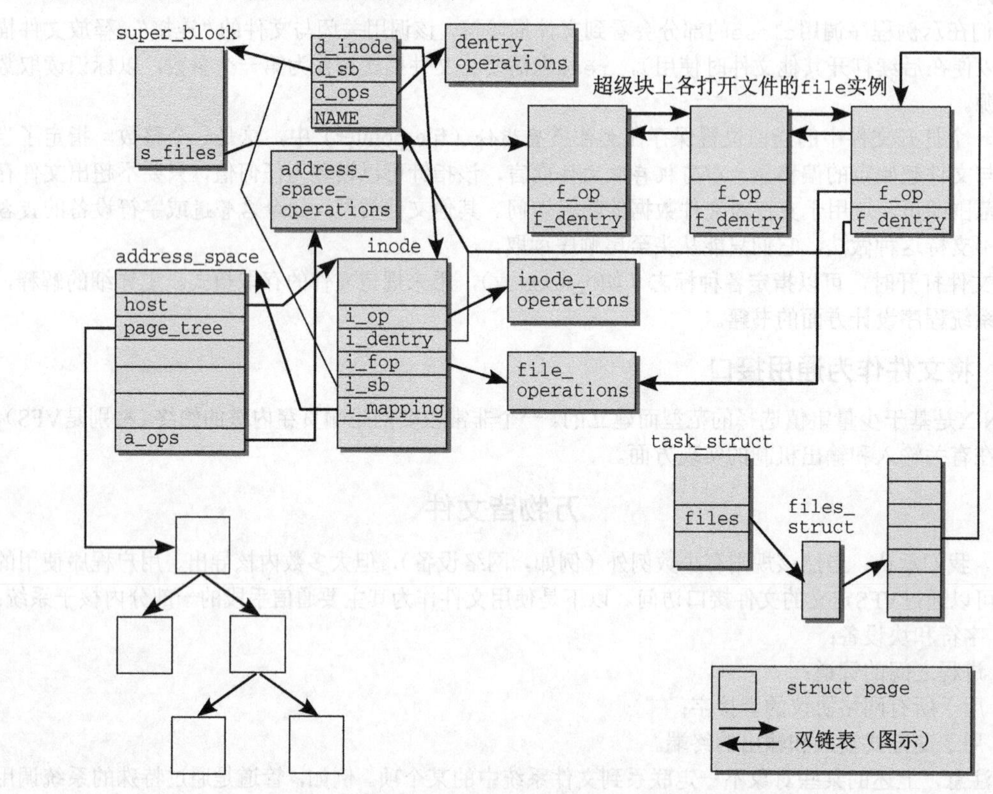

图8-3　各个VFS组件的相互关系

在抽象对底层文件系统的访问时，并未使用固定的函数，而是使用了函数指针。这些函数指针保存在两个结构中，包括了所有相关的函数。

(1) **inode操作**：创建链接、文件重命名、在目录中生成新文件、删除文件。

(2) **文件操作**：作用于文件的数据内容。它们包含一些显然的操作（如读和写），还包括如设置文件位置指针和创建内存映射之类的操作。

除此之外，还需要其他结构来保存与inode相关的信息。特别重要的是与每个inode关联的数据段，其中存储了文件的内容或目录项表。每个inode还包含了一个指向底层文件系统的超级块对象的指针，用于执行对inode本身的操作（这些操作也是通过函数指针数组实现，稍后我们会看到）。还可以提供有关文件系统特性和限制的信息。

因为打开的文件总是分配到系统中一个特定的进程，内核必须在数据结构中存储文件和进程之间的关联。在第2章简要讨论过，task_struct包含一个成员，其中保存了所有打开的文件（通过一种迂回方式）。该成员是一个数组，访问时使用文件描述符作为索引。各个数组项包含的对象不仅关联到对应文件的inode，还包含一个指针，指向用于加速查找操作的目录项缓存的一个成员。

各个文件系统的实现也能在VFS inode中存储自身的数据（不通过VFS层操作）。

2. 文件系统和超级块信息

VFS支持的文件系统类型通过一种特殊的内核对象连接进来，该对象提供了一种读取*超级块*的方法。除了文件系统的关键信息（块长度、最大文件长度，等等）之外，超级块还包含了读、写、操作inode的函数指针。

内核还建立了一个链表，包含所有活动文件系统的超级块实例。之所以使用*活动*（active）这个术语替代*已装载*（mounted），是因为在某些环境中，有可能使用一个超级块对应几个装载点。[①]

> 尽管每个文件系统在file_system_type中只出现一次，但所有超级块实例的链表中，可能有几个同一文件系统类型的超级块实例，因为在各个块设备/分区上可能存储了同一类型的几个文件系统。例如，大多数系统都有root和home分区，二者可能在不同的分区上，但通常使用同样类型的文件系统。在file_system_type中，同一文件系统类型只需定义一次，但这两个装载点的超级块不同，虽然都使用了同样的文件系统。

超级块结构的一个重要成员是一个列表，包括相关文件系统中所有修改过的inode（内核相当不敬地称之为*脏*inode）。根据该列表很容易标识已经修改过的文件和目录，以便将其写回到存储介质。回写必须经过协调，保证在一定程度上最小化开销，因为这是一个非常费时的操作（硬盘、软盘驱动器及其他介质与系统其余组件相比，速度很慢）。另一方面，如果写回修改数据的间隔太长也可能有严重后果，因为系统崩溃（或者，就Linux的情形而言，更可能的是停电）会导致不能恢复的数据丢失。内核会周期性扫描脏块的列表，并将修改传输到底层硬件。[②]

8.3.2 inode

VFS的inode结构如下：

<fs.h>
```
struct inode {
        struct hlist_node    i_hash;
        struct list_head     i_list;
        struct list_head     i_sb_list;
        struct list_head     i_dentry;
        unsigned long        i_ino;
        atomic_t             i_count;
        unsigned int         i_nlink;
        uid_t                i_uid;
        gid_t                i_gid;
        dev_t                i_rdev;
        unsigned long        i_version;
        loff_t               i_size;
        struct timespec      i_atime;
        struct timespec      i_mtime;
        struct timespec      i_ctime;
```

① 在块设备上的一个文件系统装载到目录层次结构中的几个位置时。

② 在裸硬件和内核之间还有额外的缓存，如第6章所述。

8

```
        unsigned int            i_blkbits;
        blkcnt_t                i_blocks;
        umode_t                 i_mode;

        struct inode_operations  *i_op;
        const struct file_operations *i_fop; /* 此前为->i_op->default_file_ops */
        struct super_block       *i_sb;
        struct address_space     *i_mapping;
        struct address_space     i_data;
        struct dquot             *i_dquot[MAXQUOTAS];

        struct list_head         i_devices;
        union {
                struct pipe_inode_info *i_pipe;
                struct block_device *i_bdev;
                struct cdev *i_cdev;
        };

        int                      i_cindex;

        __u32                    i_generation;

        unsigned long            i_state;
        unsigned long            dirtied_when; /* 第一个脏操作发生的时间，以jiffies计算 */

        unsigned int             i_flags;

        atomic_t                 i_writecount;
        void                     *i_security;
};
```

该结构包括几个链表元素，用于分类管理各个inode。我们将在下文考察各个链表的重要性。

在解释各个结构成员的语义之前，应该记住这里考察的inode结构是用于*在内存中*进行处理，因而包含了一些实际介质上存储的inode所没有的成员。这些是由内核自身在从底层文件系统读入信息时生成或动态建立。

还有一些文件系统，如FAT和Reiserfs没有使用经典意义上的inode，因此必须从其包含的数据中提取信息并生成这里给出的形式。

大部分成员用于管理简单的状态信息。例如，`i_atime`、`i_mtime`、`t_ctime`分别存储了最后访问的时间、最后修改的时间、最后修改inode的时间。*修改*意味着修改与inode相关的数据段内容。修改inode意味着修改inode结构自身（或文件的某个属性），这导致了`i_ctime`的改变。

文件长度保存在`i_size`，按字节计算。`i_blocks`指定了文件按块计算的长度。后一个值是文件系统的特征，不属于文件自身。在许多文件系统创建时，会选择一个块长度，作为在硬件介质上分配存储空间的最小单位（Ext2文件系统的默认值是每块4 096字节，但可以选择更大或更小的值，第9章将更详细地讨论这一点）。因此，按块计算的文件长度，也可以根据文件的字节长度和文件系统块长度计算得出。实际上没有这样做，为方便起见，该信息也归入到inode结构。

每个VFS inode（对给定的文件系统）都由一个唯一的编号标识，保存在`i_ino`中。`i_count`是一个使用计数器，指定访问该inode结构的进程数目。例如，进程通过`fork`复制自身时，inode会由不同进程同时使用，如第2章所述。`i_nlink`也是一个计数器，记录使用该inode的硬链接总数。

文件访问权限和所有权保存在`i_mode`（文件类型和访问权限）、`i_uid`和`i_gid`（与该文件相关的UID和GID）中。

在inode表示设备文件时，则需要i_rdev。它表示与哪个设备进行通信。要注意，i_rdev只是一个数字，不是数据结构！但这个数字包含的信息，即足以找到有关目标设备、我们感兴趣的所有信息。对块设备，最终会找到struct block_device的一个实例，如第6章所述。①

如果inode表示设备特殊文件，那么i_rdev之后的匿名联合就包含了指向设备专用数据结构的指针。

i_bdev用于块设备，i_pipe包含了用于实现管道的inode的相关信息，而i_cdev用于字符设备。由于一个inode一次只能表示一种类型的设备，所以将i_pipe、i_bdev和i_cdev放置在联合中是安全的。i_devices也与设备文件的处理有关联：利用该成员作为链表元素，使得块设备或字符设备可以维护一个inode的链表，每个inode表示一个设备文件，通过设备文件可以访问对应的设备。尽管在很多情况下每个设备一个设备文件就足够了，但还有很多种可能性。例如chroot造成的环境，其中一个给定的块设备或字符设备可以通过多个设备文件访问，因而需要多个inode。

inode剩余的成员多数指向复合数据类型，其语义将在下文讨论。

1. inode操作

内核提供了大量函数，对inode进行操作。为此定义了一个函数指针的集合，以抽象这些操作，因为实际数据是通过具体文件系统的实现操作的。调用接口总是保持不变，但实际工作是由特定于实现的函数完成的。

inode结构有两个指针（i_op和i_fop），指向实现了上述抽象的数组。一个数组与特定于inode的操作有关，另一个数组则提供了文件操作。inode结构和file结构都包括了一个指向file_operations结构的指针。在我们考察过文件在内核中的表示方式之后，再来更仔细地考察这个问题。在这里，知道以下这些就足够了：file_operations用于操作文件中包含的数据，而inode_operations负责管理结构性的操作（例如删除一个文件）和文件相关的元数据（例如，属性）。

所有inode操作都集中到以下结构中：

<fs.h>
```
struct inode_operations {
        int (*create) (struct inode *,struct dentry *,int, struct nameidata *);
        struct dentry * (*lookup) (struct inode *,struct dentry *, struct nameidata *);
        int (*link) (struct dentry *,struct inode *,struct dentry *);
        int (*unlink) (struct inode *,struct dentry *);
        int (*symlink) (struct inode *,struct dentry *,const char *);
        int (*mkdir) (struct inode *,struct dentry *,int);
        int (*rmdir) (struct inode *,struct dentry *);
        int (*mknod) (struct inode *,struct dentry *,int,dev_t);
        int (*rename) (struct inode *, struct dentry *,
        struct inode *, struct dentry *);
        int (*readlink) (struct dentry *, char __user *,int);
        void * (*follow_link) (struct dentry *, struct nameidata *);
        void (*put_link) (struct dentry *, struct nameidata *, void *);
        void (*truncate) (struct inode *);
        int (*permission) (struct inode *, int, struct nameidata *);
        int (*setattr) (struct dentry *, struct iattr *);
        int (*getattr) (struct vfsmount *mnt, struct dentry *, struct kstat *);
        int (*setxattr) (struct dentry *, const char *,const void *,size_t,int);
        ssize_t (*getxattr) (struct dentry *, const char *, void *, size_t);
        ssize_t (*listxattr) (struct dentry *, char *, size_t);
        int (*removexattr) (struct dentry *, const char *);
        void (*truncate_range)(struct inode *, loff_t, loff_t);
```

① 已知i_rdev中的设备标识符，我们就可使用辅助函数bdget构建一个block_device的实例。

```
        long (*fallocate)(struct inode *inode, int mode, loff_t offset,
                          loff_t len);
}
```

大多数情况下，各个函数指针成员的语义可根据其名称推断。它们与对应的系统调用和用户空间工具在名称方面非常相似（有意设计的）。例如，rmdir删除目录，rename重命名文件系统对象，等等。

尽管如此，并非所有名称都可以追溯到熟悉的标准命令。

- lookup根据文件系统对象的名称（表示为字符串）查找其inode实例。
- unlink用于删除文件。但根据上文的描述，如果硬链接的引用计数器表明该inode仍然被多个文件使用，则不会执行删除操作。
- xattr函数建立、读取、删除文件的扩展属性，经典的UNIX模型不支持这些属性。例如，可使用这些属性实现访问控制表（access control list，简称ACL）。
- truncate修改指定inode的长度。该函数只接受一个参数，即所处理的inode的数据结构。在调用该函数之前，必须将新的文件长度手工设置到inode结构的i_size成员。
- truncate_range用于截断一个范围内的块（即，在文件中穿孔），但该操作当前只有共享内存文件系统支持。
- follow_link根据符号链接查找目标文件的inode。因为符号链接可能是跨文件系统边界的，该例程的实现通常非常短，实际工作很快委托给一般的VFS例程完成。
- fallocate用于对文件预先分配空间，在一些情况下可以提高性能。但只有很新的文件系统（如Reiserfs或Ext4）才支持该操作。

struct dentry在所述很多函数原型中用作参数。struct dentry是一种标准化的数据结构，可以表示文件名或目录。它还建立了文件名及其inode之间的关联。我们在下文讨论dentry缓存时会讲解该结构，它与VFS的实现有很多关联。目前，我们只是将dentry视为一个结构，提供了文件名及其inode的有关信息。

2. inode链表

每个inode都有一个i_list成员，可以将inode存储在一个链表中。根据inode的状态，它可能有3种主要的情况。

(1) inode存在于内存中，未关联到任何文件，也不处于活动使用状态。

(2) inode结构在内存中，正在由一个或多个进程使用，通常表示一个文件。两个计数器（i_count和i_nlink）的值都必须大于0。文件内容和inode元数据都与底层块设备上的信息相同。也就是说，从上一次与存储介质同步以来，该inode没有改变过。

(3) inode处于活动使用状态。其数据内容已经改变，与存储介质上的内容不同。这种状态的inode被称作脏的。

在fs/inode.c中内核定义了两个全局变量用作表头，inode_unused用于有效但非活动的inode（上述第1类），inode_in_use用于所有使用但未改变的inode（第2类）。脏的inode（第3类）保存在一个特定于超级块的链表中。

第4种可能性出现得不那么频繁，一般是与一个超级块相关的所有inode都无效时。在检测到可移动设备的介质改变时，此前使用的inode就都没有意义了，另外文件系统重新装载时也会发生这种情况。在所有情况下，代码都结束于invalidate_inodes函数中，无效inode保存在一个本地链表中，与VFS代码再没有关系了。

每个inode不仅出现在特定于状态的链表中，还在一个散列表中出现，以支持根据inode编号和超级块快速访问inode，这两项的组合在系统范围内是唯一的。该散列表是一个数组，可以借助于全局变量inode_hashtable（也定义在fs/inode.c中）来访问。该表启动期间在fs/inode.c中的inode_init函数中初始化。消息输出表明，该数组的长度基于可用的物理内存计算。

```
wolfgang@meitner> dmesg
...
Inode-cache hash table entries: 262144 (order: 9, 2097152 bytes)
...
```

fs/inode.c中的hash函数用于计算散列和（我不会讲述该散列方法的实现）。它将inode编号和超级块对象的地址合并为一个唯一的编号，保证位于散列表已经分配的下标范围内。[①]碰撞照例通过溢出链表解决。inode的成员i_hash用于管理溢出链表。

除了散列表之外，inode还通过一个特定于超级块的链表维护，表头是super_block->s_inodes。i_sb_list用作链表元素。

但超级块管理了更多的inode链表，与i_sb_list所在的链表是独立的（8.4.1节更仔细地讲解了struct super_block的定义）。如果一个inode是脏的，即其内容已经被修改，则列入脏链表，表头为super_block->s_dirty，链表元素是i_list。这样做有下列好处：在写回数据时（数据回写通常也称之为**同步**）不需要扫描系统所有的inode，考虑脏链表上所有的inode就足够了。另外两个链表（表头为super_block->s_io和super_block->s_more_io）使用同样的链表元素i_list。这两个链表包含的是已经选中向磁盘回写的inode，但正在等待回写进行。

8.3.3 特定于进程的信息

文件描述符（就是整数）用于在一个进程内唯一地标识打开的文件。这假定了内核能够在用户进程中的描述符和内核内部使用的结构之间，建立一种关联。每个进程的task_struct中包含了用于完成该工作的成员。

<sched.h>
```
struct task_struct {
...
/* 文件系统信息 */
        int link_count, total_link_count;
        ...
/* 文件系统信息 */
        struct fs_struct *fs;
/* 打开文件信息 */
        struct files_struct *files;
/* 命名空间 */
        struct nsproxy *nsproxy;
...
}
```

整数成员link_count和total_link_count用于在查找环形链表时防止无限循环，我将在8.4.2节阐述相关内容。

进程的文件系统相关数据保存在fs中。这些数据包含，例如当前工作目录和chroot限制有关的

① 但有些文件系统，不能保证可以根据inode编号和相关的超级块标识inode。在这种情况下，还需要扫描其他成员（使用特定于文件系统的方法）；ilookup5是用于该功能的前端。当前，该函数使用不多，仅限于sysfs和一些很少使用的文件系统（如OCFS2）。但对于更罕见的文件系统来说，其外部代码能够访问该函数。

信息，我将在8.3.4节讨论。

由于内核允许同时运行多个模仿独立系统的容器，从容器角度看似“全局”的每个资源，都由内核包装起来，分别根据每个容器进行管理。虚拟文件系统也受到影响，因为各个容器可能因装载点的不同导致不同的目录层次结构。对应的信息包含在ns_proxy->mnt_namespace（参见8.3.4节）中。

files包含当前进程的各个文件描述符，将在下一节讨论。

相关文件

task_struct的file成员类型为files_struct。其定义如下：

<sched.h>

```
struct files_struct {
        atomic_t count;
        struct fdtable *fdt;
        struct fdtable fdtab;

        int next_fd;
        struct embedded_fd_set close_on_exec_init;
        struct embedded_fd_set open_fds_init;
        struct file * fd_array[NR_OPEN_DEFAULT];
};
```

next_fd表示下一次打开新文件时使用的文件描述符。close_on_exec_init和open_fds_init是位图。对执行exec时将关闭的所有文件描述符，在close_on_exec_init中对应的比特位都将置位。open_fds_init是最初的文件描述符集合。struct embedded_fd_set只是一个简单的unsigned long整数，封装在一个特殊的结构中。

<file.h>

```
struct embedded_fd_set {
        unsigned long fds_bits[1];
};
```

fd_array的每个数组项都是一个指针，指向每个打开文件的struct file实例，稍后我会讨论该结构。

默认情况下，内核允许每个进程打开NR_OPEN_DEFAULT个文件。该值定义在include/linux/file.h中，默认值为BITS_PER_LONG。因此在32位系统上，允许打开文件的初始数目是32。64位系统可以同时处理64个文件。如果一个进程试图同时打开更多的文件，内核必须对files_struct中用于管理与进程相关的所有文件信息的各个成员，分配更多的内存空间。

最重要的信息包含在fdtab中。内核为此定义了另一个数据结构。

<file.h>

```
struct fdtable {
        unsigned int max_fds;
        struct file ** fd; /* 当前fd_array */
        fd_set *close_on_exec;
        fd_set *open_fds;
        struct rcu_head rcu;
        struct files_struct *free_files;
        struct fdtable *next;
};
```

struct files_struct中包含了该结构的一个实例和指向一个实例的指针，因为这里使用了RCU机制以便在无需锁定的情况下读取这些数据结构，这可以加速处理。在讨论具体的做法之前，我们需要介绍各个成员的语义。

max_fds指定了进程当前可以处理的文件对象和文件描述符的最大数目。这里没有固有的上限，因为这两个值都可以在必要时增加（只要没有超出由Rlimit指定的值，但这与文件结构无关）。尽管内核使用的文件对象和文件描述符的数目总是相同的，但必须定义不同的最大数目。这归因于管理相关数据结构的方法。我会在下文解释这一点，但首先必须阐明该结构剩余成员的语义。

- fd是一个指针数组，每个数组项指向一个file结构的实例，管理一个打开文件的所有信息。用户空间进程的文件描述符充当数组索引。该数组当前的长度由max_fds定义。
- open_fds是一个指向位域的指针，该位域管理着当前所有打开文件的描述符。每个可能的文件描述符都对应着一个比特位。如果该比特位置置位，则对应的文件描述符处于使用中；否则该描述符未使用。当前比特位置的最大数目由max_fdset指定。
- close_on_exec也是一个指向位域的指针，该位域保存了所有在exec系统调用时将要关闭的文件描述符的信息。

初看起来，struct fdtable和struct files_struct之间某些信息似乎是重复的：exec时关闭文件描述符和打开文件描述符两个位图，以及file指针的数组。事实上并非如此，因为file_struct中的成员是数据结构真正的实例，而fdtable的成员则是指针。实际上，后者的成员fd、open_fds和close_on_exec都初始化为指向前者对应的3个成员。因此，fd数组包含了NR_OPEN_DEFAULT项。close_on_exec和open_fds位图最初包括BITS_PER_LONG个比特位（前面讲过）。由于NR_OPEN_DEFAULT设置为BITS_PER_LONG，所有这些长度都是相同的。如果需要打开更多文件，内核会分配一个fd_set的实例，替换最初的embedded_fd_set。fd_set定义如下：

<posix_types.h>
```
#define __NFDBITS       (8 * sizeof(unsigned long))
#define __FD_SETSIZE    1024
#define __FDSET_LONGS   (__FD_SETSIZE/__NFDBITS)

typedef struct {
        unsigned long fds_bits [__FDSET_LONGS];
} __kernel_fd_set;

typedef __kernel_fd_set              fd_set;
```

要注意，struct embedded_fd_set可以转换为struct fd_set。在这种意义上讲，embedded_fd_set是fd_set的缩小版，可以同样使用，但占用的空间较小。

如果两个位图或fd数组的初始长度限制太低，内核可以将对应的指针指向更大的结构，以扩展空间。数组扩展的"步长"是不同的，这也说明了为什么该结构中描述符和文件数量需要两个不同的最大值。

还需要讨论files_struct定义时用到的一个结构：struct file。该结构保存了内核所看到的文件的特征信息。其定义如下（稍有简化）：

<fs.h>
```
struct file {
        struct list_head        fu_list;
        struct path f_path;
#define f_dentry f_path.dentry
#define f_vfsmnt f_path.mnt
        const struct file_operations *f_op;
        atomic_t                f_count;
        unsigned int            f_flags;
        mode_t                  f_mode;
        loff_t                  f_pos;
```

8

```
	struct fown_struct	f_owner;
	unsigned int f_uid,	f_gid;
	struct file_ra_state	f_ra;

	unsigned long		f_version;
...
	struct address_space	*f_mapping;
...
};
```

各个成员的语义如下。

- f_uid和f_gid指定了用户的UID和GID。
- f_owner包含了处理该文件的进程有关的信息（因而也确定了SIGIO信号发送的目标PID，以实现异步输入输出）。
- 预读特征保存在f_ra。这些值指定了在实际请求文件数据之前，是否预读文件数据、如何预读（预读可以提高系统性能）。
- 打开文件时传递的模式参数（通常指定读、写或读写访问模式）保存在f_mode字段中。
- f_flags指定了在open系统调用时传递的额外的标志。
- 文件位置指针的当前值（对于顺序读取操作或读取文件特定部分的操作，都很重要）保存在f_pos变量中，表示与文件起始处的字节偏移。
- f_path封装了下面两部分信息：
  - 文件名和inode之间的关联；
  - 文件所在文件系统的有关信息。

  path数据结构定义如下：

<namei.h>
```
struct path {
	struct vfsmount *mnt;
	struct dentry *dentry;
};
```

struct dentry提供了文件名和inode之间的关联，我将在8.3.5节讨论它。有关所在文件系统的信息包含在struct vfsmount中，我将在8.4.1节讨论。

由于以前的一些内核版本没有使用struct path，而是将dentry和vfsmount成员显式嵌入到struct file中，因此需要使用相应的辅助宏，以确保尚未更新到新接口的代码仍然能够工作。

- f_op指定了文件操作调用的各个函数（参见8.3.4节）。
- f_version由文件系统使用，以检查一个file实例是否仍然与相关的inode内容兼容。这对于确保已缓存对象的一致性很重要。
- f_mapping指向属于文件相关的inode实例的地址空间映射。通常它设置为inode->i_mapping，但文件系统或其他内核子系统可能会修改它，对此我不会详细讨论。

每个超级块都提供了一个s_list成员用作表头，以建立file对象的链表，链表元素是file->fu_list。该链表包含该超级块表示的文件系统的所有打开文件。例如，在以读/写模式装载的文件系统以只读模式重新装载时，会扫描该链表。当然，如果仍然有按写模式打开的文件，是无法重新装载的，因而内核需要检查该链表来确认。①

① 实际比这要稍微复杂一点，因为使用了RCU机制，以便更高效地释放file实例。这只会使过程复杂，并不能使读者增加新的见识，因此我不会过多讨论。

file实例可以用get_empty_filp分配，该函数利用了自身的缓存并将实例用基本数据预先初始化。

● **提高初始限制**

每当内核打开一个文件或做其他的操作时，如果需要file_struct提供比初始值更多的项，则调用expand_files。该函数检查是否有必要增大数组，如果是这样则调用expand_fdtable。该函数实现如下（稍有简化）。

fs/file.c
```
static int expand_fdtable(struct files_struct *files, int nr)
{
        struct fdtable *new_fdt, *cur_fdt;

        spin_unlock(&files->file_lock);
        new_fdt = alloc_fdtable(nr);
        spin_lock(&files->file_lock);

        copy_fdtable(new_fdt, cur_fdt);
        rcu_assign_pointer(files->fdt, new_fdt);
        if (cur_fdt->max_fds > NR_OPEN_DEFAULT)
                free_fdtable(cur_fdt);

        return 1;
}
```

alloc_fdtable分配一个文件描述符表，可以容纳最大可能数目的项，并为增大的位图分配内存（只有同时增大所有的组件才有意义）。此后，该函数将文件描述符表先前的内容复制到新的、增大的实例中。将files_fdt指针切换到新实例的过程由RCU函数rcu_assign_pointer处理（第5章讲过），然后释放旧的文件描述符表。

8.3.4 文件操作

文件不能只存储信息，必须容许操作其中的信息。从用户的角度来看，文件操作由标准库的函数执行。这些函数指示内核执行系统调用，然后系统调用执行所需的操作。当然各个文件系统实现的接口可能不同。因而VFS层提供了抽象的操作，以便将通用文件对象与具体文件系统实现的底层机制关联起来。

用于抽象文件操作的结构必须尽可能通用，以考虑到各种各样的目标文件。同时，它不能带有过多只适用于特定文件类型的专门操作。尽管如此，仍然必须满足各种文件（普通文件、设备文件，等等）的特殊需求，以便充分利用。

各个file实例都包含一个指向struct file_operations实例的指针，该结构保存了指向所有可能文件操作的函数指针。该结构定义如下：

<fs.h>
```
struct file_operations {
        struct module *owner;
        loff_t (*llseek) (struct file *, loff_t, int);
        ssize_t (*read) (struct file *, char __user *, size_t, loff_t *);
        ssize_t (*write) (struct file *, const char __user *, size_t, loff_t *);
        ssize_t (*aio_read) (struct kiocb *, const struct iovec *, unsigned long,
                        loff_t);
        ssize_t (*aio_write) (struct kiocb *, const struct iovec *, unsigned long,
                        loff_t);
        int (*readdir) (struct file *, void *, filldir_t);
```

```
        unsigned int (*poll) (struct file *, struct poll_table_struct *);
        int (*ioctl) (struct inode *, struct file *, unsigned int, unsigned long);
        long (*unlocked_ioctl) (struct file *, unsigned int, unsigned long);
        long (*compat_ioctl) (struct file *, unsigned int, unsigned long);
        int (*mmap) (struct file *, struct vm_area_struct *);
        int (*open) (struct inode *, struct file *);
        int (*flush) (struct file *, fl_owner_t id);
        int (*release) (struct inode *, struct file *);
        int (*fsync) (struct file *, struct dentry *, int datasync);
        int (*aio_fsync) (struct kiocb *, int datasync);
        int (*fasync) (int, struct file *, int);
        int (*lock) (struct file *, int, struct file_lock *);
        ssize_t (*sendpage) (struct file *, struct page *, int, size_t, loff_t *, int);
        unsigned long (*get_unmapped_area)(struct file *,
                                   unsigned long, unsigned long,
        unsigned long, unsigned long);
        int (*check_flags)(int);
        int (*dir_notify)(struct file *filp, unsigned long arg);
        int (*flock) (struct file *, int, struct file_lock *);
        ssize_t (*splice_write)(struct pipe_inode_info *, struct file *, loff_t *, size_t,
                                   unsigned int);
        ssize_t (*splice_read)(struct file *, loff_t *, struct pipe_inode_info *, size_t,
                               unsigned int);
};
```

仅当文件系统以模块形式装载并未编译到内核中时，才使用owner项。该项指向在内存中表示模块的数据结构。

大多数指针的名称揭示了函数执行的任务（还有许多同名的系统调用，更直接地调用这些指针所指向的函数）。

- read和write分别负责读写数据。这两个函数的参数包括文件描述符、缓冲区（放置读/写数据）和偏移量（指定在文件中读写数据的位置）。另一个参数指定了需要读取和写入的字节数目。
- aio_read用于异步读取操作。
- open打开一个文件，这相当于将一个file对象关联到一个inode。
- file对象的使用计数器到达0时，调用release。换句话说，即该文件不再使用时。这使得底层实现能够释放不再需要的内存和缓存内容。
- 如果文件的内容映射到进程的虚拟地址空间中，访问文件就变得很容易。这通过mmap完成，其运行方式已经在第3章讨论过。
- readdir读取目录内容，因此只对目录对象适用。
- ioctl用于与硬件设备通信，因而只能用于设备文件（不能用于其他对象，因为其他对象对应的file_operations中，ioctl为NULL指针）。在有必要向设备发送控制命令时，将使用该方法（write函数用于发送数据）。尽管该函数对所有外设的名称和调用语法都相同，但实际支持的命令与具体硬件相关。
- poll用于poll和select系统调用，以便实现同步的I/O多路复用。这意味着什么？在进程等待来自文件对象的输入数据时，需要使用read函数。如果没有数据可用（在进程从外部接口读取数据时，可能有这样的情况），该调用将阻塞，直至数据可用。如果一直没有数据，read函数将永远阻塞，这将导致不可接受的情况出现。

select系统调用也基于poll方法，用于解决这种情况。它设置一个超时限制，如果超过一定时间没有数据到达，则放弃读取操作。这确保了在没有其他数据可用时，程序流程可以恢复正常。

- 在文件描述符关闭时将调用flush，同时将使用计数器减1，这一次计数器不必是0（计数器为0时，将执行release）。网络文件系统需要这个函数，以标记传输结束。
- fsync由fsync和fdatasync系统调用使用，用于将内存中的文件数据与存储介质同步。
- fasync用于启用/停用由信号控制的输入和输出（通过信号通知进程文件对象发生了改变）。
- readv和writev用于同名系统调用的实现，用以实现向量的读取和写入。向量本质上是一个结构，用以提供一个非连续的内存区域，放置读取的结果或写入的数据。该技术称之为**快速分散-聚集**（fast scatter-gather）。它用于避免多次read/write调用，以免降低性能。
- lock函数用于锁定文件。它用于对多个进程的并发文件访问进行同步。
- revalidate由网络文件系统使用，以确保在介质改变后远程数据的一致性。
- check_media_change只适用于设备文件，由于检查在上一次访问以来是否发生了介质改变。主要的例子是用户可以换介质的设备，如光驱和软驱的块设备文件（硬盘通常不能换）。
- sendfile通过sendfile系统调用在两个文件描述符之间交换数据。因为套接字（参见第12章）也表示为文件描述符，该函数也用于实现网络上简单、高效的数据交换。
- splice_read和splice_write用于从管道向文件传输数据，反之亦然。由于这两个方法目前只用于splice2系统调用，我不会更进一步讨论它们。

如果一个对象使用这里给出的结构作为接口，那么并不必实现所有的操作。举个具体的例子，进程之间管道只提供了少量操作，因为剩余的操作根本没有意义，例如无法对管道读取目录内容，因此readdir是不可用的。

有两种方法可以指定某个方法不可用，一种是将函数指针设置为NULL，另一种是将函数指针指向一个占位函数，该函数直接返回错误值。

例如，以下file_operations实例用于块设备（参见第6章）：

fs/block_dev.c
```
const struct file_operations def_blk_fops = {
        .open = blkdev_open,
        .release = blkdev_close,
        .llseek = block_llseek,
        .read = do_sync_read,
        .write = do_sync_write,
        .aio_read = generic_file_aio_read,
        .aio_write = generic_file_aio_write_nolock,
        .mmap = generic_file_mmap,
        .fsync = block_fsync,
        .unlocked_ioctl = block_ioctl,
        .splice_read = generic_file_splice_read,
        .splice_write = generic_file_splice_write,
};
```

Ext3文件系统使用一个不同的函数集。

fs/ext3/file.c
```
const struct file_operations ext3_file_operations = {
        .llseek = generic_file_llseek,
        .read = do_sync_read,
        .write = do_sync_write,
        .aio_read = generic_file_aio_read,
        .aio_write = ext3_file_write,
        .ioctl = ext3_ioctl,
        .mmap = generic_file_mmap,
        .open = generic_file_open,
```

8

```
        .release = ext3_release_file,
        .fsync = ext3_sync_file,
        .splice_read = generic_file_splice_read,
        .splice_write = generic_file_splice_write,
};
```

尽管这两个对象分配了不同的指针，但也有些指针是相同的，例如以generic_前缀开头的函数。这些是VFS层的通用辅助函数，8.5节将讨论其中几个函数。

1. 目录信息

除了打开文件描述符的列表之外，还必须管理其他特定于进程的数据。因而每个task_struct实例都包含一个指针，指向另一个结构，类型为fs_struct。

<fs_struct.h>

```
struct fs_struct {
        atomic_t count;
        int umask;
        struct dentry * root, * pwd, * altroot;
        struct vfsmount * rootmnt, * pwdmnt, * altrootmnt;
};
```

umask表示标准的掩码，用于设置新文件的权限。其值可以使用umask命令读取或设置。在内部由同名的系统调用完成。

该结构中类型为dentry的成员指向目录的名称，vfsmount类型的成员表示一个已经装载的文件系统（该数据结构的确切定义将在下文给出）。

dentry和vfsmount类型的成员各有3个，名称类似。实际上，这些项是成对的，并且彼此关联。

- root和rootmnt指定了相关进程的根目录和文件系统。通常二者分别是/目录和系统的root文件系统。当然，对于通过chroot（暗中通过同名的系统调用）锁定到某个子目录的进程来说，情况并非如此。那么相应的进程就会使用某个子目录，而不是全局的根目录，该进程会将该子目录视为其根目录。
- pwd和pwdmnt指定了*当前工作目录*和文件系统的vfsmount结构。在进程改变其当前目录时，二者都会动态改变。在使用shell时，这是很频繁的（cd命令）。尽管每次chdir系统调用都会改变pwd的值，[①] 但仅当进入了一个新的装载点时，pwdmnt才会改变。我们考察一个例子，其中软盘驱动器装载在/mnt/floppy里。用户启动shell，从根目录开始工作，并通过依次输入cd /mnt和cd floppy命令，切换到适当的目录。这两个命令都会改变fs_struct中的数据。
    - cd /mnt改变pwd项但未改变pwdmnt项，我们仍然处于根目录所在的文件系统中。
    - cd floppy同时改变了pwd和pwdmnt的值，因为已经切换到一个新目录，并且进入到一个新的文件系统。
- altroot和altrootmnt成员用于实现*个性*（personality）。这种特性允许为二进制程序建立一个仿真环境，使得程序认为是在不同于Linux的某个操作系统下运行。

  例如，在Sparc系统上仿真SunOS时就使用了该方法。仿真所需的特殊文件和库安置在一个目录中（通常是/usr/gnemul/）。有关该路径的信息保存在alt成员中。

  在搜索文件时总是优先扫描上述目录，因此首先会找到仿真的库或系统文件，而不是Linux系统的文件（这些之后才搜索）。这支持对不同的二进制格式同时使用不同的库。由于该技术很少使用，我不会进一步讨论。

① 唯一的例外是切换到.目录。

2. VFS命名空间

回忆第2章的内容，我们知道内核提供了实现容器的可能性。单一的系统可以提供许多容器，但容器中的进程无法感知容器外部的世界，也无法得知所在容器的有关信息。容器彼此完全独立，从VFS角度来看，这意味着需要针对每个容器分别跟踪装载的文件系统。单一的全局视图是不够的。

VFS*命名空间*是所有已经装载、构成某个容器目录树的文件系统的集合。[①]

通常调用fork或clone建立的进程会继承其父进程的命名空间。但可以设置CLONE_NEWNS标志，以建立一个新的VFS命名空间（在下文中，我不再区分*VFS命名空间*和*命名空间*，当然内核也提供了非VFS的命名空间。如果修改新的命名空间，改变不会传播到属于不同命名空间的进程。对其他命名空间的改变也不会影响新的命名空间。

回想一下struct task_struct包含的成员nsproxy，该成员负责命名空间的处理。

内核使用以下结构（稍有简化）管理命名空间。在各种命名空间中，其中之一是VFS命名空间。

<nsproxy.h>
```
struct nsproxy {
...
        struct mnt_namespace *mnt_ns;
...
};
```

实现VFS命名空间所需信息的数量相对很少：

<mnt_namespace.h>
```
struct mnt_namespace {
        atomic_t           count;
        struct vfsmount * root;
        struct list_head list;
...
};
```

count是一个使用计数器，指定了使用该命名空间的进程数目。root指向根目录的vfsmount实例，list是一个双链表的表头，该链表保存了VFS命名空间中所有文件系统的vfsmount实例，链表元素是vfsmount的成员mnt_list。

命名空间操作（如mount和umount）并不作用于内核的全局数据结构。相反，它们操作的是当前进程的命名空间实例，可以通过task_struct的同名成员访问。改变会影响命名空间的所有成员，因为一个命名空间中的所有进程共享同一个命名空间实例。

8.3.5 目录项缓存

由于块设备速度较慢，可能需要很长时间才能找到与一个文件名关联的inode。即使设备数据已经在页缓存（参见第16章）中，仍然每次都会重复整个查找操作（简直荒谬）。

Linux使用*目录项缓存*（简称*dentry缓存*）来快速访问此前的查找操作的结果（我们将在8.4.2节详细讲解该特性）。该缓存围绕着struct dentry建立，此前已经提到几次这个结构。

在VFS连同文件系统实现读取的一个目录项（目录或文件）的数据之后，则创建一个dentry实例，以缓存找到的数据。

1. dentry结构

该结构定义如下：

---

① 要注意，chroot环境并不需要独立的命名空间。尽管在容器中无法访问全部的目录树，但仍然会受到上层命名空间的影响。例如，卸载某个目录就可能影响容器中能够看到的某个文件系统。

<dcache.h>

```
struct dentry {
        atomic_t d_count;
        unsigned int d_flags;           /* 由d_lock保护 */
        spinlock_t d_lock;              /* 每个dentry的锁 */
        struct inode *d_inode; /* 文件名所属的inode，如果为NULL，则表示不存在的文件名 */
        /*
        * 接下来的3个字段由__d_lookup处理
        * 将它们放置在这里，使之能够装填到一个缓存行中
        */
        struct hlist_node d_hash;       /* 用于查找的散列表 */
        struct dentry *d_parent;        /* 父目录的dentry实例 */
        struct qstr d_name;

        struct list_head d_lru;         /* LRU链表 */
        union {
                struct list_head d_child;
                                /* 链表元素，用于将当前dentry连接到父目录dentry的d_subdirs链表中 */
                struct rcu_head d_rcu;
        } d_u;
        struct list_head d_subdirs;  /* 子目录/文件的目录项链表 */
        struct list_head d_alias; /* 链表元素，用于将dentry连接到inode的i_dentry链表中 */
        unsigned long d_time;           /* 由d_revalidate使用 */
        struct dentry_operations *d_op;
        struct super_block *d_sb;       /* dentry树的根，超级块 */
        void *d_fsdata;                 /* 特定于文件系统的数据 */
        int d_mounted;
        unsigned char d_iname[DNAME_INLINE_LEN_MIN]; /* 短文件名存储在这里 */
};
```

各个dentry实例组成了一个网络，与文件系统的结构形成一定的映射关系。与给定目录下的所有文件和子目录相关联的dentry实例，都归入到d_subdirs链表（在目录对应的dentry实例中）。子结点的d_child成员充当链表元素。[①]

但其中并非完全映射文件系统的拓扑结构，因为dentry缓存只包含文件系统结构的一小部分。最常用文件和目录对应的目录项才保存在内存中。原则上，可以为所有文件系统对象都生成dentry项，但物理内存空间和性能原因都限制了这样做。

我们经常提到，dentry结构的主要用途是建立文件名和相关的inode之间的关联。结构中有3个成员用于该目的。

(1) d_inode是指向相关的inode实例的指针。

> 如果dentry对象是为一个不存在的文件名建立的，则d_inode为NULL指针。这有助于加速查找不存在的文件名，通常情况下，这与查找实际存在的文件名同样耗时。

(2) d_name指定了文件的名称。qstr是一个内核字符串的包装器。它存储了实际的char *字符串以及字符串长度和散列值，这使得更容易处理查找工作。

> 这里并不存储绝对路径，只有路径的最后一个分量，例如对/usr/bin/emacs只存储emacs，因为上述链表结构已经映射了目录结构。

(3) 如果文件名只由少量字符组成，则保存在d_iname中，而不是dname中，以加速访问。

---

① 与表头共享一个联合的RCU成员，在从父结点的链表删除当前结点时，将发挥作用，但我们对此不感兴趣。

短文件名的长度上限由DNAME_INLINE_NAME_LEN指定，最多不超过16个字符。但内核有时能够容纳更长的文件名，因为该成员位于结构的末尾，而容纳该数据的缓存行可能仍然有可用空间（这取决于体系结构和处理器类型）。

剩余成员的语义如下所示。

- d_flags可以包含几个标志，标志在include/linux/dcache.h中定义。但其中只有两个与我们的目的相关：DCACHE_DISCONNECTED指定一个dentry当前没有连接到超级块的dentry树。DCACHE_UNHASHED表明该dentry实例没有包含在任何inode的散列表中。要注意，这两个标志是彼此完全独立的。
- d_parent是一个指针，指向当前结点父目录的dentry实例，当前的dentry实例即位于父目录的d_subdirs链表中。对于根目录（没有父目录），d_parent指向其自身的dentry实例。
- 当前dentry对象表示一个装载点，那么d_mounted设置为1；否则其值为0。
- d_alias用作链表元素，以连接表示相同文件的各个dentry对象。在利用硬链接用两个不同名称表示同一文件时，会发生这种情况。对应于文件的inode的i_dentry成员用作该链表的表头。各个dentry对象通过d_alias连接到该链表中。
- d_op指向一个结构，其中包含了各种函数指针，提供对dentry对象的各种操作。这些操作必须由底层文件系统实现。我将在下文讨论该结构。
- s_sb是一个指针，指向dentry对象所属文件系统超级块的实例。该指针使得各个dentry实例散布到可用的（已装载的）文件系统。由于每个超级块结构都包含了一个指针，指向该文件系统装载点对应目录的dentry实例，因此dentry组成的树可以划分为几个子树。

内存中所有活动的dentry实例都保存在一个散列表中，该散列表使用fs/dcache.c中的全局变量dentry_hashtable实现。用d_hash实现的溢出链，用于解决散列碰撞。在下文中，我将该散列表称为*全局dentry散列表*。

内核中还有另一个dentry的链表，表头是全局变量dentry_unused（也在fs/dcache.c中初始化）。该链表包含哪些项？所有使用计数器（d_count）到达0（因而任何进程都不再使用）的dentry实例都自动地放置到该链表上。下一节将讨论dentry缓存的结构，读者会看到该链表是如何管理的。

> 在内核需要获取有关文件的信息时，使用dentry对象很方便，但它不是表示文件及其内容的主要对象，这一职责分配给了inode。例如，根据dentry对象无法确认文件是否已经修改。必须考察对应的inode实例，才能确认这一点，而使用dentry对象很容易找到inode实例。

2. 缓存的组织

dentry结构不仅使得易于处理文件系统，对提高系统性能也很关键。他们通过最小化与底层文件系统实现的通信，加速了VFS的处理。

每个由VFS发送到底层实现的请求，都会导致创建一个新的dentry对象，以保存请求的结果。这些对象保存在一个缓存中，在下一次需要时可以更快速地访问，这样操作就能够更快速地执行。缓存是如何组织的？dentry对象在内存中的组织，涉及下面两个部分。

(1) 一个散列表（dentry_hashtable）包含了所有的dentry对象。

(2) 一个LRU（*最近最少使用*，least recently used）链表，其中不再使用的对象将授予一个最后宽限期，宽限期过后才从内存移除。

我们知道，散列表是用经典的方式实现的。fs/dcache.c中的d_hash函数用于确定dentry对象的散列位置。

LRU链表的处理有一点技巧。该链表的表头是全局变量dentry_unused，包含的对象是struct dentry实例，使用的链表元素是struct dentry的d_lru成员。

在dentry对象的使用计数器（d_count）到达0时，会被置于LRU链表上，这表明没有什么应用程序正在使用该对象。新项总是置于该链表的起始处。换句话说，一项在链表中越靠后，它就越老，这是经典的LRU原理。prune_dcache会时常调用，例如在卸载文件系统或内核需要更多内存时。其中会删除比较老的对象，以释放内存。要注意，有时候dentry对象可能临时处于该链表上，尽管这些对象仍然处于活动使用状态，而且其使用计数大于0。这是因为内核进行了一些优化：在LRU链表上的dentry对象恢复使用时，不会立即将其从LRU链表移除，这可以省去一些锁操作，从而提高了性能。有些操作如prune_dcache，无论如何代价都比较高，我们可以对这种情况作出补救。具体地，如果遇到使用计数为正值的对象，只是将其从链表移除，而不释放该对象。

由于LRU链表中的对象同时仍然处于散列表中，通过查找操作也可以找到dentry对象。一旦找到某个dentry对象之后，即可将其从LRU链表移除，因为它现在处于活动使用状态。同时将其使用计数器加1。

3. dentry操作

dentry_operations结构保存了一些指向各种特定于文件系统可以对dentry对象执行的操作的函数指针。该结构定义如下：

```
<dcache.h>
struct dentry_operations {
        int (*d_revalidate)(struct dentry *, struct nameidata *);
        int (*d_hash) (struct dentry *, struct qstr *);
        int (*d_compare) (struct dentry *, struct qstr *, struct qstr *);
        int (*d_delete)(struct dentry *);
        void (*d_release)(struct dentry *);
        void (*d_iput)(struct dentry *, struct inode *);
        char *(*d_dname)(struct dentry *, char *, int);
};
```

- d_iput从一个不再使用的dentry对象中释放inode（在默认的情况下，将inode的使用计数器减1，计数器到达0后，将inode从各种链表中移除）。
- 在最后一个引用已经移除（d_count到达0时）后，将调用d_delete。
- 在最后删除一个dentry对象之前，将调用d_release。d_release和d_delete的两个默认实现什么都不做。
- d_hash计算散列值，该值用于将对象放置到dentry散列表中。
- d_compare比较两个dentry对象的文件名。尽管VFS只执行简单的字符串比较，但文件系统可以替换默认实现，以适合自身的需求。例如，FAT实现中的文件名是不区分大小写的。因为不区分大写字母和小写字母，所以简单的字符串匹配将返回错误的结果。在这种情况下必须提供一个特定于FAT的函数。
- d_revalidate对网络文件系统特别重要。它检查内存中的各个dentry对象构成的结构是否仍然能够反映当前文件系统中的情况。因为网络文件系统并不直接关联到内核/VFS，所有信息都必须通过网络连接收集，可能由于文件系统在存储端的改变，致使某些dentry不再有效。该函数用于确保一致性。

本地文件系统通常不会发生此类不一致情况，VFS对d_revalidate的默认实现什么都不做。

由于大多数文件系统都没有实现前述的这些函数，内核的惯例是这样：如果文件系统对每个函数提供的实现为NULL指针，则将其替换为VFS的默认实现。

4. 标准函数

内核提供了几个辅助函数，可以简化对dentry对象的处理。其实现主要是链表管理和数据结构处理方面的练习，因此我不会过多讨论其代码。但给出其原型并讲述其效果是很重要的，因为在讨论VFS操作的实现时，我们会经常遇到这些函数。以下辅助函数需要一个指向struct dentry的指针作为参数。每个都执行了一个简单的操作。

- 每当内核的某个部分需要使用一个dentry实例时，都需要调用dget。调用dget将对象的引用计数加1，即获取对象的一个引用。
- dput是dget的对应物。如果内核中的某个使用者不再需要一个dentry实例时，就必须调用dput。

  该函数将dentry对象的使用计数减1。如果计数下降到0，则调用dentry_operations->d_delete方法（如果可用）。此外，还需要使用d_drop从全局dentry散列表移除该实例，并将其置于LRU链表上。

  如果在调用dput时该对象并未包含在散列表中，则通过kfree将其从内存中删除。
- d_drop将一个dentry实例从全局dentry散列表移除。调用dput时，如果使用计数下降到0则自动调用该函数，另外如果需要使一个缓存的dentry对象失效，也可以手工调用。__d_drop是d_drop的一个变体，并不自动处理锁定。
- d_delete在确认dentry对象仍然包含在全局dentry散列表中之后，使用__d_drop将其移除。如果该对象此时只剩余一个使用者，还会调用dentry_iput将相关inode的使用计数减1。

  d_delete通常紧挨着dput之前调用。这样做确保了dput删除了dentry对象，因为它不再处于全局dentry散列表中。

有些辅助函数更为复杂，因此最好查看其原型。①

```
<dcache.h>
extern void d_instantiate(struct dentry *, struct inode *);

struct dentry * d_alloc(struct dentry *, const struct qstr *);
struct dentry * d_alloc_anon(struct inode *);

struct dentry * d_splice_alias(struct inode *, struct dentry *);

static inline void d_add(struct dentry *entry, struct inode *inode);
struct dentry * d_lookup(struct dentry *, struct qstr *);
```

- d_instantiate将一个dentry实例与一个inode关联起来。这意味着设置d_inode字段并将该dentry增加到inode->i_dentry链表。
- d_add调用了d_instantiate。此外，该对象还添加到全局dentry散列表dentry_hashtable中。
- d_alloc为一个新的struct dentry实例分配内存。初始化各个字段，如果给出了一个表示父结点的dentry，则新dentry对象的超级块指针从父结点获取。此外，新的dentry添加到父结

① <dentry.h>定义了更多辅助函数，由fs/dcache.c实现。由于它们不那么常用，我在这里不会讨论。有关这些函数的更多信息，请读者参考相关的文档。

点的子目录或文件链表，表头是parent->d_subdirs。

- d_alloc_anon为一个struct dentry实例分配内存，但并不设置与父结点dentry的任何关联，因此该函数与d_alloc相比去掉了相关参数。新的dentry添加到两个链表中：特定于超级块、用于匿名dentry对象的链表，表头为super_block->s_anon；与inode关联的所有dentry实例的链表，表头为inode->i_dentry。

  要注意，如果inode已经包含了一个断开连接的dentry，由前一次对d_alloc_anon的调用分配，那么这一次将使用原来的dentry，而不再分配新的实例。
- d_splice_alias将一个断开连接的dentry对象连接到dentry树中。该功能的inode参数表示与dentry关联的inode。

  如果inode表示目录之外的文件系统对象，则调用d_add就足够了。对于目录来说，d_splice_alias函数确保只有一个dentry别名存在，这需要更多管理工作，我不会详细论述。
- d_lookup根据目录对应的dentry实例，搜索名称为name的文件对应的dentry对象。

8.4 处理VFS对象

如上所述的各数据结构，是VFS层工作的基础。我们在后面几节里将具体讨论该抽象层。我们首先关注文件系统的装载和卸载（和文件系统注册，这是装载和卸载的先决条件）。我接下来介绍最重要，也是大家最感兴趣的功能，即如何通过同样的接口表示文件和所有其他的对象。

首先，我们从标准库用来与内核通信的系统调用谈起。

8.4.1 文件系统操作

尽管文件操作对所有应用程序来说都属于标准功能，但对文件系统的操作只限于少量几个系统程序，即用于装载和卸载文件系统的mount和umount程序[①]。

还必须考虑到另一个重要的方面，即文件系统在内核中是以模块化形式实现的。这意味着可以将文件系统编译到内核中（参见第7章），而内核自身在编译时也完全可以限制不支持某个特定的文件系统。事实上大约有50个文件系统，把这些代码都编译到内核中几乎没有意义。

因此，每个文件系统在使用以前必须注册到内核，这样内核能够了解可用的文件系统，并按需调用装载功能。

1. 注册文件系统

在文件系统注册到内核时，文件系统是编译为模块，或者持久编译到内核中，都没有差别。如果不考虑注册的时间（持久编译到内核的文件系统在启动时注册，模块化文件系统在相关模块载入内核时注册），在两种情况下所用的技术方法是同样的。

fs/super.c中的register_filesystem用来向内核注册文件系统。该函数的结构非常简单。所有文件系统都保存在一个（单）链表中，各个文件系统的名称存储为字符串。在新的文件系统注册到内核时，将逐元素扫描该链表，直至到达链表尾部或找到所需的文件系统。在后一种情况下，会返回一个适当的错误信息（一个文件系统不能注册两次）；否则，将描述新文件系统的对象置于链表末尾，这样就完成了向内核的注册。

用于描述文件系统的结构定义如下：

---

① 在较早的UNIX版本中，该命令曾经称之为unmount（这很合乎逻辑），但第一个字母n在该操作系统悠久的历史中已经丢失了。

<fs.h>
```
struct file_system_type {
        const char *name;
        int fs_flags;
        struct super_block *(*get_sb) (struct file_system_type *, int,
                                       const char *, void *, struct vfsmount *);
        void (*kill_sb) (struct super_block *);
        struct module *owner;
        struct file_system_type * next;
        struct list_head fs_supers;
};
```

name保存了文件系统的名称，是一个字符串（因此包含了例如reiserfs、ext3等类似的值）。fs_flags是使用的标志，例如标明只读装载、禁止setuid/setgid操作或进行其他的微调。owner是一个指向module结构的指针，仅当文件系统以模块形式加载时，owner才包含有意义的值（NULL指针表示文件系统已经持久编译到内核中）。

各个可用的文件系统通过next成员连接起来，这里无法利用标准的链表功能，因为这是一个单链表。

我们最感兴趣的成员是fs_supers和函数指针get_sb。对于每个已经装载的文件系统，在内存中都创建了一个超级块结构。该结构保存了文件系统它本身和装载点的有关信息。由于可以装载几个同一类型的文件系统（最好的例子是home和root分区，二者的文件系统类型通常相同），同一文件系统类型可能对应了多个超级块结构，这些超级块聚集在一个链表中。fs_supers是对应的表头。在下文讨论文件系统装载时，会涉及更多细节。

另外，用于从底层存储介质读取超级块的函数（其地址保存在get_sb）对装载过程也很重要。逻辑上，该函数依赖具体的文件系统，不能实现为抽象。而且该函数也不能保存在上述的super_operations结构中，因为超级块对象和指向该结构的指针都是在调用get_sb之后创建的。

kill_super在不再需要某个文件系统类型时执行清理工作。

2. 装载和卸载

目录树的装载和卸载比仅仅注册文件系统复杂得多，因为后者只需要向一个链表添加对象，而前者需要对内核的内部数据结构执行很多操作，所以要复杂得多。文件系统的装载由mount系统调用发起。在详细讨论各个步骤之前，我们需要阐明在现存目录树中装载新的文件系统必须执行的任务。我们还需要讨论用于描述装载点的数据结构。

- vfsmount结构

UNIX采用了一种单一的文件系统层次结构，新的文件系统可以集成到其中，如图8-4所示。

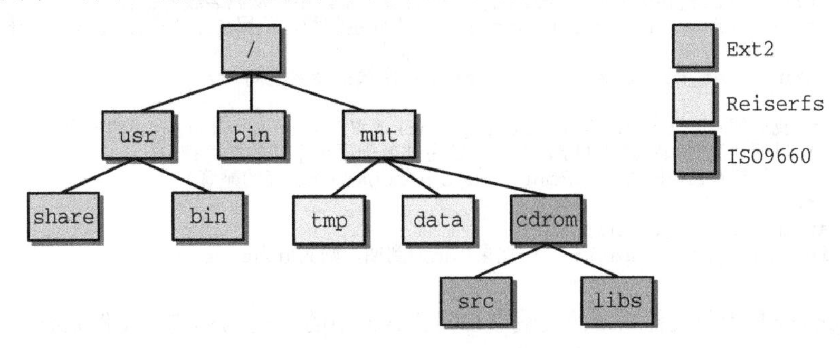

图8-4 文件系统层次结构，包括各种文件系统类型

8

图中给出了3种不同的文件系统。全局的根目录/使用了Ext2文件系统（参见第9章），/mnt为Reiserfs文件系统，而/mnt/cdrom使用了ISO9660格式，这通常用于光盘。使用mount可查询目录树中各种文件系统的装载情况。

```
wolfgang@meitner> mount
/dev/hda7 on / type ext2 (rw)
/dev/hda3 on /mnt type reiserfs (rw)
/dev/hdc on /mnt/cdrom type iso9660 (ro,noexec,nosuid,nodev,user=wolfgang)
```

/mnt和/mnt/cdrom目录被称为**装载点**，因为这是附接（装载）文件系统的位置。每个装载的文件系统都有一个本地根目录，其中包含了系统目录（就光盘来说是source和libs目录）。在将文件系统装载到一个目录时，装载点的内容被替换为即将装载的文件系统的相对根目录的内容。前一个目录数据消失，直至新文件系统卸载才重新出现（当然，在此期间旧文件系统的数据不会被改变，但是无法访问）。

在我们的例子中，装载是可以嵌套的。光盘装载在/mnt/cdrom目录中。这意味着ISO9660文件系统的相对根目录装载在一个Reiser文件系统内部，因而与用作全局根目录的Ext2文件系统是完全分离的。

在内核其他部分常见的父子关系，也可以用于更好地描述两个文件系统之间的关系。Ext2是/mnt中的Reiserfs的父文件系统。/mnt/cdrom中包含的是/mnt的子文件系统，与根文件系统Ext2无关（至少从这个角度看是这样）。

每个装载的文件系统都对应于一个vfsmount结构的实例，其定义如下：

<mount.h>

```
struct vfsmount {
        struct list_head mnt_hash;
        struct vfsmount *mnt_parent; /* 装载点所在的父文件系统 */
        struct dentry *mnt_mountpoint; /* 装载点在父文件系统中的dentry */
        struct dentry *mnt_root; /* 当前文件系统根目录的dentry */
        struct super_block *mnt_sb; /* 指向超级块的指针 */
        struct list_head mnt_mounts; /* 子文件系统链表 */
        struct list_head mnt_child; /* 链表元素，用于父文件系统中的mnt_mounts链表 */
        int mnt_flags;
        /* 64位体系结构上，是一个4字节的空洞 */
        char *mnt_devname; /* 设备名称，例如/dev/dsk/hda1 */
        struct list_head mnt_list;
        struct list_head mnt_expire; /* 链表元素，用于特定于文件系统的到期链表中 */
        struct list_head mnt_share; /* 链表元素，用于共享装载的循环链表 */
        struct list_head mnt_slave_list;/* 从属装载的链表 */
        struct list_head mnt_slave; /* 链表元素，用于从属装载的链表 */
        struct vfsmount *mnt_master; /* 指向主装载，从属装载位于master->mnt_slave_list
                                        链表上 */
        struct mnt_namespace *mnt_ns; /* 所属的命名空间 */
        /*
         * 我们把mnt_count和mnt_expiry_mark放置在struct vfsmount的末尾，
         * 以便让这些频繁修改的字段与结构的主体处于两个不同的缓存行中
         * （这样在SMP机器上读取mnt_flags不会造成高速缓存的颠簸）
         */
        atomic_t mnt_count;
        int mnt_expiry_mark; /* 如果标记为到期，则其值为true */
};
```

mnt_mntpoint是当前文件系统的装载点在其**父目录**中的dentry结构。文件系统本身的相对根目录所对应的dentry保存在mnt_root中。两个dentry实例表示同一目录（即装载点）。这意味着，在文件系统卸载后，不必删除此前的装载点信息。在我讨论mount系统调用时，使用两个dentry项的必要性就一清二楚了。

mnt_sb指针建立了与相关的超级块之间的关联（对每个装载的文件系统而言，都有且只有一个超级块实例）。mnt_parent指向父文件系统的vfsmount结构。

文件系统之间的父子关系由上述结构的两个成员所实现的链表表示。mnt_mounts表头是子文件系统链表的起点，而mnt_child字段则用作该链表的链表元素。

系统的每个vfsmount实例，都还可以通过另外两种途径标识。一个命名空间的所有装载的文件系统都保存在namespace->list链表中。使用vfsmount的mnt_list成员作为链表元素。我在这里忽视拓扑结构的问题，因为所有（文件系统）的装载操作是相继执行的。

在nmt_flags可以设置各种独立于文件系统的标志。以下常数列出了所有可能的标志：

<mount.h>
```
#define MNT_NOSUID 0x01
#define MNT_NODEV 0x02
#define MNT_NOEXEC 0x04
#define MNT_NOATIME 0x08
#define MNT_NODIRATIME 0x10
#define MNT_RELATIME 0x20

#define MNT_SHRINKABLE 0x100

#define MNT_SHARED 0x1000 /* 如果vfsmount是共享装载，则该标志置位 */
#define MNT_UNBINDABLE 0x2000 /* 如果vfsmount是不可绑定装载，则该标志置位 */
#define MNT_PNODE_MASK 0x3000 /* 传播标志掩码 */
```

第一部分涉及经典的性质，如禁止setuid执行，或装载时设备文件的存在性或如何管理存取时间的处理。如果装载的文件系统是虚拟的，即没有物理后端设备，则设置MNT_NODEV。MNT_SHRINKABLE专用于NFS和AFS的，用来标记子装载。设置了该标记的装载允许自动移除。

最后一部分包含的标志，涉及共享装载和不可绑定的装载。更多相关的细节，请参考8.4.1节。

还使用了一个散列表，称作mount_hashtable，且定义在fs/namespace.c中。溢出链表以链表形式实现，链表元素是mnt_hash。vfsmount实例的地址和相关的dentry对象的地址用来计算散列和。mnt_namespace是装载的文件系统所属的命名空间。

mnt_count实现了一个使用计数器。每当一个vfsmount实例不再需要时，都必须用mntput将计数器减1。mntget与mntput相对，在获取vfsmount实例使用时，必须调用mntget。

剩余字段用来实现几个新的装载类型，这些主要是在内核版本2.6开发期间引入的。mnt_slave、mnt_slave_list和mnt_master用来实现从属装载（slave mount）。主装载（master mount）将所有从属装载保存在一个链表上，mnt_slave_list用作表头，而mnt_slave作为链表元素。所有从属装载都通过mnt_master指向其主装载。

共享装载更容易表示。内核所需做的就是将所有共享装载保存在一个循环链表上。mnt_share作为链表元素。

装载过期用mnt_expiry_mark处理。该成员用来表示装载的文件系统是否已经不再使用。mnt_expire用作链表元素，用于将所有可能自动过期的装载放置在一个链表上。8.4.1节讨论了装载过期的实现。

最后，mnt_ns指向该装载所属的命名空间。

- **超级块管理**

在装载新的文件系统时，vfsmount并不是唯一需要在内存中创建的结构。装载操作开始于超级块的读取。我在上文提到过几次这个结构，但没有严格地定义它。现在是定义该结构的时候了。

file_system_type对象中保存的read_super函数指针返回一个类型为super_block的对象，用于在内存中表示一个超级块。它是借助于底层实现产生的。

该结构的定义非常冗长。因此我在下面给出的是一个简化的版本。

<fs.h>

```
struct super_block {
        struct list_head        s_list;          /* 将该成员置于起始处 */
        dev_t                   s_dev;           /* 搜索索引，不是kdev_t */
        unsigned long           s_blocksize;
        unsigned char           s_blocksize_bits;
        unsigned char           s_dirt;
        unsigned long long      s_maxbytes;      /* 最大的文件长度 */
        struct file_system_type *s_type;
        struct super_operations *s_op;
        unsigned long           s_flags;
        unsigned long           s_magic;
        struct dentry           *s_root;
        struct xattr_handler    **s_xattr;

        struct list_head        s_inodes;        /* 所有inode的链表 */
        struct list_head        s_dirty;         /* 脏inode的链表 */
        struct list_head        s_io;            /* 等待回写 */
        struct list_head        s_more_io;       /* 等待回写，另一个链表 */
        struct list_head        s_files;
        struct block_device     *s_bdev;
        struct list_head        s_instances;

        char   s_id[32];                         /* 有意义的名字 */
        void                    *s_fs_info;      /* 文件系统私有信息 */

        /* 创建/修改/访问时间的粒度，单位为ns（纳秒）。
        粒度不能大于1秒 */
        u32         s_time_gran;
};
```

- s_blocksize和s_blocksize_bits指定了文件系统的块长度（这对于硬盘上的数据组织特别有用，将在第9章讨论）。本质上，这两个变量以不同的方式表示了相同信息。s_blocksize的单位是字节，而s_blocksize_bits则是对前一个值取以2为底的对数。[①]
- s_maxbytes保存了文件系统可以处理的最大文件长度，因实现而异。
- s_type指向file_system_type实例（在8.4.1节讨论），其中保存了与文件系统有关的一般类型的信息。
- s_root将超级块与全局根目录的dentry项关联起来。

> 只有通常可见的文件系统的超级块，才指向/（根）目录的dentry实例。具有特殊功能、不出现在通常的目录层次结构中的文件系统（例如，管道或套接字文件系统），指向专门的项，不能通过普通的文件命令访问。

处理文件系统对象的代码经常需要检查文件系统是否已经装载，而s_root可用于该目的。如果

---

① 标准的Ext2文件系统使用的块长度为1 024字节，因此s_blocksize保存的值是1 024，而s_blocksize_bits为10（因为2^{10}=1 024）。

它为NULL，则该文件系统是一个伪文件系统，只在内核内部可见。否则，该文件系统在用户空间中是可见的。

- xattr_handler是一个指向结构的指针，该结构包含了一些用于处理扩展属性的函数指针。
- s_dev和s_bdev指定了底层文件系统的数据所在的块设备。前者使用了内核内部的编号，而后者是一个指向内存中的block_device结构的指针，该结构用于更详细地定义设备操作和功能（第6章更仔细地讲解了这两种类型的表示方法）。
  s_dev项总是一个数字（即使对于不需要块设备的虚拟文件系统，也是如此）。与此相反，s_bdev可以为NULL指针。
- s_fs_info是一个指向文件系统实现的私有数据的指针，VFS不操作该数据。
- s_time_gran指定了文件系统支持的各种时间戳的最大可能的粒度。该值对所有时间戳都是相同的，单位为ns，即1秒的10^9分之一。

结构包含了两个表头，用于建立与超级块相关的inode和文件的集合。

- s_dirty是一个表头，用于脏inode的链表（在8.3.2节讨论过），在同步内存内容与底层存储介质上的数据时，使用该链表会更加高效。该链表只包含已经修改的inode，因此回写数据时并不需要扫描全部inode。该字段不能与s_dirt混淆，后者不是表头，而是一个简单的整型变量。如果以任何方式改变了超级块，需要向磁盘回写，都会将s_dirt设置为1。否则，其值为0。
- s_files链表包含了一系列file结构，列出了该超级块表示的文件系统上所有打开的文件。内核在卸载文件系统时将参考该链表。如果其中仍然包含为写入而打开的文件，则文件系统仍然处于使用中，卸载操作失败，并将返回适当的错误信息。

结构的第一个成员s_list是一个链表元素，用于将系统中所有的超级块聚集到一个链表中。该链表的表头是全程变量super_blocks，定义在fs/super.c中。

最后，各个超级块都连接到另一个链表中，表示同一类型文件系统的所有超级块实例，这里不考虑底层的块设备，但链表中的超级块的文件系统类型都是相同的。表头是file_system_type结构的fs_supers成员，该结构在8.4.1节讨论。s_instances用作链表元素。

s_op指向一个包含了函数指针的结构，该结构按熟悉的VFS方式，提供了一个一般性的接口，用于处理超级块相关操作。操作的实现必须由底层文件系统的代码提供。

该结构定义如下：

<fs.h>

```
struct super_operations {
        struct inode *(*alloc_inode)(struct super_block *sb);
        void (*destroy_inode)(struct inode *);

        void (*read_inode) (struct inode *);

        void (*dirty_inode) (struct inode *);
        int (*write_inode) (struct inode *, int);
        void (*put_inode) (struct inode *);
        void (*drop_inode) (struct inode *);
        void (*delete_inode) (struct inode *);
        void (*put_super) (struct super_block *);
        void (*write_super) (struct super_block *);
        int (*sync_fs)(struct super_block *sb, int wait);
        void (*write_super_lockfs) (struct super_block *);
        void (*unlockfs) (struct super_block *);
        int (*statfs) (struct super_block *, struct kstatfs *);
        int (*remount_fs) (struct super_block *, int *, char *);
```

8

```
        void (*clear_inode) (struct inode *);
        void (*umount_begin) (struct super_block *);

        int (*show_options)(struct seq_file *, struct vfsmount *);
        int (*show_stats)(struct seq_file *, struct vfsmount *);
};
```

该结构中的操作并不改变inode的内容，但会控制从底层文件系统实现获取和返回inode数据的方式。该结构还包括一些方法，用于执行其他操作，如重新装载文件系统。由于这些函数指针的名称清楚地表示了函数的作用，我在下面只是简单讲述一下。

- read_inode读取inode数据。奇怪的是，除了一个指向inode结构的指针之外，它不需要其他参数。函数接下来如何知道读取哪个inode？答案相对简单。传递进来的inode的i_ino字段，保存了一个inode编号，唯一标识了文件系统中需要读取的inode。底层实现的例程将读取该值，从存储介质取出有关数据，并填充inode对象剩余的字段。
- dirty_inode将传递的inode结构标记为“脏的”，因为其数据已经修改。
- delete_inode将inode从内存和底层存储介质删除。

> 在讨论文件系统实现时，读者会看到，从存储介质删除inode时，会移除指向相关数据块的指针，但文件数据不受影响（在未来的某个无法确定的时间，数据可能被覆盖）。只有能接触到计算机并了解文件系统结构，才足以恢复删除的文件（这对于敏感数据来说可能是一个问题）。

- 在进程结束数据的使用时，put_inode将inode使用计数器减1。

> 直至所有使用者都调用了该函数，并且计数器到达0的时候，我们才能将对象从内存删除。

- 当某个inode不再使用时，由VFS在内部调用clear_inode。它释放仍然包含数据的所有相关的内存页面。并非所有文件系统都实现了clear_inode，未实现该接口的文件系统能够以其他方式释放内存。
- write_super和write_super_lockfs将超级块写入存储介质。两个函数之间的差别在于其使用内核锁机制的方式。内核必须根据当前情况选择适当的函数。我不会详细讨论代码中的细节差别，因为二者本质上完成的工作是相同的。
- unlockfs用于Ext3和Reiserfs日志文件系统，以确保与设备映射器代码（Device Mapper Code）的正确交互。
- remount_fs重新装载一个已经装载的文件系统，选项可能有所改变（这发生在启动时，例如允许对root文件系统的写访问，而此前root文件系统是以只读访问方式装载的）。
- put_super将超级块的私有信息从内存移除，这发生在文件系统卸载、该数据不再需要时。
- statfs给出有关文件系统的统计信息，例如使用和未使用的数据块的数目，或文件名的最大长度。它与同名的系统调用有密切的协作。
- umount_begin仅用于网络文件系统（NFS、CIFS和9fs）和用户空间文件系统（FUSE）。它允许在卸载操作开始之前，与远程的文件系统提供者通信。仅在文件系统强制卸载时调用该方法。换句话说，它仅用于MNT_FORCE强制内核执行umount操作时，此时可能仍然有对该文件系统的引用。

- sync_fs将文件系统数据与底层块设备上的数据同步。
- show_options用于proc文件系统，用以显示文件系统装载的选项。show_stats提供了文件系统的统计信息，同样用于proc文件系统。

● mount系统调用

mount系统调用的入口点是sys_mount函数，其定义在fs/namespace.c中。图8-5给出了相关的代码流程图。

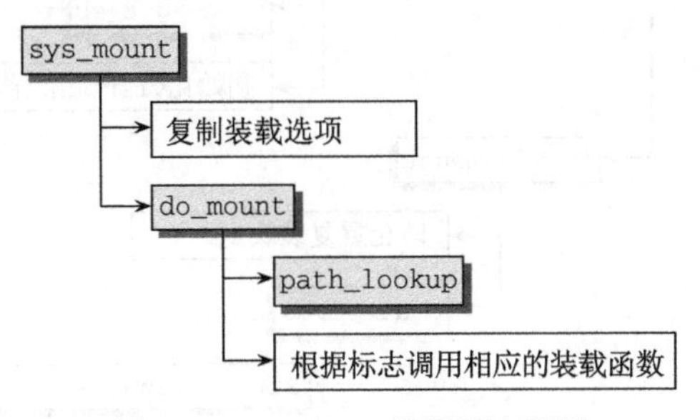

图8-5 sys_mount的代码流程图

这里讲述的方法仅用于在现存的root文件系统中装载一个新文件系统。上述算法的改进版本可以装载root文件系统本身，但不太值得单独讲述（其代码可以参看init/do_mounts.c中的mount_root）。

在装载选项（类型、设备和选项）已经由sys_mount从用户空间复制到内核空间之后，内核将控制转移给do_mount，该函数将分析传递的信息，并设置相应的标志。其中还将使用下文讨论的path_lookup函数，找到装载点的dentry项。

do_mount充当一个多路分解器，将仍然需要完成的工作委派给与装载类型相关的各个函数。

- do_remount修改已经装载的文件系统的选项（MS_REMOUNT）。
- do_loopback用于通过环回接口（loopback interface）装载一个文件系统（完成该操作需要MS_BIND标志）。①
- do_move_mount（MS_MOVE）用来移动一个已经装载的文件系统。
- do_change_type负责处理共享、从属和不可绑定装载，它可以改变装载标志或在涉及的各个vfsmount实例之间建立所需的数据结构的关联。
- do_new_mount处理普通装载操作。这是默认情况，因此不需要特殊标志。

do_new_mount值得仔细讨论一番，因为它使用很是频繁。其代码流程图如图8-6所示。

do_new_mount分为两个部分：do_kern_mount和do_add_mount。

- do_kern_mount的初始任务是使用get_fs_type找到匹配的file_system_type实例。该辅助函数扫描已注册文件系统的链表（如上所述），返回正确的项。如果没有找到匹配的文件系统，该例程就自动加载对应的模块（参见第7章）。

  此后，vfs_kern_mount调用特定于文件系统的get_sb函数读取相关的超级块，并返回struct super_block的实例。
- do_add_mount处理一些必需的锁定操作，并确保一个文件系统不会重复装载到同一位置（当然，将同一文件系统多次装载到不同位置是可能的）。主要工作委托给graft_tree。新装载的

① 环回装载涉及的文件系统，其数据保存在文件中，而非普通的块设备上。这对于快速测试新文件系统，或将光盘文件系统写入光盘之前进行检查，都十分有用。

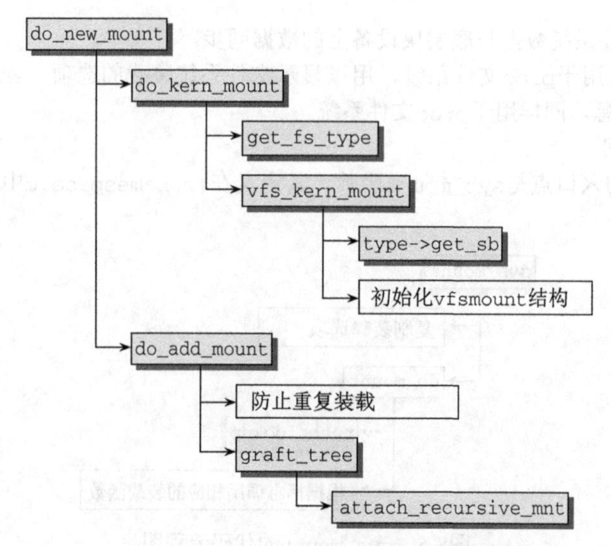

图8-6　do_new_mount的代码流程图

文件系统通过调用attach_recursive_mnt添加到父文件系统的命名空间。该函数定义如下。

fs/namespace.c
```
static int attach_recursive_mnt(struct vfsmount *source_mnt,
                    struct nameidata *nd, struct nameidata *parent_nd)
{
        struct vfsmount *dest_mnt = nd->mnt;
        struct dentry *dest_dentry = nd->dentry;
...
        mnt_set_mountpoint(dest_mnt, dest_dentry, source_mnt);
        commit_tree(source_mnt);
...
}
```

nameidata结构用于将一个vfsmount实例和一个dentry实例聚集起来。在这里，该结构保存了装载点的dentry实例和该目录此前（即新的装载操作执行之前）所在文件系统的vfsmount实例。

mnt_set_mountpoint确保新的vfsmount实例的mnt_parent成员指向父文件系统的vfsmount实例，而mnt_mountpoint成员指向装载点在父文件系统中的denty实例。

fs/namespace.c
```
void mnt_set_mountpoint(struct vfsmount *mnt, struct dentry *dentry,
                    struct vfsmount *child_mnt)
{
        child_mnt->mnt_parent = mntget(mnt);
        child_mnt->mnt_mountpoint = dget(dentry);
        dentry->d_mounted++;
}
```

这使得在内核卸载文件系统时，能够重建该文件系统装载之前的情形。旧的dentry实例的d_mounted值加1，这样内核能够识别出有一个文件系统装载在这里。

此外，新的vfsmount实例还添加到全局散列表以及父文件系统vfsmount实例中的子文件系统链表，使用的链表元素如上所述。这些工作由commit_tree执行：

fs/namespace.c

```
static void commit_tree(struct vfsmount *mnt)
{
        struct vfsmount *parent = mnt->mnt_parent;
...
        list_add_tail(&mnt->mnt_hash, mount_hashtable +
                                hash(parent, mnt->mnt_mountpoint));
        list_add_tail(&mnt->mnt_child, &parent->mnt_mounts);
...
}
```

● **共享子树**

到现在为止我讨论过的机制涵盖了任何UNIX系统上都可用的标准装载情况。但Linux支持一些更高级的特性，可以更好地利用命名空间机制。由于这些特性是在内核版本2.6（确切地说，是内核版本2.6.16）开发期间引入的，其使用仍然多少有些限制。因此在讨论其实现之前，我先简要解释一下基本原理。对于实际应用的具体细节和mount工具的共享子树语义的详细描述，读者可以参见手册页mount(8)。另外，有关共享子树的详细特性，可以在http://lwn.net/Articles/159077/网页找到。

这些扩展装载选项（我将其集合称之为*共享子树*）对装载操作实现了几个新的属性。

- **共享装载**：一组已经装载的文件系统，装载事件将在这些文件系统之间传播。如果一个新的文件系统装载到该集合的某个成员中，则装载的文件系统就将复制到集合的所有其他成员中。
- **从属装载**：相比共享装载，它只是去掉了集合的所有成员之间的对称性。集合中有一个文件系统称之为主装载。主装载中的所有装载操作都会传播到从属装载中，但从属装载中的装载操作不会反向传播到主装载中。
- **不可绑定的装载**：不能通过绑定操作复制。
- **私有装载**：本质上就是为经典的UNIX装载类型取了个新名字，它们可以装载到文件系统中多个位置，但装载事件不会传播到这种文件系统，也不会从这种文件系统向外传播。

考虑一个装载到文件系统中多个位置的文件系统。这是UNIX和Linux的标准特性，用到目前为止讨论过的旧框架即可做到。设想图8-7左上部分描述的情形：目录/virtual包含了root文件系统3个相同的绑定装载，分别是/virtual/a、/virtual/b和/virtual/c。但我们还希望任何装载在/media中的媒介都还能在/virtual/user/media中可见，即使该媒介是在装载结构建立后添加的。解决方案是用共享装载替换绑定装载。在这种情况下，任何装载在/media中的文件系统，都可以在其共享装载集合的其他成员（/、/file/virtual/a/、/file/virtual/b/和/file/virtual/c/）中看到。图8-7右上部分给出了这种情况下的目录树。

如果上文介绍的文件系统结构用作容器的基础，一个容器的每个用户都可以看到所有其他容器，只需要查看/virtual/name/virtual的内容即可！通常，这不是我们想要的。[①]对该问题的一个补救措施是将/virtual转换为不可绑定子树。其内容接下来不能被绑定装载看到，而容器中的用户也无法看到外部的情况。图8-7左下部分说明了这种情况。

在所有容器的用户都应该看到装载在/media的设备时（例如，装载到/media/usbstick的USB存储棒），会引发另一个问题。如果/media在各个容器之间共享，显然是可以工作的，但有一个缺点，即任何容器的用户都会看到由任何其他容器装载的媒介。将/media转换为从属装载，则能够保持我们想要的特性（装载事件会从/传播过来），而且将各个容器彼此隔离开来。如图8-7右下部分所示，由

① 请注意，这里介绍的许多问题，在某种程度上还可以使用绑定装载的改进形式或适当的访问控制解决，但这些解决方案通常有一些缺点或限制。共享子树提供的特性通常更为强大。

用户A装载的摄像机不能被其他任何容器看到，而USB存储棒的装载点则会向下传播到/virtual的所有子目录中。

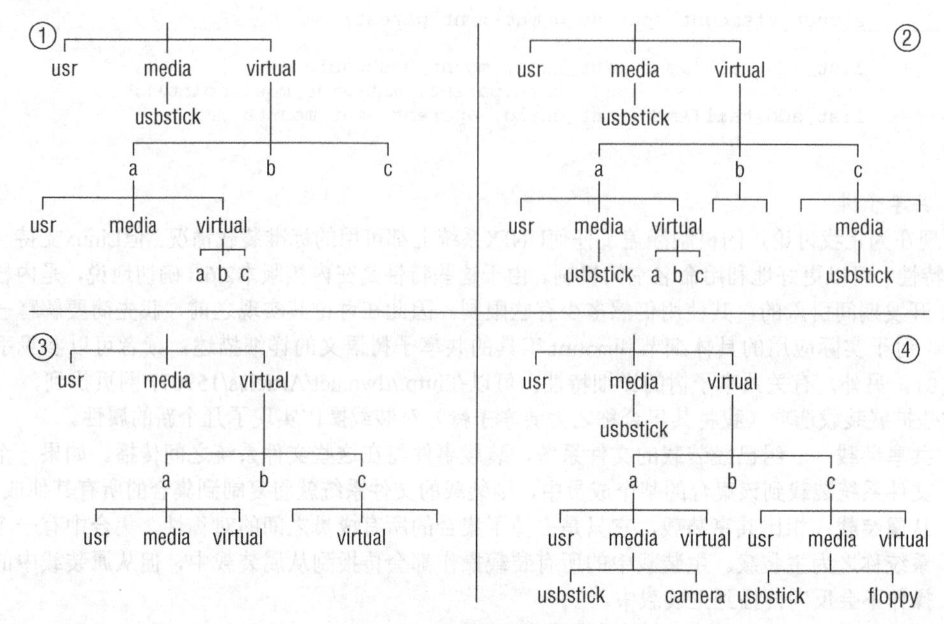

图8-7　共享子树的特性

回想一下，我们在8.4.1节讲述的数据结构，这是共享子树的基础。因而我们现在把注意力转向对装载实现需要进行的扩展。如果MS_SHARED、MS_PRIVATE、MS_SLAVE或MS_UNBINDABLE其中某个标志传递到mount系统调用，那么do_mount将调用do_change_type改变给定装载的类型。该函数定义如下：

fs/namespace.c
```
static int do_change_type(struct nameidata *nd, int flag)
{
        struct vfsmount *m, *mnt = nd->mnt;
        int recurse = flag & MS_REC;
        int type = flag & ~MS_REC;
...
for (m = mnt; m; m = (recurse ? next_mnt(m, mnt) : NULL))
        change_mnt_propagation(m, type);
return 0;
}
```

nd中给出的路径的装载类型，可使用change_mnt_propagation改变。如果设置了MS_REC标志，则所有子装载的装载类型都将递归地改变。next_mnt提供了一个迭代器，能够遍历给定装载的所有子装载。

change_mnt_propagation负责对struct vfsmount的实例设置适当的传播标志。

fs/pnode.c
```
void change_mnt_propagation(struct vfsmount *mnt, int type)
{
        if (type == MS_SHARED) {
```

```
                set_mnt_shared(mnt);
                return;
        }
        do_make_slave(mnt);
        if (type != MS_SLAVE) {
                list_del_init(&mnt->mnt_slave);
                mnt->mnt_master = NULL;
                if (type == MS_UNBINDABLE)
                        mnt->mnt_flags |= MNT_UNBINDABLE;
        }
}
```

这对于共享装载是很简单的：用辅助函数set_mnt_shared设置MNT_SHARED标志就足够了。

如果必须建立从属装载、私有装载或不可绑定装载，内核必须重排装载相关的数据结构，使得目标vfsmount实例转化为从属装载。这是通过do_make_slave完成的。该函数执行以下几个步骤。

(1) 需要对指定的vfsmount实例，找到一个主装载和任何可能的从属装载。首先，内核搜索共享装载集合的各个成员。遍历到的各个vfsmount实例中，mnt_root成员与指定的vfsmount实例的mnt_root成员相同的第一个vfsmount实例，将指定为新的主装载。如果共享装载集合中不存在这样的成员，则将成员链表中第一个vfsmount实例用作主装载。

(2) 如果已经发现一个新的主装载，那么将所述vfsmount实例以及所有从属装载的实例，都设置为新的主装载的从属装载。

(3) 如果内核找不到一个新的主装载，所述装载的所有从属装载现在都是自由的，它们不再有主装载了。

无论如何，都会移除MNT_SHARED标志。

在do_make_slave执行了这些调整之后，change_mnt_propagation还需要一些步骤来处理不可绑定装载和私有装载。[①]对于这两种情况，如果所述装载是从属装载，则将其从从属装载链表中删除，并将其mnt_master设置为NULL，这两种装载类型都没有主装载。对于不可绑定的装载，将设置MNT_UNBINDABLE标志，以便识别。

在向系统装载新的文件系统时，共享子树显然也影响到内核的行为。决定性的步骤在attach_recursive_mnt中进行。我们在此前接触过该函数，但介绍得比较简单。这一次，我将与共享子树的作用一同讨论。[②]首先，该函数需要调查，读取装载事件应该传播到哪些装载。

fs/namespace.c

```
static int attach_recursive_mnt(struct vfsmount *source_mnt,
struct nameidata *nd, struct nameidata *parent_nd)
{
        LIST_HEAD(tree_list);
        struct vfsmount *dest_mnt = nd->mnt;
        struct dentry *dest_dentry = nd->detnry;
        struct vfsmount *child, *p;

        if (propagate_mnt(dest_mnt, dest_dentry, source_mnt, &tree_list))
                return -EINVAL;
...
```

① 由于该函数在共享装载的情况下已经返回到调用者，在if条件语句中只需要处理这些不同于MS_SLAVE的装载类型。

② 请注意，这一次我们也进行了一些轻微的简化，我们只考虑增加装载的情况，不考虑将现存装载从文件系统层次结构中的一个位置移动到另一个位置的情况。

8

propagate_mnt遍历装载目标的所有从属装载和共享装载，并分别使用mnt_set_montpoint将新文件系统装载到这些文件系统中。所有受该操作影响的装载点都在tree_list中返回。

如果目标装载点是一个共享装载，那么新的装载及其所有子装载都会变为共享的：

fs/namespace.c

```
        if (IS_MNT_SHARED(dest_mnt)) {
                for (p = source_mnt; p; p = next_mnt(p, source_mnt))
                        set_mnt_shared(p);
        }
...
```

最后，内核需要调用mnt_set_mountpoint和commit_tree结束装载过程，并将修改引入到前文讨论的普通装载的数据结构中。但要注意，需要对共享装载集合的每个成员或每个从属装载分别调用commit_tree（mnt_set_mountpoint已经在propagate_mnt中对这些装载调用过）。

fs/namespace.c

```
        mnt_set_mountpoint(dest_mnt, dest_dentry, source_mnt);
        commit_tree(source_mnt);

        list_for_each_entry_safe(child, p, &tree_list, mnt_hash) {
          list_del_init(&child->mnt_hash);
          commit_tree(child);
        }

        return 0;
}
```

● umount系统调用

文件系统通过umount系统调用卸载，其入口点是fs/namespace.c中的sys_umount。图8-8给出了相关的代码流程图。

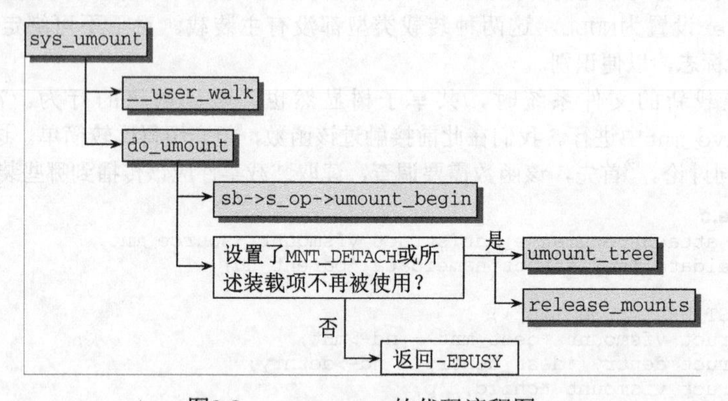

图8-8　sys_umount的代码流程图

首先，__user_walk找到装载点的vfsmount实例和dentry实例，二者包装在一个nameidata结构中。[①]

实际工作委托给do_umount。

- 如果定义了特定于超级块的umount_begin函数，则调用该函数。举例来说，这容许网络文件系统在强制卸载之前，终止与远程文件系统提供者的通信。

① __user_walk在路径名复制到内核空间之后调用path_walk函数。

- 如果装载的文件系统不再需要（通过使用计数器判断），或者指定了MNT_DETACH来强制卸载文件系统，则调用umount_tree。实际工作委托给umount_tree和release_mounts。本质上，前一个函数负责将计数器d_mounted减1，而后者使用保存在mnt_mountpoint和mnt_parent中的数据，将环境恢复到所述文件系统装载之前的原始状态。被卸载文件系统的数据结构，也从内核链表中移除。

● **自动过期**

内核也提供了一些基础设施，允许装载自动过期。在任何进程或内核本身都未使用某个装载时，如果使用了自动过期机制，那么该装载将自动从vfsmount树中移除。当前NFS和AFS网络文件系统使用了该机制。所有子装载的vfsmount实例，如果被认为将自动到期，都需要使用vfsmount->mnt_expire链表元素，将其添加到链表中。

那么接下来对链表周期性地应用mark_mounts_for_expiry即可。该函数扫描所有链表项。如果装载的使用计数为1，即它只被父装载引用，那么它处于未使用状态。在找到这样的未使用装载时，将设置mnt_expiry_mark。在mark_mounts_for_expiry下一次遍历链表时，如果发现未使用项设置了mnt_expiry_mark，那么将该装载从命名空间移除。

要注意，mntput负责清除mnt_expiry_mark。这确保以下情形：如果一个装载已经处于过期链表中，然后又再次使用，那么在接下来调用mntput将计数器减1时，不会立即过期而被移除。代码流程如下所示。

(1) mark_mounts_for_expiry将未使用的装载标记为到期。

(2) 此后，该装载再次被使用，因此其mnt_count加1。这防止了mark_mounts_for_expiry将该装载从命名空间移除，尽管此时仍然设置着过期标记。

(3) 在用mntput将使用计数减1时，该函数也会确认移除过期标记。下一周期的mark_mounts_for_expiry将照常开始工作。

● **伪文件系统**

文件系统未必需要底层块设备支持。它们可以使用内存作为后备存储器（如ramfs和tmpfs），或根本不需要后备存储器（如procfs和sysfs），其内容是从内核数据结构包含的信息生成的。虽然此类文件系统已经与传统观念有很大不同，但仍然可以更进一步。如何进行呢？所有文件系统，无论是否是虚拟的，都有一个共性，即它们在用户空间中是可见的，以文件和目录的形式出现。但该性质并非是神圣不可侵犯的。*伪文件系统*是不能装载的文件系统，因而不可能从用户层直接看到。

初看起来，该特性似乎不怎么有用。如果文件系统无法向用户层导出任何东西，那么它能做什么呢？虽然文件和目录的确是文件系统内容的一种可能且无疑很有用的表示，但它们不是唯一的表示。纯粹从inode的角度来考虑一个文件系统，也是完全可行的。在这种图景中，文件和目录仅仅是前端而已，忽略文件或目录不会带来任何信息损失。

当然，这牺牲了用户层的可见性，但内核实际上并不关注这一点。在一些场合，可能需要在内核内部将inode群集起来，而用户层无须了解这一点。但以文件系统的形式建立这样的集合，内核可以从中收益，因为所有的标准辅助函数都能够处理通常的文件系统，现在当然也可以处理这样的集合。

伪文件系统的例子包括：负责管理表示块设备的inode的bdev，处理管道的pipefs，处理套接字的sockfs。所有这些都出现在/proc/filesystems中，但不能装载：

```
root@meitner # cat /proc/filesystems
...
nodev bdev
...
```

```
nodev sockfs
nodev pipefs
...
root@meitner # mount -t bdev bdev /mnt/bdev
mount: wrong fs type, bad option, bad superblock on bdev,
       missing codepage or helper program, or other error
       In some cases useful info is found in syslog - try
       dmesg | tail or so
```

内核提供了装载标志MS_NOUSER，防止此类文件系统被装载。除此之外，本章讨论的所有文件系统机制，都适用于伪文件系统。内核可以用kern_mount或kern_mount_data装载一个伪文件系统。这两个函数最后会调用vfs_kern_mount，将文件系统数据集成到VFS数据结构中。

在从用户层装载一个文件系统时，只有do_kern_mount并不够。还需要将文件和目录集成到用户可见的表示中，该工作由graft_tree处理。但如果设置了MS_NOUSER标志，则graft_tree拒绝工作：

fs/namespace.c
```
static int graft_tree(struct vfsmount *mnt, struct nameidata *nd)
{
...
        if (mnt->mnt_sb->s_flags & MS_NOUSER)
                return -EINVAL;
...
}
```

尽管如此，伪文件系统的结构内容对内核都是可用的。文件系统库提供了一些方法，可以毫不费力地向伪文件系统写入数据，我将在10.2.4节再讲解。

8.4.2　文件操作

操作整个文件系统是VFS一个重要的方面，但相对而言很少发生，因为除了可移动设备之外，文件系统都是在启动过程中装载，在关机时卸载。更常见的是对文件的频繁操作，所有系统进程都需要执行此类操作。

为容许对文件的通用存取，而无需考虑所用的文件系统，VFS以各种系统调用的形式提供了用于文件处理的接口函数，如前文所述。本节重点讲解进程处理文件时执行的常见操作。

1. 查找inode

一个主要操作是根据给定的文件名查找inode，这使得我们首先需要了解有关查找该信息的机制。

nameidata结构用来向查找函数传递参数，并保存查找结果。我们在上文遇到过该结构但没有定义它，我们现在看一下它的定义。

<fs.h>
```
struct nameidata {
        struct dentry       *dentry;
        struct vfsmount     *mnt;
        struct qstr         last;
        unsigned int        flags;
...
}
```

- 查找完成后，dentry和mnt包含了找到的文件系统项的数据。
- flags保存了标志，用于微调查找操作。在我讲述查找算法时，会返回来讲解这些标志。
- last包含了需要查找的名称。它是一个快速字符串（quick string），如前文所述，不仅包含字符串本身，还包括字符串的长度和一个散列值。

内核使用path_lookup函数查找路径或文件名。

fs/namei.c
```
int fastcall path_lookup(const char *name, unsigned int flags,
                        struct nameidata *nd)
```

除了所需的名称name和查找标志flags之外，该函数需要一个指向nameidata实例的指针，用作临时结果的“暂存器”。

首先，内核使用nameidata实例规定查找的起点。如果名称以/开始，则使用当前根目录的dentry和vfsmount实例（要注意，必须考虑到chroot的效应）；否则，从当前进程的task_struct获得当前工作目录的数据。

link_path_walk是__link_path_walk函数的前端，后者的流程是一个不断穿过目录层次的过程。该函数大约有200行，是内核中最长的部分之一。图8-9给出了其代码流程图，图比实际代码简化了很多，我省去了许多次要的方面。

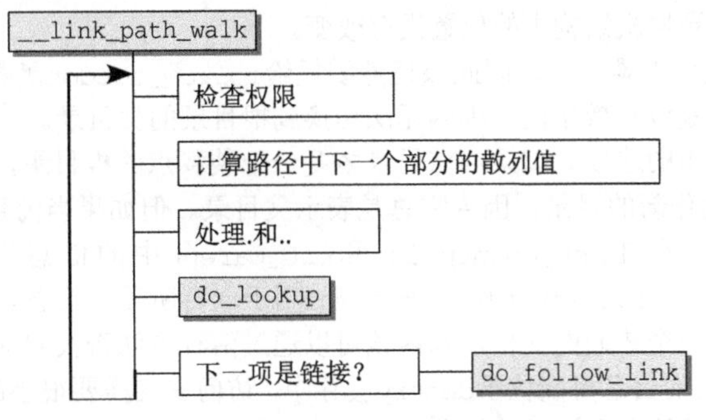

图8-9 __link_path_walk的代码流程图

该函数由一个大的循环组成，逐分量处理文件名或路径名。名称在循环内部分解为各个分量（各分量通过一个或多个斜线分隔）。每个分量表示一个目录名，最后一个分量例外，总是文件名。

为什么__link_path_walk的代码如此冗长？令人遗憾的是，查找与给定文件名相关的inode比初看起来复杂得多，而由于必须考虑下列因素，造成了更多的困难。

- 一个文件可能通过符号链接引用另一个文件，查找代码必须考虑到这种可能性，能够识别出链接，并在相应的处理后跳出循环。
- 必须检测装载点，而后据此重定向查找操作。
- 在通向目标文件名的路径上，必须检查所有目录的访问权限。进程必须有适当的权限，否则操作将终止，并给出错误信息。
- 格式奇怪但正确的名称，如/./usr/bin/../local/././bin//emacs[①]，必须能够正确地解析。

我们看一下每个循环周期中执行的操作，直至指定的文件或目录名已经处理完毕，并找到匹配的inode。为此，首先将nameidata实例的mnt和dentry成员设置为根目录或工作目录对应的数据项。

- 根据所查看的inode是否定义了permission方法，来采用不同的方法判断当前进程是否允许进入该目录。如果inode_operations实例中没有定义permission方法，则调用exec_permission_lite进行判断。根据进程的凭据，该函数选择文件的权限掩码中适当的部分，并

① 该路径通常写为/usr/local/bin/emacs。

检查是否设置了MAY_EXEC标志位（也会考虑进程的能力，在这里为简单起见我忽略了这一点）。如果inode定义了具体的permission方法，那么exec_permission_lit返回-EAGAIN，将此信息告知调用者。在这种情况下，使用vfs_permission判断进程是否有权限切换到指定的目录。vfs_permission仅调用permission函数，该函数依次调用了inode_operations结构中保存的permission方法。8.5.3节将进一步详细讨论权限检查。

- 在内核遇到一个（或多个）斜线（/）之前，name是逐字符扫描的。斜线会跳过，因为我们只对文件名称本身感兴趣。例如，如果文件名为/home/wolfgang/test.txt，那么只有路径的3个分量home、wolfgang和test.txt是相关的，斜线应该与路径分量分离开来。每个循环中处理一个路径分量。

  路径分量的每个字符都传递给partial_name_hash函数，用于计算一个递增的散列和。当路径分量的所有字符都已经计算，则将该散列和转换为最后的散列值，并保存到一个qstr实例中。
- 一个点（.）作为路径分量表示当前目录，非常易于处理。内核将直接跳过查找循环的下一个周期，因为在目录层次结构中的位置没有改变。
- 两个点（..）稍微困难一点，因此该任务委托给follow_dotdot函数。当查找操作处理进程的根目录时，..是没有效果的，因为无法切换到根目录的父目录。

  否则，有两个可用的选项。如果当前目录不是一个装载点的根目录，则将当前dentry对象的d_parent成员用作新的目录，因为它总是表示父目录。但如果当前目录是一个已装载文件系统的根目录，保存在mnt_mountpoint和mnt_parent中的信息用于定义新的dentry和vfsmount对象。follow_mount和lookup_mnt用于取得所需的信息。
- 如果路径分量是一个普通的文件，则内核可以通过两种方法查找对应的dentry实例（以及对应的inode）。想要的信息可能位于dentry缓存中，访问它仅需要很小的延迟。该信息也有可能需要通过文件系统的底层实现进行查找，因而必须构建适当的数据结构。do_lookup负责区别这两种情况（稍后讨论），并返回所需的dentry实例。请注意，该步骤还需要检测装载点。
- 处理路径分量的最后一步是，内核判断该分量是否为符号链接。

  内核如何确认某个dentry实例是否代表符号链接？只有用于表示符号链接[①]的inode，其inode_operations中才包含lookup函数。否则该字段为NULL指针。

  do_follow_link用作一个VFS层的前端，用于跟踪逻辑连接，将在下文讨论。

循环一直重复下去，直至到达文件名的末尾。如果内核发现文件名不再出现/，则确认已经到达文件名末尾。使用如上所述的方法，最后一个分量也可以对应到一个dentry实例，并将其返回，作为link_path_walk操作的结果。

● **do_lookup的实现**

do_lookup起始于一个路径分量，并且包含最初目录数据的nameidata实例，最终返回与之相关的inode。

内核首先试图在dentry缓存中查找inode，使用的是8.3.5节讲述的__d_lookup函数。即使找到匹配的数据，也并不意味着它是最新的，必须调用底层文件系统的dentry_operations中的d_revalidate函数，来检查缓存项是否仍然有效。如果有效，则将其作为缓存搜索的结果返回；否则，必须在底层文件系统中发起一个查找操作。如果在缓存中没有找到，也必须进行同样的操作。

real_lookup执行特定于文件系统的查找操作。其工作包括在内存中分配数据结构（用于保存查

① 查找代码不需要对硬链接进行特殊的处理，因为它们与普通文件是不能区分的。

找结果），并首先调用inode_operations结构中特定于文件系统的lookup函数。

如果存在所需的目录，内核将接收到一个填充了数据的dentry实例；否则返回一个NULL指针。请注意，第9章非常详细地讲述了文件系统执行底层查找的方式。

do_lookup也需要处理跟踪装载点的工作。如果在缓存中找到一个有效的dentry实例，则__follow_mount负责处理此事。按照8.4.1节的讨论，内核在记录文件系统装载事件时，会将相关的dentry实例的d_mount加1。为确保装载操作达到预期效果，内核在遍历目录结构时必须考虑到这个事实。该工作通过调用__follow_mount完成，其实现非常简单（用作参数的path结构收集了所需的指向装载点的vfsmount和dentry实例的指针）。[①]

fs/namei.c

```
static int __follow_mount(struct path *path)
{
        int res = 0;
        while (d_mountpoint(path->dentry)) {
                struct vfsmount *mounted = lookup_mnt(path->mnt, path->dentry);
                if (!mounted)
                        break;
                path->mnt = mounted;
                path->dentry = mounted->mnt_root;
                res = 1;
        }
        return res;
}
```

该循环是如何工作的？首先检查判断当前的dentry实例是否是装载点。在这里，d_mountpoint宏只需判断d_mounted的值是否大于0。lookup_mount函数从8.4.1节讨论的mount_hashtable散列表获取装载的文件系统对应的vfsmount实例。该文件系统的vfsmount实例的mnt_root字段用作dentry结构的新值。所有这些都意味着，已装载文件系统的根目录用作装载点，这也是我们想要达到的目标。

while循环表明，可能有几个文件系统相继装载到前一个文件系统中，除了最后一个文件系统，所有其他文件系统都被相邻的后一个文件系统隐藏了一部分。

● **do_follow_link的实现**

在内核跟踪符号链接时，它必须要注意用户可能构造出的环状结构（有意或无意），如下例所示：

```
wolfgang@meitner> ls -l a b c
lrwxrwxrwx      1 wolfgang users         1 Mar  8 22:18 a -> b
lrwxrwxrwx      1 wolfgang users         1 Mar  8 22:18 b -> c
lrwxrwxrwx      1 wolfgang users         1 Mar  8 22:18 c -> a
```

a、b和c形成了一个无限循环。如果内核不采取适当的预防措施，这可能被利用，致使系统变得不可用。

实际上，内核能够识别这种情况，并放弃处理。

```
wolfgang@meitner> cat a
cat: a: Too many levels of symbolic links
```

与符号链接相关的另一个问题是，链接的目标与链接的源，可能位于不同的文件系统上。这导致了特定于文件系统的代码和VFS层函数之间的关联，通常这是不会发生的。用于跟踪链接的底层代码需要引用VFS的函数，通常都是反过来（VFS调用底层各个文件系统实现的函数）。

图8-10给出了do_follow_link的代码流程图。

① 我略去了锁和引用计数操作，这些操作使得代码不容易理解。

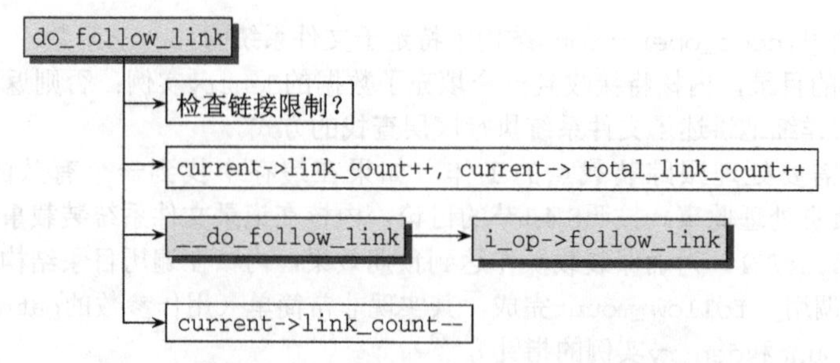

图8-10　do_follow_link的代码流程图

task_struct结构包含两个计数变量，用于跟踪连接。

<sched.h>
```
struct task_struct {
...
/* 文件系统信息 */
        int link_count, total_link_count;
...
};
```

link_count用于防止递归循环，而total_link_count限制路径名中连接的最大数目。默认情况下，内核允许MAX_NESTED_LINKS（通常设置为8）个递归和40个连续的链接，后一个常数是硬编码的，并非通过预处理器符号定义。

在do_follow_link例程的开头，内核首先检查是否超出了所述两个计数器的最大值。倘若如此，则终止do_follow_link，并返回错误码-ELOOP。

否则，将两个计数器都加1，并且调用特定于文件系统的follow_link例程跟踪当前链接。如果该链接并不指向另一个链接（因而该函数只需返回新的dentry项即可），则将link_count减1，如下述代码片段所示：

fs/namei.c
```
static inline int do_follow_link(struct dentry *dentry, struct nameidata *nd)
{
        ...
        current->link_count++;
        current->total_link_count++;
        err = __do_follow_link(path, nd);
        current->link_count--;
        ...
}
```

何时重置total_link_count的值？该计数器根本不重置，至少在查找单个路径分量期间是这样。由于该计数器用于限制所使用链接的*总数目*（不见得是递归链接），在path_walk（该函数由do_path_lookup调用）中开始查找一个全路径名或文件名时，会将该计数器重置为0。查找操作中遇到的*每个*符号链接（不仅仅是递归链接）都会增加其值。

2. 打开文件

在读和写文件之前，我们必须先打开文件。从应用程序的角度来看，这是通过标准库的open函数完成的，该函数返回一个文件描述符。[①]该函数使用了同名的open系统调用，调用了fs/open.c中的

① 还可以使用openat，该函数打开文件时，对路径名的解释是相对于指定的目录进行。但使用的机制，与这里的描述，或多或少都是相同的。

sys_open函数。相关的代码流程图如图8-11所示。

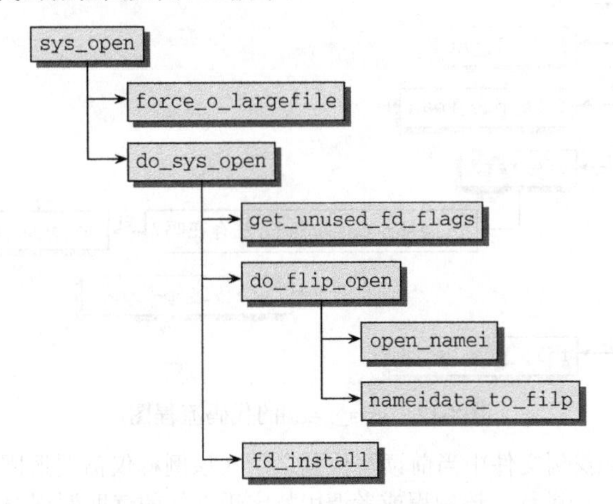

图8-11 sys_open的代码流程图

第一步，force_o_largefile检查是否应该不考虑用户层传递的标志、总是强行设置O_LARGEFILE。如果底层处理器的字长不是32位（即64位系统），就会是这样。此类系统使用64位地址，大文件是唯一切合实际的默认选项。接下来打开文件的实际工作委托给do_sys_open。

在内核中，每个打开的文件由一个文件描述符表示，该描述符在特定于进程的数组中充当位置索引（数组是task_struct->files->fd_array）。该数组的元素包含了前述的file结构，其中包括每个打开文件的所有必要信息。因此，首先调用get_unused_fd_flags查找一个未使用的文件描述符。

因为系统调用的参数包括了表示文件名称的字符串，所以主要的问题是查找匹配的inode。上述刚好完成了此工作。

do_filp_open借助两个辅助函数来查找文件的inode。

(1) open_namei调用path_lookup函数查找inode并执行几个额外的检查（例如，确定应用程序是否试图打开目录，然后像普通文件一样处理）。如果需要创建新的文件系统项，该函数还需要应用存储在进程umask（current->fs->umask）中的权限位的默认设置。

(2) nameidata_to_filp初始化预读结构，将新创建的file实例放置到超级块的s_files链表上（参见8.4.1节），并调用底层文件系统的file_operations结构中的open函数。

接下来，在控制权转回用户进程、返回文件描述符之前，fd_install必须将file实例放置到进程task_struct的files->fd数组中。

3. 读取和写入

在文件成功打开之后，进程将使用内核提供的read或write系统调用，来读取或修改文件的数据。照例，入口例程是sys_read和sys_write，二者都在fs/read_write.c中实现。

- read

read函数需要3个参数：文件描述符、保存数据的缓冲区和指定读取字符数目的长度参数。这些参数直接传递到内核中。

对于VFS层，从文件读取数据并不困难，如图8-12所示。

根据文件描述符编号，内核（使用fs/file_table.c中的fget_light函数）能够从进程的task_struct中找到与之相关的file实例。

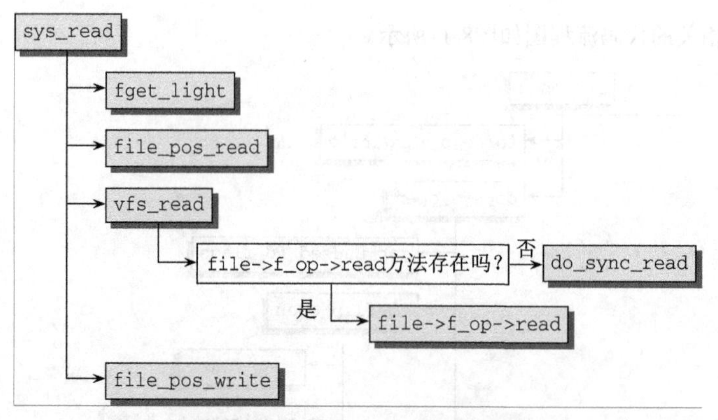

图8-12　sys_read的代码流程图

在用file_pos_read找到文件中当前读写位置之后（该例程仅需要返回file->f_pos的值），读取操作本身委托给vfs_read进行。该例程或者调用特定于文件的读取例程file->f_op->read，或者如果该例程不存在，则调用一般的辅助函数do_sync_read。此后，用file_pos_write记录文件内部新的读写位置。当然，该例程仍然只需要将file->f_ops设置为当前读写位置。

读取数据涉及一个精致复杂的缓冲区和缓存系统，这些用于提高系统性能。该主题将在第16章全面阐述。第9章将讲解文件系统如何实现读取例程。

● write

write系统调用的结构与read同样简单。除了用f_op->write和do_sync_write替换了read中对应的例程之外，二者的代码流程图几乎完全相同。

从形式上看来，sys_write与sys_read的参数相同：一个文件描述符、一个指针变量、一个长度指示（表示为整数）。显然，其语义稍有不同。指针并非指向存储读取数据的缓冲区，而是指向需要写入文件的数据。长度参数指定了数据的字节长度。

写操作同样需要通过内核的缓存系统（我们将在第16章全面讨论该主题）。

8.5　标准函数

VFS层提供的有用资源是用于读写数据的标准函数。这些操作对所有文件系统来说，在一定程度上都是相同的。如果数据所在的块是已知的，则首先查询页缓存。如果数据并未保存在其中，则向对应的块设备发出读请求。如果对每个文件系统都需要实现这些操作，则会导致代码大量复制，我们应该不惜代价防止这种情况发生。

大多数文件系统在其file_operations实例中，都将read和write分别指向do_sync_read[①]和do_sync_write标准例程。

这些例程与内核的其他子系统密切相关（特别是块层和页缓存），必须处理许多潜在的标志和特殊情况。因此，其实现并不总是清晰纯粹（内核中的注释：这真的很丑陋……）。为此，我在下文中讨论的是简化版。这些简化版突出了那些主要代码路径，这样才不会舍本求末。尽管如此，我仍然发现必须引用其他章节（和其他子系统）中的例程。

① 在此前的内核版本中，标准的读写操作分别是generic_file_read和generic_file_write，但已经被现在的版本替代了。

8.5.1 通用读取例程

几乎所有的文件系统都使用库程序generic_file_read来读取数据。它同步地读取数据。换句话说，它保证在函数返回到调用者时，所需数据已经在内存中。实现中，实际的读取操作委托给一个异步例程，然后等待该例程结束。经过简化后，该函数的实现如下：

mm/filemap.c

```
ssize_t do_sync_read(struct file *filp, char __user *buf, size_t len, loff_t *ppos)
{
        struct iovec iov = { .iov_base = buf, .iov_len = len };
        struct kiocb kiocb;
        ssize_t ret;

        init_sync_kiocb(&kiocb, filp);
        kiocb.ki_pos = *ppos;
        kiocb.ki_left = len;

        ret = filp->f_op->aio_read(&kiocb, &iov, 1, kiocb.ki_pos);

        if (-EIOCBQUEUED == ret)
                ret = wait_on_sync_kiocb(&kiocb);
        *ppos = kiocb.ki_pos;
        return ret;
}
```

init_sync_kiocb初始化一个kiocb实例，用于控制异步输入/输出操作，在这里我们不过多讨论。[①]实际工作委托给特定于文件系统的异步读取操作，且保存在struct file_operations的aio_read成员中。该函数指针通常指向generic_file_aio_read，我稍后讨论该函数。但该例程执行任务是异步的，因此在例程返回到调用者时，无法保证数据已经读取完毕。

返回值-EIOCBQUEUED表示读请求正在排队，尚未处理。在这种情况下，wait_on_sync_kiocb将一直等待，直至数据进入内存。该函数可以根据创建的控制块，来检查请求的完成情况。在等待时，进程进入睡眠状态，使得其他进程可以利用CPU。为简单起见，我在以下的讲述中，并不区分读操作的同步结束和异步结束。

1. 异步读取

mm/filemap.c中的generic_file_aio_read异步读取数据。相关的代码流程图在图8-13给出。

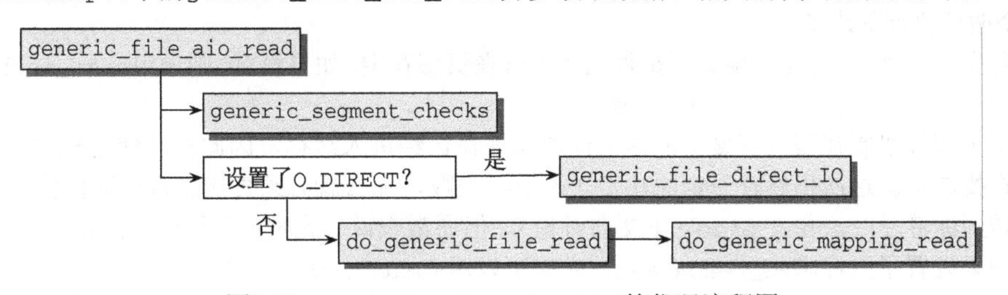

图8-13 generic_file_aio_read的代码流程图

① 异步I/O操作用于向内核发出一个读或写请求。这些请求并非立即执行，而是在链表中排队。控制流将立即返回到调用者（与这里实现的普通I/O操作相反）。在这种情况下，调用者不会注意到执行操作的延迟，而是感觉结果是立即返回的。在请求的异步处理完成后，可以查询数据。异步操作不是对文件句柄执行，而是对I/O控制块执行。因此，必须用init_sync_kiocb首先产生一个对应数据类型的实例。当前，只有个别应用程序（例如，大型数据库）使用异步I/O，因此不值得过多讨论。

在generic_segment_checks确认读请求包含的参数有效之后，有两种不同的读模式需要区分。

(1) 如果设置了O_DIRECT标志，则数据直接读取，不使用页缓存。这时必须使用generic_file_direct_IO。

(2) 否则调用do_generic_file_read，这是do_generic_mapping_read的一个前端。该函数将对文件的读操作转换为对映射的读操作。

2. 从映射读取

图8-14给出了do_generic_mapping_read的代码流程图。

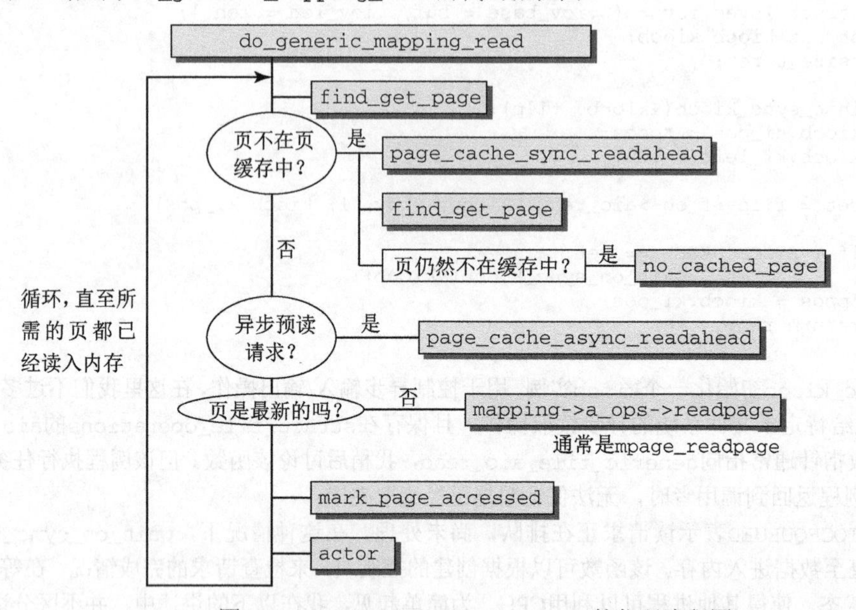

图8-14　do_generic_mapping_read的代码流程图

该函数使用第3章讲述的映射机制，将文件中需要读取的部分映射到内存页中。它由一个大的无限循环组成，持续向内存页读入数据，直至所有文件数据（不在任何缓存中的文件数据）都传输到内存中。

每个循环执行下述操作。

- 首先，find_get_page检查页是否已经包含在页缓存中。如果没有，则调用page_cache_sync_readahead发出一个同步预读请求。
- 由于预读机制在很大程度上能够保证数据现在已经进入缓存，因此再次使用find_get_page查找该页。这次仍然有一定的几率（很小）失败，那么就必须直接进行读取操作，这需要跳转到标签no_cached_page（下文会讨论）。但通常来说，此时页已经读入内存。
- 如果设置了页标志PG_readahead，内核可以用ReadaheadPage检查——必须用page_cache_async_readahead启动一个异步预读操作。请注意，这与此前的同步预读操作不同。这里内核并不等待预读操作结束，只要找到时间，就会执行读操作。在16.4.5节将更详细地讲解预读机制。
- 虽然页在页缓存中，但其数据未必是最新的，这需要使用Page_Uptodate检查。

  如果页不是最新的，则必须使用mapping->a_ops->readpage再次读取。该函数指针通常指向mpage_readpage。在该调用之后，内核可以确认页中填充的数据是最新的。

对页的访问必须用mark_page_accessed标记。在需要从物理内存换出数据时，需要判断页的活动程度，这个标记就很重要了。页交换将在第18章讨论。actor例程（通常指向file_read_actor）将适当的页映射到用户地址空间。

如果预读机制尚未将所需的页读入内存，那么该函数必须自行完成这项工作。do_generic_mapping_read的no_cached_page标签部分即用于此。其代码流程图如图8-15所示。

在page_cache_alloc_cold分配了一个缓存冷页之后，通过第16章讲述的add_to_page_cache_lru将该页插入到页缓存的LRU链表中。映射提供的mapping->a_ops->readpage用于读取数据。通常，该函数指针指向mpage_readpage，后者将在第16章讨论。最后，mark_page_accessed告诉统计系统该页已经访问过。

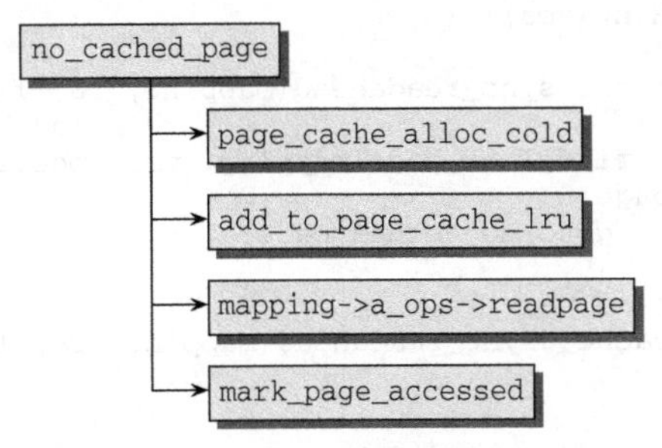

图8-15 no_cached_page的代码流程图

8.5.2 失效机制

内存映射通常调用由VFS层提供的filemap_fault标准例程来读取未保存在缓存中的页。图8-16给出了该函数的代码流程图。

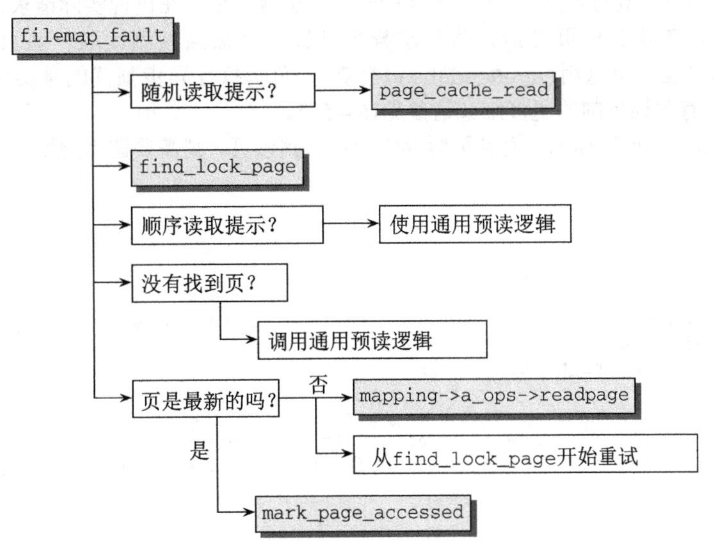

图8-16 filemap_fault的代码流程图

如图所示，该实现与刚讨论过的generic_file_read机制有几个相似之处。

首先，该函数检查页所在的虚拟内存区域是否包含了一个提示，表明对该区域的访问主要是随机的，其顺序不可预测。这通过检查VM_RAND_READ是否置位来判断，即利用辅助宏VM_RandomReadHint来检查。请注意，可以调用madvise系统调用（这里没有讨论），向内存管理子系统告知最可能的访问模式。如果预期访问模式是随机读取，则内核直接调用page_cache_read在页缓存中分配一个新页，并发出一个读请求。

find_get_page函数不受预期读取模式的影响，它用于检查该页是否已经在页缓存中。然后，内核处理与页所在的虚拟内存区域相关的顺序读取提示。[①]在这种情况下，将使用通用的预读逻辑，代码如下所示：

mm/filemap.c

```
if (VM_SequentialReadHint(vma)) {
        if (!page) {
                page_cache_sync_readahead(mapping, ra, file,
                                               vmf->pgoff, 1);
                page = find_lock_page(mapping, vmf->pgoff);
                if (!page)
                        goto no_cached_page;
        }
        if (PageReadahead(page)) {
                page_cache_async_readahead(mapping, ra, file, page,
                                                   vmf->pgoff, 1);
        }
}
```

该机制与do_generic_mapping_read中使用的机制相同。在无法通过同步预读找到页时，则跳转到no_cached_page，调用page_cache_read在页缓存中分配一个新页并发出一个读请求。然后，代码从对find_lock_page的第一次调用开始，重试查找页的操作。显然，这需要使用C语言的goto语句。

我们返回到上述的代码片段。如果页已经在系统中，则必定来源于此前的预读操作。16.4.5节将讨论到，预读机制会标记出接近预读窗口末尾的一页。也就是说，在进程实际请求之前，已经读入了一些文件的内容。在找到该页之后，将启动异步预读，并按照预测读取一些页。所需的标记是PG_readahead标志位（可以用PageReadahead检查），负责执行异步预读的是page_cache_async_readahead函数。有关该机制的更多细节请参见16.4.5节。

如果没有给出顺序预读提示，而且页缓存中无法找到该页，则需要调用通用预读机制。其实现如下（稍有简化）：

mm/filemap.c

```
if (!page) {
        unsigned long ra_pages;
...
        ra_pages = max_sane_readahead(file->f_ra.ra_pages);
        if (ra_pages) {
                pgoff_t start = 0;

                if (vmf->pgoff > ra_pages / 2)
                        start = vmf->pgoff -ra_pages / 2;
                do_page_cache_readahead(mapping, file, start, ra_pages);
        }
```

---

① 即使在之前找到了随机读取提示，内核仍然会检查顺序读取提示，这听起来很古怪。而这里的检查，实际上，是可以避免的。但代码的编写受到filemap_fault结构的影响，其中使用了很多goto语句，而这有可能会导致这种情况发生。

```
        page = find_lock_page(mapping, vmf->pgoff);
        if (!page)
                goto no_cached_page;
}
```

max_sane_readahead对需要预读的页数，计算出一个切合实际的上界。如果数目大于0，则调用do_page_cache_readahead在页缓存中分配页并读入数据。由于接下来所需的页很有可能已经在页缓存中，因此再次调用find_lock_page来定位页。如果这一次又失败，那么内核会跳转到no_cached_page，如前所述。

如果页现在已经在页缓存中，则必须确保页是最新的。如果不是这样，需要使用映射的readpage方法再次读取页的数据，并从上文对find_lock_page调用开始，重新尝试访问页。如果页已经是最新的，那么就可以调用mark_page_accessed，将页标记为活动的。

8.5.3 权限检查

vfs_permission是VFS层的标准函数，用于检查是否允许以指定的某种权限访问给定的inode。该权限可以是MAY_READ、MAY_WRITE或MAY_EXEC。vfs_permission只是一个包装函数，用于参数转换，实际工作委托给permission函数。该函数首先要禁止对只读文件系统和不可修改文件的写访问。

fs/namei.c

```
int permission(struct inode *inode, int mask, struct nameidata *nd)
{
        int retval, submask;

        if (mask & MAY_WRITE) {
                umode_t mode = inode->i_mode;

                /* 没人能以写模式访问只读文件系统。 */
                if (IS_RDONLY(inode) &&
                   (S_ISREG(mode) || S_ISDIR(mode) || S_ISLNK(mode)))
                        return -EROFS;

                /* 没人能以写模式访问不可修改的文件。 */
                if (IS_IMMUTABLE(inode))
                        return -EACCES;
        }
...
```

接下来，实际工作委托给特定于文件系统的权限检查例程（如果存在的话），或者委托给generic_permission：

fs/namei.c

```
...
        /* 通常的permission例程并不理解MAY_APPEND。 */
        submask = mask & ~MAY_APPEND;
        if (inode->i_op && inode->i_op->permission)
                retval = inode->i_op->permission(inode, submask, nd);
        else
                retval = generic_permission(inode, submask, NULL);

        if (retval)
                return retval;

        return security_inode_permission(inode, mask, nd);
}
```

如果上述某个检查拒绝了以指定方式访问对象，那么会立即返回错误码。如果这两个函数授予了访问权限，即返回值为0。不过仍然需要通过security_inode_permission调用适当的安全挂钩，作

8

出最后裁决。

请注意，大多数文件系统依赖generic_permission，但可以传递一个专门的处理程序函数，以执行基于ACL的权限检查。因而，generic_permission不仅需要将所述的inode和请求的权限作为参数，还需要一个回调函数check_acl，用于检查ACL。首先，内核需要判断应该使用用户、组的inode权限，还是其他人的inode权限。

- 如果当前进程的文件系统UID与inode的UID相同，则需要使用对所有者设置的权限。
- 如果inode的GID包含在当前进程所属组的列表中，那么需要使用组权限。
- 如果并非上述两种情况，则需要"其他用户"对inode的权限。

其实现如下：

fs/namei.c

```
int generic_permission(struct inode *inode, int mask,
                int (*check_acl)(struct inode *inode, int mask))
{
        umode_t                 mode = inode->i_mode;

        if (current->fsuid == inode->i_uid)
                mode >>= 6;
        else {
                if (IS_POSIXACL(inode) && (mode & S_IRWXG) && check_acl) {
                        int error = check_acl(inode, mask);
                        if (error == -EACCES)
                                goto check_capabilities;
                        else if (error != -EAGAIN)
                                return error;
                }

                if (in_group_p(inode->i_gid))
                        mode >>= 3;
        }
...
```

检查fsuid很简单。如果fsuid与文件的UID相同，那么需要将mode值右移6位，使得对应于"所有者"的权限位移动到最低位上。

对fsgid的检查稍微复杂一些，因为需要考虑检查所属的所有组，因此实际工作委托给了辅助函数in_group_p（这里没有讨论）。如果对组ID的检查成功，则mode值需要右移3位，以便将对应于"组用户"的权限位移动到最低位上。另外要注意，内核还可能需要执行ACL检查，如下所述。

如果UID和GID的检查都失败，那么不需要将mode做移位操作，因为对应于"其他用户"的权限位本来就在最低位上。

接下来，对选定的权限位进行自主访问控制（discretionary access control，简称DAC）检查，如下所示：

fs/namei.c

```
...
        if (((mode & mask & (MAY_READ|MAY_WRITE|MAY_EXEC)) == mask))
                return 0;
...
```

如果mode权限位的设置允许使用所请求的权限mask，那么返回0。这意味着允许相应的操作。

DAC检查失败，并不意味着禁止所要求的操作，因为对能力的检查可能允许该操作。内核对能力的测试如下：

fs/namei.c

```
...
```

```
check_capabilities:
        /*
         *读写的DAC权限设置总是可撤销的。
         *如果至少设置了一个执行标志位，那么执行的DAC权限设置也是可撤销的。
         */
         if (!(mask & MAY_EXEC) ||
            (inode->i_mode & S_IXUGO) || S_ISDIR(inode->i_mode))
                if (capable(CAP_DAC_OVERRIDE))
                        return 0;

        /*
         * 检查中允许对目录的执行，其他情况只允许读取。
         */
        if (mask == MAY_READ || (S_ISDIR(inode->i_mode) && !(mask & MAY_WRITE)))
                if (capable(CAP_DAC_READ_SEARCH))
                        return 0;

        return -EACCES;
}
```

如果进程有DAC_CAP_OVERRIDE能力，那么对以下情形，都可以授予所请求的权限：

- 读或写访问，没有请求执行访问；
- 设置了3个可能的执行位中的一个或多个；
- inode表示目录。

另一个发挥作用的能力是CAP_DAC_READ_SEARCH，该能力允许在读取文件和搜索目录时，撤销DAC权限的设置。如果有该能力，那么对以下情形，可以允许访问：

- 请求读操作；
- 所述inode是一个目录，没有请求写访问。

最后，如何处理ACL的问题，仍然没有解决。如果所述inode有一个相关的ACL（通过IS_POSIXACL检查），并且向generic_permission传递了一个用于ACL的权限检查回调函数，那么在将当前进程的fsuid与所述文件的UID比较之后，将调用该回调函数。即使拒绝了所要求的访问，进程能力的设置仍然可能允许该操作。请注意，如果给出了ACL回调函数，那么DAC检查是可以跳过的，因为ACL检查中包含了标准的DAC检查。否则，将直接返回ACL检查的结果。

8.6 小结

UNIX操作系统的核心概念之一就是，几乎每个资源都可以表示为一个文件，并且Linux继承了这种观点。因此，文件是内核世界中非常重要的成员，文件的表示涉及了相当多的工作量。本章介绍了虚拟文件系统，这是一个胶水层，位于内核的底层和用户层之间。它提供了各种抽象数据结构来表示文件和inode，而真实文件系统的实现必须填充这些结构，使得应用程序无需考虑底层文件系统，总是可以使用同样的接口访问和操作文件。

我讨论了文件系统如何装载到用户层应用程序可见的文件系统树中，并且说明了可使用共享子树来根据命名空间创建“全局”文件系统的不同视图。读者还了解到，内核采用了许多用户层不可见的伪文件系统，但这些文件系统包含了一些信息，用于内核内部。

打开文件需要穿过文件系统树，读者已经看到了VFS层对该问题的解决方法。在一个文件已经打开后，可以读写数据，读者也看到了VFS层在这些操作中发挥的作用。

最后，读者还了解到，内核提供了一些通用的标准函数，使得真实文件系统（如Ext3，在下一章讨论）的实现能够简单一些。另外内核还确保只有拥有适当权限的用户才能够访问文件系统中的对象。

第9章

Ext文件系统族

第8章讨论的虚拟文件系统接口和数据结构构成了一个框架，各个文件系统实现都必须在框架内运转。但这并不要求每个文件系统在持久存储其内容的块设备上组织文件时，需要采用同样的思想、方法和概念。完全相反：Linux支持多种文件系统概念，包括那些易于实现和理解但功能并不特别强大的文件系统（例如Minix文件系统）；经过验证的Ext2文件系统，其使用者数以百万计；特别设计的文件系统，以支持基于RAM和ROM的存储；高可用性的集群文件系统；还有现代的、基于树的文件系统，能够通过事务日志快速恢复一致性。没有其他的操作系统能够提供如此多的功能。

即使由于虚拟文件系统的存在，使得这些文件系统从用户空间和内核空间都可以通过相同的接口访问，但各个文件系统实现使用的方法颇有不同。由于Linux支持大量文件系统，一一讨论每个文件系统的实现是不现实的，即使简要讨论也不行。因此，本章重点讲解Ext文件系统族，即Ext2和Ext3文件系统。它们说明了文件系统开发中的关键概念。

9.1 简介

Ext2和Ext3的特征可以简要地如下描述。

- Ext2文件系统：该文件系统一直伴随着Linux，它已经成为许多服务器和桌面系统的支柱，工作极其出色。Ext2文件系统的设计利用了与虚拟文件系统非常类似的结构，因为开发Ext2时，目标就是要优化与Linux的互操作，但它也可以用于其他的操作系统。
- Ext3文件系统：这是Ext2的演化和发展。它仍然与Ext2兼容，但提供了扩展日志功能，这对系统崩溃的恢复特别有用。本章还将简要讲解Ext3的日志机制。与Ext2相比，Ext3多了几个有趣的选项，但文件系统的基本原理一样。

虽然现在大部分Linux安装都优先使用Ext3而不是Ext2，但首先讨论Ext2仍然是有意义的。由于其代码无须实现任何日志功能，与Ext3实现相比通常简单些，因而更容易理解它们的基本原理。除了日志外，两种文件系统几乎完全相同，许多起源于Ext3的一般性改进已经反向移植到Ext2。

在管理基于磁盘文件系统的存储空间时，会遇到一个特殊的问题：碎片。随着文件的移动和新文件增加，可用空间变得越来越支离破碎，特别是在文件很小的情况下。由于这对访问速度有负面影响，文件系统必须尽可能减少碎片产生。

另一个重要的需求是有效利用存储空间，在这里文件系统必须作出折中。要完全利用空间，必须将大量管理数据存储在磁盘上。这抵消了更紧凑的数据存储带来的好处，甚至可能使情况更糟糕。此外，我们还要避免浪费磁盘容量。如果空间未能有效使用，那么就失去了减少管理数据带来的好处。各个文件系统实现处理该问题的方法均有所不同。通常会引入由管理员配置的参数，以便针对预期的使用模式来优化文件系统（例如，预期使用大量的大文件或小文件）。

维护文件内容的一致性也是一个关键问题，需要在规划和实现文件系统期间审慎考虑。即使最稳定的内核也可能猝然停工，可能是软件错误，也可能由于断电、硬件故障等其他原因。即使此类事故造成不可恢复的错误（例如，如果修改被缓存在物理内存中，没有写回磁盘，那么修改会丢失），文件系统的实现必须尽可能快速、全面地纠正可能出现的损坏。在最低限度上，它必须能够将文件系统还原到一个可用状态。

最后，在评价文件系统的质量时，速度也是一个重要的因素。即使硬盘与CPU或物理内存相比极其很慢，但糟糕的文件系统会进一步降低系统的速度。

9.2 Ext2 文件系统

即使Linux既不是教育版Minix的复制，也不是其进一步的发展版本，但早期Linux内核的许多部分很明显反映出了它从Minix继承的东西。Linux内核处理的第一个文件系统是Minix文件系统的直接改编版。这主要是由一些现实的原因造成的，因为在Linux本身能够作为宿主机支撑内核开发之前，它原本是在Minix系统上开发的。从那时起，我们已经取得了巨大进步。

Minix文件系统的代码也许从教育的角度来看很有价值，但从性能来看，它还有很多有待改进之处[①]。商业UNIX系统的许多标准特性，Minix文件系统根本不支持。例如文件名的长度仍然限制为14个字符，这相当短，但仍然好于同时代的另一个操作系统（非常普及的DOS）支持的8.3方案。

该事实促进了Ext文件系统的开发，该文件系统尽管在Minix文件系统上进行了很大的改进，但与商业文件系统的性能和功能比较，仍然有很明显的不足。[②]只有在该文件系统的第二版开发之后（也就是Ext2文件系统，或简称Ext2），才成为一个极其强大的文件系统，从此不再害怕与商业产品比较了。其设计主要受到BSD的快速文件系统（Fast File System，简称FFS）的影响，具体请参见[MBKQ96]。

Ext2文件系统专注于高性能，以及下面列出和由文件系统作者在[CTT]中规定的目标。

- 支持可变块长，使得文件系统能够处理预期的应用（许多大文件或许多小文件）。
- 快速符号链接，如果链接目标的路径足够短，则将其存储在inode自身中（不是存储在数据区中）。
- 将扩展能力集成到设计中，使得从旧版本迁移到新版本时，无需重新格式化和重新加载硬盘。
- 在存储介质上操作数据时采用了一种精巧复杂的策略，使得系统崩溃可能造成的影响最小。文件系统通常可以恢复到一种状态，在该状态下辅助工具`fsck`至少能够修复它，使得文件系统能够再次使用。这并不排除数据丢失的可能性。
- 使用特殊的属性（经典的UNIX文件系统不具备该特性）将文件标记为不可改变的。例如，这可以防止对重要配置文件的无意修改，即使超级用户也不行。

当今，对用于生产环境的计算机上的文件系统，这些特性都是标准的需求。在Ext2之后的许多文件系统提供了更多的功能。尽管如此，对很大范围内的应用程序，Ext文件系统族仍然非常适用。有一个很大的优点不能低估：与更为现代的文件系统相比，Ext2文件系统的代码非常紧凑。与JFS的超过30 000行代码、XFS的大约90 000行代码相比，Ext2用不超过10 000行代码就足以实现。

9.2.1 物理结构

必须建立各种结构（在内核中定义为C语言数据类型），来存放文件系统的数据，包括文件内容、

① 请注意，这种情况从Minix 3开始发生了一些变化，该版本有明确的设计目标，要确保在嵌入式设备和类似的计算能力有限的系统上可用。但为了达到上述目的，大多数人看来仍然更喜欢嵌入式Linux发行版。

② 当时的另一个文件系统Xia现在已经废弃（内核很久前就撤销了对该文件系统的支持），它是Minix文件系统的增强版。我最初安装的Linux系统就使用过该文件系统，现在对此仍然有美好的回忆，这可不是虚无缥缈的空想。

目录层次结构的表示、相关的管理数据（如访问权限或与用户和组的关联），以及用于管理文件系统内部信息的元数据。这些对从块设备读取数据进行分析而言，都是必要的。这些结构的持久副本显然需要存储在硬盘上，这样数据在两次会话之间不会丢失。下一次启动重新激活内核时，数据仍然是可用的。因为硬盘和物理内存的需求不同，同一数据结构通常会有两个版本。一个用于在磁盘上的持久存储，另一个用于在内存中的处理。

在以下各节中，经常使用的名词块（block）有两个不同的含义。

- 一方面，有些文件系统存储在面向块的设备上，与设备之间的数据传输都以块为单位进行，不会传输单个字符，如第6章所述。
- 另一方面，Ext2文件系统是一种基于块的文件系统，它将硬盘划分为若干块，每个块的长度都相同，按块管理元数据和文件内容。这意味着底层存储介质的结构影响到了文件系统的结构，这很自然也会影响到所用的算法和数据结构的设计。本章将详细讲解这些影响。

在将硬盘划分为固定长度的块时，特别重要的一个方面是文件占用的存储空间只能是块长度的整数倍。我们根据图9-1来讲解这些情况的影响，为简单起见，我们假定块长为5个单位。我们需要存储3个文件，长度分别为2、4和11个单位。

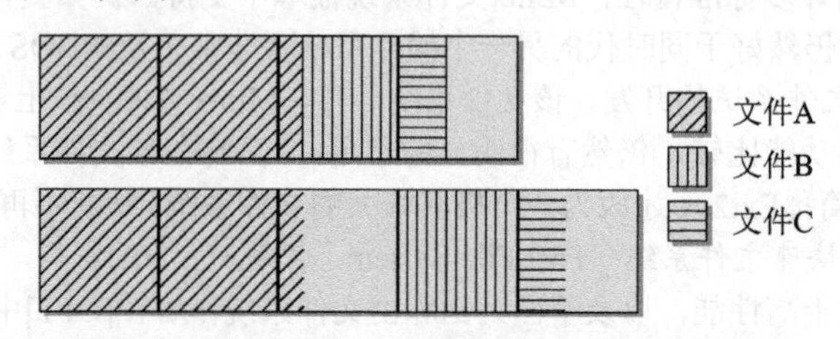

图9-1　在基于块的文件系统中文件数据的分布

很显然，上半部给出的方法在划分现存存储空间时效率更高，其中将各个文件的内容尽可能紧凑地分布到可用的块上。但实际上没有使用该方法，因为它有一个严重的缺点。①由于同一块可能分配给不同的文件，因此需要一部分数据来管理各个块内部的文件边界，这部分数据的量是如此之大，以至于迅即抵消了该方法节省文件存储空间的好处（与图中下半部相比）。最终，每个文件占用的存储空间的长度不仅仅包括其数据的长度，而且需要将数据长度向上舍入到块长的整数倍。

1. 结构概观

我们首先了解一下用于管理数据的C语言结构，以获得一个清晰的图景。其中涵盖了各部分的功能及其之间的交互。图9-2给出了一个块组（block group）的内容，块组是Ext2文件系统的核心要素。

块组是该文件系统的基本成分，容纳了文件系统的其他结构。每个文件系统都由大量块组组成，在硬盘上相继排布，如图9-3所示。

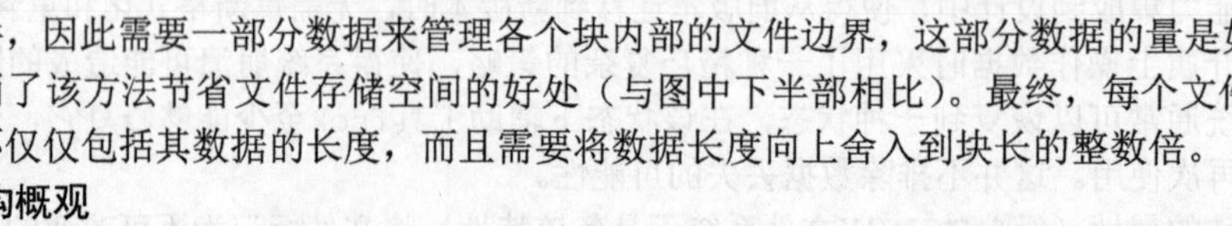

超级块	组描述符	数据位图	inode位图	inode表	数据块
1个块	*k*个块	1个块	1个块	*n*个块	*m*个块

图9-2　Ext2文件系统的块组

① “没有使用”严格来说是不准确的，这种方案的一种弱化形式（在某种程度上）允许使用一个块来保存几个小文件，此方案正在开发中，有可能成为Ext2/3文件系统未来版本的标准特性。尽管用于支持此类“碎片”的基本的基础设施已经包含在代码中，但特性本身尚未实现。

图9-3 硬盘上的启动扇区和块组

启动扇区是硬盘上的一个区域，在系统加电启动时，其内容由BIOS自动装载并执行。它包含一个启动装载程序[①]，用于从计算机安装的操作系统中选择一个启动，还负责继续启动过程。显然，该区域不可能填充文件系统的数据。启动装载程序并非在所有系统上都是必需的。在需要启动装载程序的系统上，它们通常位于硬盘的起始处，以避免影响其后的分区。

磁盘上剩余的空间由连续的许多块组占用，存储了文件系统元数据和各个文件的有用数据。图9-2清楚地说明了，每个块组包含许多冗余信息。为什么Ext2文件系统允许这样浪费空间？有两个原因，可以证明提供额外空间的做法是正确的。

- 如果系统崩溃破坏了超级块，有关文件系统结构和内容的所有信息都会丢失。如果有冗余的副本，该信息是可能恢复的（难度极高，大多数用户可能一点也恢复不了）。
- 通过使文件和管理数据尽可能接近，减少了磁头寻道和旋转，这可以提高文件系统的性能。

实际上，数据并非在每个块组中都复制，内核也只用超级块的第一个副本工作，通常这就足够了。在进行文件系统检查时，会将第一个超级块的数据传播到剩余的超级块，供紧急情况下读取。因为该方法也会消耗大量的存储空间，Ext2的后续版本采用了*稀疏超级块*（sparse superblock）技术。该做法中，超级块不再存储到文件系统的每个块组中，而是只写入到块组0、块组1和其他ID可以表示为3、5、7的幂的块组中。

超级块的数据缓存在内存中，使得内核不必重复地从硬盘读取该数据（内存当然比硬盘快得多）。上文中，为块组的冗余信息辩解的第二个原因现在也不成立了，现在已经不必在各个超级块之间进行磁头寻道了。

尽管在设计Ext2文件系统时假定上述两个问题对文件系统的性能和安全有很大影响，但后来发现情况不是这样。因此做出了上述修改。

块组中各个结构的作用都是什么呢？在回答该问题之前，最好简要概述其语义。

- **超级块**是用于存储文件系统自身元数据的核心结构。其中的信息包括空闲与已使用块的数目、块长度、当前文件系统状态（在启动时用于检测前一次崩溃）、各种时间戳（例如，上一次装载文件系统的时间以及上一次写入操作的时间）。它还包括一个表示文件系统类型的魔数，这样`mount`例程能够确认文件系统的类型是否正确。

  内核只使用第一个块组的超级块读取文件系统的元信息，即使在几个超级块中都有超级块，也是如此。
- **组描述符**包含的信息反映了文件系统中各个块组的状态，例如，块组中空闲块和inode的数目。每个块组都包含了文件系统中所有块组的组描述符信息。
- **数据块位图**和**inode位图**用于保存长的比特位串。这些结构中的每个比特位都对应于一个数据块或inode，用于表示对应的数据块或inode是空闲的，还是被使用中。
- **inode表**包含了块组中所有的inode，inode用于保存文件系统中与各个文件和目录相关的所有元数据。
- 顾名思义，**数据块**部分包含了文件系统中的文件的有用数据。

① IA-32上的LILO，Alpha上的MILO，Sparc上的SILO，等等。

尽管inode位图和数据块位图总是占用一个数据块，其余的数据项都由几个块组成。确切的块数不仅依赖创建文件系统时的选项，也依赖存储介质的容量。

这些结构与虚拟文件系统各要素（以及UNIX文件系统一般概念，如第8章所述）的相似性是无可怀疑的。尽管采用这种结构解决了许多问题，例如目录的表示，但Ext2文件系统仍然需要解决几个棘手的问题。

文件系统实现的一个关键问题是，各个文件之间的差别可能非常大，无论是长度还是用途。尽管多媒体内容（例如视频）或大型数据库很容易消耗数百兆甚至上吉字节，小的配置文件通常字节数很少。还有不同类型的元信息。例如，为设备文件存储的信息，与目录、普通文件、已命名管道都是不同的。

如果文件系统内容只在内存中操作，而不是存储到慢速的外部介质上，这些问题就不那么严重。在高速的物理内存建立、扫描、修改所需的结构几乎不花费时间，而在硬盘上执行同样的操作要慢得多，代价也更为高昂。

在设计用于存储数据的结构时，必须最优地满足所有的文件系统需求，对硬盘来说这未必是容易事，特别是在考虑到介质容量的利用和访问速度时。Ext2文件系统因此借助于技巧来解决，如下所述。

2. 间接

即使Ext2文件系统采用了经典的UNIX方案，借助于inode来实现文件，但仍然有一些问题需要解决。硬盘划分为块，由文件使用。特定文件占用的块数目，取决于文件内容的长度（当然，也与块长度本身有关系）。

在系统内存中，从内核的角度来看，内存划分为长度相同的页，按唯一的页号或指针寻址。硬盘与内存类似，块也通过编号唯一标识。这使得存储在inode结构中的文件元数据，能够关联到位于硬盘数据块部分的文件内容。二者之间的关联，是通过将数据块的地址存储在inode中建立的。

> 文件占用的数据块不见得是连续的（虽然出于性能考虑，连续数据块是我们想要的一种情况），也可能散布到整个硬盘上。

如果更仔细地考察这个概念，很快会揭示出一个问题。inode结构中能够存放的块号的数目，限制了文件的最大长度。如果这个数目太小，虽然管理inode结构所需的空间较小，但在同时，文件系统也只能够表示长度较小的文件。

增加inode结构中块号的数目并不能解决该问题，以下的计算可以证明这一点。数据块的长度是4 KiB。如果存储一个700 MiB的文件，文件系统需要大约175 000个数据块。如果每个数据块都可以通过一个4字节数字唯一标识，inode需要175 000×4个字节来存储所有的块号信息，这是不切实际的，因为这需要耗费大量的磁盘空间来存储inode信息。更重要的是，大多数文件都不需要存储这么多块号，大多数文件的平均长度远小于700 MiB。

当然，这是一个古老的问题，并不是Linux特有的。幸运的是，所有UNIX文件系统（包括Ext2）对此都使用了一种经过证实的解决方案，称之为间接（indirection）[①]。

使用间接，在inode中仅需要耗费少量字节存储块号，刚好够用来表示平均意义上长度较小的文件。对较大的文件，指向各个数据块的指针（块号）是间接存储的，如图9-4所示。

这种方法容许对大/小文件的灵活存储，因为用于存储块号的区域的长度，将随文件实际长度的变化而动态变化，即前者实际上是后者的一个函数。inode本身长度是固定的，用于间接的其他数据块是动态分配的。

① 即使相对原始的Minix文件系统也支持间接。

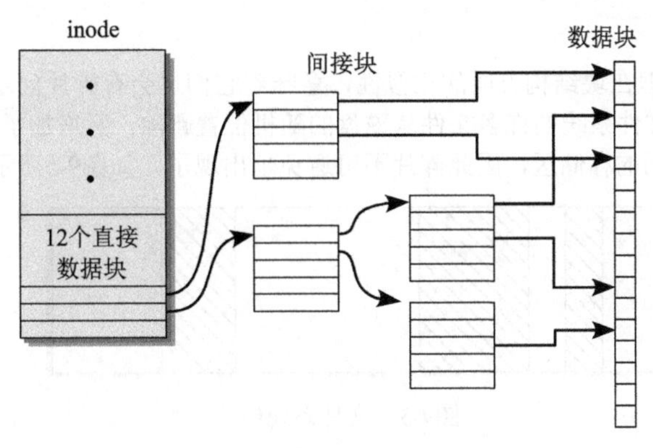

图9-4　简单间接和二次间接

我们首先考察该方法用于小文件的情形。inode中直接存储的块号即足够标识所有数据块，因为inode只包含少量块号，因此inode结构占用的硬盘空间很少。

如果文件较大，inode中的块号不足以标识所有的数据块，则会使用间接。文件系统在硬盘上分配一个数据块，不存储文件数据，专门用于存储块号。该块称为一次间接块（single indirect block），可以容纳数百个块号（实际数目与块长有关，表9-1列出了Ext2文件系统的可能值）。inode必须存储第一个间接块的块号，以便访问。图9-4给出的例子中，该块号紧接着直接块的块号存储。inode的长度总是固定的。间接块占用的空间，对于支持大文件来说是必然的，但对于小文件不会带来额外的开销。

表9-1　Ext2文件系统中的块长度和文件长度

块长度	最大文件长度
1 024	16 GiB
2 048	256 GiB
4 096	2 TiB

从图中，可以很明显地看到间接的其他情况。在文件变得越来越大时，借助于间接来增加可用空间必然会遇到极限。因而，下一个合乎逻辑的步骤是使用二次间接。这一次，仍然需要分配一个硬盘块，来存储数据块的块号。但这里的数据块并不存储有用的文件数据，而是存储其他数据块的块号，后者才存储有用的文件数据。

使用二次间接显著地增加了各个文件的可管理空间。如果一个数据块可以容纳1 000个块号，那么二次间接可以寻址1 000×1 000个数据块。当然该方法有一个负面效应，它使得对大文件的访问代价更高。文件系统首先必须查找间接块的地址，读取下一个间接项，查找对应的间接块，并从中查找数据块的块号。因而在管理可变长度的文件的能力方面，与访问速度相应的下降方面（越大的文件，速度越慢），必然存在一个折中。

如图9-4所示，二次间接并不是最终结局。内核提供了三次间接来表示真正的巨型文件。这是简单间接和二次间接的原理的扩展，在这里不讨论了。

三次间接将最大文件长度提高到一个空前的高度，使得内核中与之相关的其他问题突然出现，特别是在32位体系结构上。由于标准库使用32位宽的`long`类型变量表示文件内的位置，这将文件的最大长度限制到2^{31}字节，即2 GiB，小于Ext2文件系统使用三次间接所能管理的文件长度。为处理这个缺点，内核中引入了一个专门的方案来访问大文件。这不仅影响到标准库的例程，也影响到了内核源代码。

3. 碎片

内存和磁盘存储管理在块结构方面的相似性，意味着它们也会有碎片问题，这已经在第3章讨论过。随着时间的变化，文件系统的许多文件从磁盘的随机位置删除，又增加了许多新文件。这使得空闲磁盘空间变成长度不同的存储区，因此碎片不可避免地出现了，如图9-5所示。

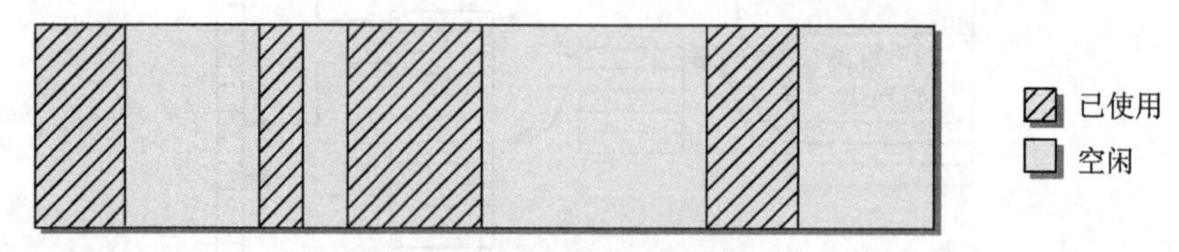

图9-5 文件系统碎片

尽管图示可能有所夸张，但它清楚地说明了问题的性质。硬盘上仍然有12个空闲块，但最长的连续存储区是5块。在程序要向磁盘保存占用7块的数据时，会发生什么情况呢？另外，如何必须向现存文件附加数据，而文件末尾之后的数据块已经被其他数据占用，又会怎么样呢？

答案很明显。数据将散布到磁盘的不同区域，变得支离破碎。重要的是，这些对用户进程是透明的。进程访问文件时看到的总是一个连续的线性结构，而不会考虑到硬盘上数据碎片的程度。这使人想起处理器向进程提供内存的方式，其差别在于，没有自动的硬件机制来替文件系统保证线性化。文件系统自身的代码负责完成该任务。

当然，在使用直接块或一次、二次、三次间接块指向文件数据块时，都没什么困难。通过指针中的信息，总是可以唯一地识别出数据块号。由此看来，数据块是顺序的，还是散布到这个硬盘上，是不相关的事情。

但两种情况在访问速度方面有显著的差别。如果所有文件块在硬盘上都是连续的（这是我们希望的情况），磁头读取数据时的移动将降到最低，因而提高了数据传输速度。相反，如果文件的块散布到整个磁盘上，磁头读取数据时就需要不停地寻道，因而降低了访问速度。

因此，Ext2文件系统尽力防止碎片。在无法避免碎片时，它试图将同一文件的块维持在同一个块组中[①]。如果文件系统尚未满载，尚有适当的存储空间可用，那么这种做法就很有用。因为有更多的文件存储选项可用，这自动减少了对碎片的敏感程度。

9.2.2 数据结构

在学习完Ext2文件系统底层的结构性原理之后，我们再来详细了解相关的数据结构，它们用于实现文件系统和在硬盘上存储数据。如上所述，针对硬盘存储定义的结构，都有针对内存访问定义的对应结构。这些与虚拟文件系统定义的结构协同使用，首先用来支持与文件系统的通信并简化重要数据的管理，其次用于缓存元数据，加速对文件系统的处理。

1. 超级块

超级块是文件系统的核心结构，保存了文件系统所有的特征数据。内核在装载文件系统时，最先看到的就是超级块的内容。超级块的数据使用`ext2_read_super`例程读取（位于`fs/ext2/super.c`），内核通常借助`file_system_type`结构（在第8章讨论过）中的`read_super`函数指针来调用该函数。该例程执行的操作将在9.2.4节讲解。我们在这里关注的是超级块在硬盘上的结构和布局。

使用得相对广泛的`ext2_super_block`结构用于定义超级块，如下所示：

---

① `defrag.ext2`系统工具可以分析Ext2分区，并将数据碎片重组到一个连续的结构中。

<ext2_fs.h>

```
struct ext2_super_block {
        __le32 s_inodes_count;        /* inode数目 */
        __le32 s_blocks_count;        /* 块数目 */
        __le32 s_r_blocks_count;      /* 已分配块的数目 */
        __le32 s_free_blocks_count;   /* 空闲块数目 */
        __le32 s_free_inodes_count;   /* 空闲inode数目 */
        __le32 s_first_data_block;    /* 第一个数据块 */
        __le32 s_log_block_size;      /* 块长度 */
        __le32 s_log_frag_size;       /* 碎片长度*/
        __le32 s_blocks_per_group;    /* 每个块组包含的块数 */
        __le32 s_frags_per_group;     /* # 每个块组包含的碎片*/
        __le32 s_inodes_per_group;    /* 每个块组的inode数目 */
        __le32 s_mtime;               /* 装载时间 */
        __le32 s_wtime;               /* 写入时间 */
        __le16 s_mnt_count;           /* 装载计数 */
        __le16 s_max_mnt_count;       /* 最大装载计数 */
        __le16 s_magic;               /* 魔数，标记文件系统类型 */
        __le16 s_state;               /* 文件系统状态 */
        __le16 s_errors;              /* 检测到错误时的行为 */
        __le16 s_minor_rev_level;     /* 副修订号 */
        __le32 s_lastcheck;           /* 上一次检查的时间 */
        __le32 s_checkinterval;       /* 两次检查允许间隔的最长时间 */
        __le32 s_creator_os;          /* 创建文件系统的操作系统 */
        __le32 s_rev_level;           /* 修订号 */
        __le16 s_def_resuid;          /* 能够使用保留块的默认UID */
        __le16 s_def_resgid;          /* 能够使用保留块的默认GID */
        /*
         * 这些字段只用于EXT2_DYNAMIC_REV超级块。
         *
         * 请注意，兼容特性集与不兼容特性集的差别在于：如果不兼容特性中某个置位的比特位内核不了解，
         * 则应该拒绝装载该文件系统。
         *
         * e2fsck的要求更为严格。如果它不了解某个特性，不管是兼容特性还是不兼容特性，
         * 它都必须放弃工作，而不是去尽力去弄乱不了解的东西。
         */
        __le32 s_first_ino;               /* 第一个非保留的inode */
        __le16 s_inode_size;              /* inode结构的长度 */
        __le16 s_block_group_nr;          /* 当前超级块所在的块组编号 */
        __le32 s_feature_compat;          /* 兼容特性集 */
        __le32 s_feature_incompat;        /* 不兼容特性集 */
        __le32 s_feature_ro_compat;       /* 只读兼容特性集 */
        __u8   s_uuid[16];                /* 卷的128位uuid */
        char   s_volume_name[16];         /* 卷名 */
        char   s_last_mounted[64];        /* 上一次装载的目录 */
        __le32 s_algorithm_usage_bitmap;  /* 用于压缩 */
        /*
         * 性能提示。仅当设置了EXT2_COMPAT_PREALLOC标志时，才能进行目录的预分配。
         */
        __u8 s_prealloc_blocks;           /* 试图预分配的块数*/
        __u8 s_prealloc_dir_blocks;       /* 试图为目录预分配的块数 */
        __u16 s_padding1;
        /*
         * 如果设置了EXT3_FEATURE_COMPAT_HAS_JOURNAL，日志支持才是有效的。
         */
...
        __u32 s_reserved[190];            /* 填充字节，补齐到块结尾 */
};
```

9

结构末尾的成员没有给出，因为Ext2不使用这些成员，它们仅用于Ext3。相关原因会在9.3节解释。

在定义各个字段的语义之前，有必要澄清与成员的数据类型有关的各种问题。我们可以看到，大部分字段的数据类型都是__le32、__le16，等等。毫无例外，这些都是指定了位长的整数，采用的字节序是小端序。①

为什么没有使用C语言的基本类型？回想一下，我们知道不同处理器以不同的位长来表示基本类型。因此，使用基本类型将导致超级块格式依赖处理器类型，这显然是不好的。在不同计算机系统之间切换可移动介质时，元数据必须总是以相同的格式存储，不管什么类型的处理器。

内核的其他部分，也需要位长可以保证且不随处理器改变的数据类型。为此，include/*asm-arch*/types.h中包含的特定于体系结构的文件，定义了一系列类型（从__s8到__u64），以便控制到所用CPU类型的正确基本数据类型的映射。特定于字节序的类型直接基于这些定义。

但只使用长度正确的数据类型还是不够的。第1章中讲过多字节数据类型中，最高和最低位的排列同样与CPU类型相关，因此我们又遇到了大端序和小端序的问题。

为确保文件系统在不同计算机系统之间的可移动性，Ext2文件系统的设计者决定，在硬盘上存储超级块结构的所有数值时，都采用小端序格式。在数据读入内存时，内核负责将这种格式转换为CPU的本机格式。用于在不同CPU类型之间转换字节序的例程，定义在byteorder/big_endian.h和byteorder/little_endian.h两个文件中。因为Ext2文件系统的这些数据在默认情况下以小端序格式存储，在IA-32和AMD64类型的CPU上无需转换。而在诸如Sparc之类的系统上，超出8个比特位的数据类型，都需要切换字节序，这显然能够为IA-32和AMD64系统带来一定的性能优势②。

超级块结构自身包括很多数值，体现出了文件系统的一般性质。超级块的长度总是1 024字节。这是通过在结构末尾增加一个填充成员来解决的（s_reserved）。

由于根据其名称和相关的注释，我们就可以很清楚地推断出大多数成员的语义，所以这里只讨论那些我们感兴趣的成员，或者语义不是很清楚的成员。

- s_log_block_size是这样一个指：将块长度除以1 024之后，再取以二为底的对数。当前，只所用3个值0、1、2，对应的块长度分别是1 024、2 048、4 096字节。最小和最大的块长度当前分别限定为1 024和4 096，且由内核常数EXT2_MIN_BLOCK_SIZE和EXT2_MAX_BLOCK_SIZE定义③。

  我们想要的块长度必须在用mke2fs创建文件系统期间指定。文件系统创建以后，该值不能修改，因为它表示了一个基本的文件系统常数。系统管理员必须根据文件系统的预期用途，来确定一个合理的块长度。决定该值时，必须在浪费存储空间和增加管理工作量之间进行平衡，这不是个简单的事情。然而，几乎所有的发布版都根据启发式经验提供了合理的默认值，从而降低了管理员的负担。

- s_blocks_per_group和s_inodes_per_group定义了每个块组中块和inode的数目。在创建文件系统时，这些值也必须固定下来，其后就不能再修改。在大多数情况下，建议使用mke2fs选择的默认设置。

---

① 大端序和小端序的区别，并不影响数据类型的位长。自动化的源代码分析工具可以利用这里的类型信息，确保代码的逻辑不出现相关的问题。例如，在对相关的类型进行按位操作时。

② 如果文件内容逐字节解释（通常就是这样），CPU的字节序对文件内容没有影响，例如对于文本文件（在此类文件中，数字存储为文本串，避免了字节序的问题）。而在另一方面，声音文件通常必须使用适当的工具（如sox）在不同的表示之间转换，因为比特位的排列对数据的二进制解释是有影响的。

③ 请注意，内核当前没有检查上限。

- s_magic字段存储了一个魔数。该数值用于确认装载的文件系统确实是Ext2类型。其中存储的值是0xEF53，且由Ext2_SUPER_MAGIC定义（在ext2_fs.h中）。s_rev_level和s_minor_rev_level字段是修订号，用于区分文件系统的不同版本。

> 即使可以通过魔数唯一地标识Ext文件系统，但仍然不能保证内核实际上可以用读/写方式装载它（甚至只读方式也不能保证）。因为Ext2支持一系列可选和/或不兼容的扩展（读者稍后会看到），在可以装载文件系统之前，除了魔数，还必须检查其他几个字段。

- s_def_resuid和s_def_resgid字段指定了一个系统用户的用户ID和组ID，对该用户已经专门分配了一定数目的块。对应的块数存储在s_r_blocks_count中。
  这些块其他用户无法使用。该特性用于什么目的呢？默认情况下，s_def_resuid和s_ref_gid都设置为0。这对应于系统的超级用户（或root用户）。对于普通用户看来空间已经用尽的文件系统上，该用户仍然能够写入。这种额外的空闲空间通常称之为**根储备**（root reserve）。
  如果不提供这种保护，可能发生一些情况，例如，某些以root ID运行的守护进程或服务器都不能再启动，致使系统不可用。例如，以ssh服务器为例，它在进行登录时必须创建一个状态文件。如果硬盘是全满的，则没有用户能够登录，即使系统管理员也不行。这会造成严重的事故，特别是对于远程系统，如因特网服务器。
  根储备（通常在创建文件系统时，留出可用空间约5%）有助于防止这样的事故，并向超级用户（如果上述变量中的UID/GID进行相应的修改，也可以是其他用户）提供了一定的安全裕度，确保在硬盘接近全满时能够采取对应的措施。
- 文件系统一致性检查借助于3个变量执行：s_state、s_lastcheck和s_checkinterval。第一个用于指定文件系统的当前状态。在分区正确地卸载时，其状态设置为EXT2_VALID_FS（定义在ext2_fs.h中），向mount程序表明该分区没有问题。如果文件系统未能正确地卸载（例如，由于通过切断电源来关闭计算机），该变量仍然保持在文件系统上次装载后设置的状态值，即EXT2_ERROR_FS。在这种情况下，下一次装载文件系统时，将自动触发一致性检验，由e2fsck进行。
  不正确的卸载不是发起一致性检验的唯一原因。上一次检查的日期记录在s_lastcheck。如果在该日期之后，时间已经过了一定的阈值（s_checkinterval），那么即使文件系统的状态是干净的，也会执行一次检查。
  第三种（也是最常用的）强制执行一致性检验的方法，是借助s_max_mnt_count和s_mnt_count计数器实现的。后者计算了上一次检查以来装载操作的次数，而前者是两次检查之间可以执行的装载操作的最大数目。当后者超过前者时，则发起一致性检验。
- Ext2文件系统在最初引入时当然是不完美的（类似于任何其他软件），而且永远也不会完美。技术的发展使得系统不断改变和修改，我们都可以理解，这些改变应该尽可能容易地集成到现存的方案中。毕竟，没人会为了一个新函数带来的好处，而每隔两星期就完全重构系统。因此，Ext2文件系统的设计是非常谨慎的，确保了能够比较容易地将新特性集成到旧的设计中。为此，超级块结构中有3个成员专用于描述额外的特性：s_feature_compat、s_feature_incompat和s_feature_ro_compat。这些变量的名称表明，新的函数将分为3个不同的类别。
  - **兼容特性**（Compatible Feature）：由s_feature_compat指定，可以用于文件系统代码的新版本，对旧版本没有负面影响（或功能损伤）。此类增强的例子包括，Ext3（在9.3节全面讨论）引入的日志特性，用ACL（访问控制表）来支持细粒度的权限分配，这比经典UNIX系统对用户/组/其他指定读/写/执行权限的做法要强大。每个内核版本所知的所有增强的完整列表位于ext2_fs.h，且以预处理器名称EXT2_FEATURE_COMPAT_*FEATURE*定义。

内核2.6.24包含以下兼容特性：

<ext2_fs.h>

```
#define EXT2_FEATURE_COMPAT_DIR_PREALLOC     0x0001
#define EXT2_FEATURE_COMPAT_IMAGIC_INODES    0x0002
#define EXT3_FEATURE_COMPAT_HAS_JOURNAL      0x0004
#define EXT2_FEATURE_COMPAT_EXT_ATTR         0x0008
#define EXT2_FEATURE_COMPAT_RESIZE_INO       0x0010
#define EXT2_FEATURE_COMPAT_DIR_INDEX        0x0020
#define EXT2_FEATURE_COMPAT_ANY              0xffffffff
```

EXT2_FEATURE_COMPAT_ANY常数可用于测试是否提供了此类别的某种特性。

- 只读特性（Read-Only Feature）：在使用旧版本的文件系统代码时，此类增强不会损害对文件系统的读访问。但写访问可能导致错误和文件系统的不一致。如果用s_feature_ro_compat设置了只读特性，该分区就可以用只读方式装载，并且禁止写访问。

  只读特性的一个例子是稀疏超级块（sparse superblock）特性，它通过不在分区的每个块组中都存储超级块的做法，来节省空间。因为内核通常只使用第一个块组中的超级块（在稀疏超级块特性启用时，该超级块仍然存在），从读访问的角度来看是没有问题的。如果发生了写操作，旧版本的文件系统代码将在文件系统卸载时修改其余的超级块副本（现在已经不存在），因而覆盖了重要的数据。

  类似于兼容特性，ext2_fs.h提供了当前内核版本已知的所有此类特性的一个列表。同样定义了预处理器变量EXT2_FEATURE_RO_COMPAT_*FEATURE*，可用于为每个增强或扩展分配一个唯一的数值。

  <ext2_fs.h>

```
#define EXT2_FEATURE_RO_COMPAT_SPARSE_SUPER       0x0001
#define EXT2_FEATURE_RO_COMPAT_LARGE_FILE         0x0002
#define EXT2_FEATURE_RO_COMPAT_BTREE_DIR          0x0004
#define EXT2_FEATURE_RO_COMPAT_ANY                0xffffffff
```

- 不兼容特性（Incompatible Feature）：由s_incompat_features指定，如果使用了旧版本的代码，则将导致文件系统不可用。如果存在此类内核不了解的增强，那么不能装载文件系统。

  EXT2_FEATURE_INCOMPAT_*FEATURE*宏为不兼容的扩展分配数值。此类增强的一个例子是即时压缩，将所有文件以压缩形式存储。对于无法解压文件内容的文件系统代码而言，无论读写压缩过的文件内容都是无意义的。

  其他不兼容特性有：

  ext2_fs.h

```
#define EXT2_FEATURE_INCOMPAT_COMPRESSION    0x0001
#define EXT2_FEATURE_INCOMPAT_FILETYPE       0x0002
#define EXT3_FEATURE_INCOMPAT_RECOVER        0x0004
#define EXT3_FEATURE_INCOMPAT_JOURNAL_DEV    0x0008
#define EXT2_FEATURE_INCOMPAT_META_BG        0x0010
#define EXT2_FEATURE_INCOMPAT_ANY            0xffffffff
```

这3个成员都是位图，各个比特位分别表示特定的内核增强。这使得内核能够判断（借助预定义的常数）哪种特性是它所了解的，能够用于文件系统。内核还能够扫描它不了解的特性项（判断不了解的比特位是否置位），并根据特性的类别，确定如何处理文件系统。

> Ext2并不使用该结构的某些成员，在设计结构时，这些成员就是为了方便将来增加新特性。其设计意图在于，当增加新特性时，无需重新格式化文件系统。对于重负荷服务器系统而言，重新格式化通常是行不通的。

后面在讨论增加新特性时，会提到其中一些字段。

2. 组描述符

如图9-2所示，每个块组都一个组描述符的集合，紧随超级块之后。其中保存的信息反映了文件系统每个块组的内容，因此不仅关系到当前块组的数据块，还与其他块组的数据块和inode块相关。

用于定义单个组描述符的数据结构比超级块结构短得多，如下述源代码所示：

<ext2_fs.h>

```
struct ext2_group_desc
{
        __le32 bg_block_bitmap;        /* 块位图块        */
        __le32 bg_inode_bitmap;        /* inode位图块     */
        __le32 bg_inode_table;         /* inode表块       */
        __le16 bg_free_blocks_count;   /* 空闲块数目      */
        __le16 bg_free_inodes_count;   /* 空闲inode数目   */
        __le16 bg_used_dirs_count;     /* 目录数目        */
        __le16 bg_pad;
        __le32 bg_reserved[3];
};
```

在组描述符集合中，内核使用该结构的一个副本来描述一个对应的块组。

每个组描述符的内容不仅包括状态项，表示空闲块的数目（bg_free_blocks_count）、空闲inode数目（bg_free_inodes_count）以及目录的数目（bg_used_dirs_count），还包括（更重要的）块和inode位图所在的块号。它们分别是bg_block_bitmap和bg_inode_bitmap，二者都是32位数字，唯一地描述了硬盘上的一个块。

bg_block_bitmap引用的块不用来存储数据。其中每个比特位都表示当前块组中的一个数据块。如果一个比特位置位，则表明对应的块正在由文件系统使用；否则，该块是可用的。由于第一个数据块的位置是已知的，而所有数据块是按线性顺序排列的，因此内核很容易在块位图中比特位置和相关块的位置之间转换。

同样的方法用于inode位图bg_inode_bitmap。该成员也是一个块号，对应块的各个比特位用于描述一个块组的所有inode。由于inode结构所在的块和inode结构的长度都是已知的，因此内核很容易在位图中的比特位置和相应的inode在硬盘上的位置之间转换（也参见图9-2）。

每个块组中都包含了文件系统中所有块组的组描述符。因此从每个块组，都可以确定系统中所有其他块组的下列信息：

- 块和inode位图的位置；
- inode表的位置；
- 空闲块和inode的数目。

用作块和inode位图的数据块，则只是用于一个块组，而不会复制到文件系统的每个块组。实际上，文件系统中的每个块组，都只有一个块位图和inode位图。每个块组都有一个用于块位图的local块，和一个用于inode位图的extra块。但从每个块组，都可以访问所有其他块组的块位图和inode位图。因为可以借助组描述符中的数据项，来确定其位置。

因为文件系统的块长是可变的，一个块位图可表示的块的数目也是可变的。如果块长度为2 048字节，那么一个块有2 048×8＝16 384个比特位，可用于描述数据块的状态。类似地，块长为1 024和4 096

时，一个块用作位图，可管理8 192和32 768个块。这些数据可参见表9-2。

在我们的例子中，只使用两个字节存储块位图，因此刚好可以寻址16个块。保存文件系统文件的实际内容（和用作间接的数据）的数据块，位于块组的末尾。

表9-2　块组中最大的块数目

块长度	可管理的块数
1 024	8 192
2 048	16 384
4 096	32 768

将分区划分为块组，是经过系统化的考虑的，这种做法显著提高了速度。文件系统总是试图将文件的内容存储到一个块组中，以最小化磁头在inode、块位图、数据块之间寻道的代价。通常，这个目的是可以达到的，当然也存在一些情况，由于单个块组中没有足够的空间，致使文件散布到多个块组。由于块长度的限制，一个块组只能管理一定数目的数据块，因而对文件长度有最大限制（参见9-2）。如果超出限制，文件就必须散布到几个块组，因此寻道的距离会更长，进而会降低性能。

3. inode

每个块组都包含一个inode位图和一个本地的inode表，inode表可能延续到几个块。位图的内容与本地块组相关，不会复制到文件系统中任何其他位置。

inode位图用于概述块组中已用和空闲的inode。通常，每个inode对应到一个比特位，有“已用”和“空闲”两种状态。inode数据保存在inode表中，包括了许多顺序存储的inode结构。这些数据如何保存到存储介质，由下列冗长的结构定义：

<ext2_fs.h>

```
struct ext2_inode {
        __le16 i_mode;              /* 文件模式 */
        __le16 i_uid;               /* 所有者UID的低16位 */
        __le32 i_size;              /* 长度，按字节计算 */
        __le32 i_atime;             /* 访问时间 */
        __le32 i_ctime;             /* 创建时间 */
        __le32 i_mtime;             /* 修改时间 */
        __le32 i_dtime;             /* 删除时间 */
        __le16 i_gid;               /* 组ID的低16位 */
        __le16 i_links_count;       /* 链接计数 */
        __le32 i_blocks;            /* 块数目 */
        __le32 i_flags;             /* 文件标志 */
        union {
            struct {
                __le32 l_i_reserved1;
            } linux1;
            struct {
            ...
            } hurd1;
            struct {
            ...
            } masix1;
        } osd1;                             /* 特定于操作系统的第一个联合 */
        __le32 i_block[EXT2_N_BLOCKS];      /* 块指针（块号） */
        __le32 i_generation;                /* 文件版本，用于NFS */
        __le32 i_file_acl;                  /* 文件ACL */
        __le32 i_dir_acl;                   /* 目录ACL */
        __le32 i_faddr;                     /* 碎片地址*/
        union {
```

```
            struct {
                __u8    l_i_frag;          /* 碎片编号 */
                __u8    l_i_fsize;         /* 碎片长度 */
                __u16   i_pad1;
                __le16  l_i_uid_high;      /* 这两个字段 */
                __le16  l_i_gid_high;      /* 此前定义为reserved2[0] */
                __u32   l_i_reserved2;
            } linux2;
            struct {
            ...
            } hurd2;
            struct {
            ...
            } masix2;
        } osd2;                    /* 特定于操作系统的第二个联合 */
};
```

该结构包含两个特定于操作系统的联合，根据用途接受不同的数据。Ext2文件系统不仅用于Linux，而且也用于GNU的HURD内核①和Masix试验性操作系统（Ext2的主要开发者之一参与了Masix的开发）。上述代码中的结构只给出了特定于Linux的成员。

在结构开头处，是一组与inode对应的文件属性有关的数据。读者看过第8章后，可能已经熟悉了其中许多成员，第8章讨论了一般虚拟文件系统的inode结构。

- i_mode保存了访问权限（按照常见的UNIX方案，用户/组/其他）和文件类型（目录、设备文件，等等）。
- ctime、atime、mtime和dtime是时间戳，语义如下：
  - atime给出了上一次访问文件的时间；
  - mtime给出了上一次修改文件的时间；
  - ctime给出了上一次修改inode的时间；
  - dtime给出了文件删除的时间。

  所有的时间戳都以常规的UNIX格式存储，表示从1970年1月1日午夜以来过去的秒数。
- 用户和组ID由32位组成，由于历史原因，划分为两个字段。低半部是i_uid和i_gid，而高半部是l_i_uid_high和l_i_gid_high。

  为什么采用这种相当奇怪的方法，而不是直接存储两个简单的32位数？在构思Ext2文件系统时，16位数字对于用户ID和组ID已经足够用，因为这最多能够容许2^{16}=65 536个用户。当时，这个数字看起来够大的，但这个假定被证明是错的，特别是在非常大的系统上，例如商业性的邮件服务器。为支持32位UID/GID的增强而无需新的文件系统，将osd1特定于Linux的字段中一个专用于扩展的32位数据项，划分为两个16位数据项。与现存的数据成员联合使用，就可以表示32位宽的UID/GID，可以支持多达2^{32}= 4 294 967 296个用户。
- i_size和i_blocks分别以字节和块为单位指定了文件长度，这里总是假定块长度为512字节（这个单位总是常数，与文件系统底层使用的块长度无关）。初看起来，很容易假定i_blocks总是能从i_size推断出来。但由于Ext2文件系统的优化，情况不是这样。文件洞（file hole）方法用来确保稀疏文件不浪费空间。该方法将空洞占用的空间降到最低，所以需要两个字段来存储文件长度（分别以字节和块为单位）。

① Hurd = Hird of UNIX replacing daemon，Hird = Hurd of interface representing depth，这是个递归的缩略词。Hurd为大家所熟知的一点是，其开发者声称它就在半年左右完成。遗憾的是，这个传说可是几乎十年前的事情了，而最终（或至少可用的）版本还只是处于地平线状态。

- 指向文件数据块的指针（块号）保存在i_block数组中，该数组有EXT2_N_BLOCKS个数组项。默认情况下，EXT2_N_BLOCKS设置为12 + 3。前12个元素用于寻址直接块，后3个用于实现简单、二次和三次间接。尽管理论上该值可以在编译时改变，但一般不建议这样做，因为这可能导致与所有其他Ext2标准格式的不兼容。
- i_links_count是一个计数器，指定了指向inode的硬链接的数目。
- i_file_acl和i_dir_acl用于支持ACL（访问控制表）的实现。ACL与经典的UNIX方法相比，能够细粒度地控制访问权限。
- inode的一些成员已经定义，但尚未使用。这些用于未来的新特性。例如，i_faddr、l_i_frag和l_i_fsize用于存储碎片的数据，以便将几个小文件的内容分配到一个块上存储。

每个块组有多少个inode？答案取决于文件系统创建时的设置。在创建文件系统时，每个块组的inode数目可以设置为任意（合理的）值。这个数目保存在s_inodes_per_group字段中。因为inode结构的长度固定为120字节，利用inode数目和块长度即可算出块组中的inode会占用多少个块。不管块长度如何，每个块组的inode数目的默认设置是128。对大多数应用场景来说，这都是一个可接受的值。

4. 目录和文件

我们现在来讨论目录的表示，它定义了文件系统的拓朴结构。如第8章所述，在经典的UNIX文件系统中，目录不过是一种特殊的文件，其中是inode指针和对应的文件名列表，表示了当前目录下的文件和子目录。对于Ext2文件系统，也是这样。每个目录表示为一个inode，会对其分配数据块。数据块中包含了用于描述目录项的结构。在内核源代码中，目录项结构定义如下：

<ext2_fs.h>

```
struct ext2_dir_entry_2 {
        __le32  inode;                  /* inode编号 */
        __le16  rec_len;                /* 目录项长度 */
        __u8    name_len;               /* 名称长度 */
        __u8    file_type;
        char    name[EXT2_NAME_LEN];    /* 文件名 */
};

typedef struct ext2_dir_entry_2 ext2_dirent;
```

typedef语句定义了一个较短的类型别名ext2_dirent，以便在内核源代码中代替struct ext2_dir_entry_2使用。

各个字段的名称应该很清楚了，因为它们是直接基于第8章介绍的方案。inode是一个指针，指向目录项的inode。name_len是目录项名称字符串的长度。名称本身保存在name[]数组中，长度不超过EXT2_NAME_LEN个字符（默认值是255）。

> 因为目录项的长度必须是4的倍数，因而名称可能需要填充最多3个0字节。如果名称的长度可以被4整除，则无需填充0字节。

file_type指定了目录项的类型。该变量的可能值，由以下枚举类型定义：

<ext2_fs.h>

```
535
enum{

    EXT2_FT_UNKNOWN,
    EXT2_FT_REG_FILE,
    EXT2_FT_DIR,
    EXT2_FT_CHRDEV,
```

```
    EXT2_FT_BLKDEV,
    EXT2_FT_FIFO,
    EXT2_FT_SOCK,
    EXT2_FT_SYMLINK,
    EXT2_FT_MAX
};
```

EXT2_FT_REG_FILE使用最频繁，它表示普通文件（这里我们不讨论）。EXT2_FT_DIR也经常出现，表示目录。其他的常数表示字符特殊文件和块特殊文件（CHRDEV和BLKDEV）、FIFO（命名管道，FIFO）、套接字（SOCK）和符号链接（SYMLINK）。

rec_len是目录项结构中唯一的语义不那么显然的字段。它是一个偏移量，表示从rec_len字段末尾到下一个rec_len字段末尾的偏移量，单位是字节。这使得内核能够有效地扫描目录，从一个目录项跳转到下一个目录项。图9-6根据例子，给出了不同的目录项在硬盘上的表示方式。

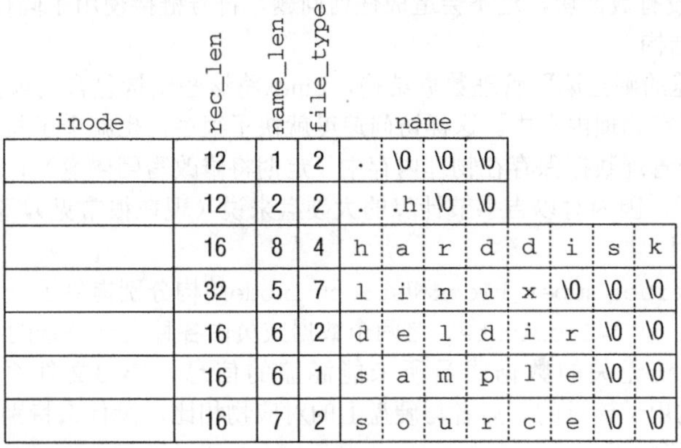

inode	rec_len	name_len	file_type	name							
	12	1	2	.	\0	\0	\0				
	12	2	2	.	.h	\0	\0				
	16	8	4	h	a	r	d	d	i	s	k
	32	5	7	l	i	n	u	x	\0	\0	\0
	16	6	2	d	e	l	d	i	r	\0	\0
	16	6	1	s	a	m	p	l	e	\0	\0
	16	7	2	s	o	u	r	c	e	\0	\0

图9-6 Ext2文件系统中文件和目录的表示

ls列出的目录内容如下：

```
wolfgang@meitner> ls -la
total 20
drwxr-xr-x  3 wolfgang users      4096 Feb 14 12:12 .
drwxrwxrwt 13 wolfgang users      8192 Feb 14 12:12 ..
brw-r--r--  1 wolfgang users     3,   0 Feb 14 12:12 harddisk
lrwxrwxrwx  1 wolfgang users        14 Feb 14 12:12 linux -> /usr/src/linux
-rw-r--r--  1 wolfgang users        13 Feb 14 12:12 sample
drwxr-xr-x  2 wolfgang users      4096 Feb 14 12:12 sources
```

前两项总是.和..，分别指向当前目录和父目录。在图9-6中，rec_len的语义也是很清楚的。它表示从当前目录项的rec_len末尾开始，到下一个目录项的name_len开头的偏移量字节数。

文件系统代码在从目录删除一项时，会利用该信息。为不必移动目录文件的相当一部分内容，会将删除项之前一项的rec_len设置为一个值，跳过删除项，指向删除项之后的一项。前面列出的目录内容，并不包含图9-6中的deldir目录，因为该目录已经被删除了。deldir之前一项的rec_len字段是32，这使得文件系统代码在扫描目录内容时，直接跳到deldir的下一项sample。用于删除文件或inode的详细机制，将在9.2.4节讲述。

很自然，文件也由inode表示。我们很清楚普通数据文件的表示方法，但有一些文件类型，文件系统必须特别关注。它们包括符号链接、设备文件、命名管道和套接字。

文件的类型并未定义在inode自身，而是在对应目录项的file_type字段中。但对于不同的文件类型，inode的内容也会不同。应该注意到，只有目录和普通文件[①]才会占用硬盘的数据块。所有其他类型都可以使用inode中的信息完全描述。

- 符号链接的目标路径长度如果小于60个字符，则将其内容完全保存到其inode中。因为inode自身没有提供保存符号链接的目标路径名的字段（这事实上会浪费一大块空间），因此使用了一个小技巧。i_block数组通常用于保存文件数据块的地址，由15个32位数据项组成（共60个字节）。对于符号链接，该数组扮演的角色有所不同，即用于存储链接目标路径名。
  如果目标路径名超过60个字符，则文件系统分配一个数据块来存储该字符串。
- 设备文件、命名管道和持久套接字也可以通过inode中的信息完全描述。在内存中，另外还需要的一些数据保存在VFS的inode结构中（i_cdev用于字符设备，i_bdev用于块设备，所有信息都可以据此重建）。在硬盘上，数据块指针数组的第一个元素i_block[0]用于存储其他信息。由于设备文件没有数据块，这不会造成任何问题。符号链接使用了同样的技巧。

5. 内存中的数据结构

为避免经常从低速的硬盘读取管理数据结构，Linux将这些结构包含的最重要的信息保存在特别的数据结构，持久驻留在物理内存中。这样访问速度就快了很多，也减少了与硬盘的交互。那么为什么不将所有的文件系统管理数据保存在物理内存中（定期将修改写回磁盘）？尽管这在理论上是可能的，但在实际上行不通，因为对以吉字节计算的大硬盘来说（现在很常见），需要大量内存来保存所有的块位图和inode位图。

虚拟文件系统在struct super_block和struct inode结构分别提供了一个特定于文件系统的成员，名称分别是s_fs_inof和i_private。这两个数据成员由各种文件系统的实现使用，用于存储这两个结构中与文件系统无关的数据成员所未能涵盖的信息。Ext2文件系统将ext2_sb_info和ext2_inode_info结构用于该目的。后者与硬盘上的对应物相比，没什么特别之处。

ext2_sb_info定义如下：

<ext2_fs_sb.h>

```
struct ext2_sb_info {
        unsigned long s_frag_size;          /* 碎片的长度，以字节为单位*/
        unsigned long s_frags_per_block;    /* 每块中的碎片数目*/
        unsigned long s_inodes_per_block;   /* 每块中的inode数目*/
        unsigned long s_frags_per_group;    /* 每个块组中的碎片数目
        unsigned long s_blocks_per_group;   /* 块组中块的数目 */
        unsigned long s_inodes_per_group;   /* 块组中inode的数目 */
        unsigned long s_itb_per_group;      /* 每个块组中用于inode表的块数 */
        unsigned long s_gdb_count;          /* 用于组描述符的块数 */
        unsigned long s_desc_per_block;     /* 每块可容纳的组描述符的数目 */
        unsigned long s_groups_count;       /* 文件系统中块组的数目 */
        unsigned long s_overhead_last;      /* 上一次计算管理数据的开销 */
        unsigned long s_blocks_last;        /* 上一次计算的可用块数 */
        struct buffer_head * s_sbh;         /* 包含了超级块的缓冲区 */
        struct ext2_super_block * s_es;     /* 指向缓冲区中超级块的指针 */
        struct buffer_head ** s_group_desc;
        unsigned long s_mount_opt;
        unsigned long s_sb_block;
        uid_t s_resuid;
        gid_t s_resgid;
        unsigned short s_mount_state;
        unsigned short s_pad;
        int s_addr_per_block_bits;
        int s_desc_per_block_bits;
```

① 也包括链接目标路径名超出60个字符的符号链接。

```
        int s_inode_size;
        int s_first_ino;
        spinlock_t s_next_gen_lock;
        u32 s_next_generation;
        unsigned long s_dir_count;
        u8 *s_debts;
        struct percpu_counter s_freeblocks_counter;
        struct percpu_counter s_freeinodes_counter;
        struct percpu_counter s_dirs_counter;
        struct blockgroup_lock s_blockgroup_lock;
};
```

这个结构定义中，我们比较感兴趣的是这样一个事实：它使用了特定于机器的数据类型，而不是指定了位长的类型名（u32等）。这是因为，没必要在不同机器的内存中交换各种数据的不同表示。尽管我们根据用于磁盘存储的超级块定义，已经熟悉了该结构的大多数成员，但有一些成员是用于内存表示的版本所特有的。

- s_mount_opt保存了装载选项，而当前装载状态保存在s_mount_state。下列标志可用于s_mount_opt：

  <ext2_fs.h>
  ```
  #define EXT2_MOUNT_CHECK            0x0001      /* 进行装载时检查 */
  #define EXT2_MOUNT_OLDALLOC         0x0002      /* 不使用新的Orlov分配器 */

  #define EXT2_MOUNT_GRPID            0x0004      /* 在目录所在的块组中创建文件 */

  #define EXT2_MOUNT_DEBUG            0x0008      /* 一些调试信息 */
  #define EXT2_MOUNT_ERRORS_CONT      0x0010      /* 出现错误时继续 */
  #define EXT2_MOUNT_ERRORS_RO        0x0020      /* 遇到错误时，以只读方式重新装载文件系统 */
  #define EXT2_MOUNT_ERRORS_PANIC     0x0040      /* 遇到错误时，进入内核恐慌 */
  #define EXT2_MOUNT_MINIX_DF         0x0080      /* 模拟Minix statfs */
  #define EXT2_MOUNT_NOBH             0x0100      /* 没有buffer_head */
  #define EXT2_MOUNT_NO_UID32         0x0200      /* 禁用32位UID */
  #define EXT2_MOUNT_XATTR_ER         0x4000      /* 扩展的用户属性 */
  #define EXT2_MOUNT_POSIX_ACL        0x8000      /* POSIX访问控制表 */
  #define EXT2_MOUNT_XIP 0x010000                 /* 就地执行 */
  #define EXT2_MOUNT_USRQUOTA 0x020000            /* 用户配额 */
  #define EXT2_MOUNT_GRPQUOTA 0x040000            /* 组配额 */
  #define EXT2_MOUNT_RESERVATION 0x080000         /* 预分配 */
  ```

  为针对给定的ext2_sb_info实例sb检查某个装载选项opt，提供了宏test_opt(sb, opt)。调用的语法有点不寻常：装载选项不是按上述的预处理器常数指定，而是去掉前缀EXT2_MOUNT_。例如，检查是否需要预分配，需要以下代码：test_opt(sb, RESERVATION)。在用grep查找内核源代码，或用LXR分析内核源代码时，要特别记住这一点：搜索EXT2_MOUNT_RESERVATION只会显示该预处理器符号的定义，而不会发现其使用。如果要找到其使用处，需要搜索RESERVATION。
- 如果超级块不是从默认的块1读取，而是从其他块读取（在第一个超级块损坏的情况下），对应的块（相对值）保存在s_sb_block中。
- statfs系统调用（大多数用户亦如此）对文件系统提供的块数感兴趣。这是指可用于存储数据的块数。不可避免地，需要牺牲一些空间来存储文件系统的管理数据（如超级块或块组的描述符）。计算最后可用的块数很容易：内核只需要从可用于文件系统的块数减去用于存储管理数据的块数即可。虽然简单，但该操作的代价很高（内核需要遍历所有的块组），因此使用s_overhead_last和s_blocks_last来缓存上一次的计算结果，分别是用于管理数据的块数和完全可用的块数。

请注意，这些值通常是不变的。在计算之后，除非文件系统在使用过程中调整大小，否则这些值是不变的。但很少会调整文件系统的大小，而且这需要一个外部的内核补丁，因此这里不过多讨论了。

- s_dir_count表示目录的总数，这是实现9.2.4节讨论的Orlov分配器所需要的。由于该值在磁盘结构中没有保存，因此必须在每次装载文件系统时确定。内核为此提供了ext2_count_dirs函数。
- s_debts是一个指针，指向一个数组（数组项为8位数字，该数组通常比较短），每个数组项对应于一个块组。Orlov分配器使用该数组在一个块组中的文件和目录inode之间保持均衡（更多详细请参见9.2.4节）。
- 结构末尾的percpu_counter实例，为空闲块、inode和目录的数目，提供了近似、快速、可伸缩的计数器。此类计数器的实现已经在5.2.9节讨论过。

在内核版本2.4之前，ext2_sb_info包含了额外的成员，用于缓存块位图和inode位图。由于二者的长度较大，不可能（至少不太合理）将位图全部保持在内存中。因此，应用了LRU方法，将最常使用的项保持在物理内存中。随着内核的演化，这种特定的缓存已经显得多余，因为内核现在已经自动缓存了对块设备的访问，即使只读取一块（而不是一整页）也是如此。第16章在讲述__bread时讨论了新的缓存方案的实现。

● 预分配

为提高块分配的性能，Ext2文件系统采用了一种称之为预分配的机制。每当对一个文件请求许多新块时，不会只分配所需要的块数。能够用于连续分配的块，会另外被秘密标记出来，供后续使用。内核确保各个保留的区域是不重叠的。这在进行新的分配时可以节省时间以及防止碎片，特别是在有多个文件并发增长时。应该强调指出：预分配并不会降低可用空间的利用率。由一个inode预分配的空间，如果有需要，那么随时可能被另一个inode覆盖。但内核会尽力避免这种做法。我们可以将预分配想象为最后分配块之前的一个附加层，用于判断如何充分利用可用空间。预分配只是建议，而分配才是最终决定。

实现该机制需要几个数据结构。预留窗口（reservation window）本身并不十分复杂，其中指定了起始块和结束块，定义了一个预留的区域。下列数据结构用于定义预留窗口：

<ext2_fs_sb.h>
```
struct ext2_reserve_window {
        ext2_fsblk_t _rsv_start;      /* 第一个预留的字节 */
        ext2_fsblk_t _rsv_end;        /* 最后一个预留的字节，或为0 */
};
```

该窗口需要与其他的Ext2数据结构联合使用，才能发挥作用。回想一下，struct ext2_inode和struct ext2_sb_info都包含了指向预分配信息的字段。

fs/ext2/ext2.h
```
struct ext2_inode_info {
...
        struct ext2_block_alloc_info *i_block_alloc_info;
...
}
```

<ext2_fs_sb.h>
```
struct ext2_sb_info {
```

```
...
        spinlock_t s_rsv_window_lock;
        struct rb_root s_rsv_window_root;
        struct ext2_reserve_window_node s_rsv_window_head;
...
}
```

每个inode的预分配信息都包含在struct ext2_block_alloc_info和struct ext2_reserve_window_node中，二者定义如下：

<ext2_fs_sb.h>

```
struct ext2_reserve_window_node {
        struct rb_node rsv_node;
        __u32 rsv_goal_size;
        __u32 rsv_alloc_hit;
        struct ext2_reserve_window rsv_window;
};

struct ext2_block_alloc_info {
        /* 有关预留窗口的信息 */
        struct ext2_reserve_window_node rsv_window_node;

        __u32 last_alloc_logical_block;
        ext2_fsblk_t last_alloc_physical_block;
};
```

这些数据结构彼此嵌套，相互之间有紧密的关联，如图9-7所示。

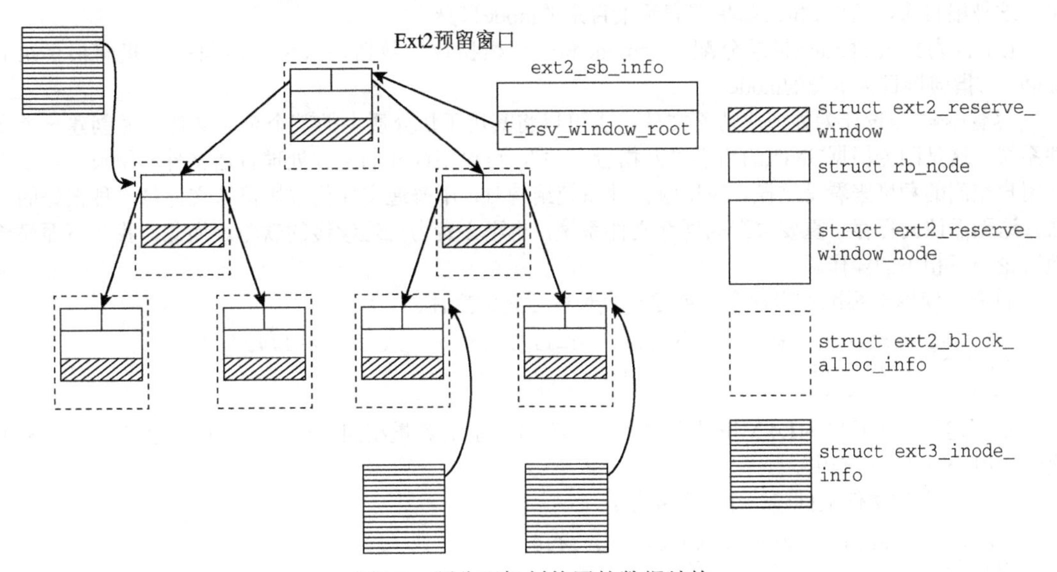

图9-7 预分配机制使用的数据结构

ext2_reserve_window_node的所有实例都收集在一个红黑树中，其根结点为ext2_sb_info->s_rsv_window_root（有关红黑树的更多信息，请参考附录C）。树结点通过rsv_node嵌入到ext2_reserve_window_node中。

红黑树能够根据树结点的预留窗口边界，对结点排序。这使得内核能够快速找到目标块所在的预分配区域。此外，ext2_reserve_window_node还包含下列信息。

- rsv_goal_size给出了预留窗口的预期长度。请注意，可使用ioctl EXT2_IOC_SETRSVSZ从用户层设置该值，而EXT2_IOC_GETRESVZ可获取当前的设置。最大允许的预留窗口长度是EXT2_MAX_RESERVE_BLOCKS，通常定义为1 027。
- rsv_alloc_hits跟踪预分配的命中数，即多少次分配是在预留窗口中进行的。
- 最重要的一点，预留窗口自身由rsv_window给出。

如果一个inode带有预分配信息，则ext2_inode_info->i_block_alloc_info指向一个struct ext2_block_alloc_info的实例。除了嵌入的ext2_reserve_window_node实例建立了与红黑树的关联之外，该数据结构还包含了上一次分配的块的信息：last_alloc_logical_block表示上一次分配的块在文件中的相对块号，而last_alloc_physical_block则存储了该块在块设备上的物理块号。

9.2.3　创建文件系统

文件系统并非由内核自身创建，而是由mke2fs用户空间工具创建的。尽管我更关注内核的工作，但仍然在下面简要地论述一下创建文件系统。mke2fs不仅将分区的空间划分到管理信息和有用数据两个方面，还在存储介质上创建一个简单的目录结构，使得该文件系统能够装载。

这里的管理信息指的是哪些？在装载一个新格式化[①]的Ext2分区时，其中已经包含了一个标准的子目录，名为lost+found，用于容纳存储介质上的坏块（幸亏现在硬盘的质量较好，这个目录几乎总是空的）。这涉及下列步骤。

(1) 分配一个inode和数据块，初始化根目录。数据块包含的文件列表有3项：.、..和lost+found。由于这是根目录，所以.和..都指向表示根目录的inode自身。

(2) 也为lost+found目录分配一个inode和一个数据块，数据块只包含两项：..指向根目录的inode，.指向该目录本身的inode。

尽管mke2fs设计为处理块特殊文件，也可以将其用于块介质上的某个普通文件，并创建一个文件系统。这是因为根据UNIX的哲学“万物皆文件”，可以用同样的例程处理普通文件和块设备，至少从用户空间的角度来看是这样。在试验文件系统结构时，用普通文件代替块特殊文件是一种很好的方法，这无需访问保存了重要数据的现存文件系统，也不必费力处理缓慢的软驱。为此，我在下面简要地讨论一下相关的操作。

首先，使用dd标准实用程序，创建一个长度适宜的文件。

```
wolfgang@meitner> dd if=/dev/zero of=img.1440 bs=1k count=1440
1550+0 records in
1440+0 records out
```

这创建了一个长度为1.4 MiB的文件，与3.5英寸软盘的容量相同。该文件只包含字节0（即ASCII值0），由/dev/zero产生。

mke2fs在该文件上创建一个文件系统：

```
wolfgang@meitner> /sbin/mke2fs img.1440
mke2fs 1.40.2 (12-Jul-2007)
img.1440 is not a block special device.
Proceed anyway? (y,n) y
File System label=
OS type: Linux
Block size=1024 (log=0)
```

① 当然，也可以讨论低级格式化和创建文件系统之间的微妙差别，并强调二者的区别。我像大多数UNIX用户那样，对此采取务实的态度，将二者作为同义词使用，因为即使混淆了也没什么危险。

```
Fragment size=1024 (log=0)
184 inodes, 1440 blocks
72 blocks (5.00%) reserved for the super user
First data block=1
Maximum file system blocks=1572864
1 block group
8192 blocks per group, 8192 fragments per group
184 inodes per group
...
```

img.1440中的数据可使用十六进制编辑器查看，对文件系统的结构作出判断。od和hexedit是此类编辑器的经典例子，但所有的Linux发布版都包含了许多备选的编辑器，从简单的文本模式工具，到复杂不过使用方便的图形界面应用程序。

空的文件系统没什么意思，因此我们需要一种方法，向示例文件系统填充数据。可使用环回接口装载该文件系统，如下例所示：

```
wolfgang@meitner> mount -t ext2 -o loop=/dev/loop0 img.1440 /mnt
```

接下来即可操作该文件系统，就像是它位于块设备的某个分区上一样。所有的修改都会传输到img.1440，并且可以查看文件的内容。

9.2.4 文件系统操作

如第8章所述，虚拟文件系统和具体实现之间的关联大体上由3个结构建立，结构中包含了一系列的函数指针。所有的文件系统都必须实现该关联。

- 用于操作文件内容的操作保存在file_operations中。
- 用于此类文件对象自身的操作保存在inode_operations中。
- 用于一般地址空间的操作保存在address_space_operations中。

Ext2文件系统对不同的文件类型提供了不同的file_operations实例。很自然，最常用的变体是用于普通文件，定义如下：

fs/ext2/file.c

```
struct file_operations ext2_file_operations = {
        .llseek         = generic_file_llseek,
        .read           = do_sync_read,
        .write          = do_sync_write,
        .aio_read       = generic_file_aio_read,
        .aio_write      = generic_file_aio_write,
        .ioctl          = ext2_ioctl,
        .mmap           = generic_file_mmap,
        .open           = generic_file_open,
        .release        = ext2_release_file,
        .fsync          = ext2_sync_file,
        .readv          = generic_file_readv,
        .splice_read    = generic_file_splice_read,
        .splice_write   = generic_file_splice_write,
};
```

大多数项都指向了VFS的标准函数，我们在第8章讨论过。

目录也有自身的file_operations实例，但要简短许多，因为许多文件操作对目录是没有意义的。

fs/ext2/dir.c

```
struct file_operations ext2_dir_operations = {
        .llseek          = generic_file_llseek,
        .read            = generic_read_dir,
```

```
        .readdir        = ext2_readdir,
        .ioctl          = ext2_ioctl,
        .fsync          = ext2_sync_file,
};
```

没有给出的字段由编译器自动初始化为NULL指针。

普通文件的inode_operations初始化如下：

fs/ext2/file.c

```
struct inode_operations ext2_file_inode_operations = {
    .truncate           = ext2_truncate,
        .setxattr       = generic_setxattr,
        .getxattr       = generic_getxattr,
        .listxattr      = ext2_listxattr,
        .removexattr    = generic_removexattr,
        .setattr        = ext2_setattr,
        .permission     = ext2_permission,
};
```

目录有更多可用的inode操作。

fs/ext2/namei.c

```
struct inode_operations ext2_dir_inode_operations = {
        .create         = ext2_create,
        .lookup         = ext2_lookup,
        .link           = ext2_link,
        .unlink         = ext2_unlink,
        .symlink        = ext2_symlink,
        .mkdir          = ext2_mkdir,
        .rmdir          = ext2_rmdir,
        .mknod          = ext2_mknod,
        .rename         = ext2_rename,
        .setxattr       = generic_setxattr,
        .getxattr       = generic_getxattr,
        .listxattr      = ext2_listxattr,
        .removexattr    = generic_removexattr,
        .setattr        = ext2_setattr,
        .permission     = ext2_permission,
};
```

文件系统和块层通过第4章讨论的address_space_operations关联。在Ext2文件系统中，这些操作初始化如下[①]：

fs/ext2/inode.c

```
struct address_space_operations ext2_aops = {
        .readpage               = ext2_readpage,
        .readpages              = ext2_readpages,
        .writepage              = ext2_writepage,
        .sync_page              = block_sync_page,
        .write_begin            = ext2_write_begin,
        .write_end              = generic_write_end,
        .bmap                   = ext2_bmap,
        .direct_IO              = ext2_direct_IO,
        .writepages             = ext2_writepages,
};
```

① address_space_operations的另一个实例名为ext2_nobh_aops，其中只包含不使用buffer_heads管理页缓存的函数。这些函数在指定了装载选项nobh时使用（主要是在有大量物理内存的配置上）。这个选项很少使用，就不在这里讨论了。

第4个结构（super_operations）用于与超级块交互（读、写、分配inode）。对于Ext2文件系统的，该结构初始化如下：

fs/ext2/super.c
```
static struct super_operations ext2_sops = {
        .alloc_inode    = ext2_alloc_inode,
        .destroy_inode  = ext2_destroy_inode,
        .read_inode     = ext2_read_inode,
        .write_inode    = ext2_write_inode,
        .delete_inode   = ext2_delete_inode,
        .put_super      = ext2_put_super,
        .write_super    = ext2_write_super,
        .statfs         = ext2_statfs,
        .remount_fs     = ext2_remount,
        .clear_inode    = ext2_clear_inode,
        .show_options   = ext2_show_options,
};
```

因为没有必要详细讨论上述所有函数，所以下文各节只限于讨论最重要的函数，用以说明Ext2实现的关键机制和原理。读者可以在内核源代码中查找其他函数（学习完以后几节之后，这些函数就并不难理解了）。

1. 装载和卸载

回顾第8章的内容，内核处理文件系统时需要另一个结构来容纳装载和卸载信息，而上述结构都没有提供上述信息。file_system_type结构用于该目的，对Ext2文件系统定义如下：

fs/ext2/super.c
```
static struct file_system_type ext2_fs_type = {
        .owner          = THIS_MODULE,
        .name           = "ext2",
        .get_sb         = ext2_get_sb,
        .kill_sb        = kill_block_super,
        .fs_flags       = FS_REQUIRES_DEV,
};
```

第8章讲过，mount系统调用通过get_sb来读取文件系统超级块的内容。Ext2文件系统依赖虚拟文件系统的一个标准函数（get_sb_bdev）来完成该工作：

fs/ext2/super.c
```
static int ext2_get_sb(struct file_system_type *fs_type,
        int flags, const char *dev_name, void *data, struct vfsmount *mnt)
{
        return get_sb_bdev(fs_type, flags, dev_name, data, ext2_fill_super, mnt);
}
```

指向ext2_fill_super的一个函数指针作为参数传递给get_sb_bdev。该函数用数据填充一个超级块对象，如果内存中没有适当的超级块对象，数据就必须从硬盘读取①。在本节中，我们因而只需要知道fs/ext2/super.c中的ext2_fill_super函数。其代码流程图在图9-8中给出。

ext2_fill_super首先设置一个初始块长度，用于读取超级块。由于文件系统中使用的块长度还不知道，因此内核首先通过sb_min_blocksize来查找最小可能值。该函数通常将块长度设置为1 024字节。但如果块设备使用的最小块长度比这要大，则使用块设备的设置。

接下来使用sb_bread读取超级块所在的数据块。这是第16章讲述的__bread函数的一个包装器。

① 如果目标文件系统已经装载在系统中，只是要装载到另一个不同的位置，那么超级块自然已经在内存中，当然这种情况比较少见。

只需一个类型转换，即可将该函数返回的裸数据转换为ext2_super_block的实例①。

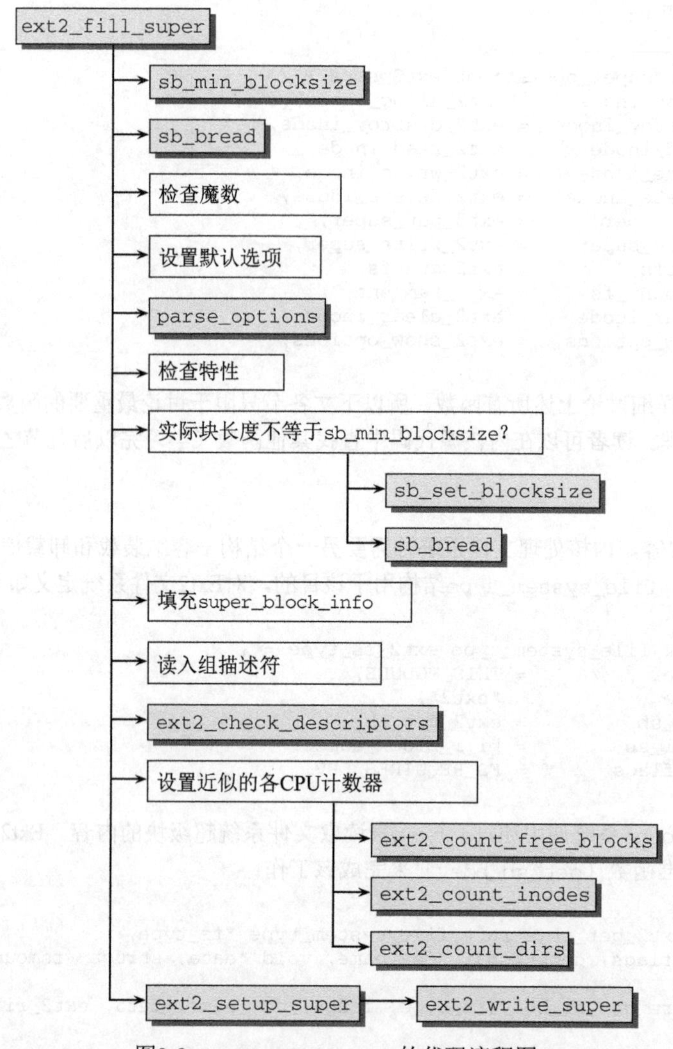

图9-8　ext2_fill_super的代码流程图

现在需要进行检查，以确认该分区实际上是否包含了一个Ext2文件系统。超级块中存储的魔数保存了所需的信息。其值必须与EXT2_SUPER_MAGIC常数匹配。如果检查设备，则放弃装载操作，然后返回错误信息，表明试图装载非Ext2文件系统。

parse_options分析用于指定装载选项的参数（例如使用访问控制表或增强属性等）。在这完成前，所有的值都设置为默认值，以确保如果不指定选项，就等价于指定默认选项。

对文件系统特性的检查，能够揭示内核是否能够装载该文件系统，以读写模式，或是只读模式（Ext2的增强特性在9.2.2节讨论过）。保存在s_feature_ro_compat和s_feature_incompat中的位串

① 如果超级块不是从硬件扇区边界开始，则必须加上一个偏移量。

与对应的内核常数进行比较。内核为此定义了两个常数：EXT2_FEATURE_INCOMPAT_SUPP包含了所有不兼容特性，而EXT2_FEATURE_RO_COMPAT包含了所有只读兼容特性。如果某个比特位置位，而内核不清楚其语义，或设置了不兼容比特位，则拒绝装载该文件系统。如果设置了EXT2_FEATURE_RO_COMPAT中的某个比特位，但装载选项没有指定只读标志，也会拒绝装载。

如果保存在s_blocksize中的文件系统块长度与最初指定的最小值并不匹配，则使用set_blocksize修改最初设置的块长度，并再次读取超级块。如果文件系统使用的块长度与数据传输所用的块长度相同，那么内核的工作会简单很多，因为这样可以用一个步骤读取一个文件系统块。

文件系统的元信息应该一直驻留在内存中，并由ext2_sb_info数据结构保存（该结构在9.2.2节讲过），现在已经填充到结构中了。通常来说，元信息中都是一些简单的值，只需将数据从硬盘复制到数据结构的对应成员即可。

接下来逐块读取组描述符，并使用ext2_check_descriptors检查一致性。

填充超级块信息的最后一步是ext2_count_free_blocks、ext2_count_free_inodes和ext2_count_dirs分别计算空闲块数目、空闲inode数目和目录数目。9.2.4节讨论的Orlov分配器需要这些计数。请注意：这些值保存在近似的计数器中，其初始值是正确的，但在运转期间可能轻微偏离。

现在，控制权转移到ext2_setup_super，它进行几项最后的检查并输出适当的警告信息（例如，装载的文件系统处于不一致状态，或已经超出了不进行一致性检查所允许装载的最大次数）。最后一步是ext2_write_super，它将超级块的内容写回到底层的存储介质。这是必要的，因为装载操作会修改超级块的某些值（如装载计数和上一次装载的日期）。

2. 读取并产生数据块和间接块

在文件系统装载后，用户进程可以调用第8章的函数访问文件的内容。所需的系统调用首先转到VFS层，然后根据文件类型，调用底层文件系统的适当例程。

前面讲过，有许多底层函数可用于此。这里不会详细讨论所有的变体，而只讨论构成用户应用程序代码主体的那些最主要的基本操作（创建、打开、读取、关闭、删除文件和目录对象）。特定于文件和inode的操作都会用于该目的。通常虚拟文件系统提供了默认操作（例如generic_file_read和generic_file_mmap）。这些默认操作只使用底层文件系统的几个基本函数，来执行较高级的、抽象的任务。这里的讨论限于Ext2文件系统需要向上提供给虚拟文件系统的接口。这主要包括在文件中的特定位置，读取/写入数据块的函数。从VFS的角度来看，文件系统的目的在于，建立文件的内容与相关存储介质上对应块之间的关联。

● **找到数据块**

ext2_get_block是一个关键函数，它将Ext2的实现与虚拟文件系统的默认函数关联起来。读者应该记住，所有希望使用VFS的标准函数的文件系统，都必须定义一个类型为get_block_t的函数，其原型如下：

```
<fs.h>
typedef int (get_block_t)(struct inode *inode, sector_t iblock,
                          struct buffer_head *bh_result, int create);
```

该函数不仅读取块（顾名思义），还从内存向块设备的数据块写入数据。在进行后一项工作时，在某些情况下可能必须创建新块，该行为由create参数控制。

对应于该原型，Ext2使用的函数是ext2_get_block。它是更通用的ext2_get_blocks的前端，执行查找块的重要任务。其代码流程图在图9-9中给出，其中忽略了需要创建块的情况（create == true）。

该操作划分为3个小的步骤。调用的第一个辅助函数是ext2_block_to_path，它主要是根据数据块在文件中的位置，来找到通向块的“路径”。如9.2.1节所述，Ext2文件系统使用最多三级间接来管理文件数据块。

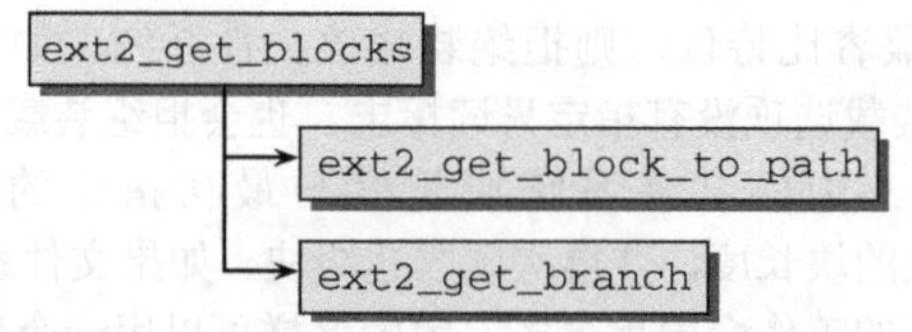

图9-9　ext2_get_block的代码流程图（读取一块）

在这里，术语“路径”意味着通过描述符表到达目标数据块的路径。

无需与数据块进行I/O交互，即可获得该信息。只需要该块在文件中的位置和保持在超级块数据结构中的文件系统块长度，而不需要显式读取设备。

ext2_block_to_path执行一个逐步的比较。如果数据块号小于直接块的数目（EXT2_NDIR_BLOCKS），则直接返回，因为该块可以直接寻址[①]。

否则，需要进行计算，借助块长度来判断一个块能够容纳多少个块指针（块号）。计算的结果，加上直接块的数目，即得到了通过简单间接可以对文件数据块寻址的最多可能块数。如果目标块在文件中的序号小于该值，那么返回一个数组，包含两个块号。第一个数组项包含简单间接块的块号，而第二个数组项则指定了目标数据块的块号在间接块中的地址。

对于二次间接和三次间接，可采用同样的方案。每增加一个间接层次，则多返回一项。

用于描述块在间接网络的位置的数组项的数目，称之为路径长度。逻辑上，路径长度随间接层次的增长而增长。

到目前为止，只使用了文件系统的块长度，而尚未对硬盘进行实际的I/O操作。为找到数据块的绝对地址，必须跟踪路径数组中定义的路径，而这需要从硬盘读取数据。

fs/ext2/inode.c中的ext2_get_branch用于跟踪一个已知的路径，最终到达一个数据块。该任务相对简单。sb_bread相继读取各个间接块。每个块的数据和从路径得知的偏移量，可用于找到指向下一个间接块的指针（块号）。该过程会一直重复下去，直至代码到达一个指向数据块的指针，并将其作为函数结果返回。这个绝对地址由高层函数（如block_read_full_page）使用，用于读取块的内容。

● 请求新块

在必须处理一个尚未分配的块时，情况变得更为复杂。进程首先要向文件写入数据，从而扩大文件，致使这种情况出现。至于是使用通常的系统调用还是内存映射来向文件写入数据，在这里并不重要。在所有情况下，内核都调用ext2_get_blocks为文件请求新块。概念上，向文件添加新块包括下面4个任务。

- ❑ 在检测到有必要添加新块之后，内核需要判断，将新块关联到文件，是否需要间接块以及间接的层次如何。
- ❑ 必须在存储介质上查找并分配空闲块。
- ❑ 新分配的块添加到文件的块列表中。
- ❑ 为获得更好的性能，内核也会进行块预留操作。这意味着，对于普通文件，会预分配若干块。如果需要更多块，那么将优先从预分配区域进行分配。

ext2_get_blocks的代码流程图在图9-10给出，说明了第1个和第3个任务是如何完成的：检测是

① 提醒：文件内部，块是顺序编号的，并且从0开始。

否需要新块，判断所需要间接的层次，将新分配的块添加到文件。剩下的两个任务将在下文解释。

下图比图9-9给出的简化版本要复杂一些，图9-9忽略了数据块位于文件的有效长度以外（从而需要分配新块）的情形。图9-10说明了这种情况，此时ext2_get_blocks需要请求新块。

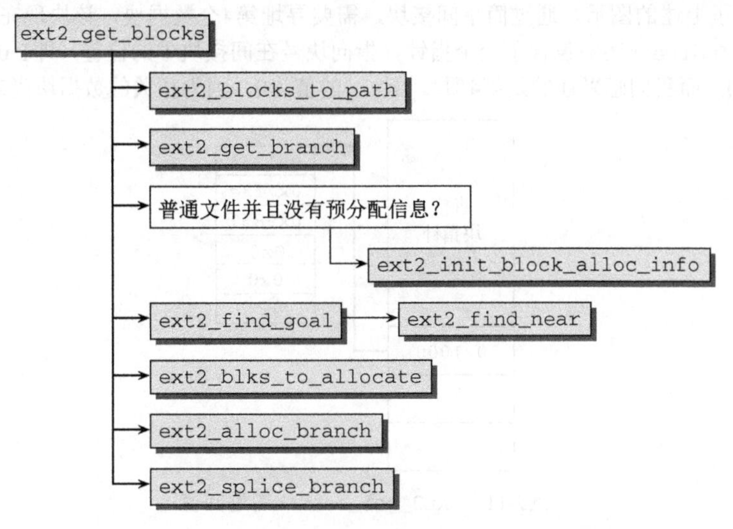

图9-10　ext2_get_blocks的代码流程图（创建新块）

作为函数参数传递的路径数组，其结构仍然按我们熟悉的方法组织，无论所述的块是否在文件中，其结构都是相同的。为建立该路径，只需要知道文件内部的位置和文件系统的块长度。

在调用ext2_get_branch函数之前，与前文描述的ext2_get_blocks版本之间的区别并不明显。此前返回一个NULL指针表明查找成功，而现在则返回了最后一个间接块的地址。如果目标数据块超出了文件的有效长度，则将返回的间接块用作扩展文件的起点。

为理解创建新块的情形，有必要更仔细地理解ext2_get_branch的工作方式，因为这里引入了一个新的数据结构：

fs/ext2/inode.c
```
typedef struct {
        __le32 *p;
        __le32 key;
        struct buffer_head *bh;
} Indirect;
```

key表示块号，而p是一个指针，指向key在内存中的地址。缓冲头（bh）用于在内存中保存块的数据。

如果是已经填充好的Indirect实例，那么块号信息存储了两次，分别在key和*p中。在我们讨论下述用于填充Indirect的辅助函数时，这一点变得很明显：

fs/ext2/inode.c
```
static inline void add_chain(Indirect *p, struct buffer_head *bh, u32 *v)
{
        p->key = *(p->p = v);
        p->bh = bh;
}
```

如果在遍历块路径时，ext2_get_branch检测到没有指向下一个层次间接块（或数据块，如果使用了直接分配）的指针，那么将返回一个不完全的Indirect实例。尽管p成员指向下一层次间接块或数据块应该出现在间接块中的位置，但key本身为0，因为该块尚未分配。

图9-11给出了上述的图示。通过简单间接块，需要寻址第4个数据块，该块现在尚不存在，但需要使用。返回的Indirect实例包含了一个指针，指向块号在间接块中的位置（即1 003，因为间接块起始于地址1 000，而我们感兴趣的是第4项）。但key的值为0，因为相关的数据块尚未分配。

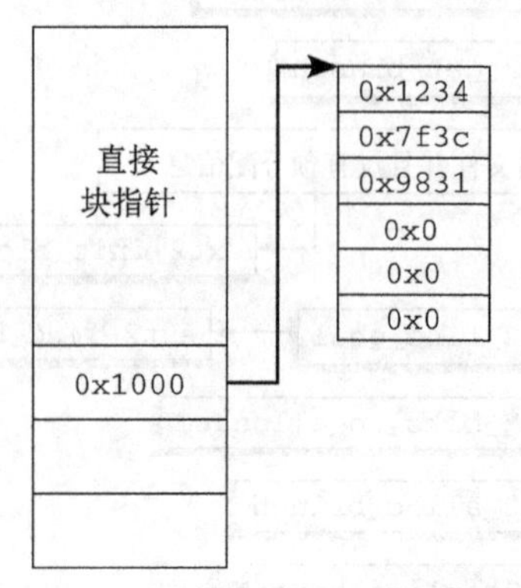

图9-11　ext2_get_branch的返回值

既然已经确定了间接链中需要分配新块的位置，Ext2文件系统必须找到分区中的空闲空间，并向文件分配一个或多个新块。这个很重要，因为在理论上文件的各个块应该尽可能连续，即使做不到，也应该尽可能接近。这确保了将碎片降到最低限度，不仅更好地利用了硬盘容量，而且能够使读写操作更快速，因为减少了磁头的寻道和旋转。

搜索新块需要下面几个步骤。首先搜索目标块（goal block），从文件系统的角度来看，该块是分配操作的理想候选者。目标块的搜索只是基于一般原则，并不考虑文件系统中的实际情况。查找最佳的新块时，将调用ext2_find_goal函数。在进行搜索时，必须区分下面两种情况。

- 当将要分配的块在逻辑上紧随着文件中上一次分配的块时（换言之，数据将要连续写入），文件系统试图分配硬盘上的下一个物理块。这是显然的，如果数据在文件中是顺序存储的，那么在硬盘上也应该尽可能连续存储。
- 如果新块的逻辑位置与上一次分配的块不是紧邻的，那么将调用ext2_find_near函数查找最适当的新块。根据具体情况，它会找到一个尽可能接近间接块的块，或至少在同一柱面组中的块。我在这里就不过多讨论了。

在内核得到这两部分信息（间接链中需要分配新块的位置和新块的预期地址）之后，内核将要在硬盘上分配一块。当然，无法保证预期地址一定是空闲的，内核可能会分配一个实际上位置比较差的块，这会不可避免地导致数据碎片。

可能不仅需要新数据块，很可能还需要分配一些保存间接信息的块。ext2_blks_to_allocate计算新块的总数，即数据块和（简单、二次、三次）间接块的总数。而实际的分配由ext2_alloc_branch完成。传递到该函数的参数包括新块的预期地址、间接链最后一个不完整部分的有关信息以及到达新数据块仍然缺失的间接层次数目。而该函数将返回间接块和数据块的一个链表，其中的块可以添加到文件系统现存的间接表中。最后，ext2_slice_branch将最终的层次结构（在最简单的情况下，是新数据块）添加到现存的数据结构网络中，并对Ext2的数据结构执行几个相对不那么重要的更新。

● **块分配**

ext2_alloc_branch负责对给定的新路径分配所需的块，并建立连接块的间接链。初看起来，这似乎是一个容易的任务，如图9-12的代码流程图所示。

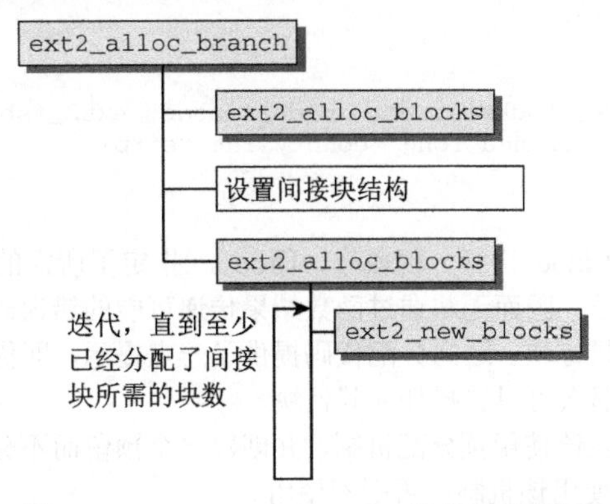

图9-12 ext2_alloc_branch的代码流程图

该函数调用ext2_alloc_blocks，后者接下来又调用ext2_new_blocks分配所需的新块。由于该函数总是分配连续的块，一次调用就足以获得所需数目的块了。如果文件系统变得碎片化，可能是没有连续区域可用。但这不会影响到分配：ext2_new_block会调用多次，直至已经分配了间接机制所需要的块数。多余的块可以用作数据块。

最后，ext2_alloc_branch只需要建立间接块的Indirect实例，工作就完成了。

显然，繁重的工作隐藏在ext2_new_blocks之中。图9-13的代码流程图证实了这一点。

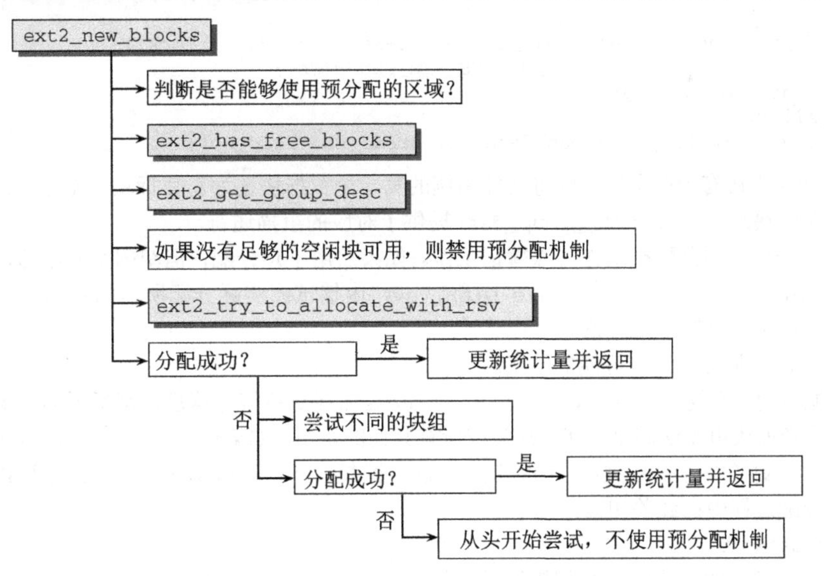

图9-13 ext2_new_blocks的代码流程图

回想一下，我们知道Ext2支持预分配，该机制一部分由ext2_new_blocks处理。即使不考虑预分配的细节，分配新块的机制已经足够复杂了，因此我们首先不考虑预分配，避免将问题复杂化。稍后我们再讨论预分配机制的工作方式。

ext2_new_blocks的原型（注意：ext2_fsblk_t通过typedef定义为unsigned long，表示一个块号），如下所示：

fs/ext2/balloc.c
```
ext2_fsblk_t ext2_new_blocks(struct inode *inode, ext2_fsblk_t goal,
                        unsigned long *count, int *errp)
{
...
```

inode表示当前是为哪个inode进行分配操作，而count指定了所需的块数。由于该函数返回已分配的块序列中第一个块的块号，因而无法通过函数结果传递可能的错误码，所以需要使用参数errp。最后，goal参数指定了一个目标块。这向分配代码提供了一点提示，即优先从哪个块分配。当然这只是建议：如果该块不可用，那么可以选择任何其他块。

首先，该函数判断是否应该使用预分配机制，并创建一个预留而不分配的区域。判断很简单：如果inode带有预分配信息，则使用该机制；否则不使用。

只有在文件系统至少包含一个空闲块的情况下，分配才有意义，ext2_has_free_blocks对此进行检查。如果不满足该条件，则立即取消分配操作。

在理想情况下，目标块应该是空闲的，但实际上未必如此。实际上，目标块甚至可能根本不是有效的块，内核需要对此进行检查（es是所述文件系统的ext2_super_block实例）。

fs/ext2/balloc.c
```
        if (goal < le32_to_cpu(es->s_first_data_block) ||
            goal >= le32_to_cpu(es->s_blocks_count))
                goal = le32_to_cpu(es->s_first_data_block);

        group_no = (goal -le32_to_cpu(es->s_first_data_block)) /
                        EXT2_BLOCKS_PER_GROUP(sb);
        goal_group = group_no;
retry_alloc:
        gdp = ext2_get_group_desc(sb, group_no, &gdp_bh);
```

如果目标块不在有效范围内，则将文件系统的第一个数据块选为新目标块。无论如何，都需要计算目标块所在的块组。ext2_get_group_desc提供了对应的组描述符。

然后，又需要对预分配机制作一点簿记工作。如果启用了预分配，但空闲空间不够，那么关闭该机制。通过调用ext2_try_to_allocate_with_rsv，内核试图实际分配所需的数据块，有可能使用预分配机制。该函数将在下文讨论。

现在，我们只是讨论两个可能的结果。

(1) 分配成功。在这种情况下，ext2_new_blocks需要更新统计信息，然后返回到调用者。

(2) 如果当前块组无法满足请求，则尝试所有其他的块组。如果仍然失败，则重新开始整个分配，而禁用预分配机制（以防该机制此时仍然是启用的，回想一下，该机制在默认情况下可能已经关闭，或在前面的分配过程中已经关闭）。

● 预分配的处理

在Ext2分配函数的层次中，我们接触最深的是ext2_try_to_allocate_with_rsv。然而，有个好消息：内核源代码注明，该函数是用于分配新块及预留窗口的主要函数。很好！要注意，现在是个很好的时机，读者可以回想一下9.2.2节介绍的预分配数据结构，它们形成了预留窗口机制的核心。

ext2_try_to_allocate_rsv的代码流程图在图9-14中给出。基本上，该函数处理一些预留窗口问题，并将分配任务委托给ext2_try_to_allocate，这是链条的最后一环。ext2_try_to_allocate_with_rsv与进行分配的inode没有直接关联，但预留窗口仍然作为一个参数传递。如果指定NULL指针，这意味着不使用预留窗口机制。

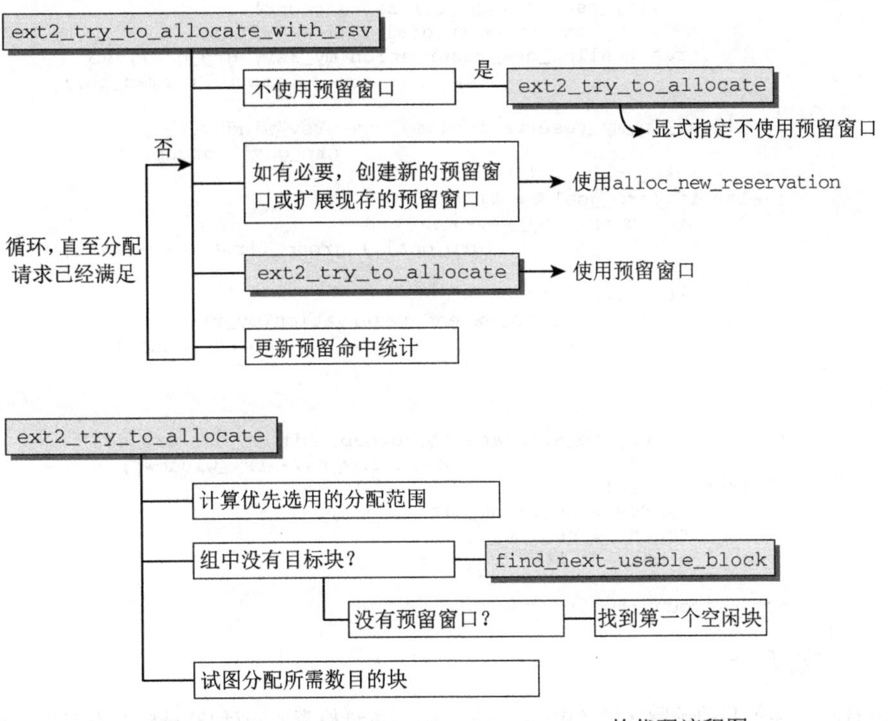

图9-14 ext2_try_to_allocate_with_rsv的代码流程图

因而，第一个检查需要判断是否使用预分配机制。如果不使用，则立即调用ext2_try_to_allocate。类似地，该函数也有一个参数表示预留窗口信息，如果传递了NULL指针，则表示不使用预分配机制。如果存在预留窗口，则内核检查是否需要更新预分配信息，如有必要，则更新预分配信息。在这种情况下，调用ext2_try_to_allocate时也会指定使用预留窗口。

在调用ext2_try_to_allocate之后，如果分配确实在预留窗口中进行，则ext2_try_to_allocate_with_rcv需要更新预留命中统计信息。如果能够分配所需数目的块，那么任务就结束了。否则，需要重新修改预留窗口设置，并再次调用ext2_try_to_allocate。

内核根据何种原则来更新预留窗口？下面是分配块的循环：

fs/etc2/balloc.c

```
static ext2_grpblk_t
ext2_try_to_allocate_with_rsv(struct super_block *sb, unsigned int group,
struct buffer_head *bitmap_bh, ext2_grpblk_t grp_goal,
struct ext2_reserve_window_node * my_rsv,
unsigned long *count)
{
...
group_first_block = ext2_group_first_block_no(sb, group);
```

```
group_last_block = group_first_block + (EXT2_BLOCKS_PER_GROUP(sb) - 1);
...
    while (1) {
        if (rsv_is_empty(&my_rsv->rsv_window) || (ret < 0) ||
                !goal_in_my_reservation(&my_rsv->rsv_window,
                                        grp_goal, group, sb)) {
                if (my_rsv->rsv_goal_size < *count)
                        my_rsv->rsv_goal_size = *count;
                ret = alloc_new_reservation(my_rsv, grp_goal, sb,
                                        group, bitmap_bh);

        if (!goal_in_my_reservation(&my_rsv->rsv_window,
                                        grp_goal, group, sb))
                grp_goal = -1;
        } else if (grp_goal >= 0) {
                int curr = my_rsv->rsv_end -
                        (grp_goal + group_first_block) + 1;
                if (curr < *count)
                        try_to_extend_reservation(my_rsv, sb,
                                        *count - curr);
        }

...
        ret = ext2_try_to_allocate(sb, group, bitmap_bh, grp_goal,
                                &num, &my_rsv->rsv_window);
        if (ret >= 0) {
                my_rsv->rsv_alloc_hit += num;
                *count = num;
                break; /* 成功 */
        }
        num = *count;
    }
    return ret;
}
```

如果没有与文件关联的预留区域（由rsv_is_empty负责检查），或预期目标块不在当前预留窗口内部（由goal_in_my_reservation检查），内核需要创建一个新的预留窗口。这个任务委托给alloc_new_reservation，新的预留窗口将包含目标块（下文将详细讨论该函数）。尽管alloc_new_reservation试图找到一个包含目标块的区域，但这未必是可能的。在这种情况下，grp_goal将设置为-1，表示不使用目标块。

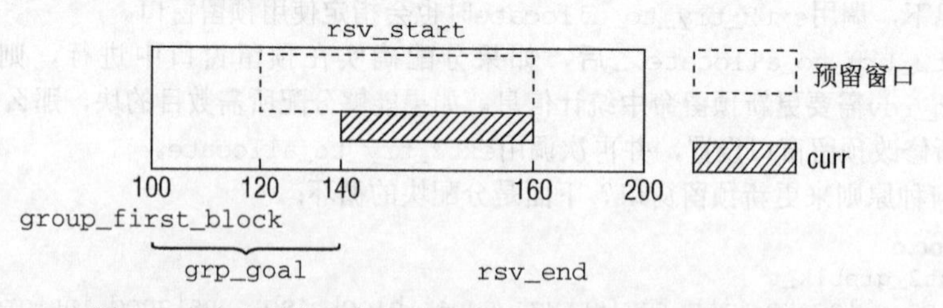

图9-15　检查预期的分配是否能够在给定的预留窗口内进行

如果文件有预留窗口而且指定了目标块（根据条件grp_goal > 0判断），内核就必须检查预期的分配是否能够落入现存的预留窗口中。预期分配目标（grp_goal）指定了相对于块组起始处的相对块号，代码由此开始，计算直至块组末尾的块数（如图9-15所示）。如果count给出的预期分配块数比可能的区域要大，则用try_to_extend_reservation扩展预留窗口。该函数只是查询预分配数据结构，查看是否有其他的预留窗口阻止了当前窗口增长，以便在可能的情况下增长窗口。

之后，内核可以将分配请求连同（可能修改过的）预留窗口传递到ext2_try_to_allocate。虽然该函数保证在有空闲空间可用的情况下分配若干连续块，但它无法保证有预期数目的块可用。这对返回值有一些隐含的约束。虽然函数的直接返回值是分配的第一个块，不过分配的块数必须通过指针num返回。

如果可以分配一些空间，那么ret将大于等于0。内核接下来需要更新预留命中计数器rsv_alloc_hit，并通过count指针返回分配的块数。如果分配失败，则循环需要重新开始。由于在这种情况下ret是负的，内核将在下一轮循环分配一个新的预留窗口，这是由最初的if条件语句中的条件ret<0保证的。否则，运作过程如上所述。

最后，ext2_try_to_allocate负责底层分配，直接与块位图交互。回想可知，该函数可以处理有无预留窗口两种情况。内核现在需要搜索块位图，因而需要确定一个搜索的区间。请注意，区间的边界是相对于当前块组指定的。这意味着数值从0开始。函数中需要区分若干场景，如图9-16所示。

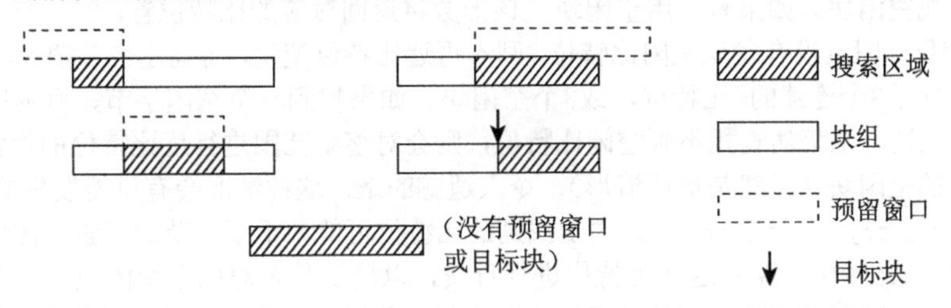

图9-16 在ext2_try_to_allocate中选择用于块分配的搜索区间

- 如果有预留窗口可用，而且该窗口从块组内部开始，那么需要将绝对块号转换为块组内的相对块号。例如，如果块组起始于块100，而预留窗口起始于块120，那么预留窗口起始块在块组内部的相对块号即为20。

  如果预留窗口起始于块组之前，则使用相对块号0作为起点。

  如果预留窗口超出了当前块组，那么搜索区间受限于块组的最后一块。
- 如果没有预留窗口，但给出了目标块，则可以将目标块用作起始块。

  如果没有预留窗口，也没有指定目标块，那么搜索从块0开始。在两种情况下，它们都将块组结束块作为搜索的结束块。

接下来ext2_try_to_allocate的处理如下进行：

fs/ext2/balloc.c
```
static int
ext2_try_to_allocate(struct super_block *sb, int group,
struct buffer_head *bitmap_bh, ext2_grpblk_t grp_goal,
unsigned long *count,
struct ext2_reserve_window *my_rsv)
{
...
        ext2_grpblk_t start, end;
...
        /* 确定起始和结束 */
...
repeat:
        if (grp_goal < 0) {
```

```
            grp_goal = find_next_usable_block(start, bitmap_bh, end);
...
            if (!my_rsv) {
                    int i;

                    for(i=0;i <7&&grp_goal> start&&
                            !ext2_test_bit(grp_goal -1,
                                        bitmap_bh->b_data);
                                i++, grp_goal--)
                        ;
            }
}
start = grp_goal;
...
```

如果没有给出目标块（grp_goal < 0），那么内核将使用find_next_usable_block，在块分配位图中根据此前选定的区间，查找第一个空闲比特位。

find_next_usable_block首先进行逐比特位搜索，直至到达下一个64位边界①。该函数试图在分配目标附近查找空闲块。如果有可用空闲块，该函数将返回对应的比特位置。

如果在预期目标附近没有发现空闲比特位，则不再逐比特位搜索，而是逐字节搜索，以提高性能。一个空闲字节对应于8个连续的0比特位，或8个空闲块。如果找到一个空闲字节，则返回第一个比特位的位置。如果上述方法仍然查找不到空闲比特位，则会对整个范围进行逐比特位的搜索。这等价于搜索单一、隔离的空闲块（当然是最坏情形），令人遗憾的是，这种情况会有可能发生的。

我们回到ext2_try_to_allocate。由于找到的比特位可能源于逐字节的搜索，因此该比特位之前可能尚有7个空闲比特位，要对这些比特位进行查找，以确认是否对应了空闲块。很多空闲比特位是不可能的，否则在此前的步骤中内核就已经找到空闲字节了。算法中总是尽可能在左侧分配新块，使得右侧的空闲区域尽可能大。

剩下的工作就是逐比特位遍历块位图。在每个步骤中，如果当前比特位没有置位，就都分配对应块。回想前文可知，分配一个块，等价于将块位图中对应的比特位置位。如果遇到一个被占用的块，或者已经分配了足够数目的块，则停止遍历。

fs/ext2/balloc.c

```
        if (ext2_set_bit_atomic(sb_bgl_lock(EXT2_SB(sb), group), grp_goal,
                                                bitmap_bh->b_data)) {
                /*
                 * 该块由另一个线程分配了，
                 * 或者它由另一个线程先分配，而后释放
                 */
                start++;
                grp_goal++;
                if (start >= end)
                        goto fail_access;
                goto repeat;
        }
        num++;
        grp_goal++;
        while (num < *count && grp_goal < end
                && !ext2_set_bit_atomic(sb_bgl_lock(EXT2_SB(sb), group),
                                        grp_goal, bitmap_bh->b_data)) {
                num++;
```

① 如果起始块为0，那么find_next_usable_block假定没有给出目标块，并不进行靠近目标的搜查。相反，它直接从下一个搜索步骤开始。

```
                grp_goal++;
        }
        *count = num;
        return grp_goal - num;
fail_access:
        *count = num;
        return -1;
}
```

这里唯一的复杂要素归因于下述事实：在内核选中到试图分配之间的一段时间内，第一个比特位可能已经被另一个进程分配。这种情况下，起始位置和目标块位置都加1，然后重新开始搜索。

● 创建新的预留窗口

上文提到，alloc_new_reservation用来创建新的预留窗口。这是一个重要的任务，现在将详细讨论。图9-17给出了该函数的代码流程图。

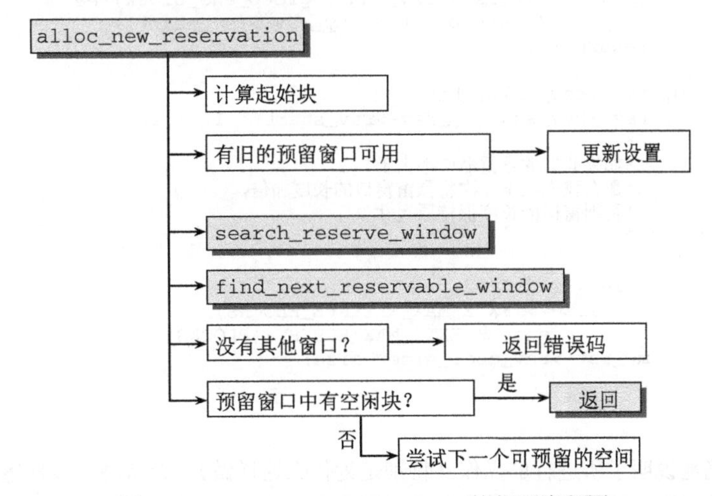

图9-17 alloc_new_reservation的代码流程图

首先，alloc_new_reservation确定从哪个块开始搜索预留窗口。

fs/ext2/balloc.c

```
static int alloc_new_reservation(struct ext2_reserve_window_node *my_rsv,
                ext2_grpblk_t grp_goal, struct super_block *sb,
                unsigned int group, struct buffer_head *bitmap_bh)
{
        struct ext2_reserve_window_node *search_head;
        ext2_fsblk_t group_first_block, group_end_block, start_block;
        ext2_grpblk_t first_free_block;
        struct rb_root *fs_rsv_root = &EXT2_SB(sb)->s_rsv_window_root;
        unsigned long size;
        int ret;

        group_first_block = ext2_group_first_block_no(sb, group);
        group_end_block = group_first_block + (EXT2_BLOCKS_PER_GROUP(sb) -1);

        if (grp_goal < 0)
                start_block = group_first_block;
        else
                start_block = grp_goal + group_first_block;
```

9

```
        size = my_rsv->rsv_goal_size;
...
```

如果inode已经带有预留窗口信息，则更新预留命中计数器，并相应地调整预留窗口大小：

fs/ext2/balloc.c

```
        if (!rsv_is_empty(&my_rsv->rsv_window)) {
                /*
                 * 如果旧的预留窗口跨越了组边界，而且目标块位于旧的预留窗口内，
                 * 在我们未能从窗口的前一部分成功分配时，控制流将进入到这里。
                 * 旧的预留窗口仍然有另一部分属于下一个块组。
                 * 在这种情况下，丢弃原有的窗口并在当前块组分配是不必要的（会失败）。
                 * 我们应该保持原预留窗口，至少移动到下一个块组。
                 * /

        if ((my_rsv->rsv_start <= group_end_block) &&
                    (my_rsv->rsv_end > group_end_block) &&
                    (start_block >= my_rsv->rsv_start))
                return -1;

        if ((my_rsv->rsv_alloc_hit >
             (my_rsv->rsv_end -my_rsv->rsv_start + 1) / 2)) {
                /*
                 *如果此前的预留命中率大于1/2,
                 *那么我们在下一次将预留窗口的长度加倍，
                 *否则窗口的长度保持原尺寸
                 */

                size = size * 2;
                if (size > EXT2_MAX_RESERVE_BLOCKS)
                        size = EXT2_MAX_RESERVE_BLOCKS;
                my_rsv->rsv_goal_size= size;
        }
    }
...
```

内核代码精确地说明了所进行的操作（特别是为什么这样做），无需进一步赘述。

如果已经计算了窗口的新边界（或此前没有预留窗口），search_reserve_window将检查是否有一个包含了目标块的预留窗口。如果情况不是这样，则返回目标块之前的窗口。所选择的窗口用作find_next_reservable_window的起点，该函数试图找到一个适当的新预留窗口。最后，内核检查该窗口是否至少包含了一个空闲比特位。如果没有空闲位，那么它对预分配是没有意义的，需要丢弃该窗口。否则，该函数成功地返回。

3. 创建和删除inode

inode也必须由Ext2文件系统的底层函数创建和删除。在创建（或删除）文件或目录时，这是必要的，处理目录和文件的核心代码几乎没什么不同。

首先讲解文件或目录的创建。如第8章所述，open和mkdir系统调用可用于此。它们通过虚拟文件系统的各种函数，最终到达create和mkdir函数，二者都是特定于文件类型的inode_operations实例中的函数指针。而后进入到ext2_create和ext2_mkdir函数，从函数指针到二者的关联，如9.2.4节所述。这两个函数都在fs/ext2/namei.c中，二者的代码流程图分别在图9-18和图9-19中给出。

我们首先讲解如何用mkdir创建新目录。内核从VFS函数vfs_mkdir进入到底层函数ext2_mkdir，后者的原型如下：

fs/ext2/namei.c

```
static int ext2_mkdir(struct inode * dir, struct dentry * dentry, int mode)
```

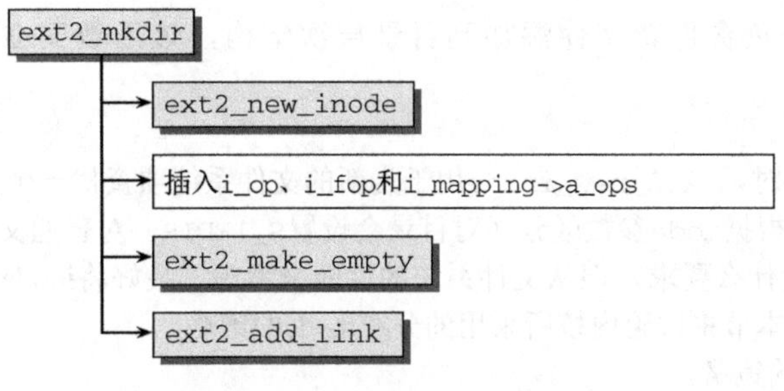

图9-18 ext2_mkdir的代码流程图

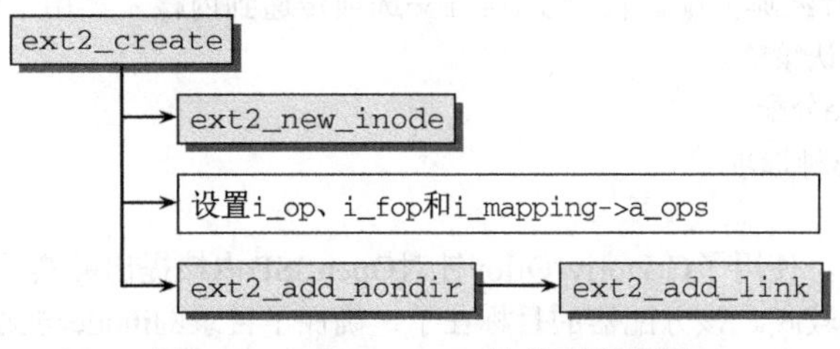

图9-19 ext2_create的代码流程图

dir是将要创建新子目录的父目录，dentry指定了新目录的路径名。mode指定了新目录的访问模式。

ext2_new_inode在硬盘上的适当位置分配了一个新的inode之后（下一节将讲述内核如何借助Orlov分配器找到最适当的位置），它将向inode提供适当的文件、inode和地址空间操作。

fs/ext2/namei.c

```
static int ext2_mkdir(struct inode * dir, struct dentry * dentry, int mode)
{
...
        inode->i_op = &ext2_dir_inode_operations;
        inode->i_fop = &ext2_dir_operations;
        if (test_opt(inode->i_sb, NOBH))
                inode->i_mapping->a_ops = &ext2_nobh_aops;
        else
                inode->i_mapping->a_ops = &ext2_aops;
...
}
```

ext2_make_empty向inode添加默认的.和..目录项，具体做法是生成对应的目录项结构，并将其写入到数据块中。接下来，ext2_add_link将新目录按9.2.2节讲述的格式，添加到父目录inode的数据中。

创建新文件的方式类似。sys_open系统调用会到达vfs_create，后者会调用Ext2文件系统提供的底层函数ext2_create。

该函数借助ext2_new_inode在硬盘上分配一个新的inode之后，会添加适当的文件、inode、地址空间操作，这一次使用的是对应普通文件的结构实例，即ext2_file_inode_operations和ext2_file_operations。

目录inode和文件inode的地址空间操作没有区别。

ext2_add_nondir负责将新文件添加到目录层次结构，该函数又立即调用了我们熟悉的ext2_add_link函数。

4. 注册inode

在创建目录和文件时，ext2_new_inode用于为新的文件系统项查找一个空闲的inode。但搜索策略随情况而变，这可以根据mode参数区分（对目录会设置S_IFDIR，对普通文件不设置）。

搜索本身对性能没什么要求，但从文件系统的性能来考虑，最好将inode定位到一个能够快速访问数据的位置。为此，本节将讨论内核所采用的分布inode的策略。

内核采用3种不同的策略。

(1) 对目录inode，进行Orlov分配。

(2) 对目录inode进行经典分配。仅当oldalloc选项传递到内核，禁用了Orlov分配时，才会这样做。通常Orlov分配是默认策略。

(3) 普通文件的inode分配。

下文将分别讲解这3种选项。

- Orlov分配

在查找目录inode时，使用了Grigoriv Orlov针对OpenBSD内核提出并实现的一种标准方案。该方案的Linux版本开发得比较晚。该分配器的目标在于，确保子目录的inode与父目录的inode在同一块组中，使二者在物理上较为接近，从而最小化硬盘寻道开销。当然，并非所有目录inode都应该出现在同一块组中，那将使得它们与相关的数据距离太远。

该方案会区分新目录是在（全局）根目录下创建，还是在文件系统中的其他位置创建，如图9-20中find_group_orlov的代码流程图所示。

尽管子目录inode应该与父目录inode尽可能靠近，但文件系统根目录的子目录，其inode应该尽可能分散开来。否则，目录将聚集到某个特定的块组中。

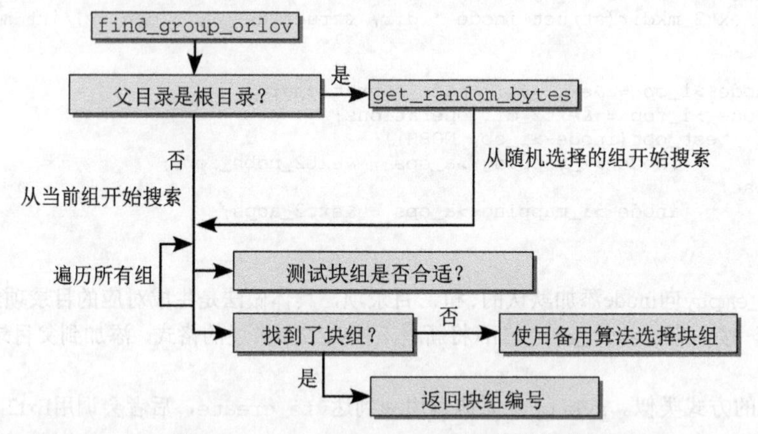

图9-20　find_group_orlov的代码流程图

我们首先讨论标准情形，即在目录树中某个位置（并非根目录下）创建新子目录。这对应于图9-20中右侧的分支。内核计算出几个变量，据此判断是否适合将目标目录的inode放入到所考察的块组中（我重排了代码，以便读者更容易理解）：

fs/ext2/ialloc.c
```
int ngroups = sbi->s_groups_count;
```

```
int inodes_per_group = EXT2_INODES_PER_GROUP(sb);

freei = percpu_counter_read_positive(&sbi->s_freeinodes_counter);
avefreei = freei / ngroups;
free_blocks = percpu_counter_read_positive(&sbi->s_freeblocks_counter);
avefreeb = free_blocks / ngroups;
ndirs = percpu_counter_read_positive(&sbi->s_dirs_counter);

blocks_per_dir = (le32_to_cpu(es->s_blocks_count)-free_blocks) / ndirs;

max_dirs = ndirs / ngroups + inodes_per_group / 16;
min_inodes = avefreei -inodes_per_group / 4;
min_blocks = avefreeb -EXT2_BLOCKS_PER_GROUP(sb) / 4;

max_debt = EXT2_BLOCKS_PER_GROUP(sb) / max(blocks_per_dir, BLOCK_COST);
if (max_debt * INODE_COST > inodes_per_group)
        max_debt = inodes_per_group / INODE_COST;
if (max_debt > 255)
        max_debt = 255;
if (max_debt == 0)
        max_debt = 1;
```

avefreei和avefreeb分别表示空闲inode和空闲块的数目（可以从与超级块关联的近似的各CPU计数器读取）除以块组的数目。这两个值表示各组中空闲inode和空闲块的平均数目。这是前缀ave的由来。

max_dirs指定了一个块组中目录inode数目的绝对上限。min_inodes和min_blocks定义了在块组中创建新目录之前，要求块组中空闲inode和空闲块的最小数目。

debt是一个0到255之间的数值。每个块组对应于一个debt值，保存在ext2_sb_info实例的s_debts数组中（9.2.2节有ext2_sb_info的定义）。每次创建一个新的目录inode时，将该值加1（在ext2_new_inode中），而在将该inode用于不同目的时（通常是普通文件），将该值减1。因而，debt的值是块组中目录数目与inode数目比例的一个标志。

从父目录所在的块组开始，内核遍历所有的块组，直至满足下例准则：

- 目录数不超过max_ndir；
- 空闲inode数目不少于min_inodes，空闲块数目不少于min_blocks；
- debt值不超过max_debt，即目录的数目没有失去控制。

如果有一个准则不满足，则跳过当前块组，检查下一个：

fs/ext2/ialloc.c

```
for (i = 0; i < ngroups; i++) {
        group = (parent_group + i) % ngroups;
        desc = ext2_get_group_desc (sb, group, NULL);
        if (!desc || !desc->bg_free_inodes_count)
                continue;
        if (sbi->s_debts[group] >= max_debt)
                continue;
        if (le16_to_cpu(desc->bg_used_dirs_count) >= max_dirs)
                continue;
        if (le16_to_cpu(desc->bg_free_inodes_count) < min_inodes)
                continue;
        if (le16_to_cpu(desc->bg_free_blocks_count) < min_blocks)
                continue;
        goto found;
}
```

9

循环起始处的取余运算%确保了在到达分区的最后一个块组时，搜索将从第一个块组重新开始。

在找到适当的块组之后（算法自动地保证了该块组尽可能靠近父目录inode所在的块组，除非父目录inode已经删除），内核只需要更新对应的统计计数器，并返回组编号。如果没有满足需求的组，则借助一个要求较低的“备用”算法，重新开始搜索：

fs/ext2/ialloc.c

```
fallback:
for (i = 0; i < ngroups; i++) {

        group = (parent_group + i) % ngroups;
        desc = ext2_get_group_desc (sb, group, &bh);
        if (!desc || !desc->bg_free_inodes_count)
                continue;
        if (le16_to_cpu(desc->bg_free_inodes_count) >= avefreei)
                goto found;
}

...

return -1;
```

这一次，内核仍然从父目录所在块组开始，然后顺序扫描各个块组。但这一次内核只要遇到空闲inode数目超出平均值（由avefreei指定）的第一个块组，即返回该块组。

当在系统根目录下创建新的子目录时，上述方法会有轻微修改，如图9-20中的代码流程图左侧分支所示。

为将目录的inode尽可能均匀地散布到文件系统中，根目录的直接子目录的inode，将按照统计规律分布到各个块组中。内核使用get_random_bytes选择一个随机数，将其对ngroups取余，使得该值不超过现存块组的最大数目。内核接下来遍历随机选择的块组及其后续块组：

fs/ext2/ialloc.c

```
get_random_bytes(&group, sizeof(group));
parent_group = (unsigned)group % ngroups;
for (i = 0; i < ngroups; i++) {
        group = (parent_group + i) % ngroups;
        desc = ext2_get_group_desc (sb, group, &bh);
        if (!desc || !desc->bg_free_inodes_count)
                continue;
        if (le16_to_cpu(desc->bg_used_dirs_count) >= best_ndir)
                continue;
        if (le16_to_cpu(desc->bg_free_inodes_count) < avefreei)
                continue;
        if (le16_to_cpu(desc->bg_free_blocks_count) < avefreeb)
                continue;
        best_group = group;
        best_ndir = le16_to_cpu(desc->bg_used_dirs_count);
        best_desc = desc;
        best_bh = bh;
}
```

空闲inode数目和空闲块数目不能小于avefreei和avefreeb，而现存目录的数目要小于best_ndir。best_ndir的初始值是inodes_per_group，内核在搜索期间会将其更新为块组中目录的最小值。胜利者就是目录项最少，且满足另外两个条件的块组。

如果找到了适当的块组，内核将更新统计量并返回所选的块组编号。否则，代用机制将生效，并且查找一个质量稍差的块组。

● **经典目录分配**

内核版本2.4（包含）之前，并不使用Orlov分配器，而是使用如下所述方法，称之为经典分配（classic allocation）。Ext2文件系统可使用oldalloc选项装载，这将设置超级块的s_mount_opt字段中的EXT2_MOUNT_OLDALLOC比特位。在使用该装载选项时，内核将不再使用Orlov分配器，而是采取经典的方案，来进行目录inode的分配①。

经典方案的工作方式如何呢？系统的各个块组通过前向搜索进行扫描，要特别注意以下两个条件：

(1) 块组中应该仍然有空闲空间；

(2) 与块组中其他类型的inode相比，目录inode的数目应该尽可能小。

在这种方案中，目录inode通常会尽可能均匀地散布到整个文件系统。

如果没有满足要求的块组，内核会选择空闲空间超出平均水平且目录inode数目最少的块组。

● **其他文件的inode分配**

在为普通文件、链接和目录以外的所有其他文件类型查找inode时，应用了一个更简单的方案，称之为二次散列（quadratic hashing）。它基于前向搜索，从新文件父目录inode所在的块组开始。将使用找到的有空闲inode的第一个块组。

首先搜索父目录inode所在的块组。我们假定从其组ID是start。如果该块组没有空闲inode，则内核扫描编号为start + 2^0的块组，然后是编号为start +2^0+2^1的块组，编号为start +2^0 +2^1+2^2的块组，等等。每步向组编号加上一个2的更高次幂，构成的序列是1，1+2，1+2+4，1+ 2+4+8，…，即序列1，3，5，7，15，…。

通常，该方法会很快找到一个空闲inode。但如果在几乎全满的文件系统上，没有找到空闲inode（几乎没什么希望），那么内核将扫描所有块组，尽一切努力争取找到一个空闲的inode。内核仍然会选择有空闲inode的第一个块组。如果完全没有空闲inode可用，则放弃操作，返回一个对应的错误码②。

5. 删除inode

目录和文件的inode都可以删除，而且从文件系统的角度来看，这两个操作比分配inode的操作都简单得多。

我们首先讨论如何删除目录。在调用适当的系统调用（rmdir）之后，代码迂回穿过内核，最终到达inode_operations结构的rmdir函数指针。对于Ext2文件系统来说，它指向fs/ext2/namei.c中的ext2_rmdir函数。

删除目录需要以下两个主要的操作：

(1) 首先，从父目录的inode数据区中，删除当前目录对应的目录项；

(2) 接下来，释放硬盘上已经分配的数据块（inode和用于保存子目录项的数据块）。

如图9-21中的代码流程图所示，这是分几个步骤完成的。

为确保要删除的目录不再包含任何文件，需要使用ext2_empty_dir函数检查其数据块的内容。如果内核只找到对应于.和..的目录项，则该目录可以删除。否则，放弃操作并返回错误码（-ENOTEMPTY）。

从父目录的数据块中删除对应目录项的工作，委托给ext2_unlink函数。在目录表中查找对应目

① 如果按照与旧的内核版本的兼容性来考虑，是否使用Orlov分配器分配目录inode是没有差别的，因为文件系统的格式没有变化。

② 实际上，这种情况几乎从来都不会发生，仅当硬盘包含了极大数目的小文件时才有可能，而标准系统上这是很少见的。更真实的情况（实际上经常遇到）是这样，所有的数据块都已经分配出去，但还剩下大量空闲的inode。

录项的工作使用ext2_find_entry函数完成，该函数依次扫描各个目录项（9.2.2节讲述了用于存储各个目录项的方案）。如果找到匹配项，该函数会返回一个能够唯一标识该目录项的ext2_dir_entry_2实例。

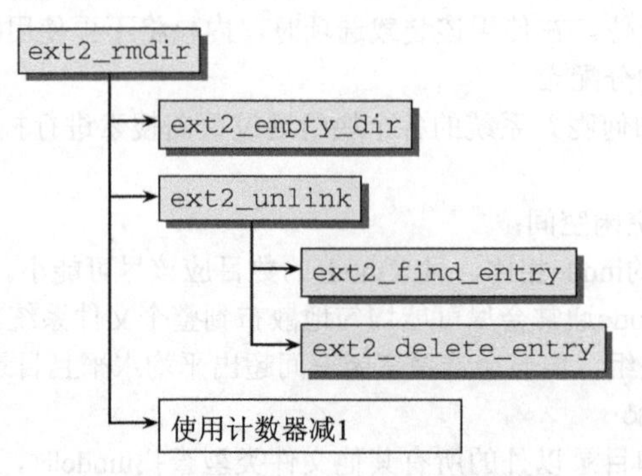

图9-21　ext2_rmdir的代码流程图

ext2_delete_entry将该目录项从目录表中删除。如9.2.2节所述，目录表中对应的数据并未从物理上删除。相反，通过对ext2_dir_entry_2结构的rec_len字段进行设置，以便在扫描目录表时跳过被删除项。如上所述，这种方法能够在很大程度上提高速度，因为实际删除目录项需用重写大量数据。

这种做法优点和缺点兼而有之。通过查看文件系统在硬盘上的结构（假定有读写分区上裸数据的权限），通过重置被删除文件目录项的前一项的rec_len字段，即可重新激活被删除文件的目录项，从而有可能恢复被删除的文件。当然，前提是该文件分配的数据块尚未被其他数据覆盖。如果敏感数据被删除，这种做法可以证明是最后的挽救手段。当然，它也是危险的来源。如果数据尚未被覆盖，那么只要了解一点技术诀窍，就可以访问数据①。

内核现在已经从文件系统删除了目录项，但用于inode和目录内容的数据块仍然标记为占用。这些数据块何时释放？

UNIX文件系统的结构特征（如第8章所述）要求用户需要谨慎。如果使用了硬链接，用户就可以通过文件系统中若干个路径名，访问同一inode（以及相关的数据块）。但inode结构中的nlink计数器记录了指向同一inode的硬链接数目。

每次删除一个指向inode的硬链接时，文件系统代码将该计数器减1。在计数器值到达0时，已经没有剩余的硬链接了，可以释放inode。这一次，还应该注意到：只是将inode位图中对应的比特位设置为0；inode的数据仍然在块中，有可能用于重建文件的内容。

> 现在，与inode关联的数据块尚未释放。直到对inode数据结构的所有引用都用iput释放掉，才能释放与inode关联的数据块。

删除普通文件与删除目录有什么差别？上述大部分操作（除ext2_empty_dir之外）都不是明确针对目录的，因而可以用于一般的inode类型。事实上，删除非目录inode的过程与上文的讲述非常类似。从unlink系统调用开始，内核会调用VFS函数vfs_unlink，它会调用特定于文件的inode_operations->unlink操作。对于Ext2文件系统，该操作指向ext2_unlink，前文已经提到过。上文针对目录删除讲述的大部分内容，同样适用于删除普通文件、链接，等等。

① 在删除之前，显式用0字节覆盖文件的内容，可以作为补救措施。

6. 删除数据块

在如上所述的删除操作中，没有触及数据块，部分原因是硬链接问题。数据块的删除与inode对象的引用计数密切相关，在可以实际删除数据块之前，必须满足两个条件：

(1) 硬链接计数器nlink必须为0，确保文件系统中不存在对数据的引用；

(2) inode结构的使用计数器（i_count）必须从内存刷出。

内核使用iput函数，将内存中inode对象的引用计数器减1。因而在其中进行检查以确认inode是否仍然需要，是有意义的。如果不再需要，则删除该inode。这是虚拟文件系统的一个标准函数，在这里不详细讨论了。我们唯一比较感兴趣的一个方面是，内核调用了ext2_delete_inode函数释放硬盘上与该inode相关的数据（iput也会释放内存数据结构和为数据分配的内存页）。该函数主要依赖其他两个函数：ext2_truncate释放与该inode相关的数据块（无论inode表示的是目录还是文件）；而ext2_free_inode释放由inode本身占用的内存空间。

> 函数既不会删除在硬盘上占用的空间，也不会用0字节覆盖原来的内容。只是将块位图或inode位图中对应的比特位清零而已。

由于这两个函数都是创建文件所使用技术的逆过程，所以这里不需要讨论其实现。

7. 地址空间操作

在9.2.4节中，讨论了与Ext2文件系统相关的地址空间操作。各个函数指针大多指向前缀为ext2_的函数。初看起来，可以认为这些都是专用于Ext2文件系统的实现。

但事实并非如此。大多数函数都使用了虚拟文件系统的标准实现，后者使用9.2.4节讨论的函数作为与底层代码的接口。例如，ext2_readpage的实现如下：

fs/ext2/inode.c
```
static int ext2_readpage(struct file *file, struct page *page)
{
        return mpage_readpage(page, ext2_get_block);
}
```

该函数只是mpage_readpage标准函数（将在第16章介绍）的一个透明的前端，后者的参数是指向ext2_get_block的一个指针和需要处理的内存页面。

ext2_writepage用于写内存页面，其实现方式如下：

fs/ext2/inode.c
```
static int ext2_writepage(struct page *page, struct writeback_control *wbc)
{
        return block_write_full_page(page, ext2_get_block, wbc);
}
```

这里仍然使用了第16章讲述的标准函数。该函数也使用ext2_get_block关联到Ext2文件系统的底层实现。

Ext2文件系统提供的大部分其他地址空间操作函数，都以类似的方式实现为标准函数的前端，并通过ext2_get_block与Ext2文件系统的底层代码关联起来。因而没有必要再讲述特定于Ext2的实现，因为关于地址空间操作，我们只要知道第8章讲述的函数以及9.2.4节的ext2_get_block函数，就足够了。

9.3 Ext3文件系统

Ext文件系统的第三次扩展，逻辑上称之为 Ext3，提供了一种日志（journal）特性，记录了对文件系统数据所进行的操作。在发生系统崩溃之后，该机制有助于缩短fsck的运行时间[①]。由于在Ext3文件系统中，与新的日志机制无关的底层文件系统概念没有改变，我在这里只讨论Ext3的新功能。但为节省篇幅，我不会深入到相关技术实现的细节中。

事务（transaction）概念起源于数据库领域，它有助于在操作未能完成的情况下保证数据的一致性。一致性问题同样也会发生在文件系统中（不是Ext特有的）。如果文件系统操作被无意中断（例如，停电或用户直接切断电源），这种情况下元数据的正确性和一致性如何保证？

9.3.1　概念

Ext3的基本思想在于，将对文件系统元数据的每个操作都视为事务，在执行之前要先行记录到日志中。在事务结束后（即，对元数据的预期修改已经完成），相关的信息从日志删除。如果事务数据已经写入到日志之后，而实际操作执行之前（或期间），发生了系统错误，那么在下一次装载文件系统时，将会完全执行待决的操作。接下来，文件系统自动恢复到一致状态。如果在事务数据尚未写到日志之前发生错误，那么在系统重启时，由于关于该操作的数据已经丢失，因而不会执行该操作，但至少保证了文件系统的一致性。

但Ext3不能创造奇迹。系统崩溃仍然可能造成数据丢失。但在此后，文件系统总是可以非常快速地恢复到一致状态。

事务日志当然是需要额外开销的，因而Ext3的性能与Ext2相比，是有所降低的。为了在所有情况下，在性能和数据完整性之间维持适当的均衡，内核能够以3种不同的方式访问Ext3文件系统。

(1) 回写（writeback）模式，日志只记录对元数据的修改。对实际数据的操作不记入日志。这种模式提供了最高的性能，但数据保护是最低的。

(2) 顺序（ordered）模式，日志只记录对元数据的修改。但对实际数据的操作会群集起来，总是在对元数据的操作之前执行。因而该模式比回写模式稍慢。

(3) 日志模式，对元数据和实际数据的修改，都写入日志。这提供了最高等级的数据保护，但速度是最慢的（除了几种病态情况以外）。丢失数据的可能性降到最低。

在文件系统装载时，所需要的模式通过data参数指定。默认设置是ordered。

如前所述，Ext3文件系统设计为完全兼容Ext2，不仅是向下兼容，而且（尽可能）向上兼容。因而，日志存储在一个专门的文件，有自身的inode。这使得Ext3文件系统能够装载到只支持Ext2的系统上。而现存的Ext2分区也可以快速地转换为Ext3分区，而且很重要的一点是，不需要复杂的数据复制操作，这对服务器系统是一个需要考虑的主要事项。

日志不仅可以存储在一个专门的文件中，也可以放置到另一个独立的分区中，细节在这里就不讨论了。

内核包含了一个抽象层，称之为日志化块设备（journaling block device，简称JBD）层，用于处理日志和相关的操作。尽管该层可以用于不同的文件系统，但当前只由Ext3使用。所有其他日志文件系统，如ReiserFS、XFS和JFS都有自身的机制。因而，在以下的各节中，我将JBD和Ext3作为一个模块考虑。

日志记录、句柄和事务

事务并不是一个整块的结构。由于文件系统的结构（和性能方面的原因），必须将事务分解为更小的单位，如图9-22所示。

---

① 在有几百吉字节的文件系统上，一致性检查可能会耗费几个小时，具体的时间取决于系统的速度。对服务器来说，如此长的停机时间是不可接受的。但如果一致性检查只耗费几秒钟，而不是几分钟，那么即使PC用户也双手赞成。

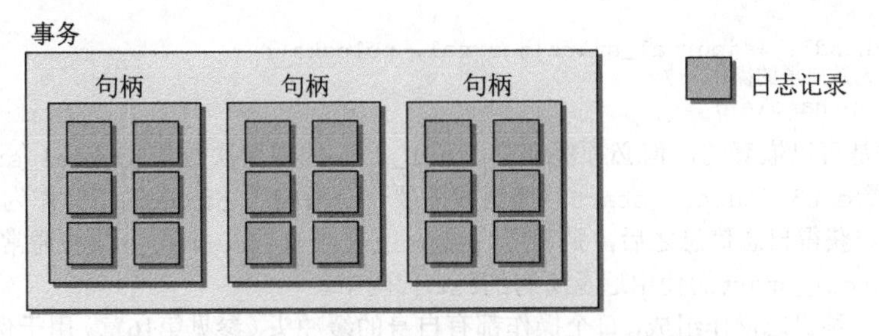

图9-22 事务、日志记录和句柄的交互

- 日志记录是可以记入日志的最小单位。每个记录表示对某个块的一个更新。
- （原子）句柄在系统一级收集了几个日志记录。例如，如果使用write系统调用发出一个写请求，那么所有与该操作相关的日志记录都会群集到一个句柄中。
- 事务是几个句柄的集合，用于保证提供更好的性能。

9.3.2 数据结构

虽然事务考虑的是数据在系统范围内的有效性，但每个句柄总是与特定的进程相关。为此，我们熟悉的task_struct（在第2章讨论）中包含了一个成员，指向当前进程的句柄：

```
<sched.h>
struct task_struct {
...
/* 日志文件系统信息 */
        void *journal_info;
...
}
```

JBD层自动承担了将void指针转换为指向handle_t指针。journal_current_handle辅助函数用于获取当前进程的活动句柄。

handle_t是struct handle_s数据类型的typedef别名，用于定义句柄（以下给出的是一个简化的版本）：

```
<jbd.h>
typedef struct handle_s          handle_t;       /* 原子操作类型 */

<jbd.h>
struct handle_s
{
        /* 事务所属的复合事务？ */
        transaction_t   *h_transaction;

        /* 允许弄“脏”的剩余缓冲区的数量 */
        int             h_buffer_credits;
...
};
```

h_transaction是一个指向当前句柄相关的事务数据结构的指针，而h_buffer_credits指定了日志操作还有多少空闲缓冲区可用（稍后讨论）。

内核提供了journal_start和journal_stop两个函数，二者配对使用，用于将某个代码片段标记为原子的（从日志层看来）：

```
handle_t *handle = journal_start(journal, nblocks);
/* 进行被认为是原子的操作 */
journal_stop(handle);
```

这两个函数是可以嵌套的，但必须保证journal_stop的调用次数与journal_start相同。内核提供了包装器函数ext3_journal_start，该函数需要一个指向所述inode的指针作为参数，以便推断与之相关的日志。获得日志信息之后，则调用journal_start。journal_start通常并不直接使用，反倒是ext3_journal_start的使用遍及所有的Ext3代码中。

每个句柄由各种日志操作组成，每个操作都有自身的缓冲头（参见第16章）用于保存修改的信息，即使底层文件系统只改变一个比特位，也是如此。这初看起来会浪费大量内存，但所获得的更高的性能弥补了这个缺点，因为缓冲区的处理非常高效。

该数据结构定义如下（已经大大简化过）：

<journal_head.h>

```
struct journal_head {
        struct buffer_head *b_bh;

        transaction_t *b_transaction;
        struct journal_head *b_tnext, *b_tprev;
```

- b_bh指向包含操作数据的缓冲头。
- b_transaction指向日志项所属的事务。
- b_tnext和b_tprev用于实现双链表，表示与某个原子操作相关联的所有日志。

JBD层提供了journal_dirty_metadata函数，将修改的元数据写到日志：

fs/jbd/transaction.c

```
int journal_dirty_metadata(handle_t *handle, struct buffer_head *bh)
```

与之匹配的函数是journal_dirty_data，用于将修改的数据写到日志，用于日志模式。

事务由一个专用的数据结构表示。这里给出的仍然是一个简化了很多的版本：

<jbd.h>

```
typedef transaction_s transaction_t;

struct transaction_s
{
        journal_t           *t_journal;
        tid_t               t_tid;

        enum {
                T_RUNNING,
...
                T_FLUSH,
                T_COMMIT,
                T_FINISHED
        }                   t_state;

        struct journal_head        *t_buffers;
        unsigned long              t_expires;
        int t_handle_count;
};
```

- t_journal是一个指针，指向事务数据将写入的日志。为简单起见，我们不再讨论日志的数据结构，因为其中充斥着大量技术细节。
- 每个事务都可以有不同的状态，并且保存在t_state中：

    - T_RUNNING表示可以向日志添加新的原子句柄；
    - T_FLUSH表示此时正在将日志项刷出到磁盘；
    - T_COMMIT表示所有数据都已经写到磁盘，但仍然需要处理元数据；
    - T_FINISHED表示所有日志项都已经安全地写到磁盘。
- t_buffers指向与该事务关联的缓冲区。
- t_expires指定事务数据必须在物理上写到日志中的时间期限。内核使用了一个定时器，默认情况下在事务创建5秒之后到期。
- t_handle_count表示与事务关联的句柄的数目。

Ext3代码使用了一种“检查点”机制，用于检查日志中记载的改变是否已经写入到文件系统。如果已经写入到文件系统，那么日志中的数据就不再需要了，可以删除。在正常运作时，日志内容不会扮演活跃的角色。仅当系统崩溃发生时，才使用日志数据来重建对文件系统的改变，使之返回到一致状态。

与Ext2的初始定义相比，Ext3的超级块数据结构添加了几个成员，用于支持日志功能：

<ext3_fs_sb.h>

```
struct ext3_sb_info {
...
        /* 日志 */
        struct inode * s_journal_inode;
        struct journal_s * s_journal;
        unsigned long s_commit_interval;
        struct block_device *journal_bdev;
};
```

前文提到过，日志可以存储到一个文件中，也可以存储到独立的分区中。根据选择的选项（文件/分区），可相应地使用s_journal_inode或journal_bdev记录其位置。s_commit_interval指定了数据从内存写到日志的频率，而s_journal指向日志数据结构。

9.4 小结

文件系统用于在物理块设备（如硬盘）上组织文件数据，以便持久存储信息，不受机器重启的影响。Ext2和Ext3文件系统多年来已经成为Linux的标准配备，读者在本章已经看到了二者的实现，以及它们在磁盘上表示数据的相关细节。

在讲述了文件系统所必须面对的基本问题之后，本章阐述了Ext2文件系统在磁盘上和内核中的结构。读者了解到了如何用inode管理文件系统对象，以及如何管理为文件提供存储空间的数据块。另外，本章还详细讨论了各种重要的文件系统操作，如新目录的创建。

最后，本章向读者介绍了Ext3文件系统的日志机制，Ext3是Ext2的继承和发展。

第 10 章

无持久存储的文件系统

传统上，文件系统用于在块设备上持久存储数据。但也可以使用文件系统来组织、提供或交换并不存储在块设备上的信息，这些信息可以由内核动态生成。本章将对其中一些进行讨论。

- proc文件系统（proc filesystem），它使得内核可以生成与系统的状态和配置有关的信息。该信息可以由用户和系统程序从普通文件读取，而无需专门的工具与内核通信。在某些情况下，一个简单的cat命令就足够了。数据不仅可以从内核读取，还可以通过向proc文件系统的文件写入字符串，来向内核发送数据。echo "value" > /proc/file：不会有比这更容易的从用户空间向内核传输信息的方式了。

  该方法利用了一个虚拟文件系统“即时”产生文件信息。换句话说，只有发出读操作请求时，才会生成信息。对于此类文件系统，不需要专用的硬盘分区或其他块存储设备。

  除了proc文件系统之外，内核还提供了许多其他的虚拟文件系统，用于不同的目的。例如，以目录层次结构的形式，对所有设备和系统资源进行编目。即使设备驱动程序也可以在虚拟文件系统中提供状态信息，USB子系统就是一个例子。
- Sysfs是另一个特别重要的虚拟文件系统例子。一方面，它与procfs的目的类似，但在另一方面，又与procfs有很大不同。Sysfs按照惯例总是装载在/sys目录，但这不是强制规定，装载到其他位置也是可以的。它设计为从内核向用户层导出非常结构化的信息。与procfs相比，它并不供人直接使用，因为信息是层次化、深度嵌套的。此外，文件包含的信息并不总是ASCII文本形式，也有可能使用不可读的二进制串。但对于想要收集系统中的硬件和设备间拓扑关联方面详细信息的工具而言，该文件系统是非常有用的。

  还可以对使用kobject的内核对象创建sysfs项（更多信息参见第1章），这几乎不费力气。这使得用户层很容易访问内核中重要的核心数据结构。
- 用于专门目的的小文件系统，可以由内核提供的标准函数构建。在内核内部，libfs库提供了所需功能。此外，内核提供了易于实现顺序文件的方法。在调试文件系统debugfs中同时使用了这两种技术，该文件系统使得内核开发者能够快速地向用户空间导出值或从用户空间导入值，而无需创建定制的接口或专门的文件系统。

10.1 proc 文件系统

在本章开头提到，proc文件系统是一种虚拟文件系统，其信息不能从块设备读取。只有在读取文件内容时，才动态生成相应的信息。

使用proc文件系统，可以获得有关内核各子系统的信息（例如，内存利用率、附接的外设，等等），也可以在不重新编译内核源代码的情况下修改内核的行为，或重启系统。与该文件系统密切相关的是系统控制机制（system control mechanism，简称sysctl），前面各章已经频繁引用过该机制。proc文件系统提供了一种接口，可用于该机制导出的所有选项，使得可以不费力气地修改参数。无需开发专门的通信程序，只需要一个shell和标准的cat、echo程序。

通常，进程数据文件系统（process data filesystem，procfs的全称）装载在/proc，它的缩写proc FS即由此得名。但有一点值得注意，该文件系统可以装载到目录树的任何位置，就像是其他任何文件系统一样，虽然这种做法并不常见。

下一节讲述了proc文件系统的布局和内容，以便在我们讨论其实现细节之前，先说明其功能和选项。

10.1.1 /proc 的内容

尽管proc文件系统的容量依系统而不同（根据硬件配置导出不同的数据，不同的体系结构也会影响其内容），其中仍然包含了许多深层嵌套的目录、文件、链接。但这些信息可以分为以下几大类：

- 内存管理；
- 系统进程的特征数据；
- 文件系统；
- 设备驱动程序；
- 系统总线；
- 电源管理；
- 终端；
- 系统控制参数。

其中一些类别在本质上差别很大（上述列表很不全面），共性很少。过去，proc文件系统的信息过载问题，经常成为批评的潜在来源（有时候会猛烈地爆发）。借助虚拟文件系统提供数据当然是有用的，但更结构化的方法会更好……

从内核开发的趋势来看，正在远离用proc文件系统提供信息的方法，而倾向于采用特定于问题的虚拟文件系统来导出数据。一个很好的例子就是USB文件系统，将与USB子系统有关的许多状态信息导出到用户空间，而没有给/proc增加新的负担。此外，Sysfs文件系统提供了一种层次化的视图，不仅包括设备树（此处的设备，涵盖了系统总线、PCI设备、CPU，等等），还有重要的内核对象。Sysfs将在10.3节讨论。

在内核邮件列表上，对于向/proc增加新项的做法都十分怀疑，通常会成为争论的来源。如果新代码不使用/proc，进入内核源代码的机会就更多一点。当然，这并不意味着proc文件系统会逐渐变为多余的。实际上，刚好相反。当今，/proc依旧重要，不仅是在安装新的发布版时，而且也用于支持（自动化的）系统管理。

以下给出了/proc中各个文件及其内容的简要概述。当然，我得指出，这里的内容也是不完全的，只包含在所有体系结构上都有的那些重要的要素。

1. 特定于进程的数据

每个系统进程，无论当前状态如何，都有一个对应的子目录（与其PID同名），包含了该进程的有关信息。顾名思义，进程数据系统（process data system，简称proc）的初衷就是传递进程数据。

特定于进程的目录保存了哪些信息？简单的一个ls-l命令，就能看到一些信息：

```
wolfgang@meitner> cd /proc/7748
wolfgang@meitner> ls -l
total 0
dr-xr-xr-x 2 wolfgang users 0 2008-02-15 04:22 attr
```

```
-r-------- 1 wolfgang users 0 2008-02-15 04:22 auxv
--w------- 1 wolfgang users 0 2008-02-15 04:22 clear_refs
-r--r--r-- 1 wolfgang users 0 2008-02-15 00:37 cmdline
-r--r--r-- 1 wolfgang users 0 2008-02-15 04:22 cpuset
lrwxrwxrwx 1 wolfgang users 0 2008-02-15 04:22 cwd -> /home/wolfgang/wiley_kbook
-r-------- 1 wolfgang users 0 2008-02-15 04:22 environ
lrwxrwxrwx 1 wolfgang users 0 2008-02-15 01:30 exe -> /usr/bin/emacs
dr-x------ 2 wolfgang users 0 2008-02-15 00:56 fd
dr-x------ 2 wolfgang users 0 2008-02-15 04:22 fdinfo
-rw-r--r-1 wolfgang users 0 2008-02-15 04:22 loginuid
-r--r--r--1  wolfgang users 0 2008-02-15 04:22 maps
-rw-------1  wolfgang users 0 2008-02-15 04:22 mem
-r--r--r--1  wolfgang users 0 2008-02-15 04:22 mounts
-r--------1  wolfgang users 0 2008-02-15 04:22 mountstats
-r-r--r--1  wolfgang users 0 2008-02-15 04:22 numa_maps
-rw-r--r--1  wolfgang users 0 2008-02-15 04:22 oom_adj
-r--r--r--1  wolfgang users 0 2008-02-15 04:22 oom_score
lrwxrwxrwx1  wolfgang users 0 2008-02-15 04:22 root -> /
-rw-------1  wolfgang users 0 2008-02-15 04:22 seccomp
-r--r--r--1  wolfgang users 0 2008-02-15 04:22 smaps
-r--r--r--1  wolfgang users 0 2008-02-15 00:56 stat
-r--r--r--1  wolfgang users 0 2008-02-15 01:30 statm
-r--r--r--1  wolfgang users 0 2008-02-15 00:56 status
dr-xr-xr-x3  wolfgang users 0 2008-02-15 04:22 task
-r--r--r--1  wolfgang users 0 2008-02-15 04:22 wchan
```

我们的例子给出的数据，是一个emacs进程，PID为7 748，该进程用于编辑本书的LaTeX源文件。

大部分数据项的语义，从文件名就可以看出来。例如，cmdline是用于起点进程的命令行，即一个字符串，包含了程序名和所有参数：

> 在该字符串中，内核没有使用通常的空格符来分隔各个项，而是使用了C语言中用来表示字符串结束的0字节作为分隔符。

```
wolfgang@meitner> cat cmdline
emacsfs.tex
```

od工具可以将该数据转换为可读的格式：

```
wolfgang@meitner> od -t a /proc/7748/cmdline
0000000     e   m   a   c   s nul   f   s   .   t   e   x nul
0000015
```

上述输出，表明该进程是调用emacs fs.tex创建的。

其他文件包含的数据如下。

- environ表示为该程序设置的所有环境变量，其仍然使用了0字节作为分隔符。
- maps以文本形式，列出了进程使用的所有库（和进程本身的二进制文件）的内存映射。就emacs而言，该文件的片段如下所示（我使用了常规的文本格式，剔除了0字节）：

```
wolfgang@meitner> cat maps
00400000-005a4000 r-xp 00000000 08:05 283752
/usr/bin/emacs
007a3000-00e8c000 rw-p 001a3000 08:05 283752
/usr/bin/emacs
00e8c000-018a1000 rw-p 00e8c000 00:00 0                                [heap]
2af4b085d000-2af4b0879000 r-xp 00000000 08:05 1743619
/lib64/ld-2.6.1.so
...
```

```
4003a000-40086000 r-xp 00000000 03:02 131108 /usr/lib/libcanna.so.1.2
40086000-4008b000 rwxp 0004b000 03:02 131108 /usr/lib/libcanna.so.1.2
4008b000-40090000 rwxp 4008b000 00:00 0
40090000-400a0000 r-xp 00000000 03:02 131102 /usr/lib/libRKC.so.1.2
400a0000-400a1000 rwxp 00010000 03:02 131102 /usr/lib/libRKC.so.1.2
400a1000-400a3000 rwxp 400a1000 00:00 0
400a3000-400e6000 r-xp 00000000 03:02 133514 /usr/X11R6/lib/libXaw3d.so.8.0
400e6000-400ec000 rwxp 00043000 03:02 133514 /usr/X11R6/lib/libXaw3d.so.8.0
400ec000-400fe000 rwxp 400ec000 00:00 0
400fe000-4014f000 r-xp 00000000 03:02 13104  /usr/lib/libtiff.so.3.7.3
4014f000-40151000 rwxp 00051000 03:02 13104  /usr/lib/libtiff.so.3.7.3
40151000-4018f000 r-xp 00000000 03:02 13010  /usr/lib/libpng.so.3.1.2.8
4018f000-40190000 rwxp 0003d000 03:02 13010  /usr/lib/libpng.so.3.1.2.8
40190000-401af000 r-xp 00000000 03:02 9011   /usr/lib/libjpeg.so.62.0.0
401af000-401b0000 rwxp 0001e000 03:02 9011   /usr/lib/libjpeg.so.62.0.0
401b0000-401c2000 r-xp 00000000 03:02 12590  /lib/libz.so.1.2.3
401c2000-401c3000 rwxp 00011000 03:02 12590  /lib/libz.so.1.2.3
...
2af4b7dc1000-2af4b7dc3000 rw-p 00001000 08:05 490436
/usr/lib64/pango/1.6.0/modules/pango-basic-fc.so
2af4b7dc3000-2af4b7e07000 r--p 00000000 08:05 1222118
/usr/share/fonts/truetype/arial.ttf
2af4b7e4d000-2af4b7e53000 r--p 00000000 08:05 211780
/usr/share/locale-bundle/en_GB/LC_MESSAGES/glib20.mo
2af4b7e53000-2af4b7e9c000 rw-p 2af4b7e07000 00:00 0
7ffffa218000-7ffffa24d000 rw-p 7ffffa218000 00:00 0                    [stack]
ffffffffff600000-ffffffffff601000 r-xp 00000000 00:00 0                [vdso]
```

- status包含了有关进程状态的一般信息（文本格式）。

```
wolfgang@meitner> cat status
Name:   emacs
State:  S (sleeping)
SleepAVG:       98%
Tgid:   7748
Pid:    7748
PPid:   4891
TracerPid:      0
Uid:    1000    1000    1000     1000
Gid:    100     100     100      100
FDSize: 256
Groups: 16 33 100
VmPeak:   140352 kB
VmSize:   139888 kB
VmLck:         0 kB
VmHWM:     28144 kB
VmRSS:     27860 kB
VmData:    10772 kB
VmStk:       212 kB
VmExe:      1680 kB
VmLib:     13256 kB
VmPTE:       284 kB
Threads:        1
SigQ:   0/38912
SigPnd: 0000000000000000
ShdPnd: 0000000000000000
SigBlk: 0000000000000000
SigIgn: 0000000000000000
SigCgt: 00000001d1817efd
CapInh: 0000000000000000
```

```
CapPrm: 0000000000000000
CapEff: 0000000000000000
Cpus_allowed: 00000000,00000000,00000000,0000000f
Mems_allowed: 00000000,00000001
```

不仅提供了有关UID/GID及进程其他数值的信息，还包括内存分配、进程能力、各个信号掩码的状态（待决、阻塞，等等）。

- stat和statm以一连串数字的形式，提供了进程及其内存消耗的更多状态信息。

fd子目录包含了一些文件，文件名都是数字。这些文件名表示进程的各个文件描述符。这里的每个文件都是一个符号链接，指向文件名对应的文件描述符在文件系统中的位置，当然得假定该描述符确实是文件。其他的文件类型，如果也能够通过文件描述符访问（如管道），那么将给出一个链接目标，如pipe:[1434]。

类似地，还有其他指向与进程相关的文件和命令的符号链接：

- cwd指向进程当前工作目录。如果用户有适当的权限，则可以使用cd cwd切换到该目录，而无需知道cwd到底指向哪个目录。
- exe指向包含了应用程序代码的二进制文件。在我们的例子中，它指向/usr/bin/emacs。
- root指向进程的根目录。这不见得是全局的根目录（参见第8章讨论的chroot机制）。

2. 一般性系统信息

不仅/proc的子目录包含了信息，/proc本身也包含了一些信息。与特定的内核子系统无关（或由几个子系统共享）的一般性信息，一般存放在/proc下的文件中。

前面各章提到了其中一些文件。例如，iomem和ioports提供了用来与设备通信的内存地址和端口的有关信息，在第6章讨论过。这两个文件都包含了文本形式的列表：

```
wolfgang@meitner> cat /proc/iomem
00000000-0009dbff : System RAM
  00000000-00000000 : Crash kernel
0009dc00-0009ffff : reserved
000c0000-000cffff : pnp 00:0d
000e4000-000fffff : reserved
00100000-cff7ffff : System RAM
  00200000-004017a4 : Kernel code
  004017a5-004ffdef : Kernel data
cff80000-cff8dfff : ACPI Tables
cff8e000-cffdffff : ACPI Non-volatile Storage
cffe0000-cfffffff : reserved
d0000000-dfffffff : PCI Bus #01
  d0000000-dfffffff : 0000:01:00.0
    d0000000-d0ffffff : vesafb
...
fee00000-fee00fff : Local APIC
ffa00000-ffafffff : pnp 00:07
fff00000-ffffffff : reserved
100000000-12fffffff : System RAM
wolfgang@meitner> cat /proc/ioports
0000-001f : dma1
0020-0021 : pic1
0040-0043 : timer0
0050-0053 : timer1
0060-006f : keyboard
0070-0077 : rtc
0080-008f : dma page reg
00a0-00a1 : pic2
```

```
...
e000-efff : PCI Bus #03
  e400-e40f : 0000:03:00.0
    e400-e40f : libata
  e480-e483 : 0000:03:00.0
    e480-e483 : libata
  e800-e807 : 0000:03:00.0
    e800-e807 : libata
  e880 -e883 : 0000:03:00.0
    e880-e883 : libata
  ec00 -ec07 : 0000:03:00.0
    ec00 -ec07 : libata
```

类似地，一些文件提供了当前内存管理情况的粗略概览。buddyinfo和slabinfo提供了伙伴系统和slab分配器当前的使用情况，而meminfo给出了一般性的内存使用情况，分为高端内存、低端内存、空闲内存、已分配区域、共享区域、交换和回写内存,等等。Vmstat给出了内存管理的其他特征信息，包括当前在内存管理的各个子系统中内存页的数目。

kallsyms和kcore项用于支持内核代码调试。前者是一个符号表，给出了所有全局内核变量和函数在内存中的地址：

```
wolfgang@meitner> cat /proc/kallsyms
...
ffffffff80395ce8 T skb_abort_seq_read
ffffffff80395cff t skb_ts_finish
ffffffff80395d08 T skb_find_text
ffffffff80395d76 T skb_to_sgvec
ffffffff80395f6d T skb_truesize_bug
ffffffff80395f89 T skb_under_panic
ffffffff80395fe4 T skb_over_panic
ffffffff8039603f t copy_skb_header
ffffffff80396273 T skb_pull_rcsum
ffffffff803962da T skb_seq_read
ffffffff80396468 t skb_ts_get_next_block
...
```

kcore是一个动态的内核文件，“包含”了运行中的内核的所有数据，即主内存的全部内容。与用户应用程序发生致命错误时进行内存转储所产生的普通内核文件相比，该文件没什么不同之处。可以将调试器用于该二进制文件，来查看运行中系统的当前状态。在本书中，用于说明内核数据结构之间交互作用的许多图，都是用这种方法制备的。附录B仔细讲解了如何借助GNU gdb调试器和ddd图形用户界面，来使用内核提供的这些可用的功能。

interrupts保存了当前操作期间引发的中断的说明（底层机制将在第14章讲述）。在IA-32架构的4核服务器上，该文件如下所示：

```
wolfgang@meitner> cat /proc/interrupts
           CPU0       CPU1       CPU2       CPU3
  0:    1383211    1407764    1292884    1364817   IO-APIC-edge      timer
  1:          0          1          1          0   IO-APIC-edge      i8042
  8:          0          1          0          0   IO-APIC-edge      rtc
  9:          0          0          0          0   IO-APIC-fasteoi   acpi
 12:          1          3          0          0   IO-APIC-edge      i8042
 16:       8327       4251     290975     114077   IO-APIC-fasteoi   libata,uhci_hcd:usb1
 18:          0          1          0          0   IO-APIC-fasteoi   ehci_hcd:usb2,
                                                                     uhci_hcd:usb4,
                                                                     uhci_hcd:usb7
```

```
  19:          0          0          0          0   IO-APIC-fasteoi uhci_hcd:usb6
  21:          0          0          0          0   IO-APIC-fasteoi uhci_hcd:usb3
  22:     267439      93114      10575       5018   IO-APIC-fasteoi libata, libata,
                                                                    HDA Intel
  23:          0          0          0          0   IO-APIC-fasteoi uhci_hcd:usb5,
                                                                    ehci_hcd:usb8
4347:         12         17          7      77445   PCI-MSI-edge    eth0
 NMI:          0          0          0          0
 LOC:    5443482    5443174    5446374    5446306
 ERR:          0
```

其中不仅给出了中断的数目，还对每个中断号，都给出相关设备的名称或负责处理中断的驱动程序。

最后，我得提到两个重要的数据项loadavg和uptime。前者给出了过去60秒、5分钟、15分钟的平均系统负荷（即，运行队列的长度），后者给出了系统的运行时间，即从系统启动以来经过的时间。

3. 网络信息

/proc/net子目录提供了内核的各种网络选项的有关数据。其中保存了各种协议和设备数据，包括以下几个有趣的数据项。

- udp和tcp提供了IPv4的UDP和TCP套接字的统计数据。IPv6的对应数据保存在udp6和tcp6中。UNIX套接字的统计数据记录在unix。
- 用于反向地址解析的ARP表，可以在arp文件中查看。
- dev保存了通过系统的网络接口传输的数据量的统计数据（包括环回接口）。该信息可用于检查网络的传输质量，因为其中也包括了传输不正确的数据包、被丢弃的数据包和冲突相关的数据。

有些网络驱动程序（如，流行的英特尔PRO/100芯片组的驱动程序）在/proc/net创建了额外的子目录，提供了更详细的特定于硬件的信息。

4. 系统控制参数

用于动态地检查和修改内核行为的系统控制参数，在proc文件系统的数据项中，属于最多的一部分。但这并不是修改相关数据的唯一方法，还可以使用sysctl系统调用。后者需要的工作量更多，因为首先必须写一个程序，来支持通过系统调用接口与内核通信。结果，在内核版本2.5开发期间，sysctl机制标记为废弃（每次调用sysctl时，内核将输出一个警告信息），计划在未来的某个时候去掉。但是，删除系统调用引起了争论，直至内核版本2.6.25，该调用仍然存在于内核中，而警告信息也仍然会出现。

sysctl系统调用实际上是不必要的，因为通过/proc接口对内核数据的操作已经简单到了极点。sysctl参数由一个独立的子目录/proc/sys管理，它进一步划分为各种子目录，对应于内核的各个子系统。

```
wolfgang@meitner> ls -l /proc/sys
total 0
dr-xr-xr-x 0 root root 0 2008-02-15 04:29 abi
dr-xr-xr-x 0 root root 0 2008-02-15 04:29 debug
dr-xr-xr-x 0 root root 0 2008-02-14 22:26 dev
dr-xr-xr-x 0 root root 0 2008-02-14 22:22 fs
dr-xr-xr-x 0 root root 0 2008-02-14 22:22 kernel
dr-xr-xr-x 0 root root 0 2008-02-14 22:22 net
dr-xr-xr-x 0 root root 0 2008-02-14 22:26 vm
```

各个子目录中包含了一系列文件，反映了对应的内核子系统的特征数据。例如，/proc/sys/vm包含下列数据项：

```
wolfgang@meitner> ls -l /proc/sys/vm
total 0
-rw-r--r--1 root root 0 2008-02-17 01:32 block_dump
-rw-r--r--1 root root 0 2008-02-16 20:55 dirty_background_ratio
-rw-r--r--1 root root 0 2008-02-16 20:55 dirty_expire_centisecs
-rw-r--r--1 root root 0 2008-02-16 20:55 dirty_ratio
-rw-r--r--1 root root 0 2008-02-16 20:55 dirty_writeback_centisecs
...
-rw-r--r--1 root root 0 2008-02-17 01:32 swappiness
-rw-r--r--1 root root 0 2008-02-17 01:32 vfs_cache_pressure
-rw-r--r--1 root root 0 2008-02-17 01:32 zone_reclaim_mode
```

不同于此前讨论的文件，这些文件的内容不仅可以读，还可以通过普通的文件操作，向其中写入新值。例如，vm子目录包含了一个swappiness文件，表示交换算法在换出页时的“积极”程度。默认值是60，从cat显示的文件内容可以看到：

```
wolfgang@meitner> cat /proc/sys/vm/swappiness
60
```

但该值可以通过下列命令修改（以root用户的身份）：

```
wolfgang@meitner> echo "80" > /proc/sys/vm/swappiness
wolfgang@meitner> cat /proc/sys/vm/swappiness
80
```

按第18章的讨论，swappiness的值越大，内核换出页就越积极。在某些系统负荷等级下，这可以提高性能。

10.1.8节详细讲述了操作proc文件系统中的参数时内核是如何实现的。

10.1.2 数据结构

这里仍然有许多主要的数据结构，实现proc文件系统的代码即围绕这些结构建立。这其中包括了第8章讨论过的虚拟文件系统的数据结构。proc大量使用了VFS的数据结构，因为作为一种文件系统，它必须集成到内核的VFS抽象层中。

还有一些特定于proc的数据结构，用于组织内核提供的数据。还必须提供一个到内核各个子系统的接口，使得内核能从其数据结构中提取信息，然后借助/proc提供给用户空间。

1. proc数据项的表示

proc文件系统中的每个数据项都由proc_dir_entry的一个实例描述，该结构定义如下（简化版本）：

<proc_fs.h>

```
struct proc_dir_entry {
        unsigned int low_ino;
        unsigned short namelen;
        const char *name;
        mode_t mode;
        nlink_t nlink;
        uid_t uid;
        gid_t gid;
        loff_t size;
        struct inode_operations * proc_iops;
        const struct file_operations * proc_fops;
        get_info_t *get_info;
        struct module *owner;
        struct proc_dir_entry *next, *parent, *subdir;
        void *data;
        read_proc_t *read_proc;
        write_proc_t *write_proc;
...
};
```

因为每个数据项都有文件名，内核使用了该结构的两个成员来存储该信息：name是一个指向存储文件名的字符串的指针，而namelen则指定了文件名的长度。另外一个与经典文件系统相同的概念是inode的编号，并存储在low_ino中。mode的语义与普通文件系统相同，因为该成员反映了对应数据项的类型（文件、目录,等等），以及访问权限的分配。权限方案是经典的“所有者、组、其他”模型，并借助<stat.h>中的常量定义。uid和gid指定了该文件所有者的用户ID和组ID。二者都设置为0，这意味着root用户是几乎所有proc文件的所有者。

大多数数据结构中常见的使用计数器由count实现，它表示内核中使用某个数据结构实例的场合的计数，确保该结构实例不会被无意释放。

proc_iops和proc_fops分别指向第8章中讨论过的inode_operations和file_operations类型的实例。其中保存了可以对inode或文件进行的操作，这些操作充当与虚拟文件系统之间的接口，后者即赖此而存在。所使用的操作依赖具体的文件类型，我们将在下文详细讨论。

size成员表示按字节计算的文件长度。由于proc数据项是动态生成的，所以文件的长度通常无法预先知道。在这种情况下，该值为0。

如果一个proc数据项由动态加载的模块产生，那么owner指向相关联模块在内存中的数据结构（如果该项由持久编译到内核中的代码产生，那么owner为NULL指针）。

接下来的3个成员用于控制各种proc数据项或内核子系统与虚拟文件系统（以及最终的用户空间）之间的信息交换。

- get_info是一个函数指针，指向相关子系统中返回所需数据的例程。如同普通的文件访问，我们也可以指定所需范围的偏移量和长度，这样就不必读取整个数据集。该接口很有用，例如，可以用于proc数据项的自动分析。
- read_proc和write_proc指向的函数分别支持从/向内核读取/写入数据。这两个函数的参数和返回值由下列类型定义指定：

  <proc_fs.h>
  ```
  typedef int (read_proc_t)(char *page, char **start, off_t off,
                            int count, int *eof, void *data);
  typedef int (write_proc_t)(struct file *file, const char __user *buffer,
                             unsigned long count, void *data);
  ```

  虽然数据是以内存页为基准读取（当然，还可以指定要读取数据的偏移量和长度），但数据的写入则基于file实例。这两个例程都有一个额外的data参数，该参数在注册新的proc数据项时定义，每次调用这两个例程时，都作为参数传递进来（data参数平时保存在proc_dir_entry的data成员中）。这意味着，可以将一个函数注册为多个proc数据项的读/写例程。函数的代码可以根据data参数区分各种不同的情况（因为get_info没有data参数，所以不可能这样做）。在此前各章中，我们已经采用了这种策略，以防止不必要的代码复制。

回想一下，proc文件系统中的每个数据项，都对应于一个独立的proc_dir_entry实例。内核使用这些实例，借助其下列成员，来表示文件系统的层次结构。

- nlink指定了目录中子目录和符号链接的数目。其他类型文件的数目是不相关的。
- parent是指向父目录的指针，父目录中包含了一个文件（或子目录），对应于当前的proc_dir_entry实例。
- subdir和next支持文件和目录的层次化布置。subdir指向一个目录中的第一个子数据项（虽然该成员的名称是subdir，但它可能是文件，也可能是目录），而next将目录下的所有常见数据项都群集到一个单链表中。

2. proc inode

内核提供了一个数据结构，称之为proc_inode，支持以面向inode的方式来查看proc文件系统的数据项。该结构定义如下：

<proc_fs.h>
```
union proc_op {
        int (*proc_get_link)(struct inode *, struct dentry **, struct vfsmount **);
        int (*proc_read)(struct task_struct *task, char *page);
};

struct proc_inode {
        struct pid *pid;
        int fd;
        union proc_op op;
        struct proc_dir_entry *pde;
        struct inode vfs_inode;
};
```

该结构用来将特定于proc的数据与VFS层的inode数据关联起来。pde是一个指针，指向关联到proc数据项的proc_dir_entry实例。该实例的语义在前一节中已经讨论论过。在结构末尾是一个inode实例。

> 这是实际数据，而非指向该结构实例的指针。

这与VFS层用于inode管理的数据组织方式如出一辙。换言之，在关联到proc文件系统的每个inode结构实例之前，内存中都有一些额外的数据属于对应的proc_inode实例，根据inode信息，可使用container_of机制获得proc_inode。因为内核经常需要访问该信息，为此定义了下列辅助函数：

<proc_fs.h>
```
static inline struct proc_inode *PROC_I(const struct inode *inode)
{
        return container_of(inode, struct proc_inode, vfs_inode);
}
```

该函数返回了与一个VFS inode相关联的特定于inode的数据。图10-1说明了相应结构在内存中的布局。

图10-1 struct proc_inode和struct inode之间的关联

该结构其他成员，仅当该inode表示一个特定于进程的数据项时，才会使用（这些数据项位于proc/pid目录下）。其语义如下。

- pid是一个指针，指向进程的pid实例。由于可能会以这种方式访问大量特定于进程的信息，因而特定于进程的inode与该数据建立直接关联的原因是很明显的。
- proc_get_link和proc_read（二者位于一个联合中，因为每次只有其中一个是有意义的），前者用于获得特定于进程的信息，后者用于在虚拟文件系统中建立链接，指向特定于进程的数据。
- fd记录了文件描述符，它对应于/proc/<pid>/fd/中的某个文件。借助fd，该目录下的所有文件都可以使用同一file_operations。

这些成员的语义和使用将在10.1.7节详细讨论。

10.1.3　初始化

在使用proc文件系统之前，必须用mount装载它，而内核必须建立并初始化几个数据结构，以便在内核内存中描述该文件系统的结构。遗憾的是，/proc的外观和内容随着平台和体系结构的变化很大，代码中充满了#ifdef预处理器语句，并根据特定的情况来选择适当的代码。尽管这种做法令人皱眉，但的确无法避免。

初始化的差别主要在于创建/proc的子目录，这一点在图10-2中尚不明显，该图给出了fs/proc/root.c中的proc_root_init的代码流程图。

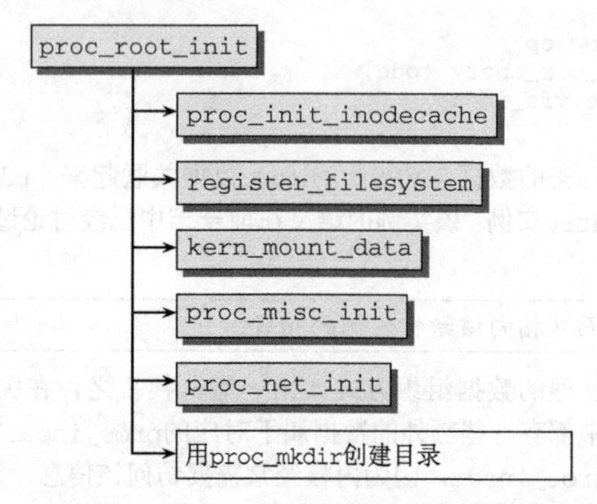

图10-2　proc_root_init的代码流程图

proc_root_init首先使用proc_init_inodecache为proc_inode对象创建一个slab缓存。这些对象是proc文件系统的支柱，通常需要尽快创建和销毁。接下来使用第8章讲述的register_filesystem例程，将该文件系统正式地注册到内核。最后，调用mount装载该文件系统。

kern_mount_data是do_kern_mount的一个包装器函数，也在第8章讨论过。它返回一个指向vfsmount实例的指针。该指针保存在全局变量proc_mnt中，供内核在以后使用。

proc_misc_init创建proc主目录中的各种文件项。这些数据项关联到特定的函数，用于从内核的数据结构读取信息。这些函数的一些例子如下：

- loadavg (loadavg_read_proc);
- meminfo (meminfo_read_proc);
- filesystems (filesystems_read_proc);
- version (version_read_proc)。

对上述列表中的每个名字，都会调用create_proc_read_entry（上面的列表不全，还有其他一些数据项，详见内核源代码）。该函数创建一个我们熟悉的proc_dir_entry数据结构的新实例，其read_proc成员设置为与各个名称相关联的函数。这些函数中，大部分的实现都极其简单。例如，用于获取内核版本的version_read_proc函数：

init/version.c

```
const char linux_proc_banner[] =
        "%s version %s"
        " (" LINUX_COMPILE_BY "@" LINUX_COMPILE_HOST ")"
```

```
        " (" LINUX_COMPILER ") %s\n";
```

fs/proc/proc_misc.c

```
static int version_read_proc(char *page, char **start, off_t off,
                             int count, int *eof, void *data)
{
        int len;

        len = snprintf(page, PAGE_SIZE, linux_proc_banner,
                utsname()->sysname,
                utsname()->release,
                utsname()->version);
        return proc_calc_metrics(page, start, off, count, eof, len);
}
```

使用sprintf将内核字符串linux_proc_banner写入到一个用户空间的页中。完成之后，使用proc_calc_metrics辅助函数确定返回数据的长度。

在proc_misc_init完成后，内核使用proc_net_init在/proc/net下建立很多与网络相关的文件。其使用的机制与上一个例子类似，我就不过多讲解了。

最后，内核调用proc_mkdir，建立/proc的若干子目录。这些在以后需要，但此时尚不包含文件。至于proc_mkdir，我们只需要知道该函数注册一个新的子目录，并返回对应的proc_dir_entry实例即可。我们无需了解其实现过程。内核将这些实例保存在全局变量中，因为在以后向这些目录添加文件时（即，提供真正的信息时），是需要这些实例的。

fs/proc_root.c

```
struct proc_dir_entry *proc_net, *proc_bus, *proc_root_fs, *proc_root_driver;

void __init proc_root_init(void)
{
...
        proc_net = proc_mkdir("sysvipc", NULL);
...
        proc_root_fs = proc_mkdir("fs", NULL);
        proc_root_driver = proc_mkdir("driver", NULL);
...
        proc_bus = proc_mkdir("bus", NULL);
}
```

进一步的目录初始化工作，不再由proc层自身负责，而是由提供相关信息的其他内核部分接手。至此，内核将这些子目录的proc_dir_entry实例保存到全局变量中的原因，就很清楚了。例如，proc/net中的文件就是由网络层创建的，在网卡驱动程序和协议代码中的许多地方，都向proc文件系统添加了文件。因为新文件是在新的网卡或协议初始化时创建的，这可以在启动期间完成（对于持久编译到内核中的驱动程序而言），也可以在系统运行时进行（即加载模块时）。无论如何，都是在proc_root_init初始化proc文件系统之后。如果内核不使用全程变量，就必须提供函数用于注册特定于子系统的数据项，与使用全局变量相比，这既不整洁又不优雅。

在内核中定义一个新的sysctl时，系统控制机制会建立对应的文件，并添加到proc_sys_root中。此前各章已经多次引用过系统控制机制，10.1.8节将详细讲解该机制。

10.1.4 装载 proc 文件系统

在内核内部用于描述proc文件系统结构和内容的数据已经初始化之后，下一步是将该文件系统装载到目录树中。

从用户空间系统管理员的角度来看，/proc的装载几乎与非虚拟文件系统是等同的。唯一的区别在于，将一个适宜的关键字（通常是proc或none）指定为数据源，而不使用设备文件：

```
root@meitner # mount -t proc proc /proc
```

第8章详细讲述了VFS内部装载新文件系统的处理流程，这里仅简短论述。在内核添加新文件系统时，会扫描一个链表，查找与该文件系统相关的file_system_type实例。该实例提供了如何读取对应文件系统超级块的一些信息。对于proc文件系统，该结构初始化如下：

fs/proc/root.c

```
static struct file_system_type proc_fs_type = {
        .name           = "proc",
        .get_sb         = proc_get_sb,
        .kill_sb        = kill_anon_super,
};
```

将特定于文件系统的超级块数据填充到一个vfsmount结构的实例中，使得新的文件系统能够集成到VFS树中。

根据上文摘录的源代码显示，proc文件系统的超级块由proc_get_sb提供。该函数基于另一个内核辅助例程（get_sb_single），借助proc_fill_super来填充一个super_block的新实例。

proc_fill_super并不十分复杂，主要负责用一些定义后从不改变的值来填充super_block的各个成员：

fs/proc/inode.c

```
int proc_fill_super(struct super_block *s, void *data, int silent)
{
        struct inode * root_inode;
...
        s->s_blocksize = 1024;
        s->s_blocksize_bits = 10;
        s->s_magic = PROC_SUPER_MAGIC;
        s->s_op = &proc_sops;
...
        root_inode = proc_get_inode(s, PROC_ROOT_INO, &proc_root);
        s->s_root = d_alloc_root(root_inode);
...
        return 0;
}
```

块长度不能设置，总是1 024。因此，s_blocksize_bits总是10，因为2^{10}=1 024。

借助预处理器，用于识别proc文件系统的魔数定义为0x9fa0。对proc文件系统来说，该数字实际上是不需要的，因为其数据并不保存在存储介质上，而是动态生成的。

我们更感兴趣的是proc_sops中对超级块的各个操作，其中收集了内核管理proc文件系统所需的各个函数：

fs/proc/inode.c

```
static struct super_operations proc_sops = {
        .alloc_inode    = proc_alloc_inode,
        .destroy_inode  = proc_destroy_inode,
        .read_inode     = proc_read_inode,
        .drop_inode     = generic_delete_inode,
        .delete_inode   = proc_delete_inode,
        .statfs         = simple_statfs,
        .remount_fs     = proc_remount,
};
```

proc_fill_super接下来的两行代码为proc的根目录创建一个inode，并使用d_alloc_root将其转换为一个dentry，加入到超级块中。这里它用作文件系统中查找操作的起点，如第8章所述。

基本上，proc_get_inode函数用于创建proc的根inode并填充几个成员值。例如，所有者和访问权限。我们更感兴趣的是静态的proc_dir_entry实例，即proc_root。在它初始化时，引出了其他的一些数据结构，包含了相关的函数指针：

fs/proc/root.c
```
struct proc_dir_entry proc_root = {
        .low_ino         = PROC_ROOT_INO,
        .namelen         = 5,
        .name            = "/proc",
        .mode            = S_IFDIR | S_IRUGO | S_IXUGO,
        .nlink           = 2,
        .count           = ATOMIC_INIT(1),
        .proc_iops       = &proc_root_inode_operations,
        .proc_fops       = &proc_root_operations,
        .parent          = &proc_root,
}
```

proc文件系统中，根inode与其他inode的不同之处在于，它不仅包含"普通"的文件和目录（尽管它们是动态生成的），还管理着特定于进程的PID目录，其中包含了各个系统进程的详细信息。因而，根inode有自身的inode操作和文件操作，定义如下：

fs/proc/root.c
```
/*
 */proc目录是特别的，因为其中包含了<pid>目录。
 *因而我们不能对该目录使用通用的目录处理函数。
 */
static struct file_operations proc_root_operations = {
        .read            = generic_read_dir,
        .readdir         = proc_root_readdir,
};

/*
 * 对proc的根目录几乎不能做什么操作……
 */
static  struct inode_operations proc_root_inode_operations = {
        .lookup          = proc_root_lookup,
        .getattr         = proc_root_getattr,

}
```
generic_read_dir是一个标准的虚拟文件系统函数，结果返回错误码-EISDIR。这是因为目录不能像普通文件那样处理，不能直接从其中读取数据。10.1.5节讲述了proc_root_lookup的运作方式。

10.1.5 管理/proc 数据项

在proc文件系统投入使用之前，必须向其中添加数据项。内核提供了几个辅助例程来添加文件、创建目录，等等，使得内核的其余部分能够尽可能容易地完成相关的任务。下文将讨论这些例程。

> 虽然很容易创建新的proc数据项，但事实上，用代码来创建新的数据项并不是常例。尽管如此，在进行测试时，这些接口很有用处。借助这些简单、轻量级的接口，我们就可以用很小的代价在内核与用户空间之间打开一条通信渠道用于测试。

我还会讨论内核扫描proc树中所有数据项来查找所需信息的方法。

1. 数据项的创建和注册

新数据项分两个步骤添加到proc文件系统。首先，创建proc_dir_entry的一个新实例，填充描述该数据项的所有需要的信息。然后，将该实例注册到proc的数据结构，使得外部能看到该数据项。因为这两个步骤从来都不独立执行，所以内核提供辅助函数合并了这两个操作，使得可以快捷地创建新的proc数据项。

最常使用的函数是create_proc_entry，需要3个参数：

<proc_fs.h>

```
extern struct proc_dir_entry *create_proc_entry(const char *name, mode_t mode,
                                                 struct proc_dir_entry *parent);
```

- name指定了文件名。
- mode按传统的UNIX方案（用户/组/其他）指定了访问权限。
- parent是一个指针，指向该文件父目录的proc_dir_entry实例。

> 切记：该函数只填充了proc_dir_entry结构的一些必要的成员。因此必须对产生的结构作一些手工校正。

下列示例代码可以说明这一点，代码产生的数据项是proc/net/hyperCard，提供了一个很棒的网卡信息：

```
struct proc_dir_entry *entry = NULL;

entry = create_proc_entry("hyperCard", S_IFREG|S_IRUGO|S_IWUSR,
                          &proc_net);

if (!entry) {
        printk(KERN_ERR "unable to create /proc/net/hyperCard\n");
        return -EIO;
} else {
        entry->read_proc = hypercard_proc_read;
            entry->write_proc = hypercard_proc_write;
}
```

在创建了数据项之后，使用fs/proc/generic.c中的proc_register将其注册到proc文件系统。该任务划分为3个步骤。

(1) 生成一个唯一的proc内部编号，向数据项赋予身份。get_inode_number返回一个未使用的编号，用于为动态生成的数据项。

(2) 必须适当地设置proc_dir_entry实例的next和parent成员，将新数据项集成到proc文件系统的层次结构中。

(3) 如果此前proc_dir_entry的成员proc_iops或proc_fops为NULL指针，那么需要根据文件类型，适当地设置指向file_operations和inode_operations结构实例的指针。否则，使用原值即可。

对proc文件使用什么样的file_operations和inode_operations？相应的指针设置如下：

fs/proc/generic.c

```
static int proc_register(struct proc_dir_entry * dir, struct proc_dir_entry * dp)
{
        if (S_ISDIR(dp->mode)) {
                if (dp->proc_iops == NULL) {
                        dp->proc_fops = &proc_dir_operations;
                        dp->proc_iops = &proc_dir_inode_operations;
                }
                dir->nlink++;
        } else if (S_ISLNK(dp->mode)) {
                if (dp->proc_iops == NULL)
                        dp->proc_iops = &proc_link_inode_operations;
```

```
        } else if (S_ISREG(dp->mode)) {
                if (dp->proc_fops == NULL)
                        dp->proc_fops = &proc_file_operations;
                if (dp->proc_iops == NULL)
                        dp->proc_iops = &proc_file_inode_operations;
        }
...
}
```

对普通文件，内核使用proc_file_operations和proc_file_inode_operations来定义文件和inode操作方法：

fs/proc/generic.c
```
static struct inode_operations proc_file_inode_operations = {
        .setattr        = proc_notify_change,
};
```

fs/proc/generic.c
```
static struct file_operations proc_file_operations = {
        .llseek         = proc_file_lseek,
        .read           = proc_file_read,
        .write          = proc_file_write,
};
```

proc目录使用的结构如下：

fs/proc/generic.c
```
static struct file_operations proc_dir_operations = {
        .read                   = generic_read_dir,
        .readdir                = proc_readdir,
};
```

fs/proc/generic.c
```
/* 对proc的目录几乎不能做什么操作... */
static struct inode_operations proc_dir_inode_operations = {
        .lookup         = proc_lookup,
        .getattr        = proc_getattr,
        .setattr        = proc_notify_change,
};
```

符号链接只需要inode_operations，不需要file_operations：

fs/proc/generic.c
```
static struct inode_operations proc_link_inode_operations = {
        .readlink       = generic_readlink,
        .follow_link    = proc_follow_link,
};
```

本节稍后，我将更仔细地讲解上述数据结构中一些例程的实现。

除了create_proc_entry，内核还提供了两个辅助函数创建新的proc数据项。这3个简短的函数实际上都是create_proc_entry的包装器例程，后两个定义如下：

<proc_fs.h>
```
static inline struct proc_dir_entry *create_proc_read_entry(const char *name,
        mode_t mode, struct proc_dir_entry *base,
        read_proc_t *read_proc, void * data) { ... }

static inline struct proc_dir_entry *create_proc_info_entry(const char *name,
        mode_t mode, struct proc_dir_entry *base, get_info_t *get_info) { ... }
```

create_proc_read_entry和create_proc_info_entry用于创建一个新的可读取的数据项。因

为该任务可以用两种不同的方式完成（10.1.2节讨论过这个问题），必须有两个对应的例程。尽管create_proc_info_entry需要一个类型为get_info_t的函数指针作为参数，但create_proc_read_entry不仅需要一个类型为read_proc_t的函数指针参数，还需要一个数据指针参数，以便将同一读取例程用于不同的proc数据项，只是根据data参数来进行区分。

尽管我们对其实现不感兴趣，我在下面仍然列出了一组其他的辅助函数，用于管理proc数据项。

- proc_mkdir创建一个新目录。
- proc_mkdir_mode创建一个新目录，目录的访问权限可以显式指定。
- proc_symlink生成一个符号链接。
- remove_proc_entry从proc目录中删除一个动态生成的数据项。

内核源代码包含了一个示例文件，在Documentation/DocBook/procfs_example.c中。该文件演示了这里描述的选项，可以用作编写proc例程的模板。10.1.6节包含了一些示例内核源代码例程，负责proc文件系统的读/写例程和内核子系统之间的交互。

2. 查找proc数据项

用户空间应用程序访问proc文件时，就像是访问常规文件系统中的普通文件一样。换句话说，搜索proc数据项时所经由的代码路径，与第8章中讲述的VFS例程是相同的。按第8章的讨论，查找过程（例如，在open系统调用中的查找）将在一定的时间到达real_lookup，该函数将调用inode_operations的lookup函数指针，根据文件名的各个路径分量，来确定文件名所对应的inode。本节中，我们讨论一下内核在proc文件系统中查找文件时，需要哪些步骤。

对proc数据项的搜索从proc文件系统的装载点开始，通常是/proc。在10.1.2节中，读者已经看到，在proc文件系统根目录的file_operations实例中，其lookup指针指向了proc_root_lookup函数。图10-3给出了相关的代码流程图。

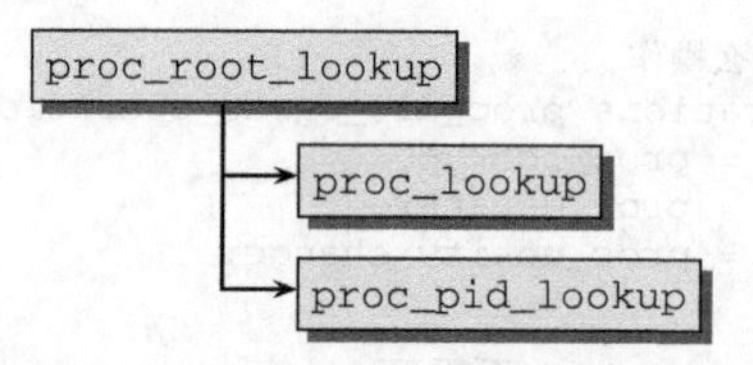

图10-3　proc_root_lookup的代码流程图

在将实际工作委托给具体的例程之前，内核使用该例程来区分两种不同类型的proc数据项。数据项可能是某个特定于进程的目录中的文件，例如/proc/1/maps。另外，数据项也可能是驱动程序或子系统动态注册的文件（例如，/proc/cpuinfo或/proc/net/dev）。区分这两种文件是内核的责任。

内核首先调用proc_lookup查找常规的数据项。如果函数找到了所查找的文件（顺序扫描指定路径的各个分量），那么一切都好，查找操作就此结束。

如果proc_lookup没有找到数据项，内核将调用proc_pid_lookup查找特定于进程的数据项。

这里不讨论这些函数的细节了。我们只需要知道，函数需要返回一个适当的inode类型（10.1.7节将再次讨论proc_pid_lookup，该节的讨论将涉及特定于进程的inode的创建和结构）。

10.1.6　读取和写入信息

10.1.5节提到，内核使用保存在proc_file_operations中的操作来读写常规proc数据项的内容。该结构中的函数指针，所指向的目标函数如下：

fs/proc/generic.c

```
static struct file_operations proc_file_operations = {
        .llseek         = proc_file_lseek,
        .read           = proc_file_read,
        .write          = proc_file_write,
};
```

本节将讨论通过proc_file_read和proc_file_write实现的读写操作。

1. proc_file_read的实现

从proc文件读取数据的操作分为3个步骤：

(1) 分配一个内核内存页面，产生的数据将填充到页面中；

(2) 调用一个特定于文件的函数，向内核内存页面填充数据；

(3) 数据从内核空间复制到用户空间。

显然，第2个步骤是最重要的，因为必须为此特意准备好子系统的数据和内核中的数据结构。其他两个步骤都是简单的例行任务。10.1.2节提到，内核在proc_dir_entry结构中提供了两个函数指针get_info和read_proc。这两个函数用于读取数据，而内核必须选择一个匹配的来使用。

fs/proc/generic.c

```
proc_file_read(struct file *file, char __user *buf, size_t nbytes,
                loff_t *ppos)
{
...
                if (dp->get_info) {
                        /* 处理旧的网络例程 */
                        n = dp->get_info(page, &start, *ppos, count);
                        if (n < count)
                                eof = 1;
                } else if (dp->read_proc) {
                        n = dp->read_proc(page, &start, *ppos,
                                          count, &eof, dp->data);
                } else
                        break;
...
}
```

page是一个指针，指向第一步中分配的用于保存数据的内存页面。

由于10.1.5节已经给出了read_proc的一个示例实现，我就不在这里重复了。

2. proc_file_write的实现

向proc文件写入数据也很简单，至少从该文件系统来看是这样。proc_file_write的代码非常紧凑，因而在下面完全复制过来。

fs/proc/generic.c

```
static ssize_t
proc_file_write(struct file * file, const char __user *buffer,
                size_t count, loff_t *ppos)
{
        struct inode *inode = file->f_dentry->d_inode;
        struct proc_dir_entry * dp;

        dp = PDE(inode);
```

```
        if (!dp->write_proc)
                return -EIO;
        return dp->write_proc(file, buffer, count, dp->data);
}
```

PDE函数用于从VFS inode使用container_of机制获得所需的proc_dir_entry实例，它是非常简单的。它不过是执行PROC_I(inode)->pde而已。在10.1.2节讨论过，PROC_I用于找到与inode关联的proc_inode实例（就proc inode而论，其inode数据总是紧接着VFS inode之前）。

在找到了proc_dir_entry实例后，必须用适当的参数来调用注册的写例程，当然，这里假定该例程是存在的，不是NULL指针。

内核如何为proc数据项实现写例程？答案是使用proc_write_foobar，该函数是一个示例，内核源代码用其来示范如何编写例程，来处理对proc数据项的写入。

kernel/Documentation/DocBook/procfs_example.c

```
static int proc_write_foobar(struct file *file,
                             const char *buffer,
                             unsigned long count,
                             void *data)

{
        int len;
        struct fb_data_t *fb_data = (struct fb_data_t *)data;

        if(count > FOOBAR_LEN)
                len = FOOBAR_LEN;
        else
                len = count;

        if(copy_from_user(fb_data->value, buffer, len))
                return -EFAULT;

        fb_data->value[len] = '\0';
        /* 解析数据，执行子系统中的操作 */
        return len;
}
```

通常，proc_write的实现会执行下列操作。

(1) 首先，必须检查用户输入的长度（使用count参数确定），确保不超出所分配区域的长度。

(2) 数据从用户空间复制到分配的内核空间区域。

(3) 从字符串中提取出信息。该操作称之为解析（parsing），这是从编译器设计借用的术语。在上述例子中，该任务委托给cpufreq_parse_policy函数。

(4) 接下来，根据收到的用户信息，对该（子）系统进行操作。

10.1.7　进程相关的信息

输出与系统进程相关的详细信息，是proc文件系统最初设计的主要任务之一，现在仍然如此。如10.1.7节所示，proc_pid_lookup负责打开/proc/<pid>中特定于PID的文件。相关的代码流程图，在图10-4给出。

该例程的目的在于，创建一个inode作为第一个对象，用于后续的特定于PID的操作。这是因为，该inode表示了/proc/pid目录，其中包含了所有能够提供特定于进程的信息的文件。下文将分析两种情况，二者必须区分开来。

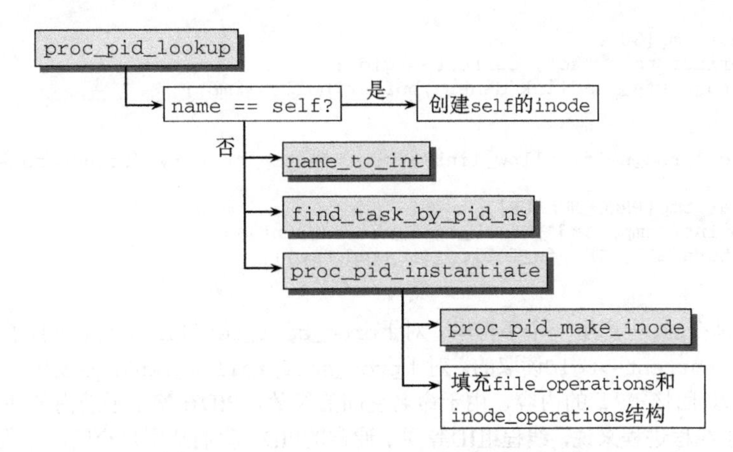

图10-4 proc_pid_lookup的代码流程图

1. self目录

可以明确地根据进程的PID来选择进程，但当前运行进程的数据只要选择/proc/self目录即可获取，无须提供PID，内核会自动判断当前运行的进程。例如，用cat输出/proc/self/map的内容，将产生下列结果：

```
wolfgang@meitner> cat /proc/self/cmdline
cat/proc/self/cmdline
```

如果使用Perl脚本来读取该文件，将获得下列信息。

```
wolfgang@meitner> perl -e 'open(DAT, "< /proc/self/cmdline"); print(<DAT>); close(DAT);'
perl-eopen(DAT, "< /proc/self/cmdline"); print(<DAT>); close(DAT);
```

因为脚本作为命令行参数传递到Perl解释器，脚本执行时复制了自身。实际上，它几乎可称作是一个能够打印输出自身的Perl脚本①。

如图10-4中的代码流程图所示，proc_pid_lookup中首先处理self的情形。

在创建一个新的inode实例时，只需填充几个标准的字段（不需要我们重点关注）。最重要的是下述事实：静态定义的proc_self_inode_operations实例用作inode操作：

fs/proc/base.c
```
static struct inode_operations proc_self_inode_operations = {
        .readlink       = proc_self_readlink,
        .follow_link    = proc_self_follow_link,
};
```

self目录实现为一个指向特定于PID目录的符号链接。因而，相关的inode的结构总是相同的，并不包含所引用的进程的任何信息。在读取链接的目标时，将动态获取相关进程的信息（在跟踪链接或读取其内容时，这是必需的。例如，在列出/proc的各个数据项时）。这也是proc_self_inode_operations中两个函数的目的，二者的实现都只需要几行代码：

fs/proc/base.c
```
static int proc_self_readlink(struct dentry *dentry, char *buffer, int buflen)
{
```

① 编写打印输出自身的程序，是老派黑客的乐事。在www.nyx.net/~gthompso/quine.htm网页可以看到很多此类程序，且以多种高级语言编写而成。

```
        char tmp[30];
        sprintf(tmp, "%d", current->tgid);
        return vfs_readlink(dentry,buffer,buflen,tmp);
}

static void *proc_self_follow_link(struct dentry *dentry, struct nameidata *nd)
{
        char tmp[PROC_NUMBUF];
        sprintf(tmp, "%d", task_tgid_vnr(current));
        return ERR_PTR(vfs_follow_link(nd,tmp));
}
```

这两个函数都在tmp中产生一个字符串。对于proc_self_readlink，tmp包含了当前运行进程的线程组ID，是使用current->tgid读取的。对于proc_self_follow_link，则使用了当前命名空间关联到该进程的PID。回忆第2章的内容，由于命名空间的缘故，PID在整个系统内部并不是唯一的。另外还要记得，对单线程进程来说，线程组ID等同于通常的PID。我们从用户空间应用程序的C语言编程已经熟悉了sprintf函数，它用于将整数转换为字符串。

接下来，将剩余的工作委托给标准的虚拟文件系统函数，即负责将查找操作引导到准确的位置上。

2. 根据PID进行选择

下面将重点讨论如何根据PID选择特定于进程的信息。

- 创建目录inode

如果将一个PID而不是self传递到proc_pid_lookup，那么查找操作的过程如图10-4中的代码流程图所示。

因为文件名总是字符串形式的，而PID是整数，前者必须进行相应的转换。内核提供了name_to_int辅助函数，将由数字组成的字符串转换为整数。

获得的信息用于查找目标进程的task_struct实例，该工作借助第2章讲述的find_task_by_pid_ns函数完成。当然，内核不能假定目标进程是确实存在的。毕竟，程序是也可能尝试处理不存在的PID的。这种情况下，将报告一个对应的错误（-ENOENT）。

在找到目标进程的task_struct之后，内核将其余的大部分工作委托给fs/proc/base.c中实现的proc_pid_instantiate函数，该函数又依赖proc_pid_make_inode。首先，通过VFS的标准函数new_inode创建一个新的inode。这在本质上会归结到上文提到的特定于proc文件系统的proc_alloc_inode例程，该例程利用自身的slab缓存创建一个proc_inode结构实例。

> 该例程布局产生了一个新的struct inode实例，还分配了struct proc_inode所需的内存。分配的内存包含了一个普通的VFS inode作为子对象，这在10.1.2节提到过。产生的对象的成员，都填充的是一些标准的值。

在调用proc_pid_make_inode之后，proc_pid_instantiate中剩余的代码只需要执行几项管理任务。其中最重要的是，将inode操作inode->i_op设置为指向proc_tgid_base_inode_operations，该实例是静态声明的，其内容在下文讲解。

- 处理文件

在特定于PID的目录/proc/pid中处理一个文件（或目录）时，这是使用该目录的inode操作完成的，在第8章中讨论虚拟文件系统机制时提到过。内核使用静态定义的proc_base_inode_operations结构作为PID inode的inode_operations实例。该结构定义如下：

fs/proc/base.c
```
static const struct inode_operations proc_tgid_base_inode_operations = {
        .lookup = proc_tgid_base_lookup,
        .getattr = pid_getattr,
        .setattr = proc_setattr,
};
```

除了属性的处理之外，目录还支持一个操作，即查找子目录项①。

proc_tgid_base_lookup的任务是根据给定的名称（cmdline、maps，等等），返回一个inode实例（设置了适当的inode_operations）。扩展的inode操作（proc_inode）还必须包括一个函数，输出所需的数据。图10-5给出了代码流程图。

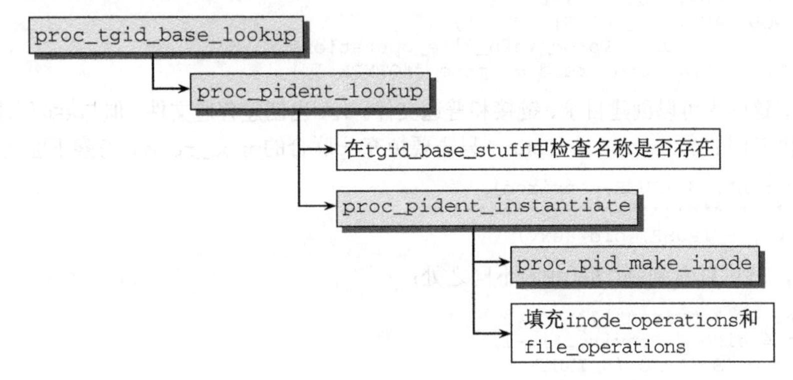

图10-5 proc_tgid_base_lookup的代码流程图

这项工作委托给proc_pident_lookup，该函数是一个通用的方法，不仅能够处理TGID文件，还能够处理其他ID类型。第一步是确认目标数据项是否确实存在。因为特定于PID的目录，其内容总是同样的，内核源代码中定义了所有文件的静态列表以及其他一些信息。该列表称之为tgid_base_stuff，可以很方便地用来查明目标目录项是否存在。该数组各元素的类型为pid_entry，定义如下：

fs/proc/base.c
```
struct pid_entry {
        char *name;
        int len;
        mode_t mode;
        const struct inode_operations *iop;
        const struct file_operations *fop;
        union proc_op op;
};
```

name和len指定了名称的文件名和字符串长度，而mode表示访问权限。此外，还有用于与该数据项关联的inode_operations和file_operations的字段，以及proc_op的一份副本。回想前文，我们知道proc_op包含了一个指针，指向proc_get_link或proc_read_link操作，具体指向哪个操作取决于文件类型。

内核提供了一些宏，使得构造静态的pid_entry实例比较容易：

① proc_tgid_base_operations（一个struct file_operations实例）中还提供了一个专门的readdir方法，用于读取目录中所有文件的列表。之所以在这里没有讨论，主要是因为每个特定于PID的目录所包含的内容都是不变的，因而该方法总是返回同样的数据。

fs/proc/base.c
```
#define DIR(NAME, MODE, OTYPE) \
        NOD(NAME, (S_IFDIR|(MODE)), \
                &proc_##OTYPE##_inode_operations, &proc_##OTYPE##_operations, \
                {} )
#define LNK(NAME, OTYPE) \
        NOD(NAME, (S_IFLNK|S_IRWXUGO), \
                &proc_pid_link_inode_operations, NULL, \
                { .proc_get_link = &proc_##OTYPE##_link } )
#define REG(NAME, MODE, OTYPE) \
        NOD(NAME, (S_IFREG|(MODE)), NULL, \
                &proc_##OTYPE##_operations, {})
#define INF(NAME, MODE, OTYPE) \
        NOD(NAME, (S_IFREG|(MODE)), \
                NULL, &proc_info_file_operations, \
                { .proc_read = &proc_##OTYPE } )
```

顾名思义，这些宏可以创建目录、链接和普通文件。INF也创建普通文件，但与REG创建的文件相比，它们不需要提供专门的file_operations，只需要填充op联合的proc_read。考察下面两个宏语句：

```
REG("environ", S_IRUSR, environ)
/**********************************/
INF("auxv", S_IRUSR, pid_auxv)
```

二者展开之后，就可以看到REG和INF的不同之处：

```
{    .name = ("environ"),
     .len = sizeof("environ") -1,
     .mode = (S_IFREG|(S_IRUSR)),
     .iop = NULL,
     .fop = &proc_environ_operations,
     .op = {},
}
/**********************************/
{    .name = ("auxv"),
     .len = sizeof("auxv") -1,
     .mode = (S_IFREG|(S_IRUSR)),
     .iop = NULL,
     .fop = &proc_info_file_operations,
     .op = { .proc_read = &proc_pid_auxv },
}
```

这些宏用于在tgid_base_stuff中构建特定于TGID的目录项：

fs/proc/base.c
```
static const struct pid_entry tgid_base_stuff[] = {
        DIR("task", S_IRUGO|S_IXUGO, task),
        DIR("fd", S_IRUSR|S_IXUSR, fd),
        DIR("fdinfo", S_IRUSR|S_IXUSR, fdinfo),
        REG("environ", S_IRUSR, environ),
        INF("auxv", S_IRUSR, pid_auxv),
        INF("status", S_IRUGO, pid_status),
        INF("limits", S_IRUSR, pid_limits),
...
        INF("oom_score", S_IRUGO, oom_score),
        REG("oom_adj", S_IRUGO|S_IWUSR, oom_adjust),
        #ifdef CONFIG_AUDITSYSCALL
                REG("loginuid", S_IWUSR|S_IRUGO, loginuid),
        #endif
        #ifdef CONFIG_FAULT_INJECTION
                REG("make-it-fail", S_IRUGO|S_IWUSR, fault_inject),
```

```
#endif
#if defined(USE_ELF_CORE_DUMP) && defined(CONFIG_ELF_CORE)
        REG("coredump_filter", S_IRUGO|S_IWUSR, coredump_filter),
#endif
#ifdef CONFIG_TASK_IO_ACCOUNTING
        INF("io", S_IRUGO, pid_io_accounting),
#endif
};
```

该结构按类型、名称、访问权限描述了每个目录项。最后一项（访问权限）是用通常的VFS常数定义的，我们在第8章已经讲过。

综述一下，各种类型的项可以如下区分。

- INF风格的文件使用一个独立的read_proc函数来获得所要的数据。标准的proc_info_file_operations实例用作file_operations。它定义的方法，表示了使用read_proc将数据向上层传递的VFS接口。
- SYM产生的是指向另一个VFS文件的符号链接。通过proc_get_link指定了一个特定于类型函数，借助该函数可以获得链接目标，而proc_pid_link_inode_operations将链接目标的相关信息以适当形式转送给虚拟文件系统。
- REG创建普通文件，使用专用的file_operations收集数据并转送到VFS层。如果数据源不符合proc_info_file_operations提供的框架，就需要这样做。

我们回到proc_pident_lookup。要检查目标文件名是否存在，内核所做的就是遍历所有的数组元素，将目标文件名与其中存储的名称进行比较，直至发现一个匹配者，或所有数组项都不匹配。在tgid_base_stuff中确认文件名确实存在之后，该函数使用proc_pident_instantiate产生一个新的inode，后者又调用了proc_pid_make_inode函数。

10.1.8 系统控制机制

可以在运行时通过系统控制修改内核行为。控制参数从用户空间传输到内核，无须重启机器。操纵内核行为的传统方法是sysctl系统调用。但由于种种原因，这并不总是最优雅的方案。一个理由是，必须编写一个程序读取参数并使用sysctl将参数传递给内核。遗憾的是，该方法并不能让用户快速了解到内核控制方案是如何提供的。不同于系统调用，不存在POSIX或其他任何标准来定义一个标准的sysctl集合，使得所有兼容系统都实现该集合。因此，sysctl实现现在被认为是过时的，迟早会被遗忘。

为解决这种情况，Linux借助于proc文件系统。内核重排了所有的sysctl，建立起一个层次结构，并导出到/proc/sys目录下。可以使用简单的用户空间工具来读取或操纵这些参数。要修改内核的运行时行为，cat和echo就足够了。

本节不仅讲解了sysctl机制的proc接口，还讨论了在内核中如何注册管理sysctl，因为这两个方面是密切相关的。

1. 使用sysctl

为描绘出系统控制方案及其使用的一般图景，我选择了一个简短的例子，来说明用户空间程序如何借助sysctl系统调用来调用sysctl资源。这个例子也说明了在没有proc文件系统的情况下，直接使用sysctl系统调用的困难程度。

每个类UNIX操作系统中的许多sysctl，都组织为一个明确的层次结构，反映了文件系统中所使用的我们熟悉的树形结构：正是因为这种特性，才使得sysctl能够如此简单地通过一个虚拟文件系统导出。

但与文件系统相比，sysctl不使用字符串表示路径分量。相反，sysctl使用打包为符号常数的整数来表示路径分量。与字符串形式的路径名相比，内核更容易解析这种格式。

内核提供了几个“基本类别”，包括CTL_DEV（外设有关信息）、CTL_KERN（内核本身有关信息）和CTL_VM（内存管理信息和参数）。

CTL_DEV包含一个子类名为DEV_CDROM，提供有关系统中的光驱的信息（光驱显然是外设）。

在CTL_DEV/DEV_CDROM中，有几个“端点”表示实际的sysctl。例如，有一个sysctl称作DEV_CDROM_INFO，提供了有关该驱动器的能力的一般信息。希望访问该sysctl的应用程序必须指定路径名CTL_DEV/DEV_CDROM/DEV_CDROM_INFO，以便唯一标识该sysctl。所需常数的数值定义在<sysctl.h>中，标准库也使用了该头文件（通过/usr/include/sys/sysctl.h）。

图10-6给出了sysctl层次结构一个片段的图示，其中也包含了上述的路径。

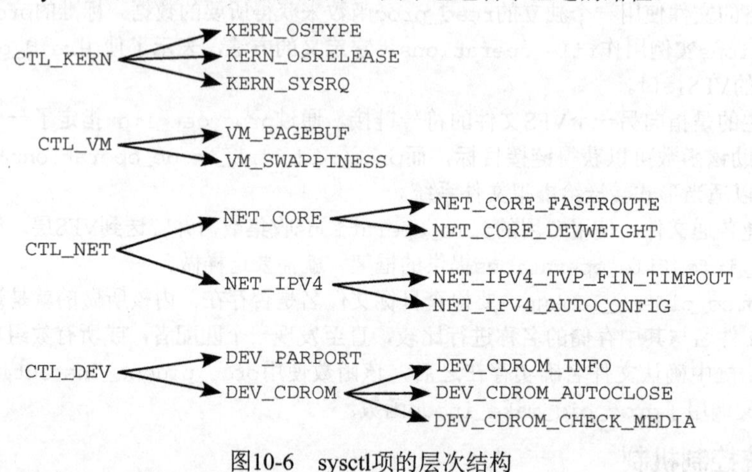

图10-6　sysctl项的层次结构

代码的核心是定义在C标准库中的sysctl函数，函数声明在/usr/include/sys/sysctl.h中：

```
int sysctl (int *names, int nlen, void *oldval,
            size_t *oldlenp, void *newval, size_t newlen)
```

到具体的sysctl的路径由一个整数数组给出，每个数组元素表示一个路径分量。

内核并不指定路径中有多少个分量，因此必须通过nlen参数明确指定。

oldval是一个指针，指向一个类型不确定的内存区，oldlenp指定所分配的内存区以字节为单位的长度。内核使用oldval指针来返回sysctl的原值。如果该信息可以读取但不能操作，则sysctl调用前后，其值是相同的。在系统调用执行完毕后，输出数据的长度由oldlenp指定。因此，该参数是以指针形式传递，而不是按值传递的。

newval和newlen也形成了一对指针和长度的组合。在sysctl允许修改内核参数时，可以使用这两个参数。newval指针指向新的信息在用户空间中的存储区，而newlen指定了其长度。在读取数据时，对nwval传递NULL指针，而newlen传递0值即可。

在生成了sysctl调用所需的所有参数之后（路径名、返回所需信息的内存位置），调用sysctl且结果返回一个整数。0意味着调用成功（为简单起见，跳过错误处理）。获得的数据保存在oldval中，可以像普通的C字符串那样用printf输出。

2. 数据结构

内核定义了几个数据结构来管理各个sysctl。照例，在研究其实现之前，我们先来仔细看看这些数据结构。因为各个sysctl是按层次结构排布的（每个较大的内核子系统，都会定义自身的sysctl列表，及其各个下级模块），数据结构中不仅包含了各个sysctl及其读写操作的相关信息，还必须提供在各个数据项之间映射层次结构的方法。

每个sysctl项都有自身的`ctl_table`实例：

<sysctl.h>
```
struct ctl_table
{
        int ctl_name;                   /* 二进制ID */
        const char *procname;           /* /proc/sys下各目录项的文本ID，或NULL */
        void *data;
        int maxlen;
        mode_t mode;
        struct ctl_table *child;
        struct ctl_table *parent;       /* 自动设置 */
        proc_handler *proc_handler;     /* 用于格式化文本的回调函数 */
        ctl_handler *strategy;          /* 用于所有读/写操作的回调函数 */
        struct proc_dir_entry *de;      /* /proc的控制块 */
        void *extra1;
        void *extra2;
};
```

> 该结构的名称有点误导。一个sysctl表是`sysctl`结构的一个数组，而该结构的一个实例应当称为一个sysctl项，虽然其名称中有`table`的字样。

该结构成员的语义如下。

- `ctl_name`是一个ID，在该sysctl项所在的层次上必须是唯一的，但不必在整个sysctl表中是唯一的。

  `<sysctl.h>`中包含了无数的枚举，定义了用于各种目的的sysctl的标识符。用于基本类别的标识符由下列枚举定义：

  <sysctl.h>
  ```
  enum
  {
          CTL_KERN=1,         /* 一般内核信息和控制 */
          CTL_VM=2,           /* 虚拟内存管理 */
          CTL_NET=3,          /* 网络 */
          CTL_PROC=4,         /* 进程信息 */
          CTL_FS=5,           /* 文件系统 */
          CTL_DEBUG=6,        /* 调试 */
          CTL_DEV=7,          /* 设备 */
          CTL_BUS=8,          /* 总线 */
          CTL_ABI=9,          /* 二进制仿真 */
          CTL_CPU=10          /* CPU相关信息（速度等）*/
  ...
  };
  ```

  在CTL_DEV类别中，还定义了各种设备类型的标识符：

  <sysctl.h>
  ```
  /* CTL_DEV名称： */
  enum {
          DEV_CDROM=1,
          DEV_HWMON=2,
          DEV_PARPORT=3,
          DEV_RAID=4,
  ```

```
        DEV_MAC_HID=5,
        DEV_SCSI=6,
        DEV_IPMI=7,
};
```

常数1（和其他值）在上面给出的枚举中出现了不止一次，如CTL_KERN和DEV_CDROM。这不成问题，因为二者位于不同的层次上，如图10-6所示。

- procname是一个字符串，包含了proc/sys下目录项的可理解的描述信息。所有根数据项（即对应于几个基本类别的sysctl）的名称，都表现为/proc/sys下的目录名。

```
wolfgang@meitner> ls -l /proc/sys
total 0
dr-xr-xr-x 2 root root 0 2006-08-11 00:09 debug
dr-xr-xr-x 8 root root 0 2006-08-11 00:09 dev
dr-xr-xr-x 7 root root 0 2006-08-11 00:09 fs
dr-xr-xr-x 4 root root 0 2006-08-11 00:09 kernel
dr-xr-xr-x 8 root root 0 2006-08-11 00:09 net
dr-xr-xr-x 2 root root 0 2006-08-11 00:09 proc
dr-xr-xr-x 2 root root 0 2006-08-11 00:09 sunrpc
dr-xr-xr-x 2 root root 0 2006-08-11 00:09 vm
```

如果数据项不通过proc文件系统导出（因而只能通过sysctl系统调用访问），procname也可以赋值为NULL指针，尽管这很不常见。

- data可以指定任何值，通常是一个函数指针或字符串，字符串由特定于sysctl的函数处理。通用代码部分不会访问该成员。
- maxlen指定了一个sysctl能够接收或输出的数据的最大长度（按字节计算）。
- mode控制了对数据的访问权限，确定数据是否可以读/写，谁可以读/写。权限是使用虚拟文件系统的常数指定，读者在第8章已经熟悉。
- child是一个指针，指向一个数组，各个数组项都是ctl_table实例，这些ctl_table实例是当前数据项的子结点。例如，在CTL_KERN sysctl项中，child指向一个数组，包含的sysctl项如KERN_OSTYPE（操作系统类型）、KERN_OSRELEASE（内核版本号）和KERN_HOSTNAME（内核运行的宿主机的名称），因为这些项在层次上属于CTL_KERN sysctl的下一级。

  因为ctl_table数组的长度没有显式存储，因而数组的最后一项必须总是NULL指针，标志数组的结束。
- 在通过proc接口输出数据时，要调用proc_readsys。内核可以直接输出保存在内核中的数据，但也可以将其转换为更容易阅读的形式（例如，将数值常数转换为字符串形式）。
- strategy由内核用来读写sysctl的值，在执行如上所述的系统调用时使用（注意：proc为该功能，使用了自身的不同函数）。ctl_handler是一个函数指针，其类型是通过typedef定义的，如下所示：

  <sysctl.h>

```
typedef int ctl_handler (ctl_table *table, int __user *name, int nlen,
                        void __user *oldval, size_t __user *oldlenp,
                        void __user *newval, size_t newlen);
```

  除了syctl系统调用的全部参数之外，该函数还需要一个指向ctl_table实例的指针，该参数表示当前处理的sysctl。
- 到proc数据的接口由de建立。
- extra1和extra2可以填充特定于proc的数据，通用的sysctl代码处理不会处理这两者。它们通常用于定义数值参数的上下限。

内核提供了ctl_table_header数据结构，使得能够将几个sysctl表维护在一个链表中，能够用我们熟悉的标准函数遍历和操作。该结构的第一个成员是一个sysctl表，接下来是一个链表元素，用于链表的管理：

```
<sysctl.h>
struct ctl_table_header
{
        ctl_table *ctl_table;
        struct list_head ctl_entry;
...
};
```

ctl_table是一个指针，指向sysctl项的数组（由ctl_table元素组成）。ctl_entry成员用于管理链表。图10-7清晰地说明了ctl_table_header和ctl_table之间的关系①。

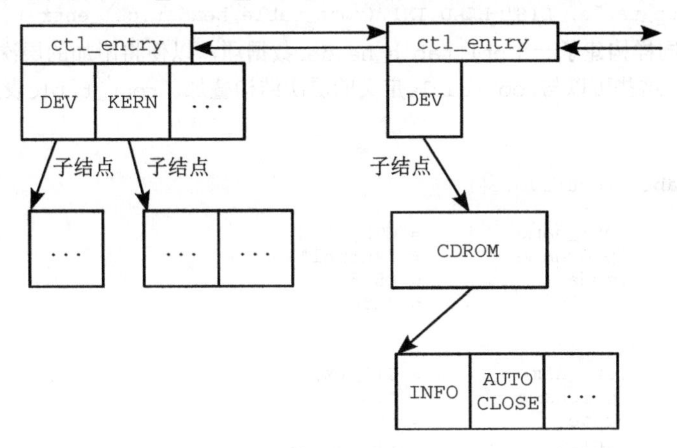

图10-7 ctl_table_header和ctl_table之间的关系

系统的各个sysctl表之间的层次关系，通过ctl_table的child成员和使用ctl_table_header实现的链表建立起来。通过child建立的关联，使得各个表之间可以建立一种直接的联系，而这种联系又反映出了sysctl的层次结构。

在内核中可以定义各种层次结构，将sysctl表通过child指针联结起来。但由于只能有一个整体上的层次结构，各个层次结构必须"叠加"起来形成一个单一的层次结构。图10-7说明了这种情况，图中有两个独立的层次结构。其中一个是标准的内核层次结构，举例来说，包含了用于查询宿主机名称或网络状态的sysctl。该层次结构也包含了一个容器，可以提供有关系统外设的信息。

光驱的驱动程序想要导出一些sysctl，以便输出有关系统光驱的信息。这里需要的是一个sysctl（在proc文件系统中的/proc/sys/dev/cdrom/info），它是CTL_DEV的一个子结点，提供了描述驱动器的一般数据。驱动程序是如何着手做这件事的呢？

- 首先，借助sysctl表建立一个4层的层次结构。CTL_DEV是起始层，一个子结点是DEV_CDROM。DEV_CDROM有几个子结点，其中一个是DEV_CDROM_INFO。
- 新的层次结构加入到链表中，关联到现存的标准层次结构。这样做的效果相当于"叠加"了两个层次结构。从用户空间来看，不可能区分开这两个层次结构，因为它们表现为一个单一

① 表示链表元素的成员实际上是在数据成员之后，但为图示方便，我将链表元素放置到了图中链表结点的顶部。

的层次结构整体。

应用程序在使用sysctl时，无须知道该层次结构在内核中是如何表示的。访问所需的信息时，应用程序只需要知道对应sysctl的路径，例如CTL_DEV->DEV_CDROM->DEVCDROM_INFO。

当然，proc文件系统中/proc/sys目录的内容也是用这种方式构建起来的，对应的层次结构在内部的合成，我们从用户空间是看不到的。

3. 静态的sysctl表

对所有的sysctl都定义了静态的sysctl表，无论系统配置如何①。根结点对应的表是root_table，用作所有静态定义的数据的根：

kernel/sysctl.c
```
static ctl_table root_table[];
static struct ctl_table_header root_table_header =
        { root_table, LIST_HEAD_INIT(root_table_header.ctl_entry) };
```

针对该表，也同样构建了一个ctl_table_header数据项，以便将附加的层次结构维护到一个如前文所述的链表中。这些可以与root_table定义的层次结构叠加。root_table表定义了对各种sysctl进行分类的框架：

kernel/sysctl.c
```
static ctl_table root_table[] = {
        {
                .ctl_name       = CTL_KERN,
                .procname       = "kernel",
                .mode           = 0555,
                .child          = kern_table,
        },
        {
                .ctl_name       = CTL_VM,
                .procname       = "vm",
                .mode           = 0555,
                .child          = vm_table,
        },
#ifdef CONFIG_NET
        {
                .ctl_name       = CTL_NET,
                .procname       = "net",
                .mode           = 0555,
                .child          = net_table,
        },
#endif#
...
        {
                .ctl_name       = CTL_DEV,
                .procname       = "dev",
                .mode           = 0555,
                .child          = dev_table,
        },

        { .ctl_name = 0 }
};
```

当然，其他的顶层类别可以使用上述的叠加机制来添加。内核也可以采用这种方法，例如，对所有分配到ABI（application binary interface，应用程序二进制接口）的sysctl，建立CTL_ABI类别。

在root_table的定义中引用的表（如kern_table、net_table等），也都定义为静态数组。因为

① 即使此类sysctl在所有体系结构上都实现了，但其效果也会因体系结构的不同而不同。

其中包含了大量的sysctl，我们在这里略去这些表的冗长定义。特别地，这些表除了是静态ctl_table实例之外，其他的我们都不关心。其内容可以在内核源代码中查看，定义在kernel/sysctl.c中。

4. 注册sysctl

除了静态定义的sysctl之外，内核还提供了一个接口，用于动态注册和注销新的系统控制功能。register_sysctl_table用于注册sysctl表，而其对应的unregister_sysctl_table用于删除sysctl表，后者通常发生在模块卸载时。

register_sysctl_table函数需要一个参数，一个指向ctl_table数组的指针，其中定义了新的sysctl层次结构。该函数由几个步骤组成。首先，创建一个新的ctl_table_header实例，并与目标sysctl表关联起来。然后，将ctl_table_header添加到现存sysctl层次结构的链表中。

辅助函数sysctl_check_table用于检查确认新的数据项包含了适当的信息。基本上，它确认没有指定一些荒谬的组合（例如，包含数据的目录或可写的目录），以及每个普通文件都有一个有效的strategy例程。

注册sysctl项，不会自动地创建将sysctl项关联到proc数据项的inode实例。因为大多数sysctl从来都不通过proc使用，这种做法太浪费内存。相反，与proc文件的关联是动态创建的。在proc文件系统初始化时，只创建了与sysctl相关的目录/proc/sys：

fs/proc/proc_sysctl.c
```
int proc_sys_init(void)
{
        proc_sys_root = proc_mkdir("sys", NULL);
        proc_sys_root->proc_iops = &proc_sys_inode_operations;
        proc_sys_root->proc_fops = &proc_sys_file_operations;
        proc_sys_root->nlink = 0;
        return 0;
}
```

在proc_sys_inode_operations中指定的inode操作确保了/proc/sys下的文件和目录将在需要时动态地创建。该结构的内容如下：

fs/proc/proc_sysctl.c
```
static struct inode_operations proc_sys_inode_operations = {
        .lookup         = proc_sys_lookup,
        .permission     = proc_sys_permission,
        .setattr        = proc_sys_setattr,
};
```

查找操作由proc_sys_lookup处理。下列方法用于为proc数据项动态地构造inode。

- do_proc_sys_lookup以父目录的dentry和文件/目录的名称为参数，来查找目标sysctl表项。该函数主要是遍历此前介绍的数据结构。
- 给定父目录的inode和sysctl表，则使用proc_sys_make_inode来构建实现的inode实例。由于新inode的inode操作也是通过proc_sys_inode_operations实现的，这确保了所述的方法也适用于新的子目录。

/proc/sys下各目录项的文件操作如下：

kernel/sysctl.c
```
static const struct file_operations proc_sys_file_operations = {
        .read           = proc_sys_read,
        .write          = proc_sys_write,
        .readdir        = proc_sys_readdir,
};
```

所有目录项的读写文件操作，都是通过标准的操作实现的。

5. /proc/sys文件操作

proc_sys_read和proc_sys_write的实现非常相似。两者都需要执行下面3个简单步骤。

(1) do_proc_sys_lookup查找与/proc/sys中文件关联的sysctl表项。

(2) 不能保证目标sysctl项的所有权限都已经授予，即使root用户也是如此。有些项可能只允许读，而不允许修改，即写入。因而需要一个额外的权限检查，由sysctl_perm执行。而proc_sys_read需要读权限，proc_sys_write需要写权限。

(3) 调用sysctl表项中存储的proc处理程序来完成操作。

在ctl_table定义时，为proc_handler指派了一个函数指针。因为各种sysctl散布到几个标准的类别中（依据其参数和返回值），通常会使用内核为此提供的标准实现，而不使用特定的函数实现。下列函数使用得最频繁。

- proc_dointvec从/向内核读/写整数值（值的准确数目由table->maxlen/sizeof(unsigned int)指定）。如果maxlen等于sizeof(unsigned int)，那么只读写一个整数（而不是一个整数数组）。
- proc_dointvec_minmax的工作方式与proc_dointvec相同，但它会确保每个值都在由table->extra1和table->extra2指定的范围内（前者为下限，后者为上限）。所有超出该范围的值都被忽略。

  proc_doulongvec_minmax的作用相同，但使用的值类型为unsigned long，而不是int。
- proc_dointvec_jiffies读取一个整数表。这些值都转换为jiffies。一个几乎相同的变体是proc_dointvec_ms，其中的值都解释为毫秒。
- proc_dostring在内核和用户空间之间传输字符串，可以提供双向传输。超出sysctl项内部缓冲区长度的字符串将自动截断。在数据复制到用户空间时，将自动地附加一个回车（\n），这样在信息输出（例如，使用cat）后将增加一个换行。

10.2　简单的文件系统

全功能的文件系统很难编写，在达到可用、高效、正确的状态之前，需要投入大量的工作量。如果文件系统负责在磁盘上实际存储数据，那么这是合理的。但文件系统（特别是虚拟文件系统）除了在块设备上存储文件之外，还可用于许多目的。这样的文件系统仍然在内核中运行，其代码因而要经受内核开发者提出的严格质量要求的考验。但也提出了各种标准方法，使得编写此类文件系统更为容易。一个小的文件系统库libfs，包含了实现文件系统所需的几乎所有要素。开发者只需要提供到其数据的一个接口，文件系统就完成了。

此外，还有一些以seq_file机制提供的标准例程可用，使得顺序文件的处理毫不费力。最后，开发者可能只是想要向用户空间导出一两个值，而不想和现存的文件系统（如proc）打交道。内核对此也提供了一种方案：debugfs文件系统允许只用几个函数调用，就实现一个双向的调试接口。

10.2.1　顺序文件

在讨论任何文件系统库之前，我们都需要看一看顺序文件接口。小的文件系统中的文件，通常用户层是从头到尾顺序读取的，其内容可能是遍历一些数据项创建的。这些数据项，举例来说，可能是数组元素。内核从头到尾遍历整个数组，对每个数组项创建一个文本表示。翻译成内核的术语，我们可以将其称之为根据记录序列来合成文件。

fs/seq_file.c中的例程容许用最小代价来实现此类文件。不论名称如何，但顺序文件是可以进行定位（seek）操作的，但其实现不怎么高效。顺序访问，即逐个读取数据项，显然是首选的访问模式。某个方面具有优势，通常会在其他方面付出代价。

kprobe机制包含了到上述debugfs文件系统的一个接口。一个顺序文件向用户层提供了所有注册的探测器。我将讲解kprobe的实现，来说明顺序文件的思想。

1. 编写顺序文件处理程序

基本上，必须提供一个struct file_operations的实例，其中一些函数指针指向一些seq_例程，这样就可以利用顺序文件的标准实现了。kprobes子系统的做法如下：

kernel/kprobes.c
```
static struct file_operations debugfs_kprobes_operations = {
        .open           = kprobes_open,
        .read           = seq_read,
        .llseek         = seq_lseek,
        .release        = seq_release,
};
```

这个file_operations实例可以通过第8章讨论的方法关联到一个文件。就kprobes来说，这个文件将要在调试文件系统中创建，参见10.2.3节。

唯一需要实现的方法是open。实现该函数不需要多少工作量，简单的一行代码就可以将文件关联到顺序文件接口：

kernel/kprobes.c
```
static struct seq_operations kprobes_seq_ops = {
        .start  = kprobe_seq_start,
        .next   = kprobe_seq_next,
        .stop   = kprobe_seq_stop,
        .show   = show_kprobe_addr
};

static int __kprobes kprobes_open(struct inode *inode, struct file *filp)
{
        return seq_open(filp, &kprobes_seq_ops);
}
```

seq_open建立顺序文件机制所需的数据结构，结果如图10-8所示。回忆第8章的内容，struct file的private成员可以指向文件私有的任意数据，通用的VFS函数不会访问该数据。在这里，seq_open使用该指针建立了与struct seq_file的一个实例之间的关联，struct seq_file中包含了顺序文件的状态信息：

<seq_file.h>
```
struct seq_file {
        char *buf;
        size_t size;
        size_t from;
        size_t count;
        loff_t index;
...
        const struct seq_operations *op;
...
};
```

buf指向一个内存缓冲区，用于构建传输给用户层的数据。count指定了需要传输到用户层的剩余的字节数。复制操作的起始位置由from指定，而size给出了缓冲区中总的字节数。index是缓冲区的另一个索引。它标记了内核向缓冲区写入下一个新记录的起始位置。请注意，index和from的演变过程是不同的，因为从内核向缓冲区写入数据，与将这些数据复制到用户空间，这两种操作是不同的。

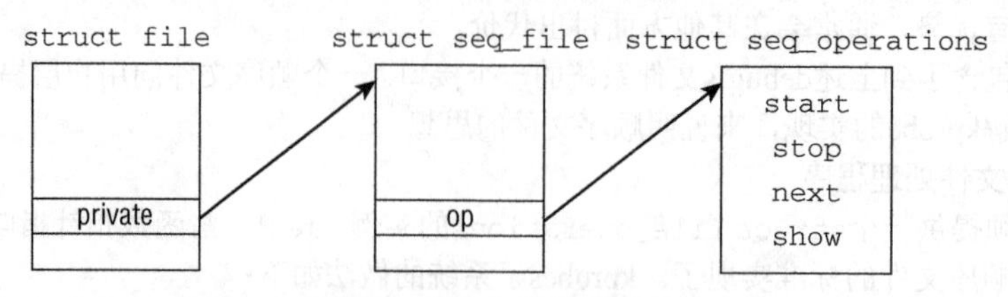

图10-8　顺序文件的数据结构

从文件系统实现者的角度来看，最重要的成员是指针op，它指向seq_operations的一个实例。这将通用的顺序文件实现与提供具体文件内容的例程关联起来。内核需要4个方法，这需要由文件提供者实现：

<seq_file.h>

```
struct seq_operations {
        void * (*start) (struct seq_file *m, loff_t *pos);
        void (*stop) (struct seq_file *m, void *v);
        void * (*next) (struct seq_file *m, void *v, loff_t *pos);
        int (*show) (struct seq_file *m, void *v);
};
```

这些函数的第一个参数总是所述的seq_file实例。每当对一个顺序文件开始一个操作时，都调用start方法。位置参数pos是文件中的一个游标，其语义由实现解释。它可以作为字节偏移量使用，也可以解释为数组索引。kprobes实现所有上述这些例程，我们将在下面讨论kprobes的实现。

但我们首先还是简要地描述一下将何种信息传递到用户层，在我们讨论怎样做之前，必须知道要做什么。kprobes机制允许向内核中某些位置附加探测器。所有注册的探测器散列到数组kprobe_table中，该数组的长度是静态定义的，即KPROBE_TABLE_SIZE。顺序文件的文件游标解释为该数组的索引，调试文件应该显示所有注册的探测器的有关信息，文件的内容需要根据散列表的内容构建。

start方法很简单：它只需要检查当前游标是否超出数组边界即可。

kernel/kprobes.c

```
static void __kprobes *kprobe_seq_start(struct seq_file *f, loff_t *pos)
{
        return (*pos < KPROBE_TABLE_SIZE) ? pos : NULL;
}
```

这很简单，但关闭顺序文件还要简单：在几乎所有情况下，都不需要作任何事情！

kernel/kprobes.c

```
static void __kprobes kprobe_seq_stop(struct seq_file *f, void *v)
{
        /* 无事可做 */
}
```

在需要将游标移动到下一个位置时，需要调用next函数。除了将数组索引加1之外，该函数还必须检查索引是否越界：

kernel/kprobes.c

```
static void __kprobes *kprobe_seq_next(struct seq_file *f, void *v, loff_t *pos)
{
        (*pos)++;
        if (*pos >= KPROBE_TABLE_SIZE)
```

```
                return NULL;
        return pos;
}
```

NULL指针表示已经到达文件的末尾。

最有趣的函数是show，顺序文件的实际内容都是在这里生成的。为易于说明，我介绍的是一个轻微简化的版本，去掉了一些和kprobes有关的难点，这些会妨碍对seq_file相关问题的讲解：

kernel/kprobes.c

```
static int show_kprobe_addr(struct seq_file *pi, void *v)
{
        struct hlist_head *head;
        struct hlist_node *node;
        struct kprobe *p;
        const char *sym = NULL;
        unsigned int i = *(loff_t *) v;
        unsigned long offset = 0;
        char *modname, namebuf[128];

        head = &kprobe_table[i];

        hlist_for_each_entry_rcu(p, node, head, hlist) {
                sym = kallsyms_lookup((unsigned long)p->addr, NULL,
                                        &offset, &modname, namebuf);
                if (sym)
                        seq_printf(pi, "%p %s+0x%x %s\n", p->addr,
                                sym, offset, (modname ? modname : " "));
                else
                        seq_printf(pi, "%p\n", p->addr);
        }
        return 0;
}
```

参数v指定了文件游标的当前值，函数将其转换为数组索引i。在生成数据时，会遍历所有散列到该索引的元素。对每个元素构建一行输出。例子中生成了有关探测位置和与该位置相关的符号的信息，但这与例子的目的不相关。要紧的是：这里使用了seq_printf来格式化信息，而不是printk。实际上，内核提供了一些辅助函数，为此必须使用这些函数。所有这些函数的第一个参数都是所述seq_file实例。

- seq_printf类似于printk，可用于格式化任意的C语言字符串。
- seq_putc和seq_puts分别输出一个字符和字符串，无需任何格式化。
- seq_esc的参数包括两个字符串。对于第二个字符串中的所有字符，只要该字符包含于第一个字符串之中，则将其替换成八进制的对应值。

函数sec_path用于构建与给定struct dentry实例相关联的文件名。特定于文件系统或特定于命名空间的代码会使用该函数。

2. 与虚拟文件系统的关联

到现在为止，我介绍了顺序文件的用户所需要的每件事情。剩下的，就是将这些操作关联到虚拟文件系统，该工作留给内核完成。为建立关联，必须像上文的debugfs_kprobes_operations那样，将seq_read用作file_operations的read方法。该方法将VFS和顺序文件连接起来。

首先，该函数需要从VFS层的struct file获得seq_file实例。回想前文，seq_open通过private_data建立了该关联。

如果有些数据等待写出（如果struct seq_file的count成员为正值），则使用copy_to_user将其复制到用户层。此外，还需要更新seq_file的各个状态成员。

下一步，会产生新的数据。在调用start之后，内核接连调用show和next，直至填满可用的缓冲区。最后，调用stop，使用copy_to_user将生成的数据复制到用户空间。

10.2.2 用libfs编写文件系统

libfs是一个库，提供了几个非常通用的标准例程，可用于创建服务于特定用途的小型文件系统。这些例程很适合于没有后备存储器的内存文件。显然，libfs的代码无法与特定的磁盘格式交互。这需要由完整的文件系统实现来正确处理。该库的代码包含在一个文件中，即fs/libfs.c。

> 函数原型定义在<fs.h>中，没有<libfs.h>头文件！libfs提供的例程通常带有前缀simple_。回想第8章，内核也提供了几个通用文件系统例程，前缀为generic_。与libfs的例程相比，那些例程还可以用于全功能文件系统。

使用libfs建立的虚拟文件系统，其文件和目录层次结构可使用dentry树产生和遍历。这意味着在该文件系统的生命周期内，所有的dentry都必须驻留在内存中。除非通过unlink或rmdir显式删除，否则不能消失。但这个要求很容易做到：代码只需要确保所有dentry的使用计数都是正值即可。

为更好地理解libfs的思想，我们来讨论实现目录处理的方法。libfs提供了目录的inode_operations和file_operations的实例模板，任何利用了libfs来实现的虚拟文件系统都可以重用。

fs/libfs.c

```
const struct file_operations simple_dir_operations = {
        .open           = dcache_dir_open,
        .release        = dcache_dir_close,
        .llseek         = dcache_dir_lseek,
        .read           = generic_read_dir,
        .readdir        = dcache_readdir,
        .fsync          = simple_sync_file,
};

const struct inode_operations simple_dir_inode_operations = {
        .lookup = simple_lookup,
};
```

不同于上文介绍的命名惯例，simple_dir_operations中的例程并非都带有前缀simple_。但它们也定义在fs/libfs.c中。所用的命名法，反映了相关的操作只用于dentry缓存中的对象。

如果一个虚拟文件系统建立了正确的dentry树，那么将simple_dir_operations和simple_dir_inode_operations分别设置为目录的文件操作和inode操作即可。libfs提供的函数可以确保，树中包含的信息可以通过像getdents之类的标准系统调用导出到用户层。由于根据一种表示来构建另一种表示本质上是一种机械的任务，这里不详细讨论相关的源代码了。

我们反倒对向虚拟文件系统添加文件的方式更感兴趣。debugfs（在下文讨论）文件系统即采用了libfs。新的文件（也是新的inode）用下列例程创建：

fs/debugfs/inode.c

```
static struct inode *debugfs_get_inode(struct super_block *sb, int mode, dev_t dev)
{
        struct inode *inode = new_inode(sb);

        if (inode) {
                inode->i_mode = mode;
                inode->i_uid = 0;
```

```
                inode->i_gid = 0;
                inode->i_blocks = 0;
                inode->i_atime = inode->i_mtime = inode->i_ctime = CURRENT_TIME;
                switch (mode & S_IFMT) {
                default:
                        init_special_inode(inode, mode, dev);
                        break;
                case S_IFREG:
                        inode->i_fop = &debugfs_file_operations;
                        break;
...
                case S_IFDIR:
                        inode->i_op = &simple_dir_inode_operations;
                        inode->i_fop = &simple_dir_operations;

                    /* 目录inode的i_nlink从2开始，2表示目录项"." */
                    inc_nlink(inode);
                    break;
            }
        }
        return inode;
}
```

除了分配一个新的struct inode实例之外，内核还需要根据访问权限信息来判断将什么样的文件操作和inode操作关联到该文件。对于设备文件，使用标准例程init_special_file（不与libfs关联）。我们更感兴趣的是普通文件和目录这两种情形。目录需要的是libfs提供的标准文件操作和inode操作，上文已经讨论过。这确保了不需要其他工作就可以正确地处理新目录。

普通文件不能使用libfs的file_operations模板。至少要手工指定read、write和open方法，这是必需的。read负责从内核内存准备数据并将其复制到用户空间，而write可用于读取用户的输出并以一定方式应用它。这就是实现定制的文件所需的全部工作！

文件系统还需要一个超级块。懒惰的程序员应当感恩，libfs提供了simple_fill_super方法，可用于填充给出的超级块：

<fs.h>
```
int simple_fill_super(struct super_block *s, int magic, struct tree_descr *files);
```

s是所述的超级块，magic指定了一个唯一的魔数，用于标识该文件系统。files参数提供了一种非常便捷的方法来向虚拟文件系统添加文件。遗憾的是，这种方法只能指定同处一个目录下的文件，但这对虚拟文件系统来说并不是真正的限制。更多的内容可以在以后动态添加。

一个struct tree_descr的数组用来描述初始的文件集合。该结构定义如下：

<fs.h>
```
struct tree_descr {
        char *name;
        const struct file_operations *ops;
        int mode;
};
```

name表示文件名，ops指向相关的文件操作，而mode指定了访问权限位。

10.2.3 调试文件系统

使用了libfs函数的一个特别的文件系统是调试文件系统debugfs。它向内核开发者提供了一种向用户层提供信息的可能方法。这些信息并不会编译到产品内核中。它只是开发新特性时的一种辅助手段。

仅当内核编译时启用了DEBUG_FS配置选项，才会激活对debugfs的支持。因而向debugfs注册文件的代码，都会被C预处理器条件语句包围，来检查CONFIG_DEBUG_FS。

1. 示例

回顾本章前文阐述顺序文件机制时，所讨论的kprobes例子。只需要几行代码就可以将结果文件通过debugfs导出，实在是简单到极点了！

kernel/kprobes.c
```
#ifdef CONFIG_DEBUG_FS
...
static int __kprobes debugfs_kprobe_init(void)
{
        struct dentry *dir, *file;
        unsigned int value = 1;

        dir = debugfs_create_dir("kprobes", NULL);
...
        file = debugfs_create_file("list", 0444, dir, NULL,
                                &debugfs_kprobes_operations);
...
        return 0;
}
...
#endif /* CONFIG_DEBUG_FS */
```

debugfs_create_dir用于创建一个新目录，而debugfs_create_file在该目录中建立一个新文件。在上文讲述顺序文件机制时，曾举例讨论过debugfs_kprobes_operations。

2. 编程接口

由于debugfs代码非常干净、简单、文档情况良好，所以不必对其实现多加评注。只讨论其编程接口就足够了。但我们可以看看源代码，这是对libfs例程的非常好的应用。

有3个函数可用于创建新的文件系统对象：

<debugfs.h>
```
struct dentry *debugfs_create_file(const char *name, mode_t mode,
                                   struct dentry *parent, void *data,
                                   const struct file_operations *fops);

struct dentry *debugfs_create_dir(const char *name, struct dentry *parent);

struct dentry *debugfs_create_symlink(const char *name, struct dentry *parent,
                                      const char *dest);
```

文件系统对象可以是普通文件、目录或符号链接。两个附加的操作可用于重命名和删除文件：

<debugfs.h>
```
void debugfs_remove(struct dentry *dentry);

struct dentry *debugfs_rename(struct dentry *old_dir, struct dentry *old_dentry,
                  struct dentry *new_dir, const char *new_name);
```

在调试内核代码时，经常需要导出或操作一个基本类型变量的值，如int或long。debugfs也提供了几个函数，可以创建新的文件，允许从用户空间读取值，并将新值传递到内核。这些函数都有一个共同的原型：

<debugfs.h>
```
struct dentry *debugfs_create_XX(const char *name, mode_t mode,
                  struct dentry *parent, XX *value);
```

name和mode分别表示文件名和访问权限，而parent指向父目录的dentry实例。value是最重要的，它指向将要导出的值，并且可以通过向文件写入数据来修改。对几种数据类型，都提供了该函数。

如果用内核的标准数据类型u8、u16、u32或u64之一来代替xx，就可以创建一个文件，允许读取对应的值，但禁止修改。如果使用x8、x16或x32，那么也可以从用户空间修改该值。

可以通过debugfs_create_bool来创建一个提供比尔值的文件：

<debugfs.h>
```
struct dentry *debugfs_create_bool(const char *name, mode_t mode,
                struct dentry *parent, u32 *value)
```

最后，还可以与用户空间交换二进制数据（通常称之为二进制大对象）的比较短的部分。下列函数即用于此：

<debugfs.h>
```
struct dentry *debugfs_create_blob(const char *name, mode_t mode,
                                   struct dentry *parent,
                                   struct debugfs_blob_wrapper *blob);
```

二进制数据由一个专门的数据结构表示，包括一个指向存储数据的内存位置的指针和数据的长度：

<debugfs.h>
```
struct debugfs_blob_wrapper {
        void *data;
        unsigned long size;
};
```

10.2.4 伪文件系统

回想8.4.1节的内容，我们知道内核支持伪文件系统，其中收集了一些相关的inode，但不能装载，因而对用户层也是不可见的。libfs也提供了一个辅助函数，来实现这种特殊类型的文件系统。

内核使用了一个伪文件系统来跟踪表示块设备的所有inode：

fs/block_dev.c
```
static int bd_get_sb(struct file_system_type *fs_type,
        int flags, const char *dev_name, void *data, struct vfsmount *mnt)
{
        return get_sb_pseudo(fs_type, "bdev:", &bdev_sops, 0x62646576, mnt);
}

static struct file_system_type bd_type = {
        .name           = "bdev",
        .get_sb         = bd_get_sb,
        .kill_sb        = kill_anon_super,
};
```

代码看起来类似于普通的文件系统，但libfs提供的get_sb_pseudo方法可以确保不能从用户空间装载该文件系统。这很简单，只需要设置第8章讨论过的MS_NOUSER标志。另外，还填充了一个struct super_block的实例，并分配了伪文件系统根目录的inode。

为使用伪文件系统，内核需要使用kern_mount或kern_mount_data装载它。它可用于收集inode，而无需写一个专门的数据结构。对于bdev，所有表示块设备的inode都群集起来。但该集合只能从内核看到，用户空间无法看到。

10.3 sysfs

sysfs是一个向用户空间导出内核对象的文件系统，它不仅提供了察看内核内部数据结构的能力，还可以修改这些数据结构。特别重要的是，该文件系统高度层次化的组织：sysfs的数据项来源于第1章介绍的内核对象（kobject），而内核对象的层次化组织直接反映到了sysfs的目录布局中[①]。由于系统的所有设备和总线都是通过kobject组织的，所以sysfs提供了系统的硬件拓扑的一种表示。

在许多情况下，使用了简短、易读的文本串来导出对象的属性，但通过sysfs与内核传递二进制数据的方法也被频繁采用。sysfs已经成为老式的IOCTL机制的一种替代品。向内核发送神秘的ioctl通常需要一个C程序。与之相比，从/向sysfs文件读/写一个值要简单得多。一个简单的shell命令就足够了。另一个优点在于，一个简单的列目录操作，就能获得可设置选项的一个概观。

类似于许多虚拟文件系统，sysfs最初基于ramfs。因而其实现使用了许多与内核其他部分不同的技巧。请注意，只要配置时启用了该特性，sysfs总是编译到内核中，不可能将其生成为模块。sysfs的标准装载点是/sys。

内核源代码包含了一些有关sysfs的文档，包括sysfs与驱动程序模型的关系、sysfs与kobject框架的关系，等等。该文档可以在Documentation/filesystems/sysfs.txt和Documentation/filesystems/sysfs-pci.txt中找到。sysfs开发者本人对sysfs的概述，可以在2005年渥太华Linux研讨会的会议记录上找到，该会议记录在www.linuxsymposium.org/2005/linuxsymposium_procv1.pdf中。

最后，请注意kobject与sysfs之间的关联不是自动建立的。独立的kobject实例默认情况下并不集成到sysfs。要使一个对象在sysfs文件系统中可见，需要调用kobject_add。但如果kobject是某个内核子系统的成员，那么向sysfs的注册是自动进行的。

10.3.1　概述

struct kobject和相关的数据结构及其使用，都已经在第1章讲过，因而我们在这里只会强调其中最核心的部分。其中，下列内容尤其重要。

- kobject包含在一个层次化的组织中。最重要的一点是，它们可以有一个父对象，可以包含到一个kset中。这决定了kobject出现在sysfs层次结构中的位置：如果存在父对象，那么需要在父对象对应的目录中新建一项。否则，将其放置到kobject所在的kset所属的kobject对应的目录中（如果上述两种情况都不成立，那么该kobject对应的数据项将放置到系统层次结构的顶级目录下，当然这种情况比较罕见）。
- 每个kobject在sysfs中都表示为一个目录。出现在该目录中的文件是对象的属性。用于导出和设置属性的操作由对象所属的子系统提供（类、驱动程序，等等）。
- 总线、设备、驱动程序和类是使用kobject机制的主要内核对象，因而也占据了sysfs中几乎所有的数据项。

10.3.2　数据结构

照例，我们首先讨论sysfs实现所用的数据结构。

1. 目录项

目录项由<sysfs.h>中定义的struct sysfs_dirent表示，它是sysfs的主要数据结构。整个实现都围绕它进行。每个sysfs结点都表示为sysfs_dirent的一个实例，其定义如下：

<sysfs.h>
```
struct sysfs_dirent {
        atomic_t s_count;
```

① 因而从kobject机制建立的大量相互关联的数据结构也会直接转入sysfs，至少在将一个kobject导出到该文件系统时是这样。

```
        atomic_t s_active;
        struct sysfs_dirent *s_parent;
        struct sysfs_dirent *s_sibling;
        const char *s_name;
        union {
                struct sysfs_elem_dir s_dir;
                struct sysfs_elem_symlink s_symlink;
                struct sysfs_elem_attr s_attr;
                struct sysfs_elem_bin_attr s_bin_attr;
        };

        unsigned int s_flags;
        ino_t s_ino;
        umode_t s_mode;
        struct iattr *s_iattr;
};
```

- s_sibling和s_children用于捕获数据结构中各sysfs数据项之间的父子关系。s_sibling用于连接同一父结点所有子结点，而s_children由父结点使用，作为子结点链表的表头。
- 内核使用s_flags有两方面的目的。首先，它用来设置sysfs数据项的类型。其次，它可以设置若干标志。低8位用作类型，可以用辅助函数sysfs_type访问。类型可以是SYSFS_DIR、SYSFS_KOBJ_ATTR、SYSFS_KOBJ_BIN_ATTR或SYSFS_KOBJ_LINK，取决于该数据项是目录、普通属性、二进制属性或符号链接。

  剩余比特位用作标志位。当前，只定义了SYSFS_FLAG_REMOVED。如果正在删除某个sysfs数据项，则设置该标志。
- 与sysfs_dirent实例相关的目录项的访问权限信息保存在s_mode中。属性由s_iattr指向的一个iattr实例描述。如果s_iattr为NULL指针，则使用默认属性集合。
- s_name表示文件、目录或符号链接的名称。
- 根据sysfs数据项的类型不同，与之关联的数据类型也不同。由于一个数据项一次只能表示一种类型，封装了与sysfs项相关数据的结构，都群集到一个匿名联合中。联合的各个成员的数据类型定义如下：

  fs/sysfs/sysfs.h
  ```
  struct sysfs_elem_dir {
          struct kobject *kobj;
          /* 子结点链表由此开始，链表通过sd->s_sibling向后延伸 */
          struct sysfs_dirent *children;
  };

  struct sysfs_elem_symlink {
          struct sysfs_dirent *target_sd;
  };

  struct sysfs_elem_attr {
          struct attribute *attr;
          struct sysfs_open_dirent *open;
  };

  struct sysfs_elem_bin_attr {
          struct bin_attribute *bin_attr;
  };
  ```

  sysfs_elem_attr和sysfs_bin_attr包含了指向表示属性的数据结构的指针，将在下一节讨论。sysfs_elem_symlink实现了一个符号链接。其中只需要提供一个指向链接目标的

10

sysfs_dirent实例的指针即可。

目录借助sysfs_elem_dir实现。children是一个单链表的表头，将所有子结点通过s_sibling连接起来。请注意，子结点链表中的所有结点按照s_ino以递减次序排列。其中的关系如图10-9所示。

与任何其他的文件系统类似，sysfs数据项也由struct dentry实例表示。两种层次的表示之间，通过dentry->d_fsdata建立关联，该成员指向与dentry实例相关的sysfs_dirent实例。

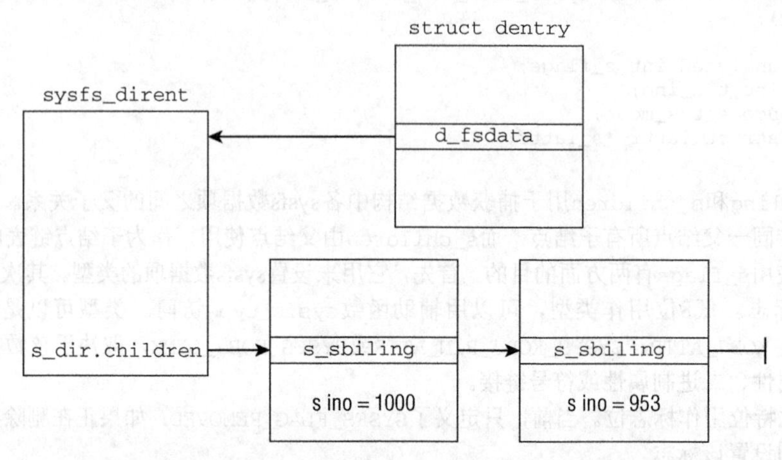

图10-9　基于struct sysfs_dirent建立的sysfs目录的层次结构

struct sysfs_dirent的引用计数异乎寻常，因为提供了两个引用计数器：s_count和s_active。第一个是一个标准的引用计数器，当内核的某些部分需要使用所述sysfs_dirent实例时，将该计数器加1。如果不再需要，则将该计数器减1。但这里会引发一个问题，因为每当打开一个sysfs结点时，也引用了与之关联的kobject。因而，只要用户层应用程序保持开来一个sysfs文件，就能防止内核删除对应的kobject实例。为规避这种情况，内核要求每次（通过sysfs_elem_*）访问相关的内部对象时，都要持有对sysfs_direntry实例的一个活动引用。很显然，活动引用计数器是用s_active实现的。

在应该删除一个sysfs文件时，可以将活动引用计数器设置为负值，来撤销对相关内部对象的访问，辅助函数sysfs_dectivate即用于此。在这个计数器为负值时，就不能对相关的kobject执行操作了。在kobject的所有用户都消失时，内核才可以安全地删除它。但sysfs文件和sysfs_dirent实例仍然可以存在，即使二者已经没有意义了！

可以通过sysfs_get_active或sysfs_get_active_two（后者获得对给定sysfs_direntry实例及其父结点的引用）获得活动引用。

在结束对内部对象的操作之后，必需立即用sysfs_put_active（或sysfs_put_active_two）释放活动引用。

2. 属性

下面我们讲解表示属性的数据结构，以及用于声明新属性的机制：

● 数据结构

属性由下列数据结构定义：

include/linu/<sysfs.h>
```
struct attribute {
```

```
        const char       * name;
        struct module    * owner;
        mode_t           mode;
};
```

name为属性提供了名称，在sysfs中用作文件名（因而同一对象的各个属性，其名称都应该是唯一的），而mode指定了访问权限。owner指向属性的所有者所属的module实例。

也可以借助下列数据结构，来定义一个属性组：

<sysfs.h>

```
struct attribute_group {
        const char            * name;
        struct attribute      ** attrs;
};
```

name是属性组的名称，而attrs指向一个数组，数组项是指向attribute实例的指针，NULL指针标志数组的结束。

请注意，这些数据结构只提供了一种表示属性的方法，但并没有指定如何读取或修改属性。属性的读写将在10.3.4节讲述。将属性的表示和访问方法分开，是因为属于某个实体（例如，驱动程序、设备类别，等等）的所有属性都以同样方法修改，因此将这种群体性质转由导出/导入机制处理，也是有意义的。但要注意一个惯例：子系统的show和store操作依赖属性相关的show和store方法，而后两者在内部与属性是关联的，不同属性的show和store方法也不同。具体的实现细节由对应的子系统负责，sysfs对此并不关注。

对于可读写的属性，需要提供两个方法（show和store）。内核提供了下列数据结构，来一同维护这两个方法：

<sysfs.h>

```
struct sysfs_ops {
        ssize_t (*show)(struct kobject *, struct attribute *,char *);
        ssize_t (*store)(struct kobject *,struct attribute *,const char *, size_t);
};
```

提供适当的show和store方法，由声明新属性类型的代码负责。

对于二进制属性，情况有所不同。这里，用于读取和修改数据的方法，通常对每个属性都是不同的。这一点反映到了数据结构中，其中明确指定了读取、写入和内存映射方法：

<sysfs.h>

```
struct bin_attribute {
        struct attribute attr;
        size_t size;
        void *private;
        ssize_t (*read)(struct kobject *, struct bin_attribute *,
                        char *, loff_t, size_t);
        ssize_t (*write)(struct kobject *, struct bin_attribute *,
                        char *, loff_t, size_t);
        int (*mmap)(struct kobject *, struct bin_attribute *attr,
                    struct vm_area_struct *vma);
};
```

size表示与属性关联的二进制数据的长度，而private（通常）指向数据实际存储的位置。

● *声明新属性*

在内核中有许多方法可以声明特定于子系统的属性，但这些方法的实现都具有共同的基本结构。因此，以其中一个实现为例来讲解其底层机制，就足够了。例如，考虑通用硬盘代码如何定义一个结构，即可将一个属性以及读写该属性的方法关联起来：

<genhd.h>
```
struct disk_attribute {
        struct attribute attr;
        ssize_t (*show)(struct gendisk *, char *);
        ssize_t (*store)(struct gendisk *, const char *, size_t);
};
```

attr成员就是此前介绍的属性。在需要attribute实例时，可以将其提供给sysfs。但要注意，这里的show和store函数指针，其原型不同于sysfs所需要的函数！

特定于子系统的属性函数，如何被sysfs层调用呢？该关联由下述结构建立：

block/genhd.c
```
static struct sysfs_ops disk_sysfs_ops = {
        .show = &disk_attr_show,
        .store = &disk_attr_store,
};
```

在进程想要从/向一个sysfs文件读取/写入数据时，将调用sysfs_ops的show和store方法，下文会更详细地说明。

在访问一个与通用硬盘属性相关的sysfs文件时，内核使用disk_attr_show和disk_attr_store方法来读取和修改属性的值。每当需要从内核读取此类型属性的值时，都会调用disk_attr_show函数。该函数充当了sysfs和genhd实现之间的胶水层：

block/genhd.c
```
static ssize_t disk_attr_show(struct kobject *kobj, struct attribute *attr,
                              char *page)
{
        struct gendisk *disk = to_disk(kobj);
        struct disk_attribute *disk_attr =
                container_of(attr,struct disk_attribute,attr);
        ssize_t ret = -EIO;

        if (disk_attr->show)
                ret = disk_attr->show(disk,page);
        return ret;
}
```

通过与sysfs关联的属性，可使用container_of机制来获得其中包含的disk_attribute实例。在内核确认该属性有一个show方法之后，将调用该方法把数据从内核传输到用户空间，即从内部数据结构传输到sysfs文件。

许多其他子系统实现了类似的方法，但由于这些方法的代码在本质上与上文给出的例子相同，所以没必要在这里详细讲解。相反，我会讲解在最终调用特定于sysfs的show和store方法的过程中，所需要的各个步骤。子系统和sysfs之间的关联，则留给特定于子系统的代码。

10.3.3　装载文件系统

照例，我们首先来了解文件系统的装载方式。mount系统调用最终将填充超级块的工作委托给sysfs_fill_super，相关的代码流程图在图10-10中给出。

实际上，sysfs_fill_super并不需要做太多工作：首先需要进行一些无趣的初始化工作。sysfs_get_inode用于创建一个新的struct inode实例，作为整个sysfs树的起点。该例程不仅用于获得sysfs根目录的inode，它也是一个通用函数，可用于任何sysfs数据项。该例程首先检查inode是否已经存在于inode散列表中。因为文件系统尚未装载，在我们的例子中，这个检查会失败，因此会调用sysfs_init_inode从头开始构造一个新的inode实例。稍后我会讲解这个函数。

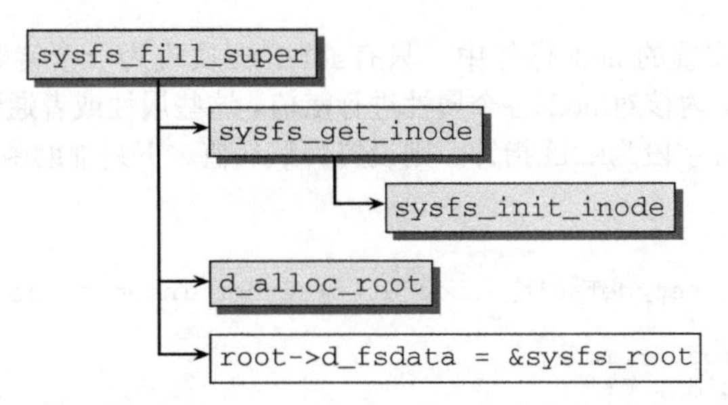

图10-10 sysfs_fill_super的代码流程图

最后一步仍然是在sysfs_fill_super中进行。在用d_alloc_root为根目录分配一个dentry实例之后，将建立sysfs数据和文件系统项之间的关联：

sysfs/mount.c
```
static int sysfs_fill_super(struct super_block *sb, void *data, int silent)
{
        struct inode *inode;
        struct dentry *root;
...
        root->d_fsdata = &sysfs_root;
        sb->s_root = root;
...
}
```

回想可知，dentry->d_fsdata是一个函数指针，由文件系统内部使用，这样sysfs就能够在sysfs_dirent和dentry实例之间建立一个关联。sysfs_root是一个静态的stuct sysfs_dirent实例，表示sysfs根目录对应的数据项。其定义如下：

sysfs/mount.c
```
struct sysfs_dirent sysfs_root = {
        .s_name = "",
        .s_count = ATOMIC_INIT(1),
        .s_flags = SYSFS_DIR,
        .s_mode = S_IFDIR | S_IRWXU | S_IRUGO | S_IXUGO,
        .s_ino = 1,
};
```

请注意，d_fsdata总是指向相关的struct sysfs_dirent实例。在sysfs中，不仅根数据项如此，所有其他的数据项也是一样。这种关联使得内核能够从通用的VFS数据结构得到特定于sysfs的数据。

现在，我来更详细地讲述sysfs_init_inode中所进行的inode初始化工作。该函数的代码流程图如图10-11所示。

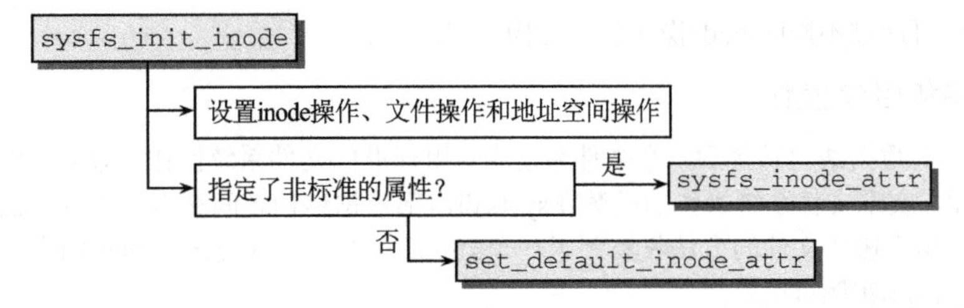

图10-11 sysfs_new_inode的代码流程图

sysfs_init_inode安置的inode操作中，只有setattr实现为一个特定于文件系统的函数，即sysfs_setattr。接下来，内核对inode各个属性进行赋值。这些属性或者通过sysfs_dirent->iattr显式指定，或者如果iattr字段为NULL指针，则设置为默认值。下列辅助函数可用来设置属性的默认值：

fs/sysfs/inode.c
```
static inline void set_default_inode_attr(struct inode * inode, mode_t mode)
{
        inode->i_mode = mode;
        inode->i_uid = 0;
        inode->i_gid = 0;
        inode->i_atime = inode->i_mtime = inode->i_ctime = CURRENT_TIME;
}
```

虽然文件的访问权限可以由调用者任意选择，但文件的所有权属于root。在默认情况下，所有权属于root。

最后，需要根据sysfs数据项的类型来初始化inode：

fs/sysfs/inode.c
```
static void sysfs_init_inode(struct sysfs_dirent *sd, struct inode *inode)
{
...
        /* initialize inode according to type */
        switch (sysfs_type(sd)) {
        case SYSFS_DIR:
                inode->i_op = &sysfs_dir_inode_operations;
                inode->i_fop = &sysfs_dir_operations;
                inode->i_nlink = sysfs_count_nlink(sd);
                break;
        case SYSFS_KOBJ_ATTR:
                inode->i_size = PAGE_SIZE;
                inode->i_fop = &sysfs_file_operations;
                break;
        case SYSFS_KOBJ_BIN_ATTR:
                bin_attr = sd->s_bin_attr.bin_attr;
                inode->i_size = bin_attr->size;
                inode->i_fop = &bin_fops;
                break;
        case SYSFS_KOBJ_LINK:
                inode->i_op = &sysfs_symlink_inode_operations;
                break;
        default:
                BUG();
        }
...
```

不同的类型可通过不同的inode操作和文件操作来区分。

10.3.4　文件和目录操作

因为sysfs将其数据结构暴露到一个文件系统中，用标准的文件系统操作，即可实现其中最有趣的一些操作。因而，实现文件系统操作的函数在sysfs和内部数据结构之间充当了胶水层的角色。类似于每个文件系统，用于操作文件的方法收集到了一个struct file_operations实例中。对sysfs，有下列file_operations实例可用：

fs/sysfs/file.c
```
const struct file_operations sysfs_file_operations = {
```

```
        .read = sysfs_read_file,
        .write = sysfs_write_file,
        .llseek = generic_file_llseek,
        .open = sysfs_open_file,
        .release = sysfs_release,
        .poll = sysfs_poll,
};
```

接下来，我们不仅会讲述负责读写数据的函数（sysfs_{read,write}_file），还会讲述打开文件的方法（sysfs_open_file），因为sysfs内部与虚拟文件系统之间的关联是在打开文件时建立的。

在目录的inode操作中，sysfs只明确提供了少量方法：

fs/sysfs/dir.c

```
struct inode_operations sysfs_dir_inode_operations = {
        .lookup         = sysfs_lookup,
        .setattr        = sysfs_setattr,
};
```

大多数操作都可以通过标准的VFS操作处理，只有目录查找和属性操作需要显式处理。在后面几节里我将讨论这些方法。

普通文件的inode操作更为简单，只有属性操作需要明确处理：

fs/sysfs/inode.c

```
static struct inode_operations sysfs_inode_operations ={
        .setattr        = sysfs_setattr,
};
```

1. 打开文件

对普通文件系统来说，打开文件是一个相当无趣的操作。就sysfs来说，该操作还有些趣味，因为sysfs内部数据需要与文件系统中用户看到的表示之间建立关联。

- **数据结构**

为便于在用户层和sysfs实现之间交换数据，内核需要提供一些缓冲区。缓冲区由下列数据结构提供（简化过）：

fs/sysfs/file.c

```
struct sysfs_buffer {
        size_t count;
        loff_t pos;
        char * page;
        struct sysfs_ops * ops;
        int needs_read_fill;
        struct list_head list;
};
```

该结构的内容如下：count指定了缓冲区中数据的长度；pos表示数据内部当前的位置，用于读取部分数据和定位；page指向一页，用于存储数据[1]。ops指向一个sysfs_ops实例，该实例属于与打开文件相关联的sysfs数据项。needs_read_fill指定缓冲区的内容是否需要填充（填充数据在第一次读操作时进行，如果同时不进行写操作，那么后续的读操作不必重复填充）。

为理解list的语义，请读者注意观察图10-12，该图说明了sysfs_buffer是如何关联到struct file和struct sysfs_dirent的。每个打开的文件都由一个struct file的实例表示，它通过file->private_data关联到一个sysfs_buffer的实例。多个打开的文件可以引用同一sysfs数据项，因此多个sysfs_buffer实例可以关联到同一个struct sysfs_dirent实例。所有这些缓冲区都集中

[1] 限制为一页，这是有意的。因为每个sysfs文件都只会导出一个简单的属性，并不需要更多的空间。

到一个链表中，链表元素是sysfs_buffer->list。表头是sysfs_open_dirent的一个实例。为简单起见，我们不详细讨论该结构了。只要知道该结构关联到sysfs_dirent，并且是sysfs_buffer链表的表头即可。

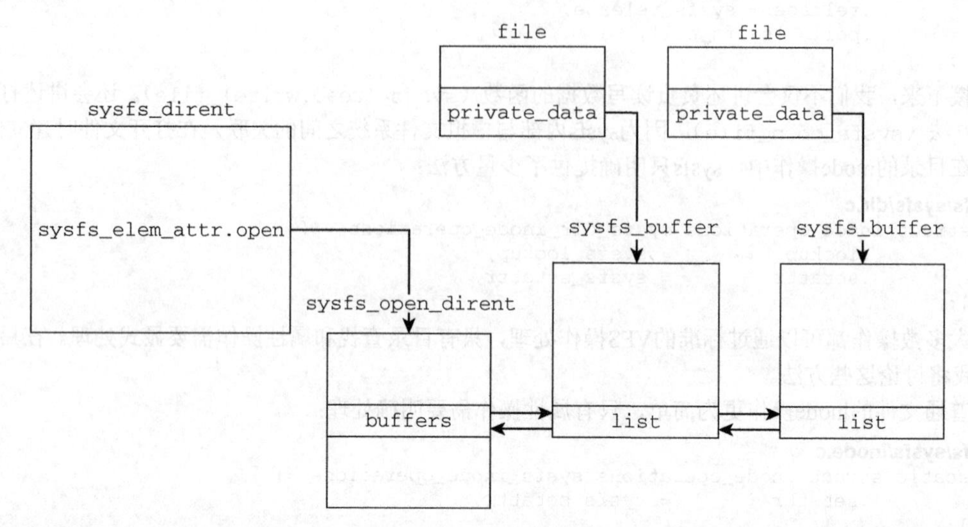

图10-12　struct sysfs_dirent、struct file和struct sysfs_buffer之间的关联

● 实现

回顾前文，sysfs_file_operations提供了sys_open_file方法，在打开文件时调用。相关的代码流程图在图10-13中给出。

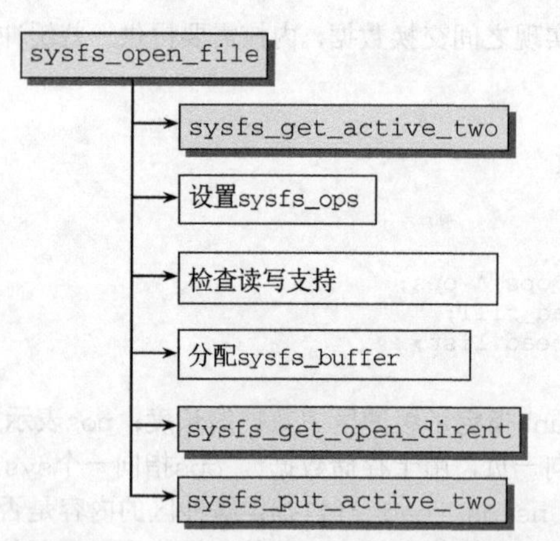

图10-13　sysfs_open_file的代码流程图

第一项任务是查找打开文件的sysfs_ops操作。回想一下，我们知道struct kobj_type提供了一个指针，指向一个sysf_ops的实例：

<kobject.h>

```
struct kobj_type {
...
```

```
        struct sysfs_ops * sysfs_ops;
...
};
```

但在能够查找到sysfs_ops的适当实例之前，内核还需要获得与sysfs文件相关的kobject实例的活动引用。前文讲过要使用sysfs_get_active_two函数来获取活动引用。如果该kobject是一个集合的成员，那么将从该kset实例获取上述指针。否则，将kobject本身作为获取指针的来源。如果二者都没有提供指向sysfs_ops实例的指针，则使用sysfs_sysfs_ops给出的一组通用操作。但是，只有那些/sys/kernel中的直接的内核属性，这样做才是必要的。

fs/sysfs/file.c

```
static int sysfs_open_file(struct inode *inode, struct file *file)
{
        struct sysfs_dirent *attr_sd = file->f_path.dentry->d_fsdata;
        struct kobject *kobj = attr_sd->s_parent->s_dir.kobj;
        struct sysfs_buffer * buffer;
        struct sysfs_ops * ops = NULL;
...

        /* 需要对attr_sd对应的kobj及其父对象，获取活动引用 */
        if (!sysfs_get_active_two(attr_sd))
                return -ENODEV;

        /* 如果kobject没有ktype，那么我们假定它是一个子系统自身，使用对应的ops。*/
        if (kobj->kset && kobj->kset->ktype)

                ops = kobj->kset->ktype->sysfs_ops;
        else if (kobj->ktype)
                ops = kobj->ktype->sysfs_ops;
        else
                ops = &subsys_sysfs_ops;
...
```

由于内核子系统的所有成员都集中在一个kset中，这使得可以在一个特定于子系统的层次上将属性关联起来，因为同一子系统的所有属性可以使用同样的访问函数。如果所述kobject并不包含在kset中，那么它也可能有ktype，可以由此获得sysfs_ops。sysfs_ops的实现归子系统负责，但实际上使用的方法都十分相似，见10.3.5节所述。

如果需要向文件写入数据，那么只检查访问权限位是否允许是不够的。相应的数据项还需要在sysfs_ops中提供一个store操作。如果没有向用户空间提供数据的函数可用，那么授予读访问权限是没有意义的。因此，对读取数据的情形，也有类似的条件：

fs/sysfs/file.c

```
        /* 文件需要写操作支持。
         * inode权限确认没有问题;
         * 我们还必须有store方法。
         */

        if (file->f_mode & FMODE_WRITE) {
                if (!(inode->i_mode & S_IWUGO) || !ops->store)
                goto err_out;
        }

        /* 文件需要读操作支持。
         * inode权限确认没有问题，我们还必须有show方法。
         */
        if (file->f_mode & FMODE_READ) {
```

```
                if (!(inode->i_mode & S_IRUGO) || !ops->show)
                goto err_out;
        }
...
```

在内核决定允许访问后，会分配一个sysfs_buffer的实例，填充了适当的成员，并通过file->private_data关联到文件，如下所示：

fs/sysfs/file.c

```
        buffer = kzalloc(sizeof(struct sysfs_buffer), GFP_KERNEL);
...
        mutex_init(&buffer->mutex);
        buffer->needs_read_fill = 1;
        buffer->ops = ops;
        file->private_data = buffer;

        /* 确认有打开的dirent结构 */
        error = sysfs_get_open_dirent(attr_sd, buffer);
...
        /* 打开操作成功，降低活动引用 */
        sysfs_put_active_two(attr_sd);
        return 0;
}
```

最后，sysfs_get_open_dirent通过图10-12中的sysfs_open_dirent，将新分配的缓冲区关联到sysfs数据结构。请注意，由于不再需要访问与sysfs数据项相关的kobject，所以可以用sysfs_put_active_two放弃活动引用（这也是必须的）。

2. 读写文件内容

回想一下，sysfs_file_operations指定了一些由VFS使用的方法，用于访问sysfs中的文件内容。在介绍了所有必需的用于读写数据的数据结构之后，我们来讨论这些操作。

● 读取数据

读取数据委托给sysfs_read_file，相关的代码流程图在图10-14中给出。

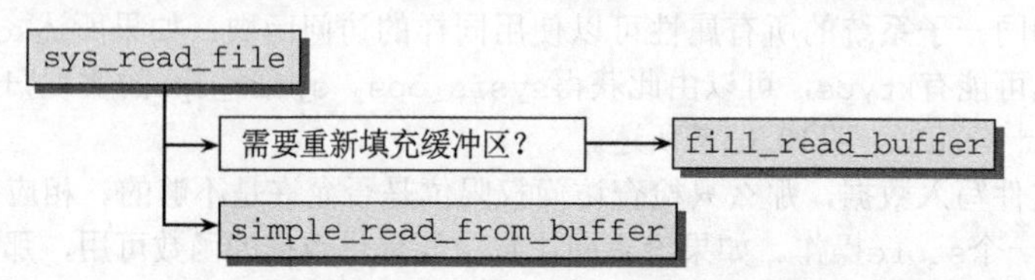

图10-14　sysfs_read_file的代码流程图

其实现相对简单：如果因为是第一次访问，或是写操作造成的修改（这两种情况都由buffer->needs_read_fill表示），致使数据缓冲器尚未填充，那么我们首先需要调用fill_read_buffer来填充缓冲区。该函数负责下面两个任务：

(1) 分配一个页帧（填充0）用于存储数据；

(2) 调用struct sysfs_ops实例的show方法提供缓冲区内容，即向分配的页帧填入数据。

在缓冲区已经填充数据后，剩余的工作委托给simple_read_from_buffer。由名称可知，该函数的任务比较简单，只需要检查一些边界，并从内核向用户空间进行一次内存复制操作。

● 写入数据

其逆过程，即从用户空间向内核空间写入数据，内核提供了sysfs_write_file方法。类似于读取操作，其实现十分简单，代码流程图如图10-15所示。

首先，fill_write_buffer分配一个页帧，将来自用户空间的数据复制到页帧中。这会设置buffer->needs_refill，因为如果在写入之后发生读请求，那么需要刷新缓冲区的内容。剩余的工作委托给flush_write_buffer，其主要工作是调用特定于文件的sysfs_ops实例提供的store方法。

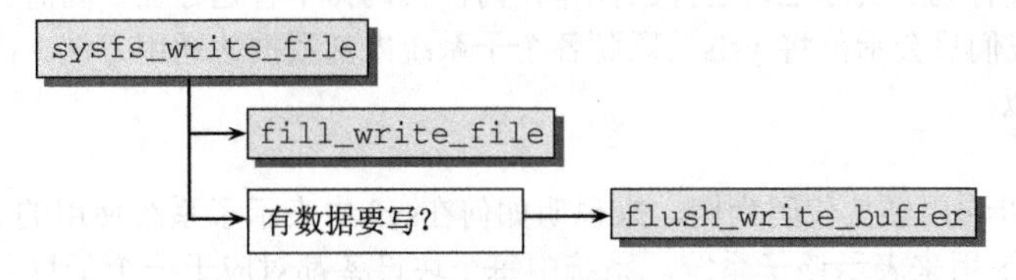

图10-15 sysfs_write_file的代码流程图

3. 目录遍历

sysfs_dir_inode_operations的lookup方法是目录遍历的关键。因而我们需要更仔细地讲解sysfs_lookup。图10-16提供了相应的代码流程图。

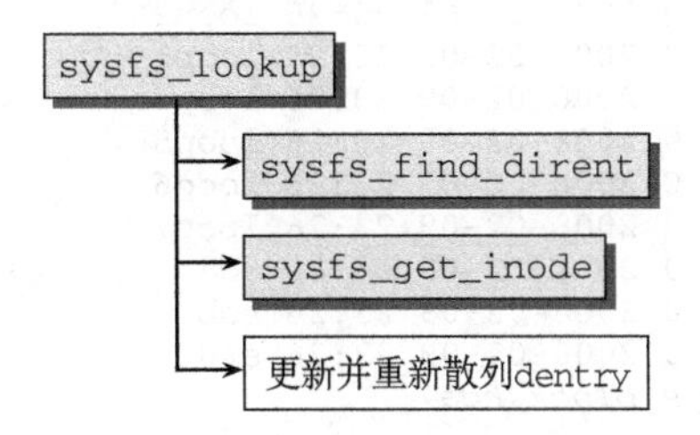

图10-16 sysfs_lookup的代码流程图

属性组成了目录的各个目录项，该函数试图找到一个具有特定名称、属于某个struct sysfs_dirent实例对应的目录下的属性。通过遍历各个数据项，一一比较名称，即可找到所要的数据项。回顾前文可知，与一个kobject关联的所有属性都保存在一个链表中，链表的表头是sysfs_dirent.s_dir.children。这个数据结构现在就派上用场了：

fs/sysfs/dir.c
```
struct sysfs_dirent *sysfs_find_dirent(struct sysfs_dirent *parent_sd,
const unsigned char *name)
{
        struct sysfs_dirent *sd;

        for (sd = parent_sd->s_dir.children; sd; sd = sd->s_sibling)
                if (!strcmp(sd->s_name, name))
                        return sd;
        return NULL;
}
```

sysfs_lookup使用sysfs_find_dirent来查找与给定文件名对应的目标sysfs_dirent实例。得到目标sysfs_dirent实例之后，内核接下来需要建立sysfs、内核子系统和文件系统表示之间的关联。这需要将属性对应的sysfs_dirent实例附加到属性文件的dentry实例。

然后用sysfs_get_inode将dentry和inode关联起来。该方法借助了sysfs_init_inode，后者已经在10.3.3节讨论过。

最后一步并不是特定于sysfs的：将inode信息填充到dentry中。这还需要在全局的dentry散列表中重新散列对应的dentry实例。

10.3.5 向sysfs添加内容

由于sysfs是从内核导出数据的一个接口，只有内核本身可以向sysfs添加文件和目录项。内核中很多场合都会触发此类行为。实际上，这样的操作在内核代码树中普遍存在，因而详细阐述所有情形是不可能的。因此，我们只会示范将sysfs关联到各个子系统内部数据的通用方法。内核中各处用于该目的的方法都十分类似。

注册子系统

这里，我再次以通用硬盘代码为例，来说明如何在syfs中表示子系统使用的kobject。请读者注意，/sys/block目录用来表示该子系统。系统中每个块设备都对应于一个子目录，其中包含几个属性文件：

```
root@meitner # ls -l /sys/block
total 0
drwxr-xr-x  4 root root 0 2008-02-09 23:26 loop0
drwxr-xr-x  4 root root 0 2008-02-09 23:26 loop1
drwxr-xr-x  4 root root 0 2008-02-09 23:26 loop2
drwxr-xr-x  4 root root 0 2008-02-09 23:26 loop3
drwxr-xr-x  4 root root 0 2008-02-09 23:26 loop4
drwxr-xr-x  4 root root 0 2008-02-09 23:26 loop5
drwxr-xr-x  4 root root 0 2008-02-09 23:26 loop6
drwxr-xr-x  4 root root 0 2008-02-09 23:26 loop7
drwxr-xr-x 10 root root 0 2008-02-09 23:26 sda
drwxr-xr-x  5 root root 0 2008-02-09 23:26 sdb
drwxr-xr-x  5 root root 0 2008-02-09 23:26 sr0
root@meitner # ls -l /sys/block/hda
total 0
-r--r--r– 1   root root 4096 2008-02-09 23:26 capability
-r--r--r– 1   root root 4096 2008-02-09 23:26 dev
lrwxrwxrwx1   root root    0 2008-02-09 23:26 device -> ../../devices/pci0000:00/
0000:00:1f.2/ host0/target0:0:0/0:0:0:0
drwxr-xr-x2   root root    0 2008-02-09 23:26 holders
drwxr-xr-x3   root root    0 2008-02-09 23:26 queue
-r--r--r--1   root root 4096 2008-02-09 23:26 range
-r--r--r--1   root root 4096 2008-02-09 23:26 removable
drwxr-xr-x3   root root    0 2008-02-09 23:26 sda1
drwxr-xr-x3   root root    0 2008-02-09 23:26 sda2
drwxr-xr-x3   root root    0 2008-02-09 23:26 sda5
drwxr-xr-x3   root root    0 2008-02-09 23:26 sda6
drwxr-xr-x3   root root    0 2008-02-09 23:26 sda7
-r--r--r--1   root root 4096 2008-02-09 23:26 size
drwxr-xr-x2   root root    0 2008-02-09 23:26 slaves
-r--r--r--1   root root 4096 2008-02-09 23:26 stat
lrwxrwxrwx1   root root    0 2008-02-09 23:26 subsystem -> ../../block
--w-------1   root root 4096 2008-02-09 23:26 uevent
```

上述输出背后核心要素之一是下列数据结构，它将特定于sysfs的attribute结构与特定于genhd的store和show方法关联起来。请注意，这些方法的签名与sysfs所需的show/store方法不同，后者在稍后提供：

<genhd.h>

```
struct disk_attribute {
        struct attribute attr;
        ssize_t (*show)(struct gendisk *, char *);
        ssize_t (*store)(struct gendisk *, const char *, size_t);
};
```

一些属性将附加到genhd子系统表示的所有对象，因此内核建立一个disk_attribute实例的集合，如下所示：

block/genhd.c
```
static struct disk_attribute disk_attr_uevent = {
        .attr = {.name = "uevent", .mode = S_IWUSR },
        .store = disk_uevent_store
};
static struct disk_attribute disk_attr_dev = {
        .attr = {.name = "dev", .mode = S_IRUGO },
        .show = disk_dev_read
};
...
static struct disk_attribute disk_attr_stat = {
        .attr = {.name = "stat", .mode = S_IRUGO },
        .show = disk_stats_read
};

static struct attribute * default_attrs[] = {
        &disk_attr_uevent.attr,
        &disk_attr_dev.attr,
        &disk_attr_range.attr,
...
        &disk_attr_stat.attr,
...
        NULL,
};
```

特定于属性的show/store方法，与sysfs_ops中的show/store方法之间的关联，由下列结构建立：

block/genhd.c
```
static struct sysfs_ops disk_sysfs_ops = {
        .show   = &disk_attr_show,
        .store  = &disk_attr_store,
};
```

我们不需要深入了解任何实现细节，请注意sysfs调用这两个方法时都提供了一个attribute实例，将该实例转换为disk_attribute实例，然后调用与具体属性相关的show/store方法，来完成特定于子系统的底层工作。

最后，还需要考虑如何将默认属性集关联到属于genhd子系统的所有kobject。为此，使用了一个kobj_type：

block/genhd.c
```
static struct kobj_type ktype_block = {
        .release         = disk_release,
        .sysfs_ops       = &disk_sysfs_ops,
        .default_attrs   = default_attrs,
};
```

将该数据结构关联到sysfs，还需要下面两个步骤。

(1) 使用decl_subsys，创建一个对应于kobj_type的kset。

(2) 用register_subsystem注册该kset。该函数最终会调用kset_add，后者接下来会调用kobject_add，用create_dir创建一个适当的目录。而该函数又会调用populate_dir，遍历所有默认属性，并为每个属性分别建立一个sysfs文件。

因为通用硬盘的子元素（即，分区）关联到上面介绍的kset，根据kobject模型，它们自动继承了所有默认属性。

10.4　小结

文件系统不见得必然需要一个后端的物理块设备，其内容也可以动态生成。这使得可以从内核向用户层传递信息（反之亦然），信息的传递可以通过普通的文件I/O操作轻松完成。/proc文件系统是Linux使用的第一批虚拟文件系统之一，新近增加的一个是sysfs，后者为内核中（几乎）所有对象提供了一个层次结构表示。

本章还讨论了一些用于实现虚拟文件系统的通用例程，还考虑了用户层不可见的伪文件系统，其中承载了对内核自身比较重要的信息。

第 11 章

扩展属性和访问控制表

许多文件系统都提供了一些特性，扩展了VFS层提供的标准功能。虚拟文件系统不可能为想到每个特性都提供具体的数据结构。幸运的是，我们的想象力足够丰富，开发者也不缺乏新想法。超出标准的UNIX文件模型的附加特性，通常需要将一个组扩展属性关联到每个文件系统对象。但内核能够提供的是一个框架，容许增加特定于文件系统的扩展。扩展属性（extended attribute，xattrs）是能够关联到文件的（或多或少）任意属性。由于每个文件通常都只关联了所有可能扩展属性的一个子集，扩展属性存储在常规的inode数据结构之外，以避免增加该结构在内存中的长度和浪费磁盘空间。这实际上容许使用一个通用的属性集合，而不会对文件系统性能或磁盘空间需求有任何显著影响。

扩展的一种用途是实现访问控制表（access control list），对UNIX风格的权限模型进行扩展。它们允许实现细粒度的访问控制，不仅仅使用用户、组、其他用户的概念，而是将各个用户及其允许的操作组成一个明确的列表，关联到文件。这种列表很自然地融合到扩展属性模型中。扩展属性的另一种用途是为SE-Linux提供标记信息。

11.1 扩展属性

从文件系统用户的角度来看，一个扩展属性就是与文件系统对象关联的一个“名称/值”对。名称是一个普通的字符串，内核对值的内容不作限制。它可以是文本串，但也可以包含任意的二进制数据。属性可以定义，也可以不定义（如果文件没有关联属性，就是这种情形）。如果定义了属性，可以有值，也可以没有。就这方面而言，显然没人能指责内核提供的自由度不够。

属性名称会按命名空间细分。这意味着，访问属性也需要给出命名空间。按照符号约定，用一个点来分隔命名空间和属性名（例如`user.mime_type`）。这里只提供了基本的细节，本书假定读者对手册页`attr(5)`的内容比较熟悉，其中给出了更详细的讲解。内核使用宏定义了有效的顶层命名空间的列表。形如`XATTR_*_PREFIX`。在从用户空间传递来一个名字串，需要与命名空间前缀比较时，一组辅助性的宏`XATTR_*_PREFIX_LEN`是比较有用的。

<xattr.h>
```
/* Namespaces */
#define XATTR_OS2_PREFIX "os2."
#define XATTR_OS2_PREFIX_LEN (sizeof (XATTR_OS2_PREFIX) -1)

#define XATTR_SECURITY_PREFIX "security."
#define XATTR_SECURITY_PREFIX_LEN (sizeof (XATTR_SECURITY_PREFIX) -1)

#define XATTR_SYSTEM_PREFIX "system."
#define XATTR_SYSTEM_PREFIX_LEN (sizeof (XATTR_SYSTEM_PREFIX) -1)
```

```
#define XATTR_TRUSTED_PREFIX "trusted."
#define XATTR_TRUSTED_PREFIX_LEN (sizeof (XATTR_TRUSTED_PREFIX) -1)

#define XATTR_USER_PREFIX "user."
#define XATTR_USER_PREFIX_LEN (sizeof (XATTR_USER_PREFIX) -1)
```

内核提供了几个系统调用来读取和操作扩展属性：

- setxattr用于设置或替换某个扩展属性的值，或创建一个新的扩展属性；
- getxattr获取某个扩展属性的值；
- removexattr删除一个扩展属性；
- listxattr列出与给定的文件系统对象相关的所有扩展属性。

请注意，这些系统调用都还有前缀为l的变体。这些变体不跟踪符号链接，而是对符号链接本身的扩展属性进行操作。另外，前缀为f的变体不处理文件名，而是对通过文件描述符指定的对象进行处理。

照例，相关的手册页提供了如何使用这些系统调用的更多信息，并提供了准确的调用约定。

11.1.1　到虚拟文件系统的接口

虚拟文件系统向用户空间提供了一个抽象层，使得所有应用程序都可以使用扩展属性，而无需考虑底层文件系统实现如何在磁盘上存储该信息。以下各节讨论了所需的数据结构和系统调用。要注意，尽管VFS为扩展属性提供了一个抽象层，这并不意味着每个文件系统都必须实现该特性。实际上，情况刚好相反。内核中的大多数文件系统都不支持扩展属性。但我们也应该注意到，Linux上所有主要的硬盘文件系统（Ext3、reiserfs、xfs等）都支持扩展属性。

1. 数据结构

由于扩展属性的结构非常简单，内核并没有提供一个特定的结构来封装这样的名称/值对。相反，内核使用了一个简单的字符串来表示名称，而用一个void指针来表示值在内存中的存储位置。

但仍然需要一些方法来设置、检索、删除、列出扩展属性。由于这些操作是特定于inode的，因此它们归入struct inode_operations：

<fs.h>

```
struct inode_operations {
...
        int (*setxattr) (struct dentry *, const char *,const void *,size_t,int);
        ssize_t (*getxattr) (struct dentry *, const char *, void *, size_t);
        ssize_t (*listxattr) (struct dentry *, char *, size_t);
        int (*removexattr) (struct dentry *, const char*);
...
}
```

事实上，文件系统可以为这些操作提供定制实现，但内核也提供了一组通用的处理程序。例如，Ext3文件系统即使用了内核的通用实现，本章下文会讨论这一点。在讲解实现之前，我需要介绍基本的数据结构。对每一类扩展属性，都需要函数与块设备之间来回传输信息。这些函数封装在下列结构中：

<xattr.h>

```
struct xattr_handler {
        char *prefix;
        size_t (*list)(struct inode *inode, char *list, size_t list_size,
                       const char *name, size_t name_len);
        int (*get)(struct inode *inode, const char *name, void *buffer,
                   size_t size);
        int (*set)(struct inode *inode, const char *name, const void *buffer,
                   size_t size, int flags);
};
```

prefix表示一个命名空间，该操作即应用到这个命名空间的属性上。它可以是本章上文讨论过的XATTR_*_PREFIX中的任何值。get和set方法分别从/向底层块设备读取/写入扩展属性，而list列出与一个文件相关的所有扩展属性。

超级块提供了到一个数组的关联，该数组给出了相应文件系统的所有支持的处理程序：

<fs.h>

```
struct super_block {
...
        struct xattr_handler            **s_xattr;
...
}
```

处理程序在数组中出现的次序不是固定的。内核通过比较处理程序的前缀与所述扩展属性的命名空间前缀，可以找到一个适当的次序。图11-1给出了相应的图示。

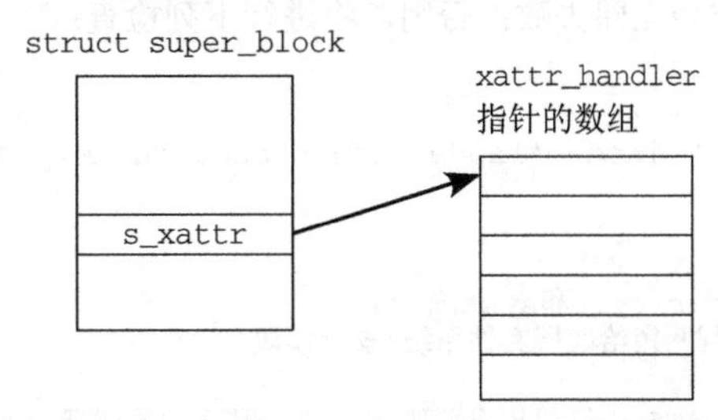

图11-1 通用xattr实现所用的数据结构

2. 系统调用

回忆前文，我们知道每个扩展属性操作（get、set和list）都对应了3个系统调用，三者的区别在于指定目标的方式。为避免代码复制，这些系统调用在结构上分为两部分：

(1) 查找与目标对象相关联的dentry实例；

(2) 其他工作委托给一个函数，该函数对3个系统调用是通用的。

查找dentry实例时，可使用user_path_walk或user_path_walk_link，或直接读取包含在file实例中的指针，具体的做法取决于使用了哪个系统调用。在找到dentry实例后，就为3个系统调用建立了一个公共的基础。

将setxattr来说，用于进一步处理的通用函数是setxattr，相关的代码流程图如图11-2所示。

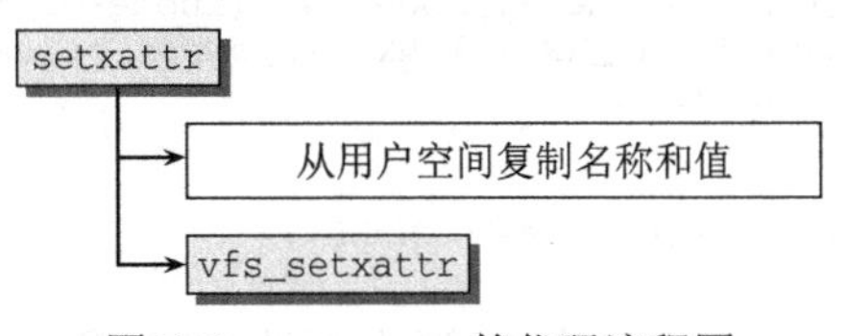

图11-2 setxattr的代码流程图

首先，该例程将属性的名称和值从用户空间复制到内核空间。由于扩展属性的值可以有任意内容，所以其长度不能预先确定。该系统调用有一个显式的长度参数，指定需要读入多少字节。为避免滥用内核内存，需要确保属性名称和值的长度不超过下列限制：

limits.h

```
#define XATTR_NAME_MAX 255          /* 扩展属性名称中的字符数目的限制 */
#define XATTR_SIZE_MAX 65536        /* 扩展属性值长度限制（64k） */
```

经过这个预备步骤之后，进一步的处理委托给vfs_setxattr。相关的代码流程图在图11-3中给出。

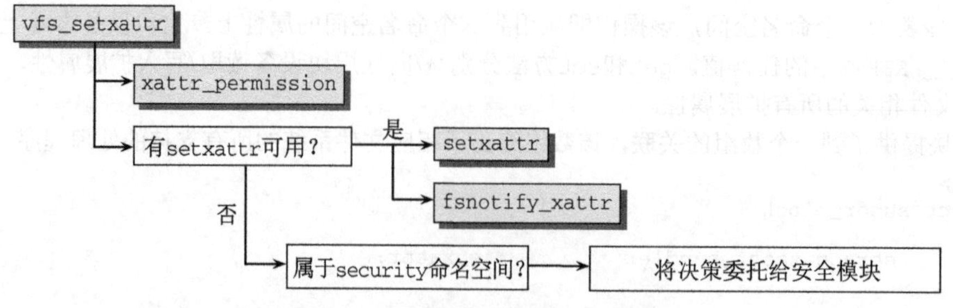

图11-3　vfs_setxattr的代码流程图

首先，内核需要确认用户是否有执行目标操作的权限，即通过xattr_permission来检查。对于只读或不可修改的inode，操作会立即失败；否则，将进行下列检查：

fs/xattr.c
```
static int
xattr_permission(struct inode *inode, const char *name, int mask)
{
...
        /*
         * VFS不限制security.*和system.*。
         * 对此类属性的判断留给底层文件系统/安全模块。
         */
        if (!strncmp(name, XATTR_SECURITY_PREFIX, XATTR_SECURITY_PREFIX_LEN) ||
            !strncmp(name, XATTR_SYSTEM_PREFIX, XATTR_SYSTEM_PREFIX_LEN))
                return 0;
        /*
         * trusted.*命名空间只能由特权用户访问。
         */
        if (!strncmp(name, XATTR_TRUSTED_PREFIX, XATTR_TRUSTED_PREFIX_LEN))
                return (capable(CAP_SYS_ADMIN) ? 0 : -EPERM);

        /* 在user.*命名空间中，只有普通文件和目录可以有扩展属性。
         * 对于“粘着位”置位的目录来说，只有所有者和特权用户能够写入属性值。
         */
        if (!strncmp(name, XATTR_USER_PREFIX, XATTR_USER_PREFIX_LEN)) {
                if (!S_ISREG(inode->i_mode) && !S_ISDIR(inode->i_mode))
                        return -EPERM;
                if (S_ISDIR(inode->i_mode) && (inode->i_mode & S_ISVTX) &&
                    (mask & MAY_WRITE) && !is_owner_or_cap(inode))
                        return -EPERM;
        }

        return permission(inode, mask, NULL);
}
```

VFS层并不关注security或system命名空间中的属性。请注意，如果xattr_permission返回0，则允许请求。内核忽略这些命名空间，并将选择权委派给安全模块（通过许多安全相关的调用载入内核，即内核中很多地方都能看到的security_*调用）或底层文件系统。

但VFS层会关注trusted命名空间。只有权限足够的用户（即root，或有适当能力的用户）允许对这种属性进行操作。对于user命名空间中的属性如何处理，源代码中的注释已经对内核的策略做出了明确的说明，故此不再赘述。

对上述命名空间以外的其他命名空间中属性的判断，则由8.5.3节讨论的通用的permission函数进行。请注意，这其中包含了借助于扩展属性实现的ACL检查。这些检查的实现将在11.2.2节讨论。

如果inode通过了权限检查，则vfs_setxattr继续进行以下步骤。

(1) 如果inode_operations中提供了特定于文件系统的setxattr方法，则调用该方法与文件系统进行底层交互。接下来，fsnotify_xattr使用inotify机制将扩展属性的改变通知用户层。

(2) 如果没提供setxattr方法（即底层文件系统不支持扩展属性），但所述的扩展属性属于security命名空间，那么内核试图使用由安全框架（如SELinux）提供的一个函数。如果没有注册此类框架，那么拒绝该操作。

在不支持扩展属性的文件系统中，这种做法能够在文件上加安全标记。以一种合理的方式来存储该信息，则是安全子系统的任务。

请注意，在扩展属性系统调用期间，还调用了安全框架的其他一些挂钩函数。这里略去相关描述，主要是因为在没有附加安全框架（如SELinux）存在的情况下，这些调用是无效的。

由于getxattr和removexattr系统调用的实现几乎完全是按照setxattr的方案进行，因而没有必要更深入地讨论。这两者与setxattr的区别如下所示：

- getxattr不需要使用fnotify，因为没有进行修改；
- removeattr不需要复制属性值，只需要从用户空间复制属性名称，不需要对安全处理程序进行特别的包装。

列出与一个文件相关联的所有扩展属性的代码与上述的方案差别更大，主要是因为没有使用vfs_listxattr函数。所有的工作都在listxattr中进行。其实现步骤很简单，如下所示：

(1) 修改用户空间程序给出的列表的最大程度，使之不超过内核所允许的扩展属性列表的最大长度XATTR_LIST_MAX，并分配所需的内存；

(2) 调用inode_operations的listxattr方法，用各个名称/值对来填充分配的空间；

(3) 将结果复制回用户空间。

3. 通用处理程序函数

安全是一项重要的工作。如果做出错误的决策，那么即使最佳的安全机制也毫无价值。由于代码的复制增加了细节出错的可能性，所以内核对处理扩展属性的inode_operation方法提供了通用实现，文件系统开发者可以依赖这些实现。还有一个好处是，文件系统开发者不必辛苦地关注每个边边角角的安全问题的处理，可以将心思集中在更重要的方面。以下的例子将讲解内核提供的默认实现。如前所述，用于不同类型访问的代码非常相似，因此我们会首先讨论generic_setxattr的实现，然后讨论其他方法与前者的区别。

我们现在来看代码：

fs/xattr.c

```
int
generic_setxattr(struct dentry *dentry, const char *name, const void *value, size_t size, int
flags)
{
        struct xattr_handler *handler;
        struct inode *inode = dentry->d_inode;

        if (size == 0)
                value = ""; /* empty EA, do not remove */
        handler = xattr_resolve_name(inode->i_sb->s_xattr, &name);
        if (!handler)
                return -EOPNOTSUPP;
        return handler->set(inode, name, value, size, flags);
}
```

首先，xattr_resolve_name查找适用于所述扩展属性的命名空间的xattr_handler实例。如果存在一个处理程序，则调用其set方法来执行设置属性值的操作。显然，接下来的步骤不可能是通用的。因此handler->set必然是一个特定于文件系统的方法（Ext3中这些方法的实现将在11.1.2节讨论）。

查找适当的处理程序并不困难：

fs/xattr.c

```
static struct xattr_handler *
xattr_resolve_name(struct xattr_handler **handlers, const char **name)
{
...
        for_each_xattr_handler(handlers, handler) {
                const char *n = strcmp_prefix(*name, handler->prefix);
                if (n){
                        *name = n;
                        break;
                }
        }
        return handler;
}
```

for_each_xattr_handler是一个宏，遍历所有处理程序项，直至遇到一个NULL项。对于每个数组元素，内核比较处理程序前缀与属性名称的命名空间部分。如果匹配，那么就找到了适当的处理程序。

其他扩展属性操作的通用实现，与generic_setxattr的代码只有轻微不同。

- generic_getxattr调用handler->get而不是handler->set。
- generic_removexattr调用了handler->set，但对属性值指定了NULL，长度指定为0。这将导致属性被删除。[①]

generic_listxattr以两种模式运作：如果向函数传递的用于存储结果的缓冲区为NULL指针，则代码遍历超级块中注册的所有处理程序，并调用所述inode的list方法。由于list将返回保存结果所需的字节数，这些可以累加起来，预计需要分配多少内存。如果指定了由于保存结果的缓冲区，则generic_listxattr仍然遍历所有处理程序，但这一次将使用缓冲区来实际存储结果。

11.1.2 Ext3中的实现

在所有文件系统中，Ext3是最杰出的成员之一，因为它提供了对扩展属性的良好支持，并使该特性为人所理解。我们将考察下列源代码，来更多地了解在文件系统层面上对扩展属性的实现。这同样提出了一个我们此前尚未接触过的问题，即扩展属性如何在磁盘上持久存储。

1. 数据结构

作为文件系统世界的模范公民，Ext3采纳了一些提高编码效率的良好建议，并采用了上文介绍的通用实现。它提供了若干处理程序函数，而下列映射使得可按照标识号来访问处理程序函数，而不是按照字符串标识符。这简化了许多操作，并能够更高效地利用磁盘空间，因为与前缀字符串相比，标识号只需要存储一个数字。

fs/ext3/xattr.c

```
static struct xattr_handler *ext3_xattr_handler_map[] = {
        [EXT3_XATTR_INDEX_USER]                  = &ext3_xattr_user_handler,
#ifdef CONFIG_EXT3_FS_POSIX_ACL
        [EXT3_XATTR_INDEX_POSIX_ACL_ACCESS]      = &ext3_xattr_acl_access_handler,
```

① 请注意，必须同时指定NULL指针和长度0，因为可能有长度为0的属性，即空的属性值字符串（这不同于NULL值）。

```
        [EXT3_XATTR_INDEX_POSIX_ACL_DEFAULT]    = &ext3_xattr_acl_default_handler,
#endif
        [EXT3_XATTR_INDEX_TRUSTED]              = &ext3_xattr_trusted_handler,
#ifdef CONFIG_EXT3_FS_SECURITY
        [EXT3_XATTR_INDEX_SECURITY]             = &ext3_xattr_security_handler,
#endif
};
```

图11-4给出了Ext3扩展属性的磁盘布局。

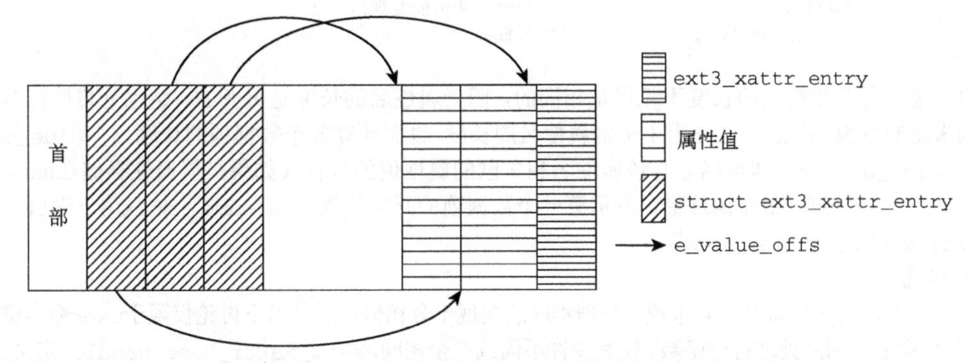

图11-4 Ext3文件系统中扩展属性的磁盘格式

扩展属性所占的空间，由一个短的标识头开始，接下来是一系列数据项的列表。每个数据项都包含了属性名称和指向属性值存储区域的一个指针。在向文件添加新的扩展属性时，列表向下增长。

属性值存储在扩展属性数据空间的尾部，值表与属性名称表相对增长。属性值可以按任意次序存储，通常与属性名排序不同。

这种类型的结构可以放置在两个地方：

- inode末尾的未使用空间；
- 磁盘上一个独立的数据块。

第一种情况，只有使用了允许动态inode长度的新文件系统格式时（即，EXT3_DYNAMIC_REV），才可能出现。空闲空间的长度保存在ext3_inode_info->i_extra_isize。这两种方案可以同时使用，但所有扩展属性头和值的总长度不能超过一个数据块加上inode中空闲空间的长度。除了inode中的空闲空间之外，最多只能再使用一个数据块来存储扩展属性。实际上，所需的空间通常比一个完整的磁盘块要少得多。

请注意：如果两个文件的扩展属性集合是相同的，那么二者可以共享同一磁盘表示。这有助于节省一些磁盘空间。

实现上述布局的数据结构是什么样的呢？首部的数据结构定义如下：

fs/ext3/xattr.h

```
struct ext3_xattr_header {
        __le32 h_magic;          /* 用于标识的魔数 */
        __le32 h_refcount;       /* 引用计数 */
        __le32 h_blocks;         /* 使用磁盘块的数目 */
        __le32 h_hash;           /* 所有属性的散列值 */
        __u32 h_reserved[4];     /* 目前为0 */
};
```

代码中的注释确切地描述了各个成员的语义，无须另行赘述。唯一的例外是h_blocks：尽管该成员暗示可使用多个磁盘块来存储扩展属性数据，但现在总是设置为1。任何其他值都是错的。

每个数据项由下列数据结构表示：

fs/ext3/xattr.h

```
struct ext3_xattr_entry {
        __u8 e_name_len;           /* 名称长度 */
        __u8 e_name_index;         /* 属性名索引 */
        __le16 e_value_offs;       /* 属性值在所处磁盘块中的偏移量 */
        __le32 e_value_block;      /* 存储属性的磁盘块 */
        __le32 e_value_size;       /* 属性值长度 */
        __le32 e_hash;             /* 属性名和值的散列值 */
        char e_name[0];            /* 属性名 */
};
```

要注意，各个数据项的长度不见得是相同的，因为属性名的长度是可变的。这也是将属性名存储在结构末尾的原因。e_name_len用于确定属性名的长度，进而计算各个数据项的长度。e_value_block连同e_value_offset，即可确定与该属性名相关联的属性值的位置（如果扩展属性存储在inode内，则将ext3_value_offs用作偏移量，表示第一个数据项的开始位置）。e_name_index用于索引上文定义的ext3_xattr_handler_map表。

2. 实现

由于对不同的属性命名空间来说，处理程序的实现十分相似，所以以下讨论仅限于user命名空间的实现。其他命名空间的处理程序函数，仅有少许不同或完全相同。ext3_xattr_user_handler定义如下：

fs/ext3/xattr_user.c

```
struct xattr_handler ext3_xattr_user_handler = {
        .prefix = XATTR_USER_PREFIX,
        .list   = ext3_xattr_user_list,
        .get    = ext3_xattr_user_get,
        .set    = ext3_xattr_user_set,
};
```

● 获取扩展属性

首先了解ext3_xattr_user_get。该代码只是一个标准例程的包装器，后者不依赖属性的类型。只需要类型的标识号，以便从所有属性的集合中选择正确的属性：

fs/ext3/xattr_user.c

```
static int
ext3_xattr_user_get(struct inode *inode, const char *name,
                    void *buffer, size_t size)
{
...
        if (!test_opt(inode->i_sb, XATTR_USER))
                return -EOPNOTSUPP;
        return ext3_xattr_get(inode, EXT3_XATTR_INDEX_USER, name, buffer, size);
}
```

对XATTR_USER的测试确保该文件系统支持user命名空间中的扩展属性。可以在装载文件系统时启用或禁用该支持。

请注意，所有get类型的函数都可用于两个目的。如果分配了缓冲区，则将结果复制到缓冲区中。如果只给出了NULL指针，没指定适当的缓冲区，那么将只计算并返回属性值的长度。这使得调用代码可以首先确定需要为缓冲区分配的内存的长度。在缓冲区分配之后，第二次调用将向缓冲区填充数据。

在图 11-5 中给出了 ext3_xattr_get 的代码流程图。该函数是一个分派器，首先使用ext3_xattr_ibody_get，试图在inode的空闲空间中找到所需的属性。如果失败，则使用ext3_xattr_block_get从外部的属性数据块中读取属性值。

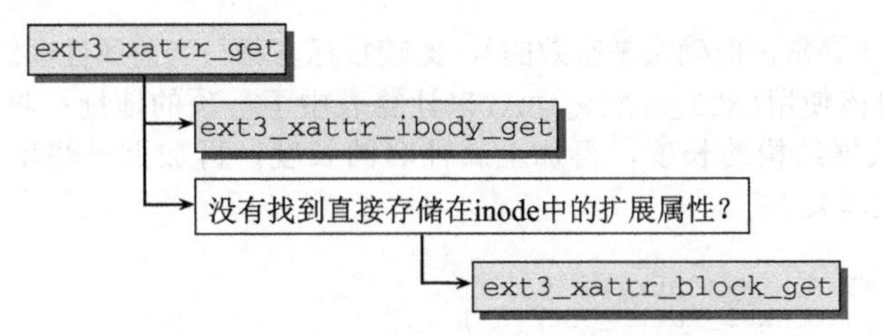

图11-5 ext3_xattr_get的代码流程图

首先考虑在inode空闲空间中进行的直接搜索。相关的代码流程图在图11-6中给出。

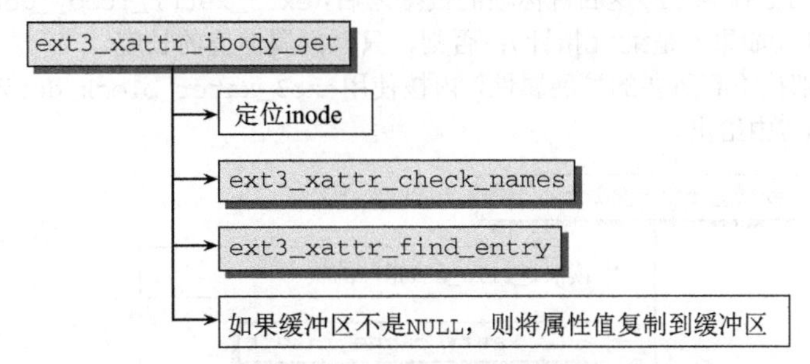

图11-6 ext3_xattr_ibody_get的代码流程图

在确定inode的位置并确认有访问裸数据的权限之后，ext3_xattr_check_names进行几个合理性检查，以确认数据项表确实位于inode空闲空间内。实际工作委托给ext3_xattr_find_entry。该例程在下文中几处还将使用，因此我们需要更详细地讨论它。

fs/ext3/xattr.c

```
static int
ext3_xattr_find_entry(struct ext3_xattr_entry **pentry, int name_index,
                      const char *name, size_t size, int sorted)
{
        struct ext3_xattr_entry *entry;
        size_t name_len;
        int cmp= 1;
        if (name == NULL)
                return -EINVAL;
        name_len = strlen(name);
        entry = *pentry;
        for (; !IS_LAST_ENTRY(entry); entry = EXT3_XATTR_NEXT(entry)) {
                cmp = name_index -entry->e_name_index;
                if (!cmp)
                        cmp = name_len -entry->e_name_len;
                if (!cmp)
                        cmp = memcmp(name, entry->e_name, name_len);
                if (cmp <= 0 && (sorted || cmp == 0))
                        break;
        }
        *pentry = entry;
...
        return cmp ? -ENODATA : 0;
}
```

pentry指向扩展属性表的各表项的起始处。代码遍历所有属性项，在属性项类型正确的情况下（如果cmp等于0，即表示类型正确。计算cmp时，将当前属性项的命名空间索引与所查询的索引相减即可，这种方法有些异乎寻常，但确实是有效的），比较目标名称与当前属性项的名称。由于各属性项的长度并不一致，内核使用EXT3_XATTR_NEXT来计算表中下一项的地址：将当前项的地址，加上ext3_xattr_entry数据结构的长度，再加上属性名的长度，再加上一些填充字节（后三项都由EXT3_XATTR_LEN宏处理）。

fs/ext3/xattr.h
```
#define EXT3_XATTR_NEXT(entry) \
        ( (struct ext3_xattr_entry *)( \
          (char *)(entry) + EXT3_XATTR_LEN((entry)->e_name_len)) )
```

属性项列表的末尾由0标记，通过IS_LAST_ENTRY检查。

在ext3_xattr_find_entry返回目标项的数据之后，ext3_xattr_ibody_get需要将属性值复制到参数指定的缓冲区（如果不是NULL指针）；否则，只返回属性值的长度。

如果在inode内部找不到所要的扩展属性，内核使用ext3_xattr_block_get来搜索属性项。相关的代码流程图在图11-7中给出。

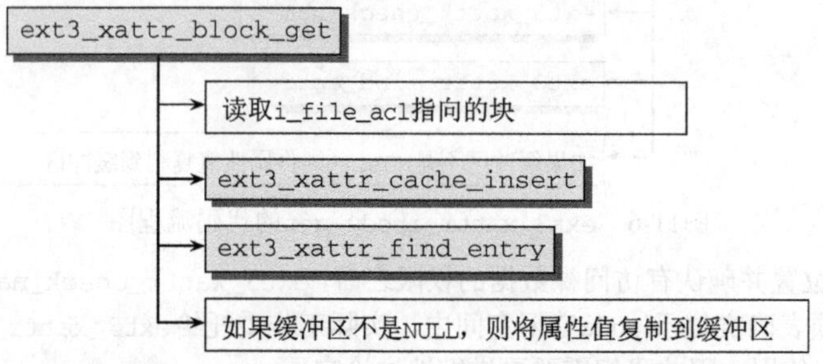

图11-7　ext3_xattr_block_get的代码流程图

操作过程与此前考虑的情形（属性数据在inode内）基本相同，但需要做两个修改。

- 内核需要读取扩展属性所在的块，块地址存储在struct ext3_inode_info的i_file_acl成员中。
- 调用ext3_xattr_cache_insert缓存元数据块。内核使用fs/mbcache.c中实现的文件系统元数据块缓存来完成该任务①。由于其中没什么重要内容，所以我们无需详细讨论相关代码。

● 设置扩展属性

对user命名空间设置扩展属性的任务由ext3_xattr_user_set处理。类似于获取属性值的操作，该函数不过是通用辅助函数ext3_xattr_set的包装器。图11-8给出的代码流程图，说明了后者也不过是一个包装器函数，负责处理与日志的交互。实际工作委托给ext3_xattr_set_handle，其代码流程图见图11-9。

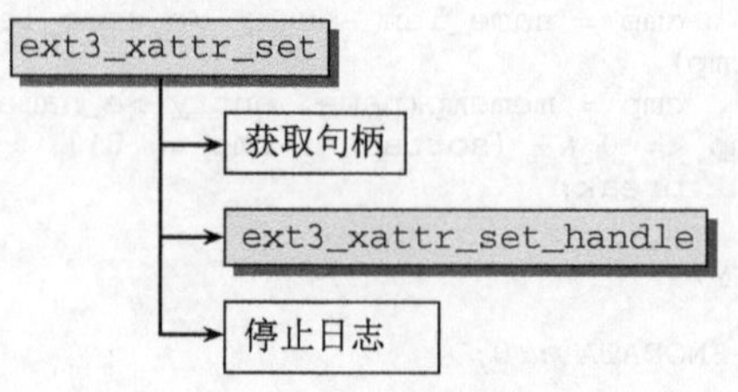

图11-8　ext3_xattr_set的代码流程图

① 尽管该缓存的结构是通用的，但目前仅用于Ext文件系统族。

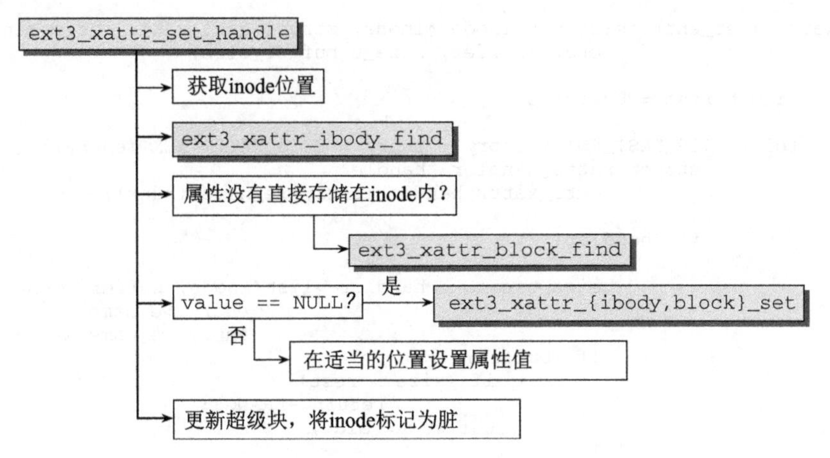

图11-9 ext3_xattr_set_handle的代码流程图

其中使用了下列调用约定。

- 如果传递到函数的数据缓冲区为NULL，则删除现存扩展属性。
- 如果数据缓冲区包含了属性值，则替换现存扩展属性的值或创建一个新的扩展属性。按照手册页setxattr(2)的文档，标志XATTR_REPLACE和XATTR_CREATE分别表示在调用之前，所述属性必须是存在的还是不存在的。

ext3_xattr_set_handle利用此前介绍的框架实现了这些需求，如下所示。

(1) 查找inode的位置。

(2) 使用ext3_xattr_ibody_find查找扩展属性的数据。如果失败，则用ext3_xattr_block_find在inode外部的数据块中查找属性。

(3) 如果没有给出属性值，则用ext3_xattr_ibody_set或ext3_xattr_block_set（使用哪一个，取决于属性项包含在inode内部还是独立的数据块中）删除该属性。

(4) 如果给出了属性值，则使用ext3_xattr_*_set修改属性值或建立一个新的属性，或者在inode内部，或者在外部数据块中（取决于何处有足够的剩余空间）。

ext3_xattr_ibody_set和ext3_xattr_block_set函数处理从11.1.2节讲述的数据结构中删除一个属性项的底层工作。如果没有给出要更新的值，则这些函数会相应地建立一个新属性项。这主要是对数据结构的操作，在这里不详细讨论了。

● 列出扩展属性

尽管内核包含了一个通用函数（generic_listxattr），用于列出与某个文件相关的所有扩展属性，但该函数在文件系统实现中不太受欢迎：只有共享内存实现使用了该函数。因此我们先来讨论Ext3的实现。

Ext3的inode_operations实例中，将ext3_listxattr作为listxattr的处理程序函数。该方法只有一行，是ext3_xattr_list的包装器。后者又根据扩展属性存储的位置，调用了ext3_xattr_ibody_list和ext3_xattr_block_list。这两个函数计算扩展属性的位置并读取数据，然后将工作委托给ext3_xattr_list_entries，该函数负责完成最终的实际工作。它使用此前介绍的宏遍历inode定义的所有扩展属性，调用handler->list取得每个属性的名称，并将结果收集到缓冲区中：

fs/ext3/xattr.c
```
static int
```

```
ext3_xattr_list_entries(struct inode *inode, struct ext3_xattr_entry *entry,
                        char *buffer, size_t buffer_size)
{
        size_t rest = buffer_size;

        for (; !IS_LAST_ENTRY(entry); entry = EXT3_XATTR_NEXT(entry)) {
                struct xattr_handler *handler =
                        ext3_xattr_handler(entry->e_name_index);

                if (handler) {

                        size_t size = handler->list(inode, buffer, rest,
                                                    entry->e_name,
                                                    entry->e_name_len);
                        if (buffer) {
                                if (size > rest)
                                        return -ERANGE;
                                buffer += size;
                        }
                        rest -= size;
                }
        }
        return buffer_size -rest;
}
```

由于各种属性类型的list处理程序实现都十分类似，所以只考虑user命名空间的实现就足够了。注意下列代码：

fs/ext3/xattr_user.c

```
static size_t
ext3_xattr_user_list(struct inode *inode, char *list, size_t list_size,
                     const char *name, size_t name_len)
{
        const size_t prefix_len = sizeof(XATTR_USER_PREFIX)-1;
        const size_t total_len = prefix_len + name_len + 1;

        if (!test_opt(inode->i_sb, XATTR_USER))
                return 0;

        if (list && total_len <= list_size) {
                memcpy(list, XATTR_USER_PREFIX, prefix_len);
                memcpy(list+prefix_len, name, name_len);
                list[prefix_len + name_len] = '\0';
        }
        return total_len;
}
```

该例程将前缀user.后接属性名称和一个NULL字节复制到缓冲区list中，然后结果返回复制的字节数。

11.1.3　Ext2 中的实现

Ext2中的扩展属性的实现与上文介绍的Ext3的实现非常相似。这并不令人意外，因为Ext3是Ext2的直接后裔，但由于Ext3中的一些特性在Ext2中是不可用的，这也是二者扩展属性的实现有所差别的原因。

- 由于Ext2并不支持动态的inode长度，所以磁盘上的inode中没有足够空间存储扩展属性的数据。因此，扩展属性总是存储在一个独立的数据块中。这简化了一些函数，因为无须区分扩展属性的不同存储位置了。

- Ext2并不使用日志，因此所有日志相关函数的调用都是不必要的。这也使得一些只处理句柄操作的包装器函数变得不必要。

此外，二者的实现几乎相同。上文描述的大部分函数，将前缀ext3_替换为ext2_之后，都是可用的。

11.2 访问控制表

POSIX访问控制表（ACL）是POSIX标准定义的一种扩展，用于细化Linux的自主访问控制（DAC）模型。照例，我假定读者对这个概念已经有一定的认识。当然，你也可以参考手册页acl(5)进一步了解相关概念。[①]ACL借助扩展属性实现，修改ACL所用的方法与其他扩展属性也是相同的。内核对其他扩展属性的内容并不感兴趣，但ACL扩展属性将集成到inode的权限检查中。尽管文件系统可以自由选择用于表示扩展属性的物理格式，但内核仍然定义了用于表示访问控制表的交换结构。对于承载访问控制表的扩展属性，必须使用下列命名空间：

<posix_acl_xattr.h>

```
#define POSIX_ACL_XATTR_ACCESS "system.posix_acl_access"
#define POSIX_ACL_XATTR_DEFAULT "system.posix_acl_default"
```

用户层程序getfacl、setfacl和chacl用于获取、设置和修改ACL的内容。它们使用可以操作扩展属性的标准系统调用，并不需要与内核进行非标准交互。许多其他实用程序（例如ls）也内建了对访问控制表的支持。

11.2.1 通用实现

用于实现ACL的通用代码包含在两个文件中：fs/posix_acl.c包含了分配新ACL、复制ACL、进行扩展权限检查等功能的代码；而fs/xattr_acl.c包含的函数用于在扩展属性和ACL的通用表示之间进行转换，并且转换是双向的。所有通用数据结构都定义在include/linux/posix_acl.h和include/linux/posix_acl_xattr.h中。

1. 数据结构

用于存储与ACL相关的所有数据的内存表示的主要数据结构定义如下：

<posix_acl.h>

```
struct posix_acl_entry {
        short                   e_tag;
        unsigned short          e_perm;
        unsigned int            e_id;
};

struct posix_acl {
        atomic_t                a_refcount;
        unsigned int            a_count;
        struct posix_acl_entry  a_entries[0];
};
```

每个ACL项都包含一个标记、一个权限和一个（用户/组）ID，该ACL项即定义了该ID对某文件的权限。属于给定inode的所有ACL，都收集到一个struct posix_acl中。其中ACL项的数目由a_count

① 请注意，另一篇很好的综述性文章是Andreas Grünbacher的Usenix论文[Grü03]，其中给出了ACL的一般性概述，以及Linux支持的各种文件系统ACL实现的当前状态。Andreas Grünbacher是Ext2和Ext3文件系统中ACL支持的主要开发者之一。

给出。由于包含所有ACL项的数组位于结构末尾，所以ACL项的最大数目除了受到扩展属性最大长度的限制之外，并无其他限制。a_refcount是一个标准的引用计数器。

用于ACL类型、标记、权限的符号常数，由以下预处理器定义给出：

<posix_acl.h>

```
/* 用于acl_user_posix_entry_t中的a_type字段 */
#define ACL_TYPE_ACCESS       (0x8000)
#define ACL_TYPE_DEFAULT      (0x4000)

/* 用于struct posix_acl_entry中的e_tag项 */
#define ACL_USER_OBJ          (0x01)
#define ACL_USER              (0x02)
#define ACL_GROUP_OBJ         (0x04)
#define ACL_GROUP             (0x08)
#define ACL_MASK              (0x10)
#define ACL_OTHER             (0x20)

/* e_perm字段中的权限值 */
#define ACL_READ              (0x04)
#define ACL_WRITE             (0x02)
#define ACL_EXECUTE           (0x01)
```

内核定义了另一组数据结构，与上文介绍的类似，用于ACL的扩展属性表示。但这一次它们是用于与用户层的外部交互：

<posix_acl_xattr.h>

```
typedef struct {
        __le16                e_tag;
        __le16                e_perm;
        __le32                e_id;
} posix_acl_xattr_entry;

typedef struct {
        __le32                       a_version;
        posix_acl_xattr_entry    a_entries[0];
} posix_acl_xattr_header;
```

用于内部和外部表示的结构十分相似，但用于外部表示的类型明确指定了字节序（参见附录A.8）和位长。此外，对磁盘表示来说，引用计数是不必要的。

有两个函数用于在两种表示之间来回转换：posix_acl_from_xattr和posix_acl_to_xattr。由于转换完全是机械的，所以没必要更详细地讨论。但重要的是，要注意到函数的工作是独立于底层文件系统的。

2. 权限检查

对涉及访问控制表的权限检查，内核通常需要底层文件系统的支持。或者文件系统自行实现所有的权限检查（通过struct inode_operations的permission函数），或者文件系统提供一个回调函数供generic_permission使用。内核中的大多数文件系统，都使用了后一种方法。

generic_permission中使用的回调函数如下（请注意，check_acl表示回调函数）：

fs/namei.c

```
int generic_permission(struct inode *inode, int mask,
                int (*check_acl)(struct inode *inode, int mask))
{
...
                if (IS_POSIXACL(inode) && (mode & S_IRWXG) && check_acl) {
                        int error = check_acl(inode, mask);
```

```
                if (error == -EACCES)
                        goto check_capabilities;
                else if (error != -EAGAIN)
                        return error;
        }
...
}
```

IS_POSIXACL检查（装载时）是否设置了标志MS_POSIXACL，该标志表明需要使用ACL。

即使文件系统提供了进行ACL权限检查的专用函数，但各个例程通常会归结到一些技术性的工作，如获得ACL数据。而真正的权限检查仍然会委托给内核提供的标准函数posix_acl_permission。

因此，我们需要更详细地讨论posix_acl_permission。其参数包括一个指向inode的指针，一个指向ACL（的内存表示）的指针，要检查的权限（mode中的MAY_READ、MAY_WRITE或MAY_EXEC权限位）。如果授予访问权限，则函数返回0，否则返回相应的错误码。其实现如下：

fs/posix_acl.c

```
int
posix_acl_permission(struct inode *inode, const struct posix_acl *acl, int want)
{
        const struct posix_acl_entry *pa, *pe, *mask_obj;
        int found = 0;

        FOREACH_ACL_ENTRY(pa, acl, pe) {
                switch(pa->e_tag) {
                        case ACL_USER_OBJ:
                                /* （可能已经检查过） */
                                if (inode->i_uid == current->fsuid)
                                        goto check_perm;
                                break;
                        case ACL_USER:
                                if (pa->e_id == current->fsuid)
                                        goto mask;
                                break;
                        case ACL_GROUP_OBJ:
                                if (in_group_p(inode->i_gid)) {
                                        found = 1;
                                        if ((pa->e_perm & want) == want)
                                                goto mask;
                                }
                                break;
                        case ACL_GROUP:
                                if (in_group_p(pa->e_id)) {
                                        found = 1;
                                        if ((pa->e_perm & want) == want)
                                                goto mask;
                                }
                                break;
                        case ACL_MASK:
                                break;
                        case ACL_OTHER:
                                if (found)
                                        return -EACCES;
                                else
                                        goto check_perm;
                        default:
                                return -EIO;
                }
        }
```

```
                return -EIO;
        ...
        }
```

代码使用FOREACH_ACL_ENTRY宏来遍历所有的ACL项。对每个ACL项，都需要比较文件系统UID（FSUID）和当前进程凭据的相应部分（对_OBJ类型的ACL项，需要比较inode的UID/GID，对其他类型的项，需要比较ACL项中指定的ID）。显然，此中的逻辑需要与acl(5)手册页的定义完全相同。

代码涉及两个位于循环之后的跳转标号。如果从根本上来说，将授予访问权限，那么代码的控制流在mask标号结束。但这种情况下，仍然需要确认，在授权ACL项之后没有声明ACL_MASK项，所以导致拒绝授权：

fs/posix_acl.c

```
...
mask:
        for (mask_obj = pa+1; mask_obj != pe; mask_obj++) {
                if (mask_obj->e_tag == ACL_MASK) {
                        if ((pa->e_perm & mask_obj->e_perm & want) == want)
                                return 0;
                        return -EACCES;
                }
        }
...
```

在找到授权ACL项之后，似乎已经非常接近成功了。但如果ACL_MASK项拒绝了授权，那么希望会很快破灭。

下列代码片段确保：权限不仅仅因为适当的UID/GID而有效，而且授权ACL项也允许了所要进行的访问（读、写或执行）：

fs/posix_acl.c

```
...
check_perm:
        if ((pa->e_perm & want) == want)
                return 0;
        return -EACCES;
}
```

11.2.2 Ext3中的实现

正如前文的讨论，由于ACL基于扩展属性实现，并借助了许多通用的辅助例程，所以Ext3对ACL的实现相当简洁。

1. 数据结构

ACL的磁盘表示的格式与通用的POSIX辅助函数所需的内存表示非常类似：

fs/ext3/acl.h

```
typedef struct {
        __le16          e_tag;
        __le16          e_perm;
        __le32          e_id;
} ext3_acl_entry;
```

结构成员的语义与上文讨论的内存表示相同。为节省磁盘空间，还定义了一个没有e_id字段的版本。该版本用于ACL列表的前四项，因为这几项不需要具体的UID/GID：

fs/ext3/acl.h

```
typedef struct {
        __le16          e_tag;
```

```
        __le16          e_perm;
} ext3_acl_entry_short;
```

ACL项的列表总是有一个头，定义如下：

fs/ext3/acl.h

```
typedef struct {
        __le32          a_version;
} ext3_acl_header;
```

a_version字段使得能够区分ACL实现的不同版本。幸运的是，当前的实现尚未显露出弱点，因此不需要引入新版本，使用目前的版本号EXT3_ACL_VERSION（即0x0001）就可以了。尽管这个字段目前是不相干的，但如果未来开发了一个不兼容的版本，该字段就会变得很重要。

Ext3 inode的内存表示增加了两个与ACL实现相关的字段：

<ext3_fs_i.h>

```
struct ext3_inode_info {
...
#ifdef CONFIG_EXT3_FS_POSIX_ACL
        struct posix_acl        *i_acl;
        struct posix_acl        *i_default_acl;
#endif
...
}
```

i_acl指向的posix_acl实例用作与inode关联的常规ACL列表，而i_default_acl指向默认ACL，可以关联到目录，并由子目录继承。由于所有信息都存储到磁盘上的扩展属性中，所以无须对基于磁盘的struct ext3_inode进行扩展。

请注意，内核并不自动为每个inode构建ACL信息。如果该信息不在内存中，则上述字段设置为EXT3_ACL_NOT_CACHED[定义为(void *)-1]。

2. 磁盘和内存表示之间的转换

有两个转换函数可用于磁盘和内存表示之间的转换：ext3_acl_to_disk和ext3_acl_from_disk。二者的实现在fs/ext3/acl.c中。

后者从inode中包含的信息获取裸数据，剥去头信息，将ACL列表中每个ACL项的数据从小端序格式转换为适用于系统本机CPU的格式。

与此相对的函数是ext3_acl_to_disk，工作原理类似：它遍历给定的posix_acl实例中的所有ACL项，将其中包含的数据从特定于CPU的格式转换为小端序格式，并指定适当的位长。

3. inode初始化

在用ext3_new_inode创建新inode时，ACL的初始化委托给ext3_init_acl。除了事务句柄和新inode的struct inode实例之外，该函数还需要一个指针，指向新inode所在目录的inode：

fs/ext3/acl.c

```
int
ext3_init_acl(handle_t *handle, struct inode *inode, struct inode *dir)
{
        struct posix_acl *acl = NULL;
        int error = 0;

        if (!S_ISLNK(inode->i_mode)) {
        if (test_opt(dir->i_sb, POSIX_ACL)) {
                acl = ext3_get_acl(dir, ACL_TYPE_DEFAULT);
                if (IS_ERR(acl))
                        return PTR_ERR(acl);
```

```
		}
		if (!acl)
			inode->i_mode &= ~current->fs->umask;
		}
	...
	}
```

inode参数指向新的inode，而dir表示包含inode对应文件的目录的inode。之所以需要目录信息，是因为如果目录包含了默认ACL，那么其内容需要应用到新的文件。如果目录的超级块不支持ACL或没有关联默认ACL，那么内核只是将进程的当前umask设置应用到文件。

我们更感兴趣的情形是，inode所在的文件系统支持ACL，而且父目录有与之关联的默认ACL。如果新的inode是一个目录，则继承父目录的默认ACL：

fs/ext3/acl.c

```
...
	if (test_opt(inode->i_sb, POSIX_ACL) && acl) {
		struct posix_acl *clone;
		mode_t mode;

		if (S_ISDIR(inode->i_mode)) {
			error = ext3_set_acl(handle, inode,
					ACL_TYPE_DEFAULT, acl);
			if (error)
				goto cleanup;
		}
...
}
```

ext3_set_acl用来设置特定inode的ACL内容，该函数将在下文讲解到。

对目录以外的所有文件类型，将执行下列代码：

fs/ext3/acl.c

```
...
		clone = posix_acl_clone(acl, GFP_KERNEL);
		error = -ENOMEM;
		if (!clone)
			goto cleanup;

		mode = inode->i_mode;
		error = posix_acl_create_masq(clone, &mode);
		if (error >= 0) {
			inode->i_mode = mode;
			if (error > 0) {
				/* 这是一个扩展ACL */
				error = ext3_set_acl(handle, inode,
						ACL_TYPE_ACCESS, clone);
			}
		}
		posix_acl_release(clone);
	}
cleanup:
	posix_acl_release(acl);
	return error;
}
```

首先，用posix_acl_clone对默认ACL的内存表示创建一个可工作的副本。然后，调用posix_acl_create_masq，从inode创建进程指定的访问权限中，删除默认ACL不能授予的所有权限。这可能导致下面两种情形。

(1) 为符合ACL的要求，访问权限可能不变，也可能需要删除某些权限位。这种情况下，新的inode的i_mode字段，需要设置为posix_acl_create_masq计算出来的mode值。

(2) 除了对原来指定的访问权限进行必要的调整之外，默认ACL可能包含了一些ACL项，不能用通常的用户/组/其他方案来表示。在这种情况下，需要为新的inode创建一个ACL，包含相关的扩展权限信息。

4. 获取ACL

给出struct inode的一个实例，ext3_get_acl可用于获取ACL的内存表示。请注意，另一个参数type指定了是获取默认ACL，还是获取由于控制inode访问权限的ACL。这两种情况由ACL_TYPE_DEFAULT和ACL_TYPE_ACCESS来区分。该函数的代码流程图在图11-10中给出。

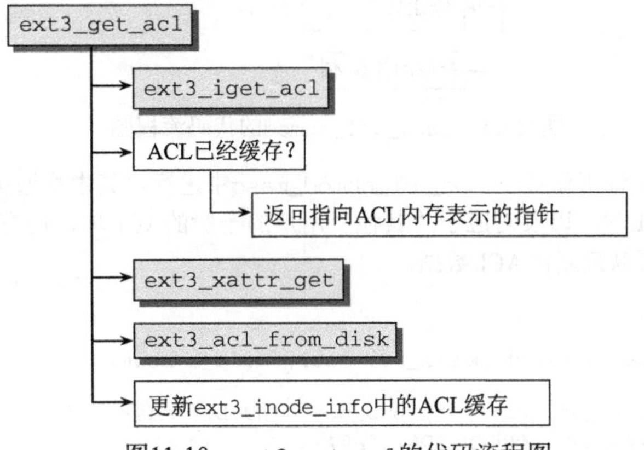

图11-10　ext3_get_acl的代码流程图

首先，内核使用辅助函数ext3_iget_acl检查ACL的内存表示是否已经缓存到了ext3_inode_info->i_acl（如果是请求默认ACL，则检查i_default_acl字段）。如果已经缓存，该函数将创建该表示的一个副本，将其作为ext3_get_acl的结果返回即可。

如果ACL并无缓存，那么首先调用ext3_xattr_get从扩展属性子系统获取裸数据①。从磁盘表示到内存表示的转换借助于ext3_acl_from_disk进行。在返回指向内存表示的指针之前，需要相应地更新ext3_inode_info中的缓存字段，这样后续的请求就能直接获得ACL的内存表示了。

5. 修改ACL

在通过ext3_setattr改变文件的（通用）属性时，ext3_acl_chmod函数负责保持ACL为最新数据并维护其一致性。一般来说，用户空间通过系统调用来调用VFS层，VFS层又通过ext3_setattr来修改属性。由于ext3_setattr最后才调用ext3_acl_chmod，因而新的权限已经设置到inode中的访问控制部分。因而需要将指向所述struct inode实例的指针作为ext3_acl_chmod的输入参数。ext3_acl_chmod的运作逻辑如图11-11的代码流程图所示。

在获得指向ACL数据内存表示的指针之后，使用辅助函数posix_acl_clone创建一个可工作的副本。主要工作委托给posix_acl_chmod_masq，将在下文讲述。Ext3代码还需要做的是：在获得事务句柄之后，ext3_set_acl用来将修改后的ACL数据写回。最后，通知日志相关操作结束，并释放ACL副本。

① 请注意，实际上对ext3_xattr_get函数有两个调用：第一次计算存储数据所需内存的长度，然后用vmalloc分配适量内存，接下来的第二次调用ext3_xattr_get才会实际传输所要的数据。

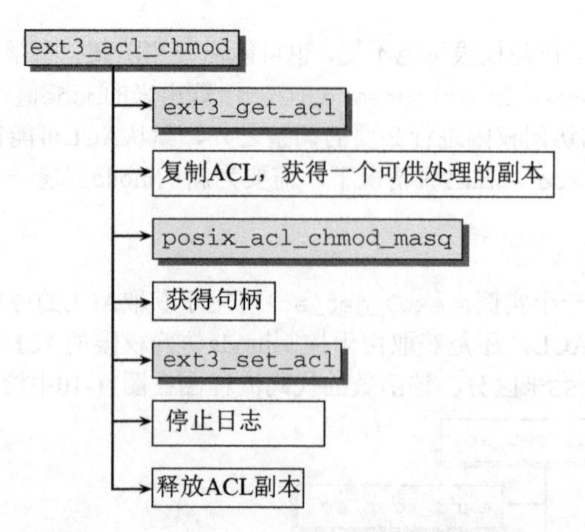

图11-11　ext3_acl_chmod的代码流程图

更新ACL数据的一般性工作在posix_acl_chmod_masq中进行，其中将遍历所有的ACL项。与所有者用户和组相关的ACL项，以及对应于“其他”用户的一般的ACL项，还有ACL_MASK类型的ACL项都会相应地更新，以反映最新的ACL数据。

fs/posix_acl.c

```
int
posix_acl_chmod_masq(struct posix_acl *acl, mode_t mode)
{
        struct posix_acl_entry *group_obj = NULL, *mask_obj = NULL;
        struct posix_acl_entry *pa, *pe;

        /* assert(atomic_read(acl->a_refcount) == 1); */

        FOREACH_ACL_ENTRY(pa, acl, pe) {
                switch(pa->e_tag) {
                        case ACL_USER_OBJ:
                                pa->e_perm = (mode & S_IRWXU) >> 6;
                                break;

                        case ACL_USER:
                        case ACL_GROUP:
                                break;

                        case ACL_GROUP_OBJ:
                                group_obj = pa;
                                break;

                        case ACL_MASK:
                                mask_obj = pa;
                                break;

                        case ACL_OTHER:
                                pa->e_perm = (mode & S_IRWXO);
                                break;

                        default:
                                return -EIO;
                }
        }
```

```
        if (mask_obj) {
                mask_obj->e_perm = (mode & S_IRWXG) >> 3;
        } else {
                if (!group_obj)
                        return -EIO;
                group_obj->e_perm = (mode & S_IRWXG) >> 3;
        }

        return 0;
}
```

6. 权限检查

回想一下，我们知道内核提供了通用的权限检查函数generic_permission，其中可以集成一个特定于文件系统的处理程序，用于ACL检查。实际上，Ext3就利用了该选项：ext3_permission函数（在进行权限检查时，由VFS层调用）指示generic_permission将ext3_check_acl作为处理ACL相关工作的回调函数：

fs/ext3/acl.c

```
int
ext3_permission(struct inode *inode, int mask, struct nameidata *nd)
{
        return generic_permission(inode, mask, ext3_check_acl);
}
```

从图11-12中的代码流程图来看，ext3_check_acl没什么可做的。在通过ext3_get_acl读入ACL数据之后，所有的策略性工作都委托给posix_acl_permission，该函数已经在11.2.1节介绍过。

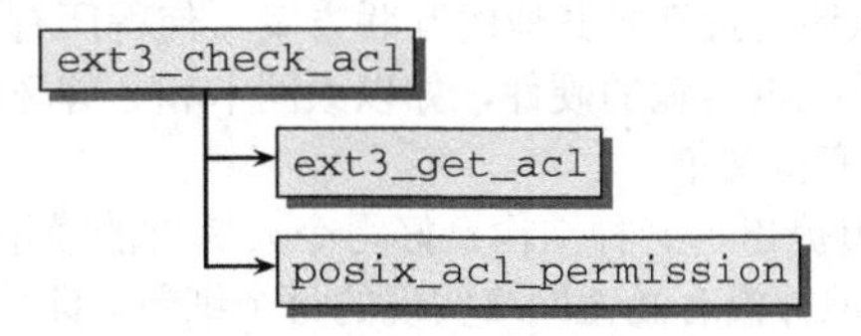

图11-12 ext3_check_acl的代码流程图

11.2.3 Ext2中的实现

Ext2对ACL的实现，几乎与Ext3完全相同。差别甚至比二者在扩展属性实现方面的差别还小，因为对于ACL，句柄相关的部分并没有划分为独立的函数。因此，将所有函数和数据结构中的ext3_前缀替换为ext2_，本章中有关ACL的注释同时适用于Ext2和Ext3。

11.3 小结

传统上，UNIX和Linux使用自主访问控制模型来判断哪些用户可以访问给定的资源，资源一般表示为文件系统中的文件。尽管该方法对平均意义上的系统工作得很好，但它是一种非常粗粒度的安全手段，在某些环境中可能是不适用的。

在本章中，读者已经看到如何通过ACL向文件系统对象提供更细粒度的访问控制手段，即向每个对象附加一个显式列出访问控制规则的列表。

读者还看到了如何基于扩展属性来实现ACL，与Linux从UNIX继承而来的传统模型相比，扩展属性方法能够向文件系统对象增加额外的、更复杂的属性。

第12章 网络

Linux是因特网的产物，这是无可争议的。首先，得感谢因特网通信，Linux的开发过程证明了一个很多人曾持有的观点是荒谬的：对分散在世界各地的一组程序员进行项目管理是不可能的。第一个内核源代码版本是在十多年前通过FTP服务器提供的，此后网络便成了数据交换的支柱，无论是概念和代码的开发，还是内核错误的消除，都是如此。内核邮件列表是个活生生的例子，它几乎没有改变过。每个人都能够看到最新贡献的代码，并为促进Linux的开发提出自己的意见，当然，得假定所表达的意见是合理的。

Linux对各种网络适应得都很好，这是可以理解的，因为它是与因特网共同成长的。在构成因特网的服务器中，大部分是运行Linux的计算机。不出所料，网络实现是Linux内核中一个关键的部分，正在获得越来越多的关注。实际上，Linux不支持的网络方案很少。

网络功能的实现是内核最复杂、牵涉最广的一部分。除了经典的因特网协议（如TCP、UDP）和相关的IP传输机制之外，Linux还支持许多其他的互联方案，使得所有想得到的计算机/操作系统能够互操作。Linux也支持大量用于数据传输的硬件，如以太网卡和令牌环网适配器及ISDN卡和调制解调器，但这并没有使内核的工作变得简单。

尽管如此，Linux开发人员提出了一种结构良好得令人惊讶的模型，统一了各种不同的方法。虽然本章是本书最长的章之一，但并没有涵盖网络实现的每个细节。即使概述一下所有的驱动程序和协议，也超出了一本书的范围，由于信息量巨大，实际上可能需要许多本书。不算网卡驱动程序，网络子系统的C语言实现在内核源代码中就占了15 MiB，如果将相应的代码打印到纸上要有6 000多页。与网络相关的头文件的数目巨大，使得内核开发者将这些头文件存储到一个专门的目录include/net中，而不是存储到标准位置include/linux。网络相关的代码中包含了许多概念，这些形成了网络子系统的逻辑支柱，我们在本章中最感兴趣的就是这些概念。我们的讨论主要限于TCP/IP实现，因为它是目前使用最广泛的网络协议。

当然，网络子系统的开发，并不是从头开始的。在计算机之间交换数据的标准和惯例都已经存在数十年之久，这些都为大家所熟知且沿用已久。Linux也实现了这些标准，以连接到其他计算机。

12.1 互联的计算机

计算机之间的通信是一个复杂的主题，引出了许多问题，诸如：

- 如何建立物理连接？使用何种线缆？通信介质有哪些限制和特殊要求？
- 如何处理传输错误？
- 如何识别网络中的每一台计算机？
- 如果两台计算机通过其他计算机连接，那么二者之间的数据交换如何进行？如何查找最佳的路由？

- 如何打包数据，使之不依赖于特定计算机的特性？
- 如果一台计算机提供了几个网络服务，如何识别这些服务？

这类问题还有很多。令人遗憾的是，答案的数目以及问题的数目几乎是无限的，因此随着时间流逝，对于如何处理特定的问题，提出了许多建议。最“合理”的系统是：将问题分类，创建各种层来解决明确定义的问题，层间借助固定的机制进行通信。这种方法大大简化了实现、维护，尤其是调试。

12.2 ISO/OSI和TCP/IP参考模型

众所周知的ISO（International Organization for Standardization，国际标准化组织）设计了一种参考模型，定义了组成网络的各个层。该模型由7层组成，称为OSI（Open Systems Interconnection，开放系统互连）模型，如图12-1所示。

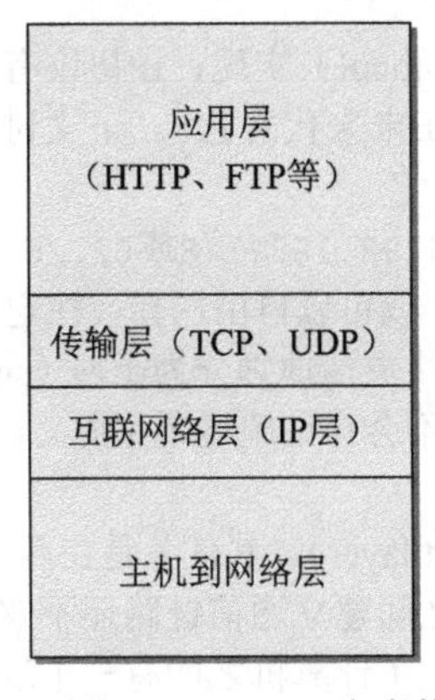

图12-1 TCP/IP参考模型和ISO/OSI参考模型

但对某些问题来说，划分为7层过于详细了。因此，实际上通常使用另一种参考模型，其中将ISO/OSI模型的一些层合并为新层。该模型只有4层，因此其结构更为简单。这种模型称为TCP/IP参考模型，IP表示Internet Protocol（网际协议），而TCP表示Transmission Control Protocol（传输控制协议）。当今因特网上的大部分通信都是基于该模型的。两个模型的各个层的比较见图12-1。

每层都只能与紧邻（上方或下方）的层通信。例如，TCP/IP模型的传输层只能与互联网络层和应用层通信，而完全独立于主机到网络层（理论上，它甚至不知道存在这样的一个层）。

各层执行的任务如下。

- 主机到网络层负责将信息从一台计算机传输到远程计算机。它处理传输介质[①]的物理性质，并将数据流划分为定长的帧（frame），以便在发生传输错误时重传数据块。如果几台计算机共享同一传输线路，网络接口卡必须有一个唯一的ID号，称之为MAC地址（MAC address），通常烧进硬件中。各厂商之间的协议保证该ID是全球唯一的。MAC地址的一个例子是`08:00:46:2B:FE:E8`。

  从内核看来，该层是由网卡的设备驱动程序实现的。
- OSI模型的网络层在TCP/IP模型中称为*互联网络层*（Internet layer，也称IP层），二者在本质上是相同的，都是指在网络中的任何计算机之间交换数据的任务，所述计算机不一定是直接连

① 主要使用的是同轴电缆、双绞线、光纤链路，但使用无线传输的趋势在不断增长。

接的，如图12-2所示。

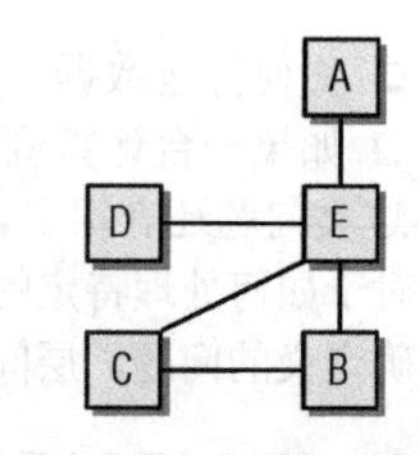

图12-2　网络互联的计算机

计算机A和B之间的直接传输链路是不存在的，因为二者在物理上是未连接的。因此，网络层的任务是找到一条线路，使得计算机可以彼此通信，例如，A-E-B或A-E-C-B。

网络层也负责其他连接细节，如将传输的数据划分为特定长度的分组。这是必要的，因为对传输线路上的各个计算机而言，所能够处理的分组最大长度可能是不同的。在发送数据时，数据流划分为分组，这些分组在接收端重新组合。这样，高层协议可以透明地处理任意长度的数据，而无需费力考虑互联网络层或网络层的特定性质。

网络层还分配网络中唯一的地址，以便计算机可以彼此通信（这与前述的硬件地址是不同的，因为网络通常由物理子网组成）。

在因特网中，网络层借助IP协议（Internet Protocol）实现，IP协议有两个版本（IPv4和IPv6）。当前，大多数连接是根据IPv4处理的，但IPv6将在未来代替它①。下文讨论IP连接时，总是指IPv4连接。

IP使用一定格式的地址来寻址计算机，格式如`192.168.1.8`或`62.26.212.10`。这些地址由正式注册的权威机构或提供者分配（有时候是动态的），或可以自由选择（在定义为私有的范围内）。

IP支持各种地址类别，允许在地址层次上将网络灵活地划分为子网（subnet），子网的大小取决于需求，子网甚至可以容纳数千万台计算机。但本书不会详细阐述该主题。读者可以参考网络和系统管理方面的大量文献，例如[Ste00]和[Fri02]。

- 在两种模型中，第4层都是传输层（transport layer）。其任务是在两个建立了链路的计算机上，控制应用程序之间的数据传输。在计算机之间建立通信链路还不够，还必须在客户和服务器应用程序之间建立连接，当然，这预先假定了计算机之间有一个现存的链路。在因特网中，TCP（Transmission Control Protocol，传输控制协议）或UDP（User Datagram Protocol，用户数据报协议）用于该目的。每个对互联网络层数据感兴趣的应用程序都使用一个唯一的端口号，来唯一地标识目标系统上的服务器应用程序。通常，端口80用于Web服务器。浏览器客户端必须向服务器地址发送请求，以获得所需的数据。（自然，客户端也必须有一个唯一的端口号，使得Web服务器可以响应该请求，但客户端的端口号是动态生成的。）为完全定义一个端口地址，通常将端口号附加在IP地址后，用冒号分隔。例如，在地址为`192.168.1.8`的计算机上的Web服务器，可以通过地址`192.168.1.8:80`来唯一标识。

传输层的另一项任务是可以（但不是必须的）提供一种可靠的连接，使得通过该连接的数据按给定的顺序到达。上述特性和TCP协议将在12.9.2节讨论。

- TCP/IP参考模型中的应用层，对应OSI模型中的5～7层（会话层、表示层和应用层）。顾名思义，应用层表示从应用程序视角来看的网络连接。在两个应用程序之间建立通信连接之后，应用层负责传输实际的内容。毕竟，Web服务器与其客户端之间的通信，不同于邮件服务器。

为因特网定义了大量的标准协议。通常，它们是以RFC（Request for Comments）文档的形式定义的，打算使用或提供特定服务的应用程序必须实现相关的协议。大多数协议可以使用简单的`telnet`

① 向IPv6的转移本应已经完成，但实际上目前正处于这个缓慢的转移过程中，特别是在学术和商业部门。或许IPv4地址空间即将耗尽，能够在一定程度上刺激转移过程的加速。

工具测试，因为它们是用简单的文本命令进行操作的。典型的例子是浏览器与Web服务器之间的通信流程，如下：

```
wolfgang@meitner> telnet 192.168.1.20 80
Trying 192.168.1.20...
Connected to 192.168.1.20.
Escape character is '^]'.

GET /index.html HTTP/1.1
Host: www.sample.org
Connection: close


HTTP/1.1 200 OK
Date: Wed, 09 Jan 2002 15:24:15 GMT
Server: Apache/1.3.22 (Unix)
Content-Location: index.html.en
Vary: negotiate,accept-language,accept-charset
TCN: choice
Last-Modified: Fri, 04 May 2001 00:00:38 GMT
ETag: "83617-5b0-3af1f126;3bf57446"
Accept-Ranges: bytes
Content-Length: 1456
Connection: close
Content-Type: text/html
Content-Language: en

<!DOCTYPE html PUBLIC "-//W3C//DTD XHTML 1.0 Transitional//EN"
    "http://www.w3.org/TR/xhtml1/DTD/xhtml1-transitional.dtd">
<html xmlns="http://www.w3.org/1999/xhtml">
<head>
...
</html>
```

telnet用来与计算机192.168.1.20的80端口建立一个TCP连接。所有的用户输入都通过该网络连接转发到与该地址（由IP地址和端口号唯一标识的）相关联的进程。在接收到请求之后，立即发送一个响应。所要的HTML页面的内容，连同一个包含了文档有关信息和其他资料的HTTP首部，会发送回来。Web浏览器使用同样的过程来访问数据，这对用户是透明的。

由于网络的功能已经系统地划分为各个层，希望与其他计算机通信的应用程序，只需要关注少量细节。计算机之间的实际链路由较低的层实现，而应用程序只需要产生和读取文本串，无论两台计算机是在同一房间里并排安放，还是分别位于两个不同的地方。

网络的层状结构在内核中反映为下述事实：不同的层次由分离的代码实现，不同层次的代码之间通过明确定义的接口来交换数据或转发命令。

12.3 通过套接字通信

从程序员的视角来看，外部设备在Linux（和UNIX）中不过是普通的文件，通过正常的读写操作即可访问，如第8章所述。由于只需要一个通用接口，这简化了对资源的访问。

但对网卡而言，情况有点复杂，因为上述方案或者根本不能采用，或者会带来极大的困难。网卡的运作方式与普通的块设备和字符设备完全不同，使得经典的UNIX箴言“万物皆文件”不再完全适用①。一个原因是（所有层次）使用了许多不同的通信协议，为建立连接需要指定许多选项，且无法在打开设备文件时完成这些任务。因此，在/dev目录下没有与网卡对应的项。②

当然，内核必须提供一个尽可能通用的接口，供程序访问网络功能。这个问题不是Linux特有的，在20世纪80年代它也让BSD UNIX的程序员们很头痛。他们采用的解决方案是将一种称为套接字的特殊结构用作到网络实现的接口，这种方案现在已经成为工业标准。POSIX标准中也定义了套接字，因而Linux也实现了套接字。

套接字现在用于定义和建立网络连接，以便可以用操作inode的普通方法（特别是读写操作）来访问网络。从程序员的角度来看，创建套接字的最终结果是一个文件描述符，它不仅提供所有的标准函数，还包括几个增强的函数。用于实际数据交换的接口对所有的协议和地址族都是同样的。

在创建套接字时，不仅要区分地址和协议族，还要区分基于流的通信和数据报的通信。（对面向流的套接字来说）同样重要的一点是，套接字是为客户端程序建立的，还是为服务器程序建立的。

为从用户角度来说明套接字的功能，下面用一个简短的程序来示范几个网络编程方面的几个选项。相关内容的详细描述可以参考许多专门著作，如[Ste00]。

12.3.1　创建套接字

套接字不仅可以用于各种传输协议的IP连接，也可以用于内核支持的所有其他地址和协议类型（例如，IPX、Appletalk、本地UNIX套接字、DECNet，还有在<socket.h>中列出的许多其他类型）。为此，在创建套接字时，必须指定所需要的地址和协议类型的组合。尽管作为过去的一项遗迹，可以任意选择地址和协议族的组合，但目前每个地址族都只支持一个协议族，而且只能区分面向流的通信和面向数据报的通信。例如，对一个已经分配了因特网地址如192.168.1.20的套接字来说，只能使用TCP（用于流）或UDP（用于数据报服务）作为传输协议。

套接字是使用socket库函数生成的，该函数通过12.10.3节讨论的一个系统调用与内核通信。除了地址族和通信类型（流或数据报）之外，可使用第三个参数来选择协议。但按照前文的说法，这是不必要的，因为前两个参数已经唯一地定义了协议。将第三个参数指定为0，即通知函数使用适当的默认协议。

> 在调用socket函数后，套接字地址的格式（或它属于哪个地址族）已经很清楚，但尚未给套接字分配本地地址。

bind函数用于该目的，必须向该函数传递一个sockaddr_type结构作为参数。该结构定义了本地地址。因为不同地址族的地址类型也不同，所以该结构对每个地址族都有一个不同的版本，以便满足各种不同的要求。type指定了所需的地址类型。

因特网地址由IP地址和端口号唯一定义，这也是sockaddr_in定义为下列形式的原因：

<in.h>
```
struct sockaddr_in {
```

① 当然，也有几种UNIX变体直接通过设备文件来实现网络连接，例如/dev/tcp（参见[Vah96]）。从应用程序员和内核本身的角度来看，这种方法远不如套接字方法那么优雅。因为在打开连接时，网络设备与普通设备的区别特别明显，在Linux中，仅当使用套接字机制建立了连接之后，才会利用文件描述符（可以用常规的文件方法处理）进行网络操作。

② 一个例外是TUN/TAP驱动程序，它在用户空间模拟了一个虚拟网卡，对调试、网卡仿真、建立虚拟隧道连接都很有用。因为它在发送或接收数据时并不与真正的设备进行通信，该工作由一个程序完成，这个程序通过/dev/tunX或dev/tapX与内核通信。

```
  sa_family_t          sin_family;     /* 地址族       */
  __be16               sin_port;       /* 端口号       */
  struct in_addr       sin_addr;       /* 因特网地址   */
...
}
```

除了地址族（这里是AF_INET）之外，还需要一个IP地址和端口号。

> IP地址不能使用常见的点分十进制记法（一个字符串，包含由点分隔的4个十进制数，如192.168.1.10），而必须以数字形式指定。库函数inet_aton可以将一个ASCII字符串格式（点分十进制）的IP地址转换为内核（和C库）所需的格式。例如，地址192.168.1.20的数字表示是335653056。生成数字地址时，将点分十进制格式中由点分隔的4个部分分别转换为一个字节，然后顺序写入到一个4字节、可解释为数字的数据类型中。这种转换在两种表示之间建立了一种一一对应。

如第1章所述，CPU存储数值有两种惯例，即小端序和大端序。为确保不同字节序的机器之间能够彼此通信，显式定义了一种网络字节序（network byte order），它等价于大端序格式。因而，协议首部出现的数值都必须使用网络字节序。IP地址和端口号实际上都是数字，因而在定义sockaddr_in结构中的数值时，必须考虑到这个事实。C库带有许多函数，用于将数值在CPU的本地格式和网络字节序格式之间转换（如果CPU和网络字节序相同，这些函数实际上不进行处理）。好的网络应用程序总是使用这些函数，即使是在大端序的机器上进行开发也应该如此，这可以确保程序能够移植到不同类型的机器上。

为明确地表示小端序和大端序类型，内核提供了几种数据类型。__be16、__be32和__be64分别表示位长为16、32、64位的大端序数据类型，而前缀为__le的变体则表示对应的小端序数据类型。这些类型都定义在<types.h>中。请注意，小端序和大端序类型最终都映射到同样的数据类型（即u32等，在第1章介绍过），但显式指定字节序使得自动化的类型检查工具可以检查代码的正确性。

12.3.2 使用套接字

这里假定读者对用户层网络编程比较熟悉。但为了简要说明套接字如何表示到内核网络子系统的接口，这里需要讨论两个非常简短的示例程序，一个充当echo请求的客户端，另一个充当服务器。客户端会向服务器发送一个文本串，服务器原样返回该文本串。例子使用了TCP/IP协议。

1. echo客户端

echo客户端的源代码如下[①]：

```
#include<stdio.h>
#include<netinet/in.h>
#include<sys/types.h>
#include<string.h>

int main() {
  /* echo服务器的主机地址和端口号 */
  char* echo_host = "192.168.1.20";
  int echo_port = 7;
  int sockfd;
  struct sockaddr_in *server=
       (struct sockaddr_in*)malloc(sizeof(struct sockaddr_in));
```

① 为了省事，这里省去了所有的错误检查，而在真正健壮的实现中这是必需的。

```
    /* 设置将要连接的服务器的地址 */
    server->sin_family = AF_INET;
    server->sin_port = htons(echo_port);   // 注意，是网络字节序！
    server->sin_addr.s_addr = inet_addr(echo_host);

    /* 创建套接字（因特网地址族、流套接字和默认协议） */
    sockfd = socket(AF_INET, SOCK_STREAM, 0);

    /* 连接到服务器 */
    printf("Connecting to %s \n", echo_host);
    printf("Numeric: %u\n", server->sin_addr);
    connect(sockfd, (struct sockaddr*)server, sizeof(*server));

    /* 发送消息 */
    char* msg = "Hello World";
    printf("\nSend: '%s'\n", msg);
    write(sockfd, msg, strlen(msg));

    /* 接收返回结果 */
    char* buf = (char*)malloc(1000); // 接收用的缓冲区，最大为1000个ASCII字符
    int bytes = read(sockfd, (void*)buf, 1000);
  printf("\nBytes received: %u\n", bytes);
  printf("Text: '%s'\n", buf);

    /* 结束通信，即关闭套接字*/
    close(sockfd);
  }
```

因特网超级守护进程（inetd、xinetd或其他类似程序）通常使用内建的echo服务器。因此，上述源代码在编译之后可以立即测试。

```
wolfgang@meitner> ./echo_client
Connect to 192.168.1.20
Numeric: 335653056

Send: 'Hello World'

Bytes received: 11
Text: 'Hello World'
```

客户端需要执行下列步骤。

(1) 创建一个sockaddr_in结构的实例，用来描述要连接的服务器的地址。AF_INET表明它是一个因特网地址，而目标服务器由其IP地址（192.168.1.20）和端口号(7) 明确地限定。

另外，主机数据也转换为网络字节序。htons用于转换端口号，而inet_addr辅助函数用于将包含点分十进制格式地址的文本串转换为数字。

(2) 通过socket函数在内核中创建一个套接字，该函数基于内核提供的socketcall系统调用（下文会说明这一点）。返回的结果是一个整数，可解释为文件描述符，因而用于处理普通文件的所有函数都可以用于套接字，如第8章所述。 除了这些操作之外，还有其他特定于网络的方法，可用于处理套接字文件描述符。这些特定于网络的方法可用于精确设置此处没有讨论的各种传输参数。

(3) 对套接字文件描述符和server变量调用connect函数（也基于socketcall系统调用），即可建立到服务器的连接，server变量存储服务器连接数据。

(4) 实际的通信，是从用write向服务器发送一个文本串（"Hello World"，还能是其他的吗？）开始的。通过套接字发送数据，等价于向套接字文件描述符写入数据。这个步骤完全独立于服务器的

位置和用于建立连接的协议。网络实现确保了字符串能够到达目标位置，不管是如何完成的。

(5) 通过read读取服务器的响应，但首先必须分配一个缓冲区，用于容纳接收的数据。作为预防措施，在内存中分配了1 000字节作为缓冲区，尽管我们预期服务器只会返回原字符串。调用read会阻塞客户端程序，直至服务器发送的响应到达客户端，read会返回接收到的字节数。

因为C语言的字符串总是以0结尾的，所以会接收到11个字节，当然消息本身只有10个字节长。

2. echo服务器

套接字用于服务器进程的方法，与其在客户端的使用方法稍有不同。下列示例程序示范了如何实现一个简单的echo服务器：

```
#include<stdio.h>
#include<netinet/in.h>
#include<sys/types.h>
#include<string.h>

int main() {
  char* echo_host = "192.168.1.20";
  int echo_port = 7777;
  int sockfd;
  struct sockaddr_in *server =
      (struct sockaddr_in*)malloc(sizeof(struct sockaddr_in));

  /* 设置自身地址 */
  server->sin_family = AF_INET;
  server->sin_port = htons(echo_port); // 注意，是网络字节序!
  server->sin_addr.s_addr = inet_addr(echo_host);

  /* 创建套接字 */
  sockfd = socket(AF_INET, SOCK_STREAM, 0);

  /* 绑定到一个地址 */
  if (bind(sockfd, (struct sockaddr*)server, sizeof(*server))) {
    printf("bind failed\n");
  }

  /* 启用套接字的服务器模式（即开始监听） */
  listen(sockfd, SOMAXCONN);

  /* 等待客户端发送的数据进入 */
  int clientfd;
  struct sockaddr_in* client =
    (struct sockaddr_in*)malloc(sizeof(struct sockaddr_in));
  int client_size = sizeof(*client);
  char* buf = (char*)malloc(1000);
  int bytes;

  printf("Wait for connection to port %u\n", echo_port);

  /* 接受连接请求 */
  clientfd = accept(sockfd, (struct sockaddr*)client, &client_size);
  printf("Connected to %s:%u\n\n", inet_ntoa(client->sin_addr),
                                   ntohs(client->sin_port));
  printf("Numeric: %u\n", ntohl(client->sin_addr.s_addr));

  while(1) {     /* 无限循环 */
```

```
        /* 接收传输的数据 */
        bytes = read(clientfd, (void*)buf, 1000);
        if (bytes <= 0) {
          close(clientfd);
          printf("Connection closed.\n");
          exit(0);
        }
        printf("Bytes received: %u\n", bytes);
        printf("Text: '%s'\n", buf);

        /* 发送响应数据 */
        write(clientfd, buf, bytes);
      }
    }
```

前一部分与客户端的代码几乎相同。需要创建一个sockaddr_in结构实例来保存服务器的因特网地址，但原因与客户端程序不同。客户端代码在该结构中指定的是想要连接到的服务器的地址。在这里，指定的是服务器等待连接时所使用的地址。创建套接字的方式与客户端相同。

与客户端不同的是，服务器并不会主动与另一个程序建立连接，服务器只会被动地等待，直至收到连接请求。建立一个被动连接需要以下三个库函数（仍然是基于万能的socketcall系统调用）。

- bind将套接字绑定到一个地址（本例中是192.186.1.20:7777）[①]。
- listen通知套接字被动地等待客户端连接请求的到来。该函数创建一个等待队列，将所有希望建立连接的（远程）进程放置在该队列上。队列的长度由listen的第二个参数指定。（SOMAXCONN是系统内部允许的等待队列的最大长度，用来防止任意指定等待队列的长度。）
- accept函数接受等待队列上第一个客户端的连接请求。在队列为空时，该函数将阻塞，直至有一个想要进行连接的客户端到来。

实际通信仍然由read和write完成，这两个函数使用由accept返回的文件描述符。

示例程序输出了客户端连接数据（包括IP地址和端口号，由accept的输出参数提供）。虽然就具体的客户端计算机来说，客户端的IP地址是固定的，但客户端的端口号是在建立连接时由客户端计算机的内核动态选择的。

echo服务器的功能很容易模拟，只需要在一个无限循环中读取所有客户端的输入并原样写回即可。在客户端关闭连接时，服务器的read将返回一个长度为0的数据流，这样服务器也会终止。具体过程如下。

客户端	服务器
wolfgang@meitner> *./stream_client*	wolfgang@meitner> *./stream_server*
Connect to 192.168.1.20	Wait for connection on port 7777
Numeric: 335653056	
	Client: 192.168.1.10:3505
Send: 'Hello World'	Numeric: 3232235786
	Bytes received: 11
Bytes received: 11	Text: 'Hello World'
Text: 'Hello World'	
	Connection closed.

① 在Linux（和所有其他UNIX变体）中，1～1024的所有端口称为保留端口（reserved port），只能由具备root权限的进程使用。为此，我们在例子中使用了空闲端口号7 777。

一个四元组（192.168.1.20:7777, 192.168.1.10:3506）用来唯一标识一个连接。前两个分量是服务器本地系统的地址和端口号，后两个分量是客户端的地址和端口号。

如果元组中某个分量仍然是未定的，则用星号（*）表示。因而，在被动套接字上监听尚未有客户端连接的服务器进程，可以表示为192.168.1.20:7777，*:*。

在服务器调用fork复制自身来处理某个连接之后，在内核中注册了两个套接字对，如下。

监　听	连接建立后
192.168.1.20:7777, *.*	192.168.1.20:7777, 192.168.1.10:3506

尽管两个服务器进程的套接字具有相同的IP地址/端口号组合，但二者对应的四元组是不同的。

因此，内核在分配输入和输出TCP/IP分组时，必须注意到四元组的所有4个分量，才能确保正确。该任务称为*多路复用*（multiplexing）。

netstat工具可以显示并检查系统上所有TCP/IP连接的状态。如果有两个客户端连接到服务器，将生成下列样例输出：

```
wolfgang@meitner> netstat -na
Active Internet connections (servers and established)
Proto Recv-Q Send-Q Local Address           Foreign Address         State
tcp        0      0 192.168.1.20:7777       0.0.0.0:*               LISTEN
tcp        0      0 192.168.1.20:7777       192.168.1.10:3506       ESTABLISHED
tcp        0      0 192.168.1.20:7777       192.168.1.10:3505       ESTABLISHED
```

12.3.3 数据报套接字

UDP是建立在IP连接之上的第二种广泛使用的传输协议。UDP表示User Datagram Protocol（用户数据报协议），在如下几个基本方面与TCP有所不同。

- UDP是面向分组的。在发送数据之前，无须建立显式的连接。
- 分组可以在传输期间丢失。不保证数据一定能到达其目的地。
- 分组接收的次序不一定与发送的次序相同。

UDP通常用于视频会议、音频流及类似的服务。在此类环境下，丢失几个分组并不要紧，用户只会注意到多媒体序列内容中出现短暂的漏失。但类似于IP，UDP保证分组到达目的地时，其内容不会发生改变。

分别使用TCP和UDP协议的进程，可以同时使用同样的IP地址和端口号。在多路复用时，内核会根据分组的传输协议类型，将其转发到适当的进程。

如果比较TCP和UDP协议，就像是比较电话网络和邮政业务。TCP对应电话呼叫。在信息传输之前，主叫方必须建立连接（必须由被叫方接受）。在通话期间，所有信息的接收次序都与发送次序相同。

UDP可比作邮政业务。分组（类比信件）可以直接向接收者发送，无须预先获取许可。不能保证信件一定会送达（尽管邮政业务和网络都会尽力保证这一点）。类似地，同样不能保证信件一定会按照特定的顺序发出或收到。

如果读者还有兴趣看看更多UDP套接字的用法的例子，可以参考网络和系统编程方面的大量教科书。

12.4 网络实现的分层模型

内核网络子系统的实现与本章开头介绍的TCP/IP参考模型非常相似。

相关的C语言代码划分为不同层次，各层次都有明确定义的任务，各个层次只能通过明确定义的接口与上下紧邻的层次通信。这种做法的好处在于，可以组合使用各种设备、传输机制和协议。例如，通常的以太网卡不仅可用于建立因特网（IP）连接，还可以在其上传输其他类型的协议，如Appletalk或IPX，而无须对网卡的设备驱动程序做任何类型的修改。

图12-3说明了内核对这个分层模型的实现。

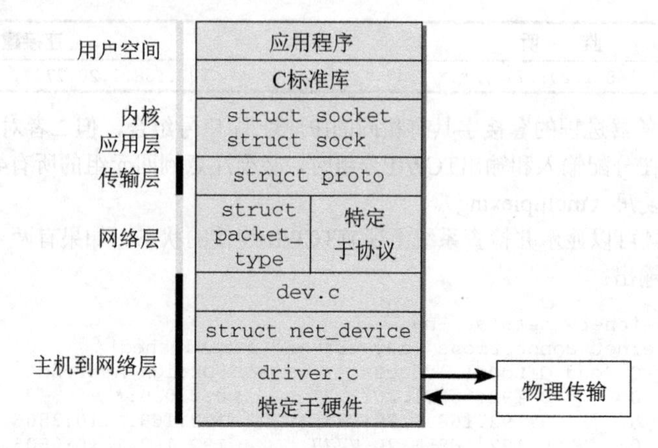

图12-3　内核中分层模型的实现

网络子系统是内核中涉及面最广、要求最高的部分之一。为什么是这样呢？答案是，该子系统处理了大量特定于协议的细节和微妙之处，穿越各层的代码路径中有大量的函数指针，而没有直接的函数调用。这是不可避免的，因为各个层次有多种组合方式，这显然不会使代码路径变得更清楚或更易于跟踪。此外，其中涉及的数据结构通常彼此紧密关联。为降低描述上复杂性，下文的内容主要讲述因特网协议。

分层模型不仅反映在网络子系统的设计上，而且也反映在数据传输的方式上（或更精确地说，对各层产生和传输的数据进行封装的方式）。通常，各层的数据都由首部和数据两部分组成，如图12-4所示。

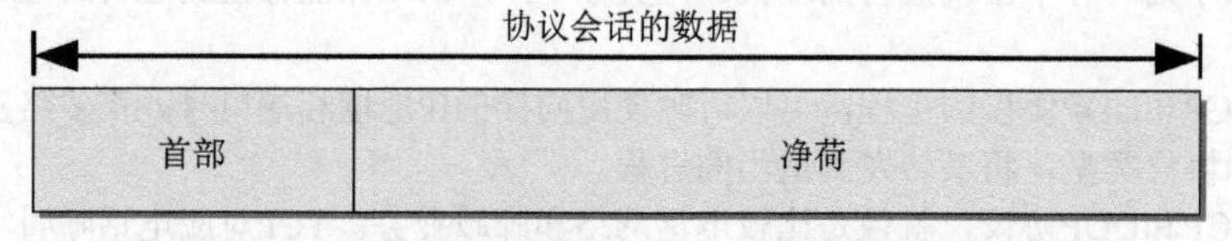

图12-4　各协议层的数据划分为首部和数据两部分

首部部分包含了与数据部分有关的元数据（目标地址、长度、传输协议类型等），数据部分包含有用数据（或净荷）。

传输的基本单位是（以太网）帧，网卡以帧为单位发送数据。帧首部部分的主数据项是目标系统的硬件地址，这是数据传输的目的地，通过电缆传输数据时也需要该数据项。

高层协议的数据在封装到以太网帧时，将协议产生的首部和数据二元组封装到帧的数据部分。在因特网网络上，这是互联网络层数据。

因为通过以太网不仅可以传输IP分组，还可以传输其他协议的分组，如Appletalk或IPX分组，接收系统必须能够区分不同的协议类型，以便将数据转发到正确的例程进一步处理。分析数据并查明使用的传输协议是非常耗时的。因此，以太网帧的首部（和所有其他现代网络协议的首部部分）包含了一个标识符，唯一地标识了帧数据部分中的协议类型。这些标识符（用于以太网传输）由一个国际组织（IEEE）分配。

协议栈中的所有协议都有这种划分。为此，传输的每个帧开始都是一系列协议首部，而后才是应用层的数据，如图12-5所示。①

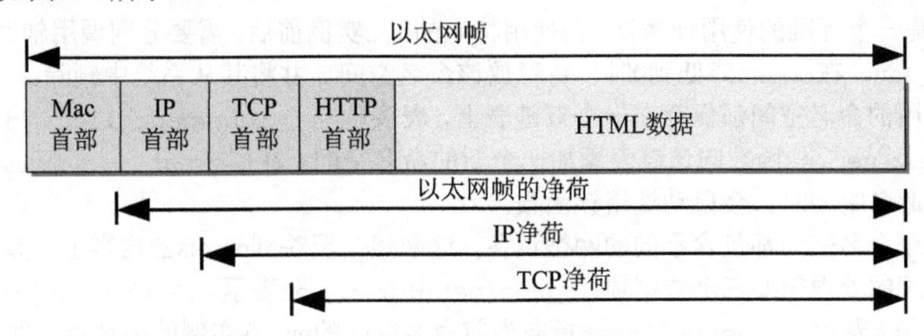

图12-5 在以太网帧中通过TCP/IP传输HTTP数据

图12-5清楚地说明了为容纳控制信息所牺牲的部分带宽。

12.5 网络命名空间

回想第1章的内容，我们知道内核的许多部分包含在命名空间中。这可以建立系统的多个虚拟视图，并彼此分隔开来。每个实例看起来像是一台运行Linux的独立机器，但在一台物理机器上，可以同时运行许多这样的实例。在内核版本2.6.24开发期间，内核也开始对网络子系统采用命名空间。这对该子系统增加了一些额外的复杂性，因为该子系统的所有属性在此前的版本中都是“全局”的，而现在需要按命名空间来管理，例如，可用网卡的数量。对特定的网络设备来说，如果它在一个命名空间中可见，在另一个命名空间中就不一定是可见的。

照例需要一个中枢结构来跟踪所有可用的命名空间。其定义如下：

include/net/net_namespace.h

```
struct net {
        atomic_t count;            /* 用于判断何时释放网络命名空间 */
...
        struct list_head list;     /* 网络命名空间的链表 */
...
        struct proc_dir_entry *proc_net;
        struct proc_dir_entry *proc_net_stat;
        struct proc_dir_entry *proc_net_root;

        struct net_device *loopback_dev; /* 环回接口设备 */

        struct list_head dev_base_head;
        struct hlist_head *dev_name_head;
        struct hlist_head *dev_index_head;
};
```

使网络子系统完全感知命名空间的工作才刚刚开始。读者现在看到的情况，即内核版本2.6.24中的情况，仍然处于开发的早期阶段。因此，随着网络子系统中越来越多的组件从全局管理转换为可感

① 图12-5中，HTTP首部部分和数据部分之间的边界通过阴影深浅的变化来表明，因为这个划分是在用户空间而不是内核中进行的。

知命名空间的实现，struct net的长度在未来会不断增长。现在，基本的基础设施已经转换完毕。对网络设备的跟踪已经考虑到命名空间的效应，对最重要的一些协议的命名空间支持也是可用的。由于本书中尚未讨论网络实现的任何具体内容，struct net中引用的结构当然还是未知的（但在本章行文过程中，这一点会逐渐改变）。现在，只需要简要地概述一下，哪些概念是以可感知命名空间的方式进行处理的即可。

- count是一个标准的使用计数器，在使用特定的net实例前后，需要分别调用辅助函数get_net和put_net。在count降低到0时，将释放该命名空间，并将其从系统中删除。
- 所有可用的命名空间都保存在一个双链表上，表头是net_namespace_list。list用作链表元素。copy_net_ns函数向该链表添加一个新的命名空间。在用create_new_namespace创建一组新的命名空间时，会自动调用该函数。
- 由于每个命名空间都包含不同的网络设备，这必然会反映到procfs的内容上（参见10.1节）。各命名空间的处理需要三个数据项：/proc/net由proc_net表示，而/proc/net/stats由proc_net_stats表示，proc_net_root指向当前命名空间的procfs实例的根结点，即/proc。
- 每个命名空间都可以有一个不同的环回设备，而loopback_dev指向履行该职责的（虚拟）网络设备。
- 网络设备由struct net_device表示。与特定命名空间关联的所有设备都保存在一个双链表上，表头为dev_base_head。各个设备还通过另外两个双链表维护：一个将设备名用作散列键（dev_name_head），另一个将接口索引用作散列键（dev_index_head）。

请注意，术语"设备"和"接口"有细微的差别。设备表示提供物理传输能力的硬件设备，而接口可以是纯虚拟的实体，可能在真正的设备上实现。例如，一个网卡可以提供两个接口。

对我们来说，两个术语的区别不那么重要，在下文中将交替使用这两个术语。

网络子系统的许多组件仍然需要做很多工作才能正确处理命名空间，要使网络子系统能够完全感知命名空间，还有相当长的路要走。例如，内核版本2.6.25（在撰写本章时，仍处于开发中）将开始一些最初的准备工作，以便使特定的协议能够感知到命名空间：

include/net/net_namespace.h
```
struct net {
...
        struct netns_packet packet;
        struct netns_unix unx;
        struct netns_ipv4 ipv4;
#if defined(CONFIG_IPV6) || defined(CONFIG_IPV6_MODULE)
        struct netns_ipv6 ipv6;
#endif
};
```

新成员（如ipv4）用于存储协议参数（此前是全局的），为此引入了特定于协议的结构。这个方法是逐步进行的：首先设置好基本框架，后续的各个步骤，将全局属性迁移到各命名空间的表示，这些结构最初都是空的。在未来的内核版本中，还将引入更多此类代码。

每个网络命名空间由几个部分组成，例如，在procfs中的表示。每当创建一个新的网络命名空间时，必须初始化这些部分。在删除命名空间时，也同样需要一些清理工作。内核采用下列结构来跟踪所有必需的初始化/清理元组。

include/net/net_namespace.h
```
struct pernet_operations {
        struct list_head list;
```

```
        int (*init)(struct net *net);
        void (*exit)(struct net *net);
};
```

这个结构没什么特别之处：init存储了初始化函数，而清理工作由exit处理。所有可用的pernet_operations实例通过一个链表维护，表头为pernet_list，list用作链表元素。辅助函数register_pernet_subsys和unregister_pernet_subsys分别向该链表添加和删除数据元素。每当创建一个新的网络命名空间时，内核将遍历pernet_operations的链表，用表示新命名空间的net实例作为参数来调用初始化函数。在删除网络命名空间时，清理工作的处理是类似的。

12

大多数计算机通常都只需要一个网络命名空间。全局变量init_net（在这里，该变量实际上是全局的，并未包含在另一个命名空间中）包含了该命名空间的net实例。为了简化描述，下文中忽略了命名空间。记住下列事实就足够了：网络子系统实现的所有全局函数，都需要一个网络命名空间作为参数，而网络子系统的所有全局属性，只能通过所述命名空间迂回访问。

12.6 套接字缓冲区

在内核分析（收到的）网络分组时，底层协议的数据将传递到更高的层。发送数据时顺序相反，各种协议产生的数据（首部和净荷）依次向更低的层传递，直至最终发送。这些操作的速度对网络子系统的性能有决定性的影响，因此内核使用了一种特殊的结构，称为套接字缓冲区（socket buffer），定义如下：

<skbuff.h>

```
struct sk_buff {
        /* 这两个成员必须在最前面*/
        struct sk_buff          *next;
        struct sk_buff          *prev;

        struct sock             *sk;
        ktime_t                 tstamp;
        struct net_device       *dev;
        struct dst_entry        *dst;

        char                    cb[48];

        unsigned int            len,
                                data_len;
        __u16                   mac_len,
                                hdr_len;
        union {
                __wsum csum;
                struct {
                        __u16 csum_start;
                        __u16 csum_offset;
                };
        };
        __u32                   priority;
        __u8                    local_df:1,
                                cloned:1,
                                ip_summed:2,
                                nohdr:1,
                                nfctinfo:3;
        __u8                    pkt_type:3,
                                fclone:2,
                                ipvs_property:1;
```

```
                                nf_trace:1;
        __be16                  protocol;
...
        void                    (*destructor)(struct sk_buff *skb);
...
        int                     iif;
...
        sk_buff_data_t          transport_header;
        sk_buff_data_t          network_header;
        sk_buff_data_t          mac_header;
        /* 这些成员必须在末尾，详见alloc_skb()*/
        sk_buff_data_t          tail;
        sk_buff_data_t          end;
        unsigned char           *head,
                                *data;
        unsigned int            truesize;
        atomic_t                users;
};
```

套接字缓冲区用于在网络实现的各个层次之间交换数据，而无须来回复制分组数据，对性能的提高很可观。套接字结构是网络子系统的基石之一，因为在产生和分析分组时，在各个协议层次上都需要处理该结构。

12.6.1　使用套接字缓冲区管理数据

套接字缓冲区通过其中包含的各种指针与一个内存区域相关联，网络分组的数据就位于该区域中，如图12-6所示。图12-6中假定我们使用的是32位系统（在64位机器上，套接字缓冲区的组织稍有不同，读者稍后就会看到）。

套接字缓冲区的基本思想是，通过操作指针来增删协议首部。

- head和end指向数据在内存中的起始和结束位置。

> 这个区域可能大于实际需要的长度，因为在产生分组时，尚不清楚分组的长度。

- data和tail指向协议数据区域的起始和结束位置。

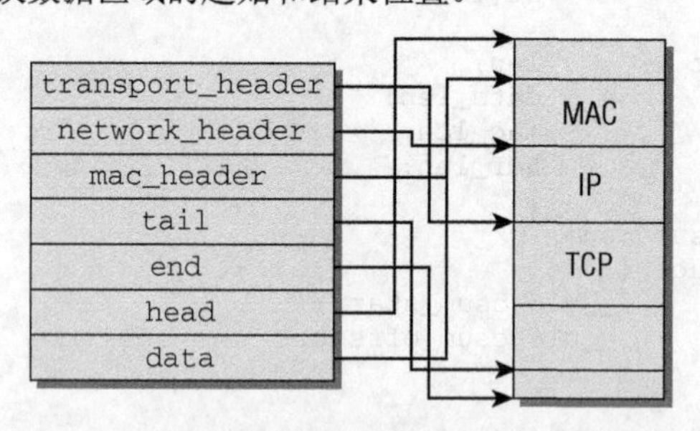

图12-6　套接字缓冲区和网络分组数据之间的关联

- mac_header指向MAC协议首部的起始，而network_header和transport_header分别指向网络层和传输层协议首部的起始。在字长32位的系统上，数据类型sk_buff_data_t用来表示各种类型为简单指针的数据：

<skbuff.h>
```
typedef unsigned char *sk_buff_data_t;
```

这使得内核可以将套接字缓冲区用于所有协议类型。正确地解释数据需要做简单的类型转换，为此提供了几个辅助函数。例如，套接字缓冲区可以包含TCP或UDP分组。来自传输层协议首部的对应信息分别可以用tcp_hdr和udp_hdr提取。这两个函数都将原始指针（raw pointer）转换为某种适当的数据类型。其他传输层协议也提供了形如XXX_hdr的辅助函数，这类函数需要一个指向struct sk_buff的指针作为参数，并返回重新解释的传输首部数据。例如，观察如何从套接字缓冲区获取TCP首部：

<tcp.h>
```
static inline struct tcphdr *tcp_hdr(const struct sk_buff *skb)
{
        return (struct tcphdr *)skb_transport_header(skb);
}
```

struct tcphdr是一个结构，包含了TCP首部中的所有字段。该结构的确切布局将在12.9.2节讨论。还有其他类似的转换函数供网络子系统使用。对我们来说，ip_hdr是最重要的，它用于解释一个IP分组的内容。

data和tail使得在不同协议层之间传递数据时，无须显式的复制操作，如图12-7所示，其中展示了分组的合成方式。

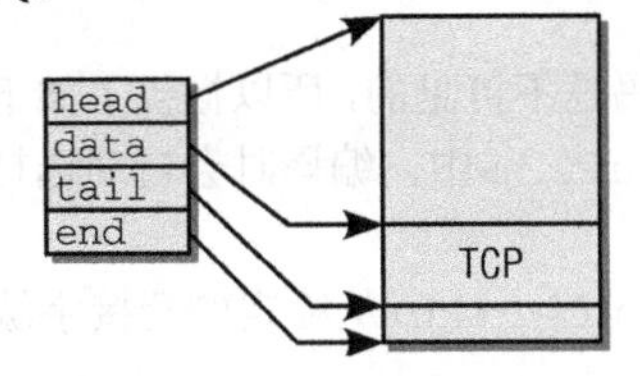

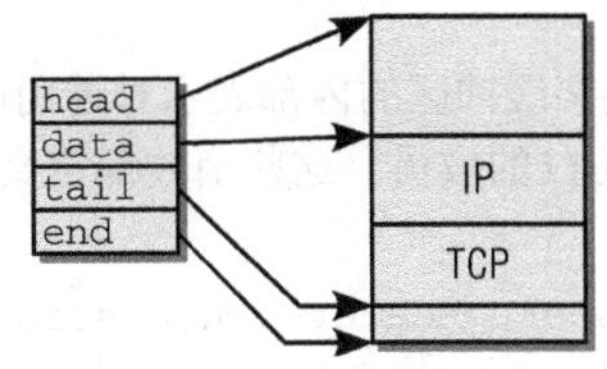

图12-7 套接字缓冲区在各个协议层之间传递时，对缓冲区的操作

在一个新分组产生时，TCP层首先在用户空间中分配内存来容纳该分组数据（首部和净荷）。分配的空间大于数据实际需要的长度，因此较低的协议层可以进一步增加首部。

分配一个套接字缓冲区，使得head和end分别指向上述内存区的起始和结束地址，而TCP数据位于data和tail之间。

在套接字缓冲区传递到互联网络层时，必须增加一个新层。只需要向已经分配但尚未占用的那部分内存空间写入数据即可，除了data之外所有的指针都不变，data现在指向IP首部的起始处。下面的各层会重复同样的操作，直至分组完成，即将通过网络发送。

对接收的分组进行分析的过程是类似的。分组数据复制到内核分配的一个内存区中，并在整个分析期间一直处于该内存区中。与该分组相关联的套接字缓冲区在各层之间顺序传递，各层依次将其中的各个指针设置为正确值。

内核提供了一些用于操作套接字缓冲区的标准函数，在表12-1列出。

表12-1 对套接字缓冲区的操作

函 数	语 义
alloc_skb	分配一个新的sk_buff实例
skb_copy	创建套接字缓冲区和相关数据的一个副本
skb_clone	创建套接字缓冲区的一个副本，但原本和副本将使用同一分组数据
skb_tailroom	返回数据末端空闲空间的长度
skb_headroom	返回数据起始处空闲空间的长度
skb_realloc_headroom	在数据起始处创建更多的空闲空间。现存数据不变

套接字缓冲区需要很多指针来表示缓冲区中内容的不同部分。由于网络子系统必须保证较低的内存占用和较高的处理速度，因而对struct sk_buff来说，我们需要保持该结构的长度尽可能小。在64位CPU上，可使用一点小技巧来节省一些空间。sk_buff_data_t的定义改为整型变量：

<skbuff.h>
```
typedef unsigned int sk_buff_data_t;
```

由于在此类体系结构上，整型变量占用的内存只有指针变量的一半（前者是4字节，后者是8字节），该结构的长度缩减了20字节。[①]但套接字缓冲区中包含的信息仍然是同样的。data和head仍然是常规的指针，而所有sk_buff_data_t类型的成员现在都解释为相对于前两者的偏移量。指向传输层首部的指针现在计算如下：

<skbuff.h>
```
static inline unsigned char *skb_transport_header(const struct sk_buff *skb)
{
        return skb->head + skb->transport_header;
}
```

这种做法是有效的，因为4字节偏移量足以描述长达4 GiB的内存区，套接字缓冲区不可能超过这个长度。

由于假定套接字缓冲区的内部表示对通用网络代码是不可见的，所以提供了如下几个辅助函数来访问struct sk_buff的成员。这些函数都定义在<skbuff.h>中，编译时会自动选择其中适当的变体使用。

- skb_transport_header(const struct sk_buff *skb)从给定的套接字缓冲区获取传输层首部的地址。
- skb_reset_transport_header(struct sk_buff *skb)将传输层首部重置为数据部分的起始位置。
- skb_set_transport_header(struct sk_buff *skb, const int offset)根据数据部分中给定的偏移量来设置传输层首部的起始地址。

对MAC层和网络层首部来说，也有同样一组函数可用，只需将transport分别替换为mac或network即可。

12.6.2　管理套接字缓冲区数据

套接字缓冲区结构不仅包含上述指针，还包括用于处理相关的数据和管理套接字缓冲区自身的其他成员。

其中不常见的成员在本章中遇到时才会讨论。下面列出的是一些最重要的成员。

- tstamp保存了分组到达的时间。
- dev指定了处理分组的网络设备。dev在处理分组的过程中可能会改变，例如，在未来某个时候，分组可能通过计算机的另一个设备发出。
- 输入设备的接口索引号总是保存在iif中。12.7.1节会解释如何使用该编号。
- sk是一个指针，指向用于处理该分组的套接字对应的socket实例（参见12.10.1节）。
- dst表示接下来该分组通过内核网络实现的路由。这里使用了一个特殊的格式，将在12.8.5节讨论。

① 由于在32位系统上整数和指针的位长相同，所以该技巧是不起作用的。

- ❑ next和prev用于将套接字缓冲区保存到一个双链表中。这里没有使用内核的标准链表实现，而是使用了一个手工实现的版本。

使用了一个表头来实现套接字缓冲区的等待队列。其结构定义如下：

<skbuff.h>

```
struct sk_buff_head {
        /* 这两个成员必须在最前面*/
        struct sk_buff  *next;
        struct sk_buff  *prev;

        __u32           qlen;
        spinlock_t      lock;
};
```

qlen指定了等待队列的长度，即队列中成员的数目。sk_buff_head和sk_buff的next和prev用于创建一个循环双链表，套接字缓冲区的list成员指回到表头，如图12-8所示。

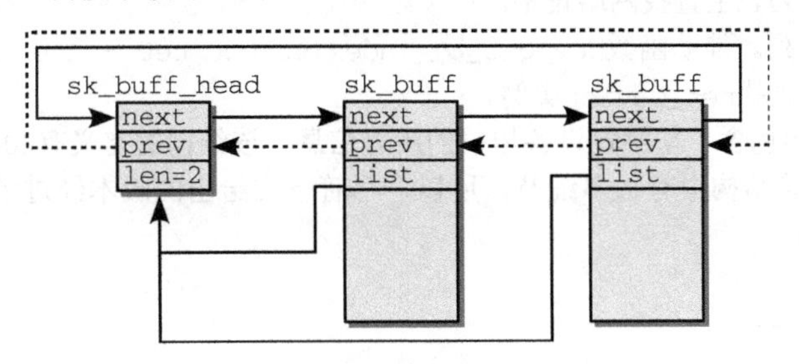

图12-8 通过双链表管理套接字缓冲区

分组通常放置在等待队列中，例如分组等待处理时，或需要重新组合已经分析过的分组时。

12.7 网络访问层

前面讲述了Linux内核中网络子系统的结构，现在我们把注意力转向网络实现的第一层，即网络访问层。该层主要负责在计算机之间传输信息，与网卡的设备驱动程序直接协作。

本节不会讨论网卡驱动程序的实现和相关的问题[①]，因为其中采用的方法与第6章的描述仅稍有不同。本节将详细介绍由各个网卡驱动程序提供、由网络实现代码使用的接口，它们提供了硬件的抽象视图。

这里根据以太网帧来解释如何在“线上”（on the cable）表示数据，并描述接收到一个分组之后，将该分组传递到更高层之前，需要完成哪些步骤。这里还描述了与之相反的步骤，即分组产生之后，通过网络接口离开计算机之前，要执行的步骤。

12.7.1 网络设备的表示

在内核中，每个网络设备都表示为net_device结构的一个实例。在分配并填充该结构的一个实例之后，必须用net/core/dev.c中的register_netdev函数将其注册到内核。该函数完成一些初始化任务，并将该设备注册到通用设备机制内。这会创建一个sysfs项（参见10.3节）/sys/class/net/<device>，关联到该设备对应的目录。如果系统包含一个PCI网卡和一个环回接口设备，则在

① 尽管这可能很有趣，但不是因为技术原因，而是因为产品策略的原因。

/sys/class/net中有两个对应项：

```
root@meitner # ls -l /sys/class/net
total 0
lrwxrwxrwx 1 root root 0 2008-03-09 09:43 eth0 -> ../../devices/pci0000:00/0000:00:1c.5/
0000:02:00.0/net/eth0
lrwxrwxrwx 1 root root 0 2008-03-09 09:42 lo -> ../../devices/virtual/net/lo
```

1. 数据结构

在详细讨论struct net_device的内容之前，先阐述一下内核如何跟踪可用的网络设备，以及如何查找特定的网络设备。照例，这些设备不是全局的，而是按命名空间进行管理的。回想一下，每个命名空间（net实例）中有如下3个机制可用。

- 所有的网络设备都保存在一个单链表中，表头为dev_base。
- 按设备名散列。辅助函数dev_get_by_name(struct net * net, const char * name)根据设备名在该散列表上查找网络设备。
- 按接口索引散列。辅助函数dev_get_by_index(struct net * net, int ifindex)根据给定的接口索引查找net_device实例。

net_device结构包含了与特定设备相关的所有信息。该结构的定义有200多行代码，是内核中最庞大的结构。因为该结构中有很多细节，所以，尽管下文给出的版本经过了大量的简化，仍然相当长。[①]代码如下所示：

<netdevice.h>

```
struct net_device
{
        char                    name[IFNAMSIZ];
        /* 设备名散列链表的链表元素 */
        struct hlist_node name_hlist;

        /* I/O相关字段          */
        unsigned long           mem_end;          /* 共享内存结束位置 */
        unsigned long           mem_start;        /* 共享内存起始位置 */
        unsigned long           base_addr;        /* 设备I/O地址      */
        unsigned int            irq;              /* 设备IRQ编号      */

        unsigned long           state;
        struct list_head        dev_list;
        int                     (*init)(struct net_device *dev);

        /* 接口索引。唯一的设备标识符*/
        int                     ifindex;

        struct net_device_stats* (*get_stats)(struct net_device *dev);

        /* 硬件首部描述 */
        const struct header_ops *header_ops;

        unsigned short          flags;            /* 接口标志（按BSD方式） */
        unsigned                mtu;              /* 接口MTU值            */
        unsigned short          type;             /* 接口硬件类型          */
        unsigned short          hard_header_len;  /* 硬件首部长度          */

        /* 接口地址信息。 */
```

① 内核开发者对该结构的当前状态也不十分满意。源代码声称：“实际上，整个结构就是一个大错误。”

```
    unsigned char          perm_addr[MAX_ADDR_LEN]; /* 持久硬件地址     */
    unsigned char          addr_len; /* 硬件地址长度                     */
    int                    promiscuity;

    /* 协议相关指针 */
    void                   *atalk_ptr;    /* AppleTalk相关指针   */
    void                   *ip_ptr;       /* IPv4相关数据        */
    void                   *dn_ptr;       /* DECnet相关数据      */
    void                   *ip6_ptr;      /* IPv6相关数据        */
    void                   *ec_ptr;       /* Econet相关数据      */

    unsigned long          last_rx;       /* 上一次接收操作的时间   */
    unsigned long          trans_start;   /* 上一次发送操作的时间（以jiffies为单位）*/

  /* eth_type_trans()所用的接口地址信息 */
  unsigned char            dev_addr[MAX_ADDR_LEN]; /* 硬件地址，（在bcast成员之前，
因为大多数分组都是单播） */

  unsigned char            broadcast[MAX_ADDR_LEN]; /* 硬件多播地址 */

  int (*hard_start_xmit)   (struct sk_buff *skb,
                            struct net_device *dev);

  /* 在设备与网络断开后调用*/
  void                      (*uninit)(struct net_device *dev);
  /* 在最后一个用户引用消失后调用*/
  void                      (*destructor)(struct net_device *dev);

  /* 指向接口服务例程的指针 */
  int                      (*open)(struct net_device *dev);
  int                      (*stop)(struct net_device *dev);

  void                     (*set_multicast_list)(struct net_device *dev);
  int                      (*set_mac_address)(struct net_device *dev,
                                              void *addr);

  int                      (*do_ioctl)(struct net_device *dev,
                                struct ifreq *ifr, int cmd);
  int                      (*set_config)(struct net_device *dev,
                                struct ifmap *map);
  int                      (*change_mtu)(struct net_device *dev, int new_mtu);

  void                     (*tx_timeout) (struct net_device *dev);
  int                      (*neigh_setup)(struct net_device *dev, struct neigh_parms *);

  /* 该设备所在的网络命名空间 */
  struct net *nd_net;

  /* class/net/name项 */
  struct device dev;
...
```

该结构中出现的缩写rx和tx会经常用于函数名、变量名和注释中。二者分别是Receive和Transmit的缩写，即接收和发送，在以后几节里会反复出现。

网络设备的名称存储在name中。它是一个字符串，末尾的数字用于区分同一类型的多个适配器（如系统有两个以太网卡）。表12-2列出了最常见的设备类别。

表12-2　网络设备的命名

名　称	设备类别
ethX	以太网适配器，无论电缆类型和传输速度如何
pppX	通过调制解调器建立的PPP连接
isdnX	ISDN卡
atmX	异步传输模式（asynchronous transfer mode），高速网卡的接口
lo	环回（loopback）设备，用于与本地计算机通信

例如，在使用ifconfig设置参数时，会使用网卡的符号名。

在内核中，每个网卡都有唯一索引号，在注册时动态分配保存在ifindex成员中。回想前文，我们知道内核提供了dev_get_by_name和dev_get_by_index函数，用于根据网卡的名称或索引号来查找其net_device实例。

一些结构成员定义了与网络层和网络访问层相关的设备属性。

- mtu（maximum transfer unit，最大传输单位）指定一个传输帧的最大长度。网络层的协议必须遵守该值的限制，可能需要将分组拆分为更小的单位。
- type保存设备的硬件类型，它使用的是<if_arp.h>中定义的常数。例如，ARPHRD_ETHER和ARPHDR_IEEE802分别表示10兆以太网和802.2以太网，ARPHRD_APPLETLK表示AppleTalk，而ARPHRD_LOOPBACK表示环回设备。
- dev_addr存储设备的硬件地址（如以太网卡的MAC地址），而addr_len指定该地址的长度。broadcast是用于向附接的所有站点发送消息的广播地址。
- ip_ptr、ip6_ptr、atalk_ptr等指针指向特定于协议的数据，通用代码不会操作这些数据。

> 这些指针中有一些可能包含非NULL值，因为一个网络设备可同时使用多个网络协议。

net_device结构的大多数成员都是函数指针，执行与网卡相关的典型任务。尽管不同适配器的实现各有不同，但调用的语法（和执行的任务）总是相同的。因而这些成员表示了与下一个协议层次的抽象接口。这些接口使得内核能够用同一组接口函数来访问所有的网卡，而网卡的驱动程序负责实现细节。

- open和stop分别初始化和终止网卡。这些操作通常在内核外部通过调用ifconfig命令触发。open负责初始化硬件寄存器并注册系统资源，如中断、DMA、IO端口等。close释放这些资源，并停止传输。
- hard_start_xmit用于从等待队列删除已经完成的分组并将其发送出去。
- header_ops是一个指向结构的指针，该结构提供了更多的函数指针，用于操作硬件首部。其中最重要的是header_ops->create和header_ops->parse，前者创建一个新的硬件首部，后者分析一个给定的硬件首部。
- get_stats查询统计数据，并将数据封装到一个类型为net_device_stats的结构中返回。该结构的成员有20多个，都是一些数值，如发送、接收、出错、丢弃的分组的数目等。（统计学爱好者可用ifconfig和netstat -i查询这些数据。）

  因为net_device结构没有提供存储net_device_stats对象的专用字段，各个设备驱动程序必须在私有数据区保存该对象。

- 调用tx_timeout来解决分组传输失败的问题。
- do_ioctl将特定于设备的命令发送到网卡。
- nd_det是一个指针，指向设备所属的网络命名空间（由struct net的一个实例表示）。

有些函数通常不是由特定于驱动程序的代码来实现的，它们对所有的以太网卡都是相同的。因而内核提供了默认实现（在net/ethernet/net.c中）。

- change_mtu是由eth_change_mtu实现的，负责修改最大传输单位。以太网的默认值是1.5 KiB，其他传输技术各有不同的默认值。在某些情况下，增大/减小该值是有用的。但许多网卡不允许这样做，只支持默认的硬件设置。
- header_ops->create的默认实现是eth_header。该函数为现存的分组数据生成网络访问层首部。
- header_ops->parse（通常由eth_header_parse实现）获取给定的分组的源硬件地址。

可以将一个ioctl（参见第8章）应用到套接字的文件描述符，从用户空间修改对应的网络设备的配置。必须指定<sockios.h>中定义的某个符号常数，表明修改配置的哪一部分。例如，SIOCGIFHWADDR负责设置网卡的硬件地址，内核最终将该任务委派给net_device实例的set_mac_address函数。设备相关的常数会传递给do_ioctl函数处理。由于有许多调节选项，具体的实现非常冗长，我们对此也不是特别感兴趣，就不在这里讨论了。

网络设备分两个方向工作，即发送和接收（这两个方向通常称为下向流和上向流）。内核源代码包含了两个驱动程序框架（drivers/net中的isa-skeleton.c和pci-skeleton.c），可用作网络驱动程序的模板。在下文中，主要关注驱动程序与硬件的交互，但又不想局限于某种特定的专有网卡类型时，偶尔会引用这两个驱动程序。与对硬件进行编程相比，我们对内核与硬件通信所用的接口更感兴趣，这也是我们在下文详细介绍这些接口的原因。下面将介绍如何将网络设备注册到内核中。

2. 注册网络设备

每个网络设备都按照如下过程注册。

(1) alloc_netdev分配一个新的struct net_device实例，一个特定于协议的函数用典型值填充该结构。对于以太网设备，该函数是ether_setup。其他的协议（这里不详细介绍）会使用形如XXX_setup的函数，其中XXX可以是fddi（fiber distributed data interface，光纤分布式数据接口）、tr（token ring，令牌环网）、ltalk（指Apple LocalTalk）、hippi（high-performance parallel interface，高性能并行接口）或fc（fiber channel，光纤通道）。

内核中的一些伪设备在不绑定到硬件的情况下实现了特定的接口，它们也使用了net_device框架。例如，ppp_setup根据PPP协议初始化设备。内核源代码中还可以找到几个XXX_setup函数。

(2) 在struct net_device填充完毕后，需要用register_netdev或register_netdevice注册。这两个函数的区别在于，register_netdev可处理用作接口名称的格式串（有限）。在net_device->dev中给出的名称可以包含格式说明符%d。在设备注册时，内核会选择一个唯一的数字来代替%d。例如，以太网设备可以指定eth%d，而内核随后会创建设备eth0、eth1……

便捷函数alloc_etherdev(sizeof_priv)分配一个struct net_device实例，外加sizeof_priv字节私有数据区。回想前文可知，net_device->priv是一个指针，指向与设备相关联的特定于驱动程序的数据。此外，还调用了上面提到的ether_setup来设置特定于以太网的标准值。

register_netdevice的各个处理步骤概括为图12-9中的代码流程图。

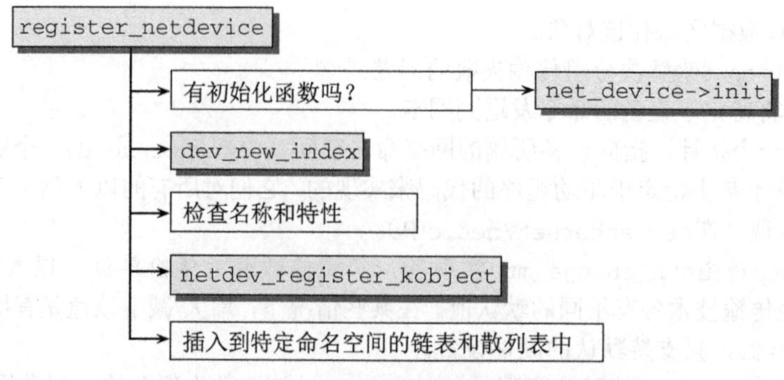

图12-9　register_netdevice的代码流程图

如果net_device->init提供了特定于设备的初始化函数，那么内核在进一步处理之前，将先调用该函数。由dev_new_index生成在所属命名空间中唯一标识该设备的接口索引。该索引保存在net_device->ifindex中。在确保所选择的名称尚未使用，而且没有指定自相矛盾的设备特性（所支持特性的列表，请参见<netdevice.h>中的NETIF_F_*）后，用netdev_register_kobject将新设备添加到通用内核对象模型中。该函数还会创建上文提到的sysfs项。最后，该设备集成到特定命名空间的链表中，以及以设备名和接口索引为散列键的两个散列表中。

12.7.2　接收分组

分组到达内核的时间是不可预测的。所有现代的设备驱动程序都使用中断（在第14章讨论）来通知内核（或系统）有分组到达。网络驱动程序对特定于设备的中断设置了一个处理例程，因此每当该中断被引发时（即分组到达），内核都调用该处理程序，将数据从网卡传输到物理内存，或通知内核在一定时间后进行处理。

几乎所有的网卡都支持DMA模式，能够自行将数据传输到物理内存。但这些数据仍然需要解释和处理，这在稍后进行。

1. 传统方法

当前，内核为分组的接收提供了两个框架。其中一个很早以前就集成到内核中了，因而称为传统方法。但与超高速网络适配器协作时，该API会出现问题，因而网络子系统的开发者已经设计了一种新的API（通常称为NAPI①）。我们首先从传统方法开始，因为它比较易于理解。另外，使用旧API的适配器较多，而使用新API的较少。这没有问题，因为其物理传输速度没那么高，不需要新方法。NAPI在稍后讨论。

图12-10给出了在一个分组到达网络适配器之后，该分组穿过内核到达网络层函数的路径。

因为分组是在中断上下文中接收到的，所以处理例程只能执行一些基本的任务，避免系统（或当前CPU）的其他任务延迟太长时间。

在中断上下文中，数据由3个短函数②处理，执行了下列任务。

① 尽管这个名字很确切地描述了与旧的API相比该API是新的，但这种命名方案的可伸缩性不好。由于NNAPI貌似还不太可能，那么该API的下一个修订版采用何种名称，仍然是一个有趣的话题。但由于当前的技术现状并没有暴露出什么可能导致建立新API的严重问题，因此在命名问题急待解决之前，可能还有很长一段时间。

② 函数名net_rx和net_interrupt取自驱动程序框架isa-skeleton.c。在其他的驱动程序中，名称可能是不同的。

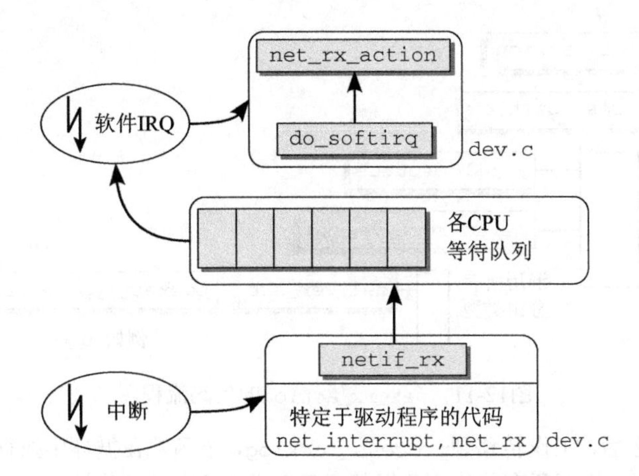

图12-10 接收到的分组穿过内核的路径

(1) net_interrupt是由设备驱动程序设置的中断处理程序。它将确定该中断是否真的是由接收到的分组引发的（也存在其他的可能性，例如，报告错误或确认某些适配器执行的传输任务）。如果确实如此，则控制将转移到net_rx。

(2) net_rx函数也是特定于网卡的，首先创建一个新的套接字缓冲区。分组的内容接下来从网卡传输到缓冲区（也就是进入了物理内存），然后使用内核源代码中针对各种传输类型的库函数来分析首部数据。这项分析将确定分组数据所使用的网络层协议，例如IP协议。

(3) 与上述两个方法不同，netif_rx函数不是特定于网络驱动程序的，该函数位于net/core/dev.c。调用该函数，标志着控制由特定于网卡的代码转移到了网络层的通用接口部分。

该函数的作用在于，将接收到的分组放置到一个特定于CPU的等待队列上，并退出中断上下文，使得CPU可以执行其他任务。

内核在全局定义的softnet_data数组中管理进出分组的等待队列，数组项类型为softnet_data。为提高多处理器系统的性能，对每个CPU都会创建等待队列，支持分组的并行处理。不必使用显式的锁机制来保护等待队列免受并发访问，因为每个CPU都只修改自身的队列，不会干扰其他CPU的工作。下文将忽略多处理器相关内容，只考虑单“softnet_data等待队列”，避免过度复杂化。

目前只对该数据结构的一个成员感兴趣：

<netdevice.h>
```
struct softnet_data
{
...
        struct sk_buff_head      input_pkt_queue;
...
};
```

input_pkt_queue使用上文提到的sk_buff_head表头，对所有进入的分组建立一个链表。

netif_rx在结束工作之前将软中断NET_RX_SOFTIRQ标记为即将执行（更多信息请参考第14章），然后退出中断上下文。

net_rx_action用作该软中断的处理程序。其代码流程图在图12-11给出。请记住，这里描述的是一个简化的版本。完整版包含了对高速网络适配器引入的新方法，将在下文介绍。

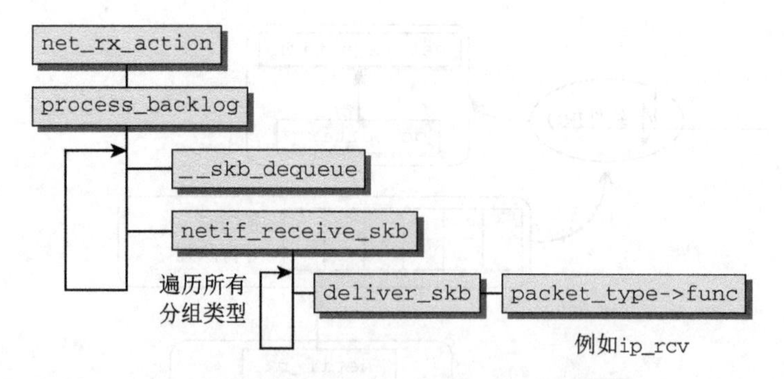

图12-11　net_rx_action的代码流程图

在一些准备任务之后，工作转移到process_backlog，该函数在循环中执行下列步骤。为简化描述，假定循环一直进行，直至所有的待决分组都处理完成，不会被其他情况中断。

(1) __skb_dequeue从等待队列移除一个套接字缓冲区，该缓冲区管理着一个接收到的分组。

(2) 由netif_receive_skb函数分析分组类型，以便根据分组类型将分组传递给网络层的接收函数（即传递到网络系统的更高一层）。为此，该函数遍历所有可能负责当前分组类型的所有网络层函数，一一调用deliver_skb。

接下来deliver_skb函数使用一个特定于分组类型的处理程序func，承担对分组的更高层（例如互联网络层）的处理。

netif_receive_skb也处理诸如桥接之类的专门特性，但讨论这些边角情况是不必要的，至少在平均水准的系统中，此类特性都属于边缘情况。

所有用于从底层的网络访问层接收数据的网络层函数都注册在一个散列表中，通过全局数组ptype_base实现。[①]

新的协议通过dev_add_pack增加。各个数组项的类型为struct packet_type，定义如下：

<netdevice.h>
```
struct packet_type {
        __be16              type;   /* 这实际上是htons(ether_type)的值。 */
        struct net_device   *dev;   /* NULL在这里表示通配符 */
        int                 (*func) (struct sk_buff *,
                                     struct net_device *,
                                     struct packet_type *,
                                     struct net_device *);
...
        void                *af_packet_priv;
        struct list_head    list;
};
```

type指定了协议的标识符，处理程序会使用该标识符。dev将一个协议处理程序绑定到特定的网卡（NULL指针表示该处理程序对系统中所有网络设备都有效）。

func是该结构的主要成员。它是一个指向网络层函数的指针，如果分组的类型适当，将其传递给该函数。其中一个处理程序就是ip_rcv，用于基于IPv4的协议，在下文讨论。

netif_receive_skb对给定的套接字缓冲区查找适当的处理程序，并调用其func函数，将处理分组的职责委托给网络层，这是网络实现中更高的一层。

① 实际上，还有另一个分组处理程序的链表。ptype_all包含了对所有分组类型调用的分组处理程序。

2. 对高速接口的支持

如果设备不支持过高的传输率，那么此前讨论的旧式方法可以很好地将分组从网络设备传输到内核的更高层。每次一个以太网帧到达时，都使用一个IRQ来通知内核。这里暗含着“快”和“慢”的概念。对低速设备来说，在下一个分组到达之前，IRQ的处理通常已经结束。由于下一个分组也通过IRQ通知，如果前一个分组的IRQ尚未处理完成，则会导致问题，高速设备通常就是这样。现代以太网卡的运作高达10 000 Mbit/s，如果使用旧式方法来驱动此类设备，将造成所谓的“中断风暴”。如果在分组等待处理时接收到新的IRQ，内核不会收到新的信息：在分组进入处理过程之前，内核是可以接收IRQ的，在分组的处理结束后，内核也可以接收IRQ，这些不过是“旧闻”而已。为解决该问题，NAPI使用了IRQ和轮询的组合。

假定某个网络适配器此前没有分组到达，但从现在开始，分组将以高频率频繁到达。这就是NAPI设备的情况，如下所述。

(1) 第一个分组将导致网络适配器发出IRQ。为防止进一步的分组导致发出更多的IRQ，驱动程序会关闭该适配器的Rx IRQ。并将该适配器放置到一个轮询表上。

(2) 只要适配器上还有分组需要处理，内核就一直对轮询表上的设备进行轮询。

(3) 重新启用Rx中断。

如果在新的分组到达时，旧的分组仍然处于处理过程中，工作不会因额外的中断而减速。虽然对设备驱动程序（和一般意义上的内核代码）来说轮询通常是一个很差的方法，但在这里该方法没有什么不利之处：在没有分组还需要处理时，将停止轮询，设备将回复到通常的IRQ驱动的运行方式。在没有中断支持的情况下，轮询空的接收队列将不必要地浪费时间，但NAPI并非如此。

NAPI的另一个优点是可以高效地丢弃分组。如果内核确信因为有很多其他工作需要处理，而导致无法处理任何新的分组，那么网络适配器可以直接丢弃分组，无须复制到内核。

只有设备满足如下两个条件时，才能实现NAPI方法。

(1) 设备必须能够保留多个接收的分组，例如保存到DMA环形缓冲区中。下文将该缓冲区称为Rx缓冲区。

(2) 该设备必须能够禁用用于分组接收的IRQ。而且，发送分组或其他可能通过IRQ进行的操作，都仍然必须是启用的。

如果系统中有多个设备，会怎么样呢？这是通过循环轮询各个设备来解决的。图12-12概述了这种情况。

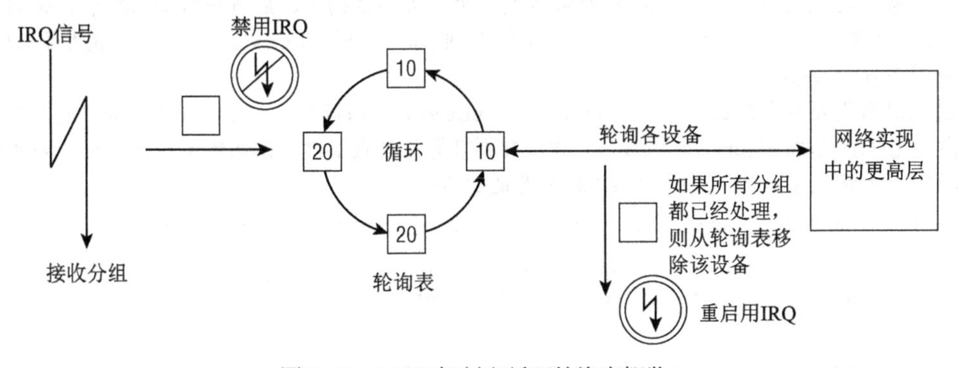

图12-12 NAPI机制和循环轮询表概览

回想前文提到的，如果一个分组到达一个空的Rx缓冲区，则将相应的设备置于轮询表中。由于链表本身的性质，轮询表可以包含多个设备。

内核以循环方式处理链表上的所有设备：内核依次轮询各个设备，如果已经花费了一定的时间来处理某个设备，则选择下一个设备进行处理。此外，某个设备都带有一个相对权重，表示与轮询表中其他设备相比，该设备的相对重要性。较快的设备权重较大，较慢的设备权重较小。由于权重指定了在一个轮询的循环中处理多少分组，这确保了内核将更多地注意速度较快的设备。

现在我们已经弄清楚了NAPI的基本原理，接下来将讨论其实现细节。与旧的API相比，关键性的变化在于，支持NAPI的设备必须提供一个poll函数。该方法是特定于设备的，在用netif_napi_add注册网卡时指定。调用该函数注册，表明设备可以且必须用新方法处理。

```
<netdevice.h>
static inline void netif_napi_add(struct net_device *dev,
                                  struct napi_struct *napi,
                                  int (*poll)(struct napi_struct *, int),
                                  int weight);
```

dev指向所述设备的net_device实例，poll指定了在IRQ禁用时用来轮询设备的函数，weight指定了设备接口的相对权重。实际上可以对weight指定任意整数值。通常10/100 Mbit网卡的驱动程序指定为16，而1 000/10 000 Mbit网卡的驱动程序指定为64。无论如何，权重都不能超过该设备可以在Rx缓冲区中存储的分组的数目。

netif_napi_add还需要另一个参数，是一个指向struct napi_struct实例的指针。该结构用于管理轮询表上的设备。其定义如下：

```
<netdevice.h>
struct napi_struct {
        struct list_head poll_list;

        unsigned long state;
        int weight;
        int (*poll)(struct napi_struct *, int);
};
```

轮询表通过一个标准的内核双链表实现，poll_list用作链表元素。weight和poll的语义同上文所述。state可以是NAPI_STATE_SCHED或NAPI_STATE_DISABLE，前者表示设备将在内核的下一次循环时被轮询，后者表示轮询已经结束且没有更多的分组等待处理，但设备尚未从轮询表移除。

请注意，struct napi_struct经常嵌入到一个更大的结构中，后者包含了与网卡有关的、特定于驱动程序的数据。这样在内核使用poll函数轮询网卡时，可用container_of机制获得相关信息。

● 实现poll函数

poll函数需要两个参数：一个指向napi_struct实例的指针和一个指定了“预算”的整数，预算表示内核允许驱动程序处理的分组数目。我们并不打算处理真实网卡的可能的奇异之处，因此讨论一个伪函数，该函数用于一个需要NAPI的超高速适配器：

```
static int hyper_card_poll(struct napi_struct *napi, int budget)
{
        struct nic *nic = container_of(napi, struct nic, napi);
        struct net_device *netdev = nic->netdev;
        int work_done;

        work_done = hyper_do_poll(nic, budget);
```

```
        if (work_done < budget) {
                netif_rx_complete(netdev, napi);
                hcard_reenable_irq(nic);
        }

        return work_done;
}
```

在从napi_struct的容器获得特定于设备的信息之后，调用一个特定于硬件的方法（这里是hyper_do_poll）来执行所需要的底层操作从网络适配器获取分组，并使用像此前那样使用netif_receive_skb将分组传递到网络实现中更高的层。

hyper_do_poll最多允许处理budget个分组。该函数返回实际上处理的分组的数目。必须区分以下两种情况。

- 如果处理分组的数目小于预算，那么没有更多的分组，Rx缓冲区为空，否则，肯定还需要处理剩余的分组（亦即，返回值不可能小于预算）。因此，netif_rx_complete将该情况通知内核，内核将从轮询表移除该设备。接下来，驱动程序必须通过特定于硬件的适当方法来重新启用IRQ。
- 已经完全用掉了预算，但仍然有更多的分组需要处理。设备仍然留在轮询表上，不启用中断。

- **实现IRQ处理程序**

NAPI也需要对网络设备的IRQ处理程序做一些改动。这里仍然不求助于任何具体的硬件，而介绍针对虚构设备的代码：

```
static irqreturn_t e100_intr(int irq, void *dev_id)
{
        struct net_device *netdev = dev_id;
        struct nic *nic = netdev_priv(netdev);

        if(likely(netif_rx_schedule_prep(netdev, &nic->napi))) {
                hcard_disable_irq(nic);
                __netif_rx_schedule(netdev, &nic->napi);
        }

        return IRQ_HANDLED;
}
```

假定特定于接口的数据保存在net_device->private中，这是大多数网卡驱动程序使用的方法。使用辅助函数netdev_priv访问该字段。

现在需要通知内核有新的分组可用。这需要如下二阶段的方法。

(1) netif_rx_schedule_prep准备将设备放置到轮询表上。本质上，这会安置napi_struct->state中的NAPI_STATE_SCHED标志。

(2) 如果设置该标志成功（仅当NAPI已经处于活跃状态时，才会失败），驱动程序必须用特定于设备的适当方法来禁用相应的IRQ。调用__netif_rx_schedule将设备的napi_struct添加到轮询表，并引发软中断NET_RX_SOFTIRQ。这通知内核在net_rx_action中开始轮询。

- **处理Rx软中断**

在讨论了为支持NAPI驱动程序需要做哪些改动之后，我们来考察一下内核需要承担的职责。net_rx_action依旧是软中断NET_RX_SOFTIRQ的处理程序。在前一节给出了该函数的一个简化版本。随着有关NAPI的更多细节尘埃落定，现在可以讨论该函数的所有细节了。图12-13给出了其代码流程图。

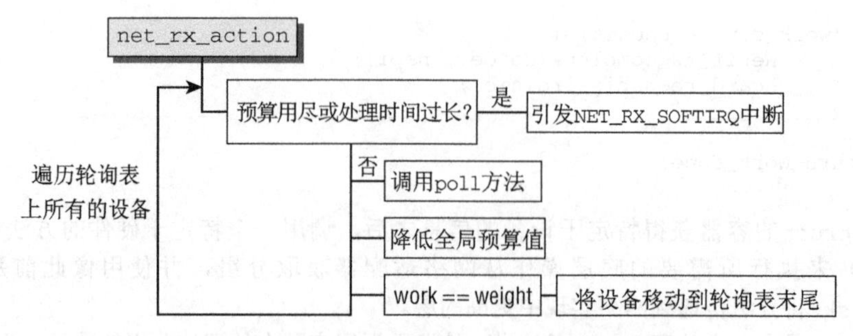

图12-13　net_rx_action的代码流程图

本质上，内核通过依次调用各个设备特定的poll方法，处理轮询表上当前的所有设备。设备的权重用作该设备本身的预算，即轮询的一步中可能处理的分组数目。

必须确保在这个软中断的处理程序中，不会花费过多时间。如果如下两个条件成立，则放弃处理。

(1) 处理程序已经花费了超出一个jiffie的时间。

(2) 所处理分组的总数，已经超过了netdev_budget指定的预算总值。通常，总值设置为300，但可以通过/proc/sys/net/core/netdev_budget修改。

这个预算不能与各个网络设备本身的预算混淆！在每个轮询步之后，都从全局预算中减去处理的分组数目，如果该预算值下降到0，则退出软中断处理程序。

在轮询了一个设备之后，内核会检查所处理的分组数目，与该设备的预算是否相等。如果相等，那么尚未获得该设备上所有等待的分组，即代码流程图中work == weight所表示的情况。内核接下来将该设备移动到轮询表末尾，在链表中所有其他设备都处理过之后，继续轮询该设备。显然，这实现了网络设备之间的循环调度。

- 在NAPI之上实现旧式API

最后，请注意旧的API是如何在NAPI上实现的。内核的常规行为，由一个与softnet队列关联的伪网络设备控制，net/core/dev.c中的process_backlog标准函数用作poll方法。如果没有网络适配器将其自身添加到该队列的轮询表，其中只包含这个伪适配器，那么net_rx_action的行为就是通过对process_backlog的单一调用来处理队列中的分组，而不管分组的来源设备。

12.7.3　发送分组

在网络层中特定于协议的函数通知网络访问层处理由套接字缓冲区定义的一个分组时，将发送完成的分组。

当信息从计算机发送出去时，必须注意哪些事项？除了特定协议需要完成的首部和校验和，以及由高层协议实例生成的数据之外，分组的路由是最重要的。（即使计算机只有一个网卡，内核仍然需要区分发送到外部目标的分组和针对环回接口的分组。）

因为该问题只能由更高层的协议实例决定（特别是，如果可以选择到预期目标的路由时），所以设备驱动程序假定高层协议已经做出了决策。

在分组可以发送到下一个正确的计算机之前（通常不同于目标计算机，因为除非存在直接的硬件链路，否则IP分组通常通过网关发送），必须确定接收方网卡的硬件地址。这是一个复杂的过程，将在12.8.5节详细讲述。此时，我们假定已经知道接收方的MAC地址。网络访问层的所需的另一个首部，通常由特定于协议的函数产生。

net/core/dev.c中的dev_queue_xmit用于将分组放置到发出分组的队列上。这里将忽略这个特定于设备的队列的实现，因为它并没有揭示什么网络层的运作机制。只要知道，在分组放置到等待队列上一定的时间之后，分组将发出即可。这是通过特定于适配器的函数hard_start_xmit完成的，在每个net_device结构中都以函数指针的形式出现，由硬件设备驱动程序实现。

12.8 网络层

网络访问层仍然受到传输介质的性质以及相关适配器的设备驱动程序的很大影响。网络层（具体地说是IP协议）与网络适配器的硬件性质几乎是完全分离的。为什么说是几乎？读者稍后会看到，该层不仅负责发送和接收数据，还负责在彼此不直接连接的系统之间转发和路由分组。查找最佳路由并选择适当的网络设备来发送分组，也涉及对底层地址族的处理（如特定于硬件的MAC地址），这是该层至少要与网卡松散关联的原因。在网络层地址和网络访问层之间的指派是由这一层完成的，这也是互联网络层无法与硬件完全脱离的原因。

如果不考虑底层硬件，是无法将较大的分组分割为较小单位的（事实上，硬件的性质是需要分割分组的首要原因）。因为每一种传输技术所支持的分组长度都有一个最大值，IP协议必须方法将较大的分组划分为较小的单位，由接收方重新组合，更高层协议不会注意到这一点。划分后分组的长度取决于特定传输协议的能力。

IP在1981年正式定义（在RFC791中），现在已经进入暮年。[①]尽管事实上的情况与公司新闻稿的说法截然不同，例如，后者可能将电子表格的每个新版本都称赞为人类有史以来最伟大的发明，但过去的20年确实在当今的技术上留下了印痕。此前的缺陷和未能预料到的问题，随着因特网的发展，现在变得越来越明显。这也是开发IPv6标准作为目前IPv4后继者的原因。遗憾的是，因为缺乏核心的权威机构，对这个未来标准的采用比较缓慢。本章主要关注IPv4算法的实现，但也会略看一看可用于未来的技术，及其在Linux内核的实现。

为理解IP协议在内核中的实现，必须简要介绍其工作方式。很自然，这是个非常大的领域，我们只能略微谈谈相关的主题。详细描述可以参见许多专著，如[Ste00]和[Ste94]。

12.8.1 IPv4

IP分组使用的协议首部如图12-14所示。

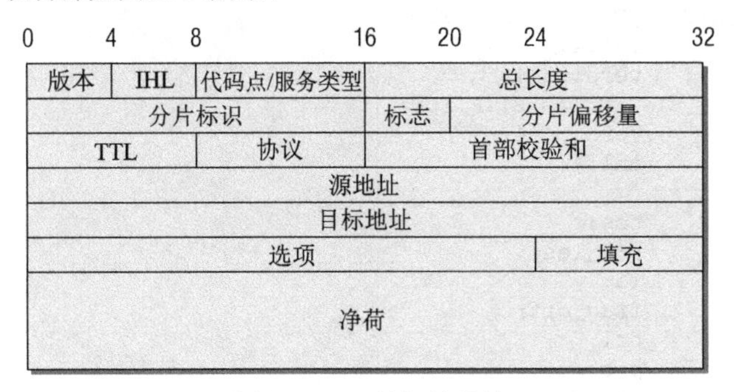

图12-14 IP首部的结构

下面是结构中各部分的语义。

① 尽管一些公司的市场部门有相反的暗示，但实际上因特网的年龄超过了它的大部分用户。

- version（版本）指定了所用IP协议的版本。当前，该字段的有效值为4或6。在支持两种协议版本的主机上，所使用的版本由前一章讨论的传输协议标识符确定。对协议的两个版本来说，该标识符中保存的值是不同的。
- IHL（IP首部长度）定义了首部的长度，由于选项数量可变，这个值并不总是相同的。
- Codepoint（代码点）或Type of Service（服务类型）用于更复杂的协议选项，我们在这里无须关注。
- Length（长度）指定了分组的总长度，即首部加数据的长度。
- fragment ID（分片标识）标识了一个分片的IP分组的各个部分。分片方法将同一分片ID指定到同一原始分组的各个数据片，使之可标识为同一分组的成员。各个部分的相对位置由fragment offset（分片偏移量）字段定义。偏移量的单位是64 bit。
- 有3个状态标志位用于启用或禁用特定的特性，目前只使用其中两个。
  - DF意为“don’t fragment”，即指定分组不可拆分为更小的单位。
  - MF表示当前分组是一个更大分组的分片，后面还有其他分片（除了最后一个分片之外，所有分片都会设置该标志位）。

  第三个标志位“保留供未来使用”，但考虑到IPv6的存在，这是不太可能的。
- TTL意为“Time to Live”，指定了从发送者到接收者的传输路径上中间站点的最大数目（或跳数）。①
- Protocol标识了IP分组承载的高层协议（传输层）。例如，TCP和UDP协议都有对应的唯一值。
- Checksum包含了一个校验和，根据首部和数据的内容计算。如果指定的校验和与接收方计算的值不一致，那么可能发生了传输错误，应该丢弃该分组。
- src和dest指定了源和目标的32位IP地址。
- options用于扩展IP选项，在这里不讨论了。
- data保存了分组数据（净荷）。

IP首部中所有的数值都以网络字节序存储（大端序）。

在内核源代码中，该首部由iphdr数据结构实现：

<ip.h>

```
struct iphdr {
#if defined(__LITTLE_ENDIAN_BITFIELD)
        __u8    ihl:4,
                version:4;
#elif defined (__BIG_ENDIAN_BITFIELD)
        __u8    version:4,
                ihl:4;
#endif
        __u8    tos;
        __u16   tot_len;
        __u16   id;
        __u16   frag_off;
        __u8    ttl;
        __u8    protocol;
        __u16   check;
        __u32   saddr;
        __u32   daddr;
```

① 在过去，这个值解释为分组生命周期的最大长度，按秒计算。

```
    /*选项从这里开始 */
};
```

ip_rcv函数是网络层的入口点。分组向上穿过内核的路线如图12-15所示。

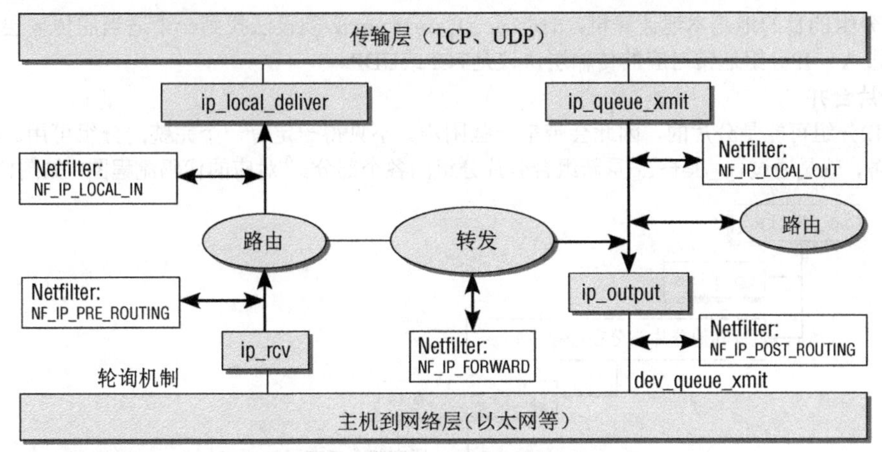

图12-15 分组穿过互联网络层的路线

发送和接收操作的程序流程并不总是分离的，如果分组只通过当前计算机转发，那么发送和接收操作是交织的。这种分组不会传递到更高的协议层（或应用程序），而是立即离开计算机，发往新的目的地。

12.8.2 接收分组

在分组（以及对应的套接字缓冲区，其中的指针已经设置了适当的值）转发到ip_rcv之后，必须检查接收到的信息，确保它是正确的。主要检查计算的校验和与首部中存储的校验和是否一致。其他的检查包括分组是否达到了IP首部的最小长度，分组的协议是否确实是IPv4（IPv6的接收例程是另一个）。

在进行了这些检查之后，内核并不立即继续对分组的处理，而是调用一个netfilter挂钩，使得用户空间可以对分组数据进行操作。netfilter挂钩插入到内核源代码中定义好的各个位置，使得分组能够被外部动态操作。挂钩存在于网络子系统的各个位置，每种挂钩都有一个特别的标记，例如NF_IP_POST_ROUTING。①

在内核到达一个挂钩位置时，将在用户空间调用对该标记支持的例程。接下来，在另一个内核函数中继续内核端的处理（分组可能被修改过）。12.8.6节讨论了netfilter机制的实现。

在下一步中，接收到的分组到达一个十字路口，此时需要判断该分组的目的地是本地系统还是远程计算机。根据对分组目的地的判断，需要将分组转发到更高层，或转到互联网络层的输出路径上（这里不打算讨论第三种选项，即通过多播将分组发送到一组计算机）。

ip_route_input负责选择路由。这个相对复杂的决策过程在12.8.5节详细讨论。判断路由的结果是，选择一个函数，进行进一步的分组处理。可用的函数是ip_local_deliver和ip_forward。具体选择哪个函数，取决于分组是交付到本地计算机下一个更高协议层的例程，还是转发到网络中的另一

① 请注意，内核版本2.6.25（撰写本书时，仍在开发中）将会把名称从NF_IP_*改为NF_INET_*。这项改动统一了IPv4和IPv6的名称。

台计算机。

12.8.3　交付到本地传输层

如果分组的目的地是本地计算机，ip_local_deliver必须设法找到一个适当的传输层函数，将分组转送过去。IP分组通常对应的传输层协议是TCP或UDP。

1. 分片合并

由于IP分组可能是分片的，因此会带来一些困难。不见得一定有一个完整的分组可用。该函数的第一项任务，就是通过ip_defrag重新组合分片分组的各个部分。[①]对应的代码流程图，如图12-16所示。

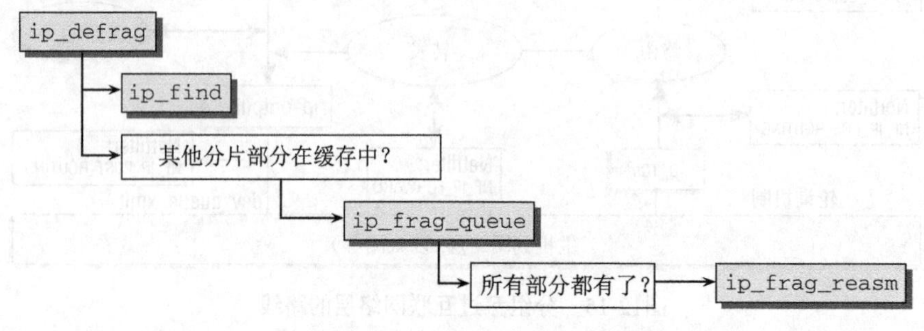

图12-16　ip_defrag的代码流程图

内核在一个独立的缓存中管理原本属于一个分组的各个分片，该缓存称为分片缓存（fragment cache）。在缓存中，属于同一分组的各个分片保存在一个独立的等待队列中，直至该分组的所有分片都到达。

接下来调用ip_find函数。它使用一个基于分片ID、源地址、目标地址、分组的协议标识的散列过程，检查是否已经为对应的分组创建了等待队列。如果没有，则建立一个新的队列，并将当前处理的分组置于其上。否则返回现存队列的地址，以便ip_frag_queue将分组置于队列上。[②]

在分组的所有分片都进入缓存（即第一个和最后一个分片都已经到达，且所有分片中数据的长度之和等于分组预期的总长度）后，ip_frag_reasm将各个分片重新组合起来。接下来释放套接字缓冲区，供其他用途使用。

如果分组的分片尚未全部到达，则ip_defrag返回一个NULL指针，终止互联网络层的分组处理。在所有分片都到达后，将恢复处理。

2. 交付到传输层

下面返回到ip_local_deliver。在分组的分片合并完成后，调用netfilter挂钩NF_IP_LOCAL_IN，恢复在ip_local_deliver_finish函数中的处理。

在其中，根据分组的协议标识符确定一个传输层的函数，将分组传递给该函数。所有基于互联网络层的协议都有一个net_protocol结构的实例，该结构定义如下：

include/net/protocol.h
```
struct net_protocol {
```

① 内核可通过设置的分片标志位，或非0的分片偏移量值识别分片的分组。偏移量字段为0，表明这是分组的最后一个分片。

② 分片缓存使用定时器机制来从缓存删除分片。在定时器到期时，如果属于某个分组的分片未能全部到达，则将其从缓存删除。

```
        int                 (*handler)(struct sk_buff *skb);
        void                (*err_handler)(struct sk_buff *skb, u32 info);
...
};
```

- handler是协议例程，分组将（以套接字缓冲区的形式）被传递到该例程进行进一步处理。
- 在接收到ICMP错误信息并需要传递到更高层时，需要调用err_handler。

inet_add_protocol标准函数用于将上述结构的实例（指针）存储到inet_protos数组中，通过一种散列方法确定存储具体协议的索引位置。

在套接字缓冲区中通过通常的指针操作"删除"IP首部后，剩下的工作就是调用传输层对应的接收例程，其函数指针存储在inet_protocol的handler字段中，例如，用于接收TCP分组的tcp_v4_rcv例程和用于接收UDP分组的udp_rcv。12.9节讲述了这些函数的实现。

12.8.4 分组转发

IP分组可能如上所述交付给本地计算机处理，它们也可能离开互联网络层，转发到另一台计算机，而不牵涉本地计算机的高层协议实例。分组的目标地址可分为以下两类。

(1) 目标计算机在某个本地网络中，发送计算机与该网络有连接。

(2) 目标计算机在地理上属于远程计算机，不连接到本地网络，只能通过网关访问。

第二种场景要复杂得多。首先必须找到剩余路由中的第一个站点，将分组转发到该站点，这是向最终目标地址的第一步传输。因此，不仅需要计算机所属本地网络结构的相关信息，还需要相邻网络结构和相关的外出路径的信息。

该信息由**路由表**（routing table）提供，路由表由内核通过多种数据结构实现并管理，相关内容在12.8.5节讨论。在接收分组时调用的ip_route_input函数充当路由实现的接口，这一方面是因为该函数能够识别出分组是交付到本地还是转发出去，另一方面该函数能够找到通向目标地址的路由。目标地址存储在套接字缓冲区的dst字段中。

这使得ip_forward的工作非常容易，如图12-17中的代码流程图所示。

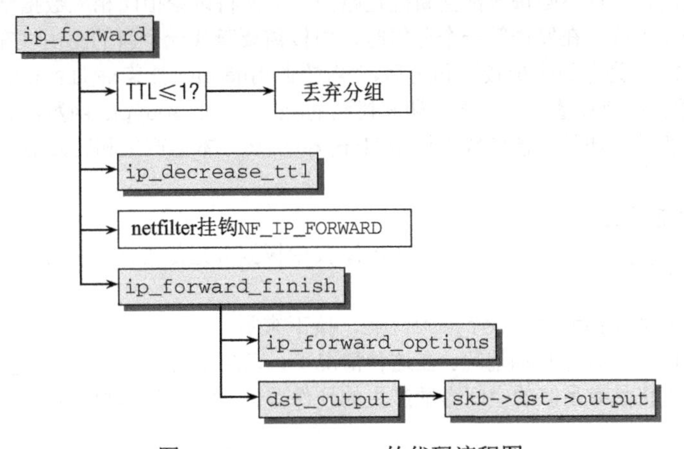

图12-17 ip_forward的代码流程图

首先，该函数根据TTL字段来检查当前分组是否允许传输到下一跳。如果TTL值小于或等于1，则丢弃分组，否则，将TTL计数器值减1。ip_decrease_ttl负责该工作，修改TTL字段的同时，分组的校验和也会发生变化，同样需要修改。

在调用netfilter挂钩NF_IP_FORWARD后，内核在ip_forward_finish中恢复处理。该函数将其工作委托给如下两个函数。

- 如果分组包含额外的选项（通常情况下没有），则在ip_forward_options中处理。
- dst_pass将分组传递到在路由期间选择、保存在skb->dst->output中的发送函数。通常使用ip_output，该函数将分组传递到与目标地址匹配的网络适配器。[①]下一节描述的IP分组发送操作中，ip_output是其中一部分。

12.8.5　发送分组

内核提供了几个通过互联网络层发送数据的函数，可由较高协议层使用。其中ip_queue_xmit是最常使用的一个，其代码流程图在图12-18给出。

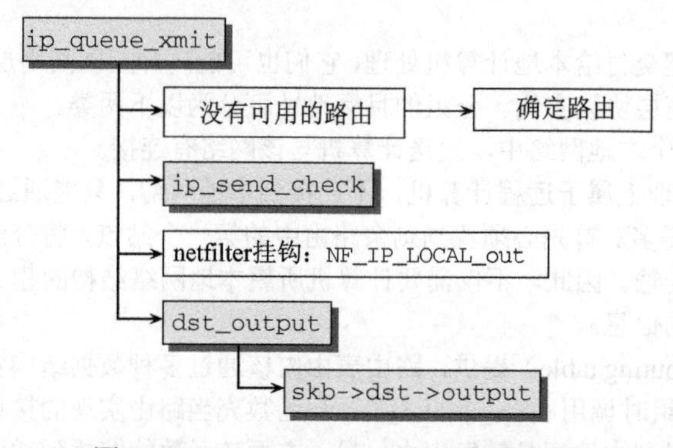

图12-18　ip_queue_xmit的代码流程图

第一个任务是查找可用于该分组的路由。内核利用了下述事实：起源于同一套接字的所有分组的目标地址都是相同的，这样不必每次都重新确定路由。下文将讨论指向相应数据结构的一个指针，它与套接字数据结构相关联。在发送第一个分组时，内核需要查找一个新的路由（在下文讨论）。

在ip_send_check为分组生成校验和之后，[②]内核调用netfilter挂钩NF_IP_LOCAL_OUT。接下来调用dst_output函数。该函数基于确定路由期间找到的skb->dst->output函数，后者位于套接字缓冲区中，与目标地址相关。通常，该函数指针指向ip_output，本地产生和转发的分组将在该函数中汇集。

1. 转移到网络访问层

图12-19给出了ip_output函数的代码流程图，其中根据分组是否需要分片，将代码路径划分为两部分。

首先调用netfilter挂钩NF_IP_POST_ROUTING，接下来是ip_finish_output。首先考察分组长度不大于传输介质MTU、无须分片的情况。在这种情况下，直接调用了ip_finish_output2。该函数检查套接字缓冲区是否仍然有足够的空间容纳产生的硬件首部。如有必要，则用skb_realloc_headroom

① 有可能使用不同的输出例程，例如将IP分组作为通道来传输其他种类的IP分组时。这是一种非常专门的应用程序，很少用到。

② 生成IP校验和对时间要求很高，可以在现代的处理器上进行高度优化。为此，各种体系结构在ip_fast_csum中用汇编语言提供了自身的快速实现。

分配额外的空间。为完成到网络访问层的转移，调用由路由层设置的函数dst->neighbour->output，该函数指针通常指向dev_queue_xmit。[①]

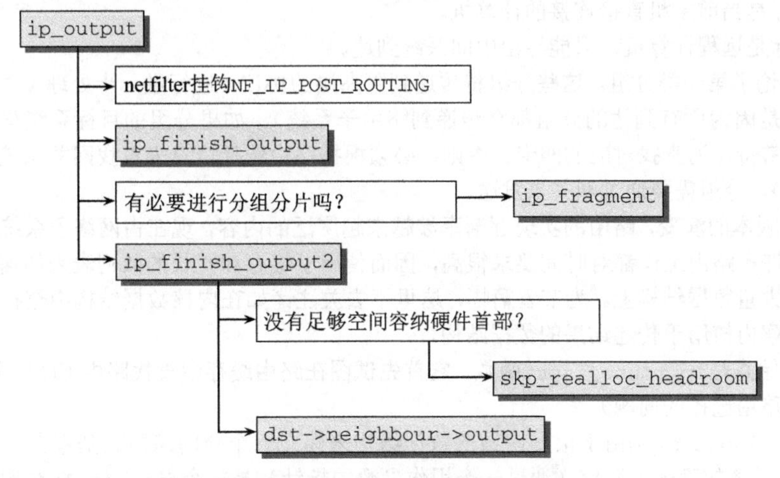

图12-19 ip_output的代码流程图

2. 分组分片

ip_fragment将IP分组划分为更小的单位，如图12-20所示。

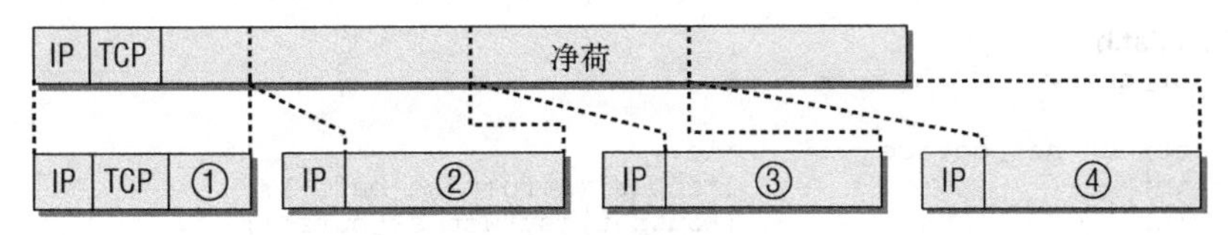

图12-20 IP分组分片

如果忽略RFC 791中记载的各种微妙情形，那么IP分片是非常简单的。在循环的每一轮中，都抽取出一个数据分片，其长度与对应的MTU兼容。创建一个新套接字缓冲区来保存抽取的数据分片，旧的IP首部可以稍作修改后重用。所有的分片都会分配一个共同的分片ID，以便在目标系统上重新组装分组。分片的顺序基于分片偏移量建立，此时也需要适当地设置。MF（more fragments）标志位也需要设置。只有序列中的最后一个分片可以将该标志位置0。每个分片都在使用ip_send_check产生校验和之后，用ip_output发送。[②]

3. 路由

在任何IP实现中，路由都是一个重要的部分，不仅在转发外部分组时需要，而且也用于发送本地计算机产生的分组。查找数据从计算机“外出”的正确路径的问题，不仅在处理非本地地址时会遇到，在本地计算机有几个网络接口时，也会有此类问题。即使只有一个物理上的网络适配器，也可能有环回设备这样的虚拟接口，同样会导致该问题。

① 内核也使用一个硬件首部缓存。其中保存了频繁使用的硬件首部，可以复制到分组起始处。如果缓存包含了所需数据项，则分组使用一个缓存函数输出，比dst->neighbour->output稍快一点。

② ip_output通过以参数形式传递到ip_fragment的一个函数指针调用。当然，这意味着可以选择其他的发送函数。只有桥接子系统利用了这种可能性，这里对此不再更详细讨论了。

每个接收到的分组都属于下列3个类别之一。

(1) 其目标是本地主机。

(2) 其目标是当前主机直接连接的计算机。

(3) 其目标是远程计算机，只能经由中间系统到达。

前一节讨论了第一类分组。这些分组将传递到更高层的协议，进行进一步处理（之所以在下文讨论这一类型，是因为所有到达的分组都会传递到路由子系统）。如果分组的目标系统与本地主机直接连接，路由通常特化为查找对应的网卡。否则，必须根据路由选择信息来查找网关系统（以及与网关相关联的网卡），分组需要通过网关来发送。

随着内核版本的演变，路由的实现逐渐牵涉越来越广泛的内容，现在占网络子系统源代码的很大一部分。由于许多路由工作都对时间要求很高，因而使用了缓存和冗长的散列表来加速工作。这反映到路由相关的大量数据结构上。为节省篇幅，这里不去关注诸如在内核数据结构中查找正确路由之类的机制，只考察内核用于传递结果的数据结构。

路由的起始点是ip_route_input函数，它首先试图在路由缓存中查找路由（这里不讨论该主题，也不涉及多播路由选择的问题）。

ip_route_input_slow用于根据内核的数据结构来建立一个新的路由。基本上，该例程依赖于fib_lookup，后者的隐式返回值（通过一个用作参数的指针）是一个fib_result结构的实例，包含了我们需要的信息。fib代表转发信息库，是一个表，用于管理内核保存的路由选择信息。

路由结果关联到一个套接字缓冲区，套接字缓冲区的dst成员指向一个dst_entry结构的实例，该实例的内容是在路由查找期间填充的。该数据结构的定义如下（简化了很多）：

include/net/dst.h
```
struct dst_entry
{
        struct net_device           *dev;
        int                         (*input)(struct sk_buff*);
        int                         (*output)(struct sk_buff*);
        struct neighbour            *neighbour;
};
```

- input和output分别用于处理进入和外出的分组，如上文所述。
- dev指定了用于处理该分组的网络设备。

根据分组的类型，会对input和output指定不同的函数。

- 对需要交付到本地的分组，input设置为ip_local_deliver，而output设置为ip_rt_bug（该函数只向内核日志输出一个错误信息，因为在内核代码中对本地分组调用output是一种错误，不应该发生）。
- 对于需要转发的分组，input设置为ip_forward，而output设置为ip_output函数。

neighbour成员存储了计算机在本地网络中的IP和硬件地址，这可以通过网络访问层直接到达。对我们来说，只考察该结构的几个成员就足够了：

include/net/neighbour.h
```
struct neighbour
{
        struct net_device           *dev;
        unsigned char               ha[ALIGN(MAX_ADDR_LEN, sizeof(unsigned long))];
        int                         (*output)(struct sk_buff *skb);
};
```

dev保存了网络设备的数据结构，而ha是设备的硬件地址，output是指向适当的内核函数的指针，在通过网络适配器传输分组时必须调用。neighbour实例由内核中实现ARP（address resolution protocol，地址转换协议）的ARP层创建，ARP协议负责将IP地址转换为硬件地址。因为dst_entry结构有一个成员指针指向neighbour实例，网络访问层的代码在分组通过网络适配器离开当前系统时可调用output函数。

12.8.6 netfilter

netfilter是一个Linux内核框架，使得可以根据动态定义的条件来过滤和操作分组。这显著增加了可能的网络选项的数目，从简单的防火墙，到对网络通信数据的详细分析，到复杂的、依赖于状态的分组过滤器。由于netfilter的精巧设计，网络子系统只需要少量代码就可以达到上述目的。

1. 扩展网络功能

简言之，netfilter框架向内核添加了下列能力。

- 根据状态及其他条件，对不同数据流方向（进入、外出、转发）进行分组过滤（packet filtering）。
- NAT（network address translation，网络地址转换），根据某些规则来转换源地址和目标地址。例如，NAT可用于实现因特网连接的共享，有几台不直接连接到因特网的计算机可以共享一个因特网访问入口（通常称为IP伪装或透明代理）。
- 分组处理（packet manghing）和操作（manipulation），根据特定的规则拆分和修改分组。

可以通过在运行时向内核载入模块来增强netfilter功能。一个定义好的规则集，告知内核在何时使用各个模块的代码。内核和netfilter之间的接口保持在很小（小到不能再小）的规模上，尽可能使两个领域彼此隔离，避免二者的相互干扰并改进网络代码的稳定性。

前几节中经常提到，netfilter挂钩位于内核中各个位置，以支持netfilter代码的执行。这些不仅用于IPv4，也用于IPv6和DECNET协议。这里只讨论了IPv4，但其概念同样适用于其他两种协议。

netfilter实现划分为如下两个部分。

- 内核代码中的挂钩，位于网络实现的核心，用于调用netfilter代码。
- netfilter模块，其代码挂钩内部调用，但其独立于其余的网络代码。一组标准模块提供了常用的函数，但可以在扩展模块中定义用户相关的函数。

> iptables由管理员用来配置防火墙、分组过滤器和类似功能，这些只是建立在netfilter框架上的模块，它提供了一个功能全面、定义良好的库函数集合，以便分组的处理。这里不会详细描述如何从用户空间激活和管理这些规则，读者可以参见网络管理方面的大量文献。

2. 调用挂钩函数

在通过挂钩执行netfilter代码时，网络层的函数将会被中断。挂钩的一个重要特性是，它们将一个函数划分为两部分，前一部分在netfilter代码调用前运行，而后一部分在其后执行。为什么要使用两个独立的函数，而不是调用一个特定netfilter函数执行所有相关的netfilter模块，然后返回到调用函数呢？这种方法初看起来确实有点复杂，但可以解释如下。它使得优化（或管理员）可以决定不将netfilter功能编译到内核中，在这种情况下，网络函数可以在不降低速度的情况下执行。它也导致需要在网络实现中加入大量的预处理器语句，根据特定的配置选项（启用或禁用netfilter），在编译时选择适当的代码。

netfilter挂钩通过<netfilter.h>中的NF_HOOK宏调用。如果内核启用的netfilter支持，该宏定义如下：

<netfilter.h>
```
static inline int nf_hook_thresh(int pf, unsigned int hook,
                                  struct sk_buff **pskb,
                                  struct net_device *indev,
                                  struct net_device *outdev,
                                  int (*okfn)(struct sk_buff *), int thresh,
                                  int cond)
{
        if (!cond)
                return 1;
        return nf_hook_slow(pf, hook, pskb, indev, outdev, okfn, thresh);
}
```

<netfilter.h>
```
#define NF_HOOK_THRESH(pf, hook, skb, indev, outdev, okfn, thresh)          \
({int __ret;                                                                 \
if ((__ret=nf_hook_thresh(pf, hook, &(skb), indev, outdev, okfn, thresh, 1)) == 1)\
        __ret = (okfn)(skb);                                                 \
__ret;})

#define NF_HOOK(pf, hook, skb, indev, outdev, okfn) \
        NF_HOOK_THRESH(pf, hook, skb, indev, outdev, okfn, INT_MIN)
```

宏参数语义如下。

- pf是指调用的netfilter挂钩源自哪个协议族。IPv4层的所有调用都使用PF_INET。
- hook是挂钩编号，可能的值都定义在<netfilter_ipv4.h>中。在IPv4中，值的名称如NF_IP_FORWARD和NF_IP_LOCAL_OUT（用于IPv4），如上所述。
- skb是所处理的套接字缓冲区。
- indev和outdev是指向网络设备的net_device实例的指针，分组通过二者进入和离开内核。这些值可以赋值为NULL指针，因为并非所有挂钩的相关信息都是已知的（例如，在查找路由之前，内核并不知道分组将通过哪个设备离开内核）。
- okfn是一个函数指针，原型为int (*okfn)(struct sk_buff *)。它在netfilter挂钩结束时执行。

该宏在展开时，首先迂回到NF_HOOK_THRESH和nf_hook_thresh，然后才通过nf_hook_slow来处理netfilter挂钩，并调用用于结束netfilter处理的okfn函数。这种看起来比较复杂的方法是必要的，因为内核也提供了一种可能性，即只考虑优先级高于一定阈值的netfilter挂钩，而忽略所有其他挂钩。就NF_HOOK来说，阈值设置为最小的可能整数值，这样每个挂钩函数都会得到处理。但仍然可以直接使用NF_HOOK_THRESH设置一个特定的阈值。由于当前只有桥接实现和IPv6的连接跟踪机制利用了该特性，这里不会进一步讨论。

考虑NF_HOOK_THRESH的实现。首先调用了nf_hook_thresh。该函数首先检查cond中给定的条件是否为真。如果不是，则直接向调用者返回1。否则，调用nf_hook_slow。该函数遍历所有注册的netfilter挂钩并调用它们。如果分组被接受，则返回1，否则返回其他的值。

如果nf_hook_thresh返回1，即netfilter判定接受该分组，那么控制传递到okfn中指定的结束处理函数。

IP转发代码包含了一个典型的NF_HOOK宏调用，我们将其作为例子来考虑：

net/ipv4/in_forward.c
```
int ip_forward(struct sk_buff *skb)
{
...
```

```
        return NF_HOOK(PF_INET, NF_IP_FORWARD, skb, skb->dev, rt->u.dst.dev,
                       ip_forward_finish);
}
```

其中指定的okfn是ip_forward_finish。如果上述测试确定没有为PF_INET和NF_IP_FORWARD注册netfilter挂钩，那么控制直接传递到该函数。否则，执行相关的netfilter代码，控制因此转入ip_forward_finish（假定分组没有丢弃或在内核控制下删除）。如果没有安装挂钩，那么上述代码流程的效果，等同于将ip_forward和ip_forward_finish实现为一个连续的过程。

如果禁用了netfilter，那么内核利用C编译器的优化选项来防止处理速度降低。2.6.24之前的内核版本要求okfn定义为内联函数：

net/ipv4/ip_forward.c
```
static inline int ip_forward_finish(struct sk_buff *skb) {
...
}
```

这意味着该函数看起来是一个普通函数，但编译器并不通过经典的函数调用方式（传递参数、将指令指针设置为指向函数代码、读取参数，等等）来调用它。相反，该函数的全部C代码都复制到调用处。尽管这导致可执行文件长度增加（特别是对于较大的函数），但速度上的提高补偿了这一点。GNU C编译器保证在采用内联函数时，就像是宏一样快速。

但从内核版本2.6.24开始，几乎在所有情况下都可以删除内联定义。

net/ipv4/ip_forward.c
```
static int ip_forward_finish(struct sk_buff *skb) {
...
}
```

这之所以是可能的，是因为GNU C编译器已经能够进行一项额外的优化：过程尾部调用。该机制起源于函数式语言，例如，对Scheme语言的实现来说，这种机制是必须的。如果一个函数作为另一个函数的最后一条语句被调用，那么被调用者在结束工作后是不必返回调用者的，因为其中已经无事可做。这使得可以对调用机制进行一些简化，使执行速度能够与旧的内联机制一样，而又没有内联机制的代码复制问题，因而不会增加内核可执行文件的大小。但gcc并未对所有挂钩函数进行这种优化，仍然有少量挂钩函数是内联的。

如果没有启用netfilter配置，扫描nf_hooks数组是没有意义，宏NF_HOOK的定义有些不同：

include/net/netfilter.h
```
#define NF_HOOK(pf, hook, skb, indev, outdev, okfn) (okfn)(skb)
```

对挂钩函数的调用，直接替换为对okfn中指定函数的调用（关键字inline告知编译器通过复制代码来完成该调用）。原来的两个函数现在合并为一个，也不需要再插入一个函数调用。

3. 扫描挂钩表

如果至少注册了一个挂钩函数并需要调用，那么会调用nf_hook_slow。所有挂钩都保存在二维数组nf_hooks中：

net/netfilter/core.c
```
struct list_head nf_hooks[NPROTO][NF_MAX_HOOKS] __read_mostly;
```

NPROTO指定系统支持的协议族的最大数目（当前为34）。各个协议族的符号常数，诸如PF_INET和PF_DECnet，保存在include/linux/socket.h中。每个协议可以定义NF_MAX_HOOKS个挂钩链表，默认值是8个。

该表的list_head元素作为双链表表头，双链表中可容纳nf_hook_ops实例：

<netfilter.h>
```
struct nf_hook_ops
{
        struct list_head list;

        /* 用户由此处向下填写。 */
        nf_hookfn *hook;
        struct module *owner;
        int pf;
        int hooknum;
        /* 挂钩按优先权升序排列。*/
        int priority;
};
```

除了标准的成员（list将结构连接到一个双链表中，如果该挂钩实现为模块，owner是一个指向所属模块的module数据结构的指针），其他结构成员的语义如下。

- hook是一个指向挂钩函数的指针，它需要的参数与NF_HOOK宏相同：

  <netfilter.h>
  ```
  typedef unsigned int nf_hookfn(unsigned int hooknum,
                                 struct sk_buff **skb,
                                 const struct net_device *in,
                                 const struct net_device *out,
                                 int (*okfn)(struct sk_buff *));
  ```
- pf和hooknum指定了协议族和与挂钩相关的编号。这信息还可以从挂钩链表在nf_hooks中的位置推断出来。
- 链表中的挂钩是按照优先级升序排列的（优先级由priority表示）。整个signed int类型的范围都可用于表示优先级，内核也定义了一些推荐使用的默认值：

  <netfilter_ipv4.h>
  ```
  enum nf_ip_hook_priorities {
          NF_IP_PRI_FIRST = INT_MIN,
          NF_IP_PRI_CONNTRACK_DEFRAG = -400,
          NF_IP_PRI_RAW = -300,
          NF_IP_PRI_SELINUX_FIRST = -225,
          NF_IP_PRI_CONNTRACK = -200,
          NF_IP_PRI_MANGLE = -150,
          NF_IP_PRI_NAT_DST = -100,
          NF_IP_PRI_FILTER = 0,
          NF_IP_PRI_NAT_SRC = 100,
          NF_IP_PRI_SELINUX_LAST = 225,
          NF_IP_PRI_CONNTRACK_HELPER = INT_MAX -2,
          NF_IP_PRI_NAT_SEQ_ADJUST = INT_MAX -1,
          NF_IP_PRI_CONNTRACK_CONFIRM = INT_MAX,
          NF_IP_PRI_LAST = INT_MAX,
  };
  ```

例如，这确保了分组数据的处理总是在过滤器操作之前进行。

可以根据协议族和挂钩编号从nf_hook数组中选择适当的链表。接下来的工作委托给nf_iterate，该函数保留所有链表元素，并调用hook函数。

4. 激活挂钩函数

每个hook函数都返回下列值之一。

- NF_ACCEPT表示接受分组。这意味着所述例程没有修改数据。内核将继续使用未修改的分组，使之穿过网络实现中剩余的协议层（或通过后续的挂钩）。

- NF_STOLEN表示挂钩函数“窃取”了一个分组并处理该分组。此时，该分组已与内核无关，不必再调用其他挂钩。还必须取消其他协议层的处理。
- NF_DROP通知内核丢弃该分组。如同NF_STOLEN，其他挂钩或网络层的处理都不再需要了。套接字缓冲区（和分组）占用的内存空间可以释放，因为其中包含的数据可以被丢弃，例如，挂钩可能认定分组是损坏的。
- NF_QUEUE将分组置于一个等待队列上，以便其数据可以由用户空间代码处理。不会执行其他挂钩函数。
- NF_REPEAT表示再次调用该挂钩。

> 最终，除非所有挂钩函数都返回NF_ACCEPT（NF_REPEAT不是最终结果），否则分组不会在网络子系统进一步处理。所有其他的分组，不是被丢弃，就是由netfilter子系统处理。

内核提供了一个挂钩函数的集合，使得不必为每个场合都单独定义挂钩函数。这些称为iptables，用于分组的高层处理。它们使用用户空间工具iptables配置，这里不讨论该工具。

12.8.7 IPv6

尽管因特网的广泛使用是近年来的事情，但其技术基础已经存在相当长的一段时间。当今的因特网协议是在1981年引入的。尽管底层标准的设计和前瞻性都很好，但已经表现出了一些暮气。在过去几年中因特网的爆炸性增长，抛出了一个与IPv4的可用地址空间相关的问题，32位地址空间最多允许寻址2^{32}台主机（忽略子网之类的因素）。尽管早期认为该地址空间是不会用尽的，但在可预见的未来，随着越来越多的设备（从PDA，到激光打印机，到咖啡机和冰箱）都需要IP地址，IPv4地址空间就不够用了。

1. 概述和创新

1998年，定义了一项名为IPv6[①]的新标准。现在Linux内核对该标准的支持已经达到了产品级水平。该协议的完整实现在net/ipv6目录下。网络层的模块化开放结构意味着IPv6可以利用现存的成熟的基础设施。IPv6在许多方面类似于IPv4，在这里，只需要简要概述一下。

IPv6的一项关键改变是采用了全新的分组格式，其中使用了128位IP地址，因而可以更容易、更快速地处理。IPv6分组的结构如图12-21所示。

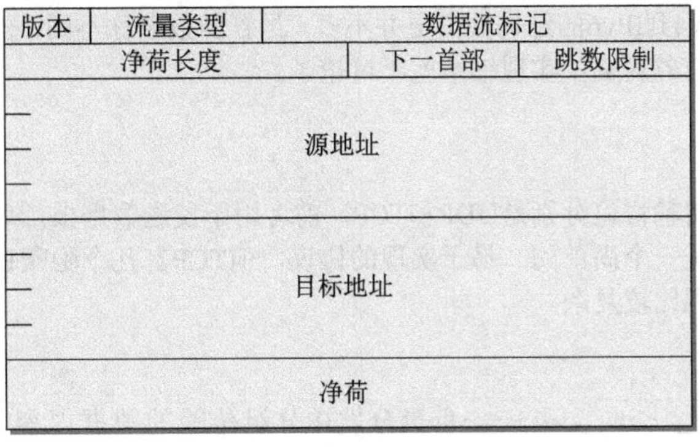

图12-21 IPv6分组的结构

① 该标准不能称之为IPv5，因为该名称已经用于STP协议，它也定义在一个RFC中，但公众对此了解很少。

该结构比IPv4简单得多。其首部只包含8个字段，不像IPv4那样是14个。需要特别注意的是，其中没有与分片相关的字段。尽管IPv6也支持将分组数据划分为更小的单元，但相关信息保存在一个扩展首部中，next header字段即指向该首部。由于IPv6支持可变数量扩展首部，所以它能很容易引入新特性。

从IPv4到IPv6的改变，迫使需要修改编程接口。尽管仍然使用套接字，但许多旧的、熟悉的函数会以新的名称出现，来支持新选项。这是C库和用户空间需要面对的问题，这里将略过。

由于地址长度由32位增长到128位，IP地址的记号也发生了改变。维持此前的记号（字节数组，点分十进制记法）将导致超长的地址字符串。因而对IPv6地址优先使用十六进制记法，例如`FEDC:BA98:7654:3210:FEDC:BA98:7654:3210`和`1080:0:0:0:8:800:200C:417A`。混用IPv4和IPv6格式，将出现诸如`0:0:0:0:0:FFFF:129.144.52.38`这样的地址，也是允许的。

2. 实现

在IPv6分组穿过网络各个协议层时，会采用何种路径呢？在较低的协议层上，与IPv4相比不会有什么改变，因为其中使用的机制与高层协议无关。但在数据传递到互联网络层之后，改变很明显。图12-22给出了IPv6实现的（粗粒度的）代码流程图。

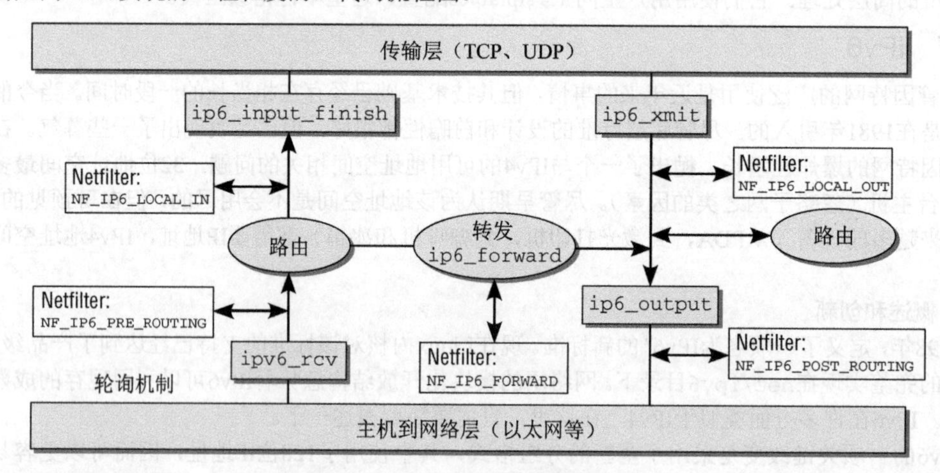

图12-22　IPv6实现的代码流程图

如图12-22所示，IPv4到IPv6的结构性变更并不多。尽管函数名称不同，但代码穿过内核所沿的路径大体上是相同的。为节省篇幅，实现细节就不讨论了。[①]

12.9　传输层

两个基于IP的主要传输协议分别是UDP和TCP，前者用于发送数据报，后者可建立安全的、面向连接的服务。尽管UDP是一个简单的、易于实现的协议，但TCP有几个隐藏良好（不为人所知）的陷阱和障碍，这使得其实现比较复杂。

12.9.1　UDP

前一节解释过，`ip_local_deliver`负责分发IP分组传输的数据内容。`net/ipv4/udp.c`中的

① 请注意，netfilter挂钩的名称在内核版本2.6.25中也会改变，与在IPv4中一样，该版本在本书撰写时仍然在开发中。这些常数不会再使用`NF_IP6_`前缀，而是使用`NF_INET_`。因而IPv4和IPv6将使用同一组常数。

udp_rcv用于进一步处理UDP数据报。相关的代码流程图在图12-23给出。

udp_rcv只是__udp4_lib_rcv的一个包装器，因为它与RFC 3828定义的UDP-lite协议共享代码。照例，该函数的输入参数是一个套接字缓冲区。在确认分组未经篡改之后，必须用__udp4_lib_lookup查找与之匹配的监听套接字。连接参数可以从UDP首部获取，其结构如图12-24所示。

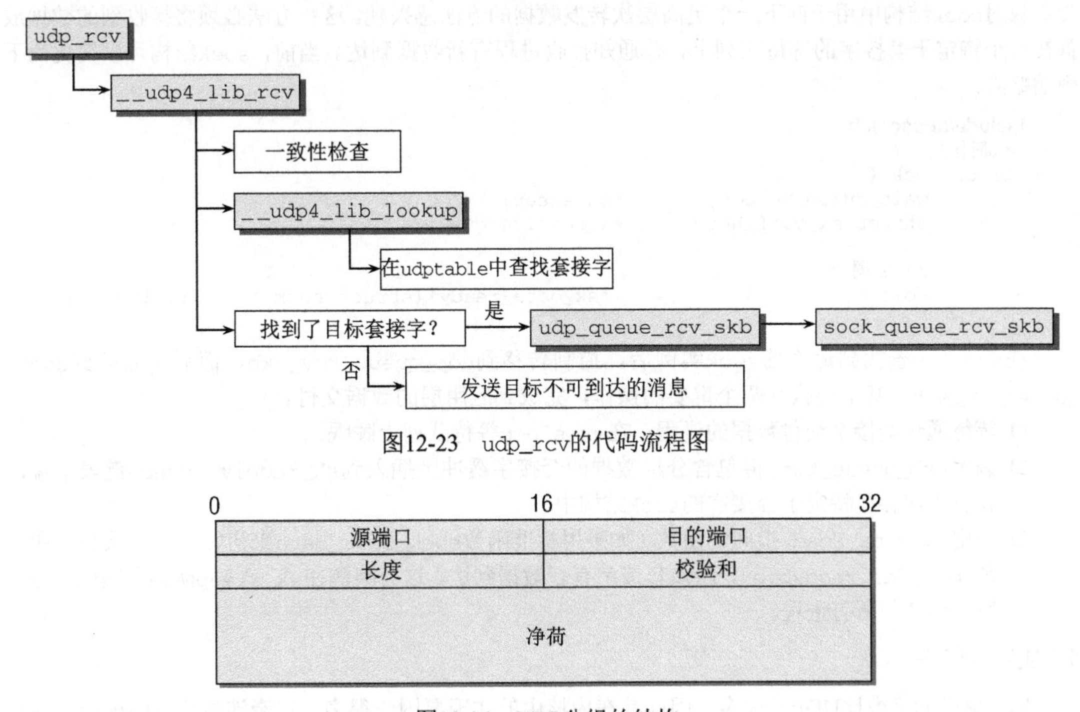

图12-23 udp_rcv的代码流程图

图12-24 UDP分组的结构

图12-24中的“源端口”和“目的端口”分别指定了分组的源系统和目标系统的端口号，可接受的值为0～65535，因为二者使用的都是16位值。①“长度”是分组（首部和数据）的总长度，按字节计算，“校验和”保存的是一个可选的校验和。

UDP分组的首部在内核中由下列数据结构表示：

<udp.h>
```
struct udphdr {
        __be16 source;
        __be16 dest;
        __be16 len;
        __be16 check;
};
```

net/ipv4/udp.c中的__udp4_lib_lookup用于查找与分组目标匹配的内核内部的套接字。在有某个监听进程对该分组感兴趣时，在udphash全局数组中则会有与分组目标端口匹配的sock结构实例，__udp4_lib_lookup可采用散列方法查找并返回该实例。如果找不到这样的套接字，则向源系统发送一个“目标不可到达”的消息，并丢弃分组的内容。

① IP地址无须指定，因为它已经在IP首部中。

尽管尚未讨论sock结构，它不可避免地使人想到术语socket（套接字），这正是我们想要的。我们现在正处于应用层的边界上，数据迟早要使用套接字传输到用户空间，就像本章开头的示例程序那样。但要注意，内核中有两种数据结构用于表示套接字。sock是到网络访问层的接口，而socket是到用户空间的接口。这些结构相当冗长，将在下一节详细讨论，将考察应用层关联到内核的那部分。目前，我们只对sock结构中用于向下一个更高层次转发数据的方法感兴趣。这些方法必须将接收到的数据放置在一个特定于套接字的等待队列上，并通知接收进程有新数据到达。当前，sock结构可以简化为下列缩略版：

include/net/sock.h

```
/* 简化版 */
struct sock {
        wait_queue_head_t          *sk_sleep;
        struct sk_buff_head        sk_receive_queue;

        /* 回调 */
        void                       (*sk_data_ready)(struct sock *sk, int bytes);
}
```

在udp_rcv查找到适当的sock实例后，控制转移到udp_queue_rcv_skb，而后又立即到sock_queue_rcv_skb，其中会执行两个重要的操作，完成到应用层的数据交付。

- 等待通过套接字交付数据的进程，在sk_sleep等待队列上睡眠。
- 调用skb_queue_tail将包含分组数据的套接字缓冲区插入到sk_receive_queue链表末端，其表头保存在特定于套接字的sock结构中。
- 调用sk_data_ready指向的函数（如果用标准函数sock_init_data来初始化sock实例，通常是sock_def_readable），通知套接字有新数据到达。这会唤醒在sk_sleep队列上睡眠、等待数据到达的所有进程。

12.9.2　TCP

TCP提供的函数比UDP多很多。因此其在内核中的实现要困难得多，也牵涉更广泛的内容，涉及的具体问题可以写出一整本书。TCP用于支持数据流安全传输的面向连接的通信模型，在内核中不仅需要更多的管理开销，还需要进一步的操作，诸如通过计算机之间的协商来显式建立连接。内核中TCP的实现，有很大一部分用于特定场景的处理（或防止）以及用于提高传输性能的优化，所有这些微妙奇异之处都不在这里讨论。

下面来讨论TCP协议的3个主要部分（连接建立、连接终止和数据流的按序传输），在考察实现之前，首先来描述标准本身对过程的一些要求。

TCP连接总处于某个明确定义的状态。这些状态包括上文提到的listen和established状态。[①]还有其他状态，以及明确定义的规则，用于各个状态之间的迁移，如图12-25所示。

初看起来，图12-25有点混乱，即使不能说令人厌烦。但它包含的信息几乎完全描述了TCP实现的行为。本质上，内核可以区分各个状态并实现状态间的迁移（使用称为有限状态机的工具）。但这既不特别高效，也不快速，因此内核采用了一种不同的方法。但在描述各个TCP操作时，将不断引用该图，并将其作为进行考察的基础。

① 此前没有提到，估计是书的版本更新造成的笔误。——译者注

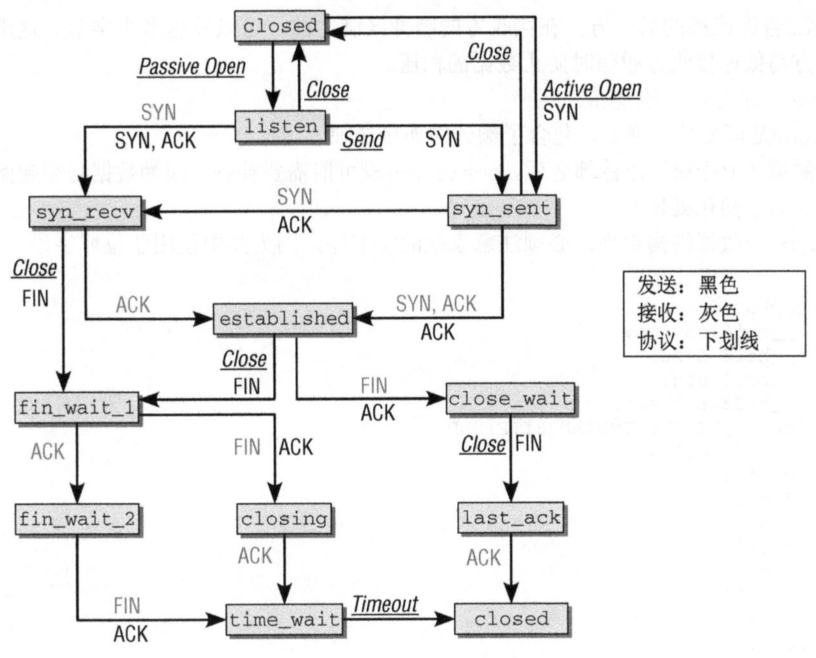

图12-25 TCP状态转换图

1. TCP首部

TCP分组的首部包含了状态数据和其他连接信息。首部结构如图12-26所示。

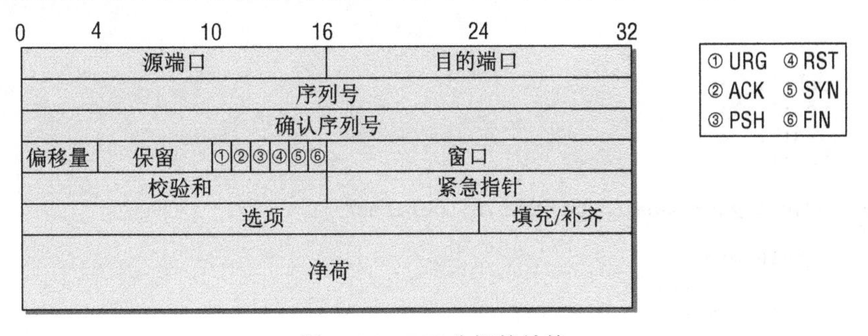

图12-26 TCP分组的结构

- source和dest指定了所用的端口号。类似于UDP，二者都是2字节。
- seq是一个序列号。它指定了TCP分组在数据流中的位置，在数据丢失需要重新传输时很重要。
- ack_seq包含了一个序列号，在确认收到TCP分组时使用。
- doff表示数据偏移量（data offset）并指定了TCP首部结构的长度，由于一些选项是可变的，其值并不总是相同的。
- reserved不可用（因而总是应该设置为0）。
- urg（紧急）、ack（确认）、psh（推）、rst（重置）、syn（同步）和fin都是控制标志，用于检查、建立和结束连接。

- window告诉连接的另一方，在接收方的缓冲区满之前，可以发送多少字节。这用于在快速的发送方与低速接收方通信时防止数据的积压。
- checksum是分组的校验和。
- options是可变长度列表，包含了额外的连接选项。
- 实际数据（或净荷）在首部之后。options字段可能需要补齐，因为数据必须起始于32位边界位置（为了简化处理）。

首部由tcphdr数据结构实现。必须注意系统的字节序，因为其中使用了位域字段。

<tcp.h>

```
struct tcphdr {
        __be16 source;
        __be16 dest;
        __be32 seq;
        __be32 ack_seq;
#if defined(__LITTLE_ENDIAN_BITFIELD)
        __u16 res1:4,
        doff:4,
        fin:1,
        syn:1,
        rst:1,
        psh:1,
        ack:1,
        urg:1,
        ece:1,
        cwr:1;
#elif defined(__BIG_ENDIAN_BITFIELD)
        __u16 doff:4,
        res1:4,
        cwr:1,
        ece:1,
        urg:1,
        ack:1,
        psh:1,
        rst:1,
        syn:1,
        fin:1;
#else
#error "Adjust your <asm/byteorder.h> defines"
#endif
        __be16 window;
        __sum16 check;
        __be16 urg_ptr;
};
```

2. 接收TCP数据

所有TCP操作（连接建立和关闭，数据传输）都是通过发送带有各种属性和标志的分组来进行的。在讨论状态迁移之前，必须确定TCP数据是如何传递到传输层的，且首部中的信息在何处进行分析。

在互联网络层处理过分组之后，tcp_v4_rcv是TCP层的入口。tcp_v4_rcv的代码流程图在图12-27给出。

系统中的每个TCP套接字都归入3个散列表之一，分别接受下列状态的套接字。

- 完全连接的套接字。
- 等待连接（监听状态）的套接字。
- 处于建立连接过程中（使用下文讨论的三次握手）的套接字。

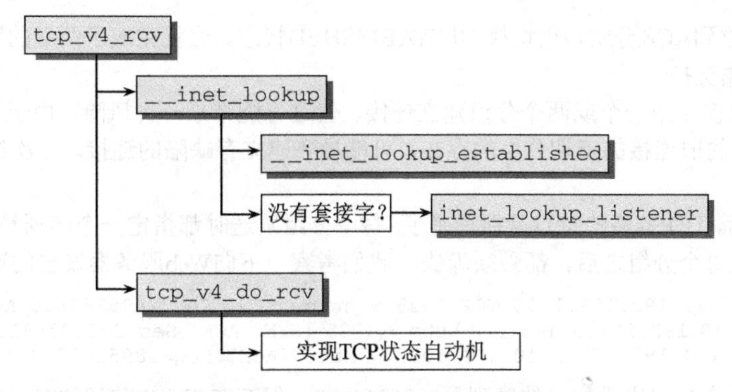

图12-27 tcp_v4_rcv的代码流程图

在对分组数据进行各种检查并将首部中的信息复制到套接字缓冲区的控制块之后，内核将查找等待该分组的套接字的工作委托给__inet_lookup函数。该函数唯一的任务就是调用另两个函数，扫描各种散列表。__inet_lookup_established企图返回一个已连接的套接字。如果没有找到适当的结构，则调用inet_lookup_listener函数检查所有的监听套接字。

在两种情况下，这些函数合并考虑了对应连接的各种不同因素（客户机和服务器的IP地址、网络接口的端口地址和内核内部的索引），通过散列函数来查找一个前述的sock类型实例。在搜索监听的套接字时，会针对与通配符匹配的几个套接字，应用计分方法来查找其中最佳的候选者。由于其结果只反映了从直觉上认定的最佳候选者，这里不讨论该主题。

与UDP相比，在找到对应该连接的适当的sock结构之后，工作尚未结束，只是新的工作的开始。取决于连接的状态，必须进行如图12-25所示的状态迁移。tcp_v4_do_rcv是一个多路分解器，基于套接字状态将代码控制流划分为不同的分支。

下文的几节阐述各种选项和相关的操作，但不涵盖TCP协议中那些技巧性很强且很少使用的奇异之处。对此，可参见诸如[WPR+01]、[Ben05]和[Ste94]之类的专著。

3. 三次握手

在可以使用TCP链路之前，必须在客户端和主机之间显式建立连接。如上所述，在主动（active）和被动（passive）连接的建立方式是有区别的。

内核（即连接所涉及的两台机器的内核）在连接建立之前，会看到下述情形：客户端进程的套接字状态为CLOSED，而服务器套接字的状态是LISTEN。

建立TCP连接的过程需要交换3个TCP分组，因而称为三次握手（three-way handshake）。根据图12-25中的状态图，会发生下列操作。

- 客户端通过向服务器[①]发送SYN来发出连接请求。客户端的套接字状态由CLOSED变为SYN_SENT。
- 服务器在一个监听套接字上接收到连接请求，并返回SYN和ACK。[②]服务器套接字的状态由LISTEN变为SYN_RECV。
- 客户端套接字接收到SYN/ACK分组后，切换到ESTABLISHED状态，表明连接已经建立。一个ACK分组被发送到服务器。

① 这是一个SYN标志位置位的空分组的名称。

② 这一步骤可划分为两部分，发送的第一个分组ACK置位，第二个分组SYN置位，但实际上没有这样做。

- 服务器接收到ACK分组，也切换到ESTABLISHED状态。这就完成了两端的连接建立工作，可以开始数据交换。

原则上，可以仅使用一个或两个分组建立连接。但这可能带来一种风险，由于与同一地址（IP地址和端口号）之间的旧连接的延期分组的存在，可能导致建立有缺陷的连接。三次握手的目的就是要防止这种情况。

在连接建立后，TCP链路的特点就很清楚了。每个分组发送时都指定一个序列号，而接收方的TCP协议实例在接收到每个分组之后，都必须确认。我们考察一下向Web服务器发出的连接请求的记录[①]：

```
1 192.168.0.143 192.168.1.10 TCP 1025 > http [SYN] Seq=2895263889 Ack=0
2 192.168.1.10 192.168.0.143 TCP http > 1025 [SYN, ACK] Seq=2882478813 Ack=2895263890
3 192.168.0.143 192.168.1.10 TCP 1025 > http [ACK] Seq=2895263890 Ack=2882478814
```

客户端对第一个分组生成随机的序列号2895263889，保存在在TCP首部的SEQ字段。服务器对该分组的到达，响应一个组合的SYN/ACK分组，序列号是新的（在本例中是2882478813）。我们在这里感兴趣的是SEQ/ACK字段的内容（数值字段，不是标志位）。服务器填充该字段时，将接收到的字节数目加1，再加到接收的序列号上（底层的原理，在下文讨论）。

分组还需要设置ACK标志，这用于向客户端表示已经接收到第一个分组。无须产生额外的分组来确认收到第一个分组。确认可以在任何分组中给出，只要该分组设置了ACK标志并填充ack字段即可。

为建立连接而发送的分组不包含数据，只有TCP首部是有意义的。首部中len字段存储的长度总是0。

这里描述的机制不是特定于Linux内核的，对所有希望通过TCP通信的操作系统来说，都是必须实现的。下面几节将更多阐述上述操作特定于Linux内核的实现。

4. 被动连接建立

被动连接建立并不源于内核本身，而是在接收到一个连接请求的SYN分组后触发的。因而其起点是tcp_v4_rcv函数，如上文所述，该函数查找一个监听套接字，并将控制权转移到tcp_v4_do_rcv，其代码流程图（对此特定场景适用）在图12-28给出。

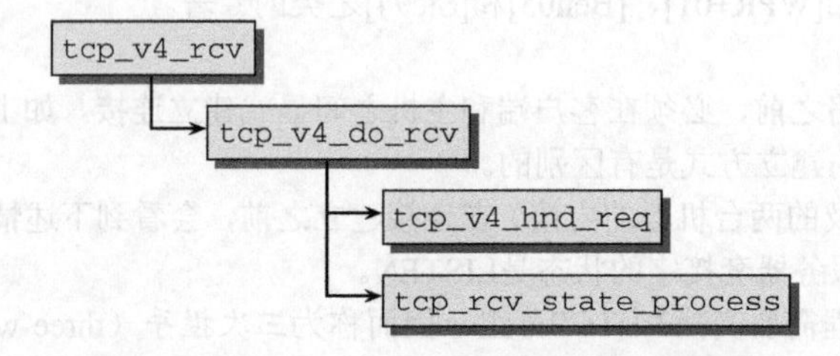

图12-28　tcp_v4_rcv_passive的代码流程图

调用tcp_v4_hnd_req来执行网络层中建立新连接所需的各种初始化任务。实际的状态迁移发生在tcp_rcv_state_process中，该函数由一个长的switch/case语句组成，区分各种可能的套接字状态来调用适当的传输函数。

可能的套接字状态定义在一个枚举中：

include/net/tcp_states.h

```
enum {
  TCP_ESTABLISHED = 1,
```

① 网络连接数据可以用诸如tcpdump和wireshark之类的工具捕获。

```
    TCP_SYN_SENT,
    TCP_SYN_RECV,
    TCP_FIN_WAIT1,
    TCP_FIN_WAIT2,
    TCP_TIME_WAIT,
    TCP_CLOSE,
    TCP_CLOSE_WAIT,
    TCP_LAST_ACK,
    TCP_LISTEN,
    TCP_CLOSING,        /* 现在是有效状态 */

    TCP_MAX_STATES      /* 标志状态定义的结束！ */
};
```

如果套接字状态是TCP_LISTEN，则调用tcp_v4_conn_request。[①]该函数处理了TCP的许多细节和微妙之处，在这里不描述了。重要的是该函数结束前发送的确认分组。其中不仅包含了设置的ACK标志和接收到的分组的序列号，还包括新生成的序列号和SYN标志，这是三次握手过程的要求。这样就完成了连接建立的第一阶段。

客户端的下一步是，接收通过通常的路径到达tcp_rcv_state_process的ACK分组。套接字状态现在是TCP_SYN_RECV，由一个特定的case分支处理。内核的主要任务是将套接字状态修改为TCP_ESTABLISHED，表示连接现在已经建立。

5. 主动连接建立

主动连接建立发起时，是通过用户空间应用程序调用open库函数，发出socketcall系统调用到达内核函数tcp_v4_connect，其代码流程图如图12-29的上半部分所示。

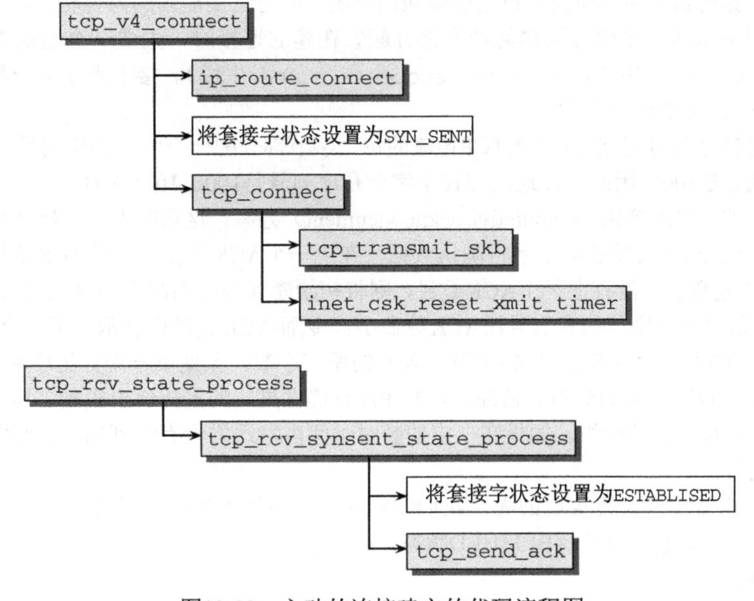

图12-29　主动的连接建立的代码流程图

① 因为分配器同时支持IPv4和IPv6，所以使用了一个地址族相关数据结构中的函数指针。因为有限状态自动机的实现对IPv4和IPv6是相同的，所以可以节省大量代码。

该函数开始于查找到目标主机的IP路由，使用的框架如上所述。在产生TCP首部并将相关的值设置到套接字缓冲区中之后，套接字状态从CLOSED改变为SYN_SENT。接下来tcp_connect将一个SYN分组发送到互联网络层，接下来到服务器端。此外，在内核中创建一个定时器，确保如果在一定的时间内没有接收到确认，将重新发送分组。

现在客户端必须等待服务器对SYN分组的确认以及确认连接请求的一个SYN分组，这是通过普通的TCP机制接收的（图12-29的下半部）。这又通向了tcp_rcv_state_process分配器，在这种情况下，控制流又转移到tcp_rcv_synsent_state_process。套接字状态设置为ESTABLISHED，而tcp_send_ack向服务器返回另一个ACK分组，完成连接建立。

6. 分组传输

在按照上述方式建立一个连接之后，数据即可在计算机之间传输。该过程在某些情况下相当棘手，因为TCP有几个特性，要求在相互通信的主机之间进行广泛的控制和提供一些安全过程，如下所述：

- 按可保证的次序传输字节流。
- 通过自动化机制重传丢失的分组。
- 每个方向上的数据流都独立控制，并与对应主机的速度匹配。

尽管最初这些需求可能看起来并不复杂，但满足这些要求需要的过程和技巧是相对较多的。因为大多数连接是基于TCP的，实现的速度和效率是关键性的，所以Linux内核借助于技巧和优化。遗憾的是，这未必能使实现更容易理解。

在讲述如何通过已建立的连接来实现数据传输之前，必须讨论一些底层的原理。我们对数据丢失时发挥作用的机制特别感兴趣。

基于序列号来确认分组的概念，也用于普通的分组。但与上文提到的内容相比，序列号揭示了有关数据传输的更多东西。序列号根据何种方案分配？在建立连接时，生成一个随机数（由内核使用drivers/char/random.c中的secure_tcp_sequence_number生成）。接下来使用一种系统化的方法来支持对所有进入分组的严格确认。

在最初发送的序列号基础上，会为TCP传输的每个字节都分配一个唯一的序列号。例如，假定TCP系统的初始随机数是100。因而，发送的前16个字节是序列号是100、101……115。

TCP使用一种*累积式确认*（cumulative acknowlegment）方案。这意味着一次确认将涵盖一个连续的字节范围。通过ack字段发送的数字将确认数据流在上一个ACK数目和当前ACK数目之间的所有字节。（如果尚未发送确认，没有上一个ACK数目，则将初始序列号作为起点。）ACK数目确认了此前所有的字节，其中最后一个字节的索引号比ACK数目小1，因而ACK数目也表示了下一个字节的索引号。例如，ACK数目166确认了字节索引165之前（含）的所有字节，预期下一个分组中从字节166开始。

该机制也用于跟踪丢失的分组。请注意，TCP没有提供显式的重传请求机制。换句话说，接收方不能请求发送方重传丢失的分组。如果在一定的超时时间内发送方没有收到确认，则发送丢失的部分数据是发送方的责任。

这些过程在内核中是如何实现的呢？我们假定连接已经按上述的方式建立，因此有两个套接字（在不同的系统上）都设置为ESTABLISHED状态。

7. 接收分组

图12-30中的代码流程图给出了接收分组时所采用的代码路径，从我们熟悉的tcp_v4_rcv函数开始。

在控制传递到tcp_v4_do_rcv后，会选择一条快速路径（如果连接已经存在）而不是进入到中枢的分配器函数，这与其他套接字状态相反，但也是合乎逻辑的。因为在任何TCP连接中，分组的传输都占据了工作量的最大份额，所以应该尽快执行。在确认目标套接字的状态为TCP_ESTABLISHED之后，调用tcp_rcv_established函数，再次将控制流分裂开来。易于分析的分组在快速路径（fast path）中处理，而包含了不常见选项的分组在低速路径（slow path）处理。

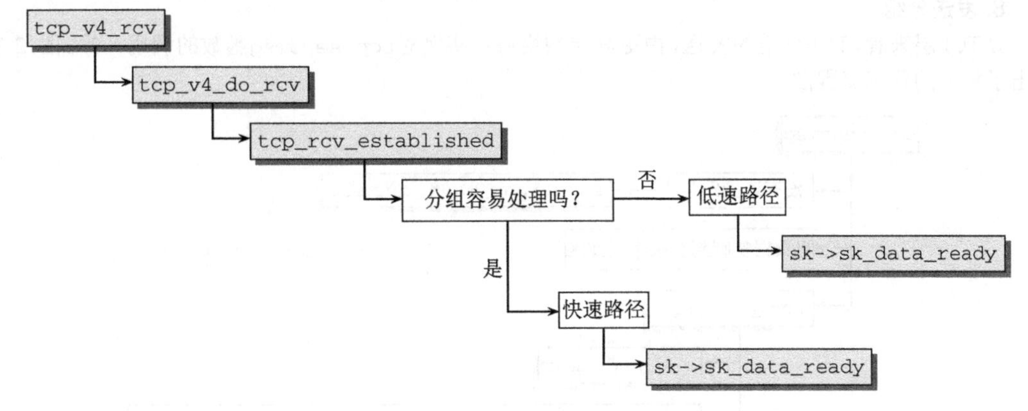

图12-30 在TCP连接中接收分组

分组需要符合下列条件之一，才能归类为易于分析的。

- 分组必须只包含对上一次发送数据的确认。
- 分组必须只包含预期将接收的数据。

此外，下列标志都不能设置：SYN、URG、RST或FIN。

上述对"最佳场景"下分组的描述，并不是特定于Linux的，在许多其他Linux变体中也会出现。[①]几乎所有分组都属于这些类别，[②]这也是区分快速路径和低速路径的意义所在。

快速路径中会进行哪些操作？其中会进行一些分组的检查，找到更为复杂的分组，并将其返回到低速路径。接下来分析分组长度，确认分组的内容是数据还是确认。这没什么困难，因为ACK分组不包含数据，与TCP首部长度是相同的。

快速路径的代码并不处理ACK部分，该任务委托给tcp_ack。在这里，过时的分组以及由于接收方的TCP实现缺陷或传输错误和超时等造成的发送过早的分组，都被过滤出去。该函数最重要的任务不仅包括分析有关连接的新信息（例如，接收窗口信息）和其他TCP协议的微妙之处，还需要从重传队列中删除确认数据（在下文讨论）。该队列包含了所有发送的分组，如果在一定的时间限制内没有收到ACK确认，则需要重传。

因为在选择通过快速路径来处理该分组时，已经确认接收到的这部分数据是紧接着前一部分的，数据可以通过一个ACK分组向发送方确认，无须进一步检查。最后，调用保存在套接字中的sk_data_ready函数指针，通知用户进程有新数据可用。

在低速路径和快速路径之间有什么差别呢？由于要处理许多TCP选项，低速路径中的代码要牵涉到更广泛的内容。因此，这里不会深入阐述可能出现的许多具体情况，因为在很大程度上，这些不是内核的问题，而是TCP连接的一般性问题（详细的描述，可以参考[Ste94]和[WPR+01]）。

---

① 该方法是由Van Jacobsen开发的，他是一位著名的网络研究人员，因而该机制通常称为VJ机制。

② 当今的传输技术是如此高级，以至于几乎不发生错误。这已经不是TCP发展早期的情况了。尽管更多的失效出现在全球性的因特网连接上，而不是本地网络中。由于故障率很低，大多数分组仍然可以通过快速路径处理。

在低速路径中，数据不能直接转发到套接字，因为必须对分组选项进行复杂的检查，而后可以是TCP子系统的响应。不按序到达的数据放置到一个专门的等待队列上，直至形成一个连续的数据段，才会被处理。只有到那时，才能将完整的数据传递到套接字。

8. 发送分组

从TCP层来看，TCP分组的发送，由更高层网络协议实例对tcp_sendmsg函数的调用开始。图12-31给出了相关的代码流程图。

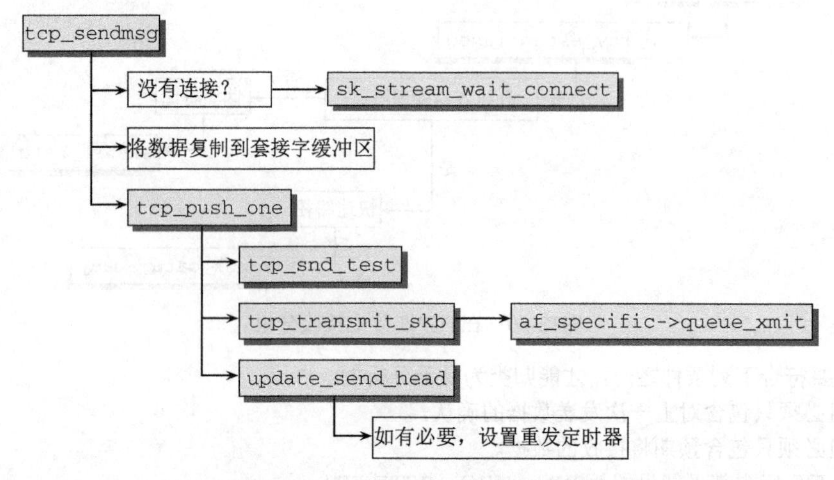

图12-31　tcp_sendmsg的代码流程图

很自然，在数据传输可以开始之前，所用套接字的状态必须是TCP_ESTABLISHED。如果不是这样，内核将等待（借助于wait_for_tcp_connect），直到连接已经建立。数据接下来从用户空间进程的地址空间复制到内核空间，用于建立一个TCP分组。这里不打算讨论这个复杂的操作，因为其中涉及大量过程，所有这些的目的都是满足TCP协议的复杂需求。遗憾的是，发送TCP分组的工作，并不仅仅限于构建一个首部并转入互联网络层。还必须遵守下列需求（这绝不是完备的列表）。

- 接收方等待队列上必须有足够的空间可用于该数据。
- 必须实现防止连接拥塞的ECN机制。
- 必须检测某一方出现失效的情况，以免通信出现停顿。
- TCP慢启动（slow-start）机制要求在通信开始时，逐渐增大分组长度。
- 发送但未得到确认的分组，必须在一定的超时时间间隔之后反复重传，直至接收方最终确认。

由于重传队列是通过TCP连接进行可靠数据传输的关键要素，所以这里详细讲述一下它的工作机制。在分组装配完毕之后，内核到达tcp_push_one，该函数执行下列3个任务。

- tcp_snd_test检查目前是否可以发送数据。接收方过载导致的分组积压，可能使得现在无法发送数据。
- tcp_transmit_skb使用地址族相关的af_specific->queue_xmit函数（IPv4使用的是ip_queue_xmit），将数据转发到互联网络层。
- update_send_head处理对统计量的更新。更重要的是，它会初始化所发送TCP信息段（TCP segment）的重传定时器。不必对每个TCP分组都这样做，该机制只用于已经确认的数据区之后的第一个分组。

inet_csk_reset_xmit_timer负责重置重传定时器。该定时器是未确认分组重发的基础，是TCP传输的一种保证。如果接收方在一定的时间内没有确认收到数据，则重传数据。所用的内核计时器在第15章描述。与特定套接字关联的sock实例中包含了一个重传计时器的链表，用于发送的每个分组。内核使用的超时函数是tcp_write_timer，如果没有收到ACK，该函数会调用tcp_retransmit_timer函数。在重传数据时，必须注意下列问题。

- 连接在此期间可能已经关闭。在这种情况下，保存的分组和定时器将从内核内存中删除。
- 如果重传尝试的次数超过了sysctl_tcp_retries2变量指定的限制，则放弃重传。[①]

如上所述，在收到ACK之后，删除相应分组的重传定时器。

9. 连接终止

类似于连接建立，TCP连接的关闭也是通过一系列分组交换完成的，如图12-25所示。连接可以采用下列两种方法关闭。

(1) 在参与传输的某一方（偶尔也会两个系统同时发出请求的情况）显式请求关闭连接时，连接会以优雅关闭（graceful close）的方式终止。

(2) 高层协议有可能导致连接终止或异常中止（例如，可能因为程序崩溃）。

幸运的是，因为第一种情况通常更为常见，这里只讨论这种情况并忽略第二种情况。

为了优雅地关闭连接，TCP连接的参与方必须交换4个分组。各个步骤的顺序描述如下。

(1) 计算机A调用标准库函数close，发出一个TCP分组，首部中的FIN标志置位。A的套接字切换到FIN_WAIT_1状态。

(2) B收到FIN分组并返回一个ACK分组。其套接字状态从ESTABLISHED改变为CLOSE_WAIT。收到FIN后，以“文件结束”的方式通知套接字。

(3) 在收到ACK分组之后，计算机A的套接字状态从FIN_WAIT_1变为FIN_WAIT_2。

(4) 计算机B上与对应套接字相关的应用程序也执行close，从B向A发送FIN分组。计算机B的套接字状态变为LAST_ACK。

(5) 计算机A用一个ACK分组确认B发送的FIN，然后首先进入TIME_WAIT状态，接下来在一定时间后自动切换到CLOSED状态。

(6) 计算机B收到ACK分组，其套接字也切换到CLOSED状态。

状态迁移在中枢的分配器函数（tcp_rcv_state_process）中进行，可能的代码路径包括处理现存连接的tcp_rcv_established，以及尚未讨论的tcp_close函数。

在用户进程决定调用库函数close关闭连接时，会调用tcp_close。如果套接字的状态为LISTEN（即没有到另一台计算机的连接），因为不需要通知其他参与方连接的结束。在过程开始时会检查这种情况，如果确实如此，则将套接字的状态改为CLOSED。

否则，在通过tcp_close_state并tcp_set_state调用链将套接字状态设置为FIN_WAIT_1之后，tcp_send_fin向另一方发送一个FIN分组。[②]

从FIN_WAIT_1到FIN_WAIT_2状态的迁移通过中枢的分配器函数tcp_rcv_state_process进行，因为不再需要采取快速路径处理现存连接。我们熟悉的一种情况是，收到的带有ACK标志的分组触发到FIN_WAIT_2状态的迁移，具体的状态迁移通过tcp_set_state进行。现在只需要从另一方发

---

① 该变量的默认值是15，但可以使用/proc/sys/net/ipv4/tcp_retries2修改。

② 这种方法与TCP标准是不完全兼容的，因为在FIN发送之前，套接字实际上不允许改变其状态。但Linux提出的替换方案更简单，易于实现，在实用中也没有引起任何问题。这也是内核开发者沿着这条路走下来的原因，在tcp_close中的相关注释中提到了这一点。

送过来的一个FIN分组，即可将TCP连接置为TIME_WAIT状态（然后会自动切换到CLOSED状态）。

在收到第一个FIN分组因而需要被动关闭连接的另一方，状态迁移的过程是类似的。因为收到第一个FIN分组是套接字状态为ESTABLISHED，处理由tcp_rcv_established的低速路径进行，涉及向另一方发送一个ACK分组，并将套接字状态改为TCP_CLOSING。

下一个状态转移（到LAST_ACK）是通过调用close库函数（进而调用了内核的tcp_close_state函数）进行的。此时，只需要另一方再发送一个ACK分组，即可终止连接。该分组也是通过tcp_rcv_state_process函数处理，该函数将套接字状态改为CLOSED（通过tcp_done），释放套接字占用的内存空间，并最终终止连接。

> 上文只描述了从FIN_WAIT_1状态可能发生的状态迁移。根据图12-25中TCP有限状态自动机所示，其他两种备选方案由内核实现，但与上文描述的路径相比，备选方案的使用要少得多，因此我们有充足的理由不在这里阐述相关内容。

12.10　应用层

套接字将UNIX隐喻“万物皆文件”应用到了网络连接上。内核与用户空间套接字之间的接口实现在C标准库中，使用了socketcall系统调用。

socketcall充当一个多路分解器，将各种任务分配由不同的过程执行，例如打开一个套接字、绑定或发送数据。

Linux采用了内核套接字的概念，使得与用户空间中的套接字的通信尽可能简单。对程序使用的每个套接字来说，都对应于一个socket结构和sock结构的实例。二者分别充当向下（到内核）和向上的（到用户空间）接口。前几节已经提到了这两个结构，但没有详细定义，现在将给出其定义。

12.10.1　socket 数据结构

socket结构定义如下（稍作简化）：

<net.h>

```
struct socket {
        socket_state            state;
        unsigned long           flags;
        const struct proto_ops  *ops;
        struct file             *file;
        struct sock             *sk;
        short                   type;
};
```

- type指定所用协议类型的数字标识符。
- state表示套接字的连接状态，可使用下列值（SS代表套接字状态，即socket state的缩写）：

<net.h>

```
typedef enum {
    SS_FREE = 0,                /* 未分配              */
    SS_UNCONNECTED,             /* 未连接到任何套接字    */
    SS_CONNECTING,              /* 处于连接过程中        */
    SS_CONNECTED,               /* 已经连接到另一个套接字 */
    SS_DISCONNECTING            /* 处于断开连接过程中     */
} socket_state;
```

这里列出的枚举值，与传输层协议在建立和关闭连接时使用的状态值毫不相关。它们表示与外界（即用户程序）相关的一般性状态。

- file是一个指针，指向一个伪文件的file实例，用于与套接字通信（前文讨论过，用户应用程序使用普通的文件描述符进行网络操作）。

socket的定义并未绑定到具体协议。这也说明了为什么需要用proto_ops指针指向一个数据结构，其中包含用于处理套接字的特定于协议的函数：


```
<net.h>
struct proto_ops {
        int             family;
        struct module   *owner;
        int             (*release)      (struct socket *sock);
        int             (*bind)         (struct socket *sock,
                                         struct sockaddr *myaddr,
                                         int sockaddr_len);
        int             (*connect)      (struct socket *sock,
                                         struct sockaddr *vaddr,
                                         int sockaddr_len, int flags);
        int             (*socketpair)   (struct socket *sock1,
                                         struct socket *sock2);
        int             (*accept)       (struct socket *sock,
                                         struct socket *newsock, int flags);
        int             (*getname)      (struct socket *sock,
                                         struct sockaddr *addr,
                                         int *sockaddr_len, int peer);
        unsigned int    (*poll)         (struct file *file, struct socket *sock,
                                         struct poll_table_struct *wait);
        int             (*ioctl)        (struct socket *sock, unsigned int cmd,
                                         unsigned long arg);
        int             (*compat_ioctl) (struct socket *sock, unsigned int cmd,
                                         unsigned long arg);
        int             (*listen)       (struct socket *sock, int len);
        int             (*shutdown)     (struct socket *sock, int flags);
        int             (*setsockopt)   (struct socket *sock, int level,
                                         int optname, char __user *optval, int optlen);
        int             (*getsockopt)   (struct socket *sock, int level, int optname,
                                         char __user *optval, int __user *optlen);
        int             (*compat_setsockopt)(struct socket *sock, int level, int optname,
                                         char __user *optval, int optlen);
        int             (*compat_getsockopt)(struct socket *sock, int level, int optname,
                                         char __user *optval, int __user *optlen);
        int             (*sendmsg)      (struct kiocb *iocb, struct socket *sock,
                                         struct msghdr *m, size_t total_len);
        int             (*recvmsg)      (struct kiocb *iocb, struct socket *sock,
                                         struct msghdr *m, size_t total_len,
                                         int flags);
        int             (*mmap)         (struct file *file, struct socket *sock,
                                         struct vm_area_struct * vma);
        ssize_t         (*sendpage)     (struct socket *sock, struct page *page,
                                         int offset, size_t size, int flags);
};
```

许多函数指针与C标准库中的对应函数同名。这并不是巧合，因为C库函数会通过socketcall系统调用导向上述的函数指针。

结构中包含的sock指针，指向一个更为冗长的结构，包含了对内核有意义的附加的套接字管理数据。该结构包含大量成员，用于一些很微妙或很少用的特性（原始定义有100多行代码）。这里使用的是一个经过大量简化的版本。请注意，内核自身将最重要的一些成员放置到sock_common结构中，并将该结构的一个实例嵌入到struct sock开始处。下列代码片段给出了这两个结构：

include/net/sock.h

```
struct sock_common {
        unsigned short              skc_family;
        volatile unsigned char      skc_state;
        struct hlist_node           skc_node;
        unsigned int                skc_hash;
        atomic_t                    skc_refcnt;
        struct proto                *skc_prot;
};

struct sock {
        struct sock_common          __sk_common;

        struct sk_buff_head         sk_receive_queue;
        struct sk_buff_head         sk_write_queue;

        struct timer_list           sk_timer;
        void                        (*sk_data_ready) (struct sock *sk, int bytes);
...
};
```

系统的各个sock结构实例被组织到一个协议相关的散列表中。skc_node用作散列表的表元，而skc_hash表示散列值。

在发送和接收数据时，需要将数据放置在包含套接字缓冲区的等待队列上（sk_receive_queue和sk_write_queue）。

此外，每个sock结构都关联了一组回调函数函数，由内核用来引起用户程序对特定事件的关注或进行状态改变。在我们给出的简化版本中，只有一个函数指针sk_data_ready，因为它是最重要的，而且在前几节中已经提到几次。在数据到达后，需要用户进程处理时，将调用该指针指向的函数。通常，指针的值是sock_def_readable。

socket结构的ops成员类型为struct proto_ops，而sock的prot成员类型为struct proto，二者很容易混淆。后者定义如下：

include/net/sock.h

```
struct proto {
        void            (*close)(struct sock *sk,
                                long timeout);
        int             (*connect)(struct sock *sk,
                                struct sockaddr *uaddr,
                                int addr_len);
        int             (*disconnect)(struct sock *sk, int flags);

        struct sock *   (*accept) (struct sock *sk, int flags, int *err);

        int             (*ioctl)(struct sock *sk, int cmd,
                                unsigned long arg);
        int             (*init)(struct sock *sk);
        int             (*destroy)(struct sock *sk);
        void            (*shutdown)(struct sock *sk, int how);
        int             (*setsockopt)(struct sock *sk, int level,
                                int optname, char __user *optval,
                                int optlen);
        int             (*getsockopt)(struct sock *sk, int level,
                                int optname, char __user *optval,
                                int __user *option);
```

```
...
        int              (*sendmsg)(struct kiocb *iocb, struct sock *sk,
                                    struct msghdr *msg, size_t len);
        int              (*recvmsg)(struct kiocb *iocb, struct sock *sk,
                                    struct msghdr *msg,
                                    size_t len, int noblock, int flags,
                                    int *addr_len);
        int              (*sendpage)(struct sock *sk, struct page *page,
                                    int offset, size_t size, int flags);
        int              (*bind)(struct sock *sk,
                                     struct sockaddr *uaddr, int addr_len);
                                     struct sockaddr *uaddr, int addr_len);
...
};
```

这两个结构中有些成员的名称相似（经常是相同的），但它们表示不同的功能。这里给出的操作用于（内核端）套接字层和传输层之间的通信，而socket结构的ops成员所包含的各个函数指针则用于与系统调用通信。换句话说，它们构成了用户端和内核端套接字之间的关联。

12.10.2 套接字和文件

在连接建立后，用户空间进程使用普通的文件操作来访问套接字。这在内核中是如何实现的呢？由于VFS层（在第8章讨论）的开放结构，只需要很少的工作。

第8章讲述了虚拟文件系统的VFS inode。每个套接字都分配了一个该类型的inode，inode又关联到另一个与普通文件相关的结构。用于操作文件的函数保存在一个单独的指针表中：

<fs.h>

```
struct inode {
    ...
        struct file_operations *i_fop; /* 此前为->i_op->default_file_ops */
    ...
}
```

因而，对套接字文件描述符的文件操作，可以透明地重定向到网络子系统的代码。套接字使用的file_operations如下：

net/socket.c

```
struct file_operations socket_file_ops = {
        .owner =          THIS_MODULE,
        .llseek =         no_llseek,
        .aio_read =       sock_aio_read,
        .aio_write =      sock_aio_write,
        .poll =           sock_poll,
        .unlocked_ioctl = sock_ioctl,
        .compat_ioctl =   compat_sock_ioctl,
        .mmap =           sock_mmap,
        .open =           sock_no_open, /* 专用的open代码，禁止通过/proc打开 */
        .release =        sock_close,
        .fasync =         sock_fasync,
        .sendpage =       sock_sendpage,
        .splice_write = generic_splice_sendpage,
};
```

前缀为sock_的函数都是简单的包装器例程，它们会调用sock_operations中的例程，如下例中的sock_mmap所示：

net/socket.c

```
static int sock_mmap(struct file * file, struct vm_area_struct * vma)
```

```
{
        struct socket *sock = file->private_data;

        return sock->ops->mmap(file, sock, vma);
}
```

inode和套接字的关联，是通过下列辅助结构，将对应的两个结构实例分配到内存中的连续位置：

include/net/sock.h
```
struct socket_alloc {
        struct socket socket;
        struct inode vfs_inode;
};
```

内核提供了两个宏来进行必要的指针运算，根据inode找到相关的套接字实例（SOCKET_I），或反过来（SOCK_INODE）。为简化处理，每当将一个套接字附加到文件时，sock_attach_fd将struct file的private_data成员设置为指向socket实例。上面给出的sock_mmap例子就利用了这一点。

12.10.3 socketcall系统调用

文件功能中的读写操作可以通过虚拟文件系统相关系统调用进入内核，然后重定向到socket_file_ops结构的函数指针，除此之外，还需要对套接字执行其他任务，这些不能融入到文件方案中。举例来说，这些操作包括创建套接字、bind、listen等。

为此，Linux提供了socketcall系统调用，它实现在sys_socketcall中，本书已多次提到过该系统调用。

17个套接字操作只对应到一个系统调用，这比较引人注目。由于所要处理的任务不同，参数列表可能差别很大。该系统调用的第一个参数是一个数值常数，选择所要的系统调用。例如，可能的值包括SYS_SOCKET、SYS_BIND、SYS_ACCEPT和SYS_RECV。标准库的例程名称与这些常数基本上是一一对应的，但在内部都重定向为使用socketcall和对应的常数。只有一个系统调用，是由历史原因造成的。

sys_socketcall的任务并不特别困难，它只充当一个分派器，将系统调用转到其他函数并传递参数，后者中的每个函数都实现了一个“小”的系统调用：

net/socket.c
```
asmlinkage long sys_socketcall(int call, unsigned long __user *args)
{
        unsigned long a[6];
        unsigned long a0,a1;
        int err;

        if(call<1||call>SYS_RECVMSG)
                return -EINVAL;

        /* copy_from_user应该是SMP安全的。*/
        if (copy_from_user(a, args, nargs[call]))
                return -EFAULT;
...
        a0=a[0];
        a1=a[1];
        switch(call)
        {
                case SYS_SOCKET:
                        err = sys_socket(a0,a1,a[2]);
                        break;
```

```
        case SYS_BIND:
                err = sys_bind(a0,(struct sockaddr __user *)a1, a[2]);
                break;
        ...
        case SYS_SENDMSG:
                err = sys_sendmsg(a0, (struct msghdr __user *) a1, a[2]);
                break;
        case SYS_RECVMSG:
                err = sys_recvmsg(a0, (struct msghdr __user *) a1, a[2]);
                break;
        default:
                err = -EINVAL;
                break;
    }
    return err;
}
```

> 尽管目标函数所遵循的命名规则与对应的库函数相同，但它们只能经由socketcall调用，而无法通过任何其他系统调用访问。

表12-3给出了socketcall的各个“子调用”。

表12-3 网络相关的系统调用列表，sys_socketcall充当多路分解器

函　数	语　义
sys_socket	创建一个新的套接字
sys_bind	将一个地址绑定到一个套接字
sys_connect	将一个套接字连接到一个服务器
sys_listen	打开被动连接，在套接字上监听
sys_accept	接受一个进入的连接请求
sys_getsockname	返回套接字的地址
sys_getpeername	返回参与通信的另一方的地址
sys_socketpair	创建一对套接字，可用于双向通信（两个套接字都在同一系统上）
sys_send	通过现存连接发送数据
sys_sendto	向明确指定的目标地址发送数据（用于UDP连接）
sys_recv	接收数据
sys_recvfrom	从一个数据报套接字接收数据，同时返回源地址
sys_shutdown	关闭连接
sys_setsockopt	返回套接字设置的有关信息
sys_getsockopt	安置套接字选项
sys_sendmsg	以BSD风格发送消息
sys_recvmsg	以BSD风格接收信息

12.10.4 创建套接字

sys_socket是创建新套接字的起点。相关的代码流程图在图12-32给出。

首先，使用sock_create创建一个新的套接字数据结构，该函数直接调用了__sock_create。分配所需内存的任务委托给sock_alloc，该函数不仅为struct socket实例分配了空间，还紧接着该实例为一个inode实例分配了内存空间。正如前文的讨论，这使得两个对象可以联合起来。

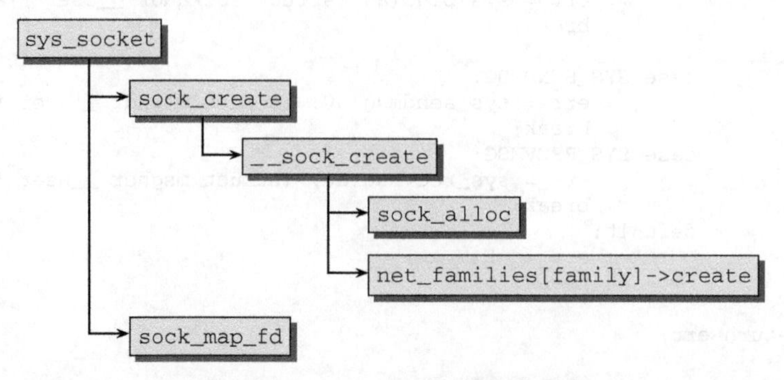

图12-32　sys_socket的代码流程图

内核的所有传输协议都群集在net/socket.c中定义的数组static struct net_proto_family * net_families[NPROTO]中（sock_register用于向该数据库增加新数据项）。各个数组项都提供了特定于协议的初始化函数。

<net.h>
```
struct net_proto_family {
        int             family;
        int             (*create)(struct socket *sock, int protocol);
        struct module   *owner;
};
```

在为套接字分配内存后，刚好调用函数create。inet_create用于因特网连接（TCP和UDP都使用该函数）。它创建一个内核内部的sock实例，尽可能初始化它，并将其插入到内核的数据结构。

map_sock_fd为套接字创建一个伪文件（文件操作通过socket_ops指定）。还要分配一个文件描述符，将其作为系统调用的结果返回。

12.10.5　接收数据

使用recvfrom和recv以及与文件相关的readv和read函数来接收数据。因为这些函数的代码非常类似，在处理过程的早期就合并起来，因此我们只讨论sys_recvfrom，其代码流程图在图12-33给出。

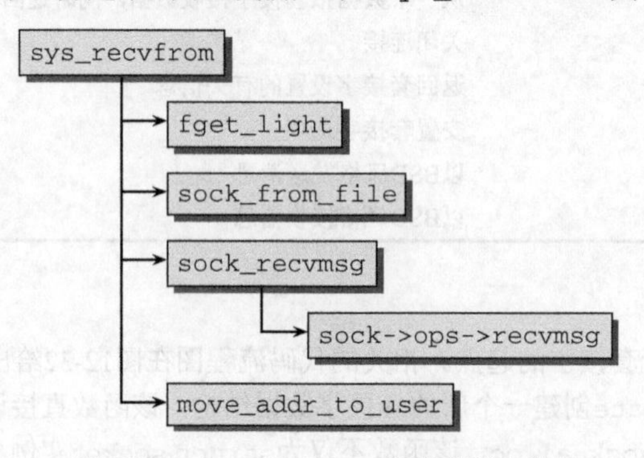

图12-33　sys_recvfrom的代码流程图

用于确定目标套接字的文件描述符传递到该系统调用。因此，第一个任务是找到对应的套接字。首先，fget_light根据task_struct的描述符表，查找对应的file实例。sock_from_file确定与之关联的inode，并通过使用SOCKET_I最终找到相关的套接字。

在一些准备工作之后（不在这里讨论），sock_recvmsg调用特定于协议的接收例程sock->ops->recvmsg。例如，TCP使用tcp_recvmsg来完成该工作。UDP使用的例程是udp_recvmsg。UDP的实现并不特别复杂。

- 如果接收队列（通过sock结构的receive_queue成员实现）上至少有一个分组，则移除并返回该分组。
- 如果接收队列是空的，显然没有数据可以传递到用户进程。在这种情况下，进程使用wait_for_packet使自身睡眠，直至数据到达。

在新数据到达时总是调用sock结构的data_ready函数，因而进程可以在此时被唤醒。

move_addr_to_user将数据从内核空间复制到用户空间，使用了第2章描述的copy_to_user函数。

TCP的实现遵循了类似的模式，但其中涉及许多细节和协议的奇异之处，因而要稍微复杂一些。

12.10.6 发送数据

用户空间程序在发送数据时，还有几种可供选择的方法。它们可以使用两个与网络有关的库函数（sendto和send）或文件层的write和writev函数。同样，这些函数的控制流在内核中的特定位置会合并为一，因此，考察上述第一个函数的实现（在内核源代码的sys_sendto过程中）即足以。相关的代码流程图在图12-34给出①。

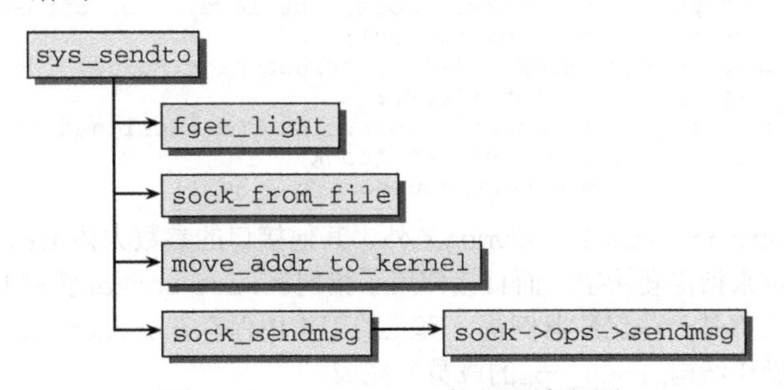

图12-34 sys_sendto的代码流程图

fget_light和sock_from_file根据文件描述符查找相关的套接字。发送的数据使用move_addr_to_kernel从用户空间复制到内核空间，然后sock_sendmsg调用特定于协议的发送例程sock->ops->sendmsg。该例程产生一个所需协议格式的分组，并转发到更低的协议层。

12.11 内核内部的网络通信

与其他主机通信，不只是用户层应用程序的需求。内核同样需要与其他计算机通信，即使没有用户层的显式请求。这不仅仅对一些古怪的特性（如某些发行版包含在内核内部的Web服务器）有用。网络文件系统如CIFS或NCPFS都依赖于内核内部提供的网络通信支持。

① 源代码中处理了__sock_sendmsg使用异步请求的情况。这里故意在代码流程图中省略了这一点。如果请求没有在__sock_sendmsg中直接完成，那么__sock_sendmsg之后会立即调用wait_on_sync_kiocb，又恢复到同步行为模式。

但这尚未满足内核在通信方面的所有需求，还遗漏了最后一部分：各个内核组件之间的通信，以及用户层和内核之间的通信。netlink机制提供了所需的框架。

12.11.1　通信函数

本节将讲述内核内部的网络API。其定义基本上与用户层相同：

<net.h>

```
int kernel_sendmsg(struct socket *sock, struct msghdr *msg,
                   struct kvec *vec, size_t num, size_t len);
int kernel_recvmsg(struct socket *sock, struct msghdr *msg,
                   struct kvec *vec, size_t num,
                   size_t len, int flags);

int kernel_bind(struct socket *sock, struct sockaddr *addr,
                int addrlen);
int kernel_listen(struct socket *sock, int backlog);
int kernel_accept(struct socket *sock, struct socket **newsock,
                int flags);
int kernel_connect(struct socket *sock, struct sockaddr *addr,
                int addrlen, int flags);
int kernel_getsockname(struct socket *sock, struct sockaddr *addr,
                int *addrlen);
int kernel_getpeername(struct socket *sock, struct sockaddr *addr,
                int *addrlen);
int kernel_getsockopt(struct socket *sock, int level, int optname,
                char *optval, int *optlen);
int kernel_setsockopt(struct socket *sock, int level, int optname,
                char *optval, int optlen);
int kernel_sendpage(struct socket *sock, struct page *page, int offset,
                size_t size, int flags);
int kernel_sock_ioctl(struct socket *sock, int cmd, unsigned long arg);
int kernel_sock_shutdown(struct socket *sock,
                         enum sock_shutdown_cmd how);
```

除了kernel_sendmsg和kernel_recvmsg之外，其他接口的参数大体上都与用户层API相同，只是不再通过文件描述符来指定套接字，而直接使用了指向struct socket实例的指针。这些接口的实现都比较简单，实际上都是一些包装器例程，真正的工作由保存在struct socket的ops成员中的函数指针（这些是协议操作结构proto_ops的成员）完成：

net/socket.c

```
int kernel_connect(struct socket *sock, struct sockaddr *addr, int addrlen,
int flags)
{
        return sock->ops->connect(sock, addr, addrlen, flags);
}
```

在指定用于保存接收/发送数据的缓冲区空间时，需要稍微谨慎一些。kernel_sendmsg和kernel_recvmsg并不像用户层那样直接通过struct msghdr访问数据区，而是利用了struct kvec。但内核自动地提供了两种表示之间的转换，如kernel_sendmsg所示。

net/socket.c

```
int kernel_sendmsg(struct socket *sock, struct msghdr *msg,
struct kvec *vec, size_t num, size_t size)
{
...
        int result;
...
```

```
        msg->msg_iov = (struct iovec *)vec;
        msg->msg_iovlen = num;
        result = sock_sendmsg(sock, msg, size);
...
        return result;
}
```

12.11.2 netlink 机制

netlink是一种基于网络的机制，允许在内核内部以及内核与用户层之间进行通信。其正式的定义可在RFC 3549中找到。它的思想是，基于BSD的网络套接字使用网络框架在内核和用户层之间进行通信。但netlink套接字大大扩展了可能的用途。该机制不仅仅用于网络通信。现在，该机制最重要的用户是通用对象模型，它使用netlink套接字将各种关于内核内部事务的状态信息传递到用户层。其中包括新设备的注册和移除、硬件层次上发生的特别的事件，等等。在此前的内核版本中，netlink曾经可以编译为模块，但现在只要内核支持网络，该机制就自动集成到内核中。这强调了该机制的重要性。

内核中还有其他一些可选的方法能够实现类似的功能，比如procfs或sysfs中的文件。但与这些方法相比，netlink机制有一些很明显的优势。

- 任何一方都不需要轮询。如果通过文件传递状态信息，那么用户层需要不断检查是否有新消息到达。
- 系统调用和ioctl也能够从用户层向内核传递信息，但比简单的netlink连接更难于实现。另外，使用netlink不会与模块有任何冲突，但模块和系统调用显然配合得不是很好。
- 内核可以直接向用户层发送信息，而无须用户层事先请求。使用文件也可以做到，但系统调用和ioctl是不可能的。
- 除了标准的套接字，用户空间应用程序不需要使用其他东西来与内核交互。

netlink只支持数据报信息，但提供了双向通信。另外，netlink不仅支持单播消息，也可以进行多播。类似于任何其他基于套接字的机制，netlink的工作方式是异步的。

有两个手册页提供了netlink机制的文档：`netlink(3)`描述了内核中用于操作、访问、创建netlink数据报的宏。手册页`netlink(7)`包含了有关netlink套接字的一般性信息，并给出了这里使用的数据结构的文档。另外请注意，`/proc/net/netlink`包含了关于当前活动的netlink连接的一些信息。

在用户空间，有两个库，简化了创建支持netlink套接字的应用程序的工作。

- `libnetlink`与`iproute2`软件包捆绑在一起。在编写这个库时，就特别考虑到了路由套接字（routing socket）。此外，它不是独立的代码，如果要独立使用，必须从该软件包中提取出来。
- `libnl`是一个独立的库，并没有对特定的使用情况进行优化。相反，它对各种类型的netlink连接都提供了支持，包括路由套接字。

1. 数据结构

● 指定地址

类似于每个网络协议，每个netlink套接字都需要分配一个地址。下列`struct sockaddr`的变体表示netlink地址：

<netlink.h>

```
struct sockaddr_nl
{
        sa_family_t nl_family;     /* AF_NETLINK   */
        unsigned short nl_pad;     /* 0            */
        __u32 nl_pid;              /* 端口ID       */
        __u32 nl_groups;           /* 多播组掩码   */
};
```

为区分内核的不同部分使用的各个不同的netlink通道，使用了nl_family成员。<netlink.h>中指定了几个不同的族，这个列表在内核版本2.6开发期间增长了很多。当前定义了20个族，举例如下。

- NETLINK_ROUTE是netlink套接字最初的目的，即修改路由选择信息。
- NETLINK_INET_DIAG用来监控IP套接字，更多细节请参见net/ipv4/inet_diag.c。
- NETLINK_XFRM用于发送和接收有关IPSec（更一般地说，也可能是有关任何XFRM变换）的信息。
- NETLINK_KOBJECT_UEVENT是内核通用对象模型向用户层发送信息所采用的协议（反过来，从用户层到内核是不能采用此类消息的）。该通道构成了7.4.2节中讨论的热插拔机制的基础。

nl_pid为此类套接字提供了唯一标识符。对内核自身来说，该字段总是0，而用户空间应用程序通常使用其线程组ID。请注意，这里并没有明确指定nl_pid表示进程ID，它可以是任何唯一值，使用线程组ID不过是方便而已。[①] nl_pid是单播地址。每个地址族还可以指定不同的多播组，nl_groups是一个位图，表示该套接字所属的多播地址。如果不允许使用多播，该字段为0。为简化阐述的内容，下文只考虑单播传输的情况。

● **netlink协议族**

回想一下12.10.4节，每个协议族都需要在内核中注册一个net_proto_family实例。该结构包含一个函数指针，在创建属于该协议族的新套接字时调用。netlink将netlink_create用于该目的。[②] 该函数分配一个struct sock的实例，通过socket->sk关联到套接字。但不仅为struct sock分配了空间，还为分配了一个更大的结构，定义如下（已简化）：

net/netlink/af_netlink.c
```
struct netlink_sock {
/* struct sock必须是netlink_sock的第一个成员 */
        struct sock sk;
        u32 pid;
        u32 dst_pid;
...
        void (*netlink_rcv)(struct sk_buff *skb);
...
};
```

实际上，该结构中还有很多与netlink相关的成员，上述代码不过选取了其中最本质的那部分。

sock实例直接嵌入到netlink_sock中。给出一个netlink套接字的struct sock实例，与之相关联、特定于netlink的netlink_socket实例，可以使用辅助函数nlk_sk获得。连接两端的端口ID分别保存在pid和dst_pid中。netlink_rcv指向一个函数，在接收数据时调用。

● **消息格式**

netlink消息需要遵守一定的格式，如图12-35所示。

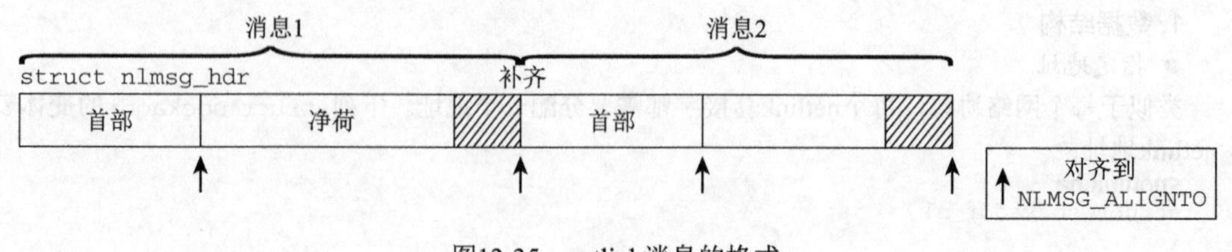

图12-35　netlink消息的格式

① 如果用户空间进程想持有多个netlink套接字，因而需要多个唯一标识符，这种情况下，请参见手册页netlink(7)。

② 协议族操作netlink_family_ops指向该函数。回想12.10.4节的内容，在创建新套接字时自动调用了创建函数。

每个消息由两部分组成：首部和净荷。首部表示为struct nlmsghdr，而净荷可以任意的。[①] 首部所需的内容由下列数据结构定义：

<netlink.h>
```
struct nlmsghdr
{
        __u32 nlmsg_len;      /* 消息长度，包括首部在内 */
        __u16 nlmsg_type;     /* 消息内容的类型 */
        __u16 nlmsg_flags;    /* 附加的标志 */
        __u32 nlmsg_seq;      /* 序列号 */
        __u32 nlmsg_pid;      /* 发送进程的端口ID */
};
```

- 整个消息的长度，包括首部和任何所需的填充字节，保存在nlmsg_len中。
- 消息类型由nlmsg_type表示。该值是协议族私有的，通用的netlink代码不会检查或修改。
- 各种标志可以保存在nlmsg_flags中。所有可能的值都定义在<netlink.h>中。对我们来说，主要关注两个标志：如果消息包含一个请求，要求执行某个特定的操作（而不是传输一些状态信息），那么NLM_F_REQUEST将置位，而NLM_F_ACK要求在接收到上述消息并成功处理请求之后发送一个确认消息。
- nlmsg_seq包含一个序列号，表示一系列消息之间在时间上的前后关系。
- 标识发送者的唯一的端口ID保存在nlmsg_pid中。

请注意，netlink消息的各个部分，总是像图12-35中那样，对齐到NLMSG_ALIGNTO（通常是4）字节边界。由于struct nlmsghdr的长度当前是NLMSG_ALIGNTO的倍数，首部部分自然是满足对齐条件的。但净荷后面可能需要填充一些字节。为确保满足对齐的要求，内核在<netlink.h>中引入了几个宏，可用于正确计算边界。手册页netlink(3)对这些宏的描述很完善，这里将不重复了。

一个消息的长度不应该超过一页，这样对内存分配的压力较小。但如果使用的页大于8 KiB，那么消息长度不应该超过8 KiB，因为不应该强制用户层分配过大的缓冲区来接收netlink消息。内核定义了常数NLMSG_GOODSIZE，这是消息总长度的推荐值。NLMSG_DEFAULT_SIZE指定了净荷部分可用空间的长度。在分配用于netlink消息的套接字缓冲区时，NLMSG_GOODSIZE是缓冲区长度的一个很好的选择。

● **跟踪netlink连接**

内核使用几个散列表，跟踪了由sock实例表示的所有netlink连接。这些散列表是围绕全局数组nl_table实现的，该数组包含了指向struct netlink_table实例的指针。这里不详细讲述该结构的实际定义，因为所用的散列方法非常简单。

(1) nl_table的每个数组元素都为每个协议族成员提供了一个独立的散列表。回想前文，每个协议族成员都由NETLINK_XXX定义的一个常数来标识，例如，XXX可以是ROUTE或KOBJECT_UEVENT等。

(2) 散列链编号使用nl_pid_hashfn确定，是基于端口ID和一个与该散列链相关的（唯一的）随机数计算得出。[②]

netlink_insert用于向散列表插入新的表项，而netlink_lookup用来查找sock实例：

net/netlink/af_netlink.c
```
static int netlink_insert(struct sock *sk, struct net *net, u32 pid);
static __inline__ struct sock *netlink_lookup(struct net *net, int protocol, u32 pid);
```

---

① 如果netlink用于传输属性，内核为此提供了标准数据结构struct nlattr。这种做法没有详细讨论，但请注意，所有定义的属性，以及一系列辅助函数，都可以在include/net/netlink.h找到。

② 实际上的情况更复杂一些，因为在散列表项更多时，内核会再散列所有表项，这里忽略了这种额外的复杂性。

请注意，散列数据结构并未设计为按命名空间进行操作，因为整个系统只有一个全局结构实例。但该代码是可以感知到网络命名空间的：在查找sock实例时，代码确保了结果在适当的命名空间中。来自不同命名空间的相同端口ID可以同时处于同一散列链上，而没有问题。

● 特定于协议的操作

由于用户层应用程序使用标准的套接字接口来处理netlink连接，内核必须提供一组特定的协议操作。这些操作定义如下：

net/netlink/af_netlink.c

```
static const struct proto_ops netlink_ops = {
        .family = PF_NETLINK,
        .owner = THIS_MODULE,
        .release = netlink_release,
        .bind = netlink_bind,
        .connect = netlink_connect,
        .socketpair = sock_no_socketpair,
        .accept = sock_no_accept,
        .getname = netlink_getname,
        .poll = datagram_poll,
        .ioctl = sock_no_ioctl,
        .listen = sock_no_listen,
        .shutdown = sock_no_shutdown,
        .setsockopt = netlink_setsockopt,
        .getsockopt = netlink_getsockopt,
        .sendmsg = netlink_sendmsg,
        .recvmsg = netlink_recvmsg,
        .mmap = sock_no_mmap,
        .sendpage = sock_no_sendpage,
};
```

2. 编程接口

通用的套接字实现提供了netlink所需的大部分基本功能。netlink套接字既可以从内核打开，也可以从用户层打开。前一种情况下，使用了netlink_kernel_create，而在后一种情况下，将通过标准的网络编程接口触发netlink_ops的bind方法。为节省篇幅，这里不会详细讲述用户层协议处理程序的实现，而只考虑如何从内核初始化连接。该函数需要多个不同的参数：

net/netlink/af_netlink.c

```
struct sock *
netlink_kernel_create(struct net *net, int unit, unsigned int groups,
                      void (*input)(struct sk_buff *skb),
                      struct mutex *cb_mutex, struct module *module);
```

net表示网络命名空间，unit指定所属协议族成员，而input是一个回调函数，在数据到达该套接字时将调用input。[①] 如果对input指定了NULL指针，那么套接字将只能从内核向用户层传输数据，反过来就不行了。图12-36给出的代码流程图，概述了netlink_kernel_create执行的任务。

(1) 分配所有需求的数据结构，特别是struct socket和struct netlink_sock的实例。sock_create_lite处理第一个需求，而分配netlink_sock的工作则委托给辅助函数__netlink_create。

(2) 如果指定了input函数，则保存在netlink_sock->netlink_rcv中。

(3) 通过netlink_insert将新的sock实例插入到netlink的散列表中。

---

① 还有一些参数，但不必详细考虑。groups给出了多播组的数目，但这里不会详细讨论相关的可能性。还可以指定一个互斥量（cb_mutex）来保护netlink的回调函数，因为这里已经忽略了对该机制的讨论，读者也可以忽略它。通常可以对互斥量参数指定NULL指针，内核将回退到默认的锁方案。

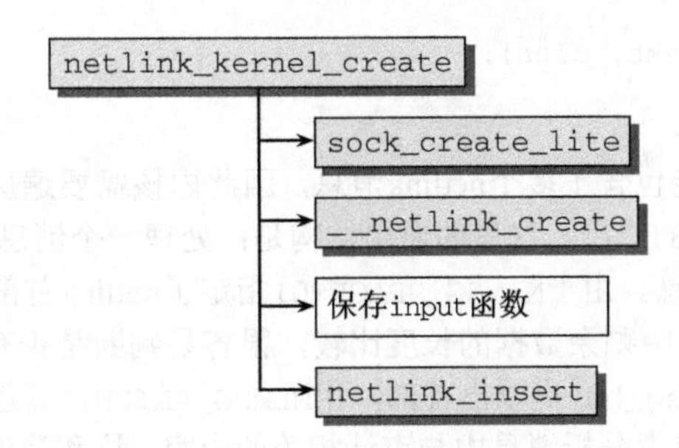

图12-36 netlink_kernel_create的代码流程图（忽略了对多播的处理）

举例来说，考虑通用对象模型如何创建用于uevent机制的netlink套接字（至于如何使用该连接，参考7.4.2节）：

lib/kobject_uevent.c
```
static int __init kobject_uevent_init(void)
{
        uevent_sock = netlink_kernel_create(&init_net, NETLINK_KOBJECT_UEVENT,
                                1, NULL, NULL, THIS_MODULE);
...
        return 0;
}
```

由于uevent消息不需要用户层的输入，因而不必指定input函数。

在创建套接字之后，内核可以构建sk_buff实例，并用netlink_unicast或netlink_broadcast将其发送出去。

很自然，在允许双向通信时，会涉及更多的东西。例如，考虑审计子系统，它不仅向用户空间发送消息，还从用户空间接收一些消息。首先，需要在调用netlink_kernel_create时指定一个input函数：

kernel/audit.c
```
audit_sock = netlink_kernel_create(&init_net, NETLINK_AUDIT, 0,
                                   audit_receive, NULL, THIS_MODULE);
```

audit_receive负责处理接收的消息（保存在套接字缓冲区中）。audit_receive只是一个包装器，用来确保使用了正确的锁，并将实际工作分配给audit_receive_skb。由于所有接收函数都遵循了类似的模式，考察该函数的代码是有指导意义的：

kernel/audit.c
```
static void audit_receive_skb(struct sk_buff *skb)
{
        int err;
        struct nlmsghdr *nlh;
        u32 rlen;

        while (skb->len >= NLMSG_SPACE(0)) {
                nlh = nlmsg_hdr(skb);
...
                rlen = NLMSG_ALIGN(nlh->nlmsg_len);
...
                if ((err = audit_receive_msg(skb, nlh))) {
                        netlink_ack(skb, nlh, err);
                } else if (nlh->nlmsg_flags & NLM_F_ACK)
                        netlink_ack(skb, nlh, 0);
```

```
            skb_pull(skb, rlen);
        }
    }
```

一个套接字缓冲区中可能包含了多个netlink消息，因此内核需要遍历所有消息，直至没有剩余的净荷为止。这也是while循环的作用。这里的通用结构是：处理一个消息，用skb_pull移除处理过的数据，[①] 接下来处理下一个消息。由于NLMSG_SPACE(0)指定了netlink首部所需的空间（不包含净荷），内核可将该值与套接字缓冲区中剩余数据的长度比较，很容易判断是否有更多的消息等待处理。

对每个消息来说，用nlmsg_hdr提取出首部，用NLMSG_ALIGN计算包含填充字节在内的总长度。接下来audit_receive_msg负责分析消息中与审计相关的内容，这和我们没什么关系了。在数据解析完毕之后，有如下两种可能。

(1) 解析期间出错。使用netlink_ack发送一个确认消息，其中包含了出错的消息和错误码。

(2) 如果该消息通过置位NLM_F_ACK标志来请求确认，内核仍然通过netlink_ack发送所要的确认消息。这一次，回复中不包含输入的消息，因为netlink_ack的error参数设置为0。

12.12　小结

Linux经常用于运行网络服务器，因此，其网络实现强大、复杂、涉及面颇广。本章讨论了网络子系统通用的分层结构，其中容纳了大量不同的协议，并提供了很多服务。

套接字建立了网络实现和用户层之间的关联，在介绍了套接字的思想之后，讨论了套接字缓冲区，在表示和处理通过网络获得和发送的分组时，这是一个根本性的数据结构。接下来讨论了网络设备的运作方式，并解释了NAPI如何帮助设备达到尽可能高的速度。

读者已经看到了IP分组是如何穿过网络层的，以及传输层对TCP和UDP分组的处理方式。最终，分组的处理从应用层结束或开始，还探讨了在此背后的相关机制。

本章最后，讨论了如何从内核内部发起网络连接，以及如何用netlink机制在内核和用户层之间建立一条高速的通信链路。

① 确切地说，该函数没有删除数据，只是相应地设置了套接字缓冲区的数据指针。但效果是相同的。

第 13 章

系统调用

从用户程序的角度来看，内核是一个透明的系统层，它一直存在，但从未真正被注意到。进程不知道内核是否在运行中。进程同样不知道虚拟内存的哪些内容在物理内存中，哪些已经换出或尚未读入。但进程一直忙于与内核的交互：请求系统资源、访问外设、与其他进程通信、读取文件等。为了达到上述目的，进程使用标准库例程，库例程接下来调用内核函数，最终，由内核负责在各个请求进程之间公平而且流畅地共享资源和服务。

因而，应用程序看到的内核是负责执行多种系统功能的一个大的例程集合。标准库是一个中间层，用于在不同的体系结构和系统之间，标准化并简化内核例程的管理。

从内核的视角来看，情况当然有一点复杂，因为用户态和核心态之间有几个重大的不同，有一些不同已经在本书前几章中讨论过。要特别注意两种模式下不同的虚拟地址空间和利用各种处理器特性的不同方式。另外，我们还比较感兴趣的一点是，控制权如何在应用程序和内核之间来回传递，参数和返回值如何传递。本章将讨论这些问题。

按前几章的讨论，系统调用用于从用户应用程序调用内核例程，以利用内核的一些专门的功能。我们已经考察了很多内核子系统的系统调用的实现。

本章首先简要地看一下系统程序设计，把标准库的库例程和对应的系统调用区分清楚。接下来仔细考察内核源代码，以描述用于从用户空间切换到内核空间的机制。我们将描述用于实现系统调用的基础设施，并讨论特别的实现方面的特性。

13.1 系统程序设计基础

大体上，系统程序设计主要是利用标准库进行工作，标准库提供了各种基本函数，用于开发应用程序。无论编写何种应用程序，程序员都必须了解系统程序设计的基础知识。一个简单的程序，如经典的`hello.c`例程，在屏幕上显示“Hello, world!”或类似的文本，也会间接使用系统例程来输出必要的字符。

当然，系统程序设计不一定总是用C语言。还有其他编程语言，如C++、Pascal、Java，甚至令人讨厌的FORTRAN也或多或少地支持直接使用外部库的例程，因而也能够调用标准库函数。但通常会使用C语言编写系统程序，因为它与UNIX概念融合得最好，所有的UNIX内核都是用C语言编写的，Linux也不例外。

标准库不仅是实现内核系统调用的接口集合，其中也提供了许多其他完全在用户空间实现的函数。这简化了程序员的工作，使得程序员不需要一直“重新发明轮子”。而GNU C库中的大约100 MiB代码，肯定是能用得上的。

因为通用编程语言正在向越来越高的抽象层次发展，而系统程序设计的真正意义正在被缓慢地侵蚀。在用鼠标点击几下，就能毫不费力地创建一个程序时，为什么还要费心关注系统细节呢？这里需要的是一条中间道路。对一个用于在文本文件中扫描某个字符串的简单Perl脚本来说，不太可能去费力深究打开和读取文本文件的机制。在这种情况下，只需要知道数据总会以某种方式从文件读取出来，这种实用主义的看法就足够了。但在另一方面，包含上G或上T字节数据的数据库当然想要知道用于访问其文件或裸数据的底层操作系统机制，以便对数据库代码进行调优，从而提供最高的性能。向内存中的一个巨型矩阵提供特定的值就是一个经典的例子，我们从中可以看到，通过考察操作系统的内部结构，如何来极大地提高程序的性能。如果上述矩阵的数据散布在几个内存页面上，那么向矩阵提供值的顺序就非常关键。根据内存管理子系统管理内存的方式，可以避免不必要的调页操作，并且能够最有效地使用系统的缓存和缓冲区。

本章讨论的技术并未从内核的功能抽象出来（至少抽象程度不高），这更使得我们需要考察内核的内部结构和架构上的一些原则，包括对外部的接口。

13.1.1　追踪系统调用

下列例子展示了如何使用标准库的包装器例程来进行系统调用：

```
#include<stdio.h>
#include<fcntl.h>
#include<unistd.h>
#include<malloc.h>

int main() {
    int handle, bytes;
    void* ptr;

    handle = open("/tmp/test.txt", O_RDONLY);

    ptr = (void*)malloc(150);

    bytes = read(handle, ptr, 150);
    printf("%s", ptr);

    close(handle);
    return 0;
}
```

这个示例程序打开文件/tmp/test.txt，读取前150个字节，并将其写到标准输出，这是UNIX head命令的一个非常简单的版本。

这个程序使用了多少个系统调用呢？能直接看到的只有open、read和close（其实现在第8章讨论过）。而printf函数也是通过系统调用在标准库中实现的。当然可以阅读标准库的代码，来看看具体使用了哪个系统调用，但这肯定是冗长乏味的。一个简单些的方案是使用strace工具，它可以记录应用程序发出的所有系统调用并将该信息提供给程序员，在调试程序时，这个工具是不可缺少的。内核自然需要为记录系统调用提供专门的支持，这将在13.3.3节讨论［不出所料，这项支持功能也是一个系统调用（ptrace），我们只对其输出感兴趣］。

接下来使用strace命令将shead（上述的例子程序）发出的所有系统调用的列表写到log.txt中：①

```
wolfgang@meitner> strace -o log.txt ./shead
```

log.txt的内容比读者的预期可能要多很多：

① strace有其他选项用于指定具体保存哪些数据，这些记录在strace(1)手册页中。

```
execve("./shead", ["./shead"], [/* 27 vars */]) = 0
uname(sys="Linux", node="jupiter", ...) = 0
brk(0)                                  = 0x8049750
old_mmap(NULL, 4096, PROT_READ|PROT_WRITE, ..., -1, 0) = 0x40017000
open("/etc/ld.so.preload", O_RDONLY)    = -1 ENOENT (No such file or directory)
open("/etc/ld.so.cache", O_RDONLY)      = 3
fstat64(3, st_mode=S_IFREG|0644, st_size=85268, ...) = 0
old_mmap(NULL, 85268, PROT_READ, MAP_PRIVATE, 3, 0) = 0x40018000
close(3)                                = 0
open("/lib/i686/libc.so.6", O_RDONLY)   = 3
read(3, "\177ELF\1\1\1\0\0\0\0\0\0\0\0\0\3\0\3\0\1\0\0\0\200\302"..., 1024) = 1024
fstat64(3, st_mode=S_IFREG|0755, st_size=5634864, ...) = 0
old_mmap(NULL, 1242920, PROT_READ|PROT_EXEC, MAP_PRIVATE, 3, 0) = 0x4002d000
mprotect(0x40153000, 38696, PROT_NONE)  = 0
old_mmap(0x40153000, 24576, PROT_READ|PROT_WRITE, ..., 3, 0x125000) = 0x40153000
old_mmap(0x40159000, 14120, PROT_READ|PROT_WRITE, ..., -1, 0) = 0x40159000
close(3)                                = 0
munmap(0x40018000, 85268)               = 0
getpid()                                = 10604
open("/tmp/test.txt", O_RDONLY)         = 3
brk(0)                                  = 0x8049750
brk(0x8049800)                          = 0x8049800
brk(0x804a000)                          = 0x804a000
read(3, "A black cat crossing your path s"..., 150) = 109
fstat64(1, st_mode=S_IFCHR|0620, st_rdev=makedev(136, 1), ...) = 0
mmap2(NULL, 4096, PROT_READ|PROT_WRITE, MAP_PRIVATE|MAP_ANONYMOUS, -1, 0) = 0x40018000
ioctl(1, TCGETS, B38400 opost isig icanon echo ...) = 0
write(1, "A black cat crossing your path s"..., 77) = 77
write(1, " -- Groucho Marx\n", 32) = 32
munmap(0x40018000, 4096)     = 0
_exit(0)                     = ?
```

跟踪记录显示，该应用程序进行了大量源代码中没有明确列出的系统调用。因此，strace的输出并不容易阅读。为此，上文复制的文本中，但凡能够在例子程序的C源代码中找到对应系统调用的行，都以斜体显示。其他行对应的系统调用，是由编译时自动添加的一些代码生成的。

其他的系统调用是由启动和运行应用程序所需的框架代码生成的，例如，C标准库是动态映射到进程内存区的。其他调用，如old_mmap和unmap，负责管理应用程序使用的动态内存区域。

3个直接使用的系统调用open、read和close，都转换为对相应的内核函数的调用。[①] 标准库的另外两个例程在内部使用了不同名的系统调用，以达到预期的效果。

- malloc是用于在进程堆区域分配内存的标准函数。第3章提到，GNU库的malloc变体提供了一个额外的内存管理设施，以便有效使用由内核分配的内存空间。

  malloc在内部执行了brk系统调用，其实现在第3章描述。系统调用的记录表明，malloc的内部算法执行了该调用3次，每次参数都不同。
- printf首先处理传递的参数，在这里是一个动态字符串，并用write系统调用显示结果。

使用strace工具还有一个好处，无须接触所跟踪应用程序的源代码即可了解其内部结构和运作方式。

本节给出的小示例程序很清楚地说明了应用程序与内核之间强烈的依赖关系，其中反复使用了系统调用。虽然科学计算程序大部分时间都花费在与数字打交道上，而很少调用内核提供的功能，但离开了系统调用也无法管理。另一方面，交互式应用程序（如emacs和mozilla）会频繁使用系统调用。

① GNU标准库还包括一个通用例程，如果没有包装器例程可用，可以根据编号来执行系统调用。

对emacs来说，只统计程序启动时的系统调用（即到程序初始化结束为止），日志文件的长度可达到170 KiB。

13.1.2　支持的标准

在所有类型的UNIX操作系统中，系统调用都是特别重要的。系统调用的作用范围、速度、高效实现是影响系统性能的一个主要因素。LINUX中系统调用的实现非常高效，这一点将在13.3节阐述。同样重要的是可用例程的多样性和选择权，这使得（应用程序和标准库）程序员的生活更加轻松，并促进了程序在各种不同UNIX变体之间在源代码级别上的可移植性。在UNIX超过25年的历史中，这促进了标准和事实标准的出现，从而使得不同系统的接口具有一致性。

POSIX标准（这是Portable Operating System Interface for UNIX的首字母缩写词，也揭示了该标准的目的）已经成为该领域的主导标准。Linux和C标准库尽力遵循POSIX标准，这也是为什么值得对POSIX标准进行简要讨论的原因。从20世纪80年代末POSIX第一个版本发布以来，该标准涵盖的范围急速扩展（当前版本包括4卷[①]），现在许多程序员认为它已经太长也太复杂。

Linux内核基本上与POSIX-1003.1标准兼容。很自然，标准的新发展需要一定的时间才能渗透到内核代码中。

除了POSIX之外，还有其他标准，这些不是由某个委员会制定的，而是来源于UNIX和类UNIX操作系统的开发。在UNIX的历史中，两条开发主线产生了两个独立的系统，一个是System V（直接起源于AT&T的原始代码），另一个是BSD（Berkeley Software Distribution，在加州大学开发，现在市场上的NetBSD、FreeBSD、OpenBSD都是基于BSD的，还有基于BSD的商业系统，如BSDI和MacOS X）。

Linux提供的系统调用汲取自所有上述3个来源，当然是独立实现的。其中没有使用竞争系统的代码，这仅仅是因为法律和许可方面的问题。例如，下面列出的3个著名的系统调用起源于3个不同的阵营。

- flock锁定一个文件，防止这个文件被几个进程并行访问，以确保文件的一致性。该调用是由POSIX标准规定的。
- BSD UNIX提供了truncate调用，用于按指定的字节数截短一个文件。Linux也以同样的名称实现了该函数。
- sysfs收集内核已知的文件系统有关的信息，在SVR4（System V Release 4）中引入。Linux也采用了该系统调用。但Linux开发者并不全然同意System V设计者对该调用实际价值的观点，至少，源代码的注释中写了“Whee.. Weird sysv syscall”。
  现在，该信息可以通过读取/proc/filesystems更容易地获取。

有些系统调用是所有3个标准都需要的。例如，time、gettimeofday、settimeofday在System V、POSIX、4.3BSD中的形式是相同的，在Linux内核中也是如此。

同样，有些系统调用是特地为Linux开发的，在其他标准/系统中或者根本不存在，或者名称不同。一个例子是vm86系统调用，它是在IA-32处理器上实现DOS仿真程序的基础。更一般的调用，诸如用于暂停进程执行很短一段时间的nanosleep，也是Linux特有的系统调用。

有些情况下，两个系统调用是解决同一问题的不同方法。主要的例子是poll和select系统调用，前一个在System V中引入，后者在4.3BSD中引入。最终，二者执行的功能是相同的。

总之，只实现POSIX标准并不能建立一个完整的UNIX系统，除了名称之外，这种做法一文不值。

---

① 该标准的电子形式可在www.opengroup.org/onlinepubs/007904975/获得。

POSIX无非是一组接口的集合，其具体实现并不是强制性的，也不一定要归入到内核来实现。因而，虽然有些操作系统本身的设计是非UNIX的，但它们却以普通的函数库完全实现了POSIX标准，以促进UNIX应用程序的移植。[①]

13.1.3 重启系统调用

在系统调用与信号冲突时，会发生一个有趣的问题。如果在一个进程执行系统调用时，向该进程发送一个信号，那么在处理时，二者的优先级如何分配呢？应该等到系统调用结束再处理信号，还是中断系统调用，以便尽快将信号投递到该进程？第一种方案导致的问题显然比较少，也是比较简单的方案。遗憾的是，只有在所有系统调用都能够快速结束、不会让进程等待太长时间的情况下，这个方案才能正确运作（在第5章提到过，信号投递的时机，总是在进程处理完一个系统调用、返回到用户态的时候）。情况不总是这样。系统调用不仅需要一定的执行时间，而且在最坏情况下，很可能使进程睡眠（例如，没有数据可供读取时）。对同时发生的信号而言，这意味着信号投递的严重延迟。因而，必须不惜任何代价防止这种情况。

如果一个正在执行的系统调用被中断，内核应该向应用程序返回什么样的值？在通常的场景下，只有两种情况：调用成功或者失败。在出错的情况下，将返回一个错误码，使用户进程能够确定错误的原因，并适当地做出反应。倘若系统调用被中断，则发生了第三种情况：必须通知应用程序，如果系统调用在执行期间没有被信号中断，那么系统调用已经成功结束。在这种情况下，Linux（和其他System V变体）下将使用`-EINTR`常数。

该过程的负面效应是很明显的。尽管该方案易于实现，但它迫使用户空间应用程序的程序员必须明确检查所有系统调用的返回值，并在返回值为`-EINTR`的情况下，重新启动被中断的系统调用，直至该调用不再被信号中断。用这种方法重启的系统调用称作*可重启系统调用*（restartable system call），该技术则称为*重启*（restarting）。

该行为第一次引入是在System V UNIX中。该方案将新信号的快速投递和系统调用的中断组合起来，但它并非是唯一的组合方式，BSD所采用的方法即可证实这一点。我们来考察BSD内核在系统调用被信号中断时，会做出何种反应。

BSD内核将中断系统调用的执行并切换到用户态执行信号处理程序。在发生这种情况时，该系统调用不会有返回值，内核在信号处理程序结束后将自动重启该调用。因为该行为对用户应用程序是透明的，也不再需要重复实现对`-EINTR`返回值的检查和调用的重启，所以与System V方法相比，这种方案更受程序员的欢迎。

Linux通过`SA_RESTART`标志支持BSD方案，可以在安装信号处理例程时按需对具体信号指定该标志。System V提议的机制用作默认方案，因为BSD机制偶尔会导致一些困难，如下列例子所示（取自[ME02]第229页）。

```
#include <signal.h>
#include <stdio.h>
#include <unistd.h>

volatile int signaled = 0;

void handler (int signum) {
  printf("signaled called\n");
  signaled = 1;
```

① 比较新的Windows版本就包含了一个这种类型的库。

```
}

int main() {
   char ch;
   struct sigaction sigact;
   sigact.sa_handler = handler;
   sigact.sa_flags = SA_RESTART;
   sigaction(SIGINT, &sigact, NULL);

   while (read(STDIN_FILENO, &ch, 1) != 1 && !signaled);
}
```

这个简短的C程序在一个while循环中等待，直至用户通过标准输入键入了一个字符，或者程序被SIGINT信号中断（可使用kill-INT发送该信号，也可以按键CTRL+C）。我们来考察其代码的控制流。如果用户点了一个普通的按键，没有导致发送SIGINT，那么read将得到一个正的返回值，即读取字符的数目。

要结束while循环，循环的控制条件必须在逻辑上为false。这里的控制条件是由逻辑与（&&）运算连接的两个表达式，要结束循环，需要二者之一为false，或全部为false，如下。

- 按下了一个键，read返回1，检查read返回不等于1的表达式，其值为false。
- signaled变量设置为1，该变量的反（!signaled）也将为false值。

这些条件意味着，程序要结束，或者需要等到键盘输入，或者需要SIGINT信号到达。

为在上述代码中应用Linux默认实现的System V行为，需要取消SA_RESTART标志的设置。换句话说，sigact.sa_flags = SA_RESTART一行需要删除或注释掉。在这样做之后，程序将按上面的描述运行，在按下一个键或接收到SIGINT时结束。

如果激活了BSD行为模式，而read被SIGINT信号中断，那么示例程序的情况将更为有趣。在这种情况下，将调用信号处理程序，将signaled设置为1，并输出一个消息表示接收到了SIGINT，但程序不会结束。为什么?在运行处理程序之后，BSD机制将重启read调用，并再次等待输入一个字符。这种情况使得while循环控制条件中的!signaled部分无法进行求值，导致循环不能结束。因而该程序不能通过向其发送SIGNIT信号结束，尽管在表面上，代码的语义确实如此。

13.2　可用的系统调用

在深入讨论内核（和用户空间库）如何实现系统调用的技术细节之前，简要看一下内核以系统调用形式实际提供的各个函数是很有用处的。

每个系统调用都通过一个符号常数标识，符号常数的定义是平台相关的，在<asm-arch/unistd.h>中指定。因为并非所有体系结构都支持所有的系统调用（有些组合是无意义的），不同的平台上可用调用的数目会有一定的不同，粗略地说，总共有200多个系统调用。随着时间的流逝，内核对系统调用实现的各种更改使得一些调用现在是多余的，其编号现在已经不再使用。Linux在Sparc（32位处理器）上的移植版本就有很多废弃的系统调用，在调用编号列表中形成了“缺口”。

对程序员来说，还是将系统调用按功能分类比较简单一些，这样程序员将无需关注各个调用编号，只需要记住系统调用的符号名称和语义即可。下面简单列出（并不完备）了各种功能类别的概述，以及其中最重要的系统调用。

1. 进程管理

进程处于系统的中心，因此进程管理方面有大量系统调用。这些系统调用提供的功能很多，从查询简单的信息，到启动新进程，等等。

- fork和vfork将一个现存进程分支为两个新进程，如第2章所述。clone是fork的增强版，除了具有fork的功能，还支持创建线程。
- exit结束一个进程并释放其资源。
- 有一大堆系统调用可用于查询（和设置）进程的属性，如PID、UID、等等，其中大多数调用只是读取或修改task_struct中的字段而已。可以读取下列属性：PID、GID、PPID、SID、UID、EUID、PGID、EGID、PGRP。可以设置下列属性：UID、GID、REUID、REGID、SID、SUID和FSGID。

  系统调用按照一种合乎逻辑的方案来进行命名，使用的名称诸如setgid、setuid和geteuid等。
- personality定义了应用程序的执行环境，例如，可用于二进制仿真的实现。
- ptrace使得能够跟踪系统调用，它是strace工具的基础。
- nice设置普通进程的优先级，它给进程分配的优先级在-20和19之间，随数值的升高优先级递减。只有root进程（或有CAP_SYS_NICE权限的进程）才能指定负的优先级值。
- setrlimit用于设置一定的资源限制，例如，CPU时间或子进程的最大容许数目。getrlimit查询当前的限制（即允许的最大值），而getrusage查询当前资源使用情况，检查进程是否合乎定义的资源限制。

2. 时间操作

时间操作很关键，不仅可用来查询和设置当前系统时间，还使进程能够执行基于时间的操作，如第15章所述。

- adjtimex读取和设置基于时间的内核变量，以控制内核在时间方面的行为。
- alarm和setitimer建立报警器和间隔定时器，将操作延迟到一个稍后的时间执行。getitimer读取设置。
- gettimeofday和settimeofday分别获取和设置当前系统时间。与time不同，这两个函数还考虑了当前时区和夏令时的因素。
- sleep和nanosleep让进程执行暂停一个指定的时间段。nanosleep可以高精度的时间单位来指定暂停的时间段。
- time返回自1970年1月1日零时（这个日期是UNIX系统经典的时间基线）以来经过的秒数。stime设置这个值，因而也会改变当前系统的日期。

3. 信号处理

信号是在进程之间交换有限信息以及促进进程间通信的最简单（也最古老）的方法。Linux不仅支持所有类UNIX系统所共有的经典信号，还支持实时信号，这与POSIX标准是一致的。第5章阐述了信号机制的实现。

- signal设置信号处理函数。sigaction是signal的现代增强版本，支持附加的选项，并提供了更大的灵活性。
- sigpending检查进程当前是否有待决信号被阻塞。
- sigsuspend将进程置于等待队列上，直至某个特定（一组信号中的一个）的信号到达。
- setmask启用信号的阻塞机制，而getmask返回所有当前阻塞信号的列表。
- kill用于向一个进程发送任何信号。
- 还有一组处理实时信号的系统调用，但其对应的函数名带有前缀rt_。例如，rt_sigaction设置一个实时信号处理程序，而rt_sigsuspend将进程置于等待状态，直至某个特定（一组信号中的一个）信号到达。

与传统信号机制相比，所有体系结构（即使是32位CPU）都可以处理64个不同的实时信号。实时信号可以关联附加信息，这使得（应用）程序员的工作稍微容易些。

4. 调度

与调度相关的系统调用可以归类到进程管理，因为所有此类调用都与系统进程有关。之所以值得建立一个独立的类别，只是因为Linux在进程行为的参数化方面，提供了大量的操作选项。

- setpriority和getpriority分别设置和获取进程的优先级，因而是用于调度目的的关键系统调用。
- 请注意，Linux不仅支持不同的进程优先级，还提供了多种调度类，以适应应用程序在时间方面具体的行为和需求。sched_setscheduler和sched_getscheduler分别设置和查询调度类。sched_setparam和sched_getparam分别设置和查询进程的附加调度参数（当前，只使用了实时优先级的参数）。
- sched_yield自愿释放CPU的控制权，即使进程当前仍然有CPU时间可用。

5. 模块

系统调用还用于向内核增加模块和从内核移除模块，如第7章所述。

- init_module添加一个新模块。
- delete_module从内核移除一个模块。

6. 文件系统

所有关于文件系统的系统调用都应用到VFS层的例程，如第8章所述。从VFS层开始，各个调用转发到具体文件系统的实现，后者通常会访问块层。从资源和执行时间来衡量，此类系统调用的代价都很高。

- 一些系统调用被用作用户空间中同名实用程序的直接基础，用来创建和修改目录结构：chdir、mkdir、rmdir、rename、symlink、getcwd、chroot、umask和mknod。
- 文件和目录属性可以用chown和chmod修改。
- 下列实用程序用于处理文件内容，其实现在标准库中，与对应的系统调用同名：open、close、read与readv、write与writev、truncate和llseek。
- readdir和getdents读取目录结构。
- link、symlink和unlink创建和删除链接（或文件，如果该文件是某个硬链接的最后一个成员）。readlink读取链接的内容。
- mount和umount用于文件系统的装载和卸载。
- poll和select用于等待某些事件。
- execve装载一个新进程，替换旧的进程。在与fork联合使用时，它会启动一个新的程序。

7. 内存管理

在通常的环境下，用户应用程序很少或从未接触到内存管理系统调用，因为这个领域被标准库的API屏蔽起来了，C标准库提供了malloc、balloc和calloc等函数。实现通常与编程语言相关，因为每种语言都有不同的动态内存管理需求，还经常会提供垃圾收集这样的特性，需要对内核提供的内存进行精巧而复杂的分配。

- 就动态内存管理而言，最重要的调用是brk，它修改进程数据段的长度。调用了malloc或相似函数的程序（几乎所有非平凡的代码，都符合这个条件）会频繁使用该系统调用。
- mmap、mmap2、munmap和mremap执行内存映射、解除映射和重新映射操作，而mprotect控制对虚拟内存中特定区域的访问，madvice提出对特定虚拟内存区域的使用建议。

mmap和mmap2的参数稍有不同，更多细节请参考手册页。默认情况下，GNU C库使用mmap2；现在mmap只是一个用户层包装器函数。

根据malloc的实现，它在内部可以使用mmap或mmap2。这是可行的，因为匿名映射允许建立没有文件作为后备存储的映射。与使用brk相比，该方法更加灵活。

- swapon和swapoff分别启用和禁用外存储器设备上（附加）的交换区。

8. 进程间通信和网络功能

因为“进程间通信（IPC）和网络”是比较复杂的问题，很容易臆断有大量相关的系统调用。但根据第12章和第5章所述，事实刚好相反。只有两个系统调用来处理所有可能的任务。但其中涉及了非常多的参数。C标准库将这些功能安排到许多不同的函数，这些函数只有少量参数，使得程序员更容易处理。最终，这些函数总是基于下面两个系统调用。

- socketcall处理网络方面的问题，用于实现套接字抽象。它管理各种类型的连接和协议，总共实现了17种功能，通过SYS_ACCEPT、SYS_SENDTO等常数来区分。参数必须以指针形式传递，指向一个与函数类型相关的用户空间结构，其中保存了所需的数据。
- ipc与socketcall相对应，用于处理计算机本地的连接，而不是通过网络建立的连接。因为该系统调用“只”需要实现11种功能，它使用了固定数目的参数来从用户空间向内核空间传递数据，总共是5个。

9. 系统信息和设置

通常必需查询当前运行内核及其配置和系统配置的有关信息。类似地，需要设置内核参数，有些信息必须保存到系统日志文件。内核提供了下列3个系统调用来执行此类任务。

- syslog向系统日志写入消息，并允许设置不同的优先级（根据消息的优先级不同，用户空间工具或者向持久性的日志文件发送消息，或者直接向控制台输出消息以通知用户某些关键情况。
- sysinfo返回有关系统状态的信息，特别有关内存使用的统计量（物理内存、缓冲区、交换区）。
- sysctl用于“微调”内核参数。内核现在支持大量的动态可配置选项，可以使用proc文件系统读取和修改，如第10章所述。

10. 系统安全和能力

传统的UNIX安全模型基于用户、组和一个“万能的”root用户，对现代需求而言已经不够灵活。这就导致引入了能力系统，该系统根据细粒度方案，使得非root进程能够拥有额外的权限和能力。

此外，LSM（Linux security modules，Linux安全模块）子系统提供了一个通用接口，支持内核在各个位置通过挂钩调用模块函数来执行安全检查。

- capset和capget负责设置和查询进程的能力。
- security是一个系统调用的多路分解器，用于实现LSM。

13.3 系统调用的实现

在系统调用的实现中，不仅需要讨论提供所需函数的内核源代码，还需要阐述调用这些函数的方式。这些函数的调用方式与普通的C函数不同，因为需要跨越用户态和核心态的边界。这引发了各种问题，这些问题需要由平台相关的汇编语言代码处理。该代码尽可能快速地建立了一个独立于处理器的状态，使得系统调用的实现能够独立于底层体系结构。参数如何在用户空间和内核空间之间传递的问题也必须考虑。

13.3.1 系统调用的结构

用于实现系统调用的内核代码划分为两个颇为不同的部分。系统调用执行的实际任务实现为一个C例程，与其余内核代码几乎没有差别。用于调用该例程的机制则充满了平台相关的特性，必须考虑大量细节，因而最终实现使用汇编语言代码是必然的。

1. 处理程序函数的实现

我们首先仔细观察一下，在实际处理程序函数的C语言实现之后有哪些东西。这些函数散布在内核中各处，因为这些函数都嵌入到了与其目的关系最密切的代码中。例如，所有文件相关的系统调用都在fs/内核子目录下，因为它们与虚拟文件系统直接交互。同样地，所有的内存管理调用都在mm/子目录的文件中。

用于实现系统调用的处理程序函数，在形式上有如下几个共同的特性。

- 每个函数的名称前缀都是sys_，将该函数唯一地标识为一个系统调用，更精确地说，标识为一个系统调用的处理程序函数。通常，不必区分系统调用和处理程序函数。在以下各节中，仅当有必要之处才进行区分。
- 所有的处理程序函数都最多接受5个参数。这些参数在参数列表中指定，与普通的C函数相同（提供参数值的方式与传统方法稍有不同，读者稍后会看到）。
- 所有的系统调用都在核心态执行。因而，第2章讨论的限制是适用的，主要是不允许直接访问用户态的内存。回想copy_from_user、copy_to_user或其他同类函数，都必须确保在进行实际读写操作之前目标内存区对内核必须是可用的。

在内核将控制权转移给处理程序例程后，控制流就进入了平台中立的代码，即不依赖于特定的CPU或体系结构。但因为各种原因，也有一些例外。有少量处理程序函数是针对各个平台分别实现的。在返回结果时，处理程序函数无须进行特别的操作，简单的一个return后接返回值即可。在核心态和用户态之间的切换，由特定于平台的内核代码执行，这与中断处理程序是无关的。图13-1说明了相关的时间顺序。

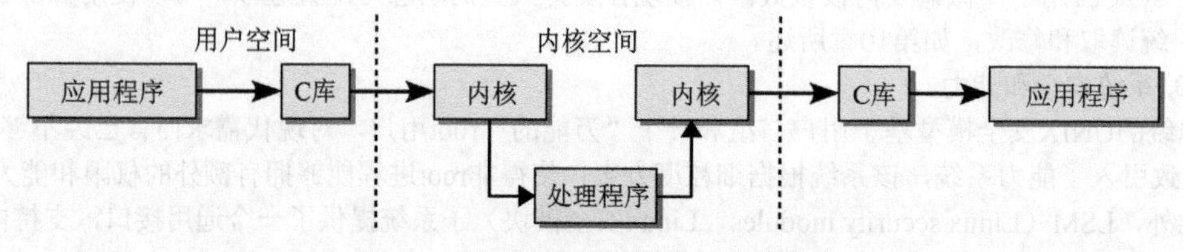

图13-1　系统调用中各操作的时间顺序

上述方法极大简化了程序员的工作，因为处理程序函数的实现实际上与普通内核代码的实现是相同的。有些系统调用非常简单，只用一行C语言代码实现。例如，返回当前进程UID的getuid系统调用实现如下：

kernel/timer.c

```
asmlinkage long sys_getuid(void)
{
        /* 我们只改变这个，使之变为SMP安全的 */
        return current->uid;
}
```

current是一个指针，指向当前进程的task_struct实例，由内核自动设置。上述代码返回task_struct的uid成员（当前用户ID）。它已经不能更简单了！

当然，还有复杂得多的系统调用，其中一些已经在前面几章讨论过。处理程序函数的实现总是简短而紧凑的。它通常会尽快将控制权传递给一个更通用的内核辅助函数，以read为例。

fs/read_write.c

```
asmlinkage ssize_t sys_read(unsigned int fd, char __user * buf, size_t count)
{
        struct file *file;
        ssize_t ret = -EBADF;
        int fput_needed;

        file = fget_light(fd, &fput_needed);
        if (file) {
            loff_t pos = file_pos_read(file);
            ret = vfs_read(file, buf, count, &pos);
            file_pos_write(file, pos);
            fput_light(file, fput_needed);
        }

        return ret;
}
```

这里，大部分工作是由vfs_read完成的，如第8章所述。

第三种“类型”系统调用充当多路分解器。多路分解器使用常数，将系统调用委派给执行不同任务的函数。一个典型的例子是socketcall（在第12章讨论），其中聚集了所有网络相关的调用。

net/socket.c

```
asmlinkage long sys_socketcall(int call, unsigned long __user *args)
{
        unsigned long a[6];
        unsigned long a0,a1;
        int err;
...
        switch(call)
        {
                case SYS_SOCKET:
                    err = sys_socket(a0,a1,a[2]);
                    break;
                case SYS_BIND:
                    err = sys_bind(a0,(struct sockaddr __user *)a1, a[2]);
                    break;
                case SYS_CONNECT:
                    err = sys_connect(a0, (struct sockaddr __user *)a1, a[2]);
                    break;
                case SYS_LISTEN:
                    err = sys_listen(a0,a1);
                    break;
...
                case SYS_RECVMSG:
                    err = sys_recvmsg(a0, (struct msghdr __user *) a1, a[2]);
                    break;
                default:
                    err = -EINVAL;
                    break;
        }
        return err;
}
```

形式上，只传递了一个void指针，因为根据多路分解常数的不同，系统调用参数数目也有变化。因而第一个任务是确定所需参数数目并填充a[]数组的各个数组项（这涉及指针和数组操作，不在这里讨论）。接下来根据调用参数来判断使用哪个内核函数进行进一步的处理。

无论其复杂性如何，所有处理程序函数都有一个共同点。每个函数说明都包括了额外的（asmlinkage）限定符，这不是C语言语法的标准成分。asmlinkage是一个汇编语言宏，定义在<linkage.h>中。其用途是什么呢？对大多数平台来说，答案非常简单，它根本什么都不做！

但该宏连同附录C讨论的GCC增强特性（__attribute__）一同在IA-32和IA-64系统上使用时，只是为了通知编译器该函数的特别的调用规范（在下一节详细讲述）。

2. 调用分派和参数传递

系统调用由内核分配的一个编号唯一标识。这样做有其实际原因，在考虑触发系统调用的过程时，该原因会逐渐明朗化。所有的系统调用都由一处中枢代码处理，根据调用编号和一个静态表，将调用分派到具体的函数。传递的参数也由中枢代码处理，这样参数的传递独立于实际的系统调用。

从用户态切换到核心态，以及调用分派和参数传递，都是由汇编语言代码实现的，这其中考虑了许多平台相关的特性。由于Linux支持大量体系结构，书中不可能涵盖所有细节，所以本节的描述仅限于广泛使用的IA-32体系结构。其他处理器上的实现方法几乎相同，当然汇编语言的细节可能不同。

为容许用户态和核心态之间的切换，用户进程必须通过一条专用的机器指令，引起处理器/内核对该进程的关注，这需要C标准库的协助。内核也必须提供一个例程，来满足切换请求并关注技术细节。该例程不能在用户空间中实现，因为其中需要执行普通应用程序不允许执行的命令。

● *参数传递*

不同的平台使用不同的汇编语言方法来执行系统调用。[①] 在所有平台上，系统调用参数都是通过寄存器直接传递的，对具体的处理程序函数而言，参数与寄存器之间的映射是精确定义的。还需要一个寄存器来定义系统调用编号，将系统调用分派给匹配的处理程序函数。

下面概述了一些流行的体系结构上进行系统调用的方法。

- 在IA-32系统上，使用汇编语言指令int $0x80来引发软件中断128。这是一个调用门（call gate），为此指派了一个特定的函数来继续进行系统调用的处理。系统调用编号通过寄存器eax传递，而参数通过寄存器ebx、ecx、edx、esi和edi传递。[②]

  在IA-32系列中，更为现代的处理器（Pentium II和后续处理器）采用了两个汇编语言指令（sysenter和sysexit）来快速进入和退出核心态。其中仍然采用同样的方法传递参数，但在特权级别之间切换的速度更快。

  为使sysenter调用更快，而又不失去与旧处理器的向下兼容性，内核将一个内存页面映射到地址空间的顶端（0xffffe000）。根据处理机类型的不同，该页上的系统调用代码可能包含int 0x80或者sysenter。

  调用存储在该地址（0xffffe000）的代码使得标准库可以自动选择与使用的处理器相匹配的方法。

---

① 细节很容易在GNU标准库的源代码中找到，可参考sysdeps/unix/sysv/linux/arch/syscall.S文件。特定平台所需的汇编语言代码可以在syscall标号下找到，这些代码为库其余部分提供了一个通用接口，可用于调用系统调用。

② 除了0x80调用门，内核在IA-32处理器上的实现提供了其他两种进入核心态执行系统调用的方法，分别是lcall7和lcall27调用门。这些用于执行对BSD和Solaris的二进制仿真，因为这些系统分别以本机方式进行系统调用。它们只与Linux的标准方法稍有区别，几乎不能向读者提供什么新的见识，因而就不费力在这里讨论它们了。

- Alpha处理器提供了一种特权系统状态（privileged architecture level，PAL），在其中可以存储系统的各种内核例程。内核利用该机制将一个函数存储到PAL代码中，而执行系统调用必须激活该函数。call_pal PAL_callsys将控制流转移到目标例程。v0用于传递系统调用编号，而5个可能的参数分别保存在a0到a4（请注意，与较早期的系统如IA-32相比，较新的体系结构上寄存器的命名更为系统化）。
- PowerPC处理器提供了一条优雅的汇编语言指令，称作sc（system call)。该指令专门用于实现系统调用。寄存器r3保存系统调用编号，而参数保存在寄存器r4到r8中。
- AMD64体系结构在实现系统调用时，也提供了自身的汇编语言指令，其名称为syscall。系统调用编号保存在raw寄存器中，而参数保存在rdi、rsi、rdx、r10、r8和r9中。

在应用程序借助于标准库切换到核心态后，内核面临的任务是查找与该系统调用匹配的处理程序函数，并向该处理函数提供传递的参数。sys_call_table表中保存了一组指向处理程序例程的函数指针，可用于查找处理程序（在所有平台上)。因为该表是用汇编语言指令在内核的数据段中产生的，其内容因平台而不同。但原理总是同样的：内核根据系统调用编号找到表中适当的位置，由此获得指向目标处理程序函数的指针。

13

● 系统调用表

我们考察一下Sparc64系统上的sys_call_table，定义在arch/sparc/kernel/systlbs.S中（其他系统的系统调用表，通常可以在与处理器类型对应的目录下的entry.S文件中找到）。

arch/sparc64/kernel/systbls.S

```
sys_call_table64:
sys_call_table:
/*0*/ .word sys_restart_syscall, sparc_exit, sys_fork, sys_read, sys_write
/*5*/ .word sys_open, sys_close, sys_wait4, sys_creat, sys_link
/*10*/ .word sys_unlink, sys_nis_syscall, sys_chdir, sys_chown, sys_mknod
/*15*/ .word sys_chmod, sys_lchown, sparc_brk, sys_perfctr, sys_lseek
/*20*/ .word sys_getpid, sys_capget, sys_capset, sys_setuid, sys_getuid
/*25*/ .word sys_vmsplice, sys_ptrace, sys_alarm, sys_sigaltstack, sys_nis_syscall
/*30*/ .word sys_utime, sys_nis_syscall, sys_nis_syscall, sys_access, sys_nice
       .word sys_nis_syscall, sys_sync, sys_kill, sys_newstat, sys_sendfile64
/*40*/ .word sys_newlstat, sys_dup, sys_pipe, sys_times, sys_nis_syscall
       .word sys_umount, sys_setgid, sys_getgid, sys_signal, sys_geteuid
/*50*/ .word sys_getegid, sys_acct, sys_memory_ordering, sys_nis_syscall, sys_ioctl
       .word sys_reboot, sys_nis_syscall, sys_symlink, sys_readlink, sys_execve
/*60*/ .word sys_umask, sys_chroot, sys_newfstat, sys_fstat64, sys_getpagesize

...
/*280*/ .word sys_tee, sys_add_key, sys_request_key, sys_keyctl, sys_openat
        .word sys_mkdirat, sys_mknodat, sys_fchownat, sys_futimesat, sys_fstatat64
/*290*/ .word sys_unlinkat, sys_renameat, sys_linkat, sys_symlinkat, sys_readlinkat
        .word sys_fchmodat, sys_faccessat, sys_pselect6, sys_ppoll, sys_unshare
/*300*/ .word sys_set_robust_list, sys_get_robust_list, sys_migrate_pages, sys_mbind,
              sys_get_mempolicy
        .word sys_set_mempolicy, sys_kexec_load, sys_move_pages, sys_getcpu, sys_epoll_pwait
/*310*/ .word sys_utimensat, sys_signalfd, sys_timerfd, sys_eventfd, sys_fallocate
```

IA-32处理器上，该表的定义是类似的。

arch/x86/kernel/syscall_table_32.S

```
ENTRY(sys_call_table)
        .long sys_restart_syscall /* 0 - old "setup()" system call, used for restarting */
        .long sys_exit
        .long sys_fork
```

```
        .long sys_read
        .long sys_write
        .long sys_open /* 5 */
        .long sys_close
...
        .long sys_utimensat /* 320 */
        .long sys_signalfd
        .long sys_timerfd
        .long sys_eventfd
        .long sys_fallocate
```

.long语句的作用是在内存中对齐各个表项。

用这种方法定义的表，与C数组类似，也可以用指针运算处理。sys_call_table是基指针，指向数组的起始处，即（按C语言的术语）指向索引为0的数组项。如果一个用户空间程序调用open系统调用，传递的系统调用编号是5。分配器例程将编号5加到sys_call_table的基地址，得到该数组的第6项，其中保存了sys_open的地址，这是独立于处理器的处理程序函数。在将保存在寄存器中的参数值复制到栈上之后，内核调用处理程序例程，并切换到系统调用处理中独立于处理器的部分。

> 因为核心态和用户态使用两个不同的栈，如第3章所述，系统调用参数不能像通常那样在栈上传递。在两个栈之间的切换，或者由进入核心态时调用的体系结构相关的汇编语言代码进行，或者在特权级别从用户态切换到核心态时由处理器自动进行。

3. 返回用户态

每个系统调用都必须通知用户应用程序，是否执行了相关例程，执行结果如何。这是通过返回码完成的。从应用程序的角度来看，只需在C程序中读取一个普通变量即可。但内核连同C库，必须花费更多的努力，才能使用户进程的处理像前面讲述的那样简单。

● 返回值的语义

通常，系统调用的返回值有如下约定：负值表示错误，而正值（和0）表示成功结束。

当然，程序和内核都不会用纯粹的数字来处理错误码，这里使用了借助于预处理器在include/asm-generic/errno-base.h和include/asm-generic/errno.h中定义的符号常数①。<errno.h>文件中包含了几个额外的错误码，但这些是特定于内核的，用户应用程序从来不会看到。511之前（含）的错误码用于一般性错误，内核相关的错误码使用512以上的值。

因为潜在错误的数目很多（不出所料），这里只列出了部分常数。

<asm-generic/errno-base.h>

```
#define EPERM        1        /* 操作不允许 */
#define ENOENT       2        /* 文件或目录不存在 */
#define ESRCH        3        /* 进程不存在 */
#define EINTR        4        /* 中断的系统调用 */
#define EIO          5        /* I/O错误 */
#define ENXIO        6        /* 设备或地址不存在 */
#define E2BIG        7        /* 参数列表太长 */
#define ENOEXEC      8        /* 错误的可执行文件格式 */
#define EBADF        9        /* 错误的文件编号 */
#define ECHILD      10        /* 没有子进程 */
...
```

① SPARC、Alpha、PA-RISC和MIPS体系结构对这些文件定义了自身的版本，因为它们与Linux的其他移植版使用的错误码数值不同。这是因为不同平台使用的二进制规范未必使用同样的魔数所致。

```
#define EMLINK      31          /* 链接过多 */
#define EPIPE       32          /* 断开的管道 */
#define EDOM        33          /* 数学参数超出函数定义域 */
#define ERANGE      34          /* 数学运算结果无法表示 */
```

使用UNIX系统调用时可能出现的典型错误都列出在errno-base.h中。另一方面，errno.h包含的错误码比较少见一些，即使老练的程序员也未必能立即弄清楚其语义。例如，EOPNOTSUPP表示"Operation not supported on transport endpoint"（传输端点不支持此操作），而ELNRNG表示"Link number out of range"（链接数目越界），这些都不能归类到常识中。以下是更多的一些例子。

```
<asm-generic/errno.h>
#define EDEADLK         35      /* 可能发生了资源死锁 */
#define ENAMETOOLONG    36      /* 文件名太长 */
#define ENOLCK          37      /* 没有记录锁可用 */
#define ENOSYS          38      /* 函数未实现 */
...
#define ENOKEY         126      /* 所需的密钥不可用 */
#define EKEYEXPIRED    127      /* 密钥过期 */
#define EKEYREVOKED    128      /* 密钥已经撤销 */
#define EKEYREJECTED   129      /* 服务拒绝了密钥 */

/* 用于健壮的互斥量 */
#define EOWNERDEAD          130  /* 所有者死亡 */
#define ENOTRECOVERABLE     131  /* 状态是不可恢复的 */
```

尽管前面刚提到错误码总是以负数形式返回，但这里给出的所有错误码都是正值。这是一个内核惯例，错误码定义为正值，但返回时增加负号。例如，如果不允许某操作执行，则处理程序将返回-ENOPERM，即错误码-1。

这里特地考察open系统调用的返回值（在第8章中讨论过的sys_open实现）。在打开一个文件时，可能发生什么错误呢？读者可能认为，不会太多。但内核发现了9种可能导致问题的地方。各个错误的来源，请参见标准库的文档（当然，还有内核源代码）。最常见的系统调用错误码如下。

- EACCES表示文件不能按指定的访问权限处理，例如，如果文件的权限串中写权限没有置位，则文件不能以写方式打开。
- 如果试图创建已经存在的文件，则返回EEXIST。
- ENOENT意味着目标文件不存在，而同时又没有指定允许创建不存在文件的标志。

如果系统调用成功结束，则返回一个大于等于0的正数。第8章讨论过，open在这里返回的是一个文件句柄，用于在后续操作以及内核内部的数据结构中表示该文件。

Linux使用long数据类型从内核空间向用户空间传输结果。根据使用的处理器类型不同，这可能是32或64位。其中1位是符号位[①]。对大多数系统调用来说，这不会导致问题，如open。返回的正值通常很小，不会超出long的范围。

遗憾的是，如果返回比较大的数字，可能占据unsigned long的整个范围时，情况就比较复杂。如果分配的内存地址位于虚拟内存空间的顶部，malloc和long的情形就是如此。内核会将返回的指针解释为负数，因为它超出了signed long的正值范围,尽管系统调用成功结束，仍然会报告错误。内核如何阻止这样的事故呢？

如上所述，能够返回到用户空间的错误码符号常数不会大于511。换句话说，返回的错误码从-1

① 当然，二进制补码计数法用来防止错误，其中有两个符号不同的0。有关该格式的更多信息，请参见http://en.wikipedia.org/wiki/Two%27s_complement。

到-511。因而，小于-511的返回值都排除在错误码之外，可以正确地解释为成功的系统调用的（很大的）返回值。

成功地结束系统调用还需要完成的工作，就是从核心态切换回用户态。返回值的传递方式，与调用时参数的传递方式类似。实现系统调用处理程序的C函数使用return将返回值放置在内核栈上。该值被复制到一个特定的处理器寄存器（IA-32系统上的eax，Alpha系统上的a3，等等），标准库会处理该寄存器并将返回值传递给应用程序。

13.3.2　访问用户空间

尽管内核尽可能保持内核空间和用户空间的独立，有些情况下，内核代码必须访问用户应用程序的虚拟内存。当然，这只在内核执行由用户应用程序发起的同步操作时才有意义，而不适用于任意进程进行的读或写访问，否则不仅不能解决问题，还会导致当前执行的代码产生危险的后果。

当然，对系统调用的处理就是此类情况的一个典型的例子，内核忙于同步执行应用程序指派的任务。因为如下两种原因，内核必须访问应用程序的地址空间。

- 如果一个系统调用需要超过6个不同的参数，它们只能借助进程内存空间中的C结构实例来传递。系统调用将借助寄存器，将指向该结构实例的一个指针传递给内核。
- 由系统调用的副效应产生的大量数据，不能通过返回值机制传递给用户进程。相反，必须通过指定的内存区交换该数据。当然，该内存区必须在用户空间中，使得用户应用程序能够访问。

在内核访问自身的内存区时，虚拟地址和物理内存页之间的映射总是存在的。但用户空间中的情况有所不同，如第3章所述。这里，页可能被换出，甚至可能尚未分配物理内存页。

因而，内核不能简单地反引用用户空间的指针，而必须采用特定的函数，确保目标内存区已经在物理内存中。为确保内核遵守了这种约定，用户空间指针通过__user属性标记，以支持C check tools对源代码的自动化检查①。

第3章讨论了用于在用户空间和内核空间之间复制数据的函数。大多数情况下，是copy_to_user和copy_from_user，但还有更多的变体可用。

13.3.3　追踪系统调用

strace工具用来追踪进程的系统调用，它使用了13.1.1节描述的ptrace系统调用。

sys_ptrace处理程序例程的实现是体系结构相关的，定义在arch/arch/kernel/ptrace.c中。幸运的是，各个体系结构的对应版本之间，代码只有微小的差别。因而这里只提供了对该例程如何工作的一般性概述，而不深入到体系结构相关的细节中。

在详细考察该系统调用的流程之前，应该注意到ptrace本质上是一个用于读取和修改进程地址空间中的值的工具，不能用于直接跟踪系统调用。只有从正确的位置提取出所需的信息，才能跟踪进程并就进行的系统调用得出结论。即使调试器如gdb的实现也完全依赖于ptrace。ptrace不仅能用于跟踪系统调用，还提供了更多的选项。

ptrace在内核源代码中的定义需要4个参数②：

```
<syscalls.h>
asmlinkage long sys_ptrace(long request, long pid, long addr, long data);
```

---

① Linus Torvalds设计了该工具，用于发现内核源代码中直接反引用用户空间指针之处。

② <syscalls.h>包含了所有独立于体系结构的系统调用的原型，这些调用的参数在所有体系结构上都是相同的。

- pid标识了目标进程。进程标识符根据调用者的命名空间来解释。尽管strace的处理方式暗示必须从开始就启用进程追踪，但这不是真实的。跟踪者程序必须通过ptrace将自身连接到目标进程，而且这可以在进程已经运行后进行（不仅能在进程开始时进行）。strace负责连接到进程，通常是用fork和exec启动目标程序后立即进行。
- addr和data向内核传递一个内存地址和附加信息。其语义因选择的操作而不同。
- 借助于符号常数，request用于选择一个操作，由ptrace执行。手册页ptrace(2)、内核源代码中的<ptrace.h>列出了所有可能值。可用的选项如下。
  - PTRACE_ATTACH发出一个请求，连接到一个进程并开始跟踪。PTRACE_DETACH从该进程断开并结束跟踪。当被跟踪的进程有待决信号时，进程总是会被终止。该选项使得被跟踪进程在系统调用后或一条汇编语言指令之后暂停。
    在被跟踪的进程暂停时，跟踪者程序通过SIGCHLD信号得到一个通知：在被跟踪进程暂停前，跟踪者可用第2章讨论的wait函数等待。
    在设置了跟踪之后，将SIGSTOP信号发送给被跟踪进程，这导致跟踪者进程第一次被中断。在跟踪系统调用时，这是必要的，如下面的例子所示。
  - PEEKTEXT、PEEKDATA和PEEKUSR从进程地址空间读取数据。PEEKUSR读取普通的CPU寄存器和使用的任何其他调试寄存器[①]（当然，会根据标识符只读取一个寄存器的内容，而不是读取整个寄存器集合的内容）。PEEKEXT和PEEKDATA从进程的代码段和数据段读取任意字。
  - POKETEXT、POKEDATA和PEEKUSR向被监控进程的三个指定区域写入值，因而可以操作进程地址空间的内容。这在交互式调试程序时是非常重要的。
    因为PTRACE_POKEUSR操作CPU的调试寄存器，该选项支持对高级调试技术的使用。例如可监控此类事件：在一定的条件满足时，在特定位置暂停程序的执行。
  - PTRACE_SETREGS和PTRACE_GETREGS设置和读取CPU的特权寄存器集合的值。
  - PTRACE_SETFPREGS和PTRACE_GETFPREGS设置和读取用于浮点计算的寄存器。这些操作在测试和交互式调试应用程序时也非常有用。
  - 系统调用追踪是基于PTRACE_SYSCALL的。如果用该选项激活ptrace，那么内核将开始执行进程，直至调用一个系统调用。在被追踪进程停止后，wait通知跟踪者进程，跟踪者接下来可以使用上述的ptrace选项，来分析被跟踪进程的地址空间，以收集有关系统调用的信息。在完成系统调用之后，被跟踪的进程第二次暂停，使得跟踪者进程可以检查调用是否成功。因为系统调用机制因平台而不同，跟踪程序如strace必须针对每个体系结构分别实现数据的读取；这是一个乏味的任务，很快会致使可移植程序的源代码变得不可读（strace的源代码中有大量预处理器条件，阅读其代码非常痛苦）。
  - PTRACE_SINGLESTEP将处理器在执行被追踪进程期间，置于单步执行模式。在这种模式下，跟踪者进程在每个汇编语言指令之后，可以访问被跟踪进程。这仍然是一种非常流行的应用程序调试技术，特别是在试图跟踪编译器错误或其他比较微秒的问题时。
    单步功能的实现非常强烈地依赖于所使用的CPU，毕竟，内核此时是在一个面向机器的层次上运作的。尽管如此，在所有平台上都可以向跟踪者进程提供一个一致的接口。在汇编指令执行之后，向跟踪者发送一个SIGCHLD信号，跟踪者接下来会使用其他的ptrace选项，

① 因为在调用ptrace系统调用时，执行的进程显然不是被跟踪进程，CPU物理寄存器自然保存的是跟踪者进程的值，而不是被跟踪进程。这也是使用第14章讨论的pt_regs实例的数据的原因。这些数据在进程经过进程切换后重新激活时，将被复制到寄存器集合中。操作该结构的数据，相当于操作寄存器本身。

收集被跟踪进程状态相关的详细信息。该循环不断重复，在用PTRACE_SINGLESTEP参数调用ptrace之后将执行下一条汇编指令，被跟踪进程进入睡眠，通过SIGCHLD信号通知跟踪者，等等。

- PTRACE_KILL发送KILL信号，关闭被追踪进程。
- PTRACE_TRACEME开始对当前进程的跟踪。当前进程的父进程自动承担跟踪者的角色，必须准备好从子进程接收信息。
- PTRACE_CONT恢复被跟踪进程的执行，但不自动暂停该进程的具体条件，被跟踪的进程将在接收到信号时暂停。

1. 系统调用追踪

下列简短示例程序说明了ptrace的使用。ptrace将当前进程连接到一个进程，并检测系统调用的使用。就这点而论，它是最简版本的strace。

```
/* strace(1)的简单替换 */

#include<stdio.h>
#include<stdlib.h>
#include<signal.h>
#include<unistd.h>
#include<sys/ptrace.h>
#include<sys/wait.h>
#include<asm/ptrace.h>          /*用于ORIG_EAX */

static long pid;

int upeek(int pid, long off, long *res) {
    long val;

    val = ptrace(PTRACE_PEEKUSER, pid, off, 0);
        if (val == -1) {
            return -1;
        }

        *res = val;
        return 0;
}
void trace_syscall() {
    long res;

    res = ptrace(PTRACE_SYSCALL, pid, (char*) 1, 0);
    if (res < 0) {
        printf("Failed to execute until next syscall: %d\n", res);
    }
}

void sigchld_handler (int signum) {
    long scno;
    int res;

    /* 查明系统调用（系统相关的）……*/
    if (upeek(pid, 4*ORIG_EAX, &scno) < 0) {
        return;
    }
```

```
    /* ……并输出信息 */
    if (scno != 0) {
        printf("System call: %u\n", scno);
    }

    /* 激活追踪直至下一个系统调用 */
    trace_syscall();
}

int main(int argc, char** argv) {
    int res;

    /* 检查参数数目 */
    if (argc != 2) {
        printf("Usage: ptrace <pid>\n");
        exit(-1);
    }

    /* 从命令行参数读取目标pid */
    pid = strtol(argv[1], NULL, 10);
    if (pid <= 0) {
        printf("No valid pid specified\n");
        exit(-1);
    } else {
        printf("Tracing requested for PID %u\n", pid);
    }

    /* 安装SIGCHLD的处理程序 */
    struct sigaction sigact;
    sigact.sa_handler = sigchld_handler;
    sigaction(SIGCHLD, &sigact, NULL);

    /* 连接到目标进程 */
    res = ptrace(PTRACE_ATTACH, pid, 0, 0);
    if (res < 0) {
        printf("Failed to attach: %d\n", res);
        exit(-1);
    } else {
        printf("Attached to %u\n", pid);
    } for (;;) {
        wait(&res);
        if (res == 0) {
            exit(1);
        }
    }
}
```

程序结构大体上如下。

- 从命令行读取被跟踪程序的pid，并进行通常的检查。
- 安装CHLD信号的一个处理程序，因为每次被跟踪程序中断时，内核都会向跟踪者进程发送该信号。
- 跟踪者进程通过ptrace请求PTRACE_ATTACH，将自身连接到目标应用程序。
- 跟踪者程序的主体由一个简单的无限循环组成，其中重复调用wait目录，等待新的CHLD信号的到达。

该程序的结构并不依赖于特定的处理器类型，可以用于Linux支持的所有系统。但用于确定所调用系统调用编号的方法，却是与体系结构非常相关的。该程序给出的方法只适用于IA-32系统，该平台将系统调用编号放置在所保存的寄存器集合中一个特定的偏移量处。该偏移量保存在asm/ptrace.h定义的ORIG_EAX常数中。其值可以使用PTRACE_PEEKUSER读取，必须乘以4，因为此体系结构上寄存器的字长是4字节。

当然，在其他体系结构上的实现会是不同的。详细情况，请参见内核源代码中与系统调用相关的部分，以及标准的strace工具的源代码。

我们主要的目标是说明如何用ptrace检查被监控的进程。在通过PTRACE_ATTACH开始跟踪进程之后，大部分工作都委托给CHLD信号的处理程序函数，其实现在sigchld_handler中。该函数负责执行下列任务。

- 使用平台相关的方法，帮助查找所调用系统调用的编号。
  如果结果是一个不等于0的系统调用编号，则输出该信息。检测0是必要的，因为只要求记录系统调用，而不是发送给被跟踪进程的信号。
- 帮助恢复被跟踪进程的控制流。当然，必须通知内核，该进程的执行将在下一个系统调用时暂停。这是使用ptrace请求PTRACE_SYSCALL完成的。

在开始运转之后，程序的控制流是很明显的。被跟踪进程请求的系统调用会触发内核中的ptrace机制，进而向跟踪者进程发送CHLD信号。跟踪者进程的信号处理程序会读取所需信息，即系统调用的编号，并输出它，然后再次使用ptrace机制。被跟踪进程的执行将恢复，并在再次调用系统调用时中断。

但整个过程是如何开始运转的？无论如何，为启用对系统调用的跟踪，都需要第一次调用CHLD的处理程序。如上所述，在一个信号发送到被追踪进程时，内核也会向跟踪者发送一个SIGCHLD信号，则会调用对应的处理程序，与系统调用发生时相同。事实上，在发起跟踪时，内核会自动向被跟踪进程发送一个STOP信号，以确保在跟踪开始时调用处理程序（即使跟踪者没有收到其他信号）。这使得跟踪过程运转起来。

2. 内核端实现

不出所料，ptrace系统调用的处理程序函数称作sys_ptrace。除少数例外，所有体系结构都使用了该实现中体系结构无关的部分，这可以在kernel/ptrace.c中找到。而体系结构相关的部分即函数arch_ptrace，位于arch/arch/kernel/ptrace.c中。图13-2给出了其代码流程图。

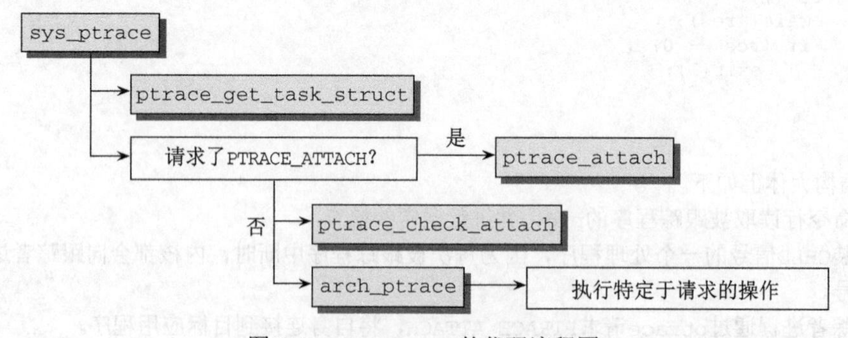

图13-2　sys_ptrace的代码流程图

ptrace系统调用的语义由request参数控制，从其代码的结构可以很清楚地看到这一点。首先进行预备工作，主要是使用ptrace_get_task_struct确定所传递PID对应的task_struct结构实例。这在本质上使用了find_task_by_vpid，来查找所需的task_struct实例，还防止了对init进程的跟踪——如果对pid参数传递值1，则放弃ptrace操作。

● 开始跟踪

进程的task_struct中包含了几个与ptrace相关的成员，将在下文讲到。

```
<sched.h>
struct task_struct {
...
    unsigned int ptrace;
...
    /* ptrace_list/ptrace_children是ptrace能够看到的当前进程的子进程列表。*/
    struct list_head ptrace_children;
    struct list_head ptrace_list;
...
    struct task_struct *real_parent; /* 真正的父进程（在被调试的情况下） */
...
};
```

如果设置了PTRACE_ATTACH，则用ptrace_attach建立跟踪者进程与目标进程之间的关联。在完成后，将进行如下几步。

- 目标进程的ptrace成员设置为PT_TRACED。
- 跟踪者进程变为目标进程的父进程（真正的父进程保存在real_parent）。
- 被跟踪进程添加到跟踪者的ptrace_children链表，使用task_struct的ptrace_list成员作为链表元素。
- 向被跟踪的进程发送一个STOP信号。

如果请求了一个不同于PTRACE_ATTACH的操作，ptrace_check_attach首先检查跟踪者是否已经连接到目标进程，而后代码路径根据特定的ptrace操作进行分支。这是在arch_ptrace中处理的，每个体系结构都定义了该函数，它不能由通用代码提供。但这一点并不是完全正确的：事实上，一些请求可以由体系结构无关代码处理，这些是在ptrace_request（定义在kernel/ptrace.c）中处理的，该函数由arch_ptrace调用。只有非常简单的请求可以由该函数处理。例如，PTRACE_DETACH就是其中之一，它可以将跟踪者与目标进程断开连接。

通常，为此会使用一个大的switch/case语句，根据request参数分别处理每种情况。这里只讨论一些重要的情况：PTRACE_ATTACH和PTRACE_DETACH、PTRACE_SYSCALL、PTRACE_CONT、以及PTRACE_PEEKDATA和PTRACE_POKEDATA。剩余请求的实现都遵循了类似的模式。

内核执行的所有进一步的跟踪操作，都位于第5章讨论的信号处理程序代码中。在投递一个信号时，内核会检查task_struct的ptrace字段是否设置了PT_TRACED标志。如果是这样，进程的状态则设置为TASK_STOPPED（在kernel/signal.c的get_signal_to_deliver中），以中断执行。notify_parent以及CHLD信号用于通知跟踪者进程。（如果跟踪者刚好处于睡眠状态，则唤醒该进程。）跟踪者接下来按照剩余的ptrace选项，对目标进行所要的检查。

● PTRACE_CONT和PTRACE_SYSCALL的实现

在被跟踪的进程因为收到信号暂停后，PTRACE_CONT将就恢复其执行。该功能的内核端实现关联到PTRACE_SYSCALL（该请求在信号到达后或系统调用执行前后，都会暂停被跟踪进程的执行）。

本节同时讨论这两个选项，因为二者对应的代码只是稍有不同。

- 在使用PTRACE_SYSCALL时，将在被监控进程的task_struct中，设置TIF_SYSCALL_TRACE标志。
- 在使用PTRACE_CONT时，使用clear_tsk_thread_flag删除该标志。

这些都只是操作进程的thread_info实例的flags字段对应的标志位。

在该标志被设置或清除后，内核在恢复被跟踪进程的正常工作前，只需要用wake_up_process唤醒该进程。

TIF_SYSCALL_TRACE标志的效果如何？因为系统调用是高度硬件相关的，该标志的效果需要到汇编语言源代码entry.S中才能看到。如果设置了该标志，在系统调用完成后会调用C函数do_syscall_trace，但只针对IA-32、PowerPC、和PowerPC64平台。其他体系结构使用的机制不在这里描述。

无论如何，该标志的效果在所有支持的平台上都是相同的。在被监控进程执行一个系统调用前后，进程状态设置为TASK_STOPPED，而且会通过CHLD信号通知跟踪者。接下来，所需的信息可以从寄存器或特定内存区的内容提取。

● 停止跟踪

使用PTRACE_DETACH来停止跟踪，它使得ptrace的中枢处理程序将任务委托给kernel/ptrace.c中的ptrace_detach函数。该任务由下列步骤组成。

(1) 体系结构相关的挂钩ptrace_disable用来执行停止追踪所需的底层操作。

(2) 从子进程的线程标志中，清除TIF_SYSCALL_TRACE。

(3) 目标进程task_struct的ptrace成员重置为0，将目标进程从跟踪者进程的ptrace_children链表删除。

(4) 将被跟踪进程的父进程重置为原父进程，即将task_struct->parent赋值为real_parent。

被追踪的进程用wake_up_process唤醒，使之恢复其工作。

● 读取和修改目标进程的数据

PTRACE_PEEKDATA从目标进程的数据段读取信息[①]。针对该请求，ptrace调用需要如下两个参数。

- addr指定将要读取的数据段中的地址。
- data用于接收相关的结果。

读取操作委托给mm/memory.c中实现的access_process_vm函数。（该函数曾经位于kernel/ptrace.c中，但新的位置显然是个更好的选择。）

该函数使用get_user_pages在用户空间内存中查找匹配目标地址的页。使用内核中的一个临时内存区来缓冲所需的数据。在一些清理工作之后，控制返回到分配器。

因为所需数据仍然在内核空间中，必须使用put_user将结果复制到用户空间中的内存位置，由data指定。

可通过PTRACE_POKEDATA，以类似的方式操作被跟踪的进程。（PTRACE_POKETEXT的用法完全相同，因为这两个代码段在虚拟地址空间中毫无区别。）access_process_vm查找与所需地址相关的内存页。access_process_vm还负责将现存数据替换为系统调用参数指定的新值[②]。

13.4　小结

从某种角度来看，可以将内核视作一个综合性的库，它包含了各种可向用户层应用程序提供的功能。系统调用是应用程序与该库之间的接口。通过调用系统调用，应用程序可以向内核请求一个服务，

① 因为内存管理不能区分文本段和数据段，它们以不同的地址开始，但以相同的方式被访问，这里讲述的内容同样适用于PTRACE_PEEKTEXT。

② 可以选择一个布尔值参数，来指定只读取数据（PTRACE_PEEKTEXT或PTRACE_PEEKDATA），或者顺便将指定数据替换为新值。

内核接下来满足该请求。本章首先介绍了系统程序设计的基础，这会导向系统调用在内核中的实现。与普通函数相比，调用系统调用需要更多的工作量，因为必须将CPU在用户态和核心态之间切换。由于内核和用户层位于虚拟地址空间中的不同部分，读者还会看到，在内核与应用程序之间传输数据时，需要注意一些问题。最后，读者看到了如何使用系统调用跟踪，来跟踪程序的行为，这是用户空间中一个不可缺少的调试工具。

系统调用是从用户态切换到核心态的同步机制。下一章将向读者介绍中断，这是两种状态之间的异步切换。

第14章 内核活动

第13章说明了系统在执行时可以划分为两个大而不同的部分：核心态和用户态。本章将通过考察各种内核活动来作出结论，即需要更细粒度的划分。

系统调用不是在用户态和系统状态之间切换的唯一途径。从此前各章的阐述显然可知，所有支持Linux的平台都采用了中断（interrupt）的概念，以便（因种种原因）引入周期性的中断。需要区分两种类型的中断。

- **硬件中断**（hardware interrupt）：由系统自身和与之连接的外设自动产生。它们用于支持更高效地实现设备驱动程序，也用于引起处理器自身对异常或错误的关注，这些是需要与内核代码进行交互的。
- **软中断**（SoftIRQ）：用于有效实现内核中的延期操作。

与内核的其他部分相比，用于处理中断和系统调用相关部分的代码中，汇编和C代码交织在一起，以解决C语言无法独立处理的一些微妙问题。这不是一个特定于Linux的问题。无论各个操作系统采用的方法如何，大多数操作系统的开发者都试图将此类问题的底层处理尽可能深地隐藏到内核源代码中，使之对其余的代码不可见。因为技术上的现实情况，这并不是总能够做到的，但中断处理部分随着时间的演化，已经达到了这样一种状态：高层代码和底层的硬件交互代码，已经尽可能有效而干净地分隔开了。

内核经常需要一些机制，将某些活动延迟到未来的某个时间执行，或将活动置于某个队列上，在时间充裕时进行后续处理。读者在此前各章中，已经遇到了对此类机制的若干使用。在本章中，我们将仔细地考察其实现。

14.1 中断

直至内核版本2.4，在Linux所支持的各个平台上，中断实现的唯一共同点就是，这些代码都是真实存在的，但所有的相似性也就到此为止了。大量代码（和许多复制功能）散布到各个特定于体系结构的组件中。在内核版本2.6的开发期间，这种情况有了很大改善，因为其中引入了一个用于中断和IRQ的通用框架。各个平台现在只负责在最低层次上与硬件交互。所有其他功能都由通用代码提供。

首先介绍最常见的系统中断类型，并将其作为讨论的起点，然后详细讲述中断的运作方式、完成的任务、造成的问题。

14.1.1 中断类型

通常，各种类型的中断可分为如下两个类别。

- **同步中断和异常**。这些由CPU自身产生，针对当前执行的程序。异常可能因种种原因触发：由于运行时发生的程序设计错误（典型的例子是除0），或由于出现了异常的情况或条件，致使处理器需要“外部”的帮助才能处理。

在前一种情况下，内核必须通知应用程序出现了异常。举例来说，内核可以使用第5章描述的信号机制。这使得应用程序有机会改正错误、输出适当的错误消息或直接结束。

异常情况不见得是由进程直接导致的，但必须借助于内核才能修复。一个可能的例子是缺页异常，在进程试图访问虚拟地址空间的一页，而该页不在物理内存中时，才会发生此类异常。根据第4章的讨论，内核必须与CPU交互，确保将预期的数据取入物理内存。接下来，进程可以在发生异常的位置恢复执行。由于内核自动恢复了这种情况，进程甚至不会注意到缺页异常的存在。

- **异步中断**。这是经典的中断类型，由外部设备产生，可能发生在任意时间。不同于同步中断，异步中断并不与特定进程关联。它们可能发生在任何时间，而不牵涉系统当前执行的活动。[①]
  网卡通过发出一个相关的中断来报告新分组的到达。因为数据可能在任意时刻到达系统，所以当前执行的很可能是与数据无关的某个进程或其他东西。为避免损害该进程，内核必须确保中断能够尽快处理完毕（通过缓冲数据），使得CPU时间能够返还给当前进程。这也是内核需要延期操作机制的原因，该机制也在本章讨论。

两类中断的共同特性是什么？如果CPU当前不处于核心态，则发起从用户态到核心态的切换。接下来，在内核中执行一个专门的例程，称为*中断服务例程*（interrupt service routine，简称ISR）或*中断处理程序*（interrupt handler）。

该例程的作用是处理异常条件或情况，毕竟，中断的作用就在于引起内核对此类改变的关注。

同步和异步中断之间的简单区别，并不足以描述这两类类型中断的特性。还需要考虑另一方面。许多中断可以禁用，但有些不行。举例来说，后一类就包括了因硬件故障或其他系统关键事件而发出的中断。

在可能的情况下，内核试图避免禁用中断，因为这显然会损害系统性能。但有些场合禁用中断是必要的，这是为防止内核遇到一些严重的麻烦。在仔细考察中断处理程序时，读者会看到，在处理第一个中断时，如果发生第二个中断，内核中可能发生严重的问题。如果内核在处理关键代码[②]时发生了中断，那么可能会发生第5章讨论的同步问题。在最坏情况下，这可能引起内核死锁，致使整个系统变得不可用。

如果内核容许在禁用中断的情况下，花费过多时间处理一个ISR，那么可能（也必将）会丢失一些对系统正确运作必不可少的中断。内核为解决该问题，将中断处理程序划分为两个部分，性能关键的前一部分在禁用中断时执行，而不那么重要的后一部分延期执行，进行所有次要的操作。早期的内核版本也包含了一种同名机制，用于将操作延期一段时间执行。但该机制已经被更高效的机制取代，将在下文讨论。

每个中断都有一个编号。如果中断号n分配给一个网卡而$m \neq n$分配给SCSI控制器，那么内核即可区分两个设备，并在中断发生时调用对应的ISR来执行特定于设备的操作。当然，同样的原则也适应于异常，不同的异常指派了不同的编号。遗憾的是，由于特别设计（通常是历史上的）的“特性”（IA-32体系结构就是一个恰当的特例），情况并不总是像描述的那样简单。因为只有很少的编号可用于硬件中断，所以必须由几个设备共享一个编号。在IA-32处理器上，硬件中断的最大数目通常是15，这个值可不怎么大，还有考虑到有些中断编号已经永久性地分配给了标准的系统组件（键盘、定时器，等

① 因为中断可能被禁用（读者稍后即会看到），这种说法是不完全正确的。系统至少能影响何时不发生中断。

② 即获得了锁。——译者注

等），因而限制了可用于其他外部设备的中断编号数目。

这个过程称为中断共享（interrupt sharing）。[①]但必须硬件和内核同时支持才能使用该技术，因为必须要识别出中断来源于哪个设备。本章将更详细地阐述该机制。

14.1.2 硬件 IRQ

以前，中断这个名词使用得很不谨慎，用来表示由CPU和外部硬件发出的中断。明白的读者当然会注意到这陈述得不大准确。中断不能由处理器外部的外设直接产生，而必须借助于一个称为中断控制器(interrupt controller)的标准组件来请求，该组件存在于每个系统中。

外部设备（或其槽位），会有电路连接到用于向中断控制器发送中断请求的组件。控制器在执行了各种电工任务（我们对此没有更多兴趣）之后，将中断请求转发到CPU的中断输入。因为外部设备不能直接发出中断，而必须通过上述组件请求中断，所以这种请求更正确的叫法是IRQ，或中断请求（interrupt request）。

因为就软件而言，IRQ和中断之间的差别不是那么大，这两个术语通常可替换使用。在所指的语义清楚的情况下，这不成问题。

但这里的一个要点涉及IRQ和中断的数目，我们绝不能忽视这一点，因为它会影响到软件。对大多数CPU来说，都只是从可用于处理硬件中断的整个中断号范围抽取一小部分使用。抽取出的范围通常位于所有中断号序列的中部，例如，IA-32 CPU总共提供了16个中断号，从32到47。

如果读者曾经在IA-32系统上配置过I/O扩展卡，或研究过`/proc/interrupts`的内容，那么就会了解到，扩展卡的IRQ编号从0开始，到15结束，当然，前提是使用了典型的中断控制器8256A。这意味着这里同样有16个不同的选项，但数值不同。中断控制器除了负责IRQ信号的电工处理之外，还会对IRQ编号和中断号进行一个“转换”。在IA-32系统上，加32即可。如果设备发出IRQ 9，CPU将产生中断41，在安装中断处理程序时必须考虑到这一点。其他体系结构在中断号和IRQ编号之间采用其他映射方式，这里不会详细阐述。

14.1.3 处理中断

在CPU得知发生中断后，它将进一步的处理委托给一个软件例程，该例程可能会修复故障、提供专门的处理或将外部事件通知用户进程。由于每个中断和异常都有唯一的编号，内核使用一个数组，数组项是指向处理程序函数的指针。相关的中断号根据数组项在数组中的位置判断，如图14-1所示。

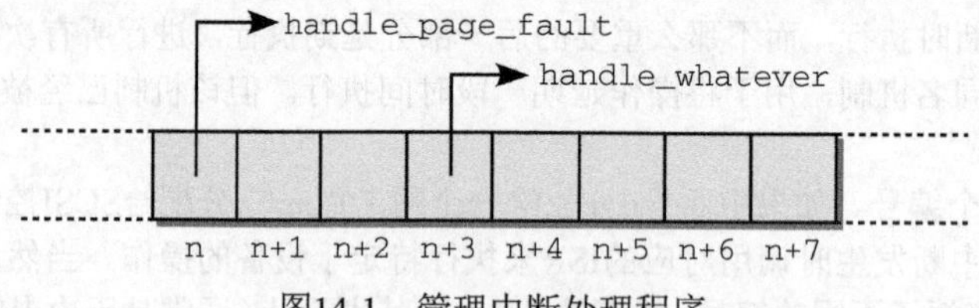

图14-1 管理中断处理程序

1. 进入和退出任务

如图14-2所示，中断处理划分为3部分。首先，必须建立一个适当的环境，使得处理程序函数能够在其中执行，接下来调用处理程序自身，最后将系统复原（在当前程序看来）到中断之前的状态。调用中断处理程序前后的两部分，分别称为进入路径（entry path）和退出路径（exit path）。

① 很自然，精巧设计的总线系统无需该方案。这种系统为硬件设备提供了很多中断，根本不需要共享。

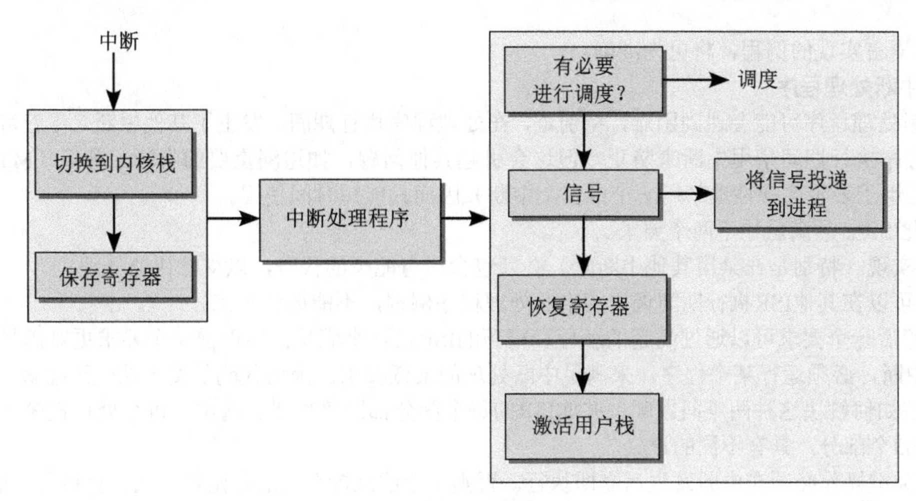

图14-2　中断的处理

进入和退出任务还负责确保处理器从用户态切换到核心态。进入路径的一个关键任务是，从用户态栈切换到核心态栈。但是，只有这一点还不够。因为内核还要使用CPU资源执行其代码，进入路径必须保存用户应用程序当前的寄存器状态，以便在中断活动结束后恢复。这与调度期间用于上下文切换的机制是相同的。在进入核心态时，只保存整个寄存器集合的一部分。内核并不使用全部寄存器。举例来说，内核代码中不使用浮点操作（只有整数计算），因而并不保存浮点寄存器。①浮点寄存器的值在执行内核代码时不会改变。平台相关的数据结构pt_regs列出了核心态可能修改的所有寄存器，它的定义考虑到了不同的CPU之间的差别（14.1.7节将仔细考察该结构）。在汇编语言编写的底层例程负责填充该结构。

在退出路径中，内核会检查下列事项。

- 调度器是否应该选择一个新进程代替旧的进程。
- 是否有信号必须投递到原进程。

从中断返回之后，只有确认了这两个问题，内核才能完成其常规任务，即还原寄存器集合、切换到用户态栈、切换到适用于用户应用程序的适当的处理器状态，或切换到一个不同的保护环。②

因为需要C语言代码和汇编语言代码之间的交互，所以必须特别小心，才能正确设计在汇编语言层次和C语言层次上的数据交换。对应的代码位于arch/arch/kernel/entry.S中，彻底利用了各个处理器的具体特性。为此，该文件的内容应该尽可能少修改，即使修改也必须极其小心。

> 在中断到达时，处理器可能处于用户态或核心态，这使得中断的进入和退出路径中的工作更为困难。这需要另外几个技术上的修改，为确保图示简明，没有在图14-2中给出。（有可能无须切换核心态栈和用户态栈，也有可能无须检查是否要调用调度器或投递信号。）

术语中断处理程序（interrupt handler）的使用是可能引起歧义的。它用于指代CPU对ISR（中断服务程序）的调用，包括了进入/退出路径和ISR本身。当然，如果只指代在进入路径和退出路径之间执

① 一些体系结构（例如，IA-64）不遵循该规则，使用了一些浮点寄存器，并在每次进入核心态时保存这些寄存器。内核仍然不会“触及”大部分浮点寄存器，也不会使用显式的浮点操作。

② 一些处理器可自动进行此切换，无须内核明确请求。

行、由C语言实现的例程，将更为准确。

2. 中断处理程序

中断处理程序可能会遇到困难，特别是，在处理程序执行期间，发生了其他中断。尽管可以通过在处理程序执行期间禁用中断来防止，但这会引起其他问题，如遗漏重要的中断。屏蔽（Masking，这个术语用于表示选择性地禁用一个或多个中断）因而只能短时间使用。

因此ISR必须满足如下两个要求。

(1) 实现（特别是在禁用其他中断时）必须包含尽可能少的代码，以支持快速处理。

(2) 可以在其他ISR执行期间调用的中断处理程序例程，不能彼此干扰。

尽管后一个要求可以通过高超的编程和精巧的ISR设计来满足，然而前一个要求更难满足。根据具体的中断，必须运行某个程序，来满足中断处理的最低要求。因而代码长度无法任意缩减。

内核如何解决这种两难问题呢？并非ISR的每个部分都同等重要。通常，每个处理程序例程都可以划分为3个部分，具有不同的意义。

(1) 关键操作必须在中断发生后立即执行。否则，无法维持系统的稳定性，或计算机的正确运作。在执行此类操作期间，必须禁用其他中断。

(2) 非关键操作也应该尽快执行，但允许启用中断（因而可能被其他系统事件中断）。

(3) 可延期操作不是特别重要，不必在中断处理程序中实现。内核可以延迟这些操作，在时间充裕时进行。

内核提供了tasklet，用于在稍后执行可延期操作。14.3节将更详细地阐述tasklet。

14.1.4　数据结构

中断技术上的实现有两方面：汇编语言代码，与处理器高度相关，用于处理特定平台上相关的底层细节；抽象接口，是设备驱动程序及其他内核代码安装和管理IRQ处理程序所需的。本节主要关注第二方面。描述汇编语言部分的功能会涉及无数细节，可以参考处理器体系结构方面的书籍或手册。

为响应外部设备的IRQ，内核必须为每个潜在的IRQ提供一个函数。该函数必须能够动态注册和注销。静态表组织方式是不够的，因为可能为设备编写模块，而且设备可能与系统的其他部分通过中断进行交互。

IRQ相关信息管理的关键点是一个全局数组，每个数组项对应一个IRQ编号。因为数组位置和中断号是相同的，很容易定位与特定的IRQ相关的数组项：IRQ 0在位置0，IRQ 15在位置15，等等。IRQ最终映射到哪个处理器中断，在这里是不相关的。

该数组定义如下：

kernel/irq/handle.c
```
struct irq_desc irq_desc[NR_IRQS] __cacheline_aligned_in_smp = {
        [0 ... NR_IRQS-1] = {
            .status = IRQ_DISABLED,
            .chip = &no_irq_chip,
            .handle_irq = handle_bad_irq,
            .depth = 1,
...
        }
};
```

尽管各个数组项使用的是一个体系结构无关的数据类型，但IRQ的最大可能数目是通过一个平台相关的常数`NR_IRQS`指定的。大多数体系结构下，该常数定义在处理器相关的头文件`include/asm-`

arch/irq.h中。[①]不同处理器间及同一处理器家族内，该常数的值变化都很大，主要取决于辅助CPU管理IRQ的辅助芯片。Alpha计算机在小型系统上可支持32个中断，而在Wildfire主板上可支持2048个中断，真令人难以置信。IA-64处理器的中断数目总是256。IA-32系统连同经典的8256A控制器，只提供了16个IRQ。如果使用IO-APIC（advanced programmable interrupt controller，高级可编程中断控制器）扩展，中断数目可增加到224个。该特性在所有多处理器系统都支持，也可以部署到单处理器系统。最初，所有中断槽位都使用handle_bad_irq作为处理程序，该函数只对没有安装处理程序的中断进行确认。

与IRQ的最大数目相比，我们对各数组项的数据类型更感兴趣（与上述简单例子相反，该类型并不仅仅是函数指针）。在深入技术细节之前，需要概述内核的IRQ处理子系统。

内核在2.6之前的版本包含了大量平台相关代码来处理IRQ，在许多地方是相同的。因而，在内核版本2.6开发期间，引入了一个新的通用的IRQ子系统。它能够以统一的方式处理不同的中断控制器和不同类型的中断。基本上，它由3个抽象层组成，如图14-3所示。

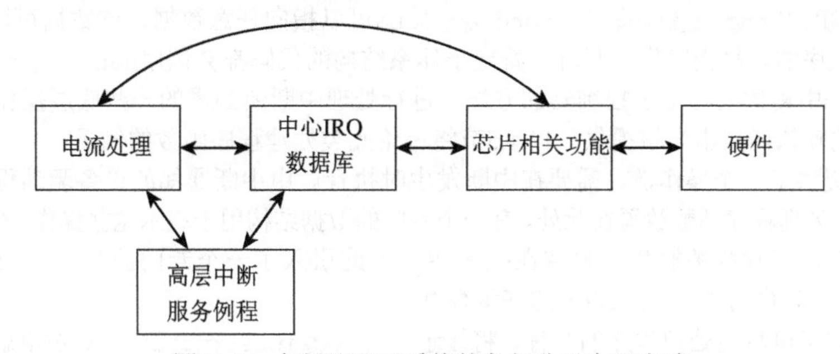

图14-3 中断处理子系统的各部分及交互方式

(1) **高层ISR**（high-level interrupt service routines，高层中断服服务例程）针对设备驱动程序端（或其他内核组件）的中断，执行由此引起的所有必要的工作。例如，如果设备使用中断通知一些数据已经到达，那么高层ISR的工作应该是将数据复制到适当的位置。

(2) **中断电流处理**（interrupt flow handling）：处理不同的中断电流类型之间的各种差别，如边沿触发（edge-triggering）和电平触发（level-triggering）。

边沿触发意味着硬件通过感知线路上的电位差来检测中断。在电平触发系统中，根据特定的电势值检测中断，与电势是否改变无关。

从内核的角度来看，电平触发更为复杂，因为在每个中断后，都需要将线路明确设置为一个特定的电势，表示"没有中断"。

(3) **芯片级硬件封装**（chip-level hardware encapsulation）：需要与在电子学层次上产生中断的底层硬件直接通信。该抽象层可以视为中断控制器的某种"设备驱动程序"。

我们返回到问题的技术层面，用于表示IRQ描述符的结构定义如下（稍有简化）：[②]

---

① 在IA-32体系结构下，使用/include/asm-x86/mach-type/irq_vectors_limits.h。

② 除了一些技术性的成员，用于支持MSI（message signaled interrupt）特性的成员也被忽略了。MSI是PCI标准的一个可选扩展，是PCI Express标准的必需组件。该扩展特性允许不使用硬件的物理针脚，而通过PCI总线上的"消息"来发送中断。因为现代处理器可用针脚数目是有限的，而又需要用于许多其他目的，因此针脚实际上是一种稀有资源。因而硬件设计师在寻找发送中断的替换方法，MSI机制就是其中之一。在未来，该特性的重要性会逐渐增长。内核源代码中的Documentation/MSI-HOWTO.txt包含了有关该机制的更多信息。

14

<irq.h>
```
struct irq_desc {
    irq_flow_handler_t      handle_irq;
    struct irq_chip         *chip;
    void                    *handler_data;
    void                    *chip_data;
    struct irqaction        *action;        /* IRQ操作列表 */
    unsigned int            status;         /* IRQ状态 */

    unsigned int            depth;          /* 嵌套停用irq */
    unsigned int            irq_count;      /* 用于检测错误的中断*/
    unsigned int            irqs_unhandled;
...
    const char              *name;
} ____cacheline_internodealigned_in_smp;
```

从内核中高层代码的角度来看，每个IRQ都可以由该结构完全描述。上面介绍的3个抽象层在该结构中表示如下。

- 电流层ISR由handle_irq提供。handler_data可以指向任意数据，该数据可以是特定于IRQ或处理程序的。每当发生中断时，特定于体系结构的代码都会调用handle_irq。该函数负责使用chip中提供的特定于控制器的方法，进行处理中断所必需的一些底层操作。用于不同中断类型的默认函数由内核提供。14.1.5节将讨论此类处理程序函数的例子。
- action提供了一个操作链，需要在中断发生时执行。由中断通知的设备驱动程序，可以将与之相关的处理程序函数放置在此处。有一个专门的数据结构用于表示这些操作，在14.1.4节讨论。
- 电流处理和芯片相关操作被封装在chip中。为此引入了一个专门的数据结构，稍后讲述。chip_data指向可能与chip相关的任意数据。
- name指定了电流层处理程序的名称，将显示在/proc/interrupts中。对边沿触发中断，通常是“edge”，对电平触发中断，通常是“level”。

结构中还有一些成员需要描述。depth有两个任务。它可用于确定IRQ电路是启用的还是禁用的。正值表示禁用，而0表示启用。为什么用正值表示禁用的IRQ呢？因为这使得内核能够区分启用和禁用的IRQ电路，以及重复禁用同一中断的情形。这个值相当于一个计数器，内核其余部分的代码每次禁用某个中断，则将对应的计数器加1；每次中断被再次启用，则将计数器减1。在depth归0时，硬件才能再次使用对应的IRQ。这种方法能够支持对嵌套禁用中断的正确处理。

IRQ不仅可以在处理程序安装期间改变其状态，而且可以在运行时改变：status描述了IRQ的当前状态。<irq.h>文件定义了各种常数，可用于描述IRQ电路当前的状态。每个常数表示位串中一个置位的标志位，只要不相互冲突，几个标志可以同时设置。

- IRQ_DISABLED用于表示被设备驱动程序禁用的IRQ电路。该标志通知内核不要进入处理程序。
- 在IRQ处理程序执行期间，状态设置为IRQ_INPROGRESS。与IRQ_DISABLED类似，这会阻止其余的内核代码执行该处理程序。
- 在CPU注意到一个中断但尚未执行对应的处理程序时，IRQ_PENDING标志位置位。
- 为正确处理发生在中断处理期间的中断，需要IRQ_MASKED标志。具体参见14.1.4节。
- 在某个IRQ只能发生在一个CPU上时，将设置IRQ_PER_CPU标志位。（在SMP系统中，该标志使几个用于防止并发访问的保护机制变得多余。）
- IRQ_LEVEL用于Alpha和PowerPC系统，用于区分电平触发和边沿触发的IRQ。
- IRQ_REPLAY意味着该IRQ已经禁用，但此前尚有一个未确认的中断。
- IRQ_AUTODETECT和IRQ_WAITING用于IRQ的自动检测和配置。这里不会详细讨论该特性，相应的代码位于kernel/irq/autoprobe.c中。

- 如果当前IRQ可以由多个设备共享，不是专属于某一设备，则置位IRQ_NOREQUEST标志。

根据status当前的值，内核很容易获知某个IRQ的状态，而无需了解底层实现的硬件相关特性。当然，只设置对应的标志位是不会产生预期效果的。通过设置IRQ_DISABLED标志来禁用中断是不可能的，还必须将新状态通知底层硬件。因而，该标志只能通过特定于控制器的函数设置，这些函数同时还负责将设置信息同步到底层硬件。在很多情况下，这必须使用汇编语言代码，或通过out命令向特定地址写入特定数值。

最后，irq_desc的irq_count和irq_unhandled字段提供了一些统计量，可用于检测停顿和未处理，但持续发生的中断。后者通常称作假中断（spurious interrupt）。这里不会更详细地讨论这个问题了。①

1. IRQ控制器抽象

handler是一个hw_irq_controller数据类型的实例，该类型抽象出了一个IRQ控制器的具体特征，可用于内核的体系结构无关部分。它提供的函数用于改变IRQ的状态，这也是它们还负责设置flag的原因：

```
<irq.h>
struct irq_chip {
        const char      *name;
        unsigned int    (*startup)(unsigned int irq);
        void            (*shutdown)(unsigned int irq);
        void            (*enable)(unsigned int irq);
        void            (*disable)(unsigned int irq);

        void            (*ack)(unsigned int irq);
        void            (*mask)(unsigned int irq);
        void            (*mask_ack)(unsigned int irq);
        void            (*unmask)(unsigned int irq);
        void            (*eoi)(unsigned int irq);
        void            (*end)(unsigned int irq);
        void            (*set_affinity)(unsigned int irq, cpumask_t dest);
...
        int             (*set_type)(unsigned int irq, unsigned int flow_type);
...
```

该结构需要考虑内核中出现的各个IRQ实现的所有特性。因而，一个该结构的特定实例，通常只定义所有可能方法的一个子集。

name包含一个短的字符串，用于标识硬件控制器。在IA-32系统上可能的值是“XTPIC”和“IO-APIC”，在AMD64系统上大多数情况下也会使用后者。在其他系统上有各种各样的值，因为有许多不同的控制器类型，其中很多类型都得到了广泛应用。

各个函数指针的语义如下。

- startup指向一个函数，用于第一次初始化一个IRQ。大多数情况下，初始化工作仅限于启用该IRQ。因而，startup函数实际上就是将工作转给enable。
- enable激活一个IRQ。换句话说，它执行IRQ由禁用状态到启用状态的转换。为此，必须向I/O内存或I/O端口中硬件相关的位置写入特定于硬件的数值。
- disable与enable的相对应，用于禁用IRQ。而shutdown完全关闭一个中断源。如果不支持

① 如果读者对检测方式感兴趣，可参见kernel/irq/spurious.c中的note_interrupt函数。

该特性，那么这个函数实际上是disable的别名。

- ack与中断控制器的硬件密切相关。在某些模型中，IRQ请求的到达（以及在处理器的对应中断）必须显式确认，后续的请求才能进行处理。如果芯片组没有这样的要求，该指针可以指向一个空函数，或NULL指针。ack_and_mask确认一个中断，并在接下来屏蔽该中断。
- 调用end标记中断处理在电流层次的结束。如果一个中断在中断处理期间被禁用，那么该函数负责重新启用此类中断。
- 现代的中断控制器不需要内核进行太多的电流控制，控制器几乎可以管理所有事务。在处理中断时需要一个到硬件的回调，由eoi提供，eoi表示end of interrupt，即中断结束。
- 在多处理器系统中，可使用set_affinity指定CPU来处理特定的IRQ。这使得可以将IRQ分配给某些CPU（通常，SMP系统上的IRQ是平均发布到所有处理器的）。该方法在单处理器系统上没用，可以设置为NULL指针。
- set_type设置IRQ的电流类型。该方法主要使用在ARM、PowerPC和SuperH机器上，其他系统不需要该方法，可以将set_type设置为NULL。

  辅助函数set_irq_type(irq, type)是一个便捷函数，用于设置irq的IRQ类型。类型IRQ_TYPE_RISING和IRQ_TYPE_FALLING分别指定了边沿触发中断使用上升沿和下降沿，而IRQ_TYPE_EDGE_BOTH则指定两种边沿触发均适用。电平触发中断分为IRQ_TYPE_LEVEL_HIGH和IRQ_TYPE_LEVEL_LOW，读者应该会猜到，前者是高电平触发，后者是低电平触发。最后，IRQ_TYPE_NONE设置了一种未指定的类型。

中断控制器芯片实现的一个特定例子，就是AMD64系统上的IO-APIC。由下列定义给出：

arch/x86/kernel/io_apic_64.c

```
static struct irq_chip ioapic_chip __read_mostly = {
        .name                = "IO-APIC",
        .startup             = startup_ioapic_irq,
        .mask                = mask_IO_APIC_irq,
        .unmask              = unmask_IO_APIC_irq,
        .ack                 = ack_apic_edge,
        .eoi                 = ack_apic_level,
#ifdef CONFIG_SMP
        .set_affinity        = set_ioapic_affinity_irq,
#endif
};
```

请注意，内核为irq_chip定义了别名hw_interrupt_type，这是为兼容IRQ子系统的前一版本。例如，该名称仍然用在Alpha系统上，定义i8259A标准中断控制器的芯片级操作，如下：[①]

arch/alpha/kernel/i8529.c

```
struct hw_interrupt_type i8259a_irq_type = {
        .typename            = "XT-PIC",
        .startup             = i8259a_startup_irq,
        .shutdown            = i8259a_disable_irq,
        .enable              = i8259a_enable_irq,
        .disable             = i8259a_disable_irq,
        .ack                 = i8259a_mask_and_ack_irq,
        .end                 = i8259a_end_irq,
};
```

如上述代码所示，运行该设备，只需要定义所有可能处理程序函数的一个子集。

① 使用typename而不是name，这种做法现在也已经废弃，只是为兼容性而支持。

i8259A芯片仍然用在许多IA-32系统中。但对此芯片组的支持，已经转换为更为现代的irq_chip表示。所用的中断控制器类型（和系统中分配的所有IRQ）可以在/proc/interrupts中看到。下列例子来自于四核AMD64系统：

```
wolfgang@meitner> cat /proc/interrupts
           CPU0       CPU1     CPU2      CPU3
0:           48          1        0         0  IO-APIC-edge     timer
1:            1          0        1         0  IO-APIC-edge     i8042
4:            3          0        0         3  IO-APIC-edge
8:            0          0        0         1  IO-APIC-edge     rtc
9:            0          0        0         0  IO-APIC-fasteoi  acpi
16:          48         48    96720     50082  IO-APIC-fasteoi  libata, uhci_hcd:usb1
18:           1          0        2         0  IO-APIC-fasteoi uhci_hcd:usb3,uhci_hcd:usb6,
                                                               ehci_hcd:usb7
19:           0          0        0         0  IO-APIC-fasteoi  uhci_hcd:usb5
21:           0          0        0         0  IO-APIC-fasteoi  uhci_hcd:usb2
22:      407287     370858     1164      1166  IO-APIC-fasteoi  libata, libata, HAD Intel
23:           0          0        0         0  IO-APIC-fasteoi  uhci_hcd:usb4,
                                                                ehci_hcd:usb8
NMI:          0          0        0         0  Non-maskable interrupts
LOC:    2307075    2266433  2220704   2208597  Local timer interrupts
RES:      22037      18253    33530     35156  Rescheduling interrupts
CAL:        363        373      394       184  function call interrupts
TLB:       3355       3729     1919      1630  TLB shootdowns
TRM:          0          0        0         0  Thermal event interrupts
THR:          0          0        0         0  Threshold APIC interrupts
SPU:          0          0        0         0  Spurious interrupts
ERR:          0
```

请注意，芯片名称之后是电流处理程序的名称，导致出现的名称诸如“IO-APIC-edge”。除了列出所有注册的IRQ之外，该文件尾部还提供了一些统计信息。

2.处理程序函数的表示

irqaction结构定义如下，每个处理程序函数都对应该结构的一个实例：

<interrupt.h>
```
struct irqaction {
        irq_handler_t handler;
        unsigned long flags;
        const char *name;
        void *dev_id;
        struct irqaction *next;
}
```

该结构中最重要的成员是处理程序函数本身，即handler成员，这是一个函数指针，位于结构的起始处。在设备请求一个系统中断，而中断控制器通过引发中断将该请求转发到处理器的时候，内核将调用该处理程序函数。在考虑如何注册处理程序函数时，我们再仔细考察其参数的语义。但请注意，处理程序的类型为irq_handler_t，与电流处理程序的类型irq_flow_handler_t显然是不同的。

name和dev_id唯一地标识一个中断处理程序。name是一个短字符串，用于标识设备（例如，“e100”、“ncr53c8xx”，等等），而dev_id是一个指针，指向在所有内核数据结构中唯一标识了该设备的数据结构实例，例如网卡的net_device实例。如果几个设备共享一个IRQ，那么IRQ编号自身不能标识该设备，此时，在删除处理程序函数时，将需要上述信息。

flags是一个标志变量，通过位图描述了IRQ（和相关的中断）的一些特性，位图中的各个标志位照例可通过预定义的常数访问。<interrupt.h>中定义了下列常数。

- 对共享的IRQ设置IRQF_SHARED，表示有多于一个设备使用该IRQ电路。
- 如果IRQ对内核熵池（entropy pool）有贡献，将设置IRQF_SAMPLE_RANDOM。[①]
- IRQF_DISABLED表示IRQ的处理程序必须在禁用中断的情况下执行。
- IRQF_TIMER表示时钟中断。

next用于实现共享的IRQ处理程序。几个irqaction实例聚集到一个链表中。链表的所有元素都必须处理同一IRQ编号（处理不同编号的实例，位于irq_desc数组中不同的位置）。在14.1.7节讨论过，在发生一个共享中断时，内核扫描该链表找出中断实际上的来源设备。特别是在单芯片（只有一个中断）上集成了许多不同的设备（网络、USB、FireWire、声卡等）的笔记本电脑中，此类处理程序链表可能包含大约5个元素。但我们预期的情况是，每个IRQ下都注册一个设备。

图14-4给出了所描述各数据结构的一个概览，说明其彼此交互的方式。因为通常在一个系统上只有一种类型的中断控制器会占据支配地位（当然，并没有什么约束条件阻止多个控制器并存[②]），所有irq_desc的handler成员都指向irq_chip的同一实例。

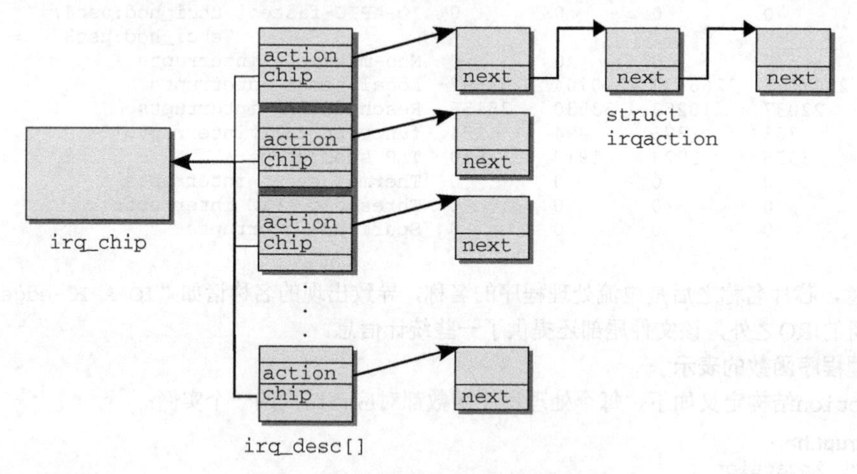

图14-4　IRQ管理涉及的各数据结构

14.1.5　中断电流处理

本节将考察电流处理是如何实现的。在内核版本2.6重写中断逻辑之前，此领域中的现状令人感到相当痛苦，在电流处理中会涉及大量体系结构相关的代码。幸好，情况现在有了很大的改善，有一个通用框架几乎可用于所有硬件，仅有少量例外。

1. 设置控制器硬件

首先，需要提到内核提供的一些标准函数，用于注册irq_chip和设置电流处理程序：

<irq.h>

```
int set_irq_chip(unsigned int irq, struct irq_chip *chip);
void set_irq_handler(unsigned int irq, irq_flow_handler_t handle);
void set_irq_chained_handler(unsigned int irq, irq_flow_handler_t handle)
void set_irq_chip_and_handler(unsigned int irq, struct irq_chip *chip,
                              irq_flow_handler_t handle);
```

① 该信息用来生成相对安全的随机数，用于/dev/random和/dev/urandom。

② 原文中的handler是指中断控制器的软件抽象。——译者注

```
void set_irq_chip_and_handler_name(unsigned int irq, struct irq_chip *chip,
                                   irq_flow_handler_t handle, const char
                                   *name);
```

- set_irq_chip将一个IRQ芯片以irq_chip实例的形式关联到某个特定的中断。除了从irq_desc选取适当的成员并设置chip指针之外，如果没有提供特定于芯片的实现，该函数还将设置默认的处理程序。如果chip指针为NULL，将使用通用的"无控制器"irq_chip实例no_irq_chip，该实现只提供了空操作。
- set_irq_handler和set_irq_chained_handler为某个给定的IRQ编号设置电流处理程序。第二种变体表示，处理程序必须处理共享的中断。这会置位irq_desc[irq]->status中的标志位IRQ_NOREQUEST和IRQ_NOPROBE：设置第一个标志，是因为共享中断是不能独占使用的，设置第二个标志，是因为在有多个设备的IRQ电路上，使用中断探测显然是个坏主意。

  两个函数在内部都使用了__set_irq_handler，该函数执行一些合理性检查，然后设置irq_desc[irq]->handle_irq。
- set_chip_and_handler是一个快捷方式，它相当于连续调用上述的各函数。_name变体的工作方式相同，但可以为电流处理程序指定一个名称，保存在irq_desc[irq]->name中。

2. 电流处理

在讨论电流处理程序的实现方式之前，需要介绍处理程序所用的类型。irq_flow_handler_t指定了IRQ电流处理程序函数的原型：

<irq.h>

```
typedef void fastcall (*irq_flow_handler_t)(unsigned int irq,
                                             struct irq_desc *desc);
```

电流处理程序的参数包括IRQ编号和一个指向负责该中断的irq_handler实例的指针。该信息接下来可用于实现正确的电流处理。

回想前文，可知不同的硬件需要不同的电流处理方式，例如，边沿触发和电平触发就需要不同的处理。内核对各种类型提供了几个默认的电流处理程序。它们有一个共同点：每个电流处理程序在其工作结束后，都要负责调用高层ISR。handle_IRQ_event负责激活高层的处理程序，这将在14.1.7节讨论。现在，主要讲述如何进行电流处理。

- **边沿触发中断**

现在的硬件大部分采用的是边沿触发中断，因此首先讲述这一类型。默认处理程序实现在handle_edge_irq中。其代码流程图如图14-5所示。

在处理边沿触发的IRQ时无须屏蔽，这与电平触发IRQ是相反的。这对SMP系统有一个重要的含义：当在一个CPU上处理一个IRQ时，另一个同样编号的IRQ可以出现在另一个CPU上，称为第二个CPU。这意味着，当电流处理程序在由第一个IRQ触发的CPU上运行时，还可能被再次调用。但为什么应该有两个CPU同时运行同一个IRQ处理程序呢？内核想要避免这种情况：处理程序只应在一个CPU上运行。handle_edge_irq的开始部分必须处理这种情况。如果设置了IRQ_INPROGRESS标志，则该IRQ在另一个CPU上已经处于处理过程中。通过设置IRQ_PENDING标志，内核能够记录还有另一个IRQ需要在稍后处理。在屏蔽该IRQ并通过mask_ack_irq向控制器发送一个确认后，处理过程可以放弃。因而第二个CPU可以恢复正常的工作，而第一个CPU将在稍后处理该IRQ。

请注意，如果IRQ被禁用，或没有可用的ISR处理程序，都会放弃处理。（有缺陷的硬件可能在IRQ禁用的情况下仍然生成IRQ，内核需要考虑到这种情况。）

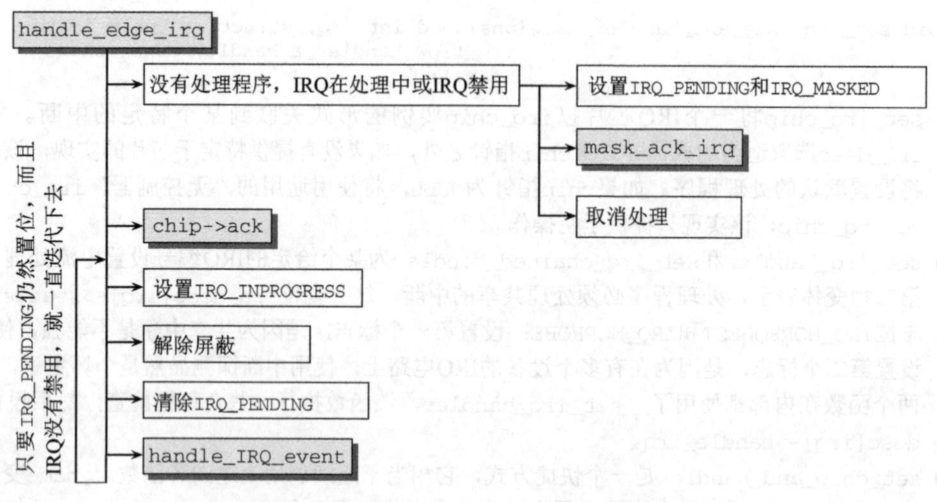

图14-5　handle_edge_irq的代码流程图

现在，开始IRQ处理本身所涉及的工作。在用芯片相关的函数chip->ack向中断控制器发送一个确认之后，内核设置IRQ_INPROGRESS标志。这表示IRQ正在处理过程中，可用于避免同一处理程序在多个CPU上执行。

我们假定只有一个IRQ需要处理。在这种情况下，可以通过调用handle_IRQ_event激活高层ISR处理程序，然后可以清除IRQ_INPROGRESS标志。但实际上的情况更为复杂，如源代码所示：

kernel/irq/chip.c

```
void fastcall
handle_edge_irq(unsigned int irq, struct irq_desc *desc)
{
...
          desc->status |= IRQ_INPROGRESS;

          do {
                    struct irqaction *action = desc->action;
                    irqreturn_t action_ret;
...
                    /*
                     * 如果在处理irq时有另一个irq到达，
                     * 那么当时可能屏蔽了该irq。
                     * 解除对irq的屏蔽，如果它在此期间没有被禁用的话。
                     */
                    if (unlikely((desc->status &
                                   (IRQ_PENDING | IRQ_MASKED | IRQ_DISABLED)) ==
                                  (IRQ_PENDING | IRQ_MASKED))) {
                              desc->chip->unmask(irq);
                              desc->status &= ~IRQ_MASKED;
                    }

                    desc->status &= ~IRQ_PENDING;
                    action_ret = handle_IRQ_event(irq, action);
          } while ((desc->status & (IRQ_PENDING | IRQ_DISABLED)) == IRQ_PENDING);
```

IRQ的处理是在一个循环中进行。假定我们刚好处于调用handle_IRQ_event之后的位置上。在第一个IRQ的ISR处理程序运行时，可能同时有第二个IRQ请求发送过来，前文已经说明。这通过

IRQ_PENDING表示。如果设置了该标志（同时该IRQ没有禁用），那么有另一个IRQ正在等待处理，循环将从头再次开始。

但在这种情况下，IRQ已经被屏蔽。因而必须用chip->unmask解除IRQ的屏蔽，并清除IRQ_MASKED标志。这确保在handle_IRQ_event执行期间只能发生一个中断。

在清除IRQ_PENDING标志之后，在技术上仍然有一个待决的IRQ，但它将被立即处理，因为handle_IRQ_event还可以处理第二个IRQ。

● 电平触发中断

与边沿触发中断相比，电平触发中断稍微容易处理一些。这也反映在电流处理程序handle_level_irq的代码流程图中，如图14-6所示。

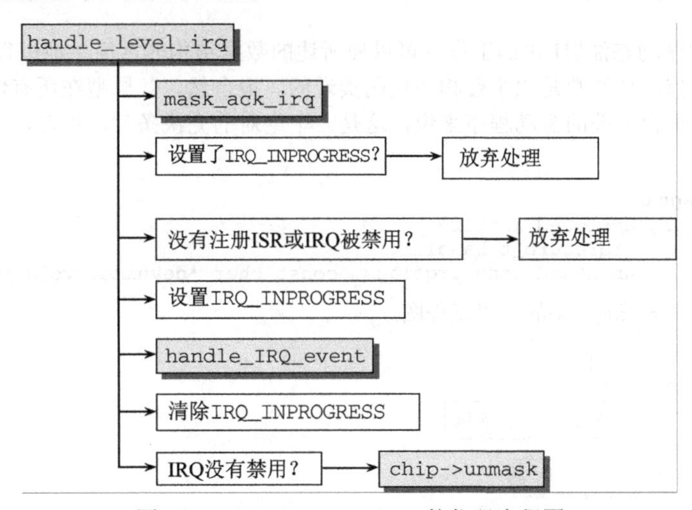

图14-6 handle_level_irq的代码流程图

请注意，电平触发中断在处理时必须屏蔽，因此需要完成的第一件事就是调用mask_ack_irq。该辅助函数屏蔽并确认IRQ，这是通过调用chip->mask_ack，如果该方法不可用，则连续调用chip->mask和chip->ack。在多处理器系统上，可能发生竞态条件，尽管IRQ已经在另一个CPU上处理，但仍然在当前CPU上调用了handle_level_irq。这可以通过检查IRQ_INPROGRESS标志来判断，这种情况下，IRQ已经在另一个CPU上处理，因而在当前CPU上可以立即放弃处理。

如果没有对该IRQ注册处理程序，也可以立即放弃处理，因为无事可做。另一个导致放弃处理的原因是设置了IRQ_DISABLED。尽管被禁用，有问题的硬件仍然可能发出IRQ，但可以被忽略。

接下来开始对IRQ的处理。设置IRQ_INPROGRESS，表示该IRQ正在处理中，实际工作委托给handle_IRQ_event。这触发了高层ISR，在下文讨论。在ISR结束之后，清除IRQ_INPROGRESS。

最后，需要解除对IRQ的屏蔽。但内核需要考虑到ISR可能禁用中断的情况，在这种情况下，ISR仍然保持屏蔽状态。否则，使用特定于芯片的函数chip->unmask解除屏蔽。

● 其他中断类型

除了边沿触发和电平触发IRQ，还可能有一些不那么常见的电流类型。内核也对它们提供了默认处理程序。

❑ 现代IRQ硬件只需要极少的电流处理工作。只需在IRQ处理结束之后调用一个芯片相关的函数chip->eoi。此类型的默认处理程序是handle_fasteoi_irq。它基本上等同于handle_ level_irq，除了只需在最后与控制器芯片交互。

- 非常简单，根本不需要电流控制的中断由handle_simple_irq管理。如果调用者想要自行处理电流，也可以使用该函数。
- 各CPU IRQ，即IRQ只能发送到多处理器系统的一个特定的CPU，由handle_percpu_irq处理。该函数在接收之后确认IRQ，在处理之后调用eoi例程。其实现非常简单，因为不需要锁，根据定义代码只能在一个CPU上运行。

14.1.6　初始化和分配 IRQ

本节将主要讲述如何注册和初始化IRQ。

1. 注册IRQ

由设备驱动程序动态注册ISR的工作，可以使所述的数据结构非常简单地进行。在内核版本2.6重写中断子系统之前，该函数是由平台相关代码实现的。很自然，其原型在所有体系结构上都是相同的，因为对编写平台无关的驱动程序来说，这是一个绝对的先决条件。现在，该函数由通用代码实现：

kernel/irq/manage.c

```
int request_irq(unsigned int irq,
                irqreturn_t handler,
                unsigned long irqflags, const char *devname, void *dev_id)
```

图14-7给出了request_irq的代码流程图。

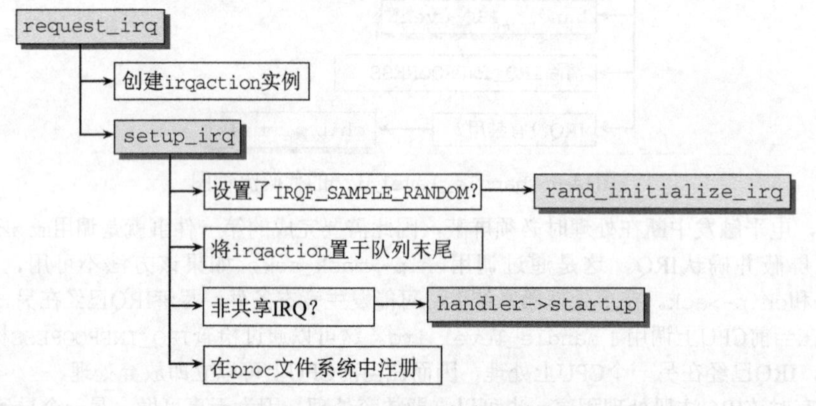

图14-7　request_irq的代码流程图

内核首先生成一个新的irqaction实例，然后用函数参数填充其内容。当然，其中特别重要的是处理程序函数handler。所有进一步的工作都委托给setup_irq函数，它将执行下列步骤。

(1) 如果设置了IRQF_SAMPLE_RANDOM，则该中断将对内核熵池有所贡献，熵池用于随机数发生器/dev/random。rand_initialize_irq将该IRQ添加到对应的数据结构。

(2) 由request_irq生成的irqaction实例被添加到所属IRQ编号对应的例程链表尾部，该链表表头为irq_desc[NUM]->action。在处理共享中断时，内核就通过这种方式来确保中断发生时调用处理程序的顺序与其注册顺序相同。

(3) 如果安装的处理程序是该IRQ编号对应链表中的第一个，则调用handler->startup初始化函数。[①] 如果该IRQ此前已经安装了处理程序，则没有必要再调用该函数。

(4) register_irq_proc在proc文件系统中建立目录/proc/irq/NUM。而register_handler_proc生成proc/irq/NUM/name。接下来，系统中就可以看到对应的IRQ通道在使用中。

2. 释放IRQ

释放中断的方案，与前述过程刚好相反。首先，通过硬件相关的函数chip->shutdown[②]通知中断控制器该IRQ已经删除，接下来将相关数据项从内核的一般数据结构中删除。辅助函数free_irq承担这些任务。在重写IRQ子系统之前它是一个体系结构相关的函数，但现在并非如此，可以在kernel/irq/manage.c中找到该函数。

在IRQ处理程序需要删除一个共享的中断时，IRQ编号本身不足以标识该IRQ。在这种情况下，为提供唯一标识，还必须使用前面讲述的dev_id。内核扫描所有注册的处理程序的链表，直至找到一个匹配的处理程序（dev_id匹配）。这时才能移除该项。

3. 注册中断

前面讲述的机制只适用于由系统外设的中断请求所引发的中断。但内核还必须考虑由处理器本身或者用户进程中的软件机制所引发的中断。与IRQ相比，内核无需提供接口，供此类中断动态注册处理程序。这是因为，所使用的编号在初始化时就是已知的，此后不会改变。中断和异常的注册在内核初始化时进行，其分配在运行时并不改变。

平台相关的内核源代码基本上没有共同点，这并不出人意料，技术上的差别有时候还是很大的。尽管一些变体背后的概念可能是相似的，但不同平台间的具体实现差别很大。这是因为具体的实现必然要在C代码和汇编代码之间进行精细的划分，才能公平对待具体系统的相关特性。

各个平台之间最大的相似性就是文件名。arch/arch/kernel/traps.c包含了用于中断处理程序注册的系统相关的实现。

所有实现的结果都是这样：在中断发生时自动调用对应的处理程序函数。因为系统中断不支持中断共享，只需要建立中断号和函数指针之间的关联。

通常，内核以下述两种方式之一来响应中断。

- 向当前用户进程发送一个信号，通知有错误发生。举例来说，在IA-32和AMD64系统上，除0操作通过中断0通知。自动调用的汇编语言例程divide_error，会向用户进程发送SIGPFE信号。
- 内核自动修复错误，这对用户进程不可见。例如，在IA-32系统上，中断14用于表示缺页异常，内核可以采用第18章描述的方法自动修复该错误。

14.1.7 处理 IRQ

在注册了IRQ处理程序后，每次发生中断时将执行处理程序例程。仍然会出现如何协调不同平台差异的问题。由于事情的特定性质所致，使得差别不仅涉及平台相关实现中的各个C函数，还深入到用于底层处理、人工优化的汇编语言代码。

幸运的是，我们可以确定各个平台之间的几个结构上的相似性。例如，前文讨论过，各个平台上的中断操作都由3部分组成。进入路径从用户态切换到核心态，接下来执行实际的处理程序例程，最后从核心态切换回用户态。尽管涉及大量的汇编语言代码，至少有一些C代码片段在所有平台上都是

① 如果没有提供显式的startup函数，则只调用chip->enable来启用该IRQ。

② 如果没有提供显式的shutdown函数，则只调用chip->disable禁用该中断。

相似的。下文将讨论这些相似处。

1. 切换到核心态

到核心态的切换，是基于每个中断之后由处理器自动执行的汇编语言代码的。该代码的任务如上文所述。其实现可以在arch/arch/kernel/entry.S中找到，[①]其中通常定义了各个入口点，在中断发生时处理器可以将控制流转到这些入口点。

只有那些最为必要的操作直接在汇编语言代码中执行。内核试图尽快地返回到常规的C代码，因为C代码更容易处理。为此，必须创建一个环境，与C编译器的预期兼容。

在C语言中调用函数时，需要将所需的数据（返回地址和参数）按一定的顺序放到栈上。在用户态和核心态之间切换时，还需要将最重要的寄存器保存到栈上，以便以后恢复。这两个操作由平台相关的汇编语言代码执行。在大多数平台上，控制流接下来传递到C函数do_IRQ，[②]其实现也是平台相关的，但情况仍然得到了很大的简化。根据平台不同，该函数的参数或者是处理器寄存器集合：

arch/arch/kernel/irq.c
```
fastcall unsigned int do_IRQ(struct pt_regs regs)
```

或者是中断号和指向处理器寄存器集合的指针：

arch/arch/kernel/irq.c
```
unsigned int do_IRQ(int irq, struct pt_regs *regs)
```

pt_regs用于保存内核使用的寄存器集合。各个寄存器的值被依次压栈（通过汇编语言代码），在C函数调用之前，一直保存在栈上。

pt_regs的定义可以确保栈上的各个寄存器项与该结构的各个成员相对应。这些值并不是仅仅保存用于后续的使用，C代码也可以读取这些值。图14-8说明了这一点。

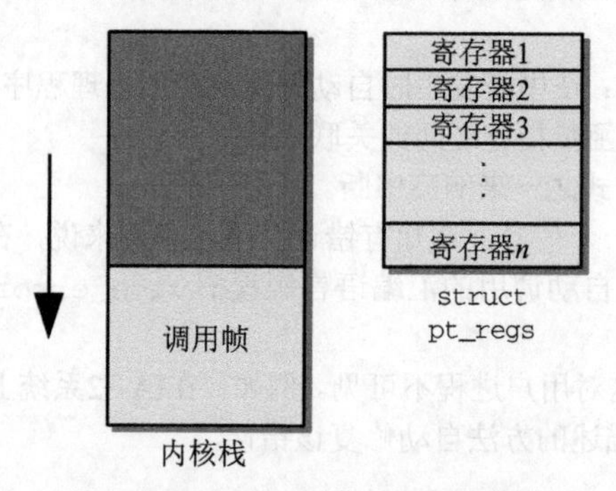

图14-8　进入核心态之后栈的布局

此外，寄存器集合也可以被复制到地址空间中栈以外的其他位置。在这种情况下，do_IRQ的一个参数是指向pt_regs的指针，但这并没有改变以下事实：寄存器的内存已经被保存，可以由C代码读取。

struct pt_regs的定义是平台相关的，因为不同的处理器提供了不同的寄存器集合。pt_res中包含了内核使用的寄存器。其中不包括的寄存器，可能只能由用户态应用程序使用。在IA-32系统上，pt_regs通常定义如下：

---

① 统一的x86体系结构下，entry_32用于IA-32，而entry_64用于AMD64系统。

② 除了Sparc、Sparc64和Alpha。

include/asm-x86/ptrace.h
```
struct pt_regs {
        long ebx;
        long ecx;
        long edx;
        long esi;
        long edi;
        long ebp;
        long eax;
        int xds;
        int xes;
        long orig_eax;
        long eip;
        int xcs;
        long eflags;
        long esp;
        int xss;
};
```

以PA-Risc处理器为例，其寄存器集合是完全不同的：

include/asm-parisc/ptrace.h
```
struct pt_regs {
        unsigned long gr[32];       /* PSW在gr[0]中 */
        __u64 fr[32];
        unsigned long sr[ 8];
        unsigned long iasq[2];
        unsigned long iaoq[2];
        unsigned long cr27;
        unsigned long pad0;         /* 可用于其他用途 */
        unsigned long orig_r28;
        unsigned long ksp;
        unsigned long kpc;
        unsigned long sar;          /* CR11 */
        unsigned long iir;          /* CR19 */
        unsigned long isr;          /* CR20 */
        unsigned long ior;          /* CR21 */
        unsigned long ipsw;         /* CR22 */
};
```

64位体系结构的一般趋势是提供越来越多的寄存器，因而pt_regs的定义变得越来越大。例如，IA-64的pt_regs中有大约50项，因此我们不能在本书中给出其定义。

在IA-32系统上，被引发中断的编号保存在orig_eax的高8位中。其他体系结构使用其他的位置。如上所述，一些平台甚至将中断号放置在栈上，作为一个直接参数。

2. IRQ栈

只有在内核使用内核栈来处理IRQ的情况下，上面描述的情形才是正确的。但不一定总是如此。IA-32体系结构提供了配置选项CONFIG_4KSTACKS。[①] 如果启用该配置，内核栈的长度由8 KiB缩减到4 KiB。由于IA-32计算机上页面大小是4 KiB，实现内核栈所需的页数目由2个减少到1个。由于单个内存页比两个连续的内存页更容易分配（前文讨论过），在系统中有大量活动进程（或线程）时，这使得虚拟内存子系统的工作会稍微容易些。遗憾的是，对常规的内核工作以及IRQ处理例程所需的空间来说，4 KiB并不总是够用，因而引入了另外两个栈：

① PowerPC和SuperH体系结构提供了配置选项CONFIG_IRQSTACKS，来启用针对IRQ处理的独立栈。由于使用的机制与这里是类似的，就不单独讨论了。

- 用于硬件IRQ处理的栈。
- 用于软件IRQ处理的栈。

常规的内核栈对每个进程都会分配，而这两个额外的栈是针对各CPU分别分配的。在硬件中断发生时（或处理软中断时），内核需要切换到适当的栈。

下列数组提供了指向额外的栈的指针：

arch/x86/kernel/irq_32.c
```
static union irq_ctx *hardirq_ctx[NR_CPUS] __read_mostly;
static union irq_ctx *softirq_ctx[NR_CPUS] __read_mostly;
```

请注意，属性`__read_mostly`不是指栈本身，而是指这里的指针，也就是栈在内存中的地址。只有在最初分配这些栈时才会操作这些指针，而后在系统运行期间都只是读取。

用作栈的数据结构并不复杂：

arch/x86/kernel/irq_32.c
```
union irq_ctx {
        struct thread_info          tinfo;
        u32                         stack[THREAD_SIZE/sizeof(u32)];
};
```

`tinfo`用于存储中断发生之前所运行线程的有关信息（更多细节请参见第2章）。`stack`提供了栈空间。如果启用了4 KiB栈，则`THREAD_SIZE`定义为4 096，这确保了所要求的栈长度。请注意，由于使用了一个`union`来合并`tinfo`和`stack[]`，该数据结构刚好能够放在一个页帧中。这也意味着，`tinfo`中包含的线程信息，在栈上总是可用的。

3. 调用电流处理程序例程

电流处理程序例程的调用方式，因体系结构而不同，接下来将讨论AMD64和IA-32平台的调用方式。此外，我们还将考察IRQ子系统重写之前所使用的旧处理程序机制，该机制现在仍然用于某些地方。

● AMD64系统上的处理

这里首先讲述AMD64系统上`do_IRQ`的实现。与IA-32相比，这个函数变体要稍微简单些，而许多其他现代的体系结构也采用了类似的方法。图14-9给出了其代码流程图。

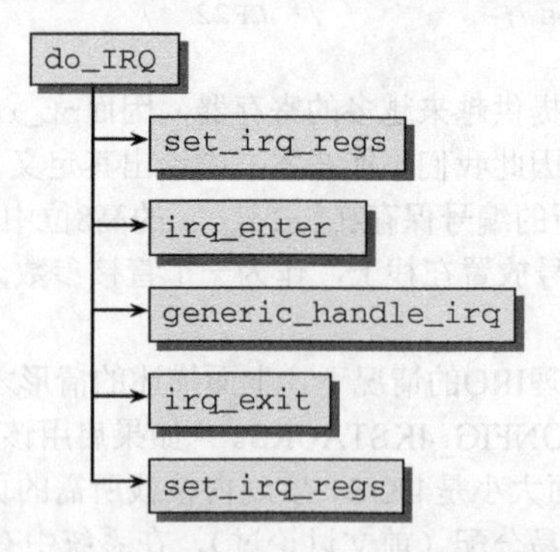

图14-9　AMD64系统上`do_IRQ`的代码流程图

该函数的原型如下：

arch/x86/kernel/irq_64.c
```
asmlinkage unsigned int do_IRQ(struct pt_regs *regs)
```

底层汇编程序代码负责将寄存器集合的当前状态传递到该函数，`do_IRQ`的第一项任务是使用

set_irq_regs将一个指向寄存器集合的指针保存在一个全局的各CPU变量中（中断发生之前，变量中保存的旧指针会保留下来，供后续使用）。需要访问寄存器集合的中断处理程序，可以从该变量中访问。

接下来irq_enter负责更新一些统计量。对于具备动态时钟周期特性的系统，如果系统已经有很长一段时间没有发生时钟中断，则更新全局计时变量jiffies（关于动态时钟周期的更多信息，将在15.5节阐述）。接下来，调用对所述IRQ注册的ISR的任务委托给体系结构无关的函数generic_handle_irq，它调用irq_desc[irq]->handle_irq来激活电流控制处理程序。

接下来irq_exit负责记录一些统计量，另外还要调用（假定内核此时已经不再处于中断状态，即此前处理的不是嵌套中断）do_softirq来处理任何待决的软件IRQ。该机制在14.2节更详细地讨论。最后，再次调用set_irq_regs，将指向struct pt_regs的指针恢复到上一次调用之前的值。这确保嵌套的处理程序能够正确工作。

● IA-32系统上的处理

IA-32在do_IRQ中需要的工作稍多一些，如图14-10中的代码流程图所示。我们首先假定内核栈只使用一个页帧，即每个进程的内核栈为4 KiB。如果设置了CONFIG_4KSTACKS，内核栈的配置就是这样。回想前文可知，在这种情况下需要一个独立的栈处理IRQ。

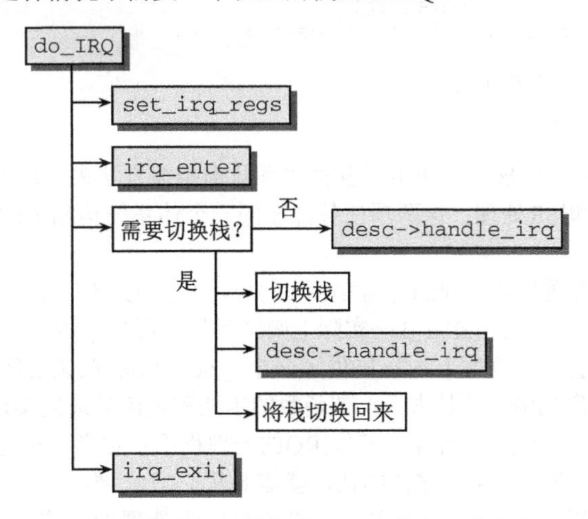

图14-10　IA-32系统上do_IRQ的代码流程图

与AMD64的情况类似，同样会调用set_irq_regs和irq_enter函数，来达到同样的目的。内核必须切换到IRQ栈。当前栈可以通过调用辅助函数current_thread_info获得，该函数返回一个指向当前使用的thread_info实例的指针。回想上文可知，该实例与当前栈在同一个union中。而指向适当的IRQ栈的指针可以从上文讨论的hardirq_ctx获得。

有如下两种可能的情况。

(1) 进程已经在使用IRQ栈，因为是在处理嵌套的IRQ。在这种情况下，内核不需要做什么，所有的设置都已经完成。可以调用irq_desc[irq]->handle_irq来激活保存在IRQ数据库中的ISR。

(2) 当前栈不是IRQ栈（curctx != irqctx），需要在二者之间切换。在这种情况下，内核执行所需的底层汇编语言操作来切换栈，然后调用irq_desc[irq]->handle_irq，最后再将栈切换回去。

请注意，在这两种情况下，ISR都是直接调用的，而不像AMD64系统上通过generic_handle_irq

迂回。

剩余工作的执行与AMD64系统相同。irq_exit处理一些记录并激活软中断，而set_irq_regs将寄存器集合指针恢复到IRQ发生之前的状态。

在栈长度为8 KiB时，即使用两个页帧，IRQ的处理会被简化，因为无须考虑栈切换，直接调用irq_desc[irq]->handle_irq即可。

● 旧式的处理

在讨论AMD64如何调用电流控制处理程序时，我们提到代码结束于generic_handle_irq，该函数从IRQ数据库irq_desc中选择并激活适当的handle_irq函数。但实际上generic_handle_irq要更复杂一些：

<irq.h>

```
static inline void generic_handle_irq(unsigned int irq)
{
        struct irq_desc *desc = irq_desc + irq;

#ifdef CONFIG_GENERIC_HARDIRQS_NO__DO_IRQ
        desc->handle_irq(irq, desc);
#else
        if (likely(desc->handle_irq))
                desc->handle_irq(irq, desc);
        else
                __do_IRQ(irq);
#endif
}
```

在重写IRQ子系统之前，内核混合使用了各种体系结构相关方法来处理IRQ。最重要的是，这种方法不可能分离电流处理和ISR处理：这两项任务都在同一个体系结构相关的例程中执行，通常称为__do_IRQ。

现代的代码应该启用配置选项GENRIC_HARDIRQS_NO__DO_IRQ，使用前文讨论的方法来实现电流处理。在这种情况下，generic_handle_irq实际上归结为只调用irq_desc[irq]->handle_irq。

如果不设置该选项，会怎么样呢？内核提供了一个__do_IRQ的默认实现，包含了所有中断类型的电流处理，并调用了所需的ISR。①基本上，该函数的用法和电流处理的实现有如下3种可能性。

(1) 对一些IRQ使用通用电流处理程序，其他IRQ的处理程序不定义。对这些IRQ，采用__do_IRQ来完成电流处理和高层处理两项任务。这样的话，就需要从do_IRQ调用generic_handle_IRQ。

(2) 从do_IRQ直接调用__do_IRQ。这完全忽略了对电流处理的分离。一些非主流体系结构如M32R、H8300、SuperH和Cris仍然使用这种方法。

(3) 以完全体系结构相关的方法处理IRQ，不重用现存的任何框架。显然，这个想法不怎么明智，至少可以这样说。

由于所有体系结构的长期目标都是转换到通用的IRQ框架，这里就不详细讨论__do_IRQ了。

4. 调用高层ISR

回想上文可知，不同的电流处理程序例程都有一个共同点:采用handle_IRQ_event来激活与特定IRQ相关的高层ISR。现在需要更仔细地考察这个函数。该函数需要IRQ编号和操作链作为参数：

kernel/irq/handle.c

```
irqreturn_t handle_IRQ_event(unsigned int irq, struct irqaction *action);
```

① 在引入通用IRQ框架之前，实现是基于IA-32系统上使用的版本的。

handle_IRQ_event可能执行下述操作。

- 如果第一个处理程序函数中没有设置IRQF_DISABLED，则用local_irq_enable_in_hardirq启用（当前CPU的）中断。换句话说，该处理程序可以被其他IRQ中断。但根据电流类型，也可能一直屏蔽刚处理的IRQ。
- 逐一调用所注册的IRQ处理程序的action函数。
- 如果对该IRQ设置了IRQF_SAMPLE_RANDOM，则调用add_interrupt_randomness，将事件的时间作为熵池的一个源（如果中断的发生是随机的，那么它们是理想的源）。
- local_irq_disable禁用中断。因为中断的启用和禁用是不嵌套的，与中断在处理开始时是否启用是不相关的。handle_IRQ_event在调用时禁用中断，在退出时仍然预期禁用中断。

在共享IRQ时，内核无法找出引发中断请求的设备。该工作完全留给处理程序例程，其中将使用设备相关的寄存器或其他硬件特征来查找中断来源。未受影响的例程也需要识别出该中断并非来自于相关设备，应该尽快将控制返回。但处理程序例程也无法向高层代码报告该中断是否是针对它的。内核总是依次执行所有处理程序例程，而不考虑实际上哪个处理程序与该中断相关。

但内核总可以检查是否有负责该IRQ的处理程序。irqreturn_t定义为处理程序函数的返回类型，它只是一个简单的整型变量。可以接收IRQ_NONE或IRQ_HANDLED两个值，这取决于处理程序是否处理了该IRQ。

在执行所有处理程序例程期间，内核将返回结果用逻辑“或”操作合并起来。内核最后可以据此判断IRQ是否被处理。

kernel/irq/handle.c
```
irqreturn_t handle_IRQ_event(unsigned int irq, struct irqaction *action)
{
...
        do {
                ret = action->handler(irq, action->dev_id);
                if (ret == IRQ_HANDLED)
                        status |= action->flags;
                retval |= ret;
                action = action->next;
        } while (action);
...
        return retval;
}
```

5. 实现处理程序例程

在实现处理程序例程时，必须要注意一些要点。这些会极大地影响系统的性能和稳定性。

● 限制

在实现ISR时，主要的问题是它们在所谓的**中断上下文**(interrupt context)中执行。内核代码有时在常规上下文运行，有时在中断上下文运行。为区分这两种不同情况并据此设计代码，内核提供了in_interrupt函数，用于指明当前是否在处理中断。

中断上下文与普通上下文的不同之处主要有如下3点。

(1) 中断是异步执行的。换句话说，它们可以在任何时间发生。因而从用户空间来看，处理程序例程并不是在一个明确定义的环境中执行。这种环境下，禁止访问用户空间，特别是与用户空间地址之间来回复制内存数据的行为。

例如，对网络驱动程序来说，不能将接收的数据直接转发到等待的应用程序。毕竟，内核无法确定等待数据的应用程序此时是否在运行（事实上，这种可能性很低）。

(2) 中断上下文中不能调用调度器。因而不能自愿地放弃控制权。

(3) 处理程序例程不能进入睡眠状态。只有在外部事件导致状态改变并唤醒进程时，才能解除睡眠状态。但中断上下文中不允许中断，进程睡眠后，内核只能永远等待下去①。因为也不能调用调度器，不能选择进程来执行。

当然，只确保处理程序例程的直接代码不进入睡眠状态，这是不够的。其中调用的所有过程和函数（以及被这些函数/过程调用的函数/过程，依此类推）都不能进入睡眠状态。对此进行的检查并不简单，必须非常谨慎，特别是在控制路径存在大量分支时。

● 实现处理程序

回想前文，ISR函数的原型是由`irq_handler_t`指定的。由于前文没有给出这个`typedef`的实际定义，这里先给出其定义：

```
<interrupt.h>
typedef irqreturn_t (*irq_handler_t)(int, void *);
```

`irq`指定了IRQ编号，`dev_id`是注册处理程序时传递的设备ID。`irqreturn_t`是另一个`typedef`，实际上只是整数。

请注意，ISR的原型在内核版本2.6.19开发期间发生了改变！此前，处理程序例程的参数还包括一个指向保存的寄存器集合的指针：

```
<interrupt.h>
irqreturn_t (*handler)(int irq, void *dev_id, struct pt_regs *regs);
```

中断处理程序显然是所谓的“热”代码路径，耗费的处理时间是非常关键的。尽管大多数处理程序都不需要寄存器状态，但仍然需要花费时间和栈空间来向每个ISR传递一个指针。因而从原型删除该指针是个好主意。②

需要访问寄存器集合的处理程序也仍然可以访问。内核定义了一个全局的各CPU数组来保存寄存器集合，而`include/asm-generic/irq_regs.h`中的`get_irq_regs`可用于获取一个指向`pt_regs`实例的指针。该实例包含了切换到核心态时活动的寄存器集合的状态。普通的设备驱动程序不使用该信息，但有时候对调试内核问题有用。

再次强调，中断处理程序只能使用两种返回值：如果正确地处理了IRQ则返回`IRQ_HANDLED`，如果ISR不负责该IRQ则返回`IRQ_NONE`。

处理程序例程的任务是什么？为处理共享中断，例程首先必须检查IRQ是否是针对该例程的。如果相关的外部设备设计得比较现代，那么硬件会提供一个简单的方法来执行该检查，通常是通过一个专门的设备寄存器。如果是该设备引起中断，则寄存器值设置为1。在这种情况下，处理程序例程必须将设备寄存器恢复默认值（通常是0），接下来开始正常的中断处理。如果例程发现设备寄存器值为0，它可以确信所管理的设备不是中断源，因而可以将控制返回到高层代码。

如果设备没有此类状态寄存器，还在使用手工轮询的方案。每次发生一个中断时，处理程序都检查相关设备是否有数据可用。倘若如此，则处理数据。否则，例程结束。

当然，可能有一个处理程序例程同时负责多个设备的情况，例如同一类型的两块网卡。如果收到一个IRQ，则对两块卡执行同样的代码，因为两个处理程序函数指向内核代码中同一位置。如果两个设备使用不同的IRQ编号，那么处理程序例程可以区分二者。如果二者共享同一个IRQ，仍然可以根

① 这里没有进程，是内核和当前处理器永远等待。——译者注

② 由于该补丁引入的改变必须修改每一个ISR，它可能是内核历史上唯一一个一次性修改了大多数文件的补丁。

据设备相关的dev_id字段来唯一地标识各个卡。

14.2 软中断

软中断使得内核可以延期执行任务。因为它们的运作方式与上文描述的中断类似，但完全是用软件实现的，所以称为软中断（software interrupt）或softIRQ是完全符合逻辑的。

内核借助于软中断来获知异常情况的发生，而该情况将在稍后由专门的处理程序例程解决。如上所述，内核在do_IRQ末尾处理所有待决软中断，因而可以确保软中断能够定期得到处理。

从一个更抽象的角度来看，可以将软中断描述为一种延迟到稍后时刻执行的内核活动。但尽管硬件和软件中断之间有明显的相似性，它们并不总是可比较的。

软中断机制的核心部分是一个表，包含32个softirq_action类型的数据项。该数据类型结构非常简单，只包含两个成员：

<interrupt.h>
```
struct softirq_action
{
        void    (*action)(struct softirq_action *);
        void    *data;
};
```

其中action是一个指向处理程序例程的指针，在软中断发生时由内核执行该处理程序例程，而data是一个指向处理程序函数私有数据的指针。

该数据结构的定义是体系结构无关的，而软中断机制的整个实现也是如此。除了处理的激活之外，没有利用处理器相关的功能或特性，这与普通的中断是完全相反的。

软中断必须先注册，然后内核才能执行软中断。open_softirq函数即用于该目的。它在softirq_vec表中指定的位置写入新的软中断：

kernel/softirq.c
```
void open_softirq(int nr, void (*action)(struct softirq_action*), void *data)
{
    softirq_vec[nr].data = data;
    softirq_vec[nr].action = action;
}
```

在每次调用软中断处理程序action时，data用作参数。

各个软中断都有一个唯一的编号，这表明软中断是相对稀缺的资源，使用其必须谨慎，不能由各种设备驱动程序和内核组件随意使用。默认情况下，系统上只能使用32个软中断。但这个限制不会有太大的局限性，因为软中断充当实现其他延期执行机制的基础，而且也很适合设备驱动程序的需要。下文将讨论相应的技术（tasklet、工作队列和内核定时器）。

只有中枢的内核代码才使用软中断。软中断只用于少数场合，这些都是相对重要的情况：

<interrupt.h>
```
enum
{
        HI_SOFTIRQ=0,
        TIMER_SOFTIRQ,
        NET_TX_SOFTIRQ,
        NET_RX_SOFTIRQ,
        BLOCK_SOFTIRQ,
        TASKLET_SOFTIRQ
        SCHED_SOFTIRQ,
#ifdef CONFIG_HIGH_RES_TIMERS
```

14

```
          HRTIMER_SOFTIRQ,
#endif
};

};
```

其中两个用来实现tasklet（HI_SOFTIRQ、TASKLET_SOFTIRQ），两个用于网络的发送和接收操作（NET_TX_SOFTIRQ和NET_RX_SOFTIRQ，这是软中断机制的来源和其最重要的应用），一个用于块层，实现异步请求完成（BLOCK_SOFTIRQ），一个用于调度器（SCHED_SOFTIRQ），以实现SMP系统上周期性的负载均衡。在启用高分辨率定时器时，还需要一个软中断（HRTIMER_SOFTIRQ）。

软中断的编号形成了一个优先顺序，这并不影响各个处理程序例程执行的频率或它们相当于其他系统活动的优先级，但定义了多个软中断同时活动或待决时处理例程执行的次序。

raise_softirq(int nr)用于引发一个软中断（类似普通中断）。软中断的编号通过参数指定。

该函数设置各CPU变量irq_stat[smp_processor_id].__softirq_pending中的对应比特位。该函数将相应的软中断标记为执行，但这个执行是延期执行。通过使用特定于处理器的位图，内核确保几个软中断（甚至是相同的）可以同时在不同的CPU上执行。

如果不在中断上下文调用raise_softirq，则调用wakeup_softirqd来唤醒软中断守护进程，这是开启软中断处理的两个可选方法之一。14.2.2节将详细讲述该守护进程。

14.2.1　开启软中断处理

有几种方法可开启软中断处理，但这些都归结为调用do_softirq函数。为此，我们详细介绍该函数。图14-11给出的代码流程图，揭示了其中基本的步骤。

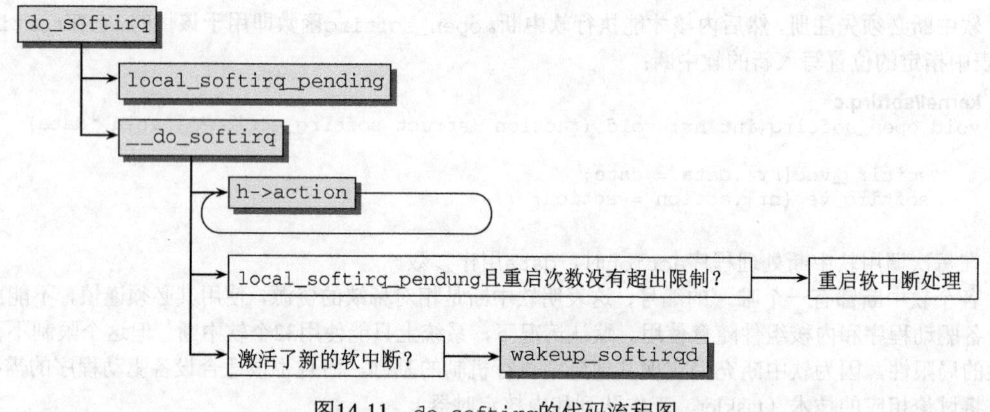

图14-11　do_softirq的代码流程图

该函数首先确认当前不处于中断上下文中（当然，即不涉及硬件中断）。如果处于中断上下文，则立即结束。因为软中断用于执行ISR中非时间关键部分，所以其代码本身一定不能在中断处理程序内调用。

通过local_softirq_pending，确定当前CPU软中断位图中所有置位的比特位。如果有软中断等待处理，则调用__do_softirq。

该函数将原来的位图重置为0。换句话说，清除所有软中断。这两个操作都是在（当前处理器上）禁用中断的情况下执行，以防其他进程对位图的修改造成干扰。而后续代码是在允许中断的情况下执行。这使得在软中断处理程序执行期间的任何时刻，都可以修改原来的位图。

softirq_vec中的action函数在一个while循环中针对各个待决的软中断被调用。

在处理了所有标记出的软中断之后，内核检查在此期间是否有新的软中断标记到位图中。要求在前一轮循环中至少有一个没有处理的软中断，而重启的次数没有超过MAX_SOFTIRQ_RESTART（通常设置为10）。如果是这样，则再次按序处理标记的软中断。这操作会一直重复下去，直至在执行所有处理程序之后没有新的未处理软中断为止。

如果在MAX_SOFTIRQ_RESTART次重启处理过程之后，仍然有未处理的软中断，那么应该如何？内核将调用wakeup_softirqd唤醒软中断守护进程。

14.2.2 软中断守护进程

软中断守护进程的任务是，与其余内核代码异步执行软中断。为此，系统中的每个处理器都分配了自身的守护进程，名为ksoftirqd。

内核中有两处调用wakeup_softirqd唤醒了该守护进程。

- 在do_softirq中，如前所述。
- 在raise_softirq_irqoff末尾。该函数由raise_softirq在内部调用，如果内核当前停用了中断，也可以直接使用。

唤醒函数本身只需要几行代码。首先，借助于一些宏，从一个各CPU变量读取指向当前CPU软中断守护进程的task_struct的指针。如果该进程当前的状态不是TASK_RUNNING，则通过wake_up_process将其放置到就绪进程的列表末尾（参见第2章）。尽管这并不会立即开始处理所有待决软中断，但只要调度器没有更好的选择，就会选择该守护进程（优先级为19）来执行。

在系统启动时用initcall机制（见附录D）调用init不久，即创建了系统中的软中断守护进程。在初始化之后，各个守护进程都执行以下无限循环：[①]

kernel/softirq.c

```
static int ksoftirqd(void * __bind_cpu)
...
        while (!kthread_should_stop()) {
                if (!local_softirq_pending()) {
                        schedule();
                }

                __set_current_state(TASK_RUNNING);

                while (local_softirq_pending()) {
                        do_softirq();
                        cond_resched();
                }
                set_current_state(TASK_INTERRUPTIBLE);
        }
...
}
```

每次被唤醒时，守护进程首先检查是否有标记出的待决软中断，否则明确地调用调度器，将控制转交到其他进程。

如果有标记出的软中断，那么守护进程接下来将处理软中断。进程在一个while循环中重复调用两个函数do_softirq和cond_resched，直至没有标记出的软中断为止。cond_resched确保在对当前

---

① 如果软中断守护进程显式停止，则kthread_should_stop()返回true。由于这只发生在一个CPU从系统移除的情况下，我不会讨论这种情况。为简明起见，我还忽略了抢占的处理。

进程设置了TIF_NEED_RESCHED标志的情况下调用调度器（参见第2章）。这是可能的，因为所有这些函数执行时都启用了硬件中断。

14.3 tasklet

软中断是将操作推迟到未来时刻执行的最有效的方法。但该延期机制处理起来非常复杂。因为多个处理器可以同时且独立地处理软中断，同一个软中断的处理程序例程可以在几个CPU上同时运行。对软中断的效率来说，这是一个关键，多处理器系统上的网络实现显然受惠于此。但处理程序例程的设计必须是完全可重入且线程安全的。另外，临界区必须用自旋锁保护（或其他IPC机制，参见第5章），而这需要大量审慎的考虑。

tasklet和工作队列是延期执行工作的机制，其实现基于软中断，但它们更易于使用，因而更适合于设备驱动程序（以及其他一般性的内核代码）。

在深入技术细节之前，请注意所使用的术语：由于历史原因，术语下半部（bottom half）通常指代两个不同的东西；首先，它是指ISR代码的下半部，负责执行非时间关键操作。遗憾的是，早期内核版本中使用的操作延期执行机制，也称为下半部，因而使用的术语经常是含糊不清的。在此期间，下半部不再作为内核机制存在。它们在内核版本2.5开发期间被废弃，被tasklet代替，这是一个好得多的替代品。

tasklet是“小进程”，执行一些迷你任务，对这些任务使用全功能进程可能比较浪费。

14.3.1 创建tasklet

不出所料，各个tasklet的中枢数据结构称作tasklet_struct，定义如下：

<interrupt.h>

```
struct tasklet_struct
{
        struct tasklet_struct *next;
        unsigned long state;
        atomic_t count;
        void (*func)(unsigned long);
        unsigned long data;
};
```

从设备驱动程序的角度来看，最重要的成员是func。它指向一个函数的地址，该函数的执行将被延期。data用作该函数执行时的参数。

next是一个指针，用于建立tasklet_struct实例的链表。这容许几个任务排队执行。

state表示任务的当前状态，类似于真正的进程。但只有两个选项，分别由state中的一个比特位表示，这也是二者可以独立设置/清除的原因。

- 在tasklet注册到内核，等待调度执行时，将设置TASKLET_STATE_SCHED。
- TASKLET_STATE_RUN表示tasklet当前正在执行。

第二个状态只在SMP系统上有用。用于保护tasklet在多个处理器上并行执行。

原子计数器count用于禁用已经调度的tasklet。如果其值不等于0，在接下来执行所有待决的tasklet时，将忽略对应的tasklet。

14.3.2 注册tasklet

tasklet_schedule将一个tasklet注册到系统中：

<interrupt.h>
```
static inline void tasklet_schedule(struct tasklet_struct *t);
```
如果设置了TASKLET_STATE_SCHED标志位，则结束注册过程，因为该tasklet此前已经注册了。否则，将该tasklet置于一个链表的起始，其表头是特定于CPU的变量tasklet_vec。该链表包含了所有注册的tasklet，使用next成员作为链表元素。

在注册了一个tasklet之后，tasklet链表即标记为即将进行处理。

14.3.3 执行 tasklet

tasklet的生命周期中最重要的部分就是其执行。因为tasklet基于软中断实现，它们总是在处理软中断时执行。

tasklet关联到TASKLET_SOFTIRQ软中断。因而，调用raise_softirq(TASKLET_SOFTIRQ)，即可在下一个适当的时机执行当前处理器的tasklet。内核使用tasklet_action作为该软中断的action函数。

该函数首先确定特定于CPU的链表，其中保存了标记为将要执行的各个tasklet。它接下来将表头重定向到函数局部的一个数据项，相当于从外部公开的链表删除了所有表项。接下来，函数在以下循环中逐一处理各个tasklet：

kernel/softirq.c
```
static void tasklet_action(struct softirq_action *a)
...
        while (list) {
                struct tasklet_struct *t = list;
                list = list->next;

                if (tasklet_trylock(t)) {
                        if (!atomic_read(&t->count)) {
                                if (!test_and_clear_bit(TASKLET_STATE_SCHED, &t->state))
                                        BUG();
                                t->func(t->data);
                                tasklet_unlock(t);
                                continue;
                        }
                        tasklet_unlock(t);
                }
                ...
        }
...
}
```
在while循环中执行tasklet，类似于处理软中断使用的机制。

因为一个tasklet只能在一个处理器上执行一次，但其他的tasklet可以并行运行，所以需要特定于tasklet的锁。state状态用作锁变量。在执行一个tasklet的处理程序函数之前，内核使用tasklet_trylock检查tasklet的状态是否为TASKLET_STATE_RUN。换句话说，它是否已经在系统的另一个处理器上运行：

<interrupt.h>
```
static inline int tasklet_trylock(struct tasklet_struct *t)
{
        return !test_and_set_bit(TASKLET_STATE_RUN, &(t)->state);
}
```
如果对应比特位尚未设置，则设置该比特位。

如果count成员不等于0，则该tasklet已经停用。在这种情况下，不执行相关的代码。

在两项检查都成功通过之后，内核用对应的参数执行tasklet的处理程序函数，即调用t->func(t->data)。最后，使用tasklet_unlock清除tasklet的TASKLET_SCHED_RUN标志位。

如果在tasklet执行期间，有新的tasklet进入当前处理器的tasklet队列，则会尽快引发TASKLET_SOFTIRQ软中断来执行新的tasklet。（因为我们对完成该工作的代码不是特别感兴趣，所以在上文中没有给出该代码。）

除了普通的tasklet之外，内核还使用了另一种tasklet，它具有“较高”的优先级。除以下修改之外，其实现与普通的tasklet完全相同。

- 使用HI_SOFTIRQ作为软中断，而不是TASKLET_SOFTIRQ，相关的action函数是tasklet_hi_action。
- 注册的tasklet在CPU相关的变量tasklet_hi_vec中排队。这是使用tasklet_hi_schedule完成的。

在这里，“较高优先级”是指该软中断的处理程序HI_SOFTIRQ在所有其他处理程序之前执行，尤其是在构成了软中断活动主体的网络处理程序之前执行。

当前，大部分声卡驱动程序都利用了这一选项，因为操作延迟时间太长可能损害音频输出的音质。而用于高速传输的网卡也可以得益于该机制。

14.4　等待队列和完成量

等待队列（wait queue）用于使进程等待某一特定事件发生，而无须频繁轮询。进程在等待期间睡眠，在事件发生时由内核自动唤醒。完成量（completion）机制基于等待队列，内核利用该机制等待某一操作结束。这两种机制使用得都比较频繁，主要用于设备驱动程序，如第6章所示。

14.4.1　等待队列

1. 数据结构

每个等待队列都有一个队列头，由以下数据结构表示：

<wait.h>

```
struct __wait_queue_head {
        spinlock_t lock;
        struct list_head task_list;
};
typedef struct __wait_queue_head wait_queue_head_t;
```

因为等待队列也可以在中断时修改，在操作队列之前必须获得一个自旋锁lock（参见第5章）。task_list是一个双链表，用于实现双链表最擅长表示的结构，即队列。

队列中的成员是以下数据结构的实例：

<wait.h>

```
struct __wait_queue {
        unsigned int flags;
        void *private;
        wait_queue_func_t func;
        struct list_head task_list;
};

typedef struct __wait_queue wait_queue_t;
```

- flags的值或者为WQ_FLAG_EXCLUSIVE，或者为0，当前没有定义其他标志。WQ_FLAG_EXCLUSIVE表示等待进程想要被独占地唤醒（稍后将详细讲述）。
- private是一个指针，指向等待进程的task_struct实例。该变量本质上可以指向任意的私有数据，但内核中只有很少情况下才这么用，因此这里不会详细讲述这种情形。
- 调用func，唤醒等待进程。
- task_list用作一个链表元素，用于将wait_queue_t实例放置到等待队列中。

等待队列的使用分为如下两部分。

(1) 为使当前进程在一个等待队列中睡眠，需要调用wait_event函数（或某个等价函数，在下文讨论）。进程进入睡眠，将控制权释放给调度器。

内核通常会在向块设备发出传输数据的请求后，调用该函数。因为传输不会立即发生，而在此期间又没有其他事情可做，所以进程可以睡眠，将CPU时间让给系统中的其他进程。

(2) 在内核中另一处，就我们的例子而言，是来自块设备的数据到达后，必须调用wake_up函数（或某个等价函数，将在下文讨论）来唤醒等待队列中的睡眠进程。

> 在使用wait_event使进程睡眠之后，必须确保在内核中另一处有一个对应的wake_up调用。

14

2. 使进程睡眠

add_wait_queue函数用于将一个进程增加到等待队列，该函数在获得必要的自旋锁后，将工作委托给__add_wait_queue：

<wait.h>

```
static inline void __add_wait_queue(wait_queue_head_t *head, wait_queue_t *new)
{
        list_add(&new->task_list, &head->task_list);
}
```

在将新进程统计到等待队列时，除了使用标准的list_add链表函数，没有其他工作需要做。

内核还提供了add_wait_queue_exclusive函数。它的工作方式与add_wait_queue相同，但将进程插入在队列尾部，并将其标志设置为WQ_EXCLUSIVE（该标志的语义在下文讨论）。

使进程在等待队列上睡眠的另一种方法是prepare_to_wait。除了add_wait_queue需要的参数之外，还需要进程的状态：

kernel/wait.c

```
void fastcall
prepare_to_wait(wait_queue_head_t *q, wait_queue_t *wait, int state)
{
        unsigned long flags;

        wait->flags &= ~WQ_FLAG_EXCLUSIVE;
        spin_lock_irqsave(&q->lock, flags);
        if (list_empty(&wait->task_list))
                __add_wait_queue(q, wait);
...
        set_current_state(state);
        spin_unlock_irqrestore(&q->lock, flags);
}
```

像在上文讨论的那样，调用__add_wait_queue之后，内核将进程当前的状态设置为传递到prepare_to_wait的状态。

prepare_to_wait_exclusive是一个变体，它会设置WQ_FLAG_EXCLUSIVE标志并将等待队列的成员添加到队列尾部。

下面两个标准方法可用于初始化一个等待队列项。

(1) init_waitqueue_entry初始化一个动态分配的wait_queue_t实例：

```
<wait.h>
static inline void init_waitqueue_entry(wait_queue_t *q,
                                        struct task_struct *p)
{
        q->flags = 0;
        q->private = p;
        q->func = default_wake_function;
}
```

default_wake_function只是一个进行参数转换的前端，试图用第2章描述的try_to_wake_up函数来唤醒进程。

(2) DEFINE_WAIT创建wait_queue_t的静态实例，它可以自动初始化：

```
<wait.h>
#define DEFINE_WAIT(name) \
        wait_queue_t name = { \
                .private        = current, \
                .func           = autoremove_wake_function, \
                .task_list      = LIST_HEAD_INIT((name).task_list), \
        }
```

这里用autoremove_wake_function来唤醒进程。该函数不仅调用default_wake_function，还将所属等待队列成员从等待队列删除。

add_wait_queue通常不直接使用。更常用的是wait_event。这是一个宏，需要如下两个参数。

(1) 在其上进行等待的等待队列。

(2) 一个条件，以所等待事件有关的一个C表达式形式给出。

这个宏只确认条件尚未满足。如果条件已经满足，可以立即停止处理，因为没什么可等待的了。主要的工作委托给__wait_event：

```
<wait.h>
#define __wait_event(wq, condition)                                     \
do {                                                                    \
        DEFINE_WAIT(__wait);                                            \
                                                                        \
        for (;;) {                                                      \
                prepare_to_wait(&wq, &__wait, TASK_UNINTERRUPTIBLE);    \
                if (condition)                                          \
                        break;                                          \
                schedule();                                             \
        }                                                               \
        finish_wait(&wq, &__wait);                                      \
} while (0)
```

在用DEFINE_WAIT建立等待队列成员之后，这个宏产生了一个无限循环。使用prepare_to_wait使进程在等待队列上睡眠。每次进程被唤醒时，内核都会检查指定的条件是否满足，如果条件满足则退出无限循环。否则，将控制转交给调度器，进程再次睡眠。

很重要的一点是，wait_event和__wait_event都实现为宏，这可以用标准C表达式来指定条件。由于C语言不支持任何像高阶函数之类的时髦特性，如果使用常规的函数，这种行为是不可能的（至少会非常笨拙）。

在条件满足时，finish_wait将进程状态设置回TASK_RUNNING，并从等待队列的链表移除对应的项。[1]

除了wait_event之外，内核还定义了其他几个函数，可以将当前进程置于等待队列中。其实现实际上等同于sleep_on：

```
<wait.h>
#define wait_event_interruptible(wq, condition)
#define wait_event_timeout(wq, condition, timeout) { ... }
#define wait_event_interruptible_timeout(wq, condition, timeout)
```

- wait_event_interruptible使用的进程状态为TASK_INTERRUPTIBLE。因而睡眠进程可以通过接收信号而唤醒。
- wait_event_timeout等待满足指定的条件，但如果等待时间超过了指定的超时限制（按jiffies指定）则停止。这防止了进程永远睡眠。
- wait_event_interruptible_timeout使进程睡眠，但可以通过接收信号唤醒。它也注册了一个超时限制。从内核采用的命名方式来看，一般不会有出人意料之处！

此外，内核还定义了若干废弃的函数（sleep_on、sleep_on_timeout、interruptible_sleep_on和interruptible_sleep_on_timeout），这些不应该在新的代码中继续使用。保留这些函数，主要是出于兼容性的目的。

3. 唤醒进程

内核定义了一系列宏，可用于唤醒等待队列中的进程。它们基于同一个函数：

```
<wait.h>
#define wake_up(x)          __wake_up(x, TASK_UNINTERRUPTIBLE | TASK_INTERRUPTIBLE, 1, NULL)
#define wake_up_nr(x, nr) __wake_up(x, TASK_UNINTERRUPTIBLE | TASK_INTERRUPTIBLE, nr, NULL)
#define wake_up_all(x)      __wake_up(x, TASK_UNINTERRUPTIBLE | TASK_INTERRUPTIBLE, 0, NULL)
#define wake_up_interruptible(x)            __wake_up(x, TASK_INTERRUPTIBLE, 1, NULL)
#define wake_up_interruptible_nr(x, nr)     __wake_up(x, TASK_INTERRUPTIBLE, nr, NULL)
#define wake_up_interruptible_all(x)        __wake_up(x, TASK_INTERRUPTIBLE, 0, NULL)
```

在获得了用于保护等待队列首部的锁之后，_wake_up将工作委托给_wake_up_common。

```
kernel/sched.c
static void __wake_up_common(wait_queue_head_t *q, unsigned int mode,
                             int nr_exclusive, int sync, void *key)
{
        wait_queue_t *curr, *next;
...
```

q用于选定等待队列，而mode指定进程的状态，用于控制唤醒进程的条件。nr_exclusive表示将要唤醒的设置了WQ_FLAG_EXCLUSIVE标志的进程的数目。

内核接下来遍历睡眠进程，并调用其唤醒函数func：

```
kernel/sched.c
        list_for_each_safe(curr, next, &q->task_list, task_list) {
                unsigned flags = curr->flags;

                if (curr->func(curr, mode, sync, key) &&
                                (flags & WQ_FLAG_EXCLUSIVE) && !--nr_exclusive)
```

[1] 但由于finished_wait可能从许多处调用，此处需谨慎，以防进程已经被唤醒函数从队列移除。内核设法谨慎地操作链表的元素，保证一切都正确运作。

```
                break;
        }
}
```

这里会反复扫描链表，直至没有更多进程需要唤醒，或已经唤醒的独占进程的数目达到了nr_exclusive。该限制用于避免所谓的惊群（thundering herd）问题。如果几个进程在等待独占访问某一资源，那么同时唤醒所有等待进程是没有意义的，因为除了其中一个之外，其他进程都会再次睡眠。nr_exclusive推广了这一限制。

最常使用的wake_up函数将nr_exclusive设置为1，确保只唤醒一个独占访问的进程。

回想上文，WQ_FLAG_EXCLUSIVE进程被添加在等待队列的尾部。这种实现确保在混合访问类型的队列中，首先唤醒所有的普通进程，然后才考虑到对独占进程的限制。

如果进程在等待数据传输的结束，那么唤醒等待队列中所有的进程是有用的。这是因为几个进程的数据可以同时读取，而互不干扰。

14.4.2　完成量

完成量与第5章讨论的信号量有些相似，但是基于等待队列实现的。我们感兴趣的是完成量的接口。场景中有两个参与者：一个在等待某操作完成，而另一个在操作完成时发出声明。实际上，这已经被简化过了：可以有任意数目的进程等待操作完成。为表示进程等待的即将完成的“某操作”，内核使用了下述数据结构：

<completion.h>

```
struct completion {
        unsigned int done;
        wait_queue_head_t wait;
};
```

可能在某些进程开始等待之前，事件就已经完成，done用来处理这种情形。这将在下文讨论。wait是一个标准的等待队列，等待进程在队列上睡眠。

init_completion初始化一个动态分配的completion实例，而DECLARE_COMPLETION宏用来建立该数据结构的静态实例。

进程可以用wait_for_completion添加到等待队列，进程在其中等待（以独占睡眠状态），直至请求被内核的某些部分处理。这函数需要一个completion实例作为参数：

<completion.h>

```
void wait_for_completion(struct completion *);
int wait_for_completion_interruptible(struct completion *x);
unsigned long wait_for_completion_timeout(struct completion *x,
                                          unsigned long timeout);
unsigned long wait_for_completion_interruptible_timeout(
                struct completion *x, unsigned long timeout);
```

此外还提供了如下几个改进过的变体。

- 通常进程在等待事件的完成时处于不可中断状态，但如果使用wait_for_completion_interruptible，可以改变这一设置。如果进程被中断，该函数返回-ERESTARTSYS，否则返回0。
- wait_for_completion_timeout等待一个完成事件发生，但提供了超时设置（以jiffies为单位），如果等待时间超出了这一设置，则取消等待。这有助于防止无限等待某一事件。如果在超时之前事件已经完成，则函数返回剩余的时间，否则返回0。

- wait_for_completion_interruptible_timeout是前两种变体的组合。

在请求由内核的另一部分处理之后，必须调用complete或complete_all来唤醒等待的进程。因为每次调用只能从完成量的等待队列移除一个进程，对*n*个等待进程来说，必须调用该函数*n*次。另一方面，complete_all将唤醒所有等待该完成的进程。complete_and_exit是一个小的包装器，首先调用complete，接下来调用do_exit结束内核线程。

<completion.h>
```
void complete(struct completion *);
void complete_all(struct completion *);
```

kernel/exit.c
```
NORET_TYPE void complete_and_exit(struct completion *comp, long code);
```

complete、complete_all和complete_and_exit需要一个指向struct completion实例的指针作为参数，标识所述的完成量。

struct completion中done的语义是什么呢？每次调用complete时，该计数器都加1，仅当done等于0时，wait_for系列函数才会使调用进程进入睡眠。实际上，这意味着进程无须等待已经完成的事件。complete_all的工作方式类似，但它会将计数器设置为最大可能值（UINT_MAX/2，这是无符号整数最大值的一半，因为计数器也可能取负值），这样，在事件完成后调用wait_系列函数的进程将永远不会睡眠。

14.4.3 工作队列

工作队列是将操作延期执行的另一种手段。因为它们是通过守护进程在用户上下文执行，函数可以睡眠任意长的时间，这与内核是无关的。在内核版本2.5开发期间，设计了工作队列，用以替换此前使用的keventd机制。

每个工作队列都有一个数组，数组项的数目与系统中处理器的数目相同。每个数组项都列出了将延期执行的任务。

对每个工作队列来说，内核都会创建一个新的内核守护进程，延期任务使用上文描述的等待队列机制，在该守护进程的上下文中执行。

新的工作队列通过调用create_workqueue或create_workqueue_singlethread函数来创建。前一个函数在所有CPU上都创建一个工作线程，而后者只在系统的第一个CPU上创建一个线程。两个函数在内部都使用了__create_workqueue_key：[①]

kernel/workqueue.c
```
struct workqueue_struct *__create_workqueue(const char *name,
                                            int singlethread)
```

name参数表示创建的守护进程在进程列表中显示的名称。如果singlethread设置为0，则在系统的每个CPU上都创建一个线程，否则只在第一个CPU上创建线程。

所有推送到工作队列上的任务，都必须打包为work_struct结构的实例，从工作队列用户的角度来看，该结构的下述成员是比较重要的：

<workqueue.h>
```
struct work_struct;
typedef void (*work_func_t)(struct work_struct *work);
```

① 另一种变体是create_freezable_workqueue，用于创建能够与系统休眠进行良好协作的工作队列。由于我并不讨论与电源管理相关的任何机制，当然也不会进一步讨论该选项。另外要注意到，__create_workqueue的原型是简化的，没有包含锁深度管理和电源管理有关的参数。

```
struct work_struct {
        atomic_long_t data;
        struct list_head entry;
        work_func_t func;
}
```

entry照例用作链表元素，用于将几个work_struct实例群集到一个链表中。func是一个指针，指向将延期执行的函数。该函数有一个参数，是一个指针，指向用于提交该工作的work_struct实例。这使得工作函数可以获得work_struct的data成员，该成员可以指向与work_struct相关的任意数据。

为什么内核使用atomic_long_t作为指向任意数据的指针的数据类型，而不是通常的void*？实际上，此前的内核版本定义的work_struct如下：

<workqueue.h>

```
struct work_struct {
...
        void (*func)(void *);
        void *data;
...
};
```

正如所料，data是用指针表示的。但内核使用了一点小技巧，显然有点近乎于“肮脏”，以便将更多信息放入该结构，而又不付出更多代价。因为指针在所有支持的体系结构上都对齐到4字节边界，而前两个比特位保证为0。因而可以“滥用”这两个比特位，将其用作标志位。剩余的比特位照旧保存指针的信息。以下的宏用于屏蔽标志位：

<workqueue.h>

```
#define WORK_STRUCT_FLAG_MASK (3UL)
#define WORK_STRUCT_WQ_DATA_MASK (~WORK_STRUCT_FLAG_MASK)
```

当前只定义了一个标志：WORK_STRUCT_PENDING用来查找当前是否有待决（该标志位置位）的可延迟工作项。辅助宏work_pending(work)用来检查该标志位。请注意，将data设置为原子数据类型，确保对该比特位的修改不会带来并发问题。

为简化声明和填充该结构的静态实例所需的工作，内核提供了INIT_WORK(work, func)宏，它向一个现存的work_struct实例提供一个延期执行函数。如果需要data成员，则需要稍后设置。

有两种方法可以向一个工作队列添加work_struct实例，分别是queue_work和queue_work_delayed。第一个函数的原型如下：

kernel/workqueue.c

```
int fastcall queue_work(struct workqueue_struct *wq, struct work_struct *work)
```

它将work添加到工作队列wq，work本身所指定的工作，其执行时间待定（在调度器选择该守护进程时执行）。

为确保排队的工作项将在提交后指定的一段时间内执行，需要扩展work_struct，添加一个定时器。显然的解决方案如下：

<workqueue.h>

```
struct delayed_work {
        struct work_struct work;
        struct timer_list timer;
};
```

queue_delayed_work用于向工作队列提交delayed_work实例。它确保在延期工作执行之前，至少会经过由delay指定的一段时间（以jiffies为单位）。

kernel/workqueue.c
```
int fastcall queue_delayed_work(struct workqueue_struct *wq,
                        struct delayed_work *dwork, unsigned long delay)
```

该函数首先创建一个内核定时器，它将在delayed jiffies之内超时。相关的处理程序接下来使用queue_work，按通常的方式将工作添加到工作队列。

内核创建了一个标准的工作队列，称为events。内核的各个部分中，凡是没有必要创建独立的工作队列者，均可使用该队列。内核提供了以下两个函数，可用于将新的工作添加该标准队列，这里不会详细讨论其实现：

kernel/workqueue.c
```
int schedule_work(struct work_struct *work)
int schedule_delayed_work(struct delay_work *dwork, unsigned long delay)
```

14.5 小结

内核可以用同步或异步方式激活。前一章讨论了如何用系统调用来同步地激活内核，而本章中，读者看到了第二种激活内核的方式，即从硬件使用中断触发来异步激活内核。

在硬件想要通知内核一些情况时，可以使用中断，而中断的物理实现有很多方法。在讨论了各种可能性之后，我们分析了内核用于管理中断的通用数据结构，并看到了如何对不同的IRQ类型实现电流处理。内核必须为IRQ提供服务例程，而服务例程即ISR的实现要颇为谨慎。最重要的一点是，必须使这些处理程序的执行尽可能快速，因而通常将工作划分为两部分，即快速的上半部和低速的下半部（通常在中断上下文之外执行）。

内核提供了一些方法来将操作延迟到未来的时刻执行，本章讨论了相应的可能方法：软中断是硬件IRQ的软件等价物，tasklet基于该机制。虽然它们能够使内核将工作推迟到稍后执行，但不允许睡眠。然而对等待队列及其衍生机制而言，睡眠是允许的，本章也考察了相关的问题。

第15章 时间管理

15

到目前为止，本书讨论过的将工作延期到未来某个时刻处理的所有方法，都没有涵盖一个特别的领域，即基于时间的任务延期处理。已经讨论过各种不同的变体，当然对如何执行延期任务给出了一些提示（例如，处理软中断的tasklet），但这些都不能指定在某个精确的时刻或确定的时间间隔之后，由内核来执行延期操作。这方面最简单的一项用途就是超时的实现，即内核代表用户层进程等待特定的一段时间，等待某个事件发生，例如，在一个重要的操作进行前等待10秒，此期间是取消操作的最后时机，如果用户按下键，则表示取消操作。其他用法广泛应用在各种用户应用程序中。

内核还对自身的各种任务使用定时器，例如在设备驱动程序与相关的硬件通信时，使用的协议通常带有按时间先后定义的次序。TCP实现中，就使用了很多定时器来指定等待的超时时间。

根据所需执行的工作，定时器需要提供不同的特征，特别是最大可能的分辨率方面。本章讨论Linux内核提供的各种可能方案。

15.1 概述

首先，概述一下即将详细讲述的这个子系统。

15.1.1 定时器的类型

在内核版本2.6开发期间，内核的时间子系统有了惊人的发展。在最初的发布版中，定时器子系统只包括现在所谓的低分辨率定时器。本质上，低分辨率定时器是围绕时钟周期展开的，该周期是每隔一定时间定期发生的。可以预定在某个周期激活指定的事件。扩展这个相对简单的框架的压力，主要来自于如下两方面。

- 电力有限的设备（如笔记本电脑、嵌入式设备等）在无事可做时，需要使用尽可能少的电能。如果运行一个周期性的时钟，那么在几乎无事可做时，也仍然必须提供时钟的周期信号。但如果该周期信号没有用户，它本质上就不需要运行。然而，为实现该时钟周期信号，系统需要不时地从较低功耗状态进入到较高功耗状态。
- 面向多媒体的应用程序需要非常精确的计时功能，例如，为避免视频中的跳帧，或音频回放中的跳跃。这迫使我们提高现有的分辨率。

为找到所有接触时间管理的开发者（和用户）都同意的良好的解决方案（事实上有很多此类方案），要花费很多年，提出很多内核补丁。当前的状态是很不同寻常的，内核目前支持两类差别很大的定时器。

- 经典定时器（classical timer）：在内核的最初版本，就已经提供了此类定时器。其实现位于`kernel/timer.c`中。提供的典型分辨率为4毫秒，但实际上取决于计算机时钟中断运行的频率。经典定时器也称作低分辨率(low-resolution)定时器，或定时器轮（timer wheel）定时器。

- 对许多应用程序来说，特别是面向媒体的应用，几毫秒的定时器分辨率不够用。实际上，最新的硬件提供了精确得多的计时手段，可以达到纳秒级的分辨率。在内核版本2.6开发期间，添加了一个额外的定时器子系统，可以利用这样的高精度定时器资源。新的子系统提供的定时器，通常称为高分辨率定时器(high-resolution timer)。

  高分辨率定时器的一部分代码总是被编译到内核中，但只有设置了编译选项`HIG_RES_TIMERS`，才能提供比低分辨率定时器更高的精度。高分辨率定时器引入的框架，由低分辨率定时器重用（实际上，低分辨率定时器是基于高分辨率定时器的机制而实现的）。

经典定时器是由固定的栅栏所框定的，而高分辨率时钟事件在本质上可以发生在任意时刻，参见图15-1。除非启用了动态时钟特性，否则很可能时钟周期信号发出，但实际上并没有事件到期。与此相反，高分辨率时钟信号只在某些事件可能发生时，才会发出。

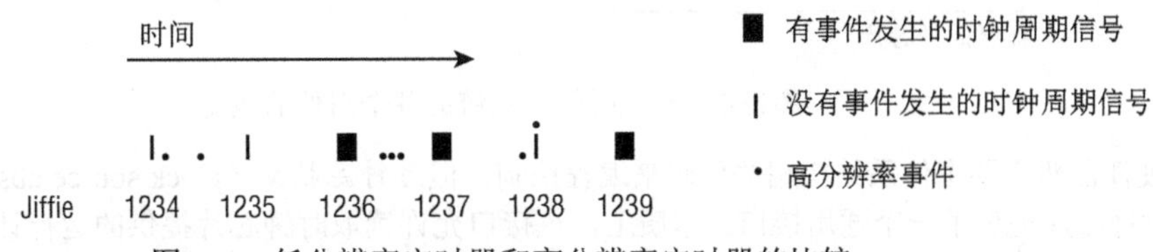

图15-1　低分辨率定时器和高分辨率定时器的比较

为什么开发者不选择看起来更显然的路径去改进现存的定时器子系统，而开发一个全新的呢？实际上，有人试图采用该策略，但旧的定时器子系统成熟而健壮的结构，使得要在改进的同时维持其效率且不引入新的问题，并不是特别容易。对此问题的一些深入思考，可以在`Documentation/hrtimers.txt`中找到。

除了分辨率之外，内核在术语上还会区分下面两种定时器。

- **超时**：表示将在一定时间之后发生的事件，但可以且通常都会在发生之前取消。例如，考虑网络子系统等待在一定时间内即将到达的分组。为处理这种情况，需要设置一个定时器，在预定的时间期限结束时到期。由于分组通常都会按时到达，定时器在实际过期之前被删除的可能性很大。此外，分辨率对此类定时器来说，不是很关键。在内核允许分组的确认在10秒内发送的时候，它实际上并不在意超时到底是发生在10秒，还是10.001秒。
- **定时器**：用于实现时序。例如，声卡驱动器可能想要按很短的周期间隔向声卡发送一些数据。此类定时器通常都会到期，而且与超时类定时器相比，需要高得多的分辨率。

图15-2给出了时间子系统的实现所采用的各种基础组件的一个概述。因为是概述，所以不是很精确，只是给出了时间测算领域所涉及的各种事项的一个概览，并对各种组件之间的交互方式做了一些说明。更多细节将在下文讨论。

真正的硬件在最底层。每个典型的系统都有几个设备，通常由时钟芯片实现，提供了定时功能，可以用作时钟。实际可用的硬件取决于具体的体系结构。例如，IA-32和AMD64系统有一个PIT（programmable interrupt timer，可编程中断计时器，由8253芯片实现），这是一个经典的时钟源，分辨率和稳定性一般。在上文讨论IRQ处理时提到了CPU局部的APIC（advanced programmable interrupt controller，高级可编程中断控制器），它的分辨率和稳定性要好得多。APIC适合充当高分辨率时间源，而PIT只适用于低分辨率定时器。

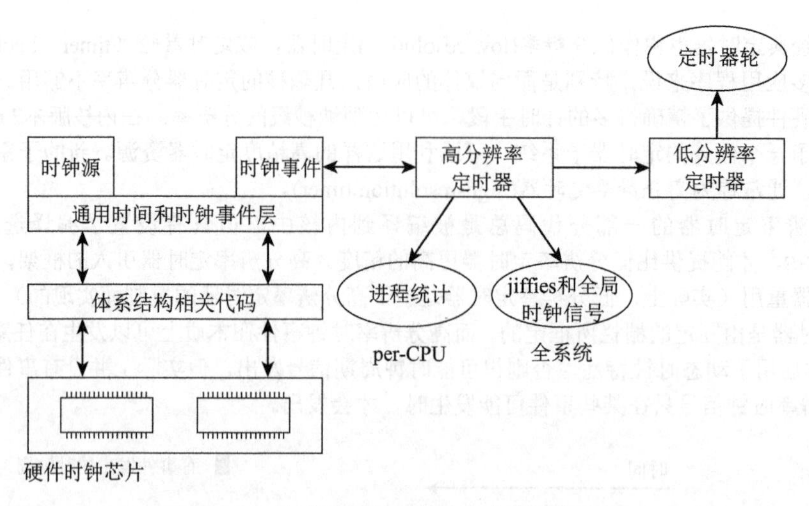

图15-2　构成时间子系统的各个组件的概览

硬件自然需要由体系结构相关代码来编程控制，但时钟源抽象（clock source abstraction）为所有硬件时钟芯片提供了一个通用接口。本质上，该接口允许读取时钟芯片提供的运行计数器的当前值。

周期性的事件不怎么符合上述运行计数器的模型，因而需要另一个抽象。时钟事件（clock event）是周期性事件的基础。但时钟事件可以发挥更强大的作用。一些定时设备可以提供发生在任意的非规则时刻的事件。与周期性事件设备相对，它们称作单触发设备（one-shot device）。

高分辨率定时器机制基于时钟事件，而低分辨率定时器机制利用了周期性事件，而周期性事件可以直接基于低分辨率时钟，或在高分辨率时间子系统之上构建。低分辨率定时器承担了如下两个重要的任务。

(1) 处理全局`jiffies`计数器。该值周期性地增长（或至少从内核的大部分看来，它是在周期性增长），它表示了一种特别简单的时间基准。①

(2) 进行各进程统计。这也包括了对经典的低分辨率定时器的处理，这种定时器可以关联到任意进程。

15.1.2　配置选项

内核中不仅有两个不同（但有关）的定时子系统，而且动态时钟特性会使情况更为复杂。通常，周期时钟在内核的整个生命周期内都是活动的。这在缺乏电力的系统上可能是浪费，主要的例子如笔记本电脑或便携式计算机。如果有一个周期性事件在活动，那么系统决不会长时间进入省电模式。因而内核允许配置动态时钟②，它不需要周期信号。由于这使得定时器的处理复杂化，我们从现在开始假定未启用该特性。

内核可以实现4种计时方案。尽管这个数目听起来不大，但在许多任务根据选定的配置可能以4种方式实现时，理解时间相关代码的工作显然没有被简化。图15-3综述了可能的选择。

根据两个集合，每个集合两个成员，来计算4种可能性并不复杂。但重要的是意识到，高/低分辨

① 对jiffies值的更新，并不容易在低分辨率和高分辨率框架之间区分开来，因为根据内核的配置，二者都有可能更新jiffies值。本章会讨论jiffies更新的细节。

② 习惯上，也将启用了该配置选项的系统称为无时钟（tickless）系统。

率和动态/周期时钟的所有组合都是有效的，内核都需要考虑。

高分辨率动态时钟	高分辨率周期时钟
低分辨率动态时钟	低分辨率周期时钟

图15-3 由于高/低分辨率和动态/周期时钟引发的计时方面的可能配置

15.2 低分辨率定时器的实现

由于低分辨率定时器在内核中已经存在多年，用于数百处，我们首先阐述其实现。在下文中，假定内核使用周期时钟。如果使用了动态时钟，情况会更为复杂，将在15.5节讨论该情形。

15.2.1 定时器激活与进程统计

对于定时器的时间基线，内核会使用处理器的时钟中断或其他任何适当的周期性时钟源。在IA-32与AMD64系统上，PIT或HPET（High Precision Event Timer，高精度事件定时器）可用于该目的。几乎所有比较现代的此类系统都具备HPET，如果HPET可用，则将优先采用。[1]中断将定期发生，刚好是每秒HZ次。HZ由一个体系结构相关的预处理器符号定义，在<asm-arch/param.h>头文件中。其值可以在编译时通过配置选项CONFIG_HZ来设置。

HZ = 250用作大多数机器类型的默认值，特别是在普遍存在的IA-32与AMD64体系结构上。

> 在启用动态时钟时，也定义（并使用）了HZ，因为它是许多计时任务的基本量。在一个繁忙的系统上，总有一些非平凡的工作（不同于idle进程）需要完成，动态和周期时钟在表面上没什么区别。只有在近乎于无事可做，而且可以跳过一些时钟中断时，我们才能看到二者的差别。

通常，较高的HZ值使得系统具有更好的交互性和响应速度，特别是，每个时钟中断时都会调用调度器。缺点是，因为定时器例程调用得更频繁，有更多的系统工作需要完成：在HZ增高的同时，内核的一般性开销也会随之增高。这样，较大的HZ值比较适合于桌面系统和多媒体系统，而较低的HZ值更适合于服务器和批处理机器，这种场合下交互性属于次要因素。

内核2.6系列的早期版本直接挂钩到时钟中断，来开始定时器的激活和进程的统计，但随着通用时钟框架的引入，在一定程度上又增加了复杂性。图15-4提供了IA-32和AMD64机器上情况的一个概述。

其他体系结构的细节有所不同，但原理是一致的。（特定的体系结构上进行处理的方式，通常是在time_init中设置，该函数在系统启动时调用以初始化基本的低分辨率计时设施。）周期时钟设置为每秒运行HZ个周期。IA-32将timer_interrupt注册为中断处理程序，而AMD64使用的是timer_event_interrupt。这两个函数都通过调用所谓的全局时钟（参见15.3节）的事件处理程序，来通知内核中通用的、体系结构无关的时间处理层。根据使用的计时模型不同，会采用不同的处理程序函数。无论如何，该处理程序都通过调用以下两个函数，使得周期性低分辨率计时设施开始运作。

---

① 但可以通过内核的命令行选项hpet=disable来禁用HPET。

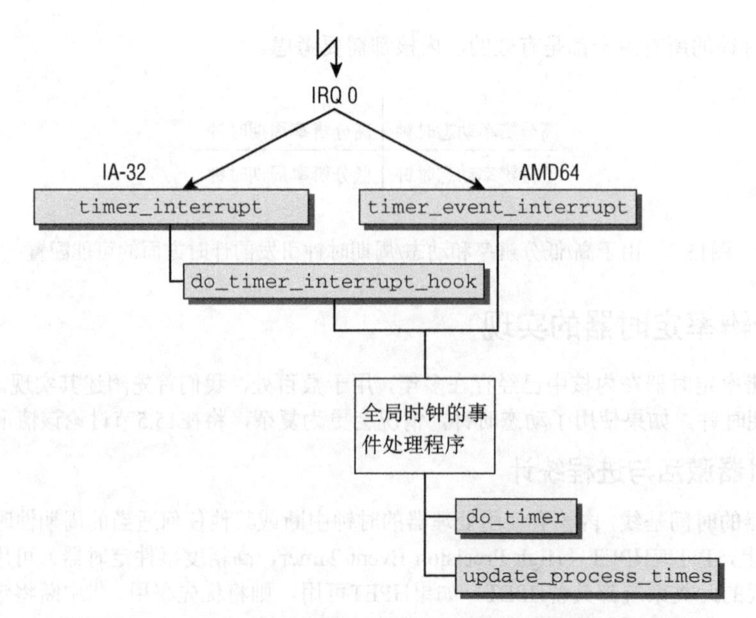

图15-4　IA-32和AMD64机器上周期性低分辨率时钟中断的概述

- do_time负责全系统范围的、全局性的任务：更新jiffies值，处理进程统计。在多处理器系统上，会选择一个特定的CPU来执行这两个任务，而不涉及其他CPU。
- update_process_times需要由SMP系统上的每个CPU执行。除了进程统计之外，它还激活了所有注册的经典低分辨率定时器并使之到期，并向调度器提供时间感知。因为这些主题都值得单独进行讨论（而且与本节其余的内容关系不大），所以将在15.8节详细讲述。这里我们只关注定时器的激活和过期，这是通过调用run_local_timers触发的。该函数又引发了软中断TIMER_SOFTIRQ，而其处理程序函数负责运行低分辨率定时器。

首先考虑do_time。该函数执行的工作如图15-5所示。

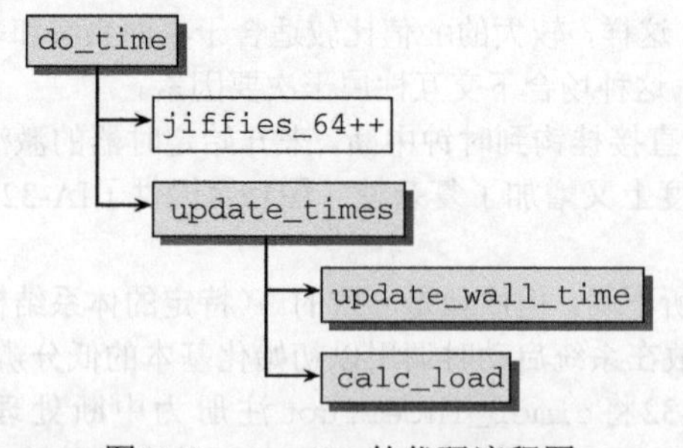

图15-5　do_time的代码流程图

全局变量jiffies_64（一个整型变量，在所有体系结构上都是64位[①]）加1。这意味着jiffies_64确定了系统启动以来时钟中断的准确数目。在停用动态时钟时，其值会定期增加。如果启用了动态时

① 这在32位处理器上是通过组合两个32位变量而做到的。

钟，那么自上次更新以来，可能已经过了多个时钟周期。

由于历史原因，内核源代码还包含了另一个时间基准。jiffies是一个unsigned long类型的变量，在32位处理器上只有4字节长，这对应于32位，而不是64位。这会导致一个问题。在系统运行时间比较长之后，该计数器会达到最大值，从而必须重置为0。给定计时器频率100 Hz，该计数器将在不到500天后达到最大值，而对更高的HZ值来说，时间会更短。① 在使用64位数据类型时，这个问题决不会发生，因为10^{12}天的运行时间毕竟是假想而已，即使对Linux这样非常稳定的内核也是如此。

内核使用一种技巧，来防止在两个不同的时间基准之间转换时引入精度损失。jiffies和jiffies_64的低32位是重合的，指向同一块内存或同一个寄存器。为达到这一目的，这两个变量是分别声明的，但用于联编最终的内核二进制映像的链接器脚本中，指定了jiffies等同于jiffies_64的低位4个字节，根据底层体系结构的字节序不同，这可能是jiffies_64的前4个或后4个字节。在64位机器上，这两个变量是同义词。

> 切记：以jiffies为单位指定的时间，和jiffies变量本身，需要一点特别的关注。可能的奇异之处，将在接下来的15.2.2节讨论。

在每个时钟中断都必须执行的其余操作，委托给update_times进行。

- update_wall_time更新wall time，它指定了系统已经启动并运行了多长时间。该信息也是由jiffies机制提供，wall clock从当前时间源读取时间，并据此更新wall clock。与jiffies机制相反，wall clock使用了人类可读格式（纳秒）来表示当前时间。
- calc_load更新系统负载统计，确定在前1分钟、5分钟、15分钟内，平均有多少个就绪状态的进程在就绪队列上等待。举例来说，该状态可以使用w命令输出。

15.2.2 处理 jiffies

jiffies提供了内核中一种简单形式的低分辨率时间管理方式。尽管概念简单，但在读取该变量的值，或比较按jiffies指定的时间时，有些问题需要注意。

由于jiffies_64在32位系统上是一个复合变量，它不能直接读取，而只能用辅助函数get_jiffies_64访问。这确保在所有系统上都能返回正确的值。

1. 比较时间

为比较事件的时序关系，内核提供了几个辅助函数，使用这些函数替代自行编写的比较函数，可防止所谓的off-by-one错误（a、b、c表示一些事件的jiffie时间值）。

- timer_after(a, b)返回true，如果时间a在时间b之后。time_before(a, b)返回true，如果时间a在时间b之前，读者应该已经猜到。
- time_after_eq(a, b)的工作方式类似于time_after，但在两个时间相等时也返回true。time_before_eq(a, b)是time_before的类似变体。
- time_in_range(a, b, c)检查时间a是否包含在[b, c]时间间隔内。范围是包含边界的，因而a等于b或c也会返回true。

使用这些函数，可以确保正确处理jiffies计数器的回绕问题。通常，内核代码不应该直接比较时

① 当然，大多数计算机都不会不间断地运行如此长时间，因此这个问题初看起来多少有点边缘化。但有些应用程序，如嵌入式系统中的服务器，运行时间可以轻易达到这个数量级。在这种情况下，必须取保时间基准的运行是可靠的。在内核版本2.5开发期间，集成了一个补丁，使得jiffies值可以在系统启动5分钟之后重置。因而可以快速地发现潜在的问题，而不必等待几年，才能看到因jiffies重置导致的问题。

间值，而应该使用这些函数。

尽管比较由jiffies_64给出的64位时间问题较少，但内核针对64位时间提供了上述函数。除了time_in_range以外，只要向其他函数名增加_64后缀，即可得到处理64位时间值的函数变体。

2. 时间换算

就时间间隔而言，jiffies在大多数程序员心里不是首选单位。对较短的时间间隔，更传统的方式是按照毫秒或微秒度量。因而内核提供了一些辅助函数，在这些单位和jiffies之间来回转换：

<jiffies.h>
```
unsigned int jiffies_to_msecs(const unsigned long j);
unsigned int jiffies_to_usecs(const unsigned long j);
unsigned long msecs_to_jiffies(const unsigned int m);
unsigned long usecs_to_jiffies(const unsigned int u);
```

这些函数的语义是自明的。15.2.3节还分别给出了jiffies和struct timeval以及struct timespec之间的转换函数。

15.2.3　数据结构

本节将详细讲述低分辨率定时器的实现。读者已经知道，处理过程是由run_local_timers发起的，但在讨论该函数之前，还需要介绍一些数据结构，作为讨论的基础。

定时器按链表组织，以下数据结构表示链表上的一个定时器：

<timer.h>
```
struct timer_list {
        struct list_head entry;
        unsigned long expires;

        void (*function)(unsigned long);
        unsigned long data;

        struct tvec_t_base_s *base;
};
```

照例，使用了一个双链表将注册的各个定时器彼此连接起来。entry是链表元素。其他结构成员的语义如下。

- function保存了一个指向回调函数的指针，该函数在超时时调用。
- data是传递给回调函数的一个参数。
- expires确定定时器到期的时间，单位是jiffies。
- base是一个指针，指向一个基元素，其中的定时器按到期时间排序（稍后将详细讨论）。系统中的每个处理器对应于一个基元素，因而可使用base确定定时器在哪个CPU上运行。

宏DEFINE_TIMER(_name, _function, _expires, _data)用于声明一个静态的timer_list实例。

时间在内核中以两种格式给出，偏移量或绝对值。二者都利用了jiffies。在安装一个新定时器时使用了偏移量，而所有内核数据结构都使用的是绝对值，因为这样可以与当前jiffies时间轻易进行比较。timer_list的expires成员也使用了绝对时间，而非偏移量。

因为在定义时间间隔时程序员习惯于按秒而不是HZ单位来思考，内核提供了一个匹配的数据结构，还可以将其转换为jiffies（当然，还可以反向转换）：

<time.h>
```
struct timeval {
```

```
        time_t          tv_sec;         /* 秒 */
        suseconds_t     tv_usec;        /* 微秒 */
};
```

其成员的语义是自明的。完整的时间间隔，通过将指定的秒和微秒的值加起来计算可得。timeval_to_jiffies和jiffies_to_timeval函数用于在这种表示和jiffies值之间转换。这两个函数声明在<jiffies.h>中，实现在time.c中。

另一种指定时间的可能方法是，使用纳秒而不是微秒：

<time.h>

```
struct timespec {
        time_t tv_sec; /* 秒 */
        long tv_nsec; /* 纳秒 */
};
```

仍然有辅助函数可以在jiffies和timespec之间来回转换：timespec_to_jiffies和jiffies_to_timespec。

15.2.4 动态定时器

内核需要数据结构来管理系统中注册的所有定时器（这些定时器可能分配给某个进程或内核本身）。该结构必须容许快速而高效地检查到期的定时器，以免消耗太多CPU时间。毕竟，每个时钟中断都必须进行这样的检查。[①]

1. 操作方式

在仔细地考察现存数据结构和算法的实现之前，我们根据一个简化的例子来说明定时器管理的原理，因为内核使用的算法比初看起来要更复杂。（复杂性带来了更高的性能，这些是比较简单的算法和数据结构所不能达到的。）数据结构中不仅必须包含管理定时器所需的全部信息，[②]而且它必须能够很容易地进行周期性的扫描，以便执行到期的定时器并删除。图15-6说明了内核管理定时器的方式。

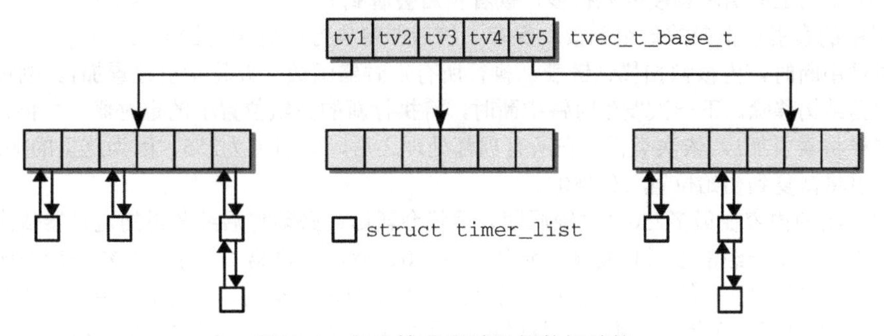

图15-6 用于管理定时器的数据结构

主要的困难在于扫描即将到期和刚刚到期的定时器链表。因为只是将所有timer_list实例简单地串联在一起是不够的，内核创建了不同的组，根据定时器的到期时间进行分类。分类的基础是一个主数组，有5个数组项，都是数组。主数组的5个位置根据到期时间对定时器进行粗略的分类。第一组是到期时间在0到255（或2^8-1）个时钟周期之间的所有定时器。第二组包含了到期时间在256和$2^{8+6}-1 = 2^{14}-1$个时钟周期之间的所有定时器。第三组中定时器的到期时间范围是从2^{14}到$2^{8+2\times6}-1$个时钟周期，

① 尽管选择的数据结构与预期目的很适合，但它对高分辨率定时器来说太低效，后者需要更好的组织。

② 目前，暂时忽略与进程相关的间隔定时器所需的额外数据。

依次类推。主表中的各项，称为组（group），有时又称为桶（bucket）。表15-1列出了各个定时器组的时间间隔。这里以普通系统上桶的大小作为计算的基础。在内存较少的小型系统上，时间间隔有所不同。

表15-1　定时器的时间间隔

组	时间间隔
tv1	0–255
tv2	2^8=256–2^{14}–1
tv3	2^{14}–2^{20}–1
tv4	2^{20}–2^{26}–1
tv5	2^{26}–2^{32}–1

每个组本身由一个数组组成，定时器在其中再次排序。第一个组的数组有256个数组项，每个位置表示0到255个时钟周期之间一个可能的到期时间。如果系统中有几个定时器的到期时间相同，它们通过一个标准的双链表连接起来（链表元素为timer_list的entry成员）。

其余的组也由数组组成，但数组项数目较少，是64个。数组项包含的是timer_list的双链表。但每个数组项包含的timer_list的expires值不再只有一个，而是一个时间间隔。间隔的长度与组是相关的。对第二组来说，每个数组项可容许的时间间隔为256 = 2^8个时钟周期，而对第三组来说是2^{14}个时钟周期，对第四组来说是2^{20}，对第五组来说是2^{26}。在我们考虑定时器是如何随着时间的推移而最终执行以及相关的数据结构如何改变的时候，上述这些时间间隔的意义就很清楚了。

定时器是如何执行的呢？内核主要负责关注第一组的定时器，因为这些定时器都将在稍后到期。为简单起见，我们假定每组都有一个计数器，存储了某个数组位置的编号（实际的内核实现在功能上是等效的，但结构上的清晰程度要差得多，读者稍后会看到）。

第一组中的索引项指向的数组元素，保存了稍后即将执行的各定时器的timer_list实例。每当遇到一个时钟中断时，内核都扫描该链表，执行所有定时器函数，并将索引位置加1。刚执行过的定时器则从数据结构移除。下一次发生时钟中断时，将执行新的数组位置上的定时器，并将其从数据结构移除，同样将索引加1，依次类推。在所有项都处理之后，索引值为255。因为这里的加法是模256的，因而索引将恢复到初始位置（位置0）。

因为第一组的内容在最多256个时钟周期之后就会耗尽，必须将后续各组的定时器依次前推，重新补足第一组。在第一组的索引位置恢复到初始位置0之后，会将第二组中一个数组项的所有定时器补充到第一组。这种做法，解释了为什么各组选择了不同的时间间隔。因为第一组的各数组项可能有256个不同的到期时间，而第二组中一个数组项的数据就足以填充第一组的整个数组。该道理同样适用于后续各组。第三组的一个数组项的数据同样足以填充整个第二组，第四组的一个数组项也足以填充整个第三组，而第五组的一个数组项也足以填充整个第四组。

后续各组的数组位置并非随机选择的，其中的索引项仍然发挥了作用。但索引项的值不再是每个时钟周期加1，而是每256^{i-1}个时钟周期加1，其中i是组的编号①。

我们根据一个具体例子来考察这种行为模式：从第一组的处理开始已经过了256个jiffies，此时索引重置为0。同时，第二组的第一个数组项的内容将补充到第一组中。我们假定在第一组索引重置时，

① i应当是从0开始的。——译者注

jiffies系统计时器的值为10 000。在第二组的第一个数组项中，有一个定时器链表，各定时器分别在时钟周期10001、10015、10015、10254到期。这些定时器分别会定位到第一组的1、15和254，在位置15会创建一个链表，包括两个指针，因为这两个定时器同时到期。在复制完成后，将第二组的索引位置加1。

循环接下来重新开始。在每个时钟周期会逐一处理第一组的各个索引位置上的定时器，直至到达索引位置255。接下来，用第二组的第二个数组元素中的所有定时器，来补充第一组。在第二组的索引位置到达63时（从第二组开始，每组只包含64个数组项），则使用第三组第一个数组项的内容来补充第二组。最后，在第三组的索引位置到达最大值时，从第四组取得新的数据；同样的原则，也适用于第五组到第四组的数据传输。

为确定哪些定时器已经到期，内核无须扫描一个巨大的定时器链表，处理范围仅限于第一组中的一个数组项。因为该位置通常是空的或仅包含一个定时器，检查可以很快进行。偶尔从后续的各组向前复制数据甚至也不需要多少CPU时间，因为复制可以通过指针操作高效进行（内核无须复制内存块，而只需将指针设置为新值，如同标准链表函数那样）。

2. 数据结构

上述各组的内容是通过两个简单的数据结构生成的，其不同之处很少：

kernel/timer.c
```
typedef struct tvec_s {
        struct list_head vec[TVN_SIZE];
} tvec_t;

typedef struct tvec_root_s {
        struct list_head vec[TVR_SIZE];
} tvec_root_t;
```

tvec_root_t对应第一组，而tvec_t表示后续各组。两个结构的不同只在于数组项的个数。对第一组，TVR_SIZE定义为256。所有其他组使用的数组长度为TVN_SIZE，默认值64。缺乏内存的系统可设置配置选项BASE_SMALL。在这种情况下，第一组有64个数组项，而其他各组的数组项为16个。

系统中的每个处理器都有自身的数据结构，来管理运行于其上的定时器。下列数据结构的一个各CPU实例，用作根数据项：

kernel/timer.c
```
struct tvec_t_base_s {
...
        unsigned long timer_jiffies;
        tvec_root_t tv1;
        tvec_t tv2;
        tvec_t tv3;
        tvec_t tv4;
        tvec_t tv5;
} ____cacheline_aligned_in_smp;
```

其成员tv1到tv5表示各个组。根据上文的描述，其功能应该是清楚的。我们特别关注的是timer_jiffies成员。它记录了一个时间点（单位为jiffies），该结构中此前到期的定时器都已经执行。例如，如果该变量的值为10 500，那么内核就知道，jiffies值10 499及之前到期的定时器都已经执行过了。通常，timer_jiffies等于jiffies或比jiffies小1。如果内核有一段时间无法执行定时器（系统负荷非常高），二者的差值可能会稍大一点。

3. 实现定时器处理

对所有定时器的处理都由update_process_times发起，它会调用run_local_timers函数。该函数将使用raise_softirq(TIMER_SOFTIRQ)来激活定时器管理软中断，在下一个可能的时机执行。[①] run_timer_softirq用作该软中断的处理程序函数，它会选择特定于CPU的struct tvec_t_base_s实例，并调用__run_timers。

__run_timers实现了上面描述的算法。但我们在上面给出的数据结构中，并没有发现算法描述中提到的索引位置！内核并不需要一个显式的变量来记录该信息，所有必要的信息都已经包含在base的timer_jiffies成员中[②]。为此定义了下列宏：

kernel/timer.c
```
#define TVN_BITS (CONFIG_BASE_SMALL ? 4 : 6)
#define TVR_BITS (CONFIG_BASE_SMALL ? 6 : 8)
#define TVN_SIZE (1 << TVN_BITS)
#define TVR_SIZE (1 << TVR_BITS)
#define TVN_MASK (TVN_SIZE -1)
#define TVR_MASK (TVR_SIZE -1)
```
kernel/timer.c
```
#define INDEX(N) ((base->timer_jiffies >> (TVR_BITS + (N) * TVN_BITS)) & TVN_MASK)
```

在小型系统上（通常是嵌入式系统）可以定义配置选项BASE_SMALL，为各数组分配较少的数组项，来节省一些空间。定时器实现的其他方面不受该选项的影响。

第一组的索引位置可通过base->timer_jiffies & TVR_MASK计算。

```
int index = base->timer_jiffies & TVR_MASK;
```

通常，可使用下列宏来计算组N的索引值[③]：

```
#define INDEX(N) (base->timer_jiffies >> (TVR_BITS + N * TVN_BITS)) & TVN_MASK
```

如果有人怀疑上述位操作的正确性，可自行写一段Perl脚本，即可很快验证其正确性。

下列代码实现产生的效果，与上文的描述是完全相同的（__run_timers由前述的run_timer_softirq调用）：

kernel/timer.c
```
static inline void __run_timers(tvec_base_t *base)
{

        while (time_after_eq(jiffies, base->timer_jiffies)) {
                struct list_head work_list;
                struct list_head *head = &work_list;
                int index = base->timer_jiffies & TVR_MASK;
...
```

如果内核在过去错过了若干定时器，现在将处理上一个时间点（base->timer_jiffies）到当前时间（jiffies）之间到期的所有定时器：

kernel/timer.c
```
                if (!index &&
                        (!cascade(base, &base->tv2, INDEX(0))) &&
                                (!cascade(base, &base->tv3, INDEX(1))) &&
                                        !cascade(base, &base->tv4, INDEX(2)))
                        cascade(base, &base->tv5, INDEX(3));
...
```

① 因为软中断不能直接处理，所以也可能经过若干jiffies，此期间内核没有处理任何定时器。因而，有时候定时器可能激活较迟，但决不可能过早激活。

② base指tvec_t_base_s的全局实例，该实例是一个per-CPU变量。——译者注

③ 注意，第二组的N值为0。——译者注

cascade函数用于从指定组取得定时器补充前一组（尽管其实现在这里不讨论，但只要知道它使用了上文描述的机制即可）。

kernel/timer.c
```
                ++base->timer_jiffies;
                list_replace_init(base->tv1.vec + index, &work_list);
...
```
第一组中位于索引位置（从timer_jiffies值计算而来，该值接下来将加1）的所有定时器都转移到一个临时链表中，从原来的数据结构移除。

接下来，只需要分别执行各个定时器的处理程序例程：

kernel/timer.c
```
                while (!list_empty(head)) {
                        void (*fn)(unsigned long);
                        unsigned long data;

                        timer = list_entry(head->next,struct timer_list,entry);
                        fn = timer->function;
                        data = timer->data;

                        detach_timer(timer, 1);
                        fn(data);
                }
        }
...
}
```
4.激活定时器

在安装新定时器时，必须区分这是来自内核自身的需求，还是用户空间应用程序的需求。我们首先讨论内核定时器的机制，因为用户定时器也基于该机制建立。

add_timer用于将一个完全设置好的timer_list实例插入到上述数据结构中：

<timer.h>
```
static inline void add_timer(struct timer_list *timer);
```
在检查几个安全性条件之后（例如，同一定时器不能添加两次），后续工作委托给internal_add_timer函数，其任务是将新定时器放入到数据结构中的正确位置上。

内核首先必须计算从现在开始，还有多少个时钟周期才能触发新定时器的超时例程，因为新驱动程序的数据结构中指定的超时时间是一个绝对时间值。为弥补可能错过的定时器处理调用，将使用expires - base->timer_jiffies计算该值。

定时器所在的组和组内位置可根据该值确定。现在只需要将新定时器添加到链表。它将置于链表的尾部，而run_timer_list是从头开始处理的，因而实现了一个先进先出的机制。

15.3 通用时间子系统

低分辨率定时器在很大范围都能发挥作用，对很多可能的情况处理得很好。但这种广泛性，使得对高分辨率定时器的支持复杂化。多年的开发经验证明很难将其集成到现存的框架中。因而内核支持了另一种定时机制。

虽然低分辨率定时器使用jiffies作为时间的基本单位，但高分辨率定时器使用人类的时间单位，即纳秒。这是合理的，因为高精度定时器大多用于用户层应用程序，而程序员很自然会使用人类的单位来考虑时间问题。而最重要的一点是，1纳秒是一个精确定义的时间间隔，而一个jiffy或时钟周期的长度是根据内核配置而定的。

与经典定时器相比，高分辨率定时器对各体系结构的体系结构相关代码提出了更多要求。通用时间框架提供了高分辨率定时器的基础。在深入高分辨率定时器的细节之前，我们来考察一下内核实现高分辨率计时的方式。

内核的第二个定时器子系统的核心实现可以在`kernel/time/hrtimer.c`中找到。作为高分辨率定时器集成的通用计时代码，位于kernel/time下的几个文件中。我们首先概述所使用的机制，接下来介绍高分辨率定时器引入的新API，然后详细考察其实现。

15.3.1　概述

图15-7提供了通用时间系统的概览，它是高分辨率定时器的基础。

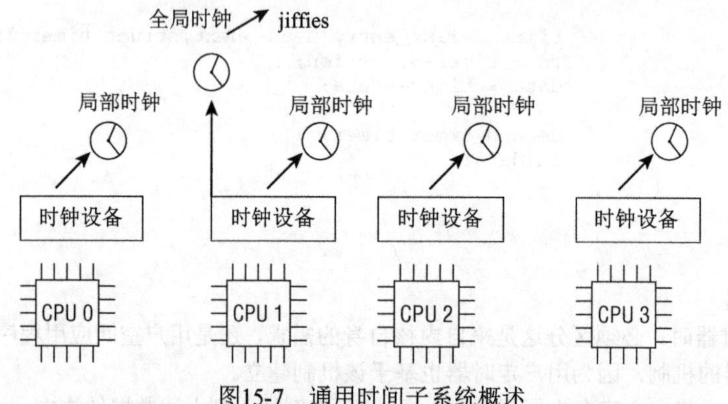

图15-7　通用时间子系统概述

首先，我们讨论子系统的各个组件和数据结构，具体的细节在下文中一一阐述。这里涉及3种机制，形成了内核中任何与时间相关的任务的基础。

(1) **时钟源**（由`struct clocksource`定义）：时间管理的支柱。本质上每个时钟源都提供了一个单调增加的计数器，通用的内核代码只能进行只读访问。不同时钟源的精度取决于底层硬件的能力。

(2) **时钟事件设备**（由`struct clock_event_device`定义）：向时钟增加了事件功能，在未来的某个时刻发生。请注意，由于历史原因，这种设备通常也称为时钟事件源（clock event source）。

(3) **时钟设备**（由`struct tick_device`定义）：扩展了时钟事件源的功能，提供一个时钟事件的连续流，各个时钟事件定期触发。但可以使用动态时钟机制，在一定时间间隔内停止周期时钟。

内核区分如下两种时钟类型。

(1) **全局时钟**（global clock），负责提供周期时钟，主要用于更新jiffies值。在此前的内核版本中，此类型时钟在IA-32系统上是由PIT实现的，在其他体系结构上由类似芯片实现。

(2) 每个CPU一个**局部时钟**（local clock），用来进行进程统计、性能剖析和实现高分辨率定时器。

全局时钟的角色，由一个明确选择的局部时钟承担。请注意，高分辨率定时器只能工作于提供了各CPU时钟源的系统上。否则，处理器之间的大量通信将大大降低系统性能，这是高分辨率定时器的作用所不能弥补的。

在两种广泛使用的平台AMD64和IA-32（MIPS平台也受到影响）上发生的令人遗憾的问题，使得整体的概念复杂化。SMP系统上的局部时钟基于APIC芯片。遗憾的是，这种时钟能否正确工作，取决于系统所处的电源模式。对于低功耗模式（确切地说，ACPI模式C3），将停用局部APIC定时器，因而无法作为时钟源使用。在这种电源管理模式下，系统全局时钟仍然处于工作状态，将用于周期性地激活信号，使之看起来仍然来自于原来的时钟源。这种规避方案称为广播机制，更多信息将在15.6节阐述。

> 由于广播需要CPU之间的通信，与专门的局部时钟源相比，这种解决方案要慢，且不那么精确。内核会自动将定时器由高分辨率模式切换回低分辨率模式。

15.3.2 配置选项

定时器实现受到几个配置选项的影响。在编译时间，有如下两种可能的选择。

(1) 内核在联编时，可以选择支持或不支持动态时钟。如果启用了动态时钟，将设置预处理器常数CONFIG_NO_HZ。

(2) 可以启用或禁用高分辨率定时器支持。如果要提供支持，将启用预处理器符号CONFIG_HIGH_RES_TIMERS。

在下述对定时器实现的讨论中，这两个选项都很重要。由于二者彼此独立的，这导致时间和定时器子系统有4种不同配置。

另外，每个体系结构都需要进行一些配置选择。这些不受用户影响。

- GENERIC_TIME表示体系结构支持通用时间框架。GENERIC_CLOCKEVENTS表示体系结构支持通用时钟事件。因为二者都是支持动态时钟和高分辨率定时器的必要前提，所以我们只考虑提供这两种特性的体系结构。[①]实际上大多数广泛使用的体系结构都已经更新为支持这两个选项，即使某些体系结构（如SuperH）只对特定的时间模型提供支持。
- CONFIG_TICK_ONESHOT用于支持时钟事件设备的单触发模式。如果启用了高分辨率定时器或动态时钟，会自动选中该选项。
- 如果体系结构受困于省电模式的问题而需要广播，那么必须定义GENERIC_CLOCKEVENTS_BROADCAST。当前该问题只影响IA-32、AMD64和MIPS。

15.3.3 时间表示

通用时间框架使用数据类型ktime_t来表示时间值。无论在何种底层体系结构下，该类型都是一个64位量。这使得该结构在64位体系结构上便于处理，因为此类平台上时间相关的处理，都只需要简单的整数操作。

为减少32位机器上的工作量，该结构的定义确保两个32位值的排序能够被立即直接解释为一个64位值，显然这需要根据处理器的字节序不同而对字段进行不同的排序：

<ktime.h>

```
typedef union {
        s64 tv64;
#if BITS_PER_LONG != 64 && !defined(CONFIG_KTIME_SCALAR)
        struct {
# ifdef __BIG_ENDIAN
        s32 sec, nsec;
# else
```

① 当前正在向通用时钟事件框架迁移的体系结构，可以设置GENERIC_CLOCKEVENTS_MIGR。这将联编相关的代码，但在运行时不使用。

```
            s32 nsec, sec;
# endif
        } tv;
#endif
} ktime_t;
```

如果某个32位体系结构提供了能够高效处理64位量的函数，可以设置配置选项KTIME_SCALAR，目前只有IA-32利用了这种做法。在这种情况下，不会将该结构划分为两个32位值，而是直接表示为一个64位量。

内核定义了几个辅助函数来处理ktime_t对象。其中包括以下函数。

- ktime_add和ktime_sub分别用于加减ktime_t。
- ktime_add_ns向一个ktime_t变量加上给定数量的纳秒。ktime_add_us是另一种形式，加的单位是微秒。内核还提供了ktime_sub_ns和ktime_sub_us。
- ktime_set根据指定的秒和纳秒，来创建一个ktime_t变量。
- 有各种形如x_to_y的函数，可以在x和y两种表示之间进行转换，其中x和y的类型可以是ktime_t、timeval clock_t和timespec。

请注意，在64位机器上可以直接将ktime_t解释为纳秒数，但这在32位机器上将导致问题。因而提供了ktime_to_ns函数，来正确执行该转换。内核提供了辅助函数ktime_equal，判断两个ktime_t是否相等。

为与内核使用的其他类型时间格式进行转换，有一些转换函数可用：

<ktime.h>
```
ktime_t timespec_to_ktime(const struct timespec ts)
ktime_t timeval_to_ktime(const struct timeval tv)
struct timespec ktime_to_timespec(const ktime_t kt)
struct timeval ktime_to_timeval(const ktime_t kt)
s64 ktime_to_ns(const ktime_t kt)
s64 ktime_to_us(const ktime_t kt)
```

函数名指定了将转换的量的类型，无须赘述。

15.3.4　用于时间管理的对象

回想本章的概述，其中提到内核中有3个对象管理着计时功能：时钟源、时钟事件设备和时钟设备。在下文中，3者分别由对应的专门数据结构表示。

1. 时钟源

首先，考虑如何从机器中提供的各种时钟源获得时间值。内核为此定义了时钟源的抽象：

<clocksource.h>
```
struct clocksource {
        char *name;
        struct list_head list;
        int rating;
        cycle_t (*read)(void);
        cycle_t mask;
        u32 mult;
        u32 shift;
        unsigned long flags;
...
};
```

name为时钟源给出了一个人类可读的名称，而list是一个标准的链表元素，用于将所有的时钟源连接到一个标准的内核链表上。

并非所有时钟的质量都是相同的，内核显然想要选择其中最好的一个。因而，每个时钟源都必须（诚实地）在rating中指定其质量。其值可能有下列范围。

- rating在1至99之间，表示一个质量非常差的时钟源，只能在万不得已时使用，或用于启动期间，即只能在没有更好的时钟源可用的情况下才能使用。
- 100至199的范围表示时钟源可用于实际应用，但在有更好的时钟源可用时，一般不会使用此种质量的时钟源。
- rating在300至399区间，表示时钟源相当快速且准确。
- 完美的时钟源，其rating值在400至499之间。

目前最好的时钟源在PowerPC体系结构上，其中有两个rating为400的时钟源。IA-32和AMD64机器上的时间戳计数器（time stamp counter，简称TSC）是这些体系结构上最精确的设备，其rating为300。大多数体系结构上最佳时钟源的rating值是接近的。开发者没有扩大这些设备的性能，并留出了许多空间可供硬件方面改善。

read成员用于读取时钟周期的当前计数值，这并不出人意料。请注意，并非所有时钟源的read返回值都使用了统一的计时单位，因而需要分别转换为纳秒值。为此，需要分别使用mult和shift成员来乘/右移返回的时钟周期数，如下：

<clocksource.h>

```
static inline s64 cyc2ns(struct clocksource *cs, cycle_t cycles)
{
        u64 ret = (u64)cycles;
        ret = (ret * cs->mult) >> cs->shift;
        return ret;
}
```

请注意，cycle_t定义为一个64位无符号整数，它不依赖于底层平台。

如果时钟不提供64位时间值，那么mask指定了一个位掩码，用于选择适当的比特位。CLOCKSOURCE_MASK(bits)宏用于针对给定的比特位数构建适当的掩码。

最后，struct clocksource的flags字段指定了若干标志，读者可能已经猜到这一点。只有一个标志是与我们的目的相关的。CLOCK_SOURCE_CONTINUOUS表示一个连续时钟，尽管其含义与数学上的“连续”不怎么相同。相反，如果该标志置位，则表示该时钟是自由振荡的，不能跳跃。如果没有置位，则可以丢失一些周期，即，如果上一个周期数为n，那么即使立即读取下一个周期数，也未必是$n+1$。如果时钟源要用于高分辨率定时器，该标志必须置位。

在启动期间，如果计算机确实没有提供更好的选择（在启动后，决不会如此），内核提供了一个基于jiffies的时钟：[①]

kernel/time/jiffies.c

```
#define NSEC_PER_JIFFY ((u32)((((u64)NSEC_PER_SEC)<<8)/ACTHZ))

struct clocksource clocksource_jiffies = {
        .name = "jiffies",
        .rating = 1, /* 最低的rating值*/
        .read = jiffies_read,
        .mask = 0xffffffff, /*32位*/
```

① 请注意，如果jiffy时钟用作主时钟源，那么内核将负责通过一些适当的方式来更新jiffies值，例如直接在处理时钟中断时更新。通常，体系结构不会这样做。因而，在无时钟系统上使用该时钟是没有意义的，因为此类系统需要通过时钟源模拟jiffies层。实际上，使用jiffies时钟源是使动态时钟系统崩溃的一种好方法，至少在内核版本2.6.24上是这样的。

15

```
        .mult = NSEC_PER_JIFFY << JIFFIES_SHIFT, /* 细节见上文 */
        .shift = JIFFIES_SHIFT,
};
```

初看起来，先左移JIFFIES_SHIFT然后再右移同样的位数，似乎没什么意义。但由于NTP代码不接受0位的移位操作，所以需要这种奇怪的做法。[①] 另外还要注意到，jiffies时钟的rating为1，这显然是整个系统中最差的时钟。

jiffies的read例程特别简单：无须与硬件进行交互。返回当前jiffies值就足够了。

在IA-32和AMD64机器上，时间戳计数器通常提供了最佳时钟。

arch/x86/kernel/tsc_64.c

```
static struct clocksource clocksource_tsc = {
        .name = "tsc",
        .rating = 300,
        .read = read_tsc,
        .mask = CLOCKSOURCE_MASK(64),
        .shift = 22,
        .flags = CLOCK_SOURCE_IS_CONTINUOUS |
                CLOCK_SOURCE_MUST_VERIFY,
};
```

read_tsc使用一些汇编程序代码从硬件读出当前计数器值。

2. 使用时钟源

如何使用时钟呢？首先，它必须注册到内核。clocksource_register函数负责该工作。时钟源只是被添加到全局的clocksource_list（定义在kernel/time/clocksource.c），其中根据rating对所有可用的时钟源进行排序。可调用select_clocksource来选择最佳时钟源。通常该函数将选择rating最大的时钟，但也可以从用户层通过/sys/devices/system/clocksource/clocksource0/current_clocksource指定优先选择的时钟源，内核将优先使用。为此提供了如下两个全局变量。

(1) current_clocksource指向当前最佳时钟源。

(2) next_clocksource指向一个struct clocksource实例，它比当前使用的时钟源更好。在注册一个新的最佳时钟源时，内核将自动切换到最佳时钟源。

为读取时钟计时，内核提供了下列函数。

- __get_realtime_clock_ts以一个指向struct timespec实例的指针为参数，读取当前时钟，转换结果，并保存到timespec实例。
- getnstimeofday是__get_realtime_clock_ts的一个前端，如果系统没有提供高分辨率时钟，该函数也能工作。此时，getnstimeofday被定义在kernel/time.c中（而不是kernel/time/timekeeping.c），提供的timespec值只能满足低分辨率计时需求。

3. 时钟事件设备

时钟事件设备由下列数据结构定义：

<clockchips.h>

```
struct clock_event_device {
        const char *name;
        unsigned int features;
        unsigned long max_delta_ns;
        unsigned long min_delta_ns;
        unsigned long mult;
```

① NSEC_PER_JIFFY的定义包含了预处理器符号ACTHZ。虽然HZ表示编译时选择的低分辨率计时频率，但系统实际上提供的计时频率会因硬件的选择而有轻微差别。ACTHZ存储了时钟实际上运行的频率。

```
        int shift;
        int rating;
        int irq;
        cpumask_t cpumask;
        int (*set_next_event)(unsigned long evt,
                              struct clock_event_device *);
        void (*set_mode)(enum clock_event_mode mode,
                         struct clock_event_device *);
        void (*event_handler)(struct clock_event_device *);
        void (*broadcast)(cpumask_t mask);
        struct list_head list;
        enum clock_event_mode mode;
        ktime_t next_event;
};
```

回想上文可知，时钟事件设备允许注册一个事件，在未来一个指定的时间点上发生。但与完备的定时器实现相比，它只能存储一个事件。每个clock_event_device的关键成员是set_next_event和event_handler，其中前者设置事件将要发生的时间，后者在事件实际发生时调用。

此外，clock_event_device的成员有以下用途。

- name是该事件设备的名称，是一个可读的字符串。它将显示在/proc/timerlist中。
- max_delta_ns和min_delta_ns指定了当前时间和下一次事件的触发时间之间的差值，分别是最大和最小值。时钟按各自的频率运作，而通用时间子系统则需要时间发生时刻的纳秒表示。辅助函数clockevent_delta2ns用于将一个表示转换为另一个。

  例如，假定当前时间为20，min_delta_ns为2，而max_delta_ns为40（当然，这些值只是示例，并不表示实际上可能出现的情况）。那么，下一个事件可以在时间范围[22, 60]内发生，这里的范围包括边界在内。
- mult和shift分别是一个乘数和位移数，用于在时钟周期数和纳秒值之间进行转换。
- event_handler指向的函数由硬件接口代码（通常是特定于体系结构的）调用，将时钟事件传递到通用时间子系统层。
- irq指定了该事件设备使用的IRQ编号。请注意，只有全局设备才需要该编号。各CPU的局部时钟使用不同的硬件机制来发送信号，将irq设置为1即可。
- cpumask指定了该事件设备所服务的CPU。为此使用了一个简单的位掩码。局部设备通常只负责一个CPU。
- broadcast是广播实现所需要的成员，它可以规避IA-32和AMD64系统上在省电模式下不工作的局部APIC设备。更多细节请参考15.6节。
- rating的作用类似于时钟设备中相应的机制，时钟事件设备可以通过标称其精度来进行比较。
- 所有struct clock_event_device的实例都保存在全局链表clockevent_devices上，list成员用作链表元素。

  辅助函数clockevents_register_device用于注册一个新的时钟事件设备。该函数将指定的设备置于上述全局链表上。
- ktime_t存储了下一个事件的绝对时间。

每个事件设备的几个特性都可以根据features中存储的一个位串来判定。<clockchips.h>中提供了若干常数，定义了可能的特性。我们对其中两个比较感兴趣：[①]

① 回想IA-32和AMD64系统上局部APIC暴露的问题：在特定的省电模式下，它们将停止工作。该问题通过设置“特性”CLOCK_EVT_FEAT_C3STOP来向内核报告，但这实际上应该称为“反特性”。

- ❑ 支持周期性事件（即，事件按周期不断重复，无须通过对设备重新编程来显式激活事件）的时钟事件设备由CLOCK_EVT_FEAT_PERIODIC标识。
- ❑ CLOCK_EVT_FEAT_ONESHOT表示时钟能够发出单触发事件，只发生一次。基本上，这刚好与周期性事件相反。

set_mode指向一个函数，用来切换所需要的运行方式，即在周期模式和单触发模式之间切换。mode指定了当前的运行方式。在任意特定时刻，一个时钟只能处于一种模式（即周期模式或单触发模式），但它可以提供在两种模式之间切换的能力，事实上，大多数时钟都提供了这两种模式。

通用代码并不需要直接调用set_next_event，因为内核为此提供了以下辅助函数：

kernel/time/clockevents.c

```
int clockevents_program_event(struct clock_event_device *dev,
                              ktime_t expires, ktime_t now)
```

expires给出了设备dev的过期时间（绝对值），而now表示当前时间。通常，调用者会将ktime_get()的结果传递给该参数。

在IA-32和AMD64系统上，全局时钟事件设备的角色最初由PIT承担。在HPET初始化之后，将接管该职责。为在x86系统上跟踪用于处理全局时钟事件的设备，采用了全局变量global_clock_event，定义在arch/x86/kernel/i8253.c中。它指向当前使用的全局时钟设备的clock_event_device实例。

时钟设备和时钟事件设备在数据结构层次上，形式上是没有关联的。但是，一般通过系统中一个特定的硬件设备，提供这两个接口所需的功能需求，因此，内核通常会对每个时钟硬件设备注册一个时钟设备和一个时钟事件设备。例如，考虑IA-32和AMD64系统上的HPET设备。该设备作为时钟源的功能汇集到clocksource_hpet，而hpet_clockevent则是clock_event_device的一个实例。二者都定义在arch/x86/kernel/hpet.c中。hpet_init首先注册时钟源然后注册时钟事件设备。这向内核增加了两个时间管理对象，但只需要一个硬件。

4. 时钟设备

时钟事件设备的一个特别重要的用途是提供周期时钟，回想15.2节的内容，周期时钟的一个用途是用于运作经典的定时器轮。时钟设备是时钟事件设备的一个扩展：

<tick.h>

```
struct tick_device {
        struct clock_event_device *evtdev;
        enum tick_device_mode mode;
}

enum tick_device_mode {
        TICKDEV_MODE_PERIODIC,
        TICKDEV_MODE_ONESHOT,
};
```

tick_device只是struct clock_event_device的一个包装器，增加了一个额外的字段，用于指定设备的运行模式。模式可以是周期模式或单触发模式。在考虑无时钟系统时，这种区别会很重要，这将在15.5节进一步讨论。现在，只要将时钟设备视为一种提供时钟事件连续流的机制即可。这些形成了调度器、经典定时器轮和内核相关组件的基础。

内核仍然会区分全局和局部（各CPU）时钟设备。局部设备汇集在tick_cpu_device中（定义在kernel/time/tick-internal.h中）。请注意，在注册一个新的时钟事件设备时，内核会自动创建一个时钟设备。

此外，在include/time/tick-internal.h中还定义了如下几个全局变量。

- tick_cpu_device是一个各CPU链表，包含了系统中每个CPU对应的struct tick_device实例。
- tick_next_period指定了下一个全局时钟事件发生的时间（单位为纳秒）。
- tick_do_timer_cpu包含了一个CPU编号，该CPU的时钟设备将承担全局时钟设备的角色。
- tick_period存储了时钟周期的长度，单位为纳秒。它与HZ相对，后者存储了时钟的频率。

为设置一个时钟设备，内核提供了tick_setup_device函数。其原型如下，代码流程图在图15-8给出：[①]

kernel/time/tick-common.c

```
static void tick_setup_device(struct tick_device *td,
                              struct clock_event_device *newdev, int cpu,
                              cpumask_t cpumask);
```

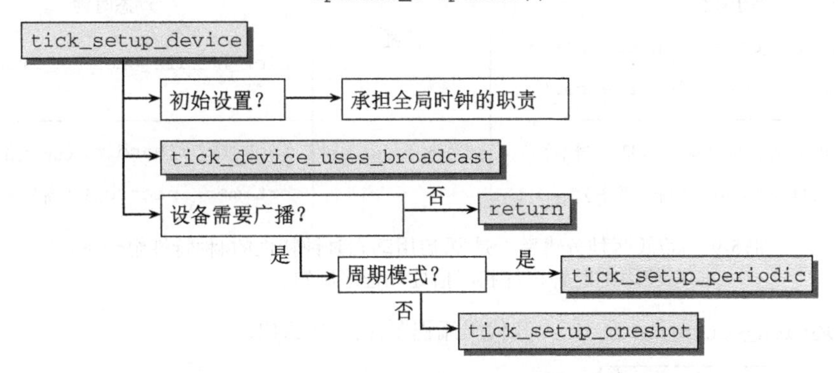

图15-8 tick_setup_device的代码流程图

参数td指定了将要设置的tick_device实例。它将绑定到时钟事件设备newdev。cpu表示该设备关联的处理器，cpumask是一个位掩码，用于限制只有特定的CPU才能使用该时钟设备。

在该设备第一次设置时（即，如果该时钟设备没有相关的时钟事件设备），内核执行如下两个操作。

(1) 如果没有选定时钟设备来承担全局时钟设备的角色，那么将选择当前设备来承担此职责，而tick_do_timer_cpu设置为当前设备所属的处理器编号。tick_period是时钟周期，单位为纳秒，它是根据HZ值计算的。

(2) 该时钟设备设置为按周期模式工作。

在为时钟设备指定了事件设备之后，如果当前启用了广播模式（回想前文可知，如果系统处于省电模式，而局部时钟停止工作，则会使用广播机制，更多细节参看15.6节），则该函数结束。否则，内核需要建立一个周期时钟。这到底是如何完成的，取决于时钟设备是运行于周期模式还是单触发模式。这两种模式下，剩余的工作分别委托给tick_setup_periodic或tick_setup_oneshot。

> 即使时钟设备处于单触发模式，也并不意味着一定启用了动态时钟！例如，在高分辨率模式下，时钟总是基于单触发定时器实现的。

① 如果注册了一个新的时钟事件设备，能够利用该设备创建一个比当前更好的时钟设备，那么会自动调用该函数。虽然将优先选择更高质量的设备，但在新的、更精确的设备不支持单触发模式，而旧设备支持该模式的情况下，不会选择新设备。

在讨论这些函数之前，我们先来考虑，根据所选择的配置，内核所需要处理的情形。

- 没有动态时钟的低分辨率系统，总是使用周期时钟。该内核不包含任何对单触发操作的支持。
- 启用了动态时钟特性的低分辨率系统，以单触发模式使用时钟设备。
- 高分辨率系统总是使用单触发模式，无论是否启用了动态时钟特性。

所有系统最初都工作于低分辨率模式，未启用动态时钟，只有在必要的硬件初始化之后，系统才能切换到不同的特性组合。因而这里主要考虑低分辨率、周期时钟的情况。更高级的选项在15.4.5节和15.5节讨论。在广播模式下，需要进行一些修正，15.6节更详细地阐述了相关内容。

在考察不启用动态时钟的低分辨率情形之前，需要指出，图15-9给出了可用于不同特性组合下的时钟处理程序的概述。请注意，对没有动态时钟特性的系统选择哪个广播函数，取决于底层时钟设备的模式。细节如下给出。

基于HZ		动态时钟
tick_handle_oneshot_broadcast tick_handle_periodic_broadcast	广播	tick_handle_oneshot_broadcast
tick_handle_periodic（低分辨率） hrtimer_interrupt（高分辨率）	event_handler	tick_nohz_handler（低分辨率） hrtimer_interrupt（高分辨率）

图15-9　高/低两种分辨率、是/否启用动态时钟特性的4种特性组合下，所使用的时钟事件和广播处理程序函数

下面讲述tick_setup_periodic。其代码流程图在15-10给出。

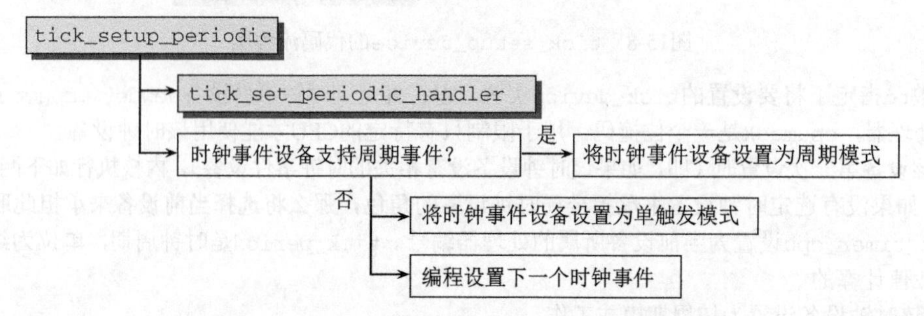

图15-10　tick_setup_periodic的代码流程图

实际上，如果时钟事件设备支持周期性事件，那么该函数的任务相当简单。在这种情况下，tick_set_periodic_handler将tick_handle_periodic安装为处理程序函数，而clockevents_set_mode确保时钟事件设备以周期模式运行。

如果时钟事件设备不支持周期事件，那么内核必须用单触发事件来设法应付过去。clockevents_set_mode将事件设备设置为该模式，此外，需要使用clockevents_program_event来编程设置下一个事件。

在两种情况下，时钟设备的下一事件发生时，都会调用处理程序函数tick_handle_periodic。（回顾前文，这里将专注于不启用动态时钟的低分辨率情形，其他设置将使用不同的处理程序函数！）在讨论该处理程序函数之前，需要介绍辅助函数tick_periodic。它负责处理给定CPU上的周期时钟

信号，CPU通过函数的参数指定：

kernel/time/tick_common.c
```
static void tick_periodic(int cpu);
```

图15-11说明了该函数内部的运作方式。

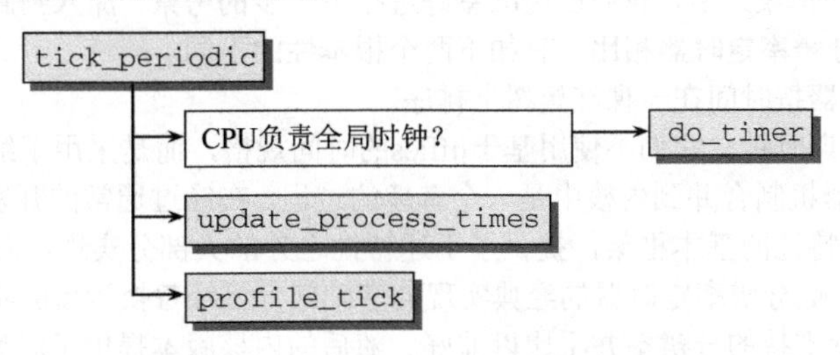

图15-11 tick_periodic的代码流程图

如果当前时钟设备负责全局时钟，那么将调用do_timer。回想前文，该函数在15.2.1节讨论过。但请记住，do_timer负责更新全局jiffies值，该值在内核的许多部分中，用作粗粒度的时间基准。

每个时钟处理程序都会调用update_process_times，以及profile_tick。第一个函数在15.2.1节讨论过。profile_tick用于程序性能剖析，但细节不在这里讨论。

下面讲述处理程序函数。如果使用周期事件，那么处理也会更容易些：

kernel/tick/tick-common.c
```
void tick_handle_periodic(struct clock_event_device *dev)
{
        int cpu = smp_processor_id();
        ktime_t next;
        tick_periodic(cpu);
        if (dev->mode != CLOCK_EVT_MODE_ONESHOT)
                return;
...
```

内核只需要调用tick_periodic。如果时钟事件设备以单触发模式运行，那么需要编程设置下一个时钟事件：

kernel/tick/tick-common.c
```
...
        /*
         * 编程设置设备的下一个周期，该设备没有周期模式：
         */
        next = ktime_add(dev->next_event, tick_period);
        for (;;) {
                if (!clockevents_program_event(dev, next, ktime_get()))
                        return;
                tick_periodic(cpu);
                next = ktime_add(next, tick_period);
        }
}
```

由于tick_device->next_event包含了当前时钟事件的时间，将该值加上tick_period指定的时间间隔长度，即可计算出下一个事件发生的时间。编程设置该事件，通常只需要调用clockevents_program_event。如果该调用失败[①]，是因为下一个时钟事件的时间已经过去，那么内核将手工调用

① 请注意，返回0表示成功，因而!clockevents_program_event(...)是在检查失败的情形。

tick_periodic，并尝试再次编程设置该事件，直至成功为止。

15.4 高分辨率定时器

在讨论了通用时间框架之后，我们已经准备好进行下一步的考察，深入到高分辨率定时器的实现中。这种定时器与低分辨率定时器相比，有如下两个根本性的不同。

(1) 高分辨率定时器按时间在一棵红黑树上排序。

(2) 它们独立于周期时钟。它们不使用基于jiffies的时间规格，而是采用了纳秒时间戳。

将高分辨率定时器机制合并到内核中是一个有趣的过程。在经过通常的开发和测试阶段之后，内核版本2.6.16包含了该特性的基本框架，提供了下述特性之外的大部分实现：对高分辨率定时器的支持……但在该版本中，低分辨率定时器的经典实现的基础部分已经替换为新的实现。该实现基于高分辨率定时器框架，尽管支持的分辨率并不比以前好。随后的内核版本提供了对另一类定时器的支持，这些定时器实际上提供了高分辨率功能。

这种合并策略不仅是出于历史方面的考虑：由于低分辨率定时器的实现基于高分辨率机制，即使不启用高分辨率定时器，内核中也会联编（一部分）对高分辨率定时器的支持。当然，这种情况下系统只能够提供低分辨率定时功能。

高分辨率定时器框架中，并非普遍适用且实际上用于提供高分辨率功能支持的部分组件由预处理器符号CONFIG_HIGH_RES_TIMERS控制，只有在编译时通过该选项启用高分辨率支持的情况下，相关代码才会编译到内核中。而框架的通用部分总是会编译到内核中。

> 这意味着，即使只支持低分辨率定时器的内核也会包含高分辨率定时器框架的一部分，有时候这可能导致混淆。

15.4.1 数据结构

高分辨率定时器可以基于两种时钟（称为时钟基础，clock base）。单调时钟（CLOCK_MONOTONIC）在系统启动时从0开始。另一种时钟（CLOCK_REALTIME）表示系统的实际时间。后一种时钟的时间可能发生跳跃，例如在系统时间改变时，但单调时钟始终会单调地运行。

对系统中的每个CPU，都提供了一个包含了两种时钟基础的数据结构。每个时钟基础都有一个红黑树，来排序所有待决的高分辨率定时器。图15-12给出了相关情况的图形化概述。每个CPU都提供两个时钟基础（单调时钟和实际时间）。所有定时器都按过期时间在红黑树上排序，如果定时器已经到期但其处理程序回调函数尚未执行，则从红黑树迁移到一个链表中。

时钟基础由以下数据结构定义：

<hrtimer.h>
```
struct hrtimer_clock_base {
        struct hrtimer_cpu_base *cpu_base;
        clockid_t           index;
        struct              rb_root active;
        struct              rb_node *first;
        ktime_t             resolution;
        ktime_t             (*get_time)(void);
        ktime_t             (*get_softirq_time)(void);
        ktime_t             softirq_time;
#ifdef CONFIG_HIGH_RES_TIMERS
        ktime_t             offset;
        int                 (*reprogram)(struct hrtimer *t,
```

```
                                        struct hrtimer_clock_base *b,
                                        ktime_t n);
#endif
};
```

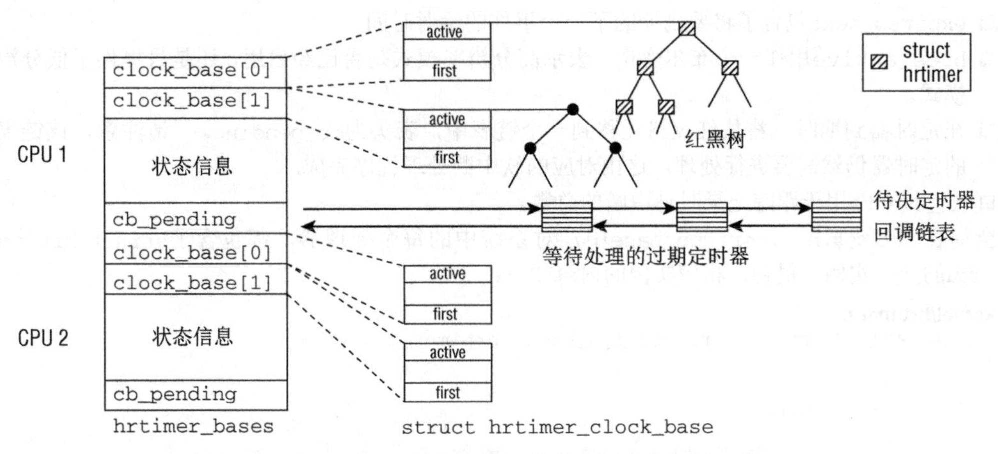

图15-12 用于实现高分辨率定时器的数据结构的概述

各个字段的语义如下。

- hrtimer_cpu_base指向该时钟基础所属的各CPU时钟基础结构。
- index用于区分CLOCK_MONOTONIC和CLOCK_REALTIME。
- rb_root是一个红黑树的根结点，所有活动的定时器都在该树中排序。
- first指向将第一个到期的定时器。
- 对高分辨率定时器的处理，由相关的软中断HRTIMER_SOFTIRQ发起，将在下一节描述。softirq_time存储了软中断发出的时间，而get_softirq_time函数可用于获取该时间。如果未启用高分辨率模式，那么存储的时间将是粗粒度的。
- get_time读取细粒度的时间。这对单调时钟是比较简单的（可直接使用由当前时钟源提供的值），但需要进行一些简单的算术操作，才能将该值转换为实际的系统时间。
- resolution表示该定时器的分辨率，单位为纳秒。
- 在调整实时时钟时，会造成存储在CLOCK_REALTIME时钟基础上的定时器的过期时间值与当前实际时间之间的偏差。offset字段有助于修正这种情况，它表示定时器需要校正的偏移量。由于这只是一种临时效应，很少发生，这里不会更详细地讨论这种复杂情况。
- reprogram是一个函数，用于对给定的定时器事件重新编程，即修改过期时间。

对每个CPU来说，都会使用以下数据结构建立两个时钟基础：

<hrtimer.h>

```
struct hrtimer_cpu_base {
        struct hrtimer_clock_base       clock_base[HRTIMER_MAX_CLOCK_BASES];
#ifdef CONFIG_HIGH_RES_TIMERS
        ktime_t                         expires_next;
        int                             hres_active;
        struct list_head                cb_pending;
        unsigned long                   nr_events;
#endif
};
```

HRTIMER_MAX_CLOCK_BASES当前设置为2，因为正如前文的讨论，目前每个CPU只对应于单调时钟和实时时钟。请注意，时钟基础的数据结构是直接嵌入到了hrtimer_cpu_base中，而非通过指针引用。该结构其余的字段用法如下。

- expires_next包含了将要到期的下一个事件的绝对时间。
- hres_active用作一个布尔变量，表示高分辨率模式是否已经启用，还是只提供了低分辨率模式。
- 在定时器到期时，将从红黑树迁移到一个链表中，表头为cb_pending。[①]请注意，该链表上的定时器仍然需要进行处理。这由对应的软中断处理程序完成。
- nr_events用于跟踪记录时钟中断的总数。

全局各CPU变量hrtimer_cpu_base中，对系统中的每个处理器，都包含了struct hrtimer_base_cpu的一个实例。最初，相应实例的内容如下：

kernel/hrtimer.c

```
DEFINE_PER_CPU(struct hrtimer_cpu_base, hrtimer_bases) =
{

        .clock_base =
        {
                {
                        .index = CLOCK_REALTIME,
                        .get_time = &ktime_get_real,
                        .resolution = KTIME_LOW_RES,
                },
                {
                        .index = CLOCK_MONOTONIC,
                        .get_time = &ktime_get,
                        .resolution = KTIME_LOW_RES,
                },
        }
};
```

由于系统初始化为低分辨率模式，可达到的分辨率只是KTIME_LOW_RES。该预处理器常数表示在频率为HZ的周期时钟下，时钟信号间隔的长度，单位为纳秒。ktime_get和ktime_get_real都通过使用getnstimeofday来获取当前时间，后者在15.3节讨论过。

我们仍然漏掉了一个非常重要的组件。定时器自身是如何定义的呢？内核为此提供了下列数据结构：

<hrtimer.h>

```
struct hrtimer {
        struct rb_node          node;
        ktime_t                 expires;
        int                     (*function)(struct hrtimer *);
        struct hrtimer_base     *base;
        unsigned long           state;
#ifdef CONFIG_HIGH_RES_TIMERS
        enum hrtimer_cb_mode    cb_mode;
        struct list_head        cb_entry;
#endif
};
```

① 这要求，允许在软中断的上下文中执行定时器。另外，定时器也可能在时钟硬件的IRQ中直接到期，而不涉及通过过期链表进行的迂回处理。

node用于将定时器维持在上述的红黑树中。而base指向定时器的基础。对定时器的用户来说，他们感兴趣的字段是function和expires。后者表示到期时间，而function则是在定时器到期时调用的回调函数。cb_entry是链表元素，可用于将定时器置于回调链表上，其表头为hrtimer_cpu_base->cb_pending。每个定时器都可以指定一些情况，在这些情况下，该定时器可能或必须运行。有下列选择可用：

<hrtimer.h>

```
/*
 * hrtimer回调模式：
 *
 * HRTIMER_CB_SOFTIRQ：回调函数必须在软中断上下文运行
 * HRTIMER_CB_IRQSAFE：回调函数可能在硬件中断上下文运行
 * HRTIMER_CB_IRQSAFE_NO_RESTART：回调函数可能在硬件中断上下文运行，不会重启定时器
 * HRTIMER_CB_IRQSAFE_NO_SOFTIRQ：回调函数必须在硬件中断上下文运行
 *                 用于时钟仿真的特别模式
 */
enum hrtimer_cb_mode {
        HRTIMER_CB_SOFTIRQ,
        HRTIMER_CB_IRQSAFE,
        HRTIMER_CB_IRQSAFE_NO_RESTART,
        HRTIMER_CB_IRQSAFE_NO_SOFTIRQ,
};
```

注释很好地解释了各个常量的语义，无需赘言。定时器当前的状态保存在state中。有下列可能值。[①]

- HRTIMER_STATE_INACTIVE表示不活动的定时器。
- 在时钟基础上排队、等待到期的定时器，其状态为HRTIMER_STATE_ENQUEUED。
- HRTIMER_STATE_CALLBACK表示当前正在执行定时器的回调函数。
- 在定时器已经到期，正在回调链表上等待执行时，其状态为HRTIMER_STATE_PENDING。

回调函数本身值得进行一些专门的考虑。有两个可能的返回值：

<hrtimer.h>

```
enum hrtimer_restart {
        HRTIMER_NORESTART, /* 定时器无须重启 */
        HRTIMER_RESTART, /* 定时器必须重启 */
};
```

通常，回调函数结束执行时会返回HRTIMER_NORESTART。在这种情况下，该定时器将从系统消失。但定时器也可以选择重启。这需要在回调函数中执行如下两个步骤。

(1) 回调函数的结果必须是HRTIMER_RESTART。

(2) 定时器的到期时间必须设置为未来的某个时间点。回调函数可以执行上述操作，因为它可以通过函数参数获得一个指向当前运行的定时器hrtimer实例的指针。为简化操作，内核提供了一个辅助函数，将定时器的到期时间向未来推移：

<hrtimer.h>

```
unsigned long
hrtimer_forward(struct hrtimer *timer, ktime_t now, ktime_t interval);
```

该函数将重置定时器，使之在now之后到期（now通常设置为hrtimer_clock_base->get_time()的返回值）。确切的到期时间，需要将旧的到期时间加上interval，通常都是在now之后。该函数的

---

① 在很少见的情况下，定时器可能同时处于HRTIMER_STATE_ENQUEUED和HRTIMER_STATE_CALLBACK状态。更多的信息，请参见<hrtimer.h>中的注释。

返回值指定了需要在旧的到期时间加上多少个interval，才能使新的到期时间在now之后。

我们通过一个例子来说明其行为。如果旧的过期时间是5，now是12，interval为2，那么新的到期时间将是13。返回值为4，因为13 = 5 + 4×2。

高分辨率定时器的一个常见应用，就是使一个进程睡眠一段比较短的时间，时间的长度可以指定。内核为此提供了另一个数据结构：

```
<hrtimer.h>
struct hrtimer_sleeper {
        struct hrtimer timer;
        struct task_struct *task;
};
```

在上述数据结构中，一个hrtimer实例和一个指向所述进程的指针绑定在一起。内核使用hrtimer_wakeup作为到期时调用的回调函数，以唤醒睡眠进程。在定时器到期时，可使用container_of机制从hrtimer计算出hrtimer_sleeper实例的地址（请注意，定时器是嵌入到struct hrtimer_sleeper中的），即可唤醒相关的进程。

15.4.2　设置定时器

设置一个新的定时器需要如下两步。

(1) hrtimer_init用于初始化一个hrtimer实例。

```
<hrtimer.h>
void hrtimer_init(struct hrtimer *timer, clockid_t which_clock,
                  enum hrtimer_mode mode);
```

timer表示受影响的高分辨率定时器，which_clock是定时器绑定的目标时钟，而mode指定了是使用相对时间值（相对于当前时间）还是绝对时间值。mode可使用两个常数：

```
<hrtimer.h>
enum hrtimer_mode {
        HRTIMER_MODE_ABS,    /* 时间值是绝对的 */
        HRTIMER_MODE_REL,    /* 时间值是相对于当前时间的 */
};
```

(2) hrtimer_start设置定时器的到期时间，并启动定时器。

这两个函数的实现都是纯粹技术性的，不是很有趣，无须详细讨论其代码。

为取消一个设置好的定时器，内核提供了hrtimer_cancel和hrtimer_try_to_cancel。二者的差别在于，hrtimer_try_to_cancel提供了额外的返回值-1，如果定时器当前正在执行因而无法停止，则返回-1。在这种情况下，hrtimer_cancel会一直等处理程序执行完毕。另外，如果定时器处于未激活状态，两个函数都返回0，如果定时器处于活动状态（即状态为HRTIMER_STATE_ENQUEUED或HRTIMER_STATE_PENDING），二者都返回1。

如果要重启一个取消的定时器，可使用hrtimer_restart：

```
<hrtimer.h>
int hrtimer_cancel(struct hrtimer *timer)
int hrtimer_try_to_cancel(struct hrtimer *timer)
int hrtimer_restart(struct hrtimer *timer)
```

15.4.3　实现

在介绍了所有必需的数据结构和组件之后，我们填补最后一片缺失的拼图，讨论高分辨率定时器的到期机制及其回调函数的运行方式。

回想前文，可知高分辨率定时器框架有一部分总是会编译到内核中，即使禁用了对高分辨率定时器的支持。在这种情况下，高分辨率定时器的到期是由一个低分辨率时钟驱动的。这避免了代码复制，因为高分辨率定时器的用户，在没有高分辨率计时能力的系统上，无须对时间相关代码提供一个额外的版本。这种情况下，仍然会采用高分辨率框架，但只以低分辨率运作。

即使高分辨率定时器支持已经编译到内核中，但在启动时只提供了低分辨率计时功能，这与上述情况是相同的。因而，在考察高分辨率定时器的运行时，需要考虑两种可能性：基于具有高分辨率计时能力的适当时钟和具有低分辨率时钟。

1. 高分辨率模式下的高分辨率定时器

我们首先假定一个高分辨率时钟已经设置好且正在运行中，而向高分辨率模式的迁移已经完全完成。这种一般的情形如图15-13所示。

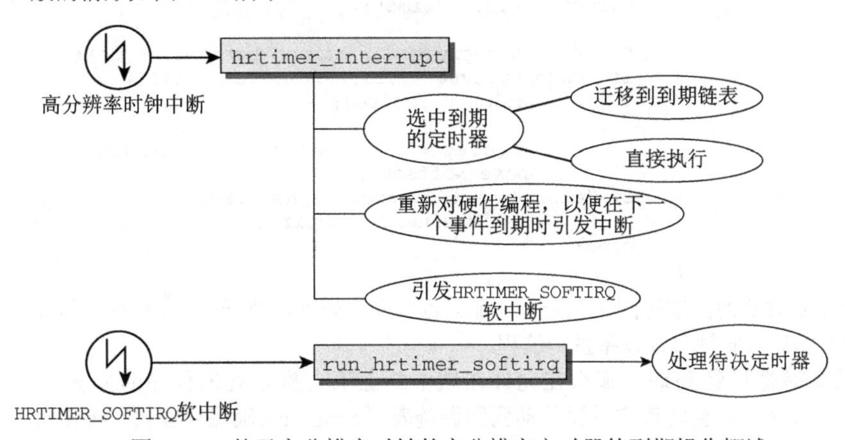

图15-13 基于高分辨率时钟的高分辨率定时器的到期操作概述

在负责高分辨率定时器的时钟事件设备引发一个中断时，将调用hrtimer_interrupt作为事件处理程序。该函数负责选中所有到期的定时器，或者将其转移到过期链表（如果它们可以在软中断上下文执行），或者直接调用定时器的处理程序函数。在对时钟事件设备重新编程（使得在下一个待决定时器到期时可以引发一个中断）之后，将引发软中断HRTIMER_SOFTIRQ。在该软中断执行时，run_hrtimer_softirq负责执行到期链表上所有定时器的处理程序函数。

下面讨论负责实现所有这些特性的代码。首先，考虑中断处理程序hrtimer_interrupt。最初，需要进行一些必要的初始化工作：

kernel/hrtimer.c
```
void hrtimer_interrupt(struct clock_event_device *dev)
{
        struct hrtimer_cpu_base *cpu_base = &__get_cpu_var(hrtimer_bases);
        struct hrtimer_clock_base *base;
        ktime_t expires_next, now;
...
retry:
        now = ktime_get();

        expires_next.tv64 = KTIME_MAX;
        base = cpu_base->clock_base;
...
```

接下来将到期的定时器，其到期时间保存在expires_next中。最初将该变量设置为KTIME_MAX，是表明没有下一个定时器。函数的主要工作是遍历所有的时钟基础（单调时钟和实时时钟）。

kernel/hrtimer.c

```
	for (i = 0; i < HRTIMER_MAX_CLOCK_BASES; i++) {
		ktime_t basenow;
		struct rb_node *node;
		basenow = ktime_add(now, base->offset);
```

本质上，basenow表示当前时间。base->offset仅在已经重新调整了实时时钟时，才是非零值，因此这不会影响单调时钟基础。从base->first开始，即可获得红黑树中到期的结点：

kernel/hrtimer.c

```
		while ((node = base->first)) {
			struct hrtimer *timer;

			timer = rb_entry(node, struct hrtimer, node);
			if (basenow.tv64 < timer->expires.tv64) {
				ktime_t expires;

				expires = ktime_sub(timer->expires,
				base->offset);
			if (expires.tv64 < expires_next.tv64)
				expires_next = expires;
			break;
		}
```

如果下一个定时器的到期时间是在未来，那么可以停止处理，离开while循环。但需要记住该到期时间，以便在稍后对时钟事件设备重新编程。

如果当前定时器已经到期，那么在允许在软中断上下文执行处理程序的情况下（即设置了HRTIMER_CB_SOFTIRQ），会将该定时器移动到回调链表。continue确保处理代码将转向下一个定时器。在用__remove_timer移除该定时器的同时，也通过更新base->first选择了下一个到期的候选定时器。此外，该函数还将移除的定时器状态设置为HRTIMER_STATE_PENDING:

kernel/hrtimer.c

```
			if (timer->cb_mode == HRTIMER_CB_SOFTIRQ) {
				__remove_hrtimer(timer, base,
						HRTIMER_STATE_PENDING, 0);
				list_add_tail(&timer->cb_entry,
				&base->cpu_base->cb_pending);
				raise = 1;
				continue;
			}
```

如果不允许在软中断上下文执行定时器的处理程序，那么将直接在硬件中断上下文中执行定时器回调函数。请注意，这一次__remove_timer将定时器状态设置为HRTIMER_STATE_CALLBACK，因为回调处理程序接下来将立即执行。

kernel/hrtimer.c

```
			__remove_hrtimer(timer, base,
					HRTIMER_STATE_CALLBACK, 0);
...
			if (timer->function(timer) != HRTIMER_NORESTART) {
				enqueue_hrtimer(timer, base, 0);
			}
			timer->state &= ~HRTIMER_STATE_CALLBACK;
		}
```

```
            base++;
        }
```

回调处理程序通过timer->function(timer)执行。如果处理程序返回HRTIMER_RESTART，请求重启定时器，那么通过enqueue_hrtimer来完成该请求。在处理程序已经执行后，可以清除HRTIMER_STATE_CALLBACK标志。

在已经选择了所有时钟基础的待决定时器之后，内核需要对时钟事件设备重新编程，以便在下一个定时器到期时引发中断。此外，如果有定时器在回调链表上等待，则必须引发HRTIMER_SOFTIRQ：

kernel/hrtimer.c

```
        cpu_base->expires_next = expires_next;

        /* 有必要重新编程？ */
        if (expires_next.tv64 != KTIME_MAX) {
                if (tick_program_event(expires_next, 0))
                        goto retry;
        }

        /* 需要引发软中断？ */
        if (raise)
                raise_softirq(HRTIMER_SOFTIRQ);
}
```

请注意，如果下一个定时器的到期时间已经过去，那么重新编程会失败。在定时器的处理花费了太长时间的情况下，会发生这种情况。在这种情况下，会跳转到函数起始处的retry标号，重启整个处理序列。

最后还需要一个步骤，才能完成这一轮的高分辨率定时器处理：引发软中断执行待决定时器的回调函数。该软中断的处理程序是run_hrtimer_softirq，图15-14给出了其代码流程图。①

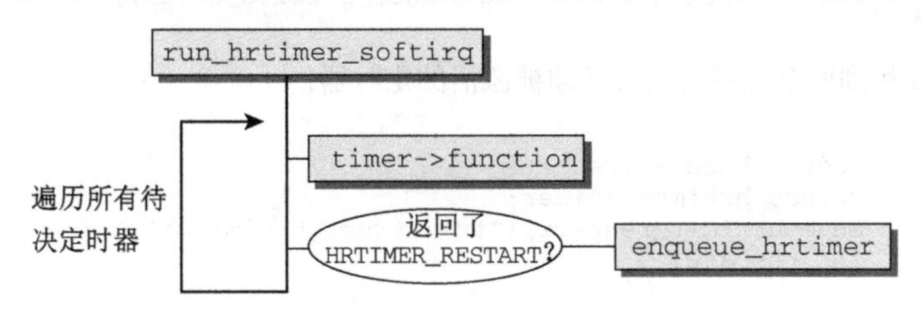

图15-14　run_hrtimer_softirq的代码流程图

本质上，该函数将遍历所有待决定时器的链表。对每个定时器，都将执行回调处理程序。如果定时器请求重启，那么调用enqueue_hrtimer来完成所需的工作。

2. 低分辨率模式下的高分辨率定时器

如果系统没有提供高分辨率时钟，会怎么样呢？在这种情况下，高分辨率定时器的到期操作由hrtimer_run_queues发起，该函数由高分辨率定时器软中断HRTIMER_SOFTIRQ调用（由于软中断处理在这种情况下是基于低分辨率定时器，因而该机制很自然不能提供任何高分辨率计时能力）。其代码流程图如图15-15所示。请注意，这是一个简化的版本。实际上，该函数要牵涉更多的因素，因为从低分辨率到高分辨率模式的切换即由此开始的。但这些问题现在不会影响到我们，所需的相关扩展将

① 这里忽略了一种边缘情况，即在定时器回调已经执行后，该定时器在另一个CPU上被重启。如果该定时器是树中第一个到期的，那么可能需要对时钟事件设备重新编程，以设定新的到期时间。

在15.4.5节讨论。

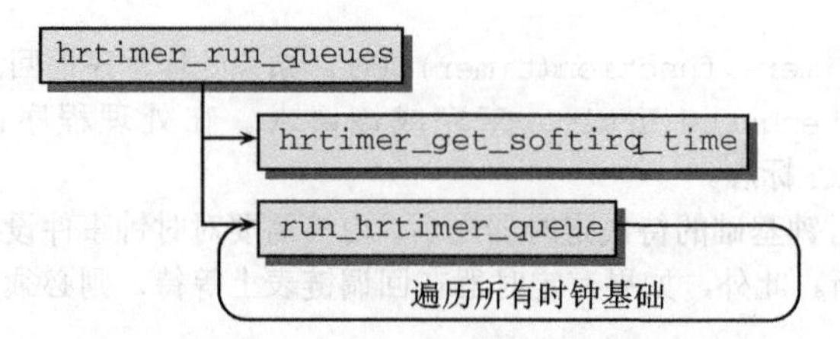

图15-15　hrtimer_run_queues的代码流程图

该机制并不特别复杂：在hrtimer_get_softirq_time将粗粒度的时间值保存到定时器基础之后，代码遍历所有时钟基础（单调时钟和实时时钟）并用run_hrtimer_queue处理各个队列中的项。

该函数首先检查是否有定时器需要处理（如果hrtimer_cpu_base是NULL指针，那么不存在第一个定时器，即没有需要处理的定时器）：

kernel/hrtimer.c
```
static inline void run_hrtimer_queue(struct hrtimer_cpu_base *cpu_base,
                                     int index)
{
        struct rb_node *node;
        struct hrtimer_clock_base *base = &cpu_base->clock_base[index];

        if (!base->first)
                return;

        if (base->get_softirq_time)
                base->softirq_time = base->get_softirq_time();
...
```

现在，内核需要找到所有已经到期且必须被激活的定时器：

kernel/hrtimer.c
```
        while ((node = base->first)) {
                struct hrtimer *timer;
                enum hrtimer_restart (*fn)(struct hrtimer *);
                int restart;

                timer = rb_entry(node, struct hrtimer, node);
                if (base->softirq_time.tv64 <= timer->expires.tv64)
                        break;
...
                fn = timer->function;
                __remove_hrtimer(timer, base, HRTIMER_STATE_CALLBACK, 0);
...
```

从第一个到期候选定时器开始（base->first），内核检查定时器是否已经到期，如果到期，则调用定时器的处理程序函数。回想前文，可知用__remove_timer移除定时器时，也会通过更新base->first来选中下一个到期候选定时器。此外，还会对定时器设置HRTIMER_STATE_CALLBACK标志，因为其回调函数即将执行：

kernel/hrtimer.c
```
                restart = fn(timer);

                timer->state &= ~HRTIMER_STATE_CALLBACK;
                if (restart != HRTIMER_NORESTART) {
```

```
                enqueue_hrtimer(timer, base, 0);
            }
        }
}
```

在处理程序函数结束后，可以重新清除HRTIMER_STATE_CALLBACK标志。如果定时器要求重启，即放回到队列中，则调用enqueue_hrtimer完成该请求。

15.4.4 周期时钟仿真

高分辨率模式下的时钟事件处理程序是hrtimer_interrupt。这意味着tick_handle_periodic不再提供周期时钟信号。因而需要基于高分辨率定时器提供一个等效的功能。在启用/禁用动态时钟的情况下，实现（几乎）是相同的。动态时钟的通用框架在15.5节讨论，这里只粗略讲一下所需的组件。

本质上，tick_sched是一个专门的数据结构，用于管理周期时钟相关的所有信息，由全局变量tick_cpu_sched为每个CPU分别提供了一个该结构的实例。

在内核切换到高分辨率模式时，将调用tick_setup_sched_timer来激活时钟仿真层。这将为每个CPU安装一个高分辨率定时器。所需的struct hrtimer实例保存在各CPU变量tick_cpu_sched中：

<tick.h>

```
struct tick_sched {
        struct hrtimer sched_timer;
...
}
```

该定时器的回调函数选择了tick_sched_timer。为避免所有CPU同时运行周期时钟处理程序的情况，内核分配了加速时间，如图15-16所示。回想前文，可知时钟周期的长度（单位为纳秒）保存在tick_period中。时钟信号将在周期的前一半时间里传播。假定第一个时钟信号起始于时间0。如果系统包含N个CPU，其余的周期时钟信号分别起始于时间Δ、2Δ、3Δ、… 偏移量Δ由tick_period/(2N)给出。

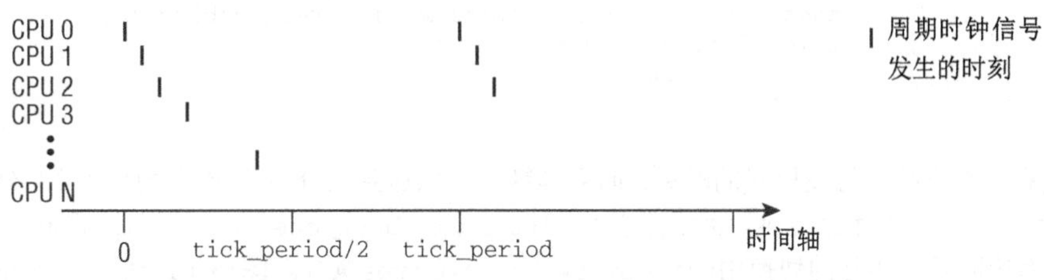

图15-16 高分辨率模式下周期时钟处理程序的分配

用于周期时钟仿真的定时器，其注册类似于其他普通的高分辨率定时器。该函数与tick_periodic有些类似，但要复杂一些。其代码流程图在图15-17给出。

如果当前执行该定时器的CPU负责提供全局时钟（回想前文可知，在启动时，系统尚处于低分辨率模式，该职责已经分配到具体的CPU），那么tick_do_update_jiffies64将计算自上一次更新以来所经过的jiffies数目，在这里该数目总是1，因为现在不考虑动态时钟。此前讨论的函数do_timer用于处理全局定时器的所有职责。回想前文可知，其中就包括了对全局变量jiffies64的更新。

在update_process_times（参见15.8节）和profile_tick中执行各CPU周期时钟任务时，需要计算下一个事件的时间，而hrtimer_forward将据此对定时器进行设置。通过返回HRTIMER_RESTART，定时器将自动重新进入队列，并在下一个时钟到期时激活。

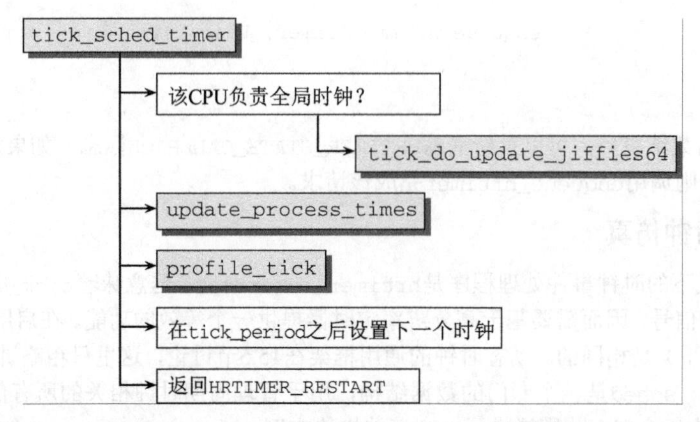

图15-17　tick_sched_timer的代码流程图

15.4.5　切换到高分辨率定时器

最初，高分辨率定时器并未启用，只有在已经初始化了适当的高分辨率时钟源并将其添加到通用时钟框架之后，才能启用高分辨率定时器。但在最初，低分辨率时钟就已经提供了。下文将讨论内核如何从低分辨率模式切换到高分辨率模式。

在低分辨率定时器活动时，高分辨率队列由hrtimer_run_queue处理。在队列运行前，该函数将检查系统中是否存在适用于高分辨率定时器的时钟事件设备。如果有，则切换到高分辨率模式：

kernel/hrtimer.c

```
void hrtimer_run_queues(void)
{
...
        if (tick_check_oneshot_change(!hrtimer_is_hres_enabled()))
                if (hrtimer_switch_to_hres())
                        return;
...
}
```

如果有一个支持单触发模式的时钟，而且其精度可以达到高分辨率定时器所要求的分辨率（即设置了CLOCK_SOURCE_VALID_FOR_HRES标志），那么tick_check_oneshot_change将通知内核可以使用高分辨率定时器。实际的切换由hrtimer_switch_to_hres执行。图15-18概括了所需的步骤。

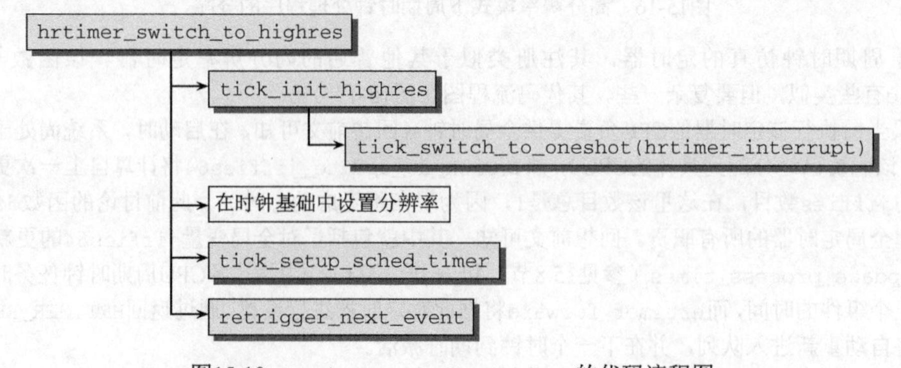

图15-18　hrtimer_switch_to_hires的代码流程图

tick_init_switch_to_highres是一个包装器函数，它使用tick_switch_to_oneshot将时钟事件设备设置为单触发模式。另外，还将hrtimer_interrupt设置为事件处理程序。然后，正如前文的讨论，用tick_init_highres激活周期时钟仿真。由于分辨率现在已经提高，这也需要反映到数据结构中。

kernel/hrtimer.c
```
static int hrtimer_switch_to_hres(void)
{
...
        base->hres_active = 1;
        base->clock_base[CLOCK_REALTIME].resolution = KTIME_HIGH_RES;
        base->clock_base[CLOCK_MONOTONIC].resolution = KTIME_HIGH_RES;
...
}
```

最后，retrigger_next_event对时钟事件设备重新编程，启动整个运作过程。高分辨率支持现在已经生效！

15.5 动态时钟

多年以来，Linux内核中的时间概念都是由周期时钟提供的。该方法简单而有效，但在很关注耗电量的系统上，有一点不足之处：周期时钟要求系统在一定的频率下，周期性地处于活动状态。因此，长时间的休眠是不可能的。

动态时钟改善了这种情况。只有在有些任务需要实际执行时，才激活周期时钟。否则，会临时禁用周期时钟。对该技术的支持可以在编译时选择，启用此选项的系统也称为*无时钟系统*（tickless system）。但这个名称是不完全准确的，因为即使在这种情况下，周期时钟运行的基础频率HZ仍然为时序提供了一个基本的度量工具。由于时钟可以根据当前的需要来激活或停用，因而“动态时钟”这个术语就很适用。

内核如何判定系统当前是否无事可做？回想第2章的内容，其中提到，如果运行队列时没有活动进程，内核将选择一个特别的idle进程来运行。此时，动态时钟机制将开始发挥作用。每当选中idle进程运行时，都将禁用周期时钟，直至下一个定时器即将到期为止。在经过这样一段时间之后，或者有中断发生时，将重新启用周期时钟。与此同时，CPU可以进入不受打扰的睡眠状态。请注意，只有经典定时器需要考虑此用法。高分辨率定时器不绑定到时钟频率，也并非基于周期时钟实现。

在讨论动态时钟的实现之前，我们先要注意，单触发时钟是实现动态时钟的先决条件。因为动态时钟的一个关键特性是可以根据需要来停止或重启时钟机制，纯粹周期性的定时器根本就不适用于该机制。

下文提到周期时钟时，是指时钟的实现没有使用动态时钟。这决不能与工作于周期模式的时钟事件设备相混淆。

15.5.1 数据结构

动态时钟需要根据使用的定时器分辨率高低来采用不同的实现。在两种情况下，其实现都是围绕以下数据结构进行：

<tick.h>
```
struct tick_sched {
        struct hrtimer sched_timer;
        enum tick_nohz_mode nohz_mode;
```

15

```
        ktime_t idle_tick;
        int tick_stopped;
        unsigned long idle_jiffies;
        unsigned long idle_calls;
        unsigned long idle_sleeps;
        ktime_t idle_entrytime;
        ktime_t idle_sleeptime;
        ktime_t sleep_length;
        unsigned long last_jiffies;
        unsigned long next_jiffies;
        ktime_t idle_expires;
};
```

各个成员的用法如下。

- sched_timer表示用于实现时钟的定时器。
- 当前运作模式保存在nohz_mode中。有3种可能值：

  <tick.h>

  ```
  enum tick_nohz_mode {
          NOHZ_MODE_INACTIVE,
          NOHZ_MODE_LOWRES,
          NOHZ_MODE_HIGHRES,
  };
  ```

  如果周期时钟处于活动状态，则使用NOHZ_MOD_INACTIVE，而其他两个值分别表示所使用的动态时钟是基于低/高分辨率的定时器。
- idle_tick存储在禁用周期时钟之前，上一个时钟信号的到期时间。这对于了解何时再次启用周期时钟是很重要的，因为下一个时钟的到期时间必须与时钟禁用前完全一致，就像是时钟没有禁用一样。准确的时间点可以根据idle_tick中保存的值来计算。然后加上数目足够多的时钟周期，以获得下一个时钟信号的到期时间。
- 如果周期时钟已经停用，则tick_stopped为1，即当前没有什么基于周期时钟信号的工作要做。否则，其值为0。

剩余的字段用于记录一些信息。

- idle_jiffies存储了周期时钟禁用时的jiffies值。
- idle_calls统计了内核试图停用周期时钟的次数。idle_sleeps统计了实际上成功停用周期时钟的次数。这两个值可能是不同的，因为如果下一个时钟即将在一个jiffy之后到期，内核是不会停用时钟的。
- idle_sleeptime存储了周期时钟上一次禁用的准确时间（使用当前最佳的分辨率）。
- sleep_length存储了周期时钟将禁用的时间长度，即从时钟禁用起，到预定将发生的下一个时钟信号为止，这一段时间的长度。
- idle_sleeptime累计了时钟停用的总的时间。
- next_jiffies存储了下一个定时器到期时间的jiffy值。
- idle_expires存储了下一个将到期的经典定时器的到期时间。与上一个值不同，这个值的分辨率会尽可能高，其单位不是jiffies。

tick_sched中收集的统计信息通过/proc/timer_list导出到用户层。

tick_cpu_sched是一个全局各CPU变量，提供了一个struct tick_sched实例。这是必须的，因为对时钟的禁用是按CPU指定的，而不是对整个系统指定。

15.5.2 低分辨率系统下的动态时钟

考虑内核不使用高分辨率定时器，只提供低分辨率计时功能的情形。这种场景下，如何实现动态时钟？回想上文可知，定时器软中断调用hrtimer_run_queues来处理高分辨率定时器队列，即使底层时钟事件设备只提供了低分辨率，也是如此。当然，要再次强调这并不会为定时器提供更好的分辨率，但这使得可以使用现存的框架，而无须关注时钟的分辨率。

1. 切换到动态时钟

hrtimer_run_queues调用tick_check_oneshot_change来判断是否可以激活高分辨率定时器。此外，该函数还检查是否可以在低分辨率系统上启用动态时钟。在两种情况下，这是可能的。

(1) 提供了支持单触发模式的时钟事件设备。

(2) 未启用高分辨率模式。

如果二者都满足，那么将调用tick_nohz_switch_to_nohz来激活动态时钟。但这没有最终启用动态时钟。如果在编译时禁用了对无时钟系统的支持，那么上述函数只是一个空函数，内核仍将处于周期时钟模式。否则，内核将继续进行处理，如图15-19所示。

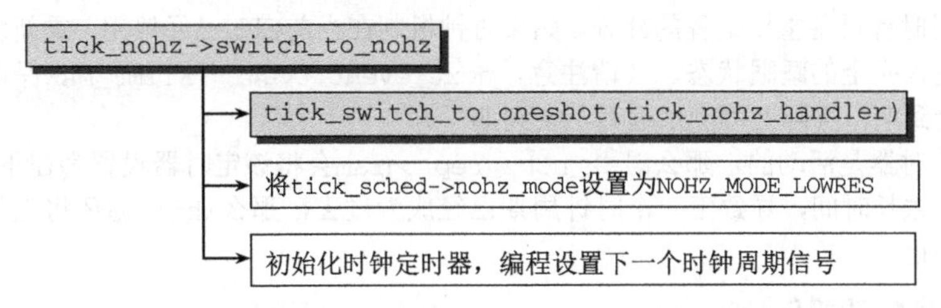

图15-19 tick_nohz_switch_to_nohz的代码流程图

迁移到动态时钟模式所需的最重要的改变是将时钟事件设备设置为单触发模式，并安装一个适当的时钟定时器处理程序。这是通过调用tick_switch_to_oneshot完成的。新的处理程序是tick_nohz_handler，将在下文考察。

由于动态时钟模式现在已经激活，struct tick_sched的各CPU实例的nohz_mode字段将改变为NOHZ_MODE_LOWRES。为使该机制进入运转，内核最后需要激活第一个周期时钟定时器，使得该定时器在下一个时钟信号应当出现的时间到期。

2. 动态时钟处理程序

新的时钟定时器处理程序tick_nohz_handler需要承担如下两个职责。

(1) 执行时钟机制所需的所有操作。

(2) 对时钟设备重新编程，使得下一个时钟信号在适当的时候到期。

满足这些需求的代码如下所示。为获得struct tick_sched的各CPU实例和当前时间，需要一些初始化工作：

kernel/time/tick-sched.c

```
static void tick_nohz_handler(struct clock_event_device *dev)
{
        struct tick_sched *ts = &__get_cpu_var(tick_cpu_sched);
        struct pt_regs *regs = get_irq_regs();
        int cpu = smp_processor_id();
        ktime_t now = ktime_get();

        dev->next_event.tv64 = KTIME_MAX;
```

全局时钟设备的角色仍然由一个特定的CPU承担，处理程序需要检查当前CPU是否负责该时钟。但对动态时钟来说，情况有一点复杂。如果一个CPU要进入比较长时间的休眠，不能继续负责全局时钟，需要撤销其职责。如果是这样，那么接下来如果有哪个CPU的时钟定时器处理程序被调用，该CPU必须承担该职责：①

kernel/time/tick-sched.c

```
        if (unlikely(tick_do_timer_cpu == -1))
                tick_do_timer_cpu = cpu;
        /* 检查是否需要更新jiffies */
        if (tick_do_timer_cpu == cpu)
                tick_do_update_jiffies64(now);

        update_process_times(user_mode(regs));
        profile_tick(CPU_PROFILING);
```

如果CPU负责提供全局时钟，那么调用tick_do_update_jiffies64就足够了，该函数将处理所有相关事项，细节稍后讨论。而update_process_times和profile_tick将接管局部时钟的职责，读者此前应该已经看到过几次。

关键的是对时钟设备重新编程的部分。如果时钟机制在当前CPU已经停用，重新编程是没有必要的，CPU可以进入完全的睡眠状态。（请注意，next_event.tv64 = KTIME_MAX保证事件设备在最近的时间内不会到期，实际上可能永远都不会到期。）

如果时钟定时器是活动的，那么tick_nohz_reprogram会将该定时器设置为在下一个jiffy到期。如果处理花费了太长时间，导致下一个时钟周期已经成为过去，那么while循环将重复重新编程的工作，直至成功为止。

kernel/time/tick-sched.c

```
        /* 如果处于idle循环中，不要重启时钟定时器 */
        if (ts->tick_stopped)
                return;

        while (tick_nohz_reprogram(ts, now)) {
                now = ktime_get();
                tick_do_update_jiffies64(now);
        }
}
```

3. 更新jiffies

全局时钟设备调用tick_do_update_jiffies64来更新全局jiffies_64变量，它是低分辨率定时器处理的基础。在使用周期时钟时，这相对简单，因为每过一个jiffy，都会调用该函数。在启用动态时钟时，可能出现这种情况：系统的所有CPU都处于idel状态，系统处于没有全局时钟的状态。tick_do_update_jiffies64需要考虑这种情况。我们直接看一下代码是如何处理的：

kernel/time/tick-sched.c

```
static void tick_do_update_jiffies64(ktime_t now)
{
unsigned long ticks = 0;
ktime_t delta;

delta = ktime_sub(now, last_jiffies_update);
```

① 也有可能所有处理器都进入睡眠，其时间都长于一个jiffy。内核需要考虑这种情形，正如下文中对tick_do_updates_jiffies64的讨论。

由于该函数需要判断，从上一次更新以来时间是否已经过了多个jiffy，必须计算当前时间与last_jiffies_update之间的差。

很自然，仅当上一次更新是在一个时钟周期之前时，才需要更新jiffies值:

kernel/time/tick-sched.c
```
	if (delta.tv64 >= tick_period.tv64) {

		delta = ktime_sub(delta, tick_period);
		last_jiffies_update = ktime_add(last_jiffies_update,
						tick_period);
```

最常见的情况是，自上次更新jiffy值以来，已经过去了一个时钟周期，上面给出的代码相应地将last_jifies_update加1。这就得到了当前的时钟周期数。

但是，上一次更新也可能是在多于一个时钟周期之前。在这种情况下需要的工作会多一些：

kernel/time/tick-sched.c
```
		/* 低速路径，处理流逝时间较长的情况 */
		if (unlikely(delta.tv64 >= tick_period.tv64)) {
			s64 incr = ktime_to_ns(tick_period);

			ticks = ktime_divns(delta, incr);

			last_jiffies_update = ktime_add_ns(last_jiffies_update,
							   incr * ticks);
		}
```

对ticks的计算，会得出比实际经过的时钟周期数少1的结果，而last_jiffies_updates会相应地更新。请注意，少1是必要的，因为最初已经向last_jiffies_update增加了一个时钟周期。这样，常见的情形（即，自从上次更新以来，过去了一个时钟周期）处理得很快，当然，不常见的情况（在上次更新以来过去了多个时钟周期）需要更多工作来处理。

最后，调用do_timer来更新全局jiffies值，这在15.2.1节讨论过:

kernel/time/tick-sched.c
```
		do_timer(++ticks);
	}
}
```

15.5.3 高分辨率系统下的动态时钟

由于在内核使用高分辨率时，时钟事件设备以单触发模式运行，对动态时钟的支持比低分辨率情形更为容易实现。回想前文的讨论，周期时钟是通过tick_sched_timer仿真的。该函数也用于实现动态时钟。在15.4.4节的讨论中，省略了实现动态时钟需要的两个要素。

(1) 由于CPU可能放弃全局时钟的职责，该处理程序需要检查现在是否是这种情况，并承担该职责：

kernel/time/tick-sched.c
```
#ifdef CONFIG_NO_HZ
	if (unlikely(tick_do_timer_cpu == -1))
		tick_do_timer_cpu = cpu;
#endif
```

该代码在tick_sched_timer最开始运行。

(2) 在处理程序结束时，通常需要对时钟设备重新编程，使得下一个时钟信号在适当时候发生。如果时钟已经停止，则不必如此：

kernel/time/tick-sched.c
```
        /* 如果处于idle循环中，不要重启定时器 */
        if (ts->tick_stopped)
                return HRTIMER_NORESTART;
```

在高分辨率模式下初始化动态时钟模式，只需要在现存代码中修改一处。回想前文，可知tick_setup_sched_timer在高分辨率下用于初始化时钟仿真层。如果在编译时启用动态时钟，会向该函数添加一小段代码：

kernel/time/tick-sched.c
```
void tick_setup_sched_timer(void)
{
...
#ifdef CONFIG_NO_HZ
        if (tick_nohz_enabled)
                ts->nohz_mode = NOHZ_MODE_HIGHRES;
#endif
}
```

这正式宣布了开始在高分辨率定时器下使用动态时钟。

15.5.4 停止和启动周期时钟

动态时钟提供了暂时延迟周期时钟的框架。但内核仍然需要判断在何时停止和重启时钟。

很自然的一种做法是，在调度idle进程时停止时钟：这表明处理器确实没什么可做。动态时钟框架提供了tick_nohz_stop_sched_tick，用于停止时钟。请注意，该函数同时适用于低/高分辨率。如果编译时停用了动态时钟，该函数将替换为空实现。

idle进程是以特定于体系结构的方式实现的，而并非所有的体系结构都已经更新到支持停用周期时钟。在本书撰写时，ARM、MIPS、PowerPC、SuperH、Sparc64、IA-32、AMD64[①]会在idle进程关闭时钟。

集成tick_nohz_stop_sched_tick的工作相当简单。例如，考虑ARM系统上cpu_idle的实现（在idle进程中运行）：

arch/arm/kernel/process.c
```
void cpu_idle(void)
{
...
        /* 无限的idle循环，根本没有优先级 */
        while (1) {
...
                tick_nohz_stop_sched_tick();
                while (!need_resched())
                        idle();
...
                tick_nohz_restart_sched_tick();

...
        }
}
```

其他体系结构在一些细节方面有所不同，但一般原理上是一致的。在调用tick_nohz_stop_sched_tick关闭时钟后，系统进入一个无限循环，在该处理器上有一个进程可调度时，循环才结束。时钟接下来就需要使用了，可通过tick_nohz_restart_sched_tick重激活。

---

① 以及用户模式Linux，如果读者认为那是一个独立体系结构的话。

回想前文，睡眠进程会等待一些条件满足，使得该进程切换到可运行状态。对条件的改变可通过中断通知，假定进程在等待一些数据到达，而该中断将通知系统数据现在已经可用。由于从内核的角度来看，中断可能发生在随机的时间点上，因而很可能是这样，在关闭时钟的idle循环期间，引发了中断。因而可能有两种情况需要重启时钟。

(1) 一个外部中断使某个进程变为可运行，这要求时钟机制恢复工作。① 在这种情况下，时钟的恢复，比最初计划的时间要早一些。

(2) 下一个时钟信号即将到期，而时钟中断表明到期时间已经到来。在这种情况下，时钟机制的恢复与此前的计划相同。

1. 停止时钟

本质上，tick_nohz_stop_sched_tick需要执行以下3个任务。

(1) 检查下一个定时器轮事件是否在一个时钟周期之后。

(2) 如果是这样，则重新编程时钟设备，忽略下一个时钟周期信号，直至有必要时才恢复。这将自动忽略所有不需要的时钟信号。

(3) 在tick_sched中更新统计信息。

由于许多细节需要关注边边角角的情况，tick_nohz_stop_sched_tick的实际实现相当庞大，下文将考虑一个简化版本。

首先，内核需要当前CPU的时钟设备和tick_sched实例：

kernel/time/tick-sched.c
```
void tick_nohz_stop_sched_tick(void)
{
        unsigned long seq, last_jiffies, next_jiffies, delta_jiffies, flags;
        struct tick_sched *ts;
        ktime_t last_update, expires, now, delta;
        struct clock_event_device *dev = __get_cpu_var(tick_cpu_device).evtdev;
        int cpu;

        cpu = smp_processor_id();
        ts = &per_cpu(tick_cpu_sched, cpu);
```

其中更新了一些统计信息。回想前文，这些字段的语义已经在15.5.1节描述过。上一次更新jiffy的时间和当前的jiffy值保存在局部变量中：

kernel/time/tick-sched.c
```
        now = ktime_get();

        ts->idle_entrytime = now;
        ts->idle_calls++;

        last_update = last_jiffies_update;
        last_jiffies = jiffies;
```

只有在下一个周期性事件是在一个时钟周期之后的情况下，停用时钟才是有意义的。辅助函数get_next_timer_interrupt分析定时器轮，找到下一个事件到期的jiffy值。delta_wheel表示下一个事件与当前时间的间隔，单位为jiffies：

① 为简化阐述，这里忽略了一种情况：在中断扰动了无时钟间歇期但没有改变系统状态的情况下，此时没有进程变为可运行，irq_exit也会调用tick_nohz_stop_sched_tick。这也简化了对tick_nohz_stop_sched_tick的讨论，因为此后对该函数的多次调用都无须考虑。此外，我没有讨论在irq_enter中需要更新jiffies值的情况，如果不更新，中断处理程序会使用一个错误的时间值。负责此工作的函数是tick_nohz_update_jiffies。

kernel/time/tick_sched.c

```
	/* 获得下一个定时器轮定时器 */
	next_jiffies = get_next_timer_interrupt(last_jiffies);
	delta_jiffies = next_jiffies -last_jiffies;
```

如果下一个时钟信号至少在一个jiffy以后（请注意，可能还有一些事件已经在当前jiffy到期），时钟设备需要据此重新编程：

kernel/timer/tick-sched.c

```
	/* 如果下一个事件至少在一个jiffy之后，则调度时钟 */
	if ((long)delta_jiffies >= 1) {

		ts->idle_tick = ts->sched_timer.expires;
		ts->tick_stopped = 1;
		ts->idle_jiffies = last_jiffies;
```

所修改tick_sched字段的语义已经讨论过。

如果当前CPU必须提供全局时钟，那么此职责必须转交给另一CPU。这只需要将tick_do_timer_cpu设置为-1即可。另一个CPU上激活的下一个时钟处理程序，将自动接手全局时钟源的职责：

kernel/time/tick-sched.c

```
		if (cpu == tick_do_timer_cpu)
			tick_do_timer_cpu = -1;

		ts->idle_sleeps++;
```

最后，将对时钟设备重新编程，以便在未来的适当时间点提供下一个事件的信号。虽然高/低分辨率模式下设置定时器的方法不同，但如果编程设置成功，二者都会跳转到标号out：

kernel/time/tick-sched.c

```
		expires = ktime_add_ns(last_update, tick_period.tv64 *
					delta_jiffies);
		ts->idle_expires = expires;

		if (ts->nohz_mode == NOHZ_MODE_HIGHRES) {
			hrtimer_start(&ts->sched_timer, expires,
					HRTIMER_MODE_ABS);
			/* 检查定时器的到期时间是否已经过去 */
			if (hrtimer_active(&ts->sched_timer))
				goto out;
		} else if(!tick_program_event(expires, 0))
				goto out;

		tick_do_update_jiffies64(ktime_get());
	}
	raise_softirq_irqoff(TIMER_SOFTIRQ);
out:
	ts->next_jiffies = next_jiffies;
	ts->last_jiffies = last_jiffies;
	ts->sleep_length = ktime_sub(dev->next_event, now);
}
```

如果重新编程失败，那么必然是在处理过程中花费了太多时间，而导致下一个到期时间已经过去。在这种情况下，tick_do_update_jiffies_64将jiffies更新为正确值，并引发软中断TIMER_SOFTIRQ来处理任何待决的定时器轮定时器。请注意，如果在当前jiffy有事件到期，也会引发该软中断。

2. 重启时钟

tick_nohz_restart_sched_tick用于重启时钟。其代码流程图在图15-20给出。

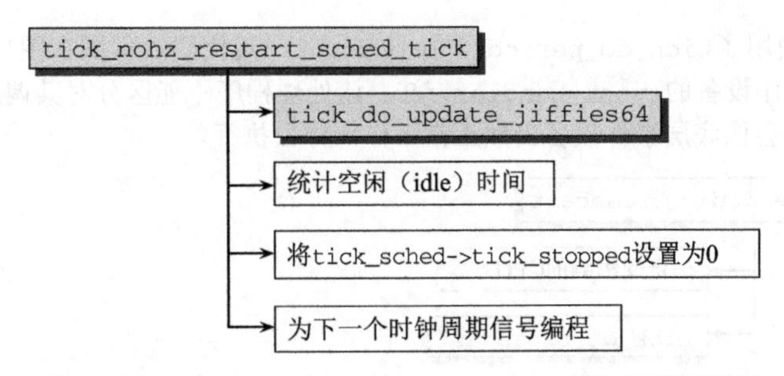

图15-20 tick_nohz_restart_sched_tick的代码流程图

同样，该函数的实现被各种技术细节搞得很复杂，但其一般原理是很简单的。首先调用我们熟悉的tick_do_updates_jiffies64。在正确地统计空闲时间之后，将tick_sched->tick_stopped设置为0，因为时钟现在再次激活了。最后，需要对下一个时钟事件编程。这是必要的，因为外部中断的存在，可能导致空闲时间的结束早于预期。

15.6 广播模式

在一些体系结构上，在某些省电模式启用时，时钟事件设备将进入睡眠。幸好，系统不是只有一个时钟事件设备，因此仍然可以用另一个可工作的设备来替换停止的设备。全局变量tick_broadcast_device定义在kernel/tick/tick-broadcast.c中，即为用于广播设备的tick_device实例。

图15-21给出了一个广播模式的概述。

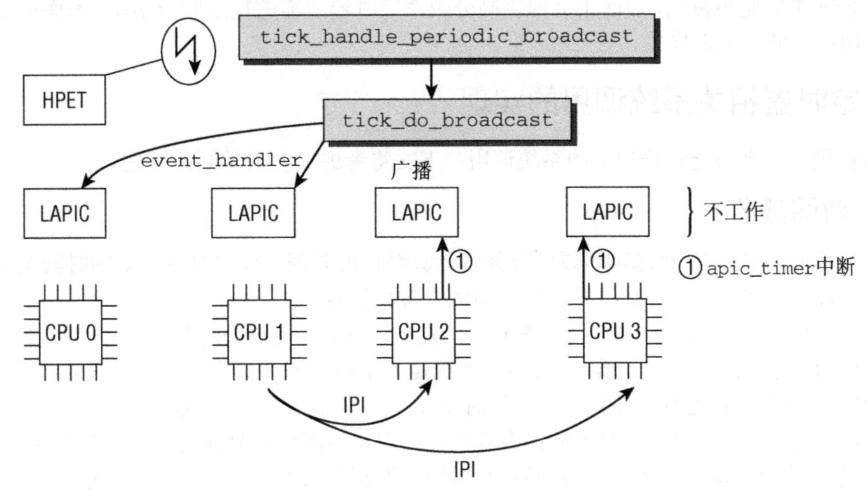

图15-21 在使用广播设备来代替不工作的时钟设备时，系统情况的概述

在这种情况下，APIC设备是不工作的，但广播事件设备仍然可工作。tick_handle_periodic_broadcast用作事件处理程序。它可以处理广播设备的周期模式和单触发模式，我们无须进一步关注。该处理程序在每个tick_period之后都会激活。

广播处理程序使用了tick_do_periodic_broadcast。其代码流程图在图15-22给出。该函数调用了当前CPU上不工作设备的event_handler方法。该处理程序不能区分对其调用是来自于时钟中断还是广播设备，因而会像底层事件设备仍然正常工作一样去执行。

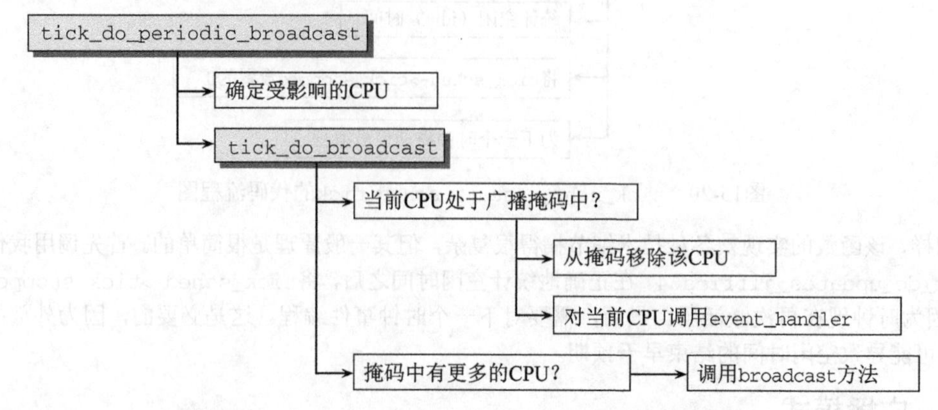

图15-22　tick_do_periodic_broadcast的代码流程图

如果有更多不工作的时钟设备，那么tick_do_broadcast将利用链表中第一个设备的broadcast方法。[①]对局部APIC来说，broadcast方法指向lapic_timer_broadcast。对所有与不工作时钟设备相关联的CPU，该方法都负责发送处理器间中断（inter-processor interrupt，IPI）LOCAL_TIMER_VECTOR。该中断的中断向量由内核设置为调用apic_timer_interrupt。其结果就是，时钟事件设备无法区分IPI和真正的中断，因而其效果与设备仍然处于工作状态是相同的。

处理器间中断是很慢的，因而不会提供高分辨率定时器所需的精度和分辨率。因而如果需要广播，内核总是切换到低分辨率模式。

15.7　定时器相关系统调用的实现

内核提供了几个与定时器相关的系统调用，下文将考虑其中最重要的一些。

15.7.1　时间基准

在使用定时器时，有3个选项可以区分如何计算经过的时间，或定时器所处的时间基准[②]。内核提供了以下形式的时间基准，在超时发生时，会触发各种信号。

- ITIMER_REAL测量定时器激活以来实际流逝的时间，以便在超时时间达到时发出信号。在这种情况下，定时器会继续运转，而不管系统是处于核心态还是用户态，或使用该定时器的应用程序当前是否在运行。在定时器到期时将发出SIGALRM类型的信号。
- ITIMER_VIRTUAL只在定时器的拥有者进程在用户态消耗的时间内运行。在这种情况下，在核心态（或处理器忙于另一个应用程序）消耗的时间将忽略。定时器到期通过SIGVTALRM信号表示。
- ITIMER_PROF计算进程在用户态和核心态消耗的时间，在内核代表该进程执行系统调用时，仍

① 这是可能的，因为目前对所有不工作的设备都会安装同一广播处理程序。

② 通常也称为时间域（time domain）。

然会计算时间的消耗。系统其他进程消耗的时间将忽略。定时器到期时发送的信号是SIGPROF。顾名思义，该定时器的主要用途是剖析应用程序的性能，以查找程序中计算最密集的片段，并据此进行优化。这是一项重要的考虑，特别是在科学计算或操作系统相关应用中。

定时器的类型和时间间隔的长度，都必须在创建间隔定时器时指定。在我们的例子中，使用了TTIMER_REAL来创建一个实时定时器。

报警定时器的行为可以用间隔定时器仿真，选择ITIMER_REAL作为定时器类型，在第一次到期后删除定时器即可。因而可以认为，间隔定时器是报警定时器的一种一般形式。

15.7.2 alarm 和 setitimer 系统调用

alarm安装ITIMER_REAL类型的定时器（实时定时器），而setitimer不仅可用于安装实时定时器，还可以安装虚拟和剖析定时器。这两个系统调用都结束于do_setitimer。两个系统调用的实现都依赖于kernel/itimer.c中定义的一种共同机制。实现围绕struct hrtimer展开，因而如果高分辨率支持可用，那么用户层会自动利用相应的优点，而不仅仅只能在内核中利用。请注意，由于alarm使用了ITIMER_REAL类型的定时器，这两个系统调用可能相互干扰。

照例，这两个系统调用的起点分别是sys_alarm和sys_setitimer函数。这两个函数都使用辅助函数do_setitimer来实际实现定时器：

kernel/itimer.c
```
int do_setitimer(int which, struct itimerval *value, struct itimerval *ovalue)
```

该函数需要3个参数。which指定了定时器类型，可以是ITIMER_REAL、ITIMER_VIRTUAL或ITIMER_PROF。value包含有关新定时器的所有信息。如果定时器将替换某个现存定时器，那么可使用ovalue来返回此前活动的定时器的描述。

指定定时器的属性是比较简单的：

<time.h>
```
struct itimerval {
        struct timeval it_interval; /* 定时器时间间隔 */
        struct timeval it_value; /* 当前值 */
};
```

本质上，timeval表示一个时间间隔长度，在该间隔之后定时器将到期。it_value表示到定时器下一次到期之前，还剩余的时间长度。所有的细节都可以参考手册页setitimer(2)。

1. 对进程结构task_struct的扩展

每个进程的task_struct实例都包含一个指针，指向一个struct signal_struct的实例，其中包含了几个成员，用于容纳定时器所需的信息:

<sched.h>
```
struct signal_struct {
...
        /* 进程的ITIMER_REAL定时器 */
        struct hrtimer real_timer;
        struct task_struct *tsk;
        ktime_t it_real_incr;

        /* 进程的ITIMER_PROF和ITIMER_VIRTUAL定时器 */
        cputime_t it_prof_expires, it_virt_expires;
        cputime_t it_prof_incr, it_virt_incr;
...
}
```

15

有两个字段分别为剖析定时器和虚拟定时器保留。

(1) 下一次定时器到期的时间（it_prof_expires和it_virt_expires）。

(2) 定时器在多长时间之后调用（it_prof_incr和it_virt_incr）。

real_timer是一个hrtimer的实例（不是指针），将插入到内核的其他数据结构中，用于实现实时定时器。其他类型的两种定时器（虚拟和剖析）的管理无须此数据项。tsk指向设置定时器的进程的task_struct实例。实时定时器的间隔在it_real_incr中指定。

因而每个进程可以有3个不同类型的定时器，根据现存的数据结构，内核不能用setitimer和alarm机制管理更多的定时器。例如，一个进程可以同时执行一个虚拟定时器和一个实时定时器，但不能是两个实时定时器。

POSIX定时器实现在kernel/posix-timers.c中，提供了对此方案的一个扩展，它允许更多的定时器，但无须更进一步讨论。虚拟和剖析定时器也是基于此框架实现的。

2. 实时定时器

在安装实时定时器（ITIMER_REAL）时，首先必须保存可能存在的旧定时器的属性（在新定时器安装后，这些属性将返回到用户层），并用hrtimer_try_to_cancel取消旧定时器。安装定时器时，会“覆盖”此前的定时器。

定时器的时间间隔保存在特定于进程的signal_struct->it_real_incr字段（如果该字段为零，那么该定时器不是周期性的，而只能激活一次），hrtimer_start将启动定时器，该定时器在指定的时间到期。

在动态定时器到期时，不会有处理程序例程在用户空间执行。相反，系统会生成一个信号，导致调用信号处理程序，因而间接调用了一个回调函数。内核如何确保该信号会被发送，而如何将定时器设置为周期性的？

内核使用了回调处理程序it_real_fn，它将对所有用户空间实时定时器的执行。该函数向安装定时器的进程发送SIGALRM信号，但不会重新设置信号处理程序以使得信号具有周期性。

相反，在进程上下文中投递信号时（确切地说，在dequeue_signal中），会重新安装定时器。在用hrtimer_forward前推到期时间之后，用hrtimer_restart重启定时器。

在定时器到期之后，内核为何不立即重新激活定时器？更早的内核版本确实选择了这种方法，但在使用高分辨率定时器时，会出现问题。进程可以选择非常短的重复周期，使得定时器反复到期，这将导致在定时器代码中花费过多时间。说得直接些，这也可以称为一种拒绝服务攻击，而现在的方法避免了这种情况。

15.7.3　获取当前时间

有两个理由，使得我们需要获得系统的当前时间。首先，许多操作依赖于时间戳，例如，内核需要记录文件上次修改的时间或一些日志信息产生的时间。其次，系统的绝对时间，即外界的实际时间，是需要通知用户的。

然而对第一项用途来说，只要时序是连续的（即，连续操作的时间戳的顺序应与其实际操作顺序一致），绝对精度不那么重要。但对第二项用途来说，精度更重要些。硬件时钟在精度方面臭名昭著，或快、或慢或者是快慢随机组合。有各种方法可解决该问题，在联网计算机的时代，一个最常见的方法就是与一个可靠的时钟源（例如，一个原子钟）通过NTP同步。由于这纯粹是一个用户层的问题，这里不会进一步讨论。

内核提供了两种方法，可用于获取时间信息。

(1) 系统调用adjtimex。有一个同名小实用程序，可用于快速显示该系统调用导出的信息。该系统调用用来读取当前内核内部时间。其他可能性都记录在相关的手册页adjtimex(2)中。

(2) 设备特殊文件/dev/rtc。该时钟源可以运作于各种模式，其中一种模式可向调用者提供当前日期和时间。

下文将专注于adjtimex。入口点照例是sys_adjtimex，但经过一些准备工作之后，实际工作委托给do_adjtimex。该函数相当冗长，但我们感兴趣的部分还比较短：

kernel/time.c

```
int do_adjtimex(struct timex *txc)
{
...
        do_gettimeofday(&txc->time);
...
}
```

对do_gettimeofday的调用，可以获得内核内部时间，分辨率是最佳的可能分辨率。为此使用了内核选择的最佳时钟源，如15.4节所述。

15.8 管理进程时间

task_struct实例包含了两个与进程时间有关的成员，在这里比较重要：

<sched.h>

```
struct task_struct {
...
        cputime_t utime, stime;
...
}
```

update_process_times用于管理特定于进程的时间数据，从局部时钟调用。

根据图15-23给出的代码流程图，有4项工作需要完成。

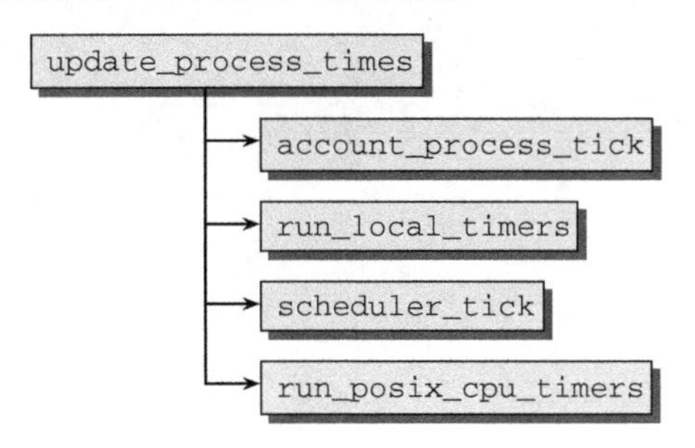

图15-23 update_process_times的代码流程图

(1) account_process_tick使用account_user_time或account_sys_time来更新进程在用户态或核心态消耗的CPU时间，即task_struct中的utime或stime成员。如果进程超出了Rlimit指定的CPU份额限制，那么还会每隔1秒发送SIGXCPU信号。

(2) run_local_timers激活低分辨率定时器，或对其进行到期操作。回想前文，这在15.2节已经详细讨论过。

(3) scheduler_tick是一个辅助函数，用于CPU调度器，在第2章讨论过。

(4) run_posix_cpu_timers使当前注册的POSIX定时器开始运行。这包括运行前述的的间隔定时器，因为其实现基于POSIX定时器。因为我们对这些定时器不太感兴趣，所以就不详细阐述其实现了。

15.9 小结

内核为各种需要而跟踪记录时间，为解决该问题需要考虑很多方面的因素。在本章中，首先向读者介绍了计时的一般概念，以及定时器和超时之间的差别。你已经知道，定时器和超时的实现是基于可以管理时间的硬件。通常，每个系统都包含多个与之相关的组件，本章向读者介绍了用于表示这些组件并按质量对其分类的各数据结构。传统上，内核依赖于低分辨率定时器，但最新的硬件发展以及对计时子系统的重写，使得可以引入一类新的高分辨率定时器。

在讨论了高/低分辨率定时器的实现之后，本章向读者介绍了动态时钟的概念。传统上，会使用一个频率为HZ的周期定时器作为时钟，但对于缺乏电力的系统来说，这不是最优选择：在系统处于空闲状态，无事可做时，时钟信号是多余的，可以暂时停用，使得系统各组件可以进入更深的睡眠状态，而不是被时钟信号周期性地唤醒。动态时钟模式就是用来实现此特性的。

时间对用户空间进程也是有用的，本章最后讨论了此领域中可用的各种系统调用。

第 16 章

页缓存和块缓存

性能和效率是内核开发中两个非常重要的因素。内核不仅依赖于一个精巧的整体框架来规范各个部分之间交互，还需要一个功能广泛的缓冲和缓存框架来提高系统的速度。

缓冲和缓存利用一部分系统物理内存，确保最重要、最常使用的块设备数据在操作时可直接从主内存获取，而无须从低速设备读取。物理内存还用于存储从块设备读取的数据，使得随后对该数据的访问可直接在物理内存进行，而无须从外部设备再次取用。

当然，这项工作是透明的，应用程序不会也不能注意到数据来源方面的差别。

数据并非在每次修改后都立即写回，而是在一定的时间间隔之后才进行回写，时间间隔的长度取决于多种因素，如空闲物理内存的容量、物理内存中数据的利用率，等等。单个的写请求会被收集起来，并打包进行，这在总体上花费的时间较少。因而，延迟写操作在总体上改进了系统性能。

但缓存也有负面效应，内核必须审慎地采用，如下所述。

- 通常，物理内存的容量比块设备小得多，因而只能缓存仔细挑选的部分数据。
- 用于缓存的内存区不能分配给“普通”的应用程序数据。这减少了实际上可用的物理内存容量。
- 如果系统崩溃（例如，由于停电），缓存包含的数据可能没有写回到底层的块设备。这造成了不可恢复的数据丢失。

但缓存带来的好处，在很大程度上超出了带来的不利之处，因而缓存特性已经永久性地集成到了内核的结构中。

缓存是页交换或调页操作的逆操作（换页的相关信息，在第18章讨论）。尽管缓存牺牲了物理内存（使得不需要在块设备上进行低速操作），而实现页交换时，则是用低速的块设备来代替物理内存。因而内核必须尽力同时考虑到这两种机制，确保一种方法带来的好处不会被另一种方法的不利之处抵消，这不是件容易事。

此前各章讨论了内核提供的一些方法，用于缓存特定的结构。slab缓存是一个内存到内存的缓存，其目的不是加速对低速设备的操作，而是对现存资源进行更简单、更高效的使用。dentry缓存也用于减少对低速块设备的访问，但它无法推广到通用场合，因为它是专门用于处理单一数据类型的。

内核为块设备提供了两种通用的缓存方案。

(1) **页缓存**（page cache）针对以页为单位的所有操作，并考虑了特定体系结构上的页长度。一个主要的例子是许多章讨论过的内存映射技术。因为其他类型的文件访问也是基于内核中的这一技术实现的，所以页缓存实际上负责了块设备的大部分缓存工作。

(2) **块缓存**（buffer cache）以块为操作单位。在进行I/O操作时，存取的单位是设备的各个块，而不是整个内存页。尽管页长度对所有文件系统都是相同的，但块长度取决于特定的文件系统或其设置。因而，块缓存必须能够处理不同长度的块。

虽然缓冲区曾经是对块设备进行I/O操作的传统方法，但现在在这个领域中，缓冲区只用于支持规模很小的读取操作，这种场合下高级方法可能显得比较笨重。目前用于块传输的标准数据结构已经演变为struct bio，该结构在第6章讨论。用这种方式进行块传输更为高效，因为它可以合并同一请求中后续的块，加速处理的进行。

但表示对单个块的I/O操作时，缓冲区仍然是首选方法，即使底层I/O是通过bio进行的。特别是对经常按块读取元数据的系统，与其他更为强大的结构相比，缓冲区对此任务的处理更为容易。总而言之，缓冲区并未失去自我，其存在并不仅仅是因为兼容性的原因。

在许多场合下，页缓存和块缓存是联合使用的。例如，一个缓存的页在写操作期间可以划分为不同的缓冲区，这样可以在更细的粒度下，识别出页被修改的部分。好处在于，在将数据写回时，只需要回写被修改的部分，无须将整页都传输回底层的块设备。

16.1 页缓存的结构

顾名思义，页缓存处理内存页，虚拟内存和物理内存根据页划分为较小的单位。这不仅使得内核易于操作较大的地址空间，还支持一系列功能，如调页、按需加载、内存映射等。页缓存的任务在于，获得一些物理内存页，以加速在块设备上按页为单位执行的操作。

当然，页缓存的运作方式对用户应用程序是透明的，应用无法了解到底是在与块设备之间交互，还是与内存中的数据交互，在两种情况下，read和write系统调用的结果是相同的。

很自然，对内核来说，情况多少有些不同。为支持对缓存页的使用，必须在代码中各个不同的位置加入“锚标”，与页缓存交互。无论目标页是否在缓存中，用户进程所要的操作总是必须执行。在缓存命中时，将快速地执行适当的操作（这也是缓存的目的所在）。倘若缓存失效，必须先从底层块设备读取所需的页，这花费的时间是比较长的。在页读入内存之后，页将被插入到缓存中，因而后续的访问可以快速进行。

在页缓存中搜索一页所花费的时间必须最小化，以确保缓存失效的代价尽可能低廉，因为在缓存失效时，进行搜索的计算时间实际上被浪费了。因而，页缓存设计的一个关键的方面就是，对缓存的页进行高效的组织。

16.1.1 管理和查找缓存的页

从大量数据的集合（页缓存）中快速获取单个数据元素（页）的问题，并不是Linux内核特有的。它对信息技术的所有领域来说都是一个共同的问题，在发展过程中衍生出了许多精巧复杂的数据结构，并经受住了时间的考验。对此用途而言，树数据结构是非常流行的，Linux也采用了这种结构来管理页缓存中包含的页，称为基数树（radix tree）。

附录C提供了该数据结构的更详细的描述。本章将简要概述该结构是如何组织各页的。

图16-1给出了一个基数树，其中对一个数据结构的不同实例（由正方形表示）进行了组织。[①]

该结构并不对应普遍采用的二叉或三叉搜索树。基数树也是不平衡的，换句话说，在树的不同分支之间，可能有任意数目的高度差。树本身由两种不同的数据结构组成，还需要另一种数据结构来表示叶，其中包含了有用的数据。因为页缓存组织的是内存页，因而基数树的叶子是page结构的实例，该事实并不会影响到树的实现。（内核源代码没有定义具体的数据类型来表示基数树的叶子，而使用

① 这里给出的结构是简化过的，因为内核利用了各结点中额外的标记，来保存该结点中组织的页的具体信息。但这不影响树的基本结构。

了void指针。这意味着基数树还可以用于其他目的，当然目前尚未有其他用途。）

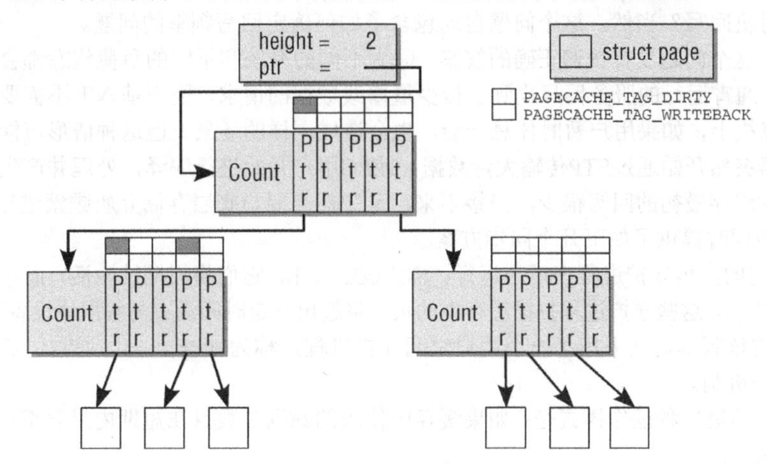

图16-1 基数树的实例

树的根由一个简单的数据结构表示，其中包含了树的高度（所包含结点的最大层次数目）和一个指针，指向组成树的的第一个结点的数据结构。

结点本质上是数组。为简明起见，结点在图中表示为4个元素，但在内核源代码中，它们实际上有$2^{RADIX_TREE_MAP_SHIFT}$项。由于RADIX_TREE_MAP_SHIFT通常定义为6，这使得每个数组有64项，比图16-1中所示的多很多。小型系统会将RADIX_TREE_MAP_SHIFT设置为4，以节省宝贵的内存。

树的各结点通过一个唯一的键来访问，键是一个整数。这里不会讨论用于根据结点的键来查找结点本身的算法。对相关代码的描述，在附录C给出。

树结点的增删涉及的工作量都很少，因此缓存管理操作所涉及的时间开销可以降低到最低限度。对此实现的更详细描述，也请参考附录C。

如图16-1所示，树的结点具备两种*搜索标记*(search tag)。二者用于指定给定页当前是否是脏的（即页的内容与后备存储器中的数据是不同的），或该页是否正在向底层块设备回写。重要的是，标记不仅对叶结点设置，还一直向上设置到根结点。如果某个层次$n+1$的结点设置了某个标记，那么其在层次n的父结点也会获得该标记。

这使得内核可以判断，在某个范围内是否有一页或多页设置了某个标记位。图16-1中提供了一个例子：由于第一层最左侧的指针设置了脏标记位，内核就知道在与对应的二级结点相关联的页中，有一个或多个设置了脏标记位。另一方面，如果某个高层的结点没有设置某一标记，内核就可以确定，与该结点的子结点相关联的页不会设置该标记。

回想第3章的内容，我们知道每一页表示为一个struct page实例，每个page实例都具备一组标志。其中也包括了脏标志和回写标志。因而，基数树中的信息只增加了内核的知识。页缓存中的标记，可用于快速判断某个区域中是否有脏页或正在回写的页，而无须扫描该区域中所有的页。但它们并不是用来代替page中的标志位的。

16.1.2 回写修改的数据

由于页缓存的存在，写操作不是直接对块设备进行，而是在内存中进行，修改的数据首先被收集起来，然后被传输到更低的内核层，在那里可以对写操作进一步优化，以完全利用各个设备的具体功能，这在第6章讨论过。这里只讲述从页缓存的视角所能看到的情形，主要涉及一个特定的问题：数据应该在何种时机回写？当然，这个问题自动包含了如何确定回写频率的问题。

可以理解，这个问题没有普遍正确的答案，因为不同的系统和不同的负荷状态都会导致非常不同的场景。例如，通宵运行的服务器只收到了极少量修改数据的请求，因而基本上不需要内核的这项服务。在个人计算机上，如果用户暂时休息一会，也会造成同样的场景。但这种情形可能会突然发生改变，例如服务器突然开始通过FTP传输大量数据，或PC用户开始进行编译，处理并产生大量数据。在这两种场景下，缓存最初的回写很少，但接下来，又突然需要与底层存储介质频繁进行同步。

为此，内核同时提供了如下几个同步方案。

- 几个专门的内核守护进程在后台运行，称为pdflush，它们将周期性激活，而不考虑页缓存中当前的情况。这些守护进程扫描缓存中的页，将超出一定时间没有与底层块设备同步的页写回。早期的内核版本对此采用了一个用户空间守护进程，称为kudpated，通常仍然使用该名称来描述这一机制。
- pdflush的第二种运作模式是：如果缓存中修改的数据项数目在短期内显著增加，则由内核激活pdflush。
- 提供了相关的系统调用，可由用户或应用程序通知内核写回所有未同步的数据。最著名的是sync调用，因为还有一个同名的用户空间工具，是基于该调用的。

用于从缓存回写脏数据的各种机制，将在第17章讨论。

为管理可以按整页处理和缓存的各种不同对象，内核使用了"地址空间"抽象，将内层中的页与特定的块设备（或任何其他系统单元，或系统单元的一部分）关联起来。

> 此类地址空间，决不能与系统或处理器提供的虚拟地址空间和物理地址空间混淆。它是Linux内核提供的一个独立的抽象，只是用了同一名称而已。

最初，我们只对一个方面感兴趣。每个地址空间都有一个"宿主"，作为其数据来源。大多数情况下，宿主都是表示一个文件的inode。[①] 因为所有现存的inode都关联到其超级块（第8章讨论过），内核只需要扫描所有超级块的链表，并跟随相关的inode，即可获得被缓存页的列表。

通常，修改文件或其他按页缓存的对象时，只会修改页的一部分，而非全部。这在数据同步时引起了一个问题。将整页写回到块设备是没有意义的，因为内存中该页的大部分数据仍然与块设备是同步的。为节省时间，内核在写操作期间，将缓存中的每一页划分为较小的单位，称为缓冲区。在同步数据时，内核可以将回写操作限制于那些实际发生了修改的较小的单位上。因而，页缓存的思想没有受到危害。

16.2　块缓存的结构

在Linux内核中，并非总使用基于页的方法来承担缓存的任务。内核的早期版本只包含了块缓存，来加速文件操作和提高系统性能。这是来自于其他具有相同结构的类UNIX操作系统的遗产。来自于底层块设备的块缓存在内存的缓冲区中，可以加速读写操作。其实现包含在fs/buffers.c中。

与内存页相比，块不仅比较小（大多数情况下），而且长度是可变的，依赖于使用的块设备（或文件系统，如第9章所示）。

---

① 由于大部分缓存的页都来自于对文件的访问，大多数宿主对象，实际上都是普通文件。但也有可能，inode宿主是来自于伪块设备文件系统。在这种情况下，地址空间不是关联到一个文件，而是其所在的整个块设备或分区。

随着日渐倾向于使用基于页操作实现的通用文件存取方法，块缓存作为中枢系统缓存的重要性已经逐渐失去，主要的缓存任务现在由页缓存承担。另外，基于块的I/O的标准数据结构，现在已经不再是缓冲区，而是第6章讨论的struct bio。

缓冲区用作小型的数据传输，一般涉及的数据量是与块长度可比拟的。文件系统在处理元数据时，通常会使用此类方法。而裸数据的传输则按页进行，而缓冲区的实现也基于页缓存。[①]

块缓存在结构上由两个部分组成。

(1) 缓冲头（buffer head）包含了与缓冲区状态相关的所有管理数据，包括块号、块长度、访问计数器等，将在下文讨论。这些数据不是直接存储在缓冲头之后，而是存储在物理内存的一个独立区域中，由缓冲头结构中一个对应的指针表示。

(2) 有用数据保存在专门分配的页中，这些页也可能同时存在于页缓存中。这进一步细分了页缓存，如图16-2所示。在我们的例子中，页划分为4个长度相同的部分，每一部分由其自身的缓冲头描述。缓冲头存储的内存区域与有用数据存储的区域是无关的。

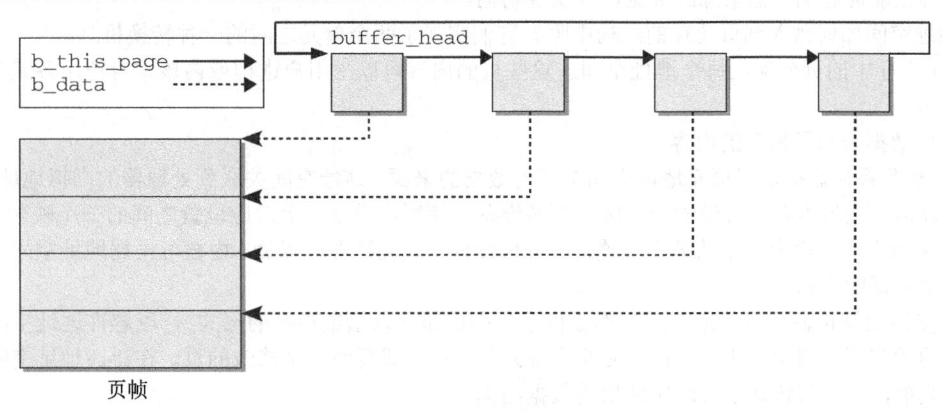

图16-2 页与缓冲之间的链接

这使得页可以细分为更小的部分，各部分之间是完全连续的（因为缓冲区数据和缓冲头数据是分离的）。因为一个缓冲区由至少512字节组成，每页最多可包括MAX_BUF_PER_PAGE个缓冲区。该常数定义为页长度的函数：

<buffer_head.h>
```
#define MAX_BUF_PER_PAGE (PAGE_CACHE_SIZE / 512)
```

如果修改了某个缓冲区，则会立即影响到页的内容（反之亦然），因而两个缓存不需要显式同步，毕竟二者的数据是共享的。

当然，有些应用程序在访问块设备时，使用的是块而不是页，读取文件系统的超级块，就是一个实例。一个独立的块缓存用于加速此类访问。该块缓存的运作独立于页缓存，而不是在其上建立的。为此，缓冲头数据结构（对块缓存和页缓存是相同的）群集在一个长度恒定的数组中，各个数组项按LRU（least recently used，最近最少使用）方式管理。在一个数组项用过之后，将其置于索引位置0，其他数组项相应下移。这意味着最常使用的数组项位于数组的开头，而不常用的数组项将被后推，如果很长时间不用，则会“掉出”数组。

① 与此不同的是，2.2及此前的内核版本对缓冲区和页使用了独立的缓存。建立两个不同的缓存，则需要在二者之间同步花费很多努力，因此内核开发者在许多年前就决定要统一缓存方案。

因为数组的长度，或者说LRU列表中的项数，是一个固定值，在内核运行期间不改变，内核无须运行独立的线程来将缓存长度修整为合理值。相反，内核只需要在一项“掉出”数组时，将相关的缓冲区从缓存删除，以释放内存，用于其他目的。

16.5节将详细讨论缓冲区实现的技术细节。此前，有必要讨论地址空间的概念，因为它是实现缓存功能的关键。

16.3　地址空间

在Linux的发展过程中，不仅缓存由面向缓冲区演化为面向页，而且与此前的Linux版本相比，将被缓存的数据与其来源相关联的方法，也已经演变为一种更一般的方案。尽管在Linux及其他UNIX衍生物的初期，inode是缓存数据的唯一来源，但内核现在采用了更为通用的地址空间方案，来建立缓存数据与其来源之间的关联。尽管文件的内容构成缓存数据的一大部分，但地址空间的接口非常通用，使得缓存也能够容纳其他来源的数据，并快速访问。

地址空间如何融入到页缓存的结构中呢？它们实现了两个单元之间的一种转换机制。

(1) 内存中的页分配到每个地址空间。这些页的内容可以由用户进程或内核本身使用各式各样的方法操作。

这些数据表示了缓存的内容。

(2) 后备存储器指定了填充地址空间中页的数据的来源。地址空间关联到处理器的虚拟地址空间，是由处理器在虚拟内存中管理的一个区域到源设备（使用块设备）上对应位置之间的一个映射。

如果访问了虚拟内存中的某个位置，该位置没有关联到物理内存页，内核可根据地址空间结构来找到读取数据的来源。

为支持数据传输，每个地址空间都提供了一组操作（以函数指针的形式），以容许地址空间所涉及双方面的交互，例如，从块设备或文件系统读取一页，或写回一个修改的页。在讲述地址空间操作的实现之前，下一节将详细讲述所使用的数据结构。

地址空间是内核中最关键的数据结构之一。对该数据结构的管理，已经演变为内核面对的最中心的问题之一。大量子系统（文件系统、页交换、同步、缓存）都围绕地址空间的概念展开。因而，这个概念可以认为是内核最根本的抽象机制之一，以重要性而论，该抽象可跻身于传统抽象如进程、文件之列。

16.3.1　数据结构

地址空间的基础是address_space结构，其稍作简化的形式定义如下：

<fs.h>

```
struct address_space {
    struct inode                *host;              /* 所有者：inode，或块设备 */
    struct radix_tree_root      page_tree;          /* 所有页的基数树 */
    unsigned int                i_mmap_writable;    /* VM_SHARED映射的计数 */
    struct prio_tree_root       i_mmap;             /* 私有和共享映射的树 */
    struct list_head            i_mmap_nonlinear;   /* VM_NONLINEAR映射的链表元素 */
    unsigned long               nrpages;            /* 页的总数 */
    pgoff_t                     writeback_index;    /* 回写由此开始 */
    struct address_space_operations *a_ops;         /* 方法，即地址空间操作 */
    unsigned long               flags;              /* 错误标志位/gfp掩码 */
    struct backing_dev_info     *backing_dev_info;  /* 设备预读 */
    struct list_head            private_list;
```

```
        struct address_space     *assoc_mapping;
} __attribute__((aligned(sizeof(long))));
```

- 与地址空间所管理的区域之间的关联，是通过以下两个成员建立的：一个指向inode实例（类型为struct inode）的指针指定了后备存储器，一个基数树的根（page_tree）列出了地址空间中所有的物理内存页。
- 缓存页的总数保存在nrpages计数器变量中。
- address_space_operations是一个指向结构的指针，该结构包含了一组函数指针，指向用于处理地址空间的特定操作。其定义在下文讨论。
- i_mmap是一棵树的根结点，该树包含了与该inode相关的所有普通内存映射（“普通”是指，这些映射不是用非线性映射机制创建的）。该树的任务在于，支持查找包含了给定区间中至少一页的所有内存区域，而辅助宏vma_prio_tree_foreach就用于该目的。回想前文，该树的作用在4.4.3节讨论过。目前我们对该树的实现不感兴趣，只要知道映射的所有页都可以在树中找到，而且树的结构很容易操作，就足够了。
- 还有两个成员涉及内存映射的管理：i_mmap_writeable统计了所有用VM_SHARED属性创建的映射，它们可以由几个用户同时共享。i_mmap_nonlinear用于建立一个链表，包括所有包含在非线性映射中的页（提示：非线性映射是在remap_file_pages系统调用控制下，通过对页表的技巧性操作而建立的）。
- backing_dev_info是一个指针，指向另一个结构，其中包含了与地址空间相关的后备存储器的有关信息。

  后备存储器是指与地址空间相关的外部设备，用作地址空间中信息的来源。它通常是块设备：

  <backing-dev.h>
  ```
  struct backing_dev_info {
          unsigned long ra_pages;         /* 最大预读数量，单位为PAGE_CACHE_SIZE */
          unsigned long state;            /* 对该成员，总是使用原子位操作 */
          unsigned int capabilities;      /* 设备能力 */
  ...
  };
  ```

  ra_pages指定了预读页的最大数目。后备存储器的状态保存在state中。capabilities保存了后备存储器有关的信息，例如，存储的数据是否可以直接执行，这对基于ROM的文件系统是必要的。但capabilities中最重要的信息是页是否可以回写。对真正的块设备这总是可以的，但对基于内存的设备如RAM磁盘是不可能的，因为从内存向内存回写数据没什么意义。

  如果设置了BDI_CAP_NO_WRITEBACK，那么不需要数据同步；否则，需要进行同步。第17章详细讨论了用于同步的机制。
- private_list用于将包含文件系统元数据（通常是间接块）的buffer_head实例彼此连接起来。assoc_mapping是一个指向相关的地址空间的指针。
- flags中的标志集主要用于保存映射页所来自的GFP内存区的有关信息。它也可以保存异步输入输出期间发生的错误信息，在异步I/O期间错误无法之间传递给调用者。AS_EIO代表一般性的I/O错误，AS_ENOSPC表示没有足够的空间来完成一个异步写操作。

图16-3勾画出了地址空间与内核其他部分的关联。这个概览中，只给出了最重要的关联。更多细节将在本章余下的部分讨论。

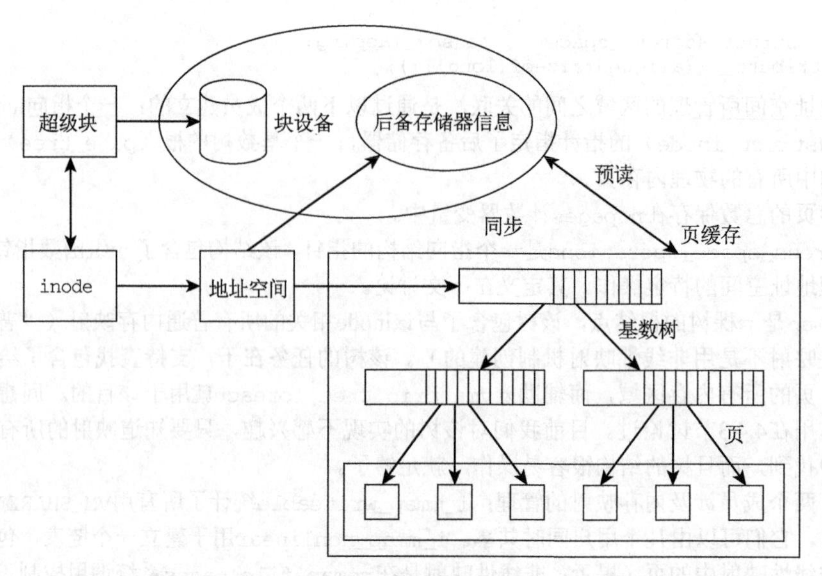

图16-3　地址空间及其与内核的其他主要数据结构和子系统的关联

16.3.2　页树

内核使用了基数树来管理与一个地址空间相关的所有页，以便尽可能降低开销。对此类树的一般性概述已经在上文给出；现在我们来关注内核中与之对应的数据结构。

根据address_space的定义，我们很清楚radix_tree_root结构是每个基数树的的根结点：

<radix_tree_root.h>

```
struct radix_tree_root {
        unsigned                int height;
        gfp_t                   gfp_mask;
        struct radix_tree_node *rnode;
};
```

- height指定了树的高度，即根结点之下结点的层次数目。根据该信息和每个结点的项数，内核可以快速计算给定树中数据项的最大数目。如果没有足够的空间容纳新数据，可以据此对树进行扩展。
- gfp_mask指定了从哪个内存域分配内存。
- rnode是一个指针，指向树的第一个结点。该结点的数据类型是radix_tree_node，将在下文讨论。

实现

基数树的结点基本上由以下数据结构表示：

<lib/radix_tree.c>

```
#define RADIX_TREE_TAGS          2
#define RADIX_TREE_MAP_SHIFT     (CONFIG_BASE_SMALL ? 4 : 6)
#define RADIX_TREE_MAP_SIZE      (1UL << RADIX_TREE_MAP_SHIFT)
#define RADIX_TREE_TAG_LONGS \
        ((RADIX_TREE_MAP_SIZE + BITS_PER_LONG - 1) / BITS_PER_LONG)

struct radix_tree_node {
```

```
        unsigned int            height; /* 从底部开始计算的高度 */
        unsigned int            count;
        struct rcu_head         rcu_head;
        void                    *slots[RADIX_TREE_MAP_SIZE];
        unsigned long           tags[RADIX_TREE_TAGS][RADIX_TREE_TAG_LONGS];
};
```

该数据结构的布局也非常简单。slots是一个void指针的数组，根据结点所在的层次，指向数据或其他结点。count保存了该结点中已经使用的数组项的数目。各数组项从头开始填充，未使用的项为NULL指针。

每个树结点都可以进一步指向64个结点（或叶子），根据radix_tree_node中的slots数组可以推断。该定义的直接后果是，每个结点中的数组长度都只能为2的幂。另外，基数树结点的大小只能在编译时定义（当然，树中结点的最大数目可以在运行时修改）。这种行为可带来速度的提升。

● 标记

到目前为止讨论的信息，包括地址空间和页树，但这些并不能让内核直接区分映射的干净页和脏页。在某些时候这种区分是本质性的，例如在将页回写到后备存储器、永久修改底层块设备上的数据时。早期的内核版本在address_space中提供了额外的链表，来列出脏页和干净页。原则上，内核当然可以扫描整个树，并过滤出具备适当状态的页，但这显然非常耗时。为此，基数树的每个结点都包含了额外的标记信息，用于指定结点中的每个页是否具有标记中指定的属性。例如，内核对带有脏页的结点使用了一个标记。在扫描脏页期间，没有该标记的结点即可跳过。这种方案是在简单、统一的数据结构（不需要显式的链表来保存不同状态的页）与快速搜索具备特定性质的页的方案之间的一个折中。当前支持如下两种标记。

(1) PAGECACHE_TAG_DIRTY指定页是否是脏的。

(2) PAGECACHE_TAG_WRITEBACK表示该页当前正在回写。

标记信息保存在一个二维数组中（tags），它是radix_tree_node的一部分。数组的第一维区分不同的标记，而第二维包含了足够数量的unsigned long，使得对该结点中可能组织的每个页，都能分配到一个比特位。

radix_tree_tag_set用于对一个特定的页设置一个标志：

<radix-tree.h>
```
void *radix_tree_tag_set(struct radix_tree_root *root,
                         unsigned long index, unsigned int tag);
```

内核在位串中操作对应的位置，并将该比特位设置为1。在完成后，将自上而下扫描树，更新所有结点中的信息。

为查找所有具备特定标记的页，内核仍然必须扫描整个树，但该操作现在可以被加速，首先可以过滤出至少有一页设置了该标志的所有子树。另外，这个操作还可以进一步加速，内核实际上无须逐比特位检查，只需要检查存储该标记的unsigned long中，是否有某个不为0即可。

lib/radix-tree.c
```
int radix_tree_tagged(struct radix_tree_root *root, int tag)
{
        int idx;

        if (!root->rnode)
                return 0;
        for (idx = 0; idx < RADIX_TREE_TAG_LONGS; idx++) {
                if (root->rnode->tags[tag][idx])
                        return 1;
```

```
        }
        return 0;
}
```

● 访问基数树结点

内核还提供了以下函数来处理基数树（都实现在lib/radix_tree.c中）：

<radix-tree.h>

```
int radix_tree_insert(struct radix_tree_root *, unsigned long, void *);
void *radix_tree_lookup(struct radix_tree_root *, unsigned long);
void *radix_tree_delete(struct radix_tree_root *, unsigned long);

int radix_tree_tag_get(struct radix_tree_root *root,
                        unsigned long index, unsigned int tag);
void *radix_tree_tag_clear(struct radix_tree_root *root,
                        unsigned long index, unsigned int tag);
```

- radix_tree_insert向基数树添加一个新的数据项，由一个void*指针表示。如果树当前的容量过小，则会自动扩展。
- radix_tree_lookup根据键来查找基数树的数据项，键是一个整数，以参数的形式传递给该函数。返回值是一个void指针，必须转换为适当的目标数据类型。
- radix_tree_delete根据键值，删除对应的数据项。如果删除成功，则返回指向被删除对象的指针。
- radix_tree_tag_get检查指定的基数树结点上是否设置了某个标记。如果设置了标记，则函数返回1，否则返回0。
- radix_tree_tag_clear清除指定的基数树数据项上的标记。对该结点的修改，在树中会向上传播，即如果某个结点下一层的所有子结点结点都没有指定的标记了，那么该结点也需要清除此标记，依此类推。在成功的情况下，将返回被标记数据项的地址。

这些函数的实现，主要基于对数字的移位操作，如附录C所述。

为确保基数树的操作快速，内核使用了一个独立的slab缓存来保存radix_tree_node的实例，以便快速分配此类型的结构实例。

> 切记：slab缓存只存储了创建树所需的数据结构。它与被缓存页的内存完全无关，后者的分配和管理是独立的。

每个基数树都还有一个CPU池，其中存放了预分配的结点，以便进一步加速向树插入新数据项的操作。radix_tree_preload是一个函数，它保证在该缓存中至少有一个结点。在使用radix_tree_insert向基数树添加数据项之前，总是会调用该函数（在以后几节里，将忽略这一点）。[①]

● 锁

基数树没有针对通常的并发访问提供任何形式的保护。按照内核的惯例，对锁或其他同步原语的处理，是使用基数树的各子系统的职责，如第5章所述。但对几个重要的读取函数来说，有一个例外。其中包括进行查找操作的radix_tree_lookup、获得某个基数树结点标记的radix_tree_tag_get、和测试树中是否有数据项带有标记的radix_tree_tagged。

如果前两个函数被rcu_read_lock()... rcu_read_unlock()包围，那么不进行特定于子系统

---

① 更精确地说，插入操作嵌入在radix_tree_preload()和radix_tree_preload_end()之间。对各CPU变量的使用，意味着必须停用内核抢占（参见第2章），在操作完成后重新启用。当前这是radix_tree_preload_end的唯一任务。

的锁定操作，即可调用这两个函数，而第三个函数根本不需要任何锁。

rcu_head提供了基数树结点和RCU实现之间的关联。请注意，关于如何对基数树实现适当的同步，<radix-tree.h>包含了更多建议，因此这里不会更详细地讨论。

16.3.3 地址空间操作

地址空间将后备存储器与内存区关联起来。在二者之间传输数据，不仅需要数据结构，还需要相应的函数。因为地址空间可用于不同的组合，所需的函数不是静态定义的，而是根据具体的映射借助一个结构来确定，其中保存了指向适当实现的函数指针。

在讨论struct address_space时已经说明，每个地址空间都包含了一个指向address_space_operations实例的指针，该实例保存了所述函数指针的列表：

<fs.h>

```
struct address_space_operations {
        int (*writepage)(struct page *page, struct writeback_control *wbc);
        int (*readpage)(struct file *, struct page *);
        int (*sync_page)(struct page *);

        /* 回写该映射的某些脏页 */
        int (*writepages)(struct address_space *, struct writeback_control *);

        /* 将指定页设置为脏 */
        int (*set_page_dirty)(struct page *page);

        int (*readpages)(struct file *filp, struct address_space *mapping,
                        struct list_head *pages, unsigned nr_pages);

        /*
         * Ext3要求，在一个成功的prepare_write()调用之后，应跟随一个commit_write()调用，
         * 二者必须是平衡的
         */
        int (*prepare_write)(struct file *, struct page *, unsigned, unsigned);
        int (*commit_write)(struct file *, struct page *, unsigned, unsigned);

        int (*write_begin)(struct file *, struct address_space *mapping,
                          loff_t pos, unsigned len, unsigned flags,
                          struct page **pagep, void **fsdata);
        int (*write_end)(struct file *, struct address_space *mapping,
                        loff_t pos, unsigned len, unsigned copied,
                        struct page *page, void *fsdata);

        /* 很遗憾，这些函数是FIBMAP所需。请勿使用 */
        sector_t (*bmap)(struct address_space *, sector_t);
        int (*invalidatepage) (struct page *, unsigned long);
        int (*releasepage) (struct page *, gfp_t);
        ssize_t (*direct_IO)(int, struct kiocb *, const struct iovec *iov,
                        loff_t offset, unsigned long nr_segs);
        struct page* (*get_xip_page)(struct address_space *, sector_t,
                        int);
        int (*migratepage) (struct address_space *,
                        struct page *, struct page *);
        int (*launder_page) (struct page *);
};
```

- writepage和writepages将地址空间的一页或多页写回到底层块设备。这是通过向块层发出一个相应的请求来完成的。

16

内核为此提供了若干标准函数(block_write_full_page和mpage_readpage(s))；通常会使用这些函数，而不是直接编写代码实现。16.4.4节讨论了mpage_系列函数。

- readpage和readpages从后备存储器将一页或多个连续的页读入页帧。类似于writepage和writepages，readpage和readpages通常也不会直接编写代码实现，而是通过内核的标准函数执行（mpage_readpage和mpage_readpages），这些标准函数可用于大多数场合。

  请注意，如果使用标准函数来实现所需的功能，readpage的file参数是不需要的，因为与目标页相关联的inode可以通过page->mapping->host确定。
- sync_page对尚未回写到后备存储器的数据进行同步。不同于writepage，该函数在块层的层次上运作，试图将仍然保存在缓冲区中的待决写操作写入到块层。与此相反，writepage在地址空间的层次上运作，只是将数据转发到块层，而不关注块层中的缓冲问题。

  内核提供了标准函数block_sync_page，该函数获得所述页所属的地址空间映射，并"拔出"块设备队列，开始I/O。
- set_page_dirty容许地址空间提供一个特定的方法，将一页标记为脏。但该选项很少使用。在这种情况下，内核将自动使用__set_page_dirty_buffers，不仅将页在缓冲区层次上标记为脏，还将该页在基数树中的标记置为脏[①]。
- prepare_write和commit_write执行由write系统调用触发的写操作。为迎合日志文件系统的特点，该操作必须分为两个部分：prepare_write将事务数据存储到日志，而commit_write执行实际的写操作，向块层发送适当的命令。

  在写入数据时，内核必须确保两个函数总是成对调用，并且顺序正确，否则日志机制不能达到其目的。

  现在这已经成为惯例，即使非日志文件系统（如Ext2）也将写操作划分为两部分。

> 不同于writepage，prepare_write和commit_write并不直接发起I/O操作（换句话说，它们不向块层发送相应的命令），在标准实现中，它们只将整个页或其中部分标记为脏。写操作由一个内核守护进程触发，该进程专用于此，会周期性地检查现存的页。

- write_begin和write_end是prepare_write和commit_write的代替物。尽管这两组函数的作用是相同的，但所需的参数以及对涉及的对象进行锁定的方式都发生了变化。由于Documentation/filesystems/vfs.txt已经详细描述了这些函数的运作方式，这里无须赘述。
- bmap将地址空间内的逻辑块偏移量映射为物理块号。这对块设备通常是很简单的，但组成文件的块在设备上通常不是连续或线性的，不提供该函数则不能确定所需的信息。

  页交换代码（参见18.3.3节）、文件ioctl FIBMAP，以及某些文件系统内部，都需要bmap。
- releasepage用于日志文件系统中，准备释放页。
- 如果一页将要从地址空间移除，而通过PG_Private标志可判断有缓冲区与之相关，则调用invalidatepage。
- direct_IO用于实现直接的读写访问。这绕过了块层的缓冲机制，允许应用程序非常直接地与块设备进行通信。大型数据库会频繁使用该特性，因为与内核的通用机制相比，它们能更好地预测未来的输入输出情况，因而通过自行实现的缓存机制，能够达到更好的效果。

---

① dirty_pages链表已经从address_space结构删除，原文的这句话似乎没有更新到新版本。——译者注

- get_xip_page用于就地执行（execute-in-place）机制，该机制可用于启动可执行代码，而无须将其先加载到页缓存。这对有些场合是有用的，例如，基于内存的文件系统如RAM磁盘，或在内存较少的小型系统上，CPU可直接寻址ROM区域包含的文件系统。因为该机制很少使用，无须详细讨论。
- 在内核想要重新定位一页时会使用migrate_page，即将一页的内容移动到另外一页。由于页通常都带有私有数据，只是将两页对应的物理页帧的裸数据进行复制是不够的。举例来说，支持内存热插拔就需要对页进行移动。
- launder_page在释放页之前，提供了回写脏页的最后的机会。

大多数地址空间都没有实现所有的函数，对某些函数指定了NULL指针。在许多情况下，会调用内核的默认例程，而不是具体地址空间所提供的特定实现。接下来，我们将讲述内核提供的几个address_space_operations实例，给出可用选项的概述。

Ext3文件系统定义了ext3_writeback_aops全局变量，它是一个填充好的address_space_operations实例。其中包含了用于回写的函数：

fs/ext3/inode.c

```
static const struct address_space_operations ext3_writeback_aops = {
        .readpage       = ext3_readpage,
        .readpages      = ext3_readpages,
        .writepage      = ext3_writeback_writepage,
        .sync_page      = block_sync_page,
        .write_begin    = ext3_write_begin,
        .write_end      = ext3_writeback_write_end,
        .bmap           = ext3_bmap,
        .invalidatepage = ext3_invalidatepage,
        .releasepage    = ext3_releasepage,
        .direct_IO      = ext3_direct_IO,
        .migratepage    = buffer_migrate_page,
};
```

没有设置的函数指针，将由编译器自动初始化为NULL。

初看起来，Ext3似乎将很多函数指针都设置为指向自身的实现。但如果看一下上文引用的ext3_系列函数在内核源代码中的定义，很快就能揭开这种假象。许多函数都只包含几行，实际工作委托给内核提供的通用辅助函数，如下所示。

函　　数	标准实现
ext3_readpage	mpage_readpage
ext3_readpages	mpage_readpages
ext3_writeback_writepage	block_write_full_page
ext3_write_begin	block_write_begin
ext3_writeback_write_end	block_write_end
ext3_direct_IO	blockdev_direct_IO

address_space_operations结构中的函数和内核提供的通用辅助函数使用的参数不同，因而需要一些简短的包装器函数对参数进行转换。否则，在大多数情况下，该结构中的指针都可以直接指向上文提到的辅助函数。

其他文件系统使用的address_space_operations实例，也都直接或间接使用了内核的标准函数。

共享内存文件系统的address_space_operations实例特别简单，因为只需要对3个字段赋值：

mm/shmem.c
```
static struct address_space_operations shmem_aops = {
        .writepage      = shmem_writepage,
        .set_page_dirty = __set_page_dirty_no_writeback,
        .migratepage    = migrate_page,
};
```

需要实现的操作只有：将页标记为脏，页的回写，页的迁移。共享内存不需要其他操作。[①]在这里，内核使用的后备存储器是什么呢？共享内存文件系统的内存完全独立于具体的块设备，因为该文件系统中所有的文件都是动态生成的（例如，从另一个文件系统复制某个文件的内容，或将计算出的数据写入一个新文件），这些文件并不存在于任何源块设备上。

当然，内存不足也会影响到该文件系统的页，使得有必要将某些页写回到后备存储器。因为该文件系统没有真正的后备存储器，可使用交换区替代。普通文件需要写回到其在硬盘（或其他块设备）上的文件系统，以释放所用的页帧，而共享内存文件系统的文件则必须保存到交换区。

由于对块设备的访问并不总是经由文件系统，也可能直接访问裸设备，也有支持直接操作块设备内容的地址空间操作（例如，在从用户空间创建文件系统上，就需要此类访问模式）。

fs/block_dev.c
```
struct address_space_operations def_blk_aops = {
        .readpage       = blkdev_readpage,
        .writepage      = blkdev_writepage,
        .sync_page      = block_sync_page,
        .write_begin    = blkdev_write_begin,
        .write_end      = blkdev_write_end,
        .writepages     = generic_writepages,
        .direct_IO      = blkdev_direct_IO,
};
```

这里仍然使用了大量专门的函数来实现此项功能需求，但这些实现也会迅速归结到内核的标准函数，如下所示。

块　层	标准函数
blkdev_readpage	block_read_full_page
blkdev_writepage	block_write_full_page
blkdev_write_begin	block_write_begin
blkdev_write_end	block_write_end
blkdev_direct_IO	__blockdev_direct_IO

内核对文件系统和直接访问块设备所需地址空间操作的实现有许多共同之处，因为二者共享了同一组辅助函数。

16.4　页缓存的实现

页缓存的实现基于基数树。尽管该缓存属于内核中性能要求最苛刻的部分之一，而且广泛用于内核的所有子系统，但其实现简单得惊人。能做到这一点，精心设计的数据结构是一个必要前提。

16.4.1　分配页

page_cache_alloc用于为一个即将加入页缓存的新页分配数据结构。与后缀为_cold的变体工

① 如果启用了tmpfs，其实现基于共享内存，那么也会实现readpage、write_begin和write_end。

作方式相同，但试图获取一个冷页（对CPU高速缓存而言）：

<pagemap.h>
```
struct page *page_cache_alloc(struct address_space *x)
struct page *page_cache_alloc_cold(struct address_space *x)
```

最初，不会访问基数树，因为工作委托给alloc_pages，该函数从伙伴系统（在第3章描述）获取一个页帧。但需要地址空间参数，确定该页所来自的内存域。

将新页添加到页缓存稍微复杂一点，这是add_to_page_cache的职责。在这里，radix_tree_insert将与页相关的page实例插入到所述地址空间的基数树：

mm/filemap.c
```
int add_to_page_cache(struct page *page, struct address_space *mapping,
                pgoff_t offset, gfp_t gfp_mask)
{
...
        error = radix_tree_insert(&mapping->page_tree, offset, page);
        if (!error) {
                page_cache_get(page);
                SetPageLocked(page);
                page->mapping = mapping;
                page->index = offset;
                mapping->nrpages++;
        }
...
        return error;
}
```

在页缓存中的索引和指向页所属地址空间的指针保存在struct page的对应成员中（index和mapping）。最后，将地址空间的页计数（nrpages）加1，因为地址空间中现在又多了一页。

内核还提供了另一个可选的函数add_to_page_cache_lru，其原型是相同的。该函数首先调用add_to_page_cache向地址空间相关的页缓存添加一页，然后使用lru_cache_add函数将该页添加到系统的LRU缓存。

16.4.2 查找页

在系统需要判断给定页是否已经缓存时，保存所有缓存页的基数树特别有用。find_get_page即用于该目的：

mm/filemap.c
```
struct page * find_get_page(struct address_space *mapping, pgoff_t offset)
{
        struct page *page;

        page = radix_tree_lookup(&mapping->page_tree, offset);
        if (page)
                page_cache_get(page);
        return page;
}
```

页缓存的工作相对轻松，因为所有繁重的工作都已经由基数树的实现完成：radix_tree_lookup查找位于给定偏移量的页，而page_cache_get在找到页的情况下，将其引用计数加1。

但在很多情况下，页是属于文件的。遗憾的是，文件中的位置是按字节偏移量指定的，而非页缓存中的偏移量。如何将文件偏移量转换为页缓存偏移量呢？

当前，页缓存的粒度是单个页，即页缓存基数树的页结点是一个页。但未来的内核可能增加该缓

16

存的粒度，因而假定缓存的粒度为单页是不可靠的。相反，内核提供了PAGE_CACHE_SHIFT宏。页缓存结点的对象长度，可通过$2^{PAGE_CACHE_SHIFT}$计算。

那么，在文件的字节偏移量和页缓存偏移量之间的转换就变得比较简单，将文件偏移量右移PAGE_CACHE_SHIFT位即可：

```
index = ppos >> PAGE_CACHE_SHIFT;
```

ppos是文件的字节偏移量，而index则是页缓存中对应的偏移量。

为方便使用，内核提供了两个辅助函数：

<pagemap.h>
```
struct page * find_or_create_page(struct address_space *mapping,
                                  pgoff_t index, gfp_t gfp_mask);
struct page * find_lock_page(struct address_space *mapping,
                             pgoff_t index);
```

find_or_create_page的功能可根据其名称判断，它在页缓存中查找一页，如果没有则分配一个新页。然后通过调用add_to_page_cache_lru插入到页缓存和LRU链表中。

find_lock_page的工作与find_get_page类似，但会锁定该页。

> 切记：如果该页已经被内核的其他部分锁定，该函数可以睡眠，直至页被解锁。

还可以查找多个页。对应的辅助函数原型如下：

<pagemap.h>
```
unsigned find_get_pages(struct address_space *mapping, pgoff_t start,
                        unsigned int nr_pages, struct page **pages);
unsigned find_get_pages_contig(struct address_space *mapping, pgoff_t start,
                               unsigned int nr_pages, struct page **pages);
unsigned find_get_pages_tag(struct address_space *mapping, pgoff_t *index,
                            int tag, unsigned int nr_pages, struct page **pages);
```

- find_get_pages从页缓存偏移量start开始，返回映射中最多nr_pages页。指向这些页的指针放置在数组pages中。该函数不保证返回的页是连续的，不存在的页会形成空洞。该函数的返回值是找到的页的数目。
- find_get_pages_contig的工作方式类似于find_get_pages，但所选的页保证是连续的。在遇到第一个空洞时，该函数会停止查找，并将找到的页填充到pages数组中。
- find_get_pages_tag的运作方式类似于find_pages，但它只选择设置了特定标记的页。此外，在函数返回后，index参数中将包含一个页缓存的索引，指向pages数组中最后一页的下一页。

16.4.3　在页上等待

内核经常需要在页上等待，直至其状态改变为某些预期值。例如，数据同步的实现有时候需要确保对某页的回写操作已经结束，而内存页中的内容与底层块设备的数据是相同的。处于回写过程中的页会设置PG_writeback标志位。

内核提供了wait_on_page_writeback函数，用于等待页的该标志位清除：

<pagemap.h>
```
static inline void wait_on_page_writeback(struct page *page)
{
        if (PageWriteback(page))
```

```
                wait_on_page_bit(page, PG_writeback);
}
```

wait_on_page_bit安装一个等待队列，进程可以在其上睡眠，直至PG_writeback标志位从页的标志中清除。

同样地，也可能有等待页解锁的需求。wait_on_page_locked负责处理这种情况。

16.4.4 对整页的操作

虽然名为“块”设备，但现代块设备可以在一个操作中传输比块大得多的数据单位，以提升系统性能。从Linux也可以反映出这一点，内核在块设备与内存之间传输数据时，相关的算法和数据结构都以页为基本单位。在整页处理数据时，逐缓冲区/块的传输实际上是对性能踩刹车。在重新设计块层的过程中，内核版本2.5开发期间引入了BIO，以替换缓冲区，来处理与块设备的数据传输。内核添加了4个新的函数，来支持读写一页或多页：

<mpage.h>

```
int mpage_readpages(struct address_space *mapping, struct list_head *pages,
                                unsigned nr_pages, get_block_t get_block);
int mpage_readpage(struct page *page, get_block_t get_block);
int mpage_writepages(struct address_space *mapping,
                struct writeback_control *wbc, get_block_t get_block);
int mpage_writepage(struct page *page, get_block_t *get_block,
                struct writeback_control *wbc);
```

根据前几节的阐述，这些参数的含义应该是显然的，唯一的例外是writeback_control。将在第17章讨论，它是一个用于精细控制回写操作的选项。

由于这4个函数的实现有很多共同之处（其目标都是构建一个适当的BIO实例，用于对块层进行传输），接下来以其中一个为例进行讨论，即mpage_readpages。该函数需要nr_pages个page实例，以链表的形式通过参数传递进来。mapping是相关的地址空间，而get_block照例用于查找匹配的块地址。

该函数通过循环遍历所有page实例：

fs/mpage.c

```
int
mpage_readpages(struct address_space *mapping, struct list_head *pages,
                                unsigned nr_pages, get_block_t get_block)
{
        struct bio *bio = NULL;
        unsigned page_idx;
        sector_t last_block_in_bio = 0;
        struct buffer_head map_bh;
        struct pagevec lru_pvec;

        clear_buffer_mapped(&map_bh);
        for (page_idx = 0; page_idx < nr_pages; page_idx++) {
                struct page *page = list_entry(pages->prev, struct page, lru);
```

在循环的每一遍中，首先将该页添加到地址空间相关的页缓存中，然后创建一个bio请求，从块层读取所需的数据：

fs/mpage.c

```
                list_del(&page->lru);
                if (!add_to_page_cache_lru(page, mapping,
                                        page->index, GFP_KERNEL)) {
                    bio = do_mpage_readpage(bio, page,
                                        nr_pages - page_idx,
                                        &last_block_in_bio, &map_bh,
```

16

```
                                        &first_logical_block,
                                        get_block);
                } else {
                        page_cache_release(page);
                }
        }
```

对于这些页，会使用add_to_page_cache_lru将其添加到页缓存和内核的LRU链表。

在do_mpage_readpage建立bio请求时，也包括了此前各业的BIO数据，以便构造一个合并的请求。如果将从块设备读取几个连续页，这可以用一个请求完成，而不是对每页分别发送一个请求。请注意，传递到do_mpage_readpage的buffer_head通常是不需要的。但如果遇到了一种不常见的情形（例如，页中包含了缓冲区），那么将回退到使用旧式的、按块访问的读取例程。

如果在循环结束时，do_mpage_readpage留下一个未处理的BIO请求，则提交该请求：

fs/mpage.c

```
        if (bio)
                mpage_bio_submit(READ, bio);
        return 0;
}
```

16.4.5　页缓存预读

对未来的预测公认是一个非常困难的问题，但有时候内核会禁不住尝试一下。实际上，有些情况下，不难知道接下来会发生什么，例如在进程从文件读取数据时。

通常，页是顺序读取的，这也是大多数文件系统的假定。回想第9章的内容，Ext文件系统族做了很多工作，试图为一个文件分配相邻的块，使得块设备的读写头在读写数据时可以尽可能少移动。

考虑一个进程从位置A到B线性读取一个文件内容的情形。这个操作通常会持续片刻。因而从B向前预读（假定，预读到位置C）是有意义的，在进程发出请求读取B和C之间的页时，这些数据已经在页缓存中了。

很自然，预读不能由页缓存独立解决，还需要VFS和内存管理层的支持。实际上，预读机制已经在8.5.2节和8.5.1节讨论过。回想可知，就内核直接关注的问题而言，预读是从3个地方控制的[①]

(1) do_generic_mapping_read，这是一个通用的读取例程，其中，大多数依赖内核的标准例程来读取数据的文件系统都结束于某些位置。

(2) 缺页异常处理程序filemap_fault，它负责为内存映射读取缺页。

(3) __generic_file_splice_read，调用该例程是为支持splice系统调用，该系统调用使得可以直接在内核空间中在两个文件描述符之间传输数据，而无须涉及用户空间。[②]

各预读例程在源代码层次上的时序控制已经在第8章讨论过，但从一个更高的层次来考察其行为仍然是有益的。图16-4提供了这样的一个视角。为简单起见，下文只考虑do_generic_mapping_read。

---

① 本书内容至少已经涵盖了这些地方。实际上，在用户层可以用madvise、fadvise和readahead系统调用影响预读机制，这里不进一步讨论这些了（系统调用是fadvise，不是ce——译者注）。

② 本书中其他地方将不会更详细地讨论该系统调用，更多的信息请读者参考手册页splice(2)。

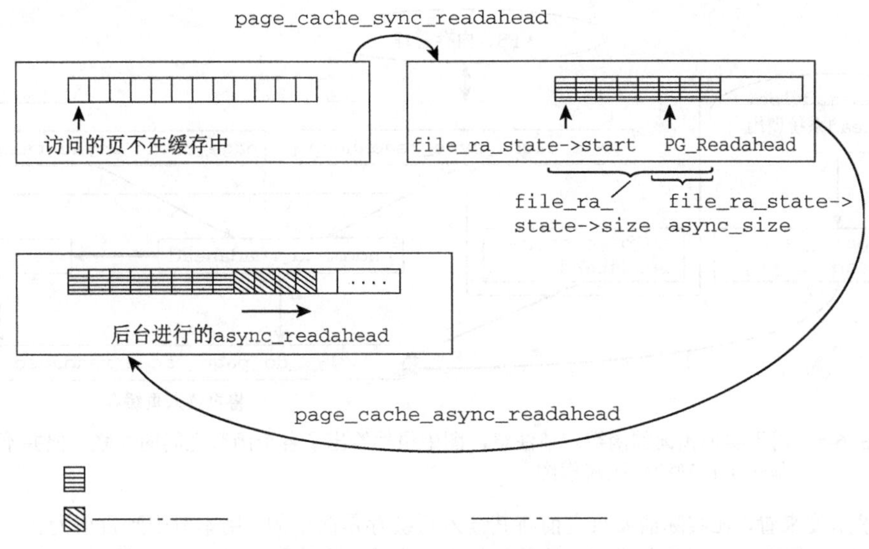

图16-4 预读机制概览，以及VFS与页缓存之间的交互

假定进程已经打开了一个文件，想要读取第一页。该页尚未读入页缓存。由于通常的所有者不会只读取一页，而是顺序读取多页，内核采用page_cache_sync_readahead读取一行中的8页，这个数字只是举例来说，实际上不见得如此。第一页对do_generic_mapping_read来说是立即可用的。[①]而在实际需要之前就被选择读入页缓存的页，则称为处于预读窗口中。

进程现在继续读取接下来的各页，与我们的预期相同。在访问第6页时（请注意，在进程发出读请求之前，该页已经读入页缓存），do_generic_mapping_read注意到，该页在同步读取处理过程中设置了PG_Readahead标志位。[②]这触发了一个异步操作，在后台读取若干页。由于页缓存中还有两页可用，不必匆忙读取，所以不需要一个同步操作。但在后台进行的I/O操作，将确保在进程进一步读取文件时，相关页已经读入缓存。如果内核不采用这种方案，预读只能在进程遇到一个缺页异常后开始。虽然所需的页（以及另一些预读的页）可以同步读入页缓存，但这将引入延迟，显然不是我们期待的情形。

现在将进一步重复这种做法。由于page_cache_async_read（负责发出异步读请求）又将预读窗口中的一页标记为PG_Readahead，在进程遇到该页时，将再次开始异步预读，依此类推。

对do_generic_readahead就讲到这里。filemap_fault的处理方式，与do_generic_readahead的区别有两个方面：仅当设置了顺序读取提示的情况下，才会进行异步自适应的预读。如果没有设置预读提示，那么do_page_cache_readahead只进行一次预读，而不设置PG_Readahead，也不会更新文件的预读状态跟踪信息。

预读机制的实现涉及几个函数。图16-5说明了这些函数彼此的关联。

① 实际上，内核在这里使用的术语同步，有一点误导。内核并未等待由page_cache_sync_readahed提交的读操作完成，因此在通常意义上这不是同步的。但由于读入一页比较快速，在page_cache_sync_readahead返回到调用者时，目标页已经读入页缓存的几率是很高的。但调用者必须小心目标页尚未读入的情况。

② 由于预读状态是针对每个文件分别跟踪的，内核在本质上不需要这个专门的标志，因为没有该标志，也可以获得相应的信息。但在多个并发的读取操作作用于一个文件时，是需要该标志的。

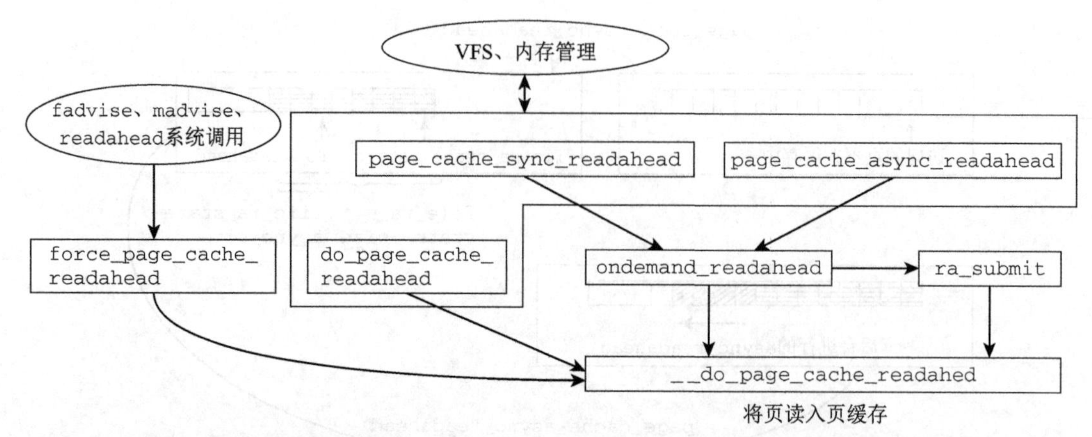

图16-5 用于实现预读的函数。请注意，图中虽然给出了各个函数之间的关联，但并不是一个正确的代码流程图

从技术角度来看，在实际需要页之前将其读入页缓存是简单的，用本章中到目前为止介绍的框架可以轻易实现。问题在于预测预读窗口的最优长度。为此，内核会记录每个文件上一次的设置。下列数据结构将关联到每个file实例：

<fs.h>
```
struct file_ra_state {
        pgoff_t start;                  /* 预读的起始位置 */
        unsigned int size;              /* 预读的页数 */
        unsigned int async_size;        /* 阈值，在读取方向上剩余页数为该值时，启动异步预读 */
        unsigned int ra_pages;          /* 预读窗口最大长度 */
...
        loff_t prev_pos;                /* 缓存的上一次read()的位置 */
};
```

start表示页缓存中开始预读的位置，size给出了预读窗口的长度。async_size表示剩余预读页的最小值。如果预读窗口中只有这么多页，那么将发起异步预读，将更多页读入页缓存。图16-4也说明了这些值的含义。

ra_pages表示预读窗口的最大长度。内核读入的页数可以比这个值少，但决不会比这个值多。最后，prev_pos表示前一次读取时，最后访问的位置。

> 这个偏移量是文件中的字节偏移量，不是页缓存中的页偏移量。这使得文件系统代码在支持预读机制时无须了解页缓存的偏移量。

该值最重要的提供者是do_generic_mapping_read和filemap_fault。

ondemand_readahead例程负责实现预读策略，即判断读入多少当前并不需要的页。如图16-5所示，page_cache_sync_readahead和page_cache_async_readahead都依赖于该函数。在确定预读窗口的长度之后，调用ra_submit，将技术性问题委托给__do_page_cache_readahead完成。在这里，页是在页缓存中分配的，而后由块层填充。

在讨论ondemand_readahead之前，需要介绍两个辅助函数：get_init_ra_size为一个文件确定最初的预读窗口长度，而get_next_ra_size为后来的读取计算窗口长度，即此时已经有一个先前的预读窗口存在。get_init_ra_size根据进程请求的页数目来确定窗口长度，而get_next_ra_size

则根据前一个预读窗口的长度来计算新的窗口长度。两个函数都会确保预读窗口的长度不超过特定于文件的上限值。虽然该上限可用fadvise系统调用修改，但通常都设置为VM_MAX_READAHEAD * 1024 / PAGE_CACHE_SIZE，在页长度为4 KiB的系统上，相当于32页。两个函数的结果如图16-6所示。图16-6说明了初始预读窗口长度随请求长度的变化关系，以及后续的预读窗口长度随前一个预读窗口长度的变化关系。从数学意义上说，最大的预读长度相当于这两个函数的一个不动点。实际上，这意味着预读窗口长度决不能超过最大的容许值，在这里是32页。

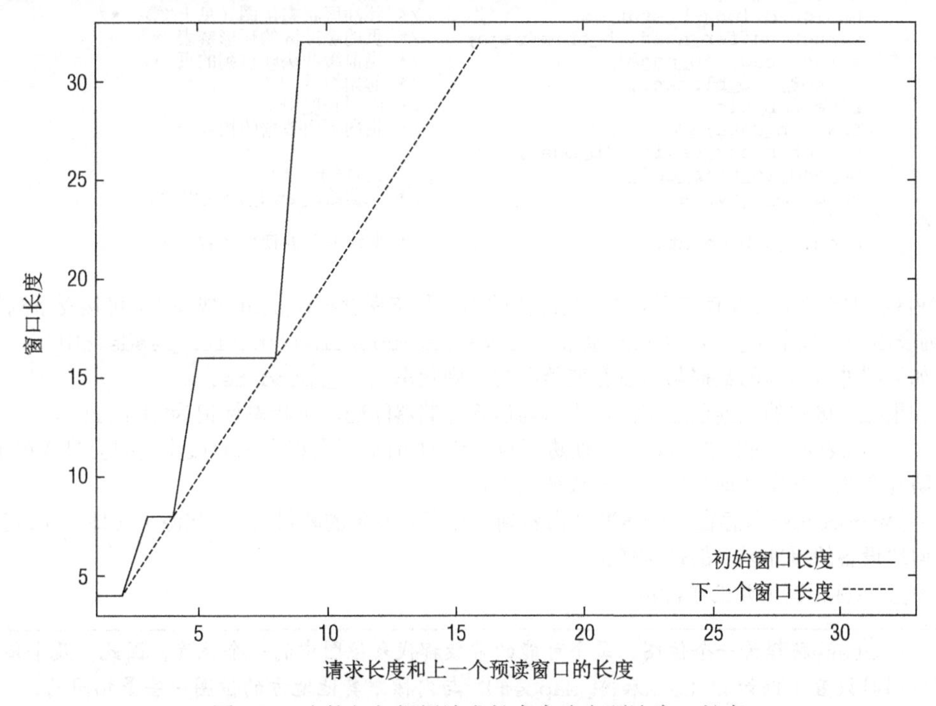

图16-6 内核如何根据请求长度来确定预读窗口长度

我们返回到ondemand_readahead，该函数必须借助这两个辅助函数来设置预读窗口长度。如下三种情形是最基本的。

(1) 当前偏移量在前一个预读窗口末尾，或在同步读取范围的末尾。在这两种情况下，内核假定进程在进行顺序读取，使用上文讨论的get_next_ra_size来计算新的预读窗口长度。

(2) 如果遇到了预读标记，但与前一次预读的状态不符，那么很可能有两个或更多并发的控制流在交错地读取文件，使得对方的预读状态无效。内核将构建一个新的预读窗口，以适应所有的读取者。

(3) 如果是在对文件进行第一次读取（特别是这种情况）或发生了缓存失效，则用get_init_ra_size建立一个新的预读窗口。

16.5 块缓存的实现

块缓存不仅仅用作页缓存的附加功能，对以块而不是页进行处理的对象来说，块缓存是一个独立的缓存。

16.5.1 数据结构

幸运的是，两种类型的块缓存，即独立的块缓存和用作页缓存附加功能的块缓存，二者的数据结构是相同的，这大大简化了实现。块缓存主要的数据元素是缓冲头，其基本特征如上文所述。缓冲头在内核源代码中的定义如下：

<buffer_head.h>

```
struct buffer_head {
        unsigned long b_state;                /* 缓冲区状态位图（见上文） */
        struct buffer_head *b_this_page;      /* 页的缓冲区的环形链表 */
        struct page *b_page;                  /* 当前缓冲头映射到的页 */
        sector_t b_blocknr;                   /* 起始块号 */
        size_t b_size;                        /* 映射长度 */
        char *b_data;                         /* 指向页内数据的指针 */
        struct block_device *b_bdev;
        bh_end_io_t *b_end_io;                /* I/O完成 */
        void *b_private;                      /* 保留给b_end_io使用 */
...
        atomic_t b_count;                     /* 此缓冲头的使用计数 */
};
```

缓冲区类似于页，可以有许多状态。缓冲头的当前状态保存在b_state成员中，可接受下列值（值的完整列表由一个枚举bh_state_bits提供，定义在include/linux/buffer_heads.h中）。

- 如果缓冲区当前的数据与后备存储器匹配，则状态为bh_uptodate。
- 如果缓冲区中的数据已经修改，不再与后备存储器匹配，则状态标记为BH_Dirty。
- BH_Lock表示缓冲区被锁定，以便进行进一步的访问。缓冲区在I/O操作期间会显式锁定，以防几个线程并发处理缓冲区，导致彼此干扰。
- BH_Mapped意味着存在一个缓冲区内容到二级存储设备的映射，所有起源于文件系统或直接访问块设备的缓冲区，都是这样。
- BH_New标记新创建的缓冲区。

> b_state解释为一个位图。每个可能的常数都代表位图中的一个位置。因此，几个值可以同时设置（例如BK_Lock和BH_Mapped），与内核中其他地方的位图用法是相同的。

> BH_Uptodate和BH_Dirty也可以同时设置，通常都是这样。在缓冲区填充了来自块设备的数据之后会设置BH_Uptodate，而在内存中的数据修改以后尚未写回之前，内核会设置BH_Dirty。这看起来有点令人困惑，但在考虑下文的情况时，必须记住这一点。

除了上述常数之外，enum bh_state_bits中还定义了一些额外的值。这些或者没什么重要性，或者不再使用，因此在这里将略过。这些值仍然保留在内核源代码中，是因为历史原因，它们迟早会消失。

内核定义了set_buffer_foo和get_buffer_foo函数，来为BH_Foo设置和读取缓冲区状态位。

buffer_head结构还包括了其他成员，其语义如下。

- b_count实现了通常的访问计数器，以防内核释放仍然处于使用中的缓冲头。
- b_page保存一个指向page实例的指针，它表示在块缓存基于页缓存实现的情况下，当前缓冲头相关的page实例。如果块缓存是独立于页缓存的，则b_page为NULL指针。
- 正如前文的讨论，会使用几个缓冲区，将一页的内容划分为几个较小的单位。所有隶属于这些单位的缓冲头都保存在一个环形单链表上，链表元素为b_this_page（最后一个缓冲头的该成员，指向环形链表中的第一个缓冲头）。

- b_blocknr保存了底层块设备上对应的块号，b_size指定了块长度。b_bdev是一个指向块设备的block_device实例的指针。该信息唯一地标识了数据的来源。
- 指向内存中数据的指针保存在b_data（数据的结束位置可根据b_size计算；因而不需要一个显式的指针指向该位置，尽管上文为简单起见使用了一个指针）。
- b_end_io指向一个例程，在涉及该缓冲区的一个I/O操作完成时，由内核自动调用（第6章描述的BIO例程，要求进行该操作）。这使得内核可以将进一步的缓冲区处理推迟到预期的输入/输出操作实际完成时。
- b_private是一个指针，预留给b_end_io使用。它主要由日志文件系统使用。如果不需要，通常设置为NULL。

16.5.2 操作

内核必须提供一组操作，使得其余代码能够轻松有效地利用缓冲区的功能。本节描述用于创建和管理新缓冲头的机制。

切记：这些机制对内存中实际缓存的数据没有贡献，在稍后几节讨论。

在使用缓冲区之前，内核首先必须创建一个buffer_head结构实例，而其余的函数则对该结构进行操作。因为创建新缓冲头是一个频繁重现的任务，它应该尽快执行。这是一种很经典的情形，可使用第3章描述的slab缓存解决。

> 切记：在使用slab缓存时，只为缓冲头分配内存。在创建缓冲头时，将忽略实际数据，必定存储在其他地方。

当然，内核源代码确实提供了一些函数，可用作前端，来创建和销毁缓冲头。alloc_buffer_head生成一个新缓冲头，而free_buffer_head销毁一个现存的缓冲头。二者都定义在fs/buffer.c中。与读者预期的相同，这两个函数只使用了内存管理的函数，还涉及一些统计工作，这些无须在此处讨论。

16.5.3 页缓存和块缓存的交互

在与块缓存所包含的有用数据联合使用时，缓冲头就变得有趣多了。本节将讨论页与缓冲头之间的关联。

1. 页和缓冲头的关联

缓冲区和页是如何关联起来的？回想上文对该方法的简要讨论。一页划分为几个数据单元（实际的数目取决于页长度和块长度，随体系结构而变），但缓冲头保存在独立的内存区中，与实际数据无关。与缓冲区的交互没有改变的页的内容，缓冲区只不过为页的数据提供了一个新的视图。

为支持页与缓冲区的交互，需要使用struct page的private成员。其类型为unsigned long，可用作指向虚拟地址空间中任何位置的指针（page的确切定义已经在第3章给出）：

```
<mm.h>
struct page {
        ...
        unsigned long private; /* 由映射私有，不透明数据 */
        ...
}
```

private成员还可以用作其他用途，根据页的具体用途，可能与缓冲头完全无关。[①]但其主要的用途是关联缓冲区和页。这样的话，private指向将页划分为更小单位的第一个缓冲头。各个缓冲头通过b_this_page连接为一个环形链表。在该链表中，每个缓冲头的b_this_page成员指向下一个缓冲头，而最后一个缓冲头的b_this_page成员指向第一个缓冲头。这使得内核从page结构开始，可以轻易地扫描与页关联的所有buffer_head实例。

page和buffer_head结构之间的关联是如何建立的呢？内核为此提供了create_empty_buffers和link_dev_buffers函数，二者都实现在fs/buffer.c中。后者用来将一组现存的缓冲头关联到一页，而create_empty_buffers创建一组全新的缓冲区，以便与页进行关联。例如，在用block_read_full_page和__block_write_full_page读写整页时，就会调用create_empty_ buffers。

create_empty_buffers首先调用alloc_page_buffers创建所需数目的缓冲头（该数目可能随页长度和块长度而变化）。该函数返回一个指针，指向单链表中的第一个元素，而其中每个缓冲头的b_this_page成员指向下一个缓冲头。唯一的例外是最后一个缓冲头，其中b_this_page为NULL指针：

fs/buffer.c
```
void create_empty_buffers(struct page *page,
                        unsigned long blocksize, unsigned long b_state)
{
        struct buffer_head *bh, *head, *tail;

        head = alloc_page_buffers(page, blocksize, 1);
...
```

函数接下来遍历所有缓冲头，设置其状态，并建立一个环形链表：

fs/buffer.c
```
        do {
                bh->b_state |= b_state;
                tail = bh;
                bh = bh->b_this_page;
        } while (bh);
        tail->b_this_page = head;
...
```

缓冲区的状态依赖于内存页中数据的状态：

fs/buffer.c
```
        if (PageUptodate(page) || PageDirty(page)) {
                bh = head;
                do {
                        if (PageDirty(page))
                                set_buffer_dirty(bh);
                        if (PageUptodate(page))
                                set_buffer_uptodate(bh);
                        bh = bh->b_this_page;
                } while (bh != head);
        }
        attach_page_buffers(page, head);
}
```

set_buffer_dirty和set_buffer_uptodate分别设置缓冲头中对应的标志BH_Dirty和BH_

① 如果页位于交换缓存，则缓存中也存储了一个swp_entry_t的实例，private即指向该实例。如果页是空闲的，则private成员保存了其在伙伴系统中的阶。

Uptodate。

最后调用的attach_page_buffers，将缓冲区关联到页，有两个独立的步骤。

(1) 设置页标志的PG_private标志位，通知内核其他部分，page实例的private成员正在使用中。

(2) 将页的private成员设置为一个指向环形链表中第一个缓冲头的指针。

初看起来，设置PG_Private标志不像是一个影响深远的操作。但该操作很重要，因为内核检查页是否与缓冲区关联的唯一方法就是通过该标志位。在内核启动任何操作修改或处理与一页相关的缓冲区时，首先必须检查缓冲区是否实际存在，但情况并不总是这样。内核提供了page_has_buffers(page)来检查是否设置了该标志。该函数在内核源代码中大量调用，因而值得提及。

2. 交互

如果对内核的其他部分无益，那么在页和缓冲区之间建立关联就没起作用。如上所述，一些与块设备之间的传输操作，传输单位的长度依赖于底层设备的块长度，而内核的许多部分更喜欢按页的粒度来执行I/O操作，因为这使得其他事情更容易处理，特别是内存管理方面。[①] 在这种场景下，缓冲区充当了双方的中介。

- *在缓冲区中读取整页*

首先考察内核在从块设备读取整页时采用的方法，以block_read_full_page为例。我们来讨论缓冲区实现所关注的部分。图16-7给出了block_read_full_page中与缓冲区相关的函数调用。

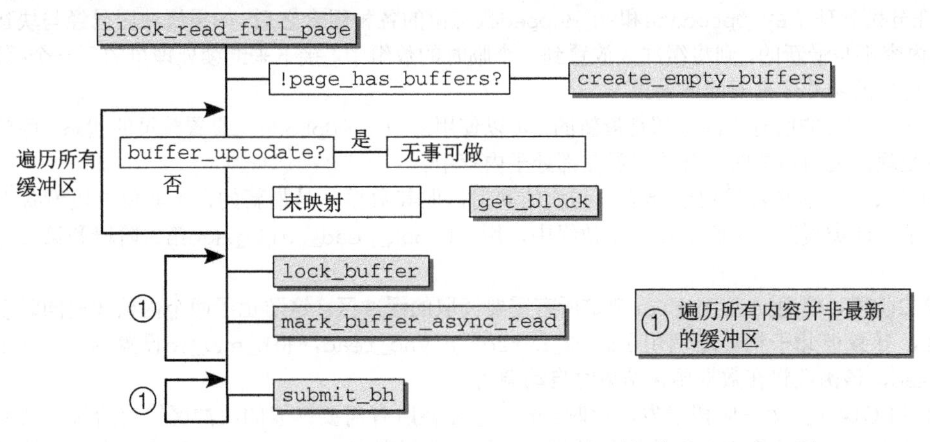

图16-7 block_read_full_page中缓冲区相关操作的代码流程图

block_read_full_page分3步读取一整页。

(1) 建立缓冲区并检查其状态。

(2) 锁定缓冲区，防止其他内核线程在下一步进行干扰。

(3) 数据传输到缓冲区。

第一步需要检查页是否有相关联的缓冲区，有时候是没有的。如果没有，则使用前几节描述的create_empty_buffers创建缓冲区。接下来，在进行下述处理之前，用page_buffers来获得这些缓冲区，无论是新建的还是已经存在的。page_buffers只是将page的private成员转换为buffer_head指针，因为按照惯例，private指向与page关联的第一个缓冲头。

① 如果数据按页读写，I/O操作通常会更高效。这是引入BIO层来替代原本基于缓冲头的方法的主要原因。

内核的主要工作是要弄清楚哪些缓冲区的数据是最新的（与块设备的数据匹配或更新），因而无须读取，哪些缓冲区的数据是无效的。为此，内核利用了BH_Mapping和BH_Uptodate状态位，二者都可以是置位或未置位。

内核遍历与页关联的所有缓冲区，执行下列检查。

(1) 如果缓冲区内容是最新的（可以用buffer_uptodate检查），内核继续处理下一个缓冲区。在这种情况下，页缓存中的数据与块设备匹配，无须额外的读操作。

(2) 如果没有映射（未设置BH_Mapping），则调用get_block来确定块在块设备上的位置。

在EXT2/EXT3文件系统中，为此分别使用了ext2_get_block和ext3_get_block。其他文件系统的对应例程名称类似。所有这些例程的共同点是，修改了buffer_head结构，使得它可用于在文件系统中定位所要的块。本质上，这涉及设置b_bdev和b_blocknr字段，因为二者标识了缓冲区对应的块。

> get_block并不从块设备实际读取数据，该操作在稍后block_read_full_page的过程中进行。

在执行get_block之后，浅黄色的状态是BH_Mapped而不是BH_Uptodate。[1]

(3) 还有第三种可能情况。缓冲区已经建立了与块的映射，但其内容不是最新的。这种情况下，内核无须进行其他操作。

(4) 在分别处理了BH_Uptodate和BH_Mapped状态位的各种组合之后，如果缓冲区已经与块建立映射，但其内容不是最新的，则将缓冲区放置到一个临时的数组中。接下来继续处理页的下一个缓冲区，直至没有更多的缓冲区需要处理为止。

如果关联到页的所有缓冲区都是最新的，可以使用SetPageUptodate设置整页的状态。函数此时可以结束处理，因为整页的所有数据现在都处于内存中。

但通常会有一些缓冲区已经建立了与块的映射，但其数据不是最新的，未能反映块设备当前的内容。提示：此类缓冲区会收集在一个数组中，用于block_read_full_page第二阶段和第三阶段的处理。

在第二阶段，使用lock_buffer锁定所有需要读取的缓冲区。这防止了两个内核线程同时读取同一缓冲区，导致彼此干扰。还调用了mark_buffer_async_read，将b_end_io设置为end_buffer_async_read，该函数将在数据传输结束时自动调用。

实际的I/O操作由第三阶段触发，此时submit_bh将所有需要读取的缓冲区转交给块层（或称为BIO层），在其中开始读操作。在读操作结束时，将调用保存在b_end_io中的函数（在这种情况下是end_buffer_async_read）。它将遍历页的所有缓冲区，检查其状态，并将整页的状态设置为最新，假定所有缓冲区的状态都已经是最新的。

读者可以看到，block_read_full_page的优点在于，它只需读取页中并非最新的那些部分。但如果能确定整页都不是最新的，那么最好调用mpage_readpage，避免缓冲区的多余开销。

- **将整页写入到缓冲区**

除了读操作之外，页的写操作也可以划分为更小的单位。只有页中实际修改的内容需要回写，而不用回写整页的内容。遗憾的是，从缓冲区的角度来看，写操作的实现比上述的读操作复杂得多。在下文的讨论中，将忽略（简化了一些）写操作的次要细节，而专注于内核所需的关键操作。

---

[1] 还有另一种状态，即缓冲区中的数据是最新的，但尚未映射到块。读取稀疏文件可能出现这种状态（例如，在Ext2文件系统中就是可能的）。在这种情况下，缓冲区填充的是0字节，但这里将忽略这种场景。

图16-8给出了__block_write_full_page函数中回写脏页涉及的缓冲区相关操作的代码流程图（不涉及错误处理，另外还忽略了一些不常见的边角情况，但实际上是必须处理的）。

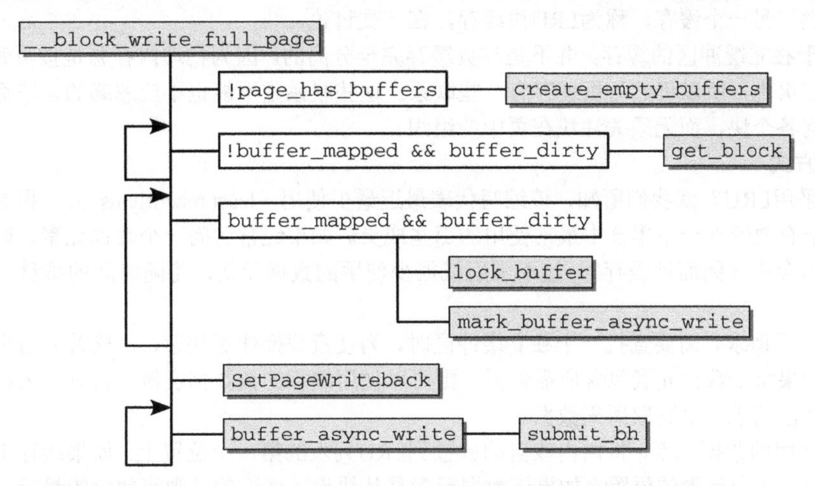

图16-8 __block_write_full_page的缓冲区相关操作的代码流程图

回写过程划分为几个部分，每个部分都会遍历与页关联的缓冲区的单链表。

照例，首先必须确认页是否有与之关联的缓冲区，这一点不能想当然。与读取操作类似，这里也调用了page_has_buffers来检查缓冲区是否存在。如果没有，则使用create_empty_buffers创建缓冲区。

内核接下来三次遍历缓冲区的链表，如代码流程图（图16-8）所示。

(1) 第一次遍历的目的是，对所有未映射的脏缓冲区，在缓冲区和块设备之间建立映射。将调用保存在get_block函数指针中的函数，查找块设备上与缓冲区相匹配的块。

(2) 在第二次遍历中，将滤出所有的脏缓冲区。这可以通过test_clear_buffer_dirty检查，如果设置了脏标志，则会在调用该函数时清除，因为缓冲区的内容将立即回写。[①] mark_buffer_async_write设置BH_Async_Write状态位，并将end_buffer_async_write指定为BIO完成处理程序（即b_end_io）。

在这一次遍历结束时，set_page_writeback对整页设置PG_writeback标志。

(3) 在第三次也就是最后一次遍历中，调用submit_bh将前一次遍历中标记为BH_Async_Write的所有缓冲区转交给块层执行实际的写操作，该函数向块层提交了一个对应的请求（通过BIO，参见第6章）。

在针对某个缓冲区的写操作结束时，将自动调用end_buffer_async_write，检查页的所有其他缓冲区上的写操作是否也已经结束。倘若如此，则唤醒在与该页相关的队列上睡眠、等待此事件的所有进程。

16.5.4 独立的缓冲区

缓冲区不仅可用于页缓存的环境中。在Linux内核的早期版本中，所有缓存都是用缓冲区实现的，

① 此时，内核还必须调用buffer_mapped，确保该缓存已经映射到某个块。如果文件中有空洞，即稀疏文件的情形，可能缓冲区没有映射到块，但这种情况也无须回写。

而不依靠页缓存。这种方法的价值在后续版本逐渐降低，几乎所有的重要缓存都已经基于页缓存实现。但仍然有些情形需要在块级访问块设备的数据，而不是从高层代码看到的页级进行。为加速这样的操作，内核提供了另一个缓存，称为LRU块缓存，在下文讨论。

这种用于独立缓冲区的缓存，并不是与页缓存完全分离的。因为物理内存总是按页管理，缓冲块也必须保存在页中，所以仍然与页缓存有一些联系。这些联系是不能也不应忽略的，毕竟仍然可以通过块缓存访问各个块，而无须关注块在页中的组织。

1. 操作方式

为什么采用LRU？就我们所知，该缩写代表最近最少使用（least recently used），指的是一种一般方法，可用于有效管理一个集合中最常使用的那些成员。如果经常访问一个数据元素，则该元素很可能位于物理内存中（因而被缓存）。较不常用或很少使用的数据元素，将随时间的推移，逐渐自动退出缓存。

在每次进行请求，需要查找一个独立缓冲区时，为使查找操作更快速，内核首先自顶向下扫描所有缓存项。如果每个数据元素包含所需数据，则可以使用缓存的该数据实例。否则，内核必须向块设备提交一个底层请求，来获取所需数据。

上一次使用的数据元素，将由内核自动放置到LRU列表的第一个位置上。如果缓存中已经有数据元素，则只改变各个元素的位置。如果该数据元素是从块设备读取的，则将数组的最后一个元素退出缓存，从内存中释放。

算法非常简单，但很有效。这减少了查找常用数据元素的时间，因为相关的元素都位于数组的顶部。同时，不常用的数据元素在持续一段时间都没有访问之后，将自动退出缓存。该方法唯一的不利之处是，在每次查找操作之后，几乎数组的所有内容都需要重新定位。这是耗时的，只能对小型缓存实现。因而，块缓存的容量较低。

2. 实现

下面讨论内核为上述LRU缓存实现的算法。

● **数据结构**

算法并不复杂，只需要相对简单的数据结构。该实现的起点是bh_lru结构，其定义如下：

fs/buffer.c
```
#define BH_LRU_SIZE     8

struct bh_lru {
        struct buffer_head *bhs[BH_LRU_SIZE];
};

static DEFINE_PER_CPU(struct bh_lru, bh_lrus) = {{ NULL }};
```

该结构定义在一个C文件中，而非头文件。照例，这表示内核代码的其余部分不应该（但可以！）直接访问该缓存数据结构，而需要通过下文讨论的专用辅助函数。

bhs是一个缓冲头指针的数组，用作实现LRU算法的基础（按定义所示，其中包括8个数据项）。内核使用DEFINE_PER_CPU，为系统的每个CPU都建立一个实例，改进对CPU高速缓存的利用率。

该缓存通过内核提供的两个公开的函数来进行管理和使用：lookup_bh_lru检查所需数据项是否在缓存中，而bh_lru_install将新的缓冲头添加到缓存中。

两个函数的实现并不出人意料，因为它们只是实现了上述的算法。[①]它们只需要在操作开始时，

① 如内核代码中的注释所言：抱歉，但我得说，LRU的管理算法迟钝而简单。

根据当前CPU选择对应的数组，使用的代码如下：

fs/buffer.c
```
lru = &__get_cpu_var(bh_lrus);
```

切记：如果lookup_bh_lru失败，不会自动从块设备读取所需的块。这是通过下列接口函数完成的。

- 接口函数

普通的内核代码通常不会接触到bh_lookup_lru或bh_lru_install，因为二者被封装起来。内核提供了通用例程来访问各个块，它们自动涵盖了块缓存，使得没必要与块缓存进行显式交互。这些例程包括__getblk和__bread，实现在fs/buffer.c中。

在讨论其实现之前，最好先描述二者的异同点。首先，两个函数需要的参数是相同的：

fs/buffer.c
```
struct buffer_head *
__getblk(struct block_device *bdev, sector_t block, int size)
{
...
}

struct buffer_head *
__bread(struct block_device *bdev, sector_t block, int size)
{
...
}
```

数据块可通过所在块设备的block_device实例、扇区编号（sector_t类型）和块长度唯一标识。

不同点与两个函数的目标有关。__bread保证返回一个包含最新数据的缓冲区。这导致在必要的情况下，需要读取底层块设备。

调用__getblk总是返回一个非NULL指针（即一个缓冲头）。[①]如果所要缓冲区的数据已经在内存中，则返回数据，但不保证数据的状态。与__bread相比，数据可能不是最新的。而另一种可能性是，缓冲区对应的块尚未读入内存。在这种情况下，__getblk确保分配数据所需的内存空间，并将缓冲头插入到LRU缓存。

16

> __getblk总是返回一个缓冲头，即使是无意义的请求也会处理，例如对不存在的扇区地址。

- __getblk函数

图16-9给出了__getblk的代码流程图（首先讨论该函数，因为__bread会调用它）。

如代码流程图（图16-9）所示，在执行__getblk时有两个可能的选项。调用__find_get_block使用如下所述的方法来查找所要的缓冲区。如果查找成功则返回一个buffer_head实例。否则，任务委托给__getblk_slow。顾名思义，__getblk_slow能产生所要的缓冲区，但用时比__find_get_block长。但该函数能够保证总是可以返回一个适当的buffer_head实例并为数据分配内存空间。

---

① 有一个例外。如果所要的块长度小于512字节，或大于一页，或不是底层块设备硬件扇区长度的倍数，则该函数返回一个NULL指针。但同时还输出一个栈转储，因为无效的块长度解释为内核bug。

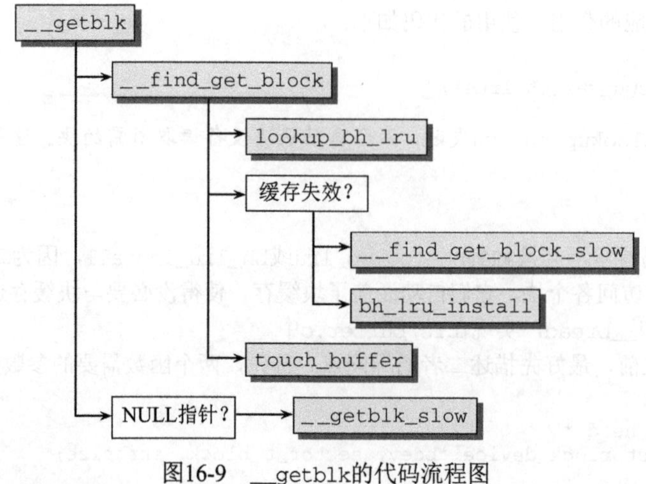

图16-9　__getblk的代码流程图

> 如上所述，返回缓冲头并不意味着数据区的内容是正确的。但因为缓冲头本身是正确的，在该函数末尾将使用bh_lru_install将其插入到块缓存，而touch_buffer对与缓冲区相关的页调用了mark_page_accessed方法（参见第18章）。

关键问题显然是__find_get_block和__getblk_slow之间的差别，这是__getblk的主要工作。在__find_get_block开始时会调用我们熟悉的lookup_bh_lru函数，检查所需的块是否已经在LRU缓存中。

否则，必须用其他方法来继续查找。__find_get_block_slow试图在页缓存中查找该数据，这可以产生两个不同的结果。

- 如果数据不在页缓存中，或虽然在页缓存中，但对应的页没有与之关联的缓冲区，则返回一个NULL指针。
- 如果数据在页缓存中，且对应页有相关的缓冲区，则返回指向所要缓冲头的指针。

如果找到了缓冲头，__find_get_block调用bh_lru_install函数将其添加到缓存。在调用touch_buffer使用mark_page_accessed（参见第18章）将该页标记为与缓存关联之后，内核返回到__getblk。

如果__find_get_block返回NULL指针，则必须进入__getblk_slow中实现的第二条代码路径。该路径保证至少会分配缓冲头和实际数据所需的内存空间。其实现相对简短：

fs/buffer.c
```
static struct buffer_head *
__getblk_slow(struct block_device *bdev, sector_t block, int size)
{
        ...
        for (;;) {
                struct buffer_head * bh;
                int ret;

                bh = __find_get_block(bdev, block, size);
                if (bh)
                        return bh;

                ret = grow_buffers(bdev, block, size);
```

```
                if (ret < 0)
                        return NULL;
                if (ret == 0)
                        free_more_memory();
        }
}
```

令人惊讶的是，__getblk_slow首先调用了__find_get_block，而对该函数的调用刚刚才失败。如果找到缓冲头，则返回。当然，只有在与此同时有另一个CPU建立了所需的缓冲区，并在内存中创建了对应的数据结构时，这一次函数调用才会成功。尽管这不太可能，但仍然必须检查。

在讨论该函数的实际的处理过程时，这种相当奇怪的行为就变得很显然了。它实际上是一个无限循环，重复使用__find_get_block，试图读取缓冲区。显然，如果该函数失败，代码显然不会什么都不做。内核使用grow_buffers，试图为缓冲头和实际数据分配内存，并将该内存空间添加到内核的数据结构。

(1) 如果成功，则再次调用__find_get_block，这一次会返回所要所要的buffer_head。

(2) 如果对grow_buffers的调用返回负值，这意味着块超出了页缓存索引的范围，此时将放弃循环，因为目标块在物理上是不存在的。

(3) 如果grow_buffers返回0，这意味着内存不足，无法增加缓冲区，接下来调用free_more_memory试图释放更多的物理内存来改善这种状况，如第17章和第18章所述。

这也是将函数的逻辑嵌入到一个无限循环中的原因，内核试图反复在内存中创建数据结构，直至成功。

grow_buffers的实现并不很冗长。在进行了一些正确性检查之后，它将工作委托给grow_dev_page函数，后者的代码流程图在图16-10给出。

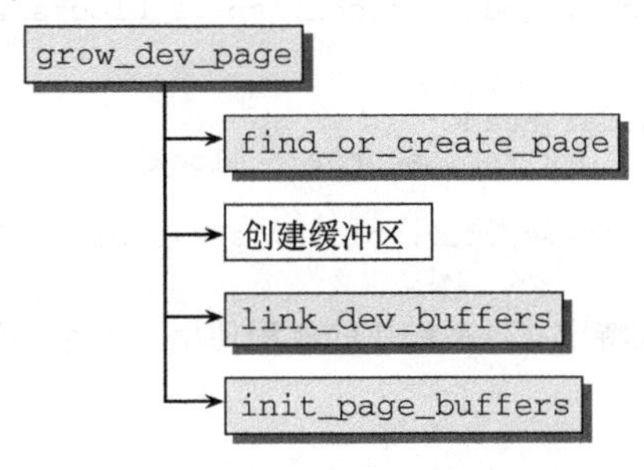

图16-10 grow_dev_page的代码流程图

该函数首先调用find_or_create_page，查找一个适当的页或创建一个新页，来保存数据。

> 当然，如果内存不足，该操作及其他内存分配操作都可能失败。在这种情况下，函数返回一个NULL指针，这使得__getblk_slow中的循环继续重复下去，直至有足够内存可用。对调用的其他函数，这一点也是适用的，无需赘言。

如果页已经与长度正确的缓冲区相关联，通过init_page_buffers来修改剩余的缓冲区数据(b_bdev和b_blocknr)，那么grow_dev_page就没什么可做了，可以退出。

否则，将使用alloc_page_buffers生成一组新的缓冲区，使用我们熟悉的link_dev_buffers函数关联到页。而init_page_buffers用来填充缓冲头的状态(b_status)和管理数据(b_bdev、b_blocknr)。

● __bread函数

与上文刚刚描述的方法不同，__bread确保返回一个数据最新的缓冲区。该函数不难实现，因为它基于__getblk：

```
fs/buffer.c
__bread(struct block_device *bdev, sector_t block, int size)
{
        struct buffer_head *bh = __getblk(bdev, block, size);
        if (likely(bh) && !buffer_uptodate(bh))
                bh = __bread_slow(bh);
        return bh;
}
```

第一个操作是调用__getblk例程，确认缓冲头和实际数据所需的内存空间都已经就位。如果缓冲的数据已经是最新的，则返回指向缓冲头的指针。

如果缓冲的数据不是最新的，余下的工作委托给__bread_slow进行，换言之，顾名思义，即切换到低速路径。本质上，该函数向块层提交一个请求，在物理上读取数据，并等待操作完成。接下来，在缓冲区的数据保证为最新之后，返回缓冲头指针。

● *在文件系统中的使用*

在何种情况下，有必要按块读取？内核中必须用这种读取方式的场景不多，但都很重要。特别是，文件系统在读取超级块或管理块时利用了上述的例程。

内核定义了两个函数，以简化文件系统处理单个块的工作：

```
<buffer_head.h>
static inline struct buffer_head *
sb_bread(struct super_block *sb, sector_t block)
{
        return __bread(sb->s_bdev, block, sb->s_blocksize);
}

static inline struct buffer_head *
sb_getblk(struct super_block *sb, sector_t block)
{
        return __getblk(sb->s_bdev, block, sb->s_blocksize);
}
```

如上述代码所示，用于读取特定文件系统块的例程使用了一个超级块、一个块号、一个块长度作为参数。

16.6　小结

从外部存储设备如硬盘读取数据，比从物理内存读取数据要慢得多，因此Linux使用了缓存机制将已经读取的数据保存在物理内存中，供后续访问使用。页帧是页缓存运作的自然单位，本章讨论了内核如何跟踪块设备的哪些部分缓存在物理内存中。本章还介绍了地址空间的概念，它用于将缓存的数据与其来源关联起来，还讨论了地址空间的操作和查询方式。接下来，本章讲述了在将数据读入页缓存的过程中，Linux处理相关技术细节的算法。

传统上，UNIX缓存使用的是比整页更小的单位，该技术直至今日仍然存在，称为块缓存。虽然现在主要的缓存工作由页缓存处理，但块缓存仍然有一些用途，因而本章介绍了块缓存的相应机制。

使用物理内存来缓存从磁盘读取的数据，只是物理内存和磁盘交互的一方面，二者的交互还牵涉另一个方面：内核还必须考虑将在物理内存中修改的数据，同步到磁盘上以持久存储。下一章将介绍对应的机制。

第 17 章

数据同步

物理内存和硬盘空间在很大程度上是可以互换的。如果有大量的物理内存是空闲的，则内核使用一部分内存来缓冲块设备的数据。反过来，如果物理内存太少，可以将数据换出内存，转移到磁盘空间。二者有一个共同点，数据总是在物理内存中操作，随后在随机的时间点写回（或刷出）到磁盘，以持久保存修改。在这里，块存储设备通常称为物理内存的后备存储器。

Linux提供了各种缓存方法，已经在第16章详细讨论。但上一章没有讨论数据是如何从缓存回写到磁盘的。内核为此仍然提供了几个选项，可分为如下两类。

(1) 后台线程重复检查系统内存的状态，周期性地回写数据。

(2) 在系统缓存中脏页过多，而内核需要干净页的情况下，将进行显式刷出。

本章将讨论这些技术。

17.1 概述

在页的刷出（flushing）、交换（swapping）、释放（releasing）操作之间，有着明确的关系。不仅需要定期检查内存页的状态，还需要检查空闲内存的大小。在完成检查后，未使用或很少使用的页将自动换出，但在换出前，其中包含的数据将与后备存储器同步，以防数据丢失。对动态产生的页，系统交换区充当后备存储器。对映射自文件的页来说，其交换区就是底层文件系统中与页对应的部分。如果内存发生严重的不足，必须强制刷出脏数据，以获得干净的页。

内存/缓存与后备存储器之间的同步，概念上分为两部分。

- 策略例程（policy routine）控制数据交换的时机。系统管理员可以设置各种参数，帮助内核判定何时交换数据，这实际上是系统负荷的一个函数。
- 技术实现处理缓存和后备存储器之间同步操作的硬件相关细节，并确保策略例程发出的指令得以执行。

> 同步和交换不能彼此混淆。同步只保证物理内存中保存的数据与后备存储器一致，而交换将导致从物理内存刷出数据，以释放空间，用于优先级更高的事项。在数据从物理内存清除之前，将与相关的后备存储器进行同步。

可能因不同原因、在不同的时机触发不同的刷出数据的机制。

- 周期性的内核线程，将扫描脏页的链表，并根据页变脏的时间，来选择一些页写回。如果系统不是太忙于写操作，那么在脏页的数目，以及刷出页所需的硬盘访问操作对系统造成的负荷之间，有一个可接受的比例。
- 如果系统中的脏页过多（例如，一个大型的写操作可能造成这种情况），内核将触发进一步的机制对脏页与后备存储器进行同步，直至脏页的数目降低到一个可接受的程度。而“脏页过多”和“可接受的程度”到底意味着什么，此时尚是一个不确定的问题，将在下文讨论。

- 内核的各个组件可能要求数据必须在特定事件发生时同步，例如在重新装载文件系统时。

前两种机制由内核线程pdflush实现，该线程执行同步代码，而第三种机制可能由内核中的多处代码触发。

由于数据同步的实现涉及许多彼此关联的函数，且数目相当多，因而这里首先概述我们所面临的情形，然后详细讨论各个具体函数。图17-1给出了构成实现的各个函数之间的依赖关系，但它不是一个恰当的代码流程图，只说明了函数彼此间的关联，以及可能的代码路径。图17-1着重说明由pdflush线程、系统调用以及文件系统相关组件的显式请求所发起的同步操作。

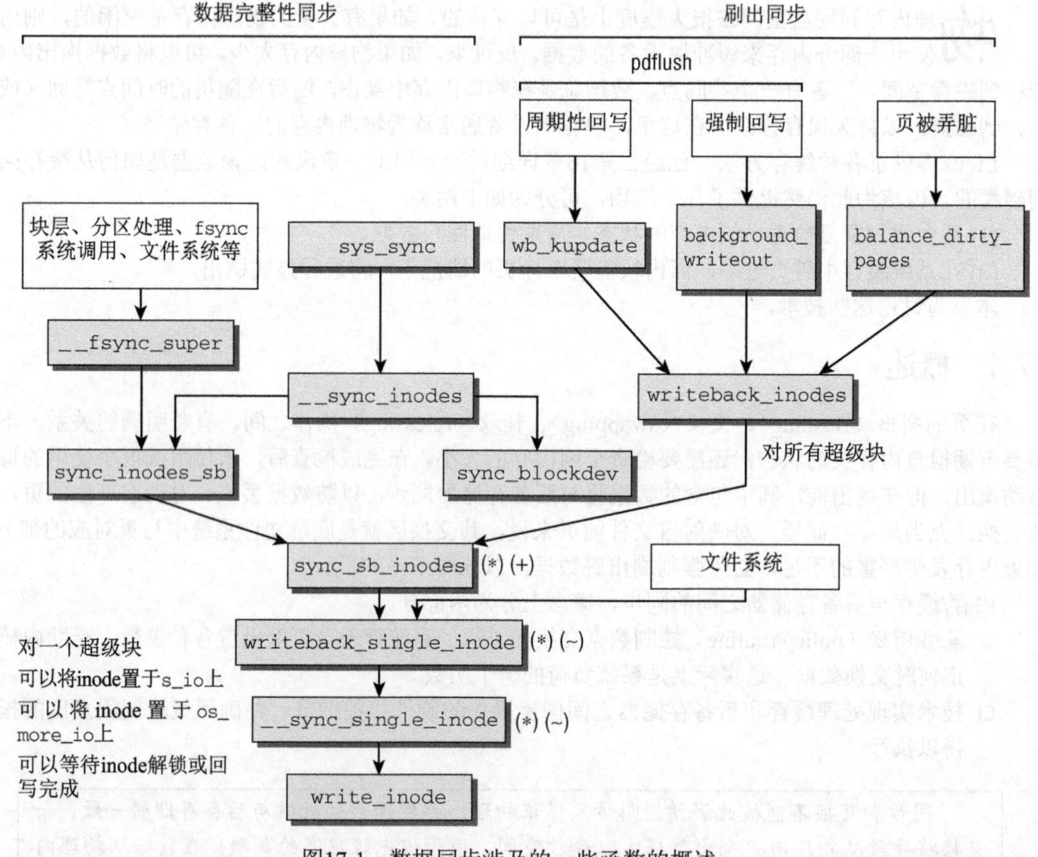

图17-1　数据同步涉及的一些函数的概述

内核可以从代码中任意位置发起数据同步，但所有的代码路径都在sync_sb_inodes结束。该函数负责同步属于给定超级块的所有脏的inode，对每个inode都使用writeback_single_inode。sync系统调用和各种通用的内核抽象层（如分区代码或块层）都利用了这种做法。

另一方面，系统也可能出现需要将所有超级块的脏inode进行同步的情况。对周期性回写和强制回写，特别需要该操作。内核会在文件系统代码修改数据之前就启动同步操作，确保脏页的数目不失去控制。

对文件系统来说，同步一个超级块的所有脏inode通常粒度太粗了。它们通常需要同步一个脏的inode，因而要直接使用writeback_single_inode。

即使同步实现围绕inode展开，但这并不意味着该机制只适用于已装载的文件系统所包含的数据。在10.2.4节曾讨论过，裸块设备由bdev伪文件系统的inode表示。因而，该同步方法也会影响到裸块设备，就像是普通的文件系统对象那样，这对想要直接访问数据者而言，是个好消息。

术语方面有个需要注意的地方：当我在下文提到inode同步时，总是既包括inode元数据的同步，也包括inode管理的二进制裸数据的同步。对普通文件来说，这意味着同步代码不仅要传输时间戳、属性等信息，还要将文件的内容传输到底层块设备。

17.2 pdflush 机制

pdflush机制实现在一个文件中：mm/pdflush.c。这与内核更早的版本中同步机制支离破碎的实现，形成了鲜明的对照。

pdflush是用通常的内核线程机制启动的：

mm/pdflush.c

```
static void start_one_pdflush_thread(void)
{
        kthread_run(pdflush, NULL, "pdflush");
}
```

start_one_pdflush启动一个pdflush线程，但内核通常会同时使用几个线程，读者在下文会看到。应该注意到，特定的pdflush线程并不总负责同一个块设备。线程分配可能随时间变化，因为线程的数目不是常数，而且可能随系统负载而变化。

实际上，内核在初始化pdflush子系统时，会启动MIN_PDFLUSH_THREADS个线程。通常，在普通负荷的系统上该数目是2，通过ps可以看到进程列表中有两个活动的pdflush实例：

```
wolfgang@meitner> ps fax
    2 ?        S<     0:00 [kthreadd]
...
  206 ?        S      0:00  _ [pdflush]
  207 ?        S      0:00  _ [pdflush]
...
```

pdflush线程的数目有下限和上限。MAX_PDFLUSH_THREADS指定了pdflush实例的最大数目，通常为8。并发线程的数目保存在nr_pdflush_threads全局变量中，但并不区分活动和睡眠的线程。用户空间可通过/proc/sys/vm/nr_pdflush_threads查看当前值。

何时创建/销毁pdflush线程的策略是很简单的。如果1秒内都没有空闲线程可用，内核将创建一个新的线程。反之，如果某个线程的空闲时间已经超过1秒，则将被销毁。并发pdflush线程数目的上下限分别定义为MIN_PDFLUSH_THREADS（2）和MAX_PDFLUSH_THREADS（8），内核总是遵守这两个限制。

为什么需要多个线程？现代系统通常具备多个块设备。如果系统中存在许多脏页，那么内核需要使这些设备尽可能忙于回写数据。不同块设备的队列是彼此独立的，因而数据可以并行写入。数据传输速率主要受限于I/O带宽，而不是当前硬件上CPU的计算能力。图17-2概述了pdflush线程和回写队列之间的关联。图17-2说明，pdflush线程的数目是动态变化的，这些线程向底层块设备传输那些必须进行同步的数据。请注意，一个块设备可能有多个可以传输数据的队列，而一个pdflush线程可能服务于所有队列，也可能只向其中一个提供数据。

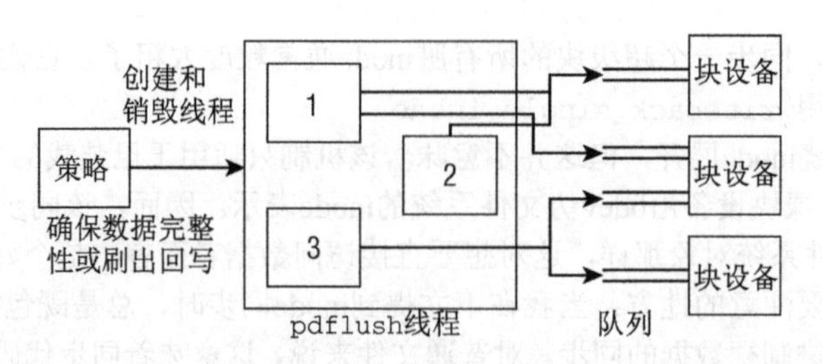

图17-2　pdflush机制概述

此前的内核版本只采用了一个刷出守护进程（那时称为bdflush），但这导致了一个性能问题：如果一个块设备队列因为过多的待决回写操作而拥塞，那么守护进程就不能向其他设备的队列再提供数据。这些队列将处于空闲状态，空闲对暑假来说是好东西，但对有工作需要完成的块设备来说，就不那么妙了。可以通过动态创建和销毁pdflush内核线程来解决该问题，这种方法可同时使许多队列处于忙碌状态。

17.3　启动新线程

pdflush机制由两个主要部分构成，数据结构描述线程的工作，策略例程帮助执行工作。

数据结构定义如下：

mm/pdflush.c

```
struct pdflush_work {
        struct task_struct *who; /* 指向线程task_struct实例 */
        void (*fn)(unsigned long);/* 回调函数 */
        unsigned long arg0;      /* 传递给回调函数的参数 */
        struct list_head list;    /* 链表元素，用于在线程空闲时，将线程置于pdflush_list链表上*/
        unsigned long when_i_went_to_sleep;
};
```

照例，该数据结构定义在C文件而非头文件中，向内核表明该结构只供内部代码使用。通用代码将使用其他机制来访问内核的同步功能，如下所述。

- who是一个指针，指向内核线程的task_struct实例，该实例用于在进程表中表示特定的pdflush实例。
- 几个pdflush_work的实例，可以使用list链表元素，群集到一个标准的双链表上。内核使用全局变量pdflush_list（定义在mm/pdflush.c中）作为该链表的表头。
- when_i_went_to_sleep成员的名称很长，该成员存储了线程上一次进入睡眠的时间。该值可用于从系统删除多余的pdflush线程（即在内存中已经有一段比较长的时间处于空闲状态的线程）。
- fn函数指针（连同arg0）是该结构的主干。它指向了完成实际工作的函数。在调用该函数时，arg0作为参数传递。

通过对fn使用不同的函数指针，内核能够将各种同步例程集成到pdflush框架中，以便为手头的工作选择正确的例程。

17.4　线程初始化

pdflush用作内核线程的工作过程。在创建之后，pdflush线程进入睡眠，直至内核的其他部分为线程指派任务，任务由pdflush_work描述。因而，pdflush线程的数目无须与要执行的任务的数目匹配。创建的线程都处于待命状态，等待内核分配任务。

图17-3中的代码流程图给出了pdflush的工作方式。

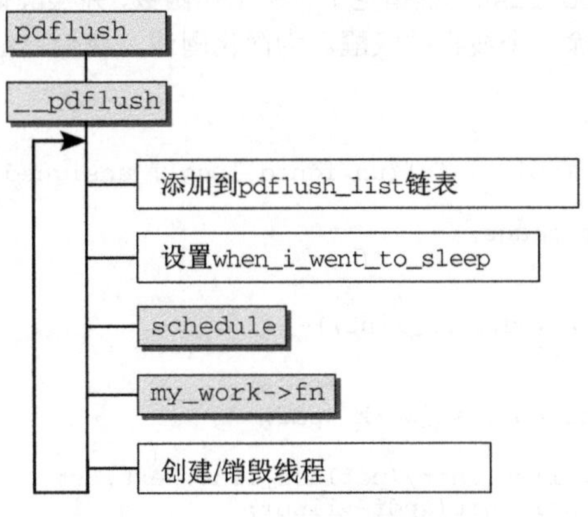

图17-3　pdflush的代码流程图

创建新pdflush线程时，其起始例程为pdflush，但控制流随后即传递到__pdflush①。

在__pdflush中，pdflush_work实例的工作函数设置为NULL，因为尚未对该线程指定需要完成的具体任务。全局计数器（nr_pdflush_threads）也必须加1，因为一个新pdflush线程已经增加到系统。

该线程接下来进入无限循环，执行以下操作。

- 线程的pdflush_work实例添加到全局链表pdflush_list（提示：内核能够通过who成员来确定线程）。
- when_i_went_to_sleep设置为当前系统时间，单位为jiffies，以记录线程线程开始睡眠的时间。
- 调用schedule，这是最重要的操作。因为线程的状态此前设置为TASK_INTERRUPTIBLE，线程现在将进入睡眠，直至被外部事件唤醒。

  如果内核需要一个工作线程，它可以设置全局链表中某个pdflush_work实例的工作函数，并唤醒对应的线程，该线程将在schedule之后立即恢复工作，但现在还是先讨论fn工作函数。
- 工作函数是通过保存的参数调用的，这样它可以着手进行工作。
- 在工作函数结束时，内核将检查工作线程是否太多或太少。如果已经有1秒多的时间没有空闲工作线程②，则start_one_pdflush_thread创建一个新线程。如果睡眠时间最长的线程（在pdflush_list链表末尾）已经睡眠超过1秒，则退出无限循环，这使得当前线程被从系统删除。在这种情况下，除了锁处理之外，唯一需要的清理操作就是对nr_pdflush_threads减1，因为少了一个可用的pdflush线程。

① 在pdflush中，只是创建一个pdflush_work的实例，将一个指向该实例的指针传递给__pdflush_work作为参数。这是防止编译器对该变量进行优化。此外，进程的优先级设置为0，而允许执行的CPU则限制为授予其父进程的那些。

② pdflush_list链表上一次变为空的时间，记录在全局变量last_empty_jifs中。

17.5 执行实际工作

pdflush_operation为pdflush线程指定了一个工作函数，并唤醒该线程。如果没有可用的线程，则返回-1。否则，从链表移除一个线程并唤醒。为简化阐述，我们已经省略了代码中需要进行的锁操作：

mm/pdflush.c
```
int pdflush_operation(void (*fn)(unsigned long), unsigned long arg0)
{
        unsigned long flags;
        int ret= 0;

        if (list_empty(&pdflush_list)) {
                ret = -1;
        } else {
                struct pdflush_work *pdf;

                pdf = list_entry(pdflush_list.next, struct pdflush_work, list);
                list_del_init(&pdf->list);
                if (list_empty(&pdflush_list))
                        last_empty_jifs = jiffies;
                pdf->fn = fn;
                pdf->arg0 = arg0;
                wake_up_process(pdf->who);
            }
          return ret;
}
```

pdflush_operation接受两个参数，分别指定了工作函数及其参数。

如果pdflush_list链表是空的，没有可唤醒的pdflush守护进程，则返回一个错误码。如果队列中有一个睡眠的pdflush实例，则从链表移除该实例，该线程对内核的其他部分都不再可用。工作函数和参数的值都是通过pdflush_work的对应字段指定的，然后立即用wake_up_process唤醒线程。根据pdflush_work中的who成员，内核知道需要唤醒哪个线程。

为确保总有足够的工作线程，内核在从pdflush_list链表移除当前实例之后、唤醒该线程之前，检查pdflush_list链表是否是空的。如果是空的，则last_empty_jifs将设置为当前系统时间。在线程结束时，内核将使用该信息来检查没有空闲线程可用的时间，如果超过1秒，将如上文所述那样创建一个新线程。

17.6 周期性刷出

前面讲解了pdflush机制运作的框架，这里描述实际的同步例程，这些例程负责将缓存的内存与相关的后备存储器同步。前面已经讲过，有两种方案可用，一种是周期性的，另一种是强制的。下面首先讨论周期性的回写机制。

在较早的内核版本中，使用一个用户态应用程序来执行周期性写操作。该应用程序在内核初始化时启动，每隔一定时间调用一个系统调用来回写脏页。与此同时，这个不那么优雅的过程被一个更为现代的方案代替，后者不通过用户态迂回，因而不仅更高效，而且更为优雅。

早期同步方法的名称是**kupdate**。该名称会作为某些函数的一部分出现，通常用于描述刷出机制。

周期性地刷出脏的缓存数据需要两个组件：借助pdflush机制执行的工作函数，以及定期激活该机制的相关代码。

17.7　相关的数据结构

mm/page-writeback.c中的wb_kupdate函数负责刷出操作的技术实现。它基于地址空间概念（在第4章讨论），这一概念建立了物理内存与文件或inode和底层块设备之间的关联。

17.7.1　页状态

wb_kupdate基于两个数据结构，二者控制了该函数的运作。其中一个是全局数组vm_stat，可用于查询所有系统内存页的状态：

mm/vmstat.c
```
atomic_long_t vm_stat[NR_VM_ZONE_STAT_ITEMS];
```

该数组保存了一组全面的统计信息，用于描述每个CPU的内存页面的状态。因而，系统中的每个CPU都对应该结构的一个实例。各个实例群集在一个数组中，以简化访问。

> 该结构的成员只是简单的基本类型的数字，表示具有特定状态的页的数目。要找出具备这些状态的具体的内存页，还需要其他的手段，将在下文中详细讨论。

vm_stat中收集了下列统计量：

<mmzone.h>
```
enum zone_stat_item {
        /* 第一个缓存行，前128字节（假定字长为64位） */
        NR_FREE_PAGES,
        NR_INACTIVE,
        NR_ACTIVE,
        NR_ANON_PAGES,              /* 映射的匿名页 */
        NR_FILE_MAPPED,             /* 页缓存中的页，映射到页表。
                                       只从进程上下文修改 */
        NR_FILE_PAGES,
        NR_FILE_DIRTY,
        NR_WRITEBACK,
        /* 第二个128字节的缓存行 */
        NR_SLAB_RECLAIMABLE,
        NR_SLAB_UNRECLAIMABLE,
        NR_PAGETABLE,               /* 用于页表 */
        NR_UNSTABLE_NFS,            /* NFS非稳定页 */
        NR_BOUNCE,
        NR_VMSCAN_WRITE,
#ifdef CONFIG_NUMA
        /* 忽略：NUMA相关的统计量 */
#endif
NR_VM_ZONE_STAT_ITEMS };
```

各枚举项的语义，很容易从其名称猜测出来。NR_FILE_DIRTY指定了基于文件的脏页的数目，而NR_WRITEBACK表示当前正在回写的页的数目。NR_PAGETABLE存储了用于存放页表的页的数目，而NR_FILE_MAPPED指定了被页表机制映射的页的数目（只计算基于文件的页，直接的内核映射不包含在内）。最后，NR_SLAB_RECLAIMABLE和NR_SLAB_UNRECLAIMABLE表示用于第3章描述的slab缓存的页数目（这两个常数也用于slub缓存）。剩余的项各有其用途，我们对此并不感兴趣。

请注意，内核不仅维护了一个全局数组来收集页统计信息，还为各个内存域都提供了同样的信息：

<mmzone.h>
```
struct zone {
...
```

```
        /* 内存域统计量 */
        atomic_long_t        vm_stat[NR_VM_ZONE_STAT_ITEMS];
...
}
```

维护全局和特定于内存域的数组，使其状态能够反映最新的使用情况，是内存管理子系统的工作。我们目前主要关注的是，这些信息是如何使用的。为获得整个系统状态的概述，必须合并各数组项中的信息，才能获得整个系统的数据，而不是特定于CPU的数据。内核提供了辅助函数global_page_state，它可以提供vm_stat的一个特定字段的当前值：

<vmstat.h>
```
unsigned long global_page_state(enum zone_stat_item item)
```

> 因为各个vm_stat数组及其数组项并未由锁机制保护，在global_page_state执行时，可能数据已经发生改变。所返回的结果不是准确值，而是近似值。这一点不成问题，因为该值只是工作分配的有效程度的一个一般性标志。在实际数据和返回值之间存在微小的差别，是可以接受的。

17.7.2　回写控制

另一个数据结构保存了用于控制脏页回写的各种参数。上层使用该结构，将如何进行回写的相关信息传递给底层（图17-1中自顶向下）。但该结构也可以用来反向传播状态信息（自底向上）。

<writeback.h>
```
/* 一个控制结构，告知回写代码完成何种工作。*/
struct writeback_control {
        struct backing_dev_info *bdi;     /* 如果不是NULL，则只回写该队列 */
        enum writeback_sync_modes sync_mode;
        unsigned long *older_than_this;  /* 如果不是NULL，则只回写变脏时间早于该值的inode */
        long nr_to_write;                /* 回写该属性指定数目的页，每回写一页，将该属性值减1 */
        long pages_skipped;              /* 未回写的页的数目 */

        loff_t range_start;
        loff_t range_end;

        unsigned nonblocking:1;              /* 不要在请求队列上阻塞 */
        unsigned encountered_congestion:1;  /* 一个状态输出，表示队列满 */
        unsigned for_kupdate:1;              /* kupdate回写 */
        unsigned for_reclaim:1;              /* 从页分配器调用 */
        unsigned for_writepages:1;           /* 这是一个writepages()调用 */
        unsigned range_cyclic:1;             /* range_start是循环的 */
};
```

该结构成员的语义如下。

- bdi指向一个类型为backing_dev_info的结构实例，其中总述了有关底层存储介质的信息。该结构在第16章简要讨论过。我们在这里对两部分比较感兴趣。首先，该结构提供了一个变量来保存回写队列的状态（这意味着，例如，如果写请求太多，则可以通知调用方发生拥塞），其次，它允许标记出基于物理内存的文件系统，此类文件系统没有（块设备作为）后备存储器，回写操作对此类文件系统是无意义的。
- sync_mode对三种同步模式进行区分：

  <writeback.h>
  ```
  enum writeback_sync_modes {
  ```

```
        WB_SYNC_NONE,   /* 不等待任何东西 */
        WB_SYNC_ALL,    /* 对每个映射都进行等待 */
        WB_SYNC_HOLD,   /* 对sys_sync()，将inode置于sb_dirty */
};
```

为同步数据，内核需要向底层块设备发出一个对应的写请求。本质上，向块设备发出的请求是异步的。如果内核想要确保数据已经安全地到达了设备，它需要在请求发出后等待完成。对WB_SYNC_ALL模式，会强制要求进行等待。等待回写完成在下文讨论的__sync_single_inode中进行。如图17-1所示，该函数位于整个机制的最底层，负责将对特定inode的同步委托给文件系统相关方法。所有因为设置了WB_SYNC_ALL而在inode上等待的函数，都在图17-1中标记出来了。

请注意，设置了WB_SYNC_ALL的回写称为**数据完整性回写**（data integrity writeback）。在此模式下，如果回写结束后立即发生了系统崩溃，不会丢失数据，因为所有数据都已经与底层块设备同步。

如果使用了WB_SYNC_NONE，内核将发送请求，然后立即继续进行剩余的同步工作。该模式也称为**刷出回写**（flushing writeback）。

WB_SYNC_HOLD是一种特殊形式，用于sync系统调用，其工作类似于WB_SYNC_NONE。二者之间确切的差别是比较微妙的，将在17.15节讨论。

- 在内核进行回写时，它必须确定哪些脏的缓存数据必须与后备存储器同步。为此使用了older_than_this和nr_to_write成员。如果数据变脏的时间已经超过older_than_this指定的值，那么将回写。

> older_than_this定义为一个指针类型，对于传递或设置单个long型值来说，这种做法是不常见的。我们感兴趣的是其数值，可通过适当的反引用获得。如果指针为NULL，那么不进行变脏时间的检查，所有的对象，无论何时变脏，都进行同步。类似地，将nr_to_write设置为0，会禁用对回写页数目的上限限制。

- nr_to_write可以限制应该回写的页的最大数目。该值的上界由MAX_WRITEBACK_PAGES给出，通常设置为1 024。
- 如果选中一些页进行回写，那么由底层提供的函数来执行所需的操作。但回写可能因各种原因而失败，例如，页可能被内核的其他部分锁定。在回写过程中，因各种原因跳过的页的数目，可通过计数器pages_skipped报告给高层。
- nonblocking标志位指定了回写队列在遇到拥塞时是否阻塞（拥塞，是指待决写操作的数量比实际能够满足的写操作数目要多）。如果被阻塞，则内核将一直等待，直到队列空闲为止。否则，内核将交出控制权。写操作将在稍后恢复。
- encountered_congestion也是一个标志位，通知高层在数据回写期间发生了拥塞。它接受的值为1或0。
- 如果写请求由周期性机制发出，则for_kupdated设置为1。否则，其值为0。for_reclaim和for_writepages的用法类似：如果回写操作是由内存回收或do_writepages函数发起，则分别设置对应的标志位。
- 如果range_cyclic设置为0，则回写机制限于对range_start和range_end指定的范围进行操作。该限制是对回写操作的目标映射设置的。
- 如果range_cyclic设置为1，则内核可能多次遍历与映射相关的页，该成员因此而得名。

17.7.3　可调参数

内核支持通过参数对同步操作进行微调。这些参数可以由管理员设置，以帮助内核评估系统的使用情况和负荷。第10章描述的sysctl机制即用于此目的，这意味着proc文件系统成为了操作这些参数的固有的接口，这些参数位于/proc/sys/vm/。有如下4个参数可以设置，都定义在mm/pagewriteback.c。①

- dirty_background_ratio指定脏页的百分比，当脏页比例超出该阈值时，pdflush在后台开始周期性的刷出操作。默认值为10，当与后备存储器相比，有超过10%的页变脏时，pdflush机制将开始运转。
- vm_dirty_ratio（对应的sysctl是dirty_ratio）指定了脏页（相对于非高端内存域）的百分比，脏页比例超出该阈值时，将开始刷出。默认值是40。

  为何将高端内存排除在比例计算之外？实际上，在2.6.20之前的内核版本是不区分高端和普通内存的。但如果高端内存和低端内存的比例过大（即在32位处理器上主内存远超4 GiB），在回写机制初始化时，dirty_background_ratio和dirty_ratio的默认值需要稍微降低一些。使用原有的默认值将导致buffer_head实例的数量过多，这些都要占用宝贵的低端内存。通过将高端内存排除在计算之外，内核无须处理对比例的回缩，一定程度上简化了工作。
- dirty_writeback_interval定义了周期性刷出例程两次调用之间的间隔（对应的sysctl是dirty_writeback_centisecs）。间隔的单位是百分之一秒（源代码中也称作厘秒，centisecond）。默认值是500，相当于两次调用的间隔为5秒。

  在进行大量写操作的系统上，降低该值将提高性能，但在写操作数量很少的系统上，增加该值只能带来很少的性能增益。
- 一页可以保持为脏状态的最长时间，由dirty_expire_interval指定（对应的sysctl是dirty_expire_centisecs）。该时间值的单位仍然是百分之一秒。默认值为3 000，这意味着一个脏页在写回之前，保持脏状态的时间最长可达30秒。

17.8　中央控制

周期性刷出操作中，关键性的一个组件是定义在mm/page-writeback.c中的wb_kupdate过程。它负责指派底层例程在内存中查找脏页，并将其与底层块设备同步。照例，我们的描述基于如图17-4所示的代码流程图。

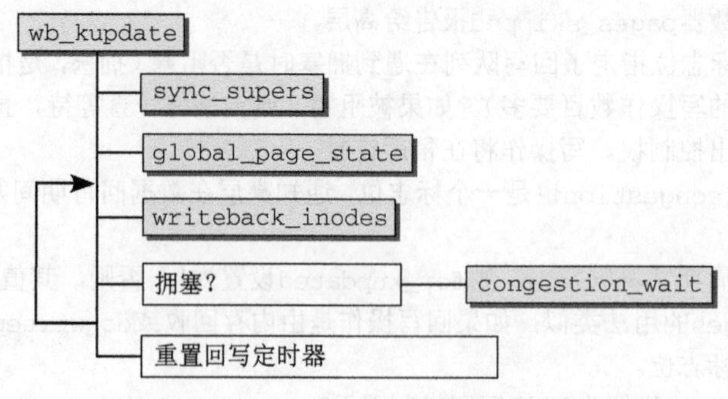

图17-4　wb_kupdate的代码流程图

① 由于历史原因，sysctl的名称与变量名不同。

超级块在该函数刚开始时就进行同步，因为这对保证文件系统的完整性很有必要。不正确的超级块数据，将导致遍及文件系统各处的一致性错误，而且在大多数情况下，都可能导致部分数据损失。这也是首先调用sync_supers的原因，该函数的用途将在17.9节详细描述。

接下来，从页缓存将“普通”的脏数据写回。内核调用global_page_state函数，将系统中所有页的状态信息，都获取到一个page_state实例中。关键的信息项是脏页的数目，保持在vm_stats数组的NR_FILE_DIRTY元素中。

该函数接下来进入一个循环，重复执行其中的代码，直至系统中没有脏页为止。在初始化一个writeback_control实例之后，函数开始发起对MAX_WRITEBACK_PAGES页（通常是1 024）的非阻塞回写，实际的回写由writeback_inodes完成，该函数将通过inode取得的数据进行回写。该函数相当冗长，因此将在17.10节进行非常详细的单独讨论，但这里将列出几个要点，如下所述。

- 并非所有的脏页都进行回写，实际上，回写的页数限于MAX_WRITEBACK_PAGES。因为inode在回写期间是锁定的，脏页会分为小组进行处理，以防对单个inode的过度阻塞，进而影响到系统的性能。
- 实际回写页数在wb_kupdate和writeback_inodes之间通过下述方式进行传输：每次writeback_inodes调用之后，从writeback_control实例的nr_to_write成员减去回写页数，因为这些页不再是脏的。

在writeback_inodes结束时，内核重复该循环，直至系统中没有脏页为止。

如果发生队列拥塞（内核通过writeback_control实例的encountered_congestion成员是否置位，来检测拥塞），将调用congestion_wait函数。函数将一直等到拥塞情况减轻，才继续进行循环。17.10节详细描述了内核对拥塞的定义。

在循环结束后，wb_kupdate确保内核将在dirty_writeback_interval定义的时间间隔之后再次调用该函数，以保证周期性的后台刷出。为此使用了第15章中讨论过的低分辨率内核定时器，在此具体实例中，该定时器通过全局定时器wb_timer（定义在mm/page_writeback.c）实现。

通常，wb_kupdate函数两次调用之间的间隔由dirty_writeback_centisecs指定。但如果wb_kupdate花费的时间比dirty_writeback_centisecs指定的时间更长，会出现一种特殊情况。在这种情况下，将推迟下一个wb_kupdate调用的时间，到当前wb_kupdate调用结束之后1秒钟。这不同于通常情况，因为这里的间隔不是按两个连续调用的开始时间来计算的，而是按照第一个调用结束到下一个调用开始的时间间隔来计算的。

在page_writeback_init初始化了同步层之后，整个机制就开始运转，内核在该函数中第一次启动相关的定时器。wb_timer变量的初始值是在该变量声明时（mm/page-writeback.c中）静态设置的，主要是定时器到期时调用的wb_timer_fn回调函数。逻辑上，该定时器的到期时间会随着时间流逝而不断改变，在每个wb_kupdate调用结束时都会重置，刚才已经描述过。

周期性调用的wb_timer_fn函数，其结构是非常简单的，它只包含了一个pdflush_operation调用，其中又调用了wb_kupdate。此时，重新初始化该定时器是不必要的，因为wb_kupdate会进行该操作。只有一种情况下，wb_timer_fn函数才需要重置定时器：在没有pdflush线程可用时。这种情况下，该函数会将下一次wb_timer_fn调用推迟1秒钟。这确保了定期调用wb_kupdate将缓存数据与块设备同步，即使在pdflush子系统负荷很重时，也是如此。

17.9　超级块同步

超级块数据通过一个专用函数sync_supers进行同步，这使得它与普通的同步操作区分开来。该函数及其他与超级块相关的函数都定义在fs/super.c。其代码流程图如图17-5所示。

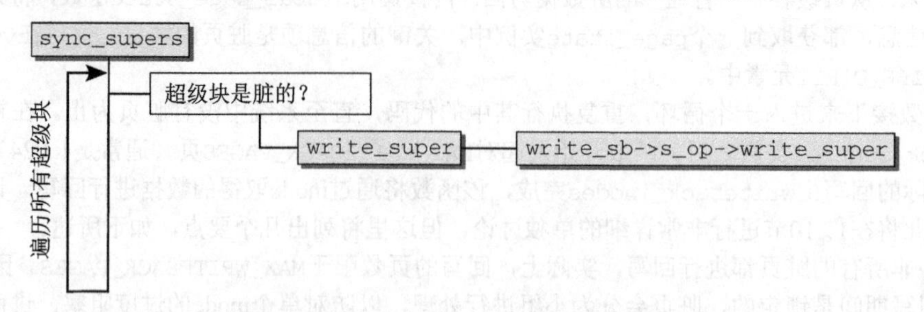

图17-5　sync_supers的代码流程图

回想第8章的内容，内核提供了全局链表super_blocks来保存所有装载文件系统的super_block实例。如图17-5所示，sync_supers最初的任务就是遍历所有超级块，并根据超级块结构s_dirt成员来检查超级块是否是脏的。如果是，则通过write_super将超级块数据的内容写到数据媒体。

实际的写入操作由特定于超级块的super_operations结构所包含的write_super方法完成。如果该函数指针未设置，则该文件系统不需要超级块同步（例如虚拟的和基于物理内存的文件系统）。例如，proc文件系统就使用了一个NULL指针。当然，块设备上的普通文件系统，如Ext3或Reiserfs，都提供了适当的方法（例如ext3_write_super）来与块层通信并写回相关的数据。

17.10　inode 同步

writeback_inodes通过遍历系统的inode对安装的映射进行回写（为简单起见，这称为inode回写，但事实上不只是inode，连同相关的脏数据都进行了回写）。该函数肩负着主要的同步工作，因为大多数系统数据都是以地址空间映射的形式提供的，均利用了inode。图17-6给出了writeback_inodes的代码流程图。实际上，该函数比图17-6要稍微复杂一些，因为还需要处理更多的细节和边角情况。我们考虑的是一个稍微简化的版本，但其中包含了inode回写时所有本质性的内容。

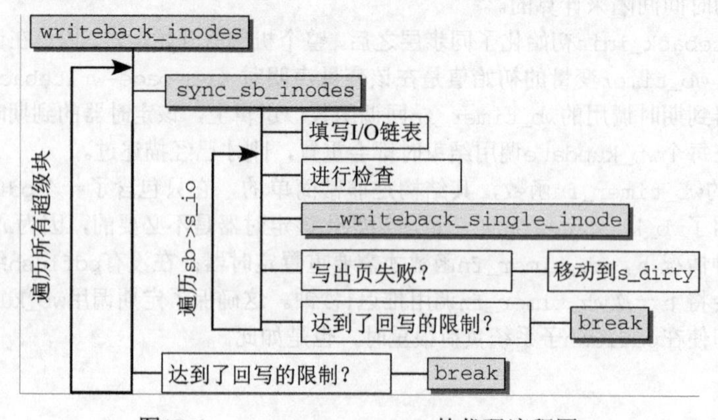

图17-6　writeback_inodes的代码流程图

该函数利用了第8章讨论的数据结构，来建立超级块、inode和相关数据之间的关联。

17.10.1 遍历超级块

在逐inode回写各映射时，最初的路径是通过系统中表示已装载文件系统的所有超级块实例。对每个超级块实例都会调用sync_sb_inodes以回写超级块inode数据，如图17-6中的代码流程图所示。在以下两种情况下，对超级块链表的遍历会结束。

(1) 已经顺序扫描了所有超级块实例。内核已经到达链表末尾，因而已经完成工作。

(2) writeback_control实例中指定的回写页的最大数目已经达到。由于回写需要获得各种重要的锁，因此不应该让回写操作干扰系统的正常运作太长时间，以便内核的其他部分能够恢复对相关inode的访问。

17.10.2 考察超级块inode

在借助于超级块结构确认文件系统确实包含带有脏数据的inode之后，内核将工作转交给sync_sb_inodes，该函数将同步脏的超级块inode。代码流程图在图17-6给出。

如果内核每次为区分干净和脏的inode时，都需要遍历文件系统inode的完整列表，那就需要巨大的工作量。因而内核将所有脏inode置于特定于超级块的链表super_block->s_dirty上，实现了一个代价小得多的方案。请注意，该链表中的inode是按照时间逆序排列的。inode变脏的时间越靠后，它就越接近链表的尾部。

为对这些inode进行同步，还需要两个链表头。super_block结构的相关部分如下：

<fs.h>
```
struct super_block {
...
        struct list_head s_dirty; /* 脏inode的链表 */
        struct list_head s_io; /* 等待回写 */
        struct list_head s_more_io; /* 等待回写，另一个链表 */
...
}
```

该超级块所属文件系统中所有脏inode都保存在s_dirty链表中，对于同步机制来说，所需的数据实际上都是现成的。VFS层的相关代码会自动更新该链表。s_io链表保存了同步代码当前考虑回写的所有inode。

s_more_io包含那些已经被选中进行同步的inode，也置于s_io链表中，但不能一次处理完毕。看起来最简单的解决方案是由内核将这些inode放回到s_io链表，但这可能导致新近变脏的inode无法得到同步处理，或导致锁方面的问题，因此又引入了一个链表。所有将inode置于s_io或s_more_io链表上的函数，都在图17-1中已经标明。

sync_sb_inodes的第一个任务是填充s_io链表。必须区分如下两种情况。

(1) 如果同步请求不是源于周期性机制，那么将脏链表上所有的inode都放置到s_io链表中。如果s_more_io链表上有inode，则将其置于s_io链表的末尾。内核提供了辅助函数queue_io来执行这两个链表操作。这种行为确保前一次同步剩余的inode仍然能够得到处理，但将优先考虑新近变脏的inode。这样，即使有比较大的脏文件存在，也不会导致小的脏文件不能得到同步处理。

(2) 如果同步操作由周期性机制wb_kupdate触发，仅当s_io链表为空时，才补充额外的脏inode。否则，内核将等待，直至s_io中所有inode的回写操作都完成为止。对于周期性机制来说，没有什么特别的压力要求其在尽可能短的时间内回写尽可能多的inode。相反，更重要的是，稳健地写出一定数目的inode。

如果回写控制参数指定了older_than_this条件，那么在标记为脏的inode中，只有变脏超过一定时间的那些才纳入同步处理。如果该成员中保存的时间早于映射的dirtied_when成员中的时间值，那么同步的必要条件不满足，内核不会将该inode从脏链表移动到s_io链表。

在选择了s_io链表的成员之后，内核开始遍历各链表元素。

在实际回写之前，会进行一些检查，以确认相关的inode适合进行同步：

- 纯粹基于内存的文件系统如RAM磁盘，或伪文件系统或纯粹的虚拟文件系统，都不需要与底层块设备同步。这通过在相关文件系统的映射所属的backing_dev_info实例中，设置BDI_CAP_NO_WRITEBACK来表示。如果遇到此类inode，可以立即放弃处理。

  但有一个文件系统，其元数据是纯粹基于内存的，没有物理上的后备存储器，但该文件系统的inode不能跳过：块设备伪文件系统bdev。回想第10章的内容，bdev用于处理对裸块设备或其中分区的访问。对每个分区都提供了一个inode，对裸设备的访问通过该inode处理。尽管inode的元数据在内存中是重要的，但持久存储是没有意义的，因为它们只是用于实现一个统一的抽象机制。但这并不意味着块设备的内容不需要同步。事实上完全相反。对裸设备的访问照例由页缓存进行缓冲，任何修改都会反映到基数树数据结构中。在修改块设备的内容时，数据会通过页缓存。因而，相关的页必须像页缓存中其他页一样，定期与底层硬件同步。

  块设备伪文件系统bdev因而并不设置BDI_CAP_NO_WRITEBACK。但相关的super_operations中并不包含write_inode方法，因此不进行元数据同步。另一方面，其数据同步的运行类似于任何其他文件系统。
- 如果同步队列发生拥塞（backing_dev_info实例的status字段的BDI_write_congested标志位置位）而且writeback_control中选中了非阻塞回写，那么需要向更高层报告拥塞。这是通过将writeback_control实例中encountered_congestion字段设置为1来完成的。

  如果当前inode属于一个块设备，那么将使用辅助函数requeue_io将该inode从s_io移动到s_more_io。同一块设备的不同inode可能由不同的队列处理，例如，在将多个物理设备合并为一个逻辑设备时。内核因而会继续处理s_io链表中其他的inode，以期它们属于其他未发生拥塞的队列。

  但如果当前inode源自一个普通文件系统，那么可以假定其他inode也是由同一队列处理。由于该队列已经拥塞，继续同步其他的inode是没有意义的，因此将放弃循环。未处理的inode将保持在s_io链表中，在下一次调用sync_sb_inodes时处理。
- 可以通过writeback_control指示pdflush专注于某一队列。如果遇到了一个使用不同队列的普通文件系统inode，则可以放弃处理。如果该inode表示一个块设备，则跳过该inode，去处理s_io链表中的下一个inode，原因与写操作中映射的情形相同。
- 在sync_sb_inodes开始时，将以jiffies为单位的当前系统时间保存在一个局部变量中。内核现在将要检查当前处理的inode被标记为脏的时间，是否在sync_sb_inodes函数开始执行时间之后。如果是，则完全放弃同步操作。未处理的inode仍然保留在s_io中。
- 还有一种情况会导致sync_sb_inodes结束。如果一个pdflush线程已经处于回写当前被处理队列的过程中（由backing_dev_info的status成员的BDI_pdflush标志位表示），则当前线程会让正进行处理的pdflush线程自行其是。

在内核确认上述条件都满足之前，是不会发起inode回写的。如图17-6中的代码流程图所示，inode

是使用__writeback_single_inode回写的，下文将详细介绍该函数。可能发生这样的情况是：在应该回写的所有页中，可能某些页的回写操作没有成功，例如，页可能被内核的其他部分锁定，或者，网络文件系统的连接可能是不可用的。在这种情况下，该inode将再次移回s_dirty链表，如果inode在回写时被再次弄脏，那么将需要更新dirtied_when字段。在接下来某一次运行同步时，内核将自动重试同步该inode的数据。此外，内核还需要确保s_dirty上的所有inode维持了时间逆序。辅助函数redirty_tail可对此进行维护。

上述处理进程一直重复下去，直至下列两个条件之一得到满足。

(1) 该超级块的所有脏inode都已经回写。

(2) 达到了页同步的最大数目（在nr_to_write指定）。为支持上文描述的逐单元同步机制，这是必须的。s_io中剩余的inode将在下一次调用sync_sb_inodes时处理。

17.10.3 回写单个 inode

如上所述，内核将同步与一个inode相关联数据的任务委托给__writeback_single_inode。对应的代码流程图在图17-7给出。

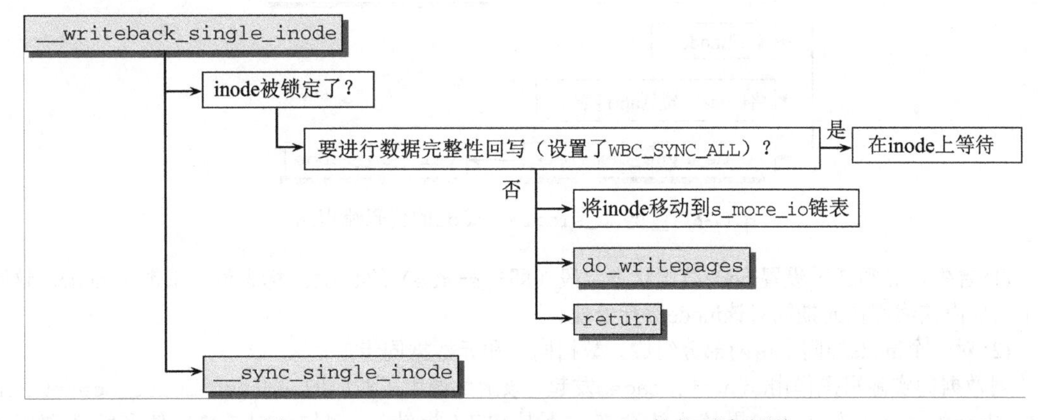

图17-7 __writeback_single_inode的代码流程图

该函数本质上就是__sync_single_inode的分配器，但负有重任，需要区分是要进行数据完整性回写，还是普通回写。这会影响对被锁定inode的处理方式。

inode数据结构中，如果i_state成员的I_LOCK标志位置位，即表示该inode正在由内核的另一部分进行同步，因而目前不能在当前代码路径中进行修改。如果当前是在进行普通回写，这不算什么问题：内核只是跳过该inode，并将其放置到s_more_io链表上，这保证了稍后会重新考虑该inode。在返回到调用者之前，do_writepages用于将与该inode有关的一些数据写出，因为这样没有什么害处。[①]

但如果进行的是数据完整性回写，情况就更加复杂。在这种情况下，内核不会跳过该inode，而是建立一个等待队列（参见第14章），一直等到该inode再次可用为止，即等到I_SYNC标志位被清除。注意，就我们所知的信息而言，不足以了解内核的另一部分是否同步了该inode。这可能是一次普通的

① 实际上，该调用也没有任何好处，将在内核版本2.6.25中删除，该版本在本书撰写时仍处于开发中。由于__sync_single_inodes中也调用了do_writepages，因而前述调用是多余的。

17

回写，并不能保证脏数据已经实际写入到磁盘。反过来，WB_SYNC_ALL的语义就是另外一回事：在当前一轮的同步操作完成时，内核必须确保所有的数据都已经同步，因而在inode上等待是必须的。

在inode变得可用后，工作转移到__sync_single_inode。该函数将与inode相关的数据和inode的元数据写回到块设备，此函数涉及颇广。图17-8给出了其代码流程图。

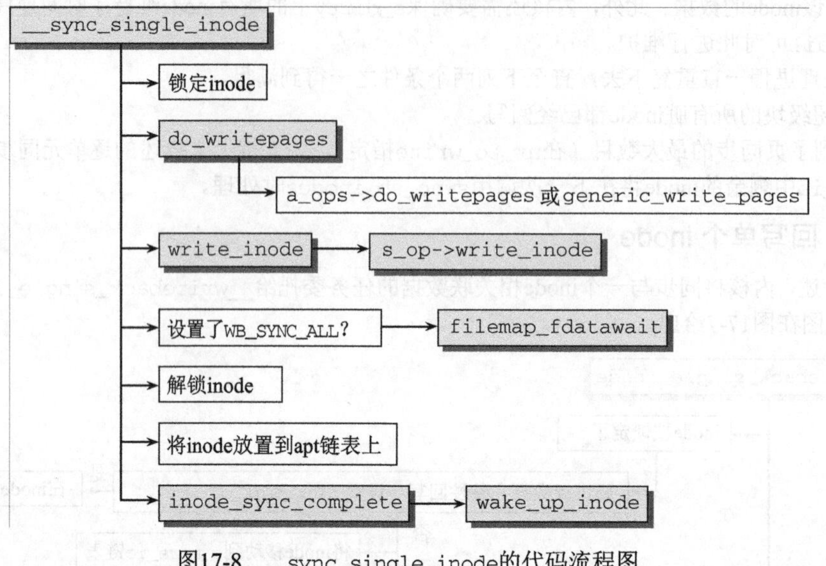

图17-8　__sync_single_inode的代码流程图

(1) 首先，必须通过设置inode结构状态字段（即i_state）的I_LOCK标志位，来锁定inode。这防止了其他内核线程在此期间对该inode进行处理。

(2) 对一个inode的同步由两部分组成：数据同步和元数据同步。

对数据的实际写操作由do_writepages发起。该函数调用了对应的address_space_operations结构的writepages方法（如果该方法存在，不是NULL指针），例如，对Ext3文件系统就调用了ext3_writepages方法。

如果该方法不存在，则内核调用generic_writepages函数，该函数将找到映射的所有脏页，并使用地址空间操作的writepage方法（请注意，与writepages不同，该方法名称的末尾没有s）依次将各个脏页写回，如果writepage方法也不存在，则调用mpage_writepage。

(3) write_inode将管理inode本身所需的元数据写回。该函数并不复杂：它只检查与该inode实例相关的超级块操作中是否包含write_inode方法（如块设备文件系统没有提供）。如果存在，则调用该方法，找到相关的数据并通过块层写回。

> 文件系统通常选择不向块设备进行实际写操作，而是将一个脏缓冲区提交给通用代码。这需要由下文讨论的sync系统调用处理。

请注意，如果I_DIRTY_SYNC和I_DIRTY_DATASYNC都没有置位，则跳过对write_inode的调用，因为这表示只需要回写数据，不需要回写元数据。

(4) 如果当前同步的目的在于保证数据完整性，即设置了WB_SYNC_ALL，那么将使用filemap_

fdatawait来等待所有待决写操作（通常是异步处理的）完成。该函数以页为单位等待写操作完成。当前即将回写到后备存储器的页会设置PG_writeback状态位，在负责回写的块层代码完成写操作之后，会自动清除该状态位。因而，同步代码只需等待该状态位清除即可。

上述步骤完成了inode同步，至少从文件系统的角度来说是这样（很自然，在没有调用filemap_fdatawait等候结果之前，块层还有一些工作需要完成），但内核的层次结构意味着剩余的工作与我们关系不大了。inode现在需要被放回到正确的链表中，如果inode状态因为同步而发生改变，内核必须更新inode状态。inode可能插入到4个链表中。

(1) 如果inode数据在此期间再次变脏（即如果i_state成员的I_DIRTY标志位置位），inode将添加到超级块的s_dirty链表。

如果映射的脏数据未能完全写回，也会将inode置于该链表中，这是因为，举例来说，回写控制结构中指定的页数太小，无法一次处理所有的脏页。在这种情况下，inode状态设置为I_DIRTY_PAGES，这样在下一次调用_ _sync_single_inode时会跳过对元数据的同步，元数据这一次刚刚回写完毕，原封未动。

(2) 如果映射的数据未能全部回写，而pdflush是从wb_kupdate调用的，则将inode置于s_more_io链表，在后续的同步操作中处理。

如果数据未能全部回写，而pdflush不是从wb_kupdate调用的，那么inode将放回s_dirty链表。这避免了一个大的脏文件在不能完全回写的情况下，致使其他待处理文件长时间或无限期挂起。redirty_tail负责维护s_dirty链表上的inode，使之保持时间逆序。

(3) 如果inode访问计数器（i_count）的值大于1，内核将其插入到全局的inode_in_use链表，因为该inode仍然处于使用状态。

(4) 如果访问计数器降低到0，则将该inode置于保存未使用inode实例的全局链表中（inode_unused）。

在上述所有情形中，都将inode的i_list成员用作链表元素。

最后一步是通过分配器inode_sync_complete调用wake_up_inode。该函数将唤醒在inode的等待队列上等待回写完成的进程。因为当前线程不再需要该inode（因而inode不再被锁定），调度器将选择其中一个进程运行，来处理该inode。如果数据已经完全同步，该进程没什么可做的。如果还有脏页需要同步，该进程将继续同步操作。

17.11 拥塞

我已经几次使用了术语拥塞（congestion），但没有确切定义其语义。在直觉上该术语不难理解，在某个内核块设备队列负荷了过多的读/写操作时，向队列增加更多与块设备通信的请求是没有意义的。在提交新的读/写请求之前，最好等待一段时间，使得一定数目的请求被处理完成，而队列能变得短一些。

接下来，将讲述内核在技术层次上对该定义的实现。

17.11.1 数据结构

实现拥塞方法需要两个等待队列。其定义如下：

mm/backing-dev.c

```
static wait_queue_head_t congestion_wqh[2] = {
                __WAIT_QUEUE_HEAD_INITIALIZER(congestion_wqh[0]),
                __WAIT_QUEUE_HEAD_INITIALIZER(congestion_wqh[1])
};
```

内核提供了两个队列，一个用于输入，另一个用于输出。<fs.h>中定义了两个预处理器常数（READ和WRITE）来访问数组元素，在不直接使用数组索引的情况下，明确区分这两个队列。

> 内核对数据传输到请求队列的方向进行了区分，换言之，区分了输入和输出。该数据结构并不区分系统中的不同设备。读者稍后会看到，对可能发生的拥塞，块层的数据结构包含了特定于请求队列的信息。

请注意，上述两个队列不能直接用标准的等待队列方法来操作。相反，内核为此提供了若干辅助函数，声明在<backing-dev.h>中，下文的讨论将涵盖这些函数。

17.11.2　阈值

内核在何时认为一个请求队列是拥塞的，何时可以“解除警报”？答案简单得令人惊讶，只需要进行一个简单的检查，即可对特定的请求队列判断请求的数目是否超出了最小值和最大值（或阈值）。

内核对此并不使用固定的常数。相反，它根据系统主存储器来定义这些限制值，因为阻塞请求的数目是随着主存储器大小而变化的。

回想第6章的内容，每个块设备都有一个请求队列，由struct request_queue定义。我们感兴趣的一些字段，如下所示：

<blkdev.h>

```
struct request_queue
{
...
        unsigned long nr_requests; /* 请求的最大数目 */
        unsigned int nr_congestion_on;
        unsigned int nr_congestion_off;
        unsigned int nr_batching;

...
}
```

nr_requests成员用于定义每个队列中request结构的最大数目。通常，该数目设置为BLKDEV_MAX_RQ，其值为128，但可以使用/sys/block/<device>/queue/nr_requests修改。请求数目的下界由BLKDEV_MIN_RQ给出，其值为4。

- nr_congestion_on表示队列请求数目达到拥塞的阈值。发生拥塞时，空闲request结构的数目必定小于该值。
- nr_congestion_off（请注意“off”）也指定了一个阈值，该阈值表示队列不再被认为拥塞。当空闲request结构的数目多于该值时，内核认为该队列不是拥塞的。

queue_congestion_on_threshold和queue_congestion_off_threshold函数用于读取当前的阈值。尽管这两个函数都很简单，但仍然必须使用，而不能直接读取相应的值。如果后续内核版本对阈值的实现进行修改，用户仍然能够使用同样的接口，而无须修改。

拥塞阈值由blk_congestion_threshold计算：

block/ll_rw_blk.c

```
static void blk_queue_congestion_threshold(struct request_queue *q)
```

图17-9显示了对给定长度的请求队列计算的拥塞阈值。congestion_on和congestion_off的值稍有不同。这种微小的差别（内核源代码中称之为hysteresis，即滞后，从物理学借用的一个术语），在空闲请求的数目接近拥塞阈值时，可防止队列不断在两个状态之间切换。

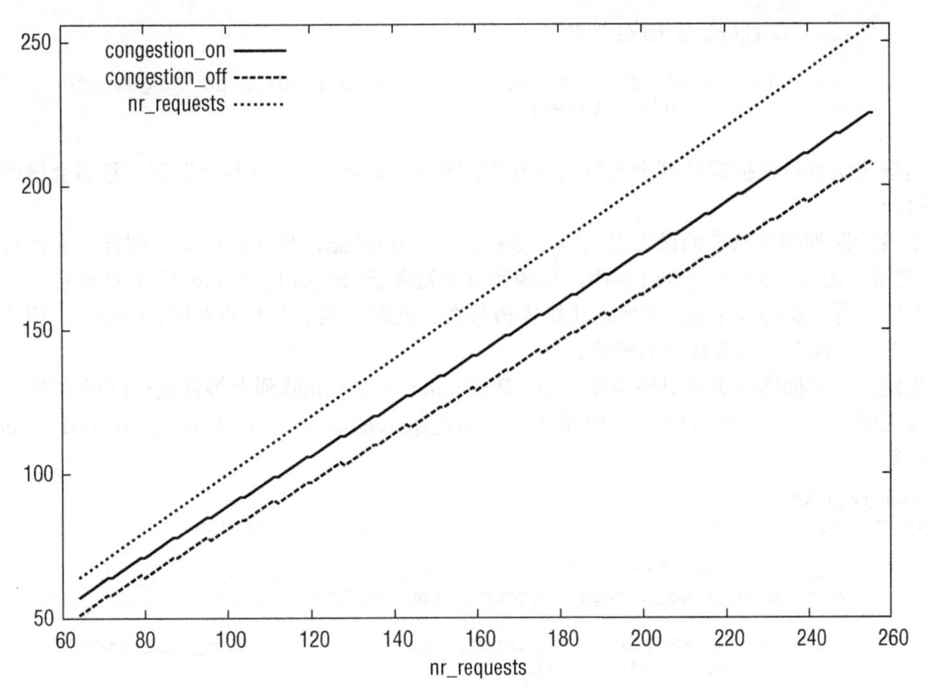

图17-9 拥塞现象出现和消失时，空闲请求数目的阈值。阈值显然总是小于队列中最大可容纳的请求数目

17.11.3 拥塞状态的设置和清除

内核提供了两个标准函数（声明在<blkdev.h>中）来设置和清除的队列的拥塞状态，分别是blk_set_queue_congested和blk_clear_queue_congested。两个函数都会获得所述请求队列的backing_dev_info，然后分别将工作移交给set_bdi_congested或clear_bdi_congested，后两个函数都定义在mm/backing-dev.c中。

为修改该状态需要操作两个数据结构。首先，必须修改块设备的请求队列（从第6章，读者已经熟悉了相关的request_queue数据结构），其次，必须注意维护全局拥塞数组（congestion_wqh）。

blk_set_queue_congested用于将一个请求队列标记为拥塞。值得注意的是，它只在内核中的一处调用，即get_request。[①]第6章讨论过，get_request的作用是为一个队列分配一个request实例，或从适当的缓存取出一个request实例。这是检查拥塞的理想位置。如果空闲request实例的数目低于阈值，set_queue_congested通知其余代码已经发生了拥塞。

set_bdi_congested的实现非常简单。只需要设置请求队列中的一个比特位，当然，拥塞的方向不同，设置的比特位也是不同的。

block/backing-dev.c
```
void set_bdi_congested(struct backing_dev_info *bdi, int rw)
{
```

① 这是不完全准确的，也可以从queue_request_store中调用blk_set_queue_congested。但该代码路径只在系统管理员通过sysfs改变请求队列的nr_requests字段时才会被激活，这里不会进一步讨论这种可能性。

```
        enum bdi_state bit;

        bit = (rw == WRITE) ? BDI_write_congested : BDI_read_congested;
        set_bit(bit, &bdi->state);
}
```

但内核也负责将在拥塞队列上等待的进程添加到congestion_wqh等待队列。稍后会描述这是如何完成的。

用于清除队列拥塞状态的函数是clear_queue_congested，也比较简单。同样，它也只在内核中一处[①]使用，由_freed_request调用，该函数位于发源于blk_put_request的代码路径中，该代码路径负责将不再需要的request实例返还给内核缓存。此时，很容易检查空闲request实例的数目是否已经超出了可以清除拥塞状态的阈值。

在指定方向的拥塞标志位已经清除之后，在congestion_wqh队列上等待进行I/O操作的进程将由第14章描述的wake_up函数唤醒。回想前文，clear_queue_congested只是clear_bdi_congested的一个前端：

block/ll_rw_blk.c

```
void clear_bdi_congested(struct backing_dev_info *bdi, int rw)
{
        enum bdi_state bit;
        wait_queue_head_t *wqh = &congestion_wqh[rw];

        bit = (rw == WRITE) ? BDI_write_congested : BDI_read_congested;
        clear_bit(bit, &bdi->state);

        if (waitqueue_active(wqh))
                wake_up(wqh);
}
```

17.11.4　在拥塞队列上等待

当然，将请求队列标记为拥塞并在情况好转时清除拥塞状态，是没什么用处的，内核必须提供在拥塞的请求队列上等待直至队列再次空闲的机制。读者已经看到，内核为此采用了一个等待队列，因此还需要讨论如何将进程添加到该等待队列。

内核为此使用了congestion_wait函数。它在拥塞发生时将一个进程添加到congestion_wqh等待队列。该函数需要两个参数，数据流的方向（读或写操作）以及一个超时时间，在经过超时时间指定的时间间隔之后，总是会唤醒进程，即使队列仍然是拥塞的。这个超时设置用于防止出现长时间的停滞，毕竟，队列可能拥塞比较长的时间。

mm/backing-dev.c

```
long congestion_wait(int rw, long timeout)
{
        long ret;
        DEFINE_WAIT(wait);
        wait_queue_head_t *wqh = &congestion_wqh[rw];

        prepare_to_wait(wqh, &wait, TASK_UNINTERRUPTIBLE);
        ret = io_schedule_timeout(timeout);
        finish_wait(wqh, &wait);
        return ret;
}
```

① 这里也忽略了系统管理员可能修改队列的nr_requests设置的可能性。

在必要的数据结构初始化后，congestion_wait调用一些函数：

- prepare_to_wait与超时设置联用，等待请求队列拥塞状态的消除。它将进程置于TASK_UNINTERRUPTIBLE状态，并将其放置到适当的等待队列上。
- io_schedule_timeout使用第15章描述的资源，实现所要的超时时间设置。控制权将转移到其他进程，直至超时设置到期。

  在超时到期时（对于后台同步，超时设置为1秒钟），将调用finish_wait将进程从等待队列移除，以继续工作。

17.12 强制回写

在系统负荷不高时，上述以后台活动来回写内存页的机制工作得很好。内核能够确保脏页的数目一定不会失去控制，并且在物理内存和底层块设备之间，数据可以充分交换。但是，如果某些进程的缓存数据快速变脏，致使需要比普通方法更多的同步操作时，情况就会发生改变。

在内核接收到对内存的紧急请求，而同时因为有大量脏页而不能满足该请求时，内核必须设法尽快将脏页的内容传输到块设备，以尽快释放物理内存用于其他目的。在这种情况下，使用的方法与后台刷出数据所用的方法是相同的，但同步操作不是由周期性过程发起，而是由内核显式触发，换句话说，这种回写是“强制”的。

这种立即式同步请求不仅可能由内核发起，也可能来自于用户空间。我们熟悉的sync命令（和对应的sync系统调用）通知内核将所有脏数据刷出到块设备。内核为此还提供了其他系统调用，将在17.14节描述。

同步是基于wakeup_pdflush的，该函数实现在mm/page-writeback.c中。刷出页的数目作为参数传递给函数：

mm/page-writeback.c

```
int wakeup_pdflush(long nr_pages)
{
        if (nr_pages == 0)
        nr_pages = global_page_state(NR_FILE_DIRTY) +
                        global_page_state(NR_UNSTABLE_NFS);
        return pdflush_operation(background_writeout, nr_pages);
}
```

如果传递了参数0，即没有明确指定回写页的数目，内核将调用global_page_state来确定整个系统范围内（基于文件的）脏页数目。接下来激活一个pdflush线程，但这一次使用的是background_writeout函数，而不是wb_kupdate。尽管前者的名称包括了background字样，但它与直观意义不同，并非用于在后台执行同步，后台的同步操作是由wb_kupdate完成的。但background_writeout并不显式等待页回写到后备存储器的完成，而只是发起一个对应的请求，因而background的说法也是正确的。与此相反，在进行数据完整性同步时（在请求发源于一个系统调用时，通常就是这样），内核必须一直等到发出的写请求完成为止。这种做法，当然不能再称为后台同步。

如前所述，就同步的技术方面而言，同步到底是由周期性机制发起，还是来自于显式请求，在本质上都是不相关的。在background_writepages和wb_kupdate之间，只在细节上有以下的微小差别。

- background_writepages不要求页在回写之前已经脏了一定时间。在技术上，这意味着回写控制结构的older_than_this成员将设置为NULL。
- background_writepages中不会同步超级块，因为缺少了对应的sync_supers调用。
- 没有设置定时器来周期性地重启回写机制。

更重要的是，在内核中发起刷出操作的位置。很有趣，wakeup_pdflush仅在内核源代码中两个地方以非0参数调用，如下所述。

(1) 在free_more_memory中，在内存不足以生成页缓存时，总会使用该函数。在这种情况下，使用的参数是固定值1024。

(2) 在try_to_free_pages中，即第18章讨论的页面回收，采用了wakeup_pdflush方法，来回写扫描缓存时认为多余的页中的脏数据。（在使用膝上模式时，try_to_free_pages也会以0参数调用wakeup_pdflush，参见17.13节。）

所有其他调用都回写所有脏页，即对页数没有最大限制。

可以理解，回写所有脏页是代价很高、很耗时的操作，因而其使用应该非常谨慎，在内核中只用于下述少量情况。

- 在sync系统调用明确请求同步脏数据时。
- 在紧急同步时，或使用magic system request key请求紧急重新装载时。
- balance_dirty_pages通知background_writeout尽可能多回写一些页。在文件系统（或内核的其他部分）在一个映射上产生脏页时，VFS层将调用该函数。如果系统中脏页的数目过大，那么将使用background_writeout开始同步。与上文讨论的所有这些情形都不同，pdflush线程不会对系统的所有请求队列进行操作。只有脏页所属的后备存储器设备的队列，才会得到考虑。

17.13　膝上模式

笔记本计算机的用户倾向于尽可能降低机器的耗电量，这是因为在需要使用笔记本计算机远离电源插座完成一些真正重要的任务时，如果实际上需要$n+k$（$k>0$）个时间单位，那么笔记本计算机的电池很自然地倾向于提供n个时间单位的电力。在有些情况下，pdflush是可以发挥作用的。对当今的硬件来说，硬盘在物理上确实是由一些“盘”实现的，以固态元件实现的替代方案已经出现了，但尚未达到广泛应用的程度。硬盘的运作必然需要旋转。这会销毁电力，在不需要使用硬盘时，降低旋转速度有助于减少耗电量。

与匀速运转的磁盘相比，加速旋转的硬盘更糟糕，因为这需要更多能量。因而，优化内核有如下两方面。

(1) 使硬盘尽可能低速旋转。这可以通过将写操作延迟更长的时间来做到。

(2) 在磁盘旋转加速不可避免的情况下，执行所有待决的写操作，即使在普通情况下，这些操作仍然要继续延迟。[①]这有助于防止硬盘来回升高/降低旋转速度。

本质上，磁盘操作是猝发执行的：如果必须从设备读取数据，那么所有待决写操作都可以执行，因为无论如何设备现在已经激活了。

为了实现这些目标，内核提供了一种膝上模式，可以通过/proc/sys/vm/laptop_mode激活。全局变量laptop_mode充当一个逻辑标志，表示当前膝上模式是否激活。例如，用户层守护进程可以根据供电是否来自于电池，使用该文件来启用或禁用膝上模式。请注意，Documentation/laptop-mode.txt提供了一些有关该技术的文档。

膝上模式对同步代码的改变极少。

- 使用了一个新的pdflush工作例程：laptop_flush只调用sys_sync来同步系统中所有的脏数

① 读操作要求磁盘处于运转状态，因此，除了避免无用的读操作，实在没什么可做的。

据（效果与调用sync系统调用相同）。因为这将产生大量磁盘I/O，所以仅当我们知道磁盘处于活动状态时，才有必要激活该线程。

在处理请求时，块设备使用标准函数end_that_request_last表示一系列请求中的最后一个已经提交。由于这确保了磁盘已经处于运转状态，该函数又调用了laptop_io_completion，后者安装了一个定时器laptop_mode_wb_timer，从现在起1秒钟后将执行laptop_timer_fn。laptop_timer_fn用laptop_flush作为工作函数来启动pdflush线程。这导致pdflush将执行一个系统范围内的完全同步。

- 回想上文，如果脏页在内存中比例过高，则balance_dirty_pages激活一个pdflush线程。但在膝上模式中，只要写了一些数据，就会启动pdflush。
- try_to_free_pages也稍有修改。如果该例程决定使用一个pdflush线程，那么回写的页数是不受限制的。如果磁盘需要加快旋转，这样做是有意义的，这种情况下应该触发更多的I/O。

最后请注意，如果将/proc/sys/vm/dirty_writeback_centisec和/proc/sys/vm/dirty_expire_centisec设置为比较大的值，膝上模式会受益。这将导致写操作比普通情况下延迟更长时间。在写操作最后发生时，在上文所述的膝上模式中所进行的改动，会自动确保磁盘恢复运转。

17.14 用于同步控制的系统调用

可以从用户空间通过各种系统调用来启用内核同步机制，以确保内存和块设备之间（完全或部分）的数据完整性。有如下3个基本选项可用。

(1) 使用sync系统调用刷出整个缓存内容。在某些情况下，这可能非常耗时。

(2) 各个文件的内容（以及相关inode的元数据）可以被传输到底层的块设备。内核为此提供了fsync和fdatasync系统调用。尽管sync通常与上文提到的系统工具sync联合使用，但fsync和fdatasync则专用于特定的应用程序，因为刷出的文件是通过特定于进程的文件描述符（在第8章介绍）来选择的。因而，没有一个通用的用户空间工具可以回写特定的文件。

(3) msync用于同步内存映射。

17.15 完全同步

按内核惯例，sync系统调用在sys_sync中实现。其代码位于fs/buffer.c文件，相关的代码流程图在图17-10给出。

该例程的结构非常简单，由wakeup_pdflush开始的一串函数调用（通过do_sync）组成，wakeup_pdflush的调用参数为0。如上文所述，这将导致回写系统中所有的脏页。

下一步是通过sync_inodes同步inode的元数据。这是我们第一次遇到这个回写所有inode的过程。我们在下文将仔细考察该函数。

sync_supers遍历super_blocks链表中的所有超级块，如果super_block->write_super例程存在，则调用之。这会导致将特定于超级块的信息写回到对应的各文件系统。

sync_filesystems通过再次遍历super_blocks链表并对每个以读/写模式装载并提供了sync_fs方法的文件系统调用sync_fs例程，来同步装载的各文件系统。仅在通过系统调用请求显式同步时，才会调用该方法，它向各文件系统提供了挂钩到进程中的能力。例如，Ext3文件系统就利用了该时机，对当前所有运行的事务起动了一个提交（commit）操作。

如图17-10所示，sync_inodes和sync_filesystems会调用两次，首先用参数0，然后用参数1。

该参数指定了函数是要等待写操作结束（1），还是异步执行（0）。将操作分为两遍，使得写操作可以在第一遍发起。这将触发与inode相关的脏页的同步操作，并使用write_inode同步元数据。但具体的文件系统可能选择只将包含元数据的缓冲区或页标记为脏，而不向块设备发生写请求。由于sync_inodes将遍历所有脏inode，各个inode元数据的修改可能只有一点数据，但累积起来，就形成了比较大量的脏数据。

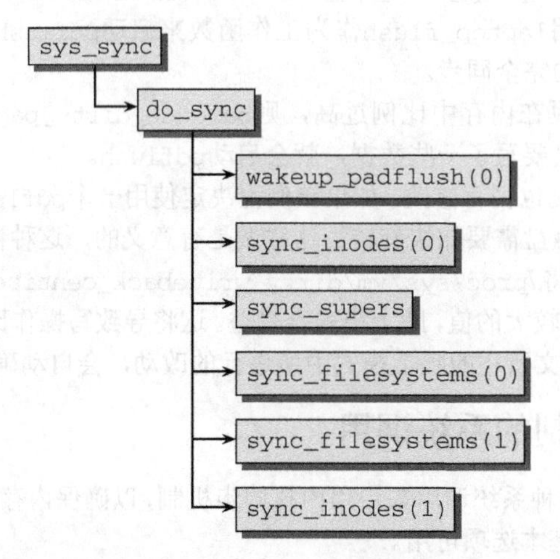

图17-10　sys_sync的代码流程图

因而，出于以下两个原因，需要第二遍处理。

(1) write_inode调用标记为脏的页需要写回磁盘（与裸块设备的同步确保了这一点）。由于元数据的改变无须一点一点处理，这种方法提高了写操作的性能。

(2) 内核现在显式等待已经触发的所有写操作完成，这是可以保证的，因为第二遍处理设置了WB_SYNC_ALL。

这种两遍处理的行为模式，要求对sync_sb_inodes进行一项修改，此前尚未讨论到。第二遍需要等待所有已经提交的页写入完成。这包括了在第一遍期间提交的页。回想我们此前的考虑（图17-1的概述在这里可能有帮助），对应的等待操作是在__sync_single_inode中发出的。但在调用sync_sb_inodes时，该函数只能看到inode位于超级块的3个链表s_dirty、s_io和s_more_io中的某一个之上。如果在第一遍处理即用WB_SYNC_NONE调用sync_sb_inodes，那么inode就不会再处于这些链表上，这导致无法进行等待。

为此，内核专门引入了回写模式WB_SYNC_HOLD。它几乎等同于WB_SYNC_NONE。重要区别在于，在sync_sb_inodes中不会将已经同步的inode从s_io移除，而是放回到s_dirty链表上。这样，在第二遍处理时，这些inode仍然是可以访问的，并能够进行等待。但块层在两遍处理之间即可开始写出数据。

在sync系统调用期间，对函数的冗余调用会额外消耗一定量的CPU时间。但与缓慢的I/O操作所需的CPU时间相比，这是可以忽略的，因而是完全可接受的。

17.15.1　inode 的同步

sync_inodes会同步所有脏inode。其代码流程图在图17-11给出。

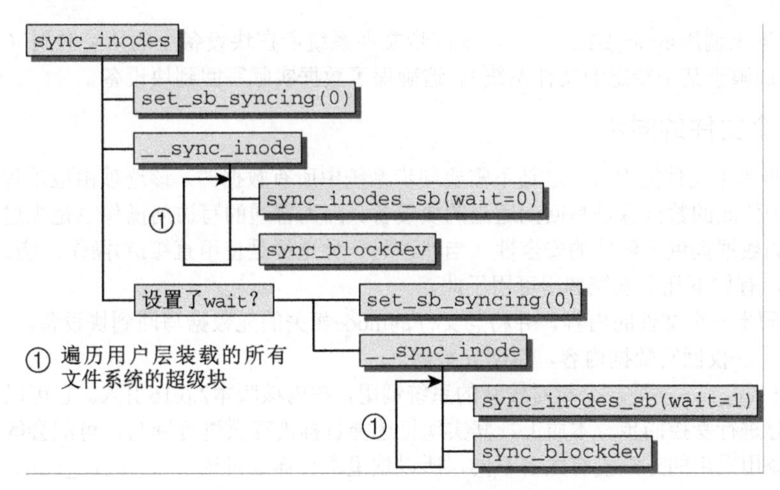

图17-11 sync_inodes的代码流程图

sys_sync是一个前端，真正的同步工作在__sync_inodes中进行。在调用__sync_inodes之前，对所有超级块，内核都使用set_sb_syncing将struct super_block的s_syncing成员设置为0。这有助于避免从多个地方对超级块进行同步。

__sync_inodes函数将遍历所有超级块，并对每个超级块调用几个方法。该函数有一个参数：

fs/fs-writeback.c
```
static void __sync_inodes(int wait)
```

wait是一个布尔变量，用于决定内核是否应该等待写操作完成。回想上文所述，这种行为对sync系统调用是必不可少的。

以下是__sync_inodes所完成的任务。

- 如果超级块当前正在由内核的另一部分进行同步（即struct super_block的s_syncing设置为1），则跳过该超级块。否则，将s_syncing设置为1，向内核的其他部分表示，该超级块当前正在进行同步。
- sync_inodes_sb同步与超级块相关的所有脏inode。它使用get_page_state查询当前页状态，然后创建一个writeback_control实例。其中，nr_to_write的值（写入页的最大数目）如下设置：

  fs/fs-writeback.c
  ```
  unsigned long nr_dirty = global_page_state(NR_FILE_DIRTY);
  unsigned long nr_unstable = global_page_state(NR_UNSTABLE_NFS);

  wbc.nr_to_write = nr_dirty + nr_unstable +
  (inodes_stat.nr_inodes -inodes_stat.nr_unused) +
  nr_dirty + nr_unstable;
  wbc.nr_to_write += wbc.nr_to_write / 2; /* 额外增加一些，以求得好运 */
  ```

  计算出的值应该足以涵盖系统中所有的脏页，但又额外增加了50%。这确保了该inode的所有脏页都绝对能够进行回写，还避免了一些在不限制写出页数目的情况下可能出现的并发问题。

  接下来，将调用我们熟悉的sync_sb_inodes函数，该函数将调用各种文件系统的底层同步例程。
- 大多数文件系统的底层同步例程只是将缓冲区或页标记为脏，但并不进行实际的回写。为此，内核接下来调用sync_blockdev，来同步文件系统所在块设备上的所有映射（在这一步，内核并不局限于某个特定的文件系统）。这确保了数据实际写回到块设备。

17.15.2 单个文件的同步

也可以同步单个文件的内容，这是不需要同步系统中所有数据的。该选项由应用程序使用，以确保它们在内存中修改的数据总是写回到适当的块设备。因为普通的写访问操作总是先进入缓存，该选项为真正重要的数据提供了额外的安全性（当然，另一种选择是使用直接I/O操作，绕过缓存）。

如上所述，有如下几个系统调用可用于此。

(1) fsync同步一个文件的内容，并将与文件的inode相关的元数据写回到块设备。

(2) fdatasync仅回写数据内容，忽略元数据。

(3) sync_file_range是一个相对较新的系统调用，在内核版本2.6.16引入。它可以对打开文件中精确定义的部分进行受控同步。本质上，其实现将选择目标内存页进行回写，可能会等待结果。由于这与上述系统调用采用的方法没有太多不同，所以这里不会详细讨论sync_file_range。

fsync和fdatasync的实现只有一处不同（更精确地说，只有一个字符不同）：

fs/sync.c
```
asmlinkage long sys_fsync(unsigned int fd)
{
        return __do_fsync(fd, 0);
}

asmlinkage long sys_fdatasync(unsigned int fd)
{
        return __do_fsync(fd, 1);
}
```

公共的子函数__do_fsync的代码流程图在图17-12给出。

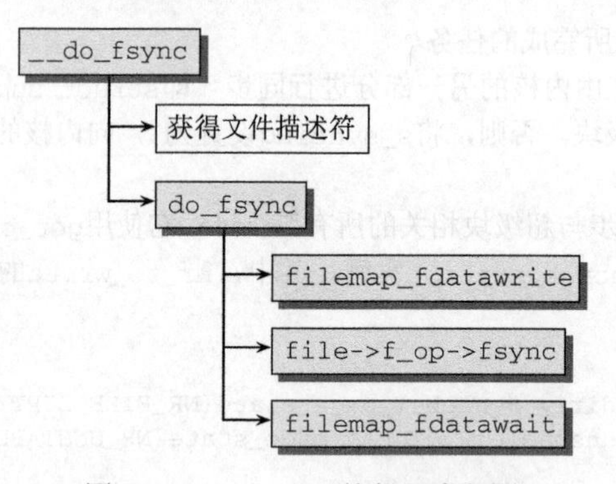

图17-12　__do_sync的代码流程图

单个文件的同步相对简单。fget用于根据文件描述符找到适当的file实例，然后将工作委托给如下3个函数。

(1) filemap_fdatawrite（通过迂回到__filemap_fdatawrite和__filemap_fdatawrite_range）首先创建一个writeback_control实例，其nr_to_write值（刷出页的最大数目）设置为映射中页数的两倍，以确保能够回写所有页。然后，使用我们熟悉的do_writepages方法，调用文件所在的文件系统底层的写例程。

(2) 使用文件的file_operations结构，找到特定于文件系统的fsync函数，然后调用该函数来回写缓存的文件数据。这也是fsync和fdatasync的不同之处，file_operations的fsync方法有一个参数，指定是只刷出普通的缓存数据，还是连同元数据一同刷出。该参数对fsync设置为0，对fdatasync设置为1。

(3) 接下来，调用filemap_fdatawait等待在filemap_fdatawrite中发起的写操作结束，然后同步操作即告完成。这确保了异步写操作对用户应用程序表现为同步语义，因为该系统调用直到在块层和文件系统层的层次上完成指定数据的回写后，才将控制返回给用户空间。

大多数文件系统对file_operations->fsync提供的方法都非常相似。图17-13给出了一个通用方法的代码流程图。

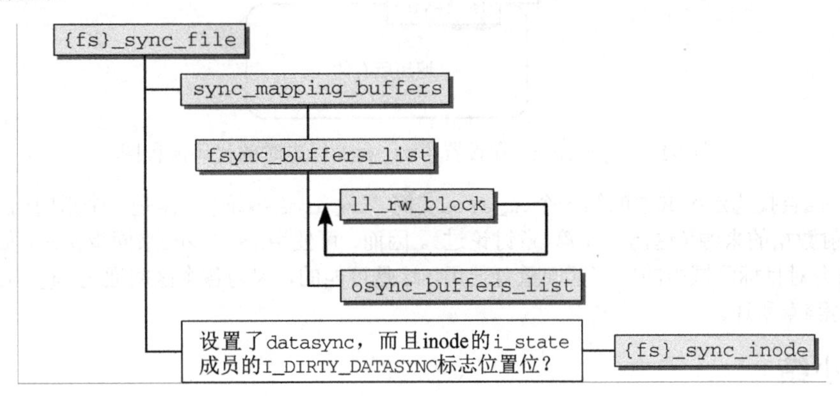

图17-13 f_op->fsync的代码流程图

该代码执行如下两个任务。

(1) sync_mapping_buffers将mapping实例的private_list中所有私有的inode缓冲区写回。这些通常用于保存间接块或其他文件系统内部数据，它们不是inode管理数据的一部分，而用于管理数据自身。

该函数将工作委托给给fsync_mapping_buffers，该函数遍历所有的缓冲区。缓冲区数据通过ll_rw_block函数写到块层，读者在第6章应该已经熟悉了该函数。借助于osync_buffers_list，内核接下来一直等到写操作完成（块层也会对写访问进行缓冲），然后确保sync_buffers_list之外的元数据的同步表现为一个同步操作。

(2) fs_sync_inode回写inode的管理数据（即直接保存在特定于文件系统的inode结构中的数据）。注意，调用该方法时，fsync的datasync参数必须设置为0。这是fdatasync和fsync的唯一区别。

inode管理数据的回写是特定于文件系统的，请参见第9章。

17.15.3 内存映射的同步

内核提供了在sys_msync中实现的msync系统调用，以便同步内存映射的部分或全部数据：

mm/msync.c
```
asmlinkage long sys_msync(unsigned long start, size_t len, int flags)
```

start和len选择了进程的用户地址空间中的一个区域，其中映射的数据将与底层的文件同步。

该系统调用的实现非常简单。按手册页msync(2)给出的文档，该系统调用本质上分为两种模式。

如果标志中设置了MS_SYNC，那么脏页将同步写出到磁盘，而MS_ASYNC标志则用于将脏数据的回写调度到稍后执行。

好消息是，对MS_ASYNC几乎不需要做什么工作！由于内核将跟踪脏页的状态，无论如何，在某些时候，脏页都被本章描述的机制同步到块设备。

在设置了MS_SYNC时，需要的工作会多一些，而图17-14中的代码流程图考虑了这种情形。

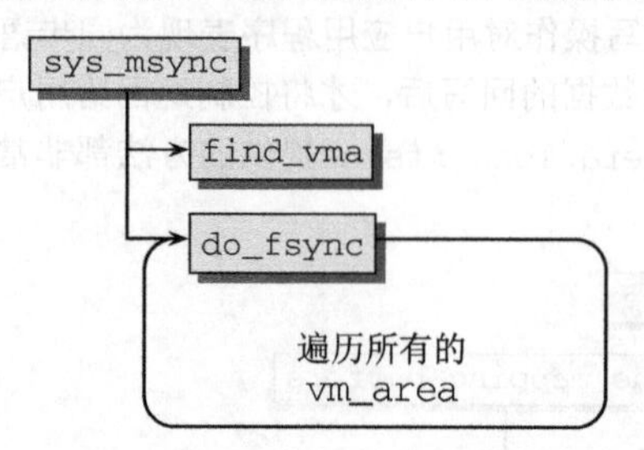

图17-14　sys_msync在设置了MS_SYNC标志时的代码流程图

find_vma查找选定区域中的第一个vm_area实例。vm_area->vm_file是一个指向file实例的指针，它是映射数据的来源（这已经在第4章讨论过）。因而，可使用do_fsync来同步文件，如上文所述。

该方法会对目标区域中的所有区间重复使用。这是可能的，因为各个区间通过vm_area->next连接起来，如第4章所述。

17.16　小结

数据在块设备上持久存储，但在物理内存中进行修改。这使得有必要定期同步二者的内容，本章介绍了相应的方法。有几个系统调用可以显式请求将内存的一部分回写到磁盘。此外，内核使用线程来周期性地执行同一工作，以确保不会有太多修改过的数据存在于物理内存中。尽管保持磁盘忙碌是件好事情，但内核需要确保回写的数据量不超出磁盘处理能力的限制，本章就针对这一问题讨论了用于避免块层拥塞的技术。另外，在缺乏电力的系统上出现的问题可能需要一些修正，本章讲述了膝上模式对相关策略的修改。

到现在为止，本书已经介绍了数据在块设备和物理内存之间双向传输的所有技术细节。尚未讨论的是，在内核缺少内存时，如何决定从物理内存选择哪些页进行同步或丢弃，这是第18章的主题。

第 18 章

页面回收和页交换

18

要满足用户的需求，或一直满足内存密集型应用程序的需求，无论计算机上可用的物理内存有多少，都是不够的。因而，内核将很少使用的部分内存换出到块设备，这相当于提供了更多的主内存。这种机制称为*页交换*（swapping）或*换页*（paging），由内核实现，它对应用程序是透明的。但页交换不是从内存逐出页的唯一机制。如果一个很少使用的页的后备存储器是一个块设备（例如，文件的内存映射），那么就无须换出被修改的页，而是可以直接与块设备同步。腾出的页帧可以重用，如果再次需要该数据，可以从来源重新建立该页。如果页的后备存储器是一个文件，但不能在内存中修改（例如，二进制可执行文件的数据），那么在当前不需要的情况下，可以直接丢弃该页。这三种技术，连同选择很少使用页的策略，统称为*页面回收*（page reclaim）。请注意，分配给核心内核（即并非用于缓存）的页是不能回收的，因为这种做法带来的复杂性的增加，将超出其好处。

页面回收是内核与缓存相关的一项基本决策的基石。缓存的长度从来都不是固定的，可以根据需要增长。其背后的原理很简单：没有使用的物理内存，与其浪费，还不如用来缓存一些数据。但如果一些重要的任务需要被缓存占用的内存，内核将回收内存以支持这些需求。本章将描述页交换和页面回收的实现。

18.1 概述

前一章描述了数据与底层块设备的同步，这能够缓解内核在可用物理内存达到极限时所面临的态势。将缓存的数据回写，可以释放一些内存页，以便将物理内存用于更重要的功能。所涉及的数据可以在需要时从块设备再次读取，虽然会花费时间，但不会丢失信息。

很自然，该过程也有其局限性。在某些时候，会遇到这样的情况，缓存和缓冲区都不能再收缩。另外，数据同步对动态产生的内存页是不适用的，因为这种页没有后备存储器。

因为在通常的系统中（除了一些嵌入式系统或手持PC）硬盘容量比物理内存空间大很多，内核连同处理器（处理器管理的虚拟地址空间比实际存在的物理内存要大很多）可以征用部分磁盘，用作内存的扩展。由于硬盘比物理内存慢很多，页交换只是一种紧急情况下的备用方案，它使得系统可以运行，但速度会降低很多。

交换（swapping）最初是指换出整个进程，包括其所有的数据、代码等，而不像现在这样，将进程数据选择性地逐页换出到二级存储。UNIX的早期版本采用了换出整个进程的策略，在某些情况下这可能是合适的，但现在看来这种行为是不可想象的。这种策略所导致的上下文切换期间的延迟，使得交互性工作反应缓慢，令人难以容忍。但下文并不区分交换和换页[①]。二者都表示细粒度换出进程的数据。交换现在的这种语义，不仅仅是专家所确认的，而且（最重要的是）内核源代码也采用了这

① 除少数情况，本书将swapping统一译成页交换。——译者注

种语义。

在内核中考虑如何实现页交换和页面回收，必须回答下面两个问题。

(1) 根据何种方案来回收页，即内核为确保最大可能利益以及最小可能损失，如何判断应该回收哪些页？

(2) 换出的页在交换区中如何组织，内核如何将页写入到交换区，如何在此后需要时再次读取？内核如何将页与后备存储设备进行同步？

第一个问题，即换出哪些页、在物理内存中保留哪些页的决策，对系统性能有决定性的影响。如果内核选择一个频繁使用的页换出，那么确实在内存中形成一个空闲页，可用于其他目的。但因为原来的数据很快就会再次需要，必须换出另一页，以留出空闲页来保存刚刚换出、现在又再次需要读入的数据。这显然没什么效率可言，必须防止这种情况。

18.1.1　可换出页

只有少量几种页可以换出到交换区，对其他页来说，换出到块设备上与之对应的后备存储器即可，如下所述。

- 类别为MAP_ANONYMOUS的页，没有关联到文件（或属于/dev/zero的一个映射），例如，这可能是进程的栈或是使用mmap匿名映射的内存区。（GNU C标准库的参考手册或系统程序设计方面通常的标准工具书，都提供了有关此类映射的更多信息。）
- 进程的私有映射用于映射修改后不向底层块设备回写的文件，通常换出到交换区。因为这种情况下文件不能再用作后备存储器，因而在物理内存较少时，需要将相关页换出到交换区，因为此时不能从文件恢复页的内容。内核（以及C标准库）使用MAP_PRIVATE标志来创建此类映射。
- 所有属于进程堆以及使用malloc分配的页（malloc又使用了brk系统调用或匿名映射），参见第3章。
- 用于实现某种进程间通信机制的页。例如，用于在进程之间交换数据的共享内存页。

由内核本身使用的内存页决不会换出。原因是显然的。这将显著增加内核代码的复杂性。由于与其他用户应用程序相比，内核不需要非常多的内存，而且与付出的额外工作量相比，将内核内存页换出的潜在收益太低。

很自然，用于将外设映射到内存空间的页也不能换出。换出这些页是没有意义的，特别是，这些页只用作应用程序和设备之间通信的手段，而并非用于持久存储数据。

> 尽管不可能换出所有类型的页，但内核的页交换和页面回收机制仍然必须考虑到基于其他后备存储器的页面类型。最常见的页面类型，与映射到内存中的文件数据有关。最终，将哪种类型的页从物理内存写到后备存储器其实是不相关的，因为效果总是同样的：释放了一个页帧，为更重要、必须驻留在物理内存中的数据腾出了空间。

18.1.2　页颠簸

在进行页交换时，可能发生的另一个问题是页颠簸（page thrashing）。顾名思义，这个问题涉及交换区和物理内存之间密集的数据传输问题归结为页的来回、反复的交换。在系统进程的数目增加时，这种现象发生的几率也会增加。在换出重要的数据后不久再次需要该数据时，会发生这种现象。

为防止页颠簸，内核必须解决的主要的问题是，尽可能精确地确定一个进程的工作集（working set，即使用最频繁的那些内存页），将最不重要的那些页移到交换区或其他后备存储器，而真正重要的页则一直驻留在内存中。

为此，内核需要一种合适的算法，来评估整个系统中的页的重要性。一方面，对页重要性的评估必须尽可能公平，使得进程不会得到太多偏爱或受到太多损失。另一方面，该算法的实现必须简单高效，确保不会花费太多的时间来选择需要换出的页。

许多类型的CPU提供了不同的方法，来支持内核完成此任务，各个方法的复杂程度各有不同。但Linux不可能使用所有的方法，因为比较简单的CPU不见得提供了这些方法，而同时仿真复杂的方法可能又比较困难。照例，必须找到一个最小公分母，使得内核能够在此基础上建立硬件无关层。

这里有一个特别简单但很重要的技巧，它完全独立于处理器的能力，即在系统中维护一个交换令牌（swap token），赋予换入页的进程。内核会试图避免从该进程换出页，以减轻该进程的颠簸，使之有时间完成任务。不久之后，交换令牌将传递到另一个进程，该进程也经历了页交换，而且比当前令牌持有者更需要内存。

18.1.3 页交换算法

在过去几十年中，已经为页面交换开发了一整套算法，其中每个算法都有自身特定的优点和缺点。操作系统方面的一般文献包括了这方面的详细描述和分析。下面将描述Linux页交换实现所基于的两种技术。

1. 第二次机会

第二次机会（second chance）是一种算法，实现非常简单，对经典FIFO算法有一点小的改进。在FIFO算法中，系统的页在一个链表中管理。在发生缺页异常时，新引用的页置于该链表的开始，这自动将现存的页向后移动一个位置。由于在FIFO队列中只有有限个位置，系统必定在某个时候达到其容量极限。那时，队列尾部的页将“脱离”链表并被换出。当再次需要这些页时，处理器会触发一个缺页异常，使内核再次读取对应页的数据，并将该页置于链表开头。

显然，这个过程不是特别巧妙。在换出页时，没有考虑该页的使用情况，是使用频繁还是很少使用。在确定数目的缺页异常（由队列中的位置数决定）之后，页将写出到交换区。如果经常需要使用某页，则会立即再次读取，这不利于系统性能。

这种情况是可以改进的，只需在换出一页之前，向其提供第二次机会。每页都指定一个专门的字段，包含一个由硬件控制的比特位。在访问该页时，该比特位自动设置为1。软件（即内核）负责清除该比特位。

在一页到达链表末尾时，内核不会立即将其换出，而是首先检查前述的比特位是否置位。如果置位，则清除该比特位，并将该页移动到FIFO队列的开始。换言之，将其作为添加到系统的新页处理。如果该比特位没有置位，则将其换出。

有了该扩展，该算法对页是否频繁使用的考虑降到了最低限度，但却提供了最新的内存管理技术所预期的性能。在与其他技术联合使用时，第二次机会算法是一个很好的起点。

2. LRU算法

LRU是least recently used（最近最少使用）的缩写，指一系列试图根据一种相似的方案来找到使用最少的页的算法。这种逆向方法规避了比较复杂的搜索最常用页的操作。

很显然，过去一段时间内频繁使用的页，在不久的将来很可能再次使用。LRU算法基于上述说法的逆命题，假定最近不使用的页在较短的时间内也不会频繁需要使用。因而在内存缺乏时，这样的页将成为换出操作的可能候选者。

LRU的基本原理可能比较简单，但合理实现该算法却比较难。内核如何尽可能简单地标记页或进行排序，以便在不需要太多时间组织数据结构的情况下，就能估算出页的访问频度？最简单的LRU算法使用一个双链表，其中包括系统中的所有页。每次访问内存时，该链表都重新排序。访问的页被找到，并移动到链表的开头。随着时间的推移，这将导致一种"热平衡"，经常使用的页位于链表的开头，而最少使用的页刚好位于链表末尾（第16章讨论了一个类似的算法，用于管理块缓存）。

该算法的工作很漂亮，但其效率只能处理少量数据。这意味着不能将其原本的形式直接用于内存管理，否则在系统性能方面损失太大。因而需要更简单的实现，消耗更少的CPU时间。

处理器的专门支持能够使LRU算法实现的开销大大降低。遗憾的是，仅有少量体系结构提供了这种支持，因而Linux不能使用。毕竟，不应该根据特定的处理器类型来调整内存管理子系统。因此，引入一个计数器，每个CPU周期都将该计数器加1。每次访问页时，都将页的一个计数器字段设置为系统计数器的值。该操作必须由处理器自身来执行，确保足够高的速度。如果因为某个需要的页不可用而发生缺页异常，操作系统只需要比较所有页的计数器，即可确定哪个页的访问时间离现在最远。这种技术仍然需要在每次发生缺页异常时搜索所有内存页的链表，但不需要在每次内存访问后都进行冗长的链表操作。

18.2 Linux内核中的页面回收和页交换

在考虑Linux页面回收子系统的技术实现以及该子系统是怎样满足需求的之前，本节概述该子系统的设计决策。

如果从比较高的层次考虑页交换，而不考虑开发细节，那么页的换出和所有相关的操作看起来都不是非常复杂。遗憾的是，事实刚好相反。内核的任何其他部分都没有虚拟内存子系统那么多技术困难，而页交换的实现只是其中之一。为使实现成功运转，不仅需要考虑大量琐碎的硬件细节，尤其要考虑与内核各个部分的大量关联。速度在其中发挥了关键作用，因为系统性能最终决定于内存管理子系统的性能。内存管理成为最热的内核开发主题之一绝非无由，它已经引起了无数讨论、UseNet上的激烈争论和相互竞争的实现。

在讨论页交换子系统的设计时，需要考虑以下各方面的问题。

- 应该如何在块设备介质上组织交换区？该组织方式不仅需要能够唯一标识换出的每一页，而且应该尽可能高效地利用内存空间，使得读写操作能够以最高速度进行。
- 内核能够利用哪些方法来检查在何时将多少页换出？在为即将出现的需求提供空闲页帧和最小化页交换操作所需时间这两者之间，这些方法应该尽可能达成均衡。
- 根据何种原则选择换出的页？换言之，应该选用哪种页面替换算法？
- 如何尽可能高效而快速地处理缺页异常，页如何从交换区返回到系统物理内存？
- 哪些数据可以从各种系统缓存删除（例如，从inode或dentry缓存），而不需要与后备存储器同步（因为它们可以根据其他信息间接重建）？该问题实际上与页交换操作的执行没有直接关系，但同时涉及缓存和页交换子系统。但因为缩减缓存是由页交换子系统发起的，所以将在下文阐述该问题。

如前所述，为实现一个高效而强大的页交换系统，最重要的不仅仅是技术细节，也包括整个系统的设计，该设计必须能够支持系统各组件之间尽可能充分的交互，以确保页交换能够流畅协调地进行。

18.2.1 交换区的组织

换出的页或者保存在一个没有文件系统的专用分区中，或者存储在某个现存文件系统中的一个定长文件中。每个系统管理员都知道，可以同时使用几个这样的区域。还可以根据各个交换区的速度不同，为其指定优先级。内核使用交换区时可以根据优先级进行选择。

每个交换区都细分为若干连续的槽（slot），每个槽的长度刚好与系统的一个页帧相同。在大多数处理器上，是4 KiB。但较新的系统通常会使用更大的页。

本质上，系统中的任何一页都可以容纳到交换区的任一槽中。但内核还使用了一种称为聚集（clustering）的构造法，使得能够尽快访问交换区。进程内存区中连续的页（或至少是连续换出的页）将按照特定的聚集大小（通常是256页）逐一写到硬盘上。如果交换区中没有更多空间可容纳此长度的聚集，内核可以使用其他任何位置上的空闲槽位。

如果使用了几个优先级相同的交换区，内核将使用一种循环进程来确保尽可能均匀地利用各个交换区。如果交换区的优先级不同，内核首先使用高优先级的交换区，然后逐渐转移到优先级较低的交换区。

为跟踪内存页在交换分区中的位置，内核必须维护一些数据结构，将该信息保存在内存中。结构中，最重要的数据成员是一个位图，用于跟踪交换区中各槽位的使用/空闲状态。其他成员包含的数据用于支持选择接下来使用的槽位，以及聚集的实现。

有两个用户空间工具可用于创建和启用交换区，分别是mkswap（用于“格式化”一个交换分区/文件）和swapon（用于启用一个交换区）。因为这些程序对一个正常运转的页交换子系统十分关键，因而本书将在下文描述这两个程序（以及用于swapon的系统调用）。

18.2.2 检查内存使用情况

在换出内存页之前，内核会检查内存的使用情况，确定可用内存容量是否较低。与同步页的情况相似，内核联合使用了如下两种机制。

(1) 一个周期性的守护进程（kswapd）在后台运行，该进程不断检查当前的0内存使用情况，以便在达到特定的阈值时发起页的换出操作。使用该方法，确保了不会出现突然需要换出大量页的情况。这种情况将导致系统出现很长的等待时间，必须不惜一切代价防止。

(2) 但内核在某些情况下，必须能够预期可能突然出现的严重内存不足，例如在通过伙伴系统分配一大块内存时，或创建缓冲区时。如果没有足够的物理内存可用来满足对内存的请求，内核必须尽快换出页，以期释放一些内存空间。在紧急情况下的换出操作，属于**直接回收**（direct reclaim）的一部分。

如果内核无法满足对内存的请求，甚至在换出页之后也是如此，那么虚拟内存子系统只有一个选择，即通过OOM（out of memory，内存不足）killer来结束一个进程。虽然OOM killer有时候可能导致严重的损失，总比系统完全崩溃要好。如果在内存不足的情况下不采取措施，很可能导致系统崩溃。

18.2.3 选择要换出的页

页交换子系统面临的关键问题总是同样的。在需要用最低成本为系统带来最大收益的前提下，应该换出哪些页呢？内核混合使用了此前讨论的思想，实现了一种粗粒度的LRU方法，只使用了一种硬件特性，即在访问一页之后设置一个访问位，该功能在内核支持的所有体系结构上都可用，而且还可以毫不费力地进行仿真。

与通用的算法相比，内核对LRU的实现基于两个链表，分别称为**活动链表**和**惰性链表**（系统中的每个内存域都有这样的两个链表）。顾名思义，所有处于活动使用状态的页在一个链表上，而所有惰性页则保存在另一个链表上，这些页虽然可能映射到一个或多个进程，但不经常使用。为在两个链表之间分配页，内核需要定期执行均衡操作，通过上述访问位来确定一页是活动的还是惰性的，换言之，即该页是否经常被系统中的应用程序访问。页在两个链表之间可能会发生双向转移。页可以从活动链表转移到惰性链表，反之亦然。但这种转移不是每访问一页都会发生，它发生的时间间隔会比较长。

随着时间的推移，最不常用的页将收集到惰性链表的末尾。在出现内存不足时，内核将选择换出这些页。因为这些页到换出时，一直都很少使用，所以根据LRU原理，换出这些页对系统的破坏是最小的。

18.2.4 处理缺页异常

Linux运行的所有体系结构都支持缺页异常的概念，当访问虚拟地址空间中的一页，但该页不在物理内存中的时候，将触发缺页异常。缺页异常通知内核从交换区和其他的后备存储器读取缺失的数据。当然，可能需要先删除其他页，以便为新数据腾出空间。

缺页处理分为两个部分。首先，必须使用与处理器相关性较强的代码（汇编语言）来截获该缺页异常，并查询相关的数据。其次，使用系统无关代码进一步处理该异常。由于内核在管理进程时所采用的优化，因而只在后备存储器中查找相关页并将其加载到物理内存是不够的，因为缺页异常可能是由其他原因触发的（参见第4章）。例如，这可能涉及写时复制页，这些页仅在进程分支后执行第一次写访问时，才会进行复制。在按需换页时也会发生缺页异常，按需换页法是指映射的页仅在实际需要时才加载。但这里将忽略这些问题，以专注于换出页需要重新加载到物理内存的情形。

这种情况下，需要完成的工作同样不止是从交换区中查找到目标页。因为如果需要将磁头移动到一个新位置（磁盘寻道），对硬盘的访问可能比普通情况下更慢，所以内核使用了一种预读机制来预测接下来将需要哪些页，读操作包括对这些页的读取。有了上文提到的聚集方法，读取连续页时，磁头在理论上只需要单向移动，而无须来回跳转。

18.2.5 缩减内核缓存

换出属于用户空间应用程序的页，并不是内核释放内存空间的唯一方法。缩减大量缓存，通常也会有很好的成效。很自然，在这里内核也需要判断从缓存移除哪些数据，以及在不过度损害系统性能的情况下能够将用于这些数据的内存空间缩减多少，内核必须据此均衡利弊。因为内核缓存通常不是特别大，所以仅在万不得已时，内核才考虑缩减缓存。

在前几章解释过，内核在很多领域提供了各种缓存。这使得很难定义一个一般性的方案并据此缩减缓存，因为很难评估各种缓存所包含的数据的重要性。为此，早期的内核带有大量特定于缓存的函数，以便为各个缓存评估数据的重要性。

现在，用于缩减各种缓存的方法仍然是分别实现的，因为各种缓存的结构有很大的不同，很难采用一种通用的缓存收缩算法。但现在内核提供了一种通用框架，来管理各种缓存收缩方法。用于缩减缓存的函数在内核中称为收缩器（shrinker），可以动态注册。在缺乏内存时，内核将调用所有注册的收缩器来获得内存。

18.3 管理交换区

Linux对交换区的支持，是相对比较灵活的。如前所述，可以用不同的优先级来管理几个交换区。这些交换区既可以是本地分区，也可以是具有预定义长度的文件。在活动的系统上，可以动态添加/删除交换分区，而无须重启。

内核尽可能使各种方法在技术上的差别对用户空间透明。内核的模块结构也意味着，与页交换相关的算法可以采用一种通用设计，不同方法的差别只存在于较低的技术层次上。

18.3.1 数据结构

照例，本节从介绍核心数据结构开始，这些结构形成了实现的主干，保存了内核所需的全部信息和数据。交换区管理的基石是mm/swap-info.c中定义的swap_info数组，其中各数组项存储了关于系统中各个交换区的信息：①

mm/swapfile.c
```
struct swap_info_struct swap_info[MAX_SWAPFILES];
```

数组项的数目是在编译时由MAX_SWAPFILES静态定义的。该常数通常定义为$2^5 = 32$。

内核使用交换文件（swap file）这个术语时，不仅是指用于页交换的文件，还包括交换分区，因此上述数组包括了这两种类型。因为通常只使用一个交换文件，将数组长度限制为某个特定的数值，不会有什么影响。这个特定的数组长度限制，也不会对其他内存密集型程序带来任何限制，根据具体的体系结构，现在交换区的长度可以达到千兆字节。旧版本中128 MiB的限制不再适用。

1. 交换区的特征

struct swap_info_struct描述了一个交换区，定义如下：

<swap.h>
```
struct swap_info_struct {
        unsigned int flags;
        int prio;                        /* 交换区的优先级 */
        struct file *swap_file;
        struct block_device *bdev;
        struct list_head extent_list;
        struct swap_extent *curr_swap_extent;
        unsigned short * swap_map;
        unsigned int lowest_bit;
        unsigned int highest_bit;
        unsigned int cluster_next;
        unsigned int cluster_nr;
        unsigned int pages;
        unsigned int max;
        unsigned int inuse_pages;
        int next;                        /* 交换区列表中的下一项 */
};
```

交换区状态中一些主要的数据可以借助proc文件系统快速查询：

```
wolfgang@meitner> cat /proc/swaps
Filename                        Type        Size    Used    Priority
/dev/hda5                       partition   136512  96164   1
/mnt/swap1                      file        65556   6432    0
/tmp/swap2                      file        65556   6432    0
```

在上例中，使用了一个专用分区和两个文件来容纳交换区。交换分区的优先级最高，因而在内核中将优先使用。两个文件的优先级都是0，在优先级为1的分区上没有空间可用时，将根据一个循环过程来使用这两个文件。（仍然可能发生这样的情况：虽然交换分区没有完全满，但交换文件中也有数据，从上述proc文件系统的输出即可看到这一点，下文将具体说明）。

swap_info_struct结构中各个成员的语义如何呢？第一项用于保存交换区所需的经典的管理数

① 在内核版本2.6.18开发期间，已经添加了在NUMA结点之间物理上迁移页的内容但仍然保持其虚拟地址不变的功能。这要求使用两个swap_info项来处理当前正处于迁移状态的页，因此实际上减少了交换文件可能的数目。如果要在内核中包括页面迁移代码，需要启用配置选项MIGRATION。该选项在NUMA系统是有帮助的，例如可以将页迁移到与使用该页的处理器比较接近的物理内存中，或用于内存的热插拔。但本书不会详细讲述页面迁移。

据，如下所述。

- 交换区的状态可用通过flags成员中存储的各个标志描述。SWP_USED表明当前项在交换数组中处于使用状态。否则，相应的数组项会用字节0填充，使得很容易区分使用和未使用的数组项。SWP_WRITEOK指定当前项对应的交换区可写。在交换区插入到内核之后，这两个标志都会设置；二者合并后的缩写是SWP_ACTIVE。
- swap_file指向与该交换区关联的file结构（该结构的布局和内容已经在第8章讨论过）。对于交换分区，这是一个指向块设备上分区的设备文件的指针（在我们的例子中，/dev/hda5的情形即如此）。对于交换文件，该指针指向相关文件的file实例，即例子中/mnt/swap1或/tmp/swap2的情形。
- bdev指向文件/分区所在底层块设备的block_device结构。

  虽然在我们的例子中，所有交换区都位于同一块设备上（/dev/hda），但3个数组项中的bdev却指向该数据结构的不同实例。这是因为两个文件是在硬盘的不同分区上，而交换分区本身是一个独立的分区。因为从结构上来看，内核像独立块设备一样来管理分区，这导致尽管3个交换区都位于同一磁盘，但三者的bdev指针却指向3个不同的实例。

- 交换区的相对优先级保存在prio成员中。因为这是一个有符号数据类型，所以正负优先级都是可能的。如上所述，交换分区的优先级越高，表明该交换分区越重要。
- pages保存了交换区中可用槽位的总数，每个槽位可容纳一个内存页。例如，在给出的例子中，在IA-32平台上映射使用的页长度为4 KiB的情况下，交换分区可容纳34128页，对应的内存长度约为128 MiB。
- max保存了交换区当前包含的页数。不同于pages，该成员不仅计算可用的槽位，而且包括那些（例如，因为块设备故障）损坏或用于管理目的的槽位。因为在当今的硬盘上，坏块是极端罕见的（也没有必要在这样的区域上创建交换分区），max通常等于pages加1。对上例给出的3个交换区来说，情况就是这样。二者差一个槽位有两个原因。首先，交换区的第一个槽位由内核用作标识（毕竟，不能将交换数据写出到硬盘上完全随机的某些部分）。其次，内核还使用第一个槽位来存储状态信息，例如交换区的长度和坏扇区的列表，该信息必须持久保留。
- swap_map是一个指针，指向一个短整型数组（不出所料，该数组在下文称为交换映射），其中包含的项数与交换区槽位数目相同。该数组用作一个访问计数器，每个数组项都表示共享对应换出页的进程的数目。
- 内核使用了一种不怎么常见的方法，将交换数组中的各个数组项按优先级连接起来。因为表示各个交换区的数据位于一个线性数组的各数组项中，所以在固定的数组项位置之外，使用了next成员来建立一个相对的顺序。next实际上是下一个交换区在swap_info[]数组中的索引。这使得内核能够根据优先级来跟踪各个数组项。

  但如何确定最优先使用的交换区呢？因为该交换区不一定是由数组的第一个元素描述的，所以内核还在mm/swapfile.c中定义了全局变量swap_list。它是swap_list_t数据类型的一个实例，该类型是专门为查找第一个交换区而定义的：

<swap.h>

```
struct swap_list_t {
        int head; /* 按优先级排序的交换文件列表的第一项 */
        int next; /* 交换文件的下一项 */
};
```

head是swap_info[]数组的一个索引，用于选择优先级最高的交换区。内核根据head和swap_info_struct的next成员，按优先级由高到低的顺序，即可遍历所有交换区的列表。next用于实现循环过程，以便在有多个交换区优先级相同的情况下，均匀地用内存页填充这多个交换区。在下文中讲述内核如何选择换出的页时，再讨论该成员。

根据上面的例子可以更仔细地考察系统的运作模式。入口点是第一个数组项，其中包含了优先级最高的交换区。因而head的值为0。

next指定了接下来将使用的缓冲区。这未必总是优先级最高的交换区。如果该交换区已满，则next指向另一个交换区。

- 为了减少扫描整个交换区查找空闲槽位的搜索时间，内核借助lowest_bit和highest_bit成员，来管理搜索区域的下界和上界。在lowest_bit之下和highest_bit之上，是没有空闲槽位的，因而搜索相关区域是无意义的。

> 尽管这两个成员的名称以_bit结尾，但二者不是位域，只是普通整数，解释为交换区中线性排布的各槽位的索引。

- 内核还提供了两个成员，分别是cluster_next和cluster_nr，以实现上文简要提到的聚集技术。前者指定了在交换区中接下来使用的槽位（在某个现存聚集中）的索引，而cluster_nr表示当前聚集中仍然可用的槽位数，在消耗了这些空闲槽位之后，则必须建立一个新的聚集，否则（如果没有足够空闲槽位可用于建立新的聚集）就只能进行细粒度分配了（即不再按聚集分配槽位）。

2. 用于实现非连续交换区的区间

内核使用extent_list和curr_swap_extent成员来实现区间（extent），用于创建假定连续的交换区槽位与交换文件的磁盘块之间的映射。如果使用分区作为交换区，这是不必要的，因为内核可以依赖于一个事实，即分区中的块在磁盘上是线性排列的。因而槽位与磁盘块之间的映射会非常简单。从第一个磁盘块开始，加上所需的页数乘以一个常量得到的偏移量，即可获得所需地址，如图18-1所示。这种情况下，只需要一个swap_extent实例。（实际上，该实例也可以省去，但其存在使得内核的工作更容易进行，因为它缩小了交换分区与交换文件之间的差别。）

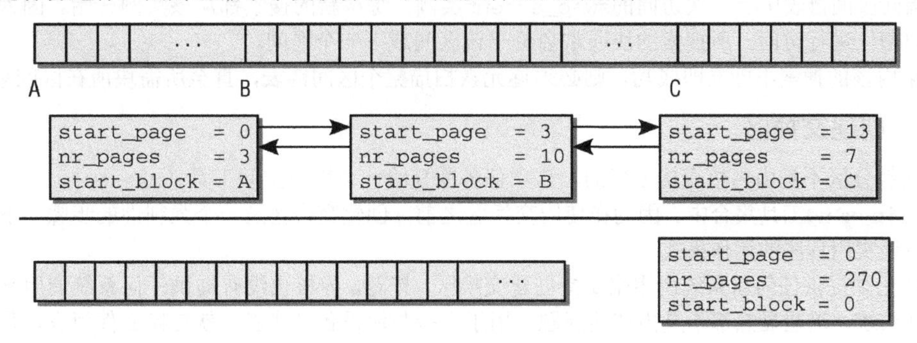

图18-1 用于管理非连续交换区的区间

在使用文件作为交换区时，情况会更复杂，因为无法保证文件的所有块在磁盘上是连续的。因而，在槽位与磁盘块之间的映射更为复杂。图18-1通过例子说明了这一点。

文件由多个部分组成，这些部分可能位于块设备的任意位置。（磁盘碎片的程度越轻，文件分成的部分就越少。毕竟，如果文件的各部分数据尽可能接近，才是最好的，这在第9章讨论过。）extent_list链表的任务是，将文件散布在块设备上各处的块，与线性排布的槽位关联起来。这样做时，应该确保两个要点：使用的内存空间尽可能少，将消耗的搜索时间保持在最低限度。

没有必要将每个槽位都关联到块号。将一个连续块组的第一个块与对应槽位关联并标明块组中的块数，就可以非常紧凑地将文件的结构刻画出来。

利用上例来说明这一过程。如图18-1所示，前三个连续的块组分别包含3个、10个和7个块。在内核想要读取第6个槽位的数据时，会发生什么样的操作呢？这些数据并不在第一个块组中，因为第一组只包含槽位0到2。搜索将在第2组成功结束，其中包含槽位3到12，当然包含槽位5。内核因而必须确定第2个块组的起始块（使用区间链表）。将该块的起始地址，加上页长度的两倍作为偏移量，即可获得该组中第3个块的地址（对应于第6个槽位）。

区间结构struct swap_extent定义如下：

```
<swap.h>
struct swap_extent {
        struct list_head list;
        pgoff_t start_page;
        pgoff_t nr_pages;
        sector_t start_block;
};
```

list是一个链表元素，用于将区间结构置于一个标准双链表上进行管理。其他成员描述了一个连续的块组。

- 块组中第一个槽位的编号保存在start_page中。
- nr_pages指定了块组中可容纳页的数目。
- start_block是块组的第一块在硬盘上的块号。

这种链表可能变得非常长。上文给出的两个交换文件示例，每个都包含了约16000页，这可能需要37乃至76个块组。区间机制的第二个需求，即搜索速度高，双链表并不是总能够满足该需求，因为双链表可能包含几百项。在每次访问交换区时都扫描一遍这种链表，当然是非常费时的。

解决方案相对比较简单。swap_info_struct中一个额外的成员curr_swap_extent用于保存一个指针，指向区间链表中上一次访问的swap_extent实例。每次新的搜索都从该实例开始。因为通常是对连续的槽位进行访问，所搜索的块通常会位于该区间或下一个区间。[①]

如果内核的搜索不能立即成功，则必须逐元素扫描整个区间链表，直至所需块所在区间被找到。

18.3.2　创建交换区

新交换分区不是由内核直接创建的。这项任务委托给一个用户空间工具（mkswap），其源代码位于util-linux-ng工具集合中。因为在使用交换区之前，创建交换区是一个强制性的步骤，下面简要分析一下该实用程序的运作模式。

内核无须提供任何新系统调用来支持创建交换区，毕竟，内核也没有提供任何系统调用来创建普通的文件系统，这些显然都不是内核的问题。用于直接与块设备（或者，就交换文件而言，是块设备上的一个文件）通信的现存系统调用，已经足以按照内核的需求来组织交换区的内容。

① 内核源代码中的一个注释指明：测量证明，实际上在一个槽位和一个块号之间建立映射，平均只需要0.3个链表操作。

mkswap只需要一个参数，即分区的设备文件的名称，或交换区所在文件的名称。[1]该实用程序将执行下列操作。

- 将所需交换区的长度除以所述机器的页长度，以确定其中能够容纳的页数。
- 逐一检查交换区的各个磁盘块是否有读写错误，以确定有缺陷的区域。因为交换区的页长度将使用机器的页长度，因而一个坏块就意味着交换区的容量减少了一页。
- 将一个包含所有坏块地址的列表，写入到交换区的第一页。
- 为向内核标识此类交换区（如果管理员指定了无效交换区，这完全可能是一个包含了文件系统数据的普通分区，决不能无意覆盖其中的数据），在第一页末尾设置了SWAPSPACE2标记。[2]
- 可用槽位数目也存储在交换区头部。该值是通过从总的可用槽位数目中减去坏块数目而得到的。还必须从中减去1，因为第一页用于存储状态信息和坏块列表。

> 尽管在创建交换区时坏块的处理看似非常重要，但该操作是可以跳过的。在这种情况下，mkswap并不检查数据区的错误，因而也不在坏块列表中写入任何数据。因为当今的硬件在块设备上已经基本不发生错误，通常不需要进行显式检查。

18.3.3　激活交换区

为通知内核，已经用mkswap初始化了一个交换区，用于扩展物理内存，这需要与用户空间的交互。内核为此提供了swapon系统调用。照例，它实现在sys_swapon中，其代码位于mm/swapfile.c中。

尽管sys_swapon是内核中比较长的函数之一，但并不特别复杂。它执行以下操作。

- 第一步，内核在swap_info数组中查找一个空闲数组项，并向该项指定初始值。如果将一个块设备分区用作交换区，则用bd_claim获取相关的block_device实例。回想6.5.2节的内容，该函数为特定的持有者（这里是页交换子系统）获取块设备，并通知内核的其他部分，该设备已经关联到该持有者。
- 在已经打开交换文件（或交换分区）之后，读入第一页包含的坏块信息和交换区的长度。
- setup_swap_extents初始化区间链表。下文将详细讲述该函数。
- 最后一步，根据新交换区的优先级，将其添加到交换区的列表。如前文所述，交换区列表是使用swap_info_struct的next成员定义的。还需要更新如下两个全局变量。
  - nr_swap_pages指定了当前可用的交换区槽位的总数。因为新激活的交换区中槽位都是空闲的，所以需要将新增槽位数目加到该变量。
  - total_swap_pages是交换区槽位总数，而不考虑是否为空闲槽位。该值也需要加上新交换区中的槽位数。

如果在调用该系统调用时没有为新交换区显式指定优先级，则内核将现存最低优先级减1作为该交换区的优先级。根据这种方案，除非管理员人工干预，否则新交换区将以递降的优先级加入。

---

① 还可以指定其他参数，如交换区的长度、页长度。但在大多数情况下，这是无意义的，因为这些数据可以自动而可靠地计算出来。mkswap的作者不建议用户自行指定这些参数，如其源代码所示：

```
if (block_count) {
/* 这个傻乎乎的用户显式指定了块数 */
...
}
```

② 内核早期版本使用的是另一种不同格式的交换区，标记为SWAP-SPACE。这种格式有某些不利之处，特别是其最大长度限制为128 MiB或512 MiB（取决于CPU类型），内核现在已经不再支持该格式。

1. 读取交换区特征信息

交换区的特征信息保存在第一个槽位中。内核使用下列结构来解释该数据：

<swap.h>

```
union swap_header {
        struct
        {
                char reserved[PAGE_SIZE - 10];
                char magic[10];                         /* SWAP-SPACE或SWAPSPACE2 */
        } magic;
        struct
        {
                char            bootbits[1024];   /* 用于存储磁盘标签等 */
                __u32           version;
                __u32           last_page;
                __u32           nr_badpages;
                unsigned char   sws_uuid[16];
                unsigned char   sws_volume[16];
                __u32           padding[117];
                __u32           badpages[1];
        } info;
};
```

union允许以不同的方式来解释同一数据，如图18-2所示。

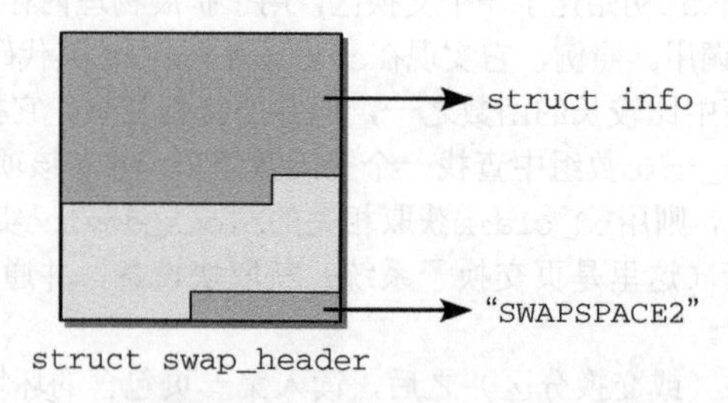

图18-2　swap_header的布局

- 前1 024字节是空闲的，为启动装载程序腾出空间，因为在某些体系结构上启动装载程序必须位于硬盘上指定的位置。这种做法，使得交换区可以位于磁盘的起始处，尽管在这样的体系结构上，启动装载程序代码也位于该处。
- 接下来是交换区版本号（version）、最后一页的编号（nr_lastpage）和不可用页的数目（nr_badpages）。在117个整数填充项之后，info结构的末尾是坏块块号的列表，在交换区格式发生变化时，填充项可用于表示附加信息。尽管在上述数据结构中坏块列表只有一项，但实际的数组项数目是nr_badpages。

  label和uuid用于将一个标签和UUID（Universally Unique Identifier，全局唯一标识符）与一个交换分区关联起来。内核并不使用这些字段，但有些用户层工具需要使用（手册页blkid(8)提供了这些标识符背后原理相关的更多信息）。

之所以使用两个数据结构来分析该信息，一方面是出于历史原因（新的信息只会出现在旧格式不使用的区域中，即分区起始处保留的1 024字节到swap_header尾部的特征信息之间的区域），另一方面在一定程度上也是因为内核必须处理不同的页长度，如果使用不同的结构来表示，处理会比较简单。由于信息位于第一个交换槽位的开始和结束之间，其中的空间必须填充一定数量的填充数据，至少从该数据结构的角度来看，应该如此处理。但如果从页长度（在所有体系结构上都通过PAGE_SIZE指定）

减去交换区特征的长度（10个字符）来计算填充的空间长度，那么对页尾部的交换区特征信息的访问会更容易，可以直接得到交换区特征字符串所在的位置。在访问结构上半部的成员时，只需要指定上半部的定义。从该数据结构的角度来看，对接下来的数据是不感兴趣的，因为其中仅包含了坏块列表，该数组的地址很容易计算出来。

2. 创建区间链表

setup_swap_extents用于创建区间链表。图18-3给出了相关的代码流程图。

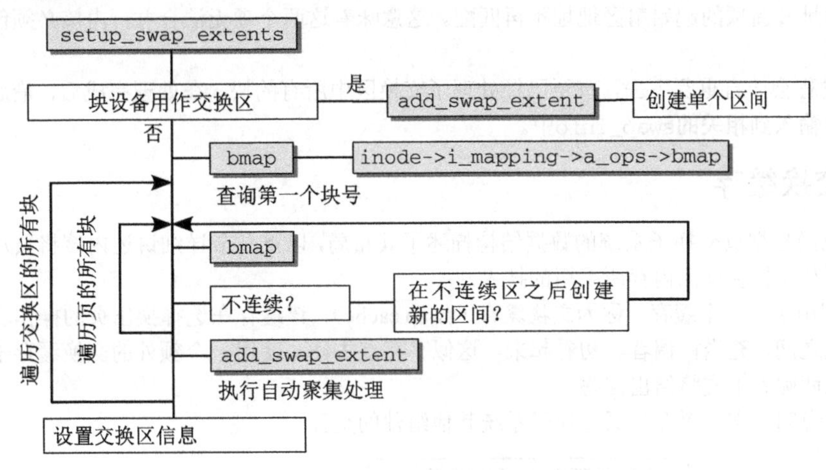

图18-3 setup_swap_extents的代码流程图

在使用交换分区而不是交换文件时，该函数的任务很简单。块设备可以确保所有扇区都包含在一个连续的列表中，因而，在区间链表中只需要一项。该项是使用add_swap_extent创建的，包含了分区中所有的块。

如果交换区是文件，内核需要完成的工作会多一些，因为必须逐个扫描该文件的各个块，来确定块是如何分配到扇区的。bmap函数即用于该目的。它是虚拟文件系统的一部分，调用了特定文件系统的地址空间操作中的bmap方法。这里不详细讲述各个特定文件系统的实现，因为它们都会得出同样的结果，即给定块号的硬盘扇区编号。内核的其他部分可以认为在一个文件内，逻辑上的各个块是连续的。但对与各个块对应的磁盘扇区来说，事实并非如此，已经在第9章讨论过。

创建映射列表的算法并不特别复杂。因为交换区很少激活，所以内核本身无须关注速度问题，这意味着实现非常简单。第一步，是通过bmap确定交换区中第一块的扇区地址。对交换区的进一步考察，即从该地址开始。

内核接下来必须查找并比较交换区中所有块的扇区地址，确定各个块是否是连续的。如果不是连续的，即可确定不连续。内核首先对构成一页的块数执行此操作。如果各块的扇区地址是连续的，那么就在磁盘上找到了长度等于一页的连续区域。add_swap_extent将该信息插入到区间数据结构中。

接下来重复整个操作，从下一个尚未检查扇区地址的文件块开始。在内核确认该页上的各扇区在磁盘上也是连续的之后，再次调用add_swap_extent将该信息添加到区间链表。

如果每次调用add_swap_extent都向区间链表添加一个新的链表元素，是不可能合并邻接的连续区域从而构建长于一页的连续区的。因而，add_swap_extent试图自动保持链表尽可能紧凑。在添加一个新项时，如果其起始扇区紧接着最后一项的结束扇区（换言之，即最后一个swap_extent的

start_block和nr_pages成员之和等于新项的起始扇区），则自动创建一个合并项，将两个项的数据合并起来。这确保了区间链表包含的数据项尽可能少。

但在内核遇到不连续时，会如何处理呢？由于setup_swap_extents只检查长度为一页的区域，当前区域完全可以丢弃。该区域没有任何用处，因为页交换的最小单位是一页。在发现扇区地址不连续时，内核将从下一个文件块的扇区地址重新开始搜索。该过程会重复下去，直至发现下一个在硬盘上连续的页。这种情况下，如果使用add_swap_extent将一个新数据项添加到区间链表，最后一项的结束扇区地址和新项的起始扇区地址不再匹配。这意味着这两个项无法合并，内核必须创建一个新的链表元素。

上述过程会一直重复下去，直至已经处理了交换区中所有的块。在处理完成后，最后一步是将可用页的数目输入到相关的swap_info中。

18.4　交换缓存

前面已经根据页交换子系统的数据结构描述了其布局，以下几节详细讲述内核将页从内存写入交换区及将页从交换区读回内存所采用的技术。

内核利用了另一个缓存，称为交换缓存（swap cache），该缓存在选择换出页的操作和实际执行页交换的机制之间，充当协调者。初看起来，这似乎有点古怪。使用一个额外的交换缓存干什么，需要缓存什么东西呢？下文将给出回答。

图18-4说明了交换缓存与页交换子系统其他组件的交互。

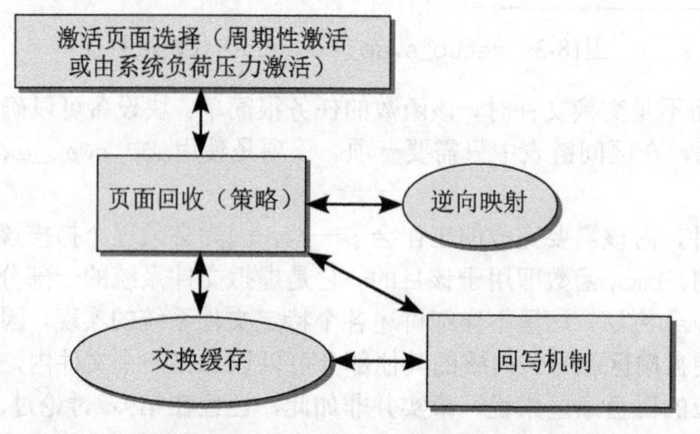

图18-4　交换缓存和页交换子系统的其他组件的交互

在页面选择策略和用于在内存和交换区之间传输数据的机制之间，交换缓存充当代理人的角色。这两个部分通过交换缓存交互。一方的输入会触发另一方的相应操作。不过请注意，对无须换出但可以同步的页来说，策略例程是可以直接与回写例程交互的。

哪些数据保存在交换缓存中？由于交换缓存只是使用第3章讨论的结构确立的另一个页缓存，因此答案很简单，就是内存页。系统中其他的页缓存，是出于性能考虑将页保持在物理内存中，而相关的数据总可以从块设备存储介质获取，但交换缓存并非如此（否则将与页交换的原理相悖）。相反，交换缓存用于以下目的，具体取决于页交换请求的"方向"（读入或写出）：

- 在换出页时，页面选择逻辑首先选择一个适当的、很少使用的页帧。该页帧缓冲在页缓存中，然后将其转移到交换缓存。
- 如果换出页由几个进程在同时使用，内核必须设置进程页目录中的对应页表项，使之指向交换文件中相关的位置。在其中某个进程访问该页的数据时，该页将再次换入，该进程对应此页的页表项将设置为该页当前的内存地址。但是，这会导致一个问题。其他进程的对应页表项仍然指向交换文件中的位置，因为尽管可以确定共享一页的进程数目，却不可能确定具体是哪些进程在共享该页。

因而在换入共享页时，它们将停留在交换缓存中，直至所有进程都已经从交换区请求该页，并都知道了该页在内存中新的位置为止。这种情况如图18-5所示。

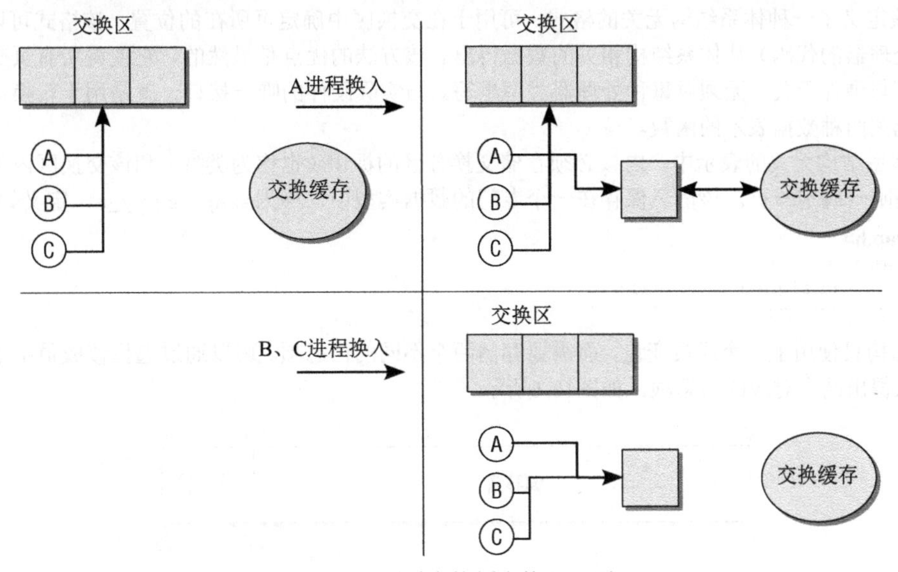

图18-5 通过交换缓存换入一页

没有交换缓存的帮助，内核不能确定一个共享的内存页是否已经换入内存，将不可避免地导致对数据的冗余读取。

从读入/写出两个方向来看，交换缓存的重要性并不相同。在页换入时，交换缓存的重要性远远高于页换出时。这种不对称性出现在内核版本2.5开发期间，此间引入了第4章描述的逆向映射方案（rmap）。回想前文，可知rmap机制用于查找共享一页的所有进程。[①]

在换出共享页时，rmap查找引用该页数据的所有进程。因而，引用该页的所有进程中的相关页表项都可以更新，指向交换区中对应的位置。这意味着，该页的数据可以立即换出，而无须在交换缓存中保持很长一段时间。

18.4.1 标识换出页

在第4章讨论过，根据内存页的虚拟地址，需要使用一整套页表，才能找到相关页帧在物理内存中的地址。仅当数据实际存在于内存中时，该机制才是有效的。否则，没有对应的页表项[②]。内核还必须能够正确标识换出页，换言之，必须能够根据给定的虚拟地址，找到内存页在交换区中的地址。

① 在更早的内核版本中，共享内存页只能使用交换缓存换出。在该页从一个进程的页表移除之后，内核必须一直等到所有其他共享该页的进程也从页表删除了该页，才能将页的数据从内存移除，这需要系统地扫描所有系统页表。与此同时，相关的页保存在交换缓存中。

② 这个说法不准确，对照前文对虚拟内存、页表的讲述及下述两段内容可知。——译者注

换出页在页表中通过一种专门的页表项来标记，其格式取决于所用的处理器体系结构。每个系统都使用了特定的编码，以满足特定的需求。

在换出页的页表项中，所有CPU都会存储下列信息。

- 一个标志，表明页已经换出。
- 该页所在交换区的编号。
- 对应槽位的偏移量，用于在交换区中查找该页所在的槽位。

内核定义了一种体系结构无关的格式，可用于在交换区中确定页所在的位置，该格式可以（通过特定于处理器的代码）从体系结构相关的数据得出。该方法的优点是显然的，它使得所有页交换算法的实现都与硬件无关，无须对每种处理器类型重写。与实际硬件的唯一接口，就是用于转换体系结构相关和无关两种数据表示的函数。

在体系结构无关的表示中，内核必须存储交换分区的标识（也称为类型）和该交换区内部的偏移量，以便唯一确定一页。该信息保存在一个专门的数据类型中，称为swap_entry_t，定义如下：

<swap.h>
```
typedef struct {
        unsigned long val;
} swp_entry_t;
```

该结构只使用了一个成员变量，而需要存储两个不同的信息项。可以通过选择该成员中不同的比特位，来得出两个对应的信息项，如图18-6所示。

图18-6　体系结构无关的页表项表示的两个部分

为什么形式上只使用一个unsigned long变量来存储两个信息项呢？首先，目前为止，内核到支持的所有系统对以这种方式提供的信息都还能凑合着用。其次，该成员变量中的值，也作为一个搜索的键值，用于检索列出所有交换缓存页的基数树。由于交换缓存仅仅是一个使用long作为键值的页缓存，换出页可以用这种方法唯一标识。

由于这种情形在未来可能发生改变，因而没有直接使用unsigned long值，而是将其隐藏到一个结构中。因为swap_entry_t值的内容只能通过专用函数访问，即使未来的内核版本修改页表项的内部表示，也无须重写页交换的实现。

为确保对swap_entry_t中两个信息项的访问，内核对图18-6中比特位的布局定义了两个常数：

<swapops.h>
```
#define SWP_TYPE_SHIFT(e)        (sizeof(e.val) * 8 -MAX_SWAPFILES_SHIFT)
#define SWP_OFFSET_MASK(e)       ((1UL << SWP_TYPE_SHIFT(e)) -1)
```

MAX_SWAPFILES_SHIFT值为5，与平台无关。unsigned long在32位体系结构上长度为4字节，在64位平台上是8字节。

相对而言，内核的其他部分对这种特定的布局是不感兴趣的。更重要的是，从该结构中提取各部分值的函数：

<swapops.h>
```
static inline unsigned swp_type(swp_entry_t entry)
{
```

```
        return (entry.val >> SWP_TYPE_SHIFT(entry));
}

static inline pgoff_t swp_offset(swp_entry_t entry)
{
        return entry.val & SWP_OFFSET_MASK(entry);
}
```

因为swap_entry_t实例从不能被直接操作，所以内核必须提供一个函数，根据给出的类型/偏移量对，来产生一个swap_entry_t：

<swapops.h>

```
static inline swp_entry_t swp_entry(unsigned long type, pgoff_t offset)
{
        swp_entry_t ret;

        ret.val = (type << SWP_TYPE_SHIFT(ret)) |
                        (offset & SWP_OFFSET_MASK(ret));
        return ret;
}
```

只需要少量位操作即可将参数封装到一个unsigned long变量中，作为返回的新swap_entry_t的内容。

内核需要能够在体系结构无关和相关的两种页表项表示之间进行切换，而pte_to_swp_entry函数正是为此而提供的：

<swapops.h>

```
static inline swp_entry_t pte_to_swp_entry(pte_t pte)
{
        swp_entry_t arch_entry;

        arch_entry = __pte_to_swp_entry(pte);
        return swp_entry(__swp_type(arch_entry), __swp_offset(arch_entry));
}
```

转换分两步进行。输入参数是一个页表项，如第4章所述，其类型为pte_t，该函数需要将pte_t实例转换为一个体系结构无关的swap_entry_t实例。

> 对于页表项来说，即使在特定于处理器的表示和体系结构无关的表示中使用了同样的数据类型，两种表示中划分比特位的方法也是不同的。

__pte_to_swp_entry是一个体系结构相关的函数，定义在特定于CPU的头文件<asm-arch/pgtable.h>中。该函数向内核提供了一个时机，可以将页表中特定于处理器的信息抽取出来。在许多体系结构上，这可以通过简单的类型转换完成，并不改变页表项的内容，只是改变一下类型。即使在比较反常的Sparc处理器上，也不需要什么专门的处理。

在第二步中，包含在新创建的swap_entry_t实例中的信息将转换为体系结构无关的格式，其中通常有若干比特位用于管理，例如，将该标识符标记为交换数据项，与普通的页表项不同。这里，内核仍然需要依赖处理器相关代码的帮助。所有系统都必须提供__swp_type和__swp_offset函数（请注意，在体系结构无关的版本中，没有开头的两个下划线）从处理器相关的格式中提取类型和偏移量，并按体系结构无关的通用格式返回，接下来相关的信息由swp_entry合并，以创建一个新的swap_entry_t。

在体系结构无关的格式中，用于标识交换区的比特位数目，通常比体系结构相关的格式所用的位数要多。因为体系结构不需要以常数方式定义交换区偏移量所用的比特位数，内核需要采用一点技巧，来查找可寻址的最大交换区偏移量。

```
maxpages = swp_offset(pte_to_swp_entry(swp_entry_to_pte(swp_entry(0,~0UL)))) -1;
```

swp_entry(0, ~0UL)指定了一个所有比特位均置位的交换区偏移量。上述转换首先将一个体系结构无关格式转换为一个体系结构相关格式，再将其转换回体系结构无关格式，确保仅在当前体系结构下有效的比特位会保存下来。而后，从结果取得交换区偏移量，即为最大可寻址的交换区偏移量。

18.4.2　交换缓存的结构

就数据结构而言，交换缓存无非是一个页缓存，如第16章所述。其实现的核心是swapper_space对象，该对象中聚集了与交换缓存相关的内部函数和数据结构。

mm/swap_state.c
```
struct address_space swapper_space = {
        .page_tree        = RADIX_TREE_INIT(GFP_ATOMIC|__GFP_NOWARN),
        .tree_lock        = RW_LOCK_UNLOCKED(swapper_space.tree_lock),
        .a_ops            = &swap_aops,
        .i_mmap_nonlinear = LIST_HEAD_INIT(swapper_space.i_mmap_nonlinear),
        .backing_dev_info = &swap_backing_dev_info,
};
```

> 尽管每个系统都可能有几个交换区，但页交换子系统以外的内核代码只通过一个变量来访问交换缓存。在数据实际回写之前，页并不按交换区进行组织。从确定换出页那部分内核代码的角度来看，只需要向一个交换缓存发送适当的指令，该缓存由上文提到的swapper_space对象表示。

由于大多数字段都是链表，这些字段将所有适当的宏初始化为基本设置（空）。各数据项的语义已经在第4章讨论过。

内核提供了一组交换缓存访问函数，可以由任何涉及内存管理的内核代码使用。例如，这些函数可用于向交换缓存添加页，或查找交换缓存中的页。这些函数构成了交换缓存和页面替换逻辑之间的接口，因而可用于发出换入/换出页的命令，而无须关注此后数据如何传输的技术细节。

内核还提供了一组函数，来处理通过交换缓存提供的地址空间。与地址空间和页缓存类似，这些函数聚集在一个address_space_operations实例中，通过aops成员关联到swapper_space。这些函数构成了交换缓存"向下"的接口，换言之，在交换缓存下是在系统的交换区和物理内存之间传输数据的实现部分，这些函数是交换缓存与数据传输部分之间的接口。与稍早提到的函数集不同，这些例程并不关注换出/换入哪些页，而负责对选定页进行数据传输的技术细节。

swap_aops定义如下：

mm/page_io.c
```
static struct address_space_operations swap_aops = {
        .writepage      = swap_writepage,
        .sync_page      = block_sync_page,
        .set_page_dirty = __set_page_dirty_nobuffers,
};
```

稍后会详细讲述这些函数的实现和意义。这里简单勾勒出它们所做的工作就足够了，如下所述。

(1) swap_writepage将脏页与底层块设备同步。其目的并非像其他页缓存那样，用来维护物理内存和块设备之间的一致性。其目的是将页从交换缓存移除，将其数据传输到交换区。因而，该函数负责从物理内存到磁盘上交换区的数据传输。

(2) 页必须在交换缓存中标记为“脏”，而决不能分配新的内存，因为在使用换出机制时，内存资源肯定已经匮乏到一定程度了。在第16章讨论过，一种将页标记为脏的可能做法是创建缓冲区，使数据逐块回写。但这种做法需要额外的内存来保存buffer_head实例（其中包括所需的管理数据）。因为交换缓存中只回写整页，所以这是无意义的。因此内核使用__set_page_dirty_nobuffers函数来将页标记为脏，它设置PG_dirty标志但并不创建缓冲区。

(3) 与多数页缓存一样，交换缓存也使用了内核的标准实现（block_sync_page）来将页同步到交换区。该函数只负责拔出对应的块设备队列。就交换缓存而言，这意味着接下来将执行发送给块层的所有数据传输请求。

到这里已经介绍了交换缓存的所有“静态”成员，且页交换实现的基础也已经就位。在讨论实际的操作中如何使用这些之前，会简要介绍届时将会遇到的函数，事实上有很多此类函数。图18-7给出了这些函数中最重要的一些，并描述了它们是如何关联的。

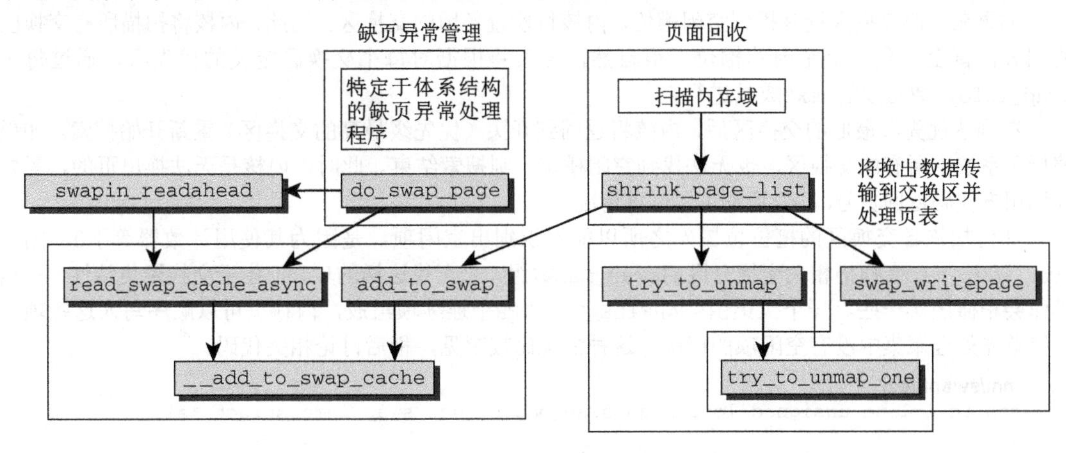

图18-7 实现页交换和页面回收的最重要的函数的概述。该图不是一个完全的代码流程图，跳过了某些中间函数

图18-7是图18-4的粗略概述，但提供了更多细节。图18-4介绍的一般结构可以立即从图18-7中识别出来。在本章后面的内容中，我们将介绍实现该结构的各个函数。

18.4.3 添加新页

向交换缓存添加新页是一个非常简单的操作，因为只需要使用适当的页缓存机制。标准方法就是调用第16章描述的add_to_page_cache函数，这减少了必要的工作量。该函数将一个给定页的数据结构插入到swapper_space地址空间中对应的链表和树中。

但这并非任务的全部内容。该页不仅需要添加到交换缓存，还需要在某个交换区中分配空间。尽管数据不会在此时复制到硬盘，但内核仍然必须考虑为该页选择的交换区和对应的槽位。该决策必须保存到交换缓存的数据结构中。

下面两个内核方法可以向交换缓存添加页，但作用不同。

(1) 在内核想要主动换出一页时，会调用add_to_swap，即当策略算法确定可用内存不足时。该例程不仅将页添加到交换缓存（在页数据写出到磁盘之前，会一直停留在其中），还在某个交换区中为该页分配一个槽位。

(2) 当从交换区读入由几个进程共享的一页（可以根据交换区中的使用计数器判定）时，该页将同时保持在交换区和交换缓存中，直至被再次换出，或被所有共享该页的进程换入。内核通过add_to_swap_cache函数实现该行为，该函数将一页添加到交换缓存，而不对交换区进行操作。

1. 分配槽位

在处理这两个函数的实现细节之前，我们应该考察如何在交换区中分配槽位。内核将该任务委托给get_swap_page，该函数没有参数，将返回接下来所使用槽位的编号。

该函数首先必须确保系统确实有交换区，标志是全局变量nr_swap_pages的值大于0。

swap_list.next总是当前使用的交换区的编号（如果只有一个交换区，该值总是相同的）。逻辑上，内核开始在该交换区中查找一个空闲槽位。scan_swap_map扫描槽位分配位图，利用聚集技术，该技术将在后文讨论。

如果在当前交换区没有找到空闲槽位，内核将检查备用的交换区。为此，内核将扫描所有交换区的列表，直至找到一个空闲的槽位。很自然，搜索将根据对每个交换区定义的优先级，通过每个swap_info[]数组项的next成员进行。

在到达优先级最低的交换区后，内核将返回到开头（优先级最高的交换区）重新开始搜索。如果遍历了系统中所有的交换区，也无法找到空闲槽位，则搜索结束。此时，内核是无法换出页的，需要向调用方代码返回页号0，表示发生了这种情况。

如何扫描各交换区的槽位位图？之所以能够识别出空闲项，是因为其使用计数器等于0。因而scan_swap_map会扫描相关交换分区的swap_map数组，来查找这样的项，但由于交换聚集特性，扫描操作会稍微困难一些。一个聚集由SWAPFILE_CLUSTER个连续项组成，内存页可以顺序写入这些项。内核首先处理聚集中没有空闲项的情况。这种情况比较罕见，稍后讨论相关代码。[①]

mm/swapfile.c
```
static inline unsigned long scan_swap_map(struct swap_info_struct *si)
{
        unsigned long offset, last_in_cluster;
...
        if (unlikely(!si->cluster_nr)) {
            /* 查找新的聚集*/
        }
```

我们假定si->cluster_nr大于0，这表明当前聚集中仍然有空闲槽位（回想前文，cluster_nr指定了当前聚集中空闲槽位的数目）。在内核确认当前偏移量不超出swap_info->highest_bit设置的限制之后，它会检查目标位置上对应项的交换计数器是否为0，如果为0，表明该项对应着一个空闲槽位，可加以利用：

mm/swapfile.c
```
...
        si->cluster_nr--;
cluster:
        offset = si->cluster_next;
        if (offset > si->highest_bit)
```

① 实现中仍然包含了几个显式的调度器调用，这里没有转载。在内核搜索空闲槽位时花费了太长时间的情况下，执行这些调用最小化内核等待时间。

```
lowest:        offset = si->lowest_bit;
        if (!si->highest_bit)
                goto no_page;
        if (!si->swap_map[offset]) {
                if (offset == si->lowest_bit)
                        si->lowest_bit++;
                if (offset == si->highest_bit)
                        si->highest_bit--;
                si->inuse_pages++;
                if (si->inuse_pages == si->pages) {
                        si->lowest_bit = si->max;
                        si->highest_bit = 0;
                }
                si->swap_map[offset] = 1;
                si->cluster_next = offset + 1;
...
                return offset;
        }
...
```

在更新了交换区信息中搜索的上下限之后（如有必要），内核将下次搜索的偏移量设置为刚找到的位置的偏移量加1。

如果目标位置不是空闲的，内核将遍历这些位置，直至找到第一个空闲的槽位：

mm/swapfile.c

```
...
        while (++offset <= si->highest_bit) {
                if (!si->swap_map[offset]) {
                        goto checks;
                }
        }
...
        goto lowest;

no_page:
        return 0;
}
```

如果该操作失败，内核将跳转到`lowest`标号，从空闲区的下限重新开始搜索。这不会产生无限循环，因为在分配了最后一个空闲槽位之后，`highest_bit`将设置为0。从上述代码片段来看，这是一个放弃搜索的条件。

现在，我们必须来考察没有当前聚集的情况。这种情况下，内核试图打开一个新的聚集。这预先假定了，在交换区中要有一个至少由`SWAPFILE_CLUSTER`个空闲槽位组成的空闲区域。因为聚集的起始位置不需要对齐，内核从可能有空闲槽位的最低位置（由`lowest_bit`定义）开始搜索（对应的代码，应该插入在上文/*查找新的聚集*/注释的位置）：

mm/swapfile.c

```
                si->cluster_nr = SWAPFILE_CLUSTER -1;
                if (si->pages -si->inuse_pages < SWAPFILE_CLUSTER)
                        goto lowest;

                offset = si->lowest_bit;
                last_in_cluster = offset + SWAPFILE_CLUSTER -1;

                /* 定位第一个空闲（未对齐）的聚集 */
                for (; last_in_cluster <= si->highest_bit; offset++) {
                        if (si->swap_map[offset])
```

18

```
                    last_in_cluster = offset + SWAPFILE_CLUSTER;
            else if (offset == last_in_cluster) {
                    si->cluster_next = offset-SWAPFILE_CLUSTER-1;
                    goto cluster;
            }
    }
    goto lowest;
```

如果没有足够的空闲槽位用于创建一个聚集，内核将跳转到lowest标号，并由此开始逐项搜索。

从当前位置开始，内核会检查是否所有（SWAPFILE_CLUSTER个）后续槽位都是空闲的。这项检查在if语句内的for循环中进行。如果内核发现某个已分配项（即对应的swap_map项大于0），则从下一个槽位恢复搜索空闲聚集。该操作会一直重复下去，直至到达没有足够空间创建一个聚集的位置。

如果内核成功找到一个新的聚集，将跳转到lowest标号，如上所述。

2. 分配交换空间

在策略例程确定了需要换出的页之后，mm/filemap.c中的add_to_swap开始运作。该函数接受一个struct page实例作为参数，并换出请求转发给页交换的技术实现部分。

如图18-8的代码流程图所示，这不是一个很困难的任务，基本上由3个步骤组成。上文提到的get_swap_page例程在某个交换区中分配了一个槽位之后，只需要将换出页移动到交换区。这由__add_to_swap_cache函数负责，该函数与第16章描述的标准函数add_to_page_cache非常类似。主要的区别在于，将对page实例设置PG_swapcache标志并将交换标识符swp_entry_t保存在page的private成员中。另外，在页的内容实际换出时，还需要构造一个体系结构相关的页表项。此外，需要将全局变量total_swapcache_pages加1，来更新统计信息。还有，与add_to_page_cache相似，该函数还会将页插入到由swapper_space建立的基数树。

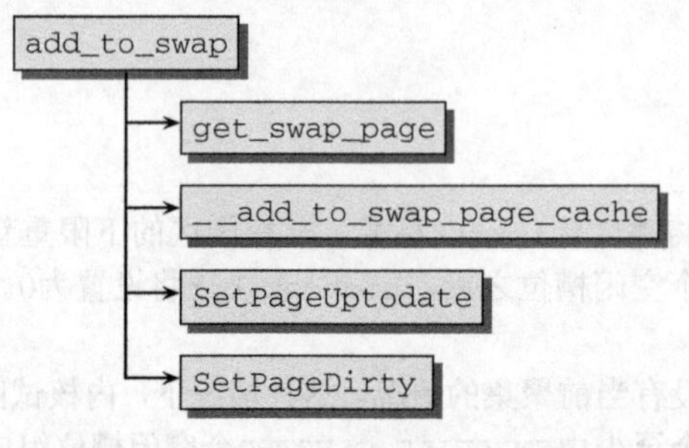

图18-8　add_to_swap的代码流程图

最后，SetPageUpdate和SetPageDirty会适当地修改页的标志。应该将页设置为脏，因为页的内容尚未包含在交换区中。回想第17章的内容，页缓存中的页在变脏后才会与底层块设备同步。对于交换页来说，对应的底层块设备是交换区，因而同步（几乎）就等价于将页换出！在页写入到对应的交换区槽位之后，剩下的工作就是更新页表，来反映这一事实。

但实际上呢，工作就是这些。在换出页时，对策略例程没有其他的要求。剩余的工作，特别是将数据从内存传输到交换区的任务，是由与swapper_space关联的特定于地址空间的操作完成的。这些相关例程的实现将在下文讨论。就策略例程来说，只需要知道：内核会负责将页数据实际写出到交换区，因而在调用add_to_swap之后，就释放了一页。更多的细节，将在下文对shrink_page_list函数的讨论中阐明。

3. 缓存交换页

与add_to_swap不同，add_to_swap_cache将一页添加到交换缓存，但要求已经为该页分配了一个槽位。

如果一页已经有了对应的槽位，为什么将其添加到交换缓存呢？在换入页时，这是需要的。假定已经换出了由许多进程共享的一页。在该页再次换入时，在第一个进程将其换入后，必须将其数据保持在交换缓存中，直至所有进程都完成了对该页的换入。只有到这时，才能将该页从交换缓存移除，因为此时所有相关用户进程都已经得知该页在内存中新的位置。当对交换页进行预读时，也会以这种方式来使用交换缓存。在这种情况下，读入的页尚未因缺页异常而被请求，但很可能在稍后被请求。

add_to_swap_cache比较简单，如图18-9的代码流程图所示。其基本任务是调用__add_to_swap_cache，该函数将页添加到交换缓存，如同add_to_swap那样。但首先必须调用swap_duplicate，以确保该页已经有了一个对应的交换数据项。swap_duplicate还会将对应槽位的交换映射计数加1，这表明该页在多处被换出。

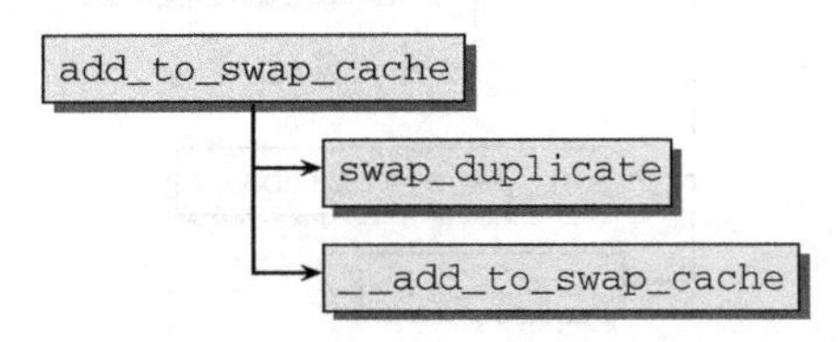

图18-9 add_to_swap_cache的代码流程图

add_to_swap和add_to_swap_cache的主要区别在于，后者没有设置PG_uptodate或PG_dirty这两个标志。本质上，这意味着内核并不需要将该页写入到交换区，即二者的内容当前是同步的。①

18.4.4 搜索一页

lookup_swap_cache检查一页当前是否位于交换缓存中。其实现只需要几行：②

mm/swap_state.c
```
struct page * lookup_swap_cache(swp_entry_t entry)
{
        struct page *page;

        page = find_get_page(&swapper_space, entry.val);

        return page;
}
```

该函数根据swp_entry_t实例，使用第16章讨论过的find_get_page函数来扫描swapper_space地址空间，得到所需的页。类似于许多其他与地址空间相关的任务，所有繁重的工作都是由基数树实现完成的！请注意，如果没找到页，则代码返回一个NULL指针。此时内核必须从硬盘取得数据。

① 请注意，在内核版本2.6.25中（本书撰写时，该版本尚处于开发中），将会对这里提到的函数名做一些调整。add_to_swap_cache将合并到其唯一的调用者read_swap_cache_async中，不会继续存在。而__add_to_swap_cache将替换前者，重命名为add_to_swap_cache。这两个函数的调用者也会相应进行更新。

② 类似于本章描述的许多其他页交换相关的函数，该函数在内核源代码中也包含了几个调用，来更新页交换子系统的一些关键统计量。在我们的讨论中，不会将此类调用包含进来，因为它们在本质上就是对计数器作一些简单处理，没什么趣味。

18.5　数据回写

页交换实现的另一部分是其“向下”的接口，用于将页数据写入到交换区中选定的位置（或确切地说，向块层发出适当的请求）。读者已经看到过，这是在交换缓存中使用地址空间操作writepage完成的，该函数指针指向swap_writepage。图18-10给出了swap_writepage函数的代码流程图，该函数定义在mm/page_io.c中。

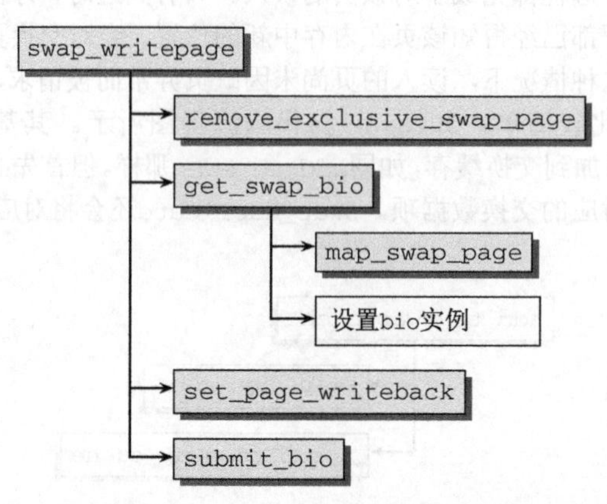

图18-10　swap_writepage的代码流程图

因为大部分工作已经由上文描述的机制完成，所以swap_writepage需要做的工作很少。内核首先需要调用remove_exclusive_swap_page，检查相关页是否只由交换缓存使用，而内核其他部分都已经不再使用。如果是这样，该页不再需要，可以从内存移除。

在内核能够写出页数据之前，它需要一个正确填充的struct bio实例，其中包括了块层需要的所有参数，这在第6章讨论过。该任务委托给get_swap_bio，该函数将返回一个完成的bio实例。

在填充bio结构时，不仅需要目标块设备和回写数据的长度，还需要目标扇区号。在18.3.1节讨论过，交换区并不总是位于磁盘上一个连续的区域。因而，使用区间来创建槽位到可用磁盘块之间的映射。现在必须搜索区间链表：

mm/page_io.c
```
sector_t map_swap_page(struct swap_info_struct *sis, pgoff_t offset)
{
        struct swap_extent *se = sis->curr_swap_extent;
        struct swap_extent *start_se = se;

        for ( ; ; ) {
                struct list_head *lh;

                if (se->start_page <= offset &&
                                offset < (se->start_page + se->nr_pages)) {
                        return se->start_block + (offset -se->start_page);
                }
                lh = se->list.next;
                if (lh == &sis->extent_list)
                        lh = lh->next;
                se = list_entry(lh, struct swap_extent, list);
                sis->curr_swap_extent = se;
        }
}
```

搜索不是从链表头部开始的，而是开始于上一次使用的链表元素。该链表元素保存在curr_swap_extent中，因为在大多数情况下，对槽位的访问通常是彼此相邻或接近的。这样，就可以利用同一个区间链表元素来计算扇区地址。

在搜索的目标槽位编号（offset）大于等于se->start_page而小于se->start_page + se->nr_pages时，目标槽位即包含在区间链表元素se中。如果该条件不成立，则顺次搜索该链表，直至找到匹配的链表元素。因为匹配的链表元素是一定存在的，所以搜索可以在一个无限循环中进行，循环在返回扇区编号时结束。

在用适当的数据填充了bio实例之后，在通过bio_submit将写请求发送给块层之前，必须使用SetPageWriteback对页设置PG_writeback标志。

在写请求执行时，块层调用end_swap_bio_write函数（基于标准函数end_page_writeback）将PG_writeback标志从page结构清除。

请注意，将页的内容写入到交换区中对应的槽位后，换出页的工作还没有完全结束。这时还需要更新页表，然后才能认为该页已经完全从物理内存移除。一方面，页表项需要指定该页不在内存中，另一方面，页表项还需要指向对应槽位在交换区中的位置。因为这项修改必须对所有使用该页的进程进行，所以这是一项牵涉颇多的任务，将在18.6.7节讨论。

18.6　页面回收

到现在为止，我们已经解释了回写的技术细节，下面把注意力转向页交换子系统的第二个主要的方面，即交换策略，该策略用于确定哪些页可以从物理内存换出而同时又不会严重降低内核性能。因为该策略可以释放页帧，使得有新的内存可用于紧急需求，所以该技术也称为页面回收（page reclaim）。

> 与前几节关注交换地址空间中的页相比，本节关注的是任何地址空间中的页。交换策略的原理可以适用于所有没有后备存储器的页，无论其数据读取自文件，还是动态生成的。唯一的差别在于，内核决定将相关的页从内存移除时，页数据所写入的位置。而这个问题对页是否换出没有影响。有些页有持久后备存储器，页数据可以写出到后备存储器，而其他页则必须放入到交换区中（18.1.1节有对可换出页的更精细的描述）。

交换策略算法的实现是内核中比较复杂的内容。这不仅是因为要使交换速度最大化，而更主要的是各种必须解决的特殊情况。下面的例子专注于构成页交换子系统主要工作的那些最常见的情况。为简明起见，这里不会讨论比较罕见的情况，这些可能是因SMP系统上各处理器间交互而导致的，或是单处理器系统上出现的随机巧合情况。与各交换操作的细枝末节相比，对页交换所涉及的各个组件间的交互给出一般性的概述要更重要。

18.6.1　概述

上文已经讨论了用于实现交换策略算法的一般方法。以下各节将主要讲述各个交换策略函数和过程的交互，并详细描述其实现。图18-11给出了一个代码流程图，列出了最重要的各个方法并说明了它们是如何彼此关联的。

图18-11是图18-7中概述的进一步细化。页面回收在两个地方触发，如图18-11所示。

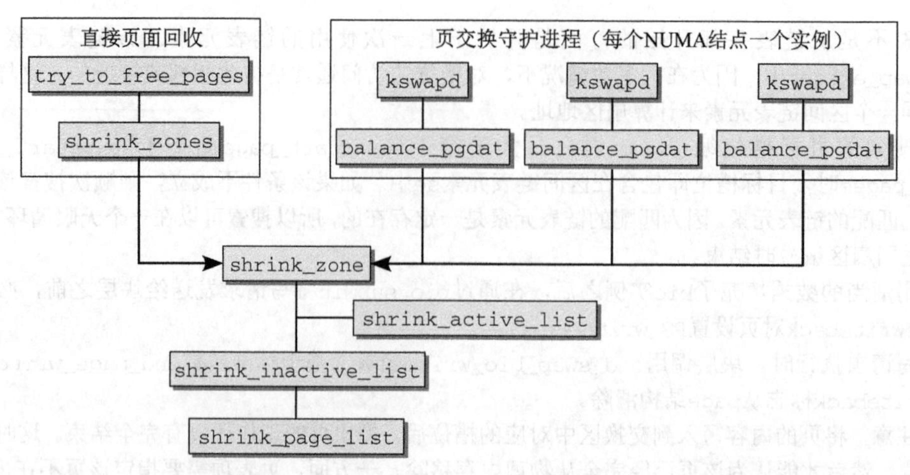

图18-11　页面回收实现的“整体图示”。请注意，该图并非完整的代码流程图，只是给出了最重要的函数

(1) 如果内核检测到在某个操作期间内存严重不足，将调用try_to_free_pages。该函数检查当前内存域中所有页，并释放最不常用的那些。

(2) 一个后台守护进程，名为kswapd，会定期检查内存使用情况，并检测即将发生的内存不足。可使用该守护进程换出页，作为预防措施，以防内核在执行其他操作期间发现内存不足。

> 在NUMA机器上，所有处理器对内存的共享并不是一致的（参见第3章），对每个NUMA结点来说，都有一个单独的kswapd守护进程。每个守护进程负责一个NUMA结点上所有的内存域。
>
> 在非NUMA系统上，只有一个kswapd实例，负责系统中所有的内存域。例如，回想前文，IA-32可以有最多3个内存域：ISA-DMA内存域、普通内存域、高端内存域。

上述两条代码路径，很快在shrink_zone函数中合并。对页面回收子系统的这两条代码路径来说，剩余的代码是相同的。

在try_to_free_pages中处理系统内存严重不足时，以及在kswap守护进程中定期检查内存使用时，在使用为此设计的算法确定为向系统提供新的空闲内存所需换出的页数以后，内核还需要确定具体换出哪些页（并最终将相关信息从策略代码部分传递到负责将页写回到后备存储器的例程，以及负责修改页表项的例程）。

回想3.2.1节，内核试图将页分类到两个LRU链表中：一个用于活动页，另一个用于不活动页。这些链表是按内存域管理的[①]：

<mmzone.h>

```
struct zone {
...
        struct list_head active_list;
        struct list_head inactive_list;
...
}
```

---

① 即每个内存域两个链表。——译者注

判断给定页属于哪一类是内核的一项必要工作，本章的很大一部分内容都在回答该问题。

有关回收页的数目、具体回收哪些页的决策，是按照下列步骤作出的。

(1) shrink_zone是从内存移除很少使用的页的入口点，在周期性的kswapd机制中调用。该方法负责两件事：通过在活动链表和惰性链表之间移动页（使用shrink_active_list），试图在一个内存域中维护活动页和不活动页的数目的均衡；还通过shrink_cache，控制了选择换出页的过程。在确定内存域中换出页数的逻辑和具体换出哪些页的决策之间，shrink_zone充当了一个中间人。

(2) shrink_active_list是一个综合性的辅助函数，内核使用该函数在活动页和不活动页的两个链表之间移动页。该函数会被告知需要在两个链表之间转移的页数，而后该函数试图选择使用最少的页。

因而在本质上，shrink_active_list负责决定随后将换出哪些页，保留哪些页。换言之，该函数实现了页面选择的策略部分。

(3) shrink_inactive_list从给定内存域的惰性链表移除选定数目的不活动页，将其传送到shrink_page_list函数，后者将向各个对应的后备存储器发出回写数据的请求，以便在物理内存中释放空间，回收所选定的页。

如果由于任何原因，不能回写页（有些程序可能明确地阻止回写），shrink_inactive_list必须将不能回写的页放回活动链表或惰性链表。

18.6.2 数据结构

在详细分析这些函数之前，本节先讨论内核使用的几个数据结构。其中就包括页向量，即借助于一个数组来保存特定数目的页，可以对这些页执行同样的操作。最好以“批处理模式”执行，这比分别对每个页执行同样的操作要快得多。然后，本节讲述用于将页置于内存域的活动链表或惰性链表上的LRU缓存机制。

1. 页向量

内核定义了以下结构，用于将几个页群集到一个小的数组中：

<pagevec.h>

```
struct pagevec {
        unsigned nr;
        int cold;
        struct page *pages[PAGEVEC_SIZE];
};
```

这只是一个数组，各个数组项上指向page实例的指针，数组项的数目可以通过nr成员查询。pages数组本身提供的空间可存储PAGEVEC_SIZE（默认值是14）个指向page实例的指针。

cold成员用于帮助内核区分热页（hot page）和冷页(cold page)。如果页的数据保存在某个CPU的高速缓存中，称为热页，因为其数据可以非常快速地访问。页数据不在高速缓存中，则称为冷页。为简单起见，以下描述中将忽略内存页的这个属性。

页向量使得可以对一组page结构整体执行操作。有时候，这比对各个页单独执行操作要快。当前，内核对此提供的相关函数主要涉及页的释放，如下所述。

- pagevec_release将向量中所有页的使用计数器减1。如果某些页的使用计数器归0，即不再使用，则自动返回到伙伴系统。如果页在系统的某个LRU链表上，则从该链表移除，无论其使用计数器为何值。
- pagevec_free将一组页占用的内存空间返还给伙伴系统。调用者负责确认页的使用计数器为0

(表明页在其他地方没有使用)，且未包含在任何LRU链表中。

- pagevec_release_nonlru是另一个用于释放页的函数，它将一个给定页向量中所有页的使用计数器减1。在计数器归0时，对应页占用的内存将返还给伙伴系统。与pagevec_release不同，该函数假定向量中所有的页都不在任何LRU链表上。

所有这些函数都需要一个pagevec结构作为参数，其中包含了需要处理的页。如果向量为空，则所有这些函数都会立即返回到调用者。

这些函数还有另一种带有两个下划线的版本（例如__pagevec_release）。这些函数并不测试向量是否包含页。

还缺少一个向页向量添加页的函数：

<pagevec.h>
```
static inline unsigned pagevec_add(struct pagevec *pvec, struct page *page)
```

pagevec_add将一个新页添加到一个给出的页向量pvec。

该函数的实现在这里不详细考虑了，因为它非常简单，没什么我们感兴趣的东西。

2. LRU缓存

内核提供了另一个缓存，称为LRU缓存，以加速向系统的LRU链表添加页的操作。它利用页向量来收集page实例，将其逐组置于系统的活动链表或惰性链表上。这两个链表在内核中是一个热点，但必须通过自旋锁保护。为降低锁竞争的几率，新页不会立即添加到链表，而是首先缓冲到一个各CPU列表上：

mm/swap.c
```
static DEFINE_PER_CPU(struct pagevec, lru_add_pvecs) = { 0, };
```

通过该缓冲区添加新页的函数是lru_cache_add。它提供了一种方法，可以延迟将页添加到系统的LRU链表，直至已经积累了PAGEVEC_SIZE个页：

mm/swap.c
```
void fastcall lru_cache_add(struct page *page)
{
        struct pagevec *pvec = &get_cpu_var(lru_add_pvecs);

        page_cache_get(page);
        if (!pagevec_add(pvec, page))
                __pagevec_lru_add(pvec);
        put_cpu_var(lru_add_pvecs);
}
```

因为该函数访问了一个特定于CPU的数据结构，它必须阻止CPU处理中断（中断处理之后可能恢复到另一个CPU上执行）。这种形式的保护是通过调用get_cpu_var隐式提供的，该函数不仅禁用了抢占，还返回了相应的各CPU变量。

lru_cache_add首先将page实例的count使用计数器加1，因为该页现在已经在页缓存中（这被解释为“使用”）。接下来使用pagevec_add将该页添加到特定于CPU的页向量。

pagevec_add返回的是添加新页之后页向量中仍然空闲的数组项数目。如果返回0，这表明添加上一个页之后页向量已经是满的，那么将调用__pagevec_lru_add。该函数将页向量中的所有页，都添加各页所属内存域的惰性链表中（页向量中的页，可能属于不同的内存域）。各页都设置了PG_lru标志位，因为它们现在包含在一个LRU链表中。接下来将删除页向量的内容，以便为缓存中的新页腾出空间。

如果在pagevec_add添加一页之后各CPU列表中仍然有空闲位置，则添加的page实例仍然处于页向量中，而不是添加到系统的某个LRU链表。

lru_cache_add_active的工作方式与lru_add_cache完全相同，但前者用于活动页，后者用于不活动页。它使用lru_add_pvecs_active作为缓冲。在页从缓冲区转移到活动链表时，不仅会设置PG_lru标志位，还将设置PG_active标志位。

lru_cache_add只在mm/filemap.c中的add_to_page_cache_lru中需要，用于将一页同时添加到页缓存和LRU缓存。但这是将一页同时添加到页缓存和LRU链表的标准函数。最重要的是，mpage_readpages和do_generic_mapping_read会使用该函数，在从文件或映射读取数据时，块层结束于这两个标准函数。

通常都认为内存页最初是不活动的，在确定其价值之后，才能认为是活动的。但有些例程对其使用的页有高度评价，会调用lru_cache_add_active直接将页放置到内存页的活动链表上①。

- mm/swap_state.c中的read_swap_cache_async，该函数从交换缓存读取页。
- 缺页异常处理程序__do_fault、do_anonymous_page、do_wp_page和do_no_page，这些实现在mm/memory.c中。

不活动页如何提升为活动页是下一节的主题。这与将页从活动链表移动到惰性链表的操作直接相关，反之亦然。在可以执行这些操作之前，内核必须将所有页从各CPU LRU缓存传送到全局的链表；否则，移动页的逻辑可能漏掉一些页。内核提供的辅助函数lru_and_drain即用于此目的。

最后，图18-12综述了页在不同链表之间的移动。

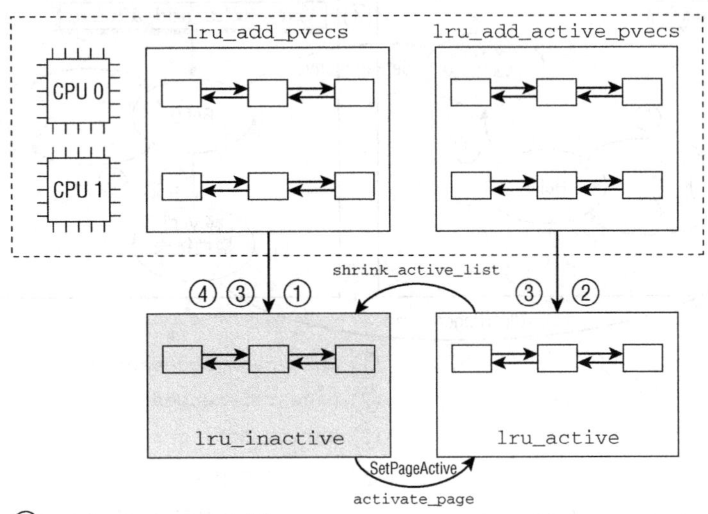

图18-12 内存页从各CPU LRU缓存到全局LRU链表的移动。为简化描述，图中只使用了一个内存域，只描述了该内存域中的全局LRU链表。另外，对在活动链表和惰性链表之间移动页的函数，只给出了其中最重要的一些

① 本书没有涵盖NUMA系统的页面迁移代码，它也使用了该函数。

18.6.3　确定页的活动程度

为评估一页的重要性，内核不仅要跟踪该页是否由一个或多个进程使用，还需要跟踪其被访问的频繁程度。因为只有很少的体系结构对内存页支持直接的访问计数器，内核必须借助其他手段，因而引入了两个页标志，称为referenced和active。对应的标志位值分别是PG_referenced和PG_active，用于设置和获取状态的宏已经在3.2.2节讨论过。回想前文，例如PageReferenced检查PG_referenced标志位，而SetPageActive会设置PG_active标志位。

为什么对页状态使用这两个标志？假定只使用一个标志来确定页的活动程度，PG_active也会工作得相当好。在该页访问时，会设置相应标志，但何时将标志清除呢？如果内核不自动清除该标志，该页将一直处于活动状态，即使使用很少或根本不再使用，也是如此。为在一定的超时时间之后自动清除该标志，将需要大量的内核定时器，因为并非Linux支持的所有CPU都对此提供了适当的硬件支持。考虑到通常系统上可能存在的大量内存页，这种（基于定时器的）方法注定是要失败的。

使用两个标志，可以实现一种更精巧的方法，来判断页的活动程度。核心思想是，一个标志表示当前活动程度，而另一个标志表示页是否在最近被引用过。这两个标志位的设置需要密切协调。图18-13说明了相应的算法。基本上需要执行以下步骤。

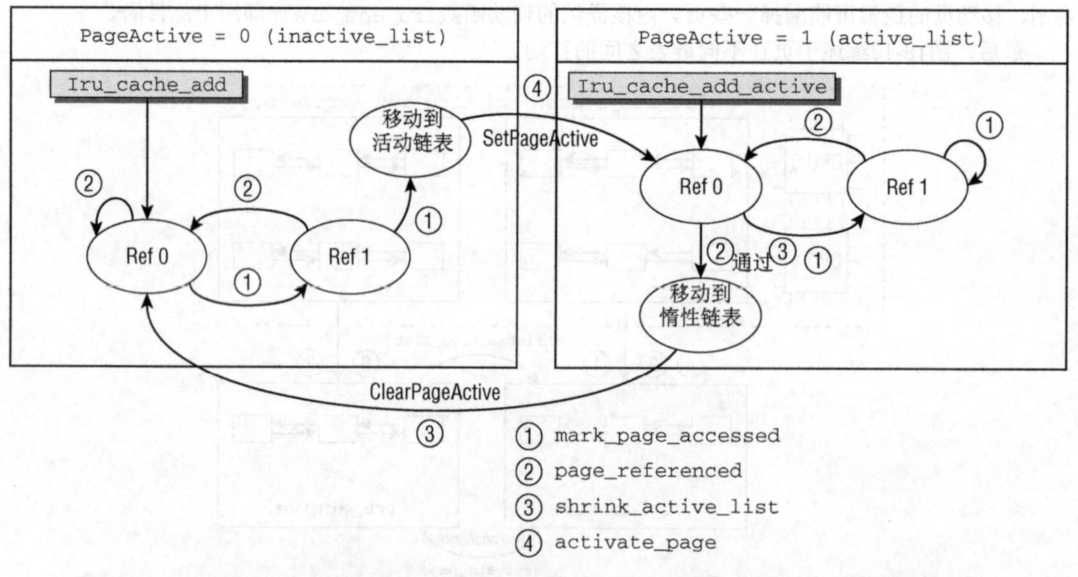

图18-13　就PG_active和PG_referenced标志位而言，内存页可能状态迁移的概述，以及页如何相应地放置到活动链表或惰性链表上

(1) 如果页被认为是活动的，则设置PG_active标志；否则不设置。该标志是否设置，直接对应于页所在的LRU链表，即（特定于内存域的）活动链表或惰性链表。

(2) 每次访问该页时，都设置PG_referenced标志。负责该工作的是mark_page_accessed函数，内核必须确保适当地调用该函数。

(3) PG_referenced标志以及由逆向映射提供的信息用于确定页的活动程度。关键在于，每次清除PG_referenced标志时，都会检测页的活动程度。page_referenced函数实现了该行为。

(4) 再次进入mark_page_accessed。在它检查内存页时，如果发现PG_referenced标志位已经设置，这意味着page_referenced没有执行检查。因而对mark_page_accessed的调用必定比page_referenced更频繁，这意味着该页经常被访问。如果该页当前处于惰性链表上，则将其移动到活动链表。此外，还会设置PG_active标志位，清除PG_referenced标志位①。

(5) 反向的转移也是可能的。如果页位于活动链表上，受到很多关注，那么通常会设置PG_referenced标志位。在页的活动减少时，如果要将其转入惰性链表，则需要两次page_referenced调用，而其中不能插入mark_page_accessed调用。

如果对内存页的访问是稳定的，那么对mark_page_accessed和page_referenced的调用在本质上将是均衡的，因而该页将保持在当前的LRU链表上。

如果一个不经常访问的页（因而是不活动的）的PG_active和PG_referenced标志位均未设置。这意味着，接下来需要两次mark_page_accessed调用（其中不能夹杂page_referenced调用），才能将其从惰性链表移动到活动链表。反之亦然：一个高度活动的页，同时设置了PG_active和PG_referenced标志位，也需要两次page_referenced调用（其间不能插入mark_page_accessed调用）才能从活动链表移动到惰性链表。

总而言之，该解决方案确保了内存页不会在活动链表和惰性链表之间过快地跳跃，如果出现过快的跳跃，显然不利于对页的活动程度作出一个可靠的判断。该方法是本章开头讨论的“第二次机会”（second chance）方法的一种变体：高度活动的页在转换为不活动页之前，会获得第二次机会，而高度不活动的页在转换为活动页之前，也需要二次证明。这与“最近最少使用”（least recently used，LRU）方法（或至少是LRU的近似，因为内存页没有精确的使用计数）结合起来，来实现页面回收策略。

注意，虽然图18-13说明了最重要的状态和链表迁移，但还有一些其他的可能性。一方面，这是由本书所未涵盖的代码（例如，页面迁移代码）导致的。另一方面，为处理一些特例，例如，集中式页面回收（lumpy page reclaim）技术，需要做出一些改动。这些例外情况将在本章讨论。

内核提供了几个辅助函数，支持在两个LRU链表之间移动页：

<mm_inline.h>
```
void add_page_to_active_list(struct zone *zone, struct page *page)
void add_page_to_inactive_list(struct zone *zone, struct page *page)

void del_page_from_active_list(struct zone *zone, struct page *page)
void del_page_from_inactive_list(struct zone *zone, struct page *page)

void del_page_from_lru(struct zone *zone, struct page *page)
```

这些函数的语义可根据其名称推断，而其实现也不过是简单的链表操作。唯一要注意的是，如果调用者不知道页当前所在的LRU链表，则必须使用del_page_from_lru。

将页从活动链表移动到惰性链表，不仅仅需要处理链表项。而将不活动页提升到活动链表，activate_page就足够了。去掉锁定和统计量的处理，代码如下所示：

mm/swap.c
```
void fastcall activate_page(struct page *page)
{
        struct zone *zone = page_zone(page);

        if (PageLRU(page) && !PageActive(page)) {
                del_page_from_inactive_list(zone, page);
```

① 根据源代码，仅当PG_referenced置位的情况下，才清除该标志位。——译者注

18

```
                SetPageActive(page);
                add_page_to_active_list(zone, page);
        }
}
```

这刚好实现了上文讨论的迁移。

将页从活动链表移动到惰性链表的处理隐藏在一个更大的函数内部，即shrink_active_list，该函数所处的上下文更为广泛，它还负责缓存的收缩，在18.6.6节讨论。在内部，该函数依赖于page_referenced。除了按上述方法处理PG_referenced标志位置位，该函数还负责查询从页表引用该页的频繁程度。这主要应用了逆向映射机制。page_referenced需要参数is_locked，该参数表明所述页是否已经由调用者锁定。

mm/rmap.c

```
int page_referenced(struct page *page, int is_locked)
{
        int referenced = 0;
...
        if (TestClearPageReferenced(page))
                referenced++;

        if (page_mapped(page) && page->mapping) {
                if (PageAnon(page))
                        referenced += page_referenced_anon(page);
                else if (is_locked)
                        referenced += page_referenced_file(page);
                else if (TestSetPageLocked(page))
                        referenced++;
                else {
                        if (page->mapping)
                                referenced += page_referenced_file(page);
                                unlock_page(page);
                }
        }
        return referenced;
}
```

该函数总计了最近引用该页的次数。如果PG_referenced标志位置位，这显然也是一次引用，需要相应地计算进来。请注意，按此前讨论的说法，如果该标志位置位，page_referenced函数将清除它。

如果该页映射到某进程的地址空间中，那么对该页的引用必须通过页表中某些特定于硬件的标志位确定。回想4.8节的内容，page_referenced_anon计算了访问一个匿名映射中的某页的次数，而page_referenced_file则用于基于文件的映射中的页。例如，在IA-32和AMD64体系结构上，这等于指向所述页且_PAGE_BIT_ACCESSED标志位置位的页表项的数目，该标志位由硬件自动更新。

page_referenced_file要求锁定该页（以防止在内核操作映射时出现干扰，例如，截断文件，可能致使映射的一部分消失）。如果传递到page_referenced的页未锁定，则会被锁定。请注意，最后一个else分支将对最初未锁定的页执行，因为TestSetPageLocked除了将PG_locked标志位置位之外，还会返回该标志位的原值。如果此时页已经被内核其他的部分锁定，那么一直等待到锁释放是没有意义的。只需要将引用计数器加1即可，因为请求锁定页的进程至少也访问了该页。

请注意，如果系统当前在进行页交换，如果内存页属于持有交换令牌的特定进程，page_referenced也会将该页标记为PG_referenced（通过page_referenced_one，由page_referenced_ file和page_referenced_anon调用），即使该页没有被访问。这阻止了回收持有交换令牌进程的页，在页交换较多的情况，会增强所述进程的性能。该机制的细节，参见18.7节。

最后，还需要考虑mark_page_accessed。其实现比较简单：

mm/swap.c
```
void fastcall mark_page_accessed(struct page *page)
{
        if (!PageActive(page) && PageReferenced(page) && PageLRU(page)) {
                activate_page(page);
                ClearPageReferenced(page);
        } else if (!PageReferenced(page)) {
                SetPageReferenced(page);
        }
}
```

该函数实现了如图18-13所示的状态迁移。表18-1综述了这些状态迁移。

表18-1 交换页状态

初始状态	目标状态
不活动的，没有被引用的	不活动的，被引用的
不活动的，被引用的	活动的，没有被引用的
活动的，没有被引用的	活动的，被引用的

18.6.4 收缩内存域

内核的其他部分需要向负责收缩内存域的例程提供下列信息。

- NUMA结点和其中包含的将要处理的内存域。
- 需要换出的页数。
- 在放弃操作之前，可能检查（检查是否适合换出）的最大页数。
- 对释放页的请求所指定的优先级。这不是传统的UNIX意义上的进程优先级，且进程优先级在核心态也没什么意义，这里所谓的优先级只是一个整数，指定了内核需要新内存的急切程度。例如，当在后台换出页以预防内存不足时，需求的急切程度就不如内核直接检测到严重的内存不足时，在后一种情况下，内核急需新的内存来执行或完成操作。

页面选择开始于shrink_zone。但在讨论其代码之前，还需要介绍一些基础设施。

1. 控制扫描

一个特别的数据结构保存了用于控制扫描操作的参数。请注意，该结构不仅用于从高层函数向低层函数传递指令，而且也用于反向传递结果。可以通知调用者操作是否成功：

mm/vmscan.c
```
struct scan_control {
        /* 需要加上扫描过程中确认的不活动页的数目 */
        unsigned long nr_scanned;
        /* 此上下文环境中使用的GFP掩码 */
        gfp_t gfp_mask;
        int may_writepage;
        /* 回收过程允许换出页吗？*/
        int may_swap;
...
        int swappiness;
```

```
        int all_unreclaimable;
        int order;
};
```

下面各成员的变量名很贴切地反映了其语义。

- nr_scanned向调用者报告已经扫描到的不活动页的数目，用于在页面回收涉及的各个内核函数之间进行通信。
- gfp_mask指定了在调用页面回收函数的上下文环境下有效的页面分配标志。这很重要，因为有时候在页面回收期间必须分配新的内存。如果发起页面回收的上下文环境不允许睡眠，该约束当然必须转给所有调用的函数；这也恰好是设计使用gfp_mask的目的。
- may_writepage指定了内核是否允许将页写出到后备存储器。内核运行于膝上模式时，有时候需要禁用写出操作，这一点在17.13节已经讨论过。
- may_swap确定了页面回收处理过程中是否允许页交换。只有在两种情况下会禁用页交换：软件挂起（software suspend）[①]机制在执行页面回收，或NUMA内存域显式禁用了页交换。本书不进一步考虑这些可能性。
- swap_cluster_max实际上与页交换无关，它是一个阈值，表示一次页面回收步骤中，在各CPU列表中扫描的内存页数目的最小值。通常设置为SWAP_CLUSTER_MAX，该宏默认定义为32。
- swappiness控制内核换出页的积极程度，该值的范围在0到100之间。默认情况下，将使用vm_swappiness。后者的标准设置为60，但可以通过/proc/sys/vm/swappiness调整。有关该参数用法的更多细节，参见18.6.6节。
- all_unreclaimable用于报告一种令人遗憾的情况，即所有内存域中的内存当前都是完全不可回收的。例如，在所有页都被mlock系统调用钉住时，就可能发生这种情况。
- 内核可以主动按给定的分配阶来尝试回收一组内存页。order表示分配阶，即要回收2^{order}个连续页。

  回收包括多个内存页的高阶分配是比较复杂的，特别是在系统已经启动并运行了一段时间之后。内核使用集中回收（lumpy reclaim）技术来尽可能满足这样的请求，这完全是一种肮脏手段，将在下文讨论。

在讨论页回收代码之前，回想一下3.2.2节介绍的struct zone，其中包含了好些将在下文用到的字段：

```
<mmzone.h>
struct zone {
...
        unsigned long nr_scan_active;
        unsigned long nr_scan_inactive;
        unsigned long pages_scanned;
...
        /* 内存域统计量 */
        atomic_long_t vm_stat[NR_VM_ZONE_STAT_ITEMS];
...
}
```

内核需要扫描活动列表和惰性列表来查找可以在二者之间移动的页，或从惰性列表回收的页。但完整的链表不可能一遍扫描完成，每次只能扫描活动链表上的nr_scan_active个和惰性链表上的nr_scan_inactive个链表元素。由于内核使用了LRU方案，这个数目是从链表尾部开始计算的。

① 大体上相当于Windows的休眠，将内存写到交换分区。——译者注

pages_scanned记录的是前一遍回收时扫描的页数，而vm_stat提供了关于当前内存域的统计信息，例如当前活动和不活动页的数目。回想前文，可知用于统计的成员vm_stat可以用辅助函数zone_page_state访问。

2. 实现

在介绍了所需的辅助数据结构之后，我们来讨论如何发起缩减内存域的操作。shrink_zone需要一个scan_control实例作为参数。该实例必须由调用者填充适当的值。最初，该函数需要确定要扫描的活动和不活动页的数目，这可以根据所处理内存域的当前状态以及传递进来的scan_control实例确定：

mm/vmscan.c

```
static unsigned long shrink_zone(int priority, struct zone *zone,
struct scan_control *sc)
{
        unsigned long nr_active;
        unsigned long nr_inactive;
        unsigned long nr_to_scan;
        unsigned long nr_reclaimed = 0;

        /*
         * 向'nr_to_scan'加1，只是为确保内核的处理过程将逐渐通过活动链表。
         */
        zone->nr_scan_active +=
                (zone_page_state(zone, NR_ACTIVE) >> priority) + 1;
        nr_active = zone->nr_scan_active;
        if (nr_active >= sc->swap_cluster_max)
                zone->nr_scan_active = 0;
        else
                nr_active = 0;

        zone->nr_scan_inactive +=
                (zone_page_state(zone, NR_INACTIVE) >> priority) + 1;
        nr_inactive = zone->nr_scan_inactive;
        if (nr_inactive >= sc->swap_cluster_max)
                zone->nr_scan_inactive = 0;
        else
                nr_inactive = 0;
```

每次调用shrink_zone时，将扫描的活动和不活动页的数目，即nr_scan_active和nr_scan_inactive，需要分别加上内存域中当前活动和不活动页的数目右移priority位（再加1），所加的数值约等于内存域中当前活动/不活动页数整除以$2^{priority}$的商。之所以每次都加1，是要确保每次都至少会加1，即使在很长时间里移位操作的结果都是0；在某些系统负荷下，这是可能发生的。在这种情况下，加1也确保了迟早会填充惰性链表或收缩缓存。

如果加法操作之后，有某个值大于等于当前交换区中一个聚集可容纳的最大页数，则将对应的zone成员设置为0，而局部变量nr_active或nr_inactive的值保持不变；否则，zone成员的值不变，而局部变量设置为0。

这种行为确保：除非即将扫描的活动和不活动页的数目大于sc->swap_cluster_max指定的阈值，否则内核不会开始进一步的操作，如该函数的下一部分所示：

mm/vmscan.c

```
        while (nr_active || nr_inactive) {
                if (nr_active) {
                        sc->nr_to_scan = min(nr_active,
```

18

```
                        (unsigned long)sc->swap_cluster_max);
                nr_active -= sc->nr_to_scan;
                shrink_active_list(nr_to_scan, zone, sc, priority);
            }

            if (nr_inactive) {
                sc->nr_to_scan = min(nr_inactive,
                            (unsigned long)sc->swap_cluster_max);
                nr_inactive -= sc->nr_to_scan;
                nr_reclaimed += shrink_inactive_list(nr_to_scan, zone,
                                                    sc);
            }
        }
...
    return nr_reclaimed;
}
```

除非对内存域中相应成员的设置超出阈值，否则循环是不会执行的。在循环中，内核根据nr_active/nr_inactive分别来判断是否扫描活动页/不活动页。

- 如果扫描活动页，内核将使用shrink_active_list将页从活动链表移动到惰性链表。很自然，移动的是使用最少的活动页。
- 不活动页可以通过shrink_inactive_list直接从缓存移除。该函数试图从惰性链表回收所需数目的页。返回值是实际上成功回收的页数。

在已经扫描了足够数目的两种页之后，局部计数器变量归0时，循环结束。

在shrink_active_list和shrink_inactive_list中缩减LRU链表时，需要一种方法从链表中选择页，因而在讨论这两个函数之前，必须先引入一个执行选择页工作的辅助函数。

18.6.5　隔离LRU页和集中回收

内存域中，保存在链表上的活动和不活动页都需要由一个自旋锁保护，确切地说是zone->lru_lock。为简化讨论，我们一直忽略了这个锁，因为就我们的目的而言，它不是本质性的。不过现在需要考虑它。在操作LRU链表时，需要锁定链表，这会出现一个问题：在内核中，对很多工作负荷而言，页面回收代码都属于最热、最重要的代码路径之一，因而锁竞争的几率相当高。因此，内核需要尽可能在锁的外部工作。

一种优化是这样：将shrink_active_list和shrink_inactive_list中将要分析的所有页都放置到一个局部链表上，放弃对全局LRU链表的锁，然后继续在局部链表上处理这些页。因为这些页不再出现于任何全局的内存域相关链表上，所以除了当前执行函数之外，内核的任何其他部分都不能访问它们，这些页不会受到对内存域LRU链表后续操作的影响。因而在处理局部链表时，也不需要获取内存域中的自旋锁了。

isolate_lru_pages函数负责从活动链表或惰性链表选择给定数目的页。这并不很困难：从链表末尾开始（这一点很重要，因为LRU算法中必须先扫描最陈旧的页），通过循环遍历链表，每步获取一页，将其移动到局部链表，直至所需页数达到为止。需要为每一页清除PG_lru标志位，因为该页现在已经不在LRU链表上了。[①]

到目前为止，我们讨论的是最简单的情形。但实际的情况会稍微复杂一些，因为isolate_lru_

① 此外，该函数还需要获得该页的一个引用，并确保该页此前的引用计数为0。通常，引用计数为零的页位于伙伴系统中，这在3.5节讨论过。但是，并发性允许引用计数为0的页在LRU链表上存在比较短的一段时间。

pages也实现了所谓的集中回收算法。集中回收的目的是什么呢？高阶分配需要一段由多个页组成的连续物理内存，这种分配请求很难满足，请求的页数越多，面临的问题就越困难。系统运行一段时间以后，物理内存会变得越来越支离破碎。这个问题如何解决呢？图18-14说明了内核采取的方法。①

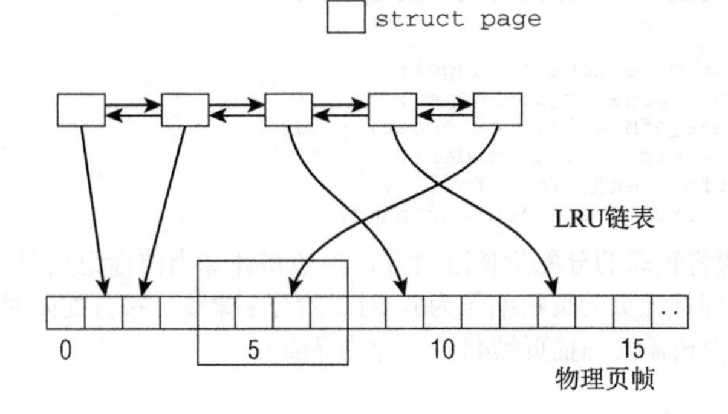

图18-14 集中回收技术帮助内核回收较大的连续的物理内存区域

假定内核需要连续的4个页帧。遗憾的是，可分配的页帧所属的页当前在LRU链表上，这些页散布在内存中，最大的连续区域是两页。为避免这种情况，集中回收只是从LRU链表上某个页（称为标记页，tag page）对应的页帧前后来获取页帧。不仅标记页本身，还有与该页相邻的页帧，都会被选中进行回收。这样，就可以试图释放4个连续的页帧了。但这并不能保证分配一个有4个空闲页的内存块，因为选中的页帧很可能是无法回收的。但我们确实进行了尝试，而且在使用集中回收的情况下，与不使用该技术对比，回收到连续的高阶内存区域的几率大大增加。

很自然，实际上会有一些复杂性存在，但这些最好直接通过源代码来讨论。isolate_lru_pages的第一部分并不是很有趣。如上所述，从所述LRU链表隔离出一页。

mm/vmscan.c
```
static unsigned long isolate_lru_pages(unsigned long nr_to_scan,
                struct list_head *src, struct list_head *dst,
                unsigned long *scanned, int order, int mode)
{
        unsigned long nr_taken = 0;
        unsigned long scan;

        for (scan = 0; scan < nr_to_scan && !list_empty(src); scan++) {
                struct page *page;
                unsigned long pfn;
                unsigned long end_pfn;
                unsigned long page_pfn;
                int zone_id;

                /* 隔离一个LRU页 */
                ...

        if (!order)
               continue;
```

① 虽然集中回收不是计算机科学乐于讲授的内容，但它在实际工作中表现良好，特别是非常简单，与在纸上的良好效果相比，有时候对内核来说要重要得多。

for循环会一直迭代下去，直至已经扫描的页数达到要求为止。如果order没有给出想要的分配阶，那么每次循环在从LRU链表隔离出一页之后，都继续跳转到下一次循环。

但对集中页面回收来说，还需要完成更多的工作。回想前文，page_to_pfn和pfn_to_page允许在struct page实例和对应页帧号之间转换，反之亦然：

mm/vmscan.c
```
		zone_id = page_zone_id(page);
		page_pfn = page_to_pfn(page);
		pfn = page_pfn & ~((1 << order) - 1);
		end_pfn = pfn + (1 << order);
		for (; pfn < end_pfn; pfn++) {
			struct page *cursor_page;
```

由于伙伴系统希望将较高的分配阶按阶对齐，内核将计算当前标记页对应页帧所落入的页帧区间。考虑例子的情形，即标记页的页帧编号为6。对二阶分配来说，按分配阶对齐的页帧区间是[0, 3]、[4, 7]、[8, 11]等。因而内核需要扫描页帧4到7（含边界值）：

mm/vmscan.c
```
			/* 目标页已经在块中，忽略。*/
			if (unlikely(pfn == page_pfn))
				continue;
			/* 避免内存域内部的空洞。*/
			if (unlikely(!pfn_valid_within(pfn)))
				break;

			cursor_page = pfn_to_page(pfn);
			/* 检查没有碰到内存域的边界。*/
			if (unlikely(page_zone_id(cursor_page) != zone_id))
				continue;
			switch (__isolate_lru_page(cursor_page, mode)) {
			case 0:
				list_move(&cursor_page->lru, dst);
				nr_taken++;
				scan++;
			break;
...
			default:
				break;
			}
		}
		*scanned = scan;
		return nr_taken;
}
```

内核必须忽略目标页（即标记页），它已经包含在所选择的页中。如果计算出的页帧区间跨越了内存域边界，必须放弃处理，因为混合分配（例如，混合分配DMA内存和普通内存）是不允许的。

请注意，__isolate_lru_page有一个额外的参数，可用于控制组成新的聚集的页的活动状态。有3个可能的选择：

mm/vmscan.c
```
#define ISOLATE_INACTIVE 0		/* 隔离不活动页。*/
#define ISOLATE_ACTIVE 1		/* 隔离活动页。*/
#define ISOLATE_BOTH 2			/* 活动和不活动页都隔离。*/
```

注释把语义讲得很清楚，__isolate_lru_pages可以只隔离活动/不活动状态的页，也可以两种活动状态的页都隔离。由于这些页是通过其页帧号直接选择的，而不是通过LRU链表，各种可能性都可能发生。但要注意，不在任何LRU链表上的未使用页是不能接受的，所处理的页必须设置了PG_lru

标志。否则，__lru_isolate_page将返回错误码-EINVAL。这种情况在case的default分支处理，此时可以放弃页面选择，由于出现的空洞，导致内核不能期望有更大的连续页帧区间可用。

18.6.6 收缩活动页链表

将页从活动链表移动到惰性链表是页面回收的策略算法实现中的关键操作之一，因为此时需要评估系统中（或更确切地说，是在所述内存域中）各个页的重要性。因此，不出意料，refill_inactive_zone是内核中较长的函数之一。它执行的主要步骤如下。

(1) 使用isolate_lru_pages将所需数目（由nr_pages定义）的页从活动链表复制到一个局部的临时链表。

(2) 根据这些页的活动程度，将其分配到活动链表和惰性链表。

(3) 集中释放不重要的页。

图18-15给出了refill_inactive_zone的第一个步骤的代码流程图。

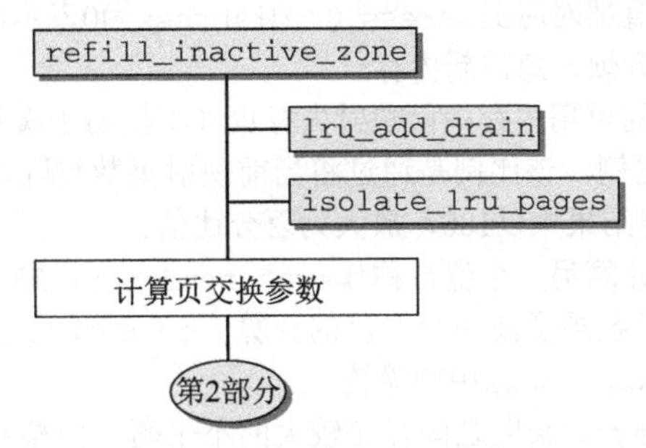

图18-15 refill_inactive_zone（第1部分）的代码流程图

首先，内核计算几个参数，来定义页面回收算法的积极程度和行为。其中分析了一些统计数据：

mm/vmscan.c

```
...
        distress = 100 >> min(zone->prev_priority, priority);
        mapped_ratio = ((global_page_state(NR_FILE_MAPPED) +
                        global_page_state(NR_ANON_PAGES)) * 100) /
                        vm_total_pages;
        mapped_ratio = (sc->nr_mapped * 100) / total_memory;
        swap_tendency = mapped_ratio / 2 + distress + sc->swappiness;

        imbalance = zone_page_state(zone, NR_ACTIVE);
        imbalance /= zone_page_state(zone, NR_INACTIVE) + 1;
        imbalance *= (vm_swappiness + 1);
        imbalance /= 100;
        imbalance *= mapped_ratio;
        imbalance /= 100;

        swap_tendency += imbalance;
        if (swap_tendency >= 100)
                reclaim_mapped = 1;
...
```

其中计算了4个值，其语义如下：[①]

- distress是关键的标志，表示内核需要新内存的急切程度。该值是将固定值100右移prev_

① 这里的各个公式是通过启发式方法得出的，目的是保证在不同情况下系统能具备良好的性能。

priority位计算而来。[①] prev_priority指定了上一次try_to_free_pages运行期间扫描内存域的优先级。请注意，prev_priority的值越低，相应的优先级越高。移位操作生产以下distress值，对应的优先级如下所示。

priority	distress
7	0
6	1
5	3
4	6
3	12
2	25
1	50
0	100

所有大于7的优先级数值都对应distress 0。distress为0表示内核基本上不需要新内存，而100表示内核有很大的麻烦，急需新内存。

- mapped_ratio表示总的可用内存中已映射内存页（不仅用于缓存数据，而且由进程明确地请求用于存储数据）的比例。该比例是通过将当前映射页数目除以系统启动时可用内存页的总数计算出来的。然后将结果乘以100，放大为百分比值。
- mapped_ratio只用于计算另一个值，称作swap_tendency。顾名思义，它表示系统的页交换趋势。到此，读者已经熟悉了前两个变量的计算。sc_swappiness是另一个内核参数，通常基于/proc/sys/vm/swappiness中的设置。
- 如果活动链表和惰性链表的长度之间存在较大的不平衡，内核将允许更容易地进行页交换和页面回收，以便平衡二者的长度。但内核也做了一些工作，以便在swappiness值较低时，避免两个链表的长度差距造成太大的影响。
- 内核现在将所有计算出的信息归结为一个布尔值，来回答下述问题：是否需要换出映射页？如果swap_tendency大于或等于100，将会换出映射页，而reclaim_mapped设置为1。否则该变量保持其默认值0，因而只从页缓存回收页。

  因为会将vm_swappiness加到swap_tendency，管理员可以在任何时间启用映射页的换出，只需要将vm_swappiness指定为100，就无须考虑其他系统参数的设置。

在参数计算之后将调用lru_add_drain过程，该函数将当前保存在LRU缓存中的数据分配到系统的LRU链表。与18.6.2节我们接触到的lru_cache_add相反，lru_add_drain在LRU缓存至少包含一个元素即执行复制操作，不会等到LRU缓存满。

最终，shrink_active_list的任务是将内存域的活动链表中特定数目的页，转移到惰性链表或移回活动链表。其中创建了3个局部链表，用于缓冲page实例，以便进行扫描。

- l_active和l_inactive分别保存在函数结束时将放回内存域的活动链表或惰性链表的页。
- l_hold保存仍然有待扫描的页，这些页在扫描之后才能确定其归宿。

该任务委托给上文讨论的isolate_lru_pages进行。回想前文，该函数从LRU链表的尾部开始读取数据，但在临时链表上按相反的方向来组织读取到的页。这在实现页面替换的LRU算法时是一个关键点。活动链表上很少使用的页将自动地向后移动。因而，内核很容易扫描到最少使用的页，它们位

① 实际上右移的位数是zone->prev_priority和priority中的较小者。——译者注

于l_hold链表的起始处。

在参数计算完毕后，将开始refill_inactive_list的第二部分。这一部分会将各个页分配到l_active和l_inactive链表[①]。这里不使用代码流程图进行说明，而是复制了相关的代码进行讨论：

mm/vmscan.c

```
...
        while (!list_empty(&l_hold)) {
                cond_resched();
                page = lru_to_page(&l_hold);
                list_del(&page->lru);
                if (page_mapped(page)) {
                        if (!reclaim_mapped ||
                            (total_swap_pages == 0 && PageAnon(page)) ||
                           page_referenced(page, 0)) {
                                list_add(&page->lru, &l_active);
                                continue;
                        }
                }
                list_add(&page->lru, &l_inactive);
        }
...
```

代码变得更加复杂了，因为我们在逐渐接近页面回收机制的核心。基本的操作由一个循环表示，它遍历l_hold链表的所有链表元素，在refill_inactive_list的前一部分，l_hold链表已经填充了一些被认为活动的页。这些页现在必须重新分类，并分别放置到l_active和l_inactive链表上。

page_mapped 首先检查该页是否嵌入到了某个进程的页表中。使用逆向映射数据结构很容易完成该任务。回想第4章的内容，有关页是否映射在页表中的信息保存在各个page实例的_mapcount成员中。如果页由一个进程映射，该计数器值为0，未映射的页，其值为-1。逻辑上，page_mapped必须检查page->_mapcount是否大于或等于0。

如果没有映射，则立即将该页放置到惰性链表上。

如果page_mapped返回一个非0值表示该页关联到至少一个进程，那么需要判断该页对系统是否重要，这稍微有些困难。如果要将该页放回活动链表，必须满足下列 3 个条件之一。

(1) 在4.8.3节讨论过，逆向映射机制提供了page_referenced函数，可以检查（在上一次检查以来）使用某一页的进程的数目。这是根据各个页表项中保存的对应硬件状态位来确定的。尽管该函数返回了进程的数目，但只需要知道是否至少有一个进程访问了该页即可，即返回值是否大于0。如果是这样，本条件就满足了。

(2) reclaim_mapped等于0,即不回收映射页。

(3) 系统没有交换区，而且刚刚检查的页注册为匿名页（在这种情况下，该内存页没有地方可换出）。

18.6.3节讨论了对page_referenced的调用以及此后将页移动到惰性链表的操作是如何融入到判断活动或不活动页的整体图景中的。

在将所有来自内存域活动链表的页重新分配到暂时的局部链表l_active和l_inactive之后，内核进入到refill_inactive_zone第三阶段（最后一部分）。这里也不需要一个单独的代码流程图。

最后一步不仅需要将临时链表中的数据复制到所处理的内存域中对应的LRU链表，还需要检查是否有不再使用（即使用计数器为0）的页，这些可以返回到伙伴系统。

① 原文有误，这两个链表是局部变量，不是内存域的成员。——译者注

为此，内核顺次遍历l_active和l_inactive局部链表中的所有页。它按同样的方式来处理所有的页，如下所述。

- 取自局部链表l_active或l_inactive的页，分别添加到内存域相关的活动链表或惰性链表。
- page实例添加到一个页向量。在页向量填满时，对页向量调用__pagevec_release，该函数首先将各个page实例的使用计数器减1，如果计数器为0，则将相应的页帧返还伙伴系统。

内核在将处理过的页放置在内存域相关的LRU链表上之后，只需要更新几个与内存管理相关的统计量。

18.6.7　回收不活动页

到目前为止，内存域中的页已经在LRU链表上进行重新分配，以找到适合回收的候选页。但其内存空间尚未释放。释放内存的最终步骤由shrink_inactive_list和shrink_page_list函数执行，二者彼此协作来执行该任务。shrink_inactive_lists将zone->inactive_list中的页群集为块，这有利于交换聚集，而shrink_page_list将结果链表上的成员向下传递并将页发送给相关的后备存储器（这意味着页被同步、换出或丢弃）。但这个看起来很简单的任务会导致几个问题，读者在下面会看到。

除了页的链表以及通常的收缩控制参数，shrink_page_list还需要另一个参数，以控制两种运作模式的选择：PAGEOUT_IO_ASYNC指定异步写出，而PAGEOUT_IO_SYNC指定同步写出。在第一种情况下，写请求传递给块层后不需要进一步的工作，在第二种情况下，内核发出写请求之后需要等待写操作完成。

1. 收缩惰性链表

因为shrink_inactive_list只负责从zone->inactive_list逐块移除页，其实现不是特别复杂，如图18-16的代码流程图所示。

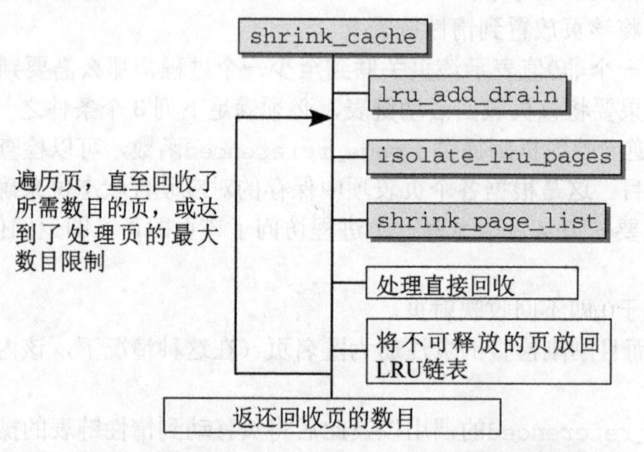

图18-16　shrink_cache的代码流程图

第一步是调用我们熟悉的lru_add_drain函数，将LRU缓存当前的内容分配到各个内存域的活动链表或惰性链表。为涵盖当前系统中使用的不活动页，该操作是必要的。

接下来重复执行一个循环，直至扫描页的数目达到了最大允许值，或已经回写了所需数目的页。这两个值都以参数的形式传递到该过程。

循环内部将调用18.6.5节讨论的isolate_lru_pages函数，从惰性链表的尾部删除一组内存页，这样将优先换出了最不活动的页。本质上，内核会将删除页的结果链表传递给shrink_page_list，该函数将发起对链表中的页的回写操作。但对集中回写来说，情况有点复杂：

mm/vmscan.c
```
nr_taken = isolate_lru_pages(sc->swap_cluster_max,
                &zone->inactive_list,
                &page_list, &nr_scan, sc->order,
                (sc->order > PAGE_ALLOC_COSTLY_ORDER)?
                        ISOLATE_BOTH : ISOLATE_INACTIVE);
nr_active = clear_active_flags(&page_list);
...
/* 处理页的统计信息 */
...
nr_freed = shrink_page_list(&page_list, sc, PAGEOUT_IO_ASYNC);
```

回想前文，如果使用了集中回收，isolate_lru_pages也会选取与链表上的页相邻的页帧。如果导致进行当前页回收操作的请求，其分配阶比PAGE_ALLOC_COSTLY_ORDER指定的阈值要大，那么内核将允许集中回收同时使用标记页相邻的活动和不活动页。对较小的分配阶，可能只使用不活动页。这种做法背后的原因是这样：如果内核仅限于不活动页，较大型的分配通常无法满足，对繁忙的内核来说，较大的连续物理内存区间中包含活动页的可能性是非常高的。PAGE_ALLOC_COSTLY_ORDER默认设置为3，这意味着内核认为分配8个（或以上）连续页是复杂的操作。

尽管惰性链表上所有页都可以保证是不活动的，集中回收可能导致活动页出现在isolate_lru_pages的结果链表上。为正确处理这些页，辅助函数clear_active_flags遍历所有页，统计活动页，并从活动页清除页标志PG_active。最后，将结果链表传递给shrink_page_list，以便写出。请注意，这里采用了异步模式。

注意，我们并不确定所有被选中回收的页都是实际可回收的。shrink_page_list将不可回收的页留在传递过来的链表上，成功写出的页数目返回。该数值必须加到换出页的总数上，以确定工作在何时结束。

直接回收还需要另一个步骤：

mm/vmscan.c
```
if (nr_freed < nr_taken && !current_is_kswapd() &&
                        sc->order > PAGE_ALLOC_COSTLY_ORDER) {
        congestion_wait(WRITE, HZ/10);
...
        nr_freed += shrink_page_list(&page_list, sc,
                                        PAGEOUT_IO_SYNC);
}
```

如果并非所有进行回收的页都被回收，即nr_freed < nr_taken，那么链表中的某些页可能被锁定，无法在异步模式下写出。[①] 如果内核在直接回收模式下执行当前的回收操作，即回收并非由交换守护进程kswapd调用，回收的目的是为了满足一个高阶分配，那么回收操作首先得等待块设备上的拥塞解除。然后，以同步模式再执行一遍写出。这种做法的缺点在于，高阶分配会有一点延迟，但高阶分配不会频繁发生，因而这不是问题。分配阶小于PAGE_ALLOC_COSTLY_ORDER的分配会频繁发生，但这些不会受到干扰。

最后，不可回收的页必须返回到LRU链表。集中回收和失败的写出操作可能导致活动页出现在局部链表上，因而活动链表和惰性链表都是可能的目的地。为保持LRU的顺序，内核将从尾部到头部遍历局部链表。根据页是否活动，分别使用add_page_to_active_list或add_page_to_inactive_list

① 这也可能由其他原因导致，例如，失败的写出操作，正文中提到的是基本的原因。

返回到对应的LRU链表的头部。同样，各页的使用计数器必须减1，因为在回收处理开始时，使用计数器都进行了加1。页向量现在用于确保加1操作尽可能快地执行，因为对页向量的操作是成块执行的。

2. 执行页面回收

shrink_page_list从参数取得一组选中回收的页（一个链表），试图将各页写回到对应的后备存储器。这是策略算法执行的最后一个步骤，所有其他的一切都是页交换的机制部分的职责。shrink_page_list函数形成了内核的两个子系统之间的接口。相关的代码流程图在图18-17给出。该函数需要处理许多边界情形，图18-17中忽略了其中的一些，以避免无关紧要的的细节妨碍考察本质性的操作原则。

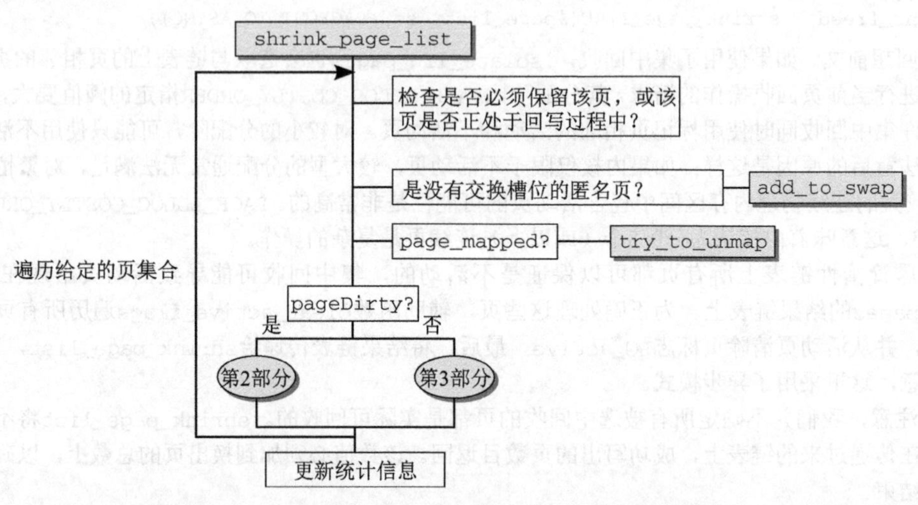

图18-17　shrink_page_list（第1部分）的代码流程图

这里，该函数的框架仍然是一个，遍历链表的各个表项的循环，直至全部处理完毕。因为链表上的页或者传递到页交换子系统的更底层，或者因不能回收而放到另一个链表上，所以该循环迟早会结束，而不会无限地持续下去。

在每次循环中，都从链表中选择一页（链表是从头到尾处理的）。首先，内核必须得确定是否要保留当前页。这可能是出于以下原因。

- 该页由内核的其他部分锁定。如果是这样，该页不会回收；否则，当前代码路径会锁定该页，并进行回收。
- 第二种情况更为复杂。以下的代码片段说明了一个内存页不能回收、而需要返回到活动LRU链表的情形：

mm/vmscan.c

```
referenced = page_referenced(page, 1);
/* 处于活跃的使用状态，还是确实无法释放？激活它。*/
if (sc->order <= PAGE_ALLOC_COSTLY_ORDER &&
                    referenced && page_mapping_inuse(page))
        /* 设置PG_active标志，并保留该页 */
```

page_referenced（正如前文的讨论）检查该页最近是否被引用过。但该函数本身还不足以阻止回收该页。此外，当前回收操作所处的分配阶必须小于等于PAGE_ALLOC_COSTLY_ORDER，即不能超过8页。此外，该页必须满足下列条件之一。

- 该页被映射到一个页表中（可以由page_mapped检查，参见4.8.3节），或在用户态虚拟地址空间中使用。
- 该页包含在交换缓存中。
- 该页包含在匿名映射中。
- 该页通过文件映射映射到用户层。这种情况并不借助于页表检查，而是通过mapping->i_mmap和mapping_i_map_nonlinear，其中包含了普通和非线性映射的映射信息。

  page_mapping_in_use检查上述条件。满足其中一个，并不意味着该页根本不能回收，只要来自高阶分配的压力足够大。

回想前文，shrink_inactive_list可能调用shrink_page_list两次：首先是异步回写模式，然后是同步回写模式。因而，可能发生这样的情况，所述页当前可能正处于回写过程中，由页标志PG_writeback表示。如果回写操作当前在请求同步回写，那么将使用wait_on_page_writeback等待该页上所有待决I/O操作完成。

如果shrink_page_list当前考虑的页没有关联到后备存储器，那么该页是由一个进程匿名创建的。在必须回收此类内存页时，其数据将写入到交换区。在遇到此类型内存页，但尚未分配交换区槽位时，将调用add_to_swap分配一个槽位，并将该页添加到交换缓存。同时，将相关的page实例加入到swapper_space（参见18.4.2节），使得该页能够像其他已经建立映射的页一样处理。

如果该页已经被映射到一个或多个的进程的页表中（依旧使用page_mapped检查），指向该页的页表项必须从所有引用该页的进程的页表移除。为此rmap子系统提供了try_to_unmap函数；该函数将所述页从所有使用它的进程解除映射（这里不详细讲述该函数了，因为其实现不是特别有趣）。此外，特定于体系结构的页表项将替换为一个引用，表示页数据目前所在的位置。这是通过try_to_unmap_one完成的。必要的信息可以从页的地址空间结构获得，其中包含了所有后备存储器相关数据。重要的是，新页表项中不要设置如下两个标志位。

- _PAGE_PRESENT标志位清除表示该页已经换出。在某个进程访问该页时，这是很重要的。因为将产生一个缺页异常，内核需要检测该页已经换出。
- _PAGE_FILE标志位清除表示该页在交换缓存中。回想4.7.3节的内容，用于非线性映射的页表项也不会设置_PAGE_PRESENT，但可以通过_PAGE_FILE标志位与换出页相区分。

  用ptep_clear_flush清除页表项时，会返回此前的页表项的一个副本。如果该页表项的脏标志位已经置位，则对应的页在逆向映射处理过程中被某些使用者修改。在shrink_page_list中，它需要与后备存储器（这种情况下是交换区）同步。因而PTE中的脏标志位需要转换为页标志位PG_dirty。

我们把注意力转回到shrink_page_list。接下来是一系列查询，根据页状态来触发回收所述页的所有操作。

PageDirty检查该页是否为脏，如果为脏则必须与底层存储介质同步。这也包含了交换地址空间中的页。如果页是脏的，则需要几个操作，如图18-17中shrink_page_list第二部分的代码流程图表示。这些操作最好通过其代码来进行讨论。

- 内核通过调用writepage地址空间例程确保数据写回（该例程由pageout辅助函数调用，该辅助函数提供了writepage所需的所有参数）。如果数据是映射自文件系统中的某个文件，则使用特定于文件系统的例程来处理到文件的同步，而交换页则使用swap_writepage写入到所分配的交换槽位。
- 根据pageout的结果，需要执行不同的操作：

mm/vmscan.c
```
/* 页是脏的，尝试在这里写出 */
switch (pageout(page, mapping, sync_writeback)) {
case PAGE_KEEP:
        goto keep_locked;
case PAGE_ACTIVATE:
        goto activate_locked;
case PAGE_SUCCESS:
        if (PageWriteback(page) || PageDirty(page))
                goto keep;
...
case PAGE_CLEAN:
        ;/* 接下来尝试释放该页 */
}
```

pageout的参数sync_writeback表示shrink_page_list的回写模式。

我们最希望获得的返回码是PAGE_CLEAN，这表示数据已经与后备存储器同步，内存可以回收，这发生在代码流程图的第3部分。

如果写请求成功发送到块层，那么返回PAGE_SUCCESS。在异步回写模式中，在pageout返回时，该页通常仍然处于回写过程中，跳转到标号keep只是将该页添加到shrink_page_list函数局部的链表ret_pages上，ret_pages中的页在shrink_page_list结束时合并到page_list链表，而后又返回到LRU链表。在写操作执行之后，页的内容已经与后备存储器同步，下一次调用shrink_page_list，该页将不再是脏的，因而可以换出。

如果写操作在pageout返回时已经完成，那么数据回写已经完成，内核可以继续第3部分。

如果在回写期间发生错误，结果可能是PAGE_KEEP或PAGE_KEEP_ACTIVATE。二者都会使shrink_page_list函数将该页保留在前述的返回链表上①，但PAGE_KEEP_ACTIVATE还会设置页状态PG_active（这是可能发生的，例如page所属的地址空间没有提供writeback方法，这使得页的同步变得无用）。

图18-18给出了页不脏情况下的代码流程图。请记住，内核也可以从第2部分②到达该代码路径。

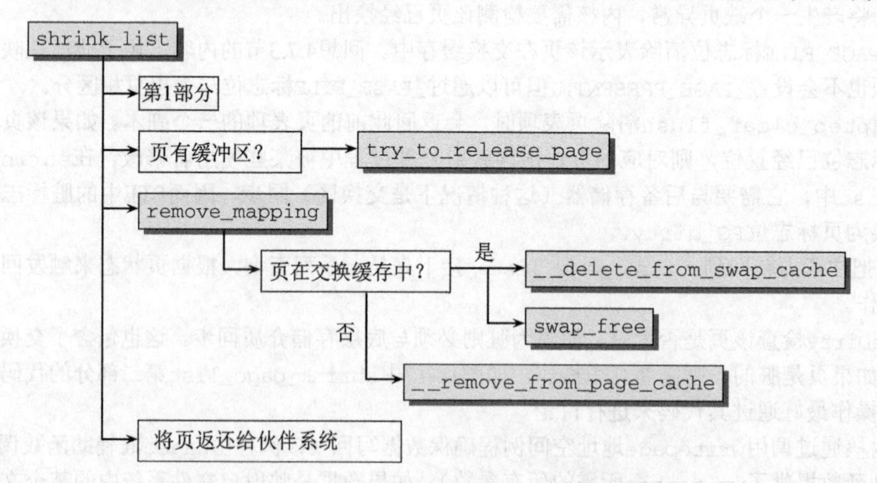

图18-18　shrink_list（第3部分）的代码流程图

---

① 实际上是添加到局部链表ret_pages，函数结束时合并到page_list链表返回。——译者注

② 原文为step 2，疑有误，根据上下文改为第2部分。——译者注

- 如果页有私有数据因而有与之关联的缓冲区（对包含了文件系统元数据的页来说，通常是这样），那么将调用try_to_release。该函数试图使用地址空间结构中releasepage操作释放该页，如果该页没有所属的映射，则使用try_to_free_buffers释放数据。
- 内核接下来将页与其地址空间分离。为此提供了辅助函数remove_mapping。
  如果页保存在交换缓存中，那么现在可以确定，其数据既在交换区中，又在交换缓存中。由于该页已经换出，交换缓存已经完成其职责，可以用__delete_from_swap_cache将该页从交换缓存删除。内核还使用swap_free，将交换区中对应槽位的使用计数器减1。这是必须的，因为对相应槽位的引用减少了一个，需要反映出来。
- 如果页不在交换缓存中，则使用__remove_from_page_cache将其从一般的页缓存删除。

现在，可以确保所处理的页已经不在内核的数据结构中了。但是，主要问题尚未解决，该页占用的物理内存尚未释放。内核使用页向量来批量释放相关的物理内存。，使用pagevec_add将需要释放的页插入到函数局部的freed_pvec页向量中。在页向量变满时，使用__pagevec_release_nonlru集中释放其全部成员。在18.6.2节讨论过，该函数将这些页占用的内存空间返还给伙伴系统。以这种方式回收的内存可以用于更重要的任务，这正好是页交换和页面回收的目的。

在shrink_page_list遍历了所有传递进来的页之后，还需要澄清如下几个琐碎的问题。

- 需要更新内核的页交换统计信息。
- 需要返回所释放页的数目。

18.7 交换令牌

避免页颠簸的一种方法是交换令牌，在18.1.2节简要地讨论过。该方法简单但有效。在多个进程并发进行页交换时，很可能发生这样的情况：大多数时间都花费在将页写出到磁盘和再次读入内存，读入之后很短一段时间又需要换出。这样，大部分可用时间都花费在内存和硬盘之间来回传输页数据，而真正的工作几乎无法进行。显然这是一种罕见的情况，但如果用户坐在椅子上，只能干巴巴地观察硬盘的活动，而无法进行实际的工作，那是相当令人泄气的事情。

为防止这种情况，内核向某个当前换入页的进程颁发一枚所谓的交换令牌，且整个系统内只颁发一枚。交换令牌的好处在于，持有交换令牌的进程，其内存页不会被回收，或至少可以尽可能免遭回收。这使得该进程换入的页都可以保留在内存中，增加了完成工作的可能性。

本质上，交换令牌对换入页的进程实现了一种“上位调度”。（但是，这根本不会改变CPU调度器的结果！）类似于每一个调度器，它必须保证在各个进程之间的公平性，因此，内核保证进程在获得交换令牌一段时间后就会失去，令牌将传递到下一个进程。原始的交换令牌建议方案（参见附录F）使用了一个超时定时器，定时器触发时会将令牌传递到下一个进程，在内核版本2.6.9最初集成了交换令牌方法时，就采用了这种策略。在内核版本2.6.20开发期间，引入了一种新的方案来抢占交换令牌，其工作机制将在下文讨论。令人感兴趣的是，交换令牌的实现非常简单，大约只包括100行代码，这再次证明了，好主意不见得是复杂的。

交换令牌通过一个全局指针实现，该指针指向当前拥有令牌的进程的mm_struct实例：[1]

---

[1] 实际上，内存区可能在几个进程间共享，而交换令牌是关联到某个特定内存区的，并非某个具体的进程。在这种意义上讲，交换令牌可能同时属于多个进程。实际上，它属于特定的内存区。但为简化阐述，这里假定只有一个进程关联到交换令牌所属的内存区。——译者注

mm/thrash.h
```
struct mm_struct *swap_token_mm;
static unsigned int global_faults;
```

全局变量global_faults计算调用do_swap_page的次数。每次换入一页时，都调用该函数（更多相关内容，请参见下一节），并对该计数器加1。这提供了一种可以判断进程获取交换令牌的频繁程度的可能性（与系统中其他进程相比）。struct mm_struct中有3个字段用于回答上述问题。

<mm_types.h>
```
struct mm_struct {
...
        unsigned int faultstamp;
        unsigned int token_priority;
        unsigned int last_interval;
...
}
```

faultstamp包含了内核上一次试图获取令牌时global_faults的值。token_priority是一个与交换令牌相关的调度优先级，用于控制对交换令牌的访问，而last_interval表示该进程等待交换令牌的时间间隔的长度。

交换令牌通过调用grab_swap_token获取，考察其源代码，上述字段的语义会变得很显然：

mm/thrash.c
```
void grab_swap_token(void)
{
        int current_interval;
        global_faults++;
        current_interval = global_faults -current->mm->faultstamp;
...
        /* 先来先服务 */
        if (swap_token_mm == NULL) {
                current->mm->token_priority = current->mm->token_priority + 2;
                swap_token_mm = current->mm;
                goto out;
        }
...
```

如果交换令牌尚未分配给任何进程，获取令牌是没有问题的。跳转到标号out只是对faultstamp和last_interval的设置进行更新，读者在下文会看到。

很自然，如果交换令牌当前由某个进程持有，那么事情会变得稍微复杂一些。在这种情况下，内核必须判断新进程是否应该抢占旧的进程：

mm/thrash.c
```
        if (current->mm != swap_token_mm) {
                if (current_interval < current->mm->last_interval)
                        current->mm->token_priority++;
                else {
                        if (likely(current->mm->token_priority > 0))
                                current->mm->token_priority--;
                }
                /* 检查新请求的进程是否应当持有令牌 */
                if (current->mm->token_priority >
                                swap_token_mm->token_priority) {
                        current->mm->token_priority += 2;
                        swap_token_mm = current->mm;
                }
        } else {
```

```
                /* 令牌持有者再次请求！ */
                current->mm->token_priority += 2;
        }
...
```

首先考虑简单的情形：如果请求交换令牌的进程已经持有令牌（第二个else分支），这意味着该进程会换入大量内存页。相应地，由于进程对内存页的需求非常强烈，因而应该增加令牌优先级。

如果此时是另一个进程持有令牌，那么在当前进程的等待时间已经不少于其上一次等待时间时，将该进程的令牌优先级加1，否则将其令牌优先级减1。如果当前进程的令牌优先级超出持有者的优先级，那么从持有者去掉交换令牌，赋予当前请求进程。

最后，需要更新当前进程的令牌时间戳：

mm/thrash.c
```
out:
        current->mm->faultstamp = global_faults;
        current->mm->last_interval = current_interval;
        return;
}
```

请注意，如果进程无法获得交换令牌，它仍然可以换入内存页，但不能免受内存回收的影响。grab_swap_token只从内核中一处调用，即do_swap_page开始时，该函数负责换入页。如果请求页无法在交换缓存找到，需要从交换区读入，那么将获取令牌：

mm/memory.c
```
static int do_swap_page(struct mm_struct *mm, struct vm_area_struct *vma,
unsigned long address, pte_t *page_table, pmd_t *pmd,
int write_access, pte_t orig_pte)
{
...
        page = lookup_swap_cache(entry);
        if (!page) {
                grab_swap_token(); /* 在读入之前，首先试图获取令牌 */
...
                /* 读入页 */
...
        }
...
}
```

当不再需要当前交换令牌的mm_struct时，必须使用put_swap_token来释放当前进程的交换令牌。disable_token则会强制性地剥夺令牌。在实际上必须换出页时，这是有必要的，读者在下文会看到这样的情况。

交换令牌实现的关键在于，内核在何处检查当前进程是否是交换令牌的所有者，而这会对持有令牌的进程有何种影响。has_swap_token测试进程是否有交换令牌。但该检查只在内核中一处执行，即在内核检查一页是否已经被引用时（回想前文可知，这是判断一页是否将要被回收的基本要素之一，而page_referenced_one是page_referenced的一个子函数，只在那里调用）：

mm/rmap.c
```
static int page_referenced_one(struct page *page,
        struct vm_area_struct *vma, unsigned int *mapcount)
{
...
        /* 如果进程有交换令牌而且正处于缺页异常处理过程中，则假装该页被引用。*/
        if (mm != current->mm && has_swap_token(mm) &&
                        rwsem_is_locked(&mm->mmap_sem))
```

```
                referenced++;
...
}
```

必须区分如下两种情形。

(1) 所述页所在的内存区属于当前运行进程，而该进程持有交换令牌。由于交换令牌的所有者可以对拥有的页进行任意操作，page_referenced_one忽略了交换令牌的效果。

这意味着，交换令牌的当前持有者不会阻止页的回收——如果它想要这样做，那么该页实际上是不必要的，回收该页不会妨碍该进程的工作。

(2) 当前运行进程不持有交换令牌，但操作的某页属于交换令牌持有者的地址空间。在这种情况下，该页标记为被引用，不会移动到惰性链表，因而也不会被回收。

但还需要考虑一件事情：虽然交换令牌对高负荷的系统具有有益的效用，但它对页交换很少的工作负荷具有不利的影响。因而内核在标记页的引用之前增加了另一项检查，即是否持有某个信号量。原始的交换令牌建议方案要求在处理缺页异常时强制施行交换令牌的效应。由于在内核中这个时机并不容易检测，因而可以通过检查是否持有mmap_sem信号量来近似。虽然这可能因几种原因而发生，但它也发生于缺页异常代码中，作为近似来说，这种做法是足够的。

在系统很少或不需要页交换时，发生缺页异常的概率是非常低的。但如果页交换的压力变大，那么发生缺页异常的概率也会相应增加。总而言之，这意味着，随着系统中缺页异常发生得越来越多，交换令牌机制发生作用的机会也相应增加。这消除了交换令牌在页交换活动很少的系统上的负面效应，而又保持了高负荷系统上交换令牌的正面效果。

18.8　处理交换缺页异常

虽然换出物理内存页是应该相对复杂的行为，但换入页要简单得多。按第4章的说法，当试图访问进程虚拟地址空间中注册的一页时，如果该页未映射到物理内存中，则处理器触发一个缺页异常。这并不一定意味着访问了一个换出页。举例来说，也可能是应用程序访问了一个并未分配给该进程的地址，或涉及了一个非线性映射。因而内核首先必须查明是否需要实际换入一页，如4.11节所讲述的，内核会调用体系结构相关的函数handle_pte_fault来检查内存管理数据结构，以完成这一任务。

> 尽管无论页的后备存储器如何，内核回收所有页的方式都是相同的，但这一点反过来是不成立的。这里描述的方法，只适用于从系统某个交换区读取的匿名映射数据。当缺页异常发生在属于某个文件映射的页上时，由第8章讨论的机制负责提供数据。

18.8.1　换入页

读者已经从第4章了解到，访问换出页导致的缺页异常，由mm/memory.c中的do_swap_page处理。如图18-19给出的代码流程图所示，换入一页比换出要容易得多，但其中涉及的仍然不只是一个简单的读操作。

内核不仅要检查所请求的页是否仍然或已经在交换缓存中，它还使用了一种简单的预读方法，一次性从交换区读入几页，预防未来可能出现的缺页异常。

在18.4.1节讨论过，换出页所在的交换区和槽位信息保持在页表项中（实际的表示因具体的体系结构而有所不同）。为获得通用值，内核首先对页表项调用我们熟悉的pte_to_swp_entry函数，获得一个swp_entry_t实例，其中用独立于机器的值唯一标识了换出页。

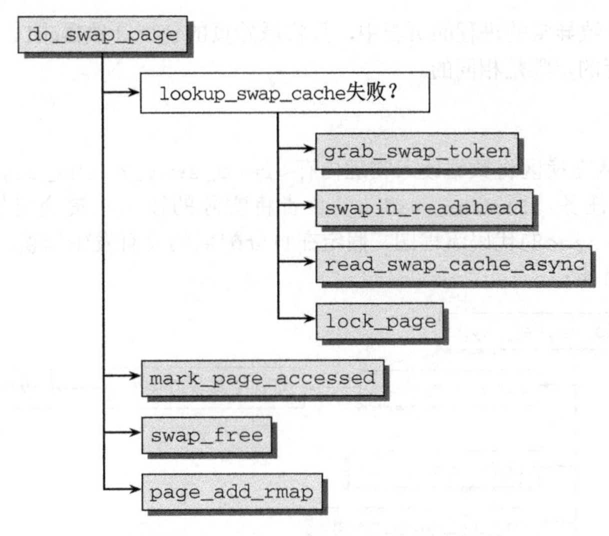

图18-19 do_swap_page的代码流程图

根据这些数据，lookup_swap_cache检查所需的页是否在交换缓存中。如果该页的数据尚未写出，或该页是共享的，此前已经由另一个进程读入，那么就可能在交换缓存中找到。

如果该页不在交换缓存中，内核不仅必须要读取该页，还必须发起一个预读操作，读入下面几个预期可能使用的页。

- grab_swap_token获取交换令牌，如上文所述。
- swapin_readahead负责执行预读。因而，要对所需页对应槽位和相邻槽位发出读请求。这需要的工作量相对较少，但对系统有相当的加速作用，因为进程经常顺序访问内存中的数据。发生这种情况时，对应的页已经通过预读机制读入内存中。
- 对当前所需的页再次调用read_swap_cache_async。顾名思义，该函数进行的读操作是异步的。但内核使用了一个技巧，确保在下一步工作开始之前，所需数据已经读入。read_swap_cache_async在向块层发送读请求之前，会先锁定页。在块层完成数据传输时，对页解锁。因而，在do_swap_page中调用lock_page锁定该页就足够了，该操作将一直等到块层解锁该页为止。但从块层的角度来看，解锁该页实际上是确认读请求已经完成。

下面考察一下这两个操作的实现。

在页已经换入（如有必要）后，无论是来自页缓存，还是从块设备读入，都必须考虑下列问题。

首先用mark_page_accessed标记该页，使得内核将其认定为已访问过，在这里可以回想图18-13中的状态图。接下来将该页插入到进程的页表，如有必要需要刷出对应的CPU高速缓存[①]。此后，调用page_add_anon_rmap将该页加入到第4章讨论的逆向映射机制中。接下来，我们熟悉的swap_free函数将检查是否可以释放交换区中对应的槽位。该函数还会将交换数据结构中的使用计数器减1。如果该槽位不再需要，且相应槽位在当前的搜索区间之外，那么该例程将修改swap_info实例lowest_bit或highest_bit字段。

如果该页是以读/写模式访问，内核必须通过调用do_wp_page来结束操作。这将创建该页的一个

① 这里的cache指CPU的高速缓存。——译者注

副本，并将其添加到导致异常的进程的页表中，且将原始页的使用计数器减1。与第4章讨论的写时复制机制相比，这里执行的步骤是相同的。

18.8.2　读取数据

有两个函数可以从交换区将数据读入物理内存。read_swap_cache_async创建必要的先决条件并执行额外的管理任务，而swap_readpage负责将实际的读请求提交对块层。图18-20给出了read_swap_cache_async的代码流程图（假定在页分配期间没有发生错误，在读入换出页时也没有因竞态条件而导致错误）。

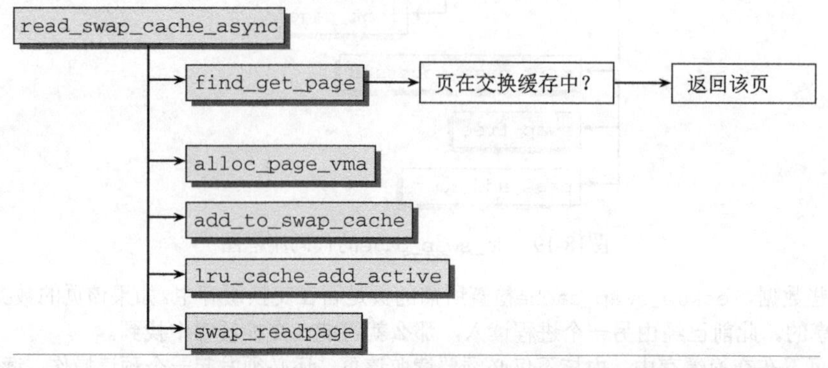

图18-20　read_swap_cache_async的代码流程图

首先调用find_get_page来检查该页是否在交换缓存中。因为预读操作可能将该页读入交换缓存，所以可能出现这样的情况。如果该页已经在内存中，那么很好，因为这简化了处理：可以立即返回所要的页。

如果未找到该页，则必须调用alloc_page_vma（在非NUMA系统上，最终归结为调用__alloc_pages）来分配一个新的内存页，容纳从交换区读入的数据[①]。用__alloc_pages做出的分配内存请求具有高优先级。例如，如果没有足够的空闲空间可用，内核会试图换出其他页来提供新的内存。该函数的失败（即返回NULL指针）是非常严重的问题，将导致直接放弃换入操作。在这种情况下，高层代码将通知OOM killer关闭系统中具有相对大量内存页且最不重要的进程，获得空闲内存。

如果页分配成功（通常都是这样，因为很少有用户无意使系统的负荷高到必须利用OOM killer的程度），内核使用add_to_swap_cache将添加该page实例到交换缓存，并使用lru_cache_add_active将其添加到（活动页的）LRU缓存。接下来，页数据通过swap_readpage从交换区传输到物理内存。

在必要的先决条件已经满足后，swap_readpage发起从硬盘到物理内存的数据传输。这是分为两个简短的步骤完成的。get_swap_bio产生一个适当的BIO请求，而submit_bio将该请求发送到块层。

下面两件事情需要特别注意。

- add_page_to_swap_cache自动锁定页。
- swap_readpage通知块层在页已经完全读入后调用end_swap_bio_read。如果一切进展顺利，该函数会对该页设置PG_uptodate标志并解锁。这一点很重要，因为读操作是异步的。但在页标记为PG_update并解锁时，内核可以确认其中已经填充了所需的数据。

① 原文与图18-20不一致，对照代码，确认是alloc_page_vma；另外，alloc_page_vma是归结为__alloc_pages，不是alloc_page，可以根据内核源代码确认。——译者注

18.8.3 交换预读

类似于文件的读取，内核在从交换区读取数据时也使用了一种预读机制。这确保了数据可以预先读入内存，使得未来的换入页请求可以迅速完成，因而提高了系统性能。与比较复杂的文件预读方法相比，页交换子系统的预读机制相对简单，如下列代码所示：

mm/memory.c
```
void swapin_readahead(swp_entry_t entry, unsigned long addr, struct vm_area_struct *vma)
{
        int i, num;
        struct page *new_page;
        unsigned long offset;

        /*
         * 获取我们要进行预读I/O操作的句柄的数目。
         */
        num = valid_swaphandles(entry, &offset);
        for (i = 0; i < num; offset++, i++) {
                /* 好，现在进行异步预读 */
                new_page = read_swap_cache_async(swp_entry(swp_type(entry),
                                                   offset), vma, addr);
                if (!new_page)
                        break;
                page_cache_release(new_page);
        }
        lru_add_drain();         /* 现在将新页转移到LRU链表 */
}
```

内核调用valid_swaphandles来计算预读页的数目。通常将预读$2^{page_cluster}$页，page_cluster是一个全局变量，在小于16 MiB内存的系统上设置为2，在所有其他的系统上设置为3。这产生了一个4页或8页的预读窗口（/proc/sys/vm/page-cluster可用来从用户空间调整该变量，可以将其设置为0，从而禁用换入预读）。但在以下情形中，通过valid_swaphandles计算的值必须降低。

- 如果请求的页靠近交换区的末尾，必须减少预读页的数目，以防读取操作超出交换区的边界。
- 如果预读窗口包含了空闲或未使用的页，内核只读取这些页之前的有效数据。

read_swap_cache_async顺次将对选中的各页的读请求提交到块层。如果该函数因为没有内存页可供分配而返回NULL指针，内核将放弃换入操作，因为显然没有内存可容纳更多页，所以预读机制也没有解决系统当前的内存缺乏状况那么重要了。

18.9 发起内存回收

18.1节阐述过，到目前为止讨论过的页面选择和换出例程都由一个抽象层控制，该层会决定在何时回收多少页内存。该决策会重定向到两个地方：首先是kswapd守护进程，该守护进程试图在没有内存密集型应用程序运行时，维护系统中内存使用的均衡；其次是一种应急机制，在内核认为出现严重的内存不足时启用。

18.9.1 用kswapd进行周期性内存回收

kswapd是一个内核守护进程，每当系统启动时由kswap_init激活。只要计算机在运行，该守护进程将一直执行：

mm/vmscan.c
```
int kswapd_run(int nid)
```

```
{
        pg_data_t *pgdat = NODE_DATA(nid);
        int ret = 0;
...
        pgdat->kswapd = kthread_run(kswapd, pgdat, "kswapd%d", nid);
...
        return ret;
}

static int __init kswapd_init(void)
{
        pg_data_t *pgdat;

        swap_setup();
        for_each_node_state(nid, N_HIGH_MEMORY)
                kswapd_run(nid);
        return 0;
}
```

上述代码表明，对每个NUMA内存域，都会激活一个独立的kswapd实例。在一些机器上，这用来提高系统性能，因为这补偿了访问不同内存区速度不同的问题。不过，非NUMA系统只使用一个kswapd。

更有趣的是，mm/vmscan.c中的kswapd函数所实现的kswapd守护进程的执行过程。在必要的初始化工作完成后，[1]将执行下列无限循环：

mm/vmscan.c

```
static int kswapd(void *p)
{
        unsigned long order;
        pg_data_t *pgdat = (pg_data_t*)p;
        struct task_struct *tsk = current;
        DEFINE_WAIT(wait);
...
        current->reclaim_state = &reclaim_state;

        tsk->flags |= PF_MEMALLOC | PF_SWAPWRITE | PF_KSWAPD;
...
        order = 0;
        for (; ;) {
                unsigned long new_order;

                prepare_to_wait(&pgdat->kswapd_wait, &wait, TASK_INTERRUPTIBLE);
                new_order = pgdat->kswapd_max_order;
                pgdat->kswapd_max_order = 0;
                if (order < new_order) {
                        /*
                         * 如果需要更高阶的分配，则不能进入睡眠
                         */
                        order = new_order;
                } else {
                        schedule();
                        order = pgdat->kswapd_max_order;
                }
                finish_wait(&pgdat->kswapd_wait, &wait);
...
                balance_pgdat(pgdat, 0, order);
```

① 在NUMA系统上，set_cpus_allowed会将守护进程的执行限制到与内存域相关联的处理器上。

```
        }
        return 0;
}
```

- prepare_wait会将进程置于一个与NUMA内存域相关的等待队列上，等待队列是作为参数的一部分传递给守护进程的。
- 该函数记录了上一次对该结点执行均衡操作时所使用的分配阶。如果kswapd_max_order指定的分配阶大于上一次的值，则调用balance_pgdat来再次均衡该结点（稍后讨论）。否则，内核通过schedule将控制权传递到另一个函数或用户空间。

  如果内核认为必须调用守护进程，则可以通过wake_up_interruptible进行。

  如第14章所述，finish_wait在进程唤醒之后执行必要的清理工作。
- 在schedule和唤醒进程之后，内核首先再次均衡该结点，然后重新开始处理过程。如果当前分配阶大于上一次执行均衡操作的分配阶，则用较大的分配阶再次调用balance_pgdat；否则守护进程进入睡眠。

图18-21给出了定义在mm/vmscan.c中的balance_pgdat函数的代码流程图。在该函数中，内核确定了将释放的内存页的数目，并将该信息传递给前文讨论过的shrink_zone函数。

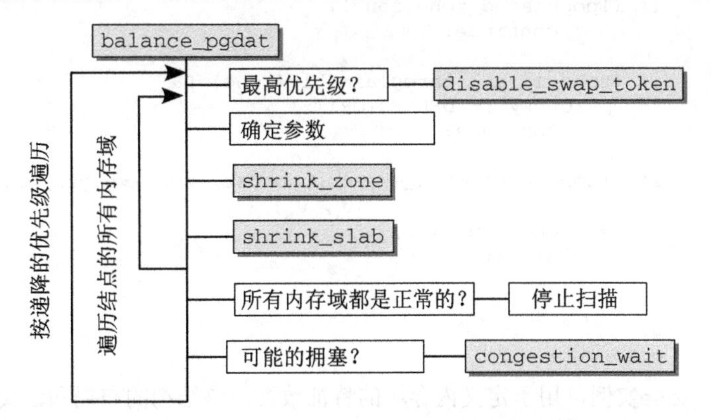

图18-21 balance_pgdat的代码流程图

内核在balance_pgdat开始完成所有必需的管理工作（主要任务是创建一个swap_control实例）后，会执行两个嵌套的循环。外层循环的控制变量是priority，初始值为DEF_PRIORITY（在mm/vmscan.c中通常声明为12），按递降次序进行循环。该控制变量充当shrink_zone的优先级。数值较高，对应的优先级较低；这对refill_inactive_zone中页面选择行为的计算有相应的影响。通过按递增的优先级进行处理[①]，内核试图达到两个目标，即工作量最低，对系统的破坏作用最小。内层循环遍历NUMA结点的所有内存域。

在进入内层循环之前，内核必须确定扫描结束于哪个内存域（最初是ZONE_DMA）。为此，内层循环按递降次序遍历各内存域，并使用zone_watermark_ok检查其状态（该函数在第3章详细讨论过）。如果扫描以最高优先级（即优先级0）执行，将停用交换令牌，因为在非常需要内存的情况下，阻止内存页换出来加速某些进程是不可取的。

① 原文为按递减优先级处理，似有误，对照前一二句，优先级值越高，优先级越低，而优先级值是递减的，因而优先级是递增的。——译者注

mm/vmscan.c

```
static unsigned long balance_pgdat(pg_data_t *pgdat, unsigned long nr_pages,
                                    int order)
{
...
        for (priority = DEF_PRIORITY; priority >= 0; priority--) {
                int end_zone = 0; /* 包括在内。0 = ZONE_DMA */
                unsigned long lru_pages = 0;

                /* 交换令牌阻碍了换出... */
                if (!priority)
                        disable_swap_token();

                all_zones_ok = 1;

                /*
                 * 扫描从高端内存域到DMA内存域的方向进行，以查找需要扫描的位置最高的内存域
                 */
                for (i = pgdat->nr_zones -1; i >= 0; i--) {
                        struct zone *zone = pgdat->node_zones + i;

                if (!populated_zone(zone))
                        continue;

                if (zone_is_all_unreclaimable(zone) &&
                    priority != DEF_PRIORITY)
                        continue;

                if (!zone_watermark_ok(zone, order, zone->pages_high,
                                          0, 0)) {
                        end_zone = i;
                        break;
                }
        }
        if (i < 0)
                goto out;
```

zone是struct zone实例，用于定义内存域的特征数据。该结构的布局和语义在第3章讨论过。如下3个辅助函数可用于查找适当的内存域。

- zone_is_all_unreclaimable检查标志ZONE_ALL_UNRECLAIMABLE。如果该内存域充满了钉住的页，则会设置该标志，例如，可能所有内存页都用mlock系统调用锁定了。在这种情况下，该内存域是不用考虑进行页面回收的。在该内存域至少有一页返还给伙伴系统层时，会自动地清除该标志。
- populated_zone检查该内存域是否有内存页存在。
- zone_watermark_ok检查是否仍然可以从内存域获得内存。参见3.5.4节，那里讨论了该函数。

zone->pages_high是内存域中空闲页数目的理想值（较低值和最小值分别由pages_low和pages_min定义）。

在找到一个状态“不受欢迎的”的内存域之后，内核立即跳转到scan标号并开始扫描。但很可能所有内存域都是正常的，这种情况下内核什么都不需要做，直接跳转到balance_pgdat结束处即可。

在扫描开始之前，要确定内存域中需要进行扫描的所有LRU页：

mm/vmalloc.c

```
                for (i = 0; i <= end_zone; i++) {
```

```
                        struct zone *zone = pgdat->node_zones + i;
                        lru_pages += zone_page_state(zone, NR_ACTIVE)
                                + zone_page_state(zone, NR_INACTIVE);
                }
...
```

如代码流程图所示，内核将遍历所有内存域。其方向是从高端内存域到DMA内存域。对每个内存域都必须调用两个函数（不包含页的内存域或所有页都钉住的内存域将跳过）。

- shrink_zone启动18.6.4节讨论的页面选择和物理内存页回收机制。
- shrink_slab由内核调用，用于收缩借助slab系统为各种数据结构分配的缓存。18.10节将讨论该函数。尽管页缓存在内存使用中占据了最大的份额，但收缩其他缓存如dentry或inode缓存，也具有切实的效果。

如果内核遍历了所有的内存域，并确认它们处于可接受的状态，那么按所有优先级遍历的外层循环就可以结束了。否则，如果已经扫描了内存页，且扫描优先级小于DEF_PRIORITY - 2，那么将调用第17章讨论过的congestion_wait函数。该函数将防止块层因为请求过多而拥塞。

18.9.2 在严重内存不足时换出页

try_to_free_pages例程用于紧急、非预期的内存回收操作。图18-22给出了该函数的代码流程图。

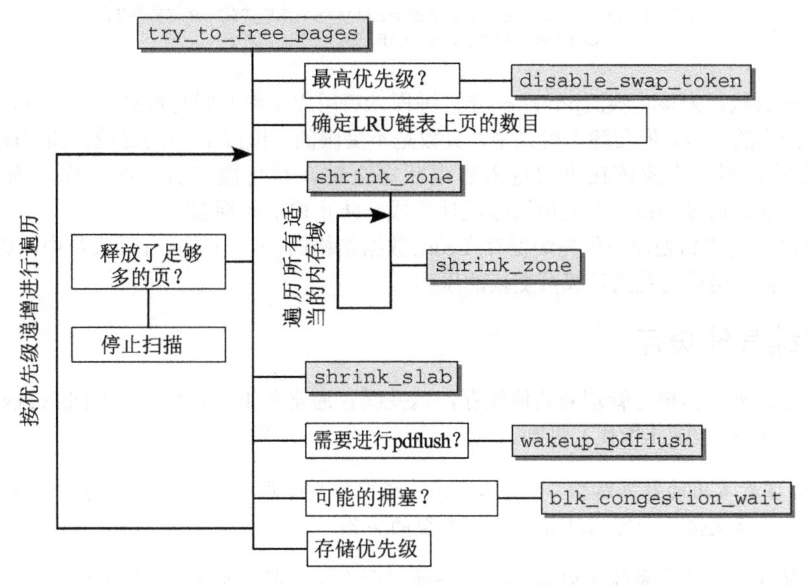

图18-22 try_to_free_pages的代码流程图

首先必须确定LRU链表中页的数目，后续的函数需要该信息。内核获得该信息的方式与balance_pgdat相同。同样，try_to_free_pages的主体部分也是一个很大的循环，遍历从DEF_PRIORITY到0的所有优先级。如果内核以最高优先级运作，将禁用交换令牌。

释放多少页的决策委托给mm/vmscan.c中实现的shrink_zones函数。

> shrink_zones函数不同于上文讨论的shrink_zone函数，请注意末尾的“s”。

类似于kswapd机制，shrink_zones遍历当前NUMA结点的所有内存域，如有可能，对遍历到的内存域调用shrink_zone。如果内存域中没有页或所有页都被钉住或当前CPU不允许操作该内存域，那么将跳过shrink_zone调用，但这是非常罕见的。

在用shrink_slab收缩slab缓存之后（更多的信息请参见下一节），内核必须确定是否已经释放了足够的页。倘若如此，由于已经达到目标，try_to_free_pages可以结束了（内核接下来跳转到函数末尾的out标号）。在下面的代码片段中，nr_reclaimed表示到目前为止已经释放的页数：

mm/vmscan.c
```
	for (priority = DEF_PRIORITY; priority >= 0; priority--) {
		...
		total_scanned += sc.nr_scanned;
		if (nr_reclaimed >= sc.swap_cluster_max) {
			ret = 1;
			goto out;
		}
...
		if (total_scanned > sc.swap_cluster_max +
					sc.swap_cluster_max / 2) {
			wakeup_pdflush(laptop_mode ? 0 : total_scanned);
			sc.may_writepage = 1;
		}

		/* 休息一下，等待一些回写操作完成 */
		if (sc.nr_scanned && priority < DEF_PRIORITY -2)
			congestion_wait(WRITE, HZ/10);
	}
```

根据释放的页数，内核将唤醒pdflush守护进程，启用周期性的回写机制。请注意，刷出页的数目通常受限于扫描的页数。但在膝上模式中，页数是不受限的。按17.13节的讨论，如果硬盘必须从省电状态加快旋转，那么它应该在再次进入省电状态之前，尽可能多做一些工作。内核还调用了congestion_wait，通过等待几个刷出操作成功完成，防止块层的拥塞。

最后，将这一遍成功处理的优先级保存在zone数据结构的prev_priority成员中，因为refill_inactive_zone将使用该信息来计算页交换的压力。

18.10　收缩其他缓存

除了页缓存之外，内核还管理着其他缓存，这些缓存通常基于第3章讨论的slab（或slub/slob，但在下文中将统一使用术语slab指代）机制。

> slab管理着常用的数据结构，以确保伙伴系统中按页管理的内存能够得到更有效的使用，并通过缓存，来更快速而容易地分配数据类型的实例。

使用此类缓存的内核子系统可以向内核动态地注册“收缩器”函数。这些函数在可用内存较低时调用，释放一些已用的内存空间（从技术上看，收缩器函数与slab没有什么固定的关联，但当前没有其他使用收缩器的缓存类型）。

除了注册和删除收缩器函数的例程之外，内核还必须提供发起缓存收缩的方法。这些将在以下各节中仔细考察。

18.10.1　数据结构

内核定义了用于描述收缩器函数特征的数据结构：

mm/vmscan.c
```
struct shrinker {
        int (*shrink)(int nr_to_scan, gfp_t gfp_mask);
        int                          seeks; /* 重建缓存对象所需的遍数 */

        /* 这些供内部使用 */
        struct list_head  list;
        long  nr; /* 待删除对象的数目 */
};
```

- shrink是一个函数指针，指向用于收缩缓存的函数。每个收缩器函数都必须接受两个参数，即所检查的内存页的数目和内存类型，返回值是一个整数，表示有多少个对象仍然在缓存中。

  > 这不同于内核通常返回所释放对象/页的数目的惯例。

  如果返回-1，表示该函数不能进行任何收缩。在内核想要查询缓存的长度时，可以将nr_to_scan参数传递0值。
- seeks是一个因子，用于调整缓存相对于页缓存的权重。在讨论如何收缩缓存时，我们来更详细地讲述该成员的作用。
- 所有注册的收缩器保存在一个标准的双链表上。list用作链表元素。
- nr是由收缩器函数释放的对象数目。内核使用该值来启用对象的批处理，以提高性能。

18.10.2 注册和删除收缩器

register_shrinker用于注册一个新的收缩器：

mm/vmscan.c
```
void register_shrinker(struct shrinker *shrinker)
```

该函数需要一个shrinker实例，其中的seek和shrink应该已经设置好适当的值。此外，该函数只保证将shrinker添加到全局链表shrinker_list。

目前，内核中只有少量收缩器，如以下几个。

- shrink_icache_memory收缩第8章中讨论的inode缓存，并管理struct Inode对象。
- shrink_dcache_memory负责第8章讨论的dentry缓存。
- mb_cache_shrink_fn收缩一个用于文件系统元数据的通用缓存（当前用于实现Ext2和Ext3文件系统中的增强属性）。

remove_shrinker函数根据shrinker实例，从全局链表删除对应的收缩器：

mm/vmscan.c
```
void remove_shrinker(struct shrinker *shrinker)
```

18.10.3 收缩缓存

shrink_slab用于收缩所有注册为可收缩的缓存。其参数包括指定内存类型的分配掩码和页面回收期间扫描页的数目。本质上，它会遍历shrinker_list中所有的收缩器：

mm/vmscan.c
```
static int shrink_slab(long scanned, unsigned int gfp_mask)
{
        struct shrinker *shrinker;
        unsigned long ret = 0;
...
```

```
        list_for_each_entry(shrinker, &shrinker_list, list) {
...
```

为实现页缓存收缩和收缩器缓存收缩之间的均衡，需要根据scanned值来计算所删除缓存项的数目，而scanned又是根据缓存的seek因子和当前收缩器可释放缓存项的最大数目加权计算而来：

mm/vmscan.c

```
                unsigned long long delta;
                unsigned long total_scan;
                unsigned long max_pass = (*shrinker->shrinker)(0, gfp_mask);

                delta = (4 * scanned) / shrinker->seeks;
                delta *= max_pass;
                do_div(delta, lru_pages + 1);
                shrinker->nr += delta;

                if (shrinker->nr > max_pass * 2)
                        shrinker->nr = max_pass * 2;
```

按照惯例，用0作为参数调用收缩器函数将返回缓存中对象的数目。内核还保证释放的对象不会超过缓存项的半数，因而不会发生无限循环。

计算出来的释放对象数累积到shrinker->nr中。当该值超过SHRINK_BATCH阈值（通常定义为128）时，将触发缓存的收缩：

mm/vmscan.c

```
                total_scan = shrinker->nr;
                shrinker->nr = 0;
                while (total_scan >= SHRINK_BATCH) {
                        long this_scan = SHRINK_BATCH;
                        int shrink_ret;
                        int nr_before;

                        nr_before = (*shrinker->shrink)(0, gfp_mask);
                        shrink_ret = (*shrinker->shrink)(this_scan, gfp_mask);
                        if (shrink_ret == -1)
                                break;
                        if (shrink_ret < nr_before)
                                ret += nr_before - shrink_ret;
                        mod_page_state(slabs_scanned, this_scan);
                        total_scan -= this_scan;

                        cond_resched();
                }

                shrinker->nr += total_scan;
        }
...
}
```

缓存中的对象按128个一组释放，确保系统不会被阻塞太长时间。在收缩器函数的各次调用之间，cond_resched向内核提供了调度时机，使得在缓存收缩期间系统延迟不会变得太高。

18.11　小结

Linux内核的基本设计决策之一是，缓存通常不是固定长度的，但可以动态增长，直至用尽所有物理内存。读者在本章已经看到，向物理内存填充信息是件好事情，因为未使用的内存实际上是资源的浪费，但内核需要一种机制，以便在有更紧急的任务需要内存时能够收缩缓存。本章向读者介绍了判断内存页是否被活跃使用的机制。这可以用于从内存逐出很少使用的页，根据页的用法，可以将其丢弃、同步或换出。最后一种选项实现了缓存的逆：块设备可用于扩展实际可用内存的数量，但这是以访问速度为代价的。

内核使用两种机制来回收内存：一个周期性的守护进程不断监视内存的使用，试图将大多数活动页保持在物理内存中，还有一些例程来处理严重的内存不足。

虽然页面回收和页交换是按页进行处理的，但内核还提供了收缩缓存（缓存中是比较小的对象）的机制，本章末向读者介绍了相关的例程。

第19章

审　计

通常，内核开发者会对观察和检验代码内部的运作情况比较感兴趣。但他们并非唯一想知道内核做了什么的人。例如，系统管理员可能想要观察内核所采取的决策和执行的操作。出于很多原因，这样做都是有好处的，如增加安全性、对出现故障的东西进行事后调查等。例如，不仅对内核因错误配置而作出的错误决策进行观察很有意思，而且了解到利用了错误决策的进程或用户也同样有趣。本章将描述内核为此提供的方法。

19.1　概述

显然，管理员在监视系统方面的需求，这与开发者颇为不同。程序员通常对相对底层的信息感兴趣，而管理员则更需要一个高层的视图：哪个进程打开了网络连接？哪个用户启动了程序？内核在何时授予或拒绝了特定的权限？[①]为回答这些问题，内核提供了审计子系统。

程序员可以在专用于开发的机器上进行试验，而管理员面对的是一个不同的问题：他们必须监控的计算机通常作为生产机器。这对审计机制提出了如下两个关键性的约束。

- 用于选择所记录事件类型的规则，必须能够动态改变。特别是，不能要求重启系统或插入/移除内核模块。
- 在使用审计特性时，系统性能不能下降太多。而禁用审计机制，也不应该对系统性能带来负面影响。

图19-1给出了审计子系统总体设计的略图。内核包含了一个规则数据库，其规则用于指定记录哪些事件。该数据库由用户层借助auditctl工具填写。如果特定事件发生，而内核根据数据库判断必须审计该事件，则会向auditd守护进程发送一个消息。该守护进程可以将消息存储到一个日志文件，供进一步检查。用户层和内核之间的通信（规则操作和消息传输）借助一个netlink套接字进行（这种连接机制在第12章讨论过）。审计机制的内核和用户层部分是彼此依赖的。因为如果只记录出现得相对不那么频繁的事件，审计对内核的影响会降到最低限度，其实现亦称为轻量级审计框架（lightweight auditing framework）。

为进一步降低对系统性能的影响，审计机制会区分两种类型的审计事件，如下所述。

- 系统调用审计：允许在内核进入或退出系统调用时进行记录。尽管可以指定附加约束，限制所记录事件的数目（如限制到特定的UID），但系统调用发生的频率仍然太高。因而，如果采用系统调用审计，对系统性能造成一定的影响是不可避免的。
- 所有不直接关联到系统调用的其他类型事件，都会单独处理。完全可以禁用系统调用审计，只记录特定类型的事件。这对系统负荷仅有极轻微的影响。

---

① 这包括检查是否有（以及哪个）用户比较游手好闲，去窥视他们无权访问的文件。

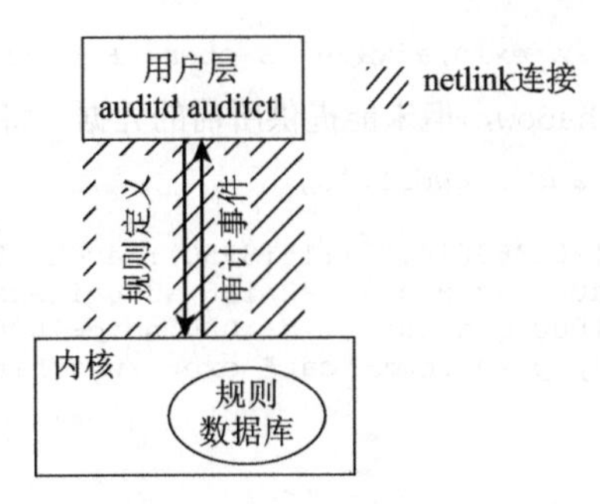

图19-1 审计子系统概述

重要的是，读者应该理解审计和更规范性的技术如系统调用追踪之间的差别（和关系）。如果一个被审计的进程通过分支创建子进程，那么与审计相关的属性将被继承。这允许建立审计线索（audit trail），对从整体上观察某个应用程序的行为，或跟踪特定用户的操作，都是很重要的。通常，与纯粹的系统调用追踪（由`ptrace`实现）相比，审计机制允许以一种更面向任务的方式（即从一个更高层的视角）来跟踪（受信任的）应用程序。各种产生审计事件的挂钩发布在内核中各处，但几乎内核所有部分都可以通过代码进行扩展，来发送特定的审计消息。

尽管审计是一个相当通用的机制，但该特性最值得注意的使用者是SELinux和AppArmor（SELinux的竞争者，未包含在官方的内核源代码中，但被OpenSUSE采用）。

19.2 审计规则

如何设置约束，对特定的事件类型生成审计日志记录？这是借助审计规则完成的，本章将讨论审计规则的格式和用途。但读者还应该查阅与审计框架相关的手册页，以获得更多信息，特别是`auditctl(8)`。通常，一个审计规则由以下几部分组成。

- 基本信息由一个过滤器/值对给出的。过滤器表示该规则所属的事件的种类。例如，对系统调用入口来说，过滤器是`entry`，对创建进程来说，过滤器是`task`。
- 值可以是NEVER或ALWAYS。后者用于启用规则，而前者用于禁止产生审计事件。这是非常有意义的，因为给定过滤器类型的所有规则都保存在一个列表中，匹配的第一个规则将被应用。通过将一个NEVER规则放在前面，可以（暂时）禁止对可产生审计事件的规则的处理。

过滤器将可审计事件的集合划分为更小的类别，但这些类别所涉及的内容仍然十分宽泛。需要更多的约束，才能选择可实际控制的事件子集。这可以通过指定若干字段/比较器/值元组来约束。字段是内核可以观测的量。例如，这可以是某个UID、进程标识符、设备号或某个系统调用的参数。比较器和值可以对字段指定一些条件。如果这些条件满足，则生成一条审计记录事件。否则，不生成审计事件。这里可以使用常见的比较运算符（小于、小于等于，等等）。向内核提供新规则是通过`auditctl`工具，通常如下调用：

```
root@meitner # auditctl -a filter,action -F field=value
```

考察一个例子，如何对`root`用户创建新进程的所有事件进行审计：

```
root@meitner # auditctl -a task,always -F euid=0
```

在审计系统调用时，也可能（而且这是非常可取的）限制只对特定的系统调用生成审计记录。下列例子通知内核记录UID为1000的用户未能打开文件的所有事件：

```
root@meitner # auditctl -a exit,always -S open -F success=0 -F auid=1000
```

如果该用户试图打开/etc/shadow，但未能提供所需的凭据，将产生以下日志记录：

```
root@meitner # cat /etc/audit/audit.log
...
type=SYSCALL msg=audit(1201369614.531:1518950): arch=c000003e syscall=2
   success=no exit=-13 a0=71ac78 a1=0 a2=1b6 a3=0 items=1 ppid=3900 pid=8358
   auid=4294967295 uid=1000 gid=100 euid=1000 suid=1000 fsuid=1000 egid=100
   sgid=100 fsgid=100 tty=pts0 comm="cat" exe="/usr/bin/cat" key=(null)
...
```

19.3 实现

审计实现属于内核最核心的部分（其源代码位于kernel/目录下）。这些凸显了内核开发者对该框架重要性的强调。与核心内核目录下的所有其他代码相似，开发者花费了很多心思，使得该代码紧凑、高效并尽可能干净。该代码基本上分布在以下3个文件中。

- kernel/audit.c提供了核心的审计机制。
- kernel/auditsc.c实现了系统调用审计。
- kernel/auditfilter.c包含了过滤审计事件的机制。

另一个文件是kernel/audit_tree.c，其中包含了一些数据结构和例程，可以对整个目录树进行审计。由于这个方面需要相当多代码，而实现带来的收益相对较小，所以为简单起见本章不进一步讨论该选项。

所用记录格式的详细文档、相关工具的用法描述等信息，都可以在开发者的网站http://people.redhat.com/peterm/audit上找到，相应的手册页也进行了描述。记住这些，读者就可以深入到本节所描述的实现细节之中了！

与内核的大部分内容相似，一旦理解了审计框架的数据结构，就向理解其实现迈出了一大步。

19.3.1 数据结构

审计机制使用的数据结构分为3个主要的类别。首先，需要向进程中加入一个各任务数据结构，这对系统调用审计是特别重要的。其次，审计事件、过滤规则等都需要在内核中表示出来。最后，需要与用户层实用程序建立一种通信机制。

图19-2说明了各种不同数据结构的关联，这些形成了审计机制的核心。task_struct中加入了审计上下文存储与系统调用相关的所有数据，建立了一个包含所有审计规则的数据库。我们在这里，对用于在内核和用户空间传输审计数据的数据结构不是特别感兴趣，因而图19-2中没有包括进去。

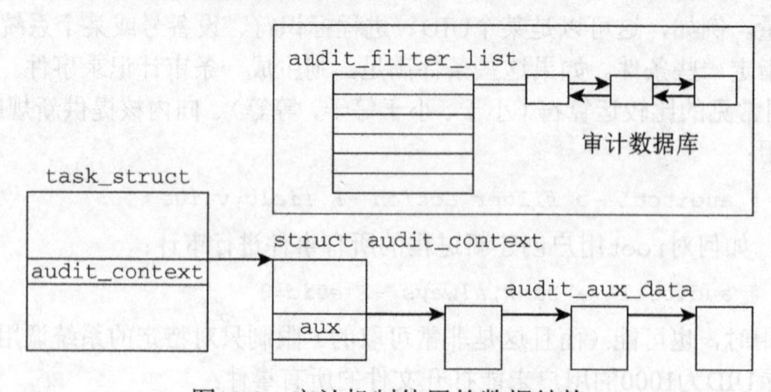

图19-2　审计机制使用的数据结构

1. 对task_struct的扩展

系统中的每个进程都表示为一个struct task_struct实例，这在第2章讨论过。该结构的一个指针类型的成员用于向进程增加审计上下文，如下所示：

<sched.h>
```
struct task_struct {
...
        struct audit_context *audit_context;
...
}
```

注意，audit_context可能是一个NULL指针。这是因为，仅当对特定进程请求进行系统调用审计时，才会分配一个audit_context实例。如果没有进行审计，在一个多余数据结构上消耗内存是不必要的。struct audit_context的定义如下：

kernel/auditsc.c
```
/* 各进程审计上下文。*/
struct audit_context {
        int                     in_syscall;     /* 如果进程处于系统调用中，则为1 */
        enum audit_state        state;
        unsigned int            serial;         /* 审计记录的序列号 */
        struct timespec         ctime;          /* 系统调用进入的时间 */
        uid_t                   loginuid;       /* 登录的uid（身份） */
        int                     major;          /* 系统调用编号 */
        unsigned long           argv[4];        /* 系统调用参数 */
        int                     return_valid;   /* 返回码是有效的？ */
        long                    return_code;    /* 系统调用返回码 */
        int                     auditable;      /* 如果应该写出记录，则为1 */
        int                     name_count;
        struct audit_names      names[AUDIT_NAMES];
        char * filterkey; /* 触发该记录的审计规则的键 */
        struct dentry *          pwd;
        struct vfsmount *        pwdmnt;
        struct audit_context *previous; /* 用于嵌套的系统调用 */
        struct audit_aux_data *aux;
        struct audit_aux_data *aux_pids;

                                /* 保存一些数据，以便输出task_struct */
        pid_t                   pid;
        uid_t                   uid, euid, suid, fsuid;
        gid_t                   gid, egid, sgid, fsgid;
        unsigned long           personality;
        int                     arch;
...
};
```

该数据结构的大多数成员已经通过注释简要描述了，源代码中没有给出文档的各成员如下。

- state表示审计的活动级别。可能的状态由audit_state定义，即AUDIT_DISABLED（不记录系统调用）、AUDIT_BUILD_CONTEXT(创建审计上下文，在系统调用进入时填写系统调用数据）、AUDIT_RECORD_CONTEXT（创建审计上下文，在系统调用进入时填写数据，在系统调用退出时写出审计记录）。①

  只有在系统调用审计曾经活动，但已经停止的情况下，AUDIT_DISABLED才是有意义的。如果没有进行过审计，那么不会分配audit_context，也不需要状态。

① 另一个选项（AUDIT_SETUP_CONTEXT）也可以在enum audit_state的定义中找到，但当前未使用。

- names数组可以存储多达AUDIT_NAMES（通常设置为20）个文件系统对象的数据（audit_names结构的准确内容，将稍后定义）。name_count记录了当前处于使用中的数组项数目。
- audit_aux_data存储审计上下文之外的辅助数据（相关的数据结构也在稍后描述）。类型为该结构的成员为aux和aux_pids，前者用于一般用途，后者用于注册进程的PID，这些进程将在有系统调用被审计时接收信号。

pid、sgid、personality等成员定义在结构尾部，与task_struct中的对应成员形成对照。其值是由一个给定task_struct的实例复制而来的，以便在不访问task_struct的情况下也可获取这些值。

在审计系统调用时，会出现需要存储文件系统对象有关信息的需求。下列数据结构提供了一种存储该信息的手段：

kernel/auditsc.c
```
struct audit_names {
        const char      *name;
        int             name_len;       /* name的字符数 */
        unsigned long   ino;
        dev_t           dev;
        umode_t         mode;
        uid_t           uid;
        gid_t           gid;
        dev_t           rdev;
        u32             osid;
};
```

该结构的各成员描述了文件系统对象的常见属性，本节不费力解释细节了。struct audit_context中的数组names可以存储多达AUDIT_NAMES（通常设置为20）个该结构的实例。

进程当前的审计状态保存在audit_context的state字段中。内核定义了审计规则，以便在不同的审计模式之间切换。但操作的名称，与为state定义的常数名不同。下列代码片段来源于规则处理状态机，描述了操作名与常数名的关系（关于如何将审计规则传输到内核的更多信息，请参考19.3.1节）：

kernel/auditsc.c
```
switch (rule->action) {
case AUDIT_NEVER:        *state = AUDIT_DISABLED;        break;
case AUDIT_ALWAYS:       *state = AUDIT_RECORD_CONTEXT;  break;
}
```

可以借助audit_context->aux向audit_context实例附加辅助数据。内核为此采用了下列数据结构：

kernel/auditsc.c
```
struct audit_aux_data {
        struct audit_aux_data *next;
        int                   type;
};
```

next实现了aux_data实例的一个单链表，而type表示辅助数据的类型。audit_aux_data的作用在于嵌入到一个更高层的数据结构中，后者提供实际数据。为用例子来说明这一点，下列代码片段给出了如何存储IPC对象的审计信息：

kernel/auditsc.c
```
struct audit_aux_data_ipcctl {
        struct audit_aux_data   d;
        struct ipc_perm         p;
```

```
        unsigned long         qbytes;
        uid_t                 uid;
        gid_t                 gid;
        mode_t                mode;
        u32 osid;
};
```

注意，struct audit_aux_data实例位于audit_aux_data_ipc最开始处，接下来才是实际的数据。这就可以使用通用的链表遍历和操作方法。转化为具体的数据类型即可显示正确的信息。

当前，内核为大量对象类型定义了辅助数据结构，如下所述。

- audit_aux_data_ipcctl（用于AUDIT_IPC和AUDIT_IPC_SET_PERM类型的辅助对象）。
- audit_aux_data_socketcall（类型AUDIT_SOCKETCALL）。
- audit_aux_data_sockaddr（类型AUDIT_SOCKADDR）。
- audit_aux_data_datapath（类型AUDIT_AVC_PATH）。
- audit_aux_data_data_execve（类型AUDIT_EXECVE）。
- audit_aux_data_mq_{open, sendrewcv, notify, getsetattr}（类型AUDIT_MQ_{OPEN, SENDRECV, NOTIFY, GETSETATTR}）。
- audit_aux_data_fd_pair（类型AUDIT_FD_PAIR）。

由于所有其他辅助审计数据结构的布局都类似，所以本节不一一赘述。其定义，读者可以参考kernel/auditsc.c。

2. 记录、规则和过滤

用于格式化一个审计记录的基本数据结构定义如下：

kernel/audit.c

```
struct audit_buffer {
        struct list_head        list;
        struct sk_buff          *skb;       /* 已格式化的skb，准备发送 */
        struct audit_context    *ctx;       /* NULL或相关联的审计上下文 */
        gfp_t                   gfp_mask;
};
```

list是一个链表元素，用于将审计缓冲区存储在各种链表上。由于netlink套接字用于在内核和用户层之间通信，消息使用了一个sk_buff类型的套接字缓冲区进行封装。与审计上下文的关联由ctx实现（如果因为禁用了系统调用审计，而没有审计上下文存在，该成员也可能是NULL指针），gfp_mask确定了从哪个内存域分配内存。

由于审计缓冲区经常使用，内核保持了若干预分配的audit_buffer实例，随时可使用。audit_buffer_alloc负责分配和初始化新缓冲区，audit_buffer_free负责释放缓冲区，对审计缓冲区缓存的处理是由这些函数隐式进行的。其实现比较简单，因此在这里不进一步讨论了。

从用户空间传输到内核的审计规则，由下列数据结构表示：[①]

<audit.h>

```
struct audit_rule_data {
        __u32 flags; /* AUDIT_PER_{TASK,CALL}、 AUDIT_PREPEND */
        __u32 action; /* AUDIT_NEVER、 AUDIT_POSSIBLE、 AUDIT_ALWAYS */
        __u32 field_count;
        __u32 mask[AUDIT_BITMASK_SIZE]; /* 影响的系统调用 */
        __u32 fields[AUDIT_MAX_FIELDS];
```

① 前一个内核版本采用了稍微简单些的struct audit_rule，它不允许使用非整数或变长的字符串数据字段。该结构仍然存在于内核中，以便向用户空间提供后向兼容性，但新代码不能使用该结构。

```
        __u32 values[AUDIT_MAX_FIELDS];
        __u32 fieldflags[AUDIT_MAX_FIELDS];
        __u32 buflen; /* 字符串字段的总长 */
        char buf[0]; /* 字符串字段缓冲区 */
};
```

首先，flags表示该规则激活的时机。有下列选择可用：

<audit.h>
```
#define AUDIT_FILTER_USER  0x00 /* 对用户产生的消息应用规则 */
#define AUDIT_FILTER_TASK  0x01 /* 在进程创建（不是系统调用）时应用规则 */
#define AUDIT_FILTER_ENTRY 0x02 /* 在系统调用进入时应用规则 */
#define AUDIT_FILTER_WATCH 0x03 /* 应用该规则监视文件系统 */
#define AUDIT_FILTER_EXIT  0x04 /* 在系统调用退出时应用规则 */
#define AUDIT_FILTER_TYPE  0x05 /* 在audit_log_start时应用规则 */
```

在规则匹配时，可以进行两种操作（由action表示）。AUDIT_NEVER表示什么都不做，AUDIT_ALWAYS生成审计记录。①

如果启用了系统调用审计，mask通过位串指定了审计操作影响的系统调用。

字段/值对（即fields和values两个数组）用于指定审计规则适用的条件。字段中指定的量标识内核内部的某个对象，例如，可能为一个进程ID。而值则与一些比较运算符联用（例如，小于、大于，等等），指定可触发审计事件的字段值集合。一个特定的例子就是，“在PID为0的进程打开一个消息队列时，创建一个审计记录”。fields和values数组表示这样的对儿，而运算符标志则保存在fieldflags成员中。field_count表示规则中包含的字段/值对的数目。fields数组项的可能值在<audit.h>中列出。内核为此定义了许多值，本节不可能全部详细列出，读者可以参考用户层审计工具的文档。通常，所定义的常数名称都是自明的，如以下例子所示：

<audit.h>
```
#define AUDIT_PID 0
#define AUDIT_UID 1
#define AUDIT_EUID 2
#define AUDIT_SUID 3
...
```

values数组只能指定数值，如果要创建涉及文件名等非数值量的规则，这是不够的。因而向struct audit_rule_data尾部添加了一个字符串成员。它可以通过伪数组buf访问，字符串长度由buflen表示。

struct audit_rule_data用于从用户空间向内核传输规则，而内核内部则使用另外两个数据结构来表示规则。其定义如下：

kernel/audit.h
```
struct audit_field {
        u32 type;
        u32 val;
        u32 op;
...
};

struct audit_krule {
        int vers_ops;
        u32 flags;
        u32 listnr;
        u32 action;
```

① AUDIT_POSSIBLE仍然作为另一个选项列出，但该值已经废弃，不再使用。

```
        u32 mask[AUDIT_BITMASK_SIZE];
        u32 buflen; /* 用于在列出规则时分配的数据 */
        u32 field_count;
        char *filterkey; /* 将事件绑定到规则 */
        struct audit_field *fields;
...
};
```

其内容类似于struct audit_rule_data，但采用的数据类型能够更方便地操作和遍历。所有的规则都包含在fields指向的数组中，每个规则由一个struct audit_field实例表示。

为在两种审计规则之间表示转换，内核提供了辅助函数audit_rule_to_entry。由于该变换在一定程度上是一个机械的过程，不会使我们更深入了解规则的工作方式，因而本节不会费力详细讨论相关代码。读者只需要知道，该例程获取一个struct audit_rule实例，将其转换为一个struct audit_entry实例，后者是audit_krule的容器。

kernel/audit.h

```
struct audit_entry {
        struct list_head list;
        struct rcu_head rcu;
        struct audit_krule rule;
};
```

该容器将规则存储在过滤器链表上。audit_filter_list提供了6个不同的过滤器链表。

kernel/auditsc.c

```
static struct list_head audit_filter_list[AUDIT_NR_FILTERS] = {
        LIST_HEAD_INIT(audit_filter_list[0]),
...
        LIST_HEAD_INIT(audit_filter_list[5]),
};
```

每个链表都对应着一个AUDIT_FILTER_宏，该宏定义了应用规则的特定时机，而满足条件的所有规则，都保存在对应的链表上。

注意，在auditd守护进程向内核发送适当的请求时，将调用audit_add_rule添加新的规则。由于该例程同样相当技术化，基本上比较无趣，所以本节不会详细讨论该函数。

19.3.2 初始化

审计子系统的初始化由audit_init执行。除了设置数据结构之外，该函数还创建一个netlink套接字，与用户层通信，如下：

kernel/audit.c

```
static int __init audit_init(void)
{
...
audit_sock = netlink_kernel_create(&init_net, NETLINK_AUDIT, 0,
                                   audit_receive, NULL, THIS_MODULE);
...
}
```

上述代码片段显示，任何接收的分组都由audit_receive处理。它实现了一个分配器，稍后讨论。

请注意，有一个内核命令行参数（audit）可以设置为0或1。在初始化期间，该值存储在全局变量enable_audit中。如果设置为0，则完全禁用审计。在该值设置为1时，将启用审计，但在默认情况下没有提供任何规则，仅在向内核提供了适当规则的情况下，才会生成审计事件。

还有一个内核线程用于审计机制。但该线程并非在子系统初始化期间启动，而采用了一种有些异乎寻常的方式：一旦用户空间守护进程auditd发送第一条消息，即启动内核线程kaudit_task。该线程执行的函数是kauditd_thread，负责将准备好的消息从内核发送到用户空间守护进程。请注意，该守护进程是必要的，因为审计事件可能在中断处理程序内部结束，但netlink函数不能在该上下文中使用，完成的审计记录将被放在一个队列上，稍后由内核守护进程[①]处理，将其发送回用户空间。消息的发送和接收都是通过简单的netlink操作和标准的队列处理函数完成，如第12章讲述的。

19.3.3 处理请求

用户空间应用程序可能（依赖通常的安全检查结果）向审计子系统发出请求。满足此类请求的各个例程的实现都比较相似，本节只讨论分派机制以及一个范例。

每当有一个新的请求通过netlink 套接字到达时，网络子系统都会调用audit_receive。该函数的代码流程图如图19-3所示。

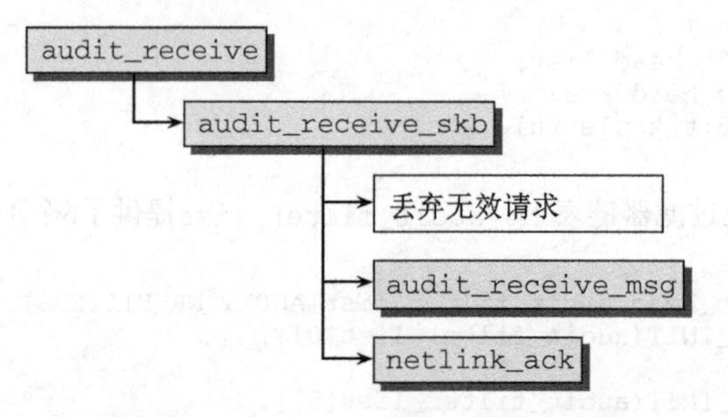

图19-3　audit_receive的代码流程图

audit_receive处理所需的锁并将实际工作委托给audit_skb_receive。后者遍历队列中未完成的请求。长度无效的请求会被直接丢弃，不会另有通知。正确的请求将转送给audit_receive_msg。如果请求明确要求进行确认（由NLM_F_ACK标志表示），或请求处理失败，则用netlink_ack发送一个确认。

在图19-4中的代码流程图中，audit_receive_message首先使用audit_netlink_ok来验证发送者是否允许执行该请求。如果请求得到授权，该函数会验证内核守护进程是否已经运行。如果此前没有发送过请求，导致内核守护进程没有运行，则启动kauditd。

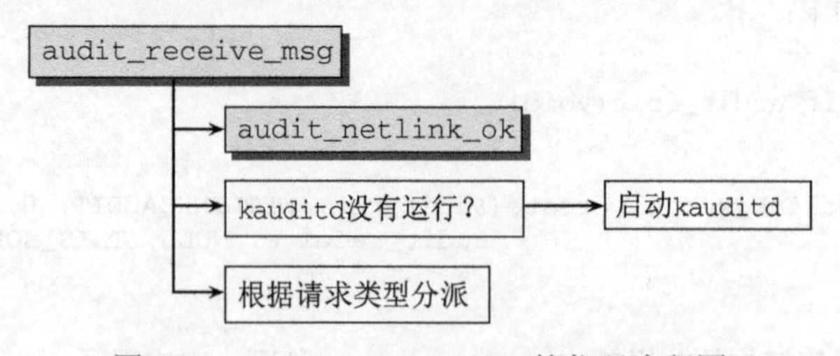

图19-4　audit_receive_msg的代码流程图

该函数剩余的部分是一个分配器，在从netlink消息中提取出所需的信息之后，根据请求的类型调

① 请注意，这里的守护进程是指内核线程。

用具体的处理函数。照例，该分配器是通过一个大的switch语句实现的。

现在，我们将注意力集中到有关请求处理的一个特定例子上，即内核如何向规则数据库添加新的审计规则。对于AUDIT_ADD_RULE类型的请求，分配器委托audit_receive_filter进行进一步处理，下述代码片段负责处理该请求：

kernel/auditfilter.c

```
switch (type) {
...
        case AUDIT_ADD:
        case AUDIT_ADD_RULE:
                if (type == AUDIT_ADD)
                        entry = audit_rule_to_entry(data);
                else
                        entry = audit_data_to_entry(data, datasz);
                if (IS_ERR(entry))
                        return PTR_ERR(entry);

                err = audit_add_rule(entry,
                                &audit_filter_list[entry->rule.listnr]);
                audit_log_rule_change(loginuid, sid, "add", &entry->rule, !err);
...
        break;
}
```

内核仅对后向兼容性支持请求类型AUDIT_ADD，因此该类型在这里是不重要的。此前提到过audit_data_to_entry：它获取一个来自用户空间的struct audit_rule_data实例，将其转换为struct audit_krule的一个实例，后者是内核内部对审计规则的表示。接下来，audit_add_rule负责将新构建的对象置于audit_filter_list中适当的审计规则链表上。由于添加审计规则是一个值得记忆的决策，audit_log_rule_change准备一个对应的审计记录消息，该消息将被发送到用户层的审计守护进程。

19.3.4 记录事件

在所有基础设施都就位之后，现在开始详细讲述审计是如何实际实现的。该过程分为3个阶段。首先，用audit_log_start开始记录过程。然后，用audit_log_format格式化一个记录消息，最后用audit_log_end结束该审计记录，消息将排队传输到审计守护进程。

1. 开始审计

调用audit_log_start开始审计。相关的代码流程图在图19-5给出。

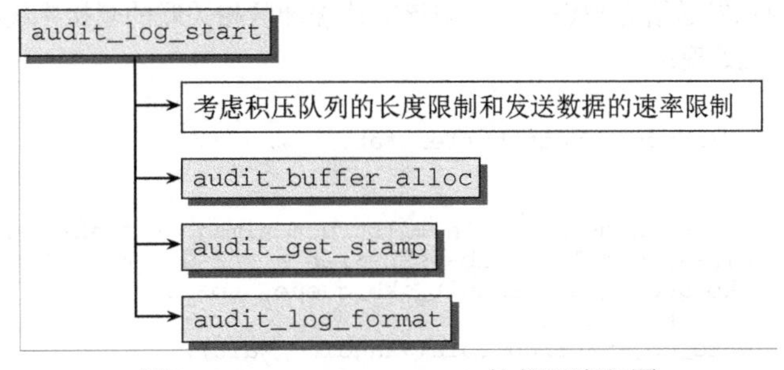

图19-5 audit_log_start的代码流程图

本质上，audit_log_start的工作是建立一个audit_buffer实例，并将其返回给调用者；但在此之前，需要考虑积压队列的长度限制和发送数据的速率限制。

积压队列(即存储完成后的审计记录的队列)的最大长度由全局变量audit_backlog_limit给出。如果队列长度大于该值，[1]那么audit_log_start将调度一个超时定时器，以便在稍后重试该操作，预期在此期间审计记录的积压已经减轻。此外，还需要检查数据发送速率，确保每秒发送的消息数不超过特定的限制。全局变量audit_rate_limit确定了最大的数据发送速率。如果超过该速率，则向守护进程发送一个消息表明该情况，并停止分配audit_buffer实例。为避免拒绝服务攻击，这些措施是必要的，它们针对发生频率过高的审计事件提供了保护。

如果积压队列长度和数据速率限制的检查都能够通过，即允许创建新的审计缓冲区，则使用audit_buffer_alloc来分配一个audit_buffer实例。在该缓冲区返回给调用者之前，audit_get_stamp提供了一个唯一的序列号，并向缓冲区写入一个初始的记录消息，其中包含创建时间和序列号。

2. 写入记录消息

audit_log_format用于向一个给定的审计缓冲区写入一条记录消息。该函数的原型如下：

kernel/audit.c
```
void audit_log_format(struct audit_buffer *ab, const char *fmt, ...)
```

根据函数的原型定义可以判断出，audit_log_format是printk的一个变体。它会计算fmt给出的格式串并用va_args参数列表给出的参数进行填充，结果串写入到与审计缓冲区相关的套接字缓冲区的数据空间。

3. 结束审计记录

在所有必要的记录消息都已经写入到审计缓冲区之后，需要调用audit_log_end确保将审计记录发送给用户空间守护进程。该函数的代码流程图如图19-6所示。

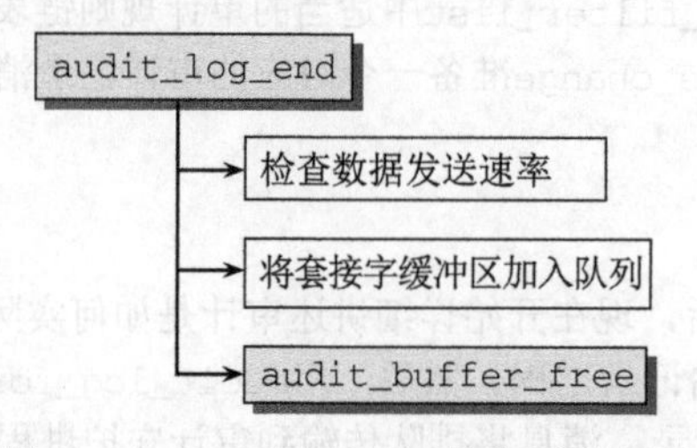

图19-6　audit_log_end的代码流程图

在进行数据发送速率的检查后（如果消息发送太频繁，那么当前的消息会丢失，且会将一个“数据发送速率超限”的消息发送给守护进程），与该审计缓冲区相关联的套接字缓冲区就被放置到一个队列上，稍后由kauditd处理：

kernel/audit.c
```
void audit_log_end(struct audit_buffer *ab)
{
...
                struct nlmsghdr *nlh = (struct nlmsghdr *)ab->skb->data;
                nlh->nlmsg_len = ab->skb->len - NLMSG_SPACE(0);
                skb_queue_tail(&audit_skb_queue, ab->skb);
                ab->skb = NULL;
                wake_up_interruptible(&kauditd_wait);
```

① 请注意，分配时没有指定_GFP_WAIT标志的审计记录，内核将认为这种审计记录更为紧急。阻止此类审计记录创建的积压队列长度阈值，比其他分配类型的阈值要高一些。

```
...
}
```

注意，内核提供了便捷函数audit_log，它浓缩了上述3项任务（开始一个审计记录，写入消息，结束该记录）。其原型如下：

<audit.h>

```
struct audit_buffer *audit_log_start(struct audit_context *ctx,
                                     gfp_t gfp_mask, int type,
                                     const char *fmt, ...);
```

19.3.5 系统调用审计

到现在为止，已经描述了系统调用审计所需的所有数据结构和机制，本节将描述系统调用审计的实现。系统调用审计不同于基本的审计机制，它依赖task_struct中扩展出的审计上下文，这在前面的内容中已经介绍过了。

1. 分配审计上下文

首先，需要考虑是在何种环境下分配审计上下文。因为这是一个代价很高的操作，所以仅在显式启用了系统调用审计的情况下，才会执行该操作。如果确实启用了系统调用审计，那么将在copy_process（源于fork系统调用）中调用audit_alloc来分配一个新的struct audit_context实例。图19-7给出了audit_context的代码流程图。

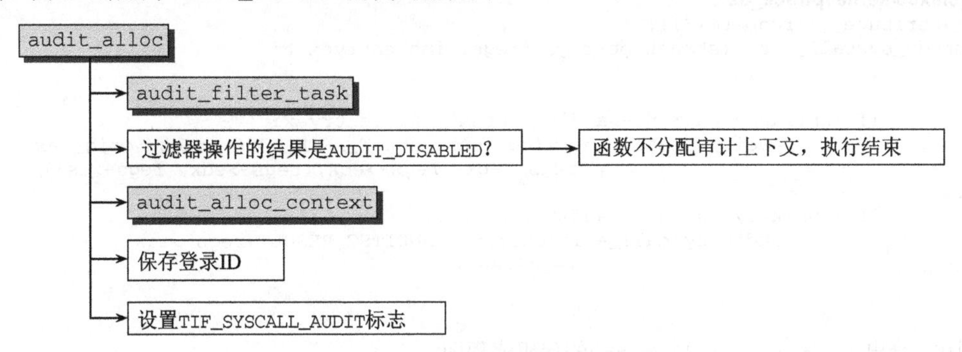

图19-7 audit_context的代码流程图

首先，audit_filter_task确定是否需要对当前进程激活系统调用审计。如果完全停用了审计系统，连此调用都不需要，因而可以立即退出audit_alloc。该函数应用注册类型为AUDIT_FILTER_TASK的过滤器。如果处理相关过滤器得出的判定是AUDIT_DISABLED，audit_alloc可以立即返回而无须分配audit_context实例，因为不需要系统调用审计（审计子系统的其余代码很容易检查这一点，这种情况下task_struct的audit_context成员是NULL指针）。

如果需要系统调用审计，则audit_alloc_context分配一个新的audit_context实例。该例程准备审计上下文实例，并将state成员设置为过滤器操作给出的状态值。

最后，内核保存当前运行进程的登录UID（这对于创建审计线索是必要的，因为进程通过fork等系统调用分支时，审计上下文仍然可以维持原有的登录UID），如下：

kernel/auditsc.c

```
int audit_alloc(struct task_struct *tsk)
{
...
                                /* 保存登录的uid */
```

```
        context->loginuid = -1;
        if (current->audit_context)
                context->loginuid = current->audit_context->loginuid;

        tsk->audit_context = context;
        set_tsk_thread_flag(tsk, TIF_SYSCALL_AUDIT);
        return 0;
}
```

另外，在当前进程对应的task_struct实例中，还需要设置TIF_SYSCALL_AUDIT标志。要使底层的中断处理代码在中断进入和退出时调用审计相关函数，这样做是必须的，否则，中断处理代码将因为性能原因而跳过这些步骤。

注意，对audit_alloc的调用源自fork系统调用的处理过程，因此每当进程创建自身的一个副本时，都需要决定是否需要启用系统调用审计。这确保了对系统中的每个进程都会执行相关的检查。

2. 系统调用事件

在系统调用进入和完成时会涉及审计子系统，进入时将调用audit_syscall_entry，完成时将调用audit_syscall_exit。这需要底层、特定于体系结构的中断处理代码的支持。该支持集成在do_syscall_trace中，每当中断发生或中断处理完成时，底层的中断处理代码都会调用该函数。[①]对于IA-32体系结构，其实现如下：

arch/x86/kernel/ptrace_32.c

```
__attribute__((regparm(3)))
int do_syscall_trace(struct pt_regs *regs, int entryexit)
{
...
        if (unlikely(current->audit_context) && !entryexit)
                audit_syscall_entry(current, AUDIT_ARCH_I386, regs->orig_eax,
                                    regs->ebx, regs->ecx, regs->edx, regs->esi);
...
        if (unlikely(current->audit_context))
                audit_syscall_exit(current, AUDITSC_RESULT(regs->eax),
                                   regs->eax);
...
}
```

图19-8给出了audit_syscall_entry的代码流程图。

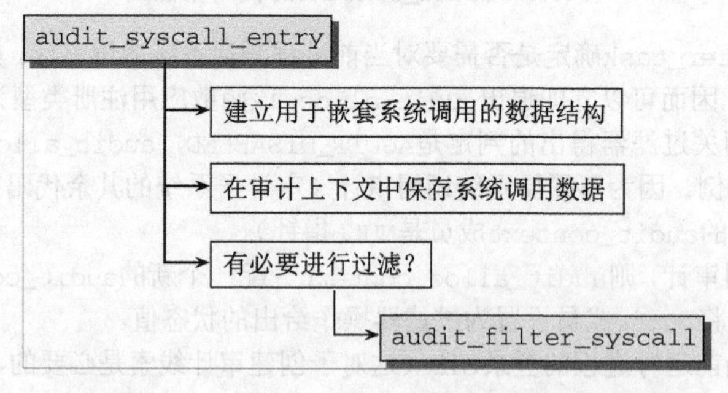

图19-8　audit_syscall_entry的代码流程图

① 此外，还需要设置TIF_SYSCALL_AUDIT标志。在audit_alloc中，如果审计过滤器确定需要对一个进程激活审计，则设置该标志。

如果系统调用发生在另一个系统调用被审计期间，那么可能需要将多个审计上下文连接起来——分配一个新的审计上下文，将前一个与它连接起来，新分配的审计上下文的用法与前一个类似。

系统调用编号、传递到系统调用的参数（由a1... a4表示）及系统体系结构（如IA-32为AUDIT_ARCH_i386，还有表示其他体系结构的常数，都定义在<audit.h>中），这些都保存在审计上下文中，如下：

kernel/auditsc.c
```
void audit_syscall_entry(struct task_struct *tsk, int arch, int major,
                         unsigned long a1, unsigned long a2,
                         unsigned long a3, unsigned long a4)
{
...
        context->arch       = arch;
        context->major      = major;
        context->argv[0]    = a1;
        context->argv[1]    = a2;
        context->argv[2]    = a3;
        context->argv[3]    = a4;
...
}
```

根据进程的审计模式，需要使用audit_filter_syscall来进行过滤，该函数将应用内核中注册的所有适当的过滤器，如下：

kernel/auditsc.c
```
        state = context->state;
        if (!context->dummy && (state == AUDIT_SETUP_CONTEXT || state == AUDIT_BUILD_CONTEXT))
            state = audit_filter_syscall(tsk, context, &audit_filter_list[AUDIT_FILTER_ENTRY]);
        if (likely(state == AUDIT_DISABLED))
            return;

        context->serial = 0;
        context->ctime = CURRENT_TIME;
        context->in_syscall = 1;
        context->auditable = !!(state == AUDIT_RECORD_CONTEXT);
}
```

注意，如果启用了审计，但没有定义审计规则，则context->dummy会设置为非0值。在这种情况下，过滤显然是不必要的。

我们现在把注意力转向系统调用退出时如何处理审计。audit_syscall_exit的代码流程图在图19-9给出。最重要的部分是对audit_log_exit的调用，其中对审计上下文包含的信息创建了一个审计记录，如下：

kernel/auditsc.c
```
static void audit_log_exit(struct audit_context *context, struct task_struct *tsk)
# {
        audit_log_format(ab, "arch=%x syscall=%d",
                         context->arch, context->major);
...
        if (context->return_valid)
                audit_log_format(ab, " success=%s exit=%ld",
                                 (context->return_valid==AUDITSC_SUCCESS)?"yes":"no",
                                 context->return_code);
...
        audit_log_format(ab,
                " a0=%lx a1=%lx a2=%lx a3=%lx items=%d"
```

```
                " pid=%d auid=%u uid=%u gid=%u"
                " euid=%u suid=%u fsuid=%u"
                " egid=%u sgid=%u fsgid=%u",
                context->argv[0],
                context->argv[1],
                context->argv[2],
                context->argv[3],
                context->name_count,
                context->pid,
                context->loginuid,
                context->uid,
                context->gid,
                context->euid, context->suid, context->fsuid,
                context->egid, context->sgid, context->fsgid);
...
}
```

上述代码将系统调用编号、系统调用返回值和一些进程相关的一般性信息都记入到审计记录中。audit_syscall_exit必须确保将前一个审计上下文（如果存在）恢复为当前审计上下文，另外，还需要释放不再使用的资源。

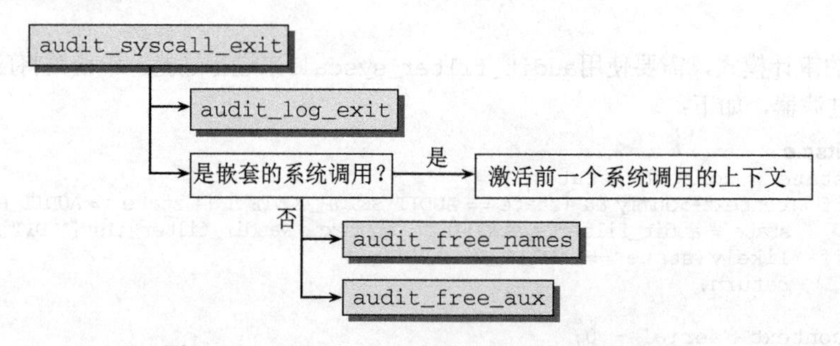

图19-9　audit_syscall_exit的代码流程图

3. 访问向量缓存审计

有些情况下，审计会成为相当重要的功能需求，一个突出的例子就是SELinux访问向量缓存（access vector cache）。授予或拒绝权限由avc_audit函数执行，每当一个权限查询传递到安全服务器时，都会由avc_has_perm调用avc_audit。首先，该函数需要检查当前情况下是否需要审计（即授予或拒绝权限是否需要审计），如下：

security/selinux/avc.c

```
void avc_audit(u32 ssid, u32 tsid,
               u16 tclass, u32 requested,
               struct av_decision *avd, int result, struct avc_audit_data *a)
{
        struct task_struct *tsk = current;
        struct inode *inode = NULL;
        u32 denied, audited;
        struct audit_buffer *ab;

        denied = requested & ~avd->allowed;
        if (denied) {
                audited = denied;
                if (!(audited & avd->auditdeny))
                        return;
        } else if (result) {
```

```
                audited = denied = requested;
        } else {
                audited = requested;
                if (!(audited & avd->auditallow))
                        return;
        }
...
```

如果需要创建一个审计消息，将如下生成基本信息（授予或拒绝、所述访问向量、进程的PID）：

security/selinux/avc.c

```
        ab = audit_log_start(current->audit_context, GFP_ATOMIC, AUDIT_AVC);
        if (!ab)
                return; /* 已经调用了audit_panic */
        audit_log_format(ab, "avc: %s ", denied ? "denied" : "granted");
        avc_dump_av(ab, tclass,audited);
        audit_log_format(ab, " for ");
        if (a && a->tsk)
                tsk = a->tsk;
        if (tsk && tsk->pid) {
                audit_log_format(ab, " pid=%d comm=", tsk->pid);
                audit_log_untrustedstring(ab, tsk->comm);
        }
...
```

avc_dump_av用于以人类可读的形式来显示一个访问向量（这是纯粹装饰性的转换）。如果有与该查询相关的辅助数据，也将其放入审计记录。然后即可完成该记录。

security/selinux/avc.c

```
        if (a) {
                switch (a->type) {
                case AVC_AUDIT_DATA_IPC:
                        audit_log_format(ab, " key=%d", a->u.ipc_id);
                        break;
                case AVC_AUDIT_DATA_CAP:
                        audit_log_format(ab, " capability=%d", a->u.cap);
                        break;
...
                case AVC_AUDIT_DATA_NET:
                        /*审计网络相关信息*/
...
                }
        }
        audit_log_format(ab, " ");
        avc_dump_query(ab, ssid, tsid, tclass);
        audit_log_end(ab);
}
```

4. 标准挂钩

尽管对大多数系统调用来说，只记录进入和退出就足够了，但有些系统调用为审计子系统提供了更多信息。19.3.1节提到过，审计上下文提供了存储辅助数据的能力，有几个系统调用利用了该特性。在所有情形中，实现这些的方法几乎都是相同的，因此这里只以sys_socketcall为例进行说明。下列挂钩函数可用于分配和填充辅助数据：

kernel/auditsc.c

```
int audit_socketcall(int nargs, unsigned long *args)
{
        struct audit_aux_data_socketcall *ax;
        struct audit_context *context = current->audit_context;
```

```
        if (likely(!context || context->dummy))
                return 0;

        ax = kmalloc(sizeof(*ax) + nargs * sizeof(unsigned long), GFP_KERNEL);
...
        ax->nargs = nargs;
        memcpy(ax->args, args, nargs * sizeof(unsigned long));

        ax->d.type = AUDIT_SOCKETCALL;
        ax->d.next = context->aux;
        context->aux = (void *)ax;
        return 0;
}
```

如果禁用了系统调用审计，那么就没有分配审计上下文，该例程可以立即退出。否则，将向审计上下文添加一个辅助上下文。

每次调用sys_socketcall时，该函数都会调用audit_socketcall，如下所示：

net/socket.c

```
asmlinkage long sys_socketcall(int call, unsigned long __user *args)
{
...
        err = audit_socketcall(nargs[call]/sizeof(unsigned long), a);
...
}
```

sys_socketcall中的其余部分可以使用该辅助上下文来存储特定的套接字相关的信息，这些信息可以传递到用户空间审计工具。

19.4　小结

有很多理由使研究系统内部运作机制很有趣。本章介绍了内核为此提供的一种具体的解决方案：审计是一种低开销机制，可以在稳定的产品系统上使用，可以获得与系统运作相关的全面信息，而不会对系统性能有太大的影响。审计规则可以指定感兴趣的信息，本章在介绍了审计规则之后，还讨论了内核如何收集相应的数据并将其转送到用户层。

附录 A 体系结构相关知识

内核很重要的优点是：大部分内核代码是体系结构无关的。由于大部分源代码是以C语言编写，因此实现的算法没有绑定到特定种类的CPU或计算机上。在理论上，如果有适当的C语言编译器可用，只要一定的工作量即可将其移植到任何平台。不可避免地，内核必须提供到底层硬件的接口，执行各种涉及大量细节、特定于系统的任务，并且利用处理器的特殊功能。这些通常必须用汇编语言编程。但还有一些特定于体系结构的数据结构是用C语言定义的，因此特定于体系结构并不一定导致特定于汇编器。本附录讲述了比较重要的Linux移植版的一些特定于硬件的方面。

A.1 概述

为便于扩展到新的体系结构，内核严格隔离了体系结构相关和体系结构无关的代码。内核中特定于处理器的部分，包含定义和原型的头文件保存在include/asm-arch/目录下，而C语言和汇编程序源程序码实现则保存在arch/arch/目录下。在内核源代码中，支持每种体系结构所需的代码量，平均在1 MiB至3 MiB之间。这样的代码量确实挺庞大，但作为一个完全的抽象层来说，相对而言还算紧凑。

基本上有两类特定于体系结构的代码。

- 专门由内核特定于体系结构的部分使用和调用的组件。就体系结构无关的代码而言，这些代码的位置和被调用的函数其实是不相干的。
- 每个体系结构都必须定义的接口函数，由体系结构无关的代码调用。例如，每个移植版都必须提供一个switch_to函数，用于在两种进程之间切换时维护硬件控制方面的细节。调度器会判断接下来运行哪个进程（与体系结构无关），然后调用该函数，将实际的进程切换工作委托给特定于处理器的代码。

内存管理也使用了各种接口函数和定义，例如指定页面大小或更新高速缓存。

本章针对内核支持的各种最流行的体系结构，简述各种特定于系统的任务是如何执行的。事实上，内核必须利用大量依处理器而不同的硬件特性，还需要对各种体系结构有深入的了解。因为每种处理器家族的参考手册都不少于1 000页，才能够讲清楚体系结构的微妙和奇异之处，因此如果要在本书中涵盖对内核有意义的所有细节，那基本上是不可能的。因此，本章只是概述Linux移植支持方面的大略结构。此外，本书也讲述了一些移植版的各种特别的特性。

联编系统也考虑到在一般代码可能需要借助于特定于体系结构的机制。所有特定于处理器的头文件都位于include/asm-arch。在内核配置为针对特定的体系结构之后，则建立符号链接include/asm，指向具体硬件所对应的目录。例如在Alpha AXP系统上，该链接会是include/asm ->include/asm-alpha。这使得内核通过#include<asm/file.h>即可访问特定于体系结构的头文件。

本书只是简略概述各个移植版必须提供的标准头文件，以及这些头文件必须声明的函数和定义（以及实现）。要想涵盖所支持的每种体系结构细节，则还需要另外一整本书。

A.2　数据类型

内核区别下列3种基本数据类型。

- C语言程序所用的标准数据类型。例如unsigned long、void *、char。C语言标准并未固定这些类型的比特位数目。只保证一些不等式是成立的。例如，unsigned long的比特位数不少于int的。

  从可移植性的角度来说，应该注意到不同体系结构上标准数据类型的比特位长度可能是不同的。
- 具有固定数目比特位的数据类型内核提供了特殊的整数类型，具有预定义的比特位数，如u32和s16（u表示无符号，s表示有符号）。各个体系结构必须定义这些缩写，使之映射（使用typedef）到对应的基本数据类型。
- 特定于子系统的类型，从来都不会直接操作，而总是使用专门编写的函数。转换数据类型定义是很容易的，因为使用此类数据类型的所有子系统都不会直接操作这些类型的数据，而是委托特定子系统提供的函数进行。因而只需要修改标准的操作函数，而内核其余的部分无须改动。

举例来说，pid_t和sector_t就属于特定于子系统的数据类型。前者管理pid，而后者用于标识扇区编号。

位长固定的数据类型定义在<asm-arch/types.h>中。

> 在将该文件链接到内核源代码之前，必须总是定义预处理器常数__KERNEL__。否则，会仅定义前缀为双下划线的数据类型名称（例如，__u32），以防与用户命名空间中的定义重复。

A.3　对齐

将数据对齐到特定的内存地址，对于高效使用处理器高速缓存和提升性能，都很有必要。一些体系结构强制要求对特定长度的数据类型进行特定的对齐。即使能够处理随机对齐的体系结构，在一定的对齐条件下，其读写性能也比不对齐的访问要快速。通常，对齐是指对齐到数据类型的字节长度可整除的字节地址。在某些情况下，会要求稍大一些的对齐尺度。相关信息一般会在所述处理器的体系结构文档中给出。将数据类型对齐到其自身的字节长度，称之为自然对齐（natural alignment）。

在内核中某些地方，可能需要访问非对齐的数据类型。各体系结构必须为此定义两个宏（在<asm-arch/unaligned.h>中）。

- get_unaligned(ptr)对位于非对齐内存位置的一个指针，进行反引用操作。
- put_unaligned(val, ptr)向ptr指定的一个非对齐（因而不适合直接访问）内存位置写入值val。

这些宏支持将相应的值复制到另一个内存位置，并在新的位置进行访问。在GCC为各种struct或union组织内存布局时，会自动选择适当的对齐，使得程序员无须手工进行操作。

A.4　内存页面

在许多（并非所有）体系结构上，内存页长度为4 KiB。更现代的处理器也支持长达几MiB的页。在特定于体系结构的文件asm-arch/page.h中必须定义以下宏，来表示所使用的页长度。

- PAGE_SHIFT指定了页长度以2为底的对数。内核隐式假定页长度可以表示为2的幂次，在内核支持的所有体系结构上，这一点都成立。
- PAGE_SIZE指定了内存页的长度，单位为字节。
- PAGE_ALIGN(addr)可以将任何地址对齐到页边界。

还必须实现对页的两个标准操作，通常是通过优化的汇编指令来完成。

- clear_page(start)删除从start开始的一页，并将其中填充0字节。
- copy_page(to, from)将from处的页数据复制到to处。

PAGE_OFFSET宏指定了物理页帧在虚拟地址空间中映射到的位置。在大多数体系结构上，这隐含地定义了用户地址空间的长度，或将整个地址空间划分为内核地址空间和用户地址空间。但这并不适用于所有体系结构。Sparc就是其中一个例外情况，因为它对内核和用户空间使用了两个独立的地址空间。AMD64是另一个例外，因为其虚拟地址空间在中部有一个不可寻址的空洞。因而，必须使用asm-arch/process.h中定义的TASK_SIZE常数来确定用户空间的长度，而不能使用PAGE_OFFSET。

A.5 系统调用

发出系统调用的机制，实际上是进行一个从用户空间到内核空间的可控切换，在所有支持的平台上都有所不同。但标准文件<asm-arch/unistd.h>负责与系统调用相关的以下两方面任务。

- 它定义了预处理器常数，将所有系统调用的描述符关联到符号常数。这些常数的名称诸如__NR_chdir和__NR_send等。因为各体系结构会尽力与特定的本地操作系统（例如，Alpha上的OSF/1、Sparc上的Solaris）所用的描述符保持一致，各体系结构所用的数值可能是不同的。
- 它定义了在内核内部调用系统调用所用的函数。通常，为此使用了一种预处理器机制，连同用于自动生成代码的内联汇编。

A.6 字符串处理

内核中各处都会处理字符串，因而对字符串处理的时间要求很严格。由于很多体系结构都提供了专门的汇编指令来执行所需的任务，或者由于手工优化的汇编代码可能比编译器生成的代码更为快速，因此所有体系结构在<asm-arch/string.h>中都定义了自身的各种字符串操作。

- int strcmp(const char * cs, const char * ct)逐字符比较两个字符串。
- int strncmp(const char * cs,const char * ct,size_t count) 类似于strcmp，但最多只比较count个字符。
- int strnicmp(const char *s1, const char *s2, size_t len) 类似于strncmp，但比较字符时不考虑大小写。
- char * strcpy(char * dest,const char *src) 将一个0结尾字符串从src复制到dest。
- char * strncpy(char * dest,const char *src,size_t count) 类似于strcpy，但复制的最大长度不超过count个字节或字符。
- size_t strlcpy(char *dest, const char *src, size_t size) 类似于strncpy，但如果源字符串的字符数目多于size，那么目标字符串仍然是以0结尾的。
- char * strcat(char * dest, const char * src) 将src字符串附加到dest字符串。
- char * strncat(char *dest, const char *src, size_t count) 类似于strcat，但最多只复制count个字节。

- size_t strlcat(char *dest, const char *src, size_t count)类似于strncat，但结果字符串的长度（并非所复制的字节数目）不超出count个字节。
- char * strchr(const char * s, int c)在字符串s中查找字符c出现的第一个位置。
- char * strrchr(const char * s, int c)在字符串s中查找字符c出现的最后一个位置。
- size_t strlen(const char * s)确定一个0结尾字符串的长度。
- size_t strnlen(const char * s, size_t count)类似于strlen，但长度最大不超过count。
- size_t strspn(const char *s, const char *accept)计算s中完全由accept中字符组成的子串的长度。
- size_t strcspn(const char *s, const char *reject)类似于strspn，但计算的是s中完全不包含reject中字符的子串的长度。
- char * strstr(const char * s1,const char * s2)在s1中查找子串s2。
- char * strpbrk(const char * cs,const char * ct)查找字符串ct中的字符在字符串cs中出现的第一个位置。
- char * strsep(char **s, const char *ct)将字符串划分为由ct分隔的标记。

下列操作作用于一般的内存区，而非字符串。

- void * memset(void * s,int c,size_t count)用c指定的值，从地址s开始，填充count个字节。
- memset_io所做的工作是相同的，但用于I/O内存区。
- char * bcopy(const char * src, char * dest, int count)将一个长度为size的内存区从src复制到dest。
- memcpy_fromio所做的工作相同，但它是将数据从I/O地址空间的一个区域复制到普通的地址空间。
- void * memcpy(void * dest,const void *src,size_t count)类似于bcopy，但使用void指针作为参数来定义所涉及的区域。
- void * memmove(void * dest,const void *src,size_t count)类似于memcpy，但也适用于重叠的源和目标内存区。
- int memcmp(const void * cs,const void * ct,size_t count)逐字节比较两个内存区。
- void * memscan(void * addr, int c, size_t size)扫描由addr和size指定的内存区，查找字符c第一次出现的位置。
- void *memchr(const void *s, int c, size_t n)类似于memscan，但如果未找到字符c，则返回NULL指针（memscan如果没有找到，则会返回一个指向扫描区域之后第一个字节的指针）。

所有这些操作，都是用来替换用户空间中所用的C标准库的同名函数，以便在内核中执行同样的任务。

对于每个由体系结构自身以优化形式定义的字符串操作来说，都必须定义相应的__HAVE_ARCH_OPERATION宏。例如，对memcpy必须设置__HAVE_ARCH_MEMCPY。体系结构相关代码未能实现的所有函数，都替换为lib/string.c中实现的体系结构无关的标准操作。

A.7　线程表示

一个运行进程的状态，主要由处理器寄存器的内容定义。当前未运行的进程，必须将该数据保存在相应的数据结构中，以便在调度器激活进程时，从中读取数据并迁移到适当的寄存器。用于完成该工作的结构定义在下列文件中。

- <asm-arch/ptrace.h>中定义了用于保存所有寄存器的pt_regs结构，在进程因为系统调用、中断、或任何其他机制由用户状态切换到核心态时，会将保存各寄存器值的pt_regs结构实例放置在内核栈上。该文件也通过预处理器常数定义了各寄存器在栈上的顺序。在跟踪调试一个进程而需要从栈读取寄存器值时，这是必需的。
- <asm-arch/processor.h>中包含了thread_struct结构，它用于描述所有其他寄存器和所有其他进程状态信息。该结构通常进一步分为很多特定于处理器的部分。
- <asm-arch/thread.h>中定义了thread_info结构（不要与thread_struct混淆），其中包含了为实现进入和退出内核态、汇编代码必须访问的所有task_struct成员。

pt_regs和thread_struct在最流行的一些体系结构上的定义，将在后续各节给出，以便概览相关平台的寄存器集合。

A.7.1 IA-32

IA-32体系结构的寄存器严重不足，因此在进入内核态时没有太多需要保存的，其pt_regs定义如下：

include/asm-x86/ptrace.h
```
struct pt_regs {
        long ebx;
        long ecx;
        long edx;
        long esi;
        long edi;
        long ebp;
        long eax;
        int xds;
        int xes;
        long orig_eax;
        long eip;
        int xcs;
        long eflags;
        long esp;
        int xss;
};
```

这里显得比较突出的是，除了寄存器值之外，orig_eax字段包含了一个额外的值。其用途是，在进入核心态时存储eax寄存器中传递的系统调用编号。因为eax寄存器也用于向用户空间传输结果，它在系统调用过程中必定会修改。但即使修改之后，也能通过orig_eax确定系统调用的编号（例如，在使用ptrace跟踪进程时，就可能需要这样做）。

该体系结构的新版本使用了一个大得多的寄存器集合，但内核仅在需要时才保存。因而，新增寄存器的值保存在thread_struct结构中，如下所示：

include/asm-x86/processor_32.h
```
struct thread_struct {
/* 缓存的TLS描述符。 */
        struct desc_struct tls_array[GDT_ENTRY_TLS_ENTRIES];
        unsigned long esp0;
        unsigned long sysenter_cs;
        unsigned long eip;
        unsigned long esp;
        unsigned long fs;
        unsigned long gs;
/* 硬件调试寄存器 */
```

```
        unsigned long debugreg[8]; /* %%db0-7 debug registers */
/* 异常信息 */
        unsigned long cr2, trap_no, error_code;
/* 浮点信息 */
        union i387_union i387;
/* 虚拟86模式信息 */
        struct vm86_struct   __user * vm86_info;
        unsigned long        screen_bitmap;
        unsigned long        v86flags, v86mask, saved_esp0;
        unsigned int         saved_fs, saved_gs;
/* IO权限 */
        unsigned long *io_bitmap_ptr;
        unsigned long iopl;
/* 位图中最大允许的端口，单位为字节： */
        unsigned long io_bitmap_max;
};
```

根据处理器版本不同，协处理器提供了不同的寄存器集合，由i387_union定义：[1]

include/asm-x86/processor_32.h

```
union i387_union {
        struct i387_fsave_struct        fsave;
        struct i387_fxsave_struct       fxsave;
        struct i387_soft_struct soft;
};
```

比较老的80386和80486SX处理器没有硬件协处理器，在内核中采用了软件模拟，其状态保存在i387_soft_struct中。对于协处理器只支持通常的寄存器（即，8个10字节宽的浮点寄存器）的处理器，其数据保存在i387_fsave_struct中。因为大部分寄存器决不会单独使用，而总是逐块读写，内核将这些寄存器保存到一个连续的内存区域中，该内存区由结构中的一个数组提供：

include/asm-x86/processor_32.h

```
struct i387_fsave_struct {
        long        cwd;
        long        swd;
        long        twd;
        long        fip;
        long        fcs;
        long        foo;
        long        fos;
        long        st_space[20]; /* 8个浮点寄存器，每个10字节，共80字节 */
        long        status; /* 软件状态信息 */
};
```

更新的处理器使用稍宽的寄存器，并支持第二组浮点寄存器，称之为XMM。

include/asm-x86/processor_32.h

```
struct i387_fxsave_struct {
        u16        cwd;
        u16        swd;
        u16        twd;
        u16        fop;
        u64        rip;
        u64        rdp;
        u32        mxcsr;
        u32        mxcsr_mask;
        u32        st_space[32]; /* 8个浮点寄存器，每个16字节，共128字节 */
        u32        xmm_space[64]; /* 8个XMM寄存器，每个16字节，共128字节*/
```

[1] 这里有一个巧合，在内核版本2.6.17中，i387_union的定义正好位于所在文件的387行。

```
    u32         padding[24];
} __attribute__ ((aligned (16)));
```

A.7.2 IA-64

IA-64是日渐老化的IA-32体系结构的指定继承者，在其设计中，英特尔赶上了时代的步伐，向该处理器提供了一个大得多的寄存器集合（命名方式也更为系统）。

include/asm-ia64/ptrace.h

```
struct pt_regs {
        /* SAVE_MIN模式下会保存下列寄存器： */
        unsigned long b6;           /* scratch */
        unsigned long b7;           /* scratch */

        unsigned long ar_csd;       /* 由cmp8xchg16使用 (scratch) */
        unsigned long ar_ssd;       /* 保留给未来使用 (scratch) */

        unsigned long r8;           /* scratch (返回值寄存器0) */
        unsigned long r9;           /* scratch (返回值寄存器1) */
        unsigned long r10;          /* scratch (返回值寄存器2) */
        unsigned long r11;          /* scratch (返回值寄存器3) */

        unsigned long cr_ipsr;      /* 被中断进程的psr */
        unsigned long cr_iip;       /* 被中断进程的指令指针 */
        /*
         * 被中断进程的函数状态；如果比特位63清零，则包含了系统调用的ar.pfs.pfm：
         */
        unsigned long cr_ifs;
        unsigned long ar_unat;      /* 被中断进程的NaT寄存器（保留） */
        unsigned long ar_pfs;       /* 先前的函数状态 */
        unsigned long ar_rsc;       /* RSE配置 */
        /* 仅当cr_ipsr.cpl > 0 || ti->flags & _TIF_MCA_INIT时，以下两个寄存器才有效 */
        unsigned long ar_rnat; /* RSE NaT */
        unsigned long ar_bspstore; /* RSE bspstore */

        unsigned long pr;           /* 64个谓词寄存器（每个比特位对应于一个） */
        unsigned long b0;           /* 返回的指针（bp） */
        unsigned long loadrs;       /* size of dirty partition << 16 */

        unsigned long r1;           /* gp指针 */
        unsigned long r12;          /* 被中断进程的内存栈指针 */
        unsigned long r13;          /* 线程指针 */

        unsigned long ar_fpsr;      /* 浮点状态（保留） */
        unsigned long r15; /* scratch */

        /* 用于系统调用，剩余的寄存器不保存。 */

        unsigned long r14;          /* scratch */
        unsigned long r2;           /* scratch */
        unsigned long r3;           /* scratch */

        /* 在SAVE_REST模式下，下列寄存器将保存： */
        unsigned long r16;          /* scratch */
        unsigned long r17;          /* scratch */
        unsigned long r18;          /* scratch */
        unsigned long r19;          /* scratch */
        unsigned long r20;          /* scratch */
        unsigned long r21;          /* scratch */
```

```
        unsigned long r22;      /* scratch */
        unsigned long r23;      /* scratch */
        unsigned long r24;      /* scratch */
        unsigned long r25;      /* scratch */
        unsigned long r26;      /* scratch */
        unsigned long r27;      /* scratch */
        unsigned long r28;      /* scratch */
        unsigned long r29;      /* scratch */
        unsigned long r30;      /* scratch */
        unsigned long r31;      /* scratch */

        unsigned long ar_ccv;   /* 比较/交换值 (scratch) */

        /*
        * 内核考虑的浮点寄存器（scratch）：   */
        struct ia64_fpreg f6;   /* scratch */
        struct ia64_fpreg f7;   /* scratch */
        struct ia64_fpreg f8;   /* scratch */
        struct ia64_fpreg f9;   /* scratch */
        struct ia64_fpreg f10;  /* scratch */
        struct ia64_fpreg f11;  /* scratch */
};
```

线程数据结构不仅包含了调试（dbr和ibr）和浮点寄存器（fph），而且还存储了IA-32仿真所需的信息（如果内核配置启用了该选项），如下所示：

include/asm-ia64/processor.h

```
struct thread_struct {
        __u32 flags;            /* 各种线程标志（参见IA64_THREAD_*）  */
        /* on_ustack的写操作对性能有决定意义，因此值得花费8个比特位来表示... */
        __u8 on_ustack;         /* 在用户栈上执行？  */
        __u8 pad[3];
        __u64 ksp;              /* 内核栈指针 */
        __u64 map_base;         /* get_unmapped_area()的基地址 */
        __u64 task_size;        /* 用户空间长度的限制 */
        __u64 rbs_bot;          /* RBS的基地址 */
        int last_fph_cpu;       /* 可能持有f32到f127内容的CPU */

#ifdef CONFIG_IA32_SUPPORT
        __u64 eflag;            /* IA32 EFLAGS寄存器 */
        __u64 fsr;              /* IA32浮点状态寄存器 */
        __u64 fcr;              /* IA32浮点控制寄存器 */
        __u64 fir;              /* IA32浮点异常指令寄存器 */
        __u64 fdr;              /* IA32浮点异常数据寄存器 */
        __u64 old_k1;           /* ar.k1的旧值 */
        __u64 old_iob;          /* 旧的IOBase值 */
        struct partial_page_list *ppl; /* 用于解决4K页长度问题的部分页面列表 */
        /* 缓存的TLS描述符。 */
        struct desc_struct tls_array[GDT_ENTRY_TLS_ENTRIES];
#endif /* CONFIG_IA32_SUPPORT */
#ifdef CONFIG_PERFMON
        __u64 pmcs[IA64_NUM_PMC_REGS];
        __u64 pmds[IA64_NUM_PMD_REGS];
        void *pfm_context;                   /* 指向详细的PMU上下文的指针 */
        unsigned long pfm_needs_checking;    /* 在>0时，需要在内核退出时进行性能监视工作 */
#endif
        __u64 dbr[IA64_NUM_DBG_REGS];
        __u64 ibr[IA64_NUM_DBG_REGS];
        struct ia64_fpreg fph[96];           /* 按需保存或加载 */
};
```

IA-64也提供了一个性能监视子系统。如果内核配置为可以与该子系统互操作，那么必须保存额外的寄存器。

A.7.3 ARM

ARM系统有两种版本，因为有两种不同字长的处理器，分别是26位和32位。因为所有较新的系统都是32位字长，本附录只包含了对应于这种机器类型的定义。

pt_regs结构定义如下，该结构只由一个数组组成，包含了核心态操作的所有寄存器的值:

include/asm-arm/ptrace.h

```
struct pt_regs {
        long uregs[18];
};
```

寄存器的符号名称及其在数组内部的位置都通过预处理器常数定义：

include/asm-arm/ptrace.h

```
#define ARM_cpsr        uregs[16]
#define ARM_pc          uregs[15]
#define ARM_lr          uregs[14]
#define ARM_sp          uregs[13]
#define ARM_ip          uregs[12]
#define ARM_fp          uregs[11]
#define ARM_r10         uregs[10]
#define ARM_r9          uregs[9]
#define ARM_r8          uregs[8]
#define ARM_r7          uregs[7]
#define ARM_r6          uregs[6]
#define ARM_r5          uregs[5]
#define ARM_r4          uregs[4]
#define ARM_r3          uregs[3]
#define ARM_r2          uregs[2]
#define ARM_r1          uregs[1]
#define ARM_r0          uregs[0]
#define ARM_ORIG_r0     uregs[17]
```

不必为ARM保存任何浮点寄存器，因为ARM处理器对浮点操作只提供软件支持：

include/asm-arm/processor.h

```
struct thread_struct {
                                /* 异常信息 */
        unsigned long address;
        unsigned long trap_no;
        unsigned long error_code;

                                /* 调试 */
        struct debug_info debug;
};
```

但可以将机器指令（以操作码形式）连同内存地址一同保存，以供调试使用，如下所示：

include/asm-arm/processor.h

```
union debug_insn {
        u32     arm;
        u16     thumb;
};

struct debug_entry {
        u32                     address;
        union debug_insn        insn;
```

```
};

struct debug_info {
        int                   nsaved;
        struct debug_entry    bp[2];
};
```

A.7.4 Sparc64

Sparc64处理器在pt_regs结构中也使用了数组来为各个寄存器提供内存空间。各寄存器的名称和位置通过预处理器常数分配，如下所示：

include/asm-sparc64/ptrace.h
```
struct pt_regs {
        unsigned long u_regs[16]; /* globals and ins */
        unsigned long tstate;
        unsigned long tpc;
        unsigned long tnpc;
        unsigned int y;
        unsigned int fprs;
};

#define UREG_G0       0
#define UREG_G1       1
#define UREG_G2       2
#define UREG_G3       3
#define UREG_G4       4
#define UREG_G5       5
#define UREG_G6       6
#define UREG_G7       7
#define UREG_I0       8
#define UREG_I1       9
#define UREG_I2       10
#define UREG_I3       11
#define UREG_I4       12
#define UREG_I5       13
#define UREG_I6       14
#define UREG_I7       15
#define UREG_FP       UREG_I6
#define UREG_RETPC    UREG_I7
```

与其他体系结构相比，Sparc64试图将一些通常保存在thread_struct中的寄存器保存到thread_info中。照例，该平台必须能够将自身与其他移植版区分开来。如果内核编译时没有配置自旋锁调试选项，则该结构可以为空。但由于一个（早期的）GCC错误（Sparc移植版的开发者可不怎么欣赏这一点，从下述源代码的注释可以看出），该结构包含了一个伪成员：

include/asm-sparc64/processor.h
```
/* 特定于Sparc处理器的thread_struct。*/
/* XXX这个应该消亡了，现在一切都可以进入到thread_info。 */
struct thread_struct {
#ifdef CONFIG_DEBUG_SPINLOCK
        /* 该线程持有的自旋锁数目。
         * 用于自旋锁调试，以捕获持有锁却进入睡眠的进程。
         */
        int smp_lock_count;
        unsigned int smp_lock_pc;
#else
        int dummy; /* 绕过gcc的bug */
```

```
#endif
};
```

用于保存浮点寄存器和惰性状态（lazy state）的内存位置保存在thread_info中，如下所示：

include/asm-sparc64/thread_info.h

```
struct thread_info {
        /* D$ line 1 */
        struct task_struct      *task;
        unsigned long           flags;
        __u8                    cpu;
        __u8                    fpsaved[7];
        unsigned long           ksp;

        /* D$ line 2 */
        unsigned long           fault_address;
        struct pt_regs          *kregs;
        struct exec_domain      *exec_domain;
        int                     preempt_count;
        __u8                    new_child;
        __u8                    syscall_noerror;
        __u16                   __pad;

        unsigned long           *utraps;

        struct reg_window       reg_window[NSWINS];
        unsigned long           rwbuf_stkptrs[NSWINS];

        unsigned long           gsr[7];
        unsigned long           xfsr[7];

        __u64 __user            *user_cntd0;
        __u64 __user            *user_cntd1;
        __u64                   kernel_cntd0, kernel_cntd1;
        __u64                   pcr_reg;

        __u64                   cee_stuff;

        struct restart_block    restart_block;

        struct pt_regs          *kern_una_regs;
        unsigned int            kern_una_insn;

        unsigned long           fpregs[0] __attribute__ ((aligned(64)));
};
```

A.7.5 Alpha

作为经典的RISC机器，Alpha CPU采用了一个很大的寄存器集合，各寄存器主要通过编号顺次标识。前文提到，Alpha体系结构使用了PAL（privileged architecture level，即特权体系结构层）代码来执行系统任务。该代码也用于系统调用的实现。内核的C代码或汇编代码无须保存pt_regs中列出的所有寄存器，因为其中一些由PAL代码例程自动地保存在栈上。需要保存的寄存器如下所示：

include/asm-alpha/ptrace.h

```
struct pt_regs {
        unsigned long r0;
        unsigned long r1;
        unsigned long r2;
        unsigned long r3;
```

```
        unsigned long r4;
        unsigned long r5;
        unsigned long r6;
        unsigned long r7;
        unsigned long r8;
        unsigned long r19;
        unsigned long r20;
        unsigned long r21;
        unsigned long r22;
        unsigned long r23;
        unsigned long r24;
        unsigned long r25;
        unsigned long r26;
        unsigned long r27;
        unsigned long r28;
        unsigned long hae;
/* JRP - 这些是PAL代码为a0到a2提供的值 */
        unsigned long trap_a0;
        unsigned long trap_a1;
        unsigned long trap_a2;
/* 这些由PAL代码保存： */
        unsigned long ps;
        unsigned long pc;
        unsigned long gp;
        unsigned long r16;
        unsigned long r17;
        unsigned long r18;
};
```

该体系结构同样使用了一个空的thread_struct结构：

include/asm-alpha/processor.h

```
/* 该结构已经消亡。一切都已经迁移到了thread_info中。*/
struct thread_struct { };
```

浮点寄存器f0到f31的内容没有保存在thread_info里，而是使用以下结构保存在栈上（其中除了浮点寄存器之外，也保存了一些整数寄存器。通常，这些整数寄存器不是内核需要的）：

include/asm-alpha/ptrace.h

```
struct switch_stack {
        unsigned long r9;
        unsigned long r10;
        unsigned long r11;
        unsigned long r12;
        unsigned long r13;
        unsigned long r14;
        unsigned long r15;
        unsigned long r26;
        unsigned long fp[32]; /* fp[31] is fpcr */
};
```

内核定义了以下结构，以便确定栈上各个寄存器的位置：

arch/alpha/kernel/ptrace.c

```
#define PT_REG(reg) \
  (PAGE_SIZE*2 - sizeof(struct pt_regs) + offsetof(struct pt_regs, reg))

#define SW_REG(reg) \
  (PAGE_SIZE*2 - sizeof(struct pt_regs) - sizeof(struct switch_stack) \
  + offsetof(struct switch_stack, reg))
```

```
static int regoff[] = {
        PT_REG(   r0), PT_REG(     r1), PT_REG(     r2), PT_REG(     r3),
        PT_REG(   r4), PT_REG(     r5), PT_REG(     r6), PT_REG(     r7),
        PT_REG(   r8), SW_REG(     r9), SW_REG(    r10), SW_REG(    r11),
        SW_REG(   r12), SW_REG(   r13), SW_REG(    r14), SW_REG(    r15),
        PT_REG(   r16), PT_REG(   r17), PT_REG(    r18), PT_REG(    r19),
        PT_REG(   r20), PT_REG(   r21), PT_REG(    r22), PT_REG(    r23),
        PT_REG(   r24), PT_REG(   r25), PT_REG(    r26), PT_REG(    r27),
        PT_REG(   r28), PT_REG(    gp),             -1,             -1,
        SW_REG(fp[ 0]), SW_REG(fp[ 1]), SW_REG(fp[ 2]), SW_REG(fp[ 3]),
        SW_REG(fp[ 4]), SW_REG(fp[ 5]), SW_REG(fp[ 6]), SW_REG(fp[ 7]),
        SW_REG(fp[ 8]), SW_REG(fp[ 9]), SW_REG(fp[10]), SW_REG(fp[11]),
        SW_REG(fp[12]), SW_REG(fp[13]), SW_REG(fp[14]), SW_REG(fp[15]),
        SW_REG(fp[16]), SW_REG(fp[17]), SW_REG(fp[18]), SW_REG(fp[19]),
        SW_REG(fp[20]), SW_REG(fp[21]), SW_REG(fp[22]), SW_REG(fp[23]),
        SW_REG(fp[24]), SW_REG(fp[25]), SW_REG(fp[26]), SW_REG(fp[27]),
        SW_REG(fp[28]), SW_REG(fp[29]), SW_REG(fp[30]), SW_REG(fp[31]),
        PT_REG(    pc)
};
```

A.7.6 Mips

Mips处理器在pt_regs中使用一个数组来存储主要的处理器寄存器，如下列代码所示。该处理器的32位和64位版本实际上使用的是同一个结构：

include/asm-mips/ptrace.h

```
struct pt_regs {
#ifdef CONFIG_32BIT
        /* 填充字节，用于栈上保存参数的空间。*/
        unsigned long pad0[6];
#endif

        /* 主要的处理器寄存器保存在这里。*/
        unsigned long regs[32];

        /* 保存的特殊寄存器。*/
        unsigned long cp0_status;
        unsigned long hi;
        unsigned long lo;
        unsigned long cp0_badvaddr;
        unsigned long cp0_cause;
        unsigned long cp0_epc;
};
```

因为Mips处理器未必有数字协处理器，可能不需要保存浮点寄存器，只需要保存软件模拟的状态，如下所示：

include/asm-mips/processor.h

```
struct thread_struct {
        /* 主要的处理器寄存器保存在这里。*/
        unsigned long reg16;
        unsigned long reg17, reg18, reg19, reg20, reg21, reg22, reg23;
        unsigned long reg29, reg30, reg31;

        /* 保存的cp0。 */
        unsigned long cp0_status;

        /* 保存的fpu/fpu仿真相关数据。*/
        union mips_fpu_union fpu;
```

```
        /* 保存的DSP ASE的状态（如果有）。*/
        struct mips_dsp_state dsp;

        /* 与该线程相关的其他数据。 */
        unsigned long cp0_badvaddr;          /* 上一个用户异常 */
        unsigned long cp0_baduaddr;          /* 上一次访问USEG的内核异常 */
        unsigned long error_code;
        unsigned long trap_no;
        unsigned long mflags;
        unsigned long irix_trampoline;       /* Wheee... */
        unsigned long irix_oldctx;
        struct mips_abi *abi;
};
```

A.7.7 PowerPC

PowerPC将大多数寄存器保存在pt_regs的数组成员中：

include/asm-powerpc/ptrace.h

```
struct pt_regs {
        unsigned long gpr[32];
        unsigned long nip;
        unsigned long msr;
        unsigned long orig_gpr3;        /* 用于重启系统调用 */
        unsigned long ctr;
        unsigned long link;
        unsigned long xer;
        unsigned long ccr;
#ifdef __powerpc64__
        unsigned long softe;            /* 启用或停用软件模拟 */
#else
        unsigned long mq;    /* 只用于PowerPC 601（目前不使用），在APU上用于保存IPL值。*/
#endif
        unsigned long trap;             /* 异常编号 */
        /* 请注意，在PowerPC 4xx上，对于关键的异常，将重载dar和dsisr字段来保存srr0和srr1。*/
        unsigned long dar;              /* 异常寄存器 */
        unsigned long dsisr;            /* 在PowerPC 4xx/Book-E上用于ESR */
        unsigned long result;           /* 系统调用的结果 */
};
```

根据处理器类型，在保存浮点寄存器时可能需要考虑是否存在Altivec扩展（因而需要保存一个额外的寄存器集合）。在某些类型的系统上，调试寄存器也必须被保存：

include/asm-powerpc/processor.h

```
struct thread_struct {
        unsigned long ksp;              /* 内核栈指针 */
#ifdef CONFIG_PPC64
        unsigned long ksp_vsid;
#endif
        struct pt_regs *regs;           /* 指向保存的寄存器状态的指针 */
        mm_segment_t fs;                /* 用于get_fs()验证 */
#ifdef CONFIG_PPC32
        void *pgdir;                    /* 页表树的根 */
        signed long last_syscall;
#endif
#if defined(CONFIG_4xx) || defined (CONFIG_BOOKE)
        unsigned long dbcr0;            /* 调试控制寄存器的值 */
        unsigned long dbcr1;
#endif
        double fpr[32];                 /* 整个浮点寄存器集合 */
```

```
        struct { /* fpr... fpscr必须是连续的 */

                unsigned int pad;
                unsigned int val;        /* 浮点状态 */
        } fpscr;
        int fpexc_mode;                  /* 浮点异常模式 */
#ifdef CONFIG_PPC64
        unsigned long start_tb;          /* 进程刚被调度运行时，purr的值 */
        unsigned long accum_tb;          /* 进程累积的purr总值 */
#endif
        unsigned long vdso_base;         /* vDSO库的基地址 */
        unsigned long dabr;              /* 数据地址断点寄存器 */
#ifdef CONFIG_ALTIVEC
        /* 整个AltiVec寄存器集合 */
        vector128 vr[32] __attribute((aligned(16)));
        /* AltiVec status */
        vector128 vscr __attribute((aligned(16)));
        unsigned long vrsave;
        int used_vr; /* 如果进程使用了altivec，则设置为1 */
#endif /* CONFIG_ALTIVEC */
};
```

A.7.8　AMD64

尽管AMD64体系结构与前一代的IA32非常类似，但也添加了若干寄存器。对于在系统调用期间必须保存的寄存器，二者是有一些差别的：

include/asm-x86/ptrace.h

```
struct pt_regs {
        unsigned long r15;
        unsigned long r14;
        unsigned long r13;
        unsigned long r12;
        unsigned long rbp;
        unsigned long rbx;
/* 参数：非中断和追踪系统调用的情况下，保存到这里即可*/
        unsigned long r11;
        unsigned long r10;
        unsigned long r9;
        unsigned long r8;
        unsigned long rax;
        unsigned long rcx;
        unsigned long rdx;
        unsigned long rsi;
        unsigned long rdi;
        unsigned long orig_rax;
/* 参数相关寄存器结束 */
/* cpu异常帧或未定义 */
        unsigned long rip;
        unsigned long cs;
        unsigned long eflags;
        unsigned long rsp;
        unsigned long ss;
/* 栈顶页 */
};
```

两种体系结构之间的密切关系在thread_struct结构中体现得非常明显，AMD64的thread_struct与IA32几乎采用了相同的布局：

include/asm-x86-64/processor_64.h

```
struct thread_struct {
        unsigned long rsp0;
        unsigned long rsp;
        unsigned long userrsp; /* 从PDA复制而来 */
        unsigned long fs;
        unsigned long gs;
        unsigned short es, ds, fsindex, gsindex;
/* 硬件调试寄存器 */
        unsigned long debugreg0;
        unsigned long debugreg1;
        unsigned long debugreg2;
        unsigned long debugreg3;
        unsigned long debugreg6;
        unsigned long debugreg7;
/* 异常信息 */
        unsigned long cr2, trap_no, error_code;
/* 浮点信息 */
        union i387_union    i387 __attribute__((aligned(16)));
/* IO权限。 位图可以迁移到GDT中，对于只使用少量ioperm的进程来说，这会使进程切换更快速。-AK */
        int             ioperm;
        unsigned long   *io_bitmap_ptr;
        unsigned io_bitmap_max;
/* 缓存的TLS描述符。 */
        u64 tls_array[GDT_ENTRY_TLS_ENTRIES];
} __attribute__((aligned(16)));
```

include/adm-x86/processor_64.h

```
union i387_union {
        struct i387_fxsave_struct       fxsave;
};
```

形式上，用于保存浮点寄存器的i387_union与IA32中对应的结构同名。但由于AMD64处理器总是有数学协处理器，所以不需要包含软件模拟。

A.8　位操作和字节序

内核经常使用位域，例如，当在分配位图中搜查空闲位置时。本节将讲述用于位操作的相关函数，还将讲述对字节序问题的处理。

A.8.1　位操作

尽管一些用于位操作的函数都以C语言来实现，但内核更喜欢优化的汇编函数，以利用具体处理器的特性。因为一些操作是原子的，不能以汇编代码实现。内核特定于体系结构的部分必须在<asm-arch/bitops.h>中定义以下函数。

- void set_bit(int nr, volatile unsigned long * addr) 将位置nr的比特位置位，计数从addr开始。
- int test_bit(int nr, const volatile unsigned long * addr) 检查指定的比特位是否置位。
- void clear_bit(int nr, volatile unsigned long * addr) 清除位置nr上的比特位（计数从addr开始）。
- void change_bit(int nr, volatile unsigned long * addr) 将位置nr处的比特位取反

（计数从addr开始）。换言之，置位者被清除，反之亦然。

- int test_and_set_bit(int nr, volatile unsigned long * addr) 将一个比特位置位，并返回该比特位此前的值。
- int test_and_clear_bit(int nr, volatile unsigned long * addr) 将一个比特位清除，并返回该比特位此前的值。
- int test_and_change_bit(int nr, volatile unsigned long* addr) 将一个比特位取反，并返回该比特位此前的值。

所有这些函数的执行都是原子的，因为锁语句已经集成到汇编代码中。这些函数非原子版本，前缀为双下划线（例如，__set_bit）。

A.8.2 不同字节序之间的转换

内核支持的体系结构会使用小端序或大端序其中一种。一些体系结构能够处理两种字节序，但必须配置为使用其中一种。因而内核必须提供函数，用于将数据在两种字节序之间进行转换。对设备驱动程序来说，有一点特别重要，即提供一些函数，将特定的字节序转换为主机使用的字节序，而无须使用大量#ifdef预处理器语句。内核提供了<byteorder/little_endian.h>和<byteorder/big_endian.h>头文件。用于当前处理器的版本会包含到<asm-arch/byteorder.h>中。[①]

为实现用于字节序转换的函数，内核需要一些高效交换字节的方法，可以针对特定的处理器进行优化。默认的C函数定义在<byteoorder/swab.h>中，但它们可以由特定于处理器的实现覆盖。__arch__swab16、__arch__swab32和__arch__swab64在各种表示之间交换字节，因而能够将大端序转换为小端序，反之亦然。__swab16p、__arch__swab32p、__arch__swab64p完成同样的操作，适用于指针变量。swab表示交换字节。

如果每个体系结构对其中某个函数提供了优化版本，则必须设置预处理器常数__arch__operation（例如，__arch__swab16p）。

对小端序主机实现转换例程的函数如下（请注意，如果数字的格式已经是正确的，那么转换例程执行的是空操作）：

<byteorder/little_endian.h>

```
#define __constant_htonl(x) ((__force __be32)___constant_swab32((x)))
#define __constant_ntohl(x) ___constant_swab32((__force __be32)(x))
#define __constant_htons(x) ((__force __be16)___constant_swab16((x)))
#define __constant_ntohs(x) ___constant_swab16((__force __be16)(x))
#define __constant_cpu_to_le64(x) ((__force __le64)(__u64)(x))
#define __constant_le64_to_cpu(x) ((__force __u64)(__le64)(x))
#define __constant_cpu_to_le32(x) ((__force __le32)(__u32)(x))
#define __constant_le32_to_cpu(x) ((__force __u32)(__le32)(x))
#define __constant_cpu_to_le16(x) ((__force __le16)(__u16)(x))
#define __constant_le16_to_cpu(x) ((__force __u16)(__le16)(x))
#define __constant_cpu_to_be64(x) ((__force __be64)___constant_swab64((x)))
#define __constant_be64_to_cpu(x) ___constant_swab64((__force __u64)(__be64)(x))
#define __constant_cpu_to_be32(x) ((__force __be32)___constant_swab32((x)))
#define __constant_be32_to_cpu(x) ___constant_swab32((__force __u32)(__be32)(x))
#define __constant_cpu_to_be16(x) ((__force __be16)___constant_swab16((x)))
#define __constant_be16_to_cpu(x) ___constant_swab16((__force __u16)(__be16)(x))
#define __cpu_to_le64(x) ((__force __le64)(__u64)(x))
```

① VAX系统的字节序过去在<byteorder/pdp_endian.h>中声明为3412。但因为内核不支持该体系结构，这没什么意义，因此该文件在内核版本2.6.21开发期间已经删除。

```
#define __le64_to_cpu(x) ((__force __u64)(__le64)(x))
#define __cpu_to_le32(x) ((__force __le32)(__u32)(x))
#define __le32_to_cpu(x) ((__force __u32)(__le32)(x))
#define __cpu_to_le16(x) ((__force __le16)(__u16)(x))
#define __le16_to_cpu(x) ((__force __u16)(__le16)(x))
#define __cpu_to_be64(x) ((__force __be64)__swab64((x)))
#define __be64_to_cpu(x) __swab64((__force __u64)(__be64)(x))
#define __cpu_to_be32(x) ((__force __be32)__swab32((x)))
#define __be32_to_cpu(x) __swab32((__force __u32)(__be32)(x))
#define __cpu_to_be16(x) ((__force __be16)__swab16((x)))
#define __be16_to_cpu(x) __swab16((__force __u16)(__be16)(x))
```

函数的名称表示了其用途。例如，__be32_to_cpus将一个32位大端序值转换为特定于CPU的格式，而__cpu_to_le64将一个64位值从特定于CPU的格式转换为小端序。

用于大端序主机的函数，使用同样的方式实现（只是转换不同）。

A.9 页表

为简化内存管理，内核提供一个将各种体系结构不同点抽象出去的内存模型，各种移植版必须提供操作页表和页表项的函数。这些声明定义在<asm-arch/pgtable.h>中。第3章已经讨论了该文件中的大部分定义，所以无须在此重复。

A.10 杂项

本节包含了3个特定于体系结构的主题，这些不适于在前述各节讲述。

A.10.1 校验和计算

对数据包计算校验和，是通过IP网络通信的关键，会相当耗费时间。如果可能的话，每个体系结构都应该采用人工优化的汇编代码来计算校验和。相关的代码声明在<asm-arch/ checksum.h>中。其中有两个函数是最重要的。

- unsigned short ip_fast_csum 根据IP报头和包头长度计算必要的校验和。
- csum_partial根据依次接收的各个分片，为每一个数据包计算校验和。

A.10.2 上下文切换

在调度器决定通知当前进程放弃CPU以便另一个进程运行之后，会进行上下文切换中硬件相关的部分。为此，所有体系结构都必须提供switch_to函数或对应的宏，原型如下，声明定义在<asm-arch/system.h>中：

<asm-arch/system.h>

```
void switch_to(struct task_struct *prev, struct task_struct *next,
               struct task_struct *last)
```

该函数执行上下文切换，保存prev指定的进程的状态，并激活由next指定的进程。

尽管最后一个参数last看起来似乎是多余的，但它可用于查找在该函数返回之前，刚好是上一个运行的进程。请注意，switch_to不是一个通常意义上的函数，因为在该函数开始和结束之间，系统状态可能以若干种方式改变。

通过例子可以更透彻地理解该函数，假定内核从进程A切换到进程B。prev指向A，而next指向B。二者都是进程A上下文中的局部变量。

在进程B执行之后，内核可能切换到其他进程，最终可能到达进程X。在该进程结束时，内核恢复到进程A执行。因为从进程A切换到进程B时，进程A处于switch_to的中间，而恢复执行后，将执行该函数的剩余部分。局部变量仍然保持不变（进程不会注意到在此期间调度器收回了CPU），因此prev指向进程A而next指向进程B。但利用该信息，内核不足以确定激活进程A之前是哪个进程在执行，该信息对内核中各处都很重要。这是last变量发挥作用的地方。 实现上下文切换的底层汇编代码必须确保last指向刚刚运行的进程的task_struct，因此在内核切换到进程A之后，该信息仍然是可用的。

A.10.3 查找当前进程

current宏用于找到一个指向当前运行进程的task_struct的指针。每个体系结构都必须在<asm-arch/current.h>中声明该宏。该指针保存在一个独立的处理器寄存器中，可以使用current直接或间接地查询。各个体系结构为此保留的寄存器在表A-1中列出。

表A-1 保存指向当前进程task_struct或thread_info实例的指针的寄存器

体系结构	寄存器	内 容
IA-32	esp	thread_info
IA-64	r13	task_struct
ARM	sp	thread_info
Sparc and Sparc64	g6	thread_info
Alpha	r8	thread_info
Mips	r28	thread_info

请注意，根据体系结构不同，相关寄存器可用于不同的用途。有些体系结构使用它来存储一个指向当前task_struct实例的指针，但大多数体系结构使用它保存一个指向当前有效的thread_info实例的指针。因为在后一种情况下，thread_info包含了一个指针，指向相关进程的task_struct，current可以绕个弯子来实现，如Arm体系结构的例子所示：

include/asm-arm/current.h
```
static __always_inline struct task_struct * get_current(void) {
        return current_thread_info()->task;
}

#define current get_current()
```

指向当前thread_info实例的指针，可使用保存在寄存器sp中的current_thread_info来找到，如下所示：

include/asm-arm/thread_info.h
```
static inline struct thread_info *current_thread_info(void)
{
        register unsigned long sp asm ("sp");
        return (struct thread_info *)(sp & ~(THREAD_SIZE -1));
}
```

表A-1没有包括AMD64和IA-32体系结构，二者在查找当前进程时采用了自身特有的方法。系统中的每个CPU都有一个特定于该CPU的私有数据区域，保存了各种信息项。对于AMD64，其定义如下：

include/asm-x86/pda.h
```
struct x8664_pda {
        struct task_struct *pcurrent;       /* 0 当前进程 */
```

```
        unsigned long data_offset;          /* 8 各cpu数据区，与链接器地址的偏移量 */
        unsigned long kernelstack;          /* 16 当前进程内核栈的栈顶 */
...
        unsigned irq_call_count;
        unsigned irq_tlb_count;
        unsigned irq_thermal_count;
        unsigned irq_threshold_count;
        unsigned irq_spurious_count;
} ____cacheline_aligned_in_smp;
```

段选择器寄存器gs总是指向该数据结构，而其中的成员可以通过对该段的偏移量访问。该结构包含了pcurrent指针，指向当前进程的task_struct实例。

A.11　小结

Linux内核大部分是以体系结构无关的C语言编写，这是Linux能够移植到大量平台的先决条件之一。但少量特定于硬件的核心数据结构和函数，必须由每个平台分别提供。本附录探索了若干重要的体系结构下相关定义的示例，并讲述了内核为弥合各个平台之间差别所提供的通用机制。

附录 B

使用源代码

多年以来，Linux已经由小型的黑客项目发展为一个巨大的系统，能够毫不费力地与最庞大、最复杂的软件系统竞争。因而，开发者要处理的，就不仅仅是关系到内核如何运作的技术问题了。源代码的组织和结构也是关键问题，其重要性决不能低估。本附录将考虑两个我们最感兴趣的问题。如何对内核进行配置，使得根据给定的体系结构和特定的计算机配置，来限制源代码中对应的部分？编译过程是如何控制的？在内核重复为各种不同配置进行编译时，第二个问题就变得特别重要。配置的修改没有影响的部分显然无须重新编译，这样可以节省大量时间。

关注内核源代码的每个人，都会被其庞大的规模所震惊。因为本书的主要写作目的是促进对源代码的理解，本附录考察了适于浏览和分析源代码的各种方法。这其中就包括了很突出的超文本系统。本附录还讲述了调试运行状态内核可用的选项，并深入考察了内核代码的结构，二者都有助于对内核源代码的理解。本附录还深入研究了用户模式Linux（User-Mode Linux，UML），这是一个内核移植版，在Linux系统下以用户进程形式运行，在内核版本2.5开发期间合并到官方版本的内核源代码中。本附录还讨论了分析在实际系统上运行的内核时可用的调试设施，这其中包括了现代调试器的所有优点，包括单步运行汇编语句。

B.1 内核源代码的组织

源代码文件散布到一个存在大量分叉的目录树中，以利于跟踪相关的内核组件。这不是一个容易的工作，因为特定的文件属于哪一类别并不总是很清楚。

内核源代码的主目录包含了若干子目录，对源代码的内容进行了粗略的分类。关键的内核组件位于下列目录中。

- kernel目录包含了内核的核心组件的代码。其中只包含大约120个文件，总共大约80 000行代码。对Linux这种规模的项目来说，这个数字小到令人惊讶。开发者强调，有一点非常重要：除非绝对必要，否则不要向该目录添加内容；凡修改该目录中文件的补丁，都会被极端谨慎地处理，而且在最后接受之前，通常会进行长期的讨论。
- 高层的内存管理代码位于mm/目录。内存管理子系统由大约45 000行代码组成，几乎与内核本身的规模相同。
- 用于初始化内核的代码位于init/目录。附录D将讨论相关内容。
- System V IPC机制的实现位于ipc/目录，已经在第5章讨论过。
- sound/包含了声卡的驱动程序。因为有许多针对各种不同总线的设备，该目录包含了一些总线相关的子目录，其中包含了对应的驱动程序的源代码。尽管声卡驱动程序有自身的目录，但它们与其他设备驱动程序没什么不同。

- fs/保存了所有文件系统实现的源代码，在内核源代码中大约占25 MiB的空间。
- net/包含了网络实现的代码，其中分为两部分，一个核心部分，另一部分用于实现各种协议。网络子系统大约有15 MiB，它是最大的内核组件之一。
- lib/包含了通用库例程，可用于内核的所有部分，包括用于实现各种树的数据结构和数据压缩的例程。
- drivers/在源代码中所占的空间最大，大约130 MiB。但其中只有少量成员会出现在编译后的内核中，因为尽管Linux现在支持大量的驱动程序，但对每个具体的系统而言，仅需要少量驱动程序。该目录根据不同的策略进一步进行细分。其中包括总线相关的子目录（如drivers/pci/），其中包括特定总线类型的扩展卡的所有驱动程序，总线自身的驱动程序也在相应目录中。还有一些特定于类别的子目录，如media/和isdn/。其中包含了同一类的扩展卡的驱动程序，但这些可能是使用不同总线的。
- include/包含了所有具备公开导出函数的头文件。如果函数仅由一个子系统私下使用，或仅用于一个文件，内核就将在使用该函数的C源代码文件的同一目录下插入一个头文件。这里会区分两种类型的包含文件：特定于处理器的信息在子目录include/arch-arch/中给出，而通用的体系结构无关定义则在include/linux/中提供。在配置内核时，会创建一个符号链接（include/asm）指向适当的体系结构目录。在编译内核源代码时，会适当地设置C编译器的头文件搜索路径，使得可以通过#include <file.h>将include/linux目录下的文件包含进来，而这种做法通常只适用于/usr/include/下的标准包含文件。
- crypto/包含了加密层的文件（在本书没有讨论）。其中包含了各种密码算法的实现，主要用于支持IPSec（加密的IP连接）。
- security/目录下的文件主要用于安全框架和密钥管理。对内核版本2.6.24来说，其中仅包含SELinux安全框架，[1]但对内核版本2.6.25来说，其中还将包含SMACK框架(在本书撰写时内核版本2.6.25仍然处于开发中。
- Documentation/包含了大量文本文件，给出了内核各方面相关的文档，但其中一些文档非常旧（对内核开发者来说，为软件写文档可不是他们乐于干的）。
- arch/保存了所有体系结构相关的文件，既包括包含文件，也包括C语言和汇编语言源文件。对内核支持的每种处理器体系结构，都有一个独立的子目录。各个特定于体系结构的目录只是稍有不同，其结构类似于内核的顶层目录，其下包含了诸如arch/mm/、arch/kernel等子目录。
- scripts/包含了编译内核或进行其他任务所需的所有的脚本和实用程序。

内核各部分之间源代码大小的分布，如图B-1所示。

B.2　用 Kconfig 进行配置

正如读者所知，内核在编译之前必须进行配置。根据一系列选项，用户可以决定将哪些函数包含

① SELinux扩展了内核的经典的自主访问控制（DAC，discretionary access control）权限模型，加入了基于角色的访问控制方案、强制访问控制（MAC，mandatory access control）和多级安全性（MLS，multilevel security）。这里不讨论这些专门的主题，因为其实现比较冗长、底层的概念也比较复杂，相关的选项只在少量Linux发行版上可用。

在内核中、哪些函数编译为模块、哪些函数排除掉。为此，开发者必须提供一个表明哪些特性可用的系统。所以，内核采用了一种称之为Kconfig的配置语言，将在本节后面部分讨论。

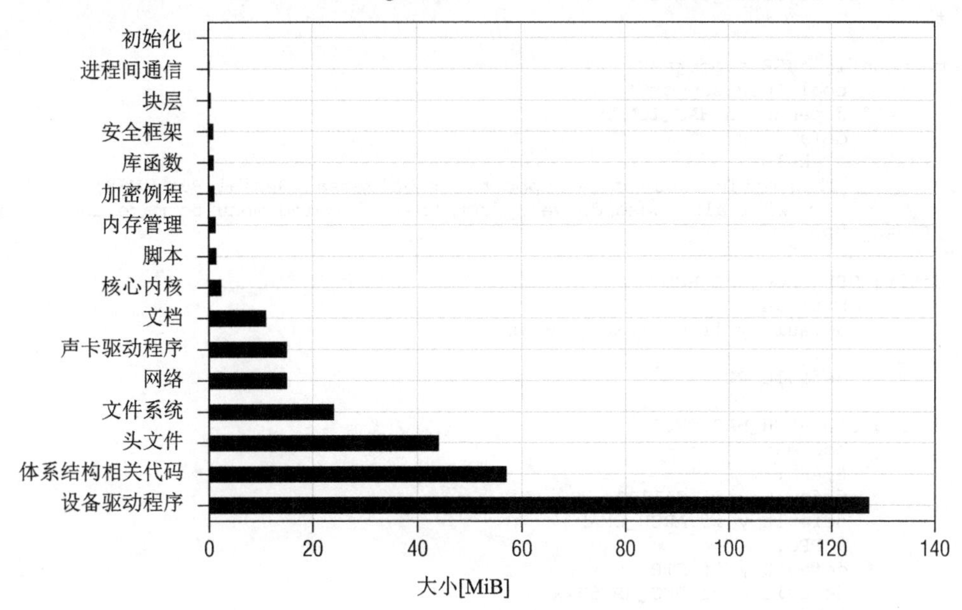

图B-1　在内核版本2.6.24中，顶层目录所对应的各个部分之间，代码数量的分布

该配置语言必须解决下列问题。

- 各组件可以持久编译到内核中、可以编译为组件或直接忽略掉（在某些环境下，可能无法将某些组件编译为模块）。
- 在配置选项之间，可能存在相互依赖关系。换言之，某些选项只能与一个或多个其他选项连同使用。
- 必须能够给出一个可用选项列表，供用户从中选择。有些情形，需要提示用户输入编号（或类似的值）。
- 必须能够层次化地编排各种配置选项（在一个树型结构中）。
- 配置选项可能依体系结构而不同。
- 配置语言不应该过于复杂，因为编写配置脚本并非大多数内核程序员喜欢做的事情。

配置信息应该散布在整个源代码树中，使得没必要维护一个巨型的中枢配置文件，这种巨型配置文件将难于打补丁。在代码包含了可配置选项的每个子目录中，都必须有一个配置文件。下一小节将用一个例子，来说明配置文件的语法。

以下的讨论只涉及指定配置选项的方式。就目前而言，这些选项在内核中如何实现，并不重要。

B.2.1　配置文件示例

配置文件的语法并不特别复杂，如以下取自USB子系统的例子所示（稍作修改）：

drivers/usb/Kconfig

```
#
# USB device configuration
#

menuconfig "USB support"
        bool "USB support"
        depends on HAS_IOMEM
        default y
        ---help---
         This option adds core support for Universal Serial Bus (USB).
         You will also need drivers from the following menu to make use of it.
if USB_SUPPORT

config USB_ARCH_HAS_HCD
        boolean
        default y if USB_ARCH_HAS_OHCI
        ...
        default PCI

config USB_ARCH_HAS_OHCI
        boolean
        # ARM:
        default y if SA1111
        default y if ARCH_OMAP
        # PPC:
        default y if STB03xxx
        default y if PPC_MPC52xx
        # MIPS:
        default y if SOC_AU1X00
        # more:
        default PCI

config USB
        tristate "Support for USB"
        depends on USB_ARCH_HAS_HCD
        ---help---
          Universal Serial Bus (USB) is a specification for a serial bus
          subsystem which offers higher speeds and more features than the
          traditional PC serial port. The bus supplies power to peripherals
          ...

source "drivers/usb/core/Kconfig"
source "drivers/usb/host/Kconfig"
...
source "drivers/usb/net/Kconfig"

comment "USB port drivers"
        depends on USB

config USB_USS720
        tristate "USS720 parport driver"
        depends on USB && PARPORT
        ---help---
          This driver is for USB parallel port adapters that use the Lucent
          Technologies USS-720 chip. These cables are plugged into your USB
          port and provide USB compatibility to peripherals designed with
          parallel port interfaces.
          ...
```

```
source "drivers/usb/gadget/Kconfig"

endif # USB_SUPPORT
```

图B-2说明了如何在屏幕上显示定义的树型结构，使得用户可以选择想要的选项。

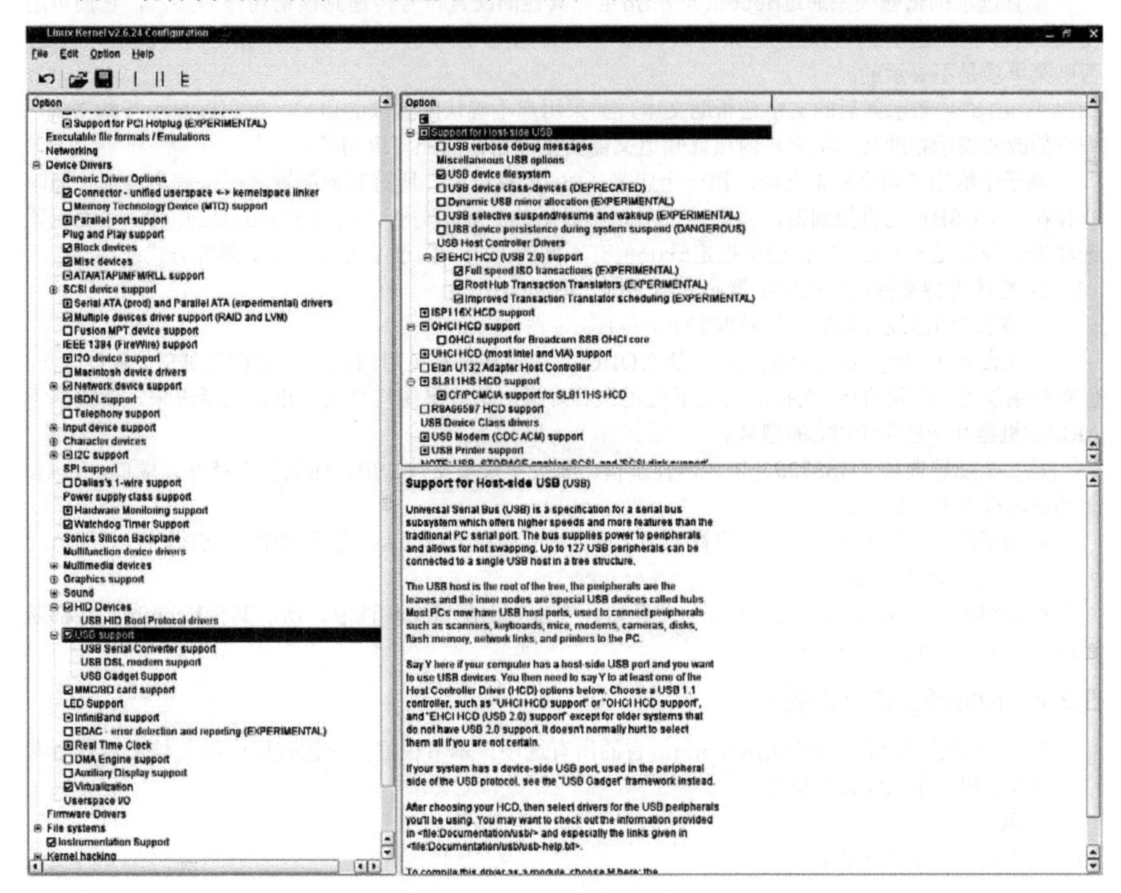

图B-2　USB子系统配置结构的屏幕显示

menuconfig产生一个菜单项，其标题是一个字符串，在这里是USB support。在用户用make menuconfig或图形化的make xconfig或make gconfig配置内核时，该菜单项会作为一个新子树的根出现。所做的选择保存在一个变量中，这里是USB_SUPPORT，有两个可能的值，因为这是一个布尔型变量，由bool标明。如果取消对USB_SUPPORT的选择，那么配置树中不会出现与USB相关的其他配置信息，这可以由if字句保证。

通过source，可以将更多的配置文件关联进来（按照惯例，它们都名为Kconfig）。这些配置文件的文本内容，将直接包含到嵌入的配置文件中进行解释。

comment在配置选项列表中创建一个注释。注释的文本会显示，但用户不能进行选择。

实际的配置选项通过config指定。对每个选项来说，只有一个config类型的数据项。config之后的字符串称之为**配置符号**（configuration symbol），可接受用户选择。每个选项都需要一个类型，来定义用户可以进行什么样类型的选择。在本例中，选择的类型是三态的，即可以选择下面的一个："compiled in"、"modular"或"do not compile"。根据所做的选择，配置符号会分布赋值y、m、n。除了三态之外，内核还提供了其他的选择类型，将在本节稍后讨论。

配置选项的依赖关系通过depends on指定。其他的配置符号传递到该语句作为参数，它们可用使用C语言中的逻辑运算符连接起来（&&、||、!，分别是与、或、非）。除非所指定的前提条件满足，否则菜单项是不显示的。

--help--[①]表示其后的文字是帮助文本，如果用户不确认配置项的语义，就可以显示帮助文本。缩进的改变表示帮助文本结束，内核就知道又需要处理通常的配置语句了。

例子中给出了两个配置选项。第一个定义了USB配置符号，所有其他配置项都依赖该选项。但除非存在一个USB宿主机控制器，否则该选项是不显示的。显示与否，取决于USB_ARCH_HAS_HCD配置选项为true还是false。为该选项指定true值有不同的方式，例子中给出了以下两种方式：

- 直接支持某种宿主机控制器芯片组（例子中的OHCI）；
- 支持PCI总线（即配置符号PCI为true）。

如果设置了USB_ARCH_HAS_OHCI，那么OHCI芯片组支持是可用的。在支持PCI总线时，总是这样。但有些系统可能在没有PCI支持的情况下使用该芯片组。这些系统将显式列出并包括进来，例如基于ARM的机器和一些基于PPC的型号。

第二个配置选项（USS720）依赖两件事情。系统不仅要支持USB，还需要支持并行端口。否则，驱动选项根本不会显示。

如例子所示，在注释之间以及配置选项之间，可能存在依赖关系。除非选中了USB支持，否则USB Port drivers项不会显示。

配置树的生成从arch/arch/Kconfig开始，它首先由配置文件读取。所有其他Kconfig文件都通过source递归地包含进来。

B.2.2　Kconfig的语言要素

前一个例子并没有完全使用Kconfig语言的所有选项。本节根据内核源代码中的文档，对其所有语言特性给出一个系统化的概述。[②]

1. 菜单

菜单使用以下命令指定：

```
menu "string"
    <attributes>

<configuration options>

endmenu
```

其中string是菜单的名称。menu和endmenu之间所有项都解释为该菜单的菜单项，自动地从菜单继承了依赖关系（将添加到菜单项现存的依赖关系中）。

关键字menuconfig用于定义一个配置符号和一个子菜单。那么下述写法可以进行调整：

```
menu "Bit bucket compression support"
```

① 负号可以省略，help本身作为分隔符即可。

② 该文档在Documentation/kbuild/kconfig-language.txt中。

```
    config BIT_BUCKET_ZLIB
        tristate "Bit bucket compression support"
```

可以调整为下述更简短的格式：

```
menuconfig BIT_BUCKET_ZLIB
        tristate "Bit bucket compression support"
```

另一个关键字mainmenu，只能出现在配置层次结构的顶部（且只能出现一次），用于为整个层次结构指定一个标题。因而该项只用于arch/arch/Kconfig中，因为这些文件表示配置层次结构的起始点。例如，用于Sparc64处理器的版本包含以下项：

```
mainmenu "Linux/UltraSPARC Kernel Configuration"
```

2. 配置选项

配置选项由关键字config开头，必须后接一个配置符号。

```
config <symbol>
    <type-name> "Description"
    <attributes>
```

类型名（<type-name>）表示选项的类型。如前所述，tristate类型的值为以下一种状态：y、n或m。其他的选项类型如下所示：

- bool用于返回y或者n的布尔查询，即是否选中该项。
- string查询一个字符串。
- hex和integer分别读取十六进制和十进制数。

还可以使用下列语法：

```
config <symbol>
    <type-name>
    prompt "Description"
```

从功能上讲，它与前者是等价的，但较为简短。

如果要求用户从一组选项中选择一个，则必须使用choice，其语法如下：

```
choice
    <attributes>

config <symbol_1>
    <type-name>
    <attributes>

...

config <symbol_n>
    <type-name>
    <attributes>

endchoice
```

每个配置选项都有自身的配置符号，如果选中对应的选项，则其值是y，否则为n。choice通常表示为配置前端界面上的一组单选按钮，如图B-3所示。

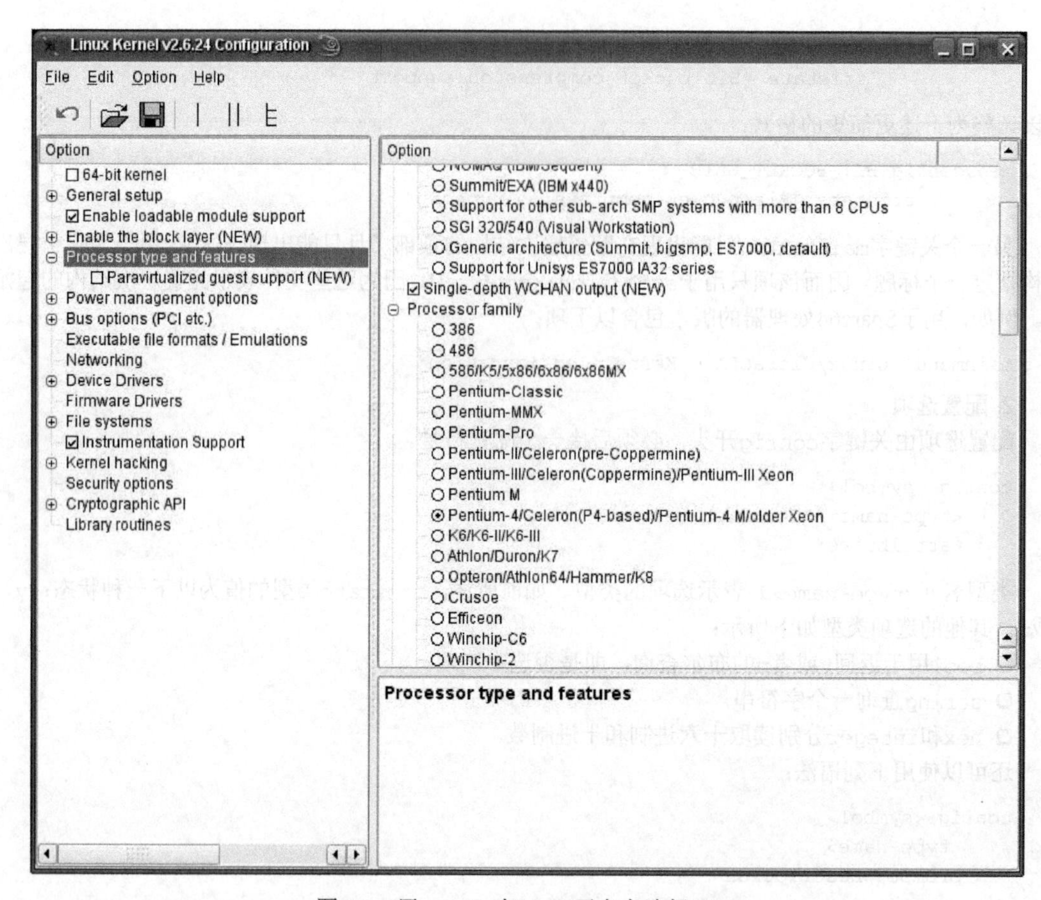

图B-3　用choice在IA-32平台上选择CPU

图B-3中CPU选择部分的源代码如下所示（为提高可读性，已经省去了帮助文本）：

```
choice
        prompt "Processor family"
        default M686 if X86_32

config M386
        bool "386"
        depends on X86_32 && !UML
        ---help---
          这里用于为用户的CPU选择处理器类型。该信息用于优化。为编译在所有x86 CPU类型上都能运行的
          内核（可能不是最快），可以在这里指定"386"类型。
          ...

config M486
        bool "486"

config M586
        bool "586/K5/5x86/6x86/6x86MX"

config M586TSC
        bool "Pentium-Classic"
```

```
config M586MMX
        bool "Pentium-MMX"

config M686
        bool "Pentium-Pro"

config MPENTIUMII
        bool "Pentium-II/Celeron(pre-Coppermine)"

...

config MGEODE_LX
        bool "Geode GX/LX"

config MCYRIXIII
        bool "CyrixIII/VIA-C3"

config MVIAC3_2
        bool "VIA C3-2 (Nehemiah)"

...
endchoice
```

3. 属性

属性用于更准确地指定配置选项的效果。内核源代码的下列片段使用了属性:

```
config SWAP
        bool "Support for paging of anonymous memory (swap)"
        depends on MMU & BLOCK
        default y
```

depends on指定，仅当为带有MMU的系统编译内核时，而且在块层编译到内核值时，才能选中SWAP。default表示默认情况下选择y，如果用户不修改设置，该值将自动地指派给SWAP符号。

在我们讲解如何指定依赖关系（在下一小节讲述）之前，先来了解下列属性。

- default指定了配置项的默认设置。对于bool查询，可能的默认值是y或n。对于tristate类型来说，m是第三种可能性。对于其他类型的选项，必须指定默认值。string需要指定字符串，而integer和hex需要指定数值。
- range限制了数值选项的可能范围。第一个参数指定下限，第二个参数指定上限。
- 在使用select语句选中配置项的情况下，select用于自动地选择其他的配置选项。这种逆向依赖机制只能用于tristate和bool类型的选项。
- help和--help--用于加入帮助文本，如前文所示。

所有这些属性都可能后接if子句，其中指定了应用该属性的条件。类似depends on，这里也会将该属性依赖的符号通过逻辑运算符连接起来进行判断，如下例（虚构的）所示：

```
config ENABLE_ACCEL
  bool "Enable device acceleration"
  default n

...

config HYPERCARD_SPEEDUP
  integer "HyperCard Speedup"
  default 20 if ENABLE_ACCEL
  range 1 20
```

4. 依赖关系

前文解释过，配置项的依赖关系可以通过逻辑子句指定，其语法类似于C语言。依赖关系的规范结构如下所示：

```
depends [on] <expr>
<expr> ::= <Symbol>
        <Symbol> '=' <Symbol>
        <Symbol> ''=' <Symbol>
      '  (' <expr> ')'
      '! ' <expr>
      <expr> '&&' <expr>
      <expr> '||' <expr>
```

可能的表达式按其解释次序依次列出。换言之，排在前面的表达式，其优先级高于排在后面的。

操作的语义与C语言语法中对应的操作相同：y = 2，n = 0，而m = 1。除非依赖关系计算的结果非0，否则菜单项是不可见的。

一种特定的依赖关系通过"EXPERIMENTAL"指定。仍然处于试验阶段的驱动程序必须用该依赖关系标记（如果该驱动程序自身还有其他依赖关系，则需要用&&逻辑操作连接）。因为内核在init/Kconfig中提供了一个配置选项，允许用户将该符号设置为y或n（提示用户处于开发阶段和/或不完整的代码/驱动程序），对渴求稳定性的用户来说，很容易从配置选项中删除此类驱动程序。字符串"(Experimental)"应该出现在末尾，表明该驱动程序的代码实际上是试验性的。

B.2.3　处理配置信息

按下列步骤处理配置信息。

(1) 内核首先由用户配置。这预先假定已经准备好所有可能选项的一个列表，并以文本或图形方式呈现出来（可用的配置已经根据所选的体系结构进行了限制，这一点无须用户干涉）。

(2) 接下来将用户的选择保存到一个独立的文件中，一直保持到下一次（重新）配置之前，并保证所用的工具能够访问该文件。

(3) 所选的配置符号必须存在，对于由一系列Makefile实现的联编系统和内核源代码中的预处理器语句来说，都要求如此。

在发起内核配置时，有各种make目标（make destconfig）。各自都有不同的用途。

- menuconfig提供了一个控制台驱动的前端，而xconfig和gconfig则提供了基于各种X11工具包（Qt或GTK）的图形用户界面。
- oldconfig分析已经保存在.config中的配置选项，对可能在内核更新之后添加、但尚未进行选择的选项作出提示。
- defconfig应用由体系结构维护者定义的默认配置（相关信息保存在arch/arch/defconfigk中）。
- allyesconfig创建一个新的配置文件，其中所有选择都设置为y（在支持y值的选项处）。allmodconfig也将所有选项都设置为y，但在可能的情况下会使用m。allnoconfig产生一个最低限度的配置，其中删除了编译关键内核组件不需要的其他选项。

这三种目标在建立新的内核发布版时，用于进行测试。通常，最终用户在使用它们时都存在问题。

所有配置选项都必须分析各个Kconfig文件中的配置信息，还必须保存结果配置。内核源代码为此提供了libkconfig库。它提供了例程来执行适当的任务。本附录不讨论解析器的实现，其中采用了Bison和Flex这两个解析器和词法分析器的生成工具。相关的源代码可参见scripts/kconfig/zconf.y和zconf.l。

用户定义的配置选项保存在.config中，如下所示：

```
wolfgang@meitner> cat .config
#
# Automatically generated make config: don't edit
# Linux kernel version: 2.6.24
# Thu Mar 20 00:09:15 2008
#
CONFIG_64BIT=y
# CONFIG_X86_32 is not set
CONFIG_X86_64=y
CONFIG_X86=y
CONFIG_GENERIC_TIME=y
...
#
# General setup
#
CONFIG_EXPERIMENTAL=y
CONFIG_LOCK_KERNEL=y
CONFIG_INIT_ENV_ARG_LIMIT=32
CONFIG_LOCALVERSION="-default"
CONFIG_LOCALVERSION_AUTO is not set
...
CONFIG_PLIST=y
CONFIG_HAS_IOMEM=y
CONFIG_HAS_IOPORT=y
CONFIG_HAS_DMA=y
CONFIG_CHECK_SIGNATURE=y
```

所有配置符号的前缀都是CONFIG_字符串。如果设置了相关配置项，则在其后附加= y或= n。未设置的选项使用#号注释掉。

为使内核源代码能够看到所选的配置，必须包含<config.h>文件。该文件又将<autoconf.h>包含到源代码中。后者包含了预处理器可以提取的配置信息，如下所示：

<autoconf.h>

```
/*
 * Automatically generated C config: don't edit
 * Linux kernel version: 2.6.24
 * Thu Mar 20 00:09:26 2008
 */
#define AUTOCONF_INCLUDED
#define CONFIG_USB_SISUSBVGA_MODULE 1
#define CONFIG_USB_PHIDGETMOTORCONTROL_MODULE 1
#define CONFIG_VIDEO_V4L1_COMPAT 1
#define CONFIG_PCMCIA_FMVJ18X_MODULE 1
...
#define CONFIG_USB_SERIAL_SIERRAWIRELESS_MODULE 1
#define CONFIG_VIDEO_SAA711X_MODULE 1
#define CONFIG_SATA_INIC162X_MODULE 1
#define CONFIG_AIC79XX_RESET_DELAY_MS 15000
#define CONFIG_NET_ACT_GACT_MODULE 1
...
#define CONFIG_USB_BELKIN 1
#define CONFIG_NF_CT_NETLINK_MODULE 1
#define CONFIG_NCPFS_PACKET_SIGNING 1
#define CONFIG_SND_USB_AUDIO_MODULE 1
#define CONFIG_I2C_I810_MODULE 1
#define CONFIG_I2C_I801_MODULE 1
```

配置符号的前缀仍然是CONFIG_。每个选中的选项都定义为1。模块选项同样定义为1，但预处理器符号末尾附加了_MODULE字符串。未选择的配置项用undef明确地标记为未定义。数值和字符串都替换为用户选择的值。

这使得可以向源代码中插入对配置信息的查询。例如：

```
#ifdef CONFIG_SYMBOL
/* 设置SYMBOL情况下的代码 */
#else
/* 未设置SYMBOL情况下的代码 */
#endif
```

B.3　用 Kbuild 编译内核

在配置内核之后，就必须编译源代码，来生成内核映像和模块二进制文件。内核使用GNU Make来完成该工作。它采用了一个复杂的Makefile系统，来满足联编内核的特殊要求，联编普通应用程序通常没有这些需求。要完全理解该机制的工作原理，就需要对make技巧的深入理解，本附录不打算深入细节，只是从最终用户和内核程序员的角度（不是Kbuild开发者的角度），来简单讲述一下联编系统的使用。Documentation/kbuild/makefiles.txt中包含了联编系统的详细文档，本节就是基于该文档。

B.3.1　使用 Kbuild 系统

联编目标help在内核版本2.5开发期间被引入，用于向用户显示所有可用的make目标。它输出一个目标列表，会区分体系结构相关和无关的目标。例如，在UltraSparc系统上，会显示如下列表：

```
wolfgang@ultrameitner> make help
Cleaning targets:
  clean              - Remove most generated files but keep the config and
                       enough build support to build external modules
  mrproper           - Remove all generated files + config + various backup files
  distclean          - mrproper + remove editor backup and patch files

Configuration targets:
  config             - Update current config utilising a line-oriented program
  menuconfig         - Update current config utilising a menu based program
  xconfig            - Update current config utilising a QT based front-end
  gconfig            - Update current config utilising a GTK based front-end
  oldconfig          - Update current config utilising a provided .config as base
  silentoldconfig    - Same as oldconfig, but quietly
  randconfig         - New config with random answer to all options
  defconfig          - New config with default answer to all options
  allmodconfig       - New config selecting modules when possible
  allyesconfig       - New config where all options are accepted with yes
  allnoconfig        - New config where all options are answered with no

Other generic targets:
  all                - Build all targets marked with [*]
* vmlinux            - Build the bare kernel
* modules            - Build all modules
  modules_install    - Install all modules to INSTALL_MOD_PATH (default: /)
  dir/               - Build all files in dir and below
  dir/file.[ois]     - Build specified target only
  dir/file.ko        - Build module including final link
  rpm                - Build a kernel as an RPM package
  tags/TAGS          - Generate tags file for editors
```

```
  cscope           - Generate cscope index
  kernelrelease    - Output the release version string
  kernelversion    - Output the version stored in Makefile
  headers_install  - Install sanitised kernel headers to INSTALL_HDR_PATH
                     (default: /home/wolfgang/linux-2.6.24/usr)
Static analysers
  checkstack       - Generate a list of stack hogs
  namespacecheck   - Name space analysis on compiled kernel
  export_report    - List the usages of all exported symbols
  headers_check    - Sanity check on exported headers

Kernel packaging:
  rpm-pkg          - Build the kernel as an RPM package
  binrpm-pkg       - Build an rpm package containing the compiled kernel
                     and modules
  deb-pkg          - Build the kernel as an deb package
  tar-pkg          - Build the kernel as an uncompressed tarball
  targz-pkg        - Build the kernel as a gzip compressed tarball
  tarbz2-pkg       - Build the kernel as a bzip2 compressed tarball

Documentation targets:
 Linux kernel internal documentation in different formats:
  htmldocs         - HTML
  installmandocs   - install man pages generated by mandocs
  mandocs          - man pages
  pdfdocs          - PDF
  psdocs           - Postscript
  xmldocs          - XML DocBook

Architecture specific targets (sparc64):
* vmlinux          - Standard sparc64 kernel
  vmlinux.aout     - a.out kernel for sparc64
  tftpboot.img     - Image prepared for tftp

  make V=0|1 [targets] 0 => quiet build (default), 1 => verbose build
  make V=2 [targets] 2 => give reason for rebuild of target
  make O=dir [targets] Locate all output files in "dir", including .config
  make C=1 [targets] Check all c source with $CHECK (sparse by default)
  make C=2 [targets] Force check of all c source with $CHECK

Execute "make" or "make all" to build all targets marked with [*]
For further info see the ./README file
```

IA-32和AMD64系统所提供的体系结构相关目标是不同的。

```
wolfgang@meitner> make help
Architecture specific targets (x86):
* bzImage      - Compressed kernel image (arch/x86/boot/bzImage)
  install      - Install kernel using
                    (your) ~/bin/installkernel or
                    (distribution) /sbin/installkernel or
                    install to $(INSTALL_PATH) and run lilo
  bzdisk       - Create a boot floppy in /dev/fd0
  fdimage      - Create a boot floppy image
  isoimage     - Create a boot CD-ROM image
  i386_defconfig        - Build for i386
  x86_64_defconfig      - Build for x86_64
```

如帮助文本所解释的，如果调用make时没有参数，就将编译所有用*标记的目标。

B.3.2　Makefile的结构

除了.config文件，Kbuild机制还使用了下列组件。

- 主Makefile（/path/to/src/Makefile），通过根据配置递归地编译子目录，并将编译结果合并到最终产品中，来生成内核本身和模块。
- 体系结构相关的Makefile，在arch/arch/Makefile中，负责在编译期间必须遵守的与处理器相关的微妙之处，如特别的编译优化选项。该文件还实现了所有体系结构相关的make目标，此前在讨论help时提到过这些目标。
- scripts/Makefile.*包含了与一般编译、模块生成、各种实用程序的编译、从内核树删除目标文件和临时文件等任务相关的make规则。
- 内核源代码的各个子目录都包含了与特定驱动程序或子系统相关的Makefile（也采用了标准的语法）。

1. 主Makefile

主Makefile是内核编译的关键。它定义了C编译器、链接器的调用路径等信息。必须区分下列两种备选的工具链。

- 用于生成在编译内核的主机上执行的本地程序的工具链。此类程序的例子如menuconfig的二进制文件或用于分析模块符号的工具。
- 用于生成内核本身的工具链。

这两个工具链通常是相同的。仅当交叉编译内核时，才有区别。换言之，在使用某种特定体系结构的机器来编译另一种不同体系结构的内核时。如果目标计算机是资源较少的嵌入式系统（例如，基于ARM或MIPS的手持设备）或非常陈旧而速度缓慢的计算机（经典的Sparc或者m68 Mac），那么会使用这种方法。在这种情况下，负责生成内核的工具链必须提供交叉编译器（和适当的交叉二进制文件工具），以便生成所需的代码。

本地工具链定义如下：

```
wolfgang@meitner> cat Makefile
...
HOSTCC          = gcc
HOSTCXX         = g++
HOSTCFLAGS      = -Wall -Wstrict-prototypes -O2 -fomit-frame-pointer
HOSTCXXFLAGS    = -O2
...
```

内核工具链定义如下：

```
wolfgang@meitner> cat Makefile
...
CROSS_COMPILE=

AS              = $(CROSS_COMPILE)as
LD              = $(CROSS_COMPILE)ld
CC              = $(CROSS_COMPILE)gcc
CPP             = $(CC) -E
AR              = $(CROSS_COMPILE)ar
NM              = $(CROSS_COMPILE)nm
STRIP           = $(CROSS_COMPILE)strip
OBJCOPY         = $(CROSS_COMPILE)objcopy
OBJDUMP         = $(CROSS_COMPILE)objdump
AWK             = awk
GENKSYMS        = scripts/genksyms/genksyms
DEPMOD          = /sbin/depmod
```

```
KALLSYMS        = scripts/kallsyms
PERL            = perl
CHECK           = sparse

CHECKFLAGS      := -D__linux__ -Dlinux -D__STDC__ -Dunix -D__unix__ -Wbitwise $(CF)
MODFLAGS        = -DMODULE
CFLAGS_MODULE   = $(MODFLAGS)
AFLAGS_MODULE   = $(MODFLAGS)
LDFLAGS_MODULE  = -r
CFLAGS_KERNEL   =
AFLAGS_KERNEL   =
...
```

定义之前的CROSS_COMPILE前缀通常为空白。如果在为不同体系结构编译内核，那么必须为其指定一个适当的值（例如，ia64-linux-）。[①]因而，对宿主机和目标会使用两个不同的工具链。

所有其他Makefile都决不会直接使用工具的名称，而总是使用这里定义的变量。

主Makefile声明了ARCH变量，表示编译的内核所针对的体系结构。它包含了一个自动检测的值，需要与arch/下的某个目录名兼容。例如，对IA-32，ARCH设置为i386，因为对应的体系结构相关文件存在于arch/i386/中。

如果是在交叉编译内核，就必须据此修改ARCH。例如，为ARM系统配置和编译内核时，需要下列调用（假定已经有适当的工具链可用）：

```
make ARCH=arm menuconfig
make ARCH=arm CROSS_COMPILE=arm-linux-
```

除了这些定义之外，Makefile还包括了其他一些语句，用于递归下降到各个子目录，并借助子目录局部的Makefile来编译其中包含的文件。本附录不会详细讨论该机制，因为它涉及make机制的很多微妙之处。

2. 驱动程序和子系统Makefile

驱动程序和子系统目录中的Makefile用于根据.config中的配置来编译正确的文件，并将编译的流程导向到所要求的子目录中。Kbuild框架使得创建这样的Makefile相对比较容易。只需要下列一行代码，即可创建一个持久编译到内核中的目标文件（无论配置如何）：

```
obj-y = file.o
```

根据文件名，Kbuild自动地检测到源文件为file.c。如果对应的二进制目标文件不存在或源文件在目标文件的上一版本生成后已经修改，则用适当的选项调用C编译器来生成二进制目标文件。在通过链接器链接内核时，生成的文件会自动包含进来。

如果有几个目标文件，也可以采用这种方法。所指定的文件必须用空格分隔。

如果有是否链接内核组件的选择（换言之，即配置是通过一个bool查询控制的），Makefile必须根据用户的选择作出反应。为此可使用Makefile中的配置符号，如下例所示（取自kernel/目录中的Makefile）：

```
obj-y = sched.o fork.o exec_domain.o panic.o printk.o profile.o \
        exit.o itimer.o time.o softirq.o resource.o \
        sysctl.o capability.o ptrace.o timer.o user.o user_namespace.o \
        signal.o sys.o kmod.o workqueue.o pid.o \
        rcupdate.o extable.o params.o posix-timers.o \
        kthread.o wait.o kfifo.o sys_ni.o posix-cpu-timers.o mutex.o \
        hrtimer.o rwsem.o latency.o nsproxy.o srcu.o \
        utsname.o notifier.o
```

① 这可以在Makefile中显式设置，或通过环境中的shell变量指定，或作为参数传递给make。

```
obj-$(CONFIG_SYSCTL) += sysctl_check.o
obj-$(CONFIG_STACKTRACE) += stacktrace.o
obj-y += time/
...
obj-$(CONFIG_GENERIC_ISA_DMA) += dma.o
obj-$(CONFIG_SMP) += cpu.o spinlock.o
obj-$(CONFIG_DEBUG_SPINLOCK) += spinlock.o
...
obj-$(CONFIG_MODULES) += module.o
obj-$(CONFIG_KALLSYMS) += kallsyms.o
obj-$(CONFIG_PM) += power/
...
obj-$(CONFIG_SYSCTL) += utsname_sysctl.o
obj-$(CONFIG_TASK_DELAY_ACCT) += delayacct.o
obj-$(CONFIG_TASKSTATS) += taskstats.o tsacct.o
obj-$(CONFIG_MARKERS) += marker.o
```

列表上部的文件总是会编译到内核中。接下来的文件，除非对应的配置符号设置为y，否则Kbuild不会编译它们。例如，如果配置了模块支持，对应的一行将扩展为下列语句：

```
obj-y += module.o
```

请注意，这里使用了+=而不是普通的赋值符号（=），这表示将该目标文件加入到obj-y目标中。

如果未配置模块支持，这一行将扩展为下列语句：

```
obj-n += module.o
```

Kbuild系统会忽略目标obj-n中的所有文件，不会进行编译。

下面的一行代码用于电源管理的，特别有趣：

```
obj-$(CONFIG_PM) += power/
```

这里加入的不是文件，而是目录。如果设置了CONFIG_PM，Kbuild在编译期间就将切换到kernel/power/目录，并处理其中包含的Makefile。

Kbuild会将同一目录下包含在obj-y目标中的所有目标文件都链接到一个目标文件built-in.o中，随后将该目标文件再链接到整个内核中。①

模块可以无缝融合到该机制中，如以下Ext3的Makefile所示：

```
#
# Makefile for the linux ext3-filesystem routines.
#

obj-$(CONFIG_EXT3_FS) += ext3.o

ext3-y := balloc.o bitmap.o dir.o file.o fsync.o ialloc.o inode.o \
ioctl.o namei.o super.o symlink.o hash.o resize.o ext3_jbd.o

ext3-$(CONFIG_EXT3_FS_XATTR) += xattr.o xattr_user.o xattr_trusted.o
ext3-$(CONFIG_EXT3_FS_POSIX_ACL) += acl.o
ext3-$(CONFIG_EXT3_FS_SECURITY) += xattr_security.o
```

如果Ext3文件系统编译为一个模块，CONFIG_EXT3_FS将扩展为m，标准目标obj-m规定必须生成一个ext3.o文件。该目标文件的内容由另一个目标ext3-y定义。

① 如果目标文件使用了初始调用（在附录D讨论），obj-y中指定文件的次序，就是同一类别的初始调用被调用的次序，因为链接的次序与obj-y中的文件次序是相同的。

内核在obj-m中是以间接方式来指定源文件，并非直接指定，这使得可以将额外的特性（是否启用）考虑进来。Kconfig机制中对应的配置符号通过一个bool选择描述，而对主要的符号CONFIG_EXT3_FS使用了tristate类型。

例如，如果使用了扩展属性，则CONFIG_EXT3_FS_XATTR符号扩展为y，在Makefile中将产生下列语句：

```
ext3-y += xattr.o xattr_user.o xattr_trusted.o
```

这将该特性额外需要的目标文件链接进来，也说明了为什么要使用间接的make目标ext3-y。如果使用下列语句，那么将会有两个目标（obj-y和obj-m）：

```
obj-$(CONFIG_EXT3_FS)} += xattr.o xattr_user.o xattr_trusted.o
```

因而，其他文件将无法包含到标准的ext3.o中。

当然，在Ext3持久编译到内核中时，间接方法仍然会发挥作用。

B.4 有用的工具

有许多出色的工具，可帮助程序员管理重大的软件项目并跟踪源代码。它们在Linux领域也提供了很好的服务。本节讲述其中一些辅助工具，可为内核相关工作提供便利。这里选择介绍的工具完全是主观的，只是出于作者个人的偏好，在因特网上还有大量备选工具可用。

B.4.1 LXR

LXR是一个交叉引用工具。它分析内核源代码并生成一个HTML形式的超文本表示，供浏览器查看。LXR使得用户可以查找变量、函数及其他符号，并可以跳转到其在源代码中的定义处，还可以列出所有使用该符号的位置。这在跟踪内核中的代码控制流路径时很有用。图B-4给出了浏览器中显示的源代码。

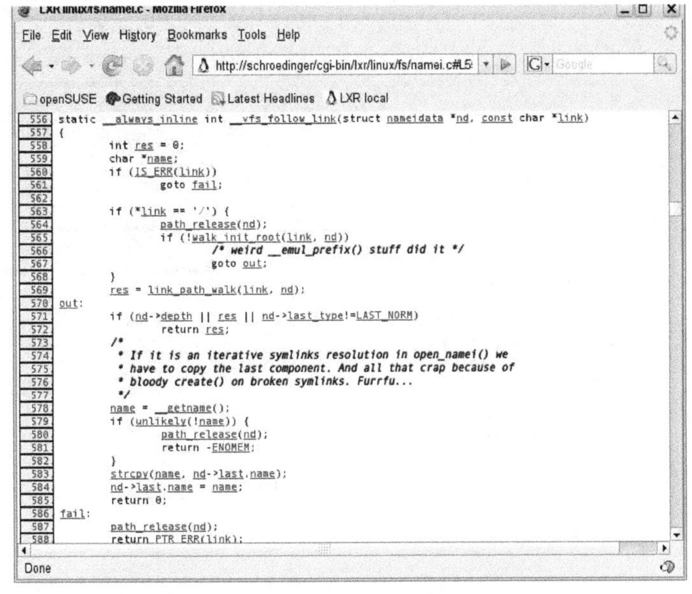

图B-4 通过LXR生成的超文本来查看Linux源代码

为在本地使用LXR，需要一个浏览器和一个Web服务器，最好是Apache。为查找源代码中的随机字符串，还需要glimpse搜索引擎。

LXR的规范版本可以从sourceforge.net/projects/lxr下载。遗憾的是，该版本多年来没有什么发展，尽管其代码工作得还行，但缺少一些现代Web应用程序的特性。

LXR有一个试验版本，目前出于活跃维护状态，可以从git存储库git://lxr.linux.no/git/lxrng.git获取。它比规范版本提供了更多的特性，例如，可以采用适当的数据库（如PostgreSQL）来存储解析源代码生成的信息。试验版本的安装方法仍然处于不断变化之中，因此本附录不讨论如何安装该软件。对有关该版本的信息，请查看相关的文档。

用LXR进行工作

LXR提供了下列功能，可查看内核的各组件。

- 可以遍历源代码树的目录，并使用*源代码导航*（source navigation）根据名称来选择文件。
- 可以使用*文件视图*（file view），以超文本形式显示内核源代码文件。
- 可以用*标识符搜索*（identifier search）机制来查找符号定义或使用的位置。图B-5给出了搜索schedule函数得到的相关信息。
- 可以使用*freetext搜索*（freetext search），来扫描内核源代码文本以查找任何字符串。
- *文件搜索*（file search）使得用户可以在不知道文件位置的情况下，根据名称查找文件。

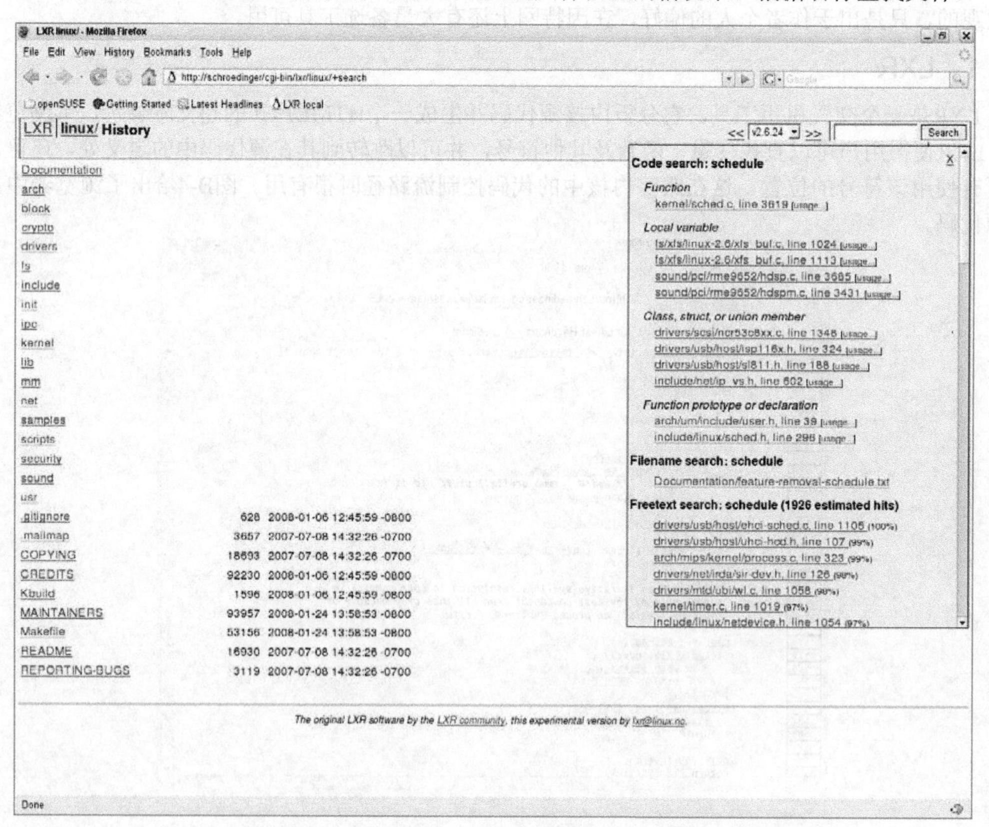

图B-5　搜索schedule函数得到的相关信息

B.4.2 patch和diff

在Linux早期，内核补丁是跟踪内核开发进展情况的必由之路。补丁目前仍然发挥着重要的作用，因为git隐含地基于diff和补丁，另外在通过邮件列表来讨论修改时，补丁是必需的。

patch和diff是两个互补的工具。diff分析两个文件或一组文件之间的差别，而patch则将diff生成的差别文件应用到现存的源文件。

1. 统一的上下文diff

下列例子说明了diff用于记录文件两个版本之间差别的格式。例子文件反映了内核版本2.6.24开发期间对调度器所进行的一个改变。

```
diff -up a/include/linux/sched.h b/include/linux/sched.h
--- a/include/linux/sched.h
+++ b/include/linux/sched.h
@@ -908,6 +908,7 @@ struct sched_entity {
  u64 sum_exec_runtime;
  u64 vruntime;
  u64 prev_sum_exec_runtime;
+ u64 last_min_vruntime;

 #ifdef CONFIG_SCHEDSTATS
  u64 wait_start;
diff -up a/kernel/sched.c b/kernel/sched.c
--- a/kernel/sched.c
+++ b/kernel/sched.c
@@ -1615,6 +1615,7 @@ static void __sched_fork(struct task_struct *p)
  p->se.exec_start = 0;
  p->se.sum_exec_runtime = 0;
  p->se.prev_sum_exec_runtime = 0;
+ p->se.last_min_vruntime = 0;

 #ifdef CONFIG_SCHEDSTATS
  p->se.wait_start = 0;
@@ -6495,6 +6496,7 @@ static inline void init_cfs_rq(struct cfs_rq *cfs_rq, struct rq *rq)
 #ifdef CONFIG_FAIR_GROUP_SCHED
  cfs_rq->rq = rq;
 #endif
+ cfs_rq->min_vruntime = (u64)(-(1LL << 20));
 }

 void __init sched_init(void)
diff -up a/kernel/sched_fair.c b/kernel/sched_fair.c
--- a/kernel/sched_fair.c
+++ b/kernel/sched_fair.c
@@ -243,6 +243,15 @@ static u64 sched_slice(struct cfs_rq *cfs_rq, struct sched_entity *se)
  return period;
}

+static u64 __sched_vslice(unsigned long nr_running)
+{
+ u64 period = __sched_period(nr_running);
+
+ do_div(period, nr_running);
+
+ return period;
+}
+
 /*
```

* 更新当前进程的运行时统计信息。如果当前进程不在我们的调度类中，则跳过该进程。

diff的前三行包含了头信息。它表示所处理的文件，并包含了两个文件的时间戳作为比较准则。第二行给出了旧版本文件的名称，而第三行给出了新版本文件的名称。第一行列出了调用diff实用程序的选项。这里，-up选项特别重要，因为它将控制diff以易读的统一上下文格式生成diff文件，其中还包括修改所涉及的C语言函数名，在Linux内核社区中，所有其他格式都已经废弃。

diff逐行比较两个文件，以查找二者之间的差别。文件中发现差别而被隔离出的部分称之为hunk。前面的例子由3个hunk组成，每个hunk都由两个符号开头。[①]

每个hunk都有一个头部，表示两个文件中出现差别的位置。头的格式如下：

```
@@ start_old,count_old start_new,count_new @@ C function
```

start_old指定了diff所述的旧版本文件中的行号。count_old指定了该差别所涉及的行数。start_new和count_new的语义相同，但适用于diff涉及的新版本文件。其中还记录了代码所在的C语言函数。

hunk头之后的文本，用于表示文件中发生的改动。前缀为加号（+）的行在旧版本文件中不存在，而前缀为减号（-）的行在新版本文件中已经删去。没有前缀的行在新旧两个版本文件中是相同的。patch将这些行用作上下文，以便在打补丁的文件与创建补丁的原始文件不完全匹配的情况下，将补丁上下移动寻找较佳的合并位置。这一点很有用，例如有另一个与该补丁正交的补丁[②]在文件的开头插入了新代码，那么该补丁的位置就需要下移。

2. 应用补丁

补丁是一组diff的集合，存在于一个公共的文件中。例如，www.kernel.org网站提供了包含两个内核版本之间差别的补丁，用于更新。这样就不必要下载整个源代码树，节省了时间和带宽。

补丁借助patch工具应用，其处理并不难。下列语句将/home/wolfgang/linux-2.6.23下的内核源代码从2.6.23版本更新到2.6.24版本：

```
wolfgang@meitner> cd /home/wolfgang
wolfgang@meitner> bzcat patch-2.6.24.bz2 | patch -p0
```

patch不仅可以应用补丁，还可以删除补丁。在排除故障时，这是个非常有用的特性，因为可以从源代码中选择性地删除某个修改，直至特定的错误不再出现。这至少能够将导致错误的修改隔离出来。[③]在“逆向”应用补丁时，必须指定-R选项。以下的例子，通过删除此前应用的补丁，将内核源代码从2.6.24版本逆向到2.6.23版本：

```
wolfgang@meitner> bzcat patch-2.6.24.bz2 | patch -R -p0
```

patch提供了许多其他选项，其详细文档可参考patch(1)手册页。

B.4.3　git

git是一个相对新的版本控制系统，Linux内核开发模型就是基于git。分布在世界各地的一大群开发者在一个软件产品上进行合作，当然他们没有直接的联系。他们并不使用一个中央代码存储库（如典型的系统CVS），而是建立许多源代码子树，每隔一段时间彼此进行同步，以交换修改。

内核开发者社区采用的第一种专用的版本控制系统是BitKeeper。但由于BitMover（负责BitKeeper

---

① 如果两个文件完全相同，diff会创建一个大的hunk，涵盖整个文件。

② 如果两个补丁彼此互不干扰，则称之为正交的。也就是说，一个补丁改变的代码并不影响另一个补丁。

③ 请注意，git还提供了通过git-bisect工具自动搜索错误补丁的可能性。

的公司）与内核社区的部分人之间的各种冲突，使得无法继续使用BitKeeper，Linus Torvalds本人发起了一个替换工具的开发。冲突是因为BitKeeper并不是一个开源产品（决不是GPL意义上的自由软件），而是按专有的许可证出售。对非商业性用途，BitKeeper可以免费使用，但这种权利已经被BitMover撤销，所以内核社区必须拿出一个不同的解决方案，而社区确实做到了这一点。

该方案是一个全新的版本控制系统，名为git。git设计为一种内容跟踪系统，它提供了一种数据库层，可以将对文件的修改归档。下述事实很重要，必要的操作可借助普通文件直接在文件系统中进行，并不直接需要一个数据库后端。

git曾经有一个前端名为cogito。git的早期版本需要该前端来提供版本控制系统的标准特性，它比纯粹的git易用。但git的这项不足目前已经解决，因而cogito不再进行活跃的开发，因为git直接提供了一切必要的特性，cogito已经不再是必需的。

`qgit`和`gitk`是处理git存储库的图形前端。对于不熟悉git的大量命令的开发者来说，图形前端能够大大简化工作。以下各节将讲述git的shell命令和图形用户界面。

就内核开发者的工作效率而言，git不次于BitKeeper。因为它对跟踪内核开发历史、探查错误、执行编程工作都是一个非常有用的工具，这里主要关注它最重要的特征。但如果读者还想详细了解git的功能，可以参考其文档。

在使用git时，创建Linus Torvalds的存储库的一个克隆是非常有用的，因为其中包含了Linux的官方版本。开发者内核版本2.6的存储库在`git://git.kernel.org/pub/scm/linux/kernel/git/torvalds/linux-2.6.git`。可以使用下列命令来克隆它：

```
wolfgang@meitner> git clone git://git.kernel.org/pub/scm/linux/kernel/git-torvalds/linux-2.6.git
```

取决于网络连接速度，该命令所发起的文件传输可能花费几分钟到几个小时（在使用非常低速的调制解调器的情况下）。

以下各节将讲述几个重要的命令，用于跟踪内核的开发历史，当然这只是git功能的一部分。更多信息可借助git的联机帮助获取，调用`git help`即可。帮助系统提供了可用命令的概述。对各个命令的详细讲述，可用输入`git help` *`command`*获得。

1. 跟踪开发历史

git采用提交（commit）的概念来组织开发的各个步骤。在向内核添加一个新特性，需要修改几个文件时，对所有这些文件的修改将集中在一个提交中，该提交将整个作用于存储库。每个提交都包含一个注释，以表明该次修改的意图。对一次提交所涉及的各个文件，都可用分别增加注释。

- **显示提交**

`git log`命令可以显示应用到一个存储库的所有提交。例如：

```
wolfgang@meitner> git log
commit f1d39b291e2263f5e2f2ec5d4061802f76d8ae67
tree 29c33d63b3679103459932d43b8818abdcc7d3d5
parent fd60ae404f104f12369e654af9cf03b1f1047661
author Unicorn Chang <uchang@tw.ibm.com> Tue, 01 Aug 2006 12:18:07 +0800
committer Jeff Garzik <jeff@garzik.org> Thu, 03 Aug 2006 17:34:52 -0400

    [PATCH] ahci: skip protocol test altogether in spurious interrupt code

    Skip protocol test altogether in spurious interrupt code. If PIOS is receive
    when it shouldn't, ahci will raise protocol violation.

    Signed-off-by: Unicorn Chang <uchang@tw.ibm.com>
    Signed-off-by: Jeff Garzik <jeff@garzik.org>
```

```
commit c54772e751c0262073e85a7aa87f093fc0dd44f1
tree 5b6ef64c20ac5c2027f73a59bc7a6b4b21f0b63e
parent e454358ace657af953b5b289f49cf733973f41e4
author Brice Goglin <brice@myri.com> Sun, 30 Jul 2006 00:14:15 -0400
committer Jeff Garzik <jeff@garzik.org> Thu, 03 Aug 2006 17:31:10 -0400

    [PATCH] myri10ge - Fix spurious invokations of the watchdog reset handler

    Fix spurious invocations of the watchdog reset handler.

    Signed-off-by: Brice Goglin <brice@myri.com>
    Signed-off-by: Jeff Garzik <jeff@garzik.org>

commit e454358ace657af953b5b289f49cf733973f41e4
tree 62ab274bead7523e8402e7ee9d15a55e10a0914a
parent 817acf5ebd9ea21f134fc90064b0f6686c5b169d
author Brice Goglin <brice@myri.com> Sun, 30 Jul 2006 00:14:09 -0400
committer Jeff Garzik <jeff@garzik.org> Thu, 03 Aug 2006 17:31:10 -0400

    [PATCH] myri10ge - Write the firmware in 256-bytes chunks

    When writing the firmware to the NIC, the FIFO is 256-bytes long,
    so we use 256-bytes chunks and a read to wait until the previous
    write is done.

    Signed-off-by: Brice Goglin <brice@myri.com>
    Signed-off-by: Jeff Garzik <jeff@garzik.org>
...
```

● 跟踪单个文件的开发历史

git log命令还可以跟踪特定文件在几次提交之间的开发历史。可以用文件名作为参数来调用该命令（如果忽略文件名，则显示整个项目的开发历史）。但在图形前端中观察开发历史，比观察控制台输出的文本列表更为方便。图B-6给出了QGit生成的屏幕显示，QGit是git的一个图形前端，基于QT。

还可以检查由特定的一次提交所引入的所有修改，如图B-7所示。图中右侧是补丁影响的文件，中部是补丁的描述，描述之下是补丁本身。

git fetch命令可以将父存储库所进行的修改传输到本地存储库。它也可以将其他存储库所进行的修改传输过来，只要它们与本地存储库的父存储库相同即可。

对内核特定部分的发展有特别兴趣的开发者，可以在自己的git存储库中进行开发，并将未进入Torvalds的存储库的所有修改集成在本地存储库。例如：

```
wolfgang@meitner> git fetch git://foobar.frobnicate.org/exult.git
```

如果git fetch调用时没有指定存储库名称，则使用作为本地克隆的模板的主存储库。

2. 合并修改

本节简要讲述几个其他命令，用于对存储库进行修改。在进行任何修改之前，都应该创建本地存储库的一个副本，以便后续与上游源存储库进行同步。因为git能够使用硬链接来复制存储库（假定副本和源位于同一文件系统），创建存储库的一个开发副本不需要多少空间和时间。除非明确指定，否则对副本的修改不会自动地传输到源。

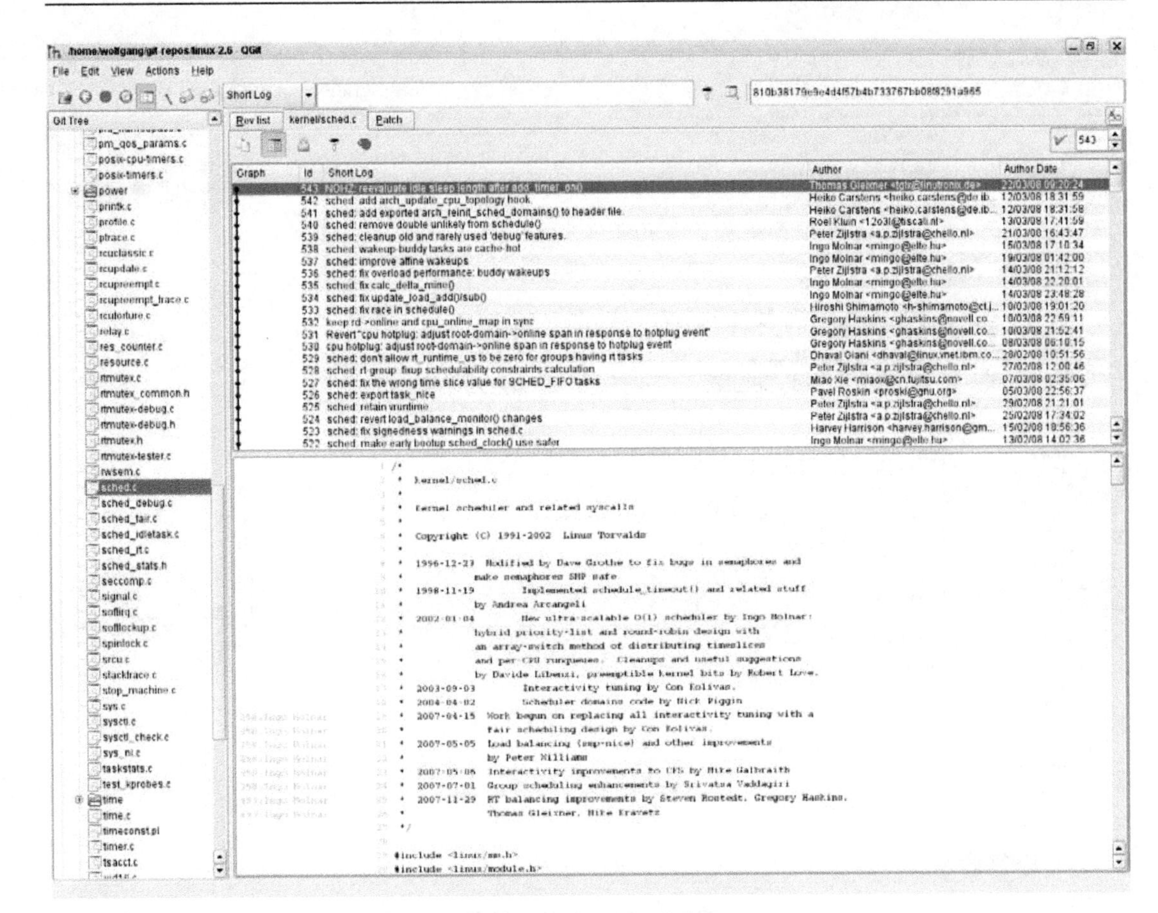

图B-6　qgit显示的文件历史

克隆存储库，需要输入下列命令：

```
wolfgang@meitner> git clone /home/wolfgang/git-repos/linux-2.6 /home/wolfgang/linux-work
```

在完成对文件的修改后，可以添加注释并使用`git commit`将其组织到一次提交中。请注意，git的图形用户界面提供了一个创建提交的图形化前端，其用法很直观，无须过多解释。

3. 导出

git提供了`git archive`命令，可以导出整个存储库在给定时间的状态。

在从存储库导出某个特定的修订版时，标记（tag）是很重要的。这些标记是开发时间轴上特别标记出的一些点。在Linux上下文中，这些时间点表示内核的发布版。例如，内核版本2.6.24的标记是`v2.6.24`。这个符号标识符可以用作常见的数字组合的缩写，它容易记忆得多。利用标记来标识发布版，是Linus Torvalds处理Linux源代码的惯例。当然，标记也可以用于其他许多用途。例如，标记影响深远的改变的开始和结束，或标识临时版本。

为将按名称指定的版本的整个源代码导出到一个独立的目录中，需要输入下列命令：

```
wolfgang@meitner> git archive --format=tar --prefix=linux-2.6.24/ v2.6.24
```

因为这会将结果tarball写到标准输出，读者可能想要将其重定向到一个文件。

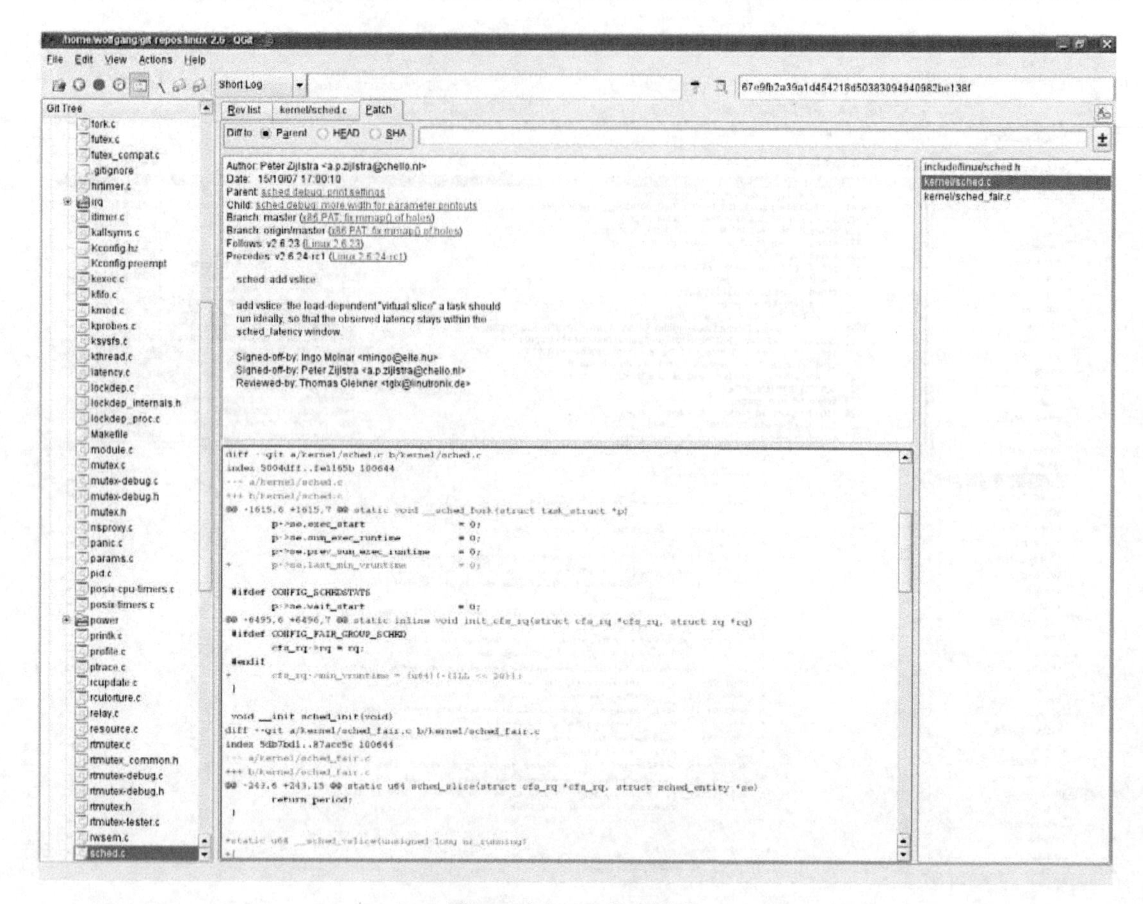

图B-7　用qgit检查提交

git archive还可以用于生成不同类型的归档。那样就需要使用后缀为.tar.gz、.tgz或.tar.bz2的文件，而不是这里给出的tar文件。

B.5　调试和分析内核

为洞察内核内部的运作，实际上不仅要阅读静态的源代码，还需要在内核运行时密切观察，以跟踪其内部的动态过程。对普通的C语言程序，程序员很清楚如何做到这一点。使用编译器生成的调试信息和一个外部调试器，就可以逐行单步跟踪程序的执行（或者，如果需要，可以逐行汇编跟踪），来查看和修改数据结构，并在任一点暂停程序的控制流。

这只能借助于内核通过ptrace系统调用（在第13章讲过）提供的一些特别的特性来完成。

与普通的C程序不同，内核本身没有由外部实例提供的运行环境，内核本身负责提供用户空间程序所需的这个运行环境。因而，不可能用经典方式来调试内核本身。

但有各种其他方法将调试器应用到内核，如本节所述。尽管调试内核比调试普通程序要稍微复杂一些，但收获抵得上额外的工作量。

B.5.1　GDB和DDD

GDB代表GNU debugger，它是默认的Linux调试器。每个Linux发行版都带有直接可用的GDB二进制文件，可以用适当的软件包管理系统。当然，读者完全可以自行从www.gnu.org网站（或其他镜像）取得源代码进行编译，但本附录就不讨论这些了。

该调试器提供了非常广泛的选项，本附录只简要概述其用法。GDB的详细讲述，可以参见其附带的用法指南（makeinfo格式），也可以用info gdb查看。

为调试一个程序（在这方面，内核也不例外），编译器必须将特别的调试信息集成到二进制文件中，以便调试器获取二进制文件和源代码之间关系的所有必要信息。在gcc编译时必须选中-g选项，如下所示：

```
wolfgang@meitner> gcc -g test.c -o test
```

因为包含了调试符号，导致生成的可执行文件长度增长颇多。

在内核编译期间也必须启用-g。在早期版本中，该选项必须以CFLAGS_KERNEL的名目进入到主Makefile。但在内核版本2.5开发期间，内核配置进入了一个独立的选项，Kernel hacking->Compile the kernel with debug info，用于设置该选项。同一菜单中，还包括了Compile the kernel with frame pointers选项，也应该被选中，因为它用于限制活动记录或栈帧（参见附录C），能够向调试器提供有用信息。

GDB能够完成下列工作。

- 逐行跟踪程序执行，可以按源代码逐行执行或按汇编语句逐行执行。
- 确定程序中使用的所有符号类型。
- 显示或操作符号的当前值。
- 反引用程序中的指针或访问随机的存储单元，以读取或修改其值。
- 设置断点，使得程序在执行到源代码中给定位置时暂停，同时启用调试器。
- 设置条件断点，在给定条件满足时暂停程序执行。例如，当某个变量的值设置为预定义值时。

具体可用的内核调试选项，取决于所使用的方法。

用于执行这些操作的命令语法都易学易记，因为都是基于C语言的。这在GDB文档中解释得很好。

类似于大多数UNIX工具，GDB也是基于文本的。这有优点也有缺点，特别是，在文本界面下，无法通过图形指针可视化显示数据结构之间的关系。同样，GDB的源代码视图也不怎么理想，因为它只能显示很短一段源代码。

DDD是Data Display Debugger的简称，开发该调试器是为了改进GDB的这些不足，现在所有流行的发行版都包含了DDD。作为X11下的一个图形化工具，它弥补了GDB的不足。DDD是GDB的一个用户界面，因而也支持GDB的所有特性。因为在DDD中也可用直接输入所有的GDB命令，所有选项都是可用的，不仅仅是那些直接集成到图形用户界面中的特性。

DDD软件包带有很好的使用指南，特别地，其用户界面非常直观，因此本附录不解释如何使用它。

B.5.2　本地内核

proc文件系统包含了一个文件，名为kcore。其中包含了内核当前状态的映像，格式为ELF内存转储格式（参见附录E）。因为GDB内存转储文件是可以读取和处理的，因而可以与内核及其调试符号联用，来可视化显示数据结构并读取其内部状态。GDB内存转储文件通常用于用户空间程序的事后分析，以查明其崩溃原因。

必须用内核映像（包含调试符号）的名称和kcore文件的名称作为参数来调用DDD：

```
wolfgang@meitner> ddd /home/wolfgang/linux-2.6.24/vmlinux /proc/kcore
```

这必须由root用户来完成，或修改/proc/kcore的访问权限，使得该文件可以由特定用户读取。如果/proc/kcore的访问权限未能充分限制，会出现安全风险，因为这使得用户可以修改内核内存。

很显然，尽管不能对运行内核设置断点或类似项，DDD很适于考察系统的数据结构，如图B-8所示。

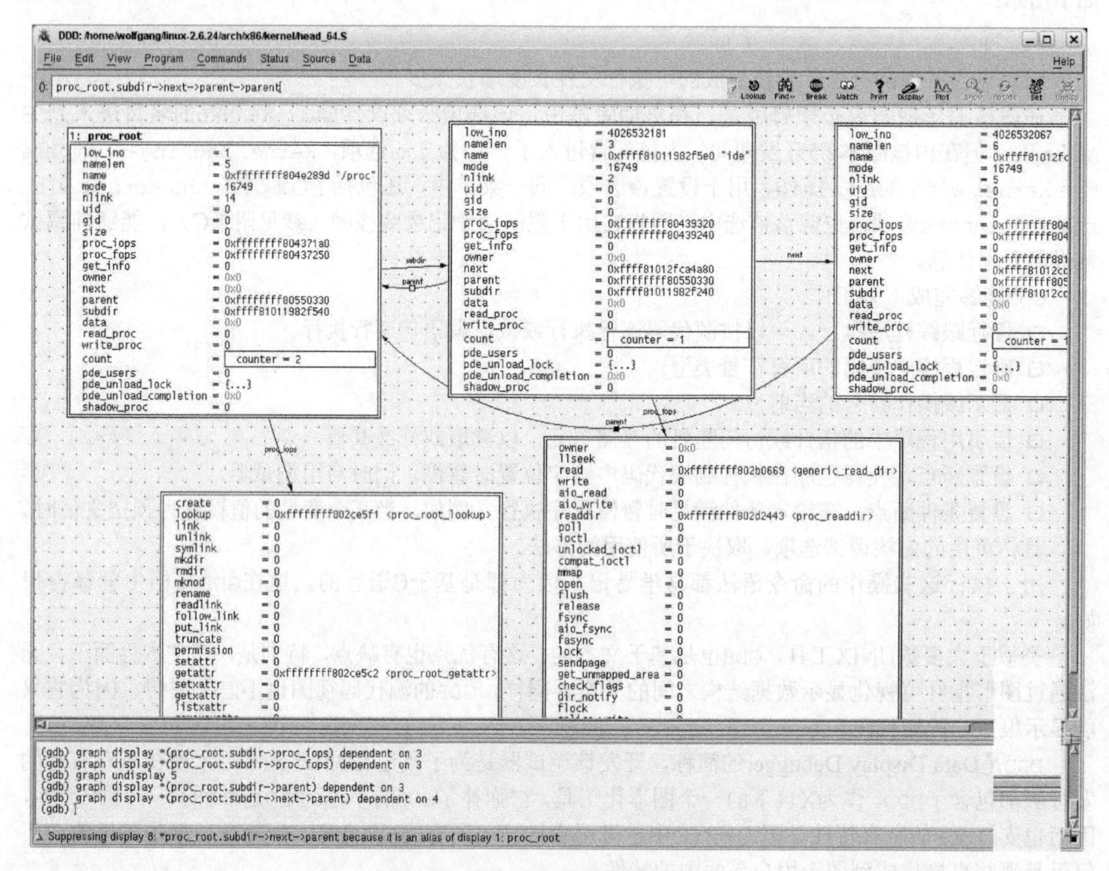

图B-8　考察本地内核的数据结构

首先从内核中定义为全局变量的数据结构实例开始。输入graph display proc_root，即告知DDD显示fs/proc_root.c中声明的proc_dir_entry类型的实例proc_root。通过双击，可以打开与该数据结构关联的其他实例。

如果指针没有类型信息（对于标准双链表，经常是这样），可以在GDB的输入栏指定C语言风格的类型转换。

如果要使DDD检测指向同一内存区的指针，并将箭头重定向到该结构的一个现存表示，而不是重新插入一个新的图示，则需要启用Data->Detect Aliases选项。在前一个例子中就是这样，parent指针都（正确地）指向了同一个数据元素。请注意，在DDD以这种模式运作时，速度会慢很多。

内存转储文件在由调试器处理时，内核通常不会修改转储文件，因而GDB不会注意到内核内存某些值的改变，改变必须通过kcore文件才能传播。如果内存的内容与用户的修改相关，该用户必须用core /proc/kcore显式重新加载内存转储文件。DDD会自动将修改的值以黄色背景显示，使之易于识别。

B.5.3 KGDB

两台通过网络或串行电缆连接的机器，提供了一个更好的调试环境，此时可用的选项几乎与调试普通应用程序相同。KGDB补丁在内核中安装一段简短的存根代码，向在第二台系统上运行的调试器提供了一个接口。因为GDB支持远程调试，内核可以利用这种调试形式，来提供断点、单步跟踪等特性。

KGDB没有包含在内核版本2.6.24中，但经过多年努力，在读者阅读本书时，它应该已经包含在内核版本2.6.26中了。如果需要对旧版本的内核提供KGDB支持，还有相关的补丁可用。

在获得一个具备KGDB支持的内核后，配置中包含了新的菜单项Kernel hacking->KGDB : kernel debugging with remote gdb，该选项必须启用。如果使用串行接口进行数据传输，必须对特定硬件进行正确设置。当然，内核二进制映像还应该包含调试符号。

因为在撰写本书时，KGDB仍然处于比较激烈的演化过程中，对于如何将gdb连接到一个运行中的内核，读者可以参考Documentation/DocBook/kgdb.html（可以用make htmldocs生成）。

B.6 用户模式 Linux

UML（User-Mode Linux，用户模式Linux）是Linux到自身的一个移植。内核在Linux系统上以一个用户空间进程的形式运行，这种设置并非没有闪光之处。

这方便了许多应用程序，这些应用很难于运行于真实硬件上的经典Linux内核上实现。特别是测试新的内核特性，而又无须频繁重启系统这样的需求。

UML也支持使用调试器，为了是内建的、基于控制台的，还是外部程序。本节简要讲述如何将DDD与UML联用，为分析内核及其数据结构提供多种选项。类似KGDB，可用对UML设置断点，也可以修改内存中的变量，但只需要一个系统。

在命令行必须指定ARCH = um，以表明是为UML创建内核，而非用于本地的处理器（无须设置CROSS_COMPILE，真正的交叉编译才需要）。例如：

```
wolfgang@meitner> make menuconfig ARCH=um
wolfgang@meitner> make linux ARCH=um
```

为在AMD64体系结构上编译UML，还需要添加SUBARCH = i386。UML的默认配置对大多数用途都是合理的，无须修改。

编译结果是一个名为linux的可执行文件，位于内核源代码的主目录下。该文件以用户进程的形式包含了Linux内核。

可以像普通应用程序那样调试UML。如图B-9所示，它还可以设置断点。

UML提供了许多其他选项。例如，与宿主机共享一个文件系统以便数据交换，或者建立宿主机和UML之间的网络连接（甚至于可以建立几个UML进程之间的网络连接）。这些选项的详细描述，请查看UML文档。另外，UML的设计者还写了一本书，专门阐述该主题（[Dik06]）。

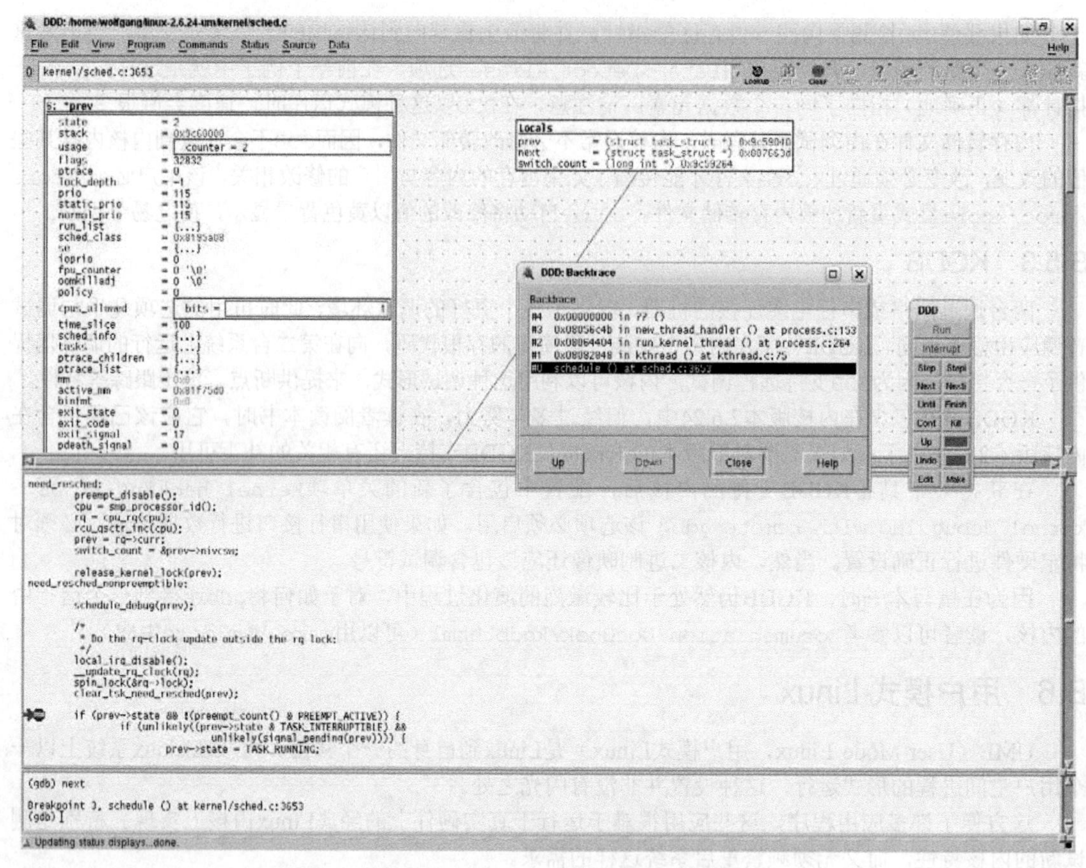

图B-9　运行的UML内核中的断点

B.7　小结

Linux内核是一个大型工程，除了对软件本身的改进，管理这个庞大的代码库也是对其开发者提出的一项挑战。本附录向读者介绍了内核源代码的组织方式，以及根据用户需要来联编定制内核二进制映像（以及相关模块）的工具。此外，本附录还讲述了一些有用的工具，可帮助读者理解这个复杂的代码库，并能够跟踪内核的开发，以及使用高级调试方案来查找并修正错误。

附录C

有关C语言的注记

在超过25年的时间里，C语言一直是实现各类操作系统（包括Linux）的首选编程语言。Linux内核的主要部分，除了少量汇编语言片段之外，都是用C语言编写的。因而，不精通C语言而想要理解内核，是不可能的。本书假定读者已经在C语言用户空间程序设计方面有足够经验。本附录将讨论C语言在内核程序设计领域一些很少使用、非常专门的方面。

内核源代码是特别为使用GNU C编译器进行编译而设计的。① 该编译器可用于许多体系结构（远超过内核所支持的体系结构），它提供了内核使用的大量增强特性，将在本附录中讨论。

C.1 GNU C 编译器如何工作

除了使用GNU对C语言的增强之外，内核在由C语言源文件生成汇编代码时，也依赖编译器进行的一些优化。因为在内核中某些地方，要求在源代码和编译器之间必须进行紧密协作，本节将简要概述GCC（GNU Compiler Collection）在编译源程序时所进行的各种操作，以及所使用的各种技术。当然，下列信息比较简要。对于详细信息，请参考随同编译器源代码提供的GCC Internals手册，可以在gcc.gnu.org网站获取。

C.1.1 从源代码到机器码程序

编译器的工作可以划分为如下为几个阶段。

- **预处理**：所有的预处理器操作都在这一阶段进行。根据编译器版本，该阶段由一个外部实用程序（cpp）或专门的库函数支持，二者都由编译器自动启动。在完成预处理之后，从源文件和使用`#include`指令包含的所有头文件，会生成一个（大的）输入文件。编译器本身接下来就无须考虑C语言程序分布在几个源文件中的问题了。
- **扫描和解析**：程序设计语言的语法可以通过语法规则描述，这些语法规则类似于自然语言(如英语)，但这种语法的限制要强得多。尽管用多种方式来表示同一事实可以增加语言的吸引力和微妙性，但在编程语言中必须不惜任何代价避免二义性。 该阶段通常由两个密切相关的任务组成。扫描器（又称之为词法分析器）逐字符分析源文件文本，查找程序设计语言的关键字。解析器（又称之为语法分析器）获取由扫描器提供的输入流，输入流的表示已经从源文件的文本表示抽象出来，解析器将根据语言的语法规则来检查所检测到的结构是否正确。它还在计算机内存中创建数据结构，以便作为源代码的更抽象表示，用于计算机的处理（这与程序的实际源代码相反，源代码应该易于读写）。

① 在IA-32平台上，也可以使用英特尔公司的专有编译器。它产生的汇编代码稍好一些，能够使内核运行得稍快一点，但未能提供体系结构独立的首要好处。因为英特尔编译器支持内核使用的所有GNU C语言增强特性，无须修改内核源代码即可利用英特尔编译器进行编译。

- **中间代码生成**：在生成最终机器代码的路径上，下一步是将扫描器和解析器建立的语法分析树（即，在内存中创建的数据结构）转换为另一种语言，称之为寄存器传输语言（register transfer language，简称RTL）。这是一种用于理想机器的汇编语言。这种语言是可以优化的，在很大程度上独立于目标处理器。但这并不意味着，对所有目标处理器来说，编译过程的这一阶段会生成相同的RTL代码。体系结构不同，可能提供的汇编语句也有所不同，在RTL生成期间必须考虑这点。

  RTL的各个语句已经是非常底层的，它处于高层的C语言到汇编语言之间的过渡路径中。其主要任务是操作寄存器值，以支持被编译程序的执行。当然，其中也有条件语句和其他控制程序流程的机制。但这种中间代码仍然包含了各种高级程序设计语言所共有的各种数据元素和结构（这些并非特定于某种语言如C、Pascal，等等），这些不会出现在纯粹的汇编语言中。
- **优化**：程序编译中，计算最密集的阶段就是对以RTL语言编写的中间代码进行优化。优化程序的原因很显然。但编译器如何进行优化？因为其中使用的机制精巧复杂且颇多曲折（总是需要考虑一些微妙的细节），仅编译优化技术就需要一大本书才能讲清楚，GCC就采用了很多优化技术。但本附录至少会说明所采用的一些优化技术。所有优化技术所基于的思想，最初看起来都很简单。但实际上（以及理论上）很难实现。此类选项最重要的包含，对算术表达式的简化（对表达式进行代数重写，使之能够更高效地计算，和/或使用较少的内存）、消除死代码（程序控制流无法到达的部分代码）、合并同一个程序中重复的表达式和代码项、重写程序控制流使之效率更高，等等。本附录将一一讲解这些内容。
- **代码生成**：最后一个阶段只关注针对目标处理器生成实际的汇编代码。但这里并不生成一个可执行二进制文件，而是产生一个汇编指令组成的文本文件，由其他外部程序（汇编器和可能的链接器）转换为二进制机器代码。原则上，汇编代码与程序最终的机器代码是等同的，虽然各个指令的语义都已经达到机器层次，但仍然可以被人阅读（而不是机器）。

为概述编译器处理过程的各个步骤，本附录以经典的"Hello, World"程序为例。

```
#include<stdio.h>

int main() {
  printf("Hello, World!\n");
  return 0;
}
```

该程序除了输出一行文本`Hello, World!`之外，什么也不做，大多数C语言教科书中的第一个程序都是这样。在IA-32系统上，编译器将生成下列汇编代码，供汇编器和链接器进一步处理：

```
        .file "hello.c"
        .section        .rodata
.LC0:
        .string "Hello, World!\n"
        .text
.globl main
        .type main,@function
main:
        pushl %ebp
        movl %esp, %ebp
        subl $8, %esp
        andl $-16, %esp
        movl $0, %eax
        subl %eax, %esp
        movl $.LC0, (%esp)
```

```
        call printf
        movl $0, %eax
        leave
        ret
.Lfe1:
        .size main,.Lfe1-main
        .ident "GCC: (GNU) 3.2.1"
```

如果已经熟悉了汇编语言编程，可能会感觉上述代码的语法格式稍微有点奇怪。GNU汇编器采用了AT & T语法，而不是更流行的Intel/Microsoft语法形式。当然，这两种语法实现了相同的功能，只是对源寄存器和目标寄存器的排列不同，所用的常数寻址方式也不同。C.1.7节简述了这些语法问题。

这里并不关注各个汇编指令的确切语义，因为对汇编语言编程进行完整的介绍，已经超出了本附录的范围。对内核所支持的每种体系结构来说，相应架构下的汇编语言编程实际上都需要一本书来介绍。这里，更重要的是所生成的代码结构。常数字符串保存在一个独立的段中，在需要传递给一个函数（在本例中是printf函数）或通常情况下需要所用时，则从该段加载。在汇编代码中，函数（这里只定义了main函数）与C代码保持了相同的名称。

同样的代码，在IA-64系统上会生成完全不同的汇编代码（因为体系结构是完全不同的），但代码的最终效果与IA-32系统上生成的代码是相同的。

```
        .file "hello.c"
        .pred.safe_across_calls p1-p5,p16-p63
        .section        .rodata
        .align 8
.LC0:
        stringz "Hello, World!\n"
        .text
        .align 16
        .global main#
        .proc main#
main:
        .prologue 14, 33
        .save ar.pfs, r34
        alloc r34 = ar.pfs, 0, 4, 1, 0
        .vframe r35
        mov r35 = r12
        .save rp, r33
        mov r33 = b0
        .body
        addl r14 = @ltoff(.LC0), gp
        ;;
        ld8 r36 = [r14]
        mov r32 = r1
        br.call.sptk.many b0 = printf#
        ;;
        mov r1 = r32
        mov r14 = r0
        ;;
        mov r8 = r14
        mov ar.pfs = r34
        mov b0 = r33
        .restore sp
        mov r12 = r35
        br.ret.sptk.many b0
        ;;
        .endp main#
        .ident "GCC: (GNU) 3.1"
```

为向读者说明在非英特尔架构上如何处理汇编代码生成，以下提供了在ARM平台上生成的代码：

```
        .file "hello.c"
        .section        .rodata
        .align 2
.LC0:
        .ascii  "Hello, World!\n\000"
        .text
        .align  2
        .global main
        .type   main,function
main:
        @ args = 0, pretend = 0, frame = 0
        @ frame_needed = 1, uses_anonymous_args = 0
        mov     ip, sp
        stmfd   sp!, {fp, ip, lr, pc}
        sub     fp, ip, #4
        ldr     r0, .L2
        bl      printf
        mov     r3, #0
        mov     r0, r3
        ldmea   fp, {fp, sp, pc}
.L3:
        .align  2
.L2:
        .word   .LC0
.Lfe1:
        .size   main,.Lfe1-main
        .ident  "GCC: (GNU) 3.2.1"
```

GCC如何获得目标处理器的能力和指令选项方面的信息呢？答案是：在编译器中，所支持的每个目标处理器，都有一个对应的机器描述。这包括两个部分，分别提供了所需的信息。

首先，有一个文件提供了指令模式（instruction pattern），其结构是LISP和RTL语法的混合。①这种模式的一部分值，由编译器在生成RTL代码时设置。可以定义各种条件或其他先决条件，来限制值的可能范围。实际代码的生成由输出模式执行，该模式表示可能的汇编指令并与指令模式相关联。为各个系统保存指令模式的源文件是编译器一个非常重要的部分，所占的比例很大。IA-32处理器的语句列表大约有14 000行。Alpha的有6 000行。Sparc家族则需要大约10 000行。

指令模式不能处理的一些情况，由C语言头文件和宏定义补充，其中涉及处理器相关的特殊情况。②这里必须使用C语言代码，即使目标指令可以用固定的字符串或简单的宏替换实现。

额外的宏和C语言文件的大小与指令模式文件类似（IA-32：12 000行；Alpha：9000行；Sparc：12 000行）。它们组成了CPU定义的一个重要部分，对生成高效的代码是必不可少的。

C.1.2　汇编和链接

在实际编译过程末尾，原来的C语言程序已经被转换为汇编代码，而最后一步向二进制代码的转换基本上不需要编译器的工作，因为剩余的工作由汇编器和链接器（通常也称之为binder，联接器）完成。

---

① LISP是一种编程语言，发源于人工智能。它通常用作应用程序的动态扩展语言。emacs的大部分是用一种LISP方言编写的，而GIMP图像处理程序则使用Scheme（一种简化的LISP变体）作为扩展语言。GUILE是由GNU工程开发的一个库，带有简单的选项，可用于向应用程序提供一个Scheme解释者作为扩展语言。

② 在开发GCC时，一个明确的目标是，性能高于理论上的完美。只借助指令模式来描述处理器是完全可能的，但这将损失一定的性能和灵活性。额外的宏定义是一个有用的功能，有助于适应各种CPU的专门特性。

与编译器的任务相比，汇编器的工作非常简单。各个汇编语句（及其参数）被转换为依处理器类型而不同的专用二进制格式（各个汇编指令都有自身的二进制码表示法。在一些系统上，如IA-32，根据使用的参数类型不同，一个指令可能转换为不同的二进制形式）。汇编器的另一个任务是将常数（如固定的字符串或数值常数）放置到二进制代码中。Linux下通常使用ELF格式（将在附录E中详细讲述）在二进制文件中保存程序代码和数据。

除了其他事务之外，链接器必须调整汇编代码中的分支地址。尽管汇编语言源代码中仍然可以引用符号名称（例如，前述的汇编代码调用了标准库中定义的`printf`函数），但二进制机器码则必须指定相对或绝对的分支地址。例如，“跳转到后面第5个字节”或“转移到位置*x*”。

C.1.3　过程调用

C语言中一个有趣的方面是过程和函数调用的实现，这不是特定于GNU编译器的[①]。因为在某些时候，内核负责确保汇编语言和C语言代码的互操作性（换言之，从汇编代码中调用C函数），因此重要的是知道函数调用背后的机制。本节根据IA-32体系结构描述了这些机制，当然其他体系结构上的方法通常是类似的。[②]

我们根据图C-1，来讨论过程调用所涉及的基本术语。*系统栈*（system stack）是一个内存区，位于进程地址空间的末端。在将数据压栈时，栈自顶向下增长，这与“增长”这个词所预期的方向刚好相反。该内存区用于为函数的局部变量提供内存。它也支持在调用函数时传递参数。如果调用了嵌套的过程，栈会自上而下增长，并接受新的*活动记录*（activation record）来保存一个过程所需的所有数据。当前执行过程的活动记录，由标记顶部位置的*帧指针*（frame pointer）和标记底部位置的栈指针（stack pointer）定义。在过程执行时，虽然其顶部的限制是固定的，但底部的限制是可以扩展的（在需要更多空间时）。

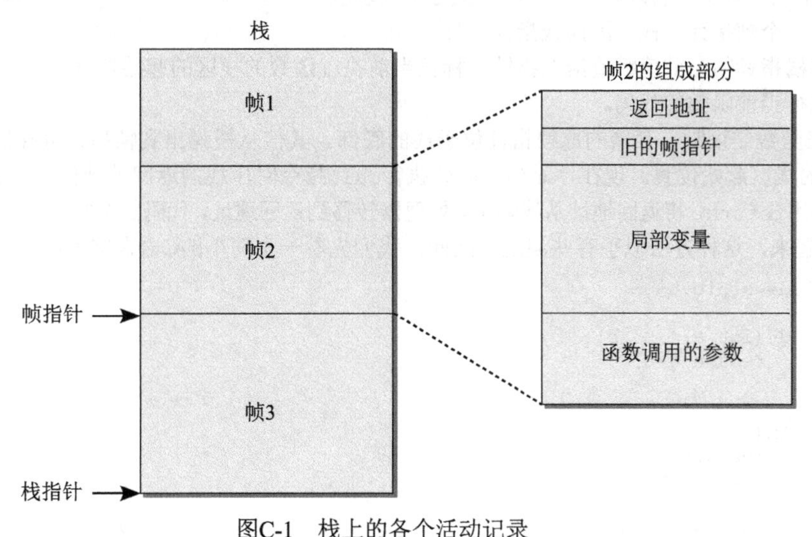

图C-1　栈上的各个活动记录

① 其他编译器的*调用约定*（call convention）可能在细节方面有所不同，但底层的原理总是相同的。

② 主要的例外是IA-64体系结构，它采用了*寄存器窗口*（register window）的概念，使得程序相信寄存器集合的大小是无限的，这一点在实现函数调用时可以利用。这使得最终的机制与这里讨论的形式有很大的不同。详细信息可以参见IA-64处理器相关文档。

图C-1也给出了第2个栈帧的详述，指出了其组成部分，如下所示。

- 在栈帧顶部是返回地址，以及保存的帧指针值。返回地址指定了在当前过程结束时代码的控制流转向的内存地址，而保存的帧指针则是前一个活动记录的帧指针。在当前过程执行结束后，该帧指针值可用于重建调用过程的栈帧，在试图调试调用栈回溯时，这一点很重要。
- 活动记录的主要部分是为过程局部变量分配的内存空间。在C语言中，这种变量也称之为自动变量（automatic variable）。
- 在函数调用时以参数形式传递到函数的值，存储在栈的底部。

所有常见的体系结构都提供了以下两个栈操作指令。

- push将一个值放置在栈上，并将栈指针减去该值所占用的内存字节数。栈的末端下移到更低的地址。
- pop从栈删除一个值，并相应增加栈指针的值。也就是说，栈的末端上移。

其还提供了以下两个指令，用于调用和退出函数（自动返回到调用过程），它们也会自动操作栈。

- call将指令指针的当前值压栈，跳转到被调用函数的起始地址。
- return从栈上弹出返回地址，并跳转到该地址。过程的实现必须将return作为最后一条指令，由call放置在栈上的返回地址位于栈的底部[①]。

过程调用因而由以下两个步骤组成。

(1) 在栈中建立参数列表。传递到被调用函数的第一个参数最后入栈。这使得可以传递可变数目的参数，然后将其从栈上逐一弹出(pop)。

(2) 调用call，这将指令指针的当前值（call之后的下一条指令）压栈，代码的控制流转向被调用的函数。

被调用的过程负责管理帧指针，需要执行下列步骤。

(1) 前一个帧指针压栈，因而栈指针下移。

(2) 将栈指针的当前值赋值给帧指针，标记当前执行函数的栈区的起始位置。

(3) 执行当前函数的代码。

(4) 在函数结束时，存储的原帧指针位于栈的底部。其值从栈弹出到帧指针寄存器，使之指向前一个函数的栈区起始位置。现在，对当前函数执行call指令时压栈的返回地址位于栈底。

(5) 调用return，将返回地址从栈弹出。处理器转移到返回地址，代码的控制流也返回到调用函数。

初看起来，这种方法似乎有些混乱。因此，我们先看一个简单的C语言例子：

```
#include<stdio.h>

int add (int a, int b) {
        return a+b;
}

int main() {
        int a,b;
        a = 3;
        b = 4;
        int ret = add(a,b);
        printf("Result: %u\n", ret);

        exit(0);
}
```

① 实际上是上一个活动记录的底部，当前活动记录的顶部。——译者注

在IA-32系统上，上述例子代码将生成以下汇编代码，当然关闭了编译优化选项（该选项将生成更优秀的代码，但会使解释变得复杂）。本例使用了Intel语法表示，因为与GCC选用的AT&T形式相比，这种语法更容易阅读和解释。汇编语法不包括行号，在这里添加行号是为了便于代码的解释。

```
<main>:
1:  push    ebp
2:  mov         ebp,esp
3:  sub         esp,0x18
4:  mov         eax,0x0

5:  mov         DWORD PTR [ebp-4],0x3
6:  mov         DWORD PTR [ebp-8],0x4
7:  mov         eax,DWORD PTR [ebp-8]
8:  mov         DWORD PTR [esp+4],eax
9:  mov         eax,DWORD PTR [ebp-4]
10: mov     DWORD PTR [esp],eax
11: call    <add>
12: mov     DWORD PTR [ebp-12],eax
13: mov     eax,DWORD PTR [ebp-12]

14: mov     DWORD PTR [esp+4],eax
15: mov     DWORD PTR [esp],0x0
16: call    <printf>
17: mov     DWORD PTR [esp],0x0
18: call    <exit>

<add>:
19: push    ebp
20: mov     ebp,esp

21: mov     eax,DWORD PTR [ebp+12]
22: add     eax,DWORD PTR [ebp+8]

23: pop     ebp
24: ret
```

main从此前讲述的标准操作开始，先保存帧指针。在IA-32系统，ebp寄存器用作帧指针。该值压入栈上最低的位置，这导致栈指针自动下移4字节，这是因为在IA-32系统上需要4字节表示一个指针。接下来使用mov语句，将栈指针的值保存到帧指针寄存器。mov a, b将寄存器b的值复制到寄存器a。因而第2行将栈指针的当前值复制到帧指针。

第3行从栈指针减去0x18字节，使得栈指针下移，将栈的空间增大了0x18 = 24字节。第4行初始化eax通用寄存器为0。

局部变量现在必须放置到栈上。如C代码所示，main有两个局部变量a和b。二者都是整型变量，在内存中都需要4个字节。因为栈的前4个字节保存了帧指针的旧值，编译器将接下来的两个4字节内存区分配给两个局部变量。

为向分配的内存空间设置初始值，编译器使用了处理器的指针反引用选项。第5行的DWORD PTR [ebp - 4]通知编译器，引用“帧指针减4”得到的值在内存中指向的位置。使用move将值3写入该位置。编译器接下来用同样方法处理第2个局部变量，其在栈中的位置稍低，值为4。

局部变量a和b必须用作即将调用的add过程的参数。编译器通过将适当的值放置在栈的末端来建立参数列表，如前所述，第一个参数在最底部。栈指针用于查找栈的末尾。内存中对应的位置通过指针反引用确定。将栈上的两个局部变量的值分别读入寄存器eax，然后将eax的值写入到参数列表中对应的位置。第7和第8行设置第2个参数（b），第9和第10行负责第1个参数（a）。在阅读源代码时，切记不要混淆esp和ebp。

图C-2给出了上述操作执行后，栈的状态。

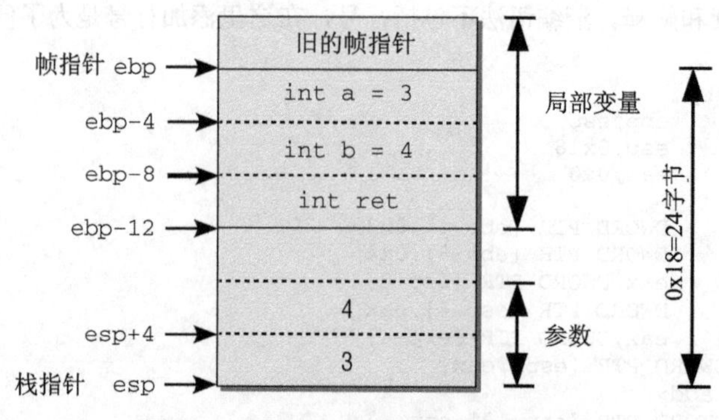

图C-2　调用add之前栈帧的状态

现在可以使用call指令调用add。在实际的程序中，完成重新定位之外，将给出调用函数的地址，而不是这里的<add>占位符。该指令将指令指针寄存器压栈，代码控制流在add例程的开始处恢复执行。

根据调用约定，例程首先将此前的帧指针压栈，并将栈指针赋值给帧指针，栈的状态如图C-3所示（只给出了与add相关的部分）。

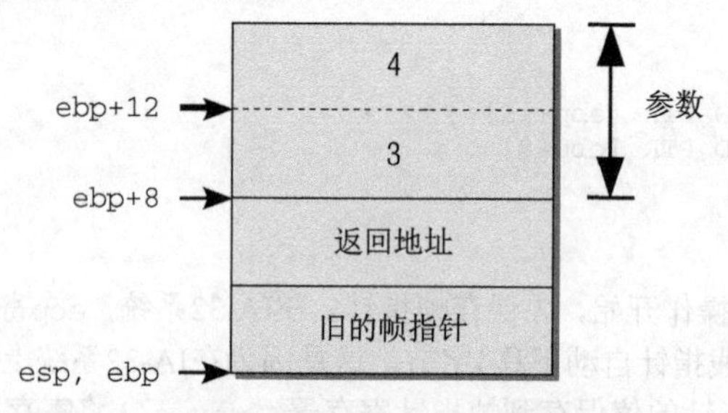

图C-3　调用add之后栈的状态

过程的参数可以根据帧指针查找。编译器知道参数就在调用函数的活动记录末尾，而在当前活动记录开始处又存储了两个4字节的值(返回地址、原帧指针)。因而参数可以通过反引用ebp+8和ebp+12访问。add用于加这两个值，而eax寄存器用作工作空间。结果值留在该寄存器中，使之可以传递给调用函数。

为返回到调用函数，需要执行以下两个操作。

- 使用pop将存储的帧指针值从栈弹出到ebp寄存器。栈帧的顶端重新恢复到main的设置。
- ret将返回地址从栈弹出到指令指针寄存器，控制流转向该地址。

因为main中还使用了另一个局部变量（ret）来存储add的返回值，返回后需要将eax寄存器的值复制到ret在栈上的位置。

剩余的汇编代码（第14~24行）涉及调用printf和exit库函数。

帧指针的使用不是强制的。完全可以忽略帧指针，因为在没有帧指针的情况下，也可以生成功能等效的代码。这就是gcc选项-omit-frame-pointer的功能所在。在省略帧指针的情况下，每个过程都可以减少两个汇编语言操作，生成的结果代码会快一点点，这也是内核通常不使用帧指针的原因。

但负面效应在于，这会导致无法创建调用栈回溯来重建函数的调用顺序。因为回溯在调试或查找内核oops（内核在遇到严重问题时产生的紧急消息）原因时非常有用，在开发内核版本2.5时，引入了向代码添加帧指针的配置选项。除非追求极限系统性能，否则建议开启该选项。

C.1.4　优化

优化是编译器的一个重要功能，它可以在不修改程序的情况下，生成快速的代码。这使得程序员从微优化（micro-optimization）工作中解放出来。他们可以专注于编写有内容、易于理解的C语言代码，编译器可以将C代码自动转换为尽可能最优的汇编代码。不过，优化是一个很复杂的主题，不仅需要C语言和汇编语言方面大量的编程技巧，而且需要对数学和形式逻辑有深刻的了解。为此，以下各节将只简要概述GCC的优化特性。

1. 常数简化

常数简化是最基本的优化技术，当然不能期望该技术提供太快和太紧凑的代码。从该名称可知优化所采取的方向，但简化实际上会达到什么目标呢？回答该问题的最佳方法是借助一个简短的C语言例子，其中为若干变量设置值。

```
int x,y;
x = 10;
y = x+ 42;
const int z=y* 23;
printf("x, y, z: %d, %d, %d\n", x,y,z);
```

未优化的汇编代码如下所示：

```
        .file   "calc.c"
        .section        .rodata
.LC0:
        .string "x, y, z: %d, %d, %d\n"
        .text
.globl main
        .type   main,@function
main:
        pushl   %ebp
        movl    %esp, %ebp
        subl    $40, %esp
        andl    $-16, %esp
        movl    $0, %eax
        subl    %eax, %esp
        movl    $10, -4(%ebp)
        movl    -4(%ebp), %eax
        addl    $42, %eax
        movl    %eax, -8(%ebp)
        movl    -8(%ebp), %edx
        movl    %edx, %eax
        addl    %eax, %eax
        addl    %edx, %eax
        sall    $3, %eax
        subl    %edx, %eax
        movl    %eax, -12(%ebp)
        movl    -12(%ebp), %eax
        movl    %eax, 12(%esp)
        movl    -8(%ebp), %eax
        movl    %eax, 8(%esp)
        movl    -4(%ebp), %eax
```

```
        movl    %eax, 4(%esp)
        movl    $.LC0, (%esp)
        call    printf
        leave
        ret
.Lfe1:
        .size   main,.Lfe1-main
        .ident  "GCC: (GNU) 3.2.1"
```

各次所赋的值最初并不清楚，首先必须计算（通过加法和乘法）。因为总是使用同样的初始值，所以每次程序运行的结果都相同。如果关掉优化，C代码将以一种相对直接的方式编译为汇编代码。进行两次计算，为3个变量设置值。如果打开优化，汇编输出中会出现一个额外的常数：计算的准确结果（本例中是1196）。

优化过的汇编代码如下所示：

```
        .file    "calc.c"
        .section         .rodata.str1.1,"aMS",@progbits,1
.LC0:
        .string "x, y, z: %d, %d, %d\n"
        .text
        .p2align 4,,15
.globl main
        .type    main,@function
main:
        pushl    %ebp
        movl     %esp, %ebp
        subl     $24, %esp
        andl     $-16, %esp
        movl     $1196, 12(%esp)
        movl     $52, 8(%esp)
        movl     $10, 4(%esp)
        movl     $.LC0, (%esp)
        call     printf
        movl     %ebp, %esp
        popl     %ebp
        ret
.Lfe1:
        .size main,.Lfe1-main
        .ident "GCC: (GNU) 3.2.1"
```

计算不再于运行时进行，因为结果在编译时已经是已知的。但使程序执行得更快[①]不是这个优化步骤带来的唯一好处。生成的代码现在只使用一个变量z，因为另外两个临时变量（x和y）是多余的。这不仅缩短了执行时间，而且节省了存储空间，对于有许多变量的大型程序来说，这是很重要的一个考虑。

2. 循环优化

循环中的代码可能反复执行，因而值得进行彻底优化，因为带来的速度提高特别显著。如果一个循环迭代1 000次，而优化使循环体的执行时间缩短千分之一秒，那么程序总的运行时间将缩短一秒。一秒看起来可能不多。但最好通过考查时间要求严格的内核操作（如进程切换）或长时间运行的程序（如物理模拟）来评估该优化的效果。优化与否，在后一种情况下相差的执行时间可能以小时乃至天来计算，在前一种情况下节约几分之一秒就是可取的目标，毕竟为让用户产生程序并行执行的错觉，进程切换是频繁进行的（用户几乎感知不到）。

---

① 请注意，如果在编译时预计算一些结果，编译过程当然会花费更长时间。这是所有优化的一个共性，执行速度的提高是以编译速度降低为代价的。但因为编译只进行一次，而执行会不断进行，因而这是可接受的。

这种优化特性不难理解，从技术上看似乎相对简单。该特性可以通过以下的简单示例来说明：

```
int count;

for (count = 0; count < 3; count++) {
  printf("Pass: %d\n", count);
}
```

该循环会连续迭代3次，每次都输出当前一遍的计数（0、1、2）。这里能优化什么呢？该循环在汇编代码中的实现是这样，在循环体末尾将count状态变量加1，然后检查其值。如果该变量小于3，则重新开始循环（跳转到循环体开始处）；否则，开始执行循环之后的代码。没有优化的情况下，生成的汇编代码如下所示：

```
        .file   "loop.c"
        .section        .rodata
.LC0:
        .string "Pass: %d\n"
        .text
.globl main
        .type   main,@function
main:
        pushl   %ebp
        movl    %esp, %ebp
        subl    $24, %esp
        andl    $-16, %esp
        movl    $0, %eax
        subl    %eax, %esp
        movl    $0, -4(%ebp)
.L2:
        cmpl    $2, -4(%ebp)
        jle     .L5
        jmp     .L3
.L5:
        movl    -4(%ebp), %eax
        movl    %eax, 4(%esp)
        movl    $.LC0, (%esp)
        call    printf
        leal    -4(%ebp), %eax
        incl    (%eax)
        jmp     .L2
.L3:
        leave
        ret
.Lfe1:
        .size   main,.Lfe1-main
        .ident  "GCC: (GNU) 3.2.1"
```

如果循环遍数比较小，如果直接展开循环体，将其中的汇编代码连续写入到输出文件几次，生成的结果代码通常执行得更快。这样就不需要比较状态变量和结束值，还可以省去条件分支。如果使用优化的循环展开（loop unrolling），GCC将生成下列代码：

```
        .file "loop.c"
        .section        .rodata.str1.1,"aMS",@progbits,1
.LC0:
        .string "Pass: %d\n"
        .text
        .p2align 4,,15
.globl main
```

```
        .type       main,@function
main:
        pushl       %ebp
        movl        %esp, %ebp
        subl        $8, %esp
        andl        $-16, %esp
        movl        $0, 4(%esp)
        movl        $.LC0, (%esp)
        call        printf
        movl        $1, 4(%esp)
        movl        $.LC0, (%esp)
        call        printf
        movl        $2, 4(%esp)
        movl        $.LC0, (%esp)
        call        printf
        movl        %ebp, %esp
        popl        %ebp
        ret
.Lfe1:
        .size       main,.Lfe1-main
        .ident      "GCC: (GNU) 3.2.1"
```

应该注意到，如果使用该方法，生成的程序代码的长度可能剧烈增长。与该方法相关的技术困难实际上决定了是否应用这种优化。使用这种优化能够改进的循环的最理想循环遍数，不仅取决于循环体中的代码，还依赖于处理器类型。因而在编译器中定义相应的启发式规则很困难，虽然产生的结果容易理解。

3. 公共子表达式消除

该优化特性涉及增强对一个程序中多次出现的代数表达式的处理。但这些不再是可以通过各种操作简化的静态表达式。在这种情况下，编译器在一个程序段中搜索重现的子表达式。如果用于计算的变量没有改变，那么就可以跳过显式的重新计算操作，而直接使用前一次计算的结果。换言之，该技术需要搜索常用或公用的子表达式，为优化程序代码而消去其中一些。因此，该技术称之为公共子表达式消除（common subexpression elimination）。[①]我将根据下列简短的例子，来说明该技术：

```
int p,x,y,z;
scanf("%u", &x);
y = 42;

p = x*y;

if (x>23){
  z = x*y;
}
else {
  z = 61*x*y;
  }
```

重现的子表达式显然是x*y。对程序执行的分析［技术文档和研究论文中通常称之为程序控制流分析（program flow analysis）］揭示了该表达式至少计算两次。scanf语句从控制台读取x的值，即用户可以键入他们想要的任何值。之所以使用这种笨拙的方法，而不是为x变量指定一个具体的值，理由很简单。如果x的值是固定的，那么可以应用另一个优化特性（称之为死代码消除，如下一节所述）。

① 非常准确地说，这种消除技术有两个不同的版本。二者采用了不同的算法，可根据优化的目的是缩短执行时间还是减少代码长度而采用相应的版本。

这将会改变代码，使得不再需要这里讨论的优化特性。

在将一个值赋值到z时，程序会根据x的值区分两种情形。两种情形的共同点是，赋值中都使用了表达式x*y，人类可以轻易证实这一点，但对编译器来说这是极端困难的，在程序控制流的两个分支中所用的变量没有改变。因而此前为p赋值时计算的值可以重用。同样，这种优化的困难不在于实际上的技术性置换操作，而是需要操作在所有可能的执行形式下保持不变的表达式。

4. 死代码消除

乍一读，术语“死代码消除”听起来相当暴力。再仔细看看，看起来有点矛盾。毕竟，如何消除已经死亡的代码？只有到第三次思考该术语时，才知道它引用了一种优化特性，在代码生成时消除不可能执行的代码段，以减少汇编代码的长度。

死代码在程序中是如何累积的？对程序如何运行，显然程序员会有一些想法。他们为什么会浪费时间写一些多余的程序片段？对简单程序来说确实如此，但对于规模较大的代码，需要定义若干常数来控制特定的程序功能，那么情况可能就很不相同。在编译第3章详细讨论的体系结构无关的内存模型（该模型为内核支持的各种处理器提供了统一接口）所对应的C代码时，消除死代码就是其中的一个重要方面。为理解该优化特性的工作原理，我们借助下列简短的例子来讲解：

```
int x;
x=23;

if(x <10){
  printf("x is less than 10!\n");
  }
else {
  printf("x is greater than or equal to 10!\n");
}
```

没有优化时，将生成下列汇编代码：

```
        .file   "dead.c"
        .section        .rodata
.LC0:
        .string "x is less than 10!\n"
        .align 32
.LC1:
        .string "x is greater than or equal to 10!\n"
        .text
.globl main
        .type   main,@function
main:
        pushl   %ebp
        movl    %esp, %ebp
        subl    $8, %esp
        andl    $-16, %esp
        movl    $0, %eax
        subl    %eax, %esp
        movl    $23, -4(%ebp)
        cmpl    $9, -4(%ebp)
        jg      .L2
        movl    $.LC0, (%esp)
        call    printf
        jmp     .L3
.L2:
        movl    $.LC1, (%esp)
        call    printf
.L3:
```

```
        leave
        ret
.Lfe1:
        .size   main,.Lfe1-main
        .ident  "GCC: (GNU) 3.2.1"
```

因为x赋值为23后，该值在if语句之前不可能改变，if的条件判断结果是显然的，总是会执行else分支，这导致x是否小于10的计算（以及相关联的printf输出）完全多余。因而if中的第一个分支就是死代码，因为程序控制流永远不会到达这里。因而，编译器无须编译对应的语句。另外一个好处是，目标文件不需要再保存字符串常数x is less than 10!。除了加速程序执行之外，优化也减小了所生成代码的长度。从目标文件中忽略掉一部分字符串，是一个相对较新的优化特性，只在GCC 3及更高版本支持。

优化过的汇编代码如下所示：

```
        .file   "dead.c"
        .section        .rodata.str1.32,"aMS",@progbits,1
        .align 32
.LC1:
        .string "x is greater than or equal to 10!"
        .text
        .p2align 4,,15
.globl main
        .type   main,@function
main:
        pushl   %ebp
        movl    %esp, %ebp
        subl    $8, %esp
        andl    $-16, %esp
        movl    $.LC1, (%esp)
        call    puts
        movl    %ebp, %esp
        popl    %ebp
        ret
.Lfe1:
        .size   main,.Lfe1-main
        .ident  "GCC: (GNU) 3.2.1"
```

读者理解这个优化特性之后，在前一个例子中使用scanf读取x变量值的原因就变得清楚了。如果x值在if语句之前不会改变，那么该程序也可以进行死代码消除。另外，还可以将该变量声明为volatile。这通知编译器该变量值可能通过无法控制的副效应（如中断）修改，这样会禁用某些形式的优化，包括死代码消除。

C.1.5 内联函数

与其他编程语言相比，C语言中的函数调用开销相对较小，但仍然需要一定量的CPU时间，对于使用频率非常高的代码片段（或时间要求极端严格的代码片段，如中断处理程序）来说，函数调用开销可能成为关键因素。为避免将代码分裂为小片段，且避免使用较长的函数，该问题被广泛采用的一个早期解决方案是采用宏。函数可以用宏替代，预处理器会将其代码展开后自动复制到“调用”函数。该方法的美学价值显然是可疑的，而且对过程参数缺少类型检查（且不说在编写代码时，必须注意预处理器的一些令人不快的特征）意味着宏不一定是首选方法。

由GCC实现的内联函数提供了一个优雅的备选方案。可以用关键字inline来修饰一个函数。这使得编译器将其代码复制到被调用位置，就像是宏一样。内联函数仍然保持了编译时的类型检查，就像是常规的函数调用。只要向函数增加inline前缀，即可将其转变为内联函数，如下所示：

```
inline int add (int a, int b) {
  ...
}
```

如果内联函数调用时的参数是常数，编译器就能够应用其他优化选项（例如，死代码消除或CSE），这对常规的函数调用是不可能的。

如同硬币的两面，事物总是有两面性的。如果将较长的、频繁使用的大块代码声明为内联函数，生成的二进制代码长度就会大大增加，这可能会引起问题，特别是资源较少的嵌入式系统上。

与此同时，内联函数已经包含在C99标准中，因此现在其他编译器也可以编译相应的代码。但在标准实现和GCC实现之间有一些微小的差别，具体可参见GCC手册。

C.1.6 属性

属性向编译器提供了有关函数或变量用法的详细信息。这使得编译器可以应用更准确的优化选项，以生成质量更好的代码，或者容许以普通的C语言所无法表达的形式。属性可能影响代码输出方面的一些细节。

GCC支持很多属性，有各种不同的用途，具体可参见GCC文档。本节将讲述内核所使用的属性。

属性通过对变量或函数的声明增加前缀或后缀来指定，关键字是__attribute__((list))，如下所示：

```
int add (int a, int b) __attribute__((regparam(3)));
struct xyy { } __attribute((__aligned__(SMP_CACHE_BYTES)))
```

内核源代码中使用了下列属性。

- noreturn用于指定被调用函数并不返回到调用者。优化将导致较佳的代码（当然因为函数不返回通常会导致程序异常终止，代码较佳就没什么意义了）。使用该属性，主要是为了防止针对相应代码中出现的未初始化变量的编译器警告。在内核中，该关键字适用于触发内核恐慌的函数，或在结束后通常会关机的函数。
- regparam是一个特定于IA-32的指令，它指定以寄存器传递参数，而不是像通常那样使用栈。它需要一个参数来表示以这种方式传递的参数的最大数目，前提是有足够多的空闲寄存器。由于该体系结构下寄存器数量很少，这从来都不是确定的。eax、edx和ecx寄存器用于该用途。内核为使用该属性定义了下列宏：

  include/asm-x86/linkage_32.h
  ```
  #define asmlinkage CPP_ASMLINKAGE __attribute__((regparm(0)))
  #define FASTCALL(x)     x __attribute__((regparm(3)))
  #define fastcall __attribute__((regparm(3)))
  ```

  顾名思义，FASTCALL用于快速调用一个函数。

  asmlinkage标识该函数从汇编代码内被调用。因为在这种情况下参数传递必须手工编码（因而编译器无法访问），与通过栈能够传递的参数数目相比，通过寄存器传递的参数数目显然不会给我们带来什么惊讶，这也是通过寄存器传递参数的选项必须显式启用的原因CPP_ASMLINKAGE关键字通常扩展为一个空串（仅当使用C++编译器编译内核时才插入extern C关键字），这通知编译器使用C调用约定（第一个参数最后入栈），而不是C++调用约定（第一个参数首先入栈）。

  在IA-32以外的所有体系结构上，上面给出的宏都定义为空串。

- section允许编译器将变量和函数置于二进制文件的不同于通常设置的其他段中（有关二进制文件格式的详细描述，请参考附录E）。在实现本书多处提到的init/exit调用时，这个属性是很重要的。在属性中，必须以字符串参数形式定义相关变量/函数的目标段名称。
  例如，为定义init调用，编译器使用了下列宏将函数置于末尾.initcall0.init的段中：
  <init.h>
```
#define __define_initcall(level,fn,id) \
        static initcall_t __initcall_##fn##id __attribute_used__ \
        __attribute__ ((__section__(".initcall" level ".init"))) = fn
```
- align指定了数据对齐的最低限度，即数据在内存中对齐的特征位置。该属性需要一个整数参数，数据所在的内存地址必须能够被该值整除。其单位是字节。
  该属性很重要，因为它通过将结构的关键部分放置到内存中最恰当的位置，来最大限度地发挥CPU高速缓存的作用。
  例如，____cacheline_aligned宏定义如下：
  <cache.h>
```
#define __cacheline_aligned
    __attribute__((__aligned__(SMP_CACHE_BYTES), \
                   __section__(".data.cacheline_aligned")))
```
  其目的是将数据按处理器L1缓存行进行对齐，虽然所用的常数暗示这种对齐只在多处理器系统上实现。前述代码实现了这种对齐的一个通用版本，但各个体系结构可以自行提供定义：该宏一个稍微严格的版本如下所示：
  <cache.h>
```
#define INTERNODE_CACHE_SHIFT L1_CACHE_SHIFT
#define ____cacheline_internodealigned_in_smp \
        __attribute__((__aligned__(1 << (INTERNODE_CACHE_SHIFT))))
```
  对齐是基于底层体系结构最大可能的L1缓存行长度进行，而无论处理器是否有这种长度的L1缓存行。这意味着所定义的对齐在高速缓存使用方面是最佳的，但浪费了更多的空间，因而该属性的使用需要谨慎地考虑。

C.1.7　内联汇编

在将简短的汇编语言代码片段插入到C代码中时，创建一个独立的汇编源文件，将其编译为二进制代码，在与C编译器生成的目标代码进行链接，这种做法不切实际且笨拙。因而，GCC提供了一个专用的选项，可以借助专门的语句，将汇编代码直接集成到C代码中，编译器来承担联合代码生成的工作。采用这种方法，不仅程序员的技术性工作较少，而且编译器可以改进C代码生成的机器代码，使之能够与汇编语言片段更好地互操作。因为与链接一个独立的汇编语言目标文件相比，编译器对内联汇编的代码结构有更多的了解。程序员无须猜测所需输入参数保存在哪些寄存器或内存地址，这可以通过C语言与内联汇编语言之间的一个无歧义的接口定义。

当然，插入汇编代码是平台相关的。因为各个处理器架构之间，使用的操作码和寄存器都是不同的。但用于集成汇编语句与C代码的机制是平台无关的。

asm语句用于指定汇编代码和所用的寄存器。其语法如下（还可以使用等价的__asm__关键字）：

```
asm ("Assembler code";
        : Output operand specification
        : Input operand specification
        : Modified registers
);
```

在IA-32系统上，汇编代码本身必须以AT & T表示法给出（在所有其他平台上，采用特定体系结构的首选表示法）。输入和输出寄存器规范指定了哪些输入参数由寄存器（或内存）提供，哪些寄存器或内存位置用于输出。更准确地说，规范对涉及的寄存器定义了各种条件，因而表示了与提供输入数据、对输出数据进行进一步处理的C语言实现之间的接口。通过指定所有在汇编语句中被修改寄存器（尽管这不是输入输出规范的一部分），向编译器提供了额外的信息。例如，在执行汇编代码之前，编译器不能使用被修改的寄存器来保存稍后需要访问的值。请注意，GCC文档原本将“修改寄存器”称之为击倒寄存器（clobbered register）。

就本附录的目的而言，将AT&T汇编语法总结为以下五条规则，就足够了。

- 寄存器通过在名称前加百分号前缀引用。例如，为使用eax寄存器，汇编代码中将使用%eax。

> 在C源代码中必须指定两个百分号，才能在转给汇编器的输出中形成一个百分号。

- 源寄存器总是在目标寄存器之前指定。例如，在mov语句中，这意味着mov a, b将寄存器a的内容复制到寄存器b。
- 操作数的长度由汇编语句的后缀指定。b代表byte，l代表long，w代表word。为在IA-32系统上将一个长整数从eax寄存器移动到ebx寄存器，需要指定movl %eax, %ebx。
- 间接内存引用（指针反引用）需要将寄存器包含在括号中。例如，movl (%eax), %ebx将寄存器eax的值指定的内存地址中的长整数值复制到寄存器ebx。
- offset(register)指定寄存器值与一个偏移量联用，将偏移量加到寄存器的实际值上。例如，8(%eax)指定将eax+ 8用作一个操作数。该表示法主要用于内存访问，例如指定与栈指针或帧指针的偏移量，以访问某些局部变量。

以下例子说明了输入和输出规范的语义：

```
int move() {
  int a= 5;
  int b;

  asm ("movl %1, %%eax;
        movl %%eax, %0;"
        : "=r"(b) /* 输出寄存器 */
        : "r" (a) /* 输入寄存器 */
        : "%eax"); /* 修改的寄存器 */

 printf("b: %u\n", b);
}
```

该代码将a的值复制到b，这对性能要求不高。也可以写成b = a，使编译器来生成等效或更好的代码。上述内联汇编代码使用了一个输入寄存器、一个输出寄存器和一个临时寄存器。在汇编代码中，虽然输入和输出寄存器都以%1和%0的形式表示（代码只需要定义对寄存器实施的操作），临时寄存器的必须明确指定。这个例子使用了eax。回想在源代码中必须输入两个百分号，才能在编译器输出中产生一个百分号，这也是用%%eax形式来指定寄存器的原因。

该例子生成了以下汇编语言输出，为AT &T语法（这里只给出了输出中对应的部分）。

```
        movl -4(%ebp), %edx
#APP
        movl %edx, %eax;
        movl %eax, %edx;
#NO_APP
        movl %edx, %eax
```

```
    movl %eax, -8(%ebp)
```

asm语句生成的汇编代码包含在编译器输出的#APP和#NO_APP之间。

该代码的效果与预期相同。编译器首先将当前活动记录中位置为ebp - 4的局部变量a的值复制寄存器edx。汇编代码执行，将该值复制到寄存器eax。接下来它将eax的值复制到输出寄存器edx。接下来的代码仍然是由编译器生成的，将汇编代码的结果值（通过寄存器eax）复制到局部变量b，位于活动记录中，位置为ebp - 8。

在这个例子中，汇编代码和编译器生成的代码都不怎么智能化。如果要求GCC生成优化代码，会产生如下的汇编代码输出：

```
    movl $5, %edx
#APP
    movl %edx, %eax;
    movl %eax, %ecx;
#NO_APP
```

局部变量现在不再存储在栈上（不需要），而是保存在寄存器中。edx用作a，初始化为常数5。b保存在寄存器ecx中。两个寄存器都可以用于用户定义的汇编代码中，这省去了寄存器和栈之间笨拙的复制操作。

> GCC不能检查asm部分的代码是否是特定平台的正确汇编指令，也不能检查所使用的寄存器是否实际上适用于特定的应用程序。这完全是程序员的责任。

输入和输出寄存器通过约束定义，形式如下：

"constraint" (variable)

前述的例子使用了下面两个约束。

- "r"指定了一个寄存器，用于在汇编代码中表示给定变量的值（a或b）。具体使用哪个寄存器由编译器确定，程序员在编写汇编代码时并不知道，这也是在汇编代码中用%0和%1来表示相关寄存器的原因。
- "=r"以涉及的寄存器来指定一个操作数。

通常，约束用于表示一个值是位于内存还是位于寄存器，可能使用何种寄存器，等等。GCC支持各种各样的约束，其中一些是体系结构相关的，另一些是无关的。完整的描述，请参考编译器文档。本节只讲述了与内核相关的特性。

在内核中使用了下列体系结构无关的约束。

- r表示使用了一个通用寄存器。
- m指定使用了内存中的一个地址。
- I和J在IA-32系统上定义了一个位于0～31或0～63的常数。这可以用于移位操作。

这些约束可以通过使用修饰符前缀来进一步细化。

- =指定操作数是只写的。丢弃前一个值，替换为操作的输出值。
- +指定操作数是读写的。

接下来的两个例子示范了内核中如何使用内联汇编。首先，通过下列代码可实现原子地设置一个unsigned long变量中某个比特位：

include/asm-x86/bitops_32.h

```
static inline void set_bit(int nr, volatile unsigned long * addr)
{
```

```
    __asm__ __volatile__( LOCK_PREFIX
                "btsl %1,%0"
                :"+m" (ADDR)
                :"Ir" (nr));
}
```

bts代表汇编语句“位测试并置位”，该语句检查一个长整型值中的给定比特位，将该比特位的值存储到处理器的CF标志位，然后将该比特位设置为1。因为长整型值包括32位，其内部的比特位置可以通过范围0～31之间的一个常数指定，这也是使用约束类型I的原因。该位置还必须通过寄存器来指定，这是体系结构的要求，这里使用了r约束。

因为处理的数据位于内存中，通过写访问进行修改，必须对该长整型值指定+m约束。

预处理器常数LOCK_PREFIX用于使该操作原子执行。在单处理器系统上，该常数定义为空串，因为用于设置比特位的单个汇编语句是不能被中断的。在SMP系统上，该常数扩展为lock。这是一个单独的汇编语句，称之为锁前缀（lock prefix），它阻止系统的所有其他处理器干扰接下来的一条语句的执行，使之原子化执行。

事实上，内联代码中不仅仅能够使用单条汇编语句。例如，在Alpha CPU上，将整型变量原子化加1是一个复杂操作，如下所示：

include/asm-alpha/atomic.h

```
static __inline__ void atomic_add(int i, atomic_t * v)
{
        unsigned long temp;
        __asm__ __volatile__(
        "1:     ldl_l %0,%1\n"
        "       addl %0,%2,%0\n"
        "       stl_c %0,%1\n"
        "       beq %0,2f\n"
        ".subsection 2\n"
        "2:     br 1b\n"
        ".previous"
        :"=&r" (temp), "=m" (v->counter)
        :"Ir" (i), "m" (v->counter));
}
```

本附录并不讨论为何需要如此多的代码，因为这将涉及Alpha处理器的特征。该例子要说明的是，相对复杂、不能只用一个汇编语句为此的操作也可以在内联汇编中实现。

C.1.8 __builtin函数

__builtin函数向编译器提供了其他选项，可以执行C语言常规能力范围之外的操作，又不必借助于内联汇编。

每个体系结构都定义了自身的__builtin函数集合，详情可参见GCC文档。有若干__builtin函数变体对所有体系结构是共同的，内核使用了其中两个。

- __builtin_return_address(0)获得函数的返回地址，即函数结束时控制流将定位到的目标地址。如前所述，该信息也可以从活动记录取得。这实际上是一个特定于体系结构的任务，但这里的__builtin函数为该功能提供了一个通用的前端。
  参数指定了该__builtin函数应该在活动记录中向上多少层。0表示当前运行函数将返回的地址，1表示调用当前函数的函数将返回的地址，依次类推。

> 在某些体系结构上（如IA-64），确定活动记录有根本性的困难。为此，该函数对大于0的参数总是返回0。

- `__builtin_expect(long exp, long c)`帮助编译器优化分支预测。exp指定一个将计算的表达式的结果值，而c返回预期结果：0或1。举例来说，看一看下面的if语句：

```
if (expression) {
  /* 是 */
}
else {
  /* 否 */
  }
```

如果要优化上述代码，而且预期条件表达式在大多数情况下值为1，那么可使用_builtin_expect，如下：

```
if (__builtin_expect(expression, 1)) {
  /* 是 */
}
else {
  /* 否 */
}
```

编译器通过预先计算第一个分支，来影响处理器的分支预测。

内核定义了以下两个宏，来标识代码中很可能和不太可能的分支：

<compiler.h>

```
#define likely(x)       __builtin_expect(!!(x), 1)
#define unlikely(x)     __builtin_expect(!!(x), 0)
```

使用双重否定!!符号，有下面两个理由：

- 它使得宏可以用于隐式转换为真值的指针；
- 大于0的真值（C语言明确允许这种做法）标准化为1，这是__builtin_expect所预期的值。

内核中有多处使用了这两个宏。例如，在slab分配器的实现中，如下所示：

mm/slab.c

```
if (likely(ac->avail < ac->limit)) {
          STATS_INC_FREEHIT(cachep);
          ac_entry(ac)[ac->avail++] = objp;
          return;
} else {
          STATS_INC_FREEMISS(cachep);
          cache_flusharray(cachep, ac);
          ac_entry(ac)[ac->avail++] = objp;
}
```

上述例子表明，__builtin_expect不仅可用于简单值，还可以用于必须首先求值的条件表达式。

C.1.9　指针运算

通常在C语言中，仅当指针具有显式类型时，才可用于计算。例如int *或long *。否则，不可能确定指针加1操作的语义。GNU编译器拓宽了该限制，也支持void指针和函数指针的运算，内核在多处用到。在这两种情况下，加1操作的语义是增加1字节。

有趣的是，GCC至少曾经支持过可对比特位寻址的体系结构，即TI（Texas Instrument，德州仪器）的34010处理器。指针加1在该机器上意味着内存位置向前移动1比特位，而不是像普遍的那样移动1字节。虽然该计算机的存在很可能不值一提，但有件事却值得提起，2.6系列内核开发的关键人物之一Andrew Morton，曾经为该处理器编写过一个实时内核。读者可以从www.zip.com.au/~akpm/下载其源代码。

C.2 内核的标准数据结构和技术

在内核的C源代码中，采用了若干方法，这些对操作系统编程是必要的，但通常不用于普通的C程序。本节将讨论这些技术，以及一些时常需要用到的标准数据结构，这些一般实现为小的通用库。

C.2.1 引用计数器

需要长期使用的数据结构实例由内核在其动态内存空间中分配。在实例不再需要后，分配的内存空间可以返还给内存管理子系统，如同普通的C程序。如果只有一个内核组件在一条控制路径中访问该实例，这不成问题。在这种情况下，很容易确定何时不再需要该内存空间。在几个进程或内核线程访问同一实例时，因为资源的共享，使情况变得复杂。写时复制方法和通过进程分支来共享使用不同的进程资源，都是几个地方需要使用同一数据结构实例的例子。在这种情况下，内核并不知道该数据何时不再需要，因而无法判断返还相关内存空间的时机。

为解决这个问题，内核采用了硬链接实现所用的一种技术。数据结构中具有一个*使用*或*引用计数器*，表示内核中有多少位置在使用该资源。使用计数器是一个原子化的整型变量，嵌入数据结构中某处，通常名为count，如下例所示：

```
struct shared {
...
        atomic_t count;
...
}
```

分配例程会区分两种情况。如果没有合适的实例，则创建一个新的实例，并将其使用计数器初始化为1。如果有合适的实例存在（可借助散列表来检查，将所有现存实例置于散列表中），将实例的使用计数器加1后返回该实例。

此时不能通过简单地释放内存空间来释放数据结构的实例。相反，该任务需要委托给一个函数，首先检查使用计数器是否大于1。如果是，则该实例还在由内核的其他部分使用，将计数器减1即可。仅当计数器为0时（在函数开始时为1），该数据结构占用的内存空间才能返还给内存管理子系统，因为此时该实例才不再需要了。

C.2.2 指针类型转换

在可移植C应用程序中，一个常见的错误来源于假定整数和指针类型的长度相同，可进行类型转换，如下述例子：

```
int var;
void *ptr = &var;

printf("ptr before typecast: %p\n", ptr);

var = (int)ptr;
ptr = (void*)var;

printf("ptr after typecast: %p\n", ptr);
```

如果两次输出相同的值，那么该程序似乎就能工作了。尽管该程序实际上是不正确的，但这个例子颇有欺骗性，它在32位机器上可以正常工作。C语言并不保证指针和整型变量的位长相同，但在32位平台上刚好如此，整数和指针变量都需要4个字节。

在64位平台上就不是这样，指针需要8个字节，而整型变量仍然需要4个字节。在IA-64系统上，示例程序将产生以下输出：

```
wolfgang@64meitner> ./ptr
ptr before typecast: 0x9ffffffffffff930
ptr after typecast: 0xffffffffffff930
```

这种情况下，指针到整型的类型转换肯定会导致数据丢失。32位平台上这种粗心的惯例，成为了在64位体系结构上运行程序时频繁发生的一个错误的来源。当然，内核源代码如果在这两种字长的体系结构上执行，必须保证在64位环境下是正确的。

根据C语言标准，程序也不能假定指针和unsigned long变量可以相互进行类型转换。但因为这在所有现存的平台上都是可能的，所以内核将该假定作为一个先决条件，明确允许二者进行转换，如下所示：[①]

```
unsigned long var;
void* ptr;

var = (unsigned long)ptr;
ptr = (void*)var;
```

因为有时候unsigned long变量比void指针易于处理，二者可能先进行转换后再处理。例如，在必须考察复合数据类型的一部分时，这就很有用。

使用通常的指针运算，var++将导致其值增加sizeof(data type)。如果指针预先转换为unsigned long数据类型，就可以逐字节分析或遍历结构的内容（在提取内嵌的子结构时，这可能很有用）。

C.2.3　对齐问题

我们现在把注意力转向对齐问题。

1.自然对齐

大多数现代RISC机器都强制要求内存访问是自然对齐的：一个基本类型数据所存储的位置，必须能够被数据类型的宽度整除。例如，在64位体系结构上，指针有8字节宽。在自然对齐的情况下，这些指针必须存储在可以被8整除的地址上，如24、32、800等都是有效的地址，而30和25则不是。对所有常规的操作这都不成问题，因为在内核中分配内存时，分配时就会对齐到正确的位置。编译器还会保证向结构加入填充，以强制实施自然对齐。但如果访问任意地址上的内存，可能是非对齐的位置，则必须采用以下两个辅助函数：

- get_unaligned(ptr)，用于读取非对齐指针；
- put_unaligned(val, ptr)，将值val写入到非对齐的内存位置，由ptr表示。

比较旧的体系结构（如IA-32）可以透明地处理非对齐访问，但大多数RISC机器不是这样。因而对所有非对齐访问都必须使用这两个函数，以保证可移植性。

考虑下列结构：

```
struct align {
        char *ptr1;
        char c;
        char *ptr2;
};
```

在64位系统上，一个指针需要8字节，而一个char类型变量需要1字节。尽管结构中只保存17字节

① 这个是作者的“发明”，unsigned long在64位下也是4字节。——译者注

数据，但sizeof报告的该结构长度将是24。这是因为编译器需要保证第二个指针ptr2正确对齐，需要在c之后放置7个填充字节，这些字节并不使用。如图C-4所示。

图C-4　编译器自动向结构插入填充字节，确保各数据成员对齐到正确位置

结构中的填充字节也可以填入有用信息，因此应该根据对齐的要求来设法安排结构中的各个数据成员。

如果必须避免填充，例如，可能一个结构用于与外部设备交换数据，必须按数据结构的原定义接收数据，就可以在结构定义中指定__packed属性，防止编译器加入填充字节。因此，这样的结构中，那些可能未对齐的部分只能使用前述的两个函数访问。

根据字节类型的定义，它们总是对齐的。因为其宽度是一字节，而每个地址都可以被一整除。

2. 通用对齐

有时，除了自然对齐，还必须满足其他的对齐条件。例如在某个数据结构必须沿缓存行对齐时，但在内存管理的实现中，还有大量的其他应用。内核为此提供了ALIGN(x, y)宏：它返回将数据x对齐到y字节边界所需空间长度的最小值。此前在第3章，表3-9给出了这个宏用法的一些例子。

C.2.4　位运算

位操作属于内核的标准技术之一，在所有子系统中都经常使用。过去，此类操作经常用于用户空间程序，因为一些操作可以做得比标准的C语言操作更快。现在，编译器的优化机制已经变得更为精巧复杂，几乎不需要位操作了。但内核作为性能要求非常高的程序，是一个例外。同样，位操作能够实现一些不可能使用其他语句实现的效果。

int类型在内存中表示为一个32项的位串。同样，unsigned long值也可以认为是32项或64项的位串，这取决于处理器的字长。但在默认情况下，C语言没有直接访问变量中各比特位的机制。这也是内核必须得借助于一些技巧的原因。

对整数的两个基本的位操作是左移和右移，分别由<<和>>运算符表示。参数指定了位串中的各比特位向左/右移动的位数。例如，a = a >> 3将a中所有比特位向右移动3位。

因为位串中第n个比特位代表的值为2^n，因为操作将所有比特位向左/右移动一位时，第n个比特位的值将变为$2^{n\pm1}$。这等价于乘以或除以2。类似地，n位的移位操作等价于乘以或除以2^n，因为这等效于连续n次移动一位。因而，整数乘以/除以2的幂次可以替换为移位操作，如下例所示（类似于所有其他算术运算符，移位运算符也能以<<=或>>=的形式使用，把移位和将新值赋予旧变量的操作合起来）：

```
int main() {
  unsigned int val = 1;
  unsigned int count;

  for (count = 0; count <= 10; count++) {
    printf("count, val: %u, %u\n", count, val);
    val <<= 1;
  }
}
```

该程序将产生以下输出：

```
wolfgang@meitner> ./shift
```

```
count, val: 0, 1
count, val: 1, 2
count, val: 2, 4
count, val: 3, 8
count, val: 4, 16
count, val: 5, 32
count, val: 6, 64
count, val: 7, 128
count, val: 8, 256
count, val: 9, 512
count, val: 10, 1024
```

C语言提供了若干二元位运算符，在表C-1中列出。~也是一个位运算符（一元），用于对一个数按位取反。

表C-1　二元位运算符

运算符	语　义
&	按位与
|	按位或
^	按位异或（XOR）

这些操作可用于查询和操作位串中的各个比特位，而无须借助处理器的专用汇编指令。但Linux偶尔需要用到此类汇编指令，来快速地或原子化地操作位串。一般的概念包括，使用掩码来选择一个特定的比特位。在掩码中，除了将选择的比特位设置为1之外，所有其他比特位都设置为0。将掩码与目标操作数按位与，即可选择所要的比特位。下例建立了一个掩码，来帮助测试位串的第5个比特位：

```
int main() {
   int val1 = 33;
   int val2 = 18;

   int mask = 1;
   mask <<= 4;

   if (val1 & mask) {
     printf("Bit 5 in val1 is set\n");
   }

   if (val2 & mask) {
     printf("Bit 5 in val2 is set\n");
   }
}
```

该程序产生了下列输出：

```
wolfgang@meitner> ./bitmask
Bit 5 in val2 is set
```

当然，也可以设置适当的掩码，不只选择一个比特位，而是选择出几个比特位。例如，如果要分析一个数的最后5个比特位，构建掩码时，可以将1左移到比特位置6，然后减去1，就得到了所要的掩码。

比特位置的编号照例从0开始。从位置0到5的比特位均为1，这是减法所致，而从位置6到31的比特位均为0。

位串中所要的比特位可以通过按位与选择，如下所示：

```
int main() {
```

```
    unsigned int val = 49;
    unsigned int res;

    unsigned int mask = 1;
    mask <<= 5;
    mask -= 1; printf("mask: %u\n", mask);

    res = val & mask;
    printf("val, res: %u, %u\n", val, res);
}
```

该程序将产生以下输出：

```
wolfgang@meitner> ./maskfive
mask: 31
val, res: 49, 17
```

> 一个常见的编程错误是混淆运算符&&（逻辑与）和&（按位与）。前者只检查是否两个参数都非0，而后者则按位比较，二者返回的结果不同。

以下例子说明了这两个操作的差别：

```
int main() {
  int val1 = 4;
  int val2 = 8;

  if (val1 & val2) {
    printf("And\n");
  }

  if (val1 && val2) {
    printf("And and\n");
  }
}
```

该程序产生了下列输出：

```
wolfgang@meitner> and
And and
```

因为两个数没有匹配的比特位，所以按位与返回0。

如果将4和5用作输入，则结果不同，两个运算符都会返回大于0的值，因为4和5比特位置2都等于1。当然，二者都是大于0的（对&&）。

故事的寓意是（请原谅这里的文字游戏），AND和AND AND[①]并不总是相同。

最后请注意，内核定义了辅助函数DECLARE_BITMAP来创建一个有足够空间的位图，以存储由bits参数给定数目的比特位。

```
<types.h>
#define DECLARE_BITMAP(name,bits) \
        unsigned long name[BITS_TO_LONGS(bits)]
```

该宏自动地计算数组中所需long数组项的数目，使得为所有比特位分配足够的空间。

C.2.5 预处理器技巧

大多数程序员都熟悉预处理器。但内核使用了两个不常用的结构，因而需要讨论一番。

① 这让我们想起了PL/I语言的一个控制结构，IF IF = THEN THEN THEN = ELSE ELSE ELSE = IF;。

出现在字符串内部的宏参数通常不会进行替换。如果需要根据一个参数来生成一个字符串，则必须使用专门的预处理器功能，称之为字符串化（stringification）。字符串内部如果有需要替换为宏参数的，必须以#作为前缀，如下例所示：

```
#define warning(text)\
    printf("Warning: " #text "\n")
```

如果像下面这样使用该宏：

```
warning(foobar not found);
```

预处理器展开后，将产生以下输出：

```
printf("Warning: " "foobar not found" "\n");
```

如果函数（其名称有一部分通过宏参数指定）借助于预处理器定义，则必须利用预处理器的连接功能（concatenation）。该功能在下面的例子中说明，该例子取自内核中针对各种数据类型定义的端口I/O函数。两个#用于在进行预处理器替换时，将两个连续的标记合成为一个复合标记。

include/asm-x86/io_32.h

```
#define BUILDIO(bwl,bw,type) \
static inline void out##bwl##_local(unsigned type value, int port) { \
        __asm__ __volatile__("out" #bwl " %" #bw "0, %w1" : : "a"(value), "Nd"(port)); \
}
```

根据定义的函数所针对的数据类型，bwl可接受后面三个值之一：b、l或w。type指定了对应的C语言数据类型。对字符或字节操作，该宏如下调用来定义对应的函数：

```
BUILDIO(b,b,char)
```

在预处理器进行处理之后，C语言文件包含下列代码（为便于阅读，已经增加了额外的换行符）：

```
static inline void outb_local(unsigned char value, int port) { _
    _asm__ __volatile__("out" "b" " %" "b" "0, %w1"
                        :
                        : "a"(value), "Nd"(port));
}
```

C.2.6　杂项

还有3个条目不属于此前的各个类别。

内核中经常包括以下种类的宏：

drivers/block/ataflop.c

```
#define FDC_WRITE(reg,val)                              \
    do {                                                \
        dma_wd.dma_mode_status = 0x80 | (reg);          \
        udelay(25);                                     \
        dma_wd.fdc_acces_seccount = (val);              \
        MFPDELAY();                                     \
    } while(0)
```

do语句在形式上保证宏被“调用”时代码只执行一次，与没有包含在do循环中的形式相比，并未改变语义。如果这个宏用于if语句或类似的语言要素，其优点就变得比较清楚了，如下所示：

```
if (condition)
    FDC_WRITE(a,b);
```

初看起来，代码看上去是正确的，因为单行的if语句体可以（而且在内核通常也这样用）不使用花括号。但如果不使用do来封装，在宏扩展之后，就会出现问题：

```
if (condition)
        dma_wd.dma_mode_status = 0x80 | (reg);
        udelay(25);
        dma_wd.fdc_acces_seccount = (val);
        MFPDELAY();
```

只有第一行代码归入了if语句体。剩余的行无论if条件是否成立都会执行，这当然不是我们想要的。因为在结构上do循环算作一个语句，它可以保证包含在宏中的所有语句都将置于if语句体内部。

在阅读内核源代码时，还有两个语法元素可能会导致一些混淆，即C语言中的break和continue语句。以下代码很容易产生混淆：

```
unsigned int count;
for (count = 0; count < 5; count++) {
  if (count == 2) {
    continue;
  }
  printf("count: %u\n", count);
}
```

在执行时，代码将产生下列输出：

```
wolfgang@meitner> ./continue
count: 0
count: 1
count: 3
count: 4
```

因为使用了continue语句，循环的第三遍过早地退出。但后续的各次循环仍然可以执行。

如果将continue替换为如下列代码所示的break语句，程序的行为将发生改变：

```
unsigned int count;
for (count = 0; count < 5; count++) {
  if (count == 2) {
    break;
  }
  printf("count: %u\n", count);
}
```

现在，程序输出如下：

```
wolfgang@meitner> ./break
count: 0
count: 1
```

同样，第三遍循环被终结。但循环的处理此后没有恢复，控制流转向循环之后的代码开始执行。换言之，break完全结束了循环。

C语言中另一个绊脚石是switch/case的语义，如下例所示：

```
int var = 3;
switch (var) {
case 1:
  printf("one\n"); break;
case 2:
  printf("two\n"); break;
case 3:
  printf("three\n");
default:
  printf("default\n");
}
```

该代码产生下列输出：

```
wolfgang@meitner> ./switch
three
default
```

因为对应于3的case语句并不包括break语句，代码控制流接下来执行了default部分，这在通常情况下是不会执行的。一般来说，switch语句只能通过break语句退出（或在switch语句本身的末尾退出）。在找到匹配的case语句后，代码将一直执行下去，直至到达一个对应的break语句（或到达switch语句的结束），无论此间是否会跨越多个case语句（或default）。

C.2.7　双链表

内核每个较大的数据结构中几乎都会出现双链表。因此内核为实现双链表提供了若干通用函数和结构，用于各个目的。第1章讨论了使用双链表的API。本节将描述其实现，其中涉及C语言中通用的程序设计方面。

链表的起点是下列数据结构，它可以嵌入到其他数据结构中：

<list.h>

```
struct list_head {
        struct list_head *next, *prev;
};
```

其成员的语义很清楚。next指向下一个链表元素，而prev指向前一个链表元素。链表的组织也是循环的，即第一个链表元素的前一项是链表中最后一个元素，而最后一个链表元素的下一项是链表中第一个元素。

由于下列情况的存在，链表功能的实现变得更为困难。

- 链表元素不一定位于结构的起始处，而可能位于结构中任意位置。因为链表的处理应该适用于任何数据类型，如果选中的元素需要转换为目标数据类型，这可能会导致问题。
- 在一个结构中可以使用几个链表元素，以便将该结构的一个实例放置到多个链表上。

链表功能的实现基于容器机制，由内核提供，用于将对象嵌入到其他对象中。如果结构A包含一个子结构B，如下例所示，则A称之为B的一个容器：

```
struct A {
...
    struct B {
    } element;
...
} container;
```

将新的链表元素插入到链表时，是不需要容器的，如下所示：

<list.h>

```
/*
 * 在两个连续的链表项之间添加一个新项。
 *
 * 该函数只用于链表内部处理，适用于已经知道前后两个链表项prev/next的情况
 */

static inline void __list_add(struct list_head *new,
                              struct list_head *prev,
                              struct list_head *next)
{
        next->prev = new;
        new->next = next;
        new->prev = prev;
        prev->next = new;
}
```

```
/**
 * list_add：添加一个新的链表项
 * @new: 需要添加的新链表项
 * @head: 添加在head链表项之后
 *
 * 在指定的链表元素之后插入一个新的链表项。
 * 这对实现栈是有用的。
 */
static inline void list_add(struct list_head *new, struct list_head *head)
{
        __list_add(new, head, head->next);
}
```

链表元素的删除，也是经典的教科书风格，如下所示：

<list.h>

```
#define LIST_POISON1 ((void *) 0x00100100)
#define LIST_POISON2 ((void *) 0x00200200)

/*
 * 通过使链表项的prev/next指向彼此，来删除一个链表项。
 *
 * 这只用于内部的链表处理，这种情况下，链表项的prev/next项都是已知的！
 */
static inline void __list_del(struct list_head * prev, struct list_head * next)
{
        next->prev = prev;
        prev->next = next;
}

/**
 * list_del：从链表删除一项。
 * @entry: 需要从链表删除的项。
 * 请注意：此后，对该链表项调用list_empty并不返回true，此时链表项处于未定义状态。
 */
static inline void list_del(struct list_head *entry)
{
        __list_del(entry->prev, entry->next);
        entry->next = LIST_POISON1;
        entry->prev = LIST_POISON2;
}
```

删除项的next和prev指针指向的两个LIST_POISON值用于调试，以便在内存中检测已经删除的链表元素。

以下两个问题，可以揭示链表实现中最有趣的两个方面：如何遍历链表元素，如何从链表中移除表项？换言之，如何从链表元素提取潜在的数据，如何从保存的信息重建整个结构？请注意，这里不是讨论从链表删除元素。

内核提供了下列宏来遍历一个链表：

<list.h>

```
/**
 * list_for_each_entry:  遍历给定类型的链表
 * @pos:                 用作循环游标的类型
 * @head:                链表的表头
 * @member:              实际数据结构内部list_head实例的名称。
 */
#define list_for_each_entry(pos, head, member)                    \
```

```
        for (pos = list_entry((head)->next, typeof(*pos), member);      \
             prefetch(pos->member.next), &pos->member != (head);        \
             pos = list_entry(pos->member.next, typeof(*pos), member))
```

宏的所有代码都存在于for循环的循环入口中。在宏具体使用之前，是不会添加循环体的。宏的用途在于，逐项将指向各链表元素（类型为typeof(*pos)）的指针保存到pos中，使得其在循环体中可用。

该例程的一个用法示例是遍历与一个超级块（struct super_block）相关联的所有文件（通过struct file表示），这些file实例包含在一个双链表中，表头位于超级块实例中，如下所示：

```
struct super_block *sb = get_some_sb();
struct file *f;
list_for_each_entry(f, &sb->s_files, f_list) {
        /* 用于处理f中成员的代码 */
}
```

为说明list_for_each_entry，需要概述一下file和super_block结构中所涉及的一些成员。二者的重要成员如下所示：

```
<fs.h>
struct file {
        struct list_head        f_list;
        ...
};
<fs.h>
struct super_block {
        ...
        struct list_head        s_files;
        ...
```

super_block->s_files用作链表的起始点，其中存储了file类型的链表项。file->f_list用作链表元素，用于建立各链表项之间的关联。

链表元素的遍历分为以下两个阶段。

(1) 查找下一项的list_head实例。这与链表中保存的具体数据结构无关。内核通过反引用当前链表元素的next成员，就可以找到下一个链表元素的位置。

插入的prefetch语句向编译器提供信息，说明哪些数据应该优先从内存传输到处理器的高速缓存中。在遍历链表时，这对查找下一项特别有用。

(2) 查找链表元素的容器对象实例。其中包含了有用数据，通过list_entry宏查找，将在下文讨论。

用于链表的循环结构，内核很容易检测何时已经遍历完所有链表元素。到达链表尾部时，当前链表项的next成员将指向由head指定的链表头。

list_entry定义如下：

```
<list.h>
#define list_entry(ptr, type, member) \
        container_of(ptr, type, member)
```

ptr是一个指向链表元素的指针，type指定了容器对象的类型（本例中是struct file），而member定义了容器的哪个元素表示当前链表的链表元素（本例是f_list，因为链表元素由file->f_list表示）。

list_entry通过此前提到的容器机制实现。以下是container_of的定义，初看起来可能有点困惑：

```
<kernel.h>
#define offsetof(TYPE, MEMBER) ((size_t) &((TYPE *)0)->MEMBER)
/**
```

```
 * container_of 从结构的成员来获得包含成员的结构实例
 * @ptr:        指向成员数据的指针
 * @type:       所嵌入到的容器结构的类型。
 * @member:     成员在结构内的名称。
 *
 */
#define container_of(ptr, type, member) ({                      \
        const typeof( ((type *)0)->member ) *__mptr = (ptr);    \
        (type *)( (char *)__mptr -offsetof(type,member) );})
```

在本例中，offsetof宏展开如下（为便于阅读，已经忽略了一些括号）：

```
(size_t) &((struct file *)0)->f_list
```

通过类型转换，将空指针0转换为一个指向struct file的指针。这是允许的，因为我们并不反引用该指针。接下来执行的->和&（请注意C语言的运算符优先级）获得的地址，计算出了f_list成员相对于struct file实例的偏移量。在例子中，该成员直接位于该结构的起始处，因而返回的值是0。如果链表元素位于具体数据结构的其他位置，则该宏返回一个正的偏移量。如下所示：

```
struct test {
  int a;
  int b;
  struct list_head *f_list;
  int c;
};

long diff = (long)&((struct test*)0)->f_list;
printf("Offset: %ld\n", diff);
```

该程序将得出一个8字节的偏移量，因为需要跳过两个4字节的整型变量，才能到达f_list。

如果使用下列变体形式，而不是此前的struct test定义，那么程序返回的偏移量将为0：

```
struct test {
  struct list_head *f_list;
  int a;
  int b;
  int c;
};
```

有了这一信息之后，container_of宏就能够着手提取容器数据结构的实例。在例子中，代码展开如下：

```
const (struct list_head*) __mptr = (ptr);
(struct file *)( (char *)__mptr -offset);
```

ptr指向容器元素中的list_head实例。内核首先创建一个指针__mptr，其值与ptr相同，指向所要求的目标数据类型struct list_head。接下来，使用此前计算的偏移量来移动__mptr，使之不再指向链表元素，而是指向容器对象实例。为确保指针运算是按字节执行的，先将__mptr转换为char *指针。但在计算完成后的赋值操作中，又转换回原来的数据类型。

C.2.8 散列表

内核还提供了一个双链表的修改版本，特别适用于实现散列表中的溢出链表。在这种情况下，链表元素也嵌入到其他数据结构中，但表头和链表元素是不对称的：

```
<list.h>
struct hlist_head {
        struct hlist_node *first;
};
```

```
struct hlist_node {
    struct hlist_node *next, **pprev;
};
```

链表元素自身仍然是双链，但表头和链表只通过一个指针关联。链表的末端无法再用常数时间访问，但对散列表来说，这通常是不需要的。这样，包含hlist_head的结构就稍微变小了一点，因为只需要存储一个指针，而不是两个。为操作散列表，实际上可以使用与普通链表相同的API。唯一的差别在于，必须将list替换为hlist。因而，list_add_head将变成hlist_add_head，list_del将变成hlist_del。所有这些都相当合乎逻辑。

类似于链表，可以使用RCU机制来防止针对散列表的并发访问。如果需要这样做，那么散列表操作必须增加后缀_rcu，例如hlist_del_rcu用于删除一个散列表元素。对RCU机制提供的保护，请参见第5章的讲述。

C.2.9　红黑树

红黑树（RB树）在实现内存管理时，用于将排序的元素组织到树中。RB树经常用作计算机科学中的数据结构，因为它们在速度和实现复杂度之间，提供了一个很好的结合。本节讲述了RB树以及在内核中使用的该数据结构的一般特性，而不讨论可能的RB树操作的实现（经典的算法教科书已经涵盖了相关内容）。

红黑树是具有下列特征的二叉树。

- 每个结点或红或黑。
- 每个叶结点（或树边缘的结点）是黑色的。
- 如果结点为红色，那么两个子结点都是黑色。因而，在从树的根结点到任意叶结点的任何路径上，都不会有两个连续的红色结点，但可能有任意数目的连续黑色结点。
- 从一个内部结点到叶结点的简单路径上，对所有叶结点来说，黑色结点的数目都是相同的。

红黑树的一个优点是，所有重要的树操作（插入、删除、搜索元素）都可以在$O(\log n)$时间内完成，n是树中元素的数目。

为表示RB树的结点，其数据结构不仅需要指向子结点的指针和保存有用数据的字段，还需要一个成员来保存颜色信息。内核通过以下定义来实现RB树的结点：

<rbtree.h>

```
#define RB_RED      0
#define RB_BLACK    1

struct rb_node
{
        unsigned long rb_parent_color;
        int rb_color;
        struct rb_node *rb_right;
        struct rb_node *rb_left;
} __attribute__((aligned(sizeof(long))));
```

尽管在结构定义不能直接看到，但内核维护了一个指向父结点的附加指针。它隐藏在rb_parent_color中：只有一个比特位用于表示两种颜色，该信息包含在rb_parent_color最低的比特位中。该变量其余的比特位用于保存父结点指针。这是可能的，因为在所有体系结构上，指针都至少要求对齐到4字节边界，因而最低的两个比特位保证为0。但在反引用该指针之前，内核必须将颜色信息从指针中屏蔽出去，如下所示：

<rbtree.h>
```
#define rb_parent(r) ((struct rb_node *)((r)->rb_parent_color & ~3))
```

颜色信息还必须用一个专门的宏获取，如下所示：

<rbtree.h>
```
#define rb_color(r) ((r)->rb_parent_color & 1)
```

另外，内核还提供了便捷函数，能够区分和设置结点的颜色，如下所示：

<rbtree.h>
```
#define rb_is_red(r) (!rb_color(r))
#define rb_is_black(r) rb_color(r)
#define rb_set_red(r) do { (r)->rb_parent_color &= ~1; } while (0)
#define rb_set_black(r) do { (r)->rb_parent_color |= 1; } while (0)
```

与结点关联的有用数据并不通过另一个成员来关联，相反，内核使用了容器机制（读者在链表实现部分已经了解到）将结点实现为有用数据的一部分。内核提供了下列宏，来访问包含RB结点的有用数据：

<rbtree.h>
```
#define rb_entry(ptr, type, member) container_of(ptr, type, member)
```

为确保RB树的实现是通用的，并不受限于内存管理，内核只提供了操作树的通用标准函数（例如，旋转操作），这些实现在`lib/rbtree.c`中。

例如，Ext3文件系统使用RB树在物理内存中对目录项排序。按此前的讲述，数据项实现为结点的容器。

fs/ext3/dir.c
```
struct fname {
        __u32           hash;
        __u32           minor_hash;
        struct rb_node  rb_hash;
        struct fname    *next;
        __u32           inode;
        __u8            name_len;
        __u8            file_type;
        char            name[0];
};
```

搜索和插入操作必须由使用红黑树的各子系统分别提供。搜索与二叉树中普通的搜索是相同的，因而实现非常容易。插入例程必须将新的数据元素以红色叶结点的形式置于树中（`rb_link_node`可用于完成该操作）。接下来必须调用`rb_insert_color`标准函数，以重新平衡该树，使之仍然遵守此前描述的各个准则。`<rbtree.h>`包含了一些例子，子系统提供的函数可基于这些实现。

C.2.10　基数树

内核中第二种以库形式提供的树实现是基数树，用于在内存中组织数据。基数树不同于其他树，因为它不必在每个分支上都比较整个键值，在进行搜索操作时，只需要将键值的一部分与结点中存储的值进行比较。这与其他实现相比，在最坏情况下和平均情况下的行为稍有不同，更多细节请参考相关的算法教科书。另外，基数树不是特别难于实现，这也增加了其吸引力。

在内核源代码中，基数树的结点数据结构定义如下：

lib/radix-tree.c
```
#define RADIX_TREE_MAP_SHIFT (CONFIG_BASE_SMALL ? 4 : 6)
#define RADIX_TREE_MAP_SIZE (1UL << RADIX_TREE_MAP_SHIFT)
#define RADIX_TREE_MAP_MASK (RADIX_TREE_MAP_SIZE-1)
```

```
struct radix_tree_node {
        unsigned int height; /* 从底部开始计算的高度 */
        unsigned int count;
        struct rcu_head rcu_head;
        void            *slots[RADIX_TREE_MAP_SIZE];
        unsigned long tags[RADIX_TREE_MAX_TAGS][RADIX_TREE_TAG_LONGS];
};
```

slots是一个指针数组，根据结点在树中的层次，指向其他结点或数据元素。count表示数组中已占用的数组项的数目。代码片段中定义的宏，指定了每个结点中包含的数组项的数目。默认情况下，内核使用$2^6 = 64$。空的数组项设置为NULL指针。

每个树结点都可以与标记关联，标记对应于一个置位或未置位的比特位。每个结点最多有RADIX_TREE_MAX_TAGS个不同的标记，默认值是2。这对页缓存的使用已经足够了。

RCU机制（在第5章讲过）用于对基数树进行无锁查找。

一个数组用于表示标记，数组项类型为unsigned long，RADIX_TREE_TAG_LONGS由内核计算，使得为保存标记分配足够的内存空间。一个有RADIX_TREE_MAX_TAGS * RADIX_TREE_TAG_LONGS个数组项的long型数组，包含了足够的比特位，可以向slots中每个数组项都附加RADIX_TREE_MAX_TAGS个标记。函数radix_tree_tag_set和radix_tree_tag_clear分别用于设置和清除标记比特位。请注意，标记不仅仅设置到叶结点，而是从根到页的每个结点都会设置。

树的根结点由下列数据结构定义（请注意，该定义存在于一个公开的头文件中，这与树结点的定义相反）：

<radix-tree.h>

```
struct radix_tree_root {
        unsigned int            height;
        gfp_t                   gfp_mask;
        struct radix_tree_node *rnode;
};
```

height指定了树当前的高度，而rnode指向第一个结点。gfp_mask指定了构建树所需的数据结构实例从哪个内存域分配。

树可容纳结点的最大数目，可以从树的高度（即结点层次数目）直接推出。内核提供了下列函数来计算高度：

lib/radix-tree.c

```
static inline unsigned long radix_tree_maxindex(unsigned int height)
{
        return height_to_maxindex[height];
}
```

height_to_maxindex是一个数组，其中存储了对应于不同树高度的最大结点数目。这些数目在系统初始化时计算，如下所示：

lib/radix-tree.c

```
#define RADIX_TREE_INDEX_BITS (8 /* CHAR_BIT */ * sizeof(unsigned long))
#define RADIX_TREE_MAX_PATH (DIV_ROUND_UP(RADIX_TREE_INDEX_BITS, \
                                          RADIX_TREE_MAP_SHIFT))
```

lib/radix-tree.c

```
static __init unsigned long __maxindex(unsigned int height)
{
        unsigned int width = height * RADIX_TREE_MAP_SHIFT;
        int shift = RADIX_TREE_INDEX_BITS - width;
```

```
        if (shift < 0)
                return ~0UL;
        if (shift >= BITS_PER_LONG)
                return 0UL;
        return ~0UL >> shift;
}

static __init void radix_tree_init_maxindex(void)
{
        unsigned int i;

        for (i = 0; i < ARRAY_SIZE(height_to_maxindex); i++)
                height_to_maxindex[i] = __maxindex(i);
}
```

在运行时，只需要进行简单的数组查找，因此执行得非常快速。这一点是很重要的，因为对给定树高度求结点最大数目的计算是经常进行的。

树中包含的结点，由一个描述符来标识，其值范围从0到树当前可以存储的最大结点数目。

radix_tree_insert用于将一个新结点插入到基数树，如下所示：

lib/radix-tree.c

```
static inline void *radix_tree_indirect_to_ptr(void *ptr)
{
        return (void *)((unsigned long)ptr & ~RADIX_TREE_INDIRECT_PTR);
}

int radix_tree_insert(struct radix_tree_root *root,
                        unsigned long index, void *item)
{
        struct radix_tree_node *node = NULL, *slot;
        unsigned int height, shift;
        int offset;
        int error;

        /* 确认树足够高。*/
        if (index > radix_tree_maxindex(root->height)) {
                error = radix_tree_extend(root, index);
                if (error)
                        return error;
        }

        slot = radix_tree_indirect_to_ptr(root->rnode)

        height = root->height;
        shift = (height-1) * RADIX_TREE_MAP_SHIFT;
        offset = 0; /* 避免未初始化变量的警告 */
        while (height > 0) {
                if (slot == NULL) {
                        /* 必须添加一个子结点 */
                if (!(slot = radix_tree_node_alloc(root)))
                        return -ENOMEM;
                if (node) {
                        rcu_assign_pointer(node->slots[offset], slot);
                        node->count++;
                } else
                        rcu_assign_pointer(root->rnode,
                                radix_tree_ptr_to_indirect(slot));
                }
```

```
                /* 向下一层 */
                offset = (index >> shift) & RADIX_TREE_MAP_MASK;
                node = slot;
                slot = node->slots[offset];
                shift -= RADIX_TREE_MAP_SHIFT;
                height--;
        }

        if (slot != NULL)
                return -EEXIST;

        if (node) {
                node->count++;
                rcu_assign_pointer(node->slots[offset], item)
        } else {
                rcu_assign_pointer(root->rnode, item);
        }

        return 0;
}
```

如果结点的描述符大于当前可处理的结点数目，则必须将树扩大，稍后会讲解。

上述代码从根结点开始自顶向下遍历树，而搜索的路径完全由查找的键值定义。根据当前在树中所处的位置，会选择键值的某些部分，在slots数组中查找与之匹配的项，然后向下一层。这正好是基数树的特征。遍历树是为分配尚不存在的分支。在完成后树高并不改变，因为树可以只增长宽度。在代码到达层次0之后，会将新结点插入到匹配的slots数组项中。由于该树受RCU机制的保护，不能对数据指针直接赋值，只能通过rcu_assign_pointer，这在第5章讨论过。

树的高度由radix_tree_extend修改。如有必要，在radix_tree_insert开始时会调用该函数。它在内核源代码中定义如下：

lib/radix-tree.c

```
static int radix_tree_extend(struct radix_tree_root *root, unsigned long index)
{
        struct radix_tree_node *node;
        unsigned int height;
        int tag;

        /* 算出树应该具有的高度。 */
        height = root->height + 1;
        while (index > radix_tree_maxindex(height))
                height++;

        if (root->rnode == NULL) {
                root->height = height;
                goto out;
        }

        do {
                if (!(node = radix_tree_node_alloc(root)))
                        return -ENOMEM;

                /* 增加高度。 */
                node->slots[0] = radix_tree_indirect_to_ptr(root->rnode)

                /* 将聚集的标记信息传播到新的根结点 */
```

```
		for (tag = 0; tag < RADIX_TREE_MAX_TAGS; tag++) {
			if (root_tag_get(root, tag))
				tag_set(node, tag, 0);
		}

		newheight = root->height+1;
		node->height = newheight;
		node->count = 1;
		node = radix_tree_ptr_to_indirect(node);
		rcu_assign_pointer(root->rnode, node);
		root->height = newheight;
	} while (height > root->height);
out:
	return 0;
}
```

取决于新的最大索引值，可能还需要向树增加一层。

树之所以自顶向下扩展，是因为这样就不需要复制各个结点。在根结点和每个新的层次此前的顶层结点之间，会插入另一个结点。由于结点分支是在新结点插入时自动分配的，内核本身无须关注该任务。

内核提供了radix_tree_lookup函数，在基数树中根据键值查找结点，如下所示：

lib/radix-tree.c

```
void *radix_tree_lookup(struct radix_tree_root *root, unsigned long index)
{
	unsigned int height, shift;
	struct radix_tree_node *node, **slot;
	node = rcu_dereference(root->rnode);
	if (node == NULL)
		return NULL;

		if (!radix_tree_is_indirect_ptr(node)) {
			if (index > 0)
				return NULL;
			return node;
		}
		node = radix_tree_indirect_to_ptr(node);

		height = node->height;
		if (index > radix_tree_maxindex(height))
			return NULL;

		shift = (height-1) * RADIX_TREE_MAP_SHIFT;

		do {
			slot = (struct radix_tree_node **)
			    (node->slots + ((index>>shift) & RADIX_TREE_MAP_MASK));
			node = rcu_dereference(*slot);
			if (node == NULL)
				return NULL;

			shift -= RADIX_TREE_MAP_SHIFT;
			height--;
		} while (height > 0);

	return node;
}
```

逻辑上，用于遍历树的算法与此前插入新结点时讲述的算法是相同的。但搜索是一个简单的操作，内核无须关注分配新分支的问题。如果在树的某个高度，查找过程遇到一个slots数组项为NULL指针（即不存在），那么搜索的目标结点就不在树中。因而，可以立即结束搜索，并返回一个NULL指针。

C.3　小结

C是一个斯巴达式[①]的语言。初看起来，人们可能将其等同于简单，但事实上完全相反。虽然比较朴素，但C语言允许使用许多内行技巧，这些技巧可能发挥良好的作用，也可能被滥用，导致建立不可读和不可维护的代码。本章讲述了C语言的一些比较非标准的特性，在内核开发中需要利用这些特性来从硬件中压榨出最后百分之一的性能。本章还向读者简要介绍了GNU C编译器的内部情况，以及一些优化技术。另外，本章还讲述了一些对C语言的扩展，内核开发中大量使用了此类扩展。

最后，本章介绍了一些标准数据结构。内核源代码大量使用了这些数据结构，因此它们必须实现得尽可能通用，这又需要利用C语言的一些微妙之处。

① 斯巴达人轻视文化教育。青少年只要求会写命令和便条就可以。这里借来形容C语言是一种简单的语言。
——编者注

附录 D

系统启动

类似于任何其他程序，内核在执行通常的任务之前，会经历一个加载和初始化的阶段。尽管普通应用程序对该阶段不是特别感兴趣，但内核作为中枢的系统层，必须解决若干特定的问题。启动阶段划分为以下3个部分。

- 内核载入物理内存，并创建最小化的运行时环境。
- 转移到内核中（平台相关）的机器码，并初始化基本的系统功能，初始化代码是特定于系统的，用汇编语言编写。
- 转移到初始化代码中平台无关的部分，用C语言编写，并完成所有子系统的初始化，最后切换到正常运作模式。

通常，由启动装载程序负责第一阶段。其任务很大程度上依赖于具体的体系结构所要求完成的工作。因为只有深入了解特定处理器的特性和问题，才能理解第一阶段的所有细节，特定于体系结构的参考手册是一个很好的信息来源。第二阶段与硬件的相关度也很高。因而，本附录只介绍IA-32体系结构的一些关键知识。

在第三阶段，即系统无关的初始化阶段，内核已经载入内存，而（在某些体系结构上）处理器已经由启动模式切换为执行模式，内核接下来将开始运行。在IA-32机器上，必须将处理器从8086仿真模式（系统启动即激活该模式）切换到保护模式，这样系统才具备32位处理能力。其他体系结构也需要设置工作，例如，通常必须显式激活分页，必须将核心系统组件置于定义好的初始状态，以便系统开始运作。所有这些任务都必须以汇编语言编码，因而不会成为内核中最吸引人的部分。

专注于启动的第三阶段，使得我们无须在许多体系结构相关的琐屑事务上浪费时间，而且还有一个优点，一般说来，剩余操作的顺序是与内核运行的特定平台无关的。

D.1 IA-32 系统上与体系结构相关的设置

在使用启动装载器（如LILO、GRUB等）将内核载入物理内存之后，将通过跳转语句，将控制流切换到内存中适当的位置，来调用`arch/x86/boot/header.S`中的汇编语言“函数”`setup`。这是可能的，因为`setup`函数总是位于目标文件中的同一位置。

该代码执行下列任务，这需要许多汇编代码。

(1) 它检查内核是否加载到内存中正确的位置。为此，它使用一个4字节的特征标记，该标记在编译时集成到内核映像中，并且总是位于物理内存中一个不变的正确位置。

(2) 它确定系统内存的大小。

(3) 初始化显卡。

(4) 将内核映像移动到内存中的某个位置，使得在后续的解压缩期间，映像不会自阻其路。

(5) 将CPU切换到保护模式。

在完成这些任务后，代码分支到startup_32函数（位于arch/x86/boot/compressed/head_32.S），该函数将执行下列任务。

(1) 创建一个临时内核栈。

(2) 用0字节填充未初始化的内核数据。相关的区域位于_edata和_end常数指定的位置之间。在内核链接时，会根据内核二进制文件，自动对这些常数设置正确的值。

(3) 调用arch/x86/boot/compressed/misc_32.c中的C语言例程decompress_kernel。该函数将解压缩内核，并将未压缩的机器码写入从0x100000开始的内存区，[1]这刚好紧接着内存的第1个MiB。解压缩是内核执行的第一个操作，屏幕上可以看到的消息是Uncompressing Linux...和Ok, booting the kernel。

现在，开始特定于处理器的初始化过程的最后一部分工作，首先要将控制流重定向到arch/x86/kernel/head_32.S中的startup_32。

> 这个例程与此前讲述的startup_32函数不同，二者分别定义在不同的文件中。内核无须关注这两个标号相同的"函数"，因为它是通过地址直接跳转的，相关地址由汇编器插入，与源代码中使用的符号形式的标号是不相关的。

这部分代码负责执行下列任务。

(1) 激活分页模式，设置一个最终的内核栈。

(2) 用0字节填充__bss_start和__bss_stop之间的.bss段。

(3) 初始化中断描述符表。但所有中断的处理程序都设置为ignore_int空例程，实际的处理程序在之后安装。

(4) 检测处理器类型。cpuid语句可用于识别比较新的处理器模型。它可以返回有关处理器类型及其能力的有关信息，但它并不区分80386和80486处理器。这两种处理器是通过各种汇编语言技巧来区分的，不过这些技巧既无趣也不重要。

平台相关的初始化现在已经完成，代码将分支到start_kernel函数。不同于此前的代码，该函数实现为一个普通的C函数，因而更容易处理。

D.2　高层初始化

start_kernel用作一个分配器函数，来执行各种平台无关/相关的任务，所有这些都是用C语言实现的。它负责调用几乎所有的内核子系统的高层初始化例程。用户可以识别出内核在何时进入到这个初始化阶段，因为该函数最初的操作中就要将Linux的标识显示在屏幕上。例如，在作者的某个系统上会显示下列信息：

```
Linux version 2.6.24-default (wolfgang@schroedinger) (gcc version 4.2.1 (SUSE
Linux)) #1 SMP PREEMPT Thu Mar 20 00:17:06 CET 2008
```

> 该信息是在启动操作的早期生成的，但直到控制台系统初始化完毕后，才显示到屏幕上。在此期间，该信息一直被缓冲。

在后续的操作中，屏幕输出的数量会大增，因为被初始化的子系统会在控制台显示很多状态信息。这种信息很有用，特别是对于排除故障。

---

[1] 如果内核联编为可重定位的二进制映像，该地址可以是不同的，但此场景与这里无关。

以下各节将主要讲述与start_kernel相关的各种内容，以便阐明在体系结构相关阶段结束后、内核的启动过程。

D.2.1 子系统初始化

图D-1给出了一份代码流程图，简要说明了该函数的任务和作用。

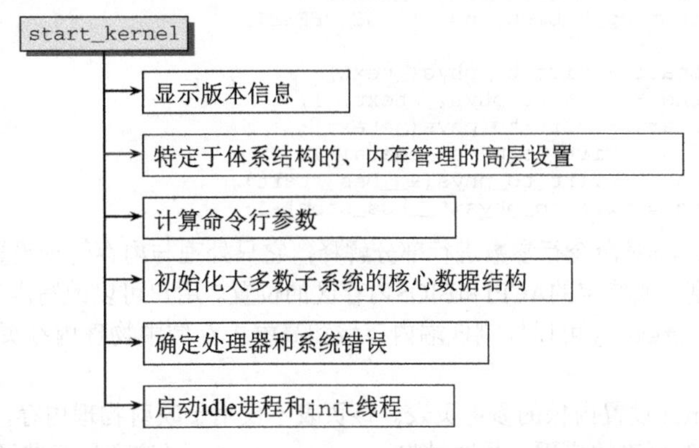

图D-1 start-kernel函数的代码流程图

第一步是输出版本信息。信息的文本保存在linux_banner全局变量中，其定义在init/version.c里。接下来是一项与体系结构比较相关的初始化步骤，该步骤不再处理底层的处理器细节，而是用C语言编写的。在大多数系统上，其主要任务都是设置一个框架，用于高层内存管理子系统的初始化。在启动上传递给内核的命令行参数解释之后，大部分初始化工作在start_kernel中进行，即设置各个内核子系统的中枢数据结构。该任务涉及颇广，因为它实际上涉及了所有的子系统。因而该任务分解为许多简短的过程，将在后续各节分别讲述。最后一步是创建idle进程，内核在无事可做时将调用该进程。该函数将运行各个子系统的初始化例程，然后启动/sbin/init作为第一个用户空间进程，其PID为1。这就结束了内核端的初始化工作。

1. 特定于体系结构的设置

顾名思义，setup_arch是一个特定于体系结构的函数。它执行以C语言编写的任务，主要关注内存管理各个方面的初始化。例如，在大多数系统上，它最终将启用分页，并为核心态设置适当的数据结构。在某些有若干变体的体系结构（例如，IA-64和Alpha）上，此时将执行特定于变体的设置。

为简明起见，本节只考察setup_arch在IA-32系统上的实现，我们在第3章简单接触过该实现。图D-2给出了对应的代码流程图。

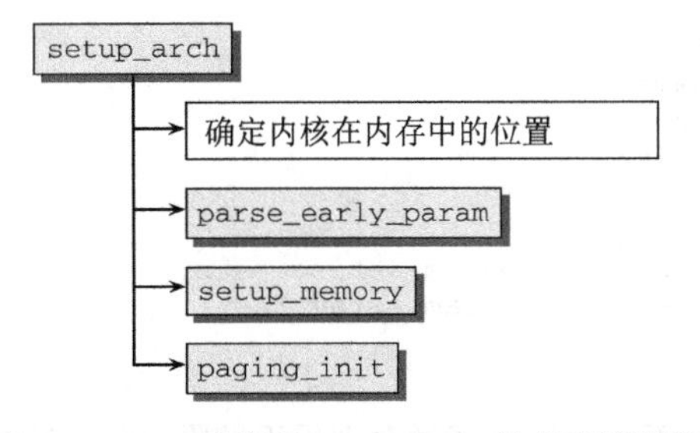

图D-2 IA-32系统上setup_arch的代码流程图

首先，记录下内核在物理和虚拟内存中的位置。这是使用链接器在内核编译时插入的常数完成的。这些常数指定了各个段的起始和结束地址，如下所示（还可以参见附录E）：

arch/x86/kernel/setup_32.c
```
init_mm.start_code = (unsigned long) _text;
init_mm.end_code = (unsigned long) _etext;
init_mm.end_data = (unsigned long) _edata;
init_mm.brk = init_pg_tables_end + PAGE_OFFSET;

code_resource.start = virt_to_phys(_text);
code_resource.end = virt_to_phys(_etext)-1;
data_resource.start = virt_to_phys(_etext);
data_resource.end = virt_to_phys(_edata)-1;
bss_resource.start = virt_to_phys(&__bss_start);
bss_resource.end = virt_to_phys(&__bss_stop)-1;
```

parse_early_param对命令行参数进行部分解释，它只处理与内存管理设置相关的参数。例如，可用物理内存的总长度，或特定的ACPI和BIOS内存区的位置。用户可以改写内核检测的不正确的值。有了这项信息，setup_memory可以检测低端内存域和高端内存域中物理内存页的数目。它还初始化了bootmem分配器。

接下来paging_init设置内核的参考页表。该页表不仅用于映射物理内存，还用于管理vmalloc区域，如第3章所述。新页表的启用，是通过将swapper_pg_dir（该变量存储了页表数据结构）的地址设置到处理器的CR3寄存器而完成的。

build_all_zonelists函数（在第3章讨论过，它负责用于内存管理的内存域列表）由start_kernel调用，来完成内存管理子系统的初始化，并设置bootmem分配器来控制启动过程的其余部分。

2. 解释命令行参数

parse_args由start_kernel中的parse_early_param调用，负责解释启动时传递到内核的命令行参数。在用户空间中也会遇到同样的问题，这是固有的，必须将一个字符串包含“键/值”对的字符串分解，该字符串形如键1=值1 键2=值2。所设置的选项必须保存到内核中，或触发特定的响应。

内核不仅在启动时会遇到解析参数的问题，在插入模块时也会遇到。因而它使用了同样的机制来解决相关问题，从而避免不必要的代码复制，这样做很有意义。

二进制文件对每个内核参数都包含了一个对应的kernel_param实例，这一点对动态加载的模块和静态的内核二进制映像文件都是成立的。该实例的结构如下：

<moduleparam.h>
```
/* 成功返回0，失败返回-errno。参数在kp->arg中。*/
typedef int (*param_set_fn)(const char *val, struct kernel_param *kp);
/* 成功返回写入的长度，失败返回-errno。buffer缓冲区是4k长（要短一点！） */
typedef int (*param_get_fn)(char *buffer, struct kernel_param *kp);

struct kernel_param {
        const char *name;
        param_set_fn set;
        param_get_fn get;
        union {
                void *arg;
                const struct kparam_string *str;
                const struct kparam_array *arr;
        };
};
```

name给出了参数的名称，而set和get函数分别用于设置和获取参数的值。arg是一个（可选）的参数，也会传递到这两个函数。它使得同一个函数可以对不同的参数使用。该指针也可以具体解释为字符串或数组。

参数是使用下列宏注册到内核的：module_param、module_param_named，等等。它们用适当的值填充一个kernel_param的实例，并将其写入到二进制文件的__param段。

这大大简化了启动时对参数的解释。只需要进行一个循环，执行下列操作，直至所有参数都已经处理完毕。

(1) next_arg从内核以正文串形式提供的命令行中，提取下一个“名称/值”对。

(2) parse_one遍历所有注册参数的列表，将传递进来的“名称/值”对与kernel_param实例的name成员比较，在找到一个匹配项时调用其set函数。

3. 初始化中枢的数据结构和缓存

简单看一眼下列内核源代码就会知道，start_kernel的大多数实质性的任务是调用子例程来初始化几乎所有重要的内核子系统：

init/main.c

```
asmlinkage void __init start_kernel(void)
{
...
        trap_init();
        rcu_init();
        init_IRQ();
        pidhash_init();
        sched_init();
        init_timers();
        hrtimers_init();
        softirq_init();
        timekeeping_init();
        time_init();
        profile_init();
...
        early_boot_irqs_on();
        local_irq_enable();
...
        /*
         * 警告！这还是系统启动过程的早期。我们正在启用控制台输出，此时我们尚未完成PCI设置等工作，
         * 而console_init()必须注意到这一点。
         * 但我们确实想要尽可能早地具有输出能力，以防发生错误时无法输出信息。
         */
        console_init();
...
        mem_init();
        kmem_cache_init();
...
        calibrate_delay();
        pidmap_init();
        pgtable_cache_init();
...
        vfs_caches_init(num_physpages);
        radix_tree_init();
        signals_init();
        /* rootfs populating might need page-writeback */
        page_writeback_init();
#ifdef CONFIG_PROC_FS
        proc_root_init();
#endif
...
```

但我们对大多数函数都没什么兴趣，因为它们只是调用bootmem分配器来为数据结构实例分配内存。最重要的函数已经在子系统相关的章节介绍了，因此下文只是综述各个操作的语义。

- trap_init和init_IRQ设置异常和IRQ的处理程序，这是一项体系结构相关的任务。例如，下列代码用于IA-32系统，对处理器返回的错误信息注册异常处理程序：

arch/x86/kernel/traps_32.c

```
void __init trap_init(void)
{
        set_trap_gate(0,&divide_error);
        set_intr_gate(1,&debug);
        set_intr_gate(2,&nmi);
        set_system_gate(4,&overflow);
        set_system_gate(5,&bounds);
        set_trap_gate(6,&invalid_op);
        set_trap_gate(7,&device_not_available);
        set_task_gate(8,GDT_ENTRY_DOUBLEFAULT_TSS);
        set_trap_gate(9,&coprocessor_segment_overrun);
        set_trap_gate(10,&invalid_TSS);
        set_trap_gate(11,&segment_not_present);
        set_trap_gate(12,&stack_segment);
        set_trap_gate(13,&general_protection);
        set_intr_gate(14,&page_fault);
        set_trap_gate(15,&spurious_interrupt_bug);
        set_trap_gate(16,&coprocessor_error);
        set_trap_gate(17,&alignment_check);
        set_trap_gate(19,&simd_coprocessor_error);
...
        set_system_gate(SYSCALL_VECTOR,&system_call);
...
}
```

如代码所示，这里也将用于系统调用的中断定义为一个系统门（SYSCALL_VECTOR设置为0x80）。

IRQ处理程序的初始化也类似。

- sched_init初始化调度器的数据结构（在这里是主处理器），并创建运行队列。
- pidhash_init分配散列表，由PID分配器用于管理空闲和已指派的PID。
- softirq_init注册用于普通和高优先级tasklet（TASKLET_SOFTIRQ和HI_SOFTIRQ）的软中断队列。
- time_init从硬件时钟读取系统时间。这是一个处理器相关的函数，因为不同的体系结构使用不同的机制来读取时钟。
- init_console初始化系统控制台。在提供了early printk机制、允许在控制台完全初始化之前向控制台输出消息的系统上，启用early printk机制（在其他系统上，消息被缓冲起来，直至控制台激活后才输出）。
- page_address_init建立持久内核映射（PKMap，Persistent Kernel Map）机制所需的散列表，该机制利用散列表从给定的虚拟地址确定持久内核映射的物理地址。
- mem_init停用bootmem分配器（并执行一些次要的体系结构相关操作，我们并不关注），kmem_cache_init分多个阶段初始化slab分配器（在第3章详细讲述过）。
- calibrate_delay计算BogoMIPS值，该值指定了在每个jiffy期间可以执行多少个空循环。内核需要该值来估算一些进行轮询或忙等待的任务所需的时间。下列代码可以获得每个jiffy期间能够执行的空循环的一个很好的近似值，并将结果存储到loops_per_jiffy[①]：

init/calibrate.c

```
void __init calibrate_delay(void)
{
        unsigned long ticks, loopbit;
        int lps_precision = LPS_PREC;

        loops_per_jiffy = (1<<12);

        printk("Calibrating delay loop... ");
        while (loops_per_jiffy <<= 1) {
        * 等待时钟信号的"开始" */
                ticks = jiffies;
                while (ticks == jiffies)
                        /* 无 */;
                        /* 继续.. */
                        ticks = jiffies;
                        __delay(loops_per_jiffy);
                        ticks = jiffies -ticks;
                        if (ticks)
                                break;
        }

        /*
         * 做一个二进制近似，使得loops_per_jiffy设置为约等于一个时钟周期
         *（不超过lps_precision个比特位）
         */
         loops_per_jiffy >>= 1;
         loopbit = loops_per_jiffy;
         while (lps_precision--&& (loopbit >>= 1) ) {
                loops_per_jiffy |= loopbit;
                ticks = jiffies;
                while (ticks == jiffies)
                /* 无 */;
        ticks = jiffies;
        __delay(loops_per_jiffy);
        if (jiffies != ticks) /* longer than 1 tick */
                loops_per_jiffy &= ~loopbit;
        }

        /* 舍入该值，并输出 */
        printk("%lu.%02lu BogoMIPS (lpj=%lu)\n",
                loops_per_jiffy/(500000/HZ),
                (loops_per_jiffy/(5000/HZ)) % 100,
                loops_per_jiffy);
        }
}
```

下列代码结构特别有趣（尽管在C语言中，这通常是没有意义的，甚至会造成无限循环）：

init/main.c

```
ticks = jiffies;
while (ticks == jiffies)
        /* 无 */;
```

但该循环确实会在某些时候结束，因为jiffies的值在系统时钟（按频率HZ睡眠）的每个周期都会被中断处理程序加1。因而，while循环中的条件在一定时间后将变为false，导致循环结束。

① 也可以预设BogoMIPS值，阻止内核完成之前最重要的一个操作，显然是无趣的。

- pidmap_init分配数组，其中将保存PID分配器的空闲状态。它也为所有PID类型分配了（未使用的）PID 0。
- fork_init分配了task_struct的slab缓存（假定没有体系结构相关的机制来生成并缓存task_struct实例），并计算可以生成的线程的最大数目。
- proc_caches_init初始化进程描述所涉及的其他数据结构的slab缓存。其中考虑了下列结构：sighand、signal、files、fs、fs_struct和mm_struct。
- buffer_init创建一个buffer_head的缓存，并计算max_buffer_heads变量的值，使得缓冲头绝不会占用超过ZONE_NORMAL内存域中内存数量的10%。
- vfs_caches_init创建虚拟文件系统（VFS）层所需的各种数据结构的缓存。
- radix_tree_init创建内存管理所需的radix_tree_node实例的slab缓存。
- page_writeback_init初始化刷出机制，更具体地说，定义脏页的极限值，接下来该机制将进入运转状态。
- proc_root_init初始化proc文件系统的inode缓存，在内核中注册proc文件系统（procfs），并生成核心的文件系统项，例如/proc/meminfo、/proc/uptime、/proc/version等。

4. 查找已知的系统错误

软件不是唯一会出现bug的东西，处理器实现也会发生错误，芯片也可能无法像预期的那样工作。幸运的是，大多数错误情形都可以规避补救。但在规避之前，内核必须知道特定的处理器是否确实有bug。这可以使用体系结构相关的check_bugs函数确定。

例如，IA-32系统上该函数的代码如下：

arch/x86/kernel/cpu/bugs.c
```
static void __init check_bugs(void)
{
        identify_boot_cpu();

        check_config();
        check_fpu();
        check_hlt();
        check_popad();
        init_utsname()->machine[1] = '0' + (boot_cpu_data.x86 > 6 ? 6 : boot_cpu_data.x86);
        alternative_instructions();
}
```

最后一个语句（alternative_instructions）还调用了一个函数，根据处理器的类型，将某些汇编指令替换为更快速、更现代的指令。这使得发行者既能够创建可以在多种机器上运行的内核映像，同时也无须放弃更新的特性。

对不同CPU质量的比较，这里是S390、Alpha、Extensa、H8300、v850、FRV、Blackfin、Cris、PA-RISC和PPC64的check_bugs例程：

```
static void check_bugs(void)
```

S390内核是最自信的，读者从下列代码可以看出来：

include/asm-s390/bugs.h
```
static inline void check_bugs(void)
{
/* s390没有bug ……*/
}
```

5. idle和init线程

start_kernel的最后一个操作有如下两个步骤：

(1) rest_init启动一个新线程，在执行一些初始化操作（如下一步所述）之后，最终调用用户空间初始化程序/sbin/init；

(2) 第一个（此前是唯一的）内核线程变为idle线程，在系统无事可做时调用。

rest_init实质的实现只有几行代码：

init/main.c
```
static void rest_init(void)
{
        kernel_thread(kernel_init, NULL, CLONE_FS | CLONE_SIGHAND);
        pid = kernel_thread(kthreadd, NULL, CLONE_FS | CLONE_FILES);
        kthreadd_task = find_task_by_pid(pid);
        unlock_kernel();
...
        schedule();
        cpu_idle();
}
```

在一个新的名为init的内核线程（将启动init进程）和另一个名为kthreadd的线程（将由内核用于启动内核守护进程）开始后，内核调用unlock_kernel解锁大内核锁，并通过调用cpu_idle，使当前线程成为idle线程。此前，必须至少调用schedule一次，以激活其他线程。

idle线程会尽可能少地使用系统电源（这在嵌入式系统中非常重要），并尽快释放CPU给可运行的进程。此外，如果CPU处于空闲状态而且内核编译为支持动态时钟，它将处理完全关闭周期时钟的任务，如第15章所述。

init线程，其代码流程图如图D-3所示，与idle线程和kthreadd线程是并行的。

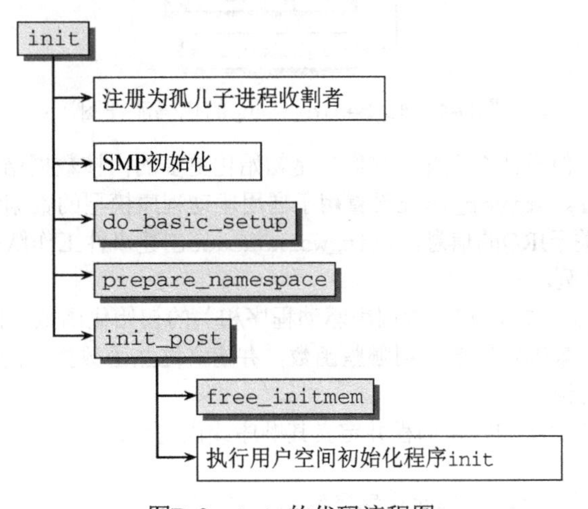

图D-3 init的代码流程图

首先，当前进程需要注册为全局PID命名空间中的child_reaper。内核的意图很清楚：

init/main.c
```
static int __init kernel_init(void * unused)
{
...
        /* 公开宣布，我们将成为无辜的孤儿子进程的收割者*/
        init_pid_ns.child_reaper = current;
...
}
```

到目前为止，内核在多处理器系统上只使用了几个CPU中的一个，现在需要激活其他的CPU。这是通过以下3个步骤完成的。

(1) smp_prepare_cpus确保激活剩余的CPU，该函数执行了处理器的体系结构相关的启动序列。但这些CPU尚未关联到内核的调度机制，因而仍然是不可用的。

(2) do_pre_smp_initcalls虽然名为smp，但实际上是对称多处理和单处理器初始化例程的混合。在SMP系统上，其主要任务是初始化迁移队列，该队列用于在CPU之间移动进程，在第2章讨论过。它还启动了软中断守护进程。①

(3) smp_init在内核中启用剩余的CPU，使之变得可用。

● 驱动程序设置

下一个初始化步骤是使用do_basic_setup函数开始驱动程序和子系统的一般初始化工作，该函数的代码流程图在图D-4中给出。

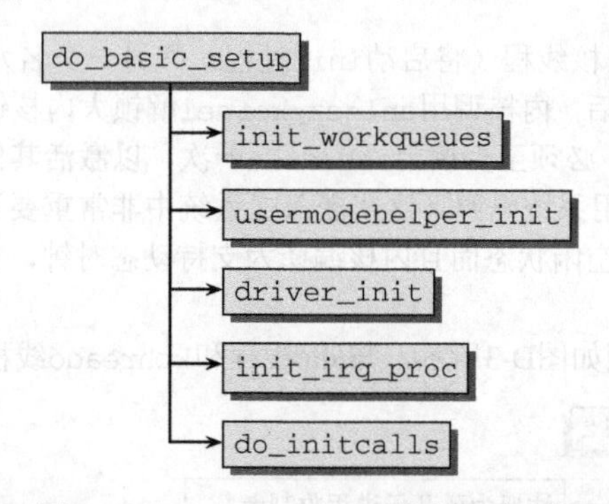

图D-4　do_basic_setup的代码流程图

一些函数涉及颇广，但没什么趣味。它们只是初始化更多的内核数据结构，这些结构已经在对应子系统相关的章节讲述过。driver_init设置用于通用驱动程序模型的数据结构，而init_irq_proc在proc文件系统中注册关于IRQ的信息。init_workqueues创建事件工作队列，而usermodehelper_init创建khelper工作队列。

更有趣的是do_initcalls，它负责调用驱动程序相关的初始化函数。因为内核可能是定制配置的，必须提供一个机制，来确定需要调用哪些函数，并定义这些函数执行的顺序。其称之为initcall机制，将在本节稍后详细讨论。

内核定义了下列宏来检测初始化例程并定义其顺序或优先级：

<init.h>
```
#define __define_initcall(level,fn,id) \
        static initcall_t __initcall_##fn##id __attribute_used__ \
        __attribute__((__section__(".initcall" level ".init"))) = fn

#define pure_initcall(fn)            __define_initcall("0",fn,0)

#define core_initcall(fn)            __define_initcall("1",fn,1)
#define postcore_initcall(fn)        __define_initcall("2",fn,2)
#define arch_initcall(fn)            __define_initcall("3",fn,3)
```

① 确切地说，在每个CPU被内核激活时，内核调用一个回调函数来启动该守护进程。只要知道每个CPU都对应于该守护进程的一个实例，就足够了。

```
#define subsys_initcall(fn)       __define_initcall("4",fn,4)
#define fs_initcall(fn)           __define_initcall("5",fn,5)
#define rootfs_initcall(fn)       __define_initcall("rootfs",fn,rootfs)
#define device_initcall(fn)       __define_initcall("6",fn,6)
#define late_initcall(fn)         __define_initcall("7",fn,7)
```

函数的名称作为参数传递到宏，如device_initcall(time_init_device)和subsys_initcall(pcibios_init)的例子所示。这会在.initcall*level*.init段中创建一项。项的类型为initcall_t，定义如下：

<init.h>

```
typedef int (*initcall_t)(void); ]
```

这是一个函数指针，无需参数，会返回一个整数表示其状态。

链接器将按正确的次序，逐一将各个initcall段放置在二进制文件中。其顺序定义在体系结构无关的文件<include/asm-generic/vmlinux.lds.h>中，如下所示：

<asm-generic/vmlinux.lds.h>

```
#define INITCALLS                      \
        *(.initcall0.init)             \
        *(.initcall1.init)             \
        *(.initcall2.init)             \
        *(.initcall3.init)             \
        *(.initcall4.init)             \
        *(.initcall5.init)             \
        *(.initcallrootfs.init)        \
        *(.initcall6.init)             \
        *(.initcall7.init)             \
```

以下举例说明了一个链接器文件应用该规范的方式（这里给出链接器脚本是用于Alpha处理器的，但在所有其他系统上，这个过程实际上都是相同的）：

arch/alpha/kernel/vmlinux.lds.S

```
        .initcall.init : {
                __initcall_start = .;
                INITCALLS
                __initcall_end = .;
        }
...
```

链接器在__initcall_start和__initcall_end变量中保存了initcall范围的开始和结束，这两个变量在内核中是可见的，其优点稍后讲解。

> 所述机制只定义了不同initcall类别的调用顺序。在各个类别内部，各个函数的调用顺序是由指定的二进制文件在链接过程中的位置隐式定义的，不能手工在C代码中修改。

因为编译器和链接器完成了准备工作，do_initcalls的任务就不是那么复杂了，如下列代码所示：

init/main.c

```
static void __init do_initcalls(void)
{
        initcall_t *call;
        int count = preempt_count();

        for (call = __initcall_start; call < __initcall_end; call++) {
...
```

```
                char *msg;
                int result;

                if (initcall_debug) {
                        printk("calling initcall 0x%p\n", *call);
...
                }

                result = (*call)();
...
        }

        /* 确保initcall序列中没有尚待决的事务 */
        flush_scheduled_work();
}
```

本质上，该代码遍历.initcall段中的所有项，该段的边界由链接器自动定义的变量表明。函数的地址被提取出来，然后调用指定的函数。在所有初始调用都已经执行后，内核使用flush_scheduled_work刷出可能由这些例程创建的keventd工作队列项。

● 删除初始化数据

用于初始化数据结构和设备的函数通常只在内核启动时需要，决不会再次调用。为明确表明这一点，内核定义了__init属性，该属性放在函数声明之前作为前缀，如前述内核源代码所示。该属性定义如下：

<init.h>

```
#define __init          __attribute__ ((__section__ (".init.text"))) __cold
#define __initdata      __attribute__ ((__section__ (".init.data")))
```

内核还可以通过__initdata属性将数据声明为初始化数据。

链接器将标志为__init的函数或__initdata的数据写入到二进制文件的特定段中，如下所示（这里给出的是Alpha平台的链接器脚本，其他体系结构几乎是相同的）：

arch/alpha/kernel/vmlinux.lds.S

```
        /* 将在初始化之后释放 */
        . = ALIGN(PAGE_SIZE);
        /* 初始化代码和数据 */
        __init_begin = .;
        .init.text : {
                _sinittext = .;
                *(.init.text)
                _einittext = .;
        }
        .init.data : {
                *(.init.data)
        }

        . = ALIGN(16);
        .init.setup : {
                __setup_start = .;
                *(.init.setup)
                __setup_end = .;
        }

        . = ALIGN(8);
        .initcall.init : {
                __initcall_start = .;
                INITCALLS
```

```
                __initcall_end = .;
        }
...
        . = ALIGN(2 * PAGE_SIZE);
        __init_end = .;
        /* 将在初始化之后释放的代码或数据，到此结束 */
```

还有其他几个段会添加到初始化段，例如，其中包括此前讨论的初始调用。但为简明起见，本附录并不打算全部介绍内核在启动结束上从内存删除的数据和函数类型。

free_initmem是init调用的最后几个操作之一，用于释放__init_begin和__init_end之间的内核内存。该函数定义如下：

arch/i386/mm/init.c

```
void free_init_pages(char *what, unsigned long begin, unsigned long end)
{
        unsigned long addr;

        for (addr = begin; addr < end; addr += PAGE_SIZE) {
                ClearPageReserved(virt_to_page(addr));
                init_page_count(virt_to_page(addr));
                memset((void *)addr, POISON_FREE_INITMEM, PAGE_SIZE);
                free_page(addr);
                totalram_pages++;
        }
        printk(KERN_INFO "Freeing %s: %luk freed\n", what, (end - begin) >> 10);
}

void free_initmem(void)
{
        free_init_pages("unused kernel memory",
                        (unsigned long)(&__init_begin),
                        (unsigned long)(&__init_end));
}
```

尽管这是一个体系结构相关的函数，但其定义在所有支持的体系结构上几乎都是相同的。为简明起见，这里只讲述IA-32平台上的版本。该代码遍历分配给初始化数据的各个内存页，并使用free_page将其返还给伙伴系统。接下来输出一条消息，表明释放了多少内存，通常大约是200KiB。

● *开始用户空间初始化*

init的最后一个操作是调用init_post，该函数接下来会启动一个程序在用户空间继续初始化，以便向用户提供一个可工作的系统。在UNIX和Linux系统下，该任务传统上委托给/sbin/init。如果该程序不可用，内核会尝试一些备选项。备选程序的名称可以通过init = program在命令行传递到内核。如果传递了该参数，那么内核将试图在默认选项之前启动该程序（在解析命令行时，该程序的名称保存在execute_command中）。如果这些选项都不能工作，则会触发一个内核恐慌，因为系统是不可用的，如下所示：

init/main.c

```
static int noinline init_post(void)
{
        if (execute_command) {
                run_init_process(execute_command);
                printk(KERN_WARNING "Failed to execute %s. Attempting "
                "defaults...\n", execute_command);
        }
        run_init_process("/sbin/init");
        run_init_process("/etc/init");
```

```
        run_init_process("/bin/init");
        run_init_process("/bin/sh");

        panic("No init found. Try passing init= option to kernel.");
}
```

run_init_post会设置一个最低限度的环境，以便init过程运行，如下所示：

init/main.c

```
static char * argv_init[MAX_INIT_ARGS+2] = { "init", NULL, };
char * envp_init[MAX_INIT_ENVS+2] = { "HOME=/", "TERM=linux", NULL, };

static void run_init_process(char *init_filename)
{
        argv_init[0] = init_filename;
        kernel_execve(init_filename, argv_init, envp_init);
}
```

kernel_execve是一个sys_execve系统调用的包装器，每个体系结构都必须提供。

D.3 小结

Linux内核的启动是一个与体系结构高度相关的过程，至少在初始阶段是这样。本章向读者介绍了在IA-32系统上使内核启动并运行的一些错综复杂之处。此外，本章还讨论了高层的启动过程，其中内核会逐步设置硬件，直至最终调用第一个用户层进程（通常是/sbin/init）并开始常规执行。

附录E

ELF二进制格式

ELF代表Executable and Linkable Format。它是一种对可执行文件、目标文件和库使用的文件格式。它在Linux下成为标准格式已经很长时间，代替了早年的a.out格式。ELF一个特别的优点在于，同一文件格式可以用于内核支持的几乎所有体系结构上。这不仅简化了用户空间工具程序的创建，也简化了内核自身的程序设计。例如，在必须为可执行文件生成装载例程时。但是文件格式相同并不意味着不同系统上的程序之间存在二进制兼容性，例如，FreeBSD和Linux都使用ELF作为二进制格式。尽管二者在文件中组织数据的方式相同，但在系统调用机制以及系统调用的语义方面，仍然有差别。这也是在没有中间仿真层的情况下，FreeBSD程序不能在Linux下运行的原因（反过来，同样如此）。有一点是可以理解的，二进制程序不能在不同体系结构间交换（例如，为Alpha CPU编译的Linux二进制程序不能在Sparc Linux上执行），因为底层的体系结构是完全不同的。但由于ELF的存在，对所有体系结构而言，程序本身的相关信息以及程序的各个部分在二进制文件中编码的方式都是相同的。

Linux不仅将ELF用于用户空间应用程序和库，还用于构建模块。内核本身也是ELF格式。

ELF是一种开放格式，其规范可以自由获得（在本书相关的网站上也可以获得）。本附录的结构与ELF规范是相同的，对与本书内容相关的信息进行了概述。

E.1 布局和结构

如图E-1所示，ELF文件由各个部分组成。请注意，在本附录中，必须区分链接对象和可执行文件。

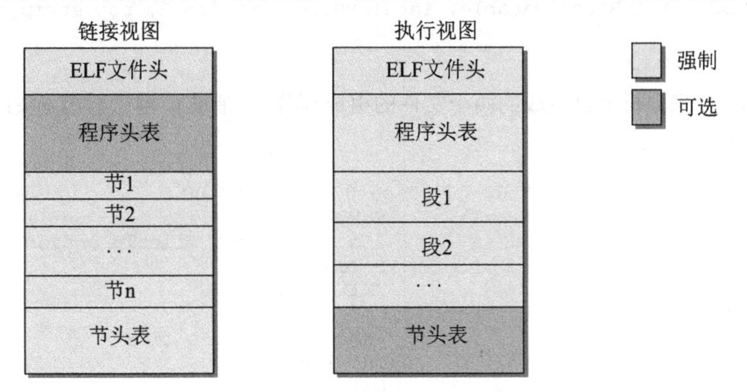

图E-1 ELF文件的基本布局

- 除了用于标识ELF文件的几个字节之外，ELF头还包含了有关文件类型和大小的有关信息，以及文件加载后程序执行的入口点信息。

- 程序头表（program header table）向系统提供了可执行文件的数据在进程虚拟地址空间中组织方式的相关信息。它还表示了文件可能包含的段数目、段的位置和用途。
- 各个段保存了与文件相关的各种形式的数据。例如，符号表、实际的二进制码、固定值(如字符串)或程序使用的数值常数。
- 节头表（section header table）包含了与各段相关的附加信息。

readelf是一个有用的工具，用于分析ELF文件的结构，如下所示：

```
#include<stdio.h>

int add (int a, int b) {
  printf("Numbers are added together\n");
  return a+b;
}

int main() {
  int a,b;
  a = 3;
  b = 4;
  int ret = add(a,b);
  printf("Result: %u\n");
  exit(0);
}
```

当然，就程序本身而言，它没什么用处。但它可以作为一个很好的例子，来说明可执行文件和目标文件是如何生成的：

```
wolfgang@meitner> gcc test.c -o test
wolfgang@meitner> gcc test.c -c -o test.o
```

可以用file命令，显示编译器生成的两个ELF文件的信息，一个是可执行文件，另一个是可重定位的目标文件。

```
wolfgang@meitner> file test
file test: ELF 32-bit LSB executable, Intel 80386, version 1, dynamically linked
(uses shared libs), not stripped
wolfgang@meitner> file test.o
test.o: ELF 32-bit LSB relocatable, Intel 80386, version 1, not stripped
```

E.1.1　ELF头

本节使用readelf来分析上例生成的两个文件的组成部分。[①]首先，看一看ELF头：

```
wolfgang@meitner> readelf -f test
ELF Header:
  Magic: 7f 45 4c 46 01 01 01 00 00 00 00 00 00 00 00 00
  Class:                              ELF32
  Data:                               2's complement, little endian
  Version:                            1 (current)
  OS/ABI:                             UNIX - System V
  ABI Version:                        0
  Type:                               EXEC (Executable file)
  Machine:                            Intel 80386
  Version:                            0x1
  Entry point address:                0x80482d0
  Start of program headers:           52 (bytes into file)
```

① 与这里给出的相比，该程序有更多的命令行选项。这些选项记载在手册页readelf(1)中，可以用readelf - help显示。

```
  Start of section headers:          10148 (bytes into file)
  Flags:                             0x0
  Size of this header:               52 (bytes)
  Size of program headers:           32 (bytes)
  Number of program headers:         6
  Size of section headers:           40 (bytes)
  Number of section headers:         29
  Section header string table index: 26
```

在文件起始处，有4个标识字节。在ASCII代码0x7f字符之后，接下来是字符E(0x45)、L(0x4c)、F(0×46)的ASCII码值。这使得所有处理ELF的工具都可以识别文件是否是所要的格式。还有一些与具体体系结构相关的信息，在本例中，是一台Pentium III系统，与IA32兼容。类别标识（ELF32）正确地表明这是一台32位机器（在Alpha、IA-64、Sparc64及其他64位平台上，该字段的值将是ELF64）。

文件类型是EXEC，意味着文件是可执行的。Version字段用于区分ELF标准的各个修订版本。但因为版本1仍然是最新的，目前还不需要这个特性。另外还包括ELF文件的各个部分的长度和索引位置信息（稍后会更详细地讨论）。因为这些部分的长度可能依程序而不同，所以在文件头部分必须提供相应的数据。

在分析一个目标文件而不是可执行文件时，哪些字段会有不同呢？为简单起见，本附录只讨论readelf显示的下列字段：

```
wolfgang@meitner> readelf -h test.o
...
  Type:                          REL (Relocatable file)
...
  Start of program headers:      0 (bytes into file)
...
  Size of program headers:       0 (bytes)
  Number of program headers:     0
...
```

显示的文件类型是REL。换言之，它是一个可重定位文件，其代码可以移动到任何位置。[1]该文件没有程序头表，对需要进行链接的对象而言，该表是不必要的，为此所有长度都设置为0。

E.1.2 程序头表

以下是可执行文件中的程序头表（目标文件没有该表）：

```
wolfgang@meitner> readelf -l test

Elf file type is EXEC (Executable file)
Entry point 0x80482d0
There are 6 program headers, starting at offset 52

Program Headers:
  Type           Offset   VirtAddr   PhysAddr   FileSiz MemSiz  Flg Align
  PHDR           0x000034 0x08048034 0x08048034 0x000c0 0x000c0 R E 0x4
  INTERP         0x0000f4 0x080480f4 0x080480f4 0x00013 0x00013 R 0x1
     [Requesting program interpreter: /lib/ld-linux.so.2]
  LOAD           0x000000 0x08048000 0x08048000 0x0046d 0x0046d R E 0x1000
  LOAD           0x000470 0x08049470 0x08049470 0x00108 0x0010c RW 0x1000
  DYNAMIC        0x000480 0x08049480 0x08049480 0x000c8 0x000c8 RW 0x4
  NOTE           0x000108 0x08048108 0x08048108 0x00020 0x00020 R 0x4
```

① 特别地，这意味着在汇编语言代码中必须使用相对转移地址，而不是绝对地址。

```
Section to Segment mapping:
 Segment Sections...
  00
  01     .interp
  02     .interp .note.ABI-tag .hash .dynsym .dynstr .gnu.version
         .gnu.version_r .rel.dyn .rel.plt .init .plt .text .fini .rodata
  03     .data .eh_frame .dynamic .ctors .dtors .jcr .got .bss
  04     .dynamic
  05     .note.ABI-tag
```

在程序头表之后，列出了6个段，这些组成了最终在内存中执行的程序。其还提供了各段在虚拟地址空间和物理地址空间中的大小、位置①、标志、访问授权和对齐方面的信息。还指定了一个类型，来更精确地描述段。示例程序包含5种不同类型的段，各段的语义如下。

- PHDR保存程序头表。
- INTERP指定在程序已经从可执行文件映射到内存之后，必须调用的解释器。在这里，解释器并不意味着二进制文件的内容必须由另一个程序解释（比如，Java字节代码需要由Java虚拟机解释）。它指的是这样一个程序：通过链接其他库，来满足未解决的引用。

  通常/lib/ld-linux.so.2、/lib/ld-linux-ia-64.so.2等库，用于在虚拟地址空间中插入程序运行所需的动态库。对几乎所有的程序来说，可能C标准库都是必须映射的。还需要添加的各种库包括，GTK、数学库、libjpeg，等等。
- LOAD表示一个需要从二进制文件映射到虚拟地址空间的段。其中保存了常量数据（如字符串），程序的目标代码，等等。
- DYNAMIC段保存了由动态链接器（即，INTERP中指定的解释器）使用的信息。
- NOTE保存了专有信息，这与当前主题无关。

虚拟地址空间中的各个段，填充了来自于ELF文件中特定段的数据。因而readelf输出的第二部分指定了哪些节载入到哪些段（节段映射）②。

> 这些并非IA32处理器用于实现虚拟地址空间中不同的隔离范围的段，只是地址空间中一些区域。

其他平台基本上采用了同样的方法，但取决于特定的体系结构，可能有不同的节映射到各个内存区中，如以下IA-64的例子所示：

```
wolfgang@meitner> readelf -l test_ia64
Elf file type is EXEC (Executable file)
Entry point 0x40000000000004e0
There are 7 program headers, starting at offset 64

Program Headers:
  Type           Offset             VirtAddr           PhysAddr
                 FileSiz            MemSiz              Flags  Align
  PHDR           0x0000000000000040 0x4000000000000040 0x4000000000000040
                 0x0000000000000188 0x0000000000000188  R E    8
  INTERP         0x00000000000001c8 0x40000000000001c8 0x40000000000001c8
                 0x0000000000000018 0x0000000000000018  R      1
    [Requesting program interpreter: /lib/ld-linux-ia64.so.2]
  LOAD           0x0000000000000000 0x4000000000000000 0x4000000000000000
```

① 物理地址信息将被忽略，因为该信息是由内核根据物理页帧到虚拟地址空间中相应位置的映射情况而动态分配的。只有在没有MMU（因而没有虚拟内存）的系统上，该信息才是有意义的，例如小型的嵌入式处理器。

② 原书（德文版/英文版）在很多处均未区分section/segment，但ELF规范实际上是区分节/段概念的。——译者注

```
                 0x00000000000009f0 0x00000000000009f0 R E 10000
  LOAD           0x00000000000009f0 0x60000000000009f0 0x60000000000009f0
                 0x0000000000000270 0x0000000000000280 RW 10000
  DYNAMIC        0x00000000000009f8 0x60000000000009f8 0x60000000000009f8
                 0x00000000000001a0 0x00000000000001a0 RW 8
  NOTE           0x00000000000001e0 0x40000000000001e0 0x40000000000001e0
                 0x0000000000000020 0x0000000000000020 R 4
  IA_64_UNWIND   0x00000000000009a8 0x40000000000009a8 0x40000000000009a8
                 0x0000000000000048 0x0000000000000048 R 8

Section to Segment mapping:
 Segment Sections...
    00
    01    .interp
    02    .interp .note.ABI-tag .hash .dynsym .dynstr .gnu.version .gnu.version_r
          .rela.IA_64.pltoff .init .plt .text .fini .rodata .opd
          .IA_64.unwind_info .IA_64.unwind
    03    .data .dynamic .ctors .dtors .jcr .got .IA_64.pltoff .sdata .sbss .bss
    04    .dynamic
    05    .note.ABI-tag
    06    .IA_64.unwind
```

不用惊讶这里使用了64位地址，显然还添加了另外一个类型为IA_64_UNWIND的段。该段存储了展开（unwind）信息，用于分析栈帧（例如，如果需要生成调用栈回溯的话）。因为一些与体系结构相关，使得在IA-64系统上不能只通过分析栈的内容来生成栈回溯。[①]各段的确切语义将在下文讨论。

> 段是可以重叠的，如针对IA-32的readelf输出所示。段02类型为LOAD，从0x08048000延伸到0x8048000 + 0x0046d = 0x0804846d。它包含了.note.ABI标记段。但虚拟地址空间中的对应区域用于实现段06（NOTE类型），从0x08048108延伸到0x08048108 + 0x00020 = 0x08048128，因而该段位于段02内部。ELF标准明确地允许这种行为。

E.1.3 节

ELF文件中描述各段的内容时，是指定了将哪些节的数据映射到段中。另一个表称之为节头表，用于管理文件的各个节，如图E-1所示。readelf同样可用于显示文件的各个节，如下所示：

```
wolfgang@meitner> readelf -S test.o
There are 10 section headers, starting at offset 0x114:

Section Headers:
  [Nr] Name          Type        Addr     Off    Size   ES Flg Lk Inf Al
  [ 0]               NULL        00000000 000000 000000 00      0   0  0
  [ 1] .text         PROGBITS    00000000 000034 000065 00  AX  0   0  4
  [ 2] .rel.text     REL         00000000 000374 000030 08      8   1  4
  [ 3] .data         PROGBITS    00000000 00009c 000000 00  WA  0   0  4
  [ 4] .bss          NOBITS      00000000 00009c 000000 00  WA  0   0  4
  [ 5] .rodata       PROGBITS    00000000 00009c 000025 00   A  0   0  1
  [ 6] .comment      PROGBITS    00000000 0000c1 000012 00      0   0  1
  [ 7] .shstrtab     STRTAB      00000000 0000d3 000041 00      0   0  1
  [ 8] .symtab       SYMTAB      00000000 0002a4 0000b0 10      9   7  4
```

① IA-64使用寄存器栈来存储过程的局部变量。处理器为此自动在其寄存器集合中分配了一个窗口。根据需要，这些寄存器的一部分可以换出到内存，这对程序是透明的。因为各个过程的寄存器栈大小是不同的，还可能根据调用链的不同而换出不同的寄存器，不能像大多数体系结构那样，只通过帧指针反向跟踪栈帧而建立调用栈回溯。IA-64机器需要在二进制文件中保存栈的展开信息。

```
  [ 9] .strtab       STRTAB          00000000 000354 00001d 00      0   0  1
Key to Flags:
  W (write), A (alloc), X (execute), M (merge), S (strings)
  I (info), L (link order), G (group), x (unknown)
  O (extra OS processing required) o (OS specific), p (processor specific)
```

这里指定的偏移量是相对于二进制文件（这里指定的是0x114）。节信息无须复制到在虚拟地址空间中为可执行文件创建的最终的进程映像。尽管如此，该信息在二进制文件中总是存在的。

每个节都指定了一个类型，定义了节数据的语义。例子中最重要的值就是PROGBITS（程序必须解释的信息，例如，二进制代码[①]）、SYMTAB（符号表）和REL（重定位信息）。STRTAB用于存储与ELF格式有关的字符串，但与程序没有直接关联。例如，节的符号名称(如.text或.comment)。

各节都指定了大小和在二进制文件内部的偏移量。address字段可用于指定节加载到虚拟地址空间中的位置。但因为例子处理的是一个可链接对象，目标地址是未定义的，因而表示为0。标志表明各个节如何访问或处理。我们对A标志比较感兴趣，因为它控制着装载文件时是否将节的数据复制到虚拟地址空间。

尽管节的名称是可以自由选择的，[②] Linux（和所有其他使用ELF的类UNIX系统都）提供了若干标准节，其中一些是强制性的。总有一个名为.text的节来保存二进制代码，即与该文件相关联的程序信息。.rel.text保存了text节的重定位信息（稍后讨论）。

可执行文件包含了一些附加信息，如下所示：

```
wolfgang@meitner> readelf -S test
There are 29 section headers, starting at offset 0x27a4:

Section Headers:
[Nr] Name              Type     Addr     Off    Size   ES Flg Lk Inf Al
  [ 0]                 NULL     00000000 000000 000000 00      0   0  0
  [ 1] .interp         PROGBITS 080480f4 0000f4 000013 00 A    0   0  1
  [ 2] .note.ABI-tag   NOTE     08048108 000108 000020 00 A    0   0  4
  [ 3] .hash           HASH     08048128 000128 000030 04 A    4   0  4
  [ 4] .dynsym         DYNSYM   08048158 000158 000070 10 A    5   1  4
  [ 5] .dynstr         STRTAB   080481c8 0001c8 00005e 00 A    0   0  1
  [ 6] .gnu.version    VERSYM   08048226 000226 00000e 02 A    4   0  2
  [ 7] .gnu.version_r  VERNEED  08048234 000234 000020 00 A    5   1  4
  [ 8] .rel.dyn        REL      08048254 000254 000008 08 A    4   0  4
  [ 9] .rel.plt        REL      0804825c 00025c 000018 08 A    4   b  4
  [10] .init           PROGBITS 08048274 000274 000018 00 AX   0   0  4
  [11] .plt            PROGBITS 0804828c 00028c 000040 04 AX   0   0  4
  [12] .text           PROGBITS 080482d0 0002d0 000150 00 AX   0   0 16
  [13] .fini           PROGBITS 08048420 000420 00001e 00 AX   0   0  4
  [14] .rodata         PROGBITS 08048440 000440 00002d 00 A    0   0  4
  [15] .data           PROGBITS 08049470 000470 00000c 00 WA   0   0  4
  [16] .eh_frame       PROGBITS 0804947c 00047c 000004 00 WA   0   0  4
  [17] .dynamic        DYNAMIC  08049480 000480 0000c8 08 WA   5   0  4
  [18] .ctors          PROGBITS 08049548 000548 000008 00 WA   0   0  4
  [19] .dtors          PROGBITS 08049550 000550 000008 00 WA   0   0  4
  [20] .jcr            PROGBITS 08049558 000558 000004 00 WA   0   0  4
  [21] .got            PROGBITS 0804955c 00055c 00001c 04 WA   0   0  4
  [22] .bss            NOBITS   08049578 000578 000004 00 WA   0   0  4
  [23] .stab           PROGBITS 00000000 000578 0007b0 0c      24  0  4
  [24] .stabstr        STRTAB   00000000 000d28 001933 00      0   0  1
```

① 程序的二进制代码经常称之为text，但这当然是指用作机器代码的二进制信息。

② 节名以点开始，是由系统自身使用的。如果应用程序想要定义自身的节，就不应该以点开头，以避免与系统节名称的冲突。

```
  [25] .comment          PROGBITS  00000000  00265b  00006c  00   0   0  1
  [26] .shstrtab         STRTAB    00000000  0026c7  0000dd  00   0   0  1
  [27] .symtab           SYMTAB    00000000  002c2c  000450  10  28  31  4
  [28] .strtab           STRTAB    00000000  00307c  0001dd  00   0   0  1
Key to Flags:
  W (write), A (alloc), X (execute), M (merge), S (strings)
  I (info), L (link order), G (group), x (unknown)
  O (extra OS processing required) o (OS specific), p (processor specific)
```

与目标文件的10个节相比，可执行文件有29个节，并非所有这些节都与我们讨论的主题相关。下列节是有具体意义的。

- .interp保存了解释器的文件名，这是一个ASCII字符串。
- .data保存了初始化过的数据，这是普通程序数据的一部分，可以在程序运行时间修改（例如，预先初始化的结构）。
- .rodata保存了只读数据，可以读取但不能修改。例如，编译器将出现在printf语句中的所有静态字符串封装到该节。
- .init和.fini保存了进程初始化和结束所用的代码。这两个节通常是由编译器自动添加的，无须应用程序员关注。
- .hash是一个散列表，允许在不对全表元素进行线性搜索的情况下，快速访问所有的符号表项。

节（对于可执行文件）的address字段保存了有效的值，因为相应的代码必须映射到虚拟地址空间中某些定义好的位置。在Linux下，对应用程序通常使用0x08000000以上的内存区。

E.1.4 符号表

符号表是每个ELF文件的一个重要部分，因为它保存了程序实现或使用的所有（全局）变量和函数。如果程序引用了一个自身代码未定义的符号，则称之为*未定义符号*（例如，例子中的printf函数，就是定义在C标准库中）。此类引用必须在静态链接期间用其他目标模块或库解决，或在加载时间通过动态链接（使用ld-linux.so）解决。 nm工具可生成程序定义和使用的所有符号列表，如下所示：

```
wolfgang@meitner> nm test.o
00000000 T add
         U exit
0000001a T main
         U printf
```

左侧一列给出了符号的值，即符号定义在目标文件中的位置。例子包括两个不同的符号类型，函数定义在text段（由缩写T标明），而未定义的引用由U标明。逻辑上，未定义的引用没有符号值。

在可执行文件中还会出现更多符号。但由于大多数都是编译器自动生成的，供运行时系统内部使用，以下例子只给出了同时出现在目标文件中的符号：

```
wolfgang@meitner> nm test
08048388 T add
         U exit@@GLIBC_2.0
080483a2 T main
         U printf@@GLIBC_2.0
```

exit和printf仍然是未定义的，但同时增加了一些信息，表明能够提供函数的GNU标准库的最低版本（在例子中，要求库的版本不能低于2.0，这意味着该程序无法利用Libc5和Libc4[①]工作）。由程

① 版本号看起来相当古怪，但却是正确的。Libc4和Libc5是Linux专用的C标准库，Glibc 2.0是该库的第一个跨平台变体，它替换了旧版本。

序本身定义的add和main符号已经移到虚拟地址空间中的固定位置（在文件加载时，对应的代码将映射到这些位置）。

ELF是如何实现符号表机制的？以下3个节用于容纳相关的数据。

- .symtab确定符号的名称与其值之间的关联。但符号的名称不是直接以字符串形式出现的，而是表示为某个字符串数组的索引。
- .strtab保存了字符串数组。
- .hash保存了一个散列表，以帮助快速查找符号。

简言之，.symtab节中的每一项由两个元素组成，符号名在字符串表中的位置和符号的值。读者接下来会看到，实际情况要稍微复杂一些，因为需要为每一项考虑更多的信息。

E.1.5　字符串表

图E-2说明了字符串表是如何在ELF文件中实现字符串管理的。

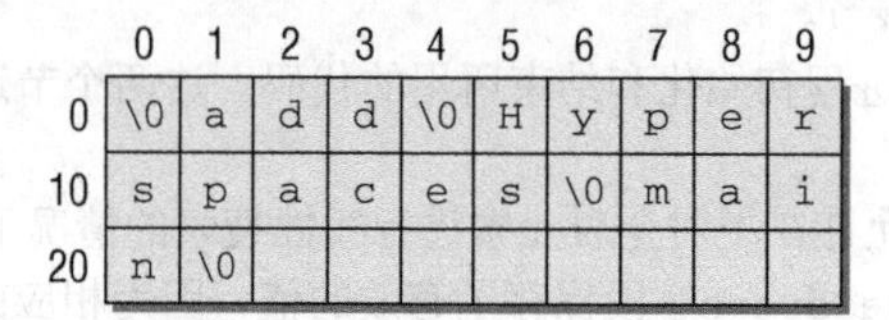

图E-2　ELF文件的字符串表

表的第一个字节是0，后续的各字符串通过0字节分隔。

为引用一个字符串，必须指定一个位置，即该数组的一个索引。这将选中下一个0字节之前的所有字符（如果将0字节的位置用作索引，那么就对应于空串）。如果允许索引不仅仅选择字符串的起始位置，也可以选择字符串中间的任何位置，就能够支持子串的用法（非常受限）。

.strtab不是默认情况下ELF文件中唯一的字符串表。.shstrtab用于存放文件中各个节的文本名称（例如，.text）。

E.2　内核中的数据结构

内核在两处使用了ELF文件格式。首先，ELF用于处理可执行文件和库。其次，用于实现模块。这些地方使用了不同的代码来读取和操作数据，但这两种情形都利用了本节介绍的数据结构。其基础就是<elf.h>头文件，其中实现了ELF标准，基本未作改动。

E.2.1　数据类型

因为ELF是一个处理器和体系结构无关的格式，它不能依赖特定的字长或字节序（小端序或大端序），至少对文件中那些需要在所有系统上读取和理解的数据元素来说，是这样。出现在.text段中的机器代码，存储为宿主系统的表示形式，以避免笨拙的转换操作。为此内核定义了一些数据类型，在所有体系结构上具有相同的位宽，如下所示：

```
<elf.h>
/* 32位ELF基础类型。 */
typedef __u32 Elf32_Addr;
typedef __u16 Elf32_Half;
typedef __u32 Elf32_Off;
typedef __s32 Elf32_Sword;
```

```
typedef __u32 Elf32_Word;

/* 64位ELF基础类型。 */
typedef __u64 Elf64_Addr;
typedef __u16 Elf64_Half;
typedef __s16 Elf64_SHalf;
typedef __u64 Elf64_Off;
typedef __s32 Elf64_Sword;
typedef __u32 Elf64_Word;
typedef __u64 Elf64_Xword;
typedef __s64 Elf64_Sxword;
```

因为体系结构相关的代码必须总是明确定义整数类型的符号和位宽，ELF标准的数据类型可以毫不费力地直接通过typedef实现。

E.2.2　头部

对ELF格式中的各种头部结构，32位和64位系统需要分别定义数据结构。

1. ELF头

在32位体系结构上，ELF文件的头部标识由以下数据结构表示:

<elf.h>

```
typedef struct elf32_hdr{
  unsigned char e_ident[EI_NIDENT];
  Elf32_Half    e_type;
  Elf32_Half    e_machine;
  Elf32_Word    e_version;
  Elf3 2_Addr   e_entry; /* 入口点 */
  Elf32_Off     e_phoff;
  Elf32_Off     e_shoff;
  Elf32_Word    e_flags;
  Elf32_Half    e_ehsize;
  Elf32_Half    e_phentsize;
  Elf32_Half    e_phnum;
  Elf32_Half    e_shentsize;
  Elf32_Half    e_shnum;
  Elf32_Half    e_shstrndx;
} Elf32_Ehdr;
```

各成员项的语义如下。

- e_ident可容纳16（EI_NIDENT）个字节，这些字节在所有体系结构上都由char数据类型表示。前四个字节包含了0x7f和字母E、L、F，如前所述。若干其他的字节位置有特定的语义。
  - EI_CLASS（4）标识文件的类别，将文件分为32位和64位两类。当前，定义的值包括ELFCLASS32和ELFCLASS64。[①]
  - EI_DATA（5）指定了格式使用的字节序。ELFDATA2LSB代表least significant byte（因而是小端序），而ELFDATA2MSB代表most significant byte（因而是大端序）。
  - EI_VERSION（6）表示ELF头的文件版本（该版本可能独立于数据段的版本）。当前，只允许使用EV_CURRENT，这是第一个版本。
  - 从EI_PAD（7）起，ELF头的标识部分剩余的字节用0填充，因为这些位置（目前）尚不需要。
- e_type用于区分表E-1列出的各种ELF文件类型。

① 在此处和其他许多地方，ELF标准实际上都定义了表示“未定义”或“无效”的常数。为简单起见，描述中没有包含这些常数。

表E-1　ELF文件类型

值	语　义
ET_REL	Relocatable file (object file)
ET_EXEC	Executable file
ET_DYN	Dynamic library
ET_CORE	Core dump

- e_machine指定了文件所需的体系结构。表E-2列出了Linux支持的各种选项。请注意，每种体系结构都需要定义函数elf_check_arch，并由内核的通用代码使用，来确保加载的ELF文件可以在相应的体系结构上正确运行。
- e_version保存了版本信息，用于区分不同的ELF变体。但目前该规范只定义了版本1。由EV_CURRENT表示。
- e_entry给出了文件在虚拟内存中的入口点。这是在程序已经加载并映射到内存中之后，执行开始的位置。
- e_phoff存储了程序头表在二进制文件中的偏移量。
- e_shoff保存了节头表所在的偏移量。
- e_flags可以保存特定于处理器的标志。当前，内核不使用该数据。
- e_ehsize指定了ELF头的长度，单位为字节。
- e_phentsize指定了程序头表中一项的长度，单位为字节（所有项的长度都相同）。
- e_phnum指定了程序头表中项的数目。
- e_shentsize指定节头表中一项的长度，单位为字节（所有项的长度都相同）。
- e_shnum指定了节头表中项的数目。
- e_shstrndx保存了包含各节名称的字符串表在节头表中的索引位置。

64位下ELF头的数据结构可同样定义。唯一的差别在于，其中使用了对应的64位数据类型，而不是其32位对应物，这使得文件头稍大。但这两种变体的前16字节是相同的。两种体系结构类型都能够根据这些字节，来识别用于不同字长机器的ELF文件，如下所示：

<elf.h>

```
typedef struct elf64_hdr {
  unsigned char e_ident[16];     /* ELF"魔数" */
  Elf64_Half e_type;
  Elf64_Half e_machine;
  Elf64_Word e_version;
  Elf64_Addr e_entry;            /* 入口点的虚拟地址 */
  Elf64_Off e_phoff;             /* 程序头表在文件中的偏移量 */
  Elf64_Off e_shoff;             /* 节头表在文件中的偏移量 */
  Elf64_Word e_flags;
  Elf64_Half e_ehsize;
  Elf64_Half e_phentsize;
  Elf64_Half e_phnum;
  Elf64_Half e_shentsize;
  Elf64_Half e_shnum;
  Elf64_Half e_shstrndx;
} Elf64_Ehdr;
```

表E-2 由ELF支持的体系结构

值	体系结构
EM_SPARC	32-bit Sparc
EM_SPARC32PLUS	32-bit Sparc ("v8 Plus")
EM_SPARCV9	64-bit Sparc
EM_386 and ELF_486	IA-32
EM_IA_64	IA-64
EM_X86_64	AMD64
EM_68K	Motorola 68k
EM_MIPS	Mips
EM_PARISC	Hewlet-Packard PA-Risc
EM_PPC	PowerPC
EM_PPC64	PowerPC 64
EM_SH	Hitachi SuperH
EM_S390	IBM S/390
EM_S390_OLD	Former interim value for S390
EM_CRIS	Axis Communications Cris
EM_V850	NEC v850
EM_H8_300H	Hitachi H8/300H
EM_ALPHA	Alpha AXP
EM_M32R	Renseas M32R
EM_H8_300	Renseas H8/300
EM_FRV	Fujitsu FR-V

2. 程序头表

程序头表由几个项组成，其处理方式类似于数组项（项的数目，由ELF头中的e_phnum指定）。表项的数据类型定义为一个独立的结构。在32位系统上，其内容如下：

<elf.h>

```
typedef struct elf32_phdr{
  Elf32_Word p_type;
  Elf32_Off p_offset;
  Elf32_Addr p_vaddr;
  Elf32_Addr p_paddr;
  Elf32_Word p_filesz;
  Elf32_Word p_memsz;
  Elf32_Word p_flags;
  Elf32_Word p_align;
} Elf32_Phdr;
```

各成员的语义如下。

- p_type表示当前项描述的段的种类。为此定义了下列常数。
  - PT_NULL表示的段。
  - PT_LOAD用于表示可装载段，在程序执行前从二进制文件映射到内存。
  - PT_DYNAMIC表示段包含了用于动态链接器（在E.2.6节讨论）的信息。
  - PT_INTERP表示当前段指定了用于动态链接的程序解释器。通常是ld-linux.so，前面讲过。
  - PT_NOTE指定一个段，其中可能包含专有的编译器信息。

还有两个常数，定义用于处理器相关的用途，内核并不使用。

- p_offset给出了所述段在文件中的偏移量（从二进制文件起始处开始计算，单位为字节）。
- p_vaddr给出了段的数据映射到虚拟地址空间中的位置（对PT_LOAD类型的段）。只支持物理寻址，不支持虚拟寻址的系统，将使用p_paddr保存的信息。
- p_filesz指定了段在二进制文件中的长度（单位为字节）。
- p_memsz指定了段在虚拟地址空间中的长度（单位为字节）。与文件中物理的长度差值可通过截断数据或填充0字节来补偿。
- p_flags保存了标志信息，定义了该段的访问权限。PF_R表示读权限，PF_W表示写权限，PF_X表示执行权限。
- p_align指定了段在内存和二进制文件中对齐的方式（p_vaddr和p_offset地址必须是模p_align的，即p_align的倍数）。例如，p_align的值为0x1000＝4096，这意味着段必须对齐到4 KiB页。

读者在下列代码中可以看到，对64位体系结构定义了类似的数据结构。与32位变体相比唯一的差别在于所用的数据类型。尽管如此，各数据项的语义都是相同的：

<elf.h>

```
typedef struct elf64_phdr {
  Elf64_Word p_type;
  Elf64_Word p_flags;
  Elf64_Off p_offset;          /* 段在文件中的偏移量 */
  Elf64_Addr p_vaddr;          /* 段虚拟地址 */
  Elf64_Addr p_paddr;          /* 段物理地址 */
  Elf64_Xword p_filesz;        /* 文件中段的长度 */
  Elf64_Xword p_memsz;         /* 内存中段的长度 */
  Elf64_Xword p_align;         /* 段的对齐值，在文件和内存中 */
} Elf64_Phdr;
```

3. 节头表

节头表通过数组实现，每个数组项包含一节的信息。各个节构成了程序头表中定义的各段的内容。下列数据结构表示一个节：

<elf.h>

```
typedef struct {
  Elf32_Word sh_name;
  Elf32_Word sh_type;
  Elf32_Word sh_flags;
  Elf32_Addr sh_addr;
  Elf32_Off sh_offset;
  Elf32_Word sh_size;
  Elf32_Word sh_link;
  Elf32_Word sh_info;
  Elf32_Word sh_addralign;
  Elf32_Word sh_entsize;
} Elf32_Shdr;
```

其成员的语义如下。

- sh_name指定了节的名称。其值不是字符串本身，而是字符串表的一个索引。
- sh_type指定了节的类型。有下列类型可用。
  - SH_NULL表示该节不使用。其数据将忽略。
  - SH_PROGBITS保存程序相关信息，其格式是不定义的，与这里的讨论无关。

- SH_SYMTAB保存一个符号表，其结构将在E.2.4节讨论。SH_DYNSYM也保存一个符号表。二者的差别在本附录稍后讨论。
- SH_STRTAB表示一个包含字符串表的节。
- SH_RELA和SHT_RELA保存重定位信息，其结构将在E.2.5节讨论。
- SH_HASH定义了一个节，其中保存了一个散列表，使得符号表中的项可以更快速地查找（前面讲过）。
- SH_DYNAMIC保存了关于动态链接的信息，将在E.2.6节讨论。

还有类型值SHT_HIPROC、SHT_LOPROC、SHT_HIUSER和SHT_LOUSER。这些专供特定于处理器和应用程序的用途，与这里讲述的内容无关。

- sh_flags表示以下语义：节是否可写（SHF_WRITE），是否将为其分配虚拟内存（SHF_ALLOC），节是否包含可执行的机器代码（SHF_EXECINSTR）。
- sh_addr指定节映射到虚拟地址空间中的位置。
- sh_offset指定了节在文件中开始的位置。
- sh_size指定了节的长度，单位为字节。
- sh_link引用另一个节头表项，可能根据节类型而进行不同的解释。该特性接下来单独详细讨论。
- sh_info与sh_link联用。其确切语义也将在下文讨论。
- sh_addralign指定了节数据在内存中对齐的方式。
- sh_entsize指定了节中各数据项的长度，前提是这些数据项的长度都相同，例如字符串表。

根据节类型不同，sh_link和sh_info的用法也具有不同的语义，如下所述。

- SHT_DYMAMIC类型的节使用sh_link指向节数据所用的字符串表。这种情况下不使用sh_info，设置为0。
- 散列表（SHT_HASH类型的节）使用sh_link指向所散列的符号表。sh_info不使用。
- 类型为SHT_REL和SHT_RELA的重定位节，使用sh_link指向相关的符号表。sh_info保存的是节头表中的索引，表示对哪个节进行重定位。
- sh_link指定了用作符号表的字符串表（SHT_SYMTAB和SHT_DYNSYM），而sh_info表示符号表中紧随最后一个局部符号之后的索引位置（STB_LOCAL类型）。

照例，64位系统有一个单独的数据结构，但其内容与32位系统没有不同，如下所示：

<elf.h>

```
typedef struct elf64_shdr {
  Elf64_Word sh_name;         /* 节名，字符串表中的索引 */
  Elf64_Word sh_type;         /* 节类型 */
  Elf64_Xword sh_flags;       /* 节的各种属性 */
  Elf64_Addr sh_addr;         /* 节在执行时的虚拟地址 */
  Elf64_Off sh_offset;        /* 节在文件中的偏移量 */
  Elf64_Xword sh_size;        /* 节长度，单位为字节 */
  Elf64_Word sh_link;         /* 另一节的索引 */
  Elf64_Word sh_info;         /* 其他节信息 */
  Elf64_Xword sh_addralign;   /* 节对齐值 */
  Elf64_Xword sh_entsize;     /* 如果节存放的是表，各个表项的长度 */
} Elf64_Shdr;
```

ELF标准定义了若干固定名称的节。这些用于执行大多数目标文件所需的标准任务。所有名称都从点开始，以便与用户定义节或非标准节相区分。最重要的标准节如下所示。

- .bss保存程序未初始化的数据节，在程序开始运行前填充0字节。
- .data包含已经初始化的程序数据。例如，预先初始化的结构，其中在编译时填充了静态数据。这些数据可以在程序运行期间更改。
- .rodata保存了程序使用的只读数据，不能修改，例如字符串。
- .dynamic和.dynstr保存了动态信息，后面将会讨论。
- .interp保存了程序解释器的名称，形式为字符串。
- .shstrtab包含了一个字符串表，定义了节名称。
- .strtab保存了一个字符串表，主要包含了符号表需要的各个字符串。
- .symtab保存了二进制文件的符号表。
- .init和.fini保存了程序初始化和结束时执行的机器指令。这两个节的内容通常是由编译器及其辅助工具自动创建的，主要是为程序建立一个适当的运行时环境。
- .text保存了主要的机器指令。

E.2.3　字符串表

字符串表的格式此前在E.1.5节讨论过。因为其格式非常动态，内核不能提供一个固定的数据结构，而必须手工分析现存数据。

E.2.4　符号表

符号表保存了查找程序符号、为符号赋值、重定位符号所需的全部信息。如上所述，有一个专门类型的节来保存符号表。符号表表项的格式由下列数据结构定义：

```
<elf.h>
typedef struct elf32_sym{
  Elf32_Word st_name;
  Elf32_Addr st_value;
  Elf32_Word st_size;
  unsigned char st_info;
  unsigned char st_other;
  Elf32_Half st_shndx;
} Elf32_Sym;
```

符号的主要任务是将一个字符串和一个值关联起来。例如，printf符号表示printf函数在虚拟地址空间中的地址，该函数的机器代码就存在于该地址。符号也可能有绝对值，由程序解释，例如数值常数。

一个符号的确切用途由st_info定义，它分为两部分（比特位如何划分，与此处的讨论不相关）。其中定义了下列信息。

- 符号的绑定（binding）。这确定了符号的可见性，允许有下列3种不同的设置。
  - 局部符号（STB_LOCAL），只在目标文件内部可见，在与程序的其他部分合并时，是不可见的。如果一个程序的几个目标文件都定义同名的此类符号，是没有问题的。只有这些都是局部符号，就不会彼此干扰。
  - 全局符号（STB_GLOBAL），在定义的目标文件内部可见，也可以由构成程序的其他目标文件引用。每个全局符号在一个程序内部都只能定义一次，否则链接器将报告错误。

    指向全局符号的未定义引用，将在重定位期间确定相关符号的位置。如果对全局符号的未定义引用无法解决，则拒绝程序执行或静态绑定。

■ 弱符号（STB_WEAK），也在整个程序内可见，但可以有多个定义。如果程序中的一个全局符号和一个局部符号名称相同，全局符号就将优先处理。

即使一个弱符号未定义，程序也可以静态或动态链接，这种情况下，将为符号指定0值。

❑ 符号类型有若干备选值，只有以下3个与目前的主题相关（对其他值的描述，由ELF标准提供）。

■ STT_OBJECT表示符号关联到一个数据对象，如变量、数组或指针。

■ STT_FUNC表示符号关联到一个函数或过程。

■ STT_NOTYPE表示符号的类型未指定。它用于未定义引用。

Elf32_Sym结构还包括st_name、st_value和st_info之外的成员。其语义如下所示。

❑ st_size指定对象的长度。例如，一个指针的长度或struct对象中包含的字节数。如果长度未知，其值可以设置为0。

❑ 标准的当前版本不使用st_other。

❑ st_shndx保存一个节（在节头表中）的索引，符号将绑定到该节，该符号通常定义在此节的代码中。但下列两个值具有特殊的语义：

■ SHN_ABS指定符号是绝对值，不因重定位而改变；

■ SHN_UNDEF标识未定义符号，必须通过外部来源（如其他目标文件或库）解决。

同样，符号表也有一个64位变体，除了使用的数据类型不同，其内容与32位的对应结构是相同的，如下所示：

<elf.h>

```
typedef struct elf64_sym {
  Elf64_Word st_name;          /* 符号名称，字符串表中的索引 */
  unsigned char st_info;       /* 类型和绑定属性 */
  unsigned char st_other;      /* 语义未定义，0 */
  Elf64_Half st_shndx;         /* 相关节的索引 */
  Elf64_Addr st_value;         /* 符号的值 */
  Elf64_Xword st_size;         /* 符号的长度 */
} Elf64_Sym;
```

也可以使用readelf来查找程序的符号表中所有的符号。以下5项在test.o目标文件中特别重要（其他的数据项是由编译器自动生成的，与这里的讨论无关）：

```
wolfgang@meitner> readelf -s test.o
  Num: Value Size Type Bind Vis Ndx Name
...
     1: 00000000 0 FILE LOCAL DEFAULT ABS test.c
...
     7: 00000000 26 FUNC GLOBAL DEFAULT 1 add
     8: 00000000 0 NOTYPE GLOBAL DEFAULT UND printf
     9: 0000001a 75 FUNC GLOBAL DEFAULT 1 main
    10: 00000000 0 NOTYPE GLOBAL DEFAULT UND exit
```

源文件的名称存储为一个绝对值，它是常数，不随重定位而改变。该局部符号使用STT_FILE类型，将一个目标文件关联到对应的源文件。

文件中定义的两个函数main和add，存储为STT_FUNC类型的全局符号。两个符号都指向节1，即文件的.text节，保存了这两个函数的机器代码。

printf和exit符号属于未定义引用，节索引值为UND。因而，在程序链接时它们必须关联到标准库中的函数（或其他库中以该名称定义的符号）。因为编译器并不指定所涉及符号的类型，因而这两个符号的类型是STT_NOTYPE。

E.2.5　重定位项

重定位是将ELF文件中未定义符号关联到有效值的处理过程。在标准的例子（test.o）中，这意味着对printf和exit的未定义引用必须替换为该进程的虚拟地址空间中适当的机器代码所在的地址。在目标文件中用到相关符号之处，都必须替换。

对用户空间程序的符号替换，内核并不涉入其中，因为所有的替换操作都是由外部工具完成的。对内核模块来说，情况有所不同，如第7章所讲。因为内核所收到的模块裸数据，与其存储在二进制文件中的形式完全相同，内核本身需要负责重定位操作。

在每个目标文件中，都有一个专门的表，包含了重定位项，标识了需要进行重定位之处。每个表项都包含下列信息：

- 一个偏移量，指定了需要修改的项的位置；
- 对符号的引用（符号表的索引），提供了需要插入到重定位位置的数据。

为说明如何使用重定位信息，我们再来看一下此前的test.c测试程序。首先，使用readelf显示文件中所有的重定位项，如下所示：

```
wolfgang@meitner> readelf -r test.o
Relocation section '.rel.text' at offset 0x374 contains 6 entries:
 Offset Info Type Sym.Value Sym. Name
00000009 00000501 R_386_32 00000000 .rodata
0000000e 00000802 R_386_PC32 00000000 printf
00000046 00000702 R_386_PC32 00000000 add
00000050 00000501 R_386_32 00000000 .rodata
00000055 00000802 R_386_PC32 00000000 printf
00000061 00000a02 R_386_PC32 00000000 exit
```

在程序运行时或链接test.o产生可执行文件时，如果某些机器代码引用了虚拟地址空间中位置尚不明确的函数或符号，则将使用Offset列的信息。main的汇编语言代码调用了若干函数，分别位于偏移量0x46（add）、0xe和0x55（printf）、0x61（exit），这些可以使用objdump工具看到。相关的行在输出中以斜体表示：

```
wolfgang@meitner> objdump - disassemble test.o
...
0000001a <main>:
  1a:   55                      push   %ebp
  1b:   89 e5                   mov    %esp,%ebp
  1d:   83 ec 18                sub    $0x18,%esp
  20:   83 e4 f0                and    $0xfffffff0,%esp
  23:   b8 00 00 00 00          mov    $0x0,%eax
  28:   29 c4                   sub    %eax,%esp
  2a:   c7 45 fc 03 00 00 00    movl   $0x3,0xfffffffc(%ebp)
  31:   c7 45 f8 04 00 00 00    movl   $0x4,0xfffffff8(%ebp)
  38:   8b 45 f8                mov    0xfffffff8(%ebp),%eax
  3b:   89 44 24 04             mov    %eax,0x4(%esp,1)
  3f:   8b 45 fc                mov    0xfffffffc(%ebp),%eax
  42:   89 04 24                mov    %eax,(%esp,1)
  45:   e8 fc ff ff ff          call   46 <main+0x2c>
  4a:   89 45 f4                mov    %eax,0xfffffff4(%ebp)
  4d:   c7 04 24 17 00 00 00    movl   $0x17,(%esp,1)
  54:   e8 fc ff ff ff          call   55 <main+0x3b>
  59:   c7 04 24 00 00 00 00    movl   $0x0,(%esp,1)
  60:   e8 fc ff ff ff          call   61 <main+0x47>
```

在printf和add函数的地址已经确定后，必须将其插入到指定的偏移量处，以便生成能够正确运行的可执行代码。

1. 数据结构

遗憾的是，由于技术原因，有两种类型的重定位信息，由两种稍有不同的数据结构表示。第一种类型称之为普通重定位。SHT_REL类型的节中的重定位表项由以下数据结构定义:

```
<elf.h>
typedef struct elf32_rel {
  Elf32_Addr r_offset;
  Elf32_Word r_info;
} Elf32_Rel;
```

r_offset指定需要重定位的项的位置，r_info不仅提供了符号表中的一个位置，还包括重定位类型的有关信息（稍后讲述）。这是通过将值划分为两部分来达到的（具体的划分方式并不重要）。

另一种类型，称之为需要添加常数的重定位项，只出现在SHT_RELA类型的节中。这种表项由下列数据结构定义：

```
<elf.h>
typedef struct elf32_rela{
  Elf32_Addr r_offset;
  Elf32_Word r_info;
  Elf32_Sword r_addend;
} Elf32_Rela;
```

这里除了第一种重定位类型提供的r_offset和r_info字段之外，还补充了r_addend指定，其中包含一个称之为加数（addend）的值。在计算重定位值时，将根据重定位类型，对该值进行不同的处理。

请注意，在使用elf32_rel时也会出现加数这个值。尽管在数据结构中没有明确地保存，但链接器根据该值应该在内存中出现的位置，将计算出的重定位长度作为加数填入。该值的用途将在下例说明。

对两种重定位类型，都有功能等效的64位数据结构：

```
<elf.h>
typedef struct elf64_rel {
  Elf64_Addr r_offset;       /* 应用重定位操作的位置 */
  Elf64_Xword r_info;        /* 重定位类型和符号表索引 */
} Elf64_Rel;
<elf.h>
typedef struct elf64_rela {
  Elf64_Addr r_offset;       /* 应用重定位操作的位置 */
  Elf64_Xword r_info;        /* 重定位类型和符号表索引 */
  Elf64_Sxword r_addend;     /* 用于计算值的常量加数 */
} Elf64_Rela;
```

由于这两个结构与其32位对应物非常相似，这里不再讨论。

2. 重定位类型

ELF标准定义了许多重定位类型，对每种支持的体系结构，都有一个独立的集合。这些类型大部分用于生成动态库或与装载位置无关的代码。在一些平台上，特别是IA-32平台，还必须弥补许多设计错误或历史包袱。幸运的是，Linux内核只对模块的重定位感兴趣，因此用以下两种重定位类型也就够用了：

- 相对重定位；
- 绝对重定位。

相对重定位生成的重定位表项指向相对于程序计数器（program counter，简称PC，亦即指令指针）指定的内存地址。[①]这些主要用于子例程调用。另一种重定位生成绝对地址，从名字就能看出来。通常，这种重定位项指向内存中在编译时就已知的数据，例如字符串常数。

在IA-32系统上，这两种重定位类型由常数R_386_PC32（相对重定位）和R_386_32（绝对重定位）表示。重定位结果计算如下：

$$\text{R\_386\_32}: Result = S + A$$
$$\text{R\_386\_PC32}: Result = S - P + A$$

*A*代表加数值，在IA-32体系结构上，由重定位位置处的内存内容隐式提供。*S*是符号表中保存的符号的值，而*P*代表重新定位的位置偏移量，换言之，即算出的数据写入到二进制文件中的位置偏移量。如果加数值为0，那么绝对重定位只是将符号表中符号的值插入在重定位位置。但在相对重定位中，需要计算符号位置和重定位位置之间的差值。换言之，需要通过计算确定符号与重定位位置相距多少字节。

在这两种情况下，都会加上加数值，因而使结果产生一个线性位移。

● 相对位移的例子

测试文件test.o包括以下调用语句：

```
45: e8 fc ff ff ff call 46 <main+0x2c>
```

e8是call语句的操作码，而0xfffffffc（小端序表示法！）是传递给call作为参数的值。因为IA-32使用普通的重定位而不是加式重定位，该值就是加数值。因而，0xfffffffc不是最终地址，而必须通过重定位过程进行处理。换算成十进制，0xfffffffc对应于值−4，但应该注意到这里使用了2的补码来表示带符号整数。

> objdump工具并未在右侧给出call语句的参数，但它自动识别出有一个重定位项指向相应的内存地址（这也是插入该信息的原因）。

如重定位表所示，重定位位置46是add函数调用。

```
00000046 00000702 R_386_PC32 00000000 add
```

因为二进制文件的节在重定位之前就会移动到其在内存中的最终位置，add在内存中的位置是已知的。例如，如果add位于0x08048388，那么main函数应该在位置0x080483a2，这意味着重定位结果应该写入到重定位位置0x80483ce。

重定位结果使用相对重定位的公式计算：

$$\begin{aligned} Result &= S - P + A \\ &= 0x08048388 - 0x80483ce + (-4) \\ &= 134513544 - 134513614 - 4 \\ &= -74 \end{aligned}$$

这个结果对应于可执行文件test中的代码，可以使用objdump证实。

```
80483cd: e8 b6 ff ff ff call 8048388 <add>
```

0xffffffb6对应于十进制数−74（这很容易检查，假定考虑到小端序和2的补码记数法）。objdump输出右侧的符号表示没有给出相对跳转地址，而是将相对地址转换为绝对地址，使得程序员更容易在机器代码中找到对应的位置。

① 提示：程序计数器是一个专用的处理器寄存器，定义了处理器在程序执行期间在机器代码中的位置。

初看起来，结果仿佛是不正确的。读者已经看到，add语句的机器代码重定位位置之前70个字节（0x46），不是74字节。4字节的位移是由于加数值。为什么编译器生成目标文件test.o时将该值设置为-4，而不是0？其原因与IA-32处理器的工作方式有关。程序计数器总是指向当前执行语句之后的下一个语句，因而如果处理器在机器代码中从相对地址计算绝对跳转地址，会多出4字节。因而，编译器必须从相对跳转地址扣除4字节，使得程序能够跳转到正确的位置。

绝对重定位采用了同样的方案。但计算更简单，因为它只需要将目标符号的地址与加数值相加即可。

E.2.6　动态链接

内核对必须与库动态链接才能运行的ELF文件不感兴趣。模块中的所有引用都可以通过重定位解决，而用户空间程序的动态链接则完全由用户空间中的ld.so进行。因而，本附录只简略提到dynamic节的语义。

以下两个节用于保存动态链接器所需数据：

- .dynsym保存了有关符号表，包含了所有需要通过外部引用解决的符号；
- .dynamic保存了一个数组，数组项为Elf32_Dyn类型，这些项提供了以下几个段落所描述的数据。

dynsym的内容可以使用readelf查询，如下所示：

```
wolfgang@meitner> readelf - syms test
Symbol table '.dynsym' contains 7 entries:
  Num: Value Size Type Bind Vis Ndx Name
    0: 00000000 0 NOTYPE LOCAL DEFAULT UND
    1: 08049474 0 OBJECT GLOBAL DEFAULT 15 __dso_handle
    2: 0804829c 206 FUNC GLOBAL DEFAULT UND __libc_start_main@GLIBC_2.0 (2)
    3: 080482ac 47 FUNC GLOBAL DEFAULT UND printf@GLIBC_2.0 (2)
    4: 080482bc 257 FUNC GLOBAL DEFAULT UND exit@GLIBC_2.0 (2)
    5: 08048444 4 OBJECT GLOBAL DEFAULT 14 _IO_stdin_used
    6: 00000000 0 NOTYPE WEAK DEFAULT UND __gmon_start__
...
```

输出内容不仅包括若干生成可执行文件时自动添加的符号，还包括机器代码中使用的print和exit函数。@_GLIBC_2.0指定必须至少使用GNU标准库的2.0版本，才能解决这些引用。

dynamic节中的数组项的数据类型在内核中定义如下，但根本没有使用，因为该信息在用户空间解释：

```
<elf.h>
typedef struct dynamic{
  Elf32_Sword d_tag;
  union{
   Elf32_Sword d_val;
   Elf32_Addr d_ptr;
  } d_un;
} Elf32_Dyn;
```

d_tag用于区分各种指定信息类型的标记，该结构中的联合根据该标记进行解释。d_un或者保存一个虚拟地址，或者保存一个整数，可以根据特定的标记进行解释。

最重要的标记如下所示。

- DT_NEEDED指定该程序执行所需的一个动态库。d_un指向一个字符串表项，给出库的名称。对于test.c测试程序来说，只需要C标准库，如下述的readelf所示：

```
wolfgang@meitner> readelf — dynamic test
Dynamic segment at offset 0x480 contains 20 entries:
   Tag Type                              Name/Value
   0x00000001 (NEEDED)                   Shared library: [libc.so.6]
...
```

实际的程序，如emacs编辑器，运行所需的动态库数目明显会大得多。

```
wolfgang@meitner> readelf - dynamic /usr/bin/emacs
Dynamic segment at offset 0x1ea6ec contains 36 entries:
Tag        Type                          Name/Value
0x00000001 (NEEDED)                      Shared library: [libXaw3d.so.7]
0x00000001 (NEEDED)                      Shared library: [libXmu.so.6]
0x00000001 (NEEDED)                      Shared library: [libXt.so.6]
0x00000001 (NEEDED)                      Shared library: [libSM.so.6]
0x00000001 (NEEDED)                      Shared library: [libICE.so.6]
0x00000001 (NEEDED)                      Shared library: [libXext.so.6]
0x00000001 (NEEDED)                      Shared library: [libtiff.so.3]
0x00000001 (NEEDED)                      Shared library: [libjpeg.so.62]
0x00000001 (NEEDED)                      Shared library: [libpng.so.2]
0x00000001 (NEEDED)                      Shared library: [libz.so.1]
0x00000001 (NEEDED)                      Shared library: [libm.so.6]
0x00000001 (NEEDED)                      Shared library: [libungif.so.4]
0x00000001 (NEEDED)                      Shared library: [libXpm.so.4]
0x00000001 (NEEDED)                      Shared library: [libX11.so.6]
0x00000001 (NEEDED)                      Shared library: [libncurses.so.5]
0x00000001 (NEEDED)                      Shared library: [libc.so.6]
0x0000000f (RPATH)                       Library rpath: [/usr/X11R6/lib]
...
```

- DT_STRTAB保存了字符串表的位置，其中包括了dynamic节所需的所有动态库和符号的名称。
- DT_SYMTAB保存了符号表的位置，其中包含了dynamic节所需的所有信息。
- DT_INIT和DT_FINI保存了用于初始化和结束程序的函数的地址。

E.3　小结

在Linux支持的大多数体系结构上，可执行文件中的二进制代码按照ELF标准布置。本附录向读者详细介绍了该文件格式。这种格式不仅对用户层应用程序重要，对内核模块同样重要。在向读者提供了有关ELF的一般概述之后，本章讨论了模块装载器在内核中所需的数据结构，并提供了一种便捷方式来分析ELF文件格式的各种特性。

附录 F

内核开发过程

本书已经向读者提供了大量有关概念、算法、数据结构、代码方面的信息。显然，这些构成了Linux开发的最核心部分，内核就是这些内容。但Linux还有另一个侧面，不应该被忽视：开发了内核的社区、其工作方式、人与人之间交互的方式。这个方面是很有趣的，因为内核是现存最大、最复杂的开源项目之一，它对于大规模的分布式分散开发来说，是一个样板。本附录将对内核开发涉及的技术和社会方面提供一个概述。此外，还讨论了Linux内核和学术界的关系。

F.1 简介

内核源代码（在主要的README文件中）将开发社区描述为一个“在网络上松散组织的黑客团队”，尽管从开始到现在，内核开发涉及的人数及其职业来源一直在发生变化，但所述说法一直是真实的。这导致的一个直接结果就是开放性：开发者之间大多数的通信都发生在邮件列表上，任何对操作系统演变方式感兴趣的人都可以阅读这些。一个要点在于，来自许多在各方面激烈竞争（请注意，是公司，不是开发者）的公司的开发者在内核开发中密切协作。而非技术人员，通常只能惊讶地站在一边。实际上，这是一项非凡的壮举！

现在，已经不需要多说Linux内核开发的基本原理了。尽管仅仅在15年前创建一个可以实际使用的开源操作系统似乎还是一个妄想，但大多数技术人员已经习以为常。Linux内核开发与经典的开发模型相比，一个本质区别是，前者没有什么固定的形式化规则来规范开发过程如何运作。确实有惯例存在，但很少以文档方式形式化。没有开发路线图，也没有中央代码存储库。但确实有重要的代码存储库和重要的开发者。与固定的刚性结构相比，这在许多情况下可能都是优点，因为开发过程变得更为动态和灵活。但如果对领域不熟悉，工作也会变得更困难。

本附录讨论的许多主题，同样也在内核源代码有相关阐述。Documentation/目录下的若干文件，都涉及开发过程的风格和机制。其中的内容相当广泛，因此本附录只简述其基本思想。

F.2 内核代码树和开发的结构

Linux内核是一个非常动态的软件，最令人惊讶之处在于，其开发根本没有开发版本！至少没有由Linus Torvalds管理的显式、长期的开发版本。

此前的情况有所不同。传统上，内核开发分为两个不同的分支。一个分支包含稳定的内核版本，应该用于生产系统，其次版本号为偶数。内核分支2.0、2.2、2.4都是稳定分支（2.0.x、2.2.x、2.4.x是发布的各系列版本），而2.1、2.3、2.5是开发版本，诸如2.5.x等。这种方法的基本思想在于，使新的特性和试验性的补丁经历大量的测试和改进，一旦添加了足够数量的新特性，而且代码在实际上以可察觉的方式稳定下来时，就打开一个新的稳定的源代码树。理想情况下，发布商可以从稳定的版本分支取得内核，将其集成到发行版中。

遗憾的是，这种方式运作得不十分好。在打开新的稳定版本之前，一个开发周期可能需要数年，在IT界这是一个非常长的时间了。在新硬件出现时，买家通常不会花几年的时间等待内核的支持（至少是大多数人使用的稳定版本的内核）。不仅对设备驱动程序是这样，对大多数新特性来说，都是如此。因而，发布商确实从开发版内核向稳定分支移植了一些新特性。而且由于每个发行版的“口味”不同，后向移植所选择的特性也不同，这导致了发行版内核之间的分歧越来越大。

从内核版本2.6系列以来，采用了一种新的开发策略。只有一个内核系列，不再划分稳定代码树和开发代码树。而采用了若干比较试验性的内核代码树来测试新的特性，在经过稳定和测试期之后，新特性将直接合并到内核的主系列中。2.6版本的内核代码树由Linus Torvalds管理，读者可能听说过，他是Linux最初的创造者和发起者。来自该代码树的内核通常称之为vanilla内核，以区别发行版根据具体需要修改而来的内核，或各种试验性的代码树。该内核系列通常称之为*主线内核*。

主线内核代码树之外的代码树，通常在版本号之后增加一个后缀进行标识。主线内核之外，最重要的代码树是2.6-`mm`，由Andrew Morton管理，大多数补丁在被主线2.6内核接受之前，都会先经过该代码树。还存在许多其他子系统相关的代码树，它们通常关注内核的某个特定方面：2.6-`net`关注网络，而2.6-`rt`包含了与实时问题和交互性问题相关的工作，这只是其中两个例子。还有一个`-stable`版本，用于在正式的内核版本发布后，将重要的bug修复集成进来。内核代码树的变动可能因种种原因而发生：开发者可能失去维护代码的兴趣，如果代码树涉及的问题已经以某种方法解决，那么代码树本身可能也会消失。

F.2.1　命令链

内核的所有活动组件都有一个*维护者*，他会关注相关的特定领域的开发。许多维护者（特别是大组件的维护者）都被各个Linux厂商雇佣，但有一些仍然是在空闲时间工作。维护者的职责变动范围很大，可能只是控制单个设备驱动程序，也可能涉及一项基础设施（如内核对象机制），更大的范围可能涉及整个子系统(如所有的网络代码、块层或特定体系结构在`arch/`下的所有代码)。维护者在内核代码树顶层的`MAINTAINERS`文件中列出，其中包括几项信息，读者在这里可以看到：

MAINTAINERS
```
IA64 (Itanium) PLATFORM
P: Tony Luck
M: tony.luck@intel.com
L: linux-ia64@vger.kernel.org
W: http://www.ia64-linux.org/
T: git kernel.org:/pub/scm/linux/kernel/git/aegl/linux-2.6.git
S: Maintained
```

除了维护者的名字及其电子邮件联络方式，该文件提供了一个邮件列表，供讨论相应领域的开发使用。通常，与直接联系维护者相比，在邮件列表上提出和讨论问题更受欢迎。如果代码通过一个公众可访问的版本控制存储库进行管理，那么文件中会指定存储库的位置，在上面的例子中是一个git存储库，这是许多内核开发者的首选源代码管理系统（git在附录B中讨论过）。最后，还可以指定一个Web页面，其中包含了有关该子系统及其维护状态的信息。原则上，每个信息项都可以用状态`Supported`和`Maintained`来区分维护者是否受雇于Linux厂商，但这通常是一个哲学问题。更重要的区别是，受到活跃维护的部分、没有维护者的部分（`Orphan`）、旧的代码和废弃的代码（`Obsolete`）、很少被关注但并非完全没有维护的部分（`Odd Fixes`）。

对内核的各个部分设置维护者，从很小的部分(如驱动程序)到比较大的部分（如整个子系统），这在开发者之间建立了一个松散的层次结构。但没有一个形式上的权威机构来确定这个层次结构，它完全取决于贡献代码的人及其彼此间的信任程度。在代码进入内核时，通常（但并非唯一）的方式是自下而上遍历该层次结构。对代码的修正或新特性通常首先进入到特定于设备或子系统的邮件列表或到达相应的维护者，接下来向较高层的维护者前进，这些维护者将其传递到Andrew Morton的-mm代码树，[①] 由此最终可能合并到vanilla内核代码树中。该过程通常称之为上溯合并（merging upstream）。但这只是一种可能性，规则决非是固定的。

F.2.2　开发周期

放弃明确的开发版内核系列，最重要的理由之一就是希望加速新特性应用到产品版本内核的速度，而不必由发行版厂商来后向移植。该目标显然已经达到：2.6系列中，内核版本发布的间隔大约是70~110天，这意味着每两三个月，就有一个新内核出现。开发工作的许多方面已经由Linux基金会出版的一项研究阐明（[KHCM]），对该研究的更新不时出现在www.lwn.net上。该研究的一个特别有趣的预测是，vanilla内核树的进展是以一种猝发形式进行的，这是故意的。该代码树会等待一些特性就位后，突然向前跨出一步。参见图F-1，该图说明了对内核的修改随时间的变化。

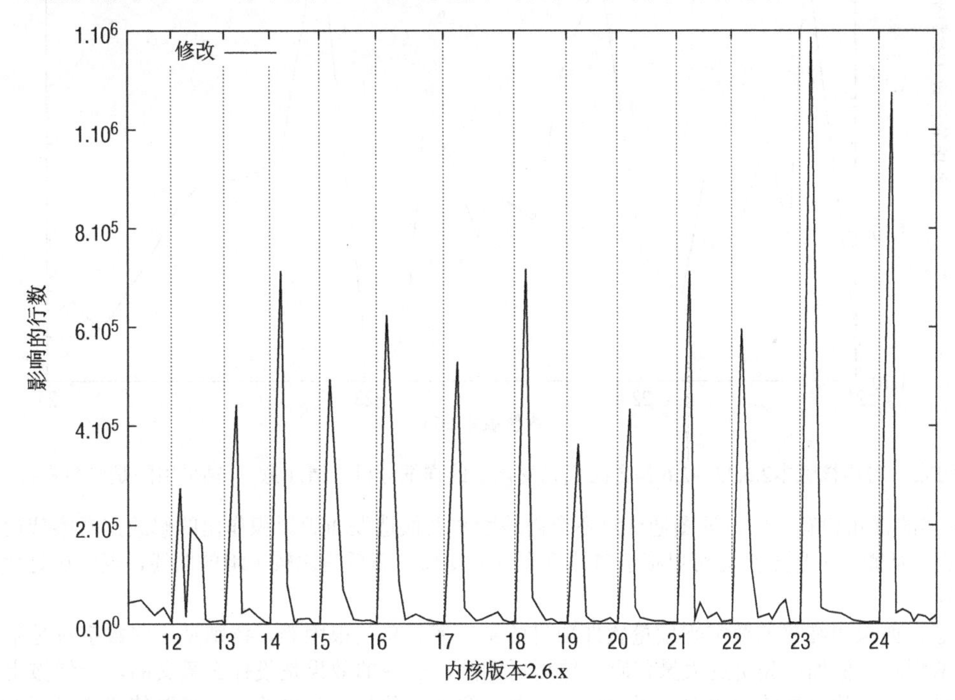

图F-1　vanilla内核树的的变化率。每当打开合并窗口，都会出现一次猝发的大量变更，而后是一段稳定时期，只有相对少的修改

在一个新的内核版本发布后，Linus Torvalds都会打开一个合并窗口（merge window），在比较短的一段时间内保持开放，大约两个星期。新代码通常只能在这段时间内进入。尽管该规则有例外情况，

① 为减少因为新代码彼此不兼容而造成的-mm代码树中合并冲突的数目，在新代码进入-mm树之前，应该用另一个开发系列的代码树-next将此类问题整理出来。

但该策略的实施是相当严格的。在此期间，代码的变化率是相当大的。在合并窗口关闭时，这段活动时间就结束了，而候选的发布版内核也准备好了。候选发布版提供了一个机会，可以测试各项修改之间的交互，以及识别并修复bug。这段时间的变化率会飞速下降，因为修复通常是非常短的补丁，其重要性等同于初始的特性提交。在一切都稳定以后，一个新的内核版本就发布了。这种行为模式的细节如图F-2所示，其中给出了内核版本2.6.21到2.6.24的开发进展情况。请注意，y坐标轴采用的是对数坐标。虽然第一个候选发布版包含了1 000 000个修改，但下一个发布版这个数字就下降到大约10 000个，后续就降低的更多，直至最后正式发布。

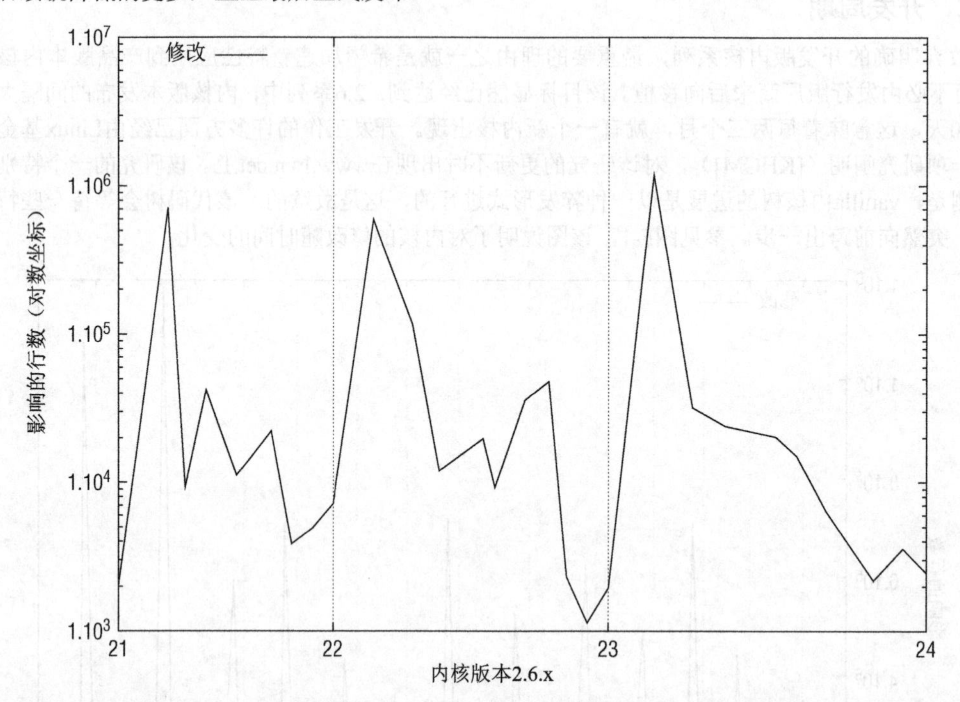

图F-2　对内核版本2.6.22到2.6.24之间代码变化率的详细分析。请注意，y轴采用的是对数坐标

图F-3的视角稍有不同，该图通过对各个内核版本及候选发布版累积作出的修改来考察代码树稳定的过程。从斜率的剧烈变化可以很清楚地看到合并窗口，而后是比较平坦的曲线，表明这是代码树的稳定期。①

注意，如果用纯粹的数字来度量软件项目的生产率，总是很困难，特别是这些数字只是基于代码行的增删时。例如，先引进大量代码，然后再删除，合并的效果是没什么意义的，当然按上述方法测量时，将导致很高的变化率。不过呢，这里介绍的这种相对简单的方法可以使读者对开发过程的组织方式获得一个很好的直观理解。也应注意，这样的结果可以非常容易地得到，因为在git存储库中可以获得完整的内核开发历史，读者用类似的方法来自行分析内核源代码中感兴趣的领域，也应该并不困难。

① 这种呈现数据的方式，是受Jonathan Corbet的Kernel Report演讲的鼓舞，在许多Linux相关的会议和类似的场合，都可以看到他的演讲。一些会议的网站(如linux.conf.au)提供了其演讲的视频。

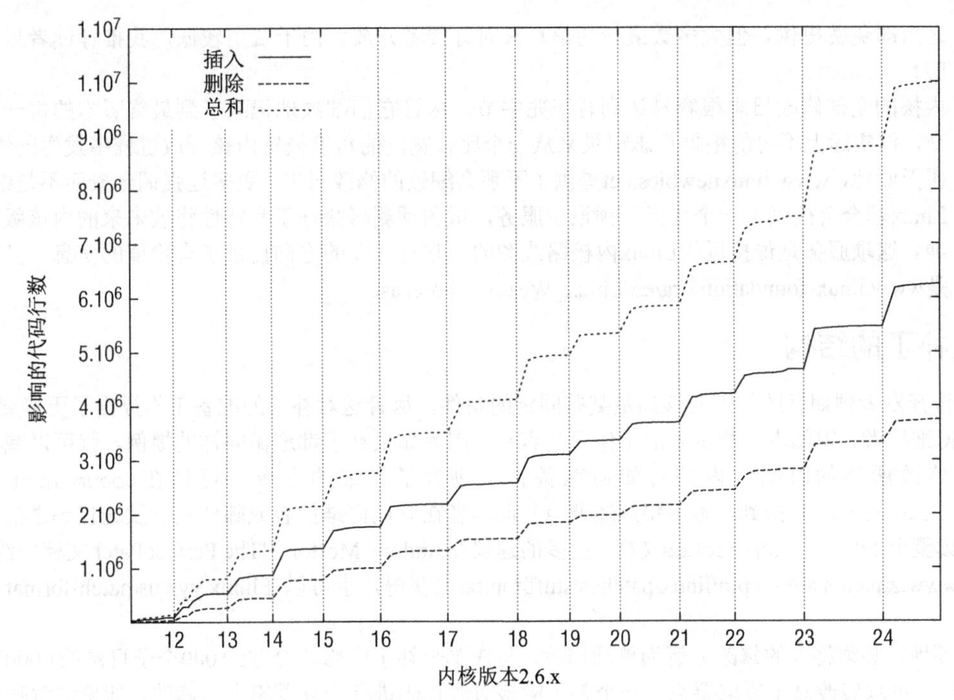

图F-3 在Linux开发过程中累积的修改。合并窗口和稳定期的效应看上去非常明显

新特性不会突然从天上掉下来，在被主线内核接受之前，它们通常有一段很长的开发历史。开发在这一阶段如何进行，很大程度上取决于特定的子系统和相关的维护者。在代码被主线内核接受之前，可能已经讨论了多年，这并非罕见。例如，Reiser文件系统就花费了很长时间来解决许多开发者对其提出的问题。有时候需要花费大量时间才能将代码推进到vanilla内核中，但有时候进展会快速得多。

例如，Ext4文件系统的开发过程是与vanilla内核密切集成的，其代码从最初开始开发到最终接受广泛测试的整个过程中，一直都处于主线内核中。实际上，其代码库是从Ext3的一个副本开始，然后不断地修改以集成许多新的思想和改进。

F.2.3 在线资源

有大量网站致力于Linux内核开发，它们提供了很多有用信息。因为Web的结构快速变化，在这里进行综述没有实际的意义，因为大多数链接可能都会很快过期。但是，只依赖于所喜爱的搜索引擎来抓取有关内核开发的有用链接，并不是到达成功的最容易路径，特别是需要判断结果的相关性和质量时。因而，下述列表根据作者个人的偏好，提供了一部分较好的链接。

- 当前的内核源代码以及许多基本的用户空间工具都可以从网站www.kernel.org获得。在git.kernel.org上列出了大量的git源代码存储库。
- www.lwn.net是内核开发过程方面的首要信息源，该网站每周定期报道这方面的更新情况。这些更新不仅仅只是内核方面的。该网站收集了Linux开发所有方面的有趣新闻以及IT社区中的相关事件，而优秀的研究文章对各个项目的发展现状给出了深刻的见解。内核在发表一星期之后即免费提供，但大多数最新的信息只对订阅者开放。由于费用较低，我推荐读者尽快订阅！[①]

- 内核的全部修改日志很容易达到若干兆字节。尽管它们细致地记录了到最终版本的每一次提交，但实际上不可能根据日志记录来从一个比较宽泛的角度概览内核开放过程中发生的情况。谢天谢地，www.linuxnewbies.net提供了不那么细致的修改日志，更多地强调全景而不是细节。
- Linux基金会提供了一个“天气预报”服务，试图预测哪些补丁和特性将被未来的内核版本接纳。这项服务是最接近于Linux内核路线图的，它对开发的方向提供了有价值的信息。其URL是www.linux-foundation.org/en/Linux_Weather_Forecast。

F.3 补丁的结构

内核开发者预期好的补丁应该满足某些固定的条件。尽管这对补丁的准备工作提出了更多要求，但它使得维护者、审阅者、测试者的工作更为容易。因为如果补丁都遵循同样的惯例，就可以减少理解各项修改所需的时间。内核对如何准备补丁包含了详细的指令，可以在`Documentation/SubmittingPatches`中找到。本节将综述要点，但读者在向任何维护者或邮件列表发送代码之前，都务请阅读整个`SubmittingPatches`文档。更多的建议在Andrew Morton的The Perfect Patch文档中给出，可以在www.zip.com.au/~akpm/linux/patches/stuff/tpp.txt上获得，也可以在linux.yyz.us/patch-format.html上得到。

首要地，必须将大的修改分解为单项修改，与在单个补丁中修改跨越50 000个子目录的1 000万个文件相比，单项修改易于提取要点。一个补丁应该对源代码进行一项逻辑上的修改，即使这意味着需要一个补丁系列，其中有多个补丁会修改同一个文件，也是如此。理想地，补丁应该是可叠加的，即补丁应该是可以独立应用的。但由于修改的性质所致，这不见得总是可能的，在不可能的情况下，应该对应用补丁的正确顺序给出文档。

原则上，补丁序列可以用附录B所述的`diff`和`patch`手工创建。时间稍长，这可能就变得相当乏味，但http://savannah.nongnu.org/projects/quilt的`quilt`工具箱可以使管理补丁栈的大部分工作自动化，从而在一定程度上减轻了工作。

F.3.1 技术问题

就补丁格式的技术方面来说，请注意，一个统一的（unified）补丁要求包含所修改的C函数相关的信息。这样的补丁可使用`diff -up`生成。如果补丁添加了新文件或关注多个子目录下的文件，那么必须使用`diff -uprN`来解决。附录B讨论了形成的补丁的外观，及其包含的内容。

1. 编码风格

内核有一些编码风格要求，定义在`Documentation/CodingStyle`。尽管并非所有开发者都同意该文件中每一个要求，但许多开发者对违反编码风格的做法比较敏感。有一个共同的编码风格是件好事情。内核包含了大量代码，如果补丁/文件使用大量不同的规范，那是真正的麻烦。谢天谢地，Linux内核在编码风格方面不像其他项目那样狂热，但对不受欢迎的风格有着明确的意见，读者可以在下述文档片段中看到：

Documentation/CodingStyle

首先，我建议打印一份GNU编码标准，但不要阅读。烧掉它们，这是一种姿态。

① 当然，我与LWN没有商业利益，也没有任何关系。但这个网站确实令人敬畏。

内核开发者预期何种风格呢？要点如下所示。

- 不同缩进层次总是以一个tab分隔，一个tab总是等于8个空格。这对于看过很多用户层代码的程序员来说，可能太大了，但内核是不同的。很自然，代码在几次缩进之后，会向屏幕右侧快速移动，但这可用作一个报警信号：需要太多缩进层次的代码通常应该替换为更干净的代码，或划分为函数，接下来问题自动地解决了。

  比较大的缩进通常会导致字符串和过程参数超过一行80个字符的边界，因而必须明智地分解为块。读者在本书中应该看到了很多此类例子。

  除了前述原因之外，许多内核开发者的工作方式有很不寻常的倾向，长时间地专注于代码并非罕见的情况。在连续三天在一行中编写了大量代码之后，视觉可能会变得模糊，大的缩进肯定对这种情况有所帮助（以及大量咖啡饮料）。
- 开始的花括号放在行的结尾，而结束的花括号放在行的开头。在接下来是控制语句时（例如else分支，或do循环中的while条件），接下来的语句不再占用新行，而是接着结束的花括号开始。如果一个块语句中只包含一个语句，那么额外的花括号是不必要的。实际上，不鼓励增加额外的花括号（想一想，从长期来看，这可以为你节省多少次输入）。

  函数的惯例不同：开始和结束的花括号都需要独立的一行。

  下列代码给出了上述规则的示例：

  kernel/sched.c
```
static void __update_rq_clock(struct rq *rq)
{
	u64 prev_raw = rq->prev_clock_raw;
	u64 now = sched_clock();
...
	if (unlikely(delta < 0)) {
		clock++;
		rq->clock_warps++;
	} else {
		/*
		 * Catch too large forward jumps too:
		 */
		if (unlikely(clock + delta > rq->tick_timestamp + TICK_NSEC)) {
		if (clock < rq->tick_timestamp + TICK_NSEC)
			clock = rq->tick_timestamp + TICK_NSEC;
		else
			clock++;
		rq->clock_overflows++;
		} else {
			if (unlikely(delta > rq->clock_max_delta))
				rq->clock_max_delta = delta;
			clock += delta;
		}
	}

	rq->prev_clock_raw = now;
	rq->clock = clock;
}
```
- 括号内部不应该使用环绕空格，因此`if( condition )`是反对的，而`if(condition)`将受到普遍欢迎。关键字(如`if`)后应接一个空格，而函数定义和函数调用则不需要。前述代码片段也包含了这些规则的示例。
- 常数应该由宏或enum枚举中的成员表示，其名称应该都是大写字母。

- 函数通常不应该长于一个屏幕（即24行）。更长的代码应该分解为多个函数，即使形成的辅助函数只有一个调用者，也是如此。
- 局部变量名称应该简短，不要试图像写小说那样讲故事，比如OnceUponATimeThereWasACounterWhichMustBeIntializedWithZero。也可以使用tmp这样的名称，这样也减少了输入次数（同时保护了你的手指）。

  全局标识符应该提供更多有关其自身的信息，因为它们在所有上下文都是可见的。prio_tree_remove是一个全局函数的好名字，而cur和ret则只适用于局部变量名称。由多个表达式注册的名称，应该使用下划线来分隔其组成部分，而不能混用大小写字母。
- typedef被认为是邪恶的化身，因为它们隐藏了一个对象的实际定义，因此通常不应该采用。它可能为补丁的创建者节省一些输入，但将给所有其他开发者的阅读增加困难。

但有时候必须隐藏某个数据类型的定义，例如在需要根据底层体系结构而对一个量提供不同实现的时候，但通用代码不应该注意到这一点。例如，用于原子计数器的atomic_t类型，或页表的各种成员类型（如pte_t、pud_t等）。它们都不能直接访问和修改，只能通过专用的辅助函数，因此其定义对通用代码是不可见的。

所有这些规则（还有更多）都在编码风格文档Documentation/CodingStyle中进行了讨论，连同其后的基本原理（包括最重要的规则，编号为17：**不要重新发明轮子!**）。因此，在这里重复该文档中的信息是没有意义的，每一份内核副本都带有该文档，直接去看就可以了！此外，在通读内核源代码时，读者会很快熟悉所要求的风格。

下列两个实用程序，有助于遵守所要求的编码风格：

- Lindent，位于内核的scripts/目录下，它向GNU indent提供命令行选项，以便根据内核首选的缩进选项，来对一个文件重新缩进。
- checkpatch.pl，同样位于内核源代码树的scripts/目录下，它可以扫描补丁文件，以查找违反编码风格之处，并提供适当的诊断。

2. 可移植性

内核可以在大量体系结构上运行，这些体系结构有很多不同之处，对C代码也具有各种不同的限制。新代码的先决条件之一，就是在原则上可能的情况下，该代码应该能够移植到所有支持的体系结构并运行。本书此前阐述了各体系结构之间的差别，以及规避这些差别的方法。这里将提醒读者一些重要的、在为内核编写代码时必须考虑的问题。

- 使用适当的锁机制，确保你的代码能够在多处理器环境下安全运行。由于可抢占内核的缘故，这在单处理器系统上同样重要。
- 总是应该编写字节序中立的代码。对小端序和大端序机器，你的代码都应该能够工作。
- 不要假定页长度为4 KiB，而应该使用PAGE_SIZE。
- 不要对任何数据类型假定位宽度。在需要固定数目的比特位时，总是使用具有显式位宽的类型（如u16、s64等）。但读者总是可以假定sizeof(long) == sizeof(void *)。
- 不要使用浮点计算。
- 要记住，栈长度是固定的，有上限。

3. 为代码编写文档

除了为提交的补丁编写文档之外，同样重要的是为代码编写文档，特别是可能从其他子系统或驱动程序调用的函数。内核为此使用了下列特殊形式的C注释：

fs/char_dev.c

```
/**
* register_chrdev() - Register a major number for character devices.
* @major: major device number or 0 for dynamic allocation
* @name: name of this range of devices
* @fops: file operations associated with this devices
*
* If @major == 0 this functions will dynamically allocate a major and return
* its number.
*
* If @major > 0 this function will attempt to reserve a device with the given
* major number and will return zero on success.
*
* Returns a -ve errno on failure.
*
* The name of this device has nothing to do with the name of the device in
* /dev. It only helps to keep track of the different owners of devices. If
* your module name has only one type of devices it's ok to use, for example, the name
* of the module here.
*
* This function registers a range of 256 minor numbers. The first minor number
* is 0.
*/
int register_chrdev(unsigned int major, const char *name,
const struct file_operations *fops)
...
```

请注意，注释行以两个星号开始，表明该注释是一个kerneldoc注释。以此类注释开头的函数将包含在API参考手册中，参考手册可以用`make htmldocs`或类似的命令创建。参数名必须以@符号为前缀开始，在生成的输出中将包含对应参数的注释。注释应该包括以下内容：

- 对参数的描述，指定该函数做什么（而不是如何做）；
- 可能的返回代码及其语义；
- 对函数的限制，有效参数的范围，和/或任何必须考虑的特殊问题。

F.3.2　提交和审阅

本节讲述内核开发中两个重要的社会性部分：将补丁提交到邮件列表，以及后续的审阅过程。

1. 为邮件列表准备补丁

大多数补丁在被考虑包含到任何内核代码树之前，都首先发送到对应子系统的邮件列表，除非你是一个第一流的内核贡献者，能够直接向Linus或Andrew提交补丁（在这种情况下，你可能不会来阅读本书）。还有一些需要遵守的惯例，如下所述。

- 标题行以`[PATCH]`开始，标题的其余部分应该对补丁所做的事情作一个简明的描述。一个好的标题是非常重要的，因为它不仅仅用于邮件列表上，在被接受的情况下，它还会出现在git的修改日志中。
- 如果一个补丁不应该直接应用，或需要更多讨论，它可以用一个其他的标识符进行标记，如`[RFC]`。
- 较大的改动应该分解为多个补丁，每个补丁完成逻辑上的修改。类似地，每个电子邮件只应该发送一个补丁。每个补丁应该以`[PATCH m/N]`的形式进行编号，其中`m`是一个计数器，而`N`则是补丁的总数。`[PATCH 0/N]`应该包含有关后续补丁的一个概述。
- 对每个补丁自身的更详细描述应该包含在电子邮件的内容部分。同样，在补丁集成后，该说明文本也不会丢失，它也会进入到git存储库中，用作此次修改的文档。

- 代码本身应该直接呈现在电子邮件中，而不能使用任何形式的base64编码、压缩或其他技巧。附件也不特别受欢迎，首选的方式是直接将代码包含在邮件中。任何应该包含在描述中，而不应该进入到git存储库的文本，都应该从补丁分隔开来，可通过一行上的连续三个破折号表示。

很自然，电子邮件客户端不应该进行自动换行操作。有谣言声称，编译器很难接受随机换行的代码。还有，HTML格式的电子邮件是不合适的，纯属多余。

接下来，给出了一个试验性补丁的标题行。它们遵守了此前讨论的惯例：

```
[PATCH 0/4] [RFC] Verification and debugging of memory initialisation Mel Gorman (Wed Apr 16 2008
- 09:51:19 EST)
    [PATCH 1/4] Add a basic debugging framework for memory initialisation Mel Gorman (Wed Apr 16
2008 - 09:51:32 EST)
    [PATCH 2/4] Verify the page links and memory model Mel Gorman (Wed Apr 16 2008 - 09:51:53 EST)
    [PATCH 3/4] Print out the zonelists on request for manual verification Mel Gorman (Wed Apr 16
2008 - 09:52:22 EST)
    [PATCH 4/4] Make defencive checks around PFN values registered for memory usage Mel Gorman (Wed
Apr 16 2008 - 09:52:37 EST)
```

请注意，4个包含实际代码的邮件是作为对第一个介绍性邮件的回复发表的。这使得许多邮件客户端可以将发表的邮件归类，更容易将这些补丁识别为一个实体。

看一下第一个邮件的内容：

```
This patch creates a new file mm/mm_init.c which memory initialisation should
be moved to over time to avoid further polluting page_alloc.c. This patch
introduces a simple mminit_debug_printk() function and an (undocumented)
mminit_debug_level command-line parameter for setting the level of tracing
and verification that should be done.

Signed-off-by: Mel Gorman <mel@xxxxxxxxx>
---

mm/Makefile | 2 +-
mm/internal.h | 9 +++++++++
mm/mm_init.c | 40 ++++++++++++++++++++++++++++++++++++++++
mm/page_alloc.c | 16 +++++++++++------
4 files changed, 60 insertions(+), 7 deletions(-)

(PATCH)
```

在概述代码之后，附加了由diffstat产生的diff统计信息。这些信息可以快速确定一个补丁引入的修改数目，这是以添加和删除的代码行来衡量的，还包括了这些修改发生的位置。这些统计信息对讨论代码是有用的，但没有必要保存到长期的修改日志（毕竟，该信息可以从补丁生成），因此放置在三个破折号之后。接下来是由diff生成的补丁，但这就与我们的讨论不相关了，因此不转载其具体内容。

2. 补丁的来源

描述还包含了一个signed-off[①]行，标识了补丁的开发者，并用作法律上有效的声明，表明开发者有权利以开源形式发表该代码，通常由GNU General Public License（GPL）版本2涵盖。

多个人可以sign off同一个补丁，即使他们并非该代码的直接作者。这表示签字人已经审阅了该补

---

① signed-off是未经签署而同意，即非正式同意的意思。——译者注

丁，对该代码非常熟悉，并根据其学识判断，该代码能够像声称的那样工作，不会导致数据破坏，不会使笔记本电脑着火，也不会做其他险恶之事。它还跟踪了补丁最终到达vanilla内核树之前，其穿过开发者层次结构的路径。维护者会大量参与sign off活动，因为他们必须审阅大量并非自己编写、但要加入到相应子系统的代码。

在signed-off行上只接受真名，笔名和假名是不能使用的。形式上，补丁的sign off意味着签字人可以证明以下事实：

Documentation/SubmittingPatches

```
Developer's Certificate of Origin 1.1

By making a contribution to this project, I certify that:
(a) The contribution was created in whole or in part by me and I have the right to submit
    it under the open source license indicated in the file; or

(b) The contribution is based upon previous work that, to the best of my knowledge,
    is covered under an appropriate open source license and I have the right under that
    license to submit that work with modifications, whether created in whole or in part
    by me, under the same open source license (unless I am permitted to submit under
    a different license), as indicated in the file; or

(c) The contribution was provided directly to me by some other person who certified
    (a), (b) or (c) and I have not modified it.

(d) I understand and agree that this project and the contribution are public and that
    a record of the contribution (including all personal information I submit with it,
    including my sign-off) is maintained indefinitely and may be redistributed
    consistent with this project or the open source license(s) involved.
```

补丁的sign off在很晚才引入到内核开发中，“三字母公司”（SCO）声称因种种原因他们将拥有所有内核代码，因而所有Linux用户应该把钱都交给该公司，sign off在本质上是对该公司的说法的一种反应。很自然，一些开发者对该公司的这种说法很是不以为然，包括Linus Torvalds本人：[①]

```
Some of you may have heard of this crazy company called SCO (aka "Smoking
Crack Organization") who seem to have a hard time believing that open
source works better than their five engineers do. They've apparently made
a couple of outlandish claims about where our source code comes from,
including claiming to own code that was clearly written by me over a
decade ago.
```

实际上，这个案子现在已经几乎成为历史了，而人们（SCO公司的CEO可能是个例外）普遍确信，即使你可能拥有一个简单的最先适配分配器的版权，这绝不意味着一个完整的UNIX内核。不过，由于Signed-off-by标记，现在我们可以确切地标识补丁的开发者。

在标记补丁时，还有两种较弱的形式。

- Acked-by意味着一个开发者没有直接涉入该补丁，但在经过一些审阅之后认为它是正确的。

> 这并不一定意味着Acked-by的开发者已经通读了补丁，只是表明他接触到的部分达到了水准。
>
> 举例来说，如果一个体系结构开发者确认（Acked-by）称一个补丁对arch/xyz目录下执行的修改看起来都没有问题，但是该补丁还包含了fs/下的代码，会破坏以M开头的

① 顺便说及，在Linux内核邮件列表上指责别人是可卡因瘾君子，并不是非常罕见的事情，邮件列表上的对话有时候还是比较粗鲁的。

> 文件中包含奇数个字符的字符串，这种情况下是不能指责进行确认的开发者的。
>
> 当然，上述情况的可能性很小，因为体系结构维护者都非常专业，将根据该文件的“气味”①来检测到补丁的破坏性问题，上例只是用来说明概念。

- CC用于表示，一个人至少已经知道该补丁，因此他在理论上意识到该补丁的存在，并有机会发表反对意见。

在内核版本2.6.25的开发期间，发生了一次讨论，主题是关于代码审阅的价值，以及如何对审阅者评定信用，讨论者就一个解决方案达成一致，引入了所谓的Reviewed-by补丁标记。该标记声称：

Documentation/SubmittingPatches
```
Reviewer's statement of oversight

By offering my Reviewed-by: tag, I state that:

(a) I have carried out a technical review of this patch to evaluate its appropriateness
    and readiness for inclusion into the mainline kernel.

(b) Any problems, concerns, or questions relating to the patch have been communicated
    back to the submitter. I am satisfied with the submitter's response to my comments.

(c) While there may be things that could be improved with this submission, I believe
    that it is, at this time, (1) a worthwhile modification to the kernel, and (2) free
    of known issues which would argue against its inclusion.

(d) While I have reviewed the patch and believe it to be sound, I do not (unless
    explicitly stated elsewhere) make any warranties or guarantees that it will achieve
    its stated purpose or function properly in any given situation.
```

由于这个原因引入的另一个新标记是Tested-by，读者可以猜测到，它声称补丁已经由签字人测试过，而且在所处计算机上进行的测试是足够的，可以向该补丁增加一个Tested-by标记。

F.4　Linux和学术界

编写操作系统不是一项容易的任务，我相信读者同意这一点，这是对软件工程师最复杂的挑战之一。参与创造Linux内核的开发者中，许多人在其领域中都属于顶尖者之列，这使得Linux成为现存最好的操作系统之一。开发者拥有学位是很常见的，而计算机科学的学位是很具代表性的。②

操作系统也是学术研究中的活跃主题。类似于每一个其他的研究领域，操作系统的研究伴随着一定量的理论，这很自然，你不能以实用方式解决所有问题。与许多其他关注基本问题的领域相比，但操作系统研究的问题究其本质是实用性的，而且影响到实际的事物。如果操作系统研究不能有助于改进操作系统，那么它还有什么用？而且因为操作系统本质上是一种实用产品（毕竟，谁会需要一种理论上的操作系统呢？理想计算机当然不需要使用操作系统，而真实的计算机更不需要理论操作系统），操作系统研究的结果必定会影响实践。研究圈量子引力（loop quantum gravity）的人可能不需要考虑其工作的实际影响，但这与操作系统研究的情况不同。

考虑到这一点，我们可以料想Linux和学术界应该是紧密关联的，但遗憾的是，事实并非如此。在内核源代码中引用学术的工作是少有的事情，而研究论文对内核的引用也并不多见。

---

① 有经验的开发者有时候能够凭借一些表面迹象判断出质量差的源代码，这种迹象被称为“bad smell”。——译者注

② 请注意，我对此没有进行任何定量分析，但许多开发者的履历表很容易在因特网上找到，这些（还有常识）支持了我的疑问。

这特别令人惊讶，因为学术界过去曾经与UNIX有着密切的关系，特别是BSD系列的UNIX。可以很公平地说，BSD是学术研究的产物，而且长期以来，学术界都是该项目背后的驱动力量。

由Linux基金会发表的一份研究[KHCM]表明，在Linux的最新版本的所有修改中，来自于学术界的贡献大约占0.8%。考虑到大量的思想在学术界传播，0.8%的比例也太低了些，为Linux内核和学术界的利益考虑，这种情形是值得改进的。开源就是共享，而共享好的思想也是一个有价值的目标。

Linux与学术界的关系最初有点磕磕绊绊。Linus Torvalds编写Linux最初的动机之一是他对Minix的不满，这是一个简单的教学用操作系统。这导致了Torvalds和Minix的创造者Andrew Tanenbaum之间的一场著名的辩论。

Tanenbaum建议称Linux是过时的，因为其设计并未遵守学术界预期未来操作系统应该遵守的规则，其论据收集在一个Usenet新闻组中，发表的标题是“Linux is obsolete”。很自然，这导致了Linus Torvalds的回复，其论点之一如下：

```
Re 2: 你的工作是教授和研究人员：这是minix的一些脑残设计的好借口。
```

尽管Linus不久就承认这个回复有点鲁莽，但它反应了内核社区在某些时候对学术研究所表现的态度。实际的操作系统和以操作系统为目标的研究似乎有点不怎么搭调。

有时候可能真是这样：许多学术研究都不会集成到实际产品中，特别是涉及一些基础性的问题时。但此前提到过，研究也有实用性的分支，这些通常有助于改进内核。遗憾的是，操作系统的研究人员和实现人员在一定程度上失去了联系，而Rob Pike，贝尔实验室前UNIX团队的一个成员，甚至悲观地声称系统软件研究已经边缘化了。[①]

由于种种原因，向内核贡献代码对研究人员来说是比较困难的，一个原因是他们必须考虑许多不同的操作系统。跟上Linux内核开发的脚步已经比较困难了，何况要跟踪当今所有最重要的操作系统，这实际上是不可能的。因而，研究人员对其思想的实现通常仅限于概念证明。将这些思想集成到内核中，需要两个社区的共同努力。例如，考虑交换令牌机制集成到内核的过程。该机制是在研究中提出的（在下一节讨论），但在Linux内核中是由Rik van Riel实现的，他是一位内核开发者，工作于内存管理领域。该方法被证明相当成功，很可以作为学术界与Linux内核之间进一步协作的样板。

两个社区之间的交互是复杂的，这是由内核开发的以下两个方面决定的。

- 许多开发者不会考虑没有具体代码的提议，并拒绝进一步讨论相关问题。
- 即使代码提交到邮件列表，也有相当一部分工作是在初始提交后开始的。将提议的代码针对具体的系统进行改编，在学术界评价不高，因此研究人员有一种避免该步骤的自然倾向。

最终，会得出这样的结论：内核开发与学术研究之间的接口，需要每方各出一人，才能彼此协作。如果这是不可能的，那么如果研究人员能够设法尽可能适应内核开发的文化，也会很有好处。

F.4.1 一些例子

本节介绍一些例子，主要涉及一些转化为内核代码的研究成果，它们对改进内核的特定方面提供了帮助。请注意，本节所选择介绍的内容当然不全面。而且，说到学术研究在内核领域的影响力，即使是有，实际上也是可以忽略的。本节主要是强调两者可以彼此受益。

- 第18章讨论过的交换令牌首先由S. Jiang和X. Zhang在论文“Token-Ordered LRU：An Effective Replacement Policy and its Implementation in Linux Systems”（发表于Performance Evaluation，

① 参见www.cs.bell-labs.com/who/rob/utah2000.pdf。由于Pike还声称操作系统领域唯一的进步来自微软公司，我当然不相信他所有的主张，但其演讲仍然包含了许多值得注意和正确的想法。

卷60，2005年1—4期）中提出。随后，Rik van Riel在内核版本2.6.9中实现了该机制。有趣的是，该论文扩展了内核版本2.2.14来示范其方法的有效性，但相应的代码从未包含在主线内核中。

- 第3章中讨论过的slab分配器是直接基于一篇论文，其中描述了Solaris中slab系统的实现："The Slab Allocator : An Object-Caching Kernel Memory Allocator"，发表于1994年夏天USENIX会议的会议录中。
- 预测I/O调度器的技术（在第6章提到过，但没有详细讨论）首先由论文"Anticipatory Scheduling : A Disk Scheduling Framework to Overcome Deceptive Idleness in Synchronous I/O"提出，发表于2001的第18届ACM Symposium on Operating Systems Principles会议。
- 在第18章讨论过，Linux采用了一种LRU技术的变体来确定活动页，并将其与不活动页进行区分。由S. Jiang、F. Chen和X. Zhang发表的论文"CLOCK-Pro : An Effective Improvement of the CLOCK Replacement"（发表于2005年USENIX年度技术会议的会议录）描述了一种页面替换算法，不仅根据最后访问页的时间来对页进行排序，还合并考虑了页被访问的频率。基于该论文的补丁已经由Rik van Riel和Peter Zijlstra设计，该方法还一直被认为是一个可能的合并候选者（参见www.lwn.net/Articles/147879/）。读者在前文各章节尚未得知该技术的原因很简单：该补丁尚未进入到主线内核。但它们确实是一些实例，表明了Linux开发者有时候确实在活跃地试图将研究成果集成到内核中。

这些论文提出的思想已经直接集成到Linux内核，作为现存代码的直接扩展。比较老一些的论文对内核也有间接的影响，如下所示。

- 块层作为文件系统和磁盘之间的一个间接层，其一般结构基于由W. de Jonge、M. F. Kaashoeck和W. C. Hsieh发表的论文"The Logical Disk : A New Approach to Improving File Systems"。实质上，该论文讲述了将物理磁盘上的块与操作系统所观察到的逻辑磁盘解耦的技术，这构成了逻辑卷管理器和设备映射器的基础。
- Ext文件系统族的许多关键概念发源于其他文件系统，一个具体的例子是M. K. McKusick、W. N. Joy、S. J. Leffler和R. S. Fabry（在ACM Transactions on Computer Systems，1984年）发表的论文"A Fast File System for UNIX"。该论文介绍了对磁盘上多种可能块长的利用，并引入了将一个逻辑数据序列映射到磁盘上的一组顺序排布的块的思想。

与考察直接来自于研究的思想相比，跟踪较陈旧论文对内核的间接影响自然要困难得多。思想越通用，如果能够流行起来，就可能变得越普遍，也就越难识别出该思想的应用。在某些时候，思想可能已经被相应的领域吸收，与常识无法区分。当然，如果要追根溯源的话，可能就得引用到任何提及计算机趋向于使用二进制数字进行工作的论文，这有必要吗？

本质上，UNIX操作系统的大多数核心思想都呈现在Linux中。现在，这些思想中许多都已经传播得非常普遍，但在UNIX发明时，这些思想还是新的。例如，其中就包括几乎一切都可以表示为文件的思想，在第8章讨论过。命名空间是另一个间接来自于学术研究的技术：在该特性被主线内核采纳的很多年前，它们作为Plan 9的一个不可分割的部分被发明，Plan 9是UNIX的后继者，由UNIX的一部分发明者共同开发。[①] `/proc`也是以Plan 9为模型。

许多作为Linux一部分的UNIX基本思想，都并不被认为是研究成果，但这不是本节直接关注的内

① 请注意，Plan 9不是在一个经典的学术机构中开发的，而是在贝尔实验室的研究部门，现在附属于朗讯科技公司。但其使用的方法论与学术机构非常类似：发表有关Plan 9的论文，举行相关演讲，组织相关的会议。因而，本附录将其归类到学术界。cm.bell-labs.com/plan9网站包含了有关Plan 9的更多信息。

容。但可以饶有趣味地观察到，Linux的许多概念都有其根源，例如在Vahalia对许多种UNIX系统内部实现的讨论中（[Vah96]，高度推荐！）。Salus的陈述（[Sal94]）阐明了UNIX的历史，可用于理解许多东西的设计方式。

F.4.2　采用研究成果

前述的例子说明了可能将研究成果集成到Linux内核。但考虑到操作系统研究的数量级，对比集成到Linux内核中的成果数量，似乎有些障碍阻止了将成果从一方传递到另一方。其中一个原因就是两个社区的运作方式相去甚远。据我所知，这一点尚未得到应有的关注（至少在本书撰写时是这样）。因此，本节将突出强调两个社区的一些本质性的差别。

请注意，内核源代码在`Documentation/ManagementStyle`文档中包含了一些信息，讲述了内核开发者如何处理项目管理问题。该文档也涉及这里讨论的一些问题。

不同的社区

对许多人来说，软件开发和操作系统研究看起来都是干巴巴、纯粹技术性的事情，但二者都有巨大的社会性成分：对任何工作的接受，都是基于社区对该工作的接受，也就是被各个开发者/研究人员接受。这要求个人对来自其他个人的贡献进行评价，大多数读者可能都会同意，在这个存在着多种多样不同或复杂性格的世界上，这总是一件困难的事情。在理想化的世界上，评价可以完全基于客观准则进行，但实际上事实并非如此:人只是人而已，同情、个人品位、熟悉、厌恶、偏见和彼此沟通能力都会发挥关键的作用。

解决该问题的一种途径是直接忽略它，假装我们在一个理想世界中，评价是在一个纯粹技术性的客观层面上完成。这样，所有问题都会自动消失。这个解决方案被采纳的频度之高异乎寻常，特别是在官方声明中。

但即使证实了问题的存在，也并不容易解决。看一看下面学术界通常怎样判断一项工作是否有价值（根据是否被会议接纳或以论文形式发表，而确定相关工作的价值）。

(1) 在获得研究成果（这是有希望的）之后，成果会归纳到一篇论文中，提交到一份期刊（或会议，或类似的什么，但为简单起见，这里的讨论只关注出版物）。

(2) 论文发送到一个或多个审稿人，对工作进行评价。他们必须判断论文的正确性、有效性、在科学上的重要性，还可以指出应该改进的地方。审阅者通常是匿名的，与作者本人或其职业不应该有直接关联。

(3) 根据审稿人的评价，编辑可以决定拒绝或接受论文。在后一种情况下，编辑可能要求作者针对审稿人的建议做一些改进。在改进之后，可能会进行另一轮同行审查。

通常，审稿人知道作者的身份，但反之则不然。

在内核社区中，如果工作包含在某个官方代码树中，则被认为是值得的。要将代码加入这些代码树中，基本上需要经由下述流程。

- 代码发送到适当的邮件列表。
- 邮件列表上的每个人都可以要求修改代码，如果需要，还可以对改进进行公开讨论。
- 修改代码，以达到社区的要求。这可能会比较棘手，因为对什么是改进、什么会降低代码的品质，通常有一些正交的意见。
- 重新提交代码，重新开始讨论。
- 在代码达到所期望的形式并达成一致意见之后，将被集成到官方代码树中。

请注意，有些人可能在其领域中有着长期而卓著的声誉（自然，这又是一个社会性因素），这在学术界和内核社区都能缩短实际的处理过程，但这里不关注此种情况。

在学术界和内核开发社区有着相似性，二者都有其长处和短处。例如，在两个社区的评审过程中，有一些重要区别。

- 审阅向内核提供的代码不是一个正式的过程，没有一个权威机构来发起代码评审。审阅的进行完全是自愿、没有协调的，如果没有人对提交的代码感兴趣，邮件列表可能保持缄默。尽管学术界的审阅通常也是自愿进行、没有报酬的，但不可能完全忽略提交的论文。论文保证会得到一些反馈，尽管有可能非常肤浅。
- 在内核社区中，代码提交者和审阅者彼此了解对方的身份，还可以直接交互。在学术界，通常不是这样，作者和审阅者之间的交流需要通过编辑这个桥梁，他们之间的交互是间接的。此外，在编辑决定取舍之前，作者和审阅者之间的交流讨论很少。
- 在学术界，审阅的结果只有提交者、审稿人和编辑知道。在内核社区，整个代码评审过程都是公开的，每个人都可以阅读到。

在这两种环境下，审阅者都可能向提交者提出苛刻的批评。在学术界，提交者向审阅者作出的陈述措辞通常会更为谨慎，而在内核社区，则取决于提交者和审阅者的身份。

对改进任何工作的质量，批评都是有价值和必要的，但接受批评是一件复杂的问题。对该问题的处理，是内核开发和学术界的另一个重要区别。

以各种新奇的、通常是无礼的言辞给他人制造困扰，已经成为一些内核开发者的“商标”，而相关的陈述可以在因特网上公开获得。这导致了一个严重的问题，因为没有人愿意被当众侮辱，开发者可能为此避而远之。几个领头的Linux开发者都关注到了这个问题，但因为邮件列表上所有人都是成年人，除了呼吁更公平之外，不能以其他任何形式解决该问题，而对公平的呼吁并不是总能被接受。

在学术界，受到匿名审稿人的苛刻批评当然也不令人愉快，但私下里受到指责，比当众被人批评要容易接受得多。

读者从以下的文档片段可以看出，在解决这个问题时，内核开发者并不争取做到完全的“政治正确”：

Documentation/ManagementStyle
```
The option of being unfailingly polite really doesn't exist. Nobody will
trust somebody who is so clearly hiding his true character.
```

彼此拖后腿可能是个好事情，在正确运用的情况下，有一点智力挑战的意味。但这也很容易做得过火，导致人身攻击，任何人当然都不愿意接受。但遗憾的是，在内核社区中，每个人都应该对此有所准备。

与学术界相比，内核社区的评审过程在社会性上可能更具挑战性，它也趋向于更有效率，只要人们不被这种方式赶走：内核邮件列表上的补丁在被认为可接受之前，会经历许多次迭代，每次迭代过程中，审阅者都会标识出遗留的问题，作者可以更改。因为Linux内核的目标是做到世界上最好，重要的是只集成真正优质的代码。这样的代码通常并非一开始就能得到，只有经历一段时间的改进和精炼之后才行。评审过程的整个目的就在于，形成尽可能最好的代码，这种做法在实际上通常会有效。

学术论文的审阅，其效果通常是不同的。如果期刊拒绝了提交的论文，作者当然会进行修订以改正缺点。但读者可以自行考虑一下，论文进行实质性修订的概率。一方面，提交者需要发表尽可能多的论文来获得学术声誉；另一方面，研究工作可以提交到大量不同的期刊（可能不那么知名），而这些期刊依赖于作者为发表论文而支付的费用作为经济基础！对内核代码来说，情况是不同的：或者你能够使代码进入到内核，或者大量的工作被浪费掉。[①]这自然提供了一个很大的激励，使得工作重心能够投入到对代码的改进上。

尽管初看起来，学术界和内核社区用于评估和保证提交的论文/代码的质量的方法类似，但它们之间有大量的差别。对于两者思想的交流，不同的“文化”氛围可能是一个相当大的障碍。在内核社区和学术界合作时，尤其应该考虑这个因素。

F.5 小结

作为实际上最大的开源项目之一，Linux内核之所以有趣，不仅仅是从技术角度来看，而且它也是将开发工作分布到整个世界上和相互竞争的公司的一种新颖而独特的方式。本附录讲述了其开发过程是如何组织的，以及对贡献代码有什么要求。本附录还分析了内核开发和学术研究之间的关联。在本附录中，读者知道了这两者交互的方式，二者之间的不同主要起因于不同的“文化”，以及如何能够最好地弥合二者之间的分歧。

① 完全可能在内核代码树之外维护代码，在许多情况下这已经被证明是有用的，但开发者（及其雇主）最终和最具回报价值的目标仍然是将其工作集成到主线内核中。

参考文献

[BBD+01] Michael Beck, Harald Böhme, Mirko Dziadzka, Ulrich Kunitz, Robert Magnus, and Dirk Verworrner. *Linux-Kernelprogrammierung*. Addison-Wesley, 2001.

[BC05] Daniel P. Bovet and Marco Cesati. *Understanding the Linux Kernel*. O'Reilly, 3rd edition, 2005.

[Ben05] Christian Benvenuti. *Understanding Linux Network Internals*. O'Reilly, 2005.

[BH01] Thomas Beierlein and Olaf Hagenbruch, editors. *Taschenbuch Mikroprozessortechnik*. Fachbuchverlag Leipzig, 2001.

[Bon94] Jeff Bonwick. The slab allocator: An object-caching kernel memory allocator. *Usenix proceedings*, 1994. Electronic document, available on `www.usenix.org/publications/library/proceedings/bos94/full_papers/bonwick.ps`.

[Cox96] Alan Cox. Network buffers and memory management. *Linux Journal*, 1996. Available on `www.linuxjournal.com/article.php?sid=1312`.

[CRKH05] Jonathan Corbet, Alessandro Rubini, and Greg Kroah-Hartman. *Linux Device Drivers*. O'Reilly, 3rd edition, 2005.

[CTT] Rémy Card, Theodore Ts'o, and Stephen Tweedie. *Design and Implementation of the Second Extended Filesystem*. Available on `e2fsprogs.sourceforge.net/ext2intro.html`.

[Dik06] Jeff Dike. *User Mode Linux*. Prentice Hall, 2006.

[Fri02] Æleen Frisch. *Essential System Administration*. O'Reilly, 2002.

[GC94] Benny Goodheart and James Cox. *The Magic Garden Explained*. Prentice Hall, 1994.

[Grü03] Andreas Grünbacher. *POSIX Access Control Lists on Linux*, Usenix 2003 technical conference, freenix track. Usenix, 2003. Available on `http://www.usenix.org/events/usenix03/tech/freenix03/full_papers/gruenbacher/gruenbacher.ps`.

[GWS94] Simson Garfinkel, Daniel Weise, and Steven Strassmann, editors. *The Unix-Haters Handbook*. IDG Books, Programmers Press, 1994. Available on `http://www.simson.net/ref/ugh.pdf`.

[Her03] Helmut Herold. *Linux-Unix-Systemprogrammierung*. Addison-Wesley, 2003.

[HP06] John L. Hennessy and David A. Patterson. *Computer Architecture*. Academic Press, 4th edition, 2006.

[KH07] Greg Kroah-Hartman. *Linux Kernel in a Nutshell*. O'Reilly, 2007.

[KHCM] Greg Kroah-Hartman, Jonathan Corbet, and Amanda McPherson. *Linux Kernel Development*. Electronic document available on `http://www.linux-foundation.org/publications/linuxkerneldevelopment.php`.

[Knu97] Donald E. Knuth. *Fundamental Algorithms*. Addison-Wesley, 3rd edition, 1997.

[KR88] Brian W. Kernighan and Dennis M. Ritchie. *C Programming Language*. Prentice Hall, 2nd edition, 1988.

[Lov05] Robert Love. *Linux Kernel Development*. Sams, 2005.

[Lov07] Robert Love. *Linux System Programming*. O'Reilly, 2007.

[LSM+01] Sandra Loosemore, Richard M. Stallman, Roland McGrath, Andrew Oram, and Ulrich Drepper. *The GNU C Library Reference Manual*. GNU Project, 2001.

[MBKQ96] Marshall Kirk McKusick, Keith Bostic, Michael J. Karels, and John S. Quarterman. *The Design and Implementation of the 4.4 BSD Operating System*. Addison-Wesley, 1996.

[MD03] Hans-Peter Messmer and Klaus Dembowski. *PC Hardwarebuch*. Addison-Wesley, 2003.

[ME02] David Mosberger and Stephane Eranian. *IA-64 Linux Kernel*. Prentice Hall, 2002.

[Mil] David S. Miller. *Cache and TLB Flushing under Linux*. Electronic document, available in the kernel sources as `Documentation/cachetlb.txt`.

[MM06] Richard McDougall and James Mauro. *Solaris Internals*. Prentice Hall, 2006.

[Moca] Patrick Mochel. *The kobject Infrastructure*. Available in the kernel sources as `Documentation/kobject.txt`.

[Mocb] Patrick Mochel. *The Linux Kernel Device Model*. Electronic document, available in the kernel sources in `Documentation/driver-model/`.

[Nut01] Gary J. Nutt. *Operating Systems: A Modern Perspective*. Addison-Wesley, 2001.

[PH07] David A. Patterson and John L. Hennessy. *Computer Organization and Design*. Morgan Kaufmann, 3rd edition, 2007.

[QK06] Jürgen Quade and Eva-Katharina Kunst. *Linux-Treiber entwickeln*. DPunkt Verlag, 2006.

[Sal94] Peter H. Salus. *A Quarter Century of UNIX*. Addison-Wesley, 1994.

[Sch94] Curt Schimmel. *UNIX Systems for Modern Architectures*. Addison-Wesley, 1994.

[SFS05] Claudia Salzberg Rodriguez, Gordon Fischer, and Steven Smolski. *The Linux Kernel Primer*. Prentice Hall, 2005.

[SGG07] Abraham Silberschatz, Peter Bear Galvin, and Peter Gagne. *Operating System Concepts*.

John Wiley & Sons, 2007.

[Sin] Amit Singh. *Max OS X Internals*. Addison-Wesley.

[SR05] W. Richard Stevens and Stephen A. Rago. *Advanced Programming in the UNIX Environment*. Addison-Wesley, 2nd edition, 2005.

[Sta99] William Stallings. *Computer Organization and Architecture*. Prentice Hall, 1999.

[Ste94] W. Richard Stevens. *TCP/IP Illustrated I. The Protocols*. Addison-Wesley, 1994.

[Ste00] W. Richard Stevens. *Programmieren von UNIX-Netzwerken*. Hanser, 2000.

[Swe06] Dominic Sweetman. *See MIPS Run*. Morgan Kaufmann, 2006.

[Tan02] Andrew S. Tanenbaum. *Computer Networks*. Prentice Hall, 2002.

[Tan07] Andrew S. Tanenbaum. *Modern Operating Systems*. Prentice Hall, 2007.

[TW06] Andrew S. Tanenbaum and Albert S. Woodhull. *Operating Systems: Design and Implementation*. Prentice Hall, 2006.

[Vah96] Uresh Vahalia. *Unix Internals*. Prentice Hall, 1996.

[Ven08] Sreekrishnan Venkateswaran. *Essential Linux Device Drivers*. Prentice Hall, 2008.

[WPR+01] Klaus Wehrle, Frank Pählke, Hartmut Ritter, Daniel Müller, and Marc Bechler. *Linux Netzwerkarchitektur*. Addison-Wesley, 2001.

[WPR+04] Klaus Wehrle, Frank Pahlke, Hartmut Ritter, Daniel Müller, and Marc Bechler. *Linux Networking Architecture*. Prentice Hall, 2004.